一世風雲

A PROFESSOR AND CEO

TRUE STORY

鄭天任 Richard T. Cheng 著

郑天中 Tian-Zhong Zheng 译

To order additional copies of this book, contact:
Xlibris
1-888-795-4274
www.Xlibris.com
Orders@Xlibris.com
771249

前　言

　　美籍华裔企业家郑天任博士，1934 年出生于中国南京。郑天任的祖父郑权早年追随孙中山先生，积极投身推翻满清政权的革命运动，之后在国民党中央党史编辑委员会担任要职；他的父亲则是一位毕业于黄埔军校且战功卓著的国军将领。

　　郑天任博士名字中的"天任"是源于郑氏族谱的排列，同时也在冥冥之中凝聚了他的祖父对一脉单传之长孙的殷切期望。正如孟子所言："天降大任于斯人也，必先苦其心志，劳其筋骨，饿其体肤，空乏其身，行拂乱其所为，所以动心忍性，增益其所不能"。我们从郑天任博士的长篇自传得知他所描述自己一生的传奇经历，包括他通过不懈努力最终在美国取得的辉煌成就。我们惊叹于他的时运造化，同时更感慨他是因为勤勉努力、不懈进取，终成一代行业翘楚。

　　作者回忆自 3 岁记事开始，随家人撤退至重庆而侥幸逃过南京大屠杀一劫的过程。由于当时日军封锁阻断药物供应渠道，姐姐和奶奶因得病而无药救治，先后殒命。之后作者母子三人到贵州乡下避难，留在重庆的祖父却死于日军轰炸中，不久幼小的弟弟也因病夭折。作者和母亲与乡民为邻，长期居住在贵州和重庆农村十分简陋的茅草泥土屋里。作者童年时多灾多难，5 岁时因痢疾伴发伤寒，重病三个月，病愈后竟要重学走路；6 岁时被愚蠢无知的山民邻居引领他到荒山野岭，使他迷路遗失在深山中达三小时之久；9 岁时从贵州到重庆的逃难途中又与母亲失散了两个多小时后却以幸得意外重逢；10 岁时冬天烤火，一颗子弹在火炉中爆炸，幸好只伤及手腕；他曾两次亲眼目睹战机失事的灾难，并把从坠落战机中捡到的零散碎片视为至宝，随身保存。作者母亲的珠宝失窃后，家中缺钱，难以维持生计，他常到稻田水池抓鲫鱼、捉黄鳝以佐食用。抗战时期，年幼而营养不良的他和瘦弱而无依靠的母亲相依为命，作者的父亲在前方抗战极少回家，一家三口离别岁月远远多于相聚时刻，历经众多艰难险境，生死离别。八年抗战胜利时，七口之家只剩留三人得以团聚。战后作者回到日夜思念的南京，令他大为失望的是出生地的老家房屋已被日机炸成一片废墟，真是家破人又亡。重整南京家业后，才过了两年上学读书的安定日子，内战又逼进南京，他们一家不得不撤离到上海，接着又退至福州，在福州与外婆、舅舅同住在他祖父早年置业的一栋房子里。战火很快就燃及到福州市区，一天夜晚作者母亲带他在夜色经由马尾前往台湾。

　　作者在描述其战乱中的童年生活，既有亲临事件的入神刻画，又有悲惨遭遇的至深感悟，还有童真童趣的由衷点缀，让人阅读起来，身历其境，不忍释手。

　　在美丽的宝岛台湾，作者度过了丰富多彩的青少年成长阶段。生性顽皮的他，因弹药烟火的表演引发大爆炸，差一点丧命；高雄台风过后就急于下海游泳而被退潮海浪冲走，险些溺命。由于受尽少年帮派的欺凌，作者 15 岁就决定开始锻炼强身，打篮球、踢足球、掰手腕，并利用遗弃的火车轮子训练举重，终于练出强壮有力的全身肌肉。高中毕业以优良成绩进入大学后，从小就喜爱无线电的作者，继续自学探讨无线电技能，颇有成就甚至被教育部聘请作为电子设备顾问，为社会公益活动服务。大学毕业后接受预备军官训练期间，结识了未来的终生伴侣。作者为实践制作被军方认可并接受的发明创造，而调到兵工学校从事研究工作，取得成功后，荣获蒋中正总统奖章。服兵役结束后不久便结婚成家。此后经过两年的努力，作者终于实现了去美国留学深造的多年宿愿，但因经济能力不足以承担昂贵的机票，只得搭乘跨洋货轮赴美。不料航海途中遭遇太平洋强台风和暴风雨的袭击，跨洋货轮上的定位雷达、远程导航和通讯设备遭到严重破坏，货轮迷失在大海洋中，漂流多天。在危难之中，作者及时表示愿意发挥技术专长，为货轮提供志愿服务，在船长和船员协助下，顺利修复了破损的通讯导航和雷达设备。跨洋货轮在海上航行32天后，才到达太平洋彼岸的美国。

作者怀揣梦想，暂别娇妻幼子赴美深造，在泪水和欢乐中一步步走向学术和事业巅峰。作者初到美国时口袋中只有30美元，进入斯托特学院，并从那里开始了在美国长达数十年的学习和生活。凭籍多年对修理无线电设备的浓厚兴趣与技能专长，作者很快就找到了半工半读的无线电修理工作以维持生计。在校读书学习期间，作者除了勤奋努力刻苦钻研，同时还广交来自世界各地的同学朋友，乐于助人，深得师生赞扬。作者以优异的学习成绩和成熟出色的实践能力，获得硕士学位后留校执教于斯托特学院。1964年取得在美优先工作身份后，作者申请并安排妻儿来美团聚，共同生活。全家在美国的安定富裕，使作者决定要在美国继续深造，更上一层楼以取得博士学位。1969年作者如愿考入全美领先的伊利诺大学，攻读三年后于1971年获得电子计算机科学博士学位。 之后，郑天任博士先后为威斯康星白水分校、亨特学院、罗切斯特理工学院以及欧道明大学等数所名校，开设计算机科学课程并创办电子计算机系。在大学高等教育领域，作者从助理教授开始，脚踏实地、潜心专研、兢兢业业地悉心耕耘计算机教学事业，1979年，成为计算机科学领域的杰出教授、学者。并从1979年开始受聘为沙特阿拉伯的内政部顾问，帮助沙特阿拉伯沙乌大学建立了电子计算机系；同时在1984年初，作者接受联合国开发计划署（UNDP）的任命，作为电子计算机技术顾问到中国各地讲学，教授电子计算机课程。但是作者并不满足现状，又在1983年在美国成立了东方计算机公司（ECI）。从1987年起，公司连续得到政府的大合同，每年营业额超过数千万美元。此后，一发不可收拾；作者认为经商更有挑战与成功，决定从学校退休而全力投身贡献于商业服务。

作者在痛失爱子、父母及挚友之时，依然致力深耕东方计算机公司（ECI）的业务发展。公司早期从研制"非英语国家的母语计算机"起步，经过不懈努力，在深厚积累的电子计算机科学专业知识和技术的支撑下，逐步克服资金短缺、人手不够和公关能力不强的短板，公司上下齐心合力，攻克了电子计算机互联网的技术难关，终于在与IBM、施乐、王安和莫霍克等大型计算机公司的竞争中，取得价值数百万美元的美国信息总署（USIA）海外互联网项目合同。苍天不负有心人，东方计算机公司（ECI）在美国计算机行业取得了良好的开端后，紧接着又获得五角大楼（BCN）宽带通信网络合同、联邦政府教育部门、劳动部、退伍军人医院和海军航空站等政府机构的宽带通信网络项目合同。1991年在费城联邦小型企业地区局（SBA）的强力推荐下，经过坚持政府法律与利益分配博弈的艰难谈判，终于获得美国政府颁发给中小型企业的最大合同，为期六年的美国国税局（IRS）的宽带通信网络项目合同，合同价值高达2.4亿美元。

为表彰东方计算机公司（ECI）对美国社会的贡献，经联邦小型企业地区局（SBA）提名和严格评审，郑天任博士获得美国布什总统在白宫亲自颁发的1991年度全美优秀企业家奖。此后数年中，作者曾与美国总统老布什及小布什多次见面叙谈。

1992 年郑天任博士应聘作为美国政府商务代表团的主要成员，赴北京参加同中国最高层领导商讨美中经贸和科技文化合作的国事访问，受到中国总理李鹏的接见。1997 年作者应邀参加见证了香港回归盛事，并同大陆、香港和台湾领导人李瑞环、董建华和李登辉会谈，以推动两岸三地的交流。1998 年受华裔"百人会"组织的委托，郑天任博士和夫人通过与中国驻美大使馆联系，安排了美国著名宗教领袖帕特·罗柏森到中国的访问，受到了朱镕基总理亲自接见的最高礼遇，并澄清了美国社会对中国宗教现况的错误认知。

作者在一生中曾经遭遇过许多周折，前已述及童年时等境况；后在访问中国期间不幸染上重症肺炎，后又患上癌症以及过敏性疾病，然而都顺利闯过。郑天任博士乐善好施，身为华裔美国人基金会的创始人和华裔精英"百人会"的会员，做了大量慈善工作，同时十分关心教育和医疗事业，对多所大学都有基金赞助，早已成为美国主流社会所敬仰的华裔楷模。

《一世風雲》全书由郑天中翻译。

目 录

第一章

趁夜出走

　　夏日午后，南京炎热转变成闷热的一些画面依然没有消失，还是经常浮现在我的脑海和睡梦中。我一直记得有一群陌生人在我们家里匆忙地收拾行李，大声地把家具推到一边。两辆马车停在我家大门口，大件行李放在车顶上，而小行李则塞进马车舱里。我在马车厢里仍能听到铁制马车轮在鹅卵石街道上隆隆作响的声音和淹没在人行道上的"啪啪啪啪啪啪啪"声。奇怪的是没有灯光，我记得是在晚上黑暗中马车停靠在河边。妈妈、奶奶、爷爷和他的助手、姐姐以及我们家的保姆明明一起走上一艘小木船。船上还有几个来自爷爷办公室的员工和一些陌生人，大家上船后小木船便迅速离开河岸，后来又突然停在离岸边很远的地方。在看不见任何东西的黑暗中，我感觉到有几位陌生人把我高举在他们的头上，从一双手传到另一双手，就这样从我们的小木船进入到一艘比较大的船，在那里我终于被轻轻地放到保姆明明的膝盖上。

　　爷爷告诉我们所有的人都要保持安静，因为这里可能有日本间谍正在寻找我们，我们不能发出任何声音，不能让日本间谍知道我们躲避在这里。高大强壮的船夫用竹竿和船桨驱动大船前行。当船行到河道狭窄水流湍急的地方，就由一群在岸边行走的纤夫用绳索沉重地拉船上行。至今我仍然记得那些令人不安、不熟悉的纤夫们的齐声呼喊声（船夫号子），这种声音一点也不像在家时奶奶抱着我，坐在她大腿上用软绵绵的声音哄我平静入睡。我渴望能够转身回家，回到自己的床上蜷缩着入睡，而不是呆在这可怕的黑暗中，四周到处都是水，没有睡觉的床，只有悬挂在天花板中央的一盏油灯来回晃动以及在墙上投射出诡异的影子。我不停地扭动着，诡异的影子不停地纠缠着我，但我没有哭，我不能发出声音。现在河面上更黑了，掌舵工和桨手恢复了他们的节奏。第二天的晚上，当船被拖靠上岸后，我们家人一齐走的时候，有人抱着我，最后我们走进了一家酒店。我环顾四周，奇怪的是我发现一个书桌的抽屉半开着。窥视里面，我无意中发现了一盒我最喜欢的饼干。"看看我发现了什么！？"我向妈妈和姐姐喊道，我给姐姐的时候，她很快地抓住了一些饼干。天亮时，我们又回到了船上，朝上游的方向继续驶去，水手们避开了巨大的岩石和漂浮的残骸。我累了想在妈妈或明明的膝盖上打个盹，仍然希望回到自己的床上或者在自己家里的后院玩耍，奶奶和爷爷在小桌子上用一个热茶壶不停地喝着茶。当我们的船在狭窄的河道中上行时，我看到一根绳索从我们的船上扔给了水中的船工，当船工游上岸后，再把那根绳索系在另外一根粗绳索上。当船工们把那根粗绳子放到他们的背上拉船时，我们的船似乎比用桨和竹竿推动的速度要快，就这样在白天我们船被拖了好几次。妈妈说每次由不同的纤夫来拖着我们船上行，是因为他们都有自己的工作领地并以这种方式来求生活，当然那时候我无法理解这一切意味着什么。

1

天黑之前，我们又要在岸上停留，入住另一家酒店。我跑进我们的房间，在那里我又会看到了另一个半开着的抽屉，里面有另一盒饼干，这是我的饼干，简直像是变戏法！我记起在接下来的日子里，另一家酒店，下一个抽屉，还会有下一盒饼干。总共 20 天，我从来没有失望过。

一岁时在南京

当我们最后一次到达岸边时，船停泊在一个巨大的码头上，一条长板从船上延伸到码头，我看着姐姐在没有任何人的帮助下独自一人走在长板上。虽然我很是害怕，但我还是想和姐姐一样，我也会自己走路。当我走到码头上的时候真希望爸爸能在那里见到我，我知道他会为我感到骄傲。但爸爸却留在南京，那时他是黄埔军校的一名学员。妈妈告诉姐姐和我，爸爸会在几天内和我们见面。

一岁时和奶奶和姐姐在南京

爷爷租了几辆黄包车，我们的行李从船上拿出来后放在黄包车上，我和爷爷坐一辆黄包车，姐姐和妈妈坐另外一辆黄包车。

"这里是重庆。"妈妈在我们登上黄包车前说，"我们的新家，抗战时期的首都（陪都）。"

1937 年 8 月，那时我才三岁，在日益增长的战争危险中，我们刚完成了第一次逃难。

我出生在一个因为战争而担负军事任务的军人家庭。20 世纪初 1900 年，我的祖父（爷爷）郑權在当地一所著名的学校里当教师，听到革命的召唤后不久，就组织了一个来自福建的团体，加入了推翻清朝的运动中。爷爷是福建革命军的总指挥，在孙中山先生的领导下被提拔为全国军事委员。1911 年革命成功后，建立了中华民国，爷爷被任命为中央党史编纂委员会高级编辑，在此期间他撰写并编辑了有关革命和新共和国重大事件的重要文件和历史记录。

身材修长，留有山羊胡子的爷爷一直非常专注我的爸爸，作为一个富裕家庭的独生子女，爸爸总是得到他所要的一切。在爷爷的许可下，爸爸年轻时曾就读于中央警察学校，希望能够成为一名侦探。甚至在进入上海同德医学院之前，就曾跟随最著名的催眠师学习催眠术。但是随着抗日战争开始后的形势发展，爸爸决定成为一名保卫我们祖国的战士。他通过了黄埔军校的严格入学考试，成为从 1 万多名申请者中选拔出的 700 名学员中的一名，并在 1933 年即我出生的前一年成为了黄埔军校的正式学员。

一岁时和姐姐在南京

南京，中国的首都，1937 年之前仍然处于相对和平的状态。我们同爷爷奶奶一起住在一个高档社区的大房子里，爷爷和他的朋友们经常相聚在一起交谈并讲故事。有时他们会寻求爷爷的帮助，爷爷总是愿意伸出援助之手。

爸爸去黄埔军校时，我们住在南京，爸爸只有在周末才能回家。在南京，我们房子的许多墙壁上都装饰有关的军事文物和主要历史人物和事件的图片。妈妈告诉我，她怀上我的时候是在南京，和奶奶在一起。因为爷爷告诉她，她所看到的东西将会传给我，妈妈也认为爷爷的收藏对我有最积极的直接影响。

1931 年日本人占领了中国的东北地区，并在满州建立了一个傀儡政府。1931 年 9 月 18 日，一段由日本人拥有的铁路被一个小型爆炸装置损坏。日本人指责中国政府并且立即开始进攻，日本人打败了防守的中国军队，占领了城市，最终占领了整个满州。日本人每进入一个城市，这所城市就会被日本军队烧毁。在满州和中国北方省份之间的边界，日本军队不断骚扰中国边境上的守卫战士和平民，阴谋旨在制造紧张局势，最终引发事件以借口说明全面入侵中国是正当的。1937 年 7 月 7 日，日本军队制造了另一个事件，他们声称日本的一名士兵在靠近北京的卢沟桥失踪了，并以此作为借口乘势攻击中国。在一连串的军事行动中，占领了北京、天津、青岛、上海和许多其他的沿海城市。中国政府的领导人知道，南京将成为日本人的下一个袭击目标。对这次预期中的袭击，政府决定放弃首都南京，搬迁 1500 公里到中国中西部的重庆建立临时的抗战首都（陪都）。由于战略转移的重要性，重要的政府机构包括党史编纂委员会和黄埔军校都将从南京迁往重庆。在党史编纂委员会中，其他几位政府官员以及作为重要成员的爷爷和我们家人是属于第一批撤离的。几周后当黄埔军校搬离的时候，爸爸就会和我们一起在重庆了。1937 年 8 月的那个闷热的夏日夜晚，我们在漆黑的夜色中离开了南京。由于担心如果我们乘火车撤离，日本人可能会轰炸我们；乘坐大型蒸汽船将使我们更容易成为被轰炸的目标。当大部分日本军队离南京还有 200 公里时，在爷爷和其他重要政府官员的帮助下，我们就开始撤离。此时在中国的任何地方，日本人的间谍活动都很活跃，因此为了完成经由长江的安全撤离，我们花费的代价也是很高的。在革命之前，爷爷就已经在房地产交易中取得成功，变得富有，他不得不把自己在南京和福州的部份房产抛售，以换取钱币和黄金作为从南京迁往重庆的撤离费用。

一岁时和奶奶在南京

随着日军在南京的强势进攻以及随后的大规模屠杀，说明我们家人的匆忙撤离显然是正确及时的，对我们家庭来说这是运气好。我们撤离后几个月，1937 年 12 月日本侵略军在上海和南京与中国军队进行了 27 天的激烈战斗，怒气冲冲地冲进南京并占领了整座城市。即使装备低劣，英勇的中国战士在南京失陷之前，也打死 5 万多日本侵略兵，打伤 20 多万，而我们自己总共损失为 12 万人死亡，24 万人受伤。在接下来的几个星期里，在南京城市中，有三分之一以上选择留下或者无法离开的普通居民在没有抵抗的情况下，也被日军屠杀了超过 30 万，包括男性、女性和儿童在内的老百姓。

1937 年 12 月至 1938 年 2 月期间日本军队在南京的所作所为和卑鄙行径开始传播出来。通过朋友和熟人以及政府官员和一些新闻报道，起初人们并不相信自己的耳朵，认为这些故事太过戏剧化，可能是政府的宣传。但随着时间的推移，类似的信息迅速扩大和传播，在报纸上有更多的照片作为证据，人们开始意识到这些故事都是真实的。

1936 年同爷爷和姐姐在南京

关于日军的滔天罪行，例如斩首成千上万的无辜市民来测试他们的武士道精神和杀人技巧。有照片显示日本士兵举起他们的军刀砍落人头，并将受害者的头堆在一起，边笑边站着观看。其他的则是用步枪或机枪集体射击屠杀，或者是由行刑队小组来射击屠杀。遭受集体屠杀的受害死难者被推入一个个万人墓坑。照片还显示，一群中国士兵被日军倒在他们身体上的可燃性液体活活烧死。成千上万的中国妇女，其中包括一些只有 12 岁幼女被强奸后杀害。照片显示，士兵在强奸妇女后还向妇女的生殖器开枪。这种极端的残忍手段让我国人民从老到幼都感到万分震惊。我们还看到了一些房屋和城市建筑物被焚烧和遭受破坏的真实照片。

三岁时姐姐在南京

历史上已经将这场日军的暴行称为南京大屠杀，是整个第二次世界大战期间最为令人震惊的反人类恐怖事件之一。这些年来，我并没有对我们国家发生的战争事件了如指掌，但我最为清楚的一件事就是我和我的家人如果没有从南京撤离，我们一家很可能就会成为南京大屠杀的直接受害者。

第二章

含悲丧亲

明明正疯狂地追赶着她，这一幕几乎每天都在重演。明明有时还会在把她拉回到附近的商店停下来，买些糖果之类的东西来安抚她。虽然我只比姐姐小一岁，但是姐姐从来没有让我加入她的冒险行列，毫无疑问的是她担心她的小弟弟会使她的行动减慢。爸爸总是为她感到骄傲并称她是家庭中的勇敢灵魂。

有一天在南京，我大约两岁的时候，爸爸为了考验我的勇气，他站在横跨有成人两步宽的水渠单板桥一边，命令我从另一边走到他的身边。爸爸伸出右臂对我说"过来！"。但是看起来这条单板桥太窄，水渠太深，我害怕掉下去会永远走不出来。爸爸再次重复他的命令时，我的双脚却不会动了。

"你为什么不向我走来？"爸爸问道。

"我害怕。"我回答。

"当你害怕的时候，你会怎么样？"

"哭，我会哭。"我说。

"哭？你不像你的姐姐那样勇敢。"爸爸宣称。

1938 年在重庆

他后来告诉妈妈，我是这个家庭里的弱者。事实上，我曾见过姐姐多次在水渠单板桥上跳来跳去，丝毫不犹豫。当我看到天檀姐姐在大房子的门口蹦蹦跳跳的时候，我暗自幻想着自己的人生旅途。当然，我渴望有一个男童玩伴来陪我玩，我们在重庆定居后不久，我的弟弟郑天慈提前一个月出生了，为此我十分高

6

兴。我的弟弟非常健康，当他醒着的时候，我喜欢靠近些看着他，并对他微笑的样子感到欣慰，我有许多计划中的事要和他一起去做。

我比自己想象的更喜欢我们的新家。街对面一堵约1米高的混凝土石墙，将这条街与悬在长江上面的陡峭悬崖分隔开来。重庆城在河的另一边若隐若现。白天，我会凝视位于远方的多处建筑物，像一块巨大的灰色和黑色的地毯，覆盖着整个山坡。晚上，看着这个城市闪耀着成千上万的白炽灯和霓虹灯，就像一块插上成百上千小蜡烛的大蛋糕。

爸爸只是在周末才能从军校回家，而爷爷的朋友们又来了，就像他们在南京聚会时一样。当姐姐没有与明明一起恶作剧时，她会在房间里面读她的漫画书。妈妈经常说姐姐的阅读能力对一个5岁的孩子来说是相当高超的，姐姐在3岁半的时候就已经认识很多汉字，爷爷也经常为她购买关于动物、植物和地球的新书。

"过来，坐下，让我把这故事读给你听。"姐姐在我面前挥动着她的小书说，但每次我都会拒绝她，跑去和二楼的男孩子玩。

弟弟出生后不久的一天，我听到妈妈告诉爷爷，她摸姐姐的额头感觉姐姐有些发烧。我看到姐姐那张漂亮的脸蛋上有疲惫的表情，通常闪闪发光的眼睛变的呆滞、无精打采。爷爷具有丰富的中医知识，所以他开了一付中草药处方，妈妈煎了药给姐姐吃。但是到了第二天姐姐的发热不但没有消退，而且又开始咳嗽了。爷爷带着她过江到城里去看医生，医生只给她最基本的感冒药，然后就送她回家。

爷爷不相信姐姐只是感冒，于是就带她去看另外一位医生，医生诊断她患了肺炎。但是由于战争的缘故，大多数药物的来源都被切断，所以医生没有办法给姐姐提供有效的药物治疗。爷爷非常失望，没有别的选择，只能把姐姐带回家，使她没有办法得到适当的治疗。

我被禁止进入姐姐的房间，妈妈告诉我必须保持安静，这样姐姐才能好起来。我焦急地期待姐姐再次从她的房门跳出来的时候，我想起在南京的雪花中和她一起玩，姐姐过去经常把我们家屋檐下挂着的巨大冰柱说成是"冰宝塔"，因为它们的形状就像一个上下颠倒的宝塔。

我看着爷爷在房间里踱来踱去，眼镜后面充满着焦虑。他曾向政府里的朋友寻求帮助，并在重庆寻找合适的药物来源，但是找不到任何药物，这种姐姐急需药物根本无法通过日本人的禁运。在绝望中，爷爷从当地药店抓了一付中草药，为姐姐煮了药，但是他告诉妈妈，药可能不足以治疗肺炎。妈妈努力让姐姐舒适一点，抱着她，摇着她，同时向她哼着歌。但是从姐姐开始发烧的第3天起，甚至连咳嗽的力气都没有了。发烧一星期后，姐姐死在妈妈怀里，她看起来就像她在睡觉一样平静，妈妈哭了，爷爷也哭了，奶奶一整天都没有从她的房间出来。爷爷为姐姐安排了葬礼，姐姐下葬的时候，我和明明一起呆在家里。看到姐姐没有和妈妈一起回家，我问妈妈"姐姐在哪里？"

"你的姐姐死了。"她哭着说。

我不明白死是什么？

爸爸回家的时候，他几次把沉重的靴子踩在木地板上，泪水顺着他的脸颊流下来，他过去常常称姐姐是他的掌上明珠。

好几天没见到姐姐，我问妈妈"姐姐什么时候回来，妈妈？。"我太想念姐姐了，希望我会同她坐在一起，希望再有机会听她问我什么时候可以给我读那些画书。

"当人们死了，他们的灵魂就会升入天堂，不会再回来了。"妈妈解释说，眼泪从她的脸颊流下来。"你的姐姐会留在天上，永远不会回来。"

我对天堂不太了解，所以第二天我又问妈妈，她也给了我同样的回答，第三天我又问了一遍又一遍，直到我忘记了我问的原因。

"你的姐姐很聪明，爸爸认为她是个天才，以后会成为一名学者。"一天，妈妈说，"现在她走了，我们只有你和弟弟。"希望你们俩能成为我们的好儿子。"

奶奶继续在床上待更多的时间，58岁的奶奶患有高血压，多年来一直病得很重。对我们家的大多数人，奶奶都很严格，很冷淡，她的脾气很不好，有时候说话也很刻薄，让别人不敢去接近她。但是对我来说，奶奶似乎很不一样，晚上她常常抱着我，向我哼着歌，帮助我入睡。但是现在我想要我的奶奶时，她再也不能抱我了。妈妈说，因为姐姐的死亡使奶奶震惊了，自从搬到重庆后，奶奶不得不用其它比较差的药来代替她原来吃的药。

我很担心奶奶，并更专注于妈妈给我分配的任务。就像往常一样，我要先去奶奶的房间，正式邀请她和家人一起吃早餐，当大家都坐在餐桌前时，我又要格外认真地到奶奶房间的门口。

"奶奶，请起床！到吃早餐的时间了。"一天早上，我大声地喊着。

奶奶没有回应，我打开门，走到她床边，用力地把她推了几下，但是她一动也不动，我马上就冲到妈妈那里。

1938年与爷爷、爸爸在重庆奶奶的墓地

"妈妈，我推奶奶的时候，奶奶没有醒来！"

"你的奶奶也到天堂去了，她再也不会和我们在一起了"妈妈哽咽着说。

我也和妈妈一起哭了，4岁的我很难理解一个接着一个我所爱的人会这样就从我们家消失，再也不会回到我们的身边。

我的家人似乎在第二次悲惨的死亡中被颠覆了，只有爸爸发现奶奶的死亡时，他没有表现得那么悲伤。甚至在奶奶去世之前，我就听到爸爸对妈妈喃喃地说，他年轻的时候，奶奶会在别人面前骂他"做坏事情"，以及奶奶如何把他和他的两个堂哥相比。爸爸还说他的母亲对待这两个堂哥比对她自己的亲生儿子好得多，他痛苦地抱怨自己缺乏母爱，甚至怀疑奶奶是否是他亲妈？

奶奶出人意料地去世后的许多日子里，爷爷只是坐在那里，凝视着天空，有时我爬上他的大腿试着逗他笑，甚至拉着他的山羊胡子还不能使他笑，我比以前更加怀念他那平静的声音和他讲的故事。现在我开始在外面玩得更多了，因为我是最年长的孩子，没有保姆陪伴也能出去玩了。20 岁出头的明明是一个非常漂亮的女孩，她呆在家里面，变得更加专注于爷爷，爷爷的精神逐渐地从郁闷中转移了出来，但是妈妈却很担心。

"看到爸爸和明明走得这么近，我觉得很不自在。" 妈妈在周末告诉回家的爸爸。"他们之间可能会发生一些事情，这样就会对爸爸不好。"妈妈说。

"这是你想象的事情！" 爸爸不同意，"是什么让你这么说的？"

"嗯，明明很年轻，很有魅力，爷爷又很寂寞。"

"为什么我们不找一个漂亮的年轻人同明明结婚呢？" 妈妈问。

"我不这么认为。" 爸爸回答，"爸爸需要有人来照顾他。此外他已经 63 岁了，而明明只有 21 岁，我不相信他们之间会发生什么事。"

我不太明白他们对话的意思，但分歧很快就慢慢地被忽视和遗忘了，就像以前爸爸和妈妈有分歧的时候一样，爸爸总是有最后的决定权。

我的父母是按照中国的传统方式结婚的，虽然他们的父母是很熟悉的老朋友，但还是请媒人为两个显赫的家庭做了安排。1932 年，爸爸和妈妈在上海举行婚礼之前，从未见过面，当时他们都只有 17 岁。

我们家庭内部的悲伤乌云慢慢地开始消散，妈妈告诉我，我们幸运地生活在中国最富裕省份中的最富裕城市里。

我很高兴我们住在一家商店的隔壁，在那里我经常和明明或妈妈一起去买糖果，但是几乎每天都有日本轰炸机要来空袭的警报响起。大多数时候重庆都是被轰炸的主要城市，我们可以看到明亮的闪光，听到低沉的爆炸声。有时日本轰炸机会炸到我们房子附近的目标，我还记得，当爷爷在我们的房间里踱来踱去的时候，突然会把我抱在怀里。当他听到附近有巨大的爆炸声时，爷爷就会用他的身体遮住我，并把我靠在房间的内墙壁上，这样我就得到了来自两边的保护。

我的爸爸从黄埔军校毕业后，就被委任为陆军少尉，他的第一个任务是到离重庆约 500 公里的贵州省都匀县炮兵学校担任教官。我们全家想要在一起生活，我只好离开我在重庆的朋友，和爸爸一起搬家去都匀。

1939 年的春天，我和妈妈、爷爷、弟弟一起坐上一辆公共汽车，整整三天后汽车才到我们的新家。但在都匀县，爷爷不会和我们住在一起，他只是和我们一起乘车以确保我们的旅途安全。现在到了我们的新家，爷爷必须在一两天之内返回重庆，在那里他仍然是党史编纂委员会的高级编辑，而且在他的家庭生活中，还要承担一些新的责任。

"我有那种预感，但你不相信我。" 就在我们离开重庆的时候，我听见妈妈对爸爸说，他们得知明明已经怀孕了。

"我没有办法改变这种情况。"爸爸回答说，"不管怎么说，除了年龄的差异，我认为他们结婚没有什么问题。"

当我们到达都匀县时，妈妈和爸爸开始争论关于我们的新生活状况。爸爸的部队基地离我们 5 公里远。爸爸只能在星期天回家，星期一早上离家去基地工作，因此妈妈在家里大部分时间就只能单独同弟弟和我在一起。

"我真的不喜欢都匀县，乃至整个贵州省。"妈妈说。

"为什么？你的问题在哪里？"爸爸问道。

"嗯，这是最贫穷、最不文明的地方。"她说，"我对整个省份都有这种不好的感觉。"

"你只是听到别人在这样谈论，你真的不知道他们说的是不是事实？你需要自己去找出答案来。"

两天后，妈妈带着弟弟和我到汽车站去送爷爷离开，我拥抱了我亲爱的爷爷，他轻轻地拍了拍我的头，弯下腰吻了我的额头。看到他走，我感到很难过，但我没有哭。爷爷是一位温柔体贴的人。我们家的每个人都深深地爱着他，作为他的第一个孙子，爷爷是非常喜欢我的。爷爷离开后，我们这个家庭似乎一直在变小。

在回家的路上，我想起我在这社区里已经看到所有的新孩子，我想我会和他们玩得很开心。但是当我们回到家的时候，妈妈警告我在这个新城市要格外小心。

"街上有很多绑匪，所以你就只能呆在后院里玩。"妈妈说，"不要和陌生人说话，也不要吃任何人的糖果，这些都是非常危险的。"

"是的，妈妈，我知道了。"我说。

"你知道为什么绑匪会把孩子带走吗？"妈妈问。

我摇了摇头。

"他们会把带走的孩子卖给坏人做奴隶，以后被带走孩子的生活会是非常艰苦的。"

"什么是艰苦的生活，妈妈？"

"嗯，他们没有足够的食物，也没有糖果，他们必须整天做非常繁重的苦工。"

几天后，我开始忙着和邻居的男孩子们玩"捉迷藏"、"斗鸡"和类似"官兵捉强盗"的游戏。在我们这个满是杂草的院子里到处是男孩，因为房子前面狭窄的石头路人来车往，经过的牛车、马车或手推车都会发出的震耳欲聋的噪音，所以我们不得不呆在院子后面玩。我们一遍又一遍的在房子的后院玩同样的游戏，日子似乎变的很长。

到了下午的时候，我感到更饿了，不得不跑回房子去找妈妈。"妈妈，是到了吃晚饭的时候了吗？"我问。

"现在还早，再出去玩一会。"妈妈一边说，一边看着弟弟，同时在煮饭。

过了很长一段时间后，我再走进屋子，又问了一遍。

"现在才4点，"妈妈说，"我们要到6点钟才开饭。" 关于几点钟的事，我什么都不知道，从此在那天下午或接下来的漫长日子里，我尽量不去打扰妈妈。

她很不喜欢我们住的第一层公寓，尤其是这个公寓没有厨房，不得不在后门外面做煮饭做菜。但是我确实感到很饥饿，我一直在寻找额外的食物来补充。有一天妈妈收到一袋荔枝干，是住在福建福州的外婆邮寄过来的，妈妈给了我几颗后就把剩下的荔枝干放在一个罐子里。荔枝干这么好吃，这么甜，我就从罐子里去拿，尽可能多吃点，没有几天，罐子就空了，那个周末爸爸回到家发现空罐时，变得非常不高兴，大发脾气。

"儿子，你知道偷窃东西很不好吗？"他咆哮道。

"爸爸，偷窃是什么？" 我不明白他为什么这么生气。

"偷东西是未经许可的情况下，就拿走别人的东西。荔枝干是给你妈妈吃的，因为她生你弟弟后身体还很虚弱，你问过妈妈了吗？"

"没有，我没有问过妈妈。"我说。

"那这就是偷窃，我必须惩罚你，这样你才会记得。"

爸爸抓起一根一尺长的木棒，我非常害怕那根棍子，那是爸爸第一次要惩罚我。

10

"给我看看你是哪只手拿荔枝干的？"他命令道。我伸出两只手，因为我在不同的时间都使用了这两只手。

他用木棒打了我的手几次，这是很痛的，我哭了。妈妈递给我一条热毛巾，擦干我的眼泪，同时也擦干净我的脸。

"现在我必须告诉你一个故事来帮助你理解。"爸爸说，他仍然不开心，但不像在他打我前那么生气。"好吗？"

"好的，爸爸。"我喃喃地说。

"许多年前，有一个大约18岁的男孩做了许多坏事，他将被警察处死。"爸爸开始说。我停止了抽噎，我产生了好奇心。

爸爸继续说他的故事，"就在警察向他开枪之前，他要求和他的母亲谈谈。他的这个请求得到了许可。当男孩走近他的母亲时，他问她是否可以最后吃一次她的奶，他的母亲同意了。这个男孩假装吸吮他母亲的奶，但却咬掉了她的乳头。母亲在疼痛中啼哭的时候，问儿子为什么要这样对她。男孩对他的母亲说，他今天将要被杀的原因，是她从来没有要求他对做错的事情要引以为戒、做正确抉择，多年来也从来没有因为他做的坏事而惩罚过他。儿子，我想让你记住这个故事，在你做任何事情之前，都应该要为自己的将来想一想。"

我不理解爸爸故事的全部含义，但我不想做任何事让爸爸再次惩罚我。我当然不想做任何伤害妈妈的事，就像那个故事中的男孩一样。

当爸爸和他的部队在一起时，妈妈就会同我和弟弟在睡觉前度过一段特别的时间。首先，她会用福建话唱出优美的歌曲，舒缓的曲调和话语使我感到平静和安全，歌曲很快地让弟弟睡着了，然后妈妈继续为我讲故事。

我最喜欢的一个是"老虎阿姨"的故事，它是关于一只老虎的故事。老虎变成了一个漂亮的年轻女人，引诱小男孩或者小女孩离开他们的家，然后把他们当作晚餐来吃掉。我知道妈妈告诉我那个故事的目的是要提醒我不要和陌生人一起出去。我最喜欢的另一个故事是"恶毒的继母"的故事。一个男孩的母亲去世后，他的父亲娶了一个会虐待这个男孩的年轻女人。当继母有了自己的孩子后，她对这个男孩的虐待就更加粗暴苛刻。晚餐时，恶毒的继母会给她自己的女儿做一碗浓汤，而这个小男孩只吃没有任何面条的清汤。男孩还会经常挨鞭打，让他做各种各样繁重的家务。晚上，男孩想起自己的亲生母亲时就会哭。每次妈妈讲这个故事，我都会感动得流下眼泪，非常同情这个可怜的小男孩。

除了每天为我们煮三顿热饭外，妈妈还把我们所有的衣服都洗干净、缝补好。她有时会去拜访其他军官的家庭主妇，但她从来不参加那些当时很受欢迎的麻将游戏。她告诉我，赌博是非常糟糕的事，任何赌博、喝酒和吸毒的人都可能毁掉他或她们家庭的美好生活。

当爸爸回家休息的时候，爸爸会请许多训练营的同事来我们家，就像爷爷的朋友们一样，房子里满是嘈杂喧闹的军歌。我很喜欢在客人中奔跑，试图引起他们的注意。他们也喜欢嘲笑我，因为我的额头很高而且有着不相称的大脑袋。爸爸给我取了一个"大头"的绰号，经常用歌声逗我笑，"大头、 大头，下雨不愁；人家有伞，我有大头。"

我不介意那个笑话， 就和爸爸等其他人一起笑了起来。

弟弟和我分享我们自己的小卧室，当爸爸去基地不在家的时候，我们就和妈妈睡在同一张床上。我睡在妈妈左侧的脚边，而弟弟则睡在妈妈脚的另一边。妈妈旁边的床头柜上放了一盏像盒子的小油灯，一边留有0.6厘米宽的槽道。灯草是用来燃烧灯油的，光的强度可以通过使用的灯草管的数量来调节。为了节省灯油，妈妈通常只用一根灯草，留下一盏昏暗的灯，以便我们半夜起床可以看的见。

在一个温暖的夏夜，就在我闭上眼睛准备睡觉的时候，小油灯的火焰就在我脚下一尺的地方，剧烈地跳动着，然后在空中，就在我床的右边，我看到了一个老人的形象，他有着山羊胡子，并微微上下浮动。我试着和妈妈说话但又发不出声音，我很快就睡着了。当我醒来的时候。想起了那情景，赶紧跑到妈妈那里告诉她。我兴奋地喊道"妈妈，昨晚我看见蒋委员长的影像在床的右边上上下下漂浮着！"

蒋介石是中国政府的首脑，我们经常把他称为蒋委员长（军事委员会委员长）。我认出他是在建筑物上，许多公告板上看到，在大街的墙上到处都有蒋介石的照片。

"别这样胡说八道。"妈妈说，"你只是在做梦！"

"可是妈妈，我不是在做梦。"我看见他了，我坚持说。

"你睡着了，以为你看到了什么东西，其实它不在那里。出去玩时，千万不要告诉任何别人关于你梦见到的事情。你听到了吗？"

我点点头，但我知道我不是在做梦。

就在第二天晚上，当我入睡的时候，在床外的空中漂浮着同样的影像。再一次我看到这件事情时，我不能说话或做任何动作。第二天早上我再一次告诉妈妈我看见过的事情。但是，这一次，妈妈的脸色变白了。

"天任，你在这里和弟弟呆在一起，千万不要离开家，我马上就回来。"妈妈突然说，以前妈妈从未离开过我们俩。

"妈妈，你要去哪里？" 我问。

五岁时我们全家在贵州都匀

"我必须去找爸爸，马上就回来！你们就呆在里面，把门锁上。"

我点了点头。

妈妈赶紧奔跑到爸爸的基地，我锁上了门。弟弟睡得很香，我透过窗户向外看到我的小朋友们在后院里玩耍。我紧张地等待了很长一段时间，最后我听到有人敲门，妈妈的声音告诉我可以开门。

"我跟爸爸说了连续两个晚上你看到的事情，一开始他就很不安。" 她说。"你知道，爷爷的山羊胡子让他看起来很像蒋委员长，我们想知道你看到的这张图片，是否能告诉你一些关于你爷爷的事情。但是爸爸最终还是把这一切都当作一个小男孩的梦想，我们现在必须忘掉它。"

第二天，妈妈收到明明从重庆发来的电报。电报上说：

你的父亲因轰炸而昏迷。请速来！

这封电报晚到了两天，因为电报先送到都匀县的电报办公室，然后再会有人亲自送到我们这里。爷爷中风的日期就是我第一次看见那位老人在我身边漂浮着的同一天！爸爸立刻被准许离开，赶到重庆去。爸爸的眼睛充血了，我从来没有见过他这么忧郁过。当他迅速收拾好他的小手提箱时，我想问他关于爷爷的事，但我担心他没有心情同我说话。我看着妈妈帮爸爸把衬衣和内衣叠好，把小箱子整理好。

1936 年姐姐与朝勳伯伯

"在路上注意照顾好自己。" 她说。"别担心我们这里，多花点时间办妥你需要做的事情。" 妈妈对他说。

"我不会有事的，如果明明不想留住她的小女孩，你认为我们应该怎么办？" 爸爸问，指的是出生不久的爷爷和明明的小女孩。爸爸从来没有问过妈妈的意见，所以我知道他一定很担心。

"好吧， 你可以把她带回来，我们可以照顾她，我不在意家里再多一个小女孩。"妈妈说。

"是的，我也有同样的想法。"爸爸说，"但我也想到战争时期我们的责任，对她来说，生活在比现在更糟糕的地方可能是不公平的。如果明明不带她去，我会把她送到重庆政府资助的孤儿院，这个孤儿院的名声很好，战后我们总能把小女孩带回家。"

13

妈妈点头表示同意。

爸爸乘公共汽车去了贵州省会–贵阳市。他用借来的钱买了一张最早起飞到重庆的飞机票。在我们家或镇上的任何地方都没有电话，因此我们只好在家里等消息，直到爸爸回来。

那天晚上，我躺在床上，不知道我心爱的爷爷发生了什么事？我感到害怕和悲伤。当妈妈开始讲故事时，我闭上了眼睛，在南京时一个夜晚的短暂记忆闪现在我眼前：我哭了很长一段时间，有人抱了我一段时间，然後把我交给爷爷，爷爷把我抱在怀里，带着我走进一个昏暗的房间，他指着墙上的许多照片，用那温和的声音向我讲述了他的故事。我听不懂他在说什么，但我的目光却停留在挂在墙上的一柄有着金色护手的长剑上。在这位坚定而镇静的老战士怀抱里，我感到如此的自信和安宁，很快就睡着了。

当妈妈讲完她的故事后，我问道："我们在南京房子的墙上是不是挂有一把长剑？"

"当然有！"妈妈带着惊讶的神情说，"那把长剑是国民政府赠送给你爷爷的纪念品，以纪念爷爷在军队中的功绩，它代表了一个人的勇敢和坚定的性格。"

"妈妈，当我们在重庆的时候，爷爷抱着我的时候会发抖吗？"

"是的，当你在爷爷怀里时，他会发抖。但是当爷爷同清兵作战时，爷爷会带领士兵们，毫无恐惧地穿过枪林弹雨。可是，当那个空袭警报响起来警告我们日本人轰炸时，爷爷只是为你担心，试图保护你不受轰炸，不知道该去哪里可以确保你的安全。你可知道，公共空袭避难所已经全部被日本飞机的轰炸而摧毁了。"

而现在日本人对重庆的轰炸，毫无疑问是在爷爷照顾他的新生女儿时，使他紧张而引发了中风。我又闭上了眼睛，妈妈摸了摸我的额头"听着，你知道你是爷爷的第一个孙子，"她说，"在这个世界上，你的爷爷比任何人都更爱你，爷爷的心永远与你同在。当他处于困境时，他总是想和你在一起，也许这就是你看到这些影像的原因。"我能感觉到妈妈眼泪的湿润了她的眼睛。

"妈妈，现在爷爷也去了天堂，永远不会回来，就像姐姐和奶奶一样。对吗？"

"我还不知道，但我很害怕。"

在爸爸到达重庆之前的几个小时，爷爷就去世了。办理好爷爷葬礼和处理妥爷爷的遗产，过了一周后，爸爸回来了。当他告诉我们有关爷爷的去世经过时，我们三个人一起哭了起来。爸爸告诉妈妈，明明和她的孩子回到了她的家乡，并由她的家人安排明明嫁给村里的一个中年男人，妈妈松了一口气。当我们还在悼念爷爷的时候，妈妈告诉我，我们从南京到重庆的乘船旅行途中，就是爷爷在所有我们住过的那些酒店房间的抽屉里，都放了一盒我最喜欢的饼干。几天来我一直在想着挂在南京墙上的那把长长的有金色护手柄的长剑。

第三章

兵民涂炭

爸爸和妈妈走在一条泥泞的连走牛车都不够宽大的乡间小路上。在闷热的夏日阳光下，爸爸新司令部的士兵把弟弟和我扛在肩上，另外三名汗流浃背的士兵用竹扁担挑着我们的行李。"饼干！"弟弟喊道，他总是喊饿，要吃零食，扛着弟弟的士兵从妈妈给他的袋子里拿出了一块饼干。爸爸走在我们这一队人的最前面赶路，有时他会放慢速度，让妈妈赶上来，妈妈尽可能走快一点，同时又要尽量避免在最近刚下过雨的泥路上滑倒。

"我们停下来休息一会儿吧。"妈妈说，然后我们都坐在树下休息。

妈妈把装有冷开水的军用水壶传送大家饮用。那是1939年的初夏，我们又开始行军了。爸爸被提升为陆军上尉，并负责黄土坡村附近的一个炮兵连的指挥任务，现在我们正从都匀县城走到10公里外的乡下。尽管只有当地农民和他们的水牛才会走这条小路，爸爸坚持要我们按照他所听说过的那条近路行军，因为这样可以节省一个小时的路程。

当我们站起来，开始沿着小路行军时，我十分羡慕這裡乡村的美景和宁静，生活在一个不用担心绑匪的地方是多么美好的事情啊！弟弟和我将有那么大的空间在山中和田野里玩耍。到达都匀县后，妈妈一直把弟弟放在房间里面，所以我们能一起玩的游戏也只是扔纸飞机，或者用稻草做模拟的斗鸡。我希望弟弟能快点长大，这样妈妈才会让他和我一起出去玩。

"那些大动物是什么？"我指着远处田野里那几个灰颜色的大动物，问那名抱着我的士兵。

"哦，那些都是水牛。"士兵说。

我把头转向弟弟，他骑在我们后面士兵的背上。"弟弟，看！水牛！"我兴奋地说。

"哦。"他边吃边回答。

我们快走到村子的时候，土路从灰黑色变成了褐黄色，我注意到远处有一些看起来像房子的泥堆。

"那些是农民住的泥屋。"爸爸说。

我们没有搬进其中的一个泥屋，我们朝着一个大木屋的方向前进，我松了一口气。我们在大房子里的一套房间安顿下来后，妈妈发给士兵们一些钱作为小费，爸爸就让他们回到炮兵连的连部去了。当妈妈开始收拾行李时，弟弟马上就睡着了，我看着外面的几个人在田里干活，爸爸坐在房间的椅子上，一边抽着烟，一边喝着热茶。

"现在我相信他们所说的这座村子以外的村庄，一定是所有村庄中最贫穷

15

和最落后的部分。" 妈妈说。"难怪人们会说贵州是'天无三日晴，地无三尺平，人无三两银'"

"当然，这里的人都很穷。我敢肯定，是有点不方便，但这就是一切。"爸爸试图平息妈妈的恐惧。

我们很快就知道了为什么他们称这个地方为黄土坡，牛车宽的小路、稻田以及村庄部分地方裸露出的山坡，都有同样的黄褐色粘土层覆盖着，甚至从小河蜿蜒流过村庄的水也显示出同样的黑褐色。

第二天爸爸做了一项关于水的研究，他把我们带到河边，然后向我们展示他的发现：村民们用水桶舀水后再把水挑回家，因为这是村子里的唯一水源。一些人用竹扁担一次挑两桶，这些水看起来像令人作呕的汤药或茶水。

"喝这种水的人会生病甚至导致死亡。" 爸爸弯下腰从河里舀起一些水，他闻了闻又仔细地看了看，再从口袋里取出手帕擦了擦手指。然后警告我们说："这里的水已经受到了严重的污染！我们必须非常小心，如果没有加以处理，千万不要使用或者喝这里的水。"

爸爸开始解释这条河是如何在偏远山区里形成后再流出的，河是在广袤的荒野中由雨水和地泉水形成的小溪流水。这条河里的水包含了大量从河堤上冲刷下来的泥土以及从废物中产生的带有细菌污染、甚至含有动物或人类尸体的腐败残留物。爸爸说，村民们把亲朋死者的遗体也埋在小山上的浅坟里，土狼和野狗就会把死者的尸体挖出来吃掉一部分，剩下的就让它腐烂。下雨的时候，这些腐烂的尸体和那些细菌就一起被冲到河水里去了。

"这里的所有农民仍然直接从河里取水喝，因为他们的祖先已经这样做了几千年，再说他们也不知道有什么更好的水喝。" 爸爸嘶嘶地说。"但我们一定要避开这些细菌！军队的士兵们也要这样。"

"哦，天哪！" 妈妈说 "我昨天用了房东水缸里的水来洗碗和洗衣服。"

"不过，如果你把水烧开了，那就没事了。" 现在你一定要用开水洗碗，直到我们找到干净的水。"

第二天，我自豪地看着爸爸带领几十名第四炮兵连的士兵挖深井，挖出的褐色粘土放置在深井周围形成了一堵墙，并留下了井边的入口。他们挖成的水井的深度约为 7.5 米，直径约为 1 米。一个木制的框架和绳子组成了水桶提井机，然后爸爸指导他们建造一个由木板和蜡纸组成的防泄漏系统，以防止从深井中提出的水泄漏走。士兵们用水桶把水从井里取出后，倒进一个搬运桶，然后再把水倒进一个比成年人高一点的平台顶部过滤系统入水口。在过滤系统内部，井水经过几层沙子的过滤：从一般粗细的沙子到非常细的沙子，再经过最后一层活性炭颗粒和另一层细沙，然后被引导到下面一层的大型水箱，这样经过过滤的水就像水晶一样清晰透明， 但是爸爸还是忠告村民和士兵们在喝水之前一定要先把水烧开才行。

所有的士兵和军官家属都使用了这种经过过滤的清水，但是村民们不但拒绝使用，还说他们的祖先被挖井的行为激怒了。一天早晨，士兵们发现深井被村民用泥土完全填满，过滤系统也遭受破坏。经过两天艰苦的工作，深井又被挖了出来。爸爸命令全副武装的士兵一天 24 小时在那里站岗，村民再也没有来闹事了。

在家里，妈妈更是小心翼翼，再也不去碰河水。但是在我们到达后的第十天，全家都得了严重的痢疾。爸爸对妈妈说，"这一定是我们吃了欢迎委员会提供的食物，他们用河水来煮食物，并在水里洗碗，我们不应该接受那天的食物。"但现在已经太迟了，疾病的灾难又袭击了我们的家庭。

妈妈和爸爸在几天之内就恢复了。尽管大多数当地的孩子都有足够的免疫力来抵御这些致命的细菌，弟弟和我却毫无准备，我们都患有水样的腹泻、高烧和极度虚弱。我觉得自己病得很重，已经无力自己去上厕所。在村子里没有医院和医疗条件的情况下，爸爸和妈妈只好带我们到军营去看军医，军医给我们一些类似糖片的小药。当我把它和妈妈放在我面前的冷开水一起吞下去的时候，味道很不好受，但我没有任何抱怨。

弟弟可没有那么合作，爸爸妈妈把药片放进他的喉咙口时，他尖叫着朝我看了看。我试图安慰他，告诉他这药不太好吃，他才变得配合些。第二天爸爸指示士兵把我们带回到诊所，但是军医说：他不知道能为我们做些什么，他们诊所的药物不够用，对严重的疾病更是毫无用处。我比弟弟结实、强壮些，但是当我变得皮包骨的时候，我看到弟弟的小身体因为脱水而萎缩得更小了。每次我从床上抬起头就看到妈妈把弟弟抱在椅子上，他脸色看起来很苍白，他的身体倒在妈妈的怀里，看起来更像一个布娃娃。

我看着妈妈的头部向前倾，用她的右眼部贴着弟弟的额头，她经常对我们兄弟俩这样做来检查我们有无发热的情况。突然妈妈喊道："弟弟！弟弟！你的额头怎么这么冷？"她看着我，似乎在寻求帮助，但我知道我什么都做不了。妈妈拼命地揉搓着弟弟的脚部、脸部和胸部，然后筋疲力尽地瘫倒在椅子上，妈妈被打败了。

"为什么？为什么上帝要对我如此残忍？我没有做错什么！上帝为什么要这样惩罚我呢？我受够了！"妈妈哭了，然后闭上眼睛，好像要睡觉了。

我想爬起来安慰她，但我太虚弱了，还是不能动。妈妈和我都保持沉默，直到爸爸走进来。爸爸立刻哭了起来，然后轻轻地把弟弟的遗体从妈妈的手中抱起来，放在弟弟的小床上。他告诉妈妈，他必须回到基地，请士兵来帮助我们。几分钟后，爸爸带了四名士兵回来，并指示一名士兵专门留在我身边。其他三名士兵陪爸爸和妈妈一起去参加弟弟的葬礼。在我6岁的时候，我就知道死亡意味着什么，死的人再也不会和我们生活在一起了。我失去了唯一的兄弟，我很难过，那段时间，我经常不由自主地抽泣着。

妈妈起身离开时，她走近我的床边，抓住我的手，向我点了点头。我和那名士兵单独在一起时，想起了妈妈的警告，当我们第一次从公车下来的时候，妈妈就对这个地方有一种不好的感觉。但是我太虚弱了，不能和任何人谈论现在发生的事情。我躺在床上睡不着觉的时候，想象弟弟已经到了那边，同姐姐、奶奶和爷爷在一起。现在我开始明白死亡是什么？但我不认为死亡会发生在我身上，我完全相信我会以某种方式生存下来。我非常想生活下去，因为在这个世界上我有很多想看的地方，很多想了解的事情。

当妈妈和爸爸回家的时候，他们以为我睡着了，但我无意中听到他们在轻声说话。

"如果不是那些日本鬼子，我们就不会处于这种悲惨的境地。"妈妈说。"至少，爸爸、妈妈、天檀和天慈今天都还能活着。"

"哦，事情都已经发生了。"爸爸说。"否则我们永远不会离开南京或重庆，我想这就是命运吧。"

因为当地村民不用棺材，爸爸不得不为弟弟专门请木工制作了一个小棺材。爸爸说，必须把弟弟的遗体埋在地下1.8米处，这样野兽就不会挖到他的尸体。在接下来的几天里，被野狗咬碎尸体的想象，让我做了很多噩梦。

我的症状和弟弟的病状一样，我在床上躺了好几个星期。没有适当药物治疗的情况下，爸爸为我的康复进行了全面安排，而妈妈也遵照爸爸的关照，到军医那里取药来喂我。当我恢复到可以吃一点东西的时候，爸爸规定给我的食物仍然要受到严格限制，并要我喝很多的盐开水。爸爸说如果没有适当的药物治疗，我们需要依靠大自然赋予的治疗力量，来帮助我解决治疗问题。妈妈准备了一道特别的米汤，煮的很烂的蔬菜，还有一点点瘦肉。但每次用餐时，我只允许吃半碗米饭。我的肚子饿得发慌，而且身体一直很虚弱。

有一天，爸爸说他要到都匀去给我买些中草药。他说他一定要自己去，才能确保药剂师配制的是正确的中草药。中医配方是由爷爷的一位老医生朋友寄给他的。几小时后，爸爸回来了，他递给妈妈一大袋混合的叶子和树根，妈妈用一个瓷锅煮了好几个小时，然后喂给我吃。这种药看起来像浓的黑咖啡，但闻起来很恐怖，味道更糟，幸运的是，我每天只需要喝一次。

从中草药治疗开始，我感觉稍微好点了，但我一直感到很饿。有一天，我们家的帮工，一个大约17岁的农民男孩，在妈妈离开家时，对我说他知道怎样才能给我更多的食物。

"你怎么能给我更多的食物呢？"我问。

"跟我来吧，"他一边说，一边把我背起来，只走了一会，就把我带到邻居家的房子里。邻居给我吃了一份蒸米饭和一份味道很好的酸菜。在以后很长的记忆里，这餐饭比我最喜欢的糖果还要好吃。但我记得爸爸的警告，在中草药治疗期间，吃这种食物可能是非常有害的。我知道我违背了爸爸的严令，但我无法控制自己，我太饿了。不管怎样，在接下来的几天内我吃了好几顿这种饭之后，我开始感到精力充沛了。我坚持着这些传统的秘密营养，相信它们能帮助我更快地康复。

感染严重的肠道疾病两个月后，我终于从疾病中康复过来。然而，我仍然无法独自站起来，必须重新学会如何走路。即使妈妈每天给我额外的食物，至少每天吃一次肉，我又花了一个月的时间，才能像一个正常的6岁男孩一样，有足够的力气跑步和跳跃。妈妈看到我的恢复，似乎更坚强了，开始做更多额外的食物来填补我的身体，她带着歉意地说，由于日本人的禁运，仍然无法弄到我需要的多种维生素片。

当我再次开始打球的时候，我更想念我的弟弟。我现在一个人呆在家里，我一点也不高兴。我抱怨没有兄弟姐妹玩的时候，妈妈说："我非常抱歉，你已经失去了弟弟，但是以后你上学的时候，你就会有很多小朋友同你一起玩。"

妈妈还告诉我："战争会带来很多困难。虽然我们遭受了很多痛苦，但我们并不是孤单的。看看我们可怜的邻居，他们生活在贫困中，他们的家庭成员一直在病痛中而且营养不良。"

妈妈开始带我到村子里去，她教我从我们看到的东西中吸取教训。大多数村民确实有很多困难要忍受，这里几乎所有的1200户家庭都是农民，而贫瘠的土地使农业生产变得非常困难。他们唯一的肥料来自于人类和其它动物的粪便，它们都是放在一个泥坑里处理的，作为一个储存坑，当地人叫做水肥坑。

当地生产的稻米仅够村民勉强维持生活，他们没有生活供水，没有邮局，没有电话，没有食物市场，没有餐馆，更没有警察。

"但你在村子里看不到任何挨饿的人或无家可归的人"妈妈指出。"他们很穷，但他们保持着积极的态度，互相帮助，不像在大城市里的那些只会利用别人的人，在城市里，你会看到的那些挨饿和无家可归的人，这就是我们听说的'人吃人，不见血。'"

我能理解妈妈说的话，感到村民们很幸运，而为那些住在城市里的穷人感到很难过。

"妈妈，为什么城里穷人不搬到农村去，这样他们就不会挨饿？"我问。

"首先，如果他们都到农村去，那就没有足够的食物来喂养他们，除非他们非常努力地工作。有些穷人，但不是所有的穷人，往往是那些不愿意努力工作的人。"妈妈说。

村民们吃的是简单却又可口的饭菜。农民们通常会带着一种包着腌制卷心菜的烤饭团到田里吃午饭，这种烤饭团是用炭炉烘烤的，直到表面烘烤成深棕色并形成了硬壳。我试吃过一些烤饭团，吃完以后感到它们真的很好吃。但是爸爸说，这些烤饭团里含有的营养非常少，他不明白烤饭团怎么能让农民有足够的精力在田里工作一整天。

一个农民家庭的典型晚餐包括两到三种蔬菜，但很少能在餐桌上找到肉。许多家庭在房子旁边的围栏里养了一头或两头猪，但用途非常特别。如果这些猪没有和邻居或其他村民交换衣服和大米，就会保存下来，在非常特殊的场合，要么是春节，要么是中秋节，要么是家庭成员结婚或去世时的盛宴使用，猪的粪便也是农田肥料的主要来源之一。

妈妈说，每年农历新年过后的 15 天内，平时饥饿的村民会吃这么多猪肉，包括猪油、猪皮和猪内脏（猪心、猪肺、猪肝和猪大肠等），因为吃得太多，很多人就会生病。由于没有医生，村民会付钱给巫医来治疗病人。某种宗教仪式也会随之而来，来多少天，取决于村民家庭能负担多少钱，几个道士穿着黑袍，戴着高高的扁平帽子，在床边上绕着病人转几圈，大声念诵经文，烧掉各种各样的文件和肖像。如果生病的人病得更重而死了，道教徒会告诉家人，上天把这个人叫到他身边去了，他们应该得到祝贺。

妈妈告诉我，村里大部分的房子，都是用 5 厘米长的稻草和粘土混合成的泥墙，屋顶也是用稻草堆造的。大门是用薄木板做的，没有锁或门把手。前门的对面有一个大约 0.2 平方米的方形小洞，通常这就是房间的唯一窗户。

村里所有的房子都没有暖气和冷气。幸运的是，这里的冬天非常暖和，气温很少在摄氏零度以下，但是夏天可能会变得非常炎热和潮湿。为了避开高湿度和细菌，村民们会把所有的菜里都添加上大量的辣椒。很多人会生烟叶晒干，我发现用粗糙手工卷制的烟叶中，可以闻到的气味非常强烈，而且非常不舒服。尽管他们的家只是泥土屋，但他们却把这些房屋和周围的环境都清理得干干净净。当他们让鸡、鹅和山羊在屋子里跑来跑去时，排出的粪便很快就被村民收集起来作为肥料，这样地面上就没有任何动物的排泄物了。妈妈还向我指出，所有的村民都穿着打了补丁的衣服，但他们也总能使这些衣服保持清洁。

当地村民们把我们租的房子称为"豪华大厦"，因为比他们的房子大得多，也更漂亮。我们是从本地最大的房东，李先生那里租到一套两层楼的木房。这栋房屋的屋顶上铺设有传统的瓦片，门也是用坚固的木头做的，但没有门把手，我们不得不从里面用一根可以滑动的木棒来锁门。这样当我们都离开了房子后，就没有办法锁门来保障房子的安全。幸运的是，来人必须进入主入口，才能穿过走廊到达我们的房子。我们房子里还有几扇真正的窗户，但不能打开。窗户都是用类似半透明纸张的材料封贴起来，我们还有一个室内厨房和一个可移动的厕所，在这个地区的村庄里非常罕见。

李先生是我们的房东，也是村里最富有的人，拥有大片的土地并租给农民。他身材高大但体型瘦削，40 岁左右，长着山羊胡子，大部分时间一直呆在他自己的房间里。他显然不太注意自己的孩子或邻居们，我只是从远处看到过他几次，似乎总是不停地咳嗽和吐痰。我自己曾经病得很重，因此我想知道他怎么了。

"妈妈，为什么李先生吐了这么多痰，看起来病得很严重？"有一天，我看到李先生在他的前花园里咳嗽并吐痰，就问妈妈。

"李先生抽鸦片，所以他很虚弱。" 妈妈解释说，

"妈妈，鸦片是什么？"我问道，

"鸦片是一种毒药，虽然能让人在一段时间内感觉良好，但是长期下来就会一直生病。" 妈妈对我说，脸上带着严肃的表情。

"一旦有人开始吸鸦片，他就无法停下来。 鸦片是非常昂贵的，如果他不富有，他就会偷窃来买鸦片吸。"

我不十分明白妈妈告诉我的一切，也不知道鸦片是什么？但妈妈讲的事情肯定深深地刻印在我的脑海里，我一定要尽量远离鸦片。

每一天，我都盼望着妈妈能给我讲邻居和村子里发生了什么。我妈妈当时的年龄还不到 25 岁，是一位小巧玲珑的女人，对每个人都很有礼貌，而且总是对我充满爱和温柔，每天晚上在我身边时都告诉我：我对她和爸爸是多么珍贵，当然爸爸从来不讲这些。

"天任，我希望你长大后能成为一个好男人，一位上过学并且有学问的男人，一定要学一门好技术来谋生。" 一天她对我说："看看我们的邻居农民，他们日日夜夜辛苦地工作，只是为生存，他们一生会永远过着非常艰难的生活。"

还有一次，妈妈正在和爸爸谈论黄先生，村民称黄先生为"保长"，是当地的民选领导人。黄先生是一个很好的中年男人，尽管爸爸说他从来没有为村民做过任何有好处的事情，但是我们刚搬到这个村子的时候，他曾经来到我们的房屋，表示欢迎我们。

"天任，黄先生今天下午生了一个小男孩。"妈妈宣布。

一个会生下婴儿的男人对我来说产生了一种令人不安的想法，所以在接下来的几天里，我好几次问妈妈："你说黄先生生了一个男孩吗？"

"他肯定生了一个小男孩，"当我走开时，妈妈回答说。几天后，妈妈终于明白了我真正想问的问题。

"你这个傻孩子，只有女人能生孩子，而不是男人。"她说，这个信息对我来说真是个巨大的安慰。

妈妈说我们要提防村民，因为他们大多数不喜欢我们，村民们对士兵也有这种态度。他们也嫉妒我们，因为我们住在比他们好的房子里。他们也称我们是"讲不同方言的人"因为妈妈和爸爸不会说当地方言。我从房主和附近的男孩那里学到了当地的一些方言，因此在我康复后不久，我就能流利地与当地人交谈了。村民们把所有的士兵都看作 "劣等人"，当我们全家一起外出时，由于爸爸通常穿着的是军服，因此他们常常用恐惧的眼光盯着我们。

"你在外面玩的时候，一定要在房子附近。"妈妈非常严肃地对我说，"不要和陌生人说话，没有我的许可，千万不要去任何地方。你还记得我刚才告诉你的话吗？"

"是的，妈妈，我记得了！"我不相信农村有绑架者，但我想妈妈一定有很好的理由才会这样告诉我。

11月的一个下午，我独自在我们的前院玩耍。太阳落在了群山后面，但天色仍然很明亮，一股清凉的风从附近的山上飘过来，带来了野花的香味。枫树和桦树的叶子都变成了红色、黄色和棕色，有些叶子开始掉了下来。我正在从院子里采摘了几片红色的树叶，从邻近房子里走出一位8岁左右的男孩靠近了我，我认识这位邻居男孩的名字叫塔元。

"你愿意同我妈妈和我一起去小山采红叶吗？"塔元问道。

同其他孩子没有太多接触的几周后，我发现塔元的建议很吸引我。

"我当然想去，但我得告诉妈妈。"我回答。

"不，我们没有太多的时间，天很快就要黑了，你来不来？"塔元说。

他的母亲就站在那里等着，走到小山的小路大约有20米远。

"好吧，我就来了"我说，心想这是我们的邻居，而且不是陌生人，所以不应该有任何顾虑，妈妈当然不会反对我同他们一起去的，反正就在附近的小山丘。

我们走得很快，我紧紧地跟着他们，美丽的小径上覆盖着色彩斑斓的树叶，许多野花还在盛开，当我们往森林深处走的时候，我停下来捡起五颜六色的树叶和野花。我把注意力集中在收集最丰富多彩的藏品上，这样我就能给妈妈带来惊喜了。突然，我发现自己是独自一人在这片茂密的森林里，我唯一能听到的声音是在微风中发出的树叶沙沙声音。我有点害怕，但我以为塔元和他妈妈就在我前方的树后面。

"塔元你在哪里？"我喊道，"周太太，请等等我！"

没有任何的回应，只有那些树叶的声音。奇怪！他们离我没有那么远。我一遍又一遍的呼唤着，但还是没有回答，天突然变得更黑了，我记得曾经听说山中到处都是土狼群和野狗，我知道我不能再呆在那儿了。我转过身疯狂地奔向我以为我们到达這裡的那条小路，但我不知道哪条路是正确的，我想着那些野狼和野狗正在看着我，随时准备扑向我。

"周塔元，周太太，你们在哪里？"我大声喊道。

还是没有回应！我更努力地想办法要走出森林，但除了黑暗的树木和阴影，我什么也看不出来。我的脸开始变得麻木，我的心怦怦地跳动，我不停地喊叫，跑得越来越快。黑暗的阴影和来自四面八方的声音都给我带来了"危险的信号"。如果我要活下去，我就得继续跑，如果我在森林的中间停下来，我肯定会被野狼吃掉。当他们发现狼群已经吃掉了他们唯一的孩子时，妈妈和爸爸会多么伤心啊！经历了好像有几个小时的连续奔跑和哭泣、哭泣和奔跑之后，我感到精疲力竭，但我仍然清楚地知道要活下去就不能停下来。

突然，我看到一位士兵在黑暗中朝我跑来，我感到非常高兴。这是营部的一位哨兵听到了我的呼喊后，就跑来拯救我。结果发现我从家里出来后，是朝向山的另一边跑，一直跑到山对面。哨兵把我带回家的时候，已经是很晚了。

妈妈紧紧地抱着我，"我以为我们已经失去了你，如果那真的发生了，我们真不知道该怎么活下去，我真高兴你没事了。"她不停地吻我的前额。几个士兵站在爸爸周围看着我们，爸爸说他已经命令几组士兵去找我，但只在村子里找，从来没有想到过我会上山，因为他们认为对孩子来说进山太危险了，没有孩子会往山里去的。

"你到底发生了什么事？在这样的黑夜里还在森林里徘徊？"爸爸让士兵离开后，就问我。

"塔元和他妈妈让我一起去摘红叶，天黑以后，我在森林里找不到他们，我不停地呼喊，但他们没有回答。"我解释说，害怕爸爸会因为发生的这件事情责备我。

"那个女人和那个男孩，想把我们的儿子留给土狼群和野狗吗？太邪恶了！这是蓄意谋杀！"妈妈用我从来没有听到过的最愤怒的声音咆哮着。

"我要杀死那个白痴女人！"爸爸尖叫。他和妈妈立刻走向附近的周太太家。门是从里面栓住的，爸爸踢开了门，周太太正站在房间中央，她很害怕，但什么也没说。"你这个愚蠢的女人，你是想把我们的孩子留给狼群吗？我应该像对杀人犯一样向你开枪！"爸爸喊道。

周太太站在那里盯着我们三个人，好像什么事都没有发生过，这使爸爸更加生气了，我惊恐地看着他，爸爸颤抖的手伸向他的手枪套。就在这时，有人从背后抓住爸爸的手臂，紧紧地握着他的手，那是刚到我们家拜访爸爸的楚灵书中尉，听到一阵骚动后，就急忙跑过来。他看得出我父亲手握有一把上了子弹的手枪，显然是很生气。

"郑连长，她只是一个没受过教育的农民，非常无知。你千万不要和她计较。"他一边劝爸爸走出小屋，一边说。

当楚灵书中尉走到小屋门口时，他转过身向周太太走去，警告说："你下次千万不要再这样了，一定记住这一点。"从开始以来，周先生一直都躲在黑暗的角落里颤抖着，塔元躲在另一个房间里，没有出来。

当我们回到家的时候，爸爸已经平静下来了，楚灵书中尉和我们一起回家后，同爸爸一起喝茶。爸爸讲了那个女人把我留在森林的完整经过，楚灵书中尉只是摇了摇头，说："这里的人没有受过教育，但是我不认为他们会对一个6岁的孩子做这样的事情。"

"你真的要开枪打死那个女人吗？"妈妈问爸爸。

"当然不是，我只是想吓唬那个愚蠢的女人，她竟然无视我的警告，只是盯着我看，就好像是在开玩笑似的。"爸爸解释道。"但我很高兴楚灵书来了，并且控制住了局面。"

我突然想到周太太一家不懂普通话，而爸爸也不懂当地的方言，现在我几乎觉得这很可笑。

"就像楚灵书一样，我也不敢相信这里的人会对一个小男孩做这样的坏事，"妈妈说，她仍然很生气。

"我想你是对的，这里对我们来说不是个好地方。"爸爸对妈妈说。

"无知的人和坏人完全一样，因为他们不能分辨是非，他们的行动结果是一样的。"

我被爸爸的话吓了一跳，因为他从不承认妈妈对任何事情的说法是对的。但是妈妈没有回应，也许是因为胜利的代价会如此之高。这个可恶的地方已经夺走了她的小儿子生命，现在几乎要夺去了我的生命。

我非常爱爸爸，但我也怕他，不仅因为他会因为我的过错而惩罚我，还因为他的脾气暴躁，怕他那双能看穿我脑袋里想法的眼睛。但我也崇拜他，因为他似乎知道太阳底下的一切事物。25岁的男子汉，肩膀宽阔，身材适中，步态快捷，爸爸喜欢当一名军官。妈妈说他是一名出色的军官，有很多追随者，他们会征求他对战争策略的建议 或者请他为他们写信件或论文。她告诉我，他可以在很短的一段时间内完成一篇长文，也就是抽完一根烟的时间，而不需要停下来思考。

在第四连，爸爸对下属很公平，他也喜欢当指挥官，甚至为他的士兵创作歌曲。同时他被认为是非常严格的长官，当他认为自己被冤枉时，他的脾气就会突然爆发起来。像我一样，爸爸在他们身边时，军官和士兵们都特别小心。

我喜欢把士兵看作是我们家庭成员的一部分，并且想知道他们在做什么。妈妈和爸爸在我面前，经常公开地谈论军营的行动以及他们训练新兵用的小型武器和大炮。最后这些士兵将被派往前线以保卫贵州省东南部地区，抵御日军的进攻。当时日军还在离贵州几百公里远时，距离云南省南部边境不远的地方。由于中国士兵的奋力防守，日军陷入困境，因而向北推进非常缓慢。

我还没有上学，所以我有很多时间去看第四连的士兵。村里没有幼儿园，我的学前教育仅限于在家里用毛笔和黑墨水写几个汉字。所以，我经常从家里走到连部的院子里，那里没有人会因为郑连长儿子的好奇而感到麻烦的。

我对士兵们的武器特别感兴趣。在家里我经常听爸爸和他的客人们，讨论他们的装备和武器的火力，我经常看到巨大的由马拖着的大炮，就像龙卷风一样扬起尘土。我也很钦佩那些士兵们所携带的来复式步枪。现在我在营房里，就在士兵中间，在训练休息期间，我会问士兵各种各样的问题。我很快就了解到这个营的三个连中，每一连都装备有四门75毫米的美国榴弹炮。每门榴弹炮都由四匹马拖着。每位排指挥官负责一门炮和三个步兵班，每个班由十二名步枪兵和一名轻型机枪兵组成。

每次、我对士兵和他们的武器有了新的了解，我就会回家兴奋地告诉妈妈所有看见的事情。有一天，我偶然发现了一大批新招募的士兵，他们接受了一些启蒙课程。在清晨的阳光下，新士兵们坐在大操练场的泥土地上，一名指导员正试图教他们认识头衔和连长的名字。

"我们连长姓郑，第三排的排长姓楚。"教练说。他至少重复了五次这样的介绍。

"士兵甲，连长的姓是什么？"教官问。

"连长的姓是连。"士兵信心十足地回答道。

"我明白了，士兵乙，第三排排长的姓是什么？"教官问。

"排长的姓是排。"这就是答案。

几米外的一些老兵觉得很可笑，但我看得出来，回答这些问题的士兵们并不是在开玩笑。他们根本无法理解这些头衔、名称和指令。我走近一位老兵，他曾经向我展示过武器是如何运作的，并问他到底发生了什么事？

他解释说，这些新士兵是"拉壮丁"（强迫年轻人来当兵）来的，他们中的许多人不会说当地方言或普通话。第二营的每个连大约有125名士兵，当他们士兵数目不足时，地区募兵中心又不能提供足够的数额，为此，这些连就会派出三到四个军人，将这些"志愿者"从城市街道或乡村道路上抢来。

士兵朋友告诉我，大多数被征召的人都是年轻的苗族男性。在贵州，大约80%的人口是汉族，所以我们称苗族是少数群体。他们被汉族人认为是非常奇怪的人，因为他们穿着鲜艳的丝绸衣服与长裙，说着他们自己的方言，这种方言是一种和

普通话与贵州话都不同的语言。苗族的男人也比汉族更黑，更健壮，他们的眼睛比汉族人的眼睛要大些。

许多年轻的汉族人，都害怕和苗族人走得太近。"他们会在你身上放上一种叫作蛊的的东西，对你的生命是很危险的。"据传说这种蛊是一种神秘的诅咒，在贵州省都很有名。根据流行的传说，苗族的老人们会把各种各样有毒的昆虫，比如蝎子、蜈蚣和有毒蜘蛛，放进一个容器里。强壮的昆虫会吃掉毒性比较弱的

小昆虫，直到只剩下一种虫，这种虫就会变成了一种强大的像神一样的物体，就是蛊了。

根据传说，通过使用这种蛊，苗族人可以把一种叫做放蛊的诅咒给别人。因此，每当汉族孩子们与苗族人发生任何接触，汉族孩子通常都会跑掉。当他们逃跑时，会大声地说：“你有蛊我有药，你放也放不着！”

但我的士兵朋友说，他们一点也不害怕苗族，他喜欢和其他士兵一起去把他们围起来。当需要补充士兵数额的时候，他们会把任务分下去，每个任务都要抓两到三个人，直到每个连的配额达到15个。他们会先把苗族人的双手绑起，然后用绳子把他们串连在一起，再把他们带回到连部基地。一些年轻的“入伍者”将会一路哭到基地，老兵会试图安慰他们，给他们提供好的食物，并给他们发配新制服。在基础训练开始之前，每一个苗族的新兵都将被授予一个汉名。

为了克服这些基本语言的障碍，通常需要几天的时间。在很长一段时间里，我看着士兵们行军，并对基本命令作出反应，比如：“注意！左转！右转！”。突然我注意到一些新兵奇怪的地方。“他们为什么穿湿裤子？”我问其中一位老兵。“哦，我猜他们只是不知道该如何申请许可，才可以进厕所。”他低声说。

一开始我以为苗族士兵很愚蠢，但是当我对这个军营访问多了以后，我开始对其中的一些苗族士兵有了更好的了解。他们没有花很长时间就学会普通话了，这样我就可以毫无困难地与他们交流。现在我发现他们和汉族人一样聪明。他们只是来自不同的文化区域，用不同的语言和周围的人说话，就像我和村民一样，在我开始听得懂当地的方言之前，村民们可能会认为我是很愚蠢的。就像我所观察到的一样，苗族士兵也是很有教养的。

一名大约17岁的苗族士兵告诉我，他在街上被抓过来成为一名“志愿兵”后，被禁止向家里寄信，甚至不可能回家探望。他还告诉我，营地里的一些苗族孩子只有15岁或16岁，我开始为他们感到难过。

“妈妈，那些苗族士兵想要回家和他们的妈妈和爸爸们在一起，但他们不允许离开营地。”我一天说。

妈妈说：“这就是军队的方式，在战争期间 新兵被训练成士兵后，他们就会被派到战场上与日本兵作战，我们的国家真的很需要他们。”

我明白妈妈的意思，但我仍然为他们感到难过。如果苗族士兵会得到报酬的话，妈妈并不认为他们会得到很多钱。但是我听到爸爸说，至少士兵们的生活条件要比农民好，尤其是那些在苗族地区的农民，而且军营里的食物比他们在家里吃的东西要好得多。

我去军营的时候，所能看到的是没有人挨饿，事实上士兵们的伙食相对较好。三个连，每个连都有自己的蔬菜农场，喂养一群羊羔、猪和鸡，政府提供大米、食用油、木炭和盐。所有的士兵每天都吃三顿饭：早餐包括了米饭、小麦馒头、腌卷心菜和油炸花生，在极少数情况下，还可能有炒鸡蛋和一盘小咸鱼加到早餐中，午餐和晚餐由米饭和两到三种蔬菜组成，逢周五的时候，主餐总是包括猪肉、鱼、鸡肉或鸭子。因此，士兵们把星期五的晚餐称为“打牙祭”。

但是所有的士兵都面临着一些困难的处境。他们在基地上或者村子里的时候必须穿军装。我几乎可以透过布料，看到这样的衣服很便宜，这些制服是黄绿色，内衣是同样的颜色。没有向士兵们发配任何靴子，所以他们不得不穿上由稻秆、麦秆或棕榈叶编织的鞋子。因此士兵们的脚后跟受到摩擦的很多，经常会发生脚后跟伤口流血。稻草制的草鞋比较柔软，但在一周或更短的时间内就会被磨损，大多数士兵只能光着脚在基地周围走动。

没有训练时，士兵就无事可做，晚上第二营为三个连的士兵安排娱乐活动，可能是观看两个连之间的篮球比赛，或者观看由军官和士兵上演的中国戏剧，或喜剧表演。但我听到很多士兵说，他们希望能有更加有趣的事情去做。因此，有一天在村子里流传着，在都匀市政厅，有一场重大事件即将发生时，尽管所有的新兵都被要求留在军营里，但是许多老兵都渴望去参加。当地的农民尤其是年轻的农民，在他们的泥屋中来回地跑着，兴奋地谈论着。这件事发生在10公里外，妈妈和爸爸不能去，但是他们认为我和其他人一起去一定会很高兴的。

那天晚上爸爸从连部派来了一位年轻的士兵，他把我放到他的背上，背着我走了两个小时到都匀市。直到我们到了那里，我仍然不知道会看到什么？

"这是一部米老鼠的电影！"一个孩子对我说。

我们在市政厅后面的一个大院子里，找到了了一个能够站立的位置，我不知道什么是电影，但我很想知道为什么大家都这么兴奋。在演出开始前，人们都在吃、喝、说、笑，这是一种我从未体验过的快乐节日气氛，我也很开心，因为我们都期待着看到一些有趣而激动人心的事情。

不久，一只巨大的老鼠出现在大屏幕上，每个人都用"哦"和"啊"的声音来回应。这是没有任何声音的电影，我还不知道怎样阅读屏幕下方显示出来的字句。

为了能够抬高我一点，士兵把我放在他的肩膀上，但我还是只能勉强看到局部电影，因为在我前面，也是放在大人肩膀上的孩子挡住了我的视线。还有一些人在我身边挤来挤去，但我们都享受着美好的时光，笑着开玩笑。在放映期间，这部电影的片带断了好几次，因此被停下了好几次又换了好几次，但是没人抱怨，因为这对我们来说太新鲜了。回家的路上，我还在笑着模仿着电影里的米老鼠。同一位士兵又把我背回家，为了我看这一场无声电影，这位年轻的士兵带我过去，再带我回来，整整背我往返行走了20公里路！

"天任，这部电影太棒了，你觉得吗？"他说，"你看到老鼠怎么走到蛋糕上了吗？他们能让老鼠长到这么大，真是太神奇了！我希望我能再见到它。"他对我说，我在他背上睡着时他一直在说话，我们一直到半夜以后才回到家。第二天一早，我把这一切都解释给妈妈听，"妈妈，昨天晚上你也应该去看的！"我说，"哇！都是关于这只大老鼠的。"

"米老鼠的电影，哦，我几年前在上海看到过，"妈妈说，"等我们搬回到大城市后，我会带你去看更多的电影。"

"好呀！妈妈，我们什么时候搬回到大城市去？"

"战争结束后，我们将搬回南京老家，"妈妈笑着说，"南京是一个大城市，有很多电影院。"

我所知道的关于战争的所有事情，就是爸爸和其他军官训练士兵们如何使用武器，然后这些士兵就必须要参加战斗。现在我只想这场战争尽快结束，这样我们就可以搬回南京去看更多的电影了。

我经常到连部的院子里去，妈妈似乎也不介意。爸爸有时还带我去他在连部的办公室，到了那里我就在士兵的院子里闲逛。我对新招的士兵越来越好奇，他们中的大多数都是苗族人，但随着新兵需求的增加，一些汉族人也被从街上带来加入军队。我注意到，白天，有武装警卫监视着新兵。晚上，这些新招的士兵与正规的老兵分开，被关在安全的营房里。

一名退伍军人告诉我："有时，新兵会试图逃跑回家。"大多数新兵都是这样做的，但是如果他们被抓住了，就会被单独监禁至少一个星期以上。

"对那些被抓住的新兵来说，这真是太悲哀了。"我回答，"我希望他们可以离开兵营，至少可以同自己的父母在一起，过一段时间。"

"你的爸爸是最善良通情理的连长。"这位军人说，"他从不对逃跑回家的新兵进行严厉处理，我们第四连也没有发生过多少次新兵逃跑的事情。"

"其他两个连怎么样？他们有更多的新兵逃跑吗？"我问。

"哦，是的。他们过去曾有过多次新兵的逃跑，特别是第五连，如果被五连连长吴斌抓住，惩罚会更加严厉。"

"吴连长会给那些试图跑回家的士兵做出什么样的惩罚呢？"我好奇地问道。

"这是非常惨的事，你们小孩子不必要知道。"这名士兵拒绝直接回答我的问题，这让我对吴上尉的惩罚更加好奇。我想看看严厉惩罚是什么？没过多久，我就有机会去发现吴上尉对他的士兵所做的惩罚。

有一天，只有十几岁专门为爸爸跑腿的的勤务兵来到我家，讲在五连连部院子里将有一件特别的事情就要发生。

"你想和我一起去看行刑吗？"他问道，

"他们抓住了五连的一个逃跑新兵，行刑将在连部的操场中执行！"

"是的，我会和你一起去，"我回答，尽管我不知道"行刑"这个名词是什么意思。

"什么是行刑？"。

"他们将把逃跑的苗族新兵活埋在一个洞里，你能肯定你不害怕吗？"

把人活埋在洞里？这对我来讲，不是一件好事，我有点不安。

"对任何事情我都不害怕，我会和你一起去，但我必须先告诉我妈妈。"我说。

"我在这里等着你。"那位年轻的士兵说。

当我找到妈妈的时候，我告诉她，吴连长要把一个逃犯活埋，我想去看看。

"不，这么残酷的一件事情，对一个小男孩来说是不好的。"她直视着我的眼睛说着。"你不应该去。"

"但是妈妈，我不害怕看到这件事情。妈妈，让我去吧。"我坚持道。

"那好吧，但是你晚上做恶梦时，不要怪我。"

"妈妈，我不会做恶梦，我不怕！别为我担心。"

我和士兵立即从我们家出发，跑到第五连连部。当我们走近这个操场时，我看到了那里的大场面。来自五连的所有新兵都聚集在一起，我还认出了许多来自其他连的士兵以及村里的农民。大家聚集在一个U形圈子中。新招募的新兵在一边排成了双行，而其他前来观看的人则站在7.5米远的另一边，我挤到了那群人的前面。

人们耐心地等待着吴连长的到来。显然，大家在耀眼的阳光下已经等了很长时间了，但似乎没有人对此有任何抱怨。我到达后几分钟，四名全副武装的士兵走到军官的身后，那名军官单独走上了讲台，那是我第一次也是最后一次见到第五连的连长吴斌。

吴连长，一个圆脸、健壮的男人，20多岁的年龄，穿着全套的军队制服，胸前面还挂着他所有的勋章和军衔。吴连长脸红红的，看起来很不高兴，离行刑台不远的地方，是一个士兵刚挖了不久的洞坑，深达成人脖子高度。那个逃犯的双手被绑在一起，在离洞口几米的地方颤抖着，几位经验丰富的士兵手里拿着武器守卫着。

在该场地的主要位置，吴上尉眼睛在人群中扫了几秒钟后说："第五连的官兵和来自各个村庄的来宾们！我们的国家正处于生存斗争的最关键时刻。"吴连长继续用他的湖南口音说，"我们要面对的敌人正在无情地杀害我们国家的人民，占领我们的国土。我们一百多万勇敢的年轻人正在为了保卫我们的国家免受日本兵的侵略而不惜牺牲地战斗着，我们需要所有勇敢的年轻人拿起武器来保卫我们的国家。"

"现在你们怎么看待那些逃避责任，成为胆小鬼的人呢？我说他们的所做所为对我们的英雄来说是很不公平的，我们的英雄牺牲了他们的生命，让我们全国人民能够和平地生活！"吴连长继续说道，他的脸变黑了，他的眼睛开始冒火，吴连长激动地挥舞着手臂演讲。

"我们现在的困难任务是要对这种懦夫行为进行极端严厉的惩罚。我必须要让其他隐藏的懦夫明白，作为一个懦夫去死，要比同我们敌人作战而死要痛苦得多。如果有必要'去死'，我们也应该要像个男子汉那样去死。今天我们抓住的这个逃兵是一个必须去死的懦夫。这样，我们才能勇敢地面对那些为我们国家而牺牲的英雄们"。

最后，吴连长转过身来，叫着："邵中士，立即执行死刑。"

吴连长走下讲台后，快步走开，全场变得沉默，两位强壮的士兵从两侧向那个瘦小的逃兵靠近，把他从地上抬起，用绳子把他的全身绑起来。逃兵剧烈地颤抖着，低声说着我听不懂的方言。两名士兵把他垂直地抬起来放到洞坑里，脚先放了进去后，又有两名扛着铁铲的士兵向前去，把泥土和沙子推回到洞里，直到泥土到达那个可怜的家伙的脖子，然后用脚把泥土踏平。

我的眼睛无法离开现场，逃兵的脸从苍白变成了红色，然后变成了紫色。他刺耳的叫喊声使我不得不捂住耳朵，但我没有转过脸去。哭泣变得越来越弱，在不到一小时的时间里，士兵们挖出尸体，把尸体抬走，然后埋在别的地方。我跑回家时，每个人都一样感到震惊和悲伤。我向妈妈承认，看到一个年轻男人就这样死去，是很可怕的。

"我知道你太年轻了，无法体验那种事情。"她说，"你看，天任，我不想看到你成长得太快！"

我不能完全理解妈妈的意思，但我没有让她解释。这一定是战争的一部分，我想就像爷爷在南京要放弃自己的家一样，奶奶必须要得到有效的替代药物治疗。在这场战争中，我们的家庭被迫做了很多我们无法选择的事情，遭受到了许多苦难。

第二天我回到了连部院子里，问了更多关于这种惩罚的问题。一名士兵说，在吴上尉的指挥下，哪怕是最轻微的罪行也会被挨打和受饿，都只是例行的惩罚。在其他的连里，为了逃跑，即使新兵也比我所看到的幸运，一个逃兵至少要在几天的时间里接受单独监禁，限制食物，只有水不给吃饭。尽管如此，还是有几个新兵无视严厉惩罚的威胁，试图逃跑。特别是在第五连，他们中的也有一些人成功地逃了出去，但是老兵们再从街上抓了一些新兵来代替他们充数。

一天晚上，一阵震耳欲聋的爆炸声，像鞭炮一样让我惊醒。有些声音是从我家附近传来的，有些是从更远的地方传过来的。我从床上起来后马上跑了出去，发现爸爸已经把我们的房门拴住后，自己到连部去了。

"妈妈，发生了什么？"我问道。"我们会被攻击吗？"

"不会，我们这里有士兵，没有强盗会靠近我们。"妈妈说："回去睡觉吧，别担心。"但是她脸上的表情告诉我，她很担心。我想回去睡觉，但一惊醒起来，我就觉得看到了那张紫蓝色、扭曲的脸，听到那个士兵被活埋时的可怜声音。

第二天一早，妈妈发现我们昨天晚上听到的声音，是老兵开枪的声音，他们向刚刚逃离五连连部院子的一些新兵开枪。根据军中的说法，这起悲剧事件，是由于第五连对越狱逃兵的残酷惩罚而造成的。那天晚上，就在午夜前的几分钟里，一个被单独监禁在洞里的苗族士兵从他的洞里出来，打开了苗族士兵的卧室，大约20名苗族士兵被放了出来。这群人的首领和大家偷偷溜进了一个小军营，这一群被认为是最凶狠的苗族士兵一进去，就拿出一把他们早先藏起来的锋利尖刀，悄悄地割开了6名熟睡的老兵的喉咙。将他们杀戮之后，这20名苗族士兵从连部院子里逃了出来。

当越狱逃兵从院子里冲出来，进入黑暗时，一个值班站岗的哨兵看到了黑暗中的阴影并发出了警告。其他老兵听到枪声，赶紧从床上爬起来，拿起步枪在值班中士的指挥下，老兵们向西南方向展开追击，随着在道路上密集的枪火，三名越狱逃兵被击毙了。夜晚的追击逃兵行动结束了，但2名不幸的年轻苗族逃兵被抓住了，又一次，吴连长命令将他们活埋。

吴连长向军队总部报告了这次屠杀，导致上级对吴连长残酷行为的全面调查。由于他对士兵的过分严厉残酷和作为指挥官的疏忽，吴连长被军事法庭审判并被判处长期监禁。发生屠杀事件后的几个月，黄土坡地区的整个部队被命令调派到南部前线以抵御日本兵对贵州省南部独山市的入侵。

爸爸则被调配到位于都匀县的陆军炮兵学校主校区。就在他接到命令的同一天，我们愉快地从黄土坡中走了出来，并希望永远不会再回去。

第四章

战时求学

　　1941 年 12 月，抗日战争爆发。大多数父母都在为生存而挣扎，根本没有时间和精力去关心小孩子们的教育问题。当爸爸看到我不愿意在家里看书学习，只想花时间和士兵交谈，或者和同龄的孩子一起玩，就知道学校教育对我的将来是至关重要的。因此当我 7 岁的时候，我们还住在都匀县，爸爸就告诉妈妈，必须把我送进学校开始接受正规的学校教育。爸爸要把我送进的学校，是一所为陆军炮兵学校军官和士兵的子女开办的私立小学。

　　爸爸、妈妈和我一起沿着一条铺着碎石的路走向学校的办公大楼，碎石路两旁是巨大的垂柳，路边有一个足球场，另一边路的垂柳后面有两个篮球场，看起来这是一个适合孩子的好地方。我们爬上一座陡峭的山坡，再走上两层楼高的砖石台阶，便是大楼前面的一条主通道，延伸到主教室和两边其他设施的后面。当我们走到学校最高处的时候，我回头看了看那片美丽的绿色景像和有序的建筑物，我的兴趣与时俱增。在这所学校里有这么多的学生，我知道我会找到很多玩伴的！对我来说，这真的是令人激动的事。从黄土坡出来的我，已经找到我的乌托邦了。

　　注册报名很简单，只需填写一张表格，填上我的姓名、出生日期、出生地点和现在住址。在办公室里短短的 20 分钟，爸爸就很快办妥所有的报名注册手续，我们就回家了。

　　离开学还不到一周，妈妈就为我整治了上学装备，包括一个午餐盒、一个写字板、几支铅笔和一年级的课本。她还清理出了我的两件打了补丁的衬衫和裤子，然后又把过去几个冬天里每天我都要穿的那件深绿色毛衣拿出来。妈妈要把这件毛衣拆成毛线，彻底清洗后再重新编织成一件新毛衣，这样我就能穿上清洁的新毛线衣去上学了。

　　妈妈先把毛衣拆开，并绕成几捆毛线，然后用肥皂和清水清洗这些毛线。洗毛线时，妈妈还告诉我"毛线清洗滴干后，要小心，不要使用太大的力量，以免损伤毛线。" 清洗晾干后，妈妈就需要我帮忙了。

　　"天任，过来，你要帮我把这几捆毛线像线球一样卷起来。"妈妈坐在凳子上用双手将捆住的毛线分开并找出每捆毛线的起头部，我站在她的面前，帮助她把每捆毛线都卷成了一个球。我非常喜欢帮助妈妈，很擅长把毛线卷成球。有时，妈妈会发现毛线不够结实的地方，就会扯下一段再打个结来解决这个问题。在她重新结毛衣时，这些结都会在里面，从外表面是看不到的。

　　开学后，我很快就同几个同龄的男孩子交了朋友。在那所学校里，大多数人都说普通话和当地方言，例外的是一些来自当地非华人家庭的孩子，他们只会说都匀的方言。 50 分钟的上课有时很枯燥，但是课间的 10 分钟和中午的休息时间，让孩子们有许多时间去玩。这是我第一次和这么多同学朋友一起在学校里，我很开心。但是开学后没有几天，一个男老师似乎不喜欢我，他在上第一节课点名时问"哼！你的名字是郑天任？谁给你起了这个傲慢的名字？"，同学都笑了。

"我爷爷给我取的这个名字。"我回答。

"你觉得你配得上这个名字吗？傲慢！"他咕哝着，接着又叫下一个同学的名字，而我的名字是他唯一质疑的。事实上，天任是从《孟子》中提取出来的，孟子说："天之将降大任于斯人也，必先苦其心智，劳其筋骨，空乏其身……"那个男老师就是讨厌天任这个名字，我发现自己总是和他不协调并存有一些麻烦。我当然不像他班上的其他学生那样完美，我喜欢和班上的男孩子们一起玩，而不是读书。很多时候我甚至不知道为什么他会对我如此生气。有一天，因为我开玩笑地把一篇文章中"代战公主"说成"带仔公鸡"，他就用2.5厘米宽60厘米长的木板打我，我带着流血的手走回家。

"你的手怎么了？"爸爸在检查我的伤口时问道。

"老师用一块木板打我。"我回答。

"你做错了什么？"爸爸吼道。

"我不知道我做错了什么，我告诉我的朋友们'代战公主'听起来就像'带仔公鸡'他就生气了，并打了我。"

"哼，这太荒谬了，"爸爸咆哮道。他的脸变红了，但他一点也没有对我大吼大叫。相反，他带我径直走向校长办公室。30分钟的时间里，爸爸训斥了校长，要求老师遵守纪律。爸爸用圣经和古代哲学的一些名言来证明他的观点，爸爸的渊博知识和表达能力给了我深刻印象，校长最后向爸爸道歉了。

那次以后，这位老师在学校里整天都不理我。我不知道他是否受到学校管理部门的处罚。但是我小里里的男孩们发现了他为什么惩罚我的原因。我班上的一个女孩无意中听到我和其他男孩开玩笑说"带仔公鸡"听起来很像她的名字'龚'。她去找老师抱怨我说她"带小仔"，老师只是用那个借口来发泄他的愤怒。

在学校里，我发现有些成群的男孩们表现得像一群恶霸。我不得不学习如何面对许多校园里的恶霸。我们的学校太大，不可能只招收军人的孩子，所以来自全国各地的平民家庭的孩子，也被允许招收入学。大多数这些土生土长的孩子年龄较大，就形成了一群恶霸，往往会寻找新学生的麻烦来满足自己的自大心。当时又小又瘦的我，几乎立刻就成为他们的猎物。

"嘿，小鸡屎，过来！"有一天，一个学生向我大喊大叫，看上去他至少有11或者12岁，比我大四、五岁，他的左脸颊上有个大伤疤。

"你去死吧！"我喊了回去，我尽力地向外奔跑，但是这个恶霸还是很快就抓住了我，当我扭动身体，想要挣脱时，他就开始掐扭我的身体。这仅仅是开始。在接下来的几天里，其他几个恃强凌弱的恶霸轮流打我，踢我，只是为了展示他们的力量，幸运的是，他们并不是"乔•路易斯"。这使我很痛苦，幸亏没有真正的伤害到我的身体。在经历了许多次挨打后，我知道我只有两种选择：要么被打，要么反击。尽管我比大多数的恶霸更小，也更瘦，但我仍然选择要反击。大多数时候我都能坚守自己的立场，因为有些恶霸并不是真正的坏人。但是，有一次当我带着流血的鼻子回家时，在路上妈妈就把我拦住了。

"你怎么了？"妈妈问。

"我撞到了一棵树了。"当我快速走进房间时，咕哝着说。

"下次一定要小心。"妈妈对我说，然后，她用热毛巾擦干净我的脸。

我再次带着流血的鼻子回家，我的胳膊和腿上又出现了淤青块。

"我在操场上摔倒了。"我解释说。

"不要这么着急。"妈妈忠告我，她拿出药膏敷在我的伤口上。她不知道我在为自己的生存而战，但她的话和她的触碰让我立刻平静下来。妈妈把她的爱心和灵魂都献给了爸爸和我，她为我们做了所有的饭菜，做了大部分的家务，包括准备衣服等，她用温暖的微笑照亮了我们的家庭。虽然她对我的原则问题很严格，但是她对我幼稚的错误却很宽容，从来没有提高过她的声音，也从来没有打过我。当我做错事的时候，她会把我拉到一边，温柔地指出我的错误，我发誓要自己纠正，这件事就会过去了。

从我记事起，妈妈就一直掌管我们家庭的财务。每个月爸爸都会把装有薪水的密封信袋递给妈妈，她负责购买我们的生活必需品，并找到各种方式买到爸爸想要的东西。有一次，有人跟爸爸说了一种水溶性蛋白质可以帮助他解决胃和膝盖的问题。但这款产品是在美国制造的，必须走私通过日本人的禁运，才能带到都匀县，所以价格比纯黄金还要贵。尽管如此，妈妈还是坚持要拿出钱来买药。

"你从哪里得到这些钱？"爸爸质疑。

"别担心，让我想想如何付款？"她笑着对爸爸说。

两个月后药送到了，尽管爸爸的膝盖仍然有关节炎，但是水溶性蛋白质确实帮助爸爸摆脱了肠胃问题。

在学校里，我和那些专门欺负人的恶霸同学的交往中，学会了如何打架和如何忍受痛苦的宝贵经验。但是在学校的头两年里，大多数科目考试中，我几乎都没有取得过及格的分数。爸爸和妈妈什么也没说，但爸爸却把目光投向了另一所军方办的学校。他告诉妈妈这是全贵州省最好的学校，因为它的师资水平很高，教学设备齐全。如果我转学到那所学校，可能会增加我对学习的兴趣。

妈妈同意了，他们决定等学期结束后，就把我转到新学校。我从爸爸那里了解到，这所学校是专门为归属孙立人将军领导的中国新三十八师成员的子女服务的。在印度和缅甸的热带丛林中，孙将军的中国部队与美军并肩作战。当爸爸听说学校有额外的空位，可以给第三十八师以外的军人孩子时，他安排了我的转学。听到爸爸妈妈说的情况，又从很多人那里听到了许多赞美新学校的话，我很兴奋地期待转学到這所新学校。

"爸爸，我可以在注册前自己去看看新学校吗？"

"当然你自己可以去看看，只有15分钟的路程。"爸爸说。

第二天下课后，我就去了新学校。当我第一次进入用砖块铺砌成的学校入口和铸铁大门时，我发现了里面有一个巨大的新图书馆，一个体育馆，甚至还有一个装满水的大游泳池，池内水清的使我几乎可以看到游泳池的底部，我以前从未见过这样豪华的游泳池！

冬天放假的时间很短，假期后爸爸带我去了新学校，我注册上三年级。当学期开始的时候，我发现了完全不同的同学，在这所学校里，没有一个当地平民的孩子，这里也不存在有学生恶霸。新学校的学生比以前的学校更有纪律，举止也更有礼貌。但作为当地精英学校的三年级学生，我仍然不太关心功课。我更感兴趣的是，在男生合唱团里唱歌以及参加足球练习。

我们的学校非常受人尊敬，甚至有一些海外的中国学生回国来上课，我们称他们为华侨，我可以从他们的皮肤颜色和漂亮衣着上认出他们。我认识了约瑟夫·王，他是我班上的一位华侨，他在美国生活了几年之后回到了都匀。他告诉我美国那些铺满沥青的宽阔路面、高楼大厦、满是汽车的街道，还有金头发和蓝眼睛的外国人，听起来就像是童话故事。

"你在那边学校里有美国朋友吗？"我问他。

"当然有，我们的邻居朋友都是美国人。"约瑟夫·王解释说。

"他们说普通话吗?"

"不，当然不是，他们说英语。"

"英语吗? 但你是说你住在美国！"我很惊讶。

"嗯，美国人说英语，英语是美国人的标准语言。"

"美国人看起来很有趣，他们都是绿眼睛和金头发。对吧?"

"不完全對的，不管怎样，在美国你呆了一段时间后，你甚至注意不到他们和我们之间有多大的区别。"

"不可思议，你住在什么样的房子里? 你家里有汽车吗?"

"当然，我们家有一辆汽车，我爸爸每天开车去上班；我们的房子是独立的，离开邻居的房子至少有12米远。我们房子前面有一个院子，后面有花园。"约瑟夫·王告诉我。

"在你们的房子里有多少家庭住?"

"你怎么想? 在美国，每个家庭都住在一栋房子里。"

"你的意思是你们家有一栋小房子?"

"我家的房子很大，有三间卧室、一间客厅、一间家庭娱乐室、一间厨房和三间浴室。此外，我们的汽车还有一个车库。"他说。

"哇! 这对一个家庭来说，是很大很大的。我们可以把五户家庭都放在你们的房子里住。你在那里吃什么食物? 喜欢我们这里食物吗?"

"不可以把五户家庭放在一起住！我们吃汉堡包和热狗，喝可口可乐。"

"汉堡? 天哪，这是什么东西?"

"汉堡是用碎牛肉做成的，放在两片面包中间，很好吃。"

"你吃牛肉吗? 牛肉太硬了，味道很难闻。"我说。"那热狗呢? "

"热狗是由牛肉和猪肉混合做成的，就像这里的香肠，但要软得多。"

"天啊，我很高兴我住在这里，不用吃那么难吃的東西。"

"哦，但是它们确实很好吃，你只要习惯就好了。"

约瑟夫·王告诉我的世界是如此的不同，对我来说是非常有趣的。有一天，在课间休息的时候约瑟夫·王告诉我，在旧金山的父母想让他回美国。他们说，日本人已经很接近都匀县，他们不希望他生活在太靠近战争的地区。他还告诉我，他可能再也不会来中国了，他临走时没有同我们班级上的同学们告别。

1943年，战争的景像在我们身边随处可见。 每天早晨我步行去学校的路上，路过一块巨大的广告牌，上面写着"1944年是胜利年"。一开始，我以为这只是宣传，但在每天看到这个标志之后，就开始接受这个信息，就好像是即将要发生一样。希望我们能很快回到我们在南京的老房子。前线传来的消息越来越令人鼓舞。在中部地区的长沙大会战中，我们的军队打败了日本兵；而在南部地区，日本兵的前进速度已经放缓到近乎停滞的状态。但在大局上我们仍然看不到胜利的迹象。

在学校里，大多数老师在每堂课上， 都花了几分钟的时间讨论最近与倭寇战斗的现状，倭寇这个名字是我们给日本人取的，因为日本人比一般中国人要矮小得多。我们每天都在唱抗日歌曲，我们曾经听到了一个故事，日本兵用刺刀刺穿婴儿的尸体，然后杠着这些小尸体在村里的街道上走。日军在南部就像在南京一样，也会砍掉那些无助农民的脑袋，只是为了练习他们的剑术，在没有任何挑衅的情况下射杀无辜的平民。教室里到处都有来自贵阳市等大城市的报纸和杂志，传布着日本士兵最新的恐怖事件。我经常看到中国男人、女人和孩子们，他们被日本士兵枪杀或斩首的照片，而在照片上的日本士兵，则围在刚被他们杀害的中国受害者周围得意的狂笑着。

现在我更恨日本人了，我鄙视他们对我们的国家和我们的家庭所犯下的一切罪行。那些高年级的男生都想要快快长大，这样他们就可以从军报国，对此我很羡慕，我希望将来有一天我也成为一名军人。我花了更多的时间站在高年级男孩周围，当我注意到有一群五年级学生聚集在学校主楼外面时，我便靠近倾听。

"我读到一篇文章，报道在大多数战场上，我们击败了日本人并在北部收复了许多城市，我们的空军在最近几天的战斗中也打的很好。"唐汝楚，一位身材瘦矮的五年级学生说。

"好啊！我对空军感到惊讶，我知道自战争以来，我们已经拥有了超过1500架轰炸机和战斗机，但我们的飞机大多是从俄罗斯和法国购买的。旧的E-16和E-17战斗机无法同日本的0式战斗机作战。我听说在过去的几年里，我们在空中和地面上失去了大部分的旧飞机。"陆大禅，另一位五年级的学生说。

"你知道吗？现在美国人正在派遣大量的战斗机来帮助我们跟日本人作战。几百架美国飞机，我们最近收到的P-40战斗机，我认为它们比日本人的0式战斗机要强得多。"王久君，一位身体高大的男孩。他在告诉这位同学时，只是匆匆瞥了我一眼。

"是的，正是因为如此，我们的军力比现在的日本人要强大得多。"很受年长孩子尊敬的领袖黄如建说，他有着可以穿透铁墙的眼睛。"我从我父亲的办公桌上读到一份报告，说日本人在中国已经投入了超过两百万的士兵，但到目前为止，他们已经损失了超过30万的士兵以及超过100万的伤员，所以他们只得不断地从日本派遣新的部队来。"

"我不知道在我们国家有这么多日本兵。" 久君说，"日本政府从哪里找到这么多的士兵，他们可以同时在太平洋上与美国人作战吗？"

"别忘了，还有俄国人在北方与日本人作战。"经常害羞的小男孩陈平明补充道，他对此非常兴奋。"俄国人有成千上万的飞机和世界上最强大的空军，现在那些倭寇要担心有更多的敌人要对付他们！"

"我希望俄国人能像日本人对待我国人民一样，派出飞机和炸弹把日本岛炸平。" 久君接着说，"我说，让俄国人把整个日本岛都消灭掉吧。"

"在南京，日军杀害了这么多老百姓，我希望我们的士兵也能进入日本，杀死同样多的日本人，这样他们就能知道战争是怎么回事了？"平明着急地说。

"但日本人是很凶残的侵略者，就像野蛮人一样。我们为什么要表现得像他们一样？"一位看上去比较认真严肃的同学刘炬和质疑地说。

"我就是恨日本人，你去问大屠杀受害者家属和幸存者他们是怎么想的？你的道德标准太高了！" 平明回击，"因为战争，我失去了我的叔叔和我们在上海的家。我怎能不恨日本人呢？ 对了，你们有人见过日本人吗？"

"没有，但是我听说他们很矮，脸也很丑。" 炬和说，然后他做了一些手势来示范。

这些五年级学生在说话时，他们就像我不在他们旁边一样。我看到有机会可以加入他们之间的谈话时，我说 "因为日本人的轰炸，我的爷爷死于心脏病发作。"

"当日本人侵入到我们在南京附近的家时，我的祖母和我的叔叔都被杀死了。" 如建诉说着，当他讲话的时候，眼泪开始顺着他的脸颊流下来。

"我的爸爸妈妈留在了福州，我和我的叔叔一起逃离。现在我甚至不知道他们是否还活着？"炬和透露。然后他也开始啜泣，其他几个男孩也哭了起来。

"嘿，让我们到报社去看看最新的消息吧！"最后有人建议，我们都跑到图书馆去了。

当日本军从云南的南部向北推进时，成千上万的难民涌向了都匀县。在日本人袭击了他们的家园之后，难民在都匀县城的周围形成一些棚户区。他们当中的一些人上街游荡，一家一家地敲门乞讨，寻找施舍。有一天，我们听到有人敲门，喊着要东西吃，这是一个衣衫褴褛、疲惫不堪的中年妇女在要求施舍，妈妈打开门后轻声地告诉难民赶快走开。那个失望的难民妇女在被人拖走之前仍然感谢了妈妈。

"妈妈，你为什么不给这些人一些吃的东西呢？"我同情地问，"他们正在挨饿。"

"我们自己也没有足够的能力，我们不可能养活这么多人。你知道有多少人在挨饿吗？"妈妈一边说一边继续切菜。

看到我皱眉的样子，爸爸把我拉到一边说："儿子，我知道你是有着好心肠的人，很想帮助这些穷人。但是有太多这样的穷人，如果你今天喂养他们，明天和以后的日子又怎么样过？有句古话，'君子救急不救穷'你要永远记住这一点。"

我仍然无法忍受看着那些饥饿和失望的面孔。一天，一个乞丐妇女两手空空地离开了我们的家，我悄悄从我的盘子中拿出一块米糕，然后跟着她走到隔壁门口。当我把米饼递给她时，她对我笑了笑表示感谢。当我回到家时，妈妈又在我的盘子上放了一块米糕，我知道那是她的份，我深深地感动了。妈妈并没有因为我不听她和爸爸叮嘱我的话而惩罚我，而是支持我的慈善行为。

另一天下午，我正在玩耍，妈妈在室外洗衣服，这时出现了一位浑身颤抖、面色苍白，穿着一件破烂军服的士兵。"太太，请给我一点钱，我已经两天没吃东西了，"士兵对妈妈说。看起来他不超过18岁，我想他已经和在前线的部队分开了。

"我很抱歉，我没有钱给你。"妈妈回答道。

"那么给我一些吃的东西，行吗？我非常饿了。"

妈妈抬头看了看他，停了下来。

"天任，去厨房拿一碗米饭和一些蔬菜给他。"妈妈严肃地说。

我冲进厨房，把米饭和蔬菜放在一个大碗里，抓起一双筷子，拿给浑身颤抖的士兵，他很快就把所有的东西都吃光了。

"太谢谢你们了，太太！"他说，一边喝着我给他带来的热茶，一边对妈妈说"太太，谢谢你！"。因为他是一名士兵，我想知道妈妈是不是把他和其他乞讨的人分别对待，但是，无论怎样，我感到很宽慰。那一刻，爸爸下班回家，看到那个年轻的衣衫不整的士兵仍然拿着茶杯和一个空碗，爸爸已经猜到大概的情况了。

"你从哪里来？小兵。"爸爸轻轻地问他。

"我的部队驻扎在独山以南，我们被日军日夜袭击了一个星期，但我们的武器不如日军，我们也没有足够的弹药。"这名士兵悲伤地解释道，但没有痛苦。"我们进行了艰苦的战斗，伤亡惨重，最后敌人越过了我们的防线，我们的中士和其他大多数人都阵亡了。我找不到我的部队或指挥中心，所以我走了一个多星期才到这里，下一步我不知道应该怎么走。"

"我会带你去炮兵训练指挥部，看看他们能不能帮助你，跟着我走。"爸爸和他一起走开了。后来，爸爸告诉我们，那个士兵留在了训练指挥部的一个单位里。

有一天，爸爸带一个穿军人制服的小男孩回家，他看起来比我大一点。

"天任，我要你见见林松。"爸爸宣称，"林松是炮兵学校的一名勤务兵，他会住在我们家里和你一起去上学。"

我赶紧跟这个帅哥握手，他比我高 2.5 厘米，我很快就把他领进我的房间，在那里，妈妈已经为他准备了另一张床。林松的年龄比我大两岁，第二天，爸爸把林松带到我的学校，林松被分到五年级。妈妈马上拿出布料，为他做了衬衫和裤子，这样他就可以不用穿军装去上学了。那时候，穿军装的男孩并不少见，但妈妈不希望林松在学校里会引起任何人的注意。

"你是怎么到都匀的？"第二天，我在去学校的路上问林松。

"这是一个很长的故事，我不知道你是否愿意为此事而烦恼？"他说。

"我想知道到底发生了什么事？"我只是好奇。

"好吧，我告诉你，我离家出走是因为我父亲娶了一个不喜欢我的年轻女人。"林松解释道，使我想起了妈妈曾经告诉我的恶毒后妈的故事，我点了点头。

"她虐待你了吗？"我问。

"更糟糕的是，她在我和我爸爸之间插了个楔子，这样爸爸就会恨我了，他经常会为不知道的原因殴打我，我不能再呆在家里了。"从他的声音里我能觉察出一种愤怒的感觉。

"你自己的妈妈呢？"

"她两年前去世了。"现在我能看到他眼中的悲伤。

"我很难过！你这么年轻，又是怎么变成士兵的？"

"当我离家出走后，我独自一人在城市附近的路上走了一整夜，我遇到一些士兵，他们看到我很饿很累，就带我进了兵营并给我东西吃。当他们知道我是一个人离家出走的，就想带我回家，但我拒绝了。以后他们让我作为一名勤务兵，和他们的部队呆在一起。"

"你做什么？"

"我递邮件、洗碗、扫地以及为士官跑腿。当部队从我的家乡湖南调动到都匀时，我就和他们一起过来了。我们的部队被重新分配到炮兵学校，所以我到了这里。我很高兴，你爸爸带我和你住在一起，还给了我上学的机会。"他第一次对我笑了笑。

"我一直想要一个兄弟。"我笑着说。"我希望你能够永远和我们在一起。"

"你弟弟怎么了？"

"三年前，因为生病而失去了他。"

在学校里，我将林松介绍给我的许多同学，他是五年级里最认真的一名学生。

他喜欢看着我用小折刀制作各种玩具。在战争肆虐的年代，没人能买得起价格很贵的真玩具。我们不得不自己制作玩具，我有一双灵巧的手，很快就学会如何制作玩具。所以我经常很熟练地为我的同学、邻居和自己做各种各样的玩具。有一次，我制作了 20 多支很受欢迎的竹筒枪，这些竹筒枪就是我们在战争游戏中"互相攻击"的武器。

这些竹筒枪是用一个杠杆和柱塞来完成的，把一个湿纸球塞入竹筒的前端，再把第二个湿纸球推到前面。这样便把第一个纸球打出了。在开火的那一刻，"炮手"把柱塞的一端放在自己的肚子上，他用双手推着腹部的肌肉快速拉动时，运用响亮的声音将湿纸球击向 3.5 米到 7.5 米以外。林松曾经警告我说有人可能会受伤，但在我们的比赛中从未发生过。我们也喜欢在打陀螺游戏中互相竞争，获胜者是能够保持陀螺旋转时间最长并能够通过一系列障碍的玩家。陀螺的形状像一个大鹅蛋，我们常用的陀螺是一个 5-7.5 厘米高的木制物体，带有一个钢尖。在学校课间休息和放学后，几个男孩就会聚在一起玩"陀螺"。

虽然我没有学会所有的技巧，但我也很擅长为朋友制作这些玩具。林松很擅长玩陀螺游戏，但他在一天的时间里从不超过 30 分钟来玩任何事情。他大部分时间都在用在阅读书籍。

大理石弹珠游戏也非常受欢迎。我们必须在路边找到适合的石头。理想的制作大理石弹珠的石头，比标准的大理石弹珠要大一些，以便磨圆后能保持標準尺寸。在校园里我们会选择在一块粗糙的沙石上磨弹珠，这需要好几个小时，直到把它们逐渐磨成圆形的球体。

玩家可以拒绝任何不够圆的大理石弹珠。所以制作精良的大理石球成为了一种珍贵的收藏品。我们参加比赛时，看谁能把他们自己的弹珠打进球门(地面上的洞)，或者谁能把其他男孩的弹珠弹得最远。在参加大理石弹珠比赛时，我的表现很出色，在参加学校比赛的两年里，我一共赢得了 40 颗大理石弹珠。这些大理石弹珠就成了我最珍贵的财产。林松也很擅长这些大理石弹珠游戏。当我们互相竞争的时候，我可以打败他。但是当我们一起合作的时候，我们就垄断了全校的大理石弹珠比赛。

有时，林松会和年纪大一些的男孩一起谈论战争或其他我不太了解的话题。每天早晨我们一起去上学的路途中以及每天晚上我们入睡前的一段时间，他都会给我讲他所知道的一些事情。一天晚上，他解释了当水温降至冰点以下时，就会结冰，水的体积会增加。他把一些水放进玻璃瓶里，然后放在我们房子前面的一堵矮墙上，第二天早上我们去检查时，玻璃瓶已经碎了，留在矮墙上的是一块冰。"大自然有其创造和毁灭的方式，"林松解释说。"你看，这就是大自然如何将那些坚硬的岩石变成尘埃的，让水渗入到岩石的缝隙中，在缝隙里，水在冬天结冰时的膨胀就会把岩石胀裂成碎片。经过千百万年的时间，这些岩石变成了尘埃和土壤。"

"哇！你肯定是知道很多关于科学的知识。"我微笑着。

"哦，等你成为五年级学生的时候，你就会知道更多的科学知识。"他说。

林松被认为是一位才华横溢的学生，受到老师和同学们的爱戴和尊敬。在家里，妈妈和爸爸已经把他看作是自己真正的儿子。爸爸特别喜欢林松，因为他们可以一起谈论一些更有意义的话题，对于这些我只能听听而已。我相信我找到了理想的哥哥，他会一直与我交谈，教我一些新的东西。

对我来说，美好的事物似乎永远不会长久。有一天，我和林松正在家里下棋时，爸爸带着一副严肃的表情回来了，他走到我们身边，把手放在林松肩上。

"林松，我刚收到你舅舅的一封信。他偶然发现你在这里，他要带你回家，"爸爸的声音里明显地感到不安，林松和我静息了几秒钟。

"那个舅舅是我妈妈的哥哥，但我不知道他是怎么找到我的，我只知道我不想回家去面对我的爸爸和我的继母。"林松最后用一种坚定的眼神说道。

"但是，也许你舅舅和你父亲好好谈话之后，情况会有所不同。"妈妈建议说。妈妈坐下对林松说"听着，不是我们想要看到你走，我们希望你和我们一直在一起，因为你就像我们的另一个儿子。"妈妈继续说着，泪水开始涌出来。"但是当我想起你的父亲时，我知道他也非常想你。"

"好吧，等他来了以後，我就要看看我舅舅怎麼解释了。"他轻声地说。

林松说他的舅舅是个银行家。两周后，一个30多岁穿着正式西装打领带的男人来了。当他的舅舅抱着他时，林松抽泣了，舅舅告诉林松，他的父亲自从他离家出走后，感到很悲伤，现在他意识到自己的儿子在家里遭受了多少痛苦。听着他舅舅说的话，林松哭了。他是他父亲唯一的儿子，在我心中，毫无疑问，认为他仍然爱着他的父亲。妈妈为林松和他的舅舅做了一顿大餐，晚饭后我默默地帮他收拾行李。

"林松，你回家后，请给我写信。你会吗?"第二天早上我提醒他。

"我会的，你自己要照顾好自己。"他说。我看着林松，从我们的前门走了出去，我再一次失去了我的兄弟。

一天下午，在学校里我们得知孙立人将军在印度战场上受了重伤，第二天就要回来了。在学校里，孙将军是我们的英雄，许多故事讲述了他的部队如何在前线打败了众多的日军。在印度如何拯救了被包围的英国军队，并且都是他在前线亲自指挥军队作战。当他要回家的时候，我们忍不住要去看看这位我们心中的大英雄。在那个阴沉的秋日下午，所有的老师和学生志愿者都在学校前转来转去，等待着孙将军的到来。天黑后，我们在半里外的街道上点燃了油灯，照亮了街道。经过漫长的等待，我们听到车队的声音慢慢地接近。孙将军乘坐着一辆雪佛兰旅行车来了，当他向我们挥手时，我们都鼓掌欢呼。孙将军的车从我们身边驶过，停在学校行政大楼前。士兵们把支着拐杖的孙将军扶出来，孙将军慢慢穿过欢迎的人群，进入了学校。孙将军看上去很年轻，身材修长。我的同学告诉我，他们听说这位孙将军才三十多岁，还没结婚。

"我在孙将军的眼里看到了眼泪。"一位最靠近孙将军身边的朋友报道说。"他被这么多热情群众的欢迎感动了。"

几周前，一颗日本机枪子弹击中了他，并将他的大腿骨击碎。在都匀军医院接受了一个多月的治疗后，孙将军重新回到了他在印度的战场。

孙将军参观我们学校后不久，学校就收到了大量的新家具和各种教学设备，还有几幢新建筑正在建造中。这笔资金直接来自美国对中国的援助，因为在关键的东南亚战区，同日军的战斗中，中国士兵与美国士兵并肩作战赢得了许多场重要战役。

美国的武器和补给，也开始帮助装备简陋的中国军队，提高了在贵州省北部和东部前线的作战能力，至少延缓了日军在都匀南部的前进。由陈纳德将军领导的"飞虎队"正开始扭转对日本战争的局面，逐渐对我们有利。当时在距离都匀不到三百公里的地方，中国军队正与位于独山以南和云南省北部的日军交战，政府向我们保证，不会有日军打到都匀的危险。但随着战斗的激烈进行，爸爸认为政府的预测并不确定。此时，爸爸已经被提升为陆军少校并被派到炮兵学校当高级教官。

"在独山南部的战斗中，我们有个营的一半士兵都牺牲了。"爸爸在晚饭后告诉我们。"大约一个月前，该营的指挥官阵亡。楚灵书现在是营长。"

这句话引起我的注意，当爸爸是连长时，我还记得楚灵书还只是一名中尉排长。有一次，楚灵书把我放在一只老山羊的背上，让我像骑马一样骑着它，当老山羊开始不动的时候，楚灵书中尉就用棍子打它，山羊马上跳了起来，把我摔倒在草地上。当我自己从地上爬起来的时候，楚灵书觉得很不好意思，他带我去了食堂，给我买了一些糖果，但是我们从来没有告诉爸爸这件事。

"狄瑞发生了什么?"妈妈又问了另一位我们很熟悉的排长。

"狄瑞连长最近受伤了，还住在野战医院里。"爸爸解释说。"我不知道伤口有多严重，但我对那些军医没有什么信心。"

"狄瑞是一个很好的人，我真为他的家属感到难过，我希望他能早日康复。"妈妈说。

我也很难过，因为我记得每周至少有一次狄瑞排长会到我们家和爸爸一起吃晚饭，饭后总会给我讲睡前的故事。他的平静和温柔的举止使我想起了爷爷，他的故事以民间传说的形式陈述，总会让我知道一些很有趣的教训。我特别记得有一个故事是讲一个人被杀了，因为他贪婪地积累财富，而一只鸟被杀是因为它贪吃。我把这个故事记在心里，不断地提醒自己，千万不能贪婪。现在，狄瑞上尉可能正在死亡中挣扎

"第二炮兵部队被认为是该部门装备最好的部队之一，但日军拥有更大的大炮和更重的武器。"爸爸抱怨道。"我真担心在前线作战的我军官兵，希望美国的重型武器能赶快地送到作战前线，否则我们将陷入真正的大危机。"

"那会是什么样的危机？"妈妈问。

"什么样的麻烦？"爸爸回答，扬起眉毛，直直地盯着妈妈。"日军会在前线消灭我们的军队，再向北推进，向我们这里前进！这就是我们可能会面临的真正的大危机。"

"我们需要向北移动吗？"妈妈看着她手中的盘子，问道。

"不是现在，这一切都取决于有多少美国武器能够最快地送往前线以防守独山。但是你要知道我们的一些将军有多不中用，如果不采取任何措施撤换他们的话，即使有了新的武器，我也不能确定我们能否长时间防守住我们的阵地。"爸爸经常批评前线的军队将领，称他们为饭桶，意思就是只吃饭而无用的人。他还批评了他的同事，妈妈警告说，这样的批评可能会对爸爸未来的工作不利，但他从来没有注意过妈妈的建议。

在看过了许多士兵又亲眼目睹了在黄土坡的新兵训练后，我总是好奇地想看看部队是如何装备以及他们的待遇如何。我尤其感兴趣的是，在我们二楼公寓里所看到的街对面到底发生了什么事？政府关闭了那里的普通高中，并将校园改造成一个军事基地。用2.5米高的石墙围住整个校园，这样很有利于军方的秘密工作。自从军队进驻后，学校的大门就一直关闭并锁着，在入口处附近的每一个街角，都有全副武装的守卫士兵。偶尔，当风吹向我们的住房方向时，我能听到校园后方远处射击场的枪声。

"爸爸，为什么这个训练基地如此秘密？第四连也训练士兵，这也不是什么秘密。"

"你对军队太不了解了，你应该和同龄的男孩子去玩。千万不要想着去靠近那个地方，你听到我的话吗？"爸爸非常严肃地说。

当然，即使我曾经试图接近过，武装警卫会在我到达大门口以前挥手让我离开。但是有一天，大门打开了，守卫士兵的数量也增加了。大约中午时分，一群带着旗帜和横幅的士兵，从大门向城市的西边慢步前进，后面跟着许多士兵列队向西走。当士兵们经过我们身边时，他们显得非常饥饿、虚弱、体格瘦小、面色苍白而且精神萎靡。他们看起来和我在黄土坡训练营地看到的第四连士兵完全不同。第四连的士兵，包括苗族的入伍者看起来都是很有精神而且很健康。而在这里，这些饥饿的士兵们像僵尸一样走着，看起来就像一群骷髅。每个士兵肩上背着一个步枪，一个背包，一个装满干米的布袋。奇怪的是，他们似乎没有带任何弹药带。每一组大约有40名士兵，一个完整的排，我数到第十组以后就不再数

下去了。我不知道他们这些看起来很虚弱的士兵能派到哪里去？当然我希望他们不是派去保卫我们的国家，否则敌人看到我们的士兵如此软弱无力，一定会很高兴的。

还有一次，我看着一个士兵离开他的行军路线，跌跌撞撞地朝我们家对面的校园石墙方向蹒跚而行，倚着校园石墙，然后就不动了。没有一个军官或士兵停下来看看他。军队游行结束后，我们的邻居出来看那个士兵，确定他已经死了。最后，两名士兵从门后出来，从死去的士兵的身上拿走武器和其他军用品，把士兵的尸体留在了那里，一名殡葬员很快就来到街上，为死去士兵的葬事募捐，妈妈从我们二楼的窗户向他扔了一张 5 元的钞票作为捐款。

那天晚上爸爸回家的时候，我告诉他那个在街上死去的士兵，问他那些士兵要去哪里。

"好吧，这已经不是什么秘密了，"他说，"在那扇大门里面是中国东南部的一个团管区的培训指挥部，那些士兵将要上战场去和日军作战。"

"但是爸爸，他们只是穿制服的骷髅。他们怎么能与任何人作战呢？" 我很担心。

"儿子，这事情已经是非常严重的错误了，我相信总有一天会真相大白的。但你必须远离一点，不要问任何问题，不要告诉任何人，你听到我的话吗？"

"是的，爸爸，我明白了，"我咕哝着，但我真的想知道院子里到底发生了什么事情。

在接下来的每几个星期里，饥饿士兵瘫倒在街上的事情至少又重演了一次。一两个月后，我们听说蒋介石的大儿子蒋经国接到当地一些官员的报告后，突然过来访问了这个大院。他目睹了幽灵般的士兵和可怕的生活环境。在蒋经国到来的后一天，一卡车装备有自动武器的军警，封锁了这所培训指挥部。一群在院子里工作的军官和士官，被关在一个严密守卫的房子里。

据了解，在蒋介石的直接调查中，发现这所团管区指挥部的官员犯下的重大罪恶性丑闻。军方圈子里的人公开谈论了一些被揭露的腐败细节。这名指挥官是陆军上校，与他的下属合谋，向政府领取物资和薪水。许多物资如大米、盐、油和毛毯等等。但是只有一半不到的士兵在那里接受培训时。军官们会按照好几千名新兵的额度，使用了一组虚构的士兵名单，假充这个额度来得到完全的配备。当上级派检查人员来视察时，官员们便花钱临时从当地居民中喊他们来冒充"士兵"以应付点名核对的问题。密谋的官员将领到的额外工资收入囊中，这些工资总是以现金形式支付，并在黑市上出售许多物资。他们唯一不卖的是制服，主要是由于制服的质量太差，以及在街上行走时穿得像士兵一样是很危险。除了通过减少士兵数量来欺骗政府之外，这一团管区的军官还偷盗了他们的装备和补给。更可耻的是，他们还通过克扣发给新兵的食物来谋取财富。我很高兴这些骗子终于被抓住了。

爸爸和三位朋友在家里喝茶。这三位军官是我和妈妈得到军事新闻的主要来源，从他们的谈话中，我们可以拼凑出他们所说的故事。

"我猜他们想要隐藏他们的肮脏活动，所以才试图把他们的活动做成一件秘密的事情。我从来都不知道那里发生了什么事，我过去也不关心，"杨斯少校，一位很书生气的年轻人说。

"我无法理解的是他们为何认为自己可以如此大规模大范围偷窃。谚语说：人为财死，鸟为食亡。团管区中那些愚蠢的家伙太贪心，太愚蠢了。"刘凯平少校愤怒地补充道，他的脸通红，声音颤抖。

"贪婪是使他们如此愚蠢的原因,调查人员发现士兵们一天只吃两顿饭。早餐是一份薄薄的米饭汤,有一两片咸萝卜,而晚餐则是一管子浓汤,只有少许蔬菜。怎么会有人用这么少的食物来维持健康呢?"何强肃上尉透露。

"你说的一管子浓汤是什么意思?"爸爸问。

"管子是竹子的一段,直径约3.8厘米,高15厘米。他们甚至没有给士兵任何饭碗,只是用竹子的一段做的管子来代替饭碗,这样他们可以贪污更多粮食,可以在黑市上卖了。"刘少校叹了口气说,"我真不相信在军队里会有这么可耻的事情。"

爸爸听着,我能看到他的怒气在积聚。"该死的!难怪这些士兵向前线行军时就死了!"爸爸大声说,从他的眼睛里冒出了火。"我们的士兵不是被敌人杀害,而是被他们的指挥官杀死,那些该死的骗子。他们应该被行刑队当场枪毙!"

后来真正发生的事情,蒋经国报告给他的父亲蒋介石后,在一个月内,简短的军事法庭审判后,这位指挥官以及团管区指挥部中的许多官员和管理人员,都被行刑队枪毙,其他高级将领则因职务疏忽罪而被监禁或降职。我觉得很好,因为正义最终得到了伸张。

爸爸让我们搬到一套更大的新公寓,离他的炮兵学校只有10个街区,而且离我的学校也很近。当我们搬进房子的那一天,我偶然发现在这个社区里有一群新的恶棍。这伙人中有5到6个是比我大两、三岁土生土长的孩子。因为我的新面孔和我瘦小的身体,我走过他们身边时,他们开始挑衅我,当我抗议时,他们生气了。所以每次我遇到他们,他们都会用肢体和口头语言攻击我,没有例外我又被打了。幸运的是,他们从来没有群体攻击过我,因为这被认为是懦夫的行为。在每场较量中我只会受伤,我对那些给我带来麻烦的家伙非常生气。每次我走出家门,都感到很紧张,感到很大的压力,但是我没有办法避开他们。

一天下午,我在一次典型的打斗后摇摇晃晃地回家时,爸爸是第一个见到我的人。

"你的鼻子在流血,你怎么了?"他问道。

"我刚和几个流氓打了一架,有一群人,他们的年龄都比我大,身体也比我结实,他们每天都来找我。我非常讨厌他们,我想用机关枪把他们都杀了!"我尖叫起来。

妈妈听到我的声音,赶紧去拿湿毛巾来擦我的脸。

"儿子,先冷静下来听我说。"爸爸说,"你被那些年龄大一些的男孩子打了,你不能还手,所以你很生气。对吧?"

我点了点头。

"现在你是太气了,你想用机关枪把他们全部杀死,你有机关枪吗?你能从什么地方买到吗?当然不能。所以你是自己欺骗自己,认为你可以通过一些你永远无法实现的办法来报复,欺骗自己的人永远是无法取得任何成功的。所以要记住,你永远也不要仅仅用一厢情愿的想法来解决问题。"

爸爸的话让我更加生气了。我很清楚,他说的是对的,但我只是向那些恃强凌弱的人发泄我的愤怒。现在我却被贴上了自我欺骗的标签!但我知道,如果我向爸爸抗议,我会为它付出更高昂的代价,所以我只是不开心地保持着沉默。

我们周围人的生活越来越困难了。由于南方的供应也被切断,我们听到了关于西南部和西北省份农村地区大规模饥荒的报道。人们通常吃些喂猪的废弃蔬菜来生存。当食物耗尽时,他们转向树皮和草根。其他人甚至死于食用一种看起来像白麦粉的物质,但实际上是当地人称为"观音土"的一种白色粘土,原来是

40

用来制作观音雕像的，因此被称为观音土。饥饿的人们吃了这种观音土，直到他们把自己填满后而死亡，仅在一个地区就有数千人死亡。所有这些死亡和破坏，都是由于日本军国主义对我们国家的疯狂侵略所引起的。当我听到这些故事的时候，我想如果真的有上苍的话：佛陀，耶稣，穆罕默德或者是观音，为什么日本人，并没有因为他们犯下的这些罪行而受到惩罚呢？我无法理解，也不明白为什么这样的不公平也会被万能的上苍所容忍。但是，我仍然坚信上苍是存在的！

就目前的情况而言，我的家庭生活比我们的邻居和中国其他地方的普通居民都要好得多。军队为我们的家庭提供大米、油和盐，妈妈可以用爸爸的工资买蔬菜和一点肉。除了基本的生活必需品之外，妈妈还会打开她小小的、木制的宝箱，里面装满了闪闪发亮的24k金首饰、镶满宝石的手镯、戒指、耳环和沉重的金链子。有时她会选择一枚金戒指，把它带到当铺换成现金，这样我们就可以每天吃三顿好饭，每周吃两到三次肉。

"妈妈，那是很多珠宝，我们有很多钱吗?"我问道，我被闪闪发光的金子和闪闪发光的钻石所打动。

"这个盒子肯定值很多钱，但是千万不要告诉别人，让人们知道我们有昂贵的珠宝是不安全的。"妈妈说。

"妈妈，你在哪里得到了这么多的东西?"

"多年来，你的祖父和祖母已经收集了这些珠宝。"一天妈妈用一枚金戒指到当铺换成一些现金时，对我解释说"因为你的父亲是他们唯一的儿子，在奶奶去世后，爷爷给了我所有的贵重物品，这个盒子里的东西值得一大笔钱。"

我不知道这个财富能有多少，但是我对这个精心制作的木质盒子的印象很深刻，木盒的颜色是原木的深红色。我喜欢木质盒子面上精细雕刻的花和鸟，看着它就让我想起了奶奶和爷爷。我问妈妈，哪一天我能拥有这个盒子?她说等盒子空的时候，我就可以拥有它。

大约在我9岁的时候，一天晚上，爸爸带了一位名叫陈明英的陆军上校到家裡来。并告诉妈妈为这个重要的客人，准备一些茶和点心。他们坐在餐桌前，中间点着一支蜡烛。我留下来听他们的谈话，我能理解陈明英在告诉爸爸一些关于商业投资的机会，他是他们的合伙人。这位穿制服的上校，40岁出头的中年人，身材高大，有一双小而锐利的眼睛和鹰钩鼻，像个大亨。

"这是一次金矿的开采，刚刚开始得到回报。"陈明英一边说话，一边用小眼睛扫视着房间。我强烈地感觉到他是个卑鄙小人。"保守的说，最终的回报是10比1，既然你有良好的声誉，如果你现在有钱投资的话，我可能会帮你做一些事情。"

"我不知道。我以前从来没有参加过任何商业活动。"爸爸说，"但你可以告诉他们，我很感兴趣。"

"好吧，这事取决于你。我只是不愿意看到你错过了为你的家庭赚钱的大好机会。"

"我需要投入多少钱才能入伙?"

"你投资越多，赚的就越多，就是这么简单。"

"我没有任何现金可以投资。但我们确实有一些来自我已故父母的珠宝，但我不知道这些是否用于投资?以及它们能值多少钱?"

"这将取决于你所拥有的珠宝。我将向我的合作伙伴们做一些说服的工作。"然后他停下来喝了他的茶，他又一次用老鼠般的眼睛扫视周围的环境。

41

"好吧，给我看看你有些什么东西，我会试着让我的同事相信你有能力支付，我们现在就把你算为合伙人了。"

爸爸转向妈妈，"把那个珠宝盒拿进来给我的朋友看看。"爸爸指示。

妈妈对着爸爸的眼睛看了几秒钟，然后很不情愿地从后面房间里拿出了这个宝盒。我可以看出妈妈一点也不高兴，但是她还是把箱子放在爸爸面前的桌子上。

爸爸把箱子转到一边，再推到上校面前，然后慢慢地打开。上校的眼珠子跳出来，我想象着他的口水在滴。他用手挑了几件东西，仔细地看了看，然后把它们放回去。就连爸爸似乎也对盒子里的东西感到惊讶，因为他以前从来没有打开过这个箱子，可能也不知道里面装的是什么。上校向后靠在椅子上，用一张神秘的脸看着爸爸。

"你怎么看？这足够吗？"爸爸焦急地问。

"够了吗？天哪，这是一笔财富！"陈明英喊道，"你只需要拿出一小部分就可以了，我可以让你成为我们公司的合伙人。"上校说。

"接下来我应该怎么办？先出售一些？"爸爸问。

"不，你不能做那样的事。我将和我的伙伴们谈谈，并建议立即把你的名字加入到我们的合作伙伴中去。我们将为你准备一份正式的提案，根据你的百分比确定你参加合作所需的投资金额。"

爸爸显然是高兴的。过了一会儿，陈明英起身离开了，爸爸陪他走到门口，他很高兴地接受了这一次令人激动的投资机会。

但是妈妈担心了，"我不喜欢那个叫陈明英的傢伙，他看起来很恐怖，我只是觉得他不是一个诚实的人。"她说。

"嘿！你不应该用外表来判断别人。"爸爸喊道。"他是军队中的一名上校，他会有多么坏？"

妈妈知道这是保持安静的时候。我知道她只是非常担心在这个饱受战争蹂躏的国家中，向人们展示我们财富的危险，但她并没有指出爸爸打错了主意。我完全同意妈妈的看法，但我不敢说出我对爸爸的看法。

没过多久，坏事就发生了。上校来过大约一个星期后，我在一个早晨醒来，闻到屋里弥漫着强烈的香味，大门也打开了。我感觉到有什么不对劲，我大声喊道："妈妈，爸爸，我们被抢了！"

我的尖叫声惊醒了妈妈和爸爸，他们急忙走出房间，奔向客厅，在那里有一道通向入口的房门。爸爸在屋子里，嗅了嗅空气，说："很明显这是小偷在夜里闯了进来，用强烈的烟把我们带入了更深的睡眠。快找宝箱，快！"

妈妈冲到藏宝盒地方去寻找宝盒。"不见了！整个宝盒都没了！"妈妈尖叫起来。

"我敢打赌，这次偷窃是那个该死的陈明英所做的。这城里没有其他的人知道这个盒子！我想要掐断那个贱人的脖子。"爸爸怒气冲冲地说。

"我们需要向警方报告失窃事件。也许他们能帮上忙，"妈妈说。

"我真的怀疑警察都能做些什么？我将找到那个可恶的小偷。"

爸爸穿上他的制服后，急忙去上班工作，试图追踪这个嫌疑犯，但是陈明英已离开了小镇，没有人知道他去了哪里。原来他是因为某些不光彩的行为被赶出了军队。但他利用了军队中低效的通信系统，并告诉炮兵学校他被派去观察军事行动，学校甚至给他提供了一个不错的办公室。在那里，爸爸遇见了他，并对上校的印象非常深刻。对上校来讲，爸爸只是一名下级军官，因此对陈明英非常信任。当学校官员发现被诈骗的时候，他早就走了。警方提交了一份报告，但什么也没做，随着战争的爆发，他们很少会费心去处理一件盗窃案件的。

我在离房子不远的人行道上，找到了那个被丢弃的宝盒。小偷把宝盒倒空，把空盒子扔在路上的一块石头上并被砸破了，面板的一边有个巨大的凹痕，我把空盒子捡起来，带回家给妈妈看。当我悲伤地沿着人行道奔跑时，我想起了妈妈告诉我，当宝盒是空的时候，我可以拥有这个盒子，我们从没想到会这么快就会发生。

随着珠宝首饰的消失，外婆送给妈妈的一件完整的狐狸围巾和两张丝质床单，就是他们留给她的唯一贵重物品。我无意中听到爸爸和妈妈在谈论这一次损失对我们将来生活的影响，我们必须勒紧腰带过日子，我们都对小偷的行为极度的愤怒。至于为什么会发生这样的事，爸爸很抱歉他邀请这样一个不值得信任的人进入我们的房子，向他展示我们的秘密宝藏，爸爸告诉她，她应该拒绝把珠宝盒拿出来给陈明英看。但我知道爸爸实际上是在责备自己，尽管他的自尊心太强了，不愿意承认这一点。

我看得出来，妈妈很震惊，但她没有说任何话来责备爸爸。在这件事上挑战爸爸只会激起他更强烈的口头反应，而且她以前曾多次感受到爸爸熊熊燃烧的火焰热度。每当爸爸心情不好的时候，他总是发泄对某件事的愤怒，甚至对妈妈进行言语攻击，而妈妈从来不用言语反击。最终，他会冷静下来，试着取悦妈妈，甚至试着逗她笑，不知怎么的，妈妈总能以温柔的微笑来回应他的取悦。妈妈经常告诉我，爸爸是一个很好的人，当他想到如何受到他的母亲和他的五姑妈虐待时，他才变得愤怒。我不明白像妈妈这样脾气好的人，为什么必须成为他发泄对象？

在失去珠宝盒的震惊之后，妈妈对我说："记住，儿子，知人知面不知心！"然后，看着我的眼睛，她继续说，"失去我们的财富是件坏事，但在我们前面的事情可能更糟。我们将没有额外的食物和其他的东西了。"

"没关系，妈妈！别担心。"我这样说，只是为了让她感觉好些。

"但是，我的儿子，我们将会有一些真正的问题需要克服，我需要你意识到这一点。只要我们是安全的，我就会像我们拥有一切一样快乐。"她带着那惯常的温暖微笑说道。即使带着她的微笑，我也知道妈妈的心情很沉重，我们必须坚强地克服前面的困难日子。

由于只有爸爸的微薄收入，现在我们不得不大幅减少肉食，妈妈每天还准备三顿饭，但我们的饭菜越来越少了。早上，只吃了一点炸花生和腌制的萝卜。早饭后，我们最常吃的一餐是一碗蒸饭，里面放着一些磨碎的盐和一茶匙猪油，再加上一两盆小蔬菜。每周吃一到二两肉，只是把几小块肉扔进一道菜里。

"儿子，妈妈心裡十分难受，在你最需要营养的时候，我不能做到给你更多、更好的食物，"妈妈在一次吃饭的时候说。

"别担心，妈妈，我已经有足够的食物吃，我也不饿。"我回答。

我知道妈妈承受不了我们长期在缺乏粮食下带来的痛苦，我想尽力安慰她，但事实是每顿饭后不久我就感到饿了，并急切地期待着下一顿.

有一段时间，妈妈会买一小块五花肉，用磨碎的盐、洋葱和一点糖来做菜。我建议，在一顿饭里，不要把所有的"五花肉"都吃完，可以在三天之内把它摊开来吃。当她端上这道"五花肉"时，妈妈和爸爸只在他们的米饭上浇些肉汁，把所有的肉块都放在我的碗里。

"我们成年人对蛋白质的需求并不大。"爸爸一边装着我的碗，一边解释道。"但是你在成长的过程中，你需要所有各种各样的营养物质，我们很高兴看到你喜欢吃猪肉。"爸爸的手势和话语让我内心感到温暖，虽然他很严厉，脾气很坏，但我知道爸爸爱我，想让我得到最好的东西。在这特殊的时刻，这一点我能看的更清楚。

严重的食盐短缺开始席卷都匀和整个贵州省。平民百姓遭受到越来越严重的营养不良和缺碘导致的各种健康问题甚至死亡。黑市诈骗和价格操纵行为猖獗，军方仍然给所有的军官和他们的家属提供了盐份，所以我们不必担心，但是我们不得不更加谨慎小心地使用这些食盐。

由于日军的禁运，切断了沿海省份的食盐供应，大部分可用的盐都是以岩盐的形式出现的，这些岩盐是从四川省的地下矿井中开取的。岩盐的形状是不规则的，大小与高尔夫球差不多。在我们的家庭和大多数邻居的家里，一块大约10-20立方厘米的岩盐块，悬挂在餐桌上方的天花板上。当稀饭上桌时，我们会把岩盐块浸入稀饭中，而且时间不能太长。一些岩盐可以被磨成小的水晶粉。我非常喜欢这种咸的味道，可惜从来都没有满足过。

就像我们社区和学校里的大多数营养不良的孩子一样，我看起来很瘦、很苍白，但是我们从来没有谈论过食物短缺的问题。妈妈总是告诉我要感谢我们所拥有的，我知道在我们这个饱受战争蹂躏的国家，其他地方的情况更糟。说我们的困难是没有用的，只会让我们更加饥饿。当我习惯了这些变化后，我最喜欢的一餐饭只是包括米饭、一勺猪油和岩盐，一想到就会使我流口水了！

但是整个战争的状况在1944年的初春变得更糟了。有一天，爸爸很早就回家了，妈妈很惊讶地看到他早回来，她很快的放下杂事，想知道是怎麽回事？

"我有一些非常坏的消息和一个好消息，"他严肃地说。

妈妈的脸立刻变得苍白。她总是被任何坏消息吓到，而且她已经收到了很多这样的坏消息。

"日军出乎意料地突破了我们的防线，昨天到达了距离独山只有20公里的一个小城镇，我们希望能阻止他们在这些据点的进攻，现在日军距离这里只有150公里了。"

"我们的军队有可能阻止他们到达都匀吗？"妈妈问道。她那可怕的表情告诉我，她正期待着最坏的情况。

"我对此表示怀疑。当然，如果我们能立即从美国获得足够数量的重型武器，我们就可能会有机会。"

"关于美国武器，你已经谈了很长一段时间了。你告诉我，是不是我们还没有收到这些武器。"妈妈道。

"我们确实收到了一些武器，但必须要飞过喜马拉雅山脉，从昆明运过来，这个过程是非常缓慢和危险。我们不能抱怨美国人，武器的运输实在是太慢了，而且我们北部和东部的前线也需要武器，这就是我们今天遇到大麻烦的原因。"爸爸解释说。

"所以我们要撤退到北方去。"妈妈喃喃地说，她停顿了一下。"好吧，现在告诉我的好消息。"

"这对我来说绝对是个好消息，但我不知道将来会给我们带来些什么？我刚刚收到了我被调到重庆的命令。"爸爸宣布。

"这确实是个好消息，我讨厌这个地方！"妈妈微笑着，微笑慢慢地回到她的脸颊上。

"是的，我被重新分配到一个新的位置，成为97军196师586团的副指挥官。我必须在10天内到重庆去报到并上班。"爸爸说。

"他们要把你的单位从这里搬到重庆吗?"妈妈说,她的声音又微微颤抖。

"不, 我的单位不会搬到重庆去,只有我一个人去。我的新单位现在驻扎在重庆。"爸爸说"97军的下一个任务可能是保卫独山,但是没有人知道高层的决定会是什么,我要先走一步。然后你必须带着天任去重庆,我爸爸的朋友们可以帮你在党史编纂委员会找到一份工作。在我离开这里到重庆之前,我会打电话给他们,请他作好安排。"

"我们应该在什么时候离开?"妈妈问道,似乎被这个消息弄得完全措手不及。

"只要我找到你们的交通工具,你们就离开。如果我们的部队没有马上接到去命令到独山去,我会在重庆与你们见面。但如果部队被命令马上去独山,若我不能从这场战争中回来,那么直到战争结束前,我就不会看到你们了。"

我在爸爸的眼里看到一丝悲伤,他知道,妈妈从来没有单独和她年幼的儿子一起走过这么危险的旅程

"你一定会回来的,不要担心我们。"妈妈说着,她的声音突然变得更平静,更自信了。"我们将在春山街巴士站与你见面,你知道我在说什么!"

"我当然知道,我会经常检查会面地点。如果我在你到达前就到前线去了,你就直接去看冯叔叔,他会照顾你的。"爸爸递给妈妈一张纸,里面写有地址和党史编纂委员会的其他信息。

爸爸突然转向我,我能更清楚地看到他悲伤的眼睛。

"现在你已经是大男孩了。"他轻轻地拍着我的头说,"当我在战场上的时候,你一定要照顾好你的妈妈。"

"不要担心,爸爸,我一定会照顾好妈妈的。"我保证,我在想了解更多关于爸爸上战场的事情。在战场上,我们的许多朋友已经战死或负伤了,爸爸又是一位勇敢的军人,谁能知道以后会发生什么呢?

那天晚上,我们三个人一起吃晚饭时,我无法抑制自己的好奇心。

"爸爸,你的指挥下有多少士兵?"

"一般来说,在一个团里大约有两千名士兵,但这是一个加强团,在加强团的指挥下还有额外的炮兵营,所以大约有三千名士兵。"

"哇!在你指挥下有這许多士兵,你们团里有坦克吗?"

"没有,我的团里没有坦克,坦克直接属于坦克分区指挥部,但我们是作为一个团队一起战斗的。"爸爸喝着茶说,"我现在必须给冯爷爷打电话。"

爸爸从餐桌起身,离开了家,到都匀市的电话电报办公室,给在重庆的委员会里工作的冯爷爷打电话。一小时后,爸爸回到家,向妈妈保证,一切都由冯爷爷在委员会中解决了。

"冯国经叔叔很高兴能帮助我们,他是该委员会的最高领导。他说,把你安排在一个办公室里是没有任何问题的。你到重庆后,给他打个电话,他会关照你的其他事情。"爸爸说。

"委员会是不是在城市里?"妈妈问。

"不,党史编纂委员会的总部在乡下,但他们在重庆市中心有一间办公室。我有两个电话号码。"爸爸说,"你和天任都需要先去市中心,然后再去在乡下的党史编纂委员会总部。"

要找到妈妈和我去重庆的交通工具,比找妈妈的工作要困难得多。在都匀和附近的城市和乡镇,随着日军前进的消息传开,成千上万的人疯狂地离开都匀,顺沿着破烂而又是主要的公路,走向了重庆。所有的政府机构和军事机关也在同

一时间迁移到重庆。更糟糕的是，许多附近城市的居民也都离开了家园，搬家前往北方，所以大家不得不在唯一的主要道路上前北方走。由于政府迁址的优先权较大，合法的运输方式是不可能找到的。经过疯狂的搜索，爸爸花了一大笔钱才找到了一辆载乘客的货运卡车，并付了钱。

"小心不要弄坏车票！"爸爸对妈妈说，"你们俩在路上一定要非常小心！"他拍了拍我的头，然后跑去找他的军用交通工具，我看着妈妈送爸爸到街角，当她回来时，她的眼睛是红红的。我在研究我那珍贵的弹珠，想到那个广告牌，那是我去上学的路上路过的那个广告牌，上面承诺 1944 年将是"胜利之年"，就像其他许多人一样。现在看来，这似乎是一种黯淡的希望。对我们所有人来说，最坏的情况还没有到来！

第五章

危境途中

    妈妈小心翼翼地拿起那本长长的卷轴，卷轴内书："世界大同" 這个重要的卷轴是孙中山先生的亲笔手书，作为私人赠品送给爷爷的。多年来爷爷一直万分慎重、随身携带着这个卷轴直到去世，这是我们家族最宝贵的财产。妈妈更是小心翼翼地把一层厚布包在卷轴外面，再把它塞进我们大皮箱的最里面。当她回过头去看她在床上整理好的一堆重要东西时，她注意到我在看着她，示意我走得更近些。

    "天任，过去我们总是让爷爷或爸爸帮我做决定，但现在我必须自己做决定了。"她说。"因此我需要你和我合作，听我对你说的话。我相信我们会安全的。"

    "妈妈，我快 10 岁了。我保证，我会听你的，我知道我们一定会把卷轴安全带到重庆的。"我说。

    "这才是我的好孩子！从这一刻起，你必须时刻在我的身边，一直和我在一起。在我们离开之前，不要一个人在街上走動，这几天的市面上，不但非常混乱，而且非常危险。你还记得我刚才说的话吗？"

    "是的，妈妈，我记得了。"

    "很好，现在你可以帮我收拾行李了。我们必须把那些漂亮的皮货留在以后安排，虽然我不喜欢这样做，但我们必须轻装上阵，因为我们不能指望别人会帮我们搬行李。在战争期间，大家都改变了，你只能相信你真正了解的人。我没有办法带两个箱子，只能带一个大箱子了。"

    回到床边上，妈妈把她母亲给她的丝绸床单，还有狐狸围巾和爸爸经常读的两本易经书放进了箱子。

    "我现在不能再把别的东西放进去。否则箱子会太重，我拿不动。"

    妈妈一边说，一边又加了一个枕头和一些棉衣进去，以保持箱子的充实。我把爸爸的柯达相机和我们的闹钟递给她，妈妈把它们夹在棉袄里。我从我们的梳妆台和抽屉里又拿了几件东西，但是她只给箱子增加了二、三件。

    "记住，我们现在必须轻装上路。"妈妈说着并向我伸出手。"把你真正想要带的东西拿给我。

    她拿出两个小箱子，把爸爸最重要的文件和证书放在其中一个小箱子里面。然后，她把被偷窃后剩下的几件首饰，连同其他一些小物件一起藏在宝盒里。我带着一大袋珍贵的宝贝过来，包括手工制作的弹珠和几个陀螺。

    "那些太重了，选出 10 个最好的弹珠，其他的都送给你的朋友吧。"

    "但是妈妈，这些是我最好的弹珠。他们是无价的，"我抗议道。"我真的也需要陀螺。"

"天任，你知道路上有多难。我们正在努力逃离日本的侵略，你和我都没有那么大的力气。"

看着我失望的表情，她继续说道。"好吧，你可以拿12颗弹珠。怎么样？"

"妈妈，我这儿有30多颗弹珠。我带15颗，行吗？"

"很好，"妈妈说，她温柔地对我微笑。"我们会在路上穿些暖和的衣服，所以穿上你的毛衣吧，现在你的大部分衣服都太小了，我们就把它们留在这里，等我们到重庆的时候，我会为你做一些新衣服。你知道，重庆是一个比都匀繁华很多的城市。我们将会看到许多我认识的人，我们在重庆生活会很快活的。"

我从没见过妈妈这么果断，充满了积极的人生观。我意识到她从来都不喜欢都匀，现在我们又要回到重庆，在那里她感觉会更舒服。

我们家附近的街道非常安静，因为我们住在远离主干道的后街。在整个城市里，许多商店、私人住宅和政府大楼都已被木板封上。响应妈妈的邀请，我们的邻居们在我们出发的前一天就来了，开始把家具、厨具和我们留下的床上用品全部拿走。"什么都不应该浪费，"妈妈坚持说。

在清晨的黎明时分，我们要离开空房子了，妈妈和我已经准备好加入越来越多的市民撤离行动。妈妈仍然非常平静，"多吃些米饭，再吃两个鸡蛋。"她告诉我，"今天早晨我们会很忙的，上路以后，我不知道能为你买到什么吃的东西。"她在我的早餐中，又额外增加了些米饭和腌菜，准备上路了，我心情很好。吃完早餐，妈妈示意我和她一起去隔壁邻居李太太家，她很担心，因为李太太他们家没有任何准备撤离的迹象。

"李太太，你马上也要走了吗？"妈妈问。

"不，我们不想搬到其他的地方去。"李太太坚定地回答。

"但你知道日本兵就要来了，留下来的人将在日本兵占领下生活，你要知道这些小恶魔有多坏。"妈妈警告说。

"我们不能搬，这房子是我们唯一的财产，我们已经在这里住很久了。再说，我们也没有别的地方可去。"李太太说。

"但是你可以在重庆找到住的地方。"妈妈坚持说。

"我们没有钱买车票，我们也负担不起在重庆的房租。所以我们别无选择，只好留下。但是我们相信如果不去激怒他们，日本兵就不会打扰我们了。"

妈妈皱起了眉头，我们走了，只好祝他们好运。我们把东西放在前门，邻居主妇帮我们把大箱子从房子里搬出来，然后放到街上。我们要自己把大箱子和两个小箱子搬到卡车上。我用力地拉着那两个小箱子，每隔几步就要停下来休息，妈妈一次拖着大箱子沿着鹅卵石路走了不到半米，"你看到了每件小东西都是会增加箱子重量的"妈妈说着，拖着大箱子往前走。"现在你知道为什么我不让你把所有的弹珠和陀螺都带上。"在清晨的阳光下，我们花了45分钟才到达指定的上车点，我们都出了一身大汗，终于及时赶到了。

我什么也没说，只是敬佩妈妈的正确决定和人格力量，然而直到现在我还不知道妈妈具有何种性格特点。其他乘客帮助我们把重箱子抬到卡车上，妈妈先上了车。我告诉她，我上车前要先检查一下卡车。我知道卡车和公共汽车经过山路时，经常会翻车而造成伤亡。我担心前方路况不好，我看了看这辆破旧的有双后轮的六轮运货卡车，上面的货物舱是一个平板床，配备有两个侧板和一个尾板。一些带有官方标记的大型木箱，可能是属于政府的，其余的地面空间都是供乘客使用的，但由于货运公司已经超售了，所有的乘客都不得不坐在这些木箱或自己的行李上。我们都必须非常小心，不要踩到对方的脚趾。

我爬上了卡车，和妈妈坐在一起。作为最后上这辆车的乘客，我们不得不挤进卡车最后面的一个位置。我知道从后轮启动的水可能会喷溅到我们的身体上，但这个地方还是很适合我的，因为我想看到贵州到重庆之间的这条公路上的一切。

妈妈和我坐在我们的大箱子上，每人膝盖上都放一个小箱子。看了一眼挤满人的货舱，我注意到一对五、六十岁的夫妇挤在一个木板箱的上面。他们每人只带了一小捆包裹。他们静静地坐在那里，看上去很悲伤，我为他们感到难过，但不知道我能说些什么。在靠近前面的地方，一个妻子在不停地骂她的丈夫，我希望卡车的发动机声音更响些，这样我就不会听到他们的声音了。

早晨9点钟，卡车隆隆地开着，天空渐渐变阴了，到了下午，开始下倾盆大雨。我注视着卡车的后部，透过卡车顶部和侧面覆盖的帆布缝隙，我可以看到成百上千的难民，在路边艰难地向前跋涉，用手推车或牛车穿过泥坑和水洼。看起来他们已经够悲惨了，我们的卡车向他们喷溅泥水时，他们几乎都没有注意到。

这些逃难的穷人已经放弃了他们所有的一切，只是为了在北方能够寻求庇护，保住生命。当我想到他们的困境，更加对日本侵略者感到愤怒。因为日本人想要征服世界的愚蠢野心，已经摧毁了数百万中国家庭，杀害了数百万中国百姓，如今仍然要继续扩大他们的侵略范围。在卡车里，大家都有同样的感觉，我们只是把愤怒放在心里，说愤怒的话不会对现实有任何改变。

毕竟，坐在卡车后面并不是一个好主意。虽然卡车的速度不够快，泥水不会喷溅到我们身上，但是卡车的引擎所产生的废气使我感到恶心，并让我头痛不已。

"妈妈，明天早上我们得早点起床，这样我们就可以坐在前面了，废气对我们的健康有害。"我说，她同意了。

才过了几个小时，感觉上像是过了几天，傍晚时卡车停在了贵阳的一条后街上。

"所有的乘客，都要带着你们的行李，到能找到的地方去过夜。"一位40多岁的粗鲁男子说道。"把你的大箱子放在卡车里，我会替你照顾的，我们明天8点钟离开，别迟到了。"

想起在都匀把重箱子拖到车站的艰难，妈妈和我决定把它放在卡车上，只带着两个小箱子，带着我们的贵重物品，和其他乘客一样去找一家旅馆过夜，路上妈妈从街头小贩那里买了一些热的肉包子，在我们出发去寻找旅馆之前，吃了一顿简单的热饭。离卡车停下的地方不远，妈妈找到一家临时旅馆。在柜台付了几块钱之后，我们挤进了一间大房间，里面点着一支昏暗的蜡烛，十多名旅友已经安顿下来。我们很快就在那些竹床上找到两个相邻的铺位，没有枕头，也没有毯子，房间里的每个人都穿着自己的衣服睡觉。我们的头枕在我们的箱子上，这样就不会在夜里被偷了。我已经很累了，几秒钟之内，其他疲惫乘客的鼾声使我很快就进入了深沉的梦乡。

第二天一早，妈妈把我叫醒，我们很快就上路了，我们想在7点前就到汽车站，以便可以找到一个好的座位。当我们到达那里时，卡车停放的地方是空的，大多数同车乘客已经在那里等着。

"妈妈，我觉得有点不对劲，"在等了一会儿之后，我说。

"现在只有7点半，我希望卡车在8点前会过来."妈妈说，这是我们离开后第一次感到害怕。"也许卡车司机把车开到加油站去买汽油或装载更多的货物。"我们环顾四周，尤其是卡车可能会开过来的方向。时钟滴答作响，但是没有一辆卡车出现。

"妈妈，司机不需要等到最后一分钟，才把汽油加到卡车里，"我说。墙上的钟已经是8点15分了，我觉得情况不好。"我想司机已经带走了我们的财产而离开了。"

"我想你是对的，该死的司机！"对妈妈来说，诅咒是非常罕见的，所以我知道她非常担心和不安。我们一直等到8点半、9点、然后10点。到了中午，每个人都知道卡车司机已经把我们所有的财产都带走了。我们中的一些人到公共汽车站去问经理关于那辆卡车的事，经理简单地说，这不是他的卡车，他也没有相关信息。有些女人哭了，男人也在咬牙切齿。

"如果我再看到那个没有良心的狗杂种，我就会空手杀死他。"其中一名男子愤怒地说。

"我讨厌那个可怕的司机，他拿了爸爸的柯达相机，我希望警察抓住他，把他关起来！"我喊道。当然，这个司机还带走了爷爷最珍贵的卷轴，这是我们与爷爷生命的最后联系。

"儿子，我想我们不会再看到我们的卡车了。现在我们需要想办法继续上路，去重庆和你爸爸见面。"妈妈坚定地说。

"大箱子里有钱吗？"我焦急地问道。

"没有，幸运的是我没有把钱放进大箱子里，我身上有足够的钱，我的口袋里还有现金。"妈妈向我保证，"我们会想念失去的东西，但这些东西对我们的生存来说，并不是必不可少的。现在对我们来说，最重要的是我们的安全，我们必须坚持下去。"

"我们能不能马上找到另一辆卡车？"我问

"不，我们应该先吃点东西后再找。"妈妈说。爸爸不在的时候，她似乎一直在做决定并照顾着我。

我们拿起两个小箱子，离开了这个公共汽车站。当我们走到大街上的时候，我们闻到了一股炒猪肉和蒸馒头的香味，这让我想起我们是多么的饥饿。令人高兴的是，离我们不远处是个食品摊。站在拥挤的人行道上，妈妈买了两个大蒸包，这是我最喜欢的食物。我们在人行道上找到了一个满是灰尘的木凳，并决定在那裡吃午饭。在汽车站站了五个小时后，坐在满是灰尘的长椅上，是一天中最愉快、最惬意的时刻。

在秋日明媚的阳光下，空气中充满了街头小贩的叫卖声。鹅卵石路上车轮隆隆地响，汽车的喇叭声音也不停地叫着。但在我们坐着的地方，最大的噪音是来自无数烹饪用具相撞的声音，厨师们不时地敲打那些大锅子来吸引街道上的行人。

贵阳市是主要的交通枢纽，连接了南方城市和重庆之间所有的主要公路。显然在和平时期，贵阳市从来没有这么拥挤和混乱过，满是灰尘和噪音的街道不够宽，不足以支撑如此大量的人流和交通工具。当我们坐着吃午饭的时候，一大群人从四面八方冲过来，从我们身边经过：一位穿着讲究的妇女坐在人力车里；一个穿着打了许多个补丁衣服的老人，用拐杖慢慢地走着，穿破衬衫的青年人挑着一付沉重的担子；一个后背上带着孩子的母亲，在她后面还有两个四、五岁的小女孩跟着，人们没有表现出任何惊恐和慌乱的情绪。他们只是快速地前进。我被面前的所见所闻惊呆了，忘记了我们当时正处于非常麻烦的时刻，我们刚刚失去了我们的财产，我们又要去重庆。

偶尔，会有一辆卡车或一辆公共汽车经过，但我没有看到任何可乘用的卡车，只看到几辆自行车。许多手推车都在缓慢地推过，大部分街道上都是一群当地居民在这里做生意，还有来自其他城市的难民，他们希望找到更好、更安全的地方，以远离那些该死的日本军队。

妈妈和我吃完我们的午餐后，每个人拿一个箱子融入街道上的人流。有时我们不得不紧紧贴着别人的肩膀或手臂，人挤人地缓慢向前或向侧方进行。在这个完全陌生的城市里，我们不知道在哪里可以找到另外一辆卡车。我们首先要知道应该去哪里找？目前，我们只是在街上毫无目的地不停走动去寻找任何卡车或者其他的交通工具。

"妈妈，你为什么不去向别人问路呢？"我问。

"这是个好主意，但在这种混乱中，问你不认识的人可能是很危险的。那里会有很多小偷和强盗，他们只是在等待没有主张的人来找他们。"她说。"我们会沿着街道走，看那些卡车开到哪里去？。"

当一辆公共汽车或卡车偶尔在大街上走过的时候，司机不停地按喇叭，试图叫人们让开汽车通行的道路，但是很难成功。本来这种汽车只要几分钟就能开过一个街区，现在在人流中要花费更多的时间。每辆经过的公共汽车或卡车看起来都已经挤满了人、货物、或者两者都有。在嘈杂的喧闹声中我和妈妈不得不把注意力集中在街道两旁的建筑物上。我们向每一个方向寻找，我们也努力在彼此之间保持几尺远的近距离。但是在我周围的每个人似乎都比我个子大，我还得用尽我所有的力气来站稳，而不被推倒。

突然，妈妈不见了，我四处寻找，却看不到她。我很快地回头看了一眼我们刚刚从哪里来的，但她不在那里，好像在我的身后，我的心里有一种下沉的感觉。我朝前看看，再朝侧面看看，仍然没有看到妈妈的迹象，现在我很害怕，怎么能让这种事发生在我身上？我以为我已经把妈妈放在我的视线内，那一定是就在我后面不到1米远的街道右侧的那个大标志，我应该走近一些去看清楚并理解标志上写的是什么意思。

我们是在哪里分开的？在我们离开都匀之前，我曾许诺过，我总是会让妈妈看到我。现在我应该怎么办？我不能够大喊大叫地喊叫妈妈，因为街道太拥挤，太吵了，她根本听不到我的声音。不管怎么说，有这么多的母亲在外面，大声喊"妈妈"是没有用的。

我在街上站了一会儿，想办法摆脱这种可怕的局面。假设她没有转到旁边的街道上去，妈妈肯定不是在我前面，就是在我后面。当我们还在一起走的时候，我想起我们已经至少转过了一次弯，我决定回到我们已经转弯过的十字路口，等着她回来找我。否则，如果我们一直在寻找对方，我们就会使寻找过程变得更加复杂，找到对方的可能性也就更小。

我迅速地走回到前一个街区，走到转弯的十字路口，找个位置就站在那里等妈妈。幸运的是，这是一个比较宽的交叉路口，人群没有那么密集。每当有妇女从远处向我过来时，我的心就会怦怦地加快，因为我在努力地寻找与妈妈相似的妇女。但是，当她们走近时，我就失望了。我手里的小提箱越来越沉重了，我轮流用左、右手交换着拿小提箱，有时还会用两只手紧紧地握住它，但我不敢把小提箱放在地上，那怕只放一秒钟，因为我知道小提箱会因此不翼而飞。

等了又等，我不知道等了多久，我找到妈妈的希望越来越渺茫了。我开始想，在这个饱受战争蹂躏的城市里，一个连10岁不到的男孩在这种地方会有什么遭遇。我听说一些迷路的小男孩会被军队带走，被当成了像林松一样的勤务兵，这还是最幸运的情况。如果我找不到妈妈，会不会有士兵来找我？无论我爸爸在哪里，他们会帮我找到我的爸爸吗？

但是现在这里没有任何军人。我还记得听过一些故事，讲述了一些其他人的孩子如何独自留在饱受战争蹂躏的街道上，被那些坏人当作奴隶卖给农民或小作坊，还有一些人死于饥饿。我口袋里又没有钱，饿了怎么办？

我的眼睛越来越疲劳。当我试图集中精力看面前时，有时一切都变得非常模糊，我希望这只是一个恶梦，当我醒来的时候，仍然会发现睡在自己温暖的床上，妈妈在厨房里为全家人准备早餐。但现实是不可否认的，我独自站在一个完全陌生的城市街道上，妈妈的下落不明。现在我越来越冷了，绿色毛衣和长裤在没有运动的情况下，没有足够的保暖作用。我感到担忧、口渴、寒冷和饥饿，我感到我的整个世界都在崩溃。我知道我不是唯一一在逃难中迷失的人，但是没有一个过路人对我有丝毫的关心，也许那是一件好事，我想道，记得妈妈告诉我不要和陌生人说话，现在我知道在战时混乱的街道上，一个被困的迷路孩子会有多么危险。

妈妈呢？她现在是多么的害怕，失去她唯一的孩子是多么的悲伤。她是一个如此小巧、脆弱的女人，在这个陌生而又充满压力的世界里，她怎么能独自一个人生活？也许是一些坏蛋绑架了她！我无法忍受妈妈会受伤害的想法。"你现在是大男孩了，"爸爸在离开的时候说。"当我在战场上的时候，请照顾好你的母亲。我曾向爸爸保证过，但我的工作做得并不好。即使我能通过一些办法和爸爸团聚，我怎么能告诉他我没能保护住妈妈呢？好吧，我真的不知道我能否找到爸爸？那只是一厢情愿的想法，我的命运可能是被人贩子出卖而成为奴隶。

我在交叉处路口，几乎已经不再仔细去看那些走近我的妇女。突然，从右侧有一个穿着深绿色连衣裙的年轻妇女向我走来，还穿着一件蓝色的针织衫，带着一个小箱子，正在用眼睛疯狂地扫视着街道。那就是妈妈！我几乎哭了出来，我匆忙把所有在我前面挡住路的行人推开，冲到妈妈面前。当我走到妈妈身边时，妈妈紧紧地抱着我，我能感觉到汗水湿透了妈妈的所有衣服。

"我很高兴能找到你，我真的以为绑匪把你带走了。"妈妈沉默了很久之后说，我看得出来她一直在哭。"如果你真的被人绑走了，我不知道我将会怎样活下来。从今天以后，不要从我面前离开，我再也不能离开你了，千万不要离开我的视线。"我觉得自己是地球上最幸运的孩子，在这一片混乱的人海中，我终于找到了我的母亲。

"妈妈，我吓坏了！我以为我再也不会见到你了。"我嘟囔着，泪水顺着脸颊流了下来。

"我很高兴你没有事，从现在起，我将永远把你放在我的视线里。"

我们靠得很近地走着，直到遇上一个街头小贩，妈妈给我买了一个甜面包，然后我们坐在木凳上休息。我们已经分开两个多小时了，这两个小时对我来说就像是两天甚至是两个月。

"当我发现你不在我身边时，我很恐慌，"妈妈吐露说。"我转过身去，在看到你的最后一个地方，呼叫 天任！天任！但那地方太吵了，我没有听到你的回答。我很快地走到街上，拐了一个弯，走到更远的地方。然后，我在人群中迷失了方向，走到离这里很远的一条街道上。我甚至没有看过我们分开时的街道标志，所以我就走到每条街上，看上去都像我们在路上分开时的那条街。最后，我看到了这个巨大的广告牌-面霜广告，我知道这就是我最后看到你的十字路口。我就这样冲过来，看见你就站在那里，我很高兴你能保持冷静，没有试着去找我。"

在我的一生中，妈妈从来没有用这么快的语调跟我说话，所以我知道她找不到我的时候，一定是非常的焦急。

"妈妈，我也很害怕。"我承认。" 有一段时间，我想我可能会成为一个像林松一样的勤务兵，或者被坏人抓住，又被卖给一个农场当奴隶。我很高兴现在这一切都过去了。"

然后我们都意识到我们不能再休息了。我们在下午的薄雾中结束了互相寻找，现在要更小心地行动，决心也更大了。幸运的是在离我们休息的地方不远处，妈妈找到了一辆运送乘客的卡车。妈妈买了两张票，由经纪人带着，从不远处的一个地方走了出来。这是一辆很旧的卡车，已经满载货物，还有人在上面。我对那些保护箱子的方式震惊了，在卡车的平板上堆放了1-1.5米高的货物，仅仅是用一些绳子绑在卡车上。

"妈妈，我不喜欢这辆卡车，看起来很不稳定，非常危险。我们能找到另一辆卡车吗？"我问。

"我认为我们没有任何的选择。现在已经很晚了，我不知道还需要多少天才能找到另一辆卡车？"妈妈边说边给卡车公司的代理人小费，她把我们带到了卡车上，并告诉司机必须马上开车。

超过20多名的乘客，包括一些老人、中年男子、妇女和一个婴儿，挤在货车厢的顶部。很明显，我们都要爬上去，坐在那些箱子的上面，但是只有一个凳子，我们需要别人的帮助才能爬上去。妈妈向他们求助，几个年轻强壮的男人把妈妈和我拉上了车。一旦我们登上车顶，我发现那里没有防止乘客从卡车上摔下的安全栏杆或绳索。我们必须紧紧地抓住相邻的人才能保留在卡车顶上。但是，一旦这样一辆旧卡车失事，我们就无法逃脱被摔死的命运。

我还担心，在敞开的旧卡车顶部的平台上，当卡车转弯时，货物可能会改变位置，我想象着那些绑着木箱的绳子可能会断裂，整个货物、大人、小孩和所有的乘客，都会被抛扔到路边！但是由于我们没有任何其他的选择，只好在这种危险的条件下，乘坐这辆卡车。我只能祈祷司机，不要做任何快速转弯的动作。在卡车上，妈妈坐在我的旁边，年长的和身体较弱的乘客都聚集在卡车中部，在那里，掉下来的风险比坐在货物堆边上的风险要小得多。包括妈妈和我在内的比较年轻、也更强壮的人，坐在板箱的边缘。我们的双脚悬在卡车的侧面。我们注意到一个年轻瘦小的女人和她的孩子相处得很困难，即使不断地尝试用母乳喂养，婴儿仍然不停止哭泣，妈妈说，这名妇女可能没有足够的奶水给婴儿，婴儿则因饥饿引起的胃痉挛而哭泣。

卡车从停车场地开出，然后上路了。据一名乘客说，卡车的速度非常慢，所以他们想在装载完成后尽快上路。当卡车隆隆前进时，我们不得不侧身而坐，以便能抓住捆住货物的绳索。

当卡车在一个小村庄的商店短暂停留时，一位乘客下车买了一大卷稻草绳，把它绑在卡车的侧面，然后用另一根绳子捆住了箱子。他希望这种安排能保护像我们这样的人免于从卡车顶上摔下去。

卡车要上坡了，我看到除了司机外，卡车公司的两名男子轮流在木炭炉上转动鼓风机，以增加发动机内一氧化碳的排放量。木炭在炉中加热以产生气体，然后被泵入一个特殊的化油器，并在改良的燃烧引擎中点燃。这两个人很快就累了。

他们转请一些较年轻的乘客来填补他们的空缺。 当我们开始开上一个陡峭的山坡时，鼓风机操作员开始转动得越来越快，我闻到了一股强烈的气味，这是由一种汽油替代品引起的，就像在引擎中加入的酒精一样，用来增加发动机的功率。我们的卡车在陡峭的山坡上开得很慢，有时我觉得我们实际上是在向后面倒退。在这样的情况下，司机就会大声呼叫，要求强壮的男性乘客出来推，其中几个人跳下车。他们把卡车推到山顶，在山顶上卡车停了足够时间后，那些推车乘客就可以上车了。接着，卡车开始以一种令人发指的速度从山坡上滑下来。

卡车在山坡中部，急转弯时开得更快。卡车倾斜着，我不得不用力抓住绳子，这使我的手掌都因摩擦而受伤了。我本来以为卡车会翻倒，然后撞到路边的山谷里，但谢天谢地，卡车没有翻倒。

"这个司机疯了，车子开的这么快！紧紧抓住绳子，否则当再次转弯时，你可能会被摔下去！"我向妈妈喊道。

"你也要小心！"她回答说，但妈妈似乎并不害怕。

黄昏后大约一个小时，卡车停在路边的一个村子里过夜。我们还没有从被前任卡车司机遗弃的惊恐中恢复过来，我们把所有的东西都带了下来，并反复询问卡车司机，第二天早上开车的时间。卡车司机向妈妈保证，他一定会在同一地点等我们，直到第二天早上8点所有的乘客都上车后再开车。我和妈妈带着两个小箱子，不情愿地走向附近的商店，我知道如果我们不得不在卡车上过夜，我们也会这么做的。

在食品商店里，妈妈为我们买了一些热菜。这是我八小时前吃了一个甜面包后的第一顿饭。热的食物让我感觉很好，很放松。饭后，妈妈带我进了村子，在一个村民的大房子里找到一个带床的"旅馆"。我们睡在木板和竹床上，就像我们在贵阳时住宿的那样。

第二天一早我就醒了，还在担心这辆卡车是否会在那里等着我们。妈妈和我冲到昨天卡车停车的地方，高兴地看到那辆破旧的卡车还停在那里。当时只有6点半，妈妈带我去附近的一家餐馆，让我吃了一顿很好的早餐。我们在餐馆里等到7点半才回到那辆车上，其他乘客都已经上车了。

在接下来的两天里，我们又重复了第一天的经历，然后我们开始进入贵州省与四川省接壤的大山区。他们称这段160里长的路段叫"七十二道拐"，是有72个急转弯的路段，因极其危险的路况以及频繁的抢劫和翻车而闻名。太阳从厚厚的云层中短暂地冒出来后，我才清晰地看到了附近的山脉，蜿蜒曲折的道路弯弯曲曲地穿过这片广阔的无人地带。

向前面展望远方，我可以看到山脉之外的远处山脉，山连山。令人怀疑的是，这辆老旧超载的旧汽车，是否能够完成这段路况非常复杂而且危险的行程？

巨大的山脉在我们的卡车左侧，陡峭的悬崖高高在上，而右侧的路边则高高耸立在山谷之上。当我往山谷下看的时候想到，如果卡车失去了控制，我们马上就会掉落下去。我亲眼目睹到以前掉落下去的几十辆卡车和公共汽车的残骸，以及从卡车和公共汽车里被抛摔下来的遗体，几个裸露和焦黑的尸体散落在下方的山坡上，毫无疑问，这些人是在翻车事故中丧生的，他们的衣服已经被剥去，所有物品也被拿走，只留下裸露的尸体在那如腐烂。妈妈要我闭上眼睛，不要去看那些可怕的场景，但我一直看着山谷的底部，希望我们不会成为下一个被摔滚落下山谷的倒霉鬼。

不知怎么的，我们这辆破旧不堪、超载的卡车一直保持平稳开在这个山路上，对每个人来说，这真是一个奇迹！路面不但坑坑洼洼、凹凸不平而且很窄。当另一辆卡车或公共汽车从相反的方向行驶过来时，我们的卡车通常会缓慢地行驶到道路的边缘，让对面的卡车在泥潭和我们的卡车之间通行。因为我们的卡车速度实在太慢，有时我们的司机会把旧卡车停到路边，让我们后面的汽车先通过。开始的时候，我非常紧张，因为离开我们只有几厘米的地方就是一处悬崖的边缘，但是在无数的卡车和公共汽车经过我们之后，我觉得我们的卡车司机真的是很清楚他应该怎麼做。当我们朝下一段山脉的方向行进时，我们的高速急转弯都在重复，所有可怕的画面都在陆续地重复。在爬上山的时候，卡车经常停下来修理，让我们乘客屏住呼吸，让我们的神经平静下来。在接下来的日子里，我们继续沿着破旧、狭窄、蜿蜒曲折而充满凹坑的泥路向前行进。夜里，卡车司机总是设法在一个村庄里停下来，让客人们住上一晚，好好休息。

虽然住宿和食物都不令人留下深刻印象，但我们还是很感谢那些"酒店"。当一束光线偶尔从阴暗的天空中射下来时，妈妈从我们的一个手提箱里拿出一条小毛巾，把它放在我的头上，让我能够平静地睡上一个好觉。

卡车在川贵公路的行程中，随着我们距离贵阳越来越远，在路上行走的难民也越来越少。过了"七十二道拐"后，沿途上我们每隔一小时才会看到一些难民，他们多数是年轻人，5-10人一组，没有任何车辆或任何有轮子的运输工具，他们完全是徒步行走，翻山越岭，劳累疲惫地一步一步向北面的四川方向走去。而那些年长的和非常年轻的难民不可能走这么远的路，他们其中有的病倒或者死亡在艰难的路途中；有的留在途中村子里另找活路；有的想到下一步的苦难就知难而退，返回贵州。

我坐在卡车货物上面的旅程已经够糟糕了，但我心里的担心更糟。我们从荒野中进入了大城市，如果没有人来帮助我们，会发生什么？爸爸还在战场上，是不是在战斗中？我很担心他的安全，但我不能在路上跟妈妈说话。当卡车在路上的时候，人们都很安静，因为引擎和风的噪音太大了，人们为了让对方能够听到自己的声音，不得不大喊大叫。

"妈妈，爸爸会在重庆等我们吗？"一天早上，我在上卡车的路上问道。

"这完全取决于爸爸的单位现在在哪里？"妈妈回答。

"但是这辆卡车开得太慢了，我们一定会晚几天才能和爸爸见面。他如果发现我们没有在第一辆卡车上，他怎么知道我们在哪里？"

"如果你父亲在重庆，我敢肯定他会找到我们的。"妈妈总结肯定地说。"我们已经确定一个会面地点。我敢肯定，如果爸爸还在重庆，他一定会经常到会面地点等待我们的。"妈妈的自信使我精神振奋，最重要的是，我希望爸爸的部队还没有被派到前线，更不会被派到战场去。

接着，我们进入了四川的更深处，乡村突然变得很不一样了。人们称四川为"天府之国"是有充分的理由。与贵州相比，四川的道路更宽，农民的房子更大，建得更好，而泥土看起来更红，是更肥沃的土地，而不是棕色和贫瘠的土地。这个地方的人们常说"蜀犬吠日"，意思是四川盆地经常看不见太阳，所以狗看见太阳升起都要吠叫。但是自从我们离开了都匀以后，明亮的太阳就突然在晴朗的天空中出现了。也许一切都会好起来的，我们就像妈妈在我们离开前答应我的那样。

我们从贵阳出發后的第九天，离重庆更近了。我看不到任何其他的车子，甚至没有一个在路上的难民。我想我们已经远远超过了其他的难民。他们要花上几个星期的时间，才能走完全部在山区里的路程，而那些没有去四川的难民，可能会试着在贵州省其他地方定居下来，这些地方离侵入的日军还很远。

从快接近重庆的地方开始，路边的村庄也更经常出现，交通也变得繁忙了。在我们到达重庆的边界之前，卡车停在最后一站，所有的乘客都从卡车上下来，沿着路边的商店聚集。马上，我们注意到路边商店比那些偏僻的村庄里的商店更漂亮，货物也更多。妈妈和我坐在一家大型餐厅内吃午饭，还有其他几位乘客，妈妈点了几盘菜，我盘子里的肉比其他任何乘客都要多。

"你知道这里猪肉的价格比我们在路上吃的蔬菜还要便宜吗？"妈妈对坐在我们旁边桌子的一位乘客说。

"是的，我注意到了。我认为，重庆的食物供应要比贵州和其他偏远地区更丰富、更便宜。"

"这里的盐价也应该低得多，对吧？""妈妈问。"盐比重庆的泥土还便宜，因为所有的盐矿都在四川。"这名女子补充说道，在她说话的时候，我品尝到了我自己面前猪肉的咸味。

"各位，现在就回来上车！" 卡车司机在餐厅里轻快地走着，并大声地说着。我把最后一块猪肉吞下去，然后跟着妈妈准备上车。我们先在卡车的边缘停了下来，然后一起上车，我看着农村，想起了爸爸。他已经到独山附近的前线了吗？他会发生什么事情吗？如果他还在重庆，他会怎么想我们已经错过了好几天的会面时间？我们会找到他吗？但我还是自己私下忧虑着，因为我知道如果我告诉了妈妈，她会更担心的。

离开我们在贵州的住处整整10天了！最后，卡车驶进了卸货的地方，我们最后一次爬下了卡车。妈妈挥手招来一辆三轮车，指示三轮车夫把我们直接带到春山街的汽车站，那是我们本应该在几天前和爸爸见面的地方。当我们到达汽车站时，爸爸不在那里。我们感到失望，但是并不感到担心和忧虑。"我们就在这里等他。"妈妈说。

在春山街汽车站对面的街道上，我们发现了一个位置比较高的地方，有几张大理石长凳。 妈妈买了一些冷饮，我们坐在一张长椅上一起吃。妈妈看起来很舒服，但我一点也不想坐，于是我站了起来，开始在小山上来回踱步寻找爸爸。在最高点，我可以从每条路上看到几百米外的道路从各个方向通向汽车站。我不知道爸爸会从哪个方向过来，我的眼睛一直在向四周扫来扫去，那天下午我们等了两个小时。

"这么晚了，我想知道你的父亲是否已经被派到前线去，也许他还在这里，我肯定他也很担心我们。"妈妈说。"我这儿有一些饼干，你饿了吗？"

"妈妈，我不饿。"我平静地说。"别担心，爸爸很快就会来的，我知道他一定会来的。"

妈妈在我最害怕的时候一直保持冷静，现在我也想为她做同样的事情。如果爸爸没有马上出现，我就知道她会面临几个艰难的决定。没有直接的沟通渠道，她从哪儿可以知道现在爸爸在哪里？我们是否应该在车站附近等一整夜呢？还是我们现在就先离开这里， 然后明天再回来看看爸爸是否会来？我们能有多长时间可以在餐厅用餐？妈妈有限的资金用完之前， 我们还能在酒店住多久？党史委员会，是不是在重庆的城市里？离开重庆有多远？

我现在更专心地等着爸爸，几个小时已经过去了，突然间我看见了一个非常熟悉的画面，一个穿着军装的男人在90米外的方向轻快地走过来，我的心好像要从喉咙里跳了出来，我可以从那个有方向的、快速的走路步态确定，那就是我的爸爸。

"看，妈妈！" 我喊着，指着那个正在走近我们的人。

"谢天谢地！"妈妈说，眼泪从她脸上滚落下来。

我飞快地跑向爸爸，他紧紧地抱着我，然后迅速朝妈妈走去。汗水从他的背上渗了出来，我站在一边，看着妈妈和爸爸紧紧地握着手。

爸爸说，从他的基地步行到春山街巴士站，每次要走两小时的路程。由于我们的卡车迟到了四天，他也开始想象最坏的情况。他知道所有的关于"七十二道拐"的危险情况，有无数的卡车翻车，还有强盗以及被烧毁的和被遗弃的尸体。但现在这些都不重要了。我们一家回到了我童年时住过的那个城市。在日军攻占南京之前，我们为了逃离南京，我们全家6个人在黑夜里乘上了那艘船撤离搬家到重庆。六年后的今天，现在我们活下来的3个人回到了同一个城市。

后来爸爸带我们去了一家旅馆。不像妈妈和我在路上住的旅馆，这是一家非常大的豪华酒店。爸爸租了一间带私人浴缸的大房间。在妈妈的同意下，我进入浴室，十天来，我们只能用冷水洗净，所以我贪婪地跳入热气腾腾的浴缸，所有的紧张和疲劳的感觉，都从我的身体里冲掉了。几分钟后妈妈过来把我从浴缸里抱出来，否则我就会把自己"烧糊"了。

在我们完全休息和整理之后，爸爸带我们去了一家餐厅，这是我从来没有去过的一家高档的大型餐厅。爸爸点了许多食物，各种各样的猪肉、鸡肉和鱼把我的胃塞得饱饱的。这与我在都匀的"盐味饭"的味道相去甚远。我很高兴，在我们经历了这一切之后，一定会更顺利。至少在爸爸的军事命令下来之前，我们一家三人已经围聚了。

在街上，我惊奇地看着在铺着柏油的路面上冲来冲去的各种汽车。我被许多高层建筑、明亮的电灯、鲜艳的霓虹招牌以及穿着整齐西装和皮鞋的人们所吸引。我对这个城市的感感触之深，远远超过了我童年时的生活，尤其是在看到黄土坡上的那条肮脏的河流之后。

爸爸说，带我们到他部队的基地，那里就是第97军团第196师部队所在地。

第二天一早，再一次用三轮车把我们送到重庆的边缘，然后转乘滑干。对我来说，这是一次全新的体验。滑干是由两根2.5米长的竹杆组成的，由竹条和绳子组成了一个座位，用来运送乘客和货物。两个抬工扛着这两根杆子，把他们扛在肩上。爸爸说，在重庆这个城市，乘坐滑干甚至比汽车还要好，因为一个人可以在最窄的道路上翻山越岭。

起初，在公路边上，滑干走得很慢，我和爸爸一起走，妈妈拿着我们的箱子坐在滑干座位上。当我们转到乡村小路时，滑干的速度快起来了，我不得不跑得快些才能跟上。但是滑干跑得太快了，我无法赶上，所以爸爸告诉我，我应该和妈妈坐在一起。两个抬工放下了滑干，这样我就可以爬上去了。当他们把滑干再举起来，又重新走上那条小路时，我立刻感到害怕起来。这两个抬工现在不是快速地走着，而是在跑步，当抬工在山上蹦蹦跳跳的时候，我的心也在怦怦地跳，我的手掌真的在出汗。当滑干转弯时，我不敢侧身。

"实际上比我们从贵阳来的破旧卡车要安全得多。"妈妈说，仿佛她能读到我的心思。"这些人知道他们在做什么。不要担心。"

一小时左右以后，我习惯了滑干的跳来跳去，我开始觉得很舒服，甚至可以享受这段旅程。在中途，第三个人加入了抬工的队伍，先把前面的抬工换下来，在他休息之后，他再把后面的那个抬工换下来。爸爸不停地跑着，汗水湿透了他的军服，但是在他这个年纪似乎一点也不感觉到累 。三个人轮流转动他们的两个位置，一个小时左右不停地跑。我想知道，这些身材瘦小的抬工，怎么能有这样的力量和精力来承受如此沉重的负担，并且在没有休息的情况下跑这么长时间。

我们到达了爸爸所在的军事基地复兴冈，它坐落在一个巨大的村庄里，是一片荒芜的地区，该建筑是第97军第196师的总部。爸爸和部队驻扎在那里等待命令，要么向南进军去保卫独山，要么就留在附近保卫战时的首都重庆，抵御日军可能发动的进攻。97军的其他部队也被秘密地部署在各个地方。我们不允许谈论这些军事行动或他们的计划。我从爸爸的谈话中听到，我们在复兴冈的时间非常短暂。部队撤离时，可能就会命令我们转移到其他地方去，但我并不担心接下来会发生什么事情。妈妈总是说要感谢我们所拥有的，现在我很高兴我们一家人团聚在一起，哪怕只是很短暂的团聚。我们搬进来住的复式公寓里有一个室内厨房，一个室内浴室，还有电灯，这里的生活条件比都匀好得多，为此妈妈感到特别满足，特别高兴。

"我知道你们的部队会转移到别的地方，但是你知道我们在这里能呆多久吗？"妈妈问爸爸。"我们住进了这个新家，你看，我每天都要买我们需要的东西。你知道，我们不得不把我们的大部分东西都留在了都匀。"她停顿了一下，然后继续说："我也失去了大箱子。"

我可以从爸爸的惊讶中看出，他现在才意识到我们只带来两个小箱子，妈妈和我都屏住了呼吸，等待着他下一步的发作。我还记得，当妈妈抱怨我们贵重的珠宝被偷时，爸爸变成了防御型的，并把发生的事情归咎于她。实际上那是爸爸自己的错，爸爸向他的朋友炫耀，而他的朋友就是那个贼！

"你们丢失了放在汽车上的行李箱？"爸爸惊讶地说。"里面有没有爸爸的卷轴？"

"有的，我已经丢失了一切，很对不起你！"妈妈低下头说。她知道，解释卡车司机是如何偷走放在车上的行李是没有意义的。

"该死，该死，该死！那是我唯一不想失去的东西！"爸爸发出嘘嘘的声音。他把脸转过去片刻，使妈妈和我十分难堪。我们很清楚，爷爷的卷轴对爸爸来说意味着什么。

五分钟的沉默之后，他又把脸转向妈妈，平静地说："好吧，卷轴已经丢失了，我想我们什么也做不了。这是战争期间，这不是你的错。我们只能忘记爸爸的卷轴。"没有大爆炸，没有大发作，没有不公平的指责。妈妈显然松了一口气，我为她感到非常高兴，因为爸爸没有很生气，并没有责备妈妈造成的损失。

那个可能紧张的时刻过去了，我的好奇心便转向周围的事物，无论何时我们到达任何新的地点，我就会开始探索新环境，寻找在新环境里我如何重建自己的小世界。在這裡生活是新鲜的和令人兴奋的，在这里我可以学习到新事物，并想象着可能发生的事情。

在院子内部，隐藏的大炮和高射炮被安置在住处的远端。在院子里每一个拐弯处，都有携带步枪或冲锋枪的卫兵，他们认真查看每一个在院子里游玩的孩子，我不敢和任何一个卫兵走得太近。与都匀、重庆和其他地方的农村相比，这里的战争气氛要浓厚得多。

"你在院子里玩的时候一定要小心。"爸爸在我第一次短暂的外出后，用严肃的表情警告我。"士兵们有命令能开枪杀死任何他们怀疑的人，要特别小心，不要在晚上出去。"

我没有对爸爸说什么。事实上，在有着卫兵的四处游荡之后，这些卫兵根本没有吓到我。不管怎样，现在我更感兴趣的是探索这里的美丽风景。从我很小的时候起，我就一直喜欢花、树、小动物和小鸟。在这个部的院子里，虽然现在是秋季的中期，但是花圃里长满了盛开的花朵，而且修理整齐的树木都是枝繁叶盛，院子里的所有空地看起来都特别鲜艳。因为没有其他同龄的孩子可以玩，所以我花了很多时间在我被允许去的地方独自漫游。

当然，我还是很想知道士兵们在这里的活动。爸爸是第586团的副团长，他的办公室离我们的复式公寓只有十10分钟的路程。有时我会顺道去看看爸爸，了解他的工作人员和其他一些士兵。大多数军官和士兵都来自河南，他们讲的是河南省的方言，听起来和我最了解的普通话或重庆方言完全不同。他们的话听起来很好笑，我花了几天的时间，才明白这些话的基本单词和它们的含义，然后我才试着向士兵们说这种新的方言。例如，当他们说汤太甜的时候，实际上是说汤太平淡无味了，如果他们说汤太平淡，那就意味着汤太咸了。

我和一名中士和几名年轻的士兵相处很好。有一天，他们带我一起去射击场，第一次给我讲了关于枪支安全、枪支清理和目标瞄准等方面的知识。他们使用的是美国1903年生产的步枪，和威力强大的30-06弹药。当他们让我拉动扳机时，步枪的后座力太强了，一名士兵不得不为我肩扛枪托。我从发出如此巨大的响声并看着靶标上的尘土飞扬，感到激动不已，当然爸爸不知道我在这里探险的事情。

在这个院子里的所有战士都处于高度戒备状态。没有任何军事人员可以在没有通行证的情况下离开。为了维持战士的士气，每天晚上都会安排许多表演，而表演者则是由团或营等单位组织的。因为所有的演出都在露天舞台上表演，因此当下雨的时候，所有的演出都会被取消。我喜欢观看周三晚上的篮球比赛和周四晚上的喜剧节目。有时，战士在泥泞的田野上踢足球，使用燃烧过的木炭灰和煤渣铺在足球场上，可以使足球比赛免受暴雨的影响。我尽量不错过任何一项体育比赛，我也喜欢在周五和周六的时候去听河南战士唱"河南梆子"，这与京剧有很大的不同。我经常把节目中学到的新内容回家唱，当我为妈妈唱"河南梆子"的时候，她忍不住笑了起来。她以前从未听过"河南梆子"，觉得听起来很滑稽。妈妈总是很容易笑，她笑得那么大声、那么长时间，就知道，这一定是很好笑的。

有时在晚上，上级会发出警告，说可能会有日本飞机空袭，立即停止演出，并让我们所有人都寻找防空袭掩体。 但令人惊讶的是日军从未轰炸过这个军事总部。我更不知道日军是否找到过这里？还是日本人觉得这里不够重要，也可能是美国的飞虎队把他们赶走了。 当然，任何日本侵略者都将遭遇到猛烈的防空炮火。如果听到重型火炮的声音，在夜间看到防空炮火向敌机射击，这一定是非常令人兴奋的事。

妈妈在家里似乎觉得很无聊，会缝制或者修补爸爸和我的衣服、做饭、读小说等。现在我们所有的食物和其他的必需品，包括大米蔬菜和丰富的肉类，都是由军队提供的。除此之外，在这所房子里，高级已婚军官的家务很少，其他家庭的孩子也都很小。部队派过一名勤务兵来帮助妈妈跑腿，帮她做些家务事。去城里的商店买东西很不方便，而且在路上要花很多时间，这些都是妈妈不能忍受的。

侯兴华，那个比我大两岁的孩子，瘦得皮包骨头，但是他的笑容很甜蜜，妈妈非常喜欢他，对待他就像我们在都匀照顾林松一样，但我并没有发现兴华的聪明和健谈，或者像林松一样富有想象力。每天他只是呆在房间里什么也不做，我从来没有请他和我一起到院子里去探险。

由于军事基地机密的要求，复兴冈方圆30里内都没有学校，但爸爸仍然坚定地认为，我需要接受某种教育，所以爸爸自己负责我的课程教育。每天，爸爸让我背诵中国古文中的一页或两页。每天早晨他去上班之前，他都会解释这些古文的内容和含义，并指导我读这些古文准备在他回家的时候背给他听。

我有很好的记忆力，所以我有信心，一篇古文读完两三次之后，我就可以毫无错误地背诵出整篇古文。但是爸爸的标准非常严格，很快就发现我的功课不是很好。一天晚上，当我在音律上犯了一个简单的错误，爸爸举起他的手，用很重的手力打了我的脸，我发誓我能看到我太阳穴上的火花，我没有哭，但我很难过。几分钟后，爸爸轻轻地把我叫到他身边。

"儿子，过来，坐在我旁边。"我走到他身旁，坐在他右边的木制长沙发上。他把他的右臂放在我的肩膀上说，"你知道我对你的要求很严格，并不是我想要什么，而是因为我非常爱你。"他温柔地解释，"我只是想教你正确的讀法。"我仍然感到伤心和怨恨，我知道爸爸是能看出来的。

　　"当我打你的时候。"他接着说，"你是身体痛而我却是心疼。"

　　我开始哭了，不是因为爸爸打我的痛苦，而是因为他的话语让我感动。我非常想知道他为什么要打我。我专心地听着，他接着耐心地告诉我许多历史上的故事，讲述了在非常严格的老师教育下，学生是如何获得成功的，讲话持续了两个多小时。

　　在那之后，我更加仔细认真地学习，并注意了发音的特殊方式，但是我在古文方面仍然有困难，尤其是阅读的风格，我认为是古文不合逻辑的，没有必要去学。那些古老的阅读句子的方式是什么呢？这纯粹是浪费时间和精力。我不得不去学是因为爸爸想要我学。我不明白为什么每当我背诵古文时，甚至犯了最轻微的错误，爸爸就会那么生气。在接下来的几周里，爸爸又打了我两次，每次妈妈看到爸爸的愤怒，都会用温暖的毛巾来安慰我，让我洗脸或者喝水。但是爸爸把他的怒气只发到我身上而不是在妈妈身上，妈妈从来没有和他争论过，妈妈也知道爸爸是为了我更好。我明白了。

　　我继续花更多的时间在爸爸指定的学习课程上，但我仍然有大量的空闲时间并决心要继续我的"受教育"，对我来说真正重要的是拜访那些在院子里的士兵。从早上10点到中午，参观兵营成了我每天的例行公事，有时士兵还会让我和他们一起吃午饭。

　　据我所知，爸爸从来没有去过军营，但那天，他和营长一起来做一些公务。爸爸以为我应该是在家里读书学习，却发现我在营房里玩步枪。爸爸没有马上对我生气，但是他大幅度增加了我的日常作业。现在我不得不每天背诵两篇文章，还要每天写一篇短文。背诵文章不是问题，但我发现写短文的作业要困难得多。尽管我每次都很努力，也知道文章里有很多错误。不得不向爸爸展示我所写的东西时，我害怕的是，他那有力的手又会无情地打在我的脸颊上。

　　但这一次，我看到了爸爸的另一面：没有严厉的批评，没有严厉的惩罚，也没有打我。相反在我的写作中，他似乎确实很难找到任何读起来很像样的东西。可是他发现有好的写作时，他会热情地表扬我，使我感到很高兴。

第六章

迷恋天空

在重庆的生活是舒适的，但我们知道这一切都短暂的。战争还没有结束，军队已经准备好转移到前线或者执行新的任务。几个月过去了，我们继续紧张地等待爸爸的新命令，我在心里祈祷爸爸不会被一纸命令调到前线去。最后，在一个凉爽但阳光灿烂的下午，爸爸把消息带回来了，这一次，对我们大家来说都是好消息。"第586团正在向重庆方面调动，以保卫在那里的主要空军基地。"爸爸微笑着说，"军方高官已经决定，我们不会让日本轰炸机靠近重庆和白市驿机场，这对我们的空军和飞虎队来说都是极为重要的。"

听到这个消息时，我心里充满了喜悦。爸爸不会去南方的独山作战了，在那里，最激烈的战斗仍在继续，97军的部分军队也在那里作战。

"我们要多久才离开这里?"妈妈问。

"我们应该在三天内做好准备，我要求工作人员为你们安排一间房子，住在我的办公室附近。"爸爸解释说。

"爸爸，士兵们会同你一起去吗?"我希望得到一个肯定的答案。

"不!儿子，你的士兵朋友们属于一个特殊的安全部队，他们将会随总部去独山。只有第586团和防空炮兵营会和我们一起去白市驿机场。"

"我可以跟他们说再见吗?"我问。

"不可以，我刚才告诉你的，士兵们现在还都不知道。所以，千万不要去那里泄露机密，这将给我带来很多的麻烦。你明白吗?"爸爸严肃地看着我的脸。

"是的，爸爸，我明白了!在我们离开之前，我不会去那里。"我答应了，但是当我想起曾经跟随他们的美好时光，我感到非常难过。我想起了胡军，他是棋和练习武器清洁时都玩得很开心。现在我要离开他们而且不辞而别，我知道我一生中可能再也见不到像他们这样的好朋友了，我感到非常难过。

但对我的家人来说，这是非常好的事。我和妈妈可以同爸爸住在离空军基地不远的村庄里，我们家人至少会在一起呆上一段时间，直到爸爸的部队被命令上前线。住在空军基地附近，我也希望能够近距离地看到一些真正的战斗机。

1944年10月，一个寒冷的早晨，我和妈妈将剩下的重要财产包括少量的衣服、一盒家庭照片、和一些其他的纪念物、我的15颗珍贵的弹珠以及最近积累的一些零星的东西都收拾妥当。妈妈笑得合不拢嘴，与我们准备离开都匀时她严肃的举止完全不同。

爸爸提醒她说："我以前没有去过这个地方，但是人们告诉我，基地在农村，不像城市那么方便。一旦我们脱离了部队总部，我们在那里就得不到总部提供的各种服务。"

"哦，那不是个问题，"妈妈笑着说。"我们能在黄土坡上生存下来，我们就能在任何地方生存。"

我跟兴华说再见了，他告诉我他要跟着步兵团往南走。几年来，当他吹嘘自己成为一名持枪的士兵时，我的心中充满了嫉妒。

我爬进了一乘滑干，妈妈爬进了另一乘，开始了 25 公里的旅程。爸爸和另外两位军人一起走，因为他们年轻而强壮，所以从来没有想到要乘滑干。当我坐在滑干座位上时，我想象着在空军基地附近会看到什么？我对汽车、船、飞机和各种机械都感兴趣，新家将是我们搬进去后最激动人心的地方！

由重型火炮和防空部队组成的第 586 团将由两个步兵营组成，主要保卫机场免受日本轰炸机的袭击，以及可能发生的各种恐怖爆炸或其他破坏活动。在抗日战争期间，白市译机场已经成为中国空军的主要基地。飞机将日夜从基地起飞。爸爸说可能不允许我接近在基地上的飞机，但是我知道与飞机接近是一件很令人兴奋的事情。看着飞机飞向天空，我将会更接近战争的行动！

我和妈妈两个人住进了离开基地大门大约 2 里路的一间公寓，住宅小区由 55 栋相同的木头房子组成，房子里有真正的窗户和粘土墙。围绕住房小区的是许多年久失修的房屋，在那些房子里住着临时工和一些农民。在这个村子里，几家商店和一家餐馆是村民们唯一的公共场所。许多农舍在离村庄很远的地方，农民们在附近广阔的农田里耕作。

当我们正在收拾行李时，房东和他的家人一起来和我们见面。他们住在第六栋房子尽头的另一套公寓里。我遇到了主人的儿子和大女儿，他们都和我的年龄相仿，他们带我出去，帮助我了解小区的周围环境。这个比我大几个月的男孩告诉我，至少有十几个同龄的男孩住在这个小区里。自从我们离开了都匀，我就没见过任何同龄的孩子，所以我很想和他们见面，一起玩。开泰告诉我，明天放学后会把他们聚在一起，在院子里和我见面。我的想法还是定位在飞机上，所以我的第一件事就是去机场看飞机。

我花了几分钟时间，从我们的住处走到机场边缘。在离我们的房子只有几百米的地方，出现了一层又一层铁丝网，在机场边缘，高压电线固定在瓷绝缘体上。我走到机场外面的一个地方，尽可能走到任何平民都允许到的地方来看机场。头顶上方的小飞机和一些比较大的飞机嘀嘀响着。在停机坪上，我看到了不同型号和不同大小的军用飞机，穿着军服和平民服装的工作人员们，在飞机场附近来回走动着。我很失望，因为我不知道这些飞机的型号和性能。就像我在军营里学习到的各种武器和弹药一样，我希望能够学习有关这些战斗机的一切知识。

我很快就回到家，告诉妈妈我的好奇心和我的挫败感。

"哦，你很幸运，"她说。"我们的邻居刘上士是基地的一名飞机修理工。我刚认识他的妻子。我相信他能回答你的任何问题。"

下午刘上士一下班回家，我就到他们家里去，问他是否能帮我。

"刘叔叔，你能告诉我在哪里能找到有关战斗机的信息吗？我妈妈告诉我，你在机场工作，"我对这位经验丰富的机械师说。

"你问对人了。"他自信地说："我知道关于这些战斗机的所有事情，无论是战机内部的还是外部的。"

"我在那儿看到了停在机场上的飞机。你能告诉我那里看到的是什么飞机吗？"我问。

刘上士从凌乱的办公桌上拿出一个皱巴巴的小册子。"当然，要研究一下。"他在我面前说。"这是 P-51，这是最新的战斗机，美国人叫它野马式战斗机。"

"哇！我看到一些 P-51 今天起飞，速度非常快，声音很响。"我滔滔不绝地说。

"是的，这是另一种战斗机，你会在这里看到很多 P-40 战鹰的。"

刘上士指着它说，转向另一页。"这是老式战斗机 P-47 海盗式。"

它们看起来都那么小，我把小册子贴近我的眼睛看着说，"在这些飞机上有机关枪吗？"

"当然，战斗机都有机关枪，机关枪隐藏在战斗机的机翼前边缘。看这里，你可以看到机翼上的机枪嘴。"他一边靠近我，一边说。当我研究这本小册子的时候，他走到一个小茶壶旁，给自己倒了一些热茶，然后回到了桌前。

"这些战斗机从远处看可能很小，但实际上它们相当大。这是一架非常大的战斗机，P-41，也叫黑寡妇。它的双机身非常大，但它快得像闪电一样飞行，所以有些人把它叫做闪电式战斗机！"

"我希望能看到更多的黑寡妇，"我说，"我今天看到的那架大飞机看起来很粗大，上面有两个螺旋桨。"

"哦，那是货运飞机 DC-3，在美国和中国之间飞行，主要用于运送人员和物资的；在国内我们也用它来运送部队和货物。"刘上士一边喝着茶一边说。

"你在基地做什么工作，刘叔叔？"

"我修理那些战斗机，没有我，他们就不能飞往任何地方！"

我对这本小册子进行了很长时间的研究，记住了飞机的所有不同的名称和形状。天黑了，我很感谢刘上士的帮助，回到家，我急切地想测试新获得的知识。

我在黎明前醒来，迅速地洗完脸刷好牙就冲出门去。妈妈在我们公寓外面逮住了我，递给我一个热腾腾的猪肉包子，"在它变冷之前就吃掉。"她说。

我只用了几分钟就到达了接近观看飞机的有利位置，我找到一块石头，把它当作凳子坐。太阳刚刚从万里无云的地平线上升起，微风轻拂着我的脸。还没有飞机开始飞行，但我能听到机场地面上发动机的巨大噪音。我想象着它们要么正在接受检验；要么正在为了长时间的飞行，在地面上做热身准备。

在清晨的阳光下，天空中还没有任何的飞机活动，我急切地等待着，终于第一架飞机起飞了，我判断它是在大约 8 点钟左右起飞；几秒钟后，第二架飞机也起飞了，然后又起飞了三架飞机，总共有五架飞机依次上升。我可以清楚地辨认出他们是 P-40 战鹰，由五名空军战士组成了一个战斗机编队，朝着北方飞行，然后消失在云层中。看起来飞得如此迅速、如此美丽、如此强大、如此令人兴奋。他们是飞出去同日军作战的，我默默祈祷他们平安归来。几分钟后，又有三架 P-51s 同时起飞，巨大的引擎声和冲向天空的速度令人印象深刻，显示出我们空军力量的强大。几组不同类型的战斗机开始向北、东、南方向飞行，从他们的飞行方向来看，似乎是在进攻日本的轰炸机或者协助我们部队的地面作战。然而，一种忧郁的想法掠过我的脑海：今天飞到前线的战斗机中可能有几架再也不会回到它们的基地了。

上午稍晚些时候，一串 DC-3 降落在机场，但离我坐的地方很远，看不出从货运飞机上卸下来的东西是什么。接着，我看到许多更大的 P-41 黑寡妇战斗机在天空中飞着，但似乎没有一架在机场着陆。P-41 看起来很奇怪，与其他战机相比，速度实在是太快了。大多数 P-41 都是黑色的，这可能就是它被昵称为"黑寡妇"的原因，但我看到其中一些漆的是明亮的银色。在大多数不同型号的飞机上，我都能辨认出中国空军的蓝白色太阳标志；许多战斗机和 P-41 都是用白色星星的标志—美国飞机！

经过几个小时的观看，我的头向各个方向转动，以跟上过往的飞机，我感到非常满足，饥饿和疲惫使我匆忙赶回家吃午饭，告诉妈妈我所看到的一切。当我回到家时，她正在和其他军官的妻子交谈，所以我没有打扰她。我很快就吃完了自己的午饭，然后再匆忙赶回到我的观察点。天空中的交通变得更加繁忙了，我很自豪地能把所有各种型号的飞机都分清楚。这是绝对可以让人兴奋的事，比我曾经梦想的还多。我希望爸爸能在这个基地驻扎很长一段时间。

因为没有官方通行证的平民不允许进入机场大门，我不能到办公室去拜访爸爸。当然，在最初的几天里，我还是想尽一切可能，以进入机场内部，了解那里发生了什么，但是基地的武装守卫不管我告诉他们什么，都坚持执行他们的命令。爸爸每天早上黎明时分就离开，要走20分钟的路，直到深夜才回来，此时妈妈和我早已吃完晚饭了。爸爸甚至被命令不允许告诉我们任何关于他的任务。但是我发现刘上士，一个30岁左右的人，没有自己的孩子，很高兴和我聊这个基地的事。

"刘叔叔，我们这儿有多少架战斗机？"我问他，尽管我知道这是一个禁忌的问题。

"我不能告诉你，但是我们有很多，"他一边喝着茶一边回答。"战争一开始，日本人就拥有绝对的制空权。"

"制空权是什么？"

"这意味着他们的飞机控制了天空，对此我们什么也做不了，他们不仅在空中击败了我们，还轰炸了我们部队的防线。"

"我还以为我们也有几千架飞机。"

"没有这么多，一开始，我们只有几百架战斗机，而且都是慢速的老式飞机。它们只能对日本飞行员进行"斗狗"训练，并被他们打落在地，但是现在我们有了更多、更好的飞机了。"

"我们现在有什么？"

"嗯，我们最近从美国人那里买了许多飞机，先是P-40，现在是P-51。这些新飞机在所有的空战中，都能打败日本的零式战斗机，P-41是如此的快速和强大，几乎所有的日本轰炸机都是被P-41打下来了。"

"哇！那些P-40和P-51的飞行员是美国人还是中国人？"

"两者都有，但大多数都是中国人，你知道这很有趣。当美国人在战争开始后第一次来到中国，他们坚持说中国人不能开飞机，因为我们看不懂他们的手势和听不懂他们的语言；或者因为我们看起来如此瘦弱。但是，我们年轻飞行员在空中创造了许多战斗成绩后，他们现在觉得让我们的中国飞行员驾驶像P-51这样的最新战斗机是很合适的。"

"基地上有飞虎队吗？"

"哦！这是一个秘密，我不能告诉你。但我可以告诉你，这些美国志愿者为我们国家做了很多事情。"

这一天我想我已经把刘上士问烦了，所以我就谢了他，然后回家了。自从我们搬到机场附近以来，妈妈第一次显得很忧郁，告诉我她刚刚听到其他军官家庭中的谣传，说的是，爸爸的第97军将很快被派往前线，以抵御日本兵对贵州省和四川省的侵略，调配给爸爸部队的步兵营早已向南方开拔了。

当妈妈问爸爸她听到的事情对不对时，爸爸说："这不是去不去的事，这只是时间的问题。"所以，就在妈妈同她的新朋友们正在享受喝茶时光，而我又看着那些神奇的飞机在天空翱翔，生活的不确定性又给我们蒙上了一层阴影。

但妈妈和我从不抱怨。"珍惜你所拥有的。"妈妈总是这样说，"就目前而言，我们有很多值得留念的东西。"

我甚至不用担心是否去新学校，这个村庄里确实有一所很不错的乡村学校，但是这时期不招收新学生。爸爸在基地的秘密工作太忙了，就把我留在家自学，他只是建议我复习一下我以前读过的古文，然后自己再读一些新的文章。我发现这很简单，尤其是因为我知道爸爸不会再让我背诵古文了，妈妈鼓励我深入学习已经学过文章的含义，但我一直没有用功过。

不管怎么说，我自己也已经学习到了很多东西，不仅是会区分各种战斗机的型号，而且还试着找出当地孩子们所讲的方言与贵州方言不同的地方。我已经习惯了贵州方言和重庆方言的不同，虽然它们非常相似，但两种方言的语气和声音却截然不同，而且同一个词的意思往往是完全不同的。例如，重庆的孩子们几乎每句话都用一个主要的俚语"格老子"，在字面上翻译为"你的老子"。这是我第一次注意到四川的方言。有一天，我走近一位新朋友，他的胳膊上有个肿块，显然是被蚊子咬了一口。在试图和他交谈时，我问他："你的胳膊上发生了什么事？被一只苍蝇叮了吗？"我以为我在说"蚊子"。"唯一的问题是，在贵州方言中，蚊子这个词实际上是指在重庆方言中出现的"苍蝇"，反之亦然。

"格老子，你在和我开玩笑吧？苍蝇不會叮人！"四川男孩嘲笑道。

我说："他们当然会叮人。"我仍然相信我用的是正确的字眼。"如果苍蝇不叮人，什麼會？"

"当然了，格老子，是蚊子叮人不是苍蝇叮人。你不知道吗？哈，哈！"

他的笑声使我更加困惑，因为在贵州和四川的方言中，人们把这两只昆虫对换了。几天来，我一直是整个社区的笑点。妈妈告诉我说四川方言在这两个名词上是正确的。不管怎样，我很快就学会了四川方言，我喜欢我家附近的孩子，尤其是我们房东的儿子—开泰。他比我大几个月，他喜欢谈论战争和其他的一切。他在学校的时候，我急切地等着他回家，以便他能告诉我最新的消息。开泰是一名很聪明的四年级学生，会讲述很多关于飞虎队击落日本战机的故事，也讲述了地下武装如何勇敢地渗透到日本占领的中国沿海地区，杀死了许多日本兵。他还告诉我，中国士兵在印度和缅甸打了大胜战！打败了日本兵。当我告诉他，我曾经在孙立人将军领导的新38师子弟学校上小学三年级时，他变得非常兴奋。他告诉我，现在的孙立人将军已经被提拔为新一军的军长，从英国国王和美国总统那里都获得了勋章。

"这世界真小，你是他学校的学生！孙将军是我心目中的的大英雄。你亲自见到他了吗？"他问道。

"没有，我当时只是个小孩子，当他从战场上受伤，回国治疗的时候，我从远处看到过他。"

"根据我在课堂上听到的消息，孙将军的部队在战场上所向无敌。在战争早期，日本人打败了英国人和美国人，赢得了所有的战役；但是日本人与孙将军打战，就没有什么可比的，日本军队要么被消灭，要么被赶出印度和缅甸。"开泰兴奋地解释道。

"现在我们边境的战争局势如何？"

"嗯，日本人曾试图说服我们签订和平条约，你知道这是日本兵一进入南京就向我们提出的要求，当然，我们拒绝了。我们装备简陋的士兵英勇战斗，打死了许多日本侵略者。他们不得不一波又一波地再派更多的新兵到中国作战，但中国是如此之大，我们向他们开放了几个战场，由有能力的将军负责指挥。"开泰自豪地解释道。

"我以为我们每天都在失去国土，"我回答。

"不是这样的，我们实际上已经收复了日本在战争开始时所占领的许多领土。已经有数十万日本兵被我们打死了或者受了重伤，还有超过一百多万的伤兵等待运回日本。"

"但是我听说我们有更多的伤亡，大约是日本伤亡人数的三倍，还有更多的平民伤亡。"

"没错，但是我们正在赢得这场战争，现在我们军队比以前更有作战经验，我们从美国那里得到的武器也很好，有些甚至比日本兵的武器还要好。此外，现在日本人还必须与俄罗斯人、美国人、澳大利亚人和英国人作战。他们不可能在同一时间与这么多国家作战还能生存下去。"

"我希望你说的都是真的。"我对开泰说，"但就在昨天你告诉我，日本军队还在从南向北推进。"

"是的，但这是在向我们政府施压的绝望尝试，在这方面他们并不会成功，因为被我们的军队多次击退后，日本兵并没有再向北推进。前几天的报导说，美国人现在正在轰炸日本的城市，这意味着日本人现在必须先保住自己的领土。因此他们首先要做的就是，把他们的军队尽快从中国撤出，把日本兵运回国。"

"这真是好消息。这是否意味着战争很快将结束？"我问。

"我不知道，但我希望。"开泰说。

"战争一结束，我就想回到南京的家。"我说。

"我也是。"开泰说，后来他从我身边走开了，说他必须回家做作业。

当开泰和其他的孩子在学校上学的时候，我又开始了新的日常生活。早饭后，我走到我们家的南边，远离机场，很快我就进入了一大片的蚕豆田。来自东方的风轻柔地吹着，爱抚着嫩绿的叶子，在地面上轻轻摇摆，形成一阵阵波浪，在辽阔的田野上慢慢地向西荡去。明亮的紫色和白色的花朵，在早晨的阳光下盛开，花朵绽放，闪烁着光芒，仿佛要用微笑来迎接我。当凉爽的微风拂过我的脸庞时，我深深地吸了一口气。无论战争与否，我都觉得幸运的，就是能在这个美丽的地球上活着！

当我向南走的时候，一条狭窄的小路把蚕豆田和油菜田分开了。种植油菜主要是为了将油菜籽加工成食用油。油菜从田地长出来不久，可以收获油菜的一部分叶子作为蔬菜食用。在这美好的一天，整片油菜花田就像一块巨大的金色地毯，在东风的吹拂下，金黄色的油菜花和翠绿色的油菜叶一同展现出大地的自然美。我在田野里游荡了一个多小时，贪婪地呼吸着新鲜的、温润的空气，偶尔还会弯腰拍拍正在跳舞的油菜花。当太阳开始变暖时，我很不情愿地回家了。

短暂复习了我的古文课程后，我轻快地走到我们家的另一边，向机场走去。

选择了一个废弃的警卫掩体作为我的制高观察点，我爬上地堡的顶部，这是可以看到铁丝网内机场的最佳位置。飞机引擎发出的震耳欲聋的轰鸣声，对我来说听起来就像充满活力的音乐。站在跑道尽头的战斗机排成一排，开始慢慢地向前推进，肩并肩地向前开行，逐渐增加它们的动力，战斗机的轮子滚动得越来越快，然后再加快速度，战斗机就从地面上很快地起飞，冲向天空并马上消失在云层中。当我看着那些战斗机轰鸣着飞向天空的时候，我的想象着我正坐在驾驶舱里，我的心兴奋地跳动着，激动地观看即将到来的一切。他们要去哪里？他们会看到什么呢？他们会面临什么样的危险？我观看了好几个小时，我被这世界上许多科学奇迹所震撼，等待着我去学习和探索。

在一个阳光明媚的日子里，我正走在宽阔的田野上，享受着例行的晨间探索。我突然听到机场方向传来了异常响亮的爆炸声，当我抬起头时，我看到一架P-40战斗机飞得出奇的低，刚好在树的上方，一股白色的烟雾在它后面。就在我注意到飞机正朝着我所在的地方冲过来，从我头顶经过的时候，一秒钟之内，飞机就撞到了地面，离我不到200米处。飞机坠毁的惊天爆炸声如此猛烈，燃烧的滚滚浓烟伴着大火的热浪，好像整个油菜花田都着火了，四处散落着坠毁战斗机的碎片。

我迅速跑向事故现场，停留在正在燃烧的飞机碎片旁边。我突然意识到飞机坠毁后任何时刻都有可能发生一场爆炸，我不能太靠近坠毁飞机的任何部分。我是赶到坠机现场的第一个人，由于这次坠毁撞击的严重程度，我对飞行员的命运不抱一丝希望，但我找不到飞行员在哪里？坠落后整架飞机几乎已经彻底解体，撞成数百个碎片，其中有一些是还可以辨认的大部件，但大部分都已经碎片化了，散落在一大片土地上。

我更仔细地查看了飞机残骸，我认出了右边的机翼、驾驶舱和引擎，就在另一端，仍可在燃烧的小爆炸中看到黑烟。飞机机身的一部分也还在燃烧，但没有那么强烈。我找到了离驾驶舱40米远的左翼，残火已经熄灭了，大火只是在这架战斗机的较小残骸上燃烧。在机身和机翼上，白日的标志告诉我飞行员是中国人。我还看到了撕裂的降落伞，猜想飞行员的残骸一定惨不忍睹。我讨厌看到残缺的遗体，所以我就远离了飞机的尾部。

几分钟后，武装士兵和平民就包围了坠机现场。我听到一名士兵说，显然，飞行员是在飞机坠毁前试图从飞机上跳伞的，但他的降落伞被位于飞机尾部的天线缠绕住了，这就是我在飞机后尾看到的东西。当士兵们在坠机废墟中继续寻找时，有人发现一双婴儿鞋，他们就停下来了。基地的一名官员说，这是飞行员为他新生男婴准备的。当一名观众拿起白色的小鞋子向人群展示时，几名妇女哭了起来，我也感到很难过，但是不得不忍住眼泪。

一名身着制服的军官随后赶到现场，向几名士兵发出命令，要求他们扑灭最后的残火，但是他们的装备并没有真正发挥作用。幸运的是，飞机坠毁后没有发生连续爆炸。围观的人群已经超过了一百多人，其中包括许多刚抵达的士兵，他们把平民观众从坠毁飞机的残骸旁边赶走。我小心翼翼地避开士兵，继续检查飞机的残骸部分，突然，我的眼睛被一堆散落在地上的50口径的飞机弹药所吸引。此时，我的心跳加快了，如果我能拥有一些真正的弹药，那将是非常棒的。我注意到，大部分子弹仍在金属链中，地面上有几颗子弹。这架飞机已经完全装载好弹药，准备执行一项战斗任务！

我开始捡起子弹，确保我接触到的子弹离残火足够远，以避免因高温和爆炸引起的延迟点火。黄铜外壳用不同颜色的带子做编码，在早晨的阳光下闪闪亮亮。我一定要把每种类型的子弹都带些回家，这样我就可以更仔细地研究它们。

士兵们正在把在周围观看的人们从坠机现场赶走，我听到一些士兵用河南口音在说话，就像我最近在复兴岗遇到的许多士兵一样。我用从他们那里学来的河南方言，问其中的一个卫兵："我可以保留几颗子弹吗？"

他听到自己当地的方言很惊讶，他给了我一种古怪的表情，毫无疑问，他试图想象这个10岁的男孩在想什么。"好吧，少拿一些，马上就离开这个地方，这不是小孩子玩的地方。"他用河南方言对我说，同时把他的冲锋枪从一边转到另外一边，枪口指向地面。我急忙跑到离燃烧的飞机碎片很远的地方，迅速地从泥土中挖出几串子弹。我的手中是满满的，口袋也是鼓鼓的，我羞怯地朝警卫岗亭走去，在没有眼神交换的情况下离开现场，我兴奋地跑了起来，我拥有了真实的和活生生的机枪弹！

我小心翼翼地把子弹藏在床底下，我没有告诉妈妈我的新宝贝，因为如果她找到了子弹，她一定会把它们扔掉的，妈妈总是担心枪支和弹药的安全，当我确信枪弹已经离开她的视线后，我就去厨房找她。

"妈妈，我刚看到一架战斗机在附近的油菜田坠毁，飞行员当场死了。"我冒了出来。"士兵们为飞行员的新生儿找到了一双婴儿鞋。"

"多么可怕！你没有靠近飞机，是吗？"她问道，看着我的眼睛直盯着我。

"我是第一个到那里的人，但是我离火还很远，妈妈。"我向她保证。

"下次你要特别小心，不要去看这样的场景。飞机的油箱随时可能发生爆炸，炸弹也会爆炸，如果你靠太近了，那是不可想象的危险！"

"妈妈，下次我会非常小心的。"我说，我觉得她在爱护我，我能理解妈妈的恐惧。但在那个时候，我比她对爆炸现场的武器的实际危险知道的更多。毕竟，我曾经接受过训练，我在参观过的军营里使用过真正士兵使用的武器。除此之外，还有什么机会能够使我在这么近的距离目睹飞机坠毁？

那天晚上，开泰从学校回家，听到了坠机事故的消息，他到我家来找。

"天任，你听说过飞机坠毁吗？"他兴奋地问道。

"当然，我看到了，我是第一个到达现场的人，这太可怕了。"我说。

"飞行员死了，飞机完全解体。"

"我们现在去看看怎么样？"

"今天早上，士兵们守卫着，我不知道我们现在去是否能接近坠机现场。"

"我们去看看会发生什么？"开泰坚持道。

我们两个人去了坠机现场，发现飞机残骸已经被拖走了，士兵们在那里守卫着。我和开泰从警戒隔离绳外向内看了看，可以清楚地看到坠落飞机的大块碎片。在附近，我们可以看到泥土里还有一小部分破碎的，被大火熏黑的残骸，粉碎的飞机各个部分与原来的形状完全不同。

"这是一定会发生的可耻事情，我们年轻的士兵每天成千上万地死于日本侵略者，我恨这些日本强盗！"开泰严肃地说。

"今天早上，我拿了一些50口径的弹药。"我漫不经心地说。

"什么是50口径弹药？你想要干什么？"开泰困惑问道。

"好吧，这些都是来自战斗机的机枪子弹。"我解释道，"子弹头最适合做成棋子。"

"子弹？你疯了！你知道他们有多危险吗？他们是炸药，你把它们带回家，你妈妈让你拿吗？"开泰显然不同意我对这玩具的看法。

"我妈妈不知道这件事，我也不打算告诉她。你知道妈妈们总是有太多的想法。当她看到我所捡来的弹药时，可能会因为恐惧而晕倒。"我认真的说，不是在开玩笑。

"我保证不会告诉你妈妈，让你陷入麻烦，但我还是不喜欢这件事情。"

"你是我的好朋友。"我真诚地说。"请相信我，我知道如何处理這些子弹。"

我等妈妈走出屋子去拜访邻居时，把子弹从床底下拿出来，一次又一次地研究它们。我记得在都匀时那些士兵让我清理武器的经验，使我知道了关于穿甲弹、全金属外壳的子弹、爆炸弹、以及曳光弹的许多知识。我小心翼翼地把子弹头从弹壳里取出来，小心翼翼地把子弹头与弹壳联接点轻轻弯曲，露出了所谓的"火药粉"，我可以看到它实际上是一组不同形状的碎片，但没有任何粉末，其中一些是棕色的，看起来像短面条，有些是米粒大小的，黑色钻石状的晶片，我对这些"火药"有很多疑问，但我不敢向爸爸透露我的秘密。

我把不同的火药装在不同的罐子里，把它们藏在我们家后面的一些瓦罐里。我意识到子弹壳后面点火帽的危险性，所以我把它们都扔进了沟里。

但我决定把所有的子弹头都放在家里，我想我可以用中国象棋的符号来标记每一颗子弹，这样我就能和我的朋友一起玩象棋游戏。

当然，我也认为火药可以和邻居小孩们一起玩。几天后，我从瓦罐里拿出些火药，邀请了几个小朋友到房子后面的树林里去玩，但开泰却拒绝和我一起去。我让他们每人用一根香来点燃火药条，它烧得很快，留下一股白烟在空中晃来晃去，燃烧的火药香气在我们的嘴里留下了一种奇怪的甜味道。天黑了以后，我们对四种不同类型火药的不同燃烧模式感到惊讶。两天内，我们六个小孩把所有的火药烧掉了。幸运的是，燃烧火药的事情从未传到妈妈的耳朵裡。

几天后，我听说士兵们已经从坠机现场清理了飞机的大部分，所以不再是平民的禁区了。我赶紧跑回那里，确信自己能找到别的东西来补充我的收藏。当我到达的时候，我发现所有的子弹都被取走了，但是我很高兴地看到，许多小机件的碎片被抛在了后面。我很快地收集了几个坏掉的油泵活塞，小齿轮和其他小块的碎电器。我不太清楚这些碎片是如何工作的，但像我对武器和弹药的处理一样，我还是把它们带回家了。我花了一些时间仔细地清理它们，寻找在技术和工艺上的美感。所有的钢制部件都经过精密加工和精心打磨以达到完美的效果。我非常欣赏那些构思、设计和制作出如此奇怪的精密机械部件的设计师和工匠。同时，我也渴望揭开飞机飞行的神秘面纱。

此后我站在警卫仓的制高观察点，观看过往的飞机时，我想象中的恐惧和兴奋交织在一起，总是想到另一次飞机坠落可能就要来了，但是一直没有发生。直到一天下午，开泰和我走到村里的商店去买糖果。我突然看到三个身材高大、肤色白皙、金头发、蓝眼睛，身穿军队制服的士兵，我们马上停下了脚步。我知道这是来自基地的美国士兵，他们正朝我们走来！

我们听说过飞虎队和美国士兵在这一地区出现，但村里从来没有人见过其中的士兵。我们试着表现得很酷，向他们竖起大拇指说："顶好！"，这句中国话是在战争中创造出来的。

美国人知道他们是"最好的"。美国人都举起双臂，向我们挥手。当他们走近时，他们说了些什么，但我们不知道他们的意思，他们递给我们每人一块看起来很奇怪的糖果，然后用手示意让我们拆开并吃掉。我们仍然试着表现得好像什么都没有发生的一样，我们拆开并在他们面前吃了糖果。我发现非常好吃，这是我第一次吃巧克力。当我们在嚼糖果的时候，三个士兵正在互相交谈。其中一个人试图通过将单词和手势联系在一起来问我们一些问题，我们完全不懂，所以他们就放弃了。

在吃完巧克力之后，我们感谢了这三名身材高大、温和善良的美国士兵，与他们挥手告别，看着他们消失在基地里。士兵给我留下了深刻的印象，他们看起来很年轻，最少是大十几岁的大孩子，所以他们应该比我们年长很多。

"那些洋鬼子真的很不错。"开泰说。

"别叫他们洋鬼子！这是不公平的。"我抗议道，"他们是我们的朋友，是来帮助我们打败日本鬼子的。"

"很对，你是对的。但我不知道怎么叫他们名字。"开泰若有所思地说，"我敢说他们是飞虎队的飞行员。"

"但他们看上去太年轻，不可能成为飞行员。也许他们是士兵，就像我们军队里的士兵一样。"我猜测。

"我不这么认为，现在需要年轻的飞行员来驾驶这些战斗机，因为年轻的飞行员更加灵活敏捷。我们不希望20多岁的老男人驾驶战斗机，20岁以上的男性已经超过了成为战斗机飞行员的最佳年龄。"开泰自信地说。

谈到战争时，开泰似乎对他的推理有很好的解释，我想他一定是对的。他认为人在20多岁的时候已经放慢了动作速度，不能成为一名优秀的战斗机飞行员，但是我并没有完全相信开泰。仍然在想，这三个年轻的美国人在空军里做些什么？刘上士对美军士兵闭口不谈，他说，他不能讲任何违背军方命令的事情。

我们的遭遇像野火一样传遍了整个社区。几天后，一些村民朋友拦住了我们，问我们看到了什么？很快，一群好奇的孩子和大人们聚集在一起，聆听这些神秘美国人的事情。其他人只是从远处瞥见美国士兵，但我们是第一个与美国士兵进行直接接触的人。

"那么，你们前几天跟洋鬼子说话了吗？"刚到的少年问道。

"是的，但他们不是洋鬼子，他们是我们的美国朋友。"开泰以一种坚定而响亮的声音回应道。

"好吧，你们看到他们真的有绿色的眼睛吗？"一个人问。

"我离他们只有半米远，我能看到他们的眼睛是一种浅灰的蓝色，而不是绿色的。"开泰用他的手展示了距离，"但如果你看得不够仔细，你可能会认为他们没有眼球。哦！他们的眉毛很像他们的头发。"

"你们害怕吗？他们可能会给你们带来坏魔法。"另一个人说。

"不会，他们都是很好的人。"开泰用一种鄙视的目光看着那人。

"他们给了我们糖果，我们吃了，我们也没有发生任何事情。"我说。

"他们真的有大鼻子吗？"另一个少年问道，我和开泰都点点头。

"他们有非常大的鼻子，可能是我所见过的最大鼻子的两倍，"我说，用拇指和食指指大鼻子的高度。

"哦！这确实很丑的。"后面的一个声音说了出来。我看到这个少年做了一个令人作呕的脸。

"我不认为他们是丑陋的。"开泰反驳道，"此外，他们是我们的朋友，我想他们是飞虎队的飞行员，他们为我们击落了许多日本飞机。"到目前为止，我们同美国人的两分钟会面已经花了20分钟来解释。在这个村子里，人们对美国人的好奇心并没有引起太大的波动和不安。

"你们俩人用中文跟他们说话了吗？"另一个孩子想知道。

"不！笨蛋，他们不会说中文。"开泰叹了口气，用不耐烦的姿态说。

"我们竖起大拇指对他们说'顶好！'他们对我们微笑，说了一些听起来像'欧开'的话。"

接下来的几分钟时间里，村民们在更多的笑声和笑话中散布着那些看起来很奇怪的美国人的新闻。

"这些农家男孩真的很蠢。"开泰对那些吵闹的农民嗤之以鼻。

"嗯，他们都是没受过教育的人，你还能期待什么呢？"我说。

"我想也是这样，他们从来没有去过离家超过几公里的地方，也不知道或者不关心世界上发生了什么？我敢打赌，自从他们曾祖父来到这里耕种土地，他们就再也没有去过别的地方了。"开泰仍然对那些愚蠢的问题感到不痛快。

我们走开了，因为我们有机会再与美国士兵见面，我们感到很自豪。他们帮助我们逆转了战争的局势，十分有利于我们的抗战。我们真的可以很快就能回到家乡了！当我看着战斗机，想象着我们的飞行员和美国飞行员把更多的日本飞机和地面部队都消灭掉，最终把剩下的日本兵统统赶回日本去。

乌云很快就回来了，就像我习惯了和父母一起生活，我在我们的社区交了几个好朋友一样，我们不得不再次搬家。一个冬天的下午，我从机场回来时，发现爸爸和妈妈看起来很忧郁，像闪电一样击中了我。爸爸的第586团刚刚接到命令，要在几天内向南方转移以等待进一步的命令，要他在保卫南部前线的行动中扮演重要角色。我们对战争就要结束的希望很快就破灭了，而爸爸又要回到前线。随着日军加紧对重庆地区的轰炸，爸爸决定把妈妈和我送到农村，这样会更安全。我们的家人将再一次分开，我同新朋友和机场也要分开了。

现在，我真的对这场旷日持久的战争感到厌烦。从我还是个小孩子就开始的战争一直在进行着。这场战争还会持续多久？在过去的几年里，我失去了四位亲人，现在爸爸也要被送到容易受到伤害的前线。我只是想象着枪弹，炮弹和炸弹在他周围爆炸的情况，被子弹和炮弹金属碎片击中的几率是如此之高。我并不介意生活在贫穷落后的农村，但想到爸爸去战场是我内心最沉重的负担。我想知道更多关于战场和战争的信息，我寻找合适的时机问爸爸战场上是什么样子？以及战争是如何进行的？我们和日本人的战争已经很久了。我们还会继续丢掉我们的领土？还是我们会赢得战争？我问的很仔细。

"总的来说，我们在过去两年里已经收复了许多曾经被日军占领过的土地。在北部战线和东部战线我们不但收复领土，而且赶走了日本侵略者。唯一薄弱的战线在南方，这就是为什么要把第97军调到南方去的原因。"爸爸一边喝着茶一边解释说。

"可是我们没有像日军那样的好武器，我们怎么能赢得战争呢？"我问道。

"对的，这是非常困难的情况。我们的伤亡人数是日军的四倍。但是他们在我们的土地上作战，我们有大量的士兵补充。此外，现在我们士兵的素质比以前要好得多，而且重型武器是由美国人提供的。"

"我希望我们在都匀团管区看到的腐败，不会在中国其他地方重演。"

"不！儿子，在都匀发生的事情是很不常见的，军队里有一些骗子，但幸运的是，他们中只有很少的人还活着。"

"爸爸，你真的要和日本人面对面打战吗？

"对的，我要和日本人打战了，但不是面对面的。加农炮可以杀死几公里以外的敌人，机关枪可以杀死许多面对你的敌人。但是别担心，我是一个坚强的老兵，没有什么事情能伤害到我。"爸爸充满信心地笑着说，我非常相信我的爸爸，然而黑色的阴影并没有离我而去。

妈妈在党史编纂委员会找到了一份工作，成为一名图书管理员。爸爸安排了我们搬到叫杜家寨的农村地区，走50分钟就可以到妈妈的工作单位。所有这些都是突然发生的。几天之内，我们就离开了我们的家，留下了每天观看飞机场的兴奋和我的新朋友们。我想找开泰说再见，但他正在附近的一个村子里看望他的祖母。爸爸带我们乘坐了6小时的滑干，去到更远的乡村深处。

当我们走到那裡，在我面前，除了泥土的颜色，我眼前出现的东西让我想起了黄土坡-原始的和贫穷的村庄。我在山谷和山坡上发现了许多泥屋，还有一望无际的水稻田，水牛在田里要么吃草，要么在拉犁。天啊，我想，我们又要回到过去的生活，就像我们生活在黄土坡中一样。这将又是一场灾难！然而，妈妈并没有表现出任何烦恼样子。

"妈妈，这个地方让你想起了什么地方吗？"当我们走的时候，我问她。

"我知道你在想什么？这里的人与都匀是截然不同的，这里的人更容易相处。"她自信地微笑着说。"你看，这里的人可能很穷，但他们在家里接受了很好的教育并带着一种自豪的传统。"

"你不会再碰到像在黄土坡时出现的那个愚蠢的女人那样，想把你留给狼群的村民。"爸爸插话说。

听到这些鼓舞人心的话后，我感觉好多了，但我在黄土坡经历到的恐惧仍然会让我感到困惑。我们沿着小路经过小村庄到达了目的地，在稻田里工作或者，站在自家房子周围的村民，不时地转过头来看着我们这个陌生的群体。

在穿着制服的士官领路下，大约3小时后我们来到了一个由稻田隔开的小村庄，我们走进了一个大的农舍，这里我们租用了一个房间。当我们到达杜家寨时，爸爸不得不赶回他在重庆附近的团部，

"要做个好孩子，天任。我必须和部队一起到南方去。我很快就会来看你和妈妈。"爸爸说，双手放在我的肩膀上，直视着我的眼睛。他没有表现出任何情绪，但我知道他也是很不舍得离开家的。

爸爸跟妈妈说再见，很快就走出了家门，妈妈呆在家里，我知道她在静静地哭泣，我跟着爸爸在稻田里走了一小段距离。

"爸爸，你什么时候回家？"我轻声问。

"我不知道，这完全取决于战争的进展。只要我能抽出时间休息一下，我就会回家，你现在赶快回家和妈妈在一起，我现在需要到车站去了。"他向我挥了挥手，转过身来，加快了步伐。

"再见，爸爸。"我站在原地，大声叫道。

爸爸没有把头转过来，只是挥动着他的手臂。

我看着他的身影变得越来越小，渐渐消失在稻田里。在回家的路上，我觉得像失去了什么东西似的。我想爸爸可能不会再回来了，爸爸还不到30岁，军队的生活已经开始对那不但结实而且强壮的身体带来了伤害。他在军队中经常吃不到有规律的食物，而他的膝盖又有关节炎，偶尔不得不带着拐杖走路。除此以外，他基本上是健康的。妈妈经常说他是一个非常英俊的男人，有着一双明亮锐利的眼睛，还有那长睫毛，不像是典型的中国男人。每当爸爸打我的时候，我从不恨他。但是他打我以后，每次都对他的"爆炸"表示深深的遗憾，并以极大的耐心与我谈话来安慰我。现在，当我看着他向战火前进的时候，我的心在下沉，我忍着不流下眼泪。

"是的，他的部队现在随时都可能离开重庆，在战争结束之前，我们可能见不到他。"妈妈没有看着我，但我能觉察出她的声音里的焦虑。

妈妈忙着收拾桌子、椅子和她前一天刚做过的家务杂事。我的胃缩紧了。我听到有人说，在最近的南部战斗中，超过一半的士兵要么被打死，要么受伤。我爸爸的遭遇会不会比普通士兵好些？我只能在心里祈祷。当妈妈继续做家务时，我独自一人走开，我拿出了那架坠毁飞机的一些碎片，只是盯着它们看，心里感觉到十分的空虚。

第七章

乡野寻趣

在杜家寨，我们从拥有多间泥土房屋的穆老板那里租到了一间小卧室，卧室屋顶盖有稻草，周围是稻田和蔬菜园。在这里我们将同穆老板的一家人，包括他的妻子和两个孩子住在一起。穆老板告诉我妈妈，可以把卧室门外的屋顶下当作厨房，如果下雨的话，可以使用他们的室内厨房。我们可以使用在房子9米外的户外厕所，所谓的"厕所"，就是在露天的地面上挖一个小坑洞周围用竹编的墙围起来，上面没有屋顶。与我们在重庆的住房单元相比较，我知道这将会是一个巨大的生活改变。事实上，这个泥屋是我们曾经住过的最原始房子，我对这个地方一点都不感兴趣。生活条件甚至比黄土坡还要差得多，我什么也没说，但我的表情显示了我的内心想法。

"好吧，如果你把住在这里与生活在恐惧之中， 以及躲在重庆的防空洞里相比，情况就要好得多，对吗？"妈妈在床上打开一个手提箱时，带着不舒服的微笑问我。我知道对我们现在的生活条件来讲， 她的感觉一定也是不安的。我也知道，我们不可能改变生活条件，在爸爸离开我们后，我们再也寻求不到别人的帮助了。

"妈妈，这还不算太糟，"我说着，只是想让妈妈现在感觉好些。"房子实在是很差，但如果我们能和这里的邻居和睦相处，就会和其他地方一样好。"

"听到你这么说我很高兴，"妈妈笑着说，"我真的感觉到你已经长大了很多。"

"我已经很喜欢这个穆老板的家庭了。他们看起来都很友好，也很聪明，我想我会很高兴和这家的男孩成为朋友。" 我指着屋主的方向说。

"那就好，我希望你能在与农民们一同生活的过程中， 从农民那里学到些东西。" 妈妈看着我，带着温柔的微笑说。我不明白我能从农民身上学到什么，我从来没有想过以后要成为一个农民！

"妈妈，现在我可以出去看看周围的房子和农场吗？"

"当然可以，但不要妨碍这里农民的工作，你应该知道这里的农民根本没有时间站着同你说话。"

"我知道了，我不会打扰任何人。"我保证。

我走到屋外，看了看穆老板的稻田。穆老板正在用水牛耕地，他的孩子正在和他的母亲一起在旁边的田地里工作。穆太太和她的女儿正在挑选蔬菜，把蔬菜扔进背上的篮子里。妈妈讲的话是对的，他们都在忙着工作，而我在一个迷宫般的稻田里漫步。 我告诉自己，这里肯定不会像在机场看到战斗机飞行那样激动人心，但看起来比我在黄土坡经历的那些悲惨的遭遇要好得多。

在杜家寨和周围的村庄里，农舍都是泥屋，但是都比贵州省的那些房子造的更高，更好。土壤更肥沃，颜色更红，面积更大，人们更聪明(我想)，而且肯定是更友好。我从一开始就喜欢穆老板，在最初的几天里密切关注着他，穆老板30多岁，是个高大、黝黑、英俊的男人，他对周围的人都很友好，很有礼貌，尽管大多数时候都没有烟草，但他嘴里总是叼着烟斗。

穆老板日出前就起床，吃完一顿简单早餐和热茶后出去工作，然后他就把空烟斗放到嘴里，开始了他那漫长的劳动日子。他总是穿着那件打了补丁的蓝色短袖衬衫，扣子解开露出胸部肌肉，裤子卷得很高，没穿鞋。他不必到很远的地方去工作，他的田地就在他家房子的周围。有时他会牵着水牛去工作，在稻田和菜园里耕作或修整土地，有时他会独自带着锄头或铲子去田野干活。到了午餐时间，全家人都回到家里休息及进午餐。

他似乎对那头水牛很好，几乎把它当作他自己的家庭成员一样。他从来不对水牛鞭笞或喊骂，而像是对待另一个家庭成员一样同它说话，水牛似乎完全能理解穆老板的指挥。有一天，我和他的两个孩子站在一起，一个10岁的男孩和一个7岁的小女孩，穆老板结束一天工作后回到家。在房子的前院，从水牛背上取下轭套的时候，穆老板对他的女儿和儿子说："我要你们两个记住这一点。"穆老板用他的眼睛指引我们去看谷仓里的水牛。"它帮我犁地，拖运农产品，还为田地提供肥料。如果不是它，我们就会饿死。我们欠它太多了。当它变老，不能再工作时，有些人会把它的肉卖给人吃。你们想要吃这头牛的肉吗？"两个孩子同时一齐摇着头。穆老板继续说"不，永远不！我不想看到你们中的任何一个人吃牛肉。不感谢把一生都给了你的人是会被上天惩罚的，你们明白吗？"他的两个孩子都点了点头。

穆老板把头转向我："你们城市的人都吃牛肉，你不吃吗？"

"我以前确实吃过一些牛肉，但是牛肉太硬了。"我说，但是我没有说我们真的没有钱经常去买牛肉。

"嗯，住在城市的人们永远不知道他们从哪里得到食物。如果不是有了这些牛，城市里的人们就会饿死。我很高兴你终于有机会了解食物的来源。"他笑着说。

"是的，穆老板，这也是我妈妈告诉我的。"我说。

穆老板总是很健谈，在那些寒冷的冬夜晚饭后，我和他的两个孩子坐在他们的厨房里，听他讲故事，很快这就成为了我们晚上的惯例。几小时的时间里，他会让我们着迷于听他讲关于他的庄稼、他的祖先、对日本的战争或者中国历史以及传说等等。

"我知道你的父亲是一个受过教育的人，但是我告诉你，我可以和他讨论任何从历史到古代文学的话题。"穆老板对我夸口说，"不是因为我上过什么学，而是因为我从别人那里听说很多东西，我有许多很丰富的常识。"

"穆老板，我相信你们俩会有一些很有意思的辩论。"我说，但我心里知道他没有机会和爸爸辩论。两个人都很健谈，但我想知道，根据传闻和常识，是否能比从学校学到的更多更好。无论如何，我毫不怀疑穆老板会和爸爸或其他任何人辩论。我很喜欢听他讲话，他的儿子，穆政权有一天向我提到，他的父亲也会讲恐怖的鬼故事。

晚餐后当我们大家都坐在昏暗的厨房里，穆老板斜靠着坐在他的大椅子上休息，一个茶壶和一个大茶杯放在他旁边的短凳上。妈妈和穆太太在我们租用的房间里谈论家常事务。在这间烟雾覆盖的厨房里，一盏小油灯发出了昏暗的灯光，使餐厅和客厅的房间都变大了一倍。

"穆老板，你能为我们讲一个鬼故事吗？""我问。

"哦！爸爸，请讲一个真正吓人的鬼故事。"穆政权插话了，穆政权的请求使穆老板无路可走，只好答应。

"好吧，我会给你讲一个好听的故事，"他回答道，"孩子们，你们准备好了吗？"

我们都急切地点头，我们三个人拉了一个长椅，坐在他面前。穆老板慢慢地用火柴点燃了烟斗，这是他这天的第一次吸烟，他先深深地吸了口烟进去，闭上了眼睛，然后把吸进去烟慢慢地从鼻子里呼出来。接着他大口大口地喝着热茶，一边看着这些新增加的小听众，一边笑着说.

"这是发生在许多年前的一个真实的故事，那时我还是个年轻人，与穆太太结婚之前。"他说的时候，空气中弥漫着一股烟雾。"一个月光明亮的夜晚，我想去湖边享受美丽的满月和如同镜面似的平静水面。"他继续说道，声音很轻几乎就是在耳语。"我在湖岸漫步，享受着月光下美丽的湖景。"他挥舞着双臂半圈，朝上看了看。当他不说话的时候，房间是那么的安静，我几乎可以听到我的心在期待着快速的跳动！那天晚上很安静，甚至连昆虫也没有发出声音。突然，我看到一位苗条女孩的背影，她穿着一件长长的、白色的丝绸衣服，坐在离我10米远的岩石上，面对着湖的另一头。" 穆老板继续说着，转为一种更激动的语气，凝视着他的右手指向的地方。"我只能看到她的后背和她那闪亮的、齐肩的黑色头发，不，不，头发更长，一直到她的腰部。"

穆老板呷了一口绿茶，又从他的烟斗里吹出了一股长长的烟。烟雾弥漫在空气中，增添了神秘的气氛。两个穆家孩子坐在木凳子上，嘴巴大开着。

"现在我觉得这个女孩就是邻居或邻居的客人，当我从后面走向她的时候，我正期待着看到一个美丽的年轻女孩。但是，当我从她身边走到离她大约1.5米的地方时，她慢慢地转过身来。"他停顿了一下，眼睛肿胀，嘴巴张得大大的。"我的上帝，我几乎要跌倒下来了，想尽力跑得快些，跑得快些！"然后继续轻声地说。"你看，在那美丽的肩膀上，这个年轻的姑娘没有脸，没有眼睛，没有鼻子，没有嘴巴！只是一个白色的、扁平的面板，看起来就像大拇指的前面。"

他举起自己的大拇指来示范，我们三个孩子全身都起了鸡皮疙瘩。我都没有发现我的妈妈正站在我身后，当穆老板讲完他的故事后，妈妈赶快就把我领了回去。在我们从小凳子上站起来之前， 我们让穆老板答应第二天晚上再给我们讲更多的鬼故事。 接下来的几个晚上，我们都求他再讲故事，一般来说他都是会同意的。

妈妈和穆太太相处得很好，当穆太太做农活时，妈妈帮她做饭，做家务。妈妈大部分时间都在家里， 因为作为党史委员会图书管理员，只要求她每周工作三天，支付全工资。妈妈是个身材苗条、矮小、安静的女人，实际上与穆太太的年龄是差不多的， 但是看上去穆太太要比妈妈明显老的多。我认为艰苦的农村生活、长期的阳光照射以及缺乏营养都对她造成了伤害。

在农村，其他的许多孩子都有自己的战斗公鸡。在这个偏远地区的村庄里，斗鸡是在村庄及其周边地区年轻男孩子们最大的消遣。 在观看了几场激烈的斗鸡比赛之后，我决定我应该有自己的战斗公鸡。我从邻居那里买了三个鸡蛋，让穆太太的老母鸡在孵蛋时多孵这三个鸡蛋。三周后，穆太太给了我三只鸡，因为我的三个鸡蛋没有做记号，我们真的不知道这些鸡是不是我的。然而，在小鸡孵出 10 天后，我知道我有两只母鸡和一只公鸡。我把这两只母鸡与穆太太交换了二只公鸡，她想要更多的母鸡来生蛋，而我得到了三只公鸡，来和我朋友的公鸡竞争，对这次交易的结果，我们双方都很满意。

在我细心的饲养下，我的三只小鸡长得很快，按照羽毛颜色的不同，我为每个小鸡都取了各自独特的名字作为身份标识：第一只有红色艳亮羽毛的大公鸡称为关公；第二只有红黑相间羽毛的公鸡称为张飞；第三只带有棕色和白色混合羽毛的公鸡称为刘备，分别代表了三国时代的三位英雄。

公鸡生长到六个月大小时，看起来都已经很健壮了，我把关公带到三里外的斗鸡场里，加入了斗鸡的行列。在第一次战斗中，关公没有准备好战斗，直到它的对手用力地啄它，它才变得生气，开始用它的有力的爪子反击。几分钟后，另一只公鸡低下了头放弃了战斗，承认失败。关公确实失去了一些羽毛，却没有其他的受伤。在接下来几周的斗鸡里，我把张飞和刘备带到了斗鸡场。我的公鸡赢了几场比赛，也输了几场，但所有我的公鸡都是勇敢的战士。关公很快成为村里无可争议的冠军，赢或输只给孩子们带来为之奋斗的荣誉，没有金钱或者任何利益的交换，斗鸡比赛背后的驱动力只是公众对胜利者的承认.

在穆家农场周围发生了这么多的事情，这使我对战争的关注减少了些，我错过了观看战斗机和探索军营、了解武器的大好机会。但是如果我听到有关战争的消息，我就会开始担心爸爸了。自从爸爸把我们送到穆家农场后，我们就再没有听到他的任何消息，我们甚至不知道，爸爸是在前线还是在某个军营里。我在夜里独自安静的时候，就会经常想起爸爸。以为他离我们很远，在一个充满着危险的地方。

穆老板和他们地区的其他农民很少谈及战争。在偏僻的四川农村，人们对战争有着完全不同的看法。该地区没有任何报纸或广播电台，唯一的新闻来源，是来自城市的亲戚朋友之间的口口相传。当然，农民们都知道日本侵略了中国，但他们不知道细节。在过去的几百年中，国家内部的长期战争造成各代军阀和土匪的起起落落，似乎对他们的基本生活没有什么影响。在偏远的村庄没有空袭，没有军队活动，也没有生活必需品的短缺。他们只是凭他们的稻田、水牛、泥土和雨水的味道，继续过着他们世世代代连续下来的生活方式。

然而有一天，战争的现实，就像一缕阳光从阴霾的天空中射回到我们的生活。没有听到任何关于爸爸在这几个月里去过哪裡的信息，他就径直走进了我们的房间，妈妈和我正在吃晚饭，我马上放下筷子，站起来迎接他。爸爸拍拍我的头，仔细地看着我，然后笑了着说："住在农村里生活，你看起来变黑了。"我看着穿着汗津津全套军服的爸爸，看上去瘦了但精神仍然很好。妈妈为爸爸煮了一壶热开水，拉了一把椅子，让爸爸坐下来，泡上热茶，点燃上香烟。

"你为什么不把湿衣服换下来洗一洗，然后休息一会儿呢？让我来为你做一顿美味的晚餐。"她带着来自内心深处的喜悦，微笑着说。

当爸爸走进来的时候，桌上没有多少吃的东西。妈妈想为爸爸做一顿特别的晚餐，她立刻想到了我的三只强壮结实的战斗鸡。

"儿子，我想给你父亲做一顿特殊的饭，哪一只鸡你能给我煮给爸爸吃？"妈妈直视着我的眼睛问道。

"不，妈妈，这些是我的战斗鸡，我不能让任何一只鸡被煮了。"我几乎哭出了眼泪。她怎么会想出这样的办法！我当然也想给爸爸最好的晚餐，但我无法忍受杀死我心爱的战斗鸡。就像穆老板对他的孩子们说的那样："你不应该把曾经为你工作过的水牛作为食物杀了。"

"不，这是为了爸爸，他刚刚从前线回来，而且很累、很饿嘛！"妈妈紧逼地说。

"你饶过我的战斗鸡吧，妈妈，"我用恳求的眼神说，"你为什么不到穆太太那里去买一只？""妈妈同意了我的解决方案，没有再说什么话了。妈妈对我笑了笑，拿出一个小金戒指，这是爷爷的珠宝箱被偷窃后留下的，然后去换了穆太太的一只鸡。妈妈对我无限的关心和体谅，使我感受到内心的温暖。妈妈做了一顿美味的晚餐，有两盘鸡肉和两盘蔬菜，我们一起吃了一顿非常丰盛的晚餐，这是自从爸爸赶赴重庆南部参战后第一次全家聚会。

"我的部队坚强地守卫住了独山以北的防线，我们的火力随着最新运输到的美国新武器而加强，我们的士兵也在战斗中更加强大，所以在战场上日本兵不再占优势了。"爸爸在晚餐时告诉我们，我试着想象战争的场面。"前线现在很平静了"爸爸继续说，"这就是为什么我能回来，向总部报告战斗状况并有时间在这里停留一会，但我必须尽快回到南方前线去。"

"爸爸，你和日本兵直接交战过吗?"我急切地问。

"当我第一次把第 97 军第 586 团带往独山前线去的时候，日本军队已经被我们军团的其他部队围困住了， 在前线我们同其他部队会合。我们夺回了一些阵地，也失去了一些阵地，但在最近的几个月里，我们赢的比输的多，幸运的是在我的部队里，士兵的伤亡很少。你们知道，日本军队从来没有进攻到都匀。"

"不管怎么说，我很高兴我们离开了都匀。"妈妈一边叹气一边说，"这里的房子比我们以前住过的任何房子都要糟糕得多，但我真的很喜欢这里的人。"

爸爸的眼睛扫视着我们的小房间和稻草铺的屋顶。"是的，我会四处看看，乘我在这里的时候，为你们找一间好一点的房子住。"他保证说。

"爸爸，你能找到一间离这儿不太远的房子吗? 我已经有了许多住在这里的好朋友。"我说。

"我会试试看，但你要知道这并不容易。"他回答。

在四天的回家休假结束之前，爸爸在 3 里之外的称为刘家糟的村庄里找到一个比较大的房间。爸爸和穆老板一起，经过狭窄的稻田小路，将东西搬运到我们的新家。妈妈很高兴地看到我们的新家是在一幢木材建筑里，而且有土瓦屋顶，面积比我们在穆家农场租来的房间大三倍。至少有 20 户农民和商人聚集在这个复杂的木建筑里，妈妈也感到更安全。我发现有几个孩子住在这栋木建筑的大院和附近的房子里。

"妈妈，我会想念穆老板一家，特别是穆政权。"当我们搬进新家时，我对妈妈说。

"從這裡去只需要步行几分钟时间，在任何时候我们还是都经常去穆老板家看望他们。"妈妈告诉我说。

爸爸帮助我们安顿下来后，就不得不赶回到前线去。

"按照局势的发展情况，我相信战争很快就会结束。"他对妈妈说，"在这种情况下，我能够更经常回家。"

妈妈和我听到他说的话后感到放心了。然后爸爸就像风一样快地走了。随着春天的到来，我加入了穆老板的水稻种植团队，随着团队在田间做些杂活，就按他们告诉我需要做的那样去做。首先，冬天的寒冷期一结束，穆老板就要把稻种撒到一个约 0.6 米乘 0.6 米大小的湿苗地里。播种了几天之后，湿苗地淹没入 2 到 7 厘米的水中。不到一个月，这些幼稻苗长到 20 厘米高，把整个湿苗地挤得密密麻麻。

穆老板一家、几个邻居朋友和我聚在一起开始了我们的工作。对我来讲都是全新的事情，但我紧紧跟随穆政权。就像他所做的那样，我们轻轻地把稻秧苗一捆一捆地从水里拔出来，放到小篮子里。然后我们走到穆老板的水稻田旁边，走进泥水不深过膝部的软泥里，对我来讲第一次踏进软泥里的感觉，是非常奇怪和陌生的，但我很快就习惯了。

然后，我们每个人从绑在腰上的篮子里，拿出一捆约5到6株的秧苗，把它们分开并塞进水下的泥里。泥很软，秧苗很容易插下去，穆政权告诉我，如果它们不是插得很直，可以不在意，以后它们都会长直。我们应该把秧苗插成一条直线，我们把每捆秧苗的每一束幼苗分开，按照一脚宽的距离插入稻田里，直到我们到达了稻田另一端，然后我们重复这样的插秧过程，在没有插过秧苗的稻田内，从一头插到另一头。花了整整一天的时间我们完成了穆老板稻田的水稻种植。

穆老板以平和而友好的语气指挥我们的插秧活动。当我们完成了穆老板稻田的水稻种植后，我准备好再为附近的其他农民做同样的事。在接下来的几天里，我帮助了另外三家以上农户插秧，我享受了插秧过程的每一分钟。村里所有为其他农户的插秧工作都是免费的。没有人会向其他人收取全天的劳动费用，主人通常会为帮助他们家插秧的人提供一顿简单的午餐。

从我们住进穆家土屋的那几个星期开始，穆政权一直是我的新伙伴。妈妈发现他很粗鲁，因为他在妈妈面前的每一句话都说"格老子"，这是非常不礼貌的、非常粗鲁的话，妈妈警告我不要学他那样的行为。但他有一种冒险的眼光，所以我当然想靠近他。四月的一个下午，穆政权带我去见他的朋友久鹏，带我去看一个真正的养蚕场。我们走了几分钟，穿过稻田来到一间大泥屋，在那里，穆政权向我介绍了久鹏，一个身体矮小、黝黑、苗条有着大耳朵的11岁农村男孩。在一次简短的谈话后，他带我们去看他父亲的蚕场。

蚕场是一间大泥屋，就在久鹏和他的父母住的那所房子附近。久鹏带我们走进这间大泥屋，在大泥屋中间有许多成排的1.8米高的木架子，上面有四、五层，成排靠墙壁排列着，每一层架子的上都放有四个大藤筐或六个小藤筐。此时在这些藤筐里都没有蚕虫。久鹏描述了这个看起来很脏的地方是如何运作的，并向我展示了在去年秋天之前，蚕蛾是如何在几张纸上产卵的。

"养蚕是季节性工作，在秋季和冬季，桑树会枯萎，我们没有食物来喂养蚕虫，所以我们休息下来，直到早春季，桑树的叶子开始生长。" 久鹏解释道，"这就是为什么你在这里看到的只是设备和这些蚕卵。"

这些蚕卵，无论是浅褐色还是深棕色，都比紫花种子要大些。久鹏解释了蚕的生命周期以及整个过程是如何运作的，我变得越来越好奇了。

"一年里蚕有多少轮孵化和结蚕茧?"我问。

"这取决于桑叶的供应" 久鹏说："在一个好的年份，从早春到秋天我们每年可以收获三次或四次蚕茧。"

我们进来以后，穆政权一直都是不耐烦地在房间里走来走去。"能够给我一些蚕卵吗?"我最后问。

"当然可以，我有很多这样的蚕卵。" 久鹏回答说，"但是我必须告诉你这是很辛苦、很忙的。你真的不会发现哪些蚕茧有什么用处?我想你并不知道你在做什么。"

"我只是好奇，想试试。"我急切地说。

久鹏撕了四分之一张的蚕卵给我。从蚕卵的密度中，我猜这张纸上肯定有一百多个蚕卵。我谢过久鹏，马上回家，急于建立自己的蚕场。穆政权告诉我，他这次新的冒险并不感兴趣。

"你为什么不喜欢养蚕呢?"我问。

"首先,我没有时间。其次,我讨厌任何虫子。"穆政权展示了一种令人厌恶的姿态。

所以我决定独自去做这件事,我在屋里找到了一个扁平的竹篮,把我的蚕卵放在里面。我在竹篮下面放了一张比较大的纸,以防止蚕宝宝掉到篮子的缝隙里。

"你用我的菜篮子做什么?"当妈妈下班回家时,她用一种惊讶而不是生气的语气问道。

"妈妈,我刚刚要到了一些蚕卵,我要在篮子里养蚕,我能借用几天吗?"我问。

"但是你知道我每天都用这个篮子洗菜和准备我们的食物。你把蚕虫放进去了吗?这是多么恶心的事!"她边说边做了个鬼脸。"但如果你真的想用这个篮子,你可以使用它。因为这些恶心的东西现在已经在篮子里了,我再也不想用它来准备我们的饭菜了。"

"这些只是蚕卵。他们将在几天内孵化成蚕虫。我保证洗干净还给你,妈妈。"我恳求道。

"留着它,我会想办法再从商店那里买一个。"她说。从那时起,妈妈对我的新爱好非常宽容。

我们新租房屋内的房间虽是一个较大的单间,但只能放一张妈妈的大床,我一张的小床,一个梳妆台,一张桌子,一张书桌,三把椅子,两张凳子。我把篮子放在我床脚旁的一张凳子上,离妈妈的床只有几尺远。

久鹏说,当第一声雷响时,蚕卵就会孵化。冬天刚刚过去,春天就要到了。我等了又等,好多天以来,一直没有下雨或打雷的迹象。然后,一天清晨,我被几声响亮的雷声惊醒。我跳下床,拿了一支蜡烛冲到篮子前面去看。神奇的是,一百多条细小的黑色物质,大约八分之一寸长,像一根根人的头发丝一样细,它们都在移动!我聚精会神地看着他们慢慢地在纸上爬来爬去。我知道,必须在饿死之前,尽早喂养它们。

不耐烦地等到了天刚刚亮之后,我就跑到外面,找到离我家大约150米的桑树,我匆忙地摘了一些嫩的桑叶,然后往回跑。用毛巾小心地擦干桑叶上的露珠后,我轻轻地把叶子放在黑色的小虫上面。几分钟之内,所有的桑叶上都挤满了这些细小的蚕虫。当虫子吃东西的时候,我继续做其他日常的工作。

吃了早饭,在外面玩了一会儿,我发现蚕虫已经吃掉了所有的桑叶,只剩下叶刺,它们太大,太硬,不适合这些幼小的蚕虫咀嚼。于是我赶紧跑回桑树,摘采了比以前多三倍的桑叶来喂养我的这些饥饿的蚕虫。在近中午时,我把一半叶子放在蚕虫上面,另一半准备放在晚饭后喂养。第二天早上,这些蚕虫吃掉了所有的桑叶,小蚕虫的身体已经翻倍长大了!颜色也从黑色变成了深绿色。我感到非常兴奋,我亲眼目睹了大自然的魔力。

那几天早上,我一直在喂蚕虫,第二天早上,小蚕虫的身体又翻了一倍,这一次每条达到了一根牙签的厚度,长了0.5厘米。我小心翼翼地用手指尖把蚕虫捡起来。它们柔软、干燥,而且非常干净,它们没有挣扎,也没有试图咬我。我把一条蚕虫放在手掌上,然后走过去给妈妈看。

"妈妈,看看这些小蚕虫长了多少?"我向妈妈展示了我手里的东西。

"它们看起来就像那些树上的毛毛虫,恶心!"她一边后退一边抱怨着。

"但是妈妈，这条蚕虫不一样，看！"我试着把它递给她，但她只是后退了几步。"看上去很恶心！"我知道妈妈真的很害怕蛾子和蠕虫，但是她愿意帮我养蚕宝宝。一天两到三次，我不得不采摘更多的桑叶堆在篮子里，让蚕宝宝的继续生长。当我上学的时候，就由妈妈收集桑叶，下班回家时帮助我喂养蚕宝宝。蚕宝宝继续变得更胖、更健康，我对自己的成功更有信心了，于是我邀请久鹏来参观以炫耀我的养蚕农场。

"你需要多拿一些篮子，把它们分成四组。"他指导我说，"你不能让篮子变得太挤。有些蚕宝宝可能会由于爬到相互的顶部而死去。我有一些篮子可以借给你。你同我一起到我家，我会帮你拿。"我们马上去久鹏的家，拿了四个大篮子，独自回家。

有了久鹏的四个大藤篮，我把这些蚕宝宝分成了四组，每组大约有35个。蚕和我的拇指一样大，在蚕宝宝的世界里也算是很大的。现在我不得不把两个直径2尺的篮子放在梳妆台上，一个放在桌子上，另一个放在凳子上，这样我的爱好占据了我们房间的大部分。到了第15天，蚕宝宝长到5厘米半长，像成年人的拇指一样粗。蚕宝宝的身体颜色是一节一节白绿相间。几天后，蚕宝宝都停止进食。按照久鹏的指导，我一个接一个地把它们捡起来，放在四个更大更深的篮子里，我不得不把这些篮子放在我们房间的地板上。然后，我小心翼翼地把几捆松散的稻草秆放到篮子里，用5到10厘米的稻草盖住篮子，让蚕宝宝结茧。这些稻草秆必须非常松散地堆放在一起，这样蚕宝宝就可以把稻草秆推到一起，以便为它们腾出空间来结茧。

我兴奋地看着每一条蚕宝宝都爬上一个小角落或一个小的私人空间，然后开始结茧。丝从它们的嘴里不停地吐出来。到现在为止，蚕宝宝已经完全失去了所有的绿色，变成了纯白色或金色。当它们开始编织时，蚕宝宝的身体变得又胖又短，它们用两根前肢把吐出来的蚕丝系在稻草秆或者在另一根丝线上。蚕宝宝的头从一根稻草秆迅速地转到另一根稻草秆，完成了框架之后，这些蚕虫开始在自己周围编织，很快就将自己包裹在蚕茧里面了。蚕茧看起来像花生壳，但形成了一个完美的椭圆形，表面光滑。我仔细地数了143个蚕茧，惊叹于它们纯白或金黄的颜色，以及光滑而闪亮的表面。我想知道，这些小虫子是否也有脑子？否则它们如何能做出如此漂亮和完美的产品！真是一个奇妙的生物世界。

我去了久鹏的家，告诉他我得到了多少个漂亮的蚕茧。他想看看蚕茧，所以我邀请他和我一起回家。

"你在养蚕方面做得很好，但是你要怎么处理这些蚕茧呢？"当我给他看那满满一篮子蚕茧时，他问我。

我说："我会让蛾子产卵，然后看着它们再次孵化。"

"你知道在它们孵化之后会有多少蚕宝宝吗？"

"我想会有很多很多。"

"很多吗？他们将会有一万多个！"

"哇，我真的只需要其中的几个，我现在该怎么办？"我开始担心，我怎么可能在我们的一间房里照顾这么多的蚕茧呢？

"讓我替你解决这个难题。我父亲可以把它们同他库存的蚕茧，一起卖给重庆附近的丝绸工厂，你把不需要的蚕茧给我。"他说。

我只留下10个蚕茧作下次养蚕的种，给了久鹏133个漂亮的蚕茧，我很高兴，这样就不会有什么浪费了。在久鹏的指导下，我准备了五张干净的纸，并在每张纸上放了两个蚕茧。我每天检查几次蚕茧。两周后，桑蚕变成了蛾子！我怀着极大的兴趣看着飞蛾咬破它们的茧壳出来。几分钟后，雄蛾开始追逐雌蛾。我把两个蚕茧放在每个床单上的想法并没有什么意义，雌蛾不知道任何领地的限制，而雄蛾则到处追逐它们。我不得不把它们放到我为它们准备的纸上。交配后一个小时内，雌蛾开始产卵。 它们按照一个既定的模式把卵产下，在纸上填满大约1.5平方尺的空间。

我发现这些蛾子是非常漂亮的生物，它们的眼睛上方长着一双长长的羽毛状的触角，看上去就像人类长的漂亮眉毛。但是，蛾子的寿命并不长，很短。雄蛾在交配后大约三个小时就死亡了，雌蛾在产卵后不久也就死去。在它们的一生中，蛾子从不吃任何食物，他们生存的主要目的就是为了繁殖下一代。蛾子死后，我用一把小剪刀剪下那些"眉毛"，保存在瓶子里，这样我就可以继续欣赏大自然最漂亮的创造了。

我只保留了两到三代的蚕茧，每次只保留一小部分的蚕卵，剩下的全部送给了久鹏。

在每件家具和我们房间的地板上都有养蚕的篮子，妈妈始终没有抱怨。但是，当我告诉她我最后决定关闭我的蚕场时，妈妈松了一口气。我也感到自由了。

我把所有的篮子都还给了久鹏，还有几百只中等大小的蚕茧。我只留下十几只蚕茧，设想送它们回归到大自然中去。我在一片未开垦的土地上种了几棵桑树，把每一条蚕茧放在一个单独的鲜嫩的叶子上。当我离开它们的时候，我想象着有一天自豪地回来，会发现成千上万条的野生蚕宝宝会在这些桑树上吃桑叶。

几天后，我去检查我在大自然中"美丽生物"的实验。但当我走到离桑树大约6米的时候，我看到了一根好像从树枝上垂下来的黑色大树枝。那可能是一条大黑蛇，我害怕蛇，所以我没敢走得很近。但我立刻意识到，我曾经非常愚蠢地相信，我的12个蚕茧能够从蛇、鸟和其他自然界的掠食者中存活下来。我很遗憾地想，这次实验让我不及格。

爸爸不再参加战斗，妈妈的心情更加平静了，我想这是请求养狗的最佳时机。在都匀时我曾经问过妈妈我能不能养一条狗？当时妈妈对我说，还没有足够的食物供人食用时，喂狗是不对的。现在四川农村里的食物供应要好得多，如果我再问了一次，可能会有希望。

"去，去给自己找一条狗，但要保证一定要好好照顾它。"妈妈笑着对我说，这是我一生中最快乐的日子之一。

找到一条狗没问题，一位邻居的朋友已经答应让我在他的六条小狗中选择一条。当我看着这一窝小狗时，我抱出一条雄狗，它盯着我看，并对我不停地摇着小尾巴。我把这条小毛球抱起来带回家。我给他起名叫"小虎"，尽管它的毛色是浅棕色，毛发中还有一些黑点混在一起，真的一点也不像老虎。当我带着这条胖嘟嘟的、充满活力的小狗回家的时候，妈妈只看了看小虎那困倦的棕色眼睛，就同意了。

小虎跟着我到处走，我睡觉时守护着我。我很少听见它吠叫，小虎也从来没有在家里咬过任何东西，村子里没人能告诉我他是哪种狗，我也不在乎。小虎很快就成了我最亲密的朋友，也是我们家庭成员的一部分。

有一天，我和穆政权回到穆家农场玩，他说要告诉我一件必须保密的事情。

"天任，我要结婚了。"他害羞地说。

我非常震惊，花了几秒钟才作出反应。"你一定是在和我开玩笑吧，对吗？你自己只是个小男孩！" 我停息了一下，更仔细地看着这个瘦小的12岁男孩，只比我大两岁，又矮又瘦。妈妈曾经告诉我，穆政权看起来比我小、比我年轻，是因为生活在贫穷的农民家里而引起的营养不良。 我简直无法想象他将如何成为某个人的丈夫！

"你看，我13岁了。"他自豪地说，按照中国的年龄计算方法，从生命开始而不是从出生开始计算年龄。

"我爸爸说，万一我活不长的话，他希望要有孙子孙女们来继承我们的家族。此外，他现在还需要一个人来帮他在农场上工作。你知道我妹妹太小，还不能做任何工作，所以我要和我的表姐结婚，她17岁了。"

"但是你真的想结婚吗？"我问道，还在试图想象我的年轻小朋友怎么能像其他男人一样结婚。

"为什么不呢？"他耸耸肩。"我喜欢她。"

"嗯。你什么时候结婚？" 我震惊得说不出话来。

"下周。"

"这么快。"

"我爸爸说我下周或明年结婚对他都没什么影响，但我知道他需要我的帮助，所以我同意下周结婚。"

"你真是个好儿子，"我说。

"不管好还是不好，我是他唯一的儿子，这也是我对家庭的责任。"他诚恳地说。

"我能来参加你的婚礼吗？"

"当然，你已经被邀请了。"

我走回家时，仍然感到困惑和担心，穆政权的父母和他表姐的父母包办了婚姻，就像妈妈和爸爸结婚一样，他们之间没有什么可说的。多年后，也就是现在我父母对这种安排也是有很多抱怨的。我还记得，当我们住在黄土坡时，我们房东的儿子在16岁时就和15岁的新娘结婚了。但是穆政权才13岁，实际上只有12岁。我认为，穆老板太自私了，要求他的儿子结婚。我一回到家马上就把这个消息告诉妈妈。

"天哪！我不相信他们会这么对待穆政权。"她说。

"妈妈，在中国这么年轻就结婚是很常见的吗？"

"不，他们称这种'小丈夫'的习俗只发生在像这里一样的偏远农村和中国北方的某些农村地区，那里的农民经常需要寻找帮手。但是在南方，并不是这么常见，我从来没见过。"她叹口气后说。"你父亲和我永远不会对你这么做，我们希望你接受良好的教育，找到一份好工作，然后你再结婚。"

"这将是一段很长久的时间，我真高兴事情是这样子的。"我说。

以前我从未看见过任何年龄人的结婚，所以我在这个有婚礼的早上，起得很早，那是一个阳光明媚、温暖的好日子。早饭后，我跑到穆家，我发现穆政权穿上他的新衣服，一件闪亮的、深蓝色的丝质两件套的新衣服，配一顶蓝绸帽子，毫无目的地走来走去。穆老板、他的妻子和他的女儿都穿着最好的刚洗过的衣服。他们个个脸上都带着微笑。对穆家来说这确实是快乐的时刻，我一个一个地向他们祝贺。穆太太的眼睛里充满了眼泪，我不确定这是由炊烟引起的，还是因为快乐的兴奋而引起。

几个邻居，无论是男是女，都来为庆祝活动帮忙。他们帮穆家借来了四个大桌子来举办结婚后的婚宴。我看得出来穆家人整夜都在烧菜做饭，由于厨房的炉灶一直在燃烧，整个地区都弥漫着烟雾和蒸汽，我闻到了烤全猪的味道，还有五味鸭肉和蒸猪肉饺子。穆政权在他家的泥屋前踱步时，我和他进行着亲切的谈话。

"你邀请哪些我们的朋友参加你的婚礼?"我问道。当一个朋友即将结婚的时候,我不知道该怎么做?尤其是当那个朋友只比我大两岁的时候。

"不,你是唯一被邀请的。"他说。

"为什么不多请些?你有许多朋友。"

"他们会取笑我,叫我小丈夫的。"

穆太太给了穆政权和我一个很大的甜米蛋糕作午餐,村民们开始慢慢地到来了,尽管大多数人甚至没有被邀请。每位客人都给新婚夫妇带来了礼物。一些人给了一对鸡或一对鸭子,还有一些送了衣服,其中一位妇人送了一个金手镯,我想那一定是地主的。大约下午4点钟的时候,我们听到屋外传来音乐声越来越靠近了。

"我想他们来了!"穆政权说,指的是新娘和她的家人。

"你紧张吗?"我问。

"一点也不,我认识她很长时间了。"

"她漂亮吗?"

"当然漂亮,为什么我同意娶一个丑女人?"他说道。

"你真的没有任何选择,你爸爸为你做了选择。"

"当然,我有一个选择。如果我不喜欢这个女人,我可以拒绝我父亲的提议,他会为我另外找一个,或者我会离家出走。"他说,"好吧,我们最好走进去,作好准备。"

随着奇怪的音乐越来越响,我走下了通向房子的路,去看新娘的到来。一群四人穿着不同寻常的民族服装,演奏着乐器走过来了,一边向里面走,一边继续演奏。然后,新娘乘坐的两个人抬的轿子到了,轿子前后左右四面都被漂亮的装饰遮盖,因此没有人能看到里面的情况。抬轿子的男人们把新娘轿子轻轻地放在前门口,新娘父母从乘坐在后面的轿子下来后,走到新娘轿子前帮助他们的女儿出来。新娘从被遮盖的轿子里走出来时,她穿着传统的两件红衣服,脸上盖着红丝绸面纱,身材纤瘦的新娘在她的父母后面慢慢地走进了房子。

新娘的亲朋好友和新郎跟随着新娘走进里面的客厅,客厅里非常拥挤,有些人不得不留在门外。在5米长,4米宽的客厅中央的桌子上有两支大的红色蜡烛,由一位上了年纪的老人主持婚礼仪式,说着我听不懂的话。穆政权和面纱已被揭开了的新娘,跪在大红蜡烛前,面对着两支蜡烛中间摆放的一座木质镀金佛像,一大柱红香在香炉里燃烧着,熟悉的烟雾弥漫整个房间。新郎和新娘二人一起向金色佛像磕头三次,然后他们向坐在桌子两边的各自父母三鞠躬。当他们站起来的时候,我看到新娘紧靠在穆政权旁边,她非常漂亮,非常害羞,她的眼睛一直盯着她脚下的地板。不到10分钟,整个仪式就结束了。新娘和新郎被直接护送到他们的新房,这间新房就是几个月前妈妈和我搬出去的房间。

大家都向这两个家庭的成员表示祝贺,然后聚集在这四张桌子周围,这些桌子上摆满了为婚礼准备的食物。没有来看婚礼仪式的妈妈,也已经来参加庆祝宴会。我希望新娘和新郎一起出来参加热闹的宴会,但他们始终没有出现在婚宴客人面前。总之,穆家一共宰了一头猪,四只鸡,两只鸭子,还有一只鹅供婚宴上使用,还有少量的米酒供来客饮用。我发现米酒的香味很诱人,乘妈妈不注意的时候,我喝了一口米酒,它尝起来火辣辣的。过了一会儿,我就觉得自己好像站在云里。

"你的脸怎么了?脸太红了。"妈妈看到后担忧的问,"是不是你喝过这种米酒了吗?"

83

"妈妈，我喝了一口米酒。"我承认，"味道糟透了！"

"以后不要再喝酒了，这对你的大脑有害。你听到我说的话了吗?"

"现在让我带你回家吧。"妈妈脸上带着严肃和担忧的神情说。

"好的，妈妈，我们回家吧。我本来希望穆政权今天能把我介绍给他的新娘子。"我说。

"不会有机会的，新娘应该躲在家里一段时间，然后才被允许和外面人见面。看起来你是喝醉了，我们走吧。"

我们回到家时，妈妈和我都没有说更多关于婚礼的事。作为一个10岁的男孩，我对女孩很好奇，但对她们却没有任何真正的兴趣。我想知道穆政权怎么能和一个比他大得多、比他高的妻子住在一起，但我理解他的父亲在家里需要帮助，尽管这对穆老板来说是很自私的。

有一天，我们正在吃中午饭：一碗米饭和一盘炒芥菜，妈妈哭了起来，为我们没能吃到肉而道歉。

"你正处于身体发育的年龄，需要大量的营养来帮助你的身体发育，但我不能为你买任何肉，我真的很抱歉。"妈妈边哭边说。

"别担心，妈妈，我要为你抓鱼，你可以为我们俩煮鱼吃。"我很自信地说。

"你真的知道怎么抓鱼吗?"妈妈问。

"是的，我知道怎么抓鱼，你会看到。"

"这样太棒了！我很乐意煮你钓到的鱼，来做最美味的菜。但是要小心不要掉进水里。"

"妈妈，我现在已经10岁了，我能照顾好自己，也不会掉进水里。"我满怀信心地说，我知道我能做到。我以前见过别人钓鱼，就在最近，我还看见我们的邻居从稻田里抓到几条鳝鱼。这些鳝鱼看起来像蛇，但它们不咬人，也没有毒。

我马上开始动手，用妈妈的缝纫线和一根1.3米长的竹竿制造自己的渔竿，我用一个纸夹的细铁丝做了鱼钩，挖了一些蚯蚓来做钓饵。小湖离我们大约三里路，是一个渔夫梦想的钓鱼水面，水很清澈，也不很深。我可以清晰地看到成群的鱼，从2.5到15厘米长，在湖面上快速移动。因为当地的农民从来没有时间去钓这些小鱼，所以我猜想可能从来没有人在那里钓过鱼。当我把鱼饵和鱼钩投进水里时，不少鱼就会涌向我的鱼饵。我在五分钟内钓到了第一条鲫鱼，因为鱼钩没有反刺，一些鱼逃掉了。有时候，由于线泡在水里的时间太长了就断了。第一天结束的时候，我带着十多条鲫鱼回家，我把鱼放入一个水罐，以保鱼能活下来。

"妈妈，来看！"我在离房子很远的稻田边就喊了起来，妈妈听到我的叫喊声音，就走出屋子来看。我跑完剩下的距离，走到前门，打开罐子，向妈妈展示我钓到的鲫鱼。

"哇，这可是个大收获！"妈妈一边看着罐子，一边轻轻地拍着我的头，微笑着说。"今天我们将吃到最好吃的鱼。你就等着瞧吧。"

妈妈洗了四条鲫鱼，晚上做了一道美味的糖醋鲫鱼，我们每人吃了两条。当我们把剩下的鲫鱼放在一个水槽里供以后食用，我很高兴地看到，捕鱼不仅是一种乐趣，而且还能帮助解决战争时期食物短缺的问题。而这仅仅是我的钓鱼事业的开始，我一直在看当地农民从稻田里捉鳝鱼、田螺和泥鳅，看起来一点也不困难。我已经准备好了，并且迫不及待地想要随着季节的变化尝试各种各样的捕鱼方式，但是我需要知道妈妈是否会煮它们。

84

"妈妈，你喜欢吃鳝鱼和泥鳅吗？"我问。

"当然，我很喜欢吃它们。我可以用嫩姜做最好的油炸鳝鱼片，我也会做油炸的泥鳅。"妈妈向我保证。"你还能抓到这些鱼吗？"

"我还没试过，但我相信我能。我明天一定会抓到一些鳝鱼的。"我自信地说。

"你一定要小心，不要被鳝鱼咬到。"妈妈很担忧的说。

"妈妈，鳝鱼不会咬人，它们没有牙齿，但是我也会小心，不要为我担心。"

第二天早上，我吃完早饭就跑到附近的稻田里去了，稻杆是绿色的，离水面大约有2尺高，水是清澈的。我能看到水里的一切。我光着脚走进稻田里，寻找任何一个洞，这些洞告诉我一条鳝鱼可能藏在里面。在水下的泥面上有许多洞，但是有一个洞很明显是侧向的，使我想起我看过当地农民是如何抓着到一条大鳝鱼的。我告诉自己这是它，我在2尺到3尺外寻找到一个更大的出口洞，当我发现出口洞时，我用一根小棍子戳进了洞口，果然一条大鳝鱼从另一头出现了。我的心怦怦打了个响，但是当我试图用我的手指在一次快速的打击中抓住鳝鱼的时候，鳝鱼却从我的手指夹缝间滑落了。后来我想起农民们说过的，关于鳝鱼身上涂有一层厚厚的粘滑东西的说法，使你不可能用手指抓住它的身体。农夫告诉我说："为了抓住一条鳝鱼，你必须用你的三个手指，作出一个U形，夹住鳝鱼中部来抓住它。"我以前从来没有试过，但我相信我知道怎么做，我也急于想试一试。

在不到30厘米的地方，我又发现了第二个鳝鱼洞，这一次把鳝鱼引出来的时候，我将三个手指形成u形后就很成功地把鳝鱼夹在手里。这条鳝鱼扭动着但从未试图来咬我，我把这条鳝鱼放进我腰上的小嘴藤篮子里。我太兴奋了，马上把这条2尺长的鳝鱼带回家给妈妈看。当妈妈看到这条大鳝鱼时，她简直不敢相信自己的眼睛。

"是你自己抓到这条鳝鱼的吗？你怎么知道洞里不是蛇？"妈妈很好奇，还带有点担心。"

"妈妈，蛇不能在水下呆太久，它们需要空气来生存，鳝鱼就像鱼一样，在水里不需要任何空气。是我自己抓住了这条鳝鱼，很容易。"

妈妈让我从小嘴藤篮子里拿出鳝鱼，我必须在妈妈触碰前杀死它。妈妈把鳝鱼洗干净，然后加上葱、姜和盐煮成最美味的炒鳝鱼片。我非常喜欢地吃了将近半斤的炸鳝鱼、一份蔬菜和两碗米饭。

"这不仅仅是美味，而且对你的身体很有营养。有了这样的食物，你就会长成一个高大强壮的年轻人。"妈妈笑着说。

"妈妈，我明天会抓得更多的鳝鱼，把它们养在水缸里。"

"可不可以用我们家现有的小水缸养鱼？"我问。

"当然可以用，如果你真的需要的话，我会为你买一个更大的水缸。"妈妈说。

"你现在不必再买任何新水缸了，让我们等一下，看看这个小水缸是不是够了。"我知道我们家里没有多余的钱。

在四川农村，稻田捕鱼是一种季节性的活动，在那里，农田通常被用来种植更多的水稻。春天农民们经常在稻田里放各种各样的鱼是为了在秋天得到收获。鳝鱼可以在春天捕捉到，而在夏天的早些时候，这些小鳝鱼可以长到30-40厘米左右，成熟的大鳝鱼长到60厘米长，直径可达到2-3多厘米。因为一条大鳝鱼可以供妈妈和我吃两天，所以我把鳝鱼当成了我的主要目标。从那天起，我们桌上就有很多美味的"肉"菜。

一旦我掌握了窍门，我在稻田里工作30分钟，就能捕到5条鳝鱼。因为这些鳝鱼到处都有，而且它们不是当地农民要抓获的，所以我在那里几乎没有竞争对手。有人告诉我，出于一些宗教信仰，很多当地人不愿意吃鳝鱼。我知道，穆家族成员从来没有碰过鳝鱼，我试着问穆政权为什么。他能告诉我的是这些鳝鱼是邪恶的生物，这对一个人的灵魂是有害的，我真的不相信他。

如果我想在更短的时间里捕到更多的鳝鱼，我可以在泥泞的稻田里跋涉，那里有更多的鳝鱼洞。从晚春到夏天，我会出去捉鳝鱼。我们的贮水缸里通常有二，三十条鳝鱼在戏水。妈妈的炒鳝鱼片已经成为我们最常和最喜欢的菜肴之一。

除了鳝鱼之外，在稻田的泥地里也有大量的泥鳅，他们呆在水下的泥土里，手指大小的洞告诉我它们的位置。大部分泥鳅被遗弃在稻田里的泥土里，在夏天的时候可以长到5到7厘米长，成年人手指的宽度。我知道，最美妙的事情是泥鳅只有脊骨没有小刺，所以人们可以咀嚼并吞咽整个油炸的泥鳅。像喜欢吃鳝鱼一样，我也喜欢吃油炸的泥鳅。

我观察农民捕捉泥鳅的正确方法与捕捉鳝鱼截然相反。U型夹的方法完全不适合抓泥鳅。最好的方法是把手做成碗状，然后不用任何力量小心地把挖到的一条泥鳅放到手上，泥鳅往往会探测到任何方向来的力量，就会从我的手中溜掉。原因就像鳝鱼一样，泥鳅表面也是被一层厚厚的粘滑物质覆盖着。所以要小心地捧在两手中，在几次尝试后，我完全掌握了这项技术。一旦我掌握了如何捕捉稻田里的泥鳅，我就能在不到一小时的时间里捕捉到十多条泥鳅。

我开始把泥鳅带回家的时候，妈妈让我看如何准备煮泥鳅，她会先把一些泥鳅放在一个装满干净水的大水桶里，然后在水中加入几滴食用油。三天之内，泥鳅胃里面的泥泞杂物就会被清理出去。 准备煮泥鳅之前我们必须重复这一过程两到三次，就可以准备煮泥鳅了，妈妈往往会把活泥鳅放在鸡蛋里几分钟，然后用姜根和碎青葱油炸。饥饿的泥鳅们的胃里充满了蛋白和蛋黄。这也是最令人满意的烹调方法！

稻田里的另一个食物是田螺。我喜欢田螺更超过鳝鱼和泥鳅。我自己设计了一种长柄小网，可以在稻田的底部挖出杏子大小的田螺。在理想的好日子，我可以在不到半小时的时间里把十几个大田螺挖出来。我通常一次带几只田螺回家，然后把它们扔进一个干净的水缸里，再加几滴麻油，让田螺吐干净它们的胃，这种清洗过程，需要反复处理大约一周时间，才能彻底清理干净。

田螺被清理干净，准备好的时候，妈妈会用一个大的刀把田螺尾巴尖砍下，然后把剩下的田螺彻底洗干净。她会准备一个热锅，用切碎的洋葱、生姜根、压碎的辣椒以及在植物油或猪油中油炸过的盐，把田螺倒进存有热油的锅里，迅速搅拌。如果田螺被煮得过熟，肉就会变得坚硬。如果煮得不够，田螺体内的寄生虫和细菌就会让我们生病。 但是妈妈总是清楚地知道煮田螺需要多少时间最为合适，所以妈妈煮的田螺肉是嫩而多汁的。哇！

1945年的春天和夏天，我们一直享受着这些"鱼晚餐"，我们还都渴望能在秋收时候收获更多的鱼。我听说过，也是穆老板告诉过我，秋收时这一切都是如何运作的，他说，在今年秋天到来的时候，他仍然会允许我加入他的家庭小组。

当我成为一名稻田渔夫得到乐趣时，我和妈妈又开始担心爸爸了。在上次爸爸的短暂休假中，他说关于战争的最后一篇报道非常有利，但从那以后，我们再没有听到他的任何消息。我们整个村子里没有报纸、电话或收音机，根本就没法同前线直接通讯。从与党史委员会的其他成员谈话中，妈妈得知，在独山以北的前线，97军团被命令与日军交战，试图将敌人从那座城市赶走。妈妈和我都知道这场战斗会很激烈。因为云南地区战线很长，我们不知道第586团的具体位置在哪里。

在战场的最前线，爸爸的安全再次受到威胁。妈妈和我相互之间都不谈论这件事，但是那些可怕的战争照片，炮弹的爆炸，子弹的飞哨声，燃烧的房子，厚厚的黑烟，死去的和垂死士兵的图像，日日夜夜开始越来越多地跟着我。几乎每天晚上，我做的噩梦都会让我害怕好几天。在我的梦里，我看到黑暗可怕的人影从四面八方向我走来，士兵们被枪击倒在地上，血淋淋的尸体在田野里乱放着。梦本身就够吓人的了。但不断重复着同样的梦，我还记得那些我有过的预感，许多年前爷爷的去世时，山羊胡子的影象在我的床头上方漂浮，同时在日本空袭重庆时爷爷遭受中风后而去世。那些萦绕在我心头的梦是否会告诉我，我再也不会看到爸爸活着了？我一想到这个就不寒而栗，但这一次，我没有告诉妈妈发生了什么事。现在我长大了，随着战争的继续，我意识到妈妈承受了多大的压力。即使我的梦真的告诉了我关于爸爸的一些事情，也没有理由让妈妈知道，这只会让她更担心爸爸。有一天，我在一个特别可怕的梦醒来后。整整一天，我无法摆脱对生死的恐惧。我想，如果有关于爸爸的坏消息，党史委员会到重庆有一条电话线路，而妈妈也会听到一些消息的。随着日子一天天过去，我越来越焦虑，每天都等待着妈妈回家。那天，当她走进房门的时候，她像往常一样行事，一点也不显得忧郁，那就没有什么坏消息，但我还是一直在想问。

"妈妈，在办公室你和别人谈话时，有没有听到了关于战争的新消息？"我问道。

"是的，有新闻，但是除了关于战争的好消息外，还没有什么其他的事。"妈妈说。"日本人现在已经完全失去了他们是战无不胜的形象。由于美国人派来了飞虎队并送来了最好的武器，日本人在很多战线上都打了败仗，包括在独山附近的战线上日本兵都被打败了。"

"我很高兴听到我们赢得了这场战斗。但是有没有新闻是来自爸爸所在的南方？"我小心翼翼地问道。

"我还没有听到任何特别的消息，但有条新闻确实报道了日本人从贵州云南边境撤退的消息。除非爸爸的部队在追击他们，否则他现在应该远离故军了。"

"听到这些我很高兴，"我说，小心翼翼地不让妈妈知道她让我宽慰多了

"我希望日本军队离开中国，撤退到他们自己的国家。"我也不知道美国人是否还在轰炸日本的城市？

"美国人肯定保持了对日本人施加压力，过去的几个月里，美国人已经从日本人手中夺回了许多岛屿。这肯定能帮助我们把日本人赶出中国，那不是很好吗？"

"妈妈，这是不是意味着我们很快就要回南京去了？"

"我当然希望如此，但我不知道是什么时候？"她说。

那天晚上，我睡得稍好一点，那些可怕的梦中影像也都消失了！

第八章

又入学堂

炎热的八月，一个阳光明媚的下午，我正在和几个朋友正蹲在院子里泥地上玩弹珠游戏，小虎坐在几尺远的地方望着我们。突然我的眼睛看到有一条军服长裤就靠近在我身旁。我抬头一看，那是爸爸正走在熟悉的台阶上，汗水从他的制服前面流下，双手里各拿着一个大袋子，我跳起来迎接爸爸时候我几乎把他撞倒了。小虎激动地跟着我，在爸爸的脚边奔跑跳跃着，并发出吱吱响的叫声，好像在问："现在又发生了什么事？"

"爸爸，你回家了！"我叫道，"这是我的狗，名字叫小虎。我拿着爸爸的一个袋子，跑到他前面，走向我们的房间。

"妈妈，妈妈！爸爸回到家了！"当走到门口时，我大声地说。

妈妈很快地走到门口，高兴的泪水顺着她的脸颊流了下来。

"我很高兴你能回家，"她脱口而出地说，"你能住上几天吗？"

"我被命令向将军们通报前线的情况，但我必须在今天晚些时候返回部队。"我们一家三口都聚在房间里面时，爸爸解释说。

爸爸从位于重庆郊区的军事基地步行20里回到家里，是非常辛苦和劳累的，妈妈特别为爸爸准备了一桶温水，让他清理干净。爸爸换上了一件晒干的T恤衫后坐在椅子上乘凉。爸爸打开他的一个袋子，拿出一套六颗高尔夫球大小的大理石球并为我带回来的一套木雕。另外一个袋子里装满了送给妈妈的礼物，包括一件丝质上衣和一条围巾，还有其他一些来自云南的特产。几分钟内，妈妈就给爸爸端上他最喜欢的热茶，点燃他的香烟。爸爸把脚放在凳子上，看起来很放松了。

我带着爸爸一起打开那个养鱼的水缸，向他展示了我在稻田里抓到的鳝鱼、田螺和其他的鱼。他只是不停地拍着我，点点头说："儿子，你太能干了！好好做，继续保持下去。"

"爸爸，我会抓来越来越多、越来越大的鱼，等着你再回家时吃，妈妈会为你做最好吃的糖醋鱼。"我滔滔不绝地说。

"我期待着回来吃你抓到的大鱼，你是一个好儿子，我为你感到骄傲。"爸爸一边说，一边拍拍我的头。

一分钟后，爸爸把制服整理弄直。然后出了房门。妈妈说再见后，很快就进了屋，我想她是不想让爸爸看到她的眼泪。小虎和我跟随在爸爸身边，"这次我回来非常高兴，你长大了，有用了！"爸爸一边跟我说，一边小跑步着穿过稻田。

我想问爸爸关于战场上的情况，但我找不到合适的字眼。直到我们到达一座小山前的森林里，我们再向前走了3里多，但是没有继续谈话。

"天黑了！"爸爸终于向我转过身来，说道。"回家去看妈妈，我很快就会见到你们的。"

"再见了，爸爸，请多小心！"

我看着爸爸消失在茂密的森林里，一种深深的悲哀在我的心中，爸爸非常着急地走了，我甚至没有机会告诉他妈妈和我有多么想念他。

"小虎，咱们回家吧！"我命令道，我慢慢地走了回去，没有回头。

几个月来，我和妈妈一直在学着爸爸不在身边时如何生存和适应农村的生活。在春天稻田捕鱼期到来之前，我们就经历了1945年的严冬，没有暖气，在这个不保暖的房屋里，从屋顶到墙壁处处都有小洞和缝隙通向外面。那年天气很冷，甚至有好几天稻田都被冰冻住，覆盖着一层薄冰，穆政权告诉我，这是他有生以来第一次见到冰。

由于房屋的结构简陋、年久失修，冰冷刺骨的北风往往会从门和窗户的缝隙中穿过，发出的声音就像吹口哨一样，使得室内温度基本上不会比室外温度高多少。妈妈和我每天晚上睡觉时都要盖上半寸厚的棉絮。厚棉絮虽然很重，但我们在棉絮下面感到温暖和安全。棉絮的问题在于它的制作方法，如果只是把棉花塞进布套里，什么都没有做，那么在使用了几周后，棉絮就很容易被分开成一片片的，某些部分可能只剩下没有任何棉絮的两层布料，而棉絮片则会在其他部分聚集起来成团块状。这种情况发生后，我每天晚上就都要做一些修补工作，把那些棉絮片团移回到它们原来的地方。每年冬天过后，除了洗布套，妈妈还要把棉套内部已经硬结的棉絮送到专门的棉絮修理铺。由弹棉花工匠用一个大弓的和一个木锤来改变棉花絮的分布，然后用锤子敲打弓弦，弓弦再打松棉絮，最后再用许多细绳将各处棉花片絮固定，当弹棉花的工匠完成这项工作后，深色的、结实变硬的棉团就会变成了一床白色的、蓬松的、厚度均匀的暖和棉被了。

冬天洗澡是一件很困难的事，但是妈妈坚持要我每隔一天洗一次澡，不管天气有多冷。每次洗澡时我都冷的哆哆嗦嗦地发抖，因此每次洗澡的时候，我都很不高兴。但是妈妈说不经常洗澡，不仅仅是不清洁，而且会影响身体健康，我不得不接受妈妈的要求，经常洗澡。每次妈妈都要把一大壶水烧开，然后把开水和冷水混合在一起，这样才能达到合适的温度，然后她将热水灌满一个高1尺、直径约3尺的圆木盆。天气特别冷的时候，妈妈会在圆木盆旁边放一个烧煤的火炉，以提高室内的温度。每当我从圆木盆里爬起来时，全身打哆嗦，汗毛都竖起，上下二排牙齿在打架，但是在整个漫长的冬天里我从来没有感冒过。在那个寒冷的1945年严冬，我们每周洗两次澡，而当地的一些农民在这寒冷的季节里，每月只洗一次或两次澡。不知怎么的，我并不觉得他们的身体有臭味。

我们从穆家或其他村民的水井里取得饮用水，并保留在红陶罐里以维持日常生活用水。由于井水里面含有各种各样的矿物质，我们不得不添加明矾来软化水质。在家里我的工作是把明矾放在水槽里并加以搅拌，然后看到灰白色的雪花慢慢地沉入水底。妈妈会把水烧开，用来饮用、做饭或洗碗。与那些黄土坡上落后村民不同的是，这里的村民只喝井水，而不是从河里取水喝。

妈妈用自家制作的木炭炉和当地小贩那里买来的木炭球来煮饭、烧菜和烹饪食物。这种木炭球的形状不规则，直径大小约2.5厘米左右，由木炭粉和粘土两部分混合做成。每天清晨，妈妈都会用干树叶生火，然后在小火上放几个木炭球，木炭球会燃烧几个小时，所以妈妈不必为每次烧饭重新生火。她只需要隔一段时间给木炭炉添加一两个新木炭球，就可以使木炭炉燃烧一整天。

有些村民会用生煤块而不是木炭来烧菜煮饭，因为生煤块更便宜，但是燃烧生煤块会产生恶臭，很少有人能忍受这种难闻的气味而使用它。村子里的每个家庭都从他们的炉灶里收集木炭灰用来铺设人行道和前院,这样可以防止村民和他们的孩子把泥土带到到房屋里去。在农村,什么东西都有用,一点都不浪费。

妈妈同许多村民的妻子成了好朋友,虽然妈妈不会帮助他们到田里干活,但她帮忙做饭和缝纫,照顾他们的孩子。特别是在他们的父母生病或者不得不离家外出做工时,妈妈更乐于帮助他们。 妈妈经常告诉我,她喜欢四川乡下村民的勤劳、善良和慷慨,她的勤奋和整洁也给当地村妇留下了深刻的印象。这里的大人和小孩经常都穿打补丁的衣服,但他们定期洗衣服,保持整洁。当妈妈走进农民的家时,她发现他们只有最简单的家具,除了生活必需品外没有任何摆设和装饰。但她指出,村民们似乎对他们所拥有的东西都感到满意。妈妈生活在这些农夫妻子身边时,似乎很高兴。她告诉我,大多数村民都崇拜佛爷,在每座房子里,都有一张靠墙的桌子,上面的供品都是献给佛爷或观音菩萨的,那张桌子后面的墙上总还有他们祖先的牌匾。每年的主要节日里,都会点燃蜡烛并烧香拜佛,餐桌上也会有食物等祭拜供品。

"这里的人不是宗教狂热分子,但他们确实对佛爷和观音有信念。"他们相信因果关系,相信人们的行为会影响到他们孩子的未来,和他们下一生的命运。一代一代的人都是生活在这样优良的传统下, 这就是为什么他们和生活在贵州黄土坡山中看到和遇见的山民截然不同的原因。"

有一天妈妈告诉我, "我认为这里的人更聪明,他们总是试图帮助别人。你觉不觉得?"

"生活在我们周围这些人的身边,我感到很安全。那些在黄土坡上的人是非常愚蠢的。" 我说.

"对嚜,就像爸爸说的,坏和愚蠢是一样的:愚蠢的人会做坏事,坏人会做愚蠢的事。"妈妈说。

自从几个月前搬进这幢木建筑房屋后,我认识了许多同我年纪相似的孩子和附近村子里的大男孩。在农历新年前夕,妈妈按着旧习俗,给了我一个红包,里面有一份小礼物。妈妈告诉我,我可以花在我最喜欢吃的糖果上。那天下午早些时候,我去村里的商店买糖果,一群大约十来岁的年轻人聚集在院子里。他们正在赌钱玩纸牌和其他游戏。我以前见过这些赌徒,但我从来没有太多注意他们。因为我太年轻了,不能赌博,而且我从来没有赌过钱,直到现在他们还没有看上我。

"嘿,孩子,你想赢钱吗?"一个穿着新夹克衫的圆脸少年微笑地叫着我,看上去他很友好。

"我不知道怎么玩,我只有两块钱。"我回答道,但是我更靠近了人群。

"没问题,我们将会告诉你如何掷骰子。"这名少年示意着说。

"我最好不要来,我妈妈告诉过我,赌博对我来说是很不好的。"我嘟囔着。

"但现在,这是新年的庆祝活动,每个人都在赌博。"另一个十几岁的少年把骰子扔向我的脸。

我羞怯地挤进人群中,把我的2块钱放在了地上。我很快就了解到,每个打赌者都掷出两次骰子,获胜者由赌长按照规定的点数组合来决定。当轮到我掷骰子的时候,第一个少年说:"闭上你的眼睛,希望你的号码能像我们的一样,然后掷骰子。"他说话的时候,用手做了投掷动作给我看。

我怀着尝试的决心掷骰子,紧紧闭上我的眼皮,希望我的骰子数字能与获胜者的组合相匹配,在第一次尝试中,我赢了。

"这就是开始者的运气，"其中一个赌徒皱着眉头解释道。当我赢得下一轮比赛时，我的信心提高了。我在比赛中玩了一个小时，令人惊讶的是，十二次掷骰子中我赢了七次。我想是应该离开的时候了，我起身告诉他们我想去糖果店，我问是否需要退还我口袋里的那几块钱？

"你赢到的钱是你的！看到了吗？我告诉过你，你还可以从我们这里赢到一些钱，明天再来！小孩子。" 第一次邀请我的那个少年在我离开的时候，还在召唤我。

在糖果店，我买了超过3块的糖果。对于一个10岁的孩子来说，这是一大堆糖果。我带着30块钱回家，这甚至对一个成年男人来说也都是一个大数目！我小心翼翼地把钱藏在我的稻草床垫下，我知道如果告诉妈妈我的钱在哪里她就会把钱拿走，并让我把钱退回去，还会说我是个不好的赌徒儿子！所以我没有对妈妈说什么。

第二天我出门的时候，口袋里只揣着两块钱。赌徒们把我叫回来，我毫无疑问地希望再赢一回他们的钱。这一次我急切地加入了这个赌博圈子，当我出来的时候，我又带回了一捆现金。在接下来的几天里，我赢了一些，也失去了一些。我的赌博热潮持续了整整两周，直到春节结束，因为阴历已经到了正月十五日，每个人都得回去工作了。到现在为止，我的床垫下塞了250块钱，这超过作为中校爸爸的三个月薪水。我不知道该怎么处理所有的这些钱，妈妈只允许我花钱买糖果，但是她也告诉我，太多的糖果对我的牙齿不好。我还是羞于告诉她我是怎么得到这么多钱的，所以这些钱只是在那里放了好几个星期，几个月后，爸爸回家了，碰巧发现了一些从稻草床垫上露出来的钞票，当他翻开床垫时，他很惊讶地发现了这么大的一笔钱。

"天任，马上进来！"他朝我在房子外面玩的地方喊道，我从他的声音里可以听出他不高兴。我走进来的时候，爸爸手里拿着一把钞票，他的脸是红的，显然是在试图克制自己的怒气。

"你从哪里得到这些钱的？"当他的目光穿透我的眼睛时，他平静地问道。

"我在春节过年时，扔骰子赢到的。"我害怕地回答，知道他不会相信我。我意识到我的罪行是参加了赌博，但他所怀疑的情况是更糟的。

"你不可能赢得这么多钱，你一定是从别人那里拿来的，现在你最好告诉我事实真相！"他不相信我说的话，但这次他不打算打我。

"爸爸，我确实赢了很多人的钱，但我不知道他们的名字。我可以让附近的两个大男孩向你证明这一点。"我说道，听起来很自信，但是，我担心我可能找不到任何参加赌博的人。

"好吧，那就去找一个能把真相告诉我的人吧！"爸爸命令道。

我知道我必须在参加赌博人群中找到一个赌徒，否则我就会遇到很大的麻烦。

我跑进一扇房门，问孩子们住在哪里？大多数农民和他们的孩子都在田里干活，只有一小部分人在家。在村里疯狂的搜寻之后，我找到了一个17岁的农民男孩，是我从赌徒圈子里认出来的。

"你能帮帮我吗？"我问这个男孩，他的名字叫可兵。"我需要你告诉我的父亲，我曾经和你赌博过。"

"你为什么需要我这样做？"他问，显然很生气，因为他想起了我这个年龄最小的男孩。

"我爸爸不相信我赌博赢了钱。 他认为是我偷了你们这些人的钱，他非常生气，请帮帮我！"我恳求地说。

"去找别人吧！ 我为什么要帮助你？另外，我没有时间到你家去面对你的父亲。"他说。

"我真的有麻烦了，如果你告诉我爸爸真相，我就会从我的零用钱中给你2块钱。"我很绝望了。

"你会给吗？好的，我和你一起去。" 可兵生气地说，当他跟着我回到我们家的路上，我一直催促他快点走。

爸爸在房子里， 抽着烟，看上去很生气。"爸爸，可兵是和我一起参加赌博的，他可以为我证明。"我呼吸短促地解释道。

"郑先生， 你的儿子在新年庆祝活动中是非常幸运的，我们都输了一些钱给他，这是公平公正的赌博。" 可兵胆怯地说，我的心终于停止了快速度的跳动。

"很好，谢谢你告诉我这件事情。"爸爸对可兵说。

可兵离开后，爸爸继续向我讲述赌博对人们坏处："儿子，你一定知道赌博就像吸鸦片一样，人们可以对它上瘾，使赌博变成了一种习惯。许多人因为赌博失去了他们的钱、他们的家以及他们所拥有的一切；有些人输了钱，还想赌博，所以他们变成了小偷或强盗。所以我想让你们记住，千万不要再赌了！我讲清楚了吗？" 现在爸爸不再生气了。

妈妈回家时还不知道我刚刚经历了什么。

"你参加过赌博吗？"妈妈问我，但她还没看到钱。

"妈妈，爸爸，我不会再赌了，我保证！"我羞怯地说。

"既然你这次赢了钱就把它看作是幸运的收入。你还不知道是谁把钱输给你，你就没有办法把钱退还。但是你可以把所有的钱都交给妈妈去买食物。"爸爸告诉我，我感到十分欣慰。

妈妈看到桌子上有这么多钱，吓了一跳。

"你赢了那么多钱！你和哪些大男孩一起赌博？"她问。

"妈妈，我知道这只是开始者的好运，下一次我就不会这么幸运了。"

"这才是我的孩子！你知道你很幸运，他们没有打你？也没有抢劫你？"她说，也没有给我一个难堪的时刻，她只是把钱存起来，这就是赌博事件的结束。在接下来的几个星期里，妈妈确实多使用了一些钱，我们经常在晚餐时吃猪肉或鸡肉。

我们邻居的农民孩子都没有上过学。在冬天我们刚搬到重庆郊区杜家寨不久，妈妈就决定尽快为我找一所学校。自从一年前我们离开了都匀市，我就离开学校了，现在妈妈请党史委员会的同事为我写了一封推荐信。一天晚上她回到家后，告诉我有位同事很快就会带我去学校。我很高兴能够再去上学，这样我就不会错过在学校里有许多玩伴的机会。第二天早上， 一位身材高大，瘦瘦的20岁刚出头的男人，穿着整洁漂亮的衣服，显然不是一个农民，来到房屋里找我。"嘿，小郑，我是老陈，你妈妈让我带你去学校，"他自我介绍后说。

起初，我想知道这是不是一个"绑架者"的诡计，但后来我想起妈妈告诉过我，要给我找一所学校，他看起来就不像一个"绑架者"，而像是可靠的朋友。

"老陈，学校在哪里？我还没有听说过这个地区有学校！"

"哦，是在牛角湾村的一所古老寺庙里。"他回答道。

"牛角湾村在哪里？"我问。

"我以前帮助过党史委员会的同事，带过几个孩子到那里读书，但我是从另外一条路走的，所以我必须先问清楚如何从这里到那所学校，我们走吧！"

我怀疑他不认得路，不知道走哪条路可以带我去学校？老陈问了附近的农民，并知道了大致的方向。这是个凉爽的秋天早晨，我们马上就出发，穿过许多稻田小道，走到一条小溪前，然后我们顺着小溪一直走到一座小山脚。老陈决定沿着上山的小路向上走，翻过山后还是走小路，向下到山的另一边。至少再走一百米的稻田小道后，我们又来到了另一座小山。

　　"老陈，你知道我们要去哪儿吗？你怎么知道这是正确的方向？"我非常担心，老陈可能会让我们俩在荒野中迷路。

　　"我知道应该往哪个方向走。你看，早晨的太阳从东方升起，所以南方在你的右手边，我要带你向南去牛角湾。"他说，"除非老农民错了，我们走的方向是对的，不会有事的。"老陈一边继续快速赶路，一边擦去头上的汗水。

　　爬上小山，往下走后就到了山的另外一边，我们终于到达一个相当大的村庄边缘。老陈经过一小时的长途跋涉冒着汗。"你看到寺庙吗？这就是学校！"他指着前面说。

　　当我往下看的时候，我看到的不是一座大而漂亮的寺庙，只看到一个乡村敬拜神仙的小屋，是存放粘土佛像和其他神仙雕塑的地方。从远处看，显得特别小，不引人注目。

　　"你在跟我开玩笑吧？你把这也叫做学校吗？"我打趣道，一种失望的感觉侵扰了我。我在都匀市读过的两所学校都有许多令人印象深刻的行政大楼、教学楼和运动场，我真希望他是在开玩笑。

　　"这不像一所学校，这当然是事实。"老陈承认。

　　"但在步行时间合理的范围内，这是唯一的一所学校；而另一所学校则会让你至少要走3小时。"

　　他是对的，独自步行3小时上学对我来讲不是一个选择。于是我们来到了一座被改建为学校的古老佛教寺庙。当我们到达寺庙的前面时，寺庙的建筑比我所想象的要大得多，这座建筑是用石头和粘土建造的。为了进入大庙，我们必须走上49级台阶，这是寺庙的传统规定。老陈带我走到里面，同管理员交谈了一下，由党史委员会支付5公斤大米的学费后，我就成为重庆西北部偏远地区的少数几所学校的学生。据我所知，这所学校甚至连校名都没有，只是在战争期间的临时安排，为许多逃避战乱搬到农村的大城市孩子们提供读书的地方。

　　"学校"的主建筑没有电，没有窗户，也没有门，只有一个高高的屋顶和三面墙壁组成的大房间，前面敞开部分是这个房间唯一的光线和空气来源，这个房间被木板分成两间教室，每个教室大约有25个学生。在外面阳光灿烂的时候，我们还能够清楚地看到黑板，蜡烛被用来照亮主房间的其余部分。与我就读过的都匀市军事学校相比，要把这所学校称为"学校"就是一个笑话。我在都匀上过三年级，但在这所学校我被安排在五年级上课，这是因为那年这所学校没有安排四年级的课程。这并不重要，因为教我们的方法就是由老师从一本书中挑出一些古文来读。在过去的两年里，这些古文我都已经在爸爸的指导下学习过了。在这所学校的四名年青教师中，只有一名拥有高中文凭，另外三名老师都还没有从高中毕业。由于粉笔的短缺，教师们没有给我们讲解过多的课文，学生们不得不分享那些又破又旧而且已经破损的旧教科书。由于连薄薄带棕色的土制纸张都供给不足，再加上自来水笔的质量也很差，因此老师们很少给我们分配写字作业。我告诉妈妈学校的教学质量状况是如此的差，她似乎再也不介意我在整个冬天和春天经常逃课的事实。我把注意力集中在我的抓鱼和其他"重要"的任务上。

"我们国家的儿童教育事业，是战争的另一个严重的受害领域。"妈妈叹了口气，"我希望战争能尽快结束，因为我希望你能去一所好学校。"我知道，在这种战乱情况下，做妈妈的真是无能为力。

在尝试了几条不同的到学校路线后，我发现一条可以在50分钟内以最快的速度到达那里的小路。通常我花了一个半小时的时间慢慢走、慢慢探索。有一天，我放学回家沿着山间小路向上和向下走着，突然我听到一阵巨大的引擎噪音，还带有零星的爆裂声。抬头向上看时，我看到一架巨大的绿色军用飞机飞得很低，白色的烟雾尾随着它，看起来好像是一场灾难正在发生。我的心跳越来越快，我屏住呼吸，眼睛顺着飞机的飞行轨迹看过去，几秒钟后，从我的右侧那座小山上传来了一声巨大的爆炸声，一团橙色的火球从天而下，同时一股黑烟向天空直上。我简直不敢相信，在不到一年的时间里，我亲眼看见到了第二次飞机失事！

我把书包摔在小路的一边，向烟雾方向冲过去，在山间小路上疾速地奔跑着，花了20分钟时间我才赶到飞机坠落的现场。我是第一个赶到现场的人，也是唯一在那里呆了10多分钟的人。飞机的主体已经完全碎裂，只留下一小块、一小块的碎片溅落在一片宽阔的区域。火在许多地方仍然燃烧得很猛烈，黑烟在空气中上升了数百尺。那是沉闷的一天，天空一片漆黑，蒙蒙细雨的气氛中，在这个恐怖的地方我感到十分疲乏。

当我走近时，我看到了一个没有四肢的躯干，一个被砸碎的头部，一条断了的腿，还有一些几乎无法辨认的肉块。我曾看到过许多死去的士兵，甚至还习惯了看到被熏黑的尸体和人的头骨，所以我并不害怕，也没有身体上的任何不适。但是我对这个可怜的飞行员和他的机组人员以及飞机上的乘客，感到非常非常的难过。同时我也注意到了一些其他的东西，新的货币！20元面值的钞票散落在田野上，虽然我明白了钱的价值，但我并没有打算把这些新钞票捡起来。我知道拿钱是不对的，而且我也不能让妈妈知道我在哪里拿的，如果她发现了我从别人的不幸中拿走了钱，她会很不高兴的。

我的眼睛盯着破碎的飞机碎片，我找到了一个液压泵内的小活塞，一个小齿轮和仪表盘上的各种各样的零件。这些部件完全不同于我在白市驿机场附近见到的第一次坠机现场上收集到的飞机碎片，所以我不得不想带一些回家来满足我的好奇心。现代科技的魔力和精湛完美的工艺让我无限兴奋。唯一的问题是那天我穿的裤子没有口袋，所以我不得不把我捡到的所有东西都用双手拿着。我小心翼翼地从破损的飞机部件中，挑选出我最感兴趣的飞机零件。直到大约30多名村民出现，和我不同的是，村民们直接就去拿钱，急切地向口袋里塞满20元面值的新币钞票。在村民们抢着去拿新币钞票时，一排士兵很快就来了，整个区域都被军队的警戒线围了起来，士兵们命令我们所有的围观者，都站在远离坠落飞机残骸的一个角落上。

"那架飞机是为我们前线作战士兵运输薪水的，如果你们想从这里拿走任何钱，你就会被立即逮捕。在我们去搜索之前把所有的钱都放在这些桶里。"一名警官指着靠近哨兵的两个大桶咆哮着。我没带任何钱。我捡到的所有东西都在我的手里，所以我直接走到搜索点，带着所有我能拿到的飞机零部件。

"你把碎片拿去干什么？"一名武装士兵用重庆方言问道。

"我想知道它们是什么？以及他们是如何工作的？"我平静地用完美的重庆方言解释道。

"傻孩子，你没拿任何钱？只是这些垃圾零部件？"他一边挠着帽子下面的头，一边说。

"这就是我所要拿的一切，" 我一边说着，一边伸出油腻的满是飞机残骸零部件的双手。他只是笑了笑，挥手让我穿过。在我经过后听到士兵几次喃喃地说"傻小子！"。

我回到摔掉书包的那条小路，我放下所拿的飞机残骸零部件，用了相当长的时间在草地上擦去留在我手上的机油，然后我再把书包背在肩上，拿起飞机零部件，赶快冲回家去找妈妈。

"妈妈，你不会相信的！我刚看到另一架飞机坠毁了！"当我冲进去的时候，妈妈抬起头来，她正在做晚餐，以为我一定是在跟她开玩笑。

"真的吗？在哪里发生？"她问道。

"就发生在这里和学校之间。我看见那架大飞机掉下来就爆炸了。妈妈，飞机里装了很多钱，但我没有拿走任何钱，我只拿了这些飞机残骸零部件，士兵们允许我把它们拿走。" 我跟妈妈讲了那些贪婪的村民，他们把所有的钱都拿了出来，以及士兵们如何让他们把所有的钱都扔进了两个大桶里。

"儿子， 人们可能会认为你是愚蠢的，只拿走了飞机残骸的零部件，而不是钱，但我为你感到骄傲！你的爸爸听到这件事情的时候，也会为你感到骄傲！"妈妈微笑着说。

后来我听说，一个酒贩子扛着两桶酒在肩膀上，路过飞机出事地方后，他把酒倒了出来，很快就在他的桶里塞满了钱，在士兵到达之前，他马上溜了出去。但是当他到达一个小镇的时候，有人喊住他要买他的酒，酒贩子拒绝了并对那个人说桶是空的，那个有疑心的人把桶抢过来，打开后就看到了钱，然后喊道："强盗！有强盗！"最后，酒贩子就被抓进了监狱。

我被告知，坠机现场的清理工作至少需要10天时间才能完成。在那次可怕的飞机失事之后，我再也没有去看那个现场。

那年一月，我进入了乡村学校的六年级，尽管没有考试，也没有成绩单发给任何学生。这位六年级的老师，是一位20岁出头的学生，已经完成了高中学业，甚至还受过一点大学教育，他很强调数学和科学的课程，而我们五年级的老师却从来没有教过任何数学或科学。因此，我们所有人在这些课目中都很落后。通过计算鸡和兔子的腿来解决的数学问题比爬山或抓鳝鱼更困难。为了迎接挑战，我再也不逃学了，开始更频繁地上学校。尽管我的出勤记录仍然很不稳定。每天我吃完早饭，带上妈妈为我准备好的饭和腌菜，早上6点半就出发，在稻田小道和山间小路上长时间步行，8点钟准时到达学校。

在那个冬天和早春的大部分时间里，我出门的时候，天还很黑。村里的孩子都知道我是唯一一个要上学的孩子，他们很奇怪地盯着我看。他们真的从不知道学校里发生了什么，他们也不知道在学校里学到的任何课程，因为他们就像他们的父辈和祖辈一样，只是照管着他们的农田。

一群小孩在我去学校的路上碰到一起时，他们会大喊："读书虫来了！"。当我匆匆走过他们，带着我的肩包，带着我的随身物品：书、纸、钢笔、铅笔和一个午餐盒，我几乎不会注意到他们。因为我害怕会碰到蛇或土狼，所以我也带上了我的可信赖的武器，我用一个叉形树枝做的弹弓架子，加上从废弃自行车内胎中取出的橡胶带就做成一把很好的弹弓。通过不断的练习和与朋友们比赛，我成为了一个很厉害的弹弓手。 事实上，我就是附近村庄里孩子们无可争议的弹弓冠军。

和附近的所有孩子一样，我也没有鞋子。我不得不光着脚走过覆盖有石头、树根、树枝和带刺藤蔓的各种各样大路和小道。刚开始的时候，这是很困难的，但是几个月后，不管路面状况如何，光脚就成了我行走和跑步的第二天性。尽管如此，在那些年里，我从未遭受过任何脚部割伤或其他损伤。

返学校的路线，我最喜欢的是在到达山坡之前，沿着一条浅浅的小溪行走。每天早上，我都会在清澈的浅水里翻几下被选中的岩石，然后用手抓住有大钳的螃蟹。 我不会选择那些没有被水完全淹没的岩石，因为可能有蛇會藏在它们的下面。我抓了一只大的螃蟹后，就把它们的大钳折断，把雄蟹放回岩石下面，，吃着从螃蟹大钳挖出来的多汁的螃蟹肉。如果螃蟹的一只大钳被手抓住，螃蟹就会自己折断它的大钳。因此，我不需要用任何力量来折断螃蟹的大钳。平均来说，我每天都会抓两到三只螃蟹，要么是在早上，要么是在我放学回家的路上。我的螃蟹大钳的供应从来没有間断过，因为浅浅的小溪里有很多螃蟹，我放回水中的那些雄螃蟹很快就会长出新的大钳。我在吃完妈妈做的早餐后仍然很饱，我听说生吃螃蟹大钳会使男孩的手臂强壮有力。对我来说，拥有强壮手臂的想法很有意义，在未来因为我可能会遇到更多的欺凌，我必须为将来做好准备。

第九章

终见曙光

　　春去夏来，为了保卫战时首都，爸爸的部队接受命令调往重庆南面边界驻防。这意味着爸爸现在已经调离独山南面最危险的主战场。对我们家庭来说，最为重要的是，爸爸每个月至少可以回家一次。妈妈和我都松了一口气，因为爸爸的岗位不再靠近前线了，但爸爸似乎为错过了在前沿作战机会而惋惜。妈妈称他是一个多愁善感的战士，当机关枪子弹和加农炮弹在他周围飞舞时，他几乎才感觉到自己作为一名勇敢战士存在的价值。当他在家里的时候，他喜欢与战友们一边喝着茶，一边吸着烟，一边谈论战场上发生的各种事情。

　　在家里这样的场合经常出现，晚饭后，五、六名军官坐在我们的房间里，喝着茶，抽着烟。

　　"几个月前，为了我的炮兵部队，我率领一队步兵去侦察敌人的布防和行动。"爸爸说，"我们悄悄爬上了山顶，那里有一个很好的视角可以观察敌军的动向，并估计他们的军事力量。"当我们站在山顶上时，突然敌人的机关枪向我们猛烈射击。我们十几位军官和士兵迅速弯腰屈膝地趴在了地上，上尉大声喊道：'下来！下来！所有的人都下来！'但我却是站直身体，吸着烟斗，无视向着我射击过来的所有子弹。你们看，现在我在这里，那天什么也没有伤到过我！"

　　我知道老兵喜欢讲述他们的战斗故事，当爸爸讲完这个故事后，我注意到他对自己在战场上的勇敢，现出了明显的满足和成就感。事实上，爸爸的战友们也告诉过我，在敌人的炮火下，爸爸和其他士兵或军官一样凶猛，其他人也加进来讲述自己的骄傲经历，房间里充满了香烟的烟雾和爽朗的笑声。

　　随着爸爸回家次数的增多，妈妈和我不再那么担心也快乐多了。我想努力取悦他，使爸爸高兴。一天晚上，他的香烟抽完了，这对一个每天抽三包烟的人来说是个大问题，而且他根本没有戒烟的打算。离开我们这里最近的卖香烟的地方是三、四个村庄外的一家商店，这是一个漫长的路程，要穿过迷宫般的稻田、小树林和一个巨大的墓地。

　　"天任，你去商店给我买两包烟怎么样？"爸爸说，用那双可以穿透过我心胸的眼睛看着我，他已经注意到我的犹豫。

　　"别告诉我你害怕黑暗。"爸爸用一种充满挑战的语气说。

　　"我一点也不怕，我就去！"我坚定地说，但我真正害怕的不仅仅是黑暗，还有许多未知的只会在夜晚中发生的事情.

　　我从妈妈那里得到了钱，很快就准备离开了。在确保爸爸没有注意到的时间缝隙，我出门前带上了我的弹弓和石头，否则爸爸可能就会问我为什么要带这些东西。但是我最害怕的不是野狗、蛇和其他隐蔽潜伏的生物，而是可能在墓地黑暗中更多隐身的物体。那个可怕古老的墓地太大、太老、太恐怖了，甚至在白天穿过它，都会令一个单独行走的人头发竖起来。

我在迷朦的夜幕下，进入没有月光的荒野，我能够轻松地在黑暗中辨认出道路，很轻易地穿行过稻田和林间小路。当我奔跑时肾上腺素的增加使我的心跳加快，冰冷的雾气打在我的脸上又加深了这种神秘的感觉，我的脸开始变得麻木了。我想回头，但我不能也不愿意，因为当我还是个蹒跚学步的孩子时，我曾经因为拒绝走过那座单板桥，而被认为是懦弱的人。但最近爸爸告诉我，他为我感到骄傲，我真的不想让他失望。我必须完成我的使命，即使我会遇到危险的情况。

当我快速度走近墓地的时候，突然听到了附近坟墓传来的"呜呼，呼，呼，"的响，低沉而又诡异。这一定是墓地的鬼魂！我想着，我的心脏跳的更加快了，一股冰冷的寒气从我的头颈部一直穿过我的背脊向下流动。我全身皮肤起满了鸡皮疙瘩。我被吓呆了，但决心不能把自己交给鬼怪。我拿出弹弓，用我所有的力量，向声音发过来的方向弹射了两块石头，然后我跑得更快了。声音停止了，但在我跑的时候，在我的后面好像有风哨声，听起来像是有什么东西在追我。它是一个有短剑一样长指甲的鬼吗？它的眼睛在黑暗中发光，就像两个绿色的手电筒，我并没有停下来也没有回头看。我跑得越来越快，尽量快地向前跑。过了很长很长的一段时间，我终于到达卖香烟的商店，浑身冒汗，喘不过气来，却发现因为晚上商店已经关门了。我在那扇门上敲了几分钟，最后，一个老人手里拿着一盏灯笼打开了门。

"你想要什么，孩子？"他问道，擦着他困倦的眼睛，把灯笼照在我的脸上。

"我需要两包香烟。"我恳求道。

"孩子，你看起来不太好，发生了什么事呀？"老人问我。

"我刚从墓地走过来，我听到了声音 呜，呼，呼，呼，是那个墓地里的鬼魂在哭吗？"我喘着气问。"它们追人吗？"

"哈哈，那是一头猫头鹰在呼唤配偶！相信我，那里没有鬼！"店主笑着说"我一辈子都住在这里，我还没听说有人被鬼弄伤过。"虽然我觉得自己很害怕，但我还是很欣慰，因为我不会再次经历这一过程。

他给了我香烟，价格是对的，我把香烟放在裤子口袋里赶快回家。上路前，我准备好弹弓以防万一，这次我知道路上不会有令人毛骨悚然的物体，我可以跑得慢一些。

当我把香烟递给爸爸时，我尽量表现得很镇静，好像这次路上什么也没有发生过。爸爸用锐利的目光看着我，仿佛他在我的脑子里看到了什么。但我并不认为他早就想到，我曾经为自我想象的事情而害怕。我没有说出这一段害怕的冒险经历，我也相信没把自己的表情放在脸上。爸爸曾经说过，只有懦夫才会害怕鬼魂，我当然也不想让他知道，我非常害怕那些令人毛骨悚然而看不见的物体。

如果我认为爸爸对我的要求没有什么意义，而且以后他也不会知道的话，我是不会百分之百按照爸爸的要求去做。当我们还住在刘家槽的时候，大约有20名的一排步兵，居住在从地主家租来的一间大木屋。我仔细观察他们的日常活动，发现他们除了偶尔到某个地方，行军几个小时外，大部分时间都在拆卸、清洗和重新组装他们的武器。奇怪的是，有时他们还会蒙上眼睛来完成整个拆装过程。没有我以前曾经见过部队的日常训练项目，如行军，讲课，也没有严格统一的军装。这让我好奇地走进他们的生活区，士兵们让我呆在他们屋里，甚至可以检查他们的武器。

我对士兵们的日常访问大约进行了一周后，我们彼此之间已经有了很深入的了解。他们告诉我，他们这队士兵来自全国不同的省份，说各种各样不同的方言。这与通常一队士兵来自同一个省份，都说同样方言的情况完全不同。在这个排里，士兵们都讲带着各自家乡口音的普通话，。

　　一位来自上海的中士，一个个子矮小但很有智慧的年轻人，向我展示了所有各种不同武器的机械知识，例如1911的科尔特45自动手枪；1903年的斯普林30-06来福步枪；汤普森45轻机枪；30-06捷克斯轻机枪以及美国制造的42毫米迫击炮。他甚至向我展示了，如何拆卸和组装迫击炮弹的训练引信，哇！实际上我在玩弄这些武器，简直就像是在天堂，但是我知道如果被爸爸发现，那後果真不堪设想。

　　当我向妈妈吹嘘我学到的这些东西时，她说："不要去影响那些士兵，他们有工作要做。"看起来她并不是那么在意，也没有禁止我常到士兵房屋去玩。所以我继续去那里，清洁打靶训练後士兵的武器，甚至分享他们特殊的星期五的"打牙祭"，这排士兵把我当作他们的一个小兄弟对待。当我观察过几次实弹射击之後，士兵们甚至相信我自己也会使用轻机枪了。真是令人兴奋的冒险！但是有一次我不小心告诉了爸爸关于武器和射击练习的事情，爸爸确实发现了我和这些士兵之间的亲密关系。

　　"我要你马上停止到那个兵营去"他命令道"他们可能是坏人。你听到我说的话吗？"

　　"但是爸爸，他们是好人，他们是我的朋友。"我抗议道。

　　爸爸愤怒地说："别再和那些士兵混在一起！"在我还没解释清楚之前，一名士兵来到我们的房子，给他一张便条，然后爸爸就突然离开了。

　　"妈妈，爸爸为什么对我访问的士兵这么生气？"爸爸离开家后，我问妈妈。

　　"爸爸是担心你的安全。在这个战争时期，周围的坏人太多，也包括一些在军队里的坏人。爸爸看到太多的坏事情发生在孩子身上，所以他很担心。他没有对你生气，他只是想保护你不受任何伤害。"

　　"妈妈，我很了解这些士兵，他们一点也不坏。我还想去看他们！"

　　"我在这里见过他们，相信他们不是坏人，但你还是要非常小心，别让他们把你带出村子。"

　　所以当爸爸不在的时候，我又开始了我的拜访。其中一名年轻的士兵向我解释说，他们是驻扎在这里精英部队的一部分，专门为秘密任务而训练。他不知道任务是什么？也不知道任务会在哪里？他还说他们的任务总是很危险的，很多在他们之前的人都没有活着回来过。这位年轻的战士在描述他们所做的事情时，从来没有在脸面上和声音里表现出任何恐惧感。有一天，当我又去拜访这些士兵时，他们住过的房屋里完全是空的。他们是在晚上搬走了，我发现一张纸卡在门上："再见！天任。"，

　　即使是在四川农村，士兵，战争和难民仍然在我们的生活中不断出现，甚至是一些意想不到的亲戚和老朋友。有一天，来自奶奶这边的一位亲戚，爸爸22岁的表弟陈学甫和他的大学同学汪树洲出现了，他们都是日本占领下福建省厦门大学的学生。他们从被占领区逃出来之後，徒步旅行或者搭免费便车走了一个多月，才找到我们。他们离开厦门时，唯一的线索就是爷爷与党史编纂委员会的关系。一到重庆，他们就四处打听党史委员会的消息。从那里，他们得知妈妈在委员会工作以及我们住的地方，他们的探寻经历让我印象深刻。

一个初夏的下午，陈学甫叔叔他们没有事先通知就来我家，爸爸突然回到了家，看到他们，大家都感到惊讶和兴奋。表叔告诉妈妈，他们已经有一个多月没有吃到过一顿真正的饭了。那天晚上，妈妈煮了鳝鱼、蜗牛和鸡。以前，我从来没见过有人一餐能吃下这么多的食物，他们肯定饿坏了。有一、二天晚上，表叔和我们分享了无数的故事，讲述了日本占领区的情况以及他们如何逃脱日本间谍的监视。我想问他们关于我们在南京房子的事，但一直没有机会打断爸爸和表叔的谈话。爸爸花了相当多的时间向他们建议下一步去哪里，在爸爸回单位工作后，我接手了接待他们的工作。他们想和我们住在一起，直到他们从长途跋涉辛苦劳累中恢复过来。"天任，你知道吗，你出生的时候，我就住在你们南京的家里。"学甫表叔笑着说道，"当你只有几天大的时候，我把你抱在怀里好几次。在你两岁的时候，我也在太阳光下坐在你们家花园里抱过你。你还记得这些吗？"

"不，表叔，我在那个年纪肯定记不得这许多。你能告诉我关于我们在南京的房子吗？"

"我很清楚地记得那个地方，因为那时我和你的家人住在一起。你看，你的祖父把我送到学校，支付我的学费，因为那时我的家里很穷，我欠他太多了。不管怎么样，你们在南京的房子是一栋很大的红砖房，有很多房间供你们一家人居住，还有些房间给几个仆人和客人住。"

"是一层还是两层楼的建筑？"我问。

"那是一个很大的单层建筑，四周用 2.5 米高的砖墙围起来。你看，在那个社区里，你们的邻居都是中央政府的高级官员，那里的房子都很大，而且都用篱笆围起来的。"

"表叔，你是我们什么样的亲戚？关于这方面的事情，爸爸从来没有告诉过我。"我说。

"你的祖父和我的父亲是亲戚，他们也是非常亲密的朋友，甚至他们在福州造的房屋与你们家也是毗邻的。你知道我父亲是一位非常成功的医生吗？"

"是的，爸爸告诉我过，他在整个国家和整个亚洲都很有名。"我说。

"不幸的是，多年前我父亲就去世了。那时我还很年轻，他没有给我母亲和我留下很多钱，让我们能够继续生活下去。这就是为什么你的爷爷给我们帮助的原因，他真的救了我们母子二人的命。"

"表叔，我很高兴你能够做得这么好，自我长大以来，从来没有见过一位大学生。"我真诚地告诉他在农村地区任何拥有高中文凭的人都被认为是一种荣誉。除此之外，这两位叔叔还是来自全国最顶尖之一的大学。

作为主人，我知道我必须想出一些能取悦客人的办法，我想我会给这两位大学生留下深刻的印象。我在大脑里搜索了一段时间后，决定带着学甫和汪树洲二位叔叔去附近的山上带他们去看古老的"龙骨洞"。在四川"龙骨洞"是很有名的山洞。早在几年前，中国国家考古学会的专家就在这个山洞发现有恐龙骨架。战前，有许多来自全国各地的游客来参观这个洞穴，但是现在没有人注意到这个曾经很有吸引力的地方。我把我的想法告诉二位叔叔，他们对这个地方很感兴趣，

"我在学校里听说过四川的龙骨洞，但我不知道这个山洞就在这里，我非常感兴趣。"学甫表叔说。午饭后，三人从家里走了出来，那是一个阳光明媚的日子，要走一个半小时才能到山上。

我带他们穿过一片稻田和几个小村庄，这两位大学生很不习惯走狭窄的稻田小径，但是他们设法跟上了我的步伐。我们流着汗在太阳下晒着走了将近两个

小时，才到达山洞附近的山上。有一块白色的石头放在一条小溪旁，标志着这是通往洞穴入口的地方。那天没有其他的人去看那个山洞，那里很安静。

"叔叔，这里就是。"我指着10米外的那个不那么令人注意的洞穴入口。

"这是一个全国知名的地方，为什么这么安静？"学甫叔叔问。

"也许是因为战争，没有人有时间来享受这种地方。" 汪树洲叔叔说。

我们很快地走到洞穴的入口。开始时，看到少见迷人的天然石墙和石头碎片样的白色颗粒，他们似乎很兴奋。

当我们深入洞穴后，变得黑暗了，我拿出一支蜡烛，用火柴点燃，在烛光下，我们可以比较好地辨认出洞穴里的洞壁和路径。当我们说话的时候，我们的声音在整个山洞里回荡。虽然这是一个炎热的夏天，但洞穴里面却很冷而且很黑。在这个又大又深的洞穴里，只有一个男孩和两个男人，这一定是非常可怕的。在我强烈的鼓动下，他们两个人仍然都表现出了犹豫。

"我们还要走多远才能看到恐龙骨架？"学甫叔叔问道。

"我们已经差不多走了一半的路。"我说。

"我很希望有一个手电筒或更大的蜡烛供我们使用，里面太黑了，我不想被什么东西绊跌交。"他喃喃地说。

当我们慢慢地走的时候，我发现了一个真正的人头颅骨，就在洞壁脚旁.

"来看看我找到了什么？"我一边说着，一边拿着我发现东西给他们看。在烛光下， 他们开始时没有弄清楚这个圆圆的东西是什么？但是当他们意识到这是一个人的头颅骨时，这两名大学生马上就把这白色的头颅骨扔在了石头地上，头颅骨摔成了碎片。他们立刻回头向洞口处跑，好像他们刚刚看到了鬼一样！我跟着他们走到洞穴入口处，他们的脸色跟白纸一样苍白，显然是很害怕了。

在他们吸了一口气后，学甫叔叔问我："那是真的人头颅骨吗？你知道，触摸它是很不吉利的。"

"嗯，表叔，那是真正的人头颅骨，但它不会让触摸它的人不吉利。"我回答，"我以前碰到过很多头颅骨，但我还是很幸运地掷骰子和抓鱼。你们是否愿意再到洞穴里去看看恐龙骨架？"

"不，我们现在想回家了。"学甫表叔说。他和汪树洲叔叔一起走出洞穴，我知道那天对他们来说实在是太刺激了。

这两位在城市长大的大学生，与我在农村所接触到的农民有着很大不同，他们穿着不同的衣服而且总是要穿着鞋子和袜子，谈论着许多我不理解的事情。他们也十分害怕我的小虎，小虎感觉到他们的恐惧就会对他们吠叫，他们靠近小虎的时侯，小虎就会亮出它的牙齿。我告诉过他们，小虎不会咬他们，但他们无法克服他们对小虎的恐惧。有一天，他们告诉我想出了对付小虎的办法，他们买了一些麦芽糖，当小虎靠近时，他们就向它扔了一大块麦芽糖，小虎上钩后，它的上下牙齿就会被麦芽糖粘在一起， 无法再张开嘴了，他们就利用这个安全的时刻靠近小虎来抚摸它。 从那天起，小虎就会站在我旁边，当看到他们两个人走近时，小虎就会摇摇尾巴。

这两位客人继续住了四天后，他们告诉妈妈，他们决定去印度。

"你为什么想去印度？这太遥远了！"妈妈对他们说。

"我们发现在重庆要找一份工作是非常困难的。 在中国军队里，有这么多士兵。我认为在这里，除了扛枪当兵外，他们不需要我们，但在印度，美国人正在与日本人作战。我们到这里之前，在重庆看到了一则广告，美国人正在寻找会用英文交流的中国人，他们雇佣这样的人当翻译官。"学甫表叔说。

"在这种情况下，你们两个人去印度还是有意义的，但你从哪里找到钱去这么远的地方？"妈妈问。

"我们步行和搭便车去，不需要什么钱，我们应该还有足够的钱来买食物，"学甫表叔向她保证说，"别为我们担心，大嫂。如果我们能从厦门那里过来，也就能毫无问题地到达印度。"

两位客人离开后一个月左右，一天晚上，我被村庄周围四面八方的鞭炮声吵醒。当我揉揉眼睛时，我怀疑那声音实际上是离我家不远的地方的真正枪声。我从床上跳起来，看到妈妈站在窗前，向黑暗中窥视。我能听到附近房子里有人在忙乱作响，还在敲打着物品，我想象着邻居们都在拿起他们的武器。

"棒老二来了！"门外有几个人喊道。这句话的意思是"第二棒"，在四川，这个词的意思就是"强盗"。自从战争爆发以来，这些"棒老二"每年至少会袭击村庄三到四次。这是我们搬到刘家槽后的第一次袭击。

"妈妈，我们应该怎么办？"我问。我记得我们住在穆老板家的时候，强盗来了，穆老板双手拿着一支枪，那时我觉得很安全。但我们现在单独住，也没有一个像穆老板那样强壮的邻居，我们真的没有办法来保护自己。"我们应该去什么地方躲起来？"

"不！保持安静，就呆在房间里，我们没有地方可藏。"妈妈平静地说。"我不认为强盗们会对我们感兴趣，他们在寻找地主或富农家，而不是像我们这样的普通人。"

我想起了妈妈刚才说的话。如果强盗们来到我家，他们几乎没有什么东西可以拿走，装满大米的篮子？戴在妈妈的手指上的一个小金戒指？我的弹珠？我认为任何一个强盗，都不会冒着生命危险去抢劫这样微薄的战利品。但是我仍然害怕来自四面八方的零星枪声和邻居们发出的骚动声、婴儿的啼哭声、人们相互之间的大叫呼喊声、以及附近快速的脚步声。由于夜晚的寒冷和恐惧，我不由自主地颤抖着，妈妈刚通过小窗口把眼睛盯在小巷里。我被喧闹声惊醒之后，经过漫长的一个小时，骚动渐渐平息了下来，妈妈告诉我危险已经过去了，应该可以去睡觉了。

第二天早上，我们得知这伙强盗抢劫了，把田租给了穆老板和其他农民的地主。地主住在砖砌的房子里，周围是高高的砖墙，里面有几个家丁和几条大狗，有些地主的家丁来自邻近的村庄。第二天，他们告诉亲戚和朋友那天晚上发生的抢劫经过，在几个小时内，村里的每个人都知道抢劫的故事。

六个穿着打补丁衣服的年轻大汉带着步枪和手枪，晚上 11 点左右来到了地主大宅门口。狗吠叫和地主家丁的叫喊声吓坏了附近的农民。家丁的领班问："你想要什么？"强盗们回答说："我们来这里是向你们借一些大米。"领班拒绝开门并说："走开！我们没有任何东西给你们！"，强盗们变得很不耐烦，"你这个混蛋，要是你不开门，我们就把门砸开！"一个强盗说，另一个匪徒拔出手枪向天空射击。

枪声引发了生活在附近地区农民的一阵枪响。在这个时刻，家丁打开了门，让强盗们进入了大门。其中一名匪徒用枪抵着工头的头，工头倒在地板上尖叫。强盗们要求地主出来，地主吓得发抖，对强盗说他会给他们任何他们想要的东西。

强盗们要求 1000 元大洋和 200 斤大米。除了家丁领班外，那天晚上强盗们没有粗暴对待其他人。房东给了强盗他们想要的东西，从房东的角度看，这并不是什么大损失。强盗们拿走了赃物，离开了宅邸，却没有伤害任何人，整个抢劫过程不到一个小时。

村民们似乎并不关心地主的损失，因为他们认为所有的地主都是富而贪婪的。在这个宁静的夜晚，当第一次枪声响起时，居住在这个地区的人们都很害怕，因为在这个广阔的偏远山区没有警察巡逻。每个人都要出去保护自己和自己的家庭，大多数农民都有某种武器，尽管我看到的那些古旧枪支都已经生锈了。当我提出要为它们清洗和测试时，农民们从来没有把我当回事。

我从村民那里听说，当强盗们冲进这里的村庄时，没有人被杀或受重伤。村民们的大部分枪火都射向天空，仿佛是在告诉匪徒们："我们已经有枪了，注意你们要来的地方！"每个人都明白，强盗只是一群绝望的穷人，他们被战争弄得无家可归，被饥饿所驱使。这些强盗从来没有要求过很多钱财或粮食。至少在这个村子里，很少有强盗是那种杀人不眨眼的野蛮人。地主的一些家丁说，在地主给他们钱和大米之后，强盗们通常会在离开之前会感谢他。在农村，犯罪并不总是像人们想象的那样多，抢劫事件很快就被村民们遗忘了。

一天下午，我去看望一位离我家3里远的朋友，我把小虎关在家里，这样它就不会跟我走了。我家连门锁都没有，只有一个木门闩把它关上。那天下午我回到家时，我在屋里屋外都找不到小虎。

"妈妈！妈妈！你看见过小虎吗？"我问道，并开始感到恐慌，因为小虎从来不乱跑，只跟着我。

"没有，我以为它跟着你去你朋友家。"妈妈说。

"我把小虎留在家里，当我离开的时候，我把门关上了。"我告诉她。她能感觉到我不断上升的恐惧感。

"你知道小虎着急的时候学会了如何把门打开。你为什么不到我们的邻居家去看看？也许它和你的一个朋友在一起，"妈妈建议说，她看起来也为它在担心。

我跑到我们最近的邻居那里去问，但小虎不在那里。不在隔壁的房子里，也不在隔壁的隔壁房子里。我疯狂地喊道："小虎，小虎，快回家吧！"我在村子里跑来跑去。

最后，我拜访过的朋友家附近的一个农民，带给我一些坏消息。

"我看见有人抓住一只黄色的狗，走那条路。"他指着我房子的另一边说。我的心都沉了，但我还是希望它不是小虎。

"你知道那是谁吗？"我焦急地问道。

"这是一个我们有一点认识的人，他抓到狗以后，把狗肉吃了。"他漫不经心地说，就像他在描述别人穿的是什么衣服一样。

"哦，不！噢，不！这是不可能的！"我尖叫着，我的拳头紧握着，一遍又一遍地跺着脚，而农夫几乎没有做出任何反应。

"我要他把我的狗还给我，你能帮我找到他吗？"我情不自禁的问。

"哦，不，那个人不会把狗还给你的，除非你为了这条狗付钱给他。"

"付钱给他？但那是我的狗！"我喊道，"我不相信人们会这样做。这比抢劫更糟糕。"

"好吧，我建议你回家去忘掉这件事。当你找到那个人的时候，你的狗已经被杀死了，那个人是个坏家伙，什么坏事情都敢做！"他警告说。

我对小虎的遭遇和这个农民的冷漠态度非常生气，但我又不知道我能做什么？我又跺着脚，往家走，心里感到恶心。

"妈妈，有人抓住小虎，为了吃狗肉，把它打死了，我恨他！"我哭了。

"嗯，因为战争，这是一段艰难的时期，我们再为你找到另一条好狗。"妈妈说，她的声音很柔和，但我能看到她的眼泪涌了出来。

"妈妈，我不想要别的狗！"我突然中断后，呜咽地叫嚷。"世界上永远不会再有像小虎这样的好狗。"

那天晚上，我醒着，听着小虎的脚步声。夜里好几次，我检查了它经常睡觉的地方。 当我的眼睛开始闭上时，想象着它神秘地从肉店里逃出来，回到家迎接我，摇着尾巴，抬头看着我。我会紧紧地抱住它，拍拍它那愤怒的头，但小虎再也没有回来，它走了，从我的生命中消失了。这场漫长的战争又夺去了我们家族的另一位成员，造成了我们家族的另一次成员伤亡。

那年夏天我完成了学业，没有考试、没有成绩报告、没有任何文凭。一位老师在学期最后一天宣布，六年级的学生已经从小学毕业了。我们班的孩子们都很开心，尽管事实上我们班的六年级只上了一个学期，我们最后一次离开学校，再也没有回去过。 我回家告诉妈妈这件事。她认为这是不正常的，觉得这是一个玩笑，但她对此也是无能为力。

"儿子，我不知道，也许这是在战争时期，一切都变得疯狂了。你知道，你确实是没有受到足够的小学教育能够去上初中，也许爸爸回家后会想出一些办法。"妈妈对我说。

"妈妈，反正这里附近也没有初中。我现在就不需要担心了。"我说。

"好吧，这完全取决于战争。如果战争结束了，我们马上就会离开这里。"

"这意味着我们将回到南京，回到我们的大房子，我将会想出如何补上初中的课程。"因为我不太了解，而我一点也不担心我缺乏真正的小学教育。

"上面分配我们到党史委员会新腾出的一个生活区去住，那里的条件很好，我们今天下午就搬家。"一天下班后，妈妈面带微笑对我说。官方房屋的生活条件远远好过於租用农村的房屋。

由于战争以来日军对重庆市的猛烈轰炸，党史委员会搬出了重庆市区，接管了亚光寺作为其总部。亚光寺和我上学时的乡村小寺庙完全不一样。亚光寺座落在一座小山顶上，四周环绕着茂密的森林。这是一座巨大宏伟的寺庙建筑，除了高大的主楼外，还有许多其他建筑物。当天下午，妈妈雇了一个滑干把我们的东西都搬到党史委员会的新生活区。

我们分配到的房间是主楼北侧的一个3.5乘6米的房间，它是由大理石和实木嵌板构成的，对泥屋和我们刚搬出来的木房子来说，生活条件是绝对的提升。新的房间有非常好的卫生设施，有供水，还有一个共用的有热水供应的洗澡设施。此外食堂就在附近，每天免费提供三顿饭，所以妈妈就不用做饭了。食物里的鱼和猪肉都很丰富，我再也不用在稻田里抓鳝鱼和泥鳅了。尽管我偶尔也会为了好玩去抓些鳝鱼和泥鳅，但是我会把它们都送给我的农民朋友。

在亚光寺，有很多与我同年纪的孩子，其他大部分居民都是六、七十多岁的委员会高级职员。这些高级职员中的大多数人都和爷爷一起工作过，很多人甚至和爷爷是好朋友，所以我不得不把这些老人都称做"爷爷和奶奶"。 当我在走廊或小路上碰到他们时， 他们总是想和我聊天， 但他们中的大多数人都由于耳聋听不见。

"天任，你好吗。 你要去哪里？" 有一天，一位老人在寻常的见面时问我。

"早安，方爷爷！我要去村里给我妈妈买糖。"我大声地回答。

"你说什么？"他大声地对我吼道。

"我要去村里的商店买糖！"我喊道。

"哦，糖！你要去买糖。"老人微笑着，对成功的交流表示了欣慰。

"是的，方爷爷，我现在得走了，我妈妈在等糖！" 我喊道。当我走开的时候，我为这些老人感到难过。但我想，如果我能活那么久，我将永远受不了这种折磨。

我仍然很想念我的小虎。在我开始适应新的生活环境时，有一条名叫"海波"的独眼狗，是一位名叫老王的老门卫所养的，这條狗是腊肠狗和斗牛犬的混合种。我们很快就成了好朋友。老王并不介意，因为它在这个复杂的地方跟着我，但是它从来没有冒险到树林里去过。老王告诉我，海波在前一段时间曾经被一条大野狗追赶过，至今仍然很害怕。

除了我，在办公室里所有的孩子都穿鞋，但似乎没有人会介意我光着脚跑。妈妈给我买了一双布鞋，但我拒绝穿。没有任何东西可以束缚我的脚，光着脚的感觉就是好！无论其他的孩子怎么说，一点也不会影响我。他们说我更适合做一个农民，做一个农民有什么坏处？

一个寒冷的早晨，我站在我们房间一角的木炭炉前，偶然读到一本小说"三国演义"。就在我伸出左手在炉子上取暖的时候，一场巨大的爆炸把炉子炸得粉碎，我的书从我的手中飞了出来。房间里到处都是小火星。过了一会儿，我感到左手腕一阵剧痛，正在流血。我很快的检查了我自己的身体，但没有发现其他的损伤。我注意到我们的床单上有许多小洞，但没有着火。木炭的灰烬和被炸的炉子的碎片覆盖了整个房间，房间里充满了烟、灰尘和奇怪的气味。

由于发生了爆炸，几位邻居赶快冲进我的房间，来看看发生了什么事情。妈妈正在另一个地方上班工作，她听到了爆炸的声音，但并不知道发生了什么事。我试着保持镇静，因为我们的邻居用急救药箱来帮助我。他们迅速扑灭了所有的小火，然后有人把我送到护理站，医生将我手部的伤口包扎起来，我的手臂也用吊带支撑着。护士叫我把胳膊放在吊绳上，直到伤口完全愈合为止。我看到有一片锋利的金属把我的左手腕上的主要血管割破了，位置大约在手掌后面2.5厘米的地方，有一个超过2.5厘米宽和0.5厘米深的伤口。"三国演义"这本书挡住了所有的爆炸碎片，并没有直接炸到我的脸上，这是最幸运的事。如果没有这本书的保护，那么结果将会是十分可怕的。关于这次爆炸，除了我，没人知道是什么原因引起的。只有我很清楚，房间里唯一能引起这种爆炸的东西是什么？是一颗50口径子弹。当我在护理站休息时，妈妈来看望我，我感到很内疚。

"天任，你感觉好吗？"妈妈温和地问道。我点点头，虽然伤口很疼。

"告诉我发生了什么事，"她轻声说。

"妈妈，我一直保存的那些棋子，都是我从飞机失事中捡出来的子弹，"我承认。"我想其中一个子弹头滚进了木炭堆里。"

"哦，老天爷！我记得在我离开去图书馆之前，把一些木炭加在炉子上。我一定是拿木炭时子弹一起拿了出来，然后把它放进燃烧的炉子里。我很高兴这只是你的手腕，而不是你的头部，我很抱歉。"妈妈说着，脸上带着明显的痛苦表情。

"妈妈，这不是你的错。我没有告诉你们这些是危险的，我会把剩下的子弹都扔掉，再也不玩那些东西了，我保证。"

当走出诊所后，仍然感到手腕部位的剧烈疼痛。我的手腕上缠着绷带，从我左手到我手臂的一半，都用白色的绷带吊在我的胸前。看起来很有趣，但我仍然可以在没有任何限制的情况下四处走动，所以我回家后立即拿出其他所有的子弹，把它们埋在远离建筑物的小山上。然后我告诉了我的几个朋友，是什么导致了爆炸。几天后，委员会里的每个人都在谈论我这个"淘气的男孩"，造成了一场几乎摧毁整座大楼的爆炸。图书管理员训斥了妈妈，并建议她应该更加严格地教育她的"狂野的"儿子。"如果你不能控制他，"图书管长告诉妈妈，"我们可能会要你离开这里。"

我感到很可怕，因为我的母亲蒙受了耻辱，我想要暂时摆脱困境，这并不是一件容易的事情。在我们居住的小区内，与我年龄相似的男孩子有7个，其中3个是高级委员会官员的儿子，他们认为自己是天生的，他们称自己为'精英三'。他们都穿得很好，穿着漂亮的鞋子。他们也没有上过任何一所学校，但每天都有专门的老师给他们上课。我不得不承认，他们的身体动作和言谈举止，似乎都比我们其他人更老练。他们把我们称为"平民"，但我们决心要证明，我们并不比这些自夸的孩子差。我最好的朋友，一个看门人的儿子袁德森，很快就加入了我的行列，在可能的情况下，大胆地挑战'精英三'。但是，我们并没有打架，也没有更多的恶作剧，而是设计了我们自己的竞赛。即使有爸爸的严格古文训练，通常袁德森和我，会在古文竞赛中输给'精英三'，他们展示了背诵古诗词的优越性，而我和袁德森则展示出我们射击弹弓和投掷飞镖的能力，有时我们只是讨论我们能想到的任何事情。

一天下午，我们在四方形的天井中碰到了他们。

"嘿，天任，你知道为什么狗狗喜欢咬骨头吗？"曾侯曾，一个身材高而瘦的12岁少年，有一双异常大的黑色眼睛，和一张大大的微笑的嘴，问我。

"和狗喜欢咬骨头一样，就像你喜欢糖果。"我自信地回答。

"不，不，不，这只是表面现象。"他坚持道。

"真正的原因是什么？请你告诉我。"我对他的问题感到很空虚，很难回答。

"你看，狗狗是一种小动物，生活在存有像狮子和老虎这样的大动物的环境中。狗不能和那些大家伙争夺猎物，所以他们只好等到狮、虎这样的大动物吃完后再吃剩下的骨头。在经历了数百万年的生活之后，狗对骨头的渴望就留在他们的大脑里了。"曾侯曾揭晓出他的答案

"我不知道。没有什么可以证明你所说的，也许狗只是喜欢用骨头磨牙。"我说。我不得不承认确实从曾侯曾所说的话中找到了一些答案。

"你是无药可救了！"他得意地笑着说。

"很好，你知道为什么猫喜欢吃鱼吗？"我反问道。

"因为它们有带刺骨头的消化系统。"'精英三'的另一名成员、12岁的李又白说。他的皮肤很白，好像他从来没有见过太阳。

"不，那是不对的。"我说，仍然在努力想出一个好故事。

"那么你告诉我。"李又白回答。

"好吧，几百万年前，猫就像水獭和海豹一样生活在海洋里。然后，一些猫出现在陆地上，进化成了陆地动物，但它们仍然保留着对鱼的爱好。"我说。

"这纯粹是无稽之谈，我不知道你从哪里学来的。"曾侯曾笑着说，另外两个人也加入了他的笑声。。

"和狗一样，你收起你的废话。"我说，我们都笑了。

然后，袁德森告诉我："我们离开这里吧。"我们两个人没有对'精英三'说任何话就走了。

8月的一个下午，我刚走进寺院的院子里，看见办公室里的人都在笑着，大声地说着什么，但我不知道发生了什么事？

"是的，日本人真的投降了！"有人说。

日本投降了！我掐了一下我的腿，确认这不是一个梦。哇！经过这么多年的苦难，我们终于赢得了战争，是时候和我的朋友们分享我的好心情了。我赶紧跑去找我的好朋友们，却撞上了寺院大门外的'精英三'。

"嘿，伙计们！你们知道日本人刚刚向我们投降了吗？"我试图屏住呼吸。

"当然，我们赢得了战争，但是你知道他们为什么这么匆忙地退出战争吗？"曾侯曾挑战地说。

"不，我不知道，但是你知道吗？或者你只是在编造更多的废话来告诉我？"我反驳道，诙谐地笑着。

"当然，我们知道，我发誓！你听说过原子弹吗？我要考考你。"

"我不知道，没有听说过，原子弹是什么？"我问道，感到前所未有的好奇。

"美国人发明并制造了一枚像鹅蛋一样大小的炸弹，当它被引爆时，它的力量是如此巨大，温度如此之高，整个城市在几秒钟内就被焚烧了。"13岁阙忠述，'精英三'的第三位成员解释说，在他的鼻子上戴着厚厚的眼镜。

"哇！这是难以置信的！日本哪个城市被炸了？"我问。

"当然，东京？你觉得呢？"李又白自信地说.

"不！不！首先是广岛，其次是长崎，这个次序不知道对不对？可能是反过来的。"

袁德森刚刚加入我们正在进行的谈话中，能参加我们的谈话，袁德森就心满意足了。"我刚从委员会的办公室听到，在这两个城市，有超过30万的日本人被原子弹炸死。你确定不是东京吗？前不久美国人开始轰炸日本时，他们先轰炸了日本首都，就像日本人把轰炸集中在重庆一样。"

"我发誓我是对的，我从办公室负责人那里直接听到了他对一些资深研究员的讲话。"曾侯曾自信地回应道。

"哈！日本政府担心下一个目标是东京，所以他们先投降了。他们真的应该受到美国人的惩罚，因为他们犯下的战争罪行！"李又白怒吼着说。

'精英三'一走了之。袁德森和我轻快地去杂货店买些糖果庆祝。当我们碰到向我们走来的人时，我们就喊道："日本人投降了！"他们中的大多数人都不相信地看着我们，但有几个人说："该死！"。我看到一个中年妇女听到这个消息时泪流满面，"我想念家乡的家人，我现在可以回家去看我的老爸老妈了。"她哭着说。

我们继续走着，向我们所遇到的每一个人大声叫喊，我注意到袁德森已经变得非常安静。"嘿，袁德森！日本人投降了，你不快乐吗？"我问。

"当然，我很高兴日本人向美国投降了，但我想知道，在中国的日本士兵是否已经向我们的军队投降了？"袁德森在深思中说。

"不仅是日本军队，整个日本帝国已经向所有盟国投降了！"我向他保证。

"好呀！！"他脱口而出，"我想回家去看看我的爷爷和奶奶。我妈妈告诉我，我们有一所大房子和一块很大的农田，当我回到家时，我想成为一个农夫。"

"好吧，我希望政府能从重庆搬回到南京，我们在那里有一所大房子。"我说，想起了妈妈对我们在南京生活的许多描述，战争让我们在八年前就开始逃难。回到那时，像袁德森这样的男孩，我们才刚刚蹒跚学步。对我们来说，这似乎是一辈子的事了。

当我们回到党史委员会总部时，我们没有发现有任何正式的庆祝活动，只有成年人在交谈着，而年轻的孩子们则在兴奋地听着。唯一的官方行动中，只有委员会宣布了一项声明，用大字写道：

日本无条件投降！我们要回家了！

当我回到我们的房间时，我发现妈妈正坐在她的床边，静静地啜泣着。

"怎么了，妈妈？"我把手放在她的肩上，问道。

"没有什么事。"她回答道并控制了自己。她直视着我的眼睛继续说，"我只是在想爸爸，已经有几个月没有收到他的任何消息，我不知道会不会有什么坏事发生在他身上？"

我的感觉就像一场寒风吹过了房间，这是妈妈多年来对爸爸的安全所做的最直接的思念。

"妈妈，请不要担心，爸爸会很好的！没有消息就是好消息！"我说。当我抱着她时，我向她保证，她的眼泪又流到我的身上。

"爸爸忙着接收武器，收复被日本占领的城市。我相信只要他能离开他的岗位，他就会回来看我们。"

"我想你是对的，但是没有听到他的消息，我还是非常的担心。"妈妈一边用一块手巾擦眼泪，一边说，然后她又笑了笑。"现在日本投降了，我们很快就会回到南京，就像你一直向往和期待的那一天。"

"你会带我去看电影，就像你在都匀答应我的一样，你还记得那件看电影的事情？"

"当然，我会带你去看电影，南京有很多电影院，大部分电影院我都去过。"妈妈说。

"小朋友们告诉我，美国人使用的原子弹相当于一个鹅蛋的大小，它有摧毁整个城市的力量，杀死了成千上万的日本人。"我和妈妈分享了我刚刚从'精英三'那里听到的新闻。

"我也听说日本投降了，但我还是很担心爸爸。在他离开前最后一次告诉我的时候，他的部队仍在和日本人作战。"妈妈在逐渐平静下来的时候说。

"爸爸会没事的，妈妈！请别担心，我再次保证，战争结束前，爸爸的部队没有在战场上。"事实上，我真的不知道爸爸在哪里？我只是想安慰安慰妈妈。

"但是你不知道战争对我们的家庭造成了什么？"她问道，用很严肃的语气对我说。

"当我们离开南京时，我们家有七口人:爷爷、奶奶、爸爸、你姐姐、你和我，更不用说弟弟了。现在看看有多少家人已经离开了！当你爸爸回来的时候，我们只剩下三个人了。"泪水又从妈妈疲惫的脸上流下来。我也无声的哭了。

第十章

陪都生计

战争结束后，人们心中只有一件事-回老家去！回到我们被敌人侵占的老家。但是回家并不是件简单的事。以蒋介石先生为首的国民党，在战争结束后，牢牢地掌握着政权。我们期待着和平的生活，渴望在不久的将来会回归繁荣。与战争肆虐的年代不同，人们现在欢笑得更多，大家都在憧憬更幸福的未来，尽管生活水平还没有真正提高，所有的希望都集中在"回归首都"上。

妈妈说，在"回归首都"的行动中，国民党将党史委员会放在优先位置上，因为党史委员会保存有整个中华民国从革命开始一直到抗日战争胜利结束的完整书写历史。党史委员会中的每个人都相信，我们将是所有政府机构中第一批回到首都南京的。

政府的官方公报说，被日本占领的领土，必须有序地去收复，在任何机构和人员回去之前，必须先派军队前往南京，把傀儡政权残余威胁清除干净后，才能准备政府机构"回归首都"。所以党史委员会里没有人可以收拾行李并离开我们现在的地方，我们不得不等待着。

过去一年里，在亚光寺的生活与过去一样，但居民的情绪却日渐上升了，甚至老年人也显得更有活力。自1945年9月战争结束以来，我们就准备搬出亚光寺，但这份命令迟迟没有下达。我们只是耐心地等待，一个月又一个月，除夕之夜来得很快，政府也没有下命令要离开。

在此期间，我了解到党史委员会的工作人员，花费了大量的时间和精力，收集关于战争和国家损失的统计资料。由于战争期间通信和新闻都严重缺乏，我们真的不知道这场战争的规模和中国人民的巨大牺牲。党史委员会有责任 收集来自全国各地抗战的相关资料，包括战争的各类统计数据以及情报官员和指挥官的各种报告等等。新年过后，党史委员会经常向所有的工作人员和来宾介绍有关战争统计的初步结果，袁德森和我挤进大房间里去听。这是一个时间很长的会议，有许多统计数据。由于纸张的短缺，又没有可用的纸质图表，所以只能提供口头报告，我和袁德森都做了一些笔记。当然，我们的目的是向'精英三'挑战，让他们把知道的事情告诉我们。由于某些原因，他们没有表现出他们的通常行为，他们并没有在简报会上露面，但是我确信这次袁德森和我一定会把他们 "将"死的。

第二天早上，当'精英三'走进亚光寺大门时，我们碰到了他们。"嘿！你们要去哪里？"我问。

"就在这里看看，你有什么想法？" 李又白问。他似乎知道有什么事正在发生。

"好吧，既然你们都这么聪明，那么你们对抗日战争的了解有多少？"我挑战。

"你想知道的一切！" 曾侯曾吹嘘。

"好吧，自战争开始以来，有多少日本士兵来到中国？" 袁德森问道.

"经过八年的战争，有 600 多万日本士兵和支援人员被派到中国。你还想知道什么？" 阅忠述回答，他的眼睛连眨都没有眨。他从哪里得到这些信息的呢？他没有参加会议！

"那么，在战争中有多少日本士兵阵亡或受伤？"我问。

"在八年里被杀死的日本军人大约有 50 万人，还有 200 万人受伤。此外，大约有 40 万的支援人员死亡或受伤。你知道我们有多少士兵阵亡了吗？" 李又白反击。

"当然，我知道，我们的士兵中有超过 130 万人死亡，近 200 万人受伤，不包括那些失踪的士兵。现在你知道我们有多少平民被杀了吗？"

"我们确实不知道确定的数据，但我认为会有超过 1000 万人直接或间接地死于战争。" 曾侯曾脸上带着一丝悲伤的表情说："这要花些时间才能弄清楚。"在我听着的时候，我对'精英三'在这场比赛中表现出的知识感到惊讶。他们一定是在父母的书桌上看到了这些报告。

"现在，你知道有多少架日本战机被我们击落了吗？"我挑战。

三个人互相看了看，摇了摇头。哈！我终于"将"住了他们。

"你是说从战争开始后计算吗？这是很难知道的，" 曾侯曾脸上带着痛苦的表情说道，他们很少会有说不出答案的情况。

"你想让我告诉你吗？"我带着胜利的微笑说道。

"不管怎样，我们还是会找到的，但是让我先听听你了解的情况。" 李又白说。

"这只是初步估计。在八年里，超过 5000 架日本战机被击落或在地面遭到破坏，在被击落的飞机中，有 500 架左右是被防空炮火击落，"我自豪地说。

"我们的损失仍是机密，但我知道，在战争爆发后，我们有超过 2000 架从美国人和英国人购买的战斗机和轰炸机。在战争结束后仍有多少还是一个秘密。"袁德森补充道。

"这就足够了，确切的战争统计数据要等到战争结束后一段时间才会有。我只是想离开这个落后的地方，回到南京后再说，" 阅忠述说。

"我也有同样的感觉。嗯，袁德森，我们去商店买些糖果吧。"我一边说一边牵着德森.离开了'精英三'。

在亚光寺等待命令的状态继续了好几个月，人们都变得不耐烦，开始抱怨政府的行动有多慢。最后，到了 1946 年 2 月下旬，离日本投降将近 6 个月后，党史委员会接到命令，先转移至重庆，再等待一艘返回首都的轮船。妈妈告诉我，从重庆开始，我们将沿着长江回到南京，这是我们从 1937 年逃离日本侵略后的一次航行。妈妈还告诉我，车、船内的空间都是有限的，又没有人能帮我们拿行李，所以建议我们打包行李时要考虑重量和大小，我们不得不放弃多年来积累的许多东西。到目前为止，这对我们来说不成问题，我们已经习惯于放弃自己的财产，多年来一直在轻装便行。

妈妈把一些重要的东西，比如我们的家庭照片，和其他的纪念品，塞进两个中等大小的箱子里，然后再加上一个装满枕头和床上用品的大袋子，以便在船上使用。我们从都匀到重庆的路上，木板上没有枕头睡觉的经历，在妈妈和我的心里仍然是记忆犹新。听说船很拥挤，而且没有任何床上用品，妈妈要确保在船上我们有枕头可以靠放我们的头部。过去的几年里积累的许多家庭物品，都只好丢弃在亚光寺里，我的石头弹珠包括爸爸送我的六个大弹珠及飞机零件，都装在我的小旅行箱里。妈妈还准备了些干粮，比如米糕和炸面等，作为船上的食物。她还多带了一些衣服，准备好可能会来的寒冷天气。当我们为这次旅行做准备的时候，我们都是满怀希望，能够回家过上更好的新生活。

搬家这一天的早晨，亚光寺庭院里一片混乱景象。很明显对于党史委员会的成员来说，只是搬家到重庆的一次行动。从亚光寺到最近的城市，没有可以通行汽车的道路，所有的行李和老人都要使用滑干，身体健全的人都必须步行。每个家庭分配有一乘滑干于用携带行李，妈妈也分配到一乘滑干。院子里和大门口都拥挤着一大堆滑干。交通主管是委员会派来的一名年轻人，他在不同人群中前后跑动，向他的助手们发号施令。重要人员及其家属，包括'精英三'和一些高级人员乘上滑干先行离开，重要的文件和物品紧随其后，最后才轮到我们和机构中的其他初级成员。我转过身来，最后看了一眼这座古老的寺庙。我想，在我有生之年，我还能再见到这个地方吗？我希望不会了。

在四川晚冬，典型的阴沉沉早晨，尾随我们前面返回重庆的滑干流和人流，我和妈妈终于开始了"回归首都"漫长旅途的第一段。老看门人和海波跟妈妈一起走，我就在这条长长的滑干流和人流的最末端。我们从南面走上稻田小道，从我在山顶上的优势位置，可以望到这条长流的最前面。长达50乘或更多的滑干，后面跟着大约100个男人，女人和孩子，看起来就像一条巨大的蛇从稻田里滑过。当我们这条长流在乡间缓慢行进时，我停顿了片刻，最后看了一眼，看到我十分熟悉的稻田、菜地、水牛和几位在田间工作的农民......，看到了我们安全度过战争的最后地方。

我当然不会错过那所黑暗的寺庙学校和原始的生活，但我希望能和我特别怀念的老朋友穆老板、穆政权和久鹏等许多其他老朋友说一声再见。我也怀念我的小虎以及抓鱼和吃螃蟹大钳的乐趣。我敢肯定在未来的一千年里，这个偏僻遥远的乡村生活将保持不变。但我也认为既然战争已经结束了，至少捧老二就不会再去抢劫这些地主了。我看了看行进的队伍，现在和我们一起行走的，这些曾经是在战争中被隐藏保护起来的重要政府官员，现在他们又要回到南京住所，继续从事以前的重要工作。我看着他们，但我没有看到他们其中的任何人转身回望最后一眼，以及表现出任何情感，他们要把自己和这既可怜又落后的，战时藏身处分割开来。

我和妈妈跟着这群队伍沿着稻田小道和山路走了四个多小时，翻了小山，穿过了小桥。令人惊奇的是，当我们最后到达一个小镇之前，居然没有人提出需要停下来休息一会。一大群人停在一家事先安排好的旅馆休息和吃午饭。这个小镇与重庆市区之间有公路连接，党史委员会租用了六辆卡车来完成剩下的行程。午饭后，助手把我们的行李装上一辆分配给我们乘坐的卡车，并帮助我们登上车。在委员会特许的一辆有帆布覆盖的卡车上，配备了供乘客坐的长椅。但是这些长椅没有固定在车上，卡车突然刹车停止时，长椅会向前移动，卡车加速时，长椅会移动到后面。然而一个最为重要的改进是这些卡车使用汽油作为燃料，因此不再需要鼓风机或木炭燃烧装置来为发动机产生一氧化碳。碎石头土路并不比从都匀到重庆的道路好多少，一路上不断颠簸变化的动作，加上强烈的废气，使得许多人都感觉到很不舒服。幸运的是，我和妈妈坐在卡车的中心，没有受到震动或烟雾的影响，由于路况不佳，车队行驶缓慢。当我们到达重庆城的时候，天已经完全黑了，但是城市里仍是灯火辉煌的繁华夜景，使我们这些长途跋涉的老老少少，顿时忘却了行途中的千辛万苦和疲劳。其中一位官员告诉我们，我们将暂时住在一个叫凉风垭的地方。哦，我以为又是另一座寺庙！但是相反，当我们进入了一个很大的大铸铁门后，才发现里面是一幢现代化的多层建筑，这幢建筑位于森林茂密可以俯瞰重庆市中心的一个小山顶上。

我们这群饥饿疲惫的"返城者"从卡车上下来，收集了自己的行李，然后被领进了巨大的大厅。那是一个华丽的大理石和花岗岩装饰的大房间，里面有电灯，天花板上和墙上也都有电灯，就像大白天一样明亮。在没有电的乡村生活了很长时间，这么多的电灯对我们来说是非常惊喜的。当我们把行李拖进屋里时，我的眼睛正忙着扫描这个豪华大厅的每一个角落。在几分钟的混乱后，妈妈收到通知，告诉我们的房间是在四楼。妈妈把我带到大厅旁边的一个很小很拥挤的小房间里，说是"电梯"。但是当电梯开始向上移动时，我非常害怕，不知道发生了什么事。电梯在每一层都停，使我奇怪和茫然。管理员分配妈妈在第四层的会议室住，和其他六个家庭一起作为我们的临时住所。每个家庭都有自己的空间和一张没有床上用品的大床，没有桌子，也没有椅子，用绳子挂着被单来分隔每个家庭的睡觉的界限。我们不得不把行李和其他的东西都塞进这个小小的空间里。另外六家人都是夫妻，我是这个共用房间里唯一的孩子，我觉得这种安排很不舒服，妈妈也感觉到不方便。

她注意到需要安定我的心情。"我们回到南京后，我们就会有自己的大房子。"实际上，我并不只是担心这个小小的空间。我在想爸爸，我们最后一次听到他的声音是在三、四个月前的亚光寺，他告诉我们，他还得留在南方和他的部队在一起，这让我很困惑。如果战争结束了，他为什么还要回到前线去呢？但爸爸说，即使在日本天皇宣布无条件投降，日本军队仍然是全副武装，在没有适当的协调的情况下，解除日本兵的武装是一项危险的工作。许多日本占领的领土仍然要从日本军队建立的傀儡政府手中收复过来。我们在南方的军队和战争期间一样忙碌。爸爸也不知道，在战争结束后，完成这项最终的任务需要多长时间。

"妈妈，你認為爸爸知道我们在这里吗？"当我们在新的住所安顿下来后，我问道。

"当他回到重庆时，我确信他会找到我们的。"她自信地回答，带着一丝微笑。

第二天，妈妈带我去一家鞋店给我买一双帆布鞋和几双袜子，我抱怨地说，"我不要！因为我光着脚，在乡间的各个地方和各种天气里，都是光着脚，我已经习惯了！为什么我还需要鞋子呢？"

"听着，城里的每个人都穿鞋。从现在起，你必须穿鞋！"妈妈解释说。"地面上有很多碎玻璃和金属碎片，如果你割伤自己就会流血，你可能会因为细菌感染而患严重的疾病。"

所以我穿上我的新鞋，出发去探索我们的新环境。在主楼下面茂密的森林里，我沿着许多林间小径，通往花园、两座宝塔、一座金鱼池塘、还有几处风景如画的景点，都是供游客观赏的。在山顶周围的这些有利位置上，人们可以看到沿着山坡、山谷和小块平原，重庆城在向各个方向延伸。重庆市中心的高楼大厦就在山的下面。我期待着和其他孩子们在这个迷人的地方玩一些很棒的"捉迷藏"游戏。与我们刚刚离开的农村世界截然不同，这座大楼配备了自来水、电灯、热水浴缸、公用电话和三部电梯，这些都是我几乎一无所知的现代化设施。

在我们搬进这幢现代化建筑一个星期后，我在电梯附近玩，突然有人对我喊道："天任，你爸爸在给你打电话！"

听到爸爸打来的电话，我很兴奋，但我以前从来没有碰过电话，也不知道该怎么做。妈妈到另一层楼的休息室去和其他女士们说话去了，所以我应该去听电话了。我拿起电话后，从话筒里听到了"喂！、喂！"的声音。我的心在怦怦地跳着，双手颤抖，因为我面对着一件我从未使用过的奇怪东西。开始的几秒钟内我不知道该做什么事，然后我喊道："爸爸！是你吗？"。我能听到爸爸在军队内线电话上发来的微弱声音，但是我太紧张了，我说不出任何有意义的话，我只知道他很好，我感到我的头真空了，脸也麻木了。一两分钟后，我连"再见"都没有说，就笨拙地把电话放回原位，赶紧去找妈妈。

"妈妈，我刚才跟爸爸说话了！"我一边喊着，一边试图屏住呼吸。

"你爸爸在哪里？"她从椅子上起来，并从三楼的休息室里奔跑了出来。我告诉她，但是妈妈以为我已经和爸爸面对面地谈过了。

"他还在南方！我在楼下电话里和他谈了，我不知道他说的是什么但我知道他一切都好。"我解释道。

"他什么时候回家？"

"妈妈，我很紧张，我不知道他说了什么，我很抱歉。"

"没关系，我知道他会找到我们的。"她笑着说。

爸爸是安全的，我们很快就会再次团聚。我心里深处自从爸爸去打仗时就有的阴影已经消失了，我有了一种解脱和幸福的感觉，我和父母一定会安然无恙地度过這場战争。

在凉風垭的等待时间，从几天到几周，很明显没有什么事情会很快发生，所以我们试着适应我们的"临时"家园。习惯电梯比电话还要难，一开始，我和妈妈选择步行四层，走到我们的生活空间，当我和其他孩子在一起的时候，我们彼此都不敢坐电梯，而且想象着电梯会突然掉到下面去。然而，经过一个多星期的爬楼梯，我们勇敢地尝试了电梯，之后就经常使用电梯。

在这个临时住所，妈妈不需要做饭，因为在政府提供饭菜的大食堂里，每天为100名左右的临时居民，提供免费的三餐。他们甚至每顿饭都供应肉！我们在早餐时吃猪肉和蔬菜饺子，午餐时吃鸡肉或鸭肉和蔬菜，晚餐时吃各种各样的荤菜。吃饭时间是严格的一个小时，当我和其他男孩一起玩的时候，我们几乎都没有按时间去吃午餐或晚餐。但是，已经变冷的食物一点也没让我们感到困扰。我们在茂密的森林和下面的大城市中，找到了最大的乐趣。

1946年的冬天特别温暖，在重庆，甚至在寒冷的日子里 气温却在摄氏40度以上。尽管这座城市因天气阴沉而出名，但我们在等船回南京的时候，却享受了许多阳光明媚的日子。我们所有人心中都有同样的光明前景。我们不仅在感受战时首都的新繁荣，我们还期待有五千年历史的中国，这个经历了八年悲剧和巨大破坏的国家，将有一个新的甚至更好的新时代。

我找到了一位很好的朋友一同来探索这个城市，他是爷爷老朋友的长子姚鳳盤。他比我大两岁，他的弟弟和妹妹没有和我们一起玩。我喜欢姚鳳盤，因为他对乐趣和冒险有着敏锐的眼光。按照中国的习惯，我不得不称呼我的新朋友为"姚叔叔"。但他告诉我不要这样正式地称呼他，只需要称呼他的名字就可以了。有趣的是，姚鳳盤是一个高大英俊的孩子。

"在我过去的生活中，我是关公。你看不出相似的样子吗？"我们见面不久，他就对我说。

我仔细地看了看他，说："你提起后，我的确看到了一些相似之处，但你没有那么长胡子。"我诚心诚意地说。

他向我保证："嗯，等我长大了，就会长得像这个样子。"

关公是三国时期的勇士，与我在刘家槽给我的红色战斗鸡取的名字相同。我以为他真的相信了我告诉他的话，而且他的确看起来有点像画中的关公，有两撇异乎寻常的长而上扬的眉毛。他告诉我的关于他过去生活的故事，让我难以置信，但不管我信不信，这对我来说都无关紧要。我们至今是好朋友，现在一起享受合作的成果。

当我们第一次出发去重庆市区的时候，我们发现街道上到处都是商业活动和繁荣的景象。数以百计的人急切地购买玩具、服装、风扇和其他自战争开始以来就无法得到的货物和商品。食品小贩提供了烤甜土豆、裹着糖衣的水果、热牛肉面以及手推车或固定摊上的蒸猪肉饺子。在大多数街角，我们看到许多乞丐和无家可归的人，试图从路人的慈善中获得施舍。他们是因战争而流离失所的穷人，不管他们在战争开始前做了什么？现在他们是无处可去。看到一对年轻的夫妇，有四个孩子，其中包括一个婴儿，恳求每一个经过那里的人施舍，我感到特别难过，那个男人失去了膝盖以下的两条腿。许多人在他的小篮子里扔了一、两个硬币。我和姚凤盤，把一天的零花钱凑到一起，放在篮子里。

"他们是日本侵略战争的受害者，在我们的国家，像他们这样的人肯定有几百万人。" 姚凤盤说。

"我希望我们的政府能够做点什么来帮助他们，我想知道为什么他们没有这么做。"我回答。

"好吧，你知道这并不容易。在城市里帮助人们需要花费大量的金钱和时间。你知道中国有多少城市和多少人需要帮助吗？我告诉你，这太可怕了！为什么我们不把注意力集中在我们今天所要做的事情上呢？" 姚凤盤说。

"我明白了。"我对刚刚看到的事情感到很难过。

"好吧，让我们去找点快乐的事情吧。"我说。

我们在城市中心的街道上，大商店和影院聚集的街道上，看到了长长的队伍，年轻的和年老的，站在放映中国电影甚至一些美国牛仔电影的影院外，商店里挤满了购物者，中国古典音乐通过几个扩音器在播放。

街上没有穿制服的士兵，只有几名警察在指挥交通。

我们没有钱买任何东西，除了一些小糖果、几个甜甜圈和偶尔加糖的冰棍，但姚凤盤说，这并不能阻止我们发现这个城市所提供的有趣东西。首先，他引导我去看功夫表演。我惊讶地看着一个男人躺在一个钉满钉子的木板上，上面放着一个沉重的木板。两个男人踩在木板上，跳上跳下，但是当他们离开木板的时候，那个人跳起来向观众展示他没有一处伤痕！

接下来，我们看到一个胖子在展示他的气功，胖子命令他的助手将一把大砍刀笔直地放在他腹部的中央。大砍刀完全是直的，切到肚子上，它就直接从他身上弹了出来。我们把一两个硬币扔进了收币筐，然后回到了街上。我想，有一天学习这些功夫技巧，将是一件很好的事情。在我第一次进城后，我向妈妈描述了我对这座城市的感受时，妈妈警告我在大城市街道上游荡的危险，因为她听说过有关绑架和抢劫的报道。她说，自从战争结束以后，有太多的人聚集到重庆，其中有许多是绝望的人。

"在战争期间，许多人失去了他们的家人和他们所有的一切。战争结束后，这些人没有地方生存，也没有谋生的技能。"她告诉我，"此外，许多来自小城镇的人也纷纷涌入重庆，使大城市繁荣起来，但重庆的繁荣对他们却没有任何意义。这些绝望的人会为了生存而做坏事。你明白我的意思吗？"

"妈，我知道。我现在11岁了。我能照顾好自己" 我自信地说。

"我允许你去城里，但至少要和你年龄相仿的男孩一起去。答应我吗？" 她对此非常认真，我保证我一定会的。

我和姚凤盘，袁德森，还有一些其他的新朋友一直在重庆城里探索。一个闷热潮湿的夜晚，姚凤盘和我在一条繁忙的街道上，透过商店橱窗向内探望。在那些灯光明亮的窗户和商店入口前，人行道上有这么多人。突然，一大堆20元面额的钞票从上面落下来了，我抬起头一看，钞票像下雪一样飘下来。姚凤盘和我只是在它们飘下来的时候，伸手去拿了一些钞票。我们不断地把钞票放在口袋里。

"把钱放在你的口袋里，不要回头看。" 姚凤盘对我说。但是，当我把这些飘下来的钞票塞进裤子口袋时，我的感觉告诉我，意外财富是会有问题的！尽管如此，当姚凤盘加快脚步的时候，我还是跟着他。

还有10多个人在四处奔跑，去抓从上面飘落下来的钞票，或者从地上捡起钞票，试图尽可能多捞到钱，但我们并没有加入他们之中。几秒钟之内，我们就从拥挤的混乱中走出来，钞票还在继续飘下来。我们在街道外停下来观看了这场令人难以置信的疯狂事件。站在附近的人告诉我们，一个有钱的老家伙和他年轻的女友吵架了，当她生气的时候，她把一捆捆的钱扔出了二楼的窗户。我们估计，数万元的钞票已经飘到下面的街道上了。我和姚凤盘，每个人都有大约十几张钞票，一笔超过200元的钱，超过了一位高中老师的两个月薪水。

"我对保留这些钱感到内疚。"我承认，想到了我在农历新年赌博赢回的所有钱，以及爸爸几年前就告诉我，不允许我做的事情，但我还是这样去做了！

"为什么？我们又没有去偷那些钞票。它们飘到我们的手中时，我们抓住了它们。我们不像那些贪婪的人试图尽其所能地去抢。我告诉你，那笔钱是给我们的，我是要保留的，如果你不想保留你的，你可以把它们都给我。"当他向我伸出他的手时，姚凤盘说。

"我也会保留的。"我说，想起了我想要买的所有东西。

"看，天任！我知道你的良心在困扰着你。但是想象一下，如果你明天把钱给警察的话，你认为他们会感谢你？给你一枚奖章吗？不会这样的！他们会先把钱放入自己的口袋，然后怀疑你还没有把钱全部退还。告诉我，你打算如何保护自己？玩游戏的人把一切都看的很清楚！"

第二天我们得知警察来到现场，逮捕了许多贪婪的人，其中包括一名脱下T恤衫的人，为了填满钞票，他脱下了衣服。所以现在我们不得不想出很多理由来解释为什么我们不应该把钱还给他们。我们很快就把钱花在了电影、餐馆和马戏团上。姚凤盘告诉我，要确保不要告诉任何人，包括我们的父母。我向他发誓，我永远不会把这件事告诉任何人。我钦佩姚凤盘的聪明和自控能力，而且我也不会愚蠢地向任何人透露出我们的秘密。我真的不为我们所做的事感到骄傲，但我也没有后悔没有把钱退还给警察。

一天下午，我们沿着山边散步，偶然发现一群高中生，聚集在一个似乎是老师的年轻人身边。这个身材高大、瘦瘦的男人，穿着一件熨平的西装，打着一条红色领带，指着这个山坡上堆着的碎石。我们走的更近了，加入了这群人，听老师说话。

"我们现在站的地方，是日本轰炸重庆期间使用的最大的防空避难所。"老师解释道。"这个防空避难所很大，大的就像一个地下城市，你甚至可以在里面买到食物和其他生活必需品。当日本轰炸达到顶峰时，我一连几个晚上都睡在这里。但是，在该地区的日本间谍用一面镜子来通知日本飞机投放炸弹的位置，日本人在入口处扔下了几枚炸弹，山体坍塌了，整个防空避难所被埋在了无数的碎石中。那天，成百上千的人因窒息而死。这是在战争中重庆最大的悲剧。你们中有谁有朋友或亲人卷入了这场悲惨事件吗？"一个女孩举起手说："我的爸爸和他的一个同事，六年前在这里被活埋了。"在她说话的时候，我想起了在重庆的空袭中，爷爷会抱着我在他怀里，因为他不知道要带我去哪里？也不知道把我带到哪里是安全的？因为许多防空洞都被摧毁了。我和姚凤盘很快就从人群中消失，我们遭受的战争苦难已经够多了！我们带着这么多的想法，从被炸毁的防空避难所沉默地走回家，相互之间一句话也没说。

"我们还要等多久才能等到那艘船呢？"当我回到我们的住处时，我问妈妈。

"也许一个月或两个月。我真的不知道。你是不是已经厌倦了重庆？"她显然是在开玩笑。

"妈妈，我在这里不是很无聊，但我真的很想回到南京。"我说。"你答应过我要带我去南京看很多电影，记得吗？"

"我当然记得。我相信现在不会等太长了。有数百个政府机构要从重庆搬到南京去。"妈妈解释说。"政府雇员和受抚养人的总数可能超过了100万人！由于几乎没有可用的空中交通工具，公路又正在维修，所有的交通运输都必须通过长江，这就是为什么我们要等这么久才会有一艘船。"

"但我认为这个党史委员会对我们国家来讲，是非常重要的。"我说。

"很显然，许多机构比党史委员会更重要，比如国防部，外交部，交通部。每个机构都有成千上万的人和他们的家属。想象一下我们需要多少艘船？"妈妈解释说，我开始理解我们所面临的问题。

冬天很快变成了春天，然后夏天就到了。重庆坐落在一个巨大的丘陵盆地中部，周围的高山环绕着整个城市。在夏天，几乎没有风可以吹动空气，所以它比乡村更热，也更潮湿。然而，在孩子们中间，炎热的天气并没有影响我们的情绪。我和姚凤盘以及我的其他朋友们一起探索这个城市。有时我确实遇到'精英三'，不过我们现在已经不再争论，我也不想再和他们混在一起，我们过去从事的那些挑战似乎是多年前的事。

一个非常炎热的一天，我在树林里同一些朋友玩，当我们接近了主楼，就跳进大喷水池戏水时，我突然注意到15米远，一个穿制服的军人正在问附近的居民。这是爸爸！我从喷水池里跳了出来，迅速朝向这位熟悉的士兵跑去。

"爸爸，这里是你的家！"当我冲向他的时候，我喊道。

爸爸紧紧地抱住我，尽管我的头发和身体还都是湿透的。

我给爸爸看了电梯，指引他走向我们的"小公寓"。当我们走出电梯的时候，妈妈碰巧站在走廊里，看着爸爸，她哭了起来，流下快乐的眼泪，释放了几个月被压抑的情绪。我想起了妈妈经常因为担心爸爸而生病，尽管我们从来没有讲到过。爸爸看起来更瘦，更黑，但健康和精力充沛。他告诉妈妈，他仍然在四川省邻近贵州省北部的边界地区指挥军队。

"自从我上次见到你以来，你已经长得那么高了。"爸爸转身对我说。"你是个好孩子吗？"

"是的，爸爸，我一直都是。"我说，尽量不去想从天上飘下来的钱。妈妈和我给他看了我们的生活空间。他惊讶地发现，这个临时居住的地方是多么小，但是他也知道我们没有其他的选择。

"我在城里的时候，让我们到旅馆里住几天。"他对妈妈说。

"那太好了，但是旅馆很贵。"妈妈说。

"我的工作获得了很多奖金，不要担心钱的问题。"爸爸说。

妈妈请同房邻居帮忙，看好我们房间里的东西，然后妈妈抓起几件东西冲出了那座大楼。爸爸雇了一辆三轮车把我们带到一家远离市中心的旅馆。

我们三个人都很高兴能在一起，妈妈和爸爸在三轮车里说了很多话。我对在战争的最后几个月里战场上的所有行动都很好奇，尤其是在听到了来自党史委员会专员的战争统计数据之后，但我不想破坏他们的好心情。我也害怕如果我问了爸爸，可能他会不喜欢这种问题。所以一开始，我把所有关于战争的好奇心都留藏在心裡。

和爸爸在一起的日子里，我们在高级餐厅吃饭。我吃到了我和姚鳳盤在街上漫步时，从餐馆的橱窗里看到的食物，比如烤鸭、烤猪肉、鸭肝、香肠等，这些都是挂在那里卖的。每天晚饭后，爸爸还带我们去电影院看中国电影和美国牛仔电影。我对 Randolph Scott 的印象最深刻，这个名字也很容易记住，因为这名字的发音听起来像是中文里的"镰刀撕狗腿"。一部以带银色左轮手枪的强盗为主角的电影，是我最喜欢的电影之一，电影明星是 Erol Flynn。妈妈更喜欢那些中国电影，而不是美国的牛仔电影，但她还是鼓励爸爸去看牛仔电影，因为我非常喜欢牛仔电影。

当我们在排长队买票的时候，通常有黄牛会接近我们，而爸爸会很乐意地为我们买了三张价钱更贵的黄牛票。

好日子总是过得很快。我们在一起呆了三天之后，我再也不能抑制住我的好奇心了。

"爸爸，你的部队在战争结束的时候，有没有接触过更多的日本兵？"我在一家餐馆里吃晚餐时问他。

"就在战争结束前，我们确实与日本军队进行了几次战斗。因为我们的军队现在更老练了，我们有了新的更好的装备，我们正在打败日本人，但我们的伤亡也非常大。第 586 团的好几名军官被打死。在独山附近的几个月里，我失去了许多好朋友。"爸爸说，"如果战争结束得稍早一点，他们中的许多人就会活下来。"当讲到他的战友和同事为我们的国家而牺牲了他们的生命时，爸爸通常变得非常情绪化。

"那些勇敢的人是我们国家的英雄。"妈妈说。"我们应该为他们感到骄傲，并铭记在心。"但当我想到他们的家人时，我忍不住感到非常难过。

"你在战场上时，我和妈妈都非常担心！"我承认。

他平静地说，"哦，你们知道我是一个坚强的老兵，没有子弹能伤害到我。有一次，一颗子弹在我的制服旁边打了一个洞，就在我的腰围处。"他把制服拉到腰间指着一个离他腰部大约 2.5 厘米的地方，他补充说："看！这就是子弹穿过的地方，几乎要击中了我的肾脏。"

"爸爸,你当时害怕吗？"我问，但立刻就担心我问错了问题。

"不怕！"爸爸笑着说，"直到几天后我换洗我的制服时，才發現这件事。"

妈妈和我都笑了。"你很幸运。我想那一天，佛祖一定和你在一起！"妈妈开玩笑说，她知道爸爸不相信佛。

"你从这里离开后会去做什么？"妈妈问，我能看到她眼中的忧虑。"既然战争结束了，就没有更多的战斗要打，也不再需要那么多士兵和军官了。"

"现在，我必须留在第586团，"爸爸解释说，"我不知道我们要去哪里？但我正在考虑，下一步申请去陆军大学，战争已经结束了，如果我想留在军队里，就必须参加最高军事学府以取得进步。"

　　"陆军大学在哪里？你认为你什么时候可以离开这个团？"妈妈问。

　　"现在陆军大学位于重庆的郊区，一旦我回到我的单位，我就会申请并参加考试。"爸爸说，"当陆军大学搬回到南京时，我们将再次相聚。所以你仍要和党史委员会一起行动，我不能确定陆军大学什么时候会搬家。"爸爸总是对他计划做的任何事都充满信心。

　　战争的后果是同样残酷的，由于实际原因，我们一家人总不能在一起。如果妈妈和我留在重庆等爸爸进陆军大学，我们不知道那将会持续多久？妈妈在党史委员会的收入也会被终止。如果爸爸被命令与586团呆在一起很长时间，那是不可想象的。

　　过了一会儿，我们又得跟爸爸分手了。在那个闷热的夏日早晨，我们看到爸爸准备了一个小袋子，离开了旅馆。他告诉我们，只要他的下一步行动决定下来，他就会写信给我们。就在那个早上，妈妈和我回到了我们在凉风垭的小空间。住过旅馆房间之后，这栋建筑里的空间显得更小了。但是我们已经习惯了这个临时的家，就像我们已经习惯了其他住处的一样，因为我们别无选择。

第十一章

望断归来

　　1946 年 9 月 9 日，没有任何预告，党史委员会就通知所有成员立即上船，大楼里的每个人都在收拾行李准备出发。妈妈和我赶快把我们的手提箱和行李袋都拿出来后就到大堂集合，此时已经有一百多人在大门口等待上车。没有工作人员帮助搬行李，在委员会官员的安排下，我们自己搬行李并排队上了第 8 号车。最后一辆车装满后，车队就离开了凉风垭，30 分钟后车队到达长江岸边的码头。码头上已经挤满了许多准备上船的乘客，除了来自党史委员会的人员外，还有其他部门的人。

　　我抬头看了看这艘大船，这是许多类似的大货船之一。战争胜利后对长江客运的需求急速增加，因此货船也被临时征用以替代客船使用。我认为这艘船的载重量至少一万吨以上，我想到的是操作和控制，如此大船的所有机械设备和电力系统值得我去探索，这段旅程一定是非常有趣和激动的。但是用运输各种货物的船替代载送从重庆到南京的长途乘客，是完全不恰当的。货船上大统舱可以容纳成千上百的乘客，可是各种设施都不足以维持这么多乘客，日常生活的吃喝拉撒睡五大件事都很不方便，尤其是在战后时期，物资溃缺、人心涣散，加上船上的管理混乱，乘客的生活困难程度可想而知。但是乘客们只有一个信念：回家！回家！早点快点回家！只要到家，见到家人比什么都好。

　　妈妈说党史委员会成员与其他几个政府机构的人员一起乘坐这艘船，因此船上一定是非常拥挤的，此外没有主管或协调人员告诉乘客上船后该做什么，因此上船的过程是我一生所见过的最大混乱场面之一。党史委员会和其他机构的高级官员，分别住入为数不多的几个小房间，其它大部分乘客不得不挤入大船的统舱、走廊和楼梯各处。我和妈妈在甲板上挤了一段时间后，就移动到第二层甲板走廊上的一个对着墙的小角落里。这个不超过 1 平方米的空间，将是我们未来一周或更长时间的"家"。我们把所有的东西都塞进了这个空间，我们的行李箱就放在我们的身边，我们可以睡在枕头上。我们在黄土坡如此艰难的生活都已经受过，这几天的生活并不值得去抱怨，与船上的每个乘客一样，只盼望着早日到达我们在南京的家。货船走廊过道的行走空间，完全被坐在地板上的人占满，过路人必须小心翼翼地行走，千万不要踩到别人的脚或身体的其它部位。过道走廊的天花板上，两盏昏暗的照明灯悬挂在 2.5 米高的钢梁上，几乎没有足够的光线来看清道路，因此多次发生乘客从走廊或者楼梯上摔下来的意外事故。货船的发动机声、河浪声和我们周围乘客不停地讲话声，构成陆续不断的扰人噪音。

　　妈妈让我留在她身边，直到货船离开码头。我十分明白与妈妈分开的危险，只是坐在船板上，看着正在发生的各种混乱局面。流动的乘客不断地走过我们的身边，有些人仍在寻找可以坐下来的空间，而另一些人则是向他们各自想去的地方。有的走过去、有的走过来。

10米外的厕所里的恶臭简直难以忍受，幸运的是厕所在船的后端，这样当船向前行的时候，我们就不会闻到厕所的臭味了。和大多数乘客一样，我们并没有任何抱怨。无论如何，时我确信在这艘大船上可以发现许多乐趣之后，我会利用这个狭小的空间来休息。再想想这次冒险结束后，我们将回到我的出生地，这将是多么温馨的感觉！

当我和妈妈走进我们在走廊的空间处，就陷入共同的沉默，我想象着她在想些同我一样的想法。回到我的出生地，我很兴奋，但在如此多的时间过去之后，我们的家在敌人长达八年的占领下会发生什么？这些多年来，我真的不知道我们家的老房子到底是什么样子？但不管它是什么样的，我们总能把它修好！

"我们到达南京以后，你打算先做什么？"妈妈把她的头转向我，以便打破沉默。

"我想先看看我们的房子。在我们搬进去之后，我想要种一些像我们在复兴冈看到的那样的美人樵。"我问，"我们家里有电灯吗？"

"当然，我们家每个房间都有电灯，我们家里还有一个电炉和几个电风扇，我相信你会喜欢的。"

"是一所大房子吗？"

"房子里的房间非常大，至少可以住十几个人。客厅的大小是亚光寺的五倍。房子有一个前院，有草坪和花圃，后院也有篱笆，有鲜花和蔬菜园。"

"但我想知道，在那个大房间里，爷爷的剑是否还挂在墙上？"

"已经很长时间了。可能会被闯进房子的人带走，但是我们能够回到那里，我还是会很高兴的。"

"妈妈，我已经等不及要看南京的房子了。我们住过小泥屋，租过小破房子，拥有自己的房子是一种非常好的感觉。"我说。

很幸运我不觉得很饿，因为船上的商店供应的饭菜都非常贵而且太拥挤。唯一提供的免费服务是开水，可以用于煮茶和加热干粮。妈妈准备了一些甜米糕、干蔬菜、炒米和其他干粮，所以她可以为我准备少量的热饭。泡在热水里的米饭比我想象的要好吃。一旦我们发现有人在喊 '开水'时，走廊上人群就必须迅速让出一条路。需要热开水的乘客只需拿一个杯子或者一个小碗，然后船上的服务员就会停下来，用一个大热水壶把乘客的碗或者杯子盛满，大多数人只是口头上表示感谢，但妈妈会给他一个小钱币。

船离开码头前，货船走廊里的温度超过了摄氏37度，妈妈担心在这种不健康的环境下，很多乘客会中暑或患上其他疾病。她指出在船上没有诊所，更没有一个医生，任何生病的人，都要等船停靠在长江边某个城镇码头时，上岸去当地诊所接受治疗。上船后我就坐在妈妈旁边，汗出得很厉害，为了防止我生病，妈妈给了我三粒小黑珠子。这些小珠子闻起来，有一股强烈的中药味，我把它们放进嘴里，确实让我感到舒缓和平静，但仍在出汗。船离开码头开行了大约5公里，就有江风吹过，使货船走廊上的温度下降了不少，乘客也感到凉爽舒适，避免了中暑或患疾病的可能。

船离开长江岸后，我告诉妈妈，我想跑去探索这艘大船，她提醒我要小心，不要靠船边太近。我认识的几个孩子也在船上，当我们开始在船上徘徊的时候，甚至还碰到'精英三'，他们也在甲板上玩，但是我们尽量与他们保持着距离。

我们从船头到船尾，从上面甲板到下面底舱，任何可以允许去的地方我们都要跑到。从燃烧柴油的引擎室玻璃孔中窥视，巨大的活塞推动曲轴平稳转动，但是声音很喧闹，真是一件很有趣的事情。我们尽可能想靠近驾驶舱去看看，那里有几位高级船员正在驾驶这条大货船。我对他们的驾驶能力感到惊讶，在时而狭窄、时而烟波浩渺的长江面上，引导着大货船向前航行。我真正希望也能够站在他们的身边学习，但是一个凶悍的船员把我们从通往驾驶舱的平台上赶了出来。"嘿，小孩子！快从驾驶台下来，如果你们再来这里，就把你们抓起来！"他喊道。我们三个小孩很不情愿地走下陡峭的楼梯，来到主甲板上。当我们走近船头的时候，我一个人站在船头，一只手握住旗杆向远方的江面眺望，江风吹着我的脸，我感觉自己像一个海盗战士似的，要去征服大洋对岸的新陆地！至少我们凯旋归来了。一种快乐的感觉从脊背骨向上涌起，就像我站在世界的顶端，现在我们正沿着长江往下游航行，我希望这次旅行能持续一个多星期。

"嘿，你在那儿干什么？赶快回到船尾去！这里风太大了！"一阵喊叫声使我从白日梦中清醒过来。在船尾，在拥挤的人群中，我站在那里看着这艘大货船留下的波浪汹涌的白色尾迹，向后方渐渐地减弱，直至消失在最远方，就像在脑海中记忆的往事，渐渐地减弱、渐渐地减少，直至完全消失为止。

"我们再下去看看锅炉房怎么样？"我请求地说。

"你的意思是去看看柴油发动机室？嗯，你去吧，我想要休息一会。"凤盘说。

"我也累了，待会儿见。"德森一边说一边走了。

凤盘和德森都是不喜欢机械的，我拖他们两、三次后，他们就对这艘船失去了兴趣。他们喜欢回到船上自己的位置，喝加糖的碎冰来放松一下。因此，从开船后第三天开始，我就只好独自探索这艘船。

开往南京的大货船载着各种各样的人。有一天，我在没有朋友的陪伴下，一个人在货船内部随意散步，我冒险进入下甲板的一个偏僻的小角落。在那里，我注意到两个大约7、8岁男孩站在一个头发灰白、脸上满是白胡须的老男人面前，老男人把男孩子的裤子脱下来，并把手放在他们的阴茎上。

当他发现我时，叫了起来"嘿，小伙子！过来，吃点糖果。"老家伙一边跟我说话一边继续他的行为，我很生气，因为我以前听说过孩子被性骚扰的事。

"你想要干什么？"我尖锐地问道。

"我只是想检查一下你的小鸟，看看是否会变得强壮？"他带着一种奇怪的、令人厌恶的微笑说，这让我非常生气。

"你这个坏家伙，王八蛋，竟然在船上对小孩子做这样的事情！"我朝他喊道。

"哦，我不是在伤害他们，过来！我要给你看看。"那人又说了一遍，露出了他那十分难看的烟草色牙齿。

"我会告诉警察。你这么做是会伤害小孩子的，你这个可恶的老头！"我威胁他。

"走吧，看看我是否在乎？你這個雞屎！"他很沮丧，但继续对这两个男孩子的猥亵，我赶紧跑到走廊去找妈妈。

"妈妈，有一个讨厌的老男人在底层的下甲板猥亵两个小男孩。"我对妈妈说。

"告诉我到底发生了什么事？我马上就报告警务人员。"妈妈如此愤怒是我很少看到的。

"这事情发生在下楼梯后面的后甲板通向一个储藏室或其他地方的过道内。"

立刻，妈妈冲了出去，找到了党史委员会的安全主管。在妈妈报告了这件事之后不久，我的所有朋友都听到了这个事，并来问我有什么情况。

"你知道那个老怪物到底发生了什么事吗？"林绍兴说，"你妈妈报告以后，那个可恶的老人就被安全官员逮捕了。后来我妈妈告诉我，那个老男人是为教育部工作的，你能想象一个这样的人能为教育工作吗？"

"嗯，他可能是一名厨师，一名军官或者是教育部的一名看门人，但我希望他不是一名教师。不管他做什么工作，是什么职位？都应该受到严厉的法律惩罚。"我说。

无论如何，后来没有人再见到这个老男人了。一些孩子说，他很可能在长江边的某个小镇被关进了监狱。但也有些孩子发誓说他被绑住后，就扔进长江里。那天我对那个场景非常生气，以至于我对那个老男人没有任何同情，也不管后来他发生了什么事。

以后不久，我把这件事放在脑后，继续对货船和长江的探索。有一天，我在上层甲板上碰到了'精英三'，他们的心情显然很好。

"嘿，天任，你要去哪里？"又白微笑着问。

"现在，船即将航行到的最特别的地方！"

"你问什么？"我怀疑

"嗯，我们正在接近长江三峡！你是不是也想和我们分享对长江三峡的了解？"忠述说。"和我们一起在这里度过这一艰难的、但是非常值得纪念的时光。"

"好吧，我会留下来，但不要问我不知道的事。"我开玩笑说。

"从我们在学校里学到的知识，我知道长江是中国最长的河流，全长6300公里，从青藏高原发源后，穿过山脉和平原，流经云南、贵州、四川、湖北、湖南、江西、安徽、江苏等省，在上海附近流入大海。长江的宽度在它的行程中发生了很大的变化。在长江上游的狭窄部分，水流湍急，奔腾咆哮，在强劲的波浪和涡转，一艘船就会像叶子一样剧烈地晃动着被推到下游；然而在长江下游的变宽部分，就好像是一个平静无浪的大湖，风平浪静，一艘船就会像木盆一样，平稳地在江面上慢慢地飘向下游。"忠述说

"我上次旅行是在9年前，那时我还太小，还不知道在这条美丽河流上航行的危险。我特别好奇的是所经过的三峡，据说这是长江中最美丽、最危险的部分。"我说。我和'精英三'在顶层甲板上，那里的视野比主甲板更广阔。

"你知道，长江三峡靠近四川边境与湖北省接壤处，从四川东北部开始，由瞿塘峡、巫峡、西陵峡组成，从三峡开始到结束，全长的距离超过了160公里。"忠述对我说。

"我知道三峡经过四川和湖北二省，虽然我不知道具体的哪个峡谷在哪里，但我相信乘船过三峡将是一段很奇妙的行程。"我说。

当我们接近瞿塘峡，三峡中的第一峡时，尽管开始的这一过程仍然很顺利，但是我注意到水的流动速度要快多了。我们一进入峡谷，船就开始摇晃，猛烈地冲了过去。一个阳光明媚的日子很快就变成了黑暗、阴郁和朦胧。当我抬头看着我们两侧的高大陡峭的山脉时，我挣扎着抓住任何我所能找到的能保持站立稳定的东西。我和'精英三'，四个人的面色都很苍白，他们三个人先后离开，回到他们的床上。但是我决定留在大船的露天甲板上，再多看一会。

从船上向外望，我能看见前面和两边的江面水里有无数的巨大的旋窝。船在行进时剧烈地摇晃。江水流得太急了，我以为船要慢下来了，江岸边的泥土混入水中使长江水变黄了。江面上漂浮着无数的破船残骸。在不到五分钟的时间里，我看到了几具肿胀的尸体，它们都是脸面朝下，在汹涌的长江水中漂浮着。我突然感到有一阵阴风吹打在我的脸上，雾气又增添了几分寒意。到目前为止，包括孩子在内的大多数乘客，都开始陆续离开露天甲板，回到他们的睡眠处。我只能在前甲板上再呆上几分钟，然后转到船尾或走廊的温暖处，那里的风并不那么强烈。在平静的船尾，我可以把注意力集中在美丽峡谷的自然景色上。我真希望爸爸的柯达相机没有被那个卡车司机偷走，这样我就能捕捉并保留我所看到的长江三峡美景。

　　船进入峡谷不到半小时后，我们又回到了开放的水域。现在，河流两边的山脉变得越来越远，不再像峡谷里那么陡峭了，河水变宽了，水流越来越平缓，越来越多的人出来了。但是经过了一小时的平稳航行后，我们进入了第二峡谷，巫峡。

　　我再次密切注视着河水变得越来越窄，水流越来越急，天空变得越来越黯淡。船又在上下剧烈地颠簸着。我所认识的孩子中，没有一个人能有这种体会，一天的辛苦劳累后，他们早已进入梦乡，我再一次感受到强烈的夜风和冰冷的薄雾带来的寒意。但这一次，我在船头几分钟后，就直奔第二层甲板中段的小走廊，感觉很好奇，但完全筋疲力尽，我扑倒在妈妈旁边的地板上，陷入了深深的睡眠中。

　　当我醒来时，已经变成了完全的黑暗。妈妈告诉我，这艘船已经过了瞿塘峡和巫峡，现在正停泊在一个小镇的码头上过夜。我想，这艘船也需要休息一下，然后就要转入西陵峡，这是三峡中的最后一个。我们都被船上的官员命令留在船上过夜，不准下船。

　　第二天早上，当船再次开动的时候，我正准备出去，但是妈妈叫我留在走廊里，因为当她用右眼检查我的额头时，说我可能有点发烧。我确实感到累了，决定听从妈妈的意见，所以错过了观看最后一段西陵峡谷的艰难航行。当天下午，这艘船停靠在宜昌市码头，为加油和补充供水，允许乘客上岸逗留两小时。

　　妈妈和我决定轮流上岸。我先上岸，宜昌市是湖北省的大城市之一，码头上挤满了小贩和乞丐。我赶紧去买一些妈妈喜欢的热面包，然后就回到船上的安全地带。轮到妈妈上岸时，她为以后的旅程买足干粮后就匆忙回来了。

　　"我不喜欢在码头上看到的那些事情，我想有很多绝望的人在寻找机会，我很高兴你这么快就回来了。"妈妈说。

　　船离开宜昌港后，凤盤和德森来船头找我，想谈谈三峡。

　　"你看到了整个巫峡了吗？"德森问道。"我听说它被认为是中国最主要的风景名胜之一。"

　　"我确实看到了，但看到了这个峡谷之后，我真的认为它没有我想象的那么有吸引力。"我说，"穿过巫峡更像是对水手们的勇气和忍耐力的考验。对于那些一直在看河流和山脉的乘客来说，这是很困难的，尤其是看到河流中的尸体漂浮在水面和在河岸上散落着船隻残骸的时候。"

　　"自从几个月前，大批政府人员和老百姓开始从重庆返回南京的时候，长江航道上就挤满了许多超载的船只，三峡里的很多沉船就是使我们会感觉到紧张的场景，而不是山水的美景。"凤盤告诉我和德森。

　　他说："我敢肯定，当士兵们完成战争任务后，将会和水盗们打交道。"

"我也希望如此,我很高兴我们能在这艘大船上,比较安全"德森说。"我们這船上至少有十多位武装警卫。"

"为什么这么多天来我都没见过?"我说。

"嗯,这些卫兵都穿得像普通老百姓一样,但他们都带着手枪和轻机槍。我爸爸就认识其中的一位,"德森说。

"也许这就是水盗不敢碰大船的原因,他们知道大船是有武装保护的。"凤盤说。

离开宜昌市后,长江水面相对平静。天黑前,我们的船驶进了武汉,在夜间停了下来,补充了一些货物,许多乘客在码头附近的商店买了生活必需品。我渴望去探索这个著名的大型工业城市,它是中国生产大型枪支、小型火器和其他军火工业的总部。

"我现在不想让你上岸!"妈妈警告说,"武汉是一个大而繁忙的城市。对孩子来说,这是最可怕的地方,自从战争结束以来,我在重庆街道上看到过许多奇怪的人。我敢肯定,在武汉,有许多坏人在暗处等着抢孩子,靠卖孩子赚钱。"她叹了口气,接着说,"在过去的几年中,世界发生了很大的变化,变得更糟了,我们现在离家很近了,我可不想发生什么事!你听到我说的话吗?"

"我听到你的话,妈妈!我明白了,我不上岸了。"我向她保证。

船在武汉停留的时间内,凤盤和德森也都留在船上。

"难道你不打算去武汉江滨游览吗?"我问凤盤。

"和街上那些古怪的人混在一起,不是个好主意。我父亲告诉过我,一个月前,一个5岁的孩子上岸后,再没有人听到他的消息了,我当然不想冒这个险。"凤盤说。"此外,我们也不可能在这么短的限定时间里,去探索这座大城市。"

我们三个人只是呆在一起,在主甲板上看着船的左舷,两名腰上带着手枪的保安站在那里,守卫着上下船的跳板。

"你可以看到那些坐在马车里的富人,穿着华丽的衣服,然而那些苦力和乞丐看起来又饿又病,我告诉你,财富的巨大反差是革命的种子。我担心,在与日本的战争之后,我们的社会将会发生一些其他的战争。"凤盤几乎是在对自己说,因為德森和我都不明白他在说什么。几年以后回想起来,我觉得凤盤是很聪明的。

到南京之前,大船最后停的一站是安庆市。妈妈说得对,离我们的目的地很近,我更加不想让任何坏事发生在我们身上!因为战后那些大城市的坏名声,我们这艘船上的孩子们,没有一个在长江的最后几站上岸。

航行的第七天,我们醒来的时候是一个阳光明媚的早晨,船自信而平稳地向前行驶。

妈妈站起来,靠在我旁边,"儿子,我们正在接近南京了。让我们把东西收拾好,准备好下船。"妈妈高兴地告诉我。

其他乘客也在开始收拾行李,缓慢地向敞开的前甲板移动。当我们收拾好行李后,我要求到甲板上去看船的靠岸过程,妈妈同意了,但告诫我不要离她的位置太远。我挤过一层又一层厚厚的人群,来到船头附近的船舷。当我站在人群中注视着南京的时候,似乎我们都在注视着一个早已分开的亲人向我们走来,一种幸福的感觉填满了我的心,我终于来到了梦寐以求的地方!

从船头上看,我看到了南京港的广阔水域和停靠那里的船舶,各种大大小小正在开行的船舶,都以各自的速度向各个不同的方向移动。在长江岸边,有一个半圆形的大型建筑物在召唤，这是我出生的地方，在我的眼睛里看起来是非常漂亮的！当我们的船慢下来的时候，逐渐向右转，准备靠岸，岸边上的建筑物慢慢地变得越来越大。

"那个大纺织厂去哪儿了?"一个中年男子大声地问，他指着前方，"战前我就是在那儿工作。"

"一定是被日本人烧毁了。"一位老人道。

"那些王八蛋！日本人！我恨那些丑陋的日寇。"另一个人发出嘶嘶的叫。

"我真希望原子弹把他们都杀了！"

"我只想早点找到我的妻子和两个女儿。"另一个男人用一种更忧郁的语气说，"自从八年前我匆忙离开南京后，就没有再收到她们的任何来信。我希望她们还活着。"

"我祝你们好运，朋友们！1937年，在南京，这些混蛋日寇杀死了超过30万的男人、女人和孩子。1938年有消息说，他们杀了我们家里的每个人，我痛恨日本人，我也想参军，但因为太老而被拒绝了。"这位老人眼泪汪汪地说着。

船慢慢地向一个大码头移动，南京上空的清晨，天空湛蓝，云层高悬在上空，那个夏日的早晨，空气依然凉爽而清新，混凝土码头显示了它的年份和大量使用的跡象。工人们正在为停靠码头边的船只搬运货物，许多三轮车、几辆马车和几辆汽车停在附近的街道上。当我们的船停泊在三大桩子旁边时，我可以听到岸上的人用南京话互相交谈，听起来很好笑，但对我的耳朵来说却很珍贵。我的心充满了喜悦、希望和期待，还有一种我无法向任何人解释的兴奋，终于经过这么多年，我们回到老家了！

当然，我并不真正了解我的出生地，但多年来，我一直在想象着这座城市的一切，我和妈妈爸爸分享着许多关于这座城市的信息。在我们这几年颠簸动荡、多次搬家的生活中，始终都保存着我们的家庭照片。我也会常常看着自己的照片，一个蹒跚学步的孩子，爸爸和爷爷，还有妈妈抱着我和我的姐姐的照片，以及一人独自在城市公园里玩耍的照片，在这些照片里看起来我都很高兴。现在，我渴望开始一种和平、稳定的生活，在同一所学校，同一个孩子圈和自己的一家人生活在一起，并且要在很长很长的一段时间里不再发生变化。

党史委员会的一名官员指引乘客经过跳板下船，我们一点也不介意没有人停下来帮助我们，妈妈和我带着我们自己的手提箱和行李下船。在码头上，我们没有看到任何亲戚或官员来迎接任何乘客，这让我们很难过，因为这提醒我们，在日寇对南京的大屠杀和严重破坏之后，大部分回来的乘客可能都和我们一样再没有亲人留在南京了。我们从来也没有希望会有人会像欢迎英雄归来一样欢迎我们，现在我们回到这里的兴奋感，足以使我们能够面对任何困难和挫折，继续坚强地生活下去。

在码头上，看到了凤盤和他的家人，但是在那天早上，我在人群中没有看到德森。

下船后我踏上陆地时候，我第一次感受到了整个旅途过程中的变化，在船上我的神经和肌肉已经适应了长江的波浪，然而回到曾经是十分熟悉的陆地上时，我却时时感觉到大地在我脚下摇晃。一名接待我们的党史委员会官员检查我们的文件后，告诉我们可以登上巴士，前往位于南京中山门内明故宫党史委员会新住处。在等待巴士的2小时里，我在码头漫步时触摸着大理石的墙壁、喷泉以及我觉得非常亲切的雕像。最后我们登上了党史委员会的巴士，进入南京城里，车行大约一个小时，傍晚时分终于到达故宫。一名工作人员领我们到明故宫后面党史委员会分配给我们的双卧室住房。

"儿子，我们终于到家了！"当我们在公寓里安顿下来时，妈妈微笑着说。

"太好了，妈妈！"我说，"现在我能出去四处看看吗？"

"只是要小心些。"她笑了。"不要离家太远。"

现在我找不到凤盘和德森，我不得不独自去探索自己的新生活环境

我匆忙赶到故宫附近的街道转转。 我马上就能看出南京和重庆这二座城市之间有很大的不同。重庆是建在山坡上的，而南京的大都会区就坐落在一个被群山环抱的平原盆地。南京的这些建筑比重庆的建筑更加壮观高大、更加干净，笔直的街道比我看到的任何一个城市都要宽大得多。我最为欣赏的是，在宽大笔直的主街道两旁美丽的法国梧桐，确实是南京城街道的特色。在南京城区街道上有许多三轮车和马车快跑而过，有些路面还是鹅卵石铺的，上面滚动着的车轮声、马蹄声冲击着我的回忆，还是小时候我听过的那种声音。公共汽车，车厢对我来说是全新的，有些是双层的，已经成为城市交通的主要工具，经常在明故宫前经过，再朝各个方向前行。

在街上走了很短的一段时间后，我再回来看了看明故宫。 在它的主要入口处，我看到凤盘和德森正在散步。我加入了他们，一起探索这些雄伟的建筑群。

"看看这座四百年的宫殿吧！尽管与日本发生了长达八年的战争，但现在却还是很完美的，我很惊讶它们是如何在战争中被保存下来？"仔细观察着这座宫殿的整体结构时，凤盘说。

"嗯，我们在码头和公共汽车上，都有人说日本当局曾经命令他们的军队不要破坏宫殿。这就是为什么这座建筑物可以完好无损的保存下来。我不相信日本人会关心保护中国历史遗迹，但他们是为了他们自己的长期占用而保留了这些宫殿。"我说。

我们绕着故宫走了一圈，估计这座四层楼宫殿的主殿覆盖了一大片街区，两幢大约有主殿一半大小的建筑物向后面延伸，就像一只鸟的两只翅膀，一个巨大的花园将主楼与一群小砖房分隔开来。 我们研究了宫殿前面的那四根鲜红颜色的圆柱，直径4到5尺，高五十尺。巨大的双幅大门，20多尺高，还涂着鲜红的颜色，上面有二个很大的金环，这些金环被认为是门把手，尽管它们的位置放得比较高，但是大部分人都能很容易地将大门推开。

在宫殿里面，我们凝视着底楼的天花板，至少有12米高，里面的梁上雕刻有金红色的龙、狮子和其他我不认识的可怕动物造型。陶瓷的屋顶采用传统的中国风格，带有高脊的绿色或黄色的鳍，以及各种形式的龙。明亮的深蓝色、黄色以及红色的墙壁上雕刻着象征皇帝和他祖先的金龙。

"你知道，我为明朝的成就感到骄傲。它是我国历史上最繁荣的朝代之一，也是最具建设性的时代。明朝的第一个皇帝朱元璋把蒙古人赶出了中国，重建了古老的长城并向西延伸了数千公里。他们在北部的首都北京建造了一座称之为紫禁城的巨大宫殿群，他们还在位于南部的南京建造了这座宫殿，以供南下时明朝皇帝居住。"凤盘说，"这些都是写在历史课本上的。"

"嗯，当皇帝们建造宫殿和长城时，许多平民老百姓都因为过度劳累而死亡。我敢肯定，由于皇帝的高税收，很多人都饿死了。但我不确定这件事是不是真的那么好？"德森反驳道。

"没错，生活是艰苦的，很多人都在挨饿，而皇帝却把钱投入到这些巨大的建设项目中。但想象一下，如果当时皇帝把钱分发给老百姓，这样老百姓就可以养

活自己；但是，这里也就不会有人可以享受到古代留下来的宫殿。我认为没有绝对的方法来判断明朝皇帝是对还是错？但是他们所建造的宫殿是真正给后代留下令人印象深刻的财富。"凤盤说。

"我想凤盤是对的，从长远看，最好把钱花在能够保存几个世纪的宫殿建筑上。"我说。

在主建筑上镶有木框的玻璃窗上挂着丝制的金色窗帘，许多木质地板上都显示着花卉、鸟类和动物的图案，这是我们第一次看到如此奇特艺术的建筑群。与泥屋泥墙和泥地相比，我想知道在中国古代，为什么会存在有这样极端差别的生活条件，皇帝贵族过的是如此奢侈的生活！而当时普通老百姓们又是如何在死亡线上，起早摸黑地为生存而挣扎？

我们三个人走到主建筑外面继续探索这所建筑群，穿过故宫的主入口，从2米高的铁栅栏和巨大的铸铁门看进去，就可以看见这个宫殿建筑群的内部，有一个大花园，里面有成群的老黄杨树，有些树木经过数十年甚至上百年的，修剪被加工成不同形状鸟类和动物的造型。花园里还保存有几处装饰良好的花坛，在民间我们从未见过像这样富有的生活环境。

"那些皇帝贵族当然知道如何享受，住好、吃好、穿好、玩好的上等奢侈生活！"凤盤说。

"是啊，但是有多少人为了皇帝贵族享受这个花园，而不得不挨饿受冻呢？"德森说。

"现在中国没有皇帝和贵族，老百姓可以进来走走了，看看这个以前的皇家花园，还能住在这个普通老百姓不可能想到的小区里，"凤盤说。

"不是每个老百姓！只有官员和家属才能来到这里，看看这里是有警卫和许多保安的。"我争辩道。

"嗯，我们是普通老百姓，不是吗？总有一天，这个地方将会对街上所有的老百姓开放，都能够进来参观这处历史遗址。"凤盤说。

我认为他是对的，在这些宫殿建筑群里有那么多的历史，是值得老百姓都进来参观的。

现在我们知道我们住在哪里了，我们回到了自己的公寓。给妈妈和我分配的两室公寓，是我们自战争爆发以来所住的最大最好的房间。我们的宿舍有真正的玻璃窗，可以很好的隔热，党史委员会提供了一套完整的家具，烹饪只允许在一个户外的炭炉上操作，但是妈妈不需要为此烦恼，因为我们可以选择在自助餐厅吃饭。在我们宿舍外，我看见有个操场，里面有足球场和篮球场。对于我们这个年龄的男孩，再玩秋千和滑梯就不大适合了，然而对于篮球和足球来讲，我们又太小了，因此我们需要找到别的项目来玩。

我很快就找到在我们之间有十几个12岁左右的男孩，其中包括来自重庆的我的朋友们，还有其他最近被党史委员会雇佣的一些工人的男孩。在最初的几天里，我们上墙爬树，在宫殿建筑群和花园里玩起了"躲猫猫"和诸如警察和土匪的游戏，而且还组织了一些垒球游戏。因为我们到南京的时间正是学校里一学期的中期，不能入学，所以这一段日子里我们是完全自由的。我玩得很开心，过了几天，我真想去看看这座城市，尤其是我们的老房子。

"妈妈，我们能不能回去看看我们的老房子？"一个晚上我问了妈妈。

"好的，明天我们可以在我下班后的时间去。"妈妈说。那天晚上我很兴奋，整个晚上我都梦想到了我们的那栋房子。在一个梦里，我看见房子里灯火通明，花园里到处都是美丽的花草和小树木。 但在另一个梦里，我看到那栋旧房从里到外， 处处都是烂门破窗和蜘蛛网，房子里也是到处破烂不堪，遍地垃圾，难以形容。

第二天是如此漫长的一天，我一直等到妈妈下班，下午5点过后不久，妈妈和我在明故宫的前街叫了一辆三轮车.

"青云巷，6号。"妈妈对三轮车夫说。

"太太，青云巷在哪里？"三轮车夫问道，显然很困惑。

"战争之前，就在外交部大楼附近。"她解释说:

"我知道老外交部在哪里，但我不知道这条青云巷，我会试着帮你找到。"车夫答应了。

45分钟后，我们来到这个旧外交部大楼所属的区域，现在已经完全空了，都被日本炸弹炸毁了，车夫在这一地区搜寻了将近半个小时，我和妈妈都变得焦虑起来。最后，车夫把我们拉进了一处地方。但是，我们并没有找到一条街道，只发现了一大堆瓦砾堆在一个废墟上并且只剩下几个房屋地基。

"我就是不相信这个！"妈妈叫道，她的眼睛涌出了眼泪，她看起来是比悲伤更进一步的愤怒。"现在所有的房屋建筑都已经完全消失了，我甚至不知道我们房子在哪里？"妈妈盯着废墟，搜寻着她能辨认出的旧房子的任何物品或迹象。

"九年前，在日本兵攻进南京城之前，该死的日本人轰炸了这个地区，这个地区燃烧了整整两天！"三轮车夫说。

"我讨厌日本人，我恨日本侵略者。他们是非常非常坏的人！"我气急败坏的说，如果妈妈不是跟我一起来的话，我会用更粗的话来骂日本侵略者。能回到我们自己房子的所有的希望和所有的计划都完全破灭了！ 我的一个带花园的老家房屋！梦想没有了，我很失望，我想要尖叫！

"请把我们带回明故宫。"妈妈对车夫咕哝着，我能觉察出她的声音有多么沮丧。在回家的路上妈妈再没有说过一句话，我们也不再谈论这栋房子了。

第二天，我一直在想，为什么日本兵要杀害这么多无辜的人？摧毁我们所有的家园？为什么那些试图征服世界的愚蠢将军们要造成世界性的死亡和毁灭？我越想，就越生气，我看到凤盘和德森，要告诉他们日本兵对我们的老房子都做了些什么，害的我们一家人死了一大半，剩余下的一小半还无家可归！真是国家贫穷落后，民族受苦受难，百姓家破人亡！

"妈妈昨天带我去看了我们的老房子，你们知道我看到了什么？"我对他们说。

"我猜小偷把房里的东西都拿走了。"德森说，"你还找到什么留下来的东西？"可悲的是，他竟然还想到会有东西留下来？

"那些该死的日本鬼子把我们的房子夷成平地了！不仅仅是我们的房子，还有整个社区的数百栋房子，为什么日本军队竟然会做这样的残忍事情呢?"我充满着仇恨的情绪说。

"你知道那是战争！如果我们入侵日本，我们可能也会采取同样的做法。战争是最愚蠢的！"凤盘说。

"我不这么认为。我不认为我们的士兵会杀害无辜的老百姓，尤其是婴儿，我们绝对不是那种愚蠢的动物！ 我是知道的， 因为我是和我们的士兵一起长大的！"我坚持道。

"我同意天任的讲法，日本兵是非常残忍的动物，我也认为我们的士兵绝不会有这样的野蛮行为！"德森完全同意我的观点。

"好吧！我同样也认为我们是文明的人，我们是具有五千年文明历史的中华民族！"凤盘说，只是为了让自己冷静下来。

我们试图把谈话转到愉快的事情上。

"让我们想想其它一些有趣的事情，为什么我们现在能不能有一把自己制作的枪来用于打靶练习呢？"说着，我看了看他们。

"听起来很有趣，但我们要怎么做呢？"德森问，在南京的时候，德森的父亲想要赚到一些钱，让他们可以回到自己的家乡。

"嘿，如果你们说的是枪，我就要走了。"凤盘说着，然后他就走开了。我知道他是认真的，作为一名虔诚的天主教徒，他是不会碰枪的。

"好吧，如果我们能找到像管子一样的东西，子弹就会被管子引导，再加一副弹射装置，然後就像用弹弓弹射的枪一样。"我解释道。"我只是不知道我们在哪儿能找到把它们装在一起的材料。"

"我想你是在做白日梦，你在哪里可以找到这样的东西？"金森说，他是我们的新朋友之一，他刚刚路过。

"好吧，我们总能想出一些办法来。"我建议。

"找到像你想象的材料很不容易，甚至是不可能的。"金森说。

"让我们想一想，明天再来怎么样？""我建议。

那一刻，我们完全不知道该做什么？但是金森让我更坚定地要找出一种方法，来制造我提出的枪。晚饭后，我独自在宫殿里游荡，寻找各种各样的可能性。以前我也曾看到过一些可能用的东西，但我知道它们是非常危险的。

第二天早上，德森和金森都在同一地点出现，就像我们前一天晚上离开时一样。我轻声对男孩们说："我有一个主意，我们可以试试，但可能会给我们带来大麻烦，你必须发誓，没有从我这里听到这事。"

"我们发誓，我们会保守秘密的，告诉我们该怎么做？"德森和金森异口同声地说。

"好吧，"我开始说，"我看到了主楼里的窗帘，人们把它们拿下来，然后再把放回去。所有的窗帘都有一个镀金的管套，放在每个窗帘的上面。我认为小窗边的窗帘管套的尺寸，应该正好适合我们使用。我的计划是在四楼的储藏室里取下一个窗帘杆和套筒，在我们测试完我们的枪后，我们再把窗帘杆和套筒放回去，没有人会知道的。"

"嗯，你是对的，如果我们被抓住，我们将陷入深深的麻烦之中。"德森说。

"好吧，如果我们小心地把窗帘拿下来再取出窗帘杆和管套，很快就送回去，会有谁来找它呢？无论如何，没有人会去那个旧储藏室的后面检查的。"金森对这个好主意深信不疑。

"我们在等什么？让我们现在就开始吧！"德森说。

我们三个人冲进主楼，急忙跑到四楼。我们朝储藏室走去，那里堆满了旧家具和密封的箱子。房间没有上锁，所以新工作人员可以到办公室来，为他们的办公室挑选需要的桌子和椅子。老张坐在门边的一张桌子旁，看好那间屋内的东西是他的全职工作。老张是个半聋子、心地善良的老人，他独自坐在那里，看上去很无聊，正在读着一份离他鼻子约七厘米的旧报纸。

"老张伯伯，你好吗？我们只是想在那里玩十分钟'躲猫猫'的游戏，请让我们在这里玩得开心些！"德森请求道，他的父亲是老张的好朋友。

"只要你们这些孩子答应不会弄翻任何东西，而且不要发出太多的吵闹声就行，否则这是不可以的。"老张说道。

"我们会很安静，我们会小心的不会弄翻任何东西。" 德森承诺，我们点头表示同意。

我们径直走向侧窗，拉起一把椅子，站在上面。我先把末端螺母拧松，把内棒推到一边是很容易的，窗帘杆和管套从内杆上滑了下来。我把窗帘挂在没有窗帘杆的侧面固定装置上。如果没有仔细检查窗户，没有人会发现那根窗帘杆和管套不见了。我把管子插进夹克里，示意我们该出去了。

"谢谢你，老张伯伯。我们现在要走了。"当我们轻快地走到老人的前面时对他说，他只是哼了一声。

我们跑下楼去，走进茂密的树林里，我拿出了取到的窗帘杆和管套，我们三个人仔细地检查了一下。那窗帘杆长约25厘米，直径只有0.8厘米，管套里面的杆子比管子的内部直径小一些，就是这样，内棒的末端有螺丝环纹，这个螺母末端有一个装饰性的环，用来隐藏窗帘杆上难看的螺丝。我很快地决定，我们用的橡皮筋可以穿过环，然后再固定在管子上，总而言之，这样就能做成我们的完美武器。

"这真是上天恩施的礼物！"德森说。

很快，我们发现了一个明故宫裡鞋匠用来做橡胶鞋底的大橡皮圈，可以用来作橡皮筋，我们把橡皮筋套在杆子的环上，再用一根小绳把它绑在管子上，这样我们的枪已经做好了。接下来，我们需要看看是否真的有效果？我们把一块小石子装进枪里，然后把它发射了。小石子强劲飞出，现在我们需要找到大小和形状合适的小石子，才能获得最佳的射击效果，此事并不容易。

"我有个主意，但是……"金森开始了，然后他停顿了一下。

"来吧。告诉我们你的想法。"我不耐烦地说。

"好吧，如果我们从旧印刷室取用一些铅字来作为我们弹药的原料，行不行？"他建议。

"铅字弹的形状对我们的枪来说应该是完美的。"我说，"但我们不知道能否拿到它们。"

"据我所知，自战争爆发以来，就没有人使用过印刷厂这个地方。" 金森说。

"没错，那所印刷厂根本早就不使用了。" 德森同意，"谁会注意那个废弃印刷室里的那些垃圾呢？让我们去找一些试试吧。"

我们跑进废弃的、没有上锁的房间里。我们毫不犹豫地都同意3号铅字将是作为我们的枪子弹的最佳选择。我们把它们一把把塞进口袋，这样就没人会看到是我们把铅字从出版社拿出来。我们在外面发现了一片空地，把子弹装在枪里开始射击。我们向树干、瓶子和罐子射击，准确度非常高。我们轮流用射击粉碎瓶子和摧毁罐子。粉碎瓶子和打中罐子的声音增加了射击的乐趣。我们的枪就像有一种魅力吸引住我们三个人，我们的手在处理那些铅字的时候被弄黑了，我们的裤子口袋也变黑了！

就在我们制成枪的那一天，住在故宫里的其他一些孩子听到了我们射击试验后，引起了骚动。

"你们这些家伙在干什么？"他是一个12岁的瘦个子，眼睛大，鼻子大，名字叫顾立，就住在我家附近。

"这是我们刚制造的一种新枪，看看它有多精确。"我说着，我对准一个小瓶子的腰部射了一枪，小瓶子马上碎成碎片。

"哇！这真的是奇迹！我可以试一试吗？"他问我。

"当然，我装好子弹后就把它拉出来，记住，不要把枪指向任何人，准备好了吗？"我帮助顾立，让他试一次。

"这是很有趣的。我能再打几枪吗？"顾立请求道。"好吧，再打两枪。"德森说。

又有两个孩子出现了，我们也让他们练习了几次。一小时后，'精英三'出现了，这是我们给他们留下最深刻的一次印象。

"我以前从没见过这样的东西。你们在哪儿学习过，如何制造这样的枪？"又白问道。

"我们没有向任何人学习过。这是天任的想法，我们一起做了。"金森骄傲地宣布。

"嘿，天任，你从哪儿弄到这杆枪的材料？它很漂亮。"曾侯曾问道。

"我们找到了它们，但我不能告诉你从哪里找到的？我建议其他人不应该再制造这样的枪，否则这对每个人来说都有真正的大麻烦。"我警告说。

"我们不会告诉任何人，但你们为什么要如此神秘？"又白质疑。

"没有什么是秘密的，但我们不想让人家知道我们在做什么？"我说。

"我们正在做的事情，你知道我们的一些父母不喜欢枪。"德森说。

"我们是住在政府的公共房产里，我们只是想要非常小心。好吧，如果你们想瞒着我们说出去的话，以后我们就会知道的。"金森说。

回到家时，我忍不住向妈妈炫耀我的枪，并吹嘘我是如何找到这些材料，并把它们安装在一起的。"儿子，那不是一件很好的事情！在你破坏它上面的铬涂层之前，马上把窗帘杆和窗帘都装回去！就在这一分钟内。"妈妈命令道。

"我马上把窗帘杆和管套拿回去，再把窗帘放回去，但我能够把枪保留到明天吗？"我问。

"我知道如果有人发现窗帘杆和管套不见了，这是件很严重的事！但是，任何官员都不太可能直接进入仓库，仔细查看那扇窗户的。"

妈妈说："好吧，你明天一定要小心地尽快把所有的东西都放回去。"

第二天我离开我们的公寓，找到了德森和金森，向他们解释了妈妈告诉我要做的事情。然后我们享受了最后一轮的目标射击后，我满意了，但是德森问我能否在今天晚上让他保存这杆枪过一夜？

"当然可以，不过要小心不要刮伤外面镀铬层，别让更多的人看到这把枪。"我警告说。

第二天下午，德森和金森都来到了我们的公寓，准备把东西都送回去。我们拆开了枪，检查了窗帘杆和管套，两者都完好无损。

"我们需要从市场上找到一些替代材料来制造另一杆枪，我不想错过射击的乐趣。"金森说。

"我敢肯定，我们可以在某个窗帘店里找到一些用过的窗帘杆和管套。"德森说。"我们今天为什么不去市中心的商店看看呢？"

"我最好问问我妈妈今天她有没有计划，午饭后我会让你们知道的。"我告诉德森和金森。

我们三个人走到故宫主楼，冲到四楼，在那里，老张在他的办公桌上打瞌睡。

我们溜进储藏室，把窗帘拉起来，就像上次一样。我们花了不到两分钟就完成了这项工作。我想，我们无害的小冒险已经结束了，一切都会没事的。

但一周后，像我们一样的几支枪开始出现在故宫的周围。我们的模仿者没有到储藏室去拿窗帘杆，而是在会议室甚至从首长的办公室里取下了窗帘杆，并在他们身后留下了破坏的痕迹。当他们开枪射击时，他们甚至打碎了几栋楼里的一些窗户，他们把我们无害的打靶射击变成了愚蠢而危险的混乱行为。

"我认为我们遇到了很大的麻烦，"有一天德森对我说。"他们将指责是我们首先开始了射击游戏的。"

"但我们并没有破坏任何东西，也没有人知道我们借用了窗帘杆和管套，他们怎么会责怪我们引起这场灾难呢？"金森说。

"我有一种非常可怕的感觉，德森是正确的，我们可能将会得到指责。"我说。

遗憾的是党史委员会的调查专员对些孩子们提出了质疑，但是没有人对我的角色说什么。然而，那些扼杀了模仿枪支的孩子们告诉他们的父母，说是我开始了这一切，很快我就成了唯一被指责的人。我认为，仅仅因为想出了制造枪，而不是向窗户上射击的想法而被指责，是不公平的。我把牵涉这件事情的其他二个孩子的名字告诉了妈妈。她说那不是我们的错误。

事情涉及到我的好朋友，我找到了德森和金森，向他们谈了这个情况。

"我敢打赌，是李又白背叛了我们，他看起来像个叛徒。"德森愤怒地说。"这也可能是顾立，我只是不相信这三个家伙。"金森说。

"嗯，有一件事我是肯定的。'精英三'会告诉他们的父母，他们的父母也会是调查专员的耳朵，这对我来说很不幸。你看，本来只有这三个混蛋知道这个主意是我的，现在大家都知道了。"我说。

"天任，你知道德森、我和你在一起。我们达成协议。如果他们想要责怪任何人，就让他们责怪我们三个人吧。"金森说。"此外，我们还没有对公共财产造成任何损害。"

妈妈的大老板赖先生把她叫进了他的行政办公室。

"你的儿子要对窗帘杆和窗户造成的损坏负责，你把他拉过来并好好管教他。"赖先生粗暴严厉地说。

"我的儿子只为了这个想法犯了错误，但他并不是把其他的帘杆拿下来并毁坏的人。"妈妈抗议道。

"不过，这是你儿子引起整个事情的！"赖先生反驳道。

"我不认为是這樣的！我儿子没有损坏任何一件东西，也没有为自己留下任何一根窗帘杆。你应该知道是谁造成了这些损害，而不仅仅是责怪我的儿子！"妈妈坚持说。"此外，现在我馬上就辞职！"说完，她就怒气冲冲地离开了赖先生的办公室。

妈妈冲回我们的住处，对我说："我刚辞掉这份可悲的工作，让我们和爸爸一起在重庆生活吧。"

"妈妈，我很抱歉让你丢了工作。赖先生给你带来了什么麻烦吗？我看到她的红眼睛还湿着。

"那个坏男人对我很粗鲁，"妈妈说。"别管他。我们很快就要离开这里了。"

"我讨厌那个人。我长大以后就要杀了他，"我气愤地说。

"不要这样说。我知道你很生气，但你不要去想杀任何人，只是因为他对你妈妈不礼貌，你听到我说的的话吗？"妈妈说。

"妈妈，我真的对他很生气，因为其他孩子都是高官的孩子，他没有权力去对付他们，就专门欺负我们，对這事我一点也不开心。"

"儿子，没关系。我们就很快就会和爸爸在一起，　住在没有人敢欺负我们的地方，那里不会有人会像这里的人一样对待我们，我会尽快安排这次旅行。"

妈妈说。

后来，我去看了凤盤，把整个事情都告诉了他。

"听着，我的朋友，这是现实！当你有地位或金钱时，那就是权力。有了权力的力量，你就能侥幸避免任何灾难。这就是为什么那些地位高的高官孩子会侥幸逃脱。你的母亲只是一个没有政治权力或金钱的图书管理员，所以你就成了替罪羊，你知道我的意思吗？"只有14岁的凤盤对生活的了解比我多的多、还透彻。但我仍然对整个事件是感到非常失望。

"我要惩罚他！"我说，我是在大喊大叫。

"你打算怎么惩罚他？"个性十足的凤盤平静地问。

"好吧，我要伏击他。当他晚上从办公室回家的时候，我会用弹弓射他的头。你知道我从来就没有射错过一次！"

"好吧，假设你射中了他或者用那枪打死了他，你认为你能侥幸逃脱吗？"凤盤说。

"我想把枪击事件和他联系起来很容易。"当我在谈论和幻想时，我看到他抱着他的头，在痛苦中打滚的时候，我现在感觉好多了。

"我很高兴你想通了，我不喜欢也不愿意看到你陷入更深的困境。"凤盤说。

"我妈妈要带我和爸爸一起住在重庆去了，她已经辞掉了工作。"

"你们什麽时候走，请让我知道，"凤盤说。

"我现在得走了，再见。"

我回到了公寓。妈妈告诉我，她打电话给爸爸，告诉他这里发生了什么事。

妈妈说："爸爸说，我应该买二张机票，我们两人应该马上飞过去，和他生活在一起。"

"我们要乘飞机去重庆？哇！"我叫道。"这将是非常有趣的，爸爸真的是这么说吗？"

"是的，我们要飞到重庆去。"妈妈说。

第二天早上，妈妈去航空公司买了两张飞机票。我们赶紧收拾好行李，雇了两辆三轮车，前往南京首都机场。事情变化得如此之快，以至于我都没有时间和我的任何朋友告别。唯一知道我们要离开的人是凤盤，但他没想到我们会这么快就离开。去机场的路上，我没有对妈妈说什么。我很难过，因为我的淘气行为让妈妈受到责骂，迫使她突然辞职。无论如何，对明故宫以及像赖先生这样的人，我的印象都不那么深刻。现在妈妈和我都沉浸在幸福的喜悦中，我们又要和爸爸团聚了！

我们到达机场的时候，我把注意力集中在乘坐飞机这件重要的事情上。我曾经看见过飞机的照片，看到飞机在空中飞得很高，我也曾经在我亲眼目睹的两场飞机失事中收集过失事飞机的残骸，但我从未坐过任何飞机，甚至从未接近过一架飞机。我的好奇心取代了妈妈刚才给我的警告，我必须检查我能触摸到的每一件东西，这可是一次千载难逢的经历。一位漂亮的空姐走过来，牵着我的手，引导我坐在靠窗户的妈妈身边。

当我们起飞的时候，正在下着蒙蒙细雨，最初的攀爬非常颠簸，但我并不害怕。我一直向下看着我出生的城市，那个原本应该是我们家的地方，随着下面的城市越来越小，最后消失在厚厚的云层下面。

第十二章

数经遭遇

重庆沙坪霸机场是从群山两边的山谷中开凿出来的。飞机接近重庆时，乌云密布，下降时的能见度很低，以至我看不见任何陆地。我想象自己坐在战斗机的驾驶舱里，飞行结束返回空军基地降落，我曾也有过这样的感觉，不知道什么原因，我的胃打了一个结，但我试着不让妈妈知道。

飞机在蒙蒙细雨中降落，我睁开了眼睛，如释重负。我们走进了航站楼，就看见爸爸在等我们，我跑向他，紧紧地抱住他，爸爸把手放在我的头上，抚摸着我的头发。当妈妈赶上来的时候，她和爸爸紧紧地握着手。看到爸爸，我感到很高兴，从现在开始，我们家庭的三人将会一直在一起。

爸爸雇了两辆三轮车，带我们去重庆市区的一家酒店。妈妈和爸爸带着一个行李箱，我和其他的行李一起汇入重庆街道上，在长长的车流中缓慢地行进。战后来自四面八方蜂拥到重庆图谋生计的人都挤在街道上，大量的三轮车、人力车和公共汽车阻塞了已经严重损坏的道路。正常的 40 分钟车程，我们花了一个半小时多才到达目的地。当我们入住酒店时已经很黑了。我们决定先在城里过夜，第二天就动身去我们的新家。爸爸解释说，陆军大学坐落在离城市 50 公里外的山区里，他当时正在那里就读为期三年的研究生课程。

"我们都会住在山洞城区里，直到陆大决定搬到南京。"我们在一家餐馆吃饭的时候，爸爸告诉妈妈。

"那将会是多久？"妈妈带着一些忧虑的问道，我知道她不急于回南京，我们的老房子和周边邻居的房屋都被炸毁了。但我猜这个叫"山洞"的名字，让妈妈想起了贵州的黄土坡。

"也许一年或会少一些，这很难说，因为南京的校园缺乏空间。"爸爸说。

"我不介意住在山洞一年。"妈妈说，"这裡并不像黄土坡那么糟糕，是吗？"

"不，那是一个小镇，一个美丽的小镇。在战争期间蒋总司令经常来这里，这里有他的住所。"爸爸说。

爸爸没有问及为什么妈妈辞去工作而决定离开南京，至少没有在我面前问。我很感激这样，能免于我被尖锐的问话或冗长的责骂所带来的尴尬。

第二天早上，我们乘坐的旧公共汽车沿着一条狭窄的山区公路走了三个小时，翻过许多小山，路过了八、九个小镇。山区公路由碎石沙铺成，汽车开过后就扬起了尘土。大多数乘客都像是学生或商人，我是车上唯一的孩子。这点对我来说并不重要，因为我正试着透过布满灰尘的窗户向窗外张望。停靠第二站时，我下车把我所坐的窗户外面的灰尘擦去，这样我才可以看的清楚些。公共汽车艰难地爬上曲曲折折的道路，终于穿过长长的隧道进入了山洞。陆军大学所在地以隧道命名，隧道之外就是市中心区，整个市区只有一条街道上有商店。靠近隧道入口的地方覆盖着茂密的野生植物，使得隧道入口几乎看不见。整座山只有60米高，却能俯瞰前面一大片平地。这个小城市实际上坐落在一座大山顶部的平坦土地上，公共汽车停在离隧道口不到1.5公里处，是这个城市唯一的公交车站。

我们三个人带着行李从汽车站走到一家书店，住入楼上爸爸为我们租的公寓。这栋两层楼的木屋被夹在一排两层楼的建筑中间。

小城市主街就只有一条街。书店老板住在商店后面的一个小房间里。虽然我们已经习惯了在都匀县的店铺里生活，这里并非是一种全新的体验。我们在公寓安顿下来后，爸爸和我下楼去见房东杨先生，付了我们第一个月的房租。杨先生，一个二十出头的瘦高个儿，站在他的桌子后面跟爸爸打招呼。

"欢迎你，郑先生。希望你和你的家人旅途愉快，这是你的儿子吗?"

"天任，见见杨先生。"爸爸说。我向杨先生打招呼，然后转向爸爸。

"爸爸，看这些书!"我兴奋地指着许多书架和书架上的书，上面摆满了书和杂志。那时我很喜欢看小说，特别是短篇小说，过去常常从南京的书店里租来阅读。

"如果你第二天早上8点以前还书回来的话，你可以在晚上免费阅读。"杨先生说，"凡是你喜欢的书，就拿去阅读吧，你不需要任何许可。"

"谢谢你，杨先生。我可以一次带一本以上的书吗?"我问。

"当然可以。"他说"但一定要把它们放回原处，这是你早上应该做的第一件事。"

开始时，从傍晚到深夜，我每天阅读两到三本书，主要是小说、短篇小说集或散文集。这是一种特殊的待遇，可以挑选自己喜欢的阅读材料，而不是被迫阅读学校的课本，或阅读爸爸指定的课程。每当我走进书店，就发现杨先生坐在他办公桌后面的椅子上，旁边放着一杯茶。他总是在看书或者在笔记本上写字。

"天任，白天如果你想拿一本书，告诉我一下就行了。"一星期后，杨先生告诉我。

一整天，杨先生都要接待相当多的顾客，他们通常在书店浏览、阅读或租书回家，或还书回店。杨先生总是温和客气地对顾客们说话，对待他们就像对待我一样好。但是，爸爸看到我在杨家书店里读了这么多书以后，有一天，他把我拉到一边，对我说:

"我需要提醒你，不要相信那些书中所宣称的一切，杨先生书店里的书，大多数的作家都是同情共产主义。"爸爸说。

"爸爸，我理解。我可以分辨出来，哪个作家是极端自由主义者。"我向他保证。

"好吧。巴金，鲁迅和茅盾是三位最受欢迎和最有名的作家，他们都被认为是共产主义的同情者，你读过他们的书吗?"

"是的。爸爸，我读过很多他们的文章和书，他们很好，但我知道他们正试图谴责富人和权贵，尽管他们从来没有提到过共产主义这个词。我已经看到足够多的书，知道他们说的一些东西并不适用于现实。"

"儿子，我很高兴你对你读过的书有了一些想法。"爸爸笑着说。

山洞是农村地区的一个小而不引人注目的地方，但中国领导人蒋介石先生的官方住所就在这个小城市里。有时，我看到他的车队里有十几辆汽车，全部都是黑色的，从泥泞的道路上飞驰而过，奔向茂密的森林后面的安全建筑。一个来自小镇的少年告诉我，一个农民蹲在路边看蒋介石先生车队的时候，站起来时，碰巧手里拿着一根棍子，考虑到他可能是一名刺客，持枪的保安马上就向他开火。

在我这个年纪的孩子心中，蒋介石比上帝更强大，我们钦佩他，我们也害怕他。

在这个新城市里，我没有与我同龄的孩子交朋友。我每天都泡在书里，每天读几本书。 大约两个月后，一个阳光明媚的下午，我独自在家，读着另一本小说，这时我听到大街上传来一阵巨大的骚动。 在这个安静的小镇，没有多少令人兴奋的事情，所以我放下书，跑下楼梯，冲到外面。 一大群人已经聚集在车站附近的十字路口。 我跑过去挤到人群的前面，这群人在60米开外的地方形成了一个很大的圆圈，围住二个胳膊被绑在背后的人，其中一个很明显就是杨先生，我刚刚和他谈了一个多小时的话，这个世界上发生了什么事？五、六名身穿制服的军官站在这两个人面前，一名官员大声宣读了一份官方声明，宣布这些人是地下共产党员，危害我们的社会，由重庆保安司令部命令，立即执行枪毙。杨先生和另一个人被命令跪倒在地，但没有说任何我能听到的话，杨先生的脸像纸一样白。其中一名警官迅速从腰间枪套里取出了一个"盒子炮"手枪，并在近距离击中了他们的头部。砰！砰！两枪，当杨先生和另一个人跌倒在人行道上时，他们的头和身体周围流出了一滩血，杨先生的二下肢抽动了几次，然后就躺在那里死了。当我近距离观察杨先生的尸体时，我的心几乎停止了跳动，然后我生气了。杨先生是一个很好的、受人尊敬的学者，他对我很好，他从来没有对任何走进书店的人说过重话，我也不能想象他能在别的地方做了什么坏事。这些士兵怎么会如此残忍地杀害杨先生这样的人呢？谁给了他们权力？当我的愤怒在我的内心燃烧时，我不敢在士兵面前做任何事情，我很快就跑回家了。

"爸爸，士兵们在大街上开枪打死了杨先生！他们说因为他是一个共产党。"我在泪水中模糊地说。在这一切发生后的一个小时，爸爸从陆军大学回来。

"我知道这种事情会来的，今天的事情就是这样，共产党正试图接管这个国家，所以政府对任何他们认为是共产党，或同情共产党的人都给予最严厉的惩罚。

"但杨先生只是考虑他的书店生意，我无法想象他会伤害任何人。"我无法控制自己的愤怒，看到我仍然很沮丧，爸爸走近我，用温和的声音说：

"听着，我不赞成在没有任何调查或法庭审判的情况下处决杨先生。但是，千万不要批评今天你所看到的任何事情。这种事情或者其它类似的事情，以后可能经常会发生，就在你和我之间。政府做的事情和你在小说中读到的那些坏家伙一样危险，甚至更糟。"

"我明白了，"我平静地说。"我一直认为我们的政府是保护人民的，但是现在我对此产生了怀疑。"

"杨先生是一个温和的人，我不敢相信，只因为他有一些同情共产主义的书，他们就杀了他。"妈妈擦了擦眼泪，叹了口气，妈妈也很伤心，哭了。

几个小时后，身穿制服的士兵冲进楼下的书店，把杨先生的所有书籍、文件和个人物品都装进一辆军用卡车里，然后开走了。 再也没有人讨论这件事，爸爸很快就为我们找到了三个人住的地方。

我们的新家在大约3公里外的花蚯湾，是一所独立的房子，看起来就像在战争期间我们在其他许多地方住过的泥屋，稻草屋顶，用粘土和稻草做的墙上刷了一层白粉，里面有一间大约5平方米的客厅和两间小卧室，还有一间独立的厨房。整个房屋唯一的窗户只有两个没有玻璃的小方洞，这和我们几年前住在杜家寨的房子差不多。 花蚯湾没有下水道，所以我们只好用叶子覆盖的竹茎制作了一堵墙。整个房子的电力供应，都通过一根裸露的铜丝通向房子，另一根电线则连接到插入土里的一米长的铁杆上。每个房间都有一盏25瓦的电灯泡挂在天花板上，开关是在电灯泡的灯座上，电灯挂很高，我和妈妈需要爬梯子上去开灯或关灯。

在偏远的农村，就像我们在战争期间所租用的房子一样，厨房都不在房子里，需要走出房门后，才能进入厨房。我们使用煤炉烧饭做菜，每天早上都先要点火再烧煤炉。

"这是非常原始的住房，但是远离了城市生活的喧闹和嘈杂，虽然在这里我们有点孤独，可是我们在这里可以自己种植蔬菜，并拥有你们都想要的花园。"爸爸对我们说。

"我们习惯住在泥屋里，所以这一切真不会困扰我。"妈妈说。"除此之外，我们还有自己的厨房，有自来水和电灯，虽然不像住在城市里那么好，但这里比黄土坡或杜家寨要好得多。"

房子周围都是高大的杂草和宽阔的农田，只有一个1米宽的地方铺着一片碎石地面，把房子和菜园地分开。我的父母都和我一样害怕蛇，爸爸说我们应该知道房子周围甚至在房子里面也可能有蛇，因此，无论我们在房间里睡觉，还是在房间和院子里四处走动时，我们都要仔细观察有没有蛇。一天清晨，我的父母还在睡觉的时候，我走过父母的房间，发现一条黑白相间的蛇在他们的床上爬过去，这条蛇太长了，一直爬到床上，而且不像会危及任何人，所以我决定不能惊吓这条长蛇，以免吓坏妈妈和爸爸。我只是看着入侵者慢慢地爬到床后，爸爸妈妈醒来以后，我才把他们的"床上来客"的事情告诉了他们。.

"我的天！"妈妈听后吓的尖叫，脸都变白了，她马上从卧室房间里跑了出来。爸爸起床后，马上赶到大学去，带回了两名士兵来帮助清除家蛇。但是士兵们一直没有找到家蛇，我想，我们房子的墙壁和地基上都布满了裂缝和洞，某些地方可能会有一些蛇洞。就在同一天，爸爸请来一位工人把家里所有房间墙壁和地基里的洞都填塞妥当，我希望这样做不会影响到蛇的生命。

爸爸在陆军大学里享有良好的学术环境，他的学习成绩总是名列第一。有一天，他骄傲地带我去见他的研究生同学。他们都是年轻的陆军军官，军衔是少校或中校，爸爸把我介绍给他的朋友时，我不得不称呼他们为某某叔叔。他们开玩笑说，爸爸和我相貌很相似，一定是兄弟！所以他们叫我小郑燦，12岁，我的父亲郑燦31岁。

爸爸每天都在家里，他在房子前院开了一个花园，教我怎样种花、南瓜、洋葱和其他蔬菜。他教给我关于土壤的一切，如何施肥，以及如何移植秧苗等。我也非常关心如何栽培植物，从播种到收获。1947年的春天和夏天，我们有一个美丽的花园，还有更多的洋葱、南瓜和豆子，足够我们三个人食用。

作为一名中校，爸爸的收入使我们能够经常在餐桌上吃到肉。一天晚上吃饭的时候，我发现妈妈和爸爸仍然保持着老习惯，把最好的肉从他们的碗里拿出来，放在我的碗里。"我们希望你能成长为一个强壮、聪明的人。"爸爸说。但这一次，我开始从我自己的碗里拿走一些最好的食物，然后把它们递给他们。战争结束了，我们都有足够的食物吃，从现在开始我们将成为一个幸福的家庭。

我年纪大一点的时候还记得，爸爸有时会抱怨妈妈缺乏教育，不愿意在他们结婚后再去上学。他反复斥责外公说过的话："女子无才便是德"。

"阻止妇女接受良好教育是犯罪行为，你的爸爸不允许你上高中，因为他真的相信老人说的话。你还记得我们刚结婚时，你能背诵那么多古诗和文章吗？你的书法如此美丽，但是现在看看你自己。你都不能直接写自己的名字，甚至不能和受过教育的人进行有意义的交谈，我不认为我们之间是匹配的。"爸爸说。

"我知道我没有受过教育，但别忘了我们结婚时是这么年轻，孩子们都来了，更不用说长期的战争了。我怎么能够得到额外的教育呢？"妈妈的反驳道。

"你还是不承认。你可以通过自学或上学来获得更多的教育，但我认为你没有尝试过。"爸爸愤怒地说，"不努力改善自己，这是你自己的错。你真不配做我的妻子！"现在爸爸每天都在妈妈身边，他的抱怨越来越厉害，妈妈每次都变得很安静，因为这些事情不是妈妈的错，或者只是因为爸爸没有什么好理由而大发雷霆。妈妈好像哭了很多次，但是在表面上，妈妈一直很安静，我知道她一直在受苦，但我不知道该怎么问她。

有一天，我无意中听到他们用福州话在说。他们以为我听不懂福州话，因为这是一种很难的方言，从来没有人教过我。但是我在很小的时候就学会了这一方言。在我6、7岁的时候，我就能够理解他们所说的每一个字。我现在听到的，爸爸用福州话大喊大叫的时候，我的心都沉了下去。他们在争论要离婚！这消息像晴天里的闪电一样震动了我！这一定是一个梦，我希望。

对我来说，家庭关系是所有家庭成员的基础关系。我父母离婚的想法是不可想象的！我们怎么可能是一个没有妈妈或者爸爸的孩子呢？如果他们真的离婚了，我该怎么办？我的世界崩溃了，但我所能做的只是默默的忧虑，就像在战士上前线参加战斗一样，向全能的上苍祈祷。他们的第一次争论导致了另一次，接着又发生了另一次，但是他们从不征求我的意见，我什么也不敢说。

有一天，他们宣布了休战，我听到妈妈告诉爸爸她已经同意离婚了。现在我真的很害怕，不仅是妈妈说的，还有他们在一起说话时用的那种冷静和严肃的语气。通常爸爸会不停地大吵大闹，妈妈没有"侵略者"的武器，就会停止说话。但现在爸爸平静地问妈妈，什么对她是最好的？

"也许你应该在重庆找份工作，或者回去和你妈妈住在一起，或者别的？"

"别为我担心，我一定会有办法的。"妈妈说。

"按照你的教育程度，我不能确定你能找到任何像样的工作。"爸爸说，不是愤怒，而是真正的担忧。"天任怎么样？你能养活他吗？或者他应该和我在一起。"

"我不知道。"她开始哭泣，"我不想离开天任。"爸爸也沉默了。

现在我想知道我应该和哪一个家长一起生活了。也许我应该选择妈妈。但是我又没有能力来帮助她，我只是加给她一个负担，我不能想到离开妈妈。这是不可想象的！我们可以搬到农村的农场去，在那里我可以捕到鲫鱼和鳝鱼。我可以帮助穆老板种植水稻，并与他们分享，然后我就会成为一个农民，这没有什么错。

我也非常爱爸爸，没有妈妈和我，我也无法想象他能够独自生活，但是他很坚强，没有我们，他可能会活下来。我决定，如果最坏的情况真的发生了，我会和妈妈在一起。这样的想法折磨着我，但我还是什么也没说，因为他们仍然相信我根本不知道发生了什么。

但是，就像在两三周前开始的时候一样，关于离婚的讨论突然停止了。爸爸显然放弃了这个想法。我想要相信，他真的是爱妈妈的，不想让她在战争期间经受的一切使她痛苦地生活下去，但我不知道这是不是真的。也许他们都担心如果他们离婚了，他们也会为了我的利益而走在一起。不管什么原因，战争结束后，爸爸对妈妈表现出了更多的温柔，我想知道我们的家庭纽带是否会变得更强。但为了以防万一，每当他们开始用福州方言谈话时，我还是会仔细听的。

我们的生活恢复正常了，我决定再养一只狗。初中还在秋季学期，我还得等到春季学期才能入学。我有很多空闲时间。有一天，我从商店走回家的路上发现了一条黑色小狗，大约三周大，它颤抖着，看起来很饿，很渴。我想它被他的主人遗留在路上，我就把这条病弱的杂种狗带回家，给它吃了些米饭和肉汁。吃了食物的一天后，它变得更健康，更顽皮。 几天后，变得更强壮了，看上去很英俊，有着乌黑发亮的毛发和一双明亮的眼睛。 我叫他青龙。青龙是如此的可爱和顽皮，妈妈和爸爸都很爱它。由于食物不再是一个问题，妈妈允许我用剩下的食物喂养青龙。我和青龙玩得很开心，没有征求父母的同意，我很快就又领养了另外两条小狗。这两条小狗都是在离我家不远的路边捡到的。我给第条只小狗取名小虎，因为它的棕色皮毛有点像我以前养的小虎；第三条小狗是黑白相间的，我把它叫做狮子，因为它是三种动物中最胖的。这三条狗都需要大量的食物和护理。当我没有上学的时候，我一天大部分时间都和这三条狗在一起玩。

"你知道世界各地的人民仍然缺乏食物吗？"有一天妈妈问， "我们不应该把人们的食物浪费在狗身上。一条狗在家里就足够了，但现在你有三条狗了，它们长大后需要大量的粮食。"

"我保证不会在狗身上浪费任何食物。一旦它们长大了一点，它们就可以在田地里和房子后面的森林里找东西吃。"我说， "前一天，我看它他们在房子后面玩捉老鼠的游戏，尽管老鼠后来逃掉了。"

"我无法想象这些杂种狗有能力养活自己。"她说。

"它们可以捉到很多老鼠和兔子，把它们当作食物吃。在后面的田野里有很多这样的小动物，你会看到的。" 我争辩道。我很有信心，因为在穆老板的房子里，我看到了它们的狗捕捉到的老鼠，并吃了老鼠。狗迅速长大。我开始带它们去农场，在那里和他们玩。在那些日子里，我故意不给它们任何食物。在饥饿的驱使下，它们开始本能地寻找食物。在野外的第三天，小虎抓了一只老鼠，把它杀死了，它没有吃它，只是站在那只死老鼠的身上。那条胖的狮子把老鼠放进它的嘴巴，开始咀嚼。其他两条狗专心地看着，然后开始行动。三条狗很快捉到老鼠和小蛇，并吃掉它们的猎物。

当这三条狗去猎杀老鼠和小蛇等动物时，它们就像一个团队一样配合捕捉工作。 小虎的脚动作最快，而狮子则显示出是一个强壮的挖洞者。当它们找到一种小动物时，小虎会追赶，黑龙会跳起来，而当动物进入一个洞时，狮子会把它挖出来。当它们抓住一个大猎物时，它们会把它撕碎并分享。它们相互之间从不为猎物而打架。事实上，除了善意的游戏，它们从来没有真正的打斗过，我真为它们感到骄傲。

"妈妈， 过来看看它们是怎么吃到它们的食物。"我请妈妈到我家房子的后面，看着小狗们玩耍和打猎。 但是当小虎抓了一只老鼠并开始咀嚼时，妈妈不得不离开。

她说："我无法忍受从小虎嘴里滴下来的血。"

"这就是在野外的活路，妈妈。你看，我们完全不需要浪费人类的食物在我们的狗身上，它们是自立的。"我自豪地宣布。

青龙是三条狗中最敏捷的一条。它可以很容易就跳到厨房的屋顶上，从那里跳到我们家的主屋顶，他经常在那里找到鸟、老鼠和一些蛇。我一直想从父母的卧室里寻找那条黑白相间的蛇，但青龙从来没有这样做过。妈妈每天用几块肉和剩余的食物给它们做饭，它们看起来都很健康，有鲜亮的皮毛和强壮的腿部肌肉。

"青龙会像猫一样跳！"当爸爸看到青龙的跳跃时，他说，"真是太神奇了。"

"也许它前世是只猫，"我说，爸爸笑了。

晚上，我的猎人们会从田地里回来，睡在的屋檐下，我为它们做了一个狗窝，下雨的时候，它们会爬到厨房里，睡在泥地上。有一天，我注意到狮子突然失明了，我可以看到一片白色的组织遮住了它的眼睛。我不愿意看到它受苦，但村子里没有兽医，我们也负担不起。在绝望中，我拿了一些万金油，揉进它的眼睛里。狮子痛叫了几分钟。

"但是爸爸，我没有其他的药可以给它。我不得不试着想些办法来帮助它。"我说。爸爸只是不赞成地摇了摇头，我把狮子抱在怀里，然后把它放进狗窝里，拍了拍它，直到它睡着了。

第二天一早，我去看了那三条狗。当它们从狗窝里站起来迎接我的时候，我想狮子会完全失明，但奇迹般地，狮子的眼睛完全恢复了！那天，妈妈用几块多余的肉做了一顿饭，作为对狗的特殊招待。它们真的赢得了我父母的心，成为了我们家庭的一部分。

自从我们离开了都匀，我没有接受过任何正规的教育，爸爸也很关心我的能力和我进入初中的资格。山洞的初中是南京钟南中学的一个分校。春季学期接近了，我申请进入初中一年级。我需要通过一个包括中文、算术、社会科学和自然科学的入学考试。

"天任，你确定你想要进入初一吗？你准备参加入学考试了吗？"爸爸非常关切地问。

"不，爸爸。我真的在三年级的时候学到了很多。"我承认。

"我就读于牛角湾的学校时，并没有真正学到任何东西，我不认为小学毕业典礼有什么意义。"

"我也意识到，入学考试还不到一个星期。我要借一些课本给你读，所以至少你能回答一些问题。"爸爸说，他知道我能够用死记的方法来恶补上。

"是的，爸爸，我会尽力的，"我胆怯地说。爸爸找到最近刚上完小学的孩子们和他的朋友们谈话，回来时手里拿着一摞30厘米厚的书。

接下来的六天里，我一直在这堆书里翻来翻去。大部分教材看起来都很简单，当我参加入学考试时，我完成了大部分的社会科学和自然科学的题目，解决了大部分的算术问题，并在中文写作中取得了很好的成绩，所以我通过了考试，可以作为一个初一的学生被录取。就是有一个问题，我没有必要的小学毕业文凭或成绩单来证明我已经从小学毕业了。学校开学后，允许我参加上课，但在开学的第一周，我收到了一个通知，我必须交上我的小学毕业证书。我去了学校办公室，试图向学校管理员解释，一个40多岁脸上满是灰白胡须的秃头男人接待了我。

"先生，我上过的那所学校是一所乡村寺庙改造成的小学，没有颁发任何文凭或任何成绩单，你能否放弃要求，让我注册后到教室上课？"

但这位丑陋、刻薄的学校管理员只是从他厚厚的眼镜后面抬起头来，说："我们必须遵守规章制度，如果你没有文凭，我们就不能接受你。我将给你一个星期的时间来交你的文凭，否则你就不能进入学校。"

该死的！他是完全不讲道理的，他的态度使我想起了长江上货船上的性骚扰者。可能真的是同一个人吗？现在他要报复？那是不可能的，如果他没有被扔进河里的话，那个孩子的性骚扰者只是一名看门人。

在那次遭遇之后，我做了好几天的噩梦。我想我会被学校开除，可能永远也不能完成我的学业，我梦见自己变成了一个站在公共车站外面的擦鞋童，要擦亮一双无法擦亮的男人鞋子，那人生气了，一脚踢到我的脸上。我还梦见自己变成了三轮车车夫，永远找不到乘客要去的目的地，我已经很累了，但是乘客还叫我继续走，第二天我就筋疲力尽了。尽管我意识到这些梦来自妈妈的提醒，她告诉我，如果没有接受正规的教育，除了擦鞋或踏三轮车，什么也不会做，我担心这可能会成为我真正的未来，我非常伤心，沮丧。

在那些日子，在学校或家里，我感觉自己肩上扛着一块千斤重的石头。在这个世界上，我能找到一个从未存在过的文凭吗？那个学校里的老师简单地告诉我们，我们从六年级毕业了。就是这样，现在我陷入了困境，但我仍然没有告诉妈妈和爸爸关于我的问题，因为我知道他也无法帮助我。不管怎么说，我已经长到可以自己面对问题的年龄。所以有一天，了解到牛角湾离山洞只有几里远。可能有人会为我写一份证明书来，被学校管理员接受？这是解决这个问题的最大希望。

我回到了原来的乡村学校，却发现这座寺庙被重新粉刷了，装饰一新，又重新回到了一个供人们膜拜的地方。所有的老师都搬回了城市，村里没有人能告诉我任何有用的信息，我的小小希望已经破灭了！

现在我该怎么做，再回到小学学习？每一所正规的小学都会要求五年级的成绩单，才让我进入六年级。感到绝望的时候，我转向了初一的新朋友熊光裕。他比我大几个月，似乎很有智慧，他的父亲，熊将军，是陆军大学的教官。

"好吧，如果你有你上过的学校的名字，那就自己做个文凭吧。"他平静地微笑着说。

"这只是战争中的一个临时安排，没有名字。"我解释道。

"没问题，就给它起个名字吧。"

"但是，拿到毕业证书还需要得到学校的印章？"

"这很简单。只要拿一块香皂，就能把看起来像学校的印章刻出来。"他带着神秘的微笑说道。

"大多数时候，你无法辨认出的具体细节，你只能看到一团红墨水。对吧？"

我点了点头。

"你能帮我做这个吗？"我问道，迫切需要他的专业帮助。

在限期的最后一天，我胆怯地走进了管理员的办公室。汗水从我的额头上冒出来，我的手也在出汗。那位老人在一张纸上写了些东西，并没有把头转向我。

"丁先生，这是我的小学毕业证。"我交出假文凭时，不好意思地说。当他抬起头看我的时候，我几乎晕过去了，但他只是从我手里拿了那张纸，把它放进了一个文件夹，连看都不看。在他改变主意之前，我很快就离开了他的办公室。我是多么幸运啊！如果他对"文凭"做了任何调查或认真研究，我就会陷入深深的麻烦之中。现在，我已经正式被接受成为一名初中学生，我得到了解脱，可怕的危机终于过去了。我从来没有告诉过妈妈或爸爸，我经历了多少麻烦才被学校接受。

钟南中学的创始人萧先生是一位富有的商人，他在战前拥有一家纺织厂。作为钟南中学的校友，他捐出了自己的钱，建造了新的教学楼，并支付每年的运营费用。坚固的砖石建筑建在陡峭的山坡上，周围有美丽的风景和大片未开发的土地。礼堂是一个真正的可以作为艺术表演的大舞台。学校图书馆是我所见过的最大的图书馆。这与我在战争期间曾经就读的临时学校和部队学校完全不同。

钟南中学分为三年制初中和三年制高中两部分。一般来说，课程只会在秋季开始，但是由于战争的许多次中断，所以增加了春季班。我不认为春季学期与秋季学期之间会有什么不同。在战争期间，我似乎从来没有和其他同学一起上过学，对我来说，春天是开始任何事情的自然时间，因为春天植物和花朵都开始生长。

后来我才了解到，对于学生来说，像我这样的春季班的学生，是被认为学习能力是比较差的。

所有学校的唯一共同点是，每个班级都有自己的一群恶霸。我的新班级也不例外。在我的班级里，孙建国是一个专门会欺负人的学生。在初一开学的时候，他就开始对所有的男生进行"领导"，他有十几个追随者。大多数时候，特别是当有女生在里面的时候，他会命令他的追随者来展示他的力量。有一天上课前，班级里的每个人都在教室里，他觉得这是一个很好的机会来炫耀一下。这一次，他选择了我，一个瘦小的12岁的孩子，可以选择作为一个展示他的权威肌肉的例子。

"嘿，天任，去给我拿一根粉笔来，"他坐在老师的桌子上，嘴里衔着一根牙签。

"你自己去拿吧，"我厉声说，到现在为止，我是一个久经沙场的老战士了。

"什么？你敢违抗我的命令吗？你这小鸡屎在抗命！我要给你一个教训，来纠正你的态度！"他大声地叫着，让全班都听到，他的牙签无意中从他的嘴里掉了下来。

"去跳湖吧！"我用一种愤怒的语调大喊，他对我的反应感到惊讶，显然感到很尴尬。

"好吧，你这只笨狗。我将在放学后在足球场上与你见面，并给你一个永远不会忘记的教训，"他宣布。

"可以，放学后我在那里等你。"我毫不考虑后果，大胆地说。

当老师讲课时，我听不清老师在说什么因为我为即将到来的打斗而担心。我独自一人，没有人在我身边。我以前曾多次和恶霸打交道，但这是一个新的地方，有一套新的规则。我怎么能和这么多人打架呢？那天下午我去指定的地点时，我真的很害怕。比我年长1岁，比我高得多，也比我强壮，他的所有追随者都在他身后。

"我们是一对一打，还是你需要你们的人来帮助你?"我先挑战了他。

"我不需要任何帮助。"当他卷起袖子时，他说："我要揍你，直到你乞求我停止。"

我们互相推挤，以考验我们的力量，然后我们的拳头开始飞舞。他先把我摔倒在地，然后我又站起来，用拳头打对方。半小时后，我的鼻子在流血，但他也有伤口淤青，我并没有乞求他放弃，但我们都筋疲力尽了。

"停止，我们将在明天再次决斗。"他高声说道。

"我将会在这里。"我说，我的信心在第一次打斗后就建立起来了，他不像看上去那么强硬。

我去了健身房的洗手间，尽可能地清理了我的伤口。但当我到家时，妈妈立刻发现了我的伤口。

"你怎么了，儿子?""妈妈问。"你全身都是蓝色和紫色的。我不相信你撞到了任何一棵树，我想说的是，你和别人打架了，对吧?"

"是的，妈妈，但别担心，我可以处理它。"我说："这是一个恶霸叫做孙建國，我和他打了一架。"我尽量不让她担心。

"儿子，你得小心点，别让病菌传染给我，最好不要受伤。"她说。

像往常一样，妈妈给了我一条湿毛巾，擦干净我的脸，还把我胳膊和腿上的一些抓痕给弄干净了。疼痛渐渐平息，我又感到很舒服，然后我很快就和我的狗儿们一起在我家附近的农田里玩耍。

第二天，在教室里，恶霸们安静了下来。白天没有人打扰我。放学后，我走到同样的打斗地点。他的追随者中又有一群人与孙建国在一起。没有交换任何言语侮辱，我们就开始推，然后拳打。他在拳击和摔跤技术上击败了我，但我也在他身上找到了一些短处，我再一次没有乞求他，像他所希望的那样停止。这一次，我的幸运拳使他的鼻子流血了，当我们停下来的时候，他说我们必须在第二天再来一次。我们继续打斗了大约一个星期，最后，在又一轮的硬仗之后，孙建国大吼道：

　　"嘿！停！"然后他转向他的追随者，大声地说："这只倔强的骡子太笨了，不能再改变了，我放弃。"

　　这是孙建国和我之间的最后一场打斗。有一段时间，他只是让我留在学校里没理我。渐渐地，我们彼此交谈，一起玩球。到了春季学期末，我们成了好朋友。他甚至邀请我去看他的家和他父亲的理发店。除了非常自我，孙建国不是一个坏家伙，他在大多数课程上的表现都低于平均水平，但在英语班里排名第一。我认为他在语言方面有特殊的天赋。

　　在初中，我仍然不是一个很好的学生。我几乎没有通过公民、历史和地理考试，但我在其他一些学科上表现得很出色。我更关注我的代数老师，因为他用有趣的表情和例子来解释学习问题。尽管我错过了所有的先决条件，但是我在他的班级里取得了扎实的成绩。

　　这位20多岁胖脸的英语老师，用英语讲笑话来保持我们的积极性。最初的几门语言课非常简单。"点头是 yes，摇头是 no；来是 come，去是 go，谢谢你是 三块肉"。他说话的时候，嘴巴好像在滴水。他还用英语给我们讲了一个故事：

　　"从前，有个很懒的人，"老师开始说，"他想做的事情只是吃，他的妻子为他做了一切。不久，他变得又胖又懒，不得不一直躺在床上。有一天，他的妻子要离开几天。她给他做了一个大馅饼，像一条毯子一样把它放在他的胸口上。他所要做的就是把馅饼推到嘴里去吃，但是他太懒了，根本就不去做，所以他就饿死了。"老师又接着讲下去，"这个懒人饿死后到了阴曹地府去见阎王爷时，阎王爷问他：'你想在你的下一辈子做什么？'当这名男子说他想变成为一只猫时，阎王爷惊呆了。'但是你很懒，死于饥饿，一只猫不得不寻找它自己的食物！'那人说：'我想当一只黑猫，却要有一头白毛。'阎王爷问他：'为什么要有不同的颜色？'他说，'好吧，我告诉你，在黑暗中，老鼠只会看到白色的猫头，会把它误认为是个馒头，当老鼠来吃馒头的时候，我所需要做的就是打开我的嘴巴，吃掉老鼠。'"

　　在老师滑稽的手势和头部动作的帮助下，我们几乎能听懂他说的每一个英语单词。通过保持我们的注意力，老师帮助我们取得了扎实的学习成绩，全班只有一位学生在他的英语课不及格。我在学校里英语学的很好，但在家里，我还是得通过一些爸爸的严格课程。他对我在英语课上的进步特别感兴趣，因为他自己从奶奶那里学到了很多英语知识，奶奶曾经在爱尔兰生活过，后来回到中国，嫁给了爷爷。有一天，当我正在给爸爸读英语的时候，五个手指印的一个大巴掌打在我的脸上。我转了一转，不知道我做错了什么？让爸爸再次打我。"你怎么把铅笔念成那样？那'o'是怎么来的？来自哪里？它应该是读'pen-sill'！"爸爸的表现是一种典型的愤怒。

　　但是我所能理解的是，爱尔兰人对这个字的发音不同，因为在我们的课堂上，我们确实学到了单字'pencil'这个字念作'pen-so'。在那之后，我在学校里仍然把它和其他人一样地念出来，在家里我肯定会按爸爸的方式念。但现在我更清楚地意识到，当爸爸大发雷霆打我的时候，这可能根本不是我的错。

自从我接触到那些破碎的飞机零部件后，我就对科学和机械感兴趣了。放学后，我一直在寻找这样的东西来探索。有一天，我在陆军大学附近的公路上发现了一些小型军用绿盒子，这些盒子是陆军通信部队丢弃的。当我打开密封盒子时，我发现它们装的都是小型金属密封的水银电池，这是我的另一个新发现。我带了一些回家，小心翼翼地在电池上打了一个洞，以便从电池中取出水银，当水银滴下时，我就把它收集起来放在一个玻璃罐里。我觉得水银是完美的东西，它可以把我的旧铜币和铜片擦得闪闪发光。在我的实验工作中，我是非常小心的，因为我读到过一些文章，知道"汞"是很危险的，水银还可以通过皮肤吸收。但是我没有戴手套就把我的硬币擦亮，然后只要用纸就可以把水银从我的手中去掉。

我带着明亮的、闪闪发光的硬币到学校去展示，我班上的每个同学，都对我处理过的外观亮美的硬币印象深刻，尤其是我的亲密朋友杜宾，他非常相信水银会美化任何铜或黄铜的制品，我建议他用一些水银来擦亮他的派克钢笔。"这是个好主意，但我不知道应该怎么做，你能不能帮我做这件事情呢?"他催促说。由于不知道后果，我在他那别致的派克钢笔的金色笔尖上抹了一些水银，然后再用一个纸球把水银擦去，确保其他人都能看到我的加工成果。的确，这支钢笔明亮银色的笔尖变得更漂亮了，杜宾非常高兴，向全班同学显耀他的钢笔。但一小时后，当杜宾开始用这支钢笔写东西时，金色的尖角就变成了碎片。

"看! 你毁了我昂贵的钢笔，这是我从我父亲那里借来的，你得给我买个新的钢笔!" 杜宾对我大叫，几乎要哭了起来。其他同学也过来了，看着那只破钢笔，他们都同情杜宾，因为是我提出了建议，在笔尖上涂了一层水银。

"嗯，看起来像是你的错。"张健天对围观群众说。

想到要为如此昂贵的钢笔赔钱，我的脑子昏了，我从哪里可以找到这笔钱，和买这支钢笔的地方? 我非常担心。那天晚上回家后，我告诉妈妈我犯了一个愚蠢的错误，然后问我该怎么办?

"嗯，一支新的派克钢笔要花去整整一个月以上你爸爸的薪水。我真不知道你能做什么?"她叹了口气，"也许你可以跟爸爸谈谈，看看他能不能帮你。"

"妈妈，我会自己处理妥当的，请不要告诉爸爸关于钢笔的事，他不会喜欢的。"我说。

我整晚都在不安中度过，一遍又一遍的想着许多不愉快的事情，醒来后感到很累。第二天早上，我去上学，告诉杜宾，我赔不起钱。但后来我想起都匀时保存的手工弹珠，杜宾曾经见过，也很喜欢。我知道弹珠和钢笔之间的价格差别很大，但我可以试一试。所以我把这些手工弹珠给他，作为对钢笔的补偿。第一次杜宾拒绝了我的提议后，他最终同意拿走了我的12颗手工弹珠，我觉得自己犯了"大罪"，这样以后杜宾就会原谅我了。我松了一口气，我很感谢他，但杜宾只是保持了一种神秘的微笑。

"妈妈，当我们离开了都匀时，我带着这些弹珠，救了我的命! 现在我还剩下三颗弹珠。"我吹嘘道。

"你很幸运，你的朋友接受了你的弹珠。否则，我们就在接下来的三个月里每天只能吃一顿饭。"妈妈笑着说。"我希望你已经学到了重要的一课。除非你能确定自己的行为，否则不要与他人的财产作对。"

"是的，妈妈，我肯定学到了一个重要的教训。"我说。

今年6月，我13岁的时候，爸爸从陆军大学回家，对妈妈说："上级命令学校立即搬回南京。"

"在我们离开之前，我们有多少时间?"妈妈问。

"我们必须在一个星期内准备好离开山洞。"爸爸说。

再一次搬家，就在我才熟悉了这个地区，并结交了这么多的新朋友的时候搬家，对我来讲是很困难。虽然我们经常搬家，但这次搬家对我来说是非常困难的。不仅仅是房子、花园、我的同学，还有我的三条狗。我们将如何处理这三条狗? 它们都是我们日常生活的一部分。但是无论如何，我们必须搬家，没有任何选择。

爸爸告诉我们，陆军大学已经包租了一条船从长江返回南京。对我们来说，也没有任何的行李限制，所以我们把战争结束以来积累的所有财产，包括我的一些破碎的飞机零部件都塞进几个大的箱子里，还装满了几个小的箱子。但是我真的不太关心我们所有的东西。我只想带走的是青龙、狮子和小老虎三条狗。

"爸爸，我们可以带狗去南京吗?"我问。

"出发的时间越来越近了，官员们已经宣布禁止带动物上船。我们甚至不应该去问他们!" 爸爸坚持说。他也知道我有多想带狗。它们已经成长并成为我生活的一部分，所以我现在不能忍受遗弃它们的念头。尽管如此，我知道爸爸不会容忍我的任何反对意见。虽然我知道他也爱这三条狗，但陆军大学并不在乎我们的感情，只有那些愚蠢的规定! 我很生气，很沮丧，我转向妈妈寻求帮助。

"妈妈，你能和爸爸谈谈，让我带着狗去吗? 也许他能说服官员让我们带狗走。告诉他们，我会在船上照顾它们，并且保持干净卫生。"我恳求道。

"哦，儿子，我也想带着狗一起去。"妈妈说。"我敢肯定爸爸也想要狗，但这不是他的决定，这是学校官员们的决定。你知道爸爸只是个学生，他真的帮不了你。"

现在，我意识到这事真的没有希望了。在我们出发前的几天里，我花了额外的时间和狗在一起，用煮熟的肉作为喂它们的食物。我拿了一个垒球和它们在房子后面的田地里玩，看着它们相互追逐的游玩。随着时间的推移，青龙、狮子和小虎开始跟着我走，它们似乎已经感觉到我们要离开它们了。当我拍拍它们的时候，我变得更加悲哀和伤心，但是我不再寻找任何希望和变化了。

离开是伤心的，那一天下午我们到公路边，等待汽车来接我们时。三条狗都跟了过来，和我们坐在一起，士兵们已经把我们的物品拖到临时存放的地方，准备运往码头。两点左右汽车来了。妈妈和我登上了那辆租来的汽车，把狗留在了路边。当汽车启动后开始在泥泞的道路上低速行驶时，我们的三条狗紧跟在后面跑着。当汽车接近隧道入口时，它们爬上了山顶，俯瞰下面的山路；当我们的汽车离开隧道出口时，它们已经跑到山的另一边去看汽车从隧道出来。以前它们和我一起玩耍时，就知道出隧道之后的道路是如何继续延伸下去的。我想象着我的三条狗，会笔直地站在路边小山的边缘，直直地远看着汽车。我试着从汽车的后窗看它们，回忆我们一起游戏玩耍的那些快乐岁月。

汽车开始下坡，迅速地加快速度。我想我的三条狗仍然是站在同一地点，看着我们在山路上飞驰。我看到眼泪从妈妈的脸上滚落下来，我也不停地擦着自己的眼睛。我看得出来，即使是爸爸也很伤心。青龙、狮子和小虎已经成为我们家庭的特殊成员，现在它们留下，我们却不得已离开了。以后青龙、狮子和小虎，三条狗会一直活在我们的心里。

第十三章

风雨欲来

这次搭乘长江轮船到南京的旅程，与第一次的经历完全不同。船的大小和类型，是由同一样的货船完全改装成的，可以容纳几百位乘客的客货两用船。同一年前妈妈和我乘坐的大货船相比，轮船上的装修和设备都有了很大的改进，为每个乘客家庭都安排有单独的小间，里面配备有小床、桌子、椅子等家具，当然还有被单和枕头等整套床上用品；厕所的条件也大有改观，再也没有任何难闻的气味，餐厅和饮水条件全面改善，也没有热水壶等穿过我们的"走廊卧室"。由于管理规划和协调方面的改进，从陆地运输到登上这艘船，都是有条有序有安排的方式进行，长江江面上没有沉船，也没有漂浮的尸体。

对于这次航行我也没有以前那种兴奋高兴的情绪，也没有对胜利返回家乡的期待。我对出生的城市和我们失去已久家园的记忆也在淡化，现在的南京已经成为我们突然离开的地方，一年前那些淘气男孩把我的无伤害射击游戏变成了严重的社会问题，妈妈为我辩护而不得不辞去工作。留给我的只有无比的坏印象.

这次在船上，我没有像上次旅行时那样，和其他孩子一起在船上忙于探索船上的新奇设备，欣赏长江沿途的三峡美景和码头风貌。在船上，我唯一的朋友是熊光裕，但他最近饱受小儿麻痹症的折磨，一直躺在床上。我每天都去探望他，他的母亲说要让他单独休息。因此，我花了更多的时间与杨厚进行简短的交谈。杨厚是我有幸认识的一位年轻陆军大学研究生，身材高大，相貌英俊，略瘦而修长。在船上杨厚和他家人，还包括小婴儿，就住在我们旁边的房间。当他的妻子照料小婴儿的时候，大孩子会到船尾去欣赏风景。

我和杨厚的对话从长江开始，很快转入关于战争和我们未来。

"杨叔叔，我们赢得了抗日战争的胜利，那么你认为未来还会有更多的战争吗？"我问，我想着并希望我们已经逃离了战争。

"我不知道，我也不确定目前的和平是否会持续很长时间？"

"为什么呢？"

"但我听说，他们长征到达延安时只剩下不到10万人，他们在匆忙撤退时，失去了大部分武器。战后，苏联派遣军队到东北满洲，解除了50万名日本精英军队的武装，但是苏联人没有把日本的武器交给毛泽东."

"我们现在是不是正在输掉与共产党队的战斗？"我问道，突然间我听到一些我并不明白的事。

"我们最近确实打输了一些仗，大部分是在东北省份。他们采用的是游击战的战术，经常意外地袭击了我们，所以我们打输了一些战斗和损失一些领土。我担心的是，他们正积极地渗透到我们的军队和地方政府内部。"杨少校叹了口气说，"看！看到那座山上的石头了吗？它看起来就像一只猴子在向天堂祈祷，是不是？"

"这块石头看起来确实像一只正在祈祷的猴子。"我说，但我仍在思考杨厚刚才告诉我的事情。我以为刚刚经历了这场漫长的战争，有可能另外的人将会出现，或者另外事情将会发生。无论如何，我记得我们是如何在八年的时间里，打败了日本侵略军，最终赢得了战争，我告诉自己现在没什么可担心的了！

离开重庆后的第五天，长江轮停靠南京，我们在一年前的同一码头上岸。我甚至没有时间去弄清楚我们要到哪里去。爸爸很快就雇了三辆三轮车把我们带到了我们的新家，我们回到了这座城市的北门，紧挨着蒋介石的新官邸，离明故宫只有2公里远。这是爸爸请一位朋友为我们找到的住处，由于日本在战争期间摧毁了大部分的民间住宅，所以战后南京的住房十分短缺。许多廉价和临时搭建的简陋房屋，都是为了满足成千上万前来南京谋生的居民而建造的。

我们搬进来的这栋独立房屋，也是一处临时住房，有一间浴室和一间真正的室内厨房，与我和妈妈的想象比较，这已经是很大的改进了，虽然室内没有暖气，但是我们有自来水，有全套电器包括电炉、电热水器、还有厨房里的电风扇等等，爸爸每个月付五公斤的大米作为房租。

"这房子很漂亮。我们离市场如此之近，看！我们甚至有自己的院子！"妈妈喜气洋洋地说。

爸爸对妈妈说："我可以在20或30分钟内走到陆军大学。"然后他转向了

"在几天内我会带你去找南京钟南中学。我希望学校不要离开这里太远。"

"爸爸，我不介意走路，那怕离这里有点远。"我回答，因为真的想要进入这里的南京钟南中学。我喜欢在重庆钟南中学分校的经历，即使有重庆学校的那个讨厌的光头管理员，到最后还是没有坏我的事。妈妈准许我去看邻居的时候，我马上开始在我家附近的街道上探索，用一个13岁男孩的眼光来看南京。我沿着水泥人行道行走，欣赏那些干净、宽阔的林荫大道和周边景观。在不到一年的时间内，南京已经发生了很大的变化，与一年前大不相同。日本人炸毁的废墟上，已经被住宅区的新房子所取代，多层办公楼和大型购物中心也拔地而起，在三轮车和马车的车流中，出现许多新的公共汽车，甚至还有新轿车，人力车已经完全从街上消失了，显示出政府自二战结束以来做了大量的重建工作。

我可以清楚地看到，作为国家的首都，南京在重建，政府和商业运作方面，都处于优先地位。在人们的心目中，对日本人占领留下的痕迹已经在慢慢地变淡、逐渐消失。我在人行道停下脚步，聆听居民们之间谈话，我很少听到关于战争的言论。大多数人只是在讨论他们的日常事务。他们已经决定，把战争的想念放在一边，专注于建设美好的未来。尽管我知道战争的伤痕将会在每个人的心底里长久存在，所有这些经历都包含在农村里的贫穷泥屋、缺衣短食、学校破烂、教育缺失、医疗贫困中。现在我在南京发现这么多繁荣的迹象 和周围的新活动，这让我感到欣慰。

在我们的新社区里，我没有看到很多孩子在街上行走，在南京的最初几天里，我根本就没有新朋友。我非常想念我的小狗们，并且睁大了眼睛，想要找一条新的狗。一天当我完成每天一次的探索后，正走在回家的路上，一条胖胖的棕色小狗在我正在经过它时就开始跟着。棕色小狗跟着我走过了一个街区后，我就把它抱了起来，很快就跑回到家，我把小狗高高举起，给妈妈看。

"妈妈，看看这条可爱的小狗。我可以收养它吗？"

"它确实很可爱，你可以留住它。"妈妈拍了拍它的头说。

"妈妈，我叫它狮子，好吗？它的头发又长又蓬松，就像动物书里的一只小狮子。"我说。

"这是一个好名字，这是你的第二只狮子了！"妈妈逗我说。

"现在我们已经有足够的食物，所以我们的新狮子可以不需要再出去寻找任何猎物，对吗？妈妈！"我问。

"当然，再说除了老鼠，它什么也找不到！"妈妈做了一个令人厌恶的手势说"我会给它吃米饭和碎肉的。"

"谢谢你，妈妈。我保证它会是条好狗。"我高兴地说。

狮子长得非常好，也长的非常快，不到两个月，它就长得足够大了，可以跟着我在小区周围转转，不用带皮带。我开始上学后，每天早上狮子都会和我一起走，在街角处看着我离开，然后再回家。下午我放学的时候，狮子会在同一个地方等我，一看到我，就马上跑向我，高兴地跳上跳下。那长长的、毛茸茸的尾巴左右摇摆，然后狮子就会迫不及待地领着我回家。

1947年，南京钟南中学初一级第二学期，登记有包括8名女生和15名男生在内的23名学生，其中除了一个男孩外，其他学生的年龄都在14岁到16岁之间。我是唯一的插班生，因为我有一份重庆钟南中学分校平均成绩为乙等的成绩单。其他的学生早在六个月前就进入了南京钟南中学，但我很快就被这个团体接纳了。我发现这里的老师虽然不像重庆的老师那么严格，但他们更有经验。我通过考试没有问题，但我仍然不是一个很认真的学生。就像过去一样，我的首要任务是结交朋友，寻找乐趣。我的丙上到乙等的平均水平，似乎没有让爸爸或妈妈感到惊慌，因为我从来没有在任何课目上得到过不及格的成绩。但我从来没有停下来思考过学校教育的真正意义。我想我在学校的任务，是从一个年级升到上一个年级，然后毕业时拿一张毕业文凭，就可以过上更好的生活，这样我就不用像妈妈经常提醒我的那样，擦鞋或蹬三轮车了。然而，我从来没有考虑过我长大后想要做什么？依靠什么生活？

40多岁的乔一凡先生，是钟南中学的创始人和校长，一位高大、温和、结实的人，拥有当地的报纸出版公司，也是一名忠诚的国民党党员。在他的直接命令下，所有的学生都必须遵守严格的学校规定，包括每星期的六天，每天必须穿正式的童子军制服到学校。所有的学生和老师都必须通过旁边有守卫室的一个锻铁大门进出。学校裡的训导长脸上有着严肃的表情，所以大多数学生在校园里的表现都很好。从初二级到初三级，我很快和班里的许多男生交上了朋友。但在市中心之外，却隐约出现了一个完全不同的世界。

街头帮派由十多名10岁左右的青少年组成，他们在我们校园外的街道上徘徊。我听说，每当学校放学的时候，他们经常侮辱学生或者叫骂学生，来激怒那些不知情的学生或路人。但是，我不相信它会变成严重暴力，也不像我以前看到的其他恶霸那样，对这些帮派我也感到担忧。在学校的头几个星期里，帮派和我所认识的人之间什么都没有发生。

但是有一天，当我走出铁门，进入那条街道时，就有人喊："看看那个愚蠢的孩子背着的那个难看的袋子！"因为我是唯一走出大门的人，我怀疑那是针对我的。当我转向他的时候，我看到十几双眼睛盯着我看，领头的那个人大约18岁，左颊上有一个大伤疤。

"嘿，你为什么不管好你自己的事，让我一个人离开呢？"我不耐烦地说。

"你以为你是谁？你不过是个小虫子。"另一个长相平庸的人，穿着一件陈旧的海军飞行员夹克，看上去大概17岁。

"而你只是一个坏东西。"我宣称，然后立刻对我刚刚做的事情感到后悔。

"哦哦，你最好明天就呆在家里。"领头的人警告我，用手指指着我说，"如果我看到你明天从学校出来，我就会把你的胳膊给折了，现在离开我的视线。"

我分析了他的威胁面孔，很明显，这不是一个想要在操场上打架的恃强凌弱者。我冲了出去，要寻找一种摆脱的办法，然后我想起了我的同学和朋友，一位15岁的小伙子，也许能帮上忙，我们只做过短暂的朋友，但我们彼此喜欢。他曾经告诉我，他父亲的商店就位于我家和学校之间的路上。我不能浪费任何时间，就直接去了他父亲的商店。我发现他在放学后到他父亲的豆腐工厂工作，我气喘吁吁地描述那个曾威胁要折断我胳膊的歹徒。

"他身后有一群看起来很粗鲁的家伙，我想他就是这个意思。"我焦虑地解释道。

"回家吧，别担心！"曹國墉平和地说。"明天就像平常一样去上学，我们就看看会不会有什么事情发生。"

"明天我在课堂上见你，谢谢你的帮助。"我离开他父亲的商店前说。

我当时并不冷静，也不像曹國墉那样自信，但我没有任何其他的选择。那天夜里，在我的梦中，我看到一对喷火的眼睛，和大拳头向我招手，我又累又焦虑。但是第二天还是去上学，在学校的一整天里，曹國墉对我一句话都没说，他似乎没有和任何人说话，也没有跟任何人说我的防御计划，曹國墉忘记了这场最大的危机吗？他真的能帮助我吗？也许他也害怕那些粗鲁的家伙！我心里在嘀咕。但我还是不能问他，因为那样会表现出缺乏信任。我紧张地看着学校一天的工作时间。5点钟的时候，我搜遍了曹國墉，找不到他，便抓起我的书包朝门口奔去。我试着不表现出我的恐惧，但就在我走到街上的时候，有10个左右的人在那里，其他帮派成员很快就把我挡阻在5米之内。我的目光停留在他们拿着的木棒上，我的心也在迅速地敲打着。我唯一能想到的办法就是迅速转身，跑回学校的安全地带。但在我还没来得及行动之前，整个帮派就都停止了，因为那个卑鄙的家伙，看起来特别害怕。当我转过头来时，我看到了曹國墉，他自信地领导着自己20个看起来很强硬的朋友。

"如果你再打扰我的朋友，我就会让你的头和你的肩膀说再见。"曹國墉大声警告那一群人。"现在滚出去，再也不要回来！"

歹徒逃跑了。曹國墉把我介绍给他自己的团队，解释说他们都是他父亲工厂里的工人，在一起学习功夫的，他们显然被街头帮派所熟知。我如释重负地叹了口气，再三感谢曹國墉，慢慢地回家了。

多么可怕的经历啊！如果不是曹國墉和伙伴们的帮助，我可能会被那些歹徒毒打或杀害。我想到了我这一天的新课，永远不要去顶着我无法独自克服的力量。克服了街头帮派之后，我就发现鍾南中学的其他一切都是令人愉快的。我对大部分课程都很喜欢，现在我家的家庭生活水平更高，我甚至可以和我的新朋友一起到城里的餐馆吃午餐。白五保，一个身材高大，皮肤黝黑的男孩，是我班里的头号朋友。我们共同组成了一个秘密的社会叫"闪电党"，我们都是该社会的领袖，因为我们是唯一的两个成员。我们会在午餐时谈论我们能做些什么，但第二天我们就会忘记我们的计划，开始另外一些新的计划。白五保，陳尚賢和我玩在一起，陳尚賢是和我同龄的男孩，他经常陷入麻烦，被那个可怕的、令人生畏的训导长责罚。因为经常看到白五保和我同陳尚賢在一起，所以我们也被列入黑名单。当陳尚賢陷入困境时，我们会被叫去为他作证。

陳尚賢的罪行只是他在同学和老师身上玩的恶作剧。有一次，陈尚贤在一个体重超标的女教师的座位下面放了两个炸药小丸。当她坐下来时，小丸发出了一声巨响，吓得女教师哭了。于是，陈尚贤又去了训导长的办公室。

我被重庆初中与其他中学的差别所震惊。在重庆初中时，男孩们从不和女孩们说话，甚至当她们经过的时候，他们也会向另外一边看。但现在我看到男孩们和女孩们交谈，当然，跟那些不那么漂亮的女孩说话要容易得多。13岁时，这是我第一次和我同龄的女孩交谈。我发现她们就像我们男孩一样，但可能比较成熟些。 有一天，我听到一群女孩在唱歌，哼着一首流行歌曲，曲调非常优美，但我无法辨认出歌词，所以我问女孩们这首歌是关于什么的？她们没有回答我，而是用一种非常强硬的语气把我叫做"变态"并把我赶出了教室。她们的奇怪反应让我完全震惊。后来我发现这首新歌叫"小小洞房"我只是一个无辜的受害者，不是一个善于与女孩子打交道的小男孩。

一些不那么幸运的女孩成为了陈尚贤和其他男孩恶作剧的对象。我开始向一个身材高大的女孩子恶作剧，她是一个和蔼可亲的15岁女孩叫王德新，她坐在我的前排。有一天，在中国书法课上，我拿了一小块浸过黑墨水的废纸扔在她的头发上，她试图把纸从她的头发上擦去的时候，她的手被黑墨水弄脏了。她转过头来，用一种神秘的眼光看着我。我本以为这次我要去训导长的办公室了。但她没有向老师报告我的事情，相反，她只是等着下课后，把她那沾有黑墨水的手擦在我放在桌上的纸上，毁了我的作业。为了重做我的作业，我不得不多呆在学校里一个多小时。

我们取笑的另一个女孩名字叫蔡文英，她胖胖的，我们自然地把她称为'菜包子'。在最初的怨言之后，她最终接受了这个讨厌的昵称，作为她的真名。

故事围绕着某些男孩和某些女孩约会，但我很难相信他们。男孩们往往会夸张地说话，当他们开始取笑我和这个叫林璧君的女孩作朋友时，我不得不极力否认这些谣言。我所做的只是在课堂上多看她几眼，被一个大嘴巴的同学看到，事实上，我甚至还没有对她说过一句话。

然而，事实是，林璧君惊人的美丽确实抓住了我的想象力。她的肤色异常白晰，她的嘴唇像成熟的樱桃红色，她的眼睛像明亮的晨星一样。当我们的目光相遇时，我的灵魂完全融化了。每天上学的时候，我都会注视着林璧君的方向，想着如果我能和她一起散步，告诉她我内心的秘密，那将是多么美好的事情。尽管我暗自喜欢她，但在我一厢情愿的想象中，我开始思考她可能也会喜欢我。有一天，我告诉自己，我会接近林璧君，，开始和她讲话。我们有很多时间。我们只有13岁。我没有把这个秘密和妈妈分享，但是有一天，我的感觉被白五保察觉了。

"你是真的约会过林璧君吗？"当他在街对面的一家小餐馆里吃饺子时，他随意地问我。

"你为什么这么说？"

"我听到很多人在谈论这件事。你可以告诉你的朋友任何事情。我发誓保守秘密。"他一边举起右手，一边说。

"好吧，我会告诉你真相的。我认为她是地球上最漂亮的女孩，我也喜欢她那安静的性格。我想和她约会，但我现在才13岁。我甚至不知道该对她说些什么。"我诚实地说。

"好！我想是这样的，我很高兴你没有做这种事情。你知道，一旦你和女孩们接触，你就会失去专注力，永远没有资格去从事功夫研究，参加我们"闪电党"

计划的事也会被取消。" 白五保说，好像就是事实，但我认为他所说的关于失去我专注力的部分，可能是真的。

"我们有宏伟的计划，我不会让你失望的，我可以和你打赌。我不会同任何女孩约会，直到20岁或以后。"我真诚地说。

"我也是，在我20岁之前，决不会和女孩约会，我发誓。"他说，我们俩都伸出右手，紧紧地按着这个秘密的誓言。

我们也更加享受家庭生活了，妈妈喜欢购物的方便，以及我们得到的所有生活必需品。在我们的新邻居里，妈妈交了很多朋友，在没有战争威胁的情况下，妈妈确实很喜欢城市生活。

爸爸的脾气也没有经常爆发，他在陆军大学里努力学习，成为了班长，被公认为是军事策略、战术以及中国文学方面的一位极其专注的学者。他具有用古文来写作的能力，在他的同事，甚至他的教授中都得到了很高的评价。他们经常来我们家，要求爸爸为他们写论文，爸爸会为他们写下一页又一页的精彩文字。

当爸爸在家里专心学习的时候，他会把注意力集中在他正在做的事情上，以至于没有注意到他周围的事情。有一次，他决定要精通中国书法，这是一种非常受人尊敬的写字艺术，他每天要在家里练习一到两小时。有一次，妈妈给他做了一个粽子，我把粽子和一盘糖放在爸爸书房里的桌子上，他正在用毛笔和一盆黑墨水在练习。

"爸爸，这是热的粽子，请在热的时候吃，糖在盘子里。"我说。

"好的，我看到了。"爸爸嘟囔着。几分钟后，妈妈站在爸爸的房间外，我看到她笑得很厉害。

"看看你父亲！"妈妈哈哈大笑。"他把粽子浸到墨水里，吃了什么东西都不知道。"看看他的嘴，哈！哈！" 当爸爸终于注意到他的黑嘴，意识到他所做的事情时，他也笑了。

我们总是有足够的食物吃，而且我甚至有足够的钱每周看一、二次电影。我和我的朋友们特别喜欢二战时期的故事。一些电影展示了我们士兵的英勇事迹，也展示了屠杀无辜村民的日本兵的残忍行径。我们还喜欢看约翰韦恩、罗伯特泰勒等人主演的美国战争电影。当然，我们也喜欢牛仔电影。

最震撼学生群体的电影是，表达中国民族精神的电影，描绘了宋朝末代文天祥的英雄故事。他在南宋末期被元军的士兵俘虏后，元代皇帝想让他在新政权中担任丞相时，文天祥拒绝了。他选择在监狱就义而不是向权贵投降为蒙古征服者服务。文天祥最终被杀。在他去世之前，他写的"正气歌"，是一首高贵的灵魂之歌，这首歌在数百万人的心目中已经有了600年的历史。我们不得不排好几个小时的队才能拿到票，而且整个电影的故事和演员的表演艺术，都十分令人感动，哭声似乎淹没了电影的背景音乐。

我的父母都喜欢看电影。在美国电影中，妈妈无法停止对"飘"的赞美。爸爸喜欢看美国战争电影，他可以用自己在战争期间的经历来辨认。在贵州山区我看电影"米老鼠"时妈妈就说过，战争结束后，我就能在大城市里看很多电影了。

这座战后重建的古代都城，现在真的开始变得像我的家了。一天晚餐时，回想起经过这么多年的战争和如此艰苦的生活，她说，"我们终于可以放松，享受自己的生活了。"

爸爸的描述很接近我所听到的，当我们从长江向南京奔去的时候，我听到的主要是年轻人的声音。但是公众并没有被告知内战的真实情况。当我走向我的房间去做功课的时候，我仍然没有为共产党感到担心。毕竟，我们一起打败了强大的日本，一起赢得了这场战争，那么，这支共产主义力量，会对我们这个国家做些什么呢？无论如何，爸爸现在在陆军大学学习。即使与共产党的小冲突持续下去，他也不会有任何直接的危险。至少，我们一家人仍然可以在南京呆在一起，有那么多好朋友，电影院，餐馆，我喜欢的学校，还有一个我暗恋的女孩子。

随着1948年过去后的几个月，我们身边越来越多的人与战争中离散的朋友和亲人团聚。来客们开始越来越频繁地，出现在我们的家门口。一天，妈妈走到我身边，微笑着挥舞着一封信。她自己的父亲要到南京来了，几天后會来我们家。外公曾在满洲工作，是1931年日本侵略中国后，满洲傀儡政府的一名公务员。1937年日本军队全面入侵中国前，外公于1934年离开了福州，离开了他的家庭。妈妈是外公六个孩子中年龄最大的一个，她已经有14年没见到外公了。

"外公知道他有孙子吗？"我急切地问妈妈。

"当然，他在我们南京的老房子住了一、二个月，曾经把你抱在他的怀里过。"妈妈解释说。

"外公来的时候，爸爸也会非常高兴再看到他的。"我激动地说。

"我不知道，我们会看到的。"妈妈一边说，一边迅速地把信折起来，装回了信封。

我想问她为什么会这么想？但那是不尊重外公的。爸爸回家的那天，妈妈出去了，所以我把这个消息告诉了爸爸。他在我周围保持着奇怪的沉默，但是妈妈一回来，他就要求她把那封信给他看。

"你知道吗，当我和日本人打仗的时候，你爸爸却在为日本傀儡政府工作！"爸爸的拳头里紧紧地握着那封信。

"你知道我们所说的那种人吗？汉奸！"

我不敢相信我的眼睛和耳朵，因为我看着爸爸继续在房间里踱步。我那冷酷无情的父亲，怎么能这样说妈妈的父亲呢？妈妈怎么么能听他说的话呢？我们现在的平静的家庭将会发生什么呢？但是妈妈什么也没说，这个话题很快就放弃了。

大约过了一个星期，我放学后独自在家时，听到有人敲门。当我开门后，我看到一位个子矮小、身体肥胖的老人，随身带着一个黑色小公文包。他笑得很灿烂。我立刻从妈妈给我看的照片中认出了他。

"外公，我是你的外孙，天任！请进来吧。"我宣布，"我很高兴在这里见到你。妈妈刚去市场，马上就回来。"

"天任，你真是个帅小伙！我很高兴见到你。"外公迅速地走進来，使劲地握着我的手。"你知道，我上次见到你的时候，你才几个月大。"

"是的，妈妈告诉我的，你是从满洲来的吗？"

"一个月前我离开了吉林，我在上海待了几个星期，才来这里看望你和你的父母。"

就在这时，妈妈走到门口，眼泪立刻从她的脸上滚落下来，她站在那里，看着她的父亲。父亲和女儿互相拥抱不是一种中国人的习惯，但我能从他们长久的分离中，看到他们之间强烈的父女情感。妈妈给外公倒了一杯热茶，他们慢慢地开始说话。

"我最喜欢的女婿现在做什么？"外公问了一个问题。

"他很好，我想他现在应该回来了。"妈妈说，尽量保持平静。"他在陆军大学读研究生课程，从现在起大约一年后就会毕业。"

"他在军队里的军衔是什么？"

"他已经当了两年或三年的中校了。"

"哇！他一定做得很好，已经成为一名中校了！"

"在这么年轻的时候！"外公称赞道。他们一直在用福州话聊天，我只是静静地在自己的房间里听着。当爸爸走进房子时，我屏住呼吸，想象着将爆发的情景。

"伊侨！已经有很长时间没看见你了，你看起来还是年轻英俊，今天我很高兴见到你。"外公一边说，一边向爸爸伸出手。他试图解除爸爸的犹豫，看来这是有效的。说着福州话，他们立刻就讲起了过去的故事，就像爸爸和其他亲戚或战争中的伙伴一样，他甚至一直没有给外公一个令人讨厌的怒视。妈妈迅速地退到厨房，做了一顿大餐，我们大家都安静地坐下来。

"爸爸，是什么让你离开了吉林？"爸爸用他平常的直接提问的语气。我扫了妈妈一眼，看了看。

妈妈的父亲住在我们家。我也非常高兴。我发现外公是一个非常可爱的人，充满了幽默和活力。我非常想多了解我的外祖父，但他很快就离开南京回上海去了。

两周后，妈妈的二弟，我的舅舅以墉也来了。他从缅甸前线回来，作为一名翻译官，他曾在美国陆军情报部门担任中尉。他给爸爸一台美国陆军短波无线电接收发报机作为礼物。我见到了一个英俊、有趣的男人，他给我们的家庭带来了很多欢笑，以墉舅舅的年龄比我大10岁，他在战场上已经经历了许多困苦。我希望自己快快长大，才能看到我经常想象的战争。爸爸安排了我的舅舅，作为一名中国陆军中尉的新工作，他在我们附近租了一间公寓，他每天都来同我们一起吃晚饭。爸爸非常喜欢他，他在我家和爸爸谈话，有的时候更像是爸爸的演讲，而不是谈话。

有一天，我们收到了一份邀请，去参加陈学甫表叔的婚礼。他从印缅前线回来后，进了交通大学，并爱上了这位大学护士。在战争期间，我很兴奋地期待着婚礼，甚至在婚庆的大日子里，把我的童子军制服都熨平了。爸爸雇了一辆马车把我们三个人带到了仪式上。这是一个盛大的场合，也是我参加过的第一次正式的婚礼，这与几年前的年轻的穆政权的婚礼截然不同。有三百多名宾客，他们都穿着正式的服装。

"天任啊，你还记得我吗？你现在这么高了。"在仪式结束后，他问我。

"哦，是的，表叔。你就是那个买了麦芽糖来封住小虎狗嘴的学甫表叔"我说，他笑了。

婚礼结束后不久，妈妈最小的妹妹以琨和她的男朋友林久瑜在南京度假的时候，在我们家的房子里住了一段时间。再一次，妈妈喜出望外，她从战争开始前就没见过我的阿姨。她现在住在厦门，但她经常去看望外婆。她和妈妈几乎不间断地交谈，主要是关于外婆和妈妈家乡的事情。我的以琨阿姨很年轻，很漂亮，我很喜欢听他们说话，因为他们讨论了厦门大学的事情，这对我来说听起来很新鲜。他们对一个13岁的孩子没有太多的兴趣，但这也没有影响到我。在大约一个星期的时间里，我们每天晚上都有六个人在家里。

我从5岁就很少有过大家庭生活了。在为期一周的访问结束后，我的以琨阿姨和林久瑜回到了厦门大学，很快就结婚了。

有这么多有趣的访客，我花了更多的时间呆在家里。但随着时间的推移，我注意到谈话的主要话题有了明显的变化。人们不再谈论重建这个国家的问题了。相反，那些从中国其他地方返回南京的人，现在正经历着与共产党日益激烈的内战。起初他们把这场新战争称为好奇的话题，但随着过去的几个月，我发现他们越来越感到担忧。

政府对战争的升温基本上保持沉默，但前线附近的目击者谈到了国民党军队几次被打败。甚至有传言说，国民党军队在多次战斗中向共产党投降。我们相信，我们的军队在保持共产党军队远离首都的过程中仍然做得很好，但是变化的迹象已经开始蔓延到我们的日常生活中。

有一天，爸爸带着红红的眼睛回到了家。他径直走进起居室，也没有发出声音，瘫倒在椅子上。妈妈很快给他带来了他最喜欢的热茶。

"有什么不对吗？" 妈妈问，意识到这跟平常的爸爸不一样。当他被某件事困扰时，他通常会勃然大怒，而不是坐在一种沉默的不安中。

"发生了什么事？"妈妈问。

喝了一杯热茶后，爸爸似乎平静下来。我再也不能抑制对这种情况的好奇心了。

"爸爸，我们有装备精良、训练有素的士兵，我们为什么会输给共产党？"我问。"我知道，我们的士兵比共产党还要多，我们还有空军。"

"哦，儿子，这次战争和与日本的战争不同。我们正在和我们自己的人民在战斗，另一边的许多军官都来自同一个军事学院。"

"爸爸，还有什么原因？"

"人民是一个国家的基础。如果政府失去人民的心，就会失去国家。你可能还太小，无法理解这一点。"他说。

"我明白了，爸爸，共产党会很快打进南京吗？"我问。

"我担心。现在的战斗正在进行，他们不会花太长时间来攻击首都的。"爸爸严肃地看着我的脸说。

在城市里，情况也在逐渐发生变化。首先，我学校的学费现在必须用大米支付，而不是现金，就像在与日本的长期战争中所做的那样。爸爸解释说，通货膨胀率非常高，货币的价值一夜之间就会大幅贬值。其次，政府通知所有公民，把银元放在家里是违法的。每个公民都被命令去银行，把他们的银元兑换成金圆券，以保护它们的安全。当这个消息传来的时候，我对它表示怀疑，但是妈妈还是想去看看金圆券到底是怎麼回事。

"妈妈，我不认为我们应该把我们的银元换成现金。金圆券不过是一张纸。我对整件事感到不舒服，"我说，爸爸从来没有注意过钱的事，所以我知道这个决定全是妈妈的。

"嗯，政府不会欺骗我们。此外，保留银元是违法的。我们能做些什么呢？"妈妈说，但我实在看不懂她的意思。

"我们可以把它藏在没人知道的地方，"我坚持道。

"这不是正确的，我已经决定要遵守法律，并将所有的我们的银元拿出去换。你可以帮助我明天去银行把它们换过来。"妈妈说。

于是，第二天，我和妈妈把我们全家所有的银元都装进了两个大袋子里。我和妈妈每人都背着一个沉重的袋子，走了大约一个小时到中央银行的一个分行。我们加入了数百人的队伍，排着长队等待他们的交换。在排队等了大约1小时后，银行职员数了一下我们的银元，递给了妈妈一小叠红印的金圆券。妈妈小心翼翼地把那十三张钞票放在她的钱包里，我们拿了空袋子就走回家了。

据推测，这一堆金圆券不会受到通货膨胀的影响，但不到两个月后，妈妈愤怒地向我解释说，我们所有的金圆券的总价值现在只值不到一美元的一小部分。

"我们已经失去了一切。政府骗走了我们所有的积蓄。"她嘶嘶地说。

"不仅是为了损失的财富，更是为了我们对政府失去的信任。"

经过几年不断的储蓄，我们积累了一笔数额不少的钱。现在它不见了，就像妈妈在都匀失去她的珠宝时一样。这两件事唯一的不同是，一件是由一个小偷做的，另一件是被我们'所信任'的政府做的。

我并没有完全理解，这种大规模的事情是如何发生的？如第二天中午，我在午餐时问我的朋友白五保关于这一丑闻的事。白五保的父亲是一名政府高官，所以我想他会知道真实的情况。

"五保，我们是好朋友，我们可以谈论这类事情。而不用担心被报道出去。对吗？"我问。

"你是正确的，你可以对我说任何事，我以闪电党的荣誉发誓。"他说。

"我告诉你，我对政府太生气了，他们骗走了我们所有的毕生积蓄，他们让我们把我们的银元收藏换成一文不值的金圆券，现在我们陷入了贫困。"

"听着，我们的政府在腐败上有大问题，这就是为什么经济如此糟糕的原因。"白五保解释道。

"你知道蒋介石最信任的两个人吗？其中一个是他的舅子宋子文，另一个是他的姐夫财政部长孔祥熙。他们把中国人民的财富都搜刮了，全部都投到了海外。"

"这是我们给银行所有银元交换成金圆券的结果吗？"我问。

"当然，"白五保说，"我听说宋子文不久前把大量的银元送到了美国。我还听说，他们现在拥有世界各地的银行和航运公司。"

"我不明白他们怎么能对我们的人民这么做！"我叹了口气。

"现在，这已经不再是一个秘密。政府已经失去了信任。老实说，我爸爸对政府的这种做法很不满，但如果他想活下去的话，他就不可能纠正这个错误。"白五保安静地说。

在这样一个腐败的政府领导下，我们两个人都觉得我们的未来会失去希望。如果我们不能依靠我们自己的政府，我们又能相信谁呢？后来白五保和我把谈话内容，转换为讨论学校里发生的愉快事情。

在接下来的几天里，我看到附近的人们拖着一箱装满金圆券的箱子，只买回一袋大米。很快，就没有人会接受金圆券，所以每个人都被迫以他们所拥有的东西来交换商品。在国民政府统治下的经济已经完全崩溃。

现在学校的变化开始显现。10多岁到20多岁的新学生开始出现在我们的课堂上。我们以前从来没有见过他们，他们不知是从什么地方来的。有一天，一个看起来很漂亮的家伙，大约17岁左右，走到一群人中间，邀请我们去尝试一些新的舞蹈。

"你在说什么舞蹈？"陳尚賢疑心地问。

"跟着我去健身房，我们会让你看到，你们害怕吗？"那个家伙竟敢嘲笑我们。

"我们不怕任何事情，我们现在走吧，去看到底是什么？"陳尚賢說.

大约有七，八个人跟着这个学生去了健身房，在那里我们发现了两个10多岁的女孩带领着十几个其他班级里的孩子。

"我们现在跳秧歌舞，"一位年长的女孩宣布。

新来的学生向我们演示了如何在唱一首新歌的同时向前走三步并后退两步。他们三人开始唱歌，并邀请我们加入。然后他们把我们带到了一个圆圈里，我们一边唱歌，一边练习着他们向我们示教的步伐。我很喜欢这些新的舞蹈，我们和他们一起唱跳了两个小时。但是当我告诉爸爸，这些新同学是多么友善，他们教我们唱歌、跳舞的时候，爸爸开始生气了。

"听着，那些大一点的孩子就是我们所说的职业学生。他们是共产党的地下工作者。"他告诉我。这些歌曲和舞蹈都是共产党的宣传工具。你必须远离他们，不要再唱他们的歌了！"

国民政府的腐败破坏了经济，偷走了人民的财富，失去了人心，失去了人民对他们的信任。

到 1948 年秋，每个人都知道共产党军队正在逼近南京。但在街道上，没有骚乱，没有混乱，也没有明显的大规模疏散计划，就像 1937 年日本侵略者向南京接近时那样。除了一些与国民党政府关系密切的人希望能发生奇迹，几乎所有人都知道共产党很快就会接管这个城市，

爸爸从陆军大学毕业，正在等待他的新命令。随着内战的蔓延，我们知道他很快就会再次卷入一场战争。11 月下旬，爸爸接到了他的任务，协助把陆军大学经过上海搬到广东的某个地方。作为这场搬迁学校的协调者，爸爸先去上海几天，准备好让官员的家属搬移到上海的临时住所。然后他要回到南京，把大学的管理人员、学生和他们的家属转移出南京。

再一次，我们不得不放弃我们的家，在这里，我们一家人过着平静的生活，许多失散多年的亲人和朋友都到我们这里拜访过。这一年半的时间，是我一生中最平静的时期。这就像生活在台风的风眼一样，这只是在风暴之前的短暂平静。爸爸去上海只是我们的临时分开，妈妈和我知道我们很快就要离开南京了。但是我们不知道什么时候我们会离开？我们最终会去哪里？

爸爸去上海后，妈妈的手臂搂在我的肩膀上。"儿子，自从你出生以后，我就没有给过你更长的平静生活。"妈妈说，"我知道，这次要离开你在学校的朋友是比较困难的，但是我们没有选择的余地。我们必须搬到爸爸去的地方，我希望这个世界是不同的。对了，你最困难的事情是什么？"

"妈妈，你说的是我的朋友？"我说，但在我心里，我在想那位美丽的女孩，我以为我会有很长的时间和她一起长大。现在，希望已经破灭了。我知道作为一个南京人，她什么地方都不会去，但我又能告诉妈妈什么呢？

因为即将到来的混乱局面，学校官员宣布秋季学期将提前三周结束。在学校的最后一天，所有的学生、教师和工作人员都聚集在礼堂里。聆听乔校长在过去几年里每年都要给大家做的演讲，但今年可能是他的最后一次演讲。乔校长是国民党的坚定支持者，在演讲中，他经常停下来擦眼泪。

"共产党已经赢了。"他承认，"我们的学校再也不会和以前一样了。事实上，你们中的许多人将离开这座城市，而我们中的一些人甚至可能会去海外。这可能是我最后一次在学校见到你们，我将会想念你们所有的人。"

我环顾了一下这所学校的礼堂，在一年半的时间里，这所学校一直是我生活的重要部分，许多同学和老师也在哭泣，在我看来，乔校长很可能会追随国民党政府的行动。

这是有史以来第一次，初二年级的 23 名男生和女生聚集在教室外，我们彼此道别，希望不久以后能在学校再见面，但我们都知道这可能永远不会发生。然后我班的所有男生组成了一个小组，所有的女生组成了另一个小组。当我们和所有的女孩们告别时，我想起了林璧君，这位美丽的女孩，我暗恋她很久了，在我内心深处，我知道这可能是我最后一次见到她。

我太害羞了，不敢正视在人群中的林璧君，但当群体开始分别时，我们的目光短暂相遇的时间裡，我感觉上就好像我们刚刚交换了千言萬语----那些日夜在我腦海中的话语还在我的心里，我仍然非常想要走到她面前，想把我对她的所有感受，包括我在课堂上看着她的那些日子和以后的岁月，统统都倾吐出来，但是我的腿却很快地向着相反的方向走了。

第十四章

回归故里

疏散计划突然来到，通知我们必须在一周内出发去上海。妈妈递给我一个帆布手提箱，告诉我收拾好自己的东西，我心不在焉地听着，她说了一些关于重要东西以及如何包装等的事。我想这些都不是很容易的事情，我们在南京一年多的时间里，积累了许多更有价值的财产，这个中等大小的手提箱无法装下我想要带走的一切东西。

我先收拾在南京收集的邮票，把它们装在两本厚厚的书册内。接下来，把爸爸送我那套大理石弹珠，加上我自己收藏后留下的几个大理石弹珠装进去，还有我在重庆和南京从废弃的通用卡车上找到的红色玻璃球。当我拿起几件破碎的飞机零件时，我注意到妈妈带着一种滑稽的微笑看着我，毫无疑问地她记得那个尚未"成熟"的傻男孩从飞机失事现场带着一些油污的零件回到家里。但我意识到，这可能是我最后一次看到飞机上的那些零部件了。我再看了看剩下的所有东西：我的足球、飞机模型、课本、小说和笔记本。

"它们太多了！" 妈妈说，

"我们以后可以把这些东西都丢掉，但我还是有一个非常沉重的装满了行李的手提箱。即使大学里的士兵会来帮助我们拿行李，我们还是不可能拿上我们想要的一切上火车。我们还需要把所有的家具和厨房用品都丢掉，沉重的床单也要丢弃。我希望爸爸能告诉我哪些书可以扔掉，但是现在我必须为他做出选择。"她一边对我说，一边把衣服整齐地放在一个大箱子里。

"我们不是要在上海停留吗？" 我问道.

"我不知道。"

"那之后我们会去哪里呢？"

"我们将从上海往南走，具体我不知道去哪里，也许我们会去广州或一些南方城市。那里的天气很暖和，我们就不需要很厚重的棉被套和棉衣服了。"妈妈说。

"妈妈，我们在上海要呆多久？我听说那里很冷，冬天的风比这里更强，因为离大海很近。"

"我们可能会在那里等上几个星期，然后再往南走。当我们第一次到上海时，爸爸想让我们住在叔祖家里。所以我们不必担心上海的寒冷天气。"

我看到妈妈正在整理箱子，使我想起了那个被卡车司机偷走了的大箱子。我把旧家庭照片从抽屉里拿出来，然后妈妈把这些照片装好，小心地塞进我的箱子里，这样我就能随时拿着它。在我们所有的东西中，家庭照片对我们来说是最珍贵的，因为它们带着爷爷、奶奶、姐姐、弟弟、妈妈、爸爸和我自己的记忆。我把行李箱关上，用手轻击顶部，试了一下重量，发现我可以轻松地拿着它。然后我把行李箱推到一边，和其他袋子放在一起。狮子后退了几步，然后又试探性地回到我身边，发出嘶嘶的声音。它可能想知道世界上又发生了什么事？不像我和妈妈，狮子从来没有经历过为生活而漂泊奔波。我很担心应该怎么做才能把狮子带上路？离开南京到上海后将去哪里？我们自己什么都不知道？何况什么都要随我们决定的小狗？狮子太可怜了！那么我们的情况又是如何呢？除了上天，谁能知道？

我环顾我们凌乱的房间，在打开的橱柜门，抽屉拉到一半的时候，还有成堆的家居用品散落地上，现实突然让我觉得像是肚子被一个恶棍打了一拳。我们好不容易在南京才有"真正"的家，我们又被一次连根拔起。就像屋檐下的小燕子衔泥衔草建造的小窝突然被捣碎！我想大声尖叫，"这是不公平！不公平！"为什么我们要离开南京，就在我们刚刚过上了平静和正常的生活的时候？ 新政权会是怎么样？我们留下来的生活又将怎么样？爸爸是军人会不会被俘虏、关监狱甚至被处决？我想的很多很多，但是总是不得其要领，外面的信息如同市场一样的混乱，传单标语到处飞扬、电台广播一天一变，流言蜚语传说谣言到处都是，我不知道谁是谁非？但我并没有尖叫。即使在我的愤怒和沮丧中，我也意识到，有一股强大的力量支配着每一个人的生活，离开南京的行动不是由我们决定！如果我们留下来，我就知道后果会是什么？我只记得十一年前那些选择留在南京的居民发生了什么事？如此悲惨？我们将在哪里安顿下来？

"妈妈，我们会回来吗？"我在离开之前问她．

"儿子，我真的不知道。我甚至不知道我们从上海再到哪里去？爸爸说，新政权在接管整个国家之前不会停止进攻的。"妈妈说。她脸上掠过一种悲伤的表情。

12月初的一个寒冷多风的下午，陆军大学的工人帮助我们把行李搬到外面，等三轮车到后，我和妈妈才走出来。前一天晚上的一场小雪使南京的街道泥泞潮湿容易滑倒，妈妈先上三轮车，我用皮带牵着狮子，我爬上三轮车后，让狮子坐在三轮车的车板上，狮子是湿淋淋的。一路上我们母子两人的沉重心情可想而知，只是沉默无语地前往火车站。到达火车站时，爸爸安排的几位士兵走到三轮车旁边，迅速地把我们沉重的行李搬了出来，但是我坚持要提我自己的手提箱。

趁着妈妈打电话给上海的叔祖，告诉他我们上火车的时间的机会，我在试着想如果有人，阻止狮子上火车，我应该怎么办？我想让狮子从铁栅栏里穿过，进入车站，然后我就进去再把它抱过来。但是我们进入车站大门口时，并没有人阻止我们和狮子。我们沿着平台走了大约15米，顺利到达指定的火车车厢。我们走上车厢时，我的右手拿着手提箱，左手紧紧地抓住狮子的皮带。然而，没有人对狮子有丝毫的关注，狮子跳了几步上车，就像它也有一张火车票一样，径直走进了车厢。感谢上帝！

在我把狮子的皮带交给妈妈后，我绕着火车走了一圈，然后把注意力转向火车站检查乘客情况。就我所看到的，一点也不令人兴奋，这列特别火车看起来就像是一堆准备丢到垃圾场的破铜烂铁，硬木板凳，车厢地板破烂不堪，有些地方甚至没有地板。我们的车厢是唯一有座位的，妈妈和我以及其他大约60位陆军大学老师的家属一起挤在这节车厢里。停车时冰冷刺骨的寒风从破碎的窗户吹进来，我只穿着一件轻便夹克，和狮子挤在一起取暖。好吧，我想这只是一次短途旅行，我一点也不抱怨。看到这么多人挤在车厢里，尤其都是那些来自陆军大学的人，妈妈感到很惊讶。

"我以为买3点到上海的特快列车票应该在今晚8点到达。我不知道有这么多人买了特快票。你可知道特快票的票价是普通票的四倍还多，"妈妈说。"过去我听说过豪华特快列车，这个破车厢肯定是令人失望的。"我质疑地问，"妈妈，你能确定这是正确的火车吗？"

"嗯，我是这样认为的。你为什么不去看看站台上的火车号码，看看它是不是117号。"

我下火车后到站台去看火车时刻表，那是一个很大的长方形公告板，里面有几片插板。每片插板上都有火车号码，停留时间和目的地。很明显，我们的火车是第117号到上海的快车，但后面还有了一条斜线，编号3900的数字在117号下面。我回到火车车厢，向妈妈描述了这两个数字。她不明白为什么会有这两个数字。3点钟到了，但是火车没有动，妈妈去问陆军大学的一位女士。她告诉妈妈，他们买了10点开往上海的火车票，但是被告知火车必须和另一辆预定的列车结合并起来开，这就解答了我们的问题，为什么这辆所谓的特快列车如此拥挤？

最后，过了下午5点，火车开动了。天已经黑了，车厢里没有灯光，狮子在我的膝上爬来爬去。在我们离开家之前，妈妈曾说过，去上海的时间最多只要五个小时，因此我们只带了够几个小时吃的饼干。离开南京火车站后的几分钟内，列车就开始频繁地停靠，每次都有越来越多的乘客挤上来。妈妈没有预料到火车的时刻表由于军事需要已被全部推翻了，不再像往常那样运作了。所有正常的列车运行时间表都是"动态的"，实际上是把三个计划运行的列车合并在一列火车上。新乘客不断地从各个小车站上车。现在我很清楚，整个地区的人们都在向沿海城市逃亡。或者他们认为在沿海城市会找到安全的地方，或者他们打算坐船逃离这个国家。我听了几次谈话，显然没有人知道答案，人们只留下了一堆失败感，或者一种希望。像我们这样的人，从我出生开始就一直在从一个城镇搬到另一个城镇，从一个省到另一个省地搬家，难道全中国只有我们这一家如此？

夜幕降临时，我感到极度饥饿，一直在等从车厢里经过的小贩们，就像妈妈解释的那样，但那天晚上没有小贩来，我颤抖着意识到火车显然不但没有食物供应，而且也没有饮用水供应，我和妈妈分享了半包饼干，另外半包喂了狮子。

妈妈说："我不知道还要几个小时可以到上海，我希望叔祖会请人去火车站打听我们火车的到达时间，这样他就不用多等了。"妈妈说。

"我敢肯定叔祖早已向铁路上的人打听过，他是很聪明的老人家。"我在拍了拍已经吃完饼干的狮子后说"不管怎么说，爸爸不是说叔祖是一位商业大亨吗？他可能会派人来接我们。"

"我当然希望如此，最近我才看到叔祖的照片，但我从来没见过他本人。爸爸说他是一个很好的人。"妈妈向我保证。

黑暗很快就降临到寒冷的车厢，即使是在火车低速行驶的时候，风也会吹进破碎的窗户，车厢里非常冷，妈妈从我们的一个包里拿出一条毯子，把我裹在里面，然后她穿上了一件长夹克来保暖。车厢里太冷了，火车钢轮上的噪音越来越响，狮子睡在我的腿上，我试着入睡，但却一直在想。我是多么想呆在家里的床上，在那里，我醒来的时候，又回到了学校的另一天，或者只是在街上走走。但我想，这确实是真的，我用毯子更紧紧地围住自己身体，陷入一种不安的睡眠中。第二天一早，当火车驶进另一个小站时，我更加饿，妈妈去火车外面小贩那里买食物，我在站台附近的草地上遛了狮子。妈妈买了两份盒饭，里装满了米饭、蔬菜和几片猪肉，价格似乎很高，她别无选择。我饥饿地吃完了这份温热的食物，也确保狮子得到了它的全部份额，而且喝了一杯热茶。饭后我感觉很好，不再那么冷了。当火车缓缓向前推进时，我注意到在我们的车厢里，妈妈加入了一群年轻太太的谈话，我和狮子呆在座位上听着。

"有人知道我们去上海后要去哪里吗？"王太太问，显然是一位更担心的人。

"我听说在上海短暂停留后，我们会搬到广州去，但我不确定这是不是最终的目的地。"蒋太太说.

"我们还能去哪里？"妈妈问。

"我不知道我们能走多远？"蒋太太叹了口气，"现在，我们只是在向更南的地方走，希望我们能赢得战斗。但是如果我们不能阻止他们，我们还有什么选择呢？"

一群太太们沉默了很久，火车隆隆地继续向东方开行，从南京开出大约27小时左右，直到第二天晚上我们终于到达了上海。火车在进入上海市区后速度减慢了。透过破碎的火车窗户，我第一次看到了上海这座城市，令人惊叹的高楼大厦和明亮的霓虹灯。火车开进了宏伟壮观的上海中央车站，高强度的灯光使整个车站就像白天一样明亮。戴着红帽子的工人走近我们，帮我们把行李搬到手推车里，再跟随我们走向车站外面接客的人群。妈妈给每位工人几元报酬。大厅里，一位身材高大略显消瘦，穿着一身灰色西装，打着精致领带的男士向我们走来，妈妈很快认出了他是谁，向他招手。"你好，叔叔！我很高兴你能来接我们。"她说着，并转身对我说："天任，过来，见见你的叔公。"

"叔公，"我用中国传统的小辈向长辈敬礼的方式，向叔祖弯腰鞠躬。同时介绍了我的狮子，"这是我的小狗，叫狮子。"

"我非常高兴见到你们母子俩和狮子！"他一边笑着，一边握着我的手说，"跟我一起去我的住处吧，我们已经为你们准备好了，并等待你们的来临。"

叔祖和他的司机护送我们到一辆加长豪华轿车前面，这是我以前从未见过的，也从来没有想象过的豪华轿车。当司机为我们打开车门时，狮子就先跳了进去，叔祖只是笑了笑，

"多么漂亮的小狗。"叔祖说。

陆军大学里的其他家属，都由巴士接送到一个临时的住所。

在上海市的街道上，妈妈和我还有狮子乘坐着这款豪华轿车，沿着主要街道速度不快也不慢行驶着。上海夜晚的街道灯火辉煌，霓虹灯闪耀，音乐喧闹，有钱的人在商店购物、饭店吃饭、剧场看戏、舞厅跳舞或者只是四处走走。如此繁荣的地方！难怪中国人把上海称为"不夜城"以及"东方巴黎"。在豪华轿车里，我更仔细地看了看电动的车窗、酒吧、地板上的厚地毯、收音机，以及内饰的白色、柔软的皮革衬垫。如果我们不打算长久住在上海，至少我们会在上海，过一段时间的好生活。

我从来没有见过我的叔祖郑涛，抗日战争开始前他就在上海纺织行业经商，是一位相当成功而富裕的商业人士。抗战期间留在了上海，并在日本占领期间幸存下来。在豪华轿车里，叔祖漫不经心地跟妈妈说话，偶尔问起我的学业和我的爱好。40分钟后，我们到达了市中心的一栋外墙面都是大理石和花岗岩的多层建筑前。轿车停车后，叔祖要我同他一起走。

"和我一起去楼上的公寓，有人会来帮你们搬行李。"他告诉我们。

门卫在大厅里迎接我们，一个穿着华丽制服的电梯操作员，正等着我们进去。电梯的内部有三面镀金的镜子，地板上覆盖着厚厚的羊毛地毯，我的鞋子都会陷进去。电梯停下以后，我看到了一个很大的大厅入口，里面有两对大黄铜狮子，

红木门看起来又重又结实，每扇门上各有一个很大的镀金门把手，与我在重庆农村的那些单板门形成了鲜明的对比。

这是叔祖和叔祖母的大房子，五层楼的豪华公寓，装饰豪华、富丽堂皇、极其奢侈，这是一种我从未知道更未看见过的生活方式。我的叔祖对着一扇门敲了一敲，我右手边的门就开了。那里有一位中年妇女，三个男孩，一个女孩。叔祖把我和妈妈介绍给了我的叔祖母，三位叔叔和一位姑姑。健叔叔比我大一岁，鸣叔叔是我的同龄。蓝姑姑比我小一岁，白叔叔比我小两岁。很显然，他们全家人都很好奇，见到他们两个衣着朴素，来自南京的亲戚，不知道现在应该怎么做。他们为妈妈和我准备了一套两居室的房间居住。叔祖和叔祖母带着妈妈和我穿过一条长长的走廊，到一个装饰华丽的独立套房，有两间卧室，一个客厅，一个浴室，还有一个简单的厨房。

"我们已经等了很长时间才见到你们，我们很高兴能和你们住在一起。"叔祖母说。叔祖母她是一个非常漂亮、说话温和、矮小的中年妇女，她热情地向我们打招呼。

"如果你有任何需要的话，就告诉我或叔叔。"

"谢谢你，叔母。我们也很高兴能在这里和你住在一起，但我不想给你们全家人带来任何不便。"妈妈说。

"不会的，我们这里有几个人会来帮助你们。"叔祖母说："请像在家里一样住在这里。现在请稍休息，我们一会儿再一起吃晚饭。"她和孩子们一起离开了我们的房间。

"妈妈，这是不是真的？你以前在这里住过或者住过类似这样的地方吗？"

"不，没有，这是一个非常昂贵的地方，我不认为有很多中国人会过这样的生活。对了，在狮子要做坏事之前，你赶快上街去遛遛狮子。"妈妈告诉我。

"是的，妈妈，我现在就去遛狮子。"我说，"狮子！跟我来。"

狮子也许是第一个走进这套完美漂亮公寓的小狗。当狮子走进来时，叔祖的家人都没有表示反对，但我祈祷它不会做任何让我难堪的事。狮子也没有，无论走到哪里，它都跟着我。

狮子和我一起进了电梯，门口的接待员把我们带到了街上。狮子从大门口走出来，马上径直走到人行道旁边的草地上。狮子做完了它所有需要做的事情，我也松了一口气！

我带着狮子回来，到了公寓的门口，健叔在那儿等我。

"现在是晚饭时间，请到我们这里来。如果你愿意的话，可以带上狮子一起去。"健叔告诉我。

"我要把狮子留在套房里，我马上就来。"

然后我带着狮子回到套房，关上了房门，狮子嘶嘶地叫了一秒钟，在不高兴的时候，它就会像往常一样扑在地板上不着声了。我来到了一个正式的大餐厅，所有的人都坐在那里等着。我为自己的迟到感到尴尬，但是叔祖和叔祖母同妈妈都在说着话，并没有注意到我。他们故意在和妈妈谈话的时候延迟了侍者的服务。我知道他们是不想让我为迟到而感到不安。

整个晚上，他们都在用福州方言说话，我知道他们说的每一个字，有部分的对话都是关于我的事情。

第二天早饭时，叔祖和叔祖母带着一丝微笑看着我。叔祖说："天任穿得像个可怜的乡村小牧童。这是上海，我希望他在这里看起来会好一些。"然后他转向健叔。

叔祖用命令式的口气对健叔说道："早餐后，你和天任一起去裁缝店，做一套漂亮的西装，然后买一双漂亮的鞋子来搭配。"

"是的，爸爸。我乘哪一辆车？"健叔问道。

"你就用我的轿车，我知道天任喜欢这车子。"他说。

"我可以去吗？"鸣叔问。

"当然，你可以。你们一定要好好照顾天任。"叔祖说。

"谢谢你，叔公，我会听叔叔的。"我说。

老徐是叔祖的司机，老徐开车带我去了上海的另外一个区，那里有一家大型的高档裁缝店。在我的生活中，我从来没有走进一家如此令人生畏的商店。经过了一个多小时的测量，我们去了另一区的一家鞋店。健叔和鸣叔知道我对皮鞋没有概念，所以他们为我做了所有的对话和选择。两个叔叔带我又去一家衬衫店，买了半打白衬衫，这是我以前从来没穿过的。他们也为我挑选了几条领带。我们整个上午都在买东西给我打扮得"得体"。

我的新装在 48 小时内到达。妈妈帮我穿上了新衣服、领带和鞋子。当我看着镜子的时候，我觉得自己打扮得像个"绅士"，感到既好笑又尴尬，这样穿很不舒服。更重要的是，我担心如果我在城里碰到南京朋友的话，他们一定会笑话我。后来妈妈带我向叔祖和叔祖母展示我的新形象，这是我最后一次穿这些衣服、领带和鞋子。

当我和叔祖和叔祖母住在公寓里的时候，两个叔叔确实很照顾我，我同健和鸣相处得很好。我确实喜欢在叔祖和叔祖母我们去的最好的餐厅里品尝新鲜美味的食物。他要求两位年轻的叔叔带我去上海参观，他的豪华轿车司机开车带我们去了银行金融区，那里有银行和各种各样的金融机构排列及几个街区，都是带有许多古老雕塑的建筑大楼。然后我们去了南京路，那里挤满了购物的人群，为了避开拥挤的地方我们就不过去，然后我们决定去参观城隍庙并吃午饭。城隍庙是包括购物、餐饮、公园和寺庙等活动场所的著名景点。我们到最有名的老饭店餐馆吃午饭。健和鸣叔为我点了许多精美菜肴和做工讲究的点心，对我们三个人来说实在是太贵了。

"健叔，我们不可能吃那么多，而且太贵了。你可以用这个来养活整排军队。"我诚心诚意地说。

"我们没有像你这样经常来拜访的近亲。此外，我父亲要我们对你进行特别的招待。只要你喜欢吃的，我就会买，不要担心剩下的食物。"他拍拍我的肩膀说。鸣叔只是笑笑，点了点头。我脑子里想的是挨饿人的形象，而不是食物的浪费。

我觉得旅途中所有的事情都让我不知所措。上海和我曾经生活过的任何地方都不相同，反差太大了，而叔祖则确保我有机会看到上海社会风貌的各个方面。我的两个叔叔把白天的全部时间都花在了我身上，把我当作他们最喜欢的兄弟对待。鸣和我谈到了他们的学校，并交换了一些有趣事情。健叔非常温和，我们在街上时，他扮演了主人的角色，任何我看了较长时间的东西，他都会为我买下。妈妈似乎也对这个城市的繁荣印象深刻，她在十六年前在上海嫁给了爸爸。

"妈妈，为什么叔祖对我们这么好？"第二天晚上，我在我们的私人套间里问妈妈，"他真的是爷爷的近亲吗？"

"是的，他们是近亲，但爷爷比他大得多。许多年前，你的叔祖的父亲不是一个成功的人，实际上也不是一个好人。有一天，叔祖的父亲离开了家，抛弃了他的妻子和小儿子，从那以后再没有人听到他的任何消息。这时候叔祖还只是 5

岁的小孩，你爷爷每个月都把钱寄到他们家，不但供家用，还为叔祖的高中和大学教育提供了经费。" 妈妈在停下来喝一小口热茶后解释道。

"你的爷爷是一位坚强的人，在成功之前努力奋斗了许多年，所以他结婚的很晚。爷爷是位好人，为叔祖和他的母亲做了所有的事情。奶奶虽然经常都在抱怨，但另一方面，奶奶也有一个很好的心，所以她同意你的爷爷帮助叔祖和他的母亲。奶奶还经常送食物到他们家里去看望。你太年轻了，不会知道这么多的旧事情。"这是我第一次听妈妈说奶奶是如此的善良，

"但是，我必须告诉你非常重要的一点，你必须要知道我们真的不需要叔祖的帮助。他过去曾和爸爸联系过很多次，想为我们做点什么。作为一位如此骄傲的人，爸爸从不愿意从叔祖和叔祖母身上拿走任何东西。但是为了让叔祖感觉好些，爸爸想利用这个机会让叔祖为我们做点什么，这样叔祖就会觉得已经把人情债偿还给爷爷了。要记住这一点，儿子！永远不要让任何人觉得欠你的债！否则，你要么失去朋友，要么就得到敌人。"妈妈很认真地对我说。

我看得出来，妈妈对这件事很认真。然后她带着温暖的微笑看着我说："对了，你觉得上海的生活怎么样？"

"我不知道，妈妈。但我不习惯这种生活方式。"我耸耸肩。

"难道你不喜欢豪华轿车、高档餐厅的菜肴以及你所拥有的那些漂亮的衣服吗？"妈妈半开玩笑地问。

"难道你不希望像叔祖一样成功，有那么多的钱吗？"

"我喜欢豪华轿车和看到的所有新东西，但我不确定我是否想要像他们那样生活。"

"为什么呢？"妈妈问。

"我不知道。也许在这种生活中没有足够的自由和乐趣，我不确定我是否想住在上海。" 我不知道该怎么解释，为什么我不喜欢这些亲戚们过的生活。尽管他们接近我的年龄，但我的叔叔们对我向他们谈的许多事情都是一无所知，比如钓鱼、大理石弹珠、弹弓、竹枪或者是我童年时代看到的水牛。他们只知道歌剧、象棋、电影和男人的服装风格这类讨厌的东西！

妈妈盯着地板，仿佛在沉思，然后抬起她的头看着我说："现在我们先住在叔祖和叔祖母的公寓里，等到所有的陆军大学老师和亲属都来到上海这个地方，我们就离开这里，去和陆军大学的亲属们在一起。到那时，爸爸也应该和我们一起住在那里。"

"爸爸现在在干什么？""我问。

"他仍然在负责陆军大学的搬家，所以现在留在南京，直到搬家工作完成。"

在我们到达上海后的 10 天左右，妈妈知道所有的大学家属都住在上海郊区江湾的临时房子里时，她告诉叔祖，是我们应该到那里去住的时候了。叔祖试图说服妈妈，仍然同他们住在一起，但妈妈坚持说，我们应该和其他家属住在一起。叔祖和叔祖母出去为我们买了一大堆精美的饼干和糖果，跟他们含泪告别后，叔祖用豪华轿车送我们离开了上海市区。

我们来到了位于江湾的大学校园，很快就找到分配给我们的生活区。我们必须与其他五个家庭共住在法商学院的一间大教室里。没有家具或床上用品。每个人都睡在水泥地铺的毯子上。大教室内安装了临时的木质分隔板墙，给每个家庭提供隐私空间。虽然这是从豪华公寓的生活环境向下降了一大步，但奇怪的是，我在这里感觉更自在，如释重负。我把我的新添置的西装藏在行李箱的最底端，甚至不希望爸爸看到。我唯一希望的是，我们在上海的逗留时间不会像在重庆的

凉風垭那样长。我很快又找到了几个在南京认识的男孩。熊光裕从小儿麻痹症中恢复得很好，但仍然行走困难。我经常到他父母的公寓里拜访他。他仍然像以前一样机智和敏捷，但是他不能和我一起出去探索这个世界。在临时避难所的其他孩子，都想离开我们的住处，去探索这个社区，但是妈妈警告我，要小心小偷和其他潜伏的罪犯。

"我听说坏人会把乙醚放在手帕上，当他们贴近小孩时，就把手帕放在小孩子的鼻子上，小孩子就会失去知觉而昏迷过去，坏人乘机就把小孩子带走了。"她说。"所以你在街上一定要非常小心。"

"妈妈，我要至少和三个以上的男孩子一起出去，我们不会离学校很远的。"我向妈妈保证。

我决定，当我走上街头时，我会把狮子留给妈妈。我听说饥饿的难民们急需食物，而我已经失去一条狗了。只要想到狮子可能发生的任何事情，我就会很不安。所以我从不让狮子离开校园的大门，因为我知道它会在眨眼之间被那些饥饿的难民抓住。

一个寒冷的夜晚，大约7点半，我们五个小孩子正沿着铁轨走在离校园大约半公里远的铁道上，我们听到了来自在轨道附近，街后面房子里的声音。我们爬得相当近，所以可以向灯光明亮的小房子里窥视，这可能是一个非法的赌博场所。有四、五张牌桌的赌博正在进行，每张桌子都有4个人，还有10多人站在那里，他们看起来真的很凶残，屋子里的噪音非常大了，我们听不清楚他们都在说些什么？但是我们可以看到一个留着大胡子身材魁梧的男人在牌桌上玩。但是注意力的中心是他面前有一大堆钱，他似乎想要离开了，他想要把所有赢到的钱都拿回家去。其他的人则愤怒地坚持还要他继续玩下去。我们一边听着他们大声地争吵着，一边安静地相互示意后，就很快地离开了这所屋子，这样我们就不会被那些粗野的家伙抓住。然后，我们继续朝着附近繁华的街道走去。

"我告诉你，这是一个非常可怕的地方。你知道不知道我们可能会被那些丑陋的歹徒杀害？"12岁的男孩陆春华评论道。

"好吧，我们走到那所房子附近是愚蠢的。现在我们算是很幸运的，我们在那里的时候没有人从房间里走出来。"14岁的吴昌運说。

我们很快地改变了话题，在街道上四处寻找有趣的事情，直到我们到达了江湾商业区。9点钟的宵禁临近时，我们沿着同样的铁道在几乎完全的黑暗中返回校园。我们到达赌场前，离开铁轨附近大约6米的地方，看到了一个圆形的物体，但又看不清楚。

"看看那个东西是什么？"林宇君喊道，当他停下，走得更近时，尖叫了起来。"天哪！我想这是颗人头！"

我们都挤在一起向前凑近看。显然，这个人的头被快速移动的火车车轮割断了。血仍然是新鲜的，溅在一片相当大的地方。我们在周围区域搜索想看看他的身体在哪里？但没有发现任何迹象，一定是被火车拖走了。

"看看脸上的那些胡子，这是个胖男人的头，可能就是我们在那所房子里看到的那个大胡子的男人。"陆春华总结道。

"也许他喝醉了，走得离火车太近了。"吴昌運猜测。

"我不知道。"我回答。

"火车可能会把他撞死，但不会把他的头砍得那么干净。"

"那么一定有人抢了他的钱，把他推到迎面而来的火车上。"吴昌運说。

"嗯，他可能是在那所房子里面或外面被杀，然后他们把他的脖子挂在栏杆上，使它看起来像一场意外事故。" 林宇君推断。

"可能就是赌场里的那些输家，让我们马上离开这里！"我催促着，带着一种令人不寒而栗的想法。那就是那所房子里的赌徒是多么的残忍，如果他们在这里把我们抓住，他们可能会对我们做出更为恐怖的事。

我们冲回校园，我想请妈妈向警察报告这件事。

"儿子，我们现在不是卷入这样一起谋杀案的时机，你最好别插手。"她用非常严肃的语气对我说。"那些歹徒是无情的，在这里我们没有办法得到任何的保护。"

学校的一名工作人员，确实向校警报告了发生的事情，但没有我们发现的那么可怕。我想，现在只是一个死人的神秘，不值得警方去调查。在这个拥挤的大城市里，肯定每天都会有许多这样的事件在发生。

我们从口口相传中，得知解放军已经在向南京推进，并继续向沿海城市进军。上海的街道上的商业活动仍如同平常，但我们知道，许多富裕的商人已经逃到香港或海外，还有一些人正打算马上离开上海。就连叔祖也表示，他可能很快就会回到福州。成群的政府军聚集在上海的街道上，甚至在我们居住区附近的江湾一带。爸爸把大部分时间都花在陆军大学的重新安置上，当我们在江湾逗留期间，他带我去上海看了几次叔祖。叔祖和叔祖母也过来带我们出去吃过几顿饭。爸爸和叔祖年纪相仿，所以他们大多谈论旧事。尽管他们似乎很喜欢对方的职业，但爸爸对包括叔祖在内的任何商人都保持着很低的评价。

"我很担心。"一天晚上，我们独自在家时，妈妈承认。"解放军正在快速前进，我听说我们的部队一直在向对方投降。"

"妈妈，我们要尽快搬到广州吗？"我问道，努力把妈妈的注意力从这些可怕的想法中转移出来并保持谨慎，不表现出自己的焦虑。

"最近，没有人说过要搬到任何地方，现在我们被困在这里了。"她叹了口气。

"你认为我们会回到南京吗？"我想知道答案，我在想念南京。

"嗯，这对我来说很难，但如果我们能很快在战场上扭转局面，我们或许有机会将解放军赶回北方，但这只是一厢情愿的想法。"妈妈说。

在接下来的几天里，校园里没有任何乐观的迹象。所有的孩子都被警告不要到外面去。我曾在门外冒险，但离校园很近。武装警卫被安置在江湾附近，人们谈论最多的是在江湾地区及其他地方的歹徒和难民所犯下的抢劫和谋杀案件。

"就在前几天，我看到几个长相粗鲁的家伙走进了杂货店。这家商店的店主遭到抢劫和毒打，警察什么也没做。" 张立雄说。

"嗯，战争开始的时候，每天都有成千上万的人死于战场。谁会在乎江湾的小抢劫？" 王克明说。

"我们肯定生活在一个危险的地方，假设一群粗野的家伙在校园里扰乱闹事，有谁来保护我们？"张立雄问道。

"我们有警卫，我们可以叫警察。" 陆中新说。

"告诉你一个秘密。门口的守卫有来复枪，但他们没有子弹，他们如何保护任何人？" 王克明说。

"你怎么知道？为什么他们没有子弹呢？"我问。

"我爸爸告诉我，政府不相信他们会携带实弹来减少意外事故的发生。" 王克明说

166

"不管谁下了这个命令，都是非常愚蠢的。"好吧，这就是政府通常做的傻事。张立雄真的很不高兴。

所有的孩子都希望我们能尽快离开上海。

我们在江湾安顿下来不到一个月后，陆军大学就被命令从上海地区搬到广州，就像到上海的火车上的谣言所暗示的那样，这一地区离现在解放军的位置更远，而且被认为是安全的地方。但这一次，妈妈和我不会同其他的大学家属一起去，因为爸爸接到了中央司令部的新命令，立即向福建军区司令部报到，担任作战处主任。

福州靠近东海岸，离上海比广州近。爸爸告诉我们，国民党计划在那里建立一条主要的防线。由于爸爸在军事上的声望不断上升，作为一名出色的战略家，福建军区的指挥官要求他调任作战处主任，指挥作战行动。爸爸不得不在接到命令的当天离开。

"你和天任应该尽快一起来，因为那是最安全的地方。"爸爸在出发前给我们建议。

"我会打电话给上海的叔叔，帮助你们去福建。"他不能告诉我们他自己的行程安排。

"儿子，你要照顾好你的妈妈。"爸爸把手放在我的肩上，对我说。然后他又转向妈妈。

"我已经决定给叔叔打电话，他会买好船票并带你们去码头。你们自己做这件事可能是太困难了，我很快就要和你们见面的。"

爸爸很快地收集了一些文件，妈妈收拾了几套内衣，一如既往地带了许多包烟，然后爸爸冲进一辆军用吉普车。

"别担心，这是一个非常好的消息。"爸爸的吉普车开走后，妈妈笑着说。

我知道她在想什么，妈妈的母亲住在福州，她已经十六年没有见到她的母亲了。

"我们必须离开军队，"妈妈补充道，"我们要回到我们真正的老房子里去。这一次我们不需要做任何安排，因为我们将和外婆和我的弟弟住在一起！"

"哦！我不知道我们在福州也有自己的房子。"我惊讶地说。

"当然，这是我们所有的，我们有三栋大房子。在去南京工作之前，爷爷就买了它们，并在其中一栋住了下来。"妈妈补充说。

"哇！我不知道爷爷这么有钱。"

"是的，爷爷是位有钱人，但是我想让你记住，爷爷是一位学者和一位非常善良的人。"妈妈说。

"妈妈，我真希望我能在他活着的时候多了解他。"

几天后，叔祖就为我们买了开往福州的远洋客轮票。我很兴奋地想到，我将前往我祖父的家，在那里我将会见许多我从未见过的亲戚，我将会和外婆和她最小的儿子见面。在我年轻的时候，我对家乡的看法总是集中在南京。对于我来说，福州是一个太遥远的城市，我甚至都不去想它。我从来没有想过，我的生活会和这个中国南方城市建立联系，尽管我知道那是我们家庭的根源，现在是时候应该了解所有的这些事了。

当我们走向码头时，叔祖和叔祖母陪着我和妈妈坐在他的豪华轿车里。在轿车里，叔祖递给妈妈一个信封，里面有钱。说："你在路上需要钱。"

"不，谢谢你，叔叔，我不能接受。"妈妈坚持说。在我的记忆里，除了爷爷和爸爸，她从来没有接受过任何人的钱。

167

"你不应该把我当作外人看待，我是你的叔叔。如果你不接受，你会伤害我的感情。你知道，在我年轻的时候，没有我叔叔的支持，我永远不会成为今天的我。"叔祖在凝视着车窗的时候，眼睛里含着泪水。妈妈看着我，我点了点头。她不情愿地从叔祖那里接过信封，并向他表示感谢。后来，我才发现这比爸爸的一年薪水还多了。行李从车上卸下后，我们和叔祖道别，看到他的豪华轿车开得很快。码头工人把我们的行李搬在我们的船上，当我带着狮子自信地走上船舷的时候，一个穿着黑色制服的年轻船员拦住了我。

　　"你要带那条狗去哪儿？"船员问道。

　　"这是我的狗，我要带它去看我的外婆。"我毫不犹豫地回答。对我来说，这是一个足够好的理由。

　　"你不能这样做。"他严厉地说。

　　"这条船不允许带狗。"

　　"但是我必须带着我的狗去，我已经答应过我的外祖母了。"我说，把狮子抱进我的怀里。我向自己发誓，我不会让任何事情发生在我们之间，我愿意做任何事情，让狮子登上这艘船。

　　妈妈走近了船员的身边，她盯着那个年轻人的眼睛说："看，我的儿子会照顾这条狗。我可以向你保证，它不会造成任何麻烦。"

　　"不，太太，这是轮船的规则。"这位年轻的船员坚持道。

　　"好吧，那你带我们去见船长，问问他。"

　　"嗯，好，跟我来。"他厉声说，我们跟着船员走。

　　在船长的住处外的一段楼梯上，船长很快就出现了。他是一个令人生畏的中年男子，有着一双锐利的眼睛和一把大胡子。

　　"这里有什么问题？"船长先问他的船员。

　　"这个男孩坚持要把他的狗带上船，我把规则告诉了他，先生。"船员紧张地解释道，船长的眼睛看了看我的狮子，再来回几次看，我的心砰砰直跳。

　　"年轻人，"他向我说，"如果你答应在你的狗狗排大小便之后，马上就清理干净，我就让你把它带上轮船。"

　　"谢谢！非常感谢你，船长先生。我向你保证我会在狮子大小便之后就清理干净。"我感到如释重负。如果船长对我们说：不！我就不知道该怎么办了。我会留在上海和狮子一起离开妈妈吗？这不是一种选择。唯一要做的事就是放弃狮子。我无法忍受这一想法，现在一切都结束了，狮子可以和我们一起上船了。感谢上天！

　　我们在船舱里安顿下来后，我在船舱的钢地板上放了一条毛巾作为狮子的床。它似乎很熟悉这一安排。在船上，狮子表现得很好，没有给我任何头疼的麻烦事。然而，在这三天的航程开始后不久，妈妈和狮子都开始晕船了。他们都觉得很困，所以我不得不多花些时间来照顾他们。

　　这艘船并不拥挤，我们分配到一个私人头等舱，这是另一件来自叔祖的礼物。船舱并不大，也不奇特，但与我们在长江船上所经历过的航程相比，这就像天堂一样。船在中国南部沿海航行，天气晴朗但是很冷。狮子醒着的时候，我就和狮子在甲板上漫步，心情愉快，好时光很快就过去了。在这条船上，没有一个军人或其他军人家属，我和妈妈是唯一的例外。几乎所有的乘客都是在上海和福州之间做生意的商人，我在甲板上遇见了其中一个。

　　"你的狗叫什么名字？"他用上海方言问我。

　　"狮子。"我用普通话回答，"你去过福州吗？"

"不，我本来是福州人，但我的生意是在上海。现在离共军已经太近了，我就把我的一些生意搬回了福州。你也要搬到福州去住吗？"他问道。

"是的，我要搬到福州去住。这是我的家乡，但我不会说福州话。你打算很快回上海吗？"

"我把自己的生意安定下来之后，要回上海去把我的生意做下去。"他的眼睛里带着一丝忧虑，他说："现在的福州更安全些。"

"在共军到来之前，上海还有多少时间？"我问。

"我不知道，我希望能多有一段时间，因为有那么多人想要离开上海这座城市，但想要找到一个新地方却越来越难了。"他说。"我要回到我的船舱去了。"

我从来没有问过他的名字，但这并不重要。

我感觉到我们已经在福建海域，这艘船毫无事故地摇了一摇。就在这艘轮船要进入马尾港以前，一位内河引航员开了一艘小型摩托艇登上了我们这艘轮船，引领轮船逆流而上，在宽阔的闽江中向上航行。妈妈早前告诉我，马尾是福建北部的主要港口，也是中国最大的港口之一。随着内战的加剧，对国民党政府来说，马尾的战略地位变得越来越重要。在过度拥挤的水道里，运沙船和舢板在各个方向任意进出。

"看，妈妈。那个小船几乎撞了我们的船。"我指出，"为什么这里看起来像是一片混乱？"她皱起眉头，感觉到了我的失望。我第一眼看到的是闽江。

"闽江是福建省福州市和其他内陆城市的居民进出的主要干道。它将福州市与中国的其他沿海城市以及世界其他地方联系起来。"妈妈解释道，"这里真的很好，我知道你会喜欢的。"

"当然，这里与重庆或南京的情况不同。我希望我能适应福州，尤其是方言。"我说。

"我知道你会喜欢的独特的产品。你可以在市场上找到许多美味的水果，那里有很多很棒的海鲜餐馆。我相信你一定会喜欢这个地方的。"妈妈笑着说。

"你认为外婆会认出我吗？她以前从未见过我。"

"她已经看到了我寄给她的照片，所以我肯定她会认出你来的。但她一点也不会说普通话，你只好跟她说福州话。"妈妈笑了，因为她从来没听过我说福州话，还相信我根本不懂这种方言，我从没跟她说过当爸爸和她在我面前说"私密"时，我都能够听懂并理解，包括那些用福州方言中谈论离婚的严肃话题。

"看到那一群大型建筑了吗？"妈妈靠着我的肩膀问道。"那是马尾海军学院。我堂妹的丈夫，林甫伯伯，是那个学院的毕业生。他现在是海军两栖登陆舰的舰长。我希望他和他的家人在这里，或南部更加安全的地方。"

"我看到那些灰色的战舰停在那个地方。那一定是我们的海军舰艇。"我指着一群大约 20 多艘停泊在该学院下游港口的船只说。

当轮船越来越近码头的时候，妈妈发现了更多的地标，并把它们背后的故事告诉了我。在我们所有的旅行中，我从未见过妈妈说这么多话。每次重新发现她的过去，看着她的眼睛闪烁着光芒，我觉得她似乎比在南京看到她的兄弟姐妹们更开心。我生平第一次感觉到，妈妈要回家了。当轮船停靠的时候，没有人在码头接我们。当然，爸爸是和他的重要的军事职责绑在一起的，而妈妈在我们到达前又不能确切地通知她的亲属。妈妈从码头请了工人把我们的行李搬到街上。然后，在她的家乡继续用福州话，安排了三辆三轮车。其中两辆带着我们的行李，妈妈和我爬进了第三辆。狮子也跳了进去，在我的腿上坐了下来，然后看了看我。

我拍拍它的头，它的头舒服地放在它的前爪上。妈妈告诉三轮车夫我们要去的地址：

"梅坞路28号"。

"外婆住在哪里？她是一个人住吗？"我问。

"她住在爷爷和奶奶以前住过的房子里。自从16年前爷爷和奶奶搬到上海以后，外婆就一直住在这里，并照顾在这幢楼其他三套房子里的居民租户。我最小的弟弟，你的舅舅以奎，仍然和她住在一起。今年以奎舅舅17岁，上高中。"

当我年轻的时候，妈妈把关于她家庭的更多细节都告诉了我，我突然感到和周围的环境很亲切，我终于进入了我祖先的故乡。妈妈和爸爸出生在这里，一直住在这里，直到他们10多岁。除了奶奶，我的家人几乎都是在这里出生的。不是南京，这里才是我真正的故乡，在这里我们肯定会更加安全，至少现在是这样的。

妈妈不停地指着和谈论着福州市中心地带的许多地方。我模糊地记得她在四川漫长夜晚中提到的那些事情。在街的拐角处，有一家专门的商店，出售以桐油为材料的彩绘枕头，这是一种很有名的产品。街对面是一个卖光饼的地方，它看起来像个圆圈圈，但很有嚼头。水果店出售新鲜的水果，在南京和重庆从未见过的亚热带荔枝果。我清楚地记得几年前的那一天，当我被爸爸惩罚时，就是因为我吃完了所有的干荔枝果，那是外婆送给妈妈的。

这三辆三轮车进入了外婆居住的福州市最高档的鼓山区时。我注意到半山的所有木房子都是三层或者五层楼高，这并不奇怪。没有人盖四层楼的楼房，因为用中文，不管是普通话，福州方言，还是四川方言，"四"听起来总很像"死"一词，所以人们都在回避这个词，这就是迷信的信念。妈妈指着街尽头的一幢大房子，说："那是我们的房子！但我以前从来没有进去过，只是从外面看到过。"她解释说。

"这是一幢很大的房子。这真的是我们的财产吗？"我问，在我脑海中浮现出的画面，是那些在黄土坡和杜家寨的贫困地区我们曾经居住过的地方，没有想到在这段时间里，我们自己却是地主！

"哦，是的。还有两幢属于我们的房屋，但我不知道它们是在街道的哪一处。我们以后会找到的。"妈妈说。

三轮车夫把我们的行李卸下来，把它们搬到门口。妈妈给了他们很多额外的钱，三轮车夫在离开前再三感谢妈妈，当他们用福州方言交谈时，她一定和车夫们有一种亲切感。走到门口，妈妈敲了敲门，门打开的时候，我看到一位60多岁的老年妇女。我们的到来使她很吃惊，她的眼泪很快从她的脸颊流下来。自从妈妈离开福州去上海嫁给爸爸后，她就没见过她的大女儿。

"一个多么英俊的男孩。"外婆对妈妈说，一边带着温柔的微笑看着我。她没有直接跟我说话，因为她认为我不懂福州话。三轮车夫催促我们赶快进去，她和妈妈在最初的几分钟里，试图叙完长达16年的离别。他们讲得太快了，我跟不上他们的语言。我的舅舅帮我们把箱子和行李搬进我们的生活区。狮子独自去探索那所房子，它在屋子里到处嗅嗅，但它从来没有抬起过它的后腿，它是训练有素的！

外婆解释说，妈妈和爸爸会住在主卧套房，她会搬进大厅对面的另一间大套房，我得到了自己的卧室，而我的舅舅也有自己的房间。我们都住在二楼，当然狮子也和我住在一起。它在我的房间里，选了一张大椅子作为它的床。因为它在房子里表现得很好，并且被外婆观察到了，狮子被允许在整个房子里游荡，而且从来没有被拴住。

客厅里的每个人都在用福州方言说话的时候，我独自漫步，去探索我们的房子。我欣赏在柱子和横梁上有精美雕刻的实木结构。这与那些泥屋形成了鲜明的对比。走到大图书馆后，大量的书籍整齐地摆放在漂亮的黑木橱柜里，上面装有玻璃门。这个3.6米高的房间里有四面墙的书架。中间放了两张桌子和几把椅子。我想象着爷爷是如何利用这个图书馆，多年来追求他的学术兴趣的。我舅舅跟着我进了图书馆。他说普通话时口音很重，他告诉我说，他在这个图书馆做功课，这座楼是40年前建的，而且25年前，还被重新装修和安装了电灯和电器。我们家另外三套出租的套房，每一家都有单独的私人的入口，过去所有的租金收入都是由外婆保管的。现在，她会把收取的租金全部交给妈妈。

狮子刚才下楼去了，当我走到楼下的时候，我看到它发现了一个特别的开口，那是在建筑物后面的一堵墙的底部，那裡有一个四方形的出口。在没有指示的情况下，狮子找到了在屋外草地上大小便的地方。我确信外婆曾经担心过狮子会把硬木地板弄得一团糟，所以现在她会感到很欣慰和高兴了。

爸爸离开了他的指挥部，在我们到达后的晚上和我们会合了。爸爸很高兴见到我们，但看上去他疲惫不堪，心烦意乱。他告诉妈妈，他要在混乱中协调如此庞大的军队工作，是非常紧张和困难的。从北部和中部省份撤退的不同政府军部队现在处于同一指挥之下，而爸爸则是司令部作战处的处长，需要无休止地制定战略规划。

开会让他忙了一整天，他大部分时间都在忙着开会。爸爸负责与共产党军队的所有动向保持同步，并密切关注战场上的每一个细节。他到达后不久，迅速地休息了一下，就冲出家门。妈妈转向了外婆，叹了口气，"这就是过去几年的大部分时间里的情况。"

"我知道在一场战争中，作为一名军官的妻子是多么的艰难，这是你们结婚以来的第二次战争。" 外婆说.

"嗯，我们过去曾有过一些和平的时期，在那些不文明的地方生活过一段非常艰难的时期。相对来说，这里就像天堂。"妈妈说，"你应该看到我们住在农村的地方， 一个没有电的泥棚裡面，还没有卫生设施。"

"我就是不能想象这样一个地方，我的可怜的孩子，你肯定有过很艰难的时候，我根本不知道。"外婆说，她把她的胳膊放在妈妈的肩膀上，眼泪在她的眼睛里流着。

"嗯，我们现在到家了，我很高兴能和你在一起。"妈妈说。

我爱我们的大房子和我的祖先居住的城市环境。位于东南沿海，一年四季都是温暖的，山青葱翠，一年里农民们通常能够享受两轮作物周期。我有着无限量的水果供应，品尝了我从未见过的许多不同种类的新食物。我唯一的问题是语言障碍。福州方言与我最熟悉的普通话和四川方言截然不同。我在城里认识的人很少会说或懂普通话，虽然我能听懂福州话，但我说得不太好。当人们听到我在福州试着说几句福州话时，他们都笑了起来，称我是"两种声"。当我和外婆交谈时，妈妈或我的舅舅不得不为她翻译我说的话。

自从我们搬回到福州房子里以后，妈妈大部分时间都和外婆在一起。她会准备一壶外婆最喜欢的茶，然后母亲和女儿会坐在客厅里聊天，笑上几个小时。大多数的谈话都是关于过去的朋友和亲戚，以及他们这么多年来所发生过的各种各样的事情。我没有听到他们提到外公，甚至连一次都没有。我觉得这很不寻常，但我不敢问他们为什么。

每天，母亲和女儿都有自己的习惯，她们会在早上一起到鱼市场去，一起回家休息，然后喝茶聊天。下午晚些时候，她们会开始做新鲜的饭菜。外婆是一位很能干的厨师，她和妈妈在厨房准备我们的饭菜时，尽情地笑着。当爸爸和我们一起吃晚饭的时候，我们有个五口之家的大家庭，这是自我5岁以来第一次一起吃晚饭。

"周先生有最著名的海鲜，但我最想念你在刘家槽捕捉到的鲫鱼和鳗鱼。这是我们吃过的最新鲜、最美味的鱼。"一天晚上，妈妈用普通话对我说。

在福建，她对外婆说，"妈妈，你知道你的孙子是个很能干的渔夫吗？"

"我想，这对你有好处！"外婆对我说，"我希望我也能吃一些你钓到的鱼。你妈妈为你感到骄傲，我也是。"

"你把这些硬币大小的东西叫做鱼吗？"我的舅舅用手指着他的手指，用他的手指来表示我的鱼和鳗鱼的大小。

"也有大的鱼。"我坚持说，"有些鱼长得像一只脚大，我不认为你们城市男孩对这类事情有任何了解。"

十四岁时我在福州

舅舅停顿了一下，注意到外婆正在盯着他看。"嗯，也许你是对的，"他最后承认。他经常在许多鸡毛蒜皮的小事上跟妈妈开玩笑，和她争论，但妈妈似乎乐在其中。我舅舅身高1.76米，虽然瘦但很结实，他在高中篮球队里很活跃。妈妈告诉我他是班上最好的学生。

一天晚上吃完晚饭后，我发现我和爸爸有一个短暂的单独时间，能和爸爸在一起。

"爸爸，我真的很喜欢这里。军不会来这里，对吗？"我低声说。

"他们当然会。"爸爸叹了口气。"他们的目标是接管整个国家，他们不会和我们分享这个国家。"

"你是说这里只是我们的另一个临时住所。对吗？"

"我怕是的，儿子。"他承认。在那一刻，爸爸那清澈而敏锐的眼睛似乎在告诉我，他和我们所有人一样累。

几天后，爸爸难得地休息了一个下午，告诉我他要带我去看我们家的祠堂。他解释说："重要的是，你可以看到它，并了解更多关于你的祖先和亲戚的事情。一个人应该永远记住他的出身，不管那是什么出身。但我想让你知道，你可以为你的祖先感到骄傲。"

我有一种感觉，在我们继续向前进之前，爸爸想要给我看一看家族的根。在告诉妈妈我们要去的地方之后，我们离开了家，走向了城市的南边。半小时后，我们到达了一个村子里。一座非常大的单层祠堂矗立在村子的中央。它被许多餐馆和商店包围着。成百上千的人挤在祠堂和商店里。我认为他们是来向他们祖先表示敬意的。爸爸带我走进了充满烟熏味的大厅。大厅的中央后部有许多大蜡烛在燃烧。后面的墙壁上覆盖着成千上万个涂着漆的黑色木板块，每一个大约有10厘米宽，60厘米高，上面刻着金色的字。每一块牌匾上都刻着一位先祖的名字，以及对那个人一生的简短描述。爸爸指着墙中央，最大的1米宽，高3.5米的牌匾。我可以清楚地读到郑本初的名字。

"本初是我们的第一个祖先，他来到了福州，今天是他的生日。很多人来这里是为了尊敬他。这整栋房都是我们家族的祠堂。"爸爸对我说.

"所有这些都是我们家的祠堂？"当我敬畏地环顾四周时，我问道。爸爸告诉我，今天，至少有三千位郑氏家族的后代生活在福州，我们现在正站在他们中间，当我们开始自我介绍时，许多比爸爸大得多的男人叫我爷爷。有时我不得不向五岁的孩子们鞠躬叫他叔叔。当爸爸和我分享我们的直系亲属关系的细节时，我最惊讶的是，爸爸和爷爷都是家里唯一的孩子。现在，在我的姐姐和弟弟去世多年之后，我也是自己家里唯一一幸存的孩子。在这样一个社会中，大家庭总是被认为是有福的，这种单传是最不寻常的。

"你宁愿生一只老虎，而不愿生十只猫。"朋友们常说，想要安慰爸爸和妈妈，让他们拥有一个小家庭。经过一个多小时的鞠躬和与本初的其他子孙交谈后，爸爸和我离开了我们的家族祠堂。当我们回到外婆的房子时，我的脑子里充满了各种问题。

"爸爸，我们家的祠堂到底有多大？"我问。

"我不确定，但它一定是在四、五百年以前建成的，"他回答说。

"你能告诉我更多关于我们家族的历史吗？"

"我很高兴你有兴趣。你看，它一直追溯到公元前722年至公元前481年的"春秋战国"时期。在那个时代的早期，中国中部有一个很小但很强大的王国，叫做郑国，在那里，郑是国王的姓，我很高兴你能记住这一点。不管怎样，经过了几个世纪，郑氏家族的后代不断发展壮大，以至于郑成为了最常见的姓氏之一，不仅在中国，而且也在中国以外的地方，我相信你已经看到了我所说的一些证据。大约五百年前，明朝皇帝命令郑本初将军率领远征军负责消灭中国南方的叛乱分子，叛军与政府军之间的长期斗争接踵而至。郑本初在福建省娶了一个当地的女孩，并在她的家乡安顿了下来。郑本初后来在战场上被杀了，但郑本初的家族却分出许多支，许多家庭成员还移居到南太平洋国家和中国其他省份，但很多人都留在了这里。就像你现在看到的那样，许多东南亚国家的人都会回到他们的祖先这里。"

"今天的事情留给我的印象非常深刻。"我说，"爸爸，你能告诉我更多关于我们的家族祖先和亲戚的事情吗？"

173

"好吧，我的曾祖父也就是你的高祖父，是一个成功的商人。但显然，他并没有把自己的财富留给他唯一的儿子，我的祖父，你的曾祖父，作为一名私人教师，过着简朴的生活。但他也辅导了许多准备参加科举考试的人，他们中的许多人在考试中考得很好，后来成为了高级别的政府官员。的确，他有时会为那些在考试中取得成功的人充当"枪手"，但当他试着为自己考试时，运气就永远不会出现在他身上。"

"什么是'枪手'？"

"那些拿了别人的钱而替别人考试的人叫'枪手'。"

"是合法的吗？"

"这是违法的，但在过去，没有照片来识别人。不管怎么说，这都不重要了，正如你所知道的这是不合法的。 你的祖父是革命后期所有革命部队的指挥官，当时他带领福建军队加入革命。所以你应该知道为什么这个城市对我们的家庭如此重要。"爸爸说。

"是的，爸爸，谢谢你今天带我出来。将来某一天，我也会把家族的历史传给我们的子孙后代。为此，我很自豪。"我说。

在我们回来的路上，爸爸给我看了他从爷爷那里继承来的另外两处房产。一处是多户人家的住房，另一个是闽江大桥旁的三层楼。这三处房产都位于福州最负盛名的地方。爸爸提醒我，爷爷自从很小的时候，就已经很聪明地在房地产上投资了，在革命推翻清王朝的时候，他已经很富有了。但是，与日本的战争爆发时，他把所有的财产都抛在了身后，并与政府一起行动。

随着日子的过去，我们看见爸爸的时间越来越少了。我花了更多的时间和我的舅舅在一起，他给我看了他的矿石收音机。我真的很惊讶，这么简单的设备能从稀薄的空气中捕捉新闻和音乐！

"舅舅，收音机是怎么工作的？"我在几次要求之后问他。

"我不知道这是怎么回事，我只知道这样去做。"他一边摆弄着小针，一边摆弄着一粒闪闪发光的银色物质，就像一粒豌豆那么大。

"你能告诉我怎么做吗？"

"你需要很多零件。让我看看，哦！我有漆包线给你做线圈。我还有一个备用木板和连接电线，但你需要购买一些自然铜作为探测器。"他在自己的"垃圾"堆里搜索时表示。

"我在哪里可以找到这种自然铜？"

"我带你去药店买。你还需要一付耳机，但如果你表现得很好，也许我可以把我多余的耳机借给你。"

"如果你教我所有关于矿石收音机的事，我保证会表现得很好。我们现在为什么不去药店呢？"我回答。我很感激，也很真诚，但是我想知道为什么我们要为收音机买药品。当我们去一家药店的时候，我感到很高兴，他很乐意帮我解决这个新问题。在药店里，他和服务员谈了话。那个人从架子上拿了几个罐子，放在柜台上。罐子里的所有内容看起来， 都是各种各样形状和颜色的碎石头，从金银到黑色。我舅舅帮我挑选了几种不同的晶体，这些晶体是一些通用药物，但现在也被用于这些科学项目。我试着想象它们是如何组合在一起的。

"我们称它为自然铜，因为它看起来像黄铜，但它实际上是金属的晶体。我认为是钨晶体。其他的黑、白、银和黄金色，我都不知道他们的科学名称是什么。但只要它们工作，其他就不重要了。"舅舅说。

我现在已经有了所需要的基本零件，每当我能找到时间，就在白天或晚上熬夜玩弄这个小而神奇的收音机。开始时最具挑战性的部分是线圈的制作，不仅是旋转的次数，而且所有的旋转必须是严格要求的平行。用我的这一双未经过训练的手，花了好几次才使线圈的对口正确。然后，根据我所做的图表将这些部件整合在一起。线圈两端的漆包线很难完全刮掉漆面，这使得线圈与其他部件的连接成了问题。为了检测设备，我将妈妈的缝衣针固定在一根导线上，与用铝箔固定的晶体进行接触。当收音机的基本构造完成后，看起来就像一堆虫子，但我还需要爬到屋顶上，安装了一根长天线，并把信号带进屋里。我焦急地戴着耳机，但没有声音。然后我经历了很多的尝试来找出问题所在，晶体从一个换成另一个，最后是艰辛的来找出正确的线圈转数。

整整三天，我每天都睡不到五个多小时，藏在我的房间里。最后，我开始通过耳机清楚地听到当地电台的广播。当地的新闻和音乐的声音就像魔术一样！我急切地把我的舅舅、妈妈和外婆聚在一起听。

"肯定是响亮而清晰的，你自己做的吗？"妈妈问。

她正忙着跟外婆谈话，她没有注意到我在做什么？

"舅舅给我看了他制作的矿石收音机，又教我怎么做，这是我自己做的。"我自豪地说。

"这很好，但不是那么好。我的收音机声音比这台大。"舅舅把我从高处垃了下来。

"我会调到大声点的，你只是等着瞧，很快我就会让我的收音机接收到更多的电台。"我宣布，我真的不知道该怎么做，但是因为空中有很多电台，我知道一定有办法接收到信号，我认为这些小窍门就在线圈里。

我努力地提高我的收音机的声音清晰度和音量，对我来说可变电容器太贵，因此我把注意力集中在线圈上，我把舅舅送给我的所有漆包线和后来从商店买回来的电线都用于制作线圈了。进行了许多次的实验之后我发现可以通过改变连接到线圈的电容器来接收电台的选择，我用几个小电容并联，通过增加或减少小电容器的数量来达到相似的效果以多接收几个电台。这是我舅舅所不能做的事情，我自豪地向他解释了我所做的事。无线电世界如此有趣，以至于我向自己保证，总有一天我将把电子做成我自己的專业。

1949 年 1 月，我申请就读三一学院，这是在本世纪初由一位英国传教士创办的著名中学。由于学校的高标准，我只能有条件地被接受，因为我的成绩被认为太低了，而学校的管理人员对他们所谓的"劣等学生"进行了调整。起先我想和他们争论，但是一开始上课，我就知道我遇到了很大的麻烦。许多教师是来自英国的人。他们说的普通话和福州话都很流利，但是用英文版的科学和数学课本，我需要花比我的同学更多的时间来阅读。英语课上，我甚至听不懂老师讲课，即使成绩不好，我仍然花了大量的时间在学校参加课外活动，在家里玩我的矿石收音机，我对功课没有额外的努力。当第一次考试成绩出来的时候，我几乎所有的课程都不及格。学校高水平和我的差成绩使我感到震惊，但已经太迟了，我应该把更多的时间集中在功课上。

在成绩报告卡出来后的第二天，学校的官员把我叫到教务长办公室。办公室的老太太告诉我，"你的功课都不及格，我们要把你从三一学院开除。"我比以前更害怕，很多次爸爸说过关于我们家族的传统，包括了学者和我们祖先的成就。我怎么能告诉他，他的儿子不够聪明，不能在一所初中通过他的考试呢？我已经想象到了愤怒和惩罚的到来，但是这种尴尬已经超出了我的承受，我沮丧而害怕地回到家。爸爸下班回家后，我做的第一件事就是去告诉他我的坏消息。

"爸爸，我在学校的功课都不及格，我会被开除了。"我承认。

"你为什么这么做？你努力了吗？"他问道，令人惊讶的是，他一点也不生气。

"爸爸，学校用的都是英语，我的阅读速度不够快，而且我还没有努力学习过。"我承认。

"你如果觉得你再试一试，你能成功吗？"爸爸知道答案，但他还是问了。

"是的，爸爸，我想我能做到。如果他们让我重返学校，我会努力学习的。"

"让我看看能不能让你回到你的课堂，我带你去见校长，他是我的高中同学。我肯定他能让你再来一次，但一定不要让我或他失望。"爸爸说。

第二天早上，爸爸带我到校长办公室去见校长陈先生。经过这么多年，他们仍然相互认识。爸爸直接谈我的问题。像往常一样，爸爸在他的辩论中很有说服力。经过30分钟的"讨论"，校长决定让我免于被开除。

"我知道你的英语已经落后了，所以如果你能在第二个月的考试中取得好成绩，我就不会用第一次考试的成绩来评分。"陈先生建议我说。我对这位温和而又善解人意的教育家感到感激，现在就要看我怎麼做了。

回家的路上，爸爸什么也没说，只是拍拍我的肩膀，让我觉得自己经被原谅了。爸爸没有说一句话，我完全理解了爸爸對我的期望。我开始日夜不间断地学习，甚至把我的新矿石收音机放在一边。我意识到自己的主要不足的是书面英语，于是我带着一本字典，开始阅读文本和记忆单词。由于我的决心和超强的记忆力，我能够毫不费力地理解课本和作业，随着学习的进展，一切变得更容易了。

第二个月考试时，我的平均成绩飙升到了全班前百分之十的水平。我第一次在所有的学科里，我变成一个认真的学生。

实际上我开始享受学习的兴趣，我特别喜欢物理、数学和化学。我开始理解物理和化学的基本规则，是如何应用于我观察的事物。学校学习对我来说是一种乐趣，也是我人生中第一次享受学习的快乐。

在三一学院，一所有着严格行为准则的男子学校，战争并不是我们三一学院经常关注的内容。我发现人们对我的家庭情况很体谅，我的同学们都知道我的爸爸是国民党的军官，所以他们在我面前，从不提到共产党的活动，也从来没有谈论过內战的前线情况，因为我所认识的国民党政府，正在输掉这场战争。甚至老师也避免任何关于政治的讨论，可能是因为他们中的一些人，不是我们国家的原住民，只是不想卷入任何一方。我认为他们是试图保持中立，希望无论新统治者是谁，一切都将一如既往地保持不变。学校和城里的大多数人，都是在日本占领下生存下来的，这一轮的情况不会更糟。尽管国民党政府一再警告市民，共产党将如何对待他们的财产，并虐待平民百姓，但当地居民只是简单地将其视为纯粹的政治宣传。即使在我们自己的家里，我们也没有像在南京和上海那样讨论战争。我非常清楚在与政府和当地居民之间的主要的哲学差异，当我与任何人交谈时，我都尽量保持谨慎，无论是我的同学、老师，甚至是外婆和我的舅舅。这种持续不断的提醒让我感到悲伤，比其他任何事情都更让我感到悲伤，我對这里的人们根本就没有信任感。

尽管需要谨慎，我仍然享受着在家人和亲戚之间的生活方式。按照惯例，孩子们可以从舅舅、阿姨和其他老人家那里收到红包。亲戚们第一次见面的时候，就像健叔、鸣叔和舅舅一样，都要给我红包的。

我得到了这些红包。我用了一部分钱来实现我拥有自行车的梦想。当然，我唯一买得起的自行车，是一辆坏的二手自行车。踏板轴很快就会磨损，而车轮的链条由于缺乏钢质而经常脱落。当我骑自行车的时候，我总是带着一把钳子，每次回家的时候，我至少要修理两到三次。但同在稻田里光着脚走路相比，我从不抱怨。我反复地修理自行车，我对这些机械设备有了更多的了解，而且在机械修理方面也变得很有经验。有了自行车，我变得更有活力了，这使我能够扩展我的城市和周边地区的旅行范围。

我们家离学校很近，每天早上6点，三一学院的大钟的第一次响声会唤醒我。我步行到学校，在7点半之前到达，去教室的时候，我不得不走过那座巨大的教堂。我经常欣赏三一优雅的教堂，彩色玻璃窗和橡木镶板墙，但我还不是一个基督徒，这种情况很快就会改变。每学期，三一学院都选了一小部分学生，作为受洗的候选人。该小组首先在一个圣经班，登记了三个星期，然后进行了一次考试。当我在一个问答环节中通过了圣经内容的测试，然后成功地背诵了一段圣经的经文，我就被洗礼而成为基督徒。我喜欢团体活动，尤其是在教堂唱诗班唱歌，但很少参加任何教堂礼拜。

"你为什么不去教堂呢？这对你的灵魂很有好处。"李老师，一位戴着厚厚眼镜的中年教师，在他的三角学课程后问我。

"但李老师，我有很多问题要问。"我说，"牧师说，如果你相信上帝，你就会得救。否则，你就会在地狱里被烧死。这是真的吗？"

"这就是圣经所说的。但是你觉得呢？"李老师反问，"你的大胆而直接的问题让我吃惊。"他把那厚厚的眼镜用左手拉直，看着我的眼睛，等着听我说什么。

"那么，如果一个坏人每个星期天都去教堂，他就会去天堂。但是，如果一个好人不去教堂，他就会受到惩罚。这是不公平的，对吗？"我认为。

"但是你看，当有人去教堂的时候，耶稣的教导会改变他，使他成为一个好人。这就是为什么耶稣说那个人得救了。"李先生解释说。

"但我不敢相信，那些生活在没有教堂的地方的穷人都将会下地狱。我只是不能接受这种说法。"我摇着头说。

"不要和我争论，天任。为了你的灵魂，你最好去星期日的礼拜。"

我不再和李先生争论了，但我还是远离了教会的礼拜。我无法接受这样的想法，在与日本的长期战争中，我所有的朋友和他们的亲戚都在我们附近的乡村生活，

难道他们注定要在地狱里被烧死？像穆先生这样的人是我在一生中认识的最善良、最关心、最可靠的人。那这些日本人呢？如果他们在战后开始去教堂，他们也会去天堂吗？我当然不希望这样。我的结论是，基督教作为一种宗教是很好的，但是传达这些信息的牧师们，可能会因为过于热心和使用恐吓战术，而对他们的追随者和教徒们造成伤害。从那以后，我就听过许多不错的布道，但我在三一学院听到的第一次布道，却在我脑海中挥之不去。

在我们搬到外婆家的一个月后，外公回到他的家时，我们都很惊讶，外公决定和我们一起生活。自从他上次去南京的时候，我们就没有听到过他的任何消息，他突然从哪里冒出来了。当外公走在房子里的时候，妈妈和我都很高兴，外公带着迷人的微笑，热情地迎接了外婆和舅舅。由于他曾经抛弃了他的家庭，外婆在17年前就把她的丈夫从她的生活中清除掉了。因此，外婆和我的舅舅对他都很冷淡。对在人生路途尽头的外公，我感到很难过。因为我总以为外公是一个非常可爱的老人，风趣，诙谐，还有他不时给我们看的魔术表演，真的使我很兴奋。然而，由于他过去的不当行为，外婆永远无法原谅他。妈妈试着跟外婆说好话，

但不能使她改变主意。外婆坚持说，如果我们允许外公住在房子里，他必须住在三楼的一个单独的房间里。更糟糕的是，她根本不想和他说话。

"妈妈，为什么外婆还对他这么生气？"我问，尽管我从人们的说法和我所看到的事情中已经猜测了很多，但如今了解我的家庭和过去的一切，似乎很重要。

"我会告诉你一切的，"妈妈开始说，"也许你知道外公原来是邻近的林森县的县长，这是在这个地区的一个很高的官员。他和外婆和家人住在附近的一个大别墅里。

"你也住在那儿吗，妈妈？"我问。

"当然我也住在那里，直到我去上海嫁给你的爸爸。就在你的外婆怀了你的小舅舅的时候，外公就离开家了，从来没有给她寄过一封信或任何钱，让她独自抚养我的五个兄弟姐妹。外婆不得不离开别墅，搬进这所房子。以后，外婆不得不努力工作，直到你的两个姑姑完成了大学学业，并赚了足够的钱来支持那些年轻的孩子。人们说，外公在满洲甚至有一个年轻的女伴，我不知道这是不是真的？我也不能原谅他。外婆只让他留在这里，因为他现在无处可去，他已经破产了。"

我为外公感到很难过，但我也没有什么能帮他的。每当我有时间和他在一起的时候，我就试着跟他说话。很显然，在战争肆虐的时候，没有人有任何真正安全的地方可以去。

1949 年我和健叔和鸣叔在福州

我们很快就知道，叔祖离开了上海，把他的家人搬回了福州。他住在离开我家的房子 10 分钟左右的大别墅里，在放学后和周末我经常同健叔和鸣叔一起玩象棋。狮子总是和我一起去，它喜欢兰姑和白叔在他们家给它的饼干。

"上海发生了什么？"有一天，在象棋比赛中，我问我的叔叔们。

"上海非常混乱，在你离开后不久，暴乱和盗窃在这个城市到处蔓延，我们太害怕了，爸爸决定赶快离开上海。"鸣叔解释道。

"你们的豪华轿车呢？"我问。这是我想起的第一个细节，因为我记得那神奇的豪华轿车，穿越了上海大城市的辉煌。

"当司机把我们送到码头后，爸爸就把豪华轿车送给了他。我们无论如何也不可能带着豪华轿车离开。" 鸣叔答道。

"你们能在这里再买一辆豪华轿车吗？"

"没有地方可以买一辆豪华轿车。除此之外，我们再也不需要了。"鸣叔悲伤地说。

"叔祖对在上海的生意和财产都做了哪些处理？"

共产党不仅会拿走富人们的财产，还会清算财产所有者。我知道，即使他们损失了全部财产。 叔祖只是把上海一切都放弃，但叔祖仍然是一个非常富有的人。

我们坐在一起，陷入尴尬的沉默。越来越多的战争， 让我们重新聚在一起，但是这仅仅是一段很短的时间。

第十五章

离别大陆

　　战争的迹象几乎每天都渗透到福州的大街小巷，越来越多手持冲锋枪的士兵成群结队地走在街头，带着侧臂章的军官们到处游荡。来自五湖四海的士兵用各种各样的方言说话，没有一个是福建人。听爸爸和其他人说，这些部队是最近从北方和西部地区撤退下来的，国民党政府正在福建北部地区准备最后的决战。

　　爸爸回家的时间一天比一天晚，使我不得不为他担心，这天爸爸比往常回来的更晚，我忍不住问："爸爸，我们在战场上怎么输得这么厉害？"

　　"我们输了这场战争，但不是我们过去知道的那种失败，这一次的情况大不相同。"他解释道。

　　"爸爸，这是为什么？"我问。

　　"你看，共军的装备不如我们的好，但他们有一种非常特别的武器。"爸爸说。

　　"是什么武器？"我问。

　　"你以前可能听说过，他们有一种叫做"人海"的作战策略，我们有些部队的指挥官受到了共产主义的宣传，带着他们的军队投降，甚至有超过一万名士兵的整个大部队，也会集体投降。真是兵败如山倒啊！"爸爸说。

　　"这种情况会持续多久？我的意思是福州的安全能保证吗？"我问。

　　"我不知道！儿子，我是真的不知道！"爸爸叹了口气。在我的生活中，我从来没有见过我的父亲对形势如此不确定。

　　过去几周在福州，除了外来士兵的人数每天都在增加外，来自北部和西部省份的大量难民和政府文职人员也陆续涌入，严重地影响到福州本地居民的日常生活。虽然我们仍然可以从军队那里得到大米、食用油和食盐。妈妈和外婆每天都要去市场买鱼、买肉和蔬菜。有一天，她们脸上带着异常严峻的表情回来了。

　　"怎么了，妈妈？"我问道，因为担心我会听到一些关于战争的坏消息，她们俩之前在一起的时候总是笑着谈话。

　　"没什么，我们对街上屠夫的价格很不满意，就是这样。"妈妈解释说。看到我脸上的大问号，她接着说："你看，多年来，外婆一直是在那个屠夫那里买肉，现在他还敢把上周的猪肉价格翻了个倍。"

　　"即使日本人在这里，我们也从未有过如此高得离谱的通货膨胀。"外婆用福州话补充道，现在我知道了，我能理解。

　　撤退的士兵和大批难民涌入福州市和附近乡镇，甚至涌到农村地区，这促使居民人数激增，导致物质供应不足，食物短缺，物价上涨，社会混乱，人心动荡。抢劫和谋杀这类严重犯罪活动往往是由一小群叛变的士兵和逃兵犯下的。当局非常努力地抓捕那些罪犯，有几次我亲眼目睹了两到三名穿着便衣的军人双手被绑在背后，在宪兵队护送离开。据我的舅舅说，他们的朋友经常在大街上看到执行死刑的现场，但是爸爸说他对这些事情一无所知。在三一学院，也没有人告诉我发生了什么。对他们来说，我只是一个局外人，永远不会被信任。

市中心的街道上已经拥挤不堪，福州的局势和其他大城市一样的紧张，战争已经快要临近了。一个炎热潮湿的下午，妈妈和我正在市场里面行走，突然，从附近的大米商店传来了嘈杂的吵闹声音。数十名愤怒的顾客正拥挤在米店门口大声喊叫，他们争先恐后、相互推操地要挤入米店买米，而米店又对每个人限量购买，更造成了紧张局面。毫无疑问，战争正在严影响到普通老百姓的日常生活，但这一切都只是一种迹象，表明形势正变得越来越紧张。

"蔬菜和鱼的价格自上周以来已经翻了一番。"妈妈叹了口气，一边看着日渐减少的蔬菜供应，贪婪的商人还要从人民群众的苦难中获利，这让我想起了在抗战时的都匀。

"在我的生活中，我从来没有见过这样的事情，"我们告诉外婆大米商店的抢购情况后，外婆这样说道，"日本人来到福州这个城市时，很多人逃离了福州，所以我们的抢购对手越来越少。当然，我们讨厌日本人，因为他们把我们当作二等公民对待。"

第二天，我们听说一群大约40个难民，冲进福州最大的米店，打了店主，破坏了商店，把一袋袋的大米抢了出来。作为回应，街道上出现的士兵更加多，而且配备了步枪和冲锋枪。据说，汤恩伯的部队已经成为接管城市安全的新部队，大约有十二万名士兵，从上海撤退到福州等待进一步的命令。其他一些来自内陆省份的部队，也聚集在福州附近，但这些部队的士兵都不允许进入福州城内。

随着共产党地下特工在福州市加大了宣传力度，市面上流传着谣言，说是政府军士兵射杀了福州最大的大米公司的老板。另一个传言称，国民党军队，在没有任何法庭程序的情况下处决了几名暴徒。我的舅舅对政府非常不满，因为这些明显是杀害无辜平民的行为，但我不知道这些故事是否真实？当我问爸爸关于枪击和处决的事情时，他承认这些事情可能发生了。就像在南京一样，福州的大多数平民，都受够了国民党政府腐败的迫害，从而对共产党产生了同情。爸爸告诉我，即使是有些公开宣称对国民党政府效忠的人，实际上也是共产党的地下组织。

就在我们到达福州的三个月后，福州市宣布了戒严法并严格执行。晚上10点过后，没有通行证不允许上街。爸爸警告妈妈和我晚上不要再去市中心，除非是在一个由他指挥的武装士兵的陪伴下。大多数时候，我只是来回骑着自行车往返于家和学校之间，这条路线还是相对安全的，因为郊区没有像在市中心那样，受士兵和难民大量涌入的影响。

我花了更多的时间在家里，学习功课，听着我的矿石收音机里的内战新闻。共产党军队于4月攻占了南京，一个月后进入上海。利用这一势头，在没有停顿的情况下，继续向南进攻，一路上没有发生重大战役，轻轻松松地控制了浙江省北部大部分地区。然而，国民党军队最近在靠近福建省的浙江省南部打赢得了几场战，并计划在福州北部建立一条主要防线来抵抗解放军。

主要战场失败后，大量从中国北部和西部省份撤退下来的国民党军队，聚集在中国东南沿海城市了。共产党部队离我们还有几百公里，但没有人知道国民党在福建省北部的主要防线上能够防守多长时间，或者是否能够反败为胜地夺回失去的城市和地区。

战况对政府军越来越不利，福州市附近的零星战事越来越频繁了。在6月寂静的夜晚中，已经能够听到从远处传过来的轻武器和机关枪的响声。爸爸告诉我们，这是一些解放军的小部队在城市郊区偶尔发动的袭击，他们打不过政府军。这些零星的交火，主要是作为心理战来扰乱军心，不会对部队造成真正的伤害。事实上，这是共产党正在通知福州人民，解放军马上就要来了！

有一天爸爸回家的时候，我注意到他肩上的金梅花从二枚增加到三枚。这表明爸爸现在已经正式成为政府军中的一名上校。但是我们家没有时间，也没有心情庆祝爸爸的晋升，而且，爸爸作为上校，在军营里已经待了好几个月了。妈妈和我只是对他说了一声"恭喜"，他只是笑了笑。经过妈妈的认真解释，外婆和舅舅才知道这两种军衔的区别。

"恭喜你！你是我所见过的最年轻的上校。"外公对爸爸说。

此时，我爸爸，刚刚34岁。由于责任太重，爸爸的体重减轻了不少，看上去疲惫不堪。他告诉妈妈，在过去的几周里，他已经好几天没有时间睡觉了。

几天后，爸爸在晚餐时说："由于政府军战斗的失利，指挥中心将搬移到更加安全的区域，我可能很快就会和我的部队一起离开，但我还不知道去哪里？"然后他转向了妈妈，"这一次我们三个人将一起行动。"

"你为什么要离开福州？"舅舅故作无知地问道，"解放军将接管中国，你仍然可以成为军队的一分子。以你的能力，我相信你很快会在解放军中得到很高的位置。"

我自己的舅舅现在已经展示出了他的本色，他接受了福州的流行观点，即共产党政府将会接管中国。

"在共产党的领导下的国家？"我漫不经心地说，那天晚上我们一边玩着矿石收音机一边谈话。

"不，一点也不。"他回答道，一边把两个耳机中的一个耳机从耳朵上取下来，这样他就能听得更清楚。"我相信他们会摆脱现在政府的腐败，给人民公平的财富。国民党是如此的腐败，以至于人们想通过更换一个新的政府来改变一切。"

"你相信马列理论？"我问，"你真的认为共产主义会帮助中国？"

"我没有研究过马克思主义理论，但政府与人民分享财富的想法很有吸引力。这完全取决于他们如何实现这个理论。我知道这不是一件容易的事，但我确实希望我们的人民在解放后能够过上更好的生活。"

"解放"这是共产党在内战中用来描述他们的行动的一个词。我想，我的舅舅一定是被洗脑了，或者我只是因为国民党的教化而被蒙蔽了？也许他们说的都是实话，只是双方都有很多夸张的说法。

"这就是问题所在，舅舅。"我最后说，"你怎么能保证共产党会坚守他们的承诺，在他们掌权后与你分享财富？而你能得到什么样的利益？"

"嗯，我听说他们已经制定了从富人那里，获得财产的计划，并把他们交给工人阶级。在任何情况下，我们都没有财产，所以最糟糕的情况是，我得到的比我所希望的要少。"他一边拿着耳机，一边把它放在桌子上。

"所以你认为你会从地主那得到一块土地。你将如何处理农场和土地，变成农民或变成其他人的地主？"

"我不知道！"我的舅舅承认了，他拿起耳机继续听新闻。

第二天早上妈妈和我走到外面的时候，我把她拉近些，轻声地说："妈妈，我想我们要小心，千万不要告诉外婆和舅舅关于爸爸的秘密以及我们的计划。"

"我知道，"她叹了口气，在短暂的停顿之后，她补充道，"当然，我相信我的母亲，但她可能会无意中对其他人说一些可能会伤害我们的事情。 这是一场真正的战争，我知道我应该属于哪个方面，爸爸和我已经谈过这件事了。"

"爸爸说了我们要去的地方吗？"我问。

"儿子，我要告诉你，因为你知道现在有必要保守这个秘密，即使是在近亲之间。"她低声说，"爸爸从中央司令部收到了一份秘密命令：所有的军队， 连同所有可用的武器和弹药，将很快从这里撤到台湾去。"

我的心怦怦地跳着。 台湾？为什么我们的政府会选择台湾？我从学校知道，台湾只是中国南部的一个小岛，多年前，一直就是中国的一个小岛，归属于福建省。荷兰人曾经占领台湾一百多年，后来台湾又被日本人占领了五十年，直到1946年，第二次世界大战结束后，台湾才被归还中国，成为中国的一个省。但那是一个小岛，我们这么大的政府，怎么会在那里找到足够的空间挤进去呢？我很困惑，很担心。

"妈妈，你指的是整个政府，还是仅仅是这里的士兵去台湾？"我问。

"我不知道，我想应该是整个政府，因为爸爸说，蒋介石已经在那里了，许多重要的政府机构，也已经完成了他们的搬迁行动。"她说，当她的话语下沉时，听起来就像是我们已经完全失去了大陆。

"妈妈，你知道政府计划搬迁到台湾的士兵有多少吗？"我问。

"根据我从爸爸和他的朋友之间的对话中听到，他们打算把成千上万的士兵转移到台湾。"妈妈说。

"那是很多士兵，这样一个小岛怎么能供养这么多士兵呢？还有像我们一样的随军家属。可能将会有超过一百万的人去那里，我们可能都沉到海里去了。"我说。

"嗯，台湾很小，但也不是那么小。岛上还有超过一千万的土著居民。我相信再加一百万人是不会有问题的。"妈妈说。

"在我们搬家之前，我们有多少时间？"我不安地咕哝着，这些话几乎都在我的喉咙里。

"我不知道，"她说 ，"等到时机成熟，我们就知道了。"

当我和妈妈回到家时，我们没有跟外婆或舅舅说过什么话。爸爸的秘密就是我们之间的火药桶。幸运的是，他们两人都没有问任何关于爸爸的命令或我们的计划可能是什么。

爸爸晋升到重要的位置，虽然一些国民党军队仍在福建北部同解放军作战，但许多其他的部队已经在夜间悄悄地登船离开大陆了。

在厨房炉子旁边，我们只是正常地交谈，就好像什么都没有发生一样。我和妈妈看到邻居们有时在附近出现。我们试着不去注意他们，但是我们可以想象那些人在我们周围做了些什么。虽然我并没有卷入持续的恐惧之中，但我和妈妈感觉到，我们每天都生活在秘密之中。再一次，战争的阴影笼罩着我们，但现在的感觉与过去完全不同。在与日本的长期战争中，我们都有一个共同的敌人，我们都知道谁站在我们这边。但现在一切都只是一片模糊，即使我们尝试了，我们也不能再清楚地分辨出朋友或敌人了。

当爸爸在家的时候，我们知道任何一个看着我们家的人，都会更加注意我们。为了转移猜疑，我们故意用比正常更大的声音，来谈论与爸爸的活动和与计划无关的事情，然后用我们的秘密的方式，来传达重要的信息。

"天任，你期末考试考得怎么样？"爸爸在 1949 年 8 月初一个温暖的夜晚问我，声音大的足以让其他人听到。

"我觉得我做得很好！爸爸。我终于赶上了英语课，其余的课看来都很简单。"我漫不经心地说，只是比需要的声音响一点。

"很好，我很高兴你做得很好。我担心你可能不会取得好成绩。"爸爸说。

就在我们说话的时候，爸爸在一张纸条上写道："我们正在输掉这场战争。现在，这座城市可能会被共产党部队接管，做好准备。我可能会在你们之前离开去台湾，很快就会去。"

"在期末考试前，天任一直在努力学习，我可以确定他的成绩会很好！"妈妈说着，我们用收到的这个消息来填补我们谈话中的空白。我们读了爸爸的纸条后，爸爸就把纸条撕成碎片，走到厨房假装拿热水，然后扔进炉子里烧毁爸爸的信息让我感到震惊，时间终于快要到了。

日子过得很慢，我知道我们必须准备好，以应对随时可能出现的情况。除了狮子之外，我还想过需要再带些东西，但是我还没有明确的答案，我需要另外想办法。我试着在房子附近花时间去阅读，听我的收音机，以及同狮子玩耍。我花了更多的时间听新闻，而不是其他的活动，尽管这些新闻报道已经受到加工处理和审查，但我仍然可以弄清楚到底发生了什么？妈妈没有表现出任何的焦虑，但我知道她也很担心到了我们要离开这座城市时，我们应该做些什么。

几天晚饭后，爸爸平静地对妈妈说："从明天开始，晚饭后我就得呆在办公室里，有时我可能根本没有时间回家吃晚饭，所以不要等我了。战争的情况不是很好，所以我需要呆在那里处理一些事情。"当然，对于可能被地下组织偷听来说，这些都不是什么令人吃惊的消息，但是在一张纸上，爸爸写道：

从现在起，三、四天内我要去台湾。李上尉将在接
下来的一天左右来这里，告诉你应该怎么做。

把纸条烧完之后，爸爸说。"这是什么茶？我想我以前没尝过。"当然，当时他并没有喝茶。

"这是我今天刚从茶叶店买回来的，这是樟州红茶。"妈妈说，

"我明白了。我需要拿一些衣服和毛巾，放在我的办公室里使用。"爸爸一边说，一边快速地收集了一大袋重要文件和其他物品，没有一件是衣服。我跟着他的手势，帮他收拾行李，爸爸看了看妈妈说："如果我不回家吃饭，就别等我了。"

一队全副武装的士兵很快来到了这栋房子，帮助爸爸把大袋子搬到门外，进入黑暗之中。妈妈和我都不知道我们是否会在福州或其他的地方能够再见到爸爸。

在家里其他人的陪伴下，我们彼此保持着冷静，当爸爸第二天晚上回来的时候，妈妈看起来很吃惊。当他们闲聊时，他写了"很快"两个字。他又打了一个小包马上就离开了。两天后，他又回到了家，在出门的路上，他又一次看了妈妈一眼，说："如果我不回家吃饭，就别等我了。"然后他瞥了我一眼，脸上散发出一种自信的感觉。我试着向他表明，我已经准备好迎接即将发生的事情。

那天晚上，稍微晚些时候，李上尉来到我们的房子。当他用正常语气谈论办公室里一些不重要的事情时，用手示意爸爸已经离开了福州并递给妈妈一张纸条，上面写着：

明晚8点， 12号码头。

我拿起这张纸，揉皱了，走到厨房把它扔进炉子。在谈到其他家庭朋友的时候，妈妈请李上尉看了我们准备好的两个箱子，并向他示意，请他在离开福州时，如果可能的话，帮助我们把这两个箱子带到台湾去，李上尉在几分钟内就离开了我们家。 那天晚上，我独自一人在房间里，试着在矿石收音机里寻找更多的新闻，但我所能做的只是想着爸爸，我知道他已经在去台湾的路上。他是否能够安全离开福州市？又是如何登上停在大海中的运兵船的？ 我拿出爸爸送给我的大理石球，这是爸爸在与日军战斗时带回来给我的礼物。当我躺在床上，思绪飘忽时，我紧紧地握着这个大理石球。

自从我长大了，能够意识到自己的存在时，生活就一直在不断地变化，从好到坏，从坏到好，然后一次又一次地逆转。在这么多的大城市和最底层的村庄之间来回移动，已经成为我的生活常态。我从我的出生地被连根拔起，现在又被赶出我祖先的家园。我很生气，不是对爸爸妈妈生气，而是对那些造成我们流离失所和不幸的局面生气。爸爸和妈妈一直和我在同一条船上，在我们准备逃离大陆的时候，他们也没有办法让情况好转。在我面前是完全不确定的事情，这一次有太多的障碍要克服，要跨越的门槛太多。任何一个门槛都可能会出错，代价可能就是我的生命！很明显，这一举动可能比在其他任何情况都要危险得多。我们的搬家计划是最重要的秘密，必须不惜一切代价去执行。我们周围的人都知道我们是谁，但我们不能相信他们中的任何一个。他们看起来都很友善，但我们不能确定谁在哪一边。嘴唇的一滑，或一次错误的举动，就可能会带来危及生命的后果。尽管有重大的风险，但我并没有害怕。

当我清醒的时候，我会感到紧张和忧虑。我将把这一次从中国大陆转移到台湾的过程做了仔细的安排，我从内心深处祈祷，当我们到达台湾时，爸爸会在那里迎接我们。

在过去的几天里，狮子一直跟着我，它能感觉到有些事情即将要发生。当我出去的时候，我让它呆在家里，因为在这个关键时刻，我不想让它发生任何事情。狮子从南京到上海，再从上海到这里都是如此。我暗暗发誓，当我们动身去台湾的时候，无论我们去哪里，狮子都要和我们一起去。我们离开中国大陆的那天，妈妈没有表现出不寻常的紧张，我们照常在6点以后吃晚饭。

"我想他今晚不回家吃晚饭，这些天他太忙了，我希望他能有足够的食物在办公室里吃。"妈妈对外婆说。

"我相信士兵们会好好照顾他的，你不用担心。"外婆说。

晚饭后，我帮妈妈和外婆洗碗，收拾桌子，然后妈妈和我分别在房间里拜访了外婆和舅舅。虽然我们比平时多呆了一段时间，但我们并没有提到内战或我们的惊人的计划。我和舅舅就关于我们的矿石收音机和学校方面谈了一些事。像往常一样，妈妈和外婆谈论她的兄弟姐妹。对他们来说，我们披露的任何信息可能对我们和他们都是有危险的。

当我们转身离开外婆的房间时，妈妈说："妈，我和天任要在河边去买些杂货，你需要我们带什么东西回来？"

"不，我真的不需要任何东西。"当她抬起眼睛看着妈妈的眼睛，然后对着我微笑时，外婆漫不经心地回答。

"好吧，我们待会儿见。"妈妈说着，轻轻地关上门，然后慢慢走出房间。我没有看着她，但我知道她哭了。没有人知道这段分离会有多久，我们也没有机会告别。我为妈妈而难过，但我什么也没有说、没有做。我回到我的房间，小心翼翼地把家里的照片塞进我们的购物袋里，然后拿了几件小纪念品，塞进了我的裤兜里。然后我抓着狮子的皮带和它一起开门。妈妈拿起她的钱包，最后一次走出了她母亲的家。在我们的身上，除了衣服别的都没有，我们已经迈出了离开我们祖国大陆的第一步。

我们先在糖果店停了下来，妈妈在那里买了一些我最喜欢的糖果和饼干。然后我们走进一家米店，环顾四周，注意到随着城市准备迎接共产党的到来，以前的恐慌已经平息。妈妈什么也没买，只是随便地走了一圈，手里拿着一把扇子，她不时地扇来扇去，以消除热气。我知道她只是因为那些可能在监视我们的地下党特工才"买东西"。我变得越来越紧张，我的心脏在飞快地跳动，但我紧紧地抓住狮子的皮带，我能感觉到每一个动作都会被另一双眼睛看到。

我试着告诉自己那只是我的想象，我的心脏继续快速地跳动，我的手在出汗，我的喉咙变得干涩。然而，在街上，看到有武装的政府军士兵，在许多十字路口站岗。至少地下组织，还不至于能在这些士兵的监视下绑架我们，我放心了。当我们在市中心街道的人群中走过的时候，妈妈突然领我在一条小巷里拐了个弯，我们又转向了另一条小巷，然后再转向另一条街，不久我就能看到远处的闽江码头了。从米店走了10多分钟的路程似乎花了1个多小时，但是妈妈的勇气和精明的举动增强了我的信心，我们会通过！我相信我们能做到，我加快了步伐。当我们走近码头时，我认出了李上尉，他穿着老百姓的服装站在12号码头旁边，我呼吸得轻松了。妈妈、狮子和我擦过李上尉身边时什么也没说，我们就直接走向那艘渔船，是那种在船头上画有着两只大眼睛的渔船。一位穿着补丁的中年渔夫帮助我和妈妈上了船，然后把狮子从码头上交给了我。他指了指我们坐的地方，当我蹲下来的时候，李上尉已经不见了。

我仔细地观察了这位渔夫，他的衬衫上系着一支手枪，我还注意到还有一把轻机枪藏在的船帆的顶部，很容易就能从他站立的船帆后面拿到。我知道这不是一个普通的渔夫，而是一位穿着渔夫服装的士兵。他应该是一个身材高大、健壮的老兵，皮肤晒得很黑，这位士兵让我觉得安全一些。我和妈妈紧紧地挤在船中央的架子上。狮子坐在地板上，它的头从我两腿间伸出来。渔夫迅速解开渔船，并平静地把渔船从拥挤的码头上推开。渔夫站在船帆后面，他的肩膀在船帆上方，用右手操作船桨，左手放在船舵上。我们的小渔船悄悄地开到闽江的中央，然后向下游马尾港的方向行驶了10公里远。

大约是晚上8点半，天慢慢地变暗了。步枪和机关枪的枪声以及爆炸声在远处回响。一束明亮的闪光在天空中向北飞了过去，几秒钟后又被另一种低沉的响声所掩盖，这是一种炮弹的发射。这位士兵熟练地驾着渔船在闽江上航行时，我的眼睛紧张地扫视着每一个方向。

各式各样的渔船和舢板在航道上往来，就像我妈妈和我在几个月前刚刚到达福州时一样。许多像我们一样的船只都是由穿着便衣的人驾驶着。但我可以看到，他们中的一些人在船里面拿着步枪和冲锋枪。我无法想象，他们都是像我们的渔夫士兵那样的国军战士。船上的这些人可以是海盗、便衣警察、解放军地下战士。此时此刻，我正变得越来越惊慌。当狮子继续从我的双腿间伸出它的头，不停地注视着我们渔船的移动时，它在颤抖。偶尔，狮子抬起头瞥了我一眼，然后发出几秒钟的"嘶嘶"声，仿佛在问我这个世界又发生什么？我拍拍它的头，安慰它一下。当每艘渔船从相反方向朝我们逼近时，我的心跳就会加速，我知道妈妈和我的处境非常危险。虽然我们相信这位士兵的能力，但我在军营里呆过足够长的时间，知道一个拿着任何武器的人，都比不上有武装的一群人。

突然，我的注意力转向另一艘快速汽艇的声音，从后面向我们靠近。我回头看了一眼，我的胃收紧了。这是一艘比较大的船，在船头上安装了一套探照灯来回地扫射。汽艇似乎笔直向我们驶来，我的心从嗓子里跳了出来。探照灯如此强烈，我确信他们能清楚地看到我们。这可能是地下组织在追捕我们，或者可能是强盗想要拦截我们！当汽艇转向我们的左边时，我试着不用力呼吸。庆幸的是，汽艇没有减速，汽艇上的人似乎也没有注意到我们。汽艇从我们身边经过时，我如释重负地问道："那艘船是什么？那是一艘强盗船吗？"

"不，这是来自福建海岸防卫司令部的河上巡逻艇。"这位士兵说。

但是我仍然在向前面看着，希望天是黑的，没有人会看到这对可疑的母亲和儿子在晚上出海。每一艘渔船都在我们前面或后面，我不禁地出汗了。我知道妈妈一定也很紧张，但她一直保持冷静。当狮子把头靠在我的腿上时，它继续在颤抖着。最后，水上交通的繁忙缓解了，我们的士兵让河水把我们的渔船推向大海。在黑暗笼罩着我们的时候，他把一个手电筒固定在帆布顶部的前端，以警告任何即将到来的船只。我们走得越远，我就觉得越安全。

"我想我们现在已经脱离危险区了。"妈妈说，打破了她自从走到码头后一直保持的沉默。

"是的，郑太太，我们已经远离福州，现在我们很安全了。"这位士兵说，他的声音听起来像是来自中国北方，"我是来自地区防卫司令部的曹军士，对不起，让你们担心了。"

"谢谢你，曹军士。我们非常感谢你的帮助，很抱歉让你忙到这么晚。"妈妈说。

"不！不！这是应该的，这是我的责任！这一周我做过很多次了。"曹军士说。在闽江江口，停在码头上的一艘汽艇上的士兵们向我们挥手致意。当我们靠近时，士兵们很快地把我和妈妈带到了他们的汽艇上。一位士兵把狮子抱起来，当它被交给我的时候，它还在发抖。两名手持轻机枪的士兵守卫着汽艇，汽艇快速地从港口驶过，进入了黑暗的海洋，在几公里之内，我发现了一艘巨大的轮船停泊在开阔的水面上。当我们在它旁边停下的时候，我认出它是第二次世界大战的一艘运兵船，也是我们要乘坐的撤离到台湾的轮船。妈妈和我爬上铝舷梯到主甲板上。狮子拒绝向上爬，所以我把它抱在怀里，我们一起爬了上去。这一次，没有人问我要带我的狮子去哪儿？

数百名士兵已经登上了运兵船，他们明确地分配到特定的区域，一些人坐着，另一些人则站在人群中，除了几个卫兵，没有一个士兵携带武器。船上的一台巨大的起重机，正在装载军事装备，包括在另一侧停靠的一艘大型驳船上装载的坦克和战车。我们被告知，在夜间，预计还会有几艘小型船的士兵、武器和弹药运过来。直到次日清晨，这艘运兵船才会离开福建去台湾。

妈妈和我分配到一个小船舱，可能是由于在这个时候爸爸的重要位置。小船舱里有双层床 我睡上层。有几个士兵告诉我，他们都要向爸爸在台湾的新指挥部报到，而其他许多还在福州的士兵，将在未来几天内离开福州到台湾。妈妈和我很有信心，李队长一定会在他们当中，希望我们的行李箱也能由他带来。我很想知道现在我们已经走了，外婆和我的舅舅都在想什么？他们一定非常担心我们。

我真诚地希望他们知道，我们已经动身去一个新的地方。

"妈妈，你觉得我们应该给外婆发一封信。她一定很担心我们发生了什么事？"我一到我们的小船舱就向妈妈提出了建议。

"我也在想同样的事情，但是我们没有办法从轮船上给她寄一封信。"妈妈说，然后她停了几秒钟。她的眼睛带有红丝，而且是湿润的，从内战的走向来看，我很确定她可能再也看不到她的母亲了。

"也许我们到达台湾后，我们会给外婆寄一封信。"她喃喃地说。我走到大厅的洗手间，打破了紧张的气氛。当我回来的时候，狮子也因为兴奋而疲惫不堪，已经睡在地板上了。在这一次重大的冒险中，我感到自己很累，而且很早就开始感到累了。在我们的小船舱旁边的钢梯上，士兵们不断地从楼梯上爬上爬下，这让我经常在夜里醒来，所以我最终决定在黎明前就起床，看看发生了什么事？我小心翼翼地起来而不打扰妈妈，我带着狮子到一个无人区去解放它自己，然后把它锁在船舱里。当我独自走出船舱时，我看到了许多在夜间到达的士兵，还有一些其他的军人家属。但很明显，没有商人或其他平民。

这是一群有秩序的乘客，大家都清楚地明白，如果共产党察觉到这一撤退的行动，就会尽一切努力把我们抓住。我想，整个撤退行动就是一个巨大的秘密。

黎明时分，太阳刚从地平线上出来。几分钟之内，我们就开始向东方，朝台湾方向行动。就像以前在船上一样，我喜欢呆在船头，享受航行的乐趣。当我走近船头的时候，我看到了杨少校，他是几个月前我在福州曾经见过的一位军官，独自站着，我走过去看他。

"早上好，杨叔叔，"我说。

"很高兴看到你安全到达这里，你妈妈和你在一起吗？"他对我说。

"她觉得有点眩晕，正躺在船舱里。"我解释说。

"请向她致以我的问候。"他说。

"我会的，杨叔叔。你认为共产党会用飞机来轰炸我们，还是派军舰来追赶我们？"

"不，我不担心。你看，我们仍然控制着天空和海洋。解放军有陆军，但还没有空军和海军。"

"但是他能从沿线的海岸炮击我们吗？"

"不，我们离福建海岸太远了。我们在福建北部成功地阻止了他们的南下，这使我们能够把大部分的部队和设备安全地运到台湾。"

我为爸爸在指挥军事行动而感到自豪，爸爸负责了这次撤退行动，因此这次撤退可以顺利地进行。自从他在抗日战争早期的炮兵训练开始，一直到现在为止，都在从事重要的行动。

"这种情况持续了多久？我指的是运送部队到台湾的行动。"我问。

"哦，至少有三个月了。我们的计划是将一百万名最精锐的部队，从我们仍然指挥的三百万名士兵中撤出，并把他们所有的武器都运到台湾。"

"有一百万士兵离开这里吗？"

"只有大约三分之一的士兵来自福建，另外25万人来自浙江，剩下的其他士兵将离开广东。"杨少校说。

"但是为什么我们要在台湾这样的小岛上布置这么多的部队呢？"

"不能这样讲，在我们上船之前，接到过命令，不要对撤退的计划说什么？否则会被行刑队处死。"

"哇！我很高兴，现在我们脱离了危险。谢谢你告诉我这些，杨叔叔，我最好回去去看一下我的妈妈，待会儿见。"

我轻快地走回小屋，看看妈妈和狮子，然后又回到了右舷。回头望着马尾港，我注意到它已经消失在地平线之外了。事实上，中国的整个陆地已经不在视线之内了。这是我最后一次见到大陆吗？我当然希望不是。

我又想起了外婆。可怜的老太太甚至没有机会和她的女儿说一声再见，

因为这可能是永久的分离。我想象着她此刻正在伤心哭泣。我的舅舅是一个大孩子了，他不会受到任何伤害，我不认为他会对家里发生的事情感到惊讶。

然而，我不知道我们走了以后，会发生什么事，还有外公，妈妈和我是家里最支持外公的两个人，甚至爸爸也会在晚饭后抽出一两分钟时间跟他说话。我希望外婆能原谅我们，我真希望我能跟他们说再见，希望能跟我的鸣叔和健叔道别。悲伤填满了我的心，继而变成了愤怒，我痛恨战争，不论是内战、抗日战争还是其他大大小小的战争，但对此，我又能做些什么呢？

我继续凝望着广阔的海洋，想起了我的朋友袁德森。他回到家当农民了吗？如果是这样的话，我希望他能免受共产党的任何麻烦，因为他的祖父是地主。白五保发生了什么事？他的父亲是一名高级政府官员，所以他现在可能已经在台湾了。否则，他们也会遇到麻烦。那么'精英三'呢？我不喜欢他们，因为他们自以为是、傲慢自大。但是他们真的不应该被关进监狱，就像一些在内战中被捕的高级官员的孩子一样，我也希望他们已经撤退到台湾了。

当我闭上眼睛的时候，我想，如果能够把这最后的几天变成了一个长长的梦，我在某一天会醒过来，发现自己仍然住在南京，那就好了。轮船右舷的海浪像爆炸一样，突然把我从白日梦中惊醒。对我妈妈和我来说，生活是永远在改变，这是一种强加于我的改变，我无法去抗拒它。一种深深的悲伤又笼罩了我，我觉得我在去的几个月里，已经长大了 10 岁。

我完全清醒了，在这个凉爽 8 月的早晨，我看着夏日太阳的升起。当这艘轮船在中国南海的东边稳步前进时，在万里无云的天空下，大海平静了下来，蔚蓝的天空和蓝色的海水似乎在地平线的尽头汇合。没过多久，甲板就变成了烈日一样的滚烫，我不得去找一个阴凉的地方。

我爬上了运兵船的上层甲板，向下看了看。在下层甲板和货仓里装满了大炮、坦克和军用吉普车。武装警卫在这艘船周围布置了警戒线，我同几名来自国防部的士兵和其他家属交谈，得知我们的运兵船将在十到十二小时内到达台湾的南部港口高雄市。等到太阳下山前，我们就能到达那里。

直到最近，我才知道台湾的历史和地理。但是，由于蒋介石刚刚把中央政府迁到台湾时，每个人都开始谈论这个小小的岛屿。现在船上的每个人都会住在那里吗？我们都没有其他选择！

"我听说台湾非常穷，没有足够的粮食供当地人食用，现在他们还必须为所有来自大陆的新来者提供食物，所以人们必须吃香蕉皮才能生存。"一名军方乘客评论道。

"这纯粹是宣传，我听到的是相反的说法。"另一名乘客愤怒地回应，一位刚从台湾回来接他家人的朋友说道"台湾比大陆更稳定，经济也好多了。在市场上有大量的大米和肉，台湾的人们称它为'宝岛'。哪里有人吃香蕉皮？哼！"

"好吧，我们很快就会发现的。我很高兴我决定来这里。"一位年长的绅士告诉我，他是一名军官的父亲，他在一个星期前就离开大陆来到船上了。

"我不相信蒋介石会在这里领导我们，让人们吃香蕉皮？"

"当地人会说什么语言？"我问。

"当然，他们说台湾话。实际上，这是闽南话，有轻微的变化。但我认为，在我们学习这种方言之前，我们无法听懂当地人说的是什么。"一位20多岁的乘客回答。

"对我们来说，来自大陆的人很难听懂当地人的话，我希望他们对我们会友好一点。"另一位乘客说。

"别指望！在一年或两年前，曾发生过一场针对内地人的骚乱。我们的部队开枪回击，并杀死了当地数十名老百姓，这被称为'二·二八'事件。我告诉你们，当地人讨厌我们，当你到达那里的时候，你会看到的。"这一谈话开始在我的脑海中产生了一种忧虑的阴影。

"陆地！陆地！"一个士兵突然大叫起来。

我跑到船头站在旗杆旁边，凝视着前方，狮子坐在我的脚边。台湾仍只是地平线上的一个小黑点，但很快就变得越来越大。南中国海的水是蔚蓝清澈的。8月的下午，天空依旧晴朗，没有一丝云彩。当轮船开近时，我开始辨认出群山和海滩，高大的榕树、棕榈树和香蕉树点缀着风景。整个陆地看起来如此葱绿、如此美丽！现在我才明白了为什么很多人把台湾称为"宝岛"。

当我们慢慢经过海峡，进入了高雄港的时候，我欣赏到了高大的灯塔和巨大的海港入口处的波浪屏障。一位领港员跳上甲板，引导我们的大轮船按照航道行驶，进入港口。看着街道路旁整洁漂亮的房子，我看到了繁荣而不是贫穷的景象。所有关于贫穷和饥饿的讨论都只是宣传，我安心地想道。

杨叔叔走近我。他向妈妈问好，妈妈还是躺在小船舱里。

"杨叔叔，我们要去哪里？"我问。

"你看那边，在山上的那些大树后面。"当他指着那座山的山顶时，他说道，"现在你看到那些混凝土建筑了吗？"这些是口径50厘米的海岸大炮的掩体，它们会发出像马一样大的炮弹。没有一艘船能经受从这些大炮中射出的炮弹。"

"哇！"我叫道。"我们在岛上生活，将是非常安全的，对吧？你在台湾住什么地方？是和我父亲一起工作吗？"我问。

"是的，我会和你爸爸一起工作，他现在是高雄要塞司令部的参谋主任。我将负责你爸爸指挥下的一个营，或许我很快就会再见到你。"杨少校说。

随着杨少校的介绍，我试着想象接下来的几年可能会发生什么的事情。

但是，除了不确定性之外，我学会了什么都不知道，生活充满了变数，有一股强大的力量支配着我们的生活。

码头交通繁忙，但比马尾港和福州码头的混乱场面要有序得多。几艘大型战舰与几艘商船停靠在港口码头中，码头上正忙着装卸各种材料和设备。当我们接近码头时，妈妈从船舱里出来，手扶在栏杆上，狮子跟在她的身边。

"妈妈，你仍然感觉晕船吗？"我问。

"我好多了，只是还有点晕。"她回答说，但我看得出妈妈的脸还是很苍白。船轻轻停靠上码头，水手们忙着用大绳捆住它。当铝制的梯子被固定在码头上后，妈妈请了两名士兵帮助我们下船，并帮忙把我们的箱子拖到码头上。

当我们等待船员放下梯子时，我拽着狮子的皮带，我走下轮船的台阶时，发现大约在10米远处，爸爸站在他的吉普车前，身边还有一位吉普车司机。

爸爸在空中挥舞着双臂欢迎我们。

第十六章

感触台湾

我看到爸爸正站在他的吉普车旁边等我们，就向他跑了过去，妈妈慢慢地在后面走。在船上呆了一天多，妈妈现在还有地面在摇挑的感觉，我和狮子一起向前冲刺，跑了20多米。靠近爸爸的时候，狮子边跳边嘶叫着，迅速地左右来回摆动着它那浓密的尾巴。爸爸把手放在我的肩上，看上去爸爸的心情非常好，显得非常高兴。

爸爸对我说："很高兴你和妈妈平安地出来了，我简直无法相信狮子能够从南京一直跟着我们来到台湾，看起来狮子的状态还真好！"

"爸爸，一路上狮子从来没有同我们分开过，而且它的表现一直都很好。"我说。

妈妈终于赶上了我们，在爸爸的帮助下，我们爬上了吉普车，一起去在台湾的新家。我举起狮子，把它放在吉普车里，妈妈仍然感到有点头晕但还是试着给爸爸一个温暖的微笑。

"爸爸，你喜欢台湾吗？"爬进吉普车后，我问道。

"我刚到这里才三天，我已经很喜欢这里，台湾的情况要比我们在福州时听到好得多。"爸爸告诉我。

"在这里，我们能够方便地买到食物吗？"妈妈问。

"我还没有去看过这里的菜市场，但人们告诉我这里的一切都好过于他们的预期，在这里你很快就会找到的菜市场。"爸爸说。

"爸爸，我们要去哪里？"吉普车在向前行驶时，我迫不及待地想知道在台湾我们住在哪里？

"我们要去一幢新房子，是高雄要塞司令部为我们在西子湾刚建造的，在一个非常漂亮的地方，你很快就会看到的。"爸爸笑着说。

我发现台湾与我所想象的完全不同，我们开车经过的街道都很干净，街道两边的商业建筑大多是两到三层楼高，许多住宅都是有围墙的日式风格。人们穿的衣服同大陆上的差不多，但是我看到很多人在街上穿着木制拖鞋（木屐）。在吉普车行途中，我被街道两边众多的电子和机械产品所吸引，所出售的零件和剩余设备，看起来都象是那些被日本和美国军队所遗弃的东西。我几乎要爸爸马上能让我去看看那些有趣的乱七八糟的东西，就像妈妈常说的那些"垃圾"，现在我知道我一定会在台湾玩得很开心。

我们乘坐的吉普车开了25分钟左右，就从码头一直到大隧道的入口。当卫兵看到是他们认识的爸爸后，全副武装的警卫就让我们通过，我们进入并穿过了这条又长又暗的寿山大隧道。

"现在我们进入寿山下面的隧道 这是军事限制区域，没有得到允许，平民百姓是不允许进入这条隧道的。"爸爸告诉我们。

"如果我想出去的时候，能不能经过这条隧道？" 我很害怕我可能无法自由地去市区。

"当然，你可以进出这条隧道，警卫们会知道你是住在要塞司令部院子里的。" 爸爸向我保证。

在隧道里，由于眼睛还没有得到足够的调整，因此看不清楚里面是什么样子。至少花了一分钟的时间我才能够看清楚那段古老的混凝土内墙，满是褐色的霉斑和隧道尽头有一些漏水的裂缝。但是，缓慢驾驶了五、六分钟后，我们进入了难以相信的美丽梦幻世界：高大的棕榈树，巨大的榕树，奇异的花，白色的沙滩，清澈的蓝色海水以及最纯净的深蓝色天空。

"多么美丽的地方啊！"妈妈喊道，"我一生中从没见过这么漂亮的地方，看那棵大花树！难道它们不象是挂在树上的许多小红灯笼吗？

"我就知道你们一定会喜欢这个地方的。"爸爸也很高兴地笑着说。

现在我终于明白为什么人们把这个地方叫做"西子湾"，依据中国民间传说，西子是中国历史上最美丽的女孩。沿着南面的海湾，我估计海岸的陆地面积大约为 3.2 X 0.46 平方公里。爸爸告诉我们高雄要塞司令部刚刚建造了一个住宅区，供已婚的高级军官居住。8 栋双联体住房分配给了 16 个家庭。司令员和他的家人住在大院附近一栋独立的大住宅里。

当地的台湾人和新移居到台湾的大陆人，都把台湾称为"宝岛"。我确信他们的意思是这个岛本身就是人类的财宝，而不是因为在这个岛上发现了什么珍宝。台湾岛的祖先主要来自福建省，在这里生活了好几十代。台湾的方言与厦门和福建南部沿海城市的方言完全相同。台湾岛曾经被日本人占领了 50 年，1946 年二次世界大战结束后归还中国。在日本占领之前，荷兰军队也曾经占领过台湾一个世纪左右，他们把台湾岛改名为福尔摩沙岛，由于这段历史较长，很多西方人还称这个岛为福尔摩沙岛，而不是它的真实名称，台湾岛。

西子湾是军事控制的禁区，日本占领军的最高指挥官就在西子海滩边上的一幢大建筑内居住。现在中华民国已将该地区置于高雄要塞司令部的控制之下，在隧道入口和沿海岸的公路上都派有武警守卫。在山的西侧有两处警卫岗哨，使这个地区与外界完全隔绝。对我们来说，这条隧道是到外面市区最短最快的连接通路。笔直的寿山隧道呈半圆形，长约一公里多，宽度足够允许双向卡车的通行。隧道两边半圆形的混凝土墙壁各有两米半高。几个悬挂的灯泡稀疏地分布在隧道的整个长度。由于光线太暗，白天，隧道两端的阳光比昏暗的灯泡更能看清隧道内部。

分配给我们住的是一套三居室的复式公寓，抗日战争以来，除了我们在福州自己的房子外，这是我们一家独自生活所居住的最大房屋。三间卧室外，还有一间大客厅、一间书房、一间全浴室和一间厨房。小区院子里的所有居民都是高雄要塞司令部的高级官员。爸爸是上校，在指挥系统中担任参谋主任，我们的房子是院子里面积较大的住宅之一，爸爸、妈妈、我和狮子一起住在这套房里。我们走进房子后，妈妈去检查的第一个地方就是厨房，她打开脸盆里的自来水后再关上，然后检查炉子，惊讶地发现所有的烹饪设备都是完好的。

"你这位指挥官太好了！想到了一切。"妈妈微笑着说，"你知道，我们匆忙离开福州时，除了狮子和手提包，什么也没带。"

"我当然知道情况大致如此，所以我请隔壁的邵太太都我买了这些东西。几天前我刚搬到这里的时候，这个地方全部是空的，什么东西都没有。"爸爸说，"我还请其他朋友帮忙，买了这些新家具。"

"你能在这么短的时间里做得这么好！现在让我们再去看看房子的其它地方。"妈妈称赞爸爸，她对这个地方非常满意。

我们一起穿过三间卧室，其中二间卧室都装备齐全，客厅里甚至还有家具，我得到了一间较小的私人卧室。

"我可以到外面看看吗?"我问爸爸，我没有兴趣马上去检查房子的其他方，我想探索周围的环境。

"当然可以，但是小心不要冒险到山腰边去！人们告诉过我在山脚下有危险的东西。"爸爸说。

"我会小心的，爸爸。"我说着冲出大门，走向海滩边，迅速地扫视周围的区域，这里确实是我生活过的最美丽的地方。比我过去看到的任何旅游景点都漂亮。事实上，我从未想到过如此美丽的地方！

我很高兴我们来到台湾，而不是去广州或者大陆的其他城市。

我们的房子离台湾南部西海岸的白色沙滩大约有200米左右，离院子大约250米处的海滩北端，在可以俯瞰海湾的悬崖边上，有一栋蒋介石访问台湾南部短暂停留期间居住的白色大豪宅。整个沙滩地区有许多古老的大榕树和热带花卉，大榕树是生长在台湾南部亚热带气候的本地树木，寿命可以长达1000多年。白色大豪宅与庭院之间的花园里就种植有一棵巨大的榕树，遮荫面积是树根的四倍，露出地表面的榕树根的蔓延范围可达10多平方米，往往成为大人们的长椅，也是孩子们的游乐场。

海岸线是一片原始的海滩，这是一大片还没有被挤满的游客或者过度开发破坏过的海岸边。清洁干净的灰白色沙滩绵延约3公里。北段海岸线的岩石非常陡峭，海岸线南段有1.5公里长的混凝土防波堤与沙滩相交。沿着岩石海岸线的一条路通向寿山脚下的南端. 然后可以穿过隧道通向高雄市的市区。整个海滩都不允许平民进去的，一整天都是空的，海滩上的常客只是那些住在院子里军人家属的少数几个十几岁的小孩。每年有两、三次在周日期间，海滩偶尔向公众游客开放，开放时海滩上挤满了来自全台湾岛各地的游客，武装警卫在海滩周围的各个战略点上站岗。

海滩后面的山脉隐藏着数量不明的40厘米的巨大海岸防御大炮，这些大炮俯瞰着港湾和分隔大陆和台湾的海峡。考虑到大陆一系列的入侵威胁，岛上的安全形势非常紧张，在整个要塞禁区内，武装警卫有命令可以射杀任何未经授权进入的不速之客。

我非常高兴，我们在福州所听到的有关台湾的谣言，与真相有很大的距离。台湾不仅有足够的粮食可以供应当地居民，还可以应付来自大陆的军人和大量涌入的平民，实际上台湾还有剩余的大米可以出口到其他国家。看到台湾的人民和他们的住房，我可以看出台湾的经济比大陆的经济要好得多。最重要的是在台湾，可以在家里、在大街上、在公共场合自由活动，可以放心地使用台湾货币进行交易，不会像金圆券那样快速度地贬值。最最重要的是，我和我的父母亲从此可以安然无恙地每天都生活在一起。爸爸每天早上去上班，晚上回家吃晚饭，这是我们以前在大陆的时候很少有过的家庭生活。对我这个十几岁的小孩子来讲，能生活在这个天堂般的地方，我感到非常满足和非常幸运，还有什么可以要求的呢?

台湾南部秋天的气候是很理想的，每天清早黎明前经常下雨，在我们到达后的头几天里都是阳光灿烂。每天早上醒来的时候，我都被干净的空气以及周围清新、明亮、色彩缤纷的环境所喜欢。我很欣赏用木头和灰泥建造的住房，还有可爱的粘瓦屋顶，房间里配备有足够齐全的电源插座和电灯。因为台湾的天气非常温和， 所以房子里不需要安装暖气和空调。和我们一起住在房子里的常伴是壁虎。壁虎是一种可以在墙上行走的类似小蜥蜴的爬行动物，会改变颜色来适应环境，我们新房子的墙壁是白色的，所以壁虎也都是白色的。壁虎总是大声地叫着，我花了一段时间才习惯了这种噪音，壁虎也做了很好的服务，为我们捕食苍蝇和蚊子。在台湾的任何地方，都还没有听到过有人被壁虎咬伤的事情。

我们到达台湾后的一个星期，李上尉来到我们家，他把我们留在福州的两个小箱子带了过来。

"你和天任离开二天后，我去了你们在福州的家。"李上尉告诉妈妈，"你妈妈很伤心，但她明白你们必须在地下党的严密监视下偷偷溜走，她让我告诉你不要为她担心。"

"我们离开后，有什么情况？"妈妈问。

"我们在一周后离开福州时，情况没有多大的变化，但我们听说当时解放军已经很接近福州了。"

"我爸爸怎么样？他是不是也会过来？"妈妈还在担心我们的外公。

"呃！我正要告诉你，我把他安排在一艘船上，很快就会离开福州，你爸爸可能会在这里露面。"李上尉笑着说。

"真的！"妈妈大声说，从她的眼睛流出的是喜悦的泪水。我也很高兴能够再次见到外公。

"我们这里还有一间空房，外公可以和我们住在一起，对不对？妈妈。"我问。

"当然，他会同我们住在一起的，我要在他到来之前把房间准备好。"妈妈非常高兴。

爸爸听到外公也会来的时候，说他也很高兴。三天后，外公来到我们的家。令人惊讶的是，他带了两个大箱子，箱子里都是我们不能随身携带的物品，还有一些是他从福州家里图书馆里挑选出来的书籍。爸爸最感激的是他又得到了爷爷留下的那些珍贵的书籍。

"你知道，我是最后几个离开福州的人，这是非常混乱和可怕的，因为人们听说解放军在几个小时内就要进入福州。我只是一个无家可归的老人，因此当我离开码头时，根本就没有人打扰我。"外公在沙发上休息，同时喝着热茶。

"你和船上的部队一起过来的吗？"我很好奇。

"我确实是跟部队一起过来的，没有其他船可以搭载乘客。"外公说.

"你和其他人什么时候发现妈妈和我偷偷溜走了？"

"那天晚上 10 点过后，你没有露面，外婆就慌了。这是她多年来第一次同我交谈并要我帮忙。因为她认为你们俩可能会在大街上受到伤害，"外公笑着说，他抿了口茶。"我去了警察分局，他们没有听到任何报告，所以我去了李上尉家，他告诉我你们在去台湾的路上，一切都很安全。当我告诉他我也想离开时，他立即答应为我作个安排。然后我回去告诉你的外婆，你们是安全的，她就松了一口气。"

"所有想离开的人都能够出来吗？"我问了一个愚蠢的问题。

"不是，许多人甚至都不知道该去哪里？而那些想去台湾的人却找不到任何交通工具。"外公说："如果不是李上尉帮助我，我现在仍然还是在福州。"

外公来到我们的家的时候，福州已经被解放军占领了。我们从 1949 年 8 月 27 日中央人民广播电台的广播中得知，解放军解放了福州，但是台湾报纸和广播电台从来没有提到过这个消息。 直到后来，爸爸告诉我，解放军继续往南和向西进军。政府军在重庆和周边地区仍有大量的军队和官员，他们中的一些很快就会转移到台湾。军队和战争物资的撤离继续在广东省内进行，每天都有运送士兵、武器和弹药的船只出现在高雄。我心里清楚地知道，不久大陆就会完全输给解放军了。

台湾政府告诉在台湾的老百姓，从内战中撤离出来的军队在台湾重新集结后，将会重新夺回大陆。与此同时，我们可以在这所美丽的岛屿上安置下来，享受着和平、稳定和繁荣的生活。

第十七章

惊睹爆炸

1949年8月7日，我们到达了新家。8月27日，福州失守了，到8月底，整个福建省都掉失了。从大陆其他地方撤离的船只仍在台湾高雄港卸货，我看着码头和海滩上的船只，想知道最后一艘船是在什么时候离开大陆的？

一天上午10点左右，我正在家里收听广播时，突然从城市方向传来巨大的爆炸声，房子还处在第一次爆炸的震动时，第二次、第三次和其他爆炸就连续发生，难道是共产党军队对台湾城市的轰炸吗？还是解放军飞机的空袭？突然，整个世界在我的脑海中崩溃了。我们刚刚进入到这个宁静的"天堂"，而现在战争也跟着我们来到这里！我冲到房屋前面的院子里，看到黑烟从城市的南部升起几百米高。几分钟后，爆炸停止了，但烧焦的残骸和不明物质的尘埃纷纷落在整个爆炸区和我们的院子里。

"妈妈，我们是不是受到了共军的攻击吗？"妈妈刚从房间里出来时，我问。

"我不知道，但是这很可怕！"妈妈也被爆炸声音震怕了，她的嘴唇是白色的，明显地在颤抖着。

"妈妈，如果是飞机轰炸，炸弹怎么会只落在一个地方呢？"我观察到爆炸停止得如此之快，而且爆炸产生的黑色烟雾只来自一个区域，我试着分析有关爆炸的所有情况。

"可能是一个弹药堆的爆炸，或者是类似的东西发生爆炸。"一位太太说。住在邻近两栋房子里的吕太太和妈妈同其他人在一起议论。

"这对我来说是有些意思。"妈妈说，"共产党没有飞机可以突破我们的防空系统。此外，他们为什么只轰炸城市中的一个地方呢？"。

我们得出的结论是考虑这次爆炸只是一次意外，而不是共军的袭击。感觉更有把握，我们把头发和衣服上的灰尘和碎屑抖一抖，再擦了一下，试图清理我们的脸和手，有些是黑臭、黏黏的东西，真是一团乱麻。但得知我们没有受到任何敌人的攻击，就感到欣慰，至少现在是这样的。

午饭时，爸爸回家吃中饭并看望我们。

"爸爸，今天的爆炸是什么？声音太响，太乱了。"我问．

"工人们在卸载从海南岛运来的炸弹和炮弹时，码头上发生了爆炸。现在我只有初步的报告，今晚应该可以知道更多的情况。"爸爸说的时候，脸上的表情相当严肃。我知道城市的安全也是高雄要塞司令部的职责，爸爸直接参与处理这件事。很快吃了午饭后，爸爸就急忙回到他的办公室去了。"

那天下午，我花了很多时间同我在院子里新认识的朋友们谈论这场恐怖的爆炸。张如皋年龄比我小几个月，身高同我差不多，大约都是1.67米；曹育西年龄同我一样，但身高已经有 1.87 米；而廖展谋年龄比我们小一岁，但身高只有 1.55 米。

"你们知道弹药船发生了什么事吗？"张如皋问道。

"我认为，一定是红色间谍安装好的定时装置，来破坏我们的弹药库。"廖展谋说

"在这种情况下，你的意思是说，他们准备先摧毁我们的弹药供应，然后再袭击我们？"曹育西问道。

"这是很有意思的，否则他们为什么要这么麻烦地来破坏我们的弹药供应呢？"张如皋议论说。

"但是我们真的不知道爆炸的损失有多么严重？"廖展谋说。"我想亲自去看看，让我们去码头看看爆炸现场怎么样？"

"我想我们现在不能去，听说整个城市都已经实行宵禁了，必须要有通行证才能靠近码头，我知道我们是不可能到达靠近码头的地方。"张如皋说，我们把真实发生的事情都想清楚之后就各自回家了。

那天晚上，爸爸比平时晚回家，筋疲力尽。我不想在吃晚饭前打扰他。晚饭后，妈妈泡了一大壶他最喜欢的红茶，帮他点燃了香烟，爸爸坐在沙发上，外公坐在放热茶杯旁边的一张椅子上，两人都在起居室里放松休息。我看到他们心情都很好，我就拉来一把凳子，坐在爸爸旁边，试着找出更多关于爆炸的事。

"爸爸，你跟我说话会累吗？"我问。

"我很好。"他一边喝着一口热茶，一边说，"你想知道弹药库爆炸的事，对吧？"

"是的。爸爸，到底发生了什么事？是否受到敌人间谍的破坏？"我迫不及待地希望爸爸会回答我的问题。

"不是！没有遭到任何敌人的破坏，这只是一场很糟糕的意外事故。大火先从轮船的机房开始，然后点燃了一个燃料储存罐，人们试图扑灭大火，但火势蔓延到了其他的隔间。不幸的是，轮船上的货物太重，不可能及时搬出，爆炸发生得太快，船上所有的人以及附近的建筑物和其他船只里的许多人都遇难或受伤。现在我还不知道这次事故造成多少伤亡？这真是一团乱麻。"爸爸叹了口气。

"你自己去过现场了吗？"外公问道。

"今天下午我确实是在现场，得到了简短的介绍，情况很糟糕。你们知道整个二号码头已经消失了，附近所有的建筑物都夷为平地，几周前你和你妈妈就在那个码头登陆上岸的。"爸爸说，一边朝着我的方向看了一下。

"码头不见了！整个地方？"我大声说，因为那是一个大码头，有一个很大的混凝土平台，用来装卸货物或人员上下轮船。码头周围还有许多办公楼、维修店和仓库等等。

"我明天可以去看看吗？"我问道.

"如果你走路去，是不可能接近那个地方的。但是明天早上我也许可以带你去。"爸爸说。

"我也可以去吗？"60 岁的外公也有好奇心，我原以为这样大年纪的人就不会这么好奇了！

"当然可以，明天上午 9 点你们都到我的办公室来，我们从那里去。"爸爸说着，把烟深深地吸进肺里再慢慢地吐出，进入空气中。

第二天早上，外公和我从我们的房间出来，穿过隧道走了 20 分钟，来到寿

山的背面，那里是高雄要塞司令总部所在地。我们在大厅前面等了大约 5 分钟，爸爸和他的助手黄达生少校出来后，我们就跳上一辆吉普车。黄少校带我们穿过蜿蜒的街道，穿过几个检查点到码头。武装警卫随处可见，吉普车的挡泥板上挂有一面小旗，因此我们没有在任何检查站停车受检查。当我们靠近码头的时候，简直难以置信，在我们面前的是那些烧焦的、冒着浓烟的建筑物以及倒塌的房屋，还有那些被炸毁的船只，整个二号码头都消失了。

数百名工人和士兵正在挖掘和搬移各种残骸的过程很辛苦，空气中弥漫着一种强烈的恶臭，从瓦砾中挖出的尸体正在用担架运走。

"搜救幸存者的工作在昨晚已经结束，我们不相信在昨天晚上还能够找到任何存活的人。"清理处理小组的一位主管告诉我们. "但是我们相信还有一些遇难者的尸体仍然被埋在废墟下，所以现在我们还不知道具体的伤亡人数？"

"那艘船在哪里？"我问，因为前面那个码头以前所在的地方没有看到受损船只的所在位置。"

"这艘船已经被完全炸毁了，船体的碎片大部分都下沉入水中。"黄少校指着沉船的方向说。"附近的几艘船要么已经损坏，要么已经沉没了，但是我们目前还无法确定被摧毁以及沉没的船只数量。"

我们在现场大约只停留了 20 分钟，情绪十分低落。在我们乘吉普车回家的沿途，我发现码头附近的许多商店门面都被烧毁了，看到那些专门出售电子零件和设备的商店在爆炸中被毁坏，我感到非常难过。

"那些剩余电子商店被烧毁，真是太可惜了。"我说。

"城里还有很多这样的电子商店，无论你走到哪里，你都会找到。这里只是剩余电子零件和设备的一小部分。如果你向左转，而不是在隧道前右转，那么你就会走到高雄最大的剩余电子商店区。"黄少校告诉我。

"谢谢你，黄叔叔，告诉我这些对我十分有用的信息。"听说城里还有其他的剩余电子零件商店，我真的很高兴。

爸爸把我们留在隧道的入口处，就和黄少校开车回到高雄要塞司令部，外公和我自己回家。

"我在满洲就看到很多日本人攻进城市后的破坏现场，但没有比这更严重的。"外公告诉我。

"嗯，日本人轰炸重庆空袭庇护所的面积也非常大。但是就在昨天，码头上有超过 5 万吨的炸弹爆炸了，这就像两个 20 千吨(KT)的原子弹在二号码头爆炸，只是没有放射性辐射。"我说。

"我不认为这次爆炸达到 20 千吨(KT)的原子弹那么强大，如果像在广岛投下的那颗 20 千吨(KT)的原子弹，就会夷平整个高雄市，对吧？"外公纠正了我的说法。

"我想你是对的，但这次仍然是十分可怕的爆炸事故。"我说。"嗯，这是一场很大的悲剧。"外公说，"我很难过，我们失去了这么多的生命和整个码头，但我感到欣慰的，这不是我们敌人预谋的敌对行动，而只是一场意外。"

我把我的新朋友召集在院子里，因为没有其它人会有机会看到爆炸现场，我向他们报告了我在爆炸现场看到的所有情况。

"整个码头已经不再存在了，码头附近街道上的房屋也被炸毁了不少，我告诉你们那种爆炸后的气味确实很难闻。"我说，"我爸爸告诉我，这不是蓄意破坏或空袭，这是在弹药船上发生的意外事故。"我告诉他们的事实是如此的令人沮丧，似乎有点让人失望。

"哦！每天都有事故发生，我们离共产党的海军或空军还很远，他们无法攻击我们，我并不担心。"曹育西说。"是的，我们的海军还可以在他们试图穿越台湾海峡时阻止他们。"

"我不认为他们有任何强大的空军，我听说当我们得到所有的军队和装备时，我们就会反攻大陆"张如皋说。

"这是很有意义的，我已经数过每天至少有四到五艘大船在港口停泊，我相信这些是来自广东和福建南部的船只。"曹育西说。

第二天早上，官方报纸报道称有300多名平民和士兵死亡，还有更多的人受伤，但是没有提到是什么原因导致了这次爆炸？在调查和清理工作还将继续进行，这个地区的交通也受到限制，任何平民都不允许进入该地区。

本周余下的时间里，生活毫无进展，人们很快就停止了对这场意外爆炸的讨论。我们中间的少数人把注意力转向了我们将要去的学校，因为我们所有人都来自中国大陆，来自大陆所有的人对这个岛都有一种好奇心。现在我们的好奇在高雄的这些学校会是怎样的？我祈祷他们不会像在重庆农村的寺庙学校那样糟糕。

"你打算去哪一所学校？"我问张如皋，他在这里住的日子比我们所有人都长一些。

"我不确定，让我们来看看省立和市立的高中吧？"张如皋建议。那天下午，我们四个人同意一起做一次简短的旅行。我们离开了院子，走出了隧道，在小杂志摊上买了车票。三路公共汽车将带我们到高雄市北端的火车站，那里离省立高中很近。

公共汽车经常停靠，但仍然在20分钟内到达火车站，到省立高中还要走10分钟的路。日本人建造的学校非常大，给我们所有人的印象都很深刻。我们试图从大门向里面走，因为我们还不是那所学校的学生，所以被学校门卫拒绝了。然后我们步行了大约30分钟到达了市立高中，实际上是在隧道和省立高中之间公交路线的中途。这座市立高中规模比较小，留下的印象也不那么令人深刻。因此，我们的目标是进入省立高中，注册和入学考试都是在未来一周或更晚的时间内进行。

在我们这个要塞院子里大约有25个孩子，其中有10个与我一样是15岁左右。院子里所有孩子都不是台湾人，都说普通话或重庆话。在院子里我最好的朋友是张如皋、曹育西和廖展谋。他们都比我小几个月。参观完学校一周后，我们去学校申请入学。经过为期两天的入学考试，我被录取成为省立中学初三年级第二学期的学生；同时曹育西也被接受成为初一年级学生，张如皋被录取成为市立中学初二级的学生。

但是在开学的第二天，曹育西几乎要哭了起来。

"学校招生办公室要收我的小学文凭，我告诉他从大陆逃出来的时候，匆忙之中没有把文凭带出来。但办公室告诉我必须把文凭交来，否则不会有例外的。"育西告诉我。

这是不合理的，让我想起了三年前我在重庆锺南初中的情景。

"你能不能请你的爸爸带你去见校长，向他们解释这个问题？"我建议。

"我爸爸现在在重庆，我甚至不知道什么时候他能够来台湾？"曹育西非常绝望。所以我想我可以用我从熊光裕那里学到的经验。

"好吧，我知道一种办法可以解决，但这是违法的，你介意吗？"

"只要我能越过这个障碍，我才不在乎是不是非法的！"曹育西说。

"如果你不介意做这件事，那我就教你怎么做一个文凭。"我告诉他："你把你的学校名字和你的名字写在毕业证书上，再加上所有的细节。"

"可是我从哪儿能弄到学校的印章呢？毕业证书上都有一个学校的印章在上面。"

"这很简单。你只要拿一块干肥皂，自己制作一枚印章，只要在干肥皂上面多放些红墨水就可以了。"我自信地说，"没有人能看出这两者的区别。"

"从你说话的口气来看，就好像你以前做过的一样！"

"事实上，我在重庆要进初一年级的时候就做过这样的事。"

"请帮帮我，因为你有经验！"他恳求道。

"现在你知道，如果我们被抓住了，我们将会陷入很大的麻烦。你必须发誓，你不会告诉别人是从哪里学到这些办法的？"我很担心，因为曹育西跟朋友们的谈话很多。

"我发誓！"他举起他的三个手指就像作为一个童子军一样。

"好吧，让我们先拿到一个文凭作为样本，然后除了名字和日期外，把每个字都要逐字抄写下来。你能从别人那里借到一张文凭吗？"我问。

"当然，我可以从我姐姐那里借到一张文凭。我们来台湾以前，她刚从南京的一所初中毕业。"曹育西说。

那天晚上，曹育西来到我家，我们把他的名字和学校的名字抄在上面，然后我们制作了一个粗糙的印章，用一团红墨水把文凭盖了，曹育西回家的时候很轻松，但我还在出汗。第二天早上，我们一起去上学。我坚持要把假文凭拿到招生办公室去，因为我对曹育西同学校办公室职员打交道的能力不放心。

"别紧张，我会一直陪着你，只要你能够平静地回答任何问题就可以了。"我向他保证。

当我们走进办公室时，我看到负责办公室记录的那个人是20多岁的年轻人。他拿着文凭，用一种奇怪的微笑盯着曹育西看了几秒钟。

"你从哪儿来的？你看起来很眼熟，但我不能把我以前看见的事都记住。"年轻人说。

"我来自湖北省，我的爸爸是那个省的代表。"曹育西说，仍然在出汗。

"哦，是的，我想我是在同一艘船上看到你的，你和你的姐姐在一起。"他一边说，一边把把假文凭放在一个文件夹里时，我觉得他连看都没看那张文凭。曹育西出来时的额头上淌着汗。

"我想，当他露出那古怪的微笑时，我的心脏病都快发作了。我的天啊，我真高兴，一切事情总算都结束了"。曹育西用衣服的短袖抹擦了擦额头上的汗水，我完全了解他的感受。三年前我也遇到过同样的情况。

第十八章

妄为探险

搬进新房子二周后，我无法抑制对城市街道两边许多电器商店的冲动。

"妈妈，我想去城里看看电器商店，可以吗?"我预料会遭到拒绝。

"好吧，你可以去，但要小心! 这是一张一元钱的台币，把它放在你的口袋里，以防你饿了，可以买些东西吃。"妈妈知道我一定要去看那些电子垃圾，她总是把那些收音机和电子零件称为"垃圾"。

"谢谢你，妈妈，几小时后我就会回来。"我说，能够进城去看看电子零件的行程使我非常兴奋。

我独自走在 3 到 5 公里长的街道上，沿着这个城市的住宅区和商业街，观察不同风格的城市建筑和周围的一般环境。我沿着日本风格的整洁建筑，悠闲地漫步在水泥人行道上，感觉良好。大约 30 分钟后，找到了黄少校告诉我的电子产品商店街。在这段街上到处都是电子产品商店和路边摊，大约有 25 家左右，这些商店都很小，一般门面都只有 3.5 米宽，进深不到 6 米。在商店门口和人行道上，还有许多路边摊，就在水泥地或小桌子上展示他们的商品。对我来说，这就是我的仙境，我看到了各种各样的仪表、马达、底盘、真空管、收音机和部分组装的电子产品。

小街道上陈列着二战时期的日本军用收音机和个人物品，一些供应商专门销售美国的剩余设备，大部分是电子零件和各种各样设备的零配件。

除了从那两架坠毁的飞机上捡到的一些破碎零件，我从来没有见到过这么多战争结束后丢弃的设备和零件。我逗留了一会儿，检查了一件又一件的零件和设备。几个小时后，我很不情愿地离开了这个地方，回到了家。因为口袋里没有足够的钱，所以我甚至都不敢问价格;如果有钱的话，我可能会买一卡车的电子"垃圾"回家。

在我们院子里，每个人都说普通话，但在街上，当地人都说台湾方言。虽然我会讲福建北部地区的方言但我不会说台湾方言， 所以一旦离开了隧道，周围环境就会变得非常不友好，有时甚至会变得充满敌意。第二天，我问妈妈多要了一些钱去买电子零件。

"我想安装一台矿石收音机，今天可以给我 10 块钱吗?"我问。在当时的台湾，老台币的 10 块钱并不算多。

"矿石收音机很好，但是不要把过多的电子垃圾带回家，我们房子里没有那么多的空间。这是给你的 15 块钱，买些你真正需要用的东西。"妈妈给我零用钱时总是很慷慨。

"谢谢你，妈妈，我会在午饭前回来。"我一边说着，一边就冲出了大门，走向我前一天参观过的剩余电子设备街。我先买了一些绕线圈用的漆包线，然后是一套美国制造的军用耳机。接下来我需要的是一块矿石，在电子街我找不到中国药店，所以我走进一家销售剩余物质的商店，商店里有个30多岁的男人。当他看到我朝他走去的时候，就开始用台湾方言说脏话。我虽然听不懂他说些什么，但我看得出来，这大多是一种非常糟糕的脏话。我能看到他眼中的火焰，全身血管的明显扩胀使我感到很害怕，就匆忙离开了这家商店。我以前从来没有见过他，也没有做过任何事情激怒他，我想知道他为什么对我如此生气？我断定他不象是在生我的气，沮丧的是我没有完成购物清单就回来了。那天晚上，爸爸吃过晚饭，正在饮热茶并吸香烟休息放松时，我想弄明白这件事的原因，就去找爸爸。

"爸爸，今天我在一家商店买电子零件，一位台湾店主表现得像疯子一样，我以为他要杀了我。"我报告说。

"你做了什么事情惹他生气？"爸爸问。

"没做什么，我刚走进商店，和他说话之前，他就开始生气地爆发并对我骂脏话。"

"哦，儿子，我想是时候让你了解当地人的过去了。"爸爸深深地吸了一口烟，再喝了一口热茶，然后说："在我们来到这里之前，曾经发生过一些非常不幸的事情。"

"我可以过来听吗？"外公拉了一把椅子，也坐了下来。

"当然可以，爸爸。1946年日本将台湾归还给我们政府以后，当地台湾人从日本那里摆脱了没有自由的二等公民地位，正在为能够成为真正的中国公民而高兴。后来发生的事情，是由于南京政府派到台湾的第一批官员的严重腐败，同时残暴地对待当地的台湾人，夺走台湾老百姓的家园和财产，并且在当地台湾人抗议时，指挥官竟然命令士兵开枪镇压群众。士兵们向抗议者群众开火时，情况很快就恶化了，第二天台湾人民在高雄的主要街道上游行，士兵开枪镇压，一天结束后，许多台湾居民被杀或受伤，政府立即发布了戒严令。士兵们以搜捕暴乱者的名义前往老百姓的住所，犯下了许多无法形容的罪行。这些罪行使大陆人成为当地台湾居民的敌人，甚至比日本占领期间还要糟糕。1948年蒋介石移居台湾时，调查正在发生的各种事情后发现：许多国民党高级官员必须对杀害无辜台湾居民的事件负责。为此，南京政府处决了负有主要责任的高级官员，其他官员也被关进监狱，但是台湾老百姓对大陆人的仇恨已经根深蒂固。"爸爸大大地叹息了一声。

"我明白了，怪不得店主对我如此生气，只是因为我是一个大陆人，这确实很令人伤心。"我说。

"我真的为当地人感到难过，希望在1947年南京政府能够派遣一些比较聪明理智的高级官员来这里。这样，今天我们都能够快乐些。"外公说。

"失去了人民的心，就失去了国家，这是最基本的道理。幸运的是，现在政府已经考虑到这条基本道理，已经开始了所谓的三七五租赁法案，一年前的法案就降低了农民的租金，使农民非常高兴。你知道，台湾岛上八成的当地居民是农民。"爸爸又喝了一口热茶，吸了一口烟后，继续说："我希望从现在开始，大陆人民和当地居民之间的关系会得到改善，毕竟，我们都是从大陆来的。"

"我们刚刚在大陆学到了这一课，是不是？"外公说，外公同意爸爸的看法。

"我们赢得了大多数人的心，这里农民们的心，这是件很好的事情。"

"城市里的人， 街上的人和商店里的人怎么样？现在我们必须经常同他们打交道。"我说。 我非常担心，尤其是那些销售剩余电子设备商店里的人。

"嗯，我相信事情很快就会好转，在过去的几个月里，这里一直很平静。一旦我们准备好了，我们就会反攻并夺回大陆，到那时我们都将回到我们在大陆的家。"爸爸自信地说，

我希望爸爸是对的，另一方面，我真的很喜欢在这个美丽的台湾岛能够住上更长的时间。

我们在1949年8月到达台湾时，正好是我过15岁生日后的第二个月。就像在我这个年龄段所有的朋友一样，我们认为我们已经知道太阳底下的一切，并认为我们的父母已经过时了，而且是在过度地保护我们。我们都已经有了自己的好计划，首先对于我们来说，16岁是一个从小孩子走向成年人的门槛，我特别想在15岁的时候珍惜我的每一分钟。曹育西比我小二个月，他也有同样的感觉。

"育西，你认为我们在16岁以前想做的最重要的事情是什么？"我问。我想听听曹育西会说些什么？因为他在社交活动上很聪明，而且似乎在生活中也懂得很多哲学知识。

"当然，在你变老之前，应该要先锻炼好你的身体。"他说。

"你说要锻炼好身体是什么意思？"我问。

"看看你的手臂，你那里有没有强壮的肌肉？有吗？"曹育西说。

"我的肌肉肯定不多，你有什么好的建议？"我问。

"你看过乔-路易斯的电影吗？你看到他手臂上的肌肉了吗？这是他成为世界拳击冠军的基本条件。如果你想成为一个强壮的人，你就必须为此做好准备。"曹育西似乎知道自己在说什么？并相信自己是对的。

"我们一起来做这件事怎么样？你认为我们需要做什么？" 我问。

"嗯，你听说过举重，对吧？"他说。

"对的。"我说。

"首先要做的是为我们自己找到一些练习举重的东西。"曹育西说。

"好吧， 让我们先看看附近的山坡怎么样？日本人留下太多的东西。"我建议道。

"那么，我们还在等什么呢？我们现在就上山去看能找到些什么？"曹育西催促着。

我们从房子里走了出来，很快就走到院子的后面，有树的山坡离院子的后面只有30米远，我们顺着一条通往北方的小路向前走，沿铁轨两边的地上散落有许多生锈的金属物品和腐烂的小木箱。经过十分钟的步行和寻找，我们到达了一个锈迹斑斑、废弃的小火车厢，还有一些车厢的侧板已经因年久丢失而不见了。

"看一下这个废弃火车厢的车轮，我们是不是能够找到一个可以用作哑铃的车轮？那将是非常理想的举重用具。"我说。

"如果努力去寻找，我们可能会发现一些松掉下来的火车轮。"

曹育西一直在我旁边向前走。当我们看到几组车轮放在几米外铁路旁边的时候，我的心脏几乎高兴得要跳出胸膛。

"看到这些车轮吗？这是来自天堂的礼物！"曹育西喊道，他急忙跑到这些车轮前面的草地上，我们试图把一个车轮从地面上抬起来，但是实在太重了！我只能把车轮抬起来几秒钟，然后再把它扔回地上。

"我说这个车轮的重量超过了27公斤，你想对不对？"我问。

"我想，应该有40多公斤重。"曹育西还在努力抬起这个车轮。

我用一个直径 3.8 厘米的轴来判断轮子的重量，每个 30 厘米的轮子大约有 22 到 27 公斤。太重了！我们没有办法能够把车轮抬起来。但以后如果我们练习得够多，总有一天我就能够把车轮抬起来。

"帮我把车轮搬到我家去。好吗？"我问。

"你疯了！这车轮太重了，我们抬不动。如果我们能找到一个没有轴的车轮，那将是非常理想的。"曹育西坚持说。

"好吧，我就把这当成一个目标，以后就像在学校里的那些运动员那样，可以把轮子举到头上。你能帮我吗？"我恳求道，因为我一个人不可能把这个车轮带回家。

"好吧，我帮你一把，但我仍然认为你是疯了。如果你受伤了，可不要责怪我。"曹育西喃喃地说。

"没有人会因此受到伤害的，这点我保证会小心的。"我向他保证。

我们两个人分别握着车轮的一端，艰难地在崎岖不平的小路上向前走了 180 米左右，终于把那个车轮搬到了我家。我们把它放在我家前院，就在我卧室的窗户旁边。

"你在用那个生锈的东西干什么？"妈妈从屋里出来问我。

"我要用来锻炼我的肌肉。"我回答。

"我以为你吃了许多蟹爪应该会帮助你长出肌肉的。"妈妈逗我说，在重庆农村的小溪里我曾经捕获无数的野生蟹爪吃。"

"妈妈，举重运动可以锻炼手臂上的肌肉，你以后就会看到。"

那天下午，我用钢丝刷和粗砂纸清理了生锈的车轮，结果很不错。那天晚上我累了，没有做任何举重的事，但是整个晚上我都梦到举重和我的肌肉。我梦见我摔倒在地，挣扎着站起来，当我试图把车轮举到头顶上时，我又跌倒了，我也梦到了我的手臂和肩膀上的肌肉，我拥有了像宇宙先生那样强壮的肌肉。

第二天一大早我就醒了，去检查车轮。没有耽搁，我把车轮从地上抬起来，反复地抬起来再放下去五、六次。这么多的努力足以让我感到筋疲力尽。我计划每天增加一点运动量，但是在开始的头几天，我的胳膊和腿都很疼，我不得不用双手摩擦肌肉来缓解疼痛。大约在一周后，我可以轻松地把车轮抬了起来了。当曹育西看到我如此轻易地拿起车轮时，他简直不敢相信，但他仍然拒绝尝试。

我到城市健身房去观察其他人的举重，并学会了他们在头顶上举重的方法。两周后，我试着用跳动和冲撞的动作把车轮抬到我的肩膀上。在最初的两、三次尝试中，几乎把我向后抛到地面，这有可能会撞伤我的肋骨或头部。幸运的是，没有发生这种令人毛骨悚然的事情，我终于学会了如何在不费力气的情况下抬起车轮并超过我的肩膀。现在的挑战是把车轮推到我的头上，我决定先做一个星期的肩高推举，然后试着把车轮推到我的头上。令人惊讶的是，这比提升到肩膀的高度要容易得多。我把车轮扔在地上，跑进屋里去找妈妈。

"妈妈，妈妈！快出来看看！"我说。

"发生了什么事情？"不管怎样，妈妈还是从家里出来了。我先做了把车轮从地上抬到膝盖的动作，然后猛推到肩上，最后把车轮推到我的头上。妈妈站在那里，惊讶地看着我在做了什么？

"儿子，太重了，太危险了！我很害怕这个车轮会掉在你头上。"妈妈看起来非常担心。

"妈妈，这个车轮只有 27 公斤重，它一点也不危险，不要为我担心。看，我会向你们展示这是多么简单的事情。"我说着，然后我又重复了一遍。

"看到了吗？我甚至都不累，看看我的胳膊。"我向妈妈展示了隆起的上臂肌肉。

"好吧，儿子，请不要做得太过火，要非常小心。如果你用力过猛，可能会引起你的肺发生破裂。"

我向她保证，当我做举重锻炼的时候，一定会非常非常的小心，妈妈似乎放松了一些。

曹育西从来没有想到要摸这个车轮，但是他和我早上的慢跑和简单的锻炼是约定的事情。每天早上我总是六点钟起床，清理完后，我就去了曹育西的家，敲着窗户把他叫醒。然后我们沿着海岸边慢跑到南边的哨所，再回到院子里，我们继续做一些固定的锻炼项目。

"曹育西，跟我来做一些举重练习。"我试着诱使他，几乎每天都试着说服他。

"不，我并不这么认为，你知道，此时你的身体和大脑的发育就像把等量的水分成两杯。如果一个杯子里有更多的水，另一个杯子就会少一些。我担心你最后会变成一个肌肉发达，但是脑力不够的人，"曹育西用手指指着他的头说

"你从哪里学来的？据我所知，你越健康越强壮，你的大脑也会越好使。"我反驳地说。

"好吧，我的朋友，你是个很固执的人。我曾试着给你建议，但你不会听我的，这是你的命运。"曹育西说。他让我一个人去做这件举重练习的事情。

我真的没有把他的话当回事，因为自从我开始举重的时候，我的身体感觉好多了，而且在用车轮做锻炼之后，我的头脑也更清晰了。很快，车轮的重量对我来说是太轻了，所以我给每个车轮的两端都加上了一些金属物品来增加重量。我的肩膀上满是肌肉，我试着用手去捉触摸时，我甚至摸不到肩膀里面的骨头。所有的锻炼都是在其他孩子从床上爬起来之前完成的。日子一天天过去，我变得越来越强壮，但没人知道为什么我的肌肉如此发达，也没人会费心去找出其中的原因。

自从我们到达台湾后的第三周，有些事情变的非常可怕的。那天晚上正是在我们一家吃晚饭的时间，突然，出乎意料的是整栋房子摇晃了起来，连接房屋的木头对接处发出吱吱的响声，灯光熄灭了，房间里一片漆黑，我以为整个世界都将崩溃，然后恶运就降临到我们身上。

"快到外面开阔的院子里去，这里发生了地震。"爸爸一边说，一边放下筷子，然后我们都跑到开阔的院子里，已经有很多人在那里了。在院子里，我仍然觉得地球在我的脚下移动，就好像我们站在大海中的一条船上。

"这是一场大地震，是不是？"邵夫人颤抖着说。

"不，不是真的。台湾每天都有地震，大多数都是微弱的。所以你甚至感觉不到有地震。这次地震是中度地震，很快就会结束，但可能会有余震和后续地震。去年我在这里碰到过很多次这样的地震，这没什么可害怕！"高雄要塞司令部的一名军官说。

在外面呆了大约30分钟后，人们开始平静下来，回到自己的家里，在黑暗中继续吃晚饭。直到第二天，电灯才亮起来。第二天晚上，当我准备入睡的时候，卧室里的灯泡还正在慢慢地晃来晃去，但是房子并没有发出任何声响，我当时就知道又是地震了。在台湾岛上地震是很常见而且频繁发生的，我们不得不适应。天堂对它的子民并不总是友好的。

在学校开学之前，对院子里所有孩子来说，我们有各种各样的空闲时间，这里是一个非常令人兴奋的地方，可以去探索。因为日本人曾经使用过这个地方作为海岸防御司令部，当日本人逃离时，留下了大量的军需物品散落在山腰和一些隐藏的洞穴里。新到达的政府部队还有许多其他重要的任务要做，没有人会去注意日本人留下的没人知道的军需物品。对我来说，探索未知是一个非常令人兴奋的想法。我想象着日本人可能在这个地区留下的各种东西：收音机、电话、望远镜、甚至可能有武器等等。

一个晴朗的八月早晨，我们四个人聚集在那棵巨大的榕树下，就像我们每天吃完早饭后几乎都做的那样。

"让我们到山腰边去探索，看看我们能不能找到一些日本人或强盗留下的宝藏？"我建议。

"我不愿靠近山腰，人们说在这个热带森林里有9米长的大蛇。其中任何一条热带大蛇都能吃下我们所有的人。"廖展谋说。

"胡说，这种蛇只能在印度或缅甸找到，而不是在这里。此外，我爸爸说，日本人在这里的时候已经消灭了所有毒蛇，当地的原住民也在抓蛇烧汤吃."曹育西说。

"好吧，我们四个人的战斗能力，甚至不怕老虎，如果我们用弯刀和弹弓武装自己，我们就能面对任何危险。"我试着鼓励那二个不愿意冒险的家伙：张如皋和曹育西。

"好吧，我去，"曹育西说。"但是我们需要回家去拿我们的武器。"

"我也会去的。"张如皋说。

"这太好了！10分钟后我们在院子的东端会合，行不行？"我问。三个人同意了，我们各自回到自己的家去取"武器"。

当地民间传说，森林里藏有巨大的毒蛇和其他有害的动物，当人们进入它们的藏身之处时，它们随时会发动攻击，但是我们的好奇心战胜了这些未经证实的民间传说。我带着弹弓和一把大砍刀，在三位同样具有勇敢灵魂的密友陪伴下，我们来到了房屋后面的山坡森林。

当我们走进黑暗的森林时，我们非常谨慎，但并不害怕。我带领着这群人行走在单人小道上，慢慢地爬上铺满密茂藤蔓和灌木的斜坡，没有看到任何我们可能感兴趣的东西。张如皋、廖展谋每个人都遵循规定，把注意力集中在一切会移动的东西，但是这个陌生的地方让我们很繁忙。没有发现有任何威胁，树上有几只小猴子在向我们吠叫，几只巨大的蜥蜴在我们前面的树上爬着。到目前为止，我们还没有见过蛇或任何大型动物。一段时间后，就连廖展谋也放松了，在山坡上大约走了100米左右，我们发现前方有一条宽阔的道路，显然在很长一段时间里没有人在这条小路上走过。突然，廖展谋跳了起来并跑向前面，向我们的三个人靠近。

"看那儿，树上有一条蛇！"他指着左边的那棵布满藤蔓的树和我们后面的树。

"那不是一条蛇！我认为这是另一种蜥蜴，它的头看起来像条蛇，只要看看腿就好了。"张如皋笑了，廖展谋有点尴尬。

"我们现在应该走哪一种路？"张如皋问道。

"让我们在这里右转，然后标记我们是从哪里来的，这样我们就不会迷路了。"我说，然后我们向南走了大约9米。

"看！这里不就是洞穴的入口吗？"廖展谋指着我们左边的山坡说。

"让我们走近点，仔细看一看。"我一边说，一边领路穿过在高大树木下生长的茂密藤蔓。

"这是一个山洞！"廖展谋喊道，那确实是一个像双开门那样大小的洞穴入口。只能在近距离或者思想高度集中时才能看到，否则的话，很容易被忽略过去。多年的野生藤蔓和灌木的生长已经是一层又一层，几乎覆盖了整个洞穴入口。

"我们不能进去，除非我们带一把大砍刀把藤蔓和灌木都砍掉。"我告诉这群人，因为我们携带的小砍刀，永远不可能砍下这一大片 2.5 厘米厚的藤蔓条和灌木林。

"我们需要开辟足够的空间，才可以让我们穿过洞穴，这将是一项很艰巨的工作。"张如皋说。"让我们回家准备好再开始吧。"

"我要回家去拿我爸爸的大砍刀，曹育西，你为什么不从家里拿一把来呢？我想，如果我们想进去的话，我们需要砍下这些厚厚的藤条。"当张如皋挥舞着他的手臂，就像砍树一样对曹育西说。

"张如皋，你也要带个手电筒吗？我想，我们需要所有的灯光，才能看到洞穴里的任何东西。"我说。

"好吧，我去拿个手电筒。还有别的事吗？"他问我，他转过身来，很快地朝我们家的方向走去。

"这件事别告诉别人，我们不知道这是不是被海盗藏起来的宝藏！"廖展谋说，"我不想同今天不在这里的人分享。"

廖展谋的脑海里，那里面一定有那些闪闪发光的金饰和珠宝，他的言语如此严肃，我知道他不是在开玩笑。他和我谈完之后，就带着张如皋和曹育西离开洞口，回家去找工具。我呆在洞口，用小砍刀砍下较小的灌木丛。我很兴奋地想知道这个古老的洞穴里， 可能会有什么东西？不会是有那么多的黄金和珠宝而是一个更符合逻辑的武器储存处。当我环顾四周时，我看到一些 30 厘米长的蜥蜴在灌木丛和藤蔓上奔跑，它们正试图避开我们走的道路。在山洞附近没有蛇的时候，我感觉好多了，但是我还在看守着，以防灌木丛里有什么东西会出来。

大约 15 分钟后，他们三个人带着两把大砍刀和两个手电筒回来了。我们开始轮流砍树和灌木丛的小树支，这些工作比我们预想的要困难得多。那 2.5 厘米厚的藤条很硬，又没有足够的空间来挥舞大砍刀。对一些结实的老藤，至少要花10 分钟才能切掉其中的一根，而且在洞前大约 30 厘米深的时候，很多东西缠绕在一起。我们至少工作了 2 个小时，然后才有足够的空间让我们能够一次一个人地挤进洞穴。

我先进了洞，其他的孩子也跟着进来。幸运的是，我们在山洞里没有看到任何蛇或有毒的昆虫。这个洞穴已经很多年没有人进来过了，显然，这个洞穴没有被要塞司令部的士兵发现过。

一进入洞穴，我们就能看到从我们刚打开的洞口中穿进来的光线照到的具体东西。混凝土的入口有 1.2 米宽，1.8 米高，入口处有一扇门，但是现在我们只能看到巨大的钢框架。这个洞大约有 3 米高，一个半圆形的混凝土围成天花板和墙壁。随着我们进入洞穴深处，洞穴变得越来越暗，我们小心翼翼地朝里面走去，需要使用两个手电筒的照明，才能看到通道的混凝土地面上散落着各种碎片。我们非常小心地缓慢行走，张如皋和我在前面并排着，另外二个人紧随其后。我们小心翼翼地移动每一小步，尽量避开地面上的障碍物和不明物体。虽然这是在夏天最热的时候，但在洞穴深处却是十分凉爽，潮湿和黑暗以及如同与鬼魂幽灵共存般的寂静。我们说话的时候，洞穴深处的回声听起来令人毛骨悚然。廖展谋和曹育西比张如皋和我更害怕鬼魂，但他们都在努力掩饰自己的恐惧。

"天任，你确定洞穴里没有陷阱吗？你知道那些狡猾的日本士兵在战争中，总是对我们的士兵这么做的"廖展谋说，我从他的声音中能感觉到他在颤抖。

"别告诉我你很害怕，你害怕鬼，是不是？"我嘲笑。

"没门，我不怕任何鬼。"廖展谋说。他加快步伐，踢了一个大的物体，在地上绊了一脚。他站起来后，掸掉身上的灰尘，说："这里太黑了，我不喜欢。"

"好吧，你为什么不出去等我们呢？"我说。

"我就呆在这儿，你们进去吧。"廖展谋说，他站着不动。

"如果你看到任何鬼，就给我一个机会，我会来救你的。"张如皋说着又大声地笑了起来。我们继续向前推进，廖展谋悄悄的跟着。

从我们的估计来看，这个洞穴大约有 15 米深，但可能更深。在洞穴的后端，我们看到了几堆物品，堆积成 1 米高的东西，其中一堆至少有 1.5 米高。

"看，我知道这里隐藏着一些东西，让我们仔细看一看！"当张如皋冲到离他最近的那一堆时，他喊道。

张如皋把手电筒照在一堆东西上，包括完整的箱子、密封的或者打开的盒子，以及许多散开的武器弹药分布在 2 平方米范围内。旁边的另一堆是武器弹药的包装箱，好像是日本士兵在战争结束后，匆忙撤离时采用的的一种延迟爆炸所产生的现场。爆炸造成了一些破坏，并使武器散落在洞穴里，但并没有造成完全的破坏。大部分步枪仍然完好无损。经过仔细的检查，我们发现所有 99 型步枪的枪栓都已经被取下，但是其他型号的步枪确是完整的。在洞里更深处，一个更大的武器弹药堆是散落的 75 毫米口径和一些奇怪口径的炮弹，有些机枪的外壳上有凹痕。后面堆着几架轻型机枪，也没有螺栓托架。撤退的日本人应该向中国军队撤械投降并把这些武器弹药全部交给中国军队。但是他们在投降时没有这样做，显然试图在投降时摧毁山洞里的所有武器弹药。无论如何，这对军队来说是一场真正的混乱，但对我们的孩子来说却是一笔巨大的财宝。

"从现在发现的情况来看，我猜想日本人把这些小型武器和弹药储存在这里，可以让他们的士兵在海滩上抵御登陆的来敌。"曹育西说。

"听起来确实合理，这片海滩肯定是军队登陆的理想地方。"张如皋说。

"让我们把一些步枪拿出来，用来训练我们的孩子们，你们认为如何？"我问。

"好主意，但是你认为我们需要多少呢？"张如皋问我。

"让我们看看，我们会发给每一个伙伴，12 岁或更年长的。这里有足够的步枪。"我说。

"我不认为 12 岁的孩子足够强壮到可以携带步枪，现在只拿其中的 8 把。"廖展谋说。

"好吧，我们先把步枪从洞里拿出来。"我说。

我们四个人每人带二支步枪出来，在阳光下，我能看到这些步枪已经完全生锈了。

"让我们再进去拿些步枪子弹吧。"我说。

"你到底想要什么子弹？你知道枪支和子弹是危险的组合。"张如皋说。

"嗯，我对子弹很熟悉。此外，这些枪也是没有用的。如果你知道如何处理它们，就不危险了。我打算把子弹里的火药拿出来，可以用来放烟火。"我告诉大家，他们没有不同意，所以我们又回到山洞里，把两袋装满步枪子弹的袋子拿了出来。我们每人分两批把步枪和步枪子弹带到了山坡的边缘，在那里我们找到了一处废弃的木棚屋，这是一个存放一切东西的理想场所。

回到家后，我们清理了一下，然后又聚集在那棵大榕树下，就如何处理这些"宝藏"进行讨论。

"我们可以清理生锈的步枪，进行军事演习。"曹育西说。

"当然，我相信其他孩子会喜欢用真正的步枪进行训练。"廖展谋说。

"好吧，廖展谋，你负责训练计划并组织一排士兵？"我说。

"当然，我会那样做的，那么那些子弹呢？"廖展谋问道。

"当然，我们不会为训练发放任何子弹。"张如皋说。

"我有一些想法可以使用子弹里的火药在沙滩上做各种有趣的事情！我稍后会告诉你们细节，但首先我们需要从子弹中获得火药，有志愿者吗？"我问。

他们三个都举起了手臂。

"子弹后面中心的点火帽，你们能看到吗？"我拿了一颗子弹，指着尽头的圆帽。不要用任何物体撞击它，子弹可能会爆炸的，现在我们需要从先取出子弹头。只要把子弹放在岩石的裂缝里，然后左右弯曲子弹头，把子弹头摇松后，可以很容易地把子弹头拔出来。"我在附近的一块大石头上演示取出子弹头的过程。

"我们在哪里可以找到放火药的容器？"张如皋问道。

"任何干燥的空罐都可以。"我说。

"我知道在哪里可以找到一些空罐容器。"我马上就回来，曹育西说。

"好吧，让我们到洞穴里去拿一些子弹，我们就在这里工作。"我不假思索地说。

"哦！不，我们不能在这里做，如果有人看到了子弹，我们可能会遇到大麻烦的。"张如皋说。

"你是对的，我们为什么不在海滩上的大岩石上见面呢？　张如皋和我去洞穴拿子弹，廖展谋你在这里等着，曹育西拿空罐来就带你去海滩。"我宣布。

在海滩上，在大岩石后面，从岸边没有人会看到我们。我们工作了大约一个小时，从150多颗的步枪子弹中取出火药，我们把火药放进两个小空罐容器里保存。

"我们最好把这些小罐藏在海滩的某个地方。"曹育西说。

"放在岩石上的洞穴里怎么样？它有足够高度，这样海浪就不会撞击到罐子。"我建议，他们三个都同意了。

"张如皋，我想我们最好把这件事情报告给负责这个地区的官员，这里可能会有很多洞穴，就像我们刚刚发现的那样。"我说。

"我同意，让我们去把这件事报告给于上尉的办公室吧。"

"我们走吧。"廖展谋说。

我们去了隧道入口附近的于上尉办公室。在办公室里，一名中士正在值班。

"下午好，"我们说。

"孩子们想要什么？"他正在看报纸。很不耐烦地抬起眼睛望着我们，似乎很生气。

"我们想报告在附近的一个山洞里有一个被摧毁的弹药垃圾场。"我说。

"那又怎样！"他不耐烦地说"在山里有成百上千这样的洞穴。"

"但它们是危险的！我们也发现了步枪和机枪，"张如皋说。

"你们这些孩子就离开那些洞穴吧！你听到我吗？你知道枪支和弹药很危险！这很好，回家吧。"他说着，然后立即回去看他的报纸。

15岁的时候，我们总是以为我们会知道太阳底下所有应该要知道的一切。我们没有和那位军官争论，但我们完全不理会他的建议。在接下来的几天里，我们又去了那个山洞几次，并带出来了更多的弹药和破烂的武器。

我向其他孩子们展示了如何安全地将步枪分解开，并在几个大金属罐中收集了更多的火药。带有完整灯火罩的外壳是最危险的部分，我们把这些外壳送回了山洞。有一天，我聚集了几个孩子，拿了一罐火药到海滩上，把一些放在沙坑里，然后用一根长香点燃。烟和火从沙坑中喷出，就像一座火山爆发，吸引了许多观众。我们这个小组的每个人都会做这令人印象深刻的烟火表演。我们轮流点燃火药直到大金属罐里的所有火药全部都用完。我们四个人再回到山洞里，收集了更多的步枪子弹。这个洞穴的确切位置是我们对所有其他孩子保守的秘密。我们努力工作以获得更多的火药，以备将来使用。

最基本的烟火表演很快就变得乏味了。

"我们需要有更激动人心的表演。"在我们第一次在海滩上放烟花后的几天，曹育西告诉我说："必须用一个更有刺激性的表演来取代。"

"你有什么想法？"我问。

"那么，一种火炮或迫击炮能射出火焰吗？"曹育西说。

"好吧，我知道我们能做什么？让我们找一根大水管，先把迫击炮做出来。"我建议道。

"听起来不错，你是武器专家。让我们一起来做这个有趣的事情，怎么样？"张如皋催促我。

我发现了一根直径5厘米的钢管，可能是建筑供水系统时遗留下的，我将其切割成60厘米长的钢管，再把一个用过的炮筒壳塞到钢管的一端。然后，在炮筒的后端开一个很小的开口，用于插入导火索。张如皋用两根木棒做了双足来完成迫击炮。我们把迫击炮放在离院子150米远，离水面60米远的沙滩上。当准备好点火发射时，首先将一小条作为导火索的鞭炮引线插入炮筒后端的小孔里，随后把火药和沙子从钢管前端的开口倒进去。

"现在，大家都退到后面远的地方去，我要点燃迫击炮了！"我喊道。所有的旁观者都从放迫击炮的地方向后退了至少6米，我弯下腰，用一根香点燃了导火索。一声巨响、火焰和烟雾发射到数十米外，这绝对不仅仅只是激动、兴奋和壮观！

"哇！哇！"人群爆发出欢呼声。我们四个人轮流点燃迫击炮，直到我们随身携带的火药耗尽为止。

第二天，我们带着更多的火药和迫击炮回到了海滩。

"我想，如果我们在钢管里放些沙子，更会令人印象深刻，让我先试一试。"我说。那天另外三个人有点胆怯，所以我自己先做这个节目表演。

那天，大约有十五个孩子站在离迫击炮6米远的一个半圆后面，第一轮就表演得很漂亮。放在火药前面的沙子，伴随着一股彩色的烟雾和一声响亮的嗖嗖声，被发射到空中。当迫击炮每次响起时，每个人都兴奋不已，欢呼雀跃。为了增加兴奋感，我每次都多加了一点沙子，结果就更壮观了，更多的沙子增加了响度、烟雾和火焰的距离。所以我在火药上面又加了更多的沙子，然后，这一次，正当我弯腰点燃导火索时，发生了一声巨大的爆炸，响了几分钟，我的耳朵被震聋了。我定下神后，发现自己没有受到伤害，我抚摸着我的头，我的胳膊和我的腿，都没有任何痛苦。

我环顾四周，发现观众中也没有人受伤。然而我却没有找到迫击炮，甚至连任何断裂的碎片也没有找到，以后我们在方圆450米的山坡和海滩上寻找了很长一段时间，但是什么东西都没有找到过。

当时我真的很害怕，我想，如此强烈的爆炸到可能会对观众和我自己造成严重的伤害。我们很幸运，那天没有人被炸死，据说院子里一些房屋里对着海滩的窗户玻璃被震碎了，但这只是传说而且无法取证。院子里的许多居民和士兵们前来调查所发生的事情。我向负责此事的官员承认，是我造成了这次爆炸。一些人去找妈妈，告诉她关于这场灾难的事。妈妈出来了，拉着我的耳朵进了屋子。

"我知道你很好奇，很冒风险，但这纯粹是愚蠢。"妈妈责备我说，我以前从没见过她这么生气。"你可能会被炸死，还连带一些无辜的人一起被炸死或者炸伤，你知道吗？"

"对不起，妈妈，我是太愚蠢了，我永远不会再玩弹药。"我答应。

"我要惩罚你二周时间的禁足。"妈妈告诉我，这是妈妈第一次给我如此严厉的惩罚。

爸爸发现了这件事情后，对我不是那么生气，他命令士兵们封锁附近山区的所有洞穴。我们也不得不赔偿邻居们的窗户损坏。虽然对我的愚蠢行为，没有受到足够的惩罚处理，但我确实得到了一个很大的的教训。幸运的是，二周的禁足结束后，没有一个孩子被禁止同我玩。我必须控制自己，不再去冒险去做那些我不了解的事情。

第十九章

学绩飞跃

省立高雄中学是台湾南部的一所精英学校，但我在福州三一学院的学习使我的成绩比现在学校的要求高得多。因此，我很容易在入学考试中取得了好成绩，我在九年级最后一个学期的成绩也是相当不错。1949年12月初中毕业后，我参加了进入高一年级的入学考试，成绩很好，从而在1950年1月可以参加新生班级的录取考核，我被录取了。初三年级的许多同学毕业后，有的没有参加省高中的入学考试或者被淘汰，省高中是一所非常难进入的学校。

但是，由于我初中的成绩来得比较容易，刚开始进入高中一年级时我就走错了一步。我进学校的第一天就结交了二位朋友，吴新燕和曹志远，他们的身高都是1.87米，肌肉发达，身体健壮。他们是高二和高三学生组成的一个小帮派的新成员。事实上，这二个人很快就成为了这个小帮派的头目，我看到他们穿着水手蓝的衬衫、牛仔裤和牛仔靴。对这些帮派成员来说，最时髦的事情是穿一件汗衫，把蓝色的衬衫挂在他们的肩膀上，走着一种诡异的鹅步；他们看不起校园里的每一个人，学校有一种容易修剪的整洁发型，但帮派们会剃平头。因为从高中开始，这两位首领都是我的好朋友，我觉得和他们在一起是很有意思的。吴新燕让我加入他们的帮派，是因为我手臂和肩膀上的肌肉很发达，可能会让帮派看起来更壮些，所以我就被其他帮派成员接受，这样他们就有了一个肌肉强壮的帮派同伙。

这些帮派成员花了很多时间给"弱势"学生制造麻烦，甚至和一些老师开玩笑。我们会在校园的建筑角落里闲逛，逗弄行路人或者取笑某些我们不喜欢的人。我的另外一位男同学刘忠华，皮肤白皙，身材瘦长，像个女孩一样走路，我们叫他刘小姐，没完没了地取笑他，他对帮派成员很有耐心，从来没有回应。我经常和其他帮派成员一起对他进行刻薄的评论，但他从来没有抗议过。有一天，我们俩人独自在图书馆附近，他把我拉到一边，问我："你为什么要和这些帮派成员呆在一起？我讨厌他们！"说话时，泪水顺着他的脸颊流下来。一直以来，我都认为他从来不会考虑所有这些都是伤害他的残酷事件。

"我很抱歉，我确实不知道这样做会如此伤害了你，我总以为我们只是在开玩笑，以后我不会再对你样做了。"我说着，心里觉得很难过。从此以后，我再也没有取笑过刘忠华，但是我不能阻止其他的人继续这样的残酷行为。当我告诉吴新燕时，他说他也不能阻止帮派内的其他成员，因为那样会让他看起来很软弱，作为帮派的头目就应该是那种冷酷无情的人。

所有像我一样的帮派成员大约都是16到18岁，我们像一群征服者一样在校园里漫步，我们觉得自己仿佛是世界上最顶尖的人物，并认为我们比那些害怕我们的人更优秀。据我所知，帮派从来没有做过什么坏事，比如打人或偷东西。我只参加了学校里的帮派活动。在校外，我从来没有和他们在一起，因为随着戒严令的实施，到处都是警察，校园外的犯罪团伙活动被抑制了。尽管如此，我还是觉得同这些酷而坚强的帮派成员呆在一起很有趣。

张如皋在市立高中读书，市立高中位于我们家到省高中的路途中，我们经常一同骑自行车到学校，在市高中门口分手说再见。16岁的张如皋是一名优秀的运动员，也是他们班级36名同学中的好学生。在36名同学中有两兄弟，显然是一对双胞胎，与张如皋同姓，也姓张。这对双胞胎也是16岁，但他们是完全不同类型的人，他们身体又高又大，体重达90公斤，他们经常欺负其他同学，然后哈哈大笑。

由于某些我所不知道原因，他们经常在没有明显挑衅情况下，就嘲笑张如皋，这种情况持续了一段时间。一天，这对双胞胎兄弟在张如皋放学后回家的路上拦住了他。

"你这个鸡屎，你想要去哪里？"双胞胎兄弟中的一个叫道。

"我要回家了，有什么不对吗？"张如皋回答说。

"我们不喜欢你，明天你最好不要在学校露面，否则你会后悔的。"另一个双胞胎兄弟说。

"我不怕你！做你们想做的事就行。"张如皋回答道。

"好吧，明天我们就在这里等你，你这个鸡屎！"第一个双胞胎叫了起来。

这天晚上张如皋看到我的时候，告诉我这对双胞胎的威胁，他知道我参加过帮派的活动，所以希望我能帮他。我回想起自己在南京被欺负的经历，那群暴徒是如何欺负我的，我是如何向同学父亲的朋友寻求帮助，同学的父亲拥有一家豆腐店以及他们是如何在学校门口帮助了我。

"好吧，明天你就像往常一样去上学，我会注意的，以后他们就不会侵扰你了。"我自信地说。

"那真是一件好事，但是你确定能从你们的帮派中得到帮助吗？"张如皋对什么都不能确定。

"我会安排同他们见面，我相信他们会帮忙的，别担心。"

第二天早上，我把这一事件告诉了帮派头目吴新燕。他从我的介绍中完全了解张如皋的情况。

"别担心，我今天下午会让几个会员和我们一起去。你只要在5点钟到那儿。"他说。

然后他就走开去召集帮派会员。一个小时后，他把帮派的8名成员聚集在一起，并向他们介绍了发生的事情。

我们要走各自的路，然后在市高中大门的右侧会合，这样就不会引起其他任何人的注意了。"吴新燕对帮派同伙说。

下午大约4点半，我们骑着自行车，分别向市高中处骑去。大约20分钟后所有的帮派成员都到了，我们在离学校大门口10米左右的地方等待着。当我们看到有人从学校走过来时，这对双胞胎兄弟先出现了，他们没有注意到我们的存在。当张如皋从学校出来的时候，这对双胞胎兄弟立即阻止了他。

"我们告诉过你不要来学校，你还是这样做了！"他们开始推扯张如皋了，就在那一刻，我大声地叫道："停下来，你们两个胖家伙！"

吴新燕的同伙围住了那对双胞胎兄弟，他们被这么多帮派成员的出现惊呆了。

"如果我再看到你们侵扰我的朋友，你们的头就会跟你们的肩膀说再见了，你们听到我说的话吗？"我大声地喊着。

这对双胞胎兄弟立刻跑掉，而且跑得很快，以后再也没敢欺负张如皋了。

教我们中文的曾老师是一位有着异常白皮肤的中年男子，所以我们称他为"白猴"。他是一位优秀而又严厉的老师，但他也喜欢根据自己的感受来约束学生，有一天，他在走廊里拦住了我。

"你为什么要像大猩猩一样走路，或者你认为自己是超人？"他问我。

"曾老师，我不明白你的意思，你能告诉我为什么吗？"我真的很困惑，因为我从来没有做过任何激怒他的事。

"那么，为什么在走路时你的肩膀抬得这样高呢？"他带着一种令人厌恶的表情问道。

"曾老师，我不是故意这样做的，只是我的肌肉让我看起来如此。"我解释道。他伸出右手，摸了摸我的左肩。

"哦，你身体的肌肉长得很结实，但是我希望你的大脑能长的更好一些，你在我的课堂上做得不太好。"他说后，就走开了。

在高中的头几个月里，这对我来说还只是个小问题。一天下午，我们等地理老师来上课，他大约迟到了5分钟。当他走近教室的入口时，每一个台湾学生都在大喊："Ilasaii! Ilasaii !"。我虽然不理解这个日语词语的意思，但我也跟随着大喊："Ilasaii!"。他气疯了，先在教室里走来走去，然后立刻转身出去，把这件事报告给了教务主任。后来我才知道在日语中 Ilasaii 的意思是"苍鹭"。他的腿很长，每走一步都要踢一脚。10分钟后，教务主任张老师来到教室。"你们的表现都很不好，除非你们告诉我谁在大喊大叫，否则我将在这门课上给你们每个人全部都是不及格的分数。"张主任说.

教室里没有人回应他。

"好吧，我跟你们做个交易，任何承认这次叫喊的人都不会受到惩罚，然后我将让你们所有的人都自由解散。"

我认为这是一笔很好的交易，"是我做的。"我举起右手并回答。

"其余的人都解散，你跟我来。"他看着我。

我希望他没有骗我，我跟着他去了他的大办公室。他坐到他的椅子上，让我站在他的桌子前。

"通常情况下，我会开除你，但因为你在入学考试中表现得很好，如果你从今天开始也表现的很好，我就只给你一个留校察看的处罚。"他一边看着桌上的那些文件一边说。我从来都不喜欢这个人，他的绰号是"狗头"。

"张主任，我认为你对这件事的处理不当。我举手了，是因为你说不会惩罚我，并让全班同学都自由。现在我认为你欺骗了我，我认为这是不对的，此外……"我生气地说："全班同学们都在喊同一个词。"

"我不在乎你怎么想，我必须惩罚某个人，你得到留校察看的处罚了。"

我转过身，愤怒地走出了张主任的办公室。那天学校结束前，对我的惩罚已经张贴在学校公告栏上。在回家的路上，我非常愤怒，以至于我幻想着各种各样报复"狗头"的行为。张主任是一个不诚实的人，不应该管理学校，他的行为也必须受到惩罚。我可以请帮派同伙，他们会在他回家的路上把他揍得很厉害，他会向我求饶，然后放他走了。我也可以用弹弓射他，让他承受痛苦。但是这样做对我有什么好处呢？我已经受到惩罚，并向全校宣布了这一消息，我所做的一切都不会改变对我的伤害。

在我沮丧时，爸爸走进我的房间，我转向爸爸。"爸爸，张狗头欺骗我，我向他承认了全班同学都犯的一件不好的事。"我说。"然后，他给了我一项留校察看的处罚，我认为这是不公平的。"

"慢下来，告诉我发生了什么事。"爸爸说，就像通常在事情变得很紧张的时候，爸爸总会很冷静地去处理，我把整个事情的经过都告诉了爸爸。

"好吧，儿子，你和我一起立刻到学校去。"他说，然后爸爸打电话给办公室，准备好他的吉普车，我们需要在学校官员回家之前赶到那里。吉普车在15分钟内把我们送到了学校，爸爸径直走向校长办公室，宣布要见校长。王先生，30多岁，是一位很有名望的校长，他欢迎我们走进他的办公室，爸爸让我留下来听他说话。

"郑上校，今天我能为你做些什么？"王校长问。

"王校长，你是一位受人尊敬的教育家。我很高兴今天有机会和你谈谈。我觉得你可以做点什么来帮助你的学生和学校。"爸爸说，我知道他是在解除校长的"武装"。

"如果我能做些什么来帮助我的学生和学校，我总是会很乐意去做的，除非这是一个能力或成绩的问题。"王校长说。

"你太好了，我相信你会同意我的意见，那就是我们需要教导我们的下一代要诚实。为此，我们的老师和父母必须通过我们的行动来做给他们看，你同意我的意见吗？"爸爸问。

"当然，我们希望能够成为教育工作者的榜样，诚实是我们希望下一代拥有的所有行为中最重要的一个。"王校长也赞同爸爸的观点。

"当然，在我看来，欺骗是一种不诚实的表现，你同意我的意见吗？"爸爸说。

"当然，我认为欺骗是一种最下等的行为，因为它会伤害到人们，现在看起来还有什么问题？郑上校。"他问道。

"我一直在自学， 所以我明白惩罚别人是一件很重要的事情，其目的是引导他们走向正确的道路，而不是伤害他们。一个教育家就像耶稣，他会牺牲自己来指导那些迷失的羔羊，而不是去伤害那些误入歧途的羔羊。而且，如果学生真的没有错，只想救这个班级，你会惩罚这个学生吗？"爸爸说。

"我明白你的意思，"他对爸爸说。然后他转向我问：

"请告诉我发生了什么事？"

我把这件事情的经过就像刚才发生的一样告诉了王校长。

"王校长，我不知道"llasaii"这个词是什么意思？我也不知道那是老师的昵称。除此之外，我只是跟从在全班同学的后面一起大喊大叫。"我报告说，"当张主任告诉我们只要有人承认，他就会原谅整个班级，我认为这对全班都好，而且我也不会受到惩罚，因此我就承认了。"

"现在我明白了，请给我的一点时间，我先去张主任的办公室见他一下，很快就回来。"然后王校长叫他的秘书再给爸爸端上一杯热茶。

10分钟后，王校长回到校长办公室，走到爸爸面前，他的脸色通红的，似乎他已经对别人说重话了。

"这是我们犯的一个错误，我向你和你的儿子道歉，留校察看的公告将立即予以纠正。"

在我们离开校长办公室之前，王校长握了握爸爸的手。在回家的路上，我非常敬佩爸爸，因为他有能力说服校长，我也感谢他对我的完全信任。

在学校布告栏上宣布了我"无罪"的消息，从此我的学籍记录上就没有任何受过惩罚的内容。此后，每当我们在校园里彼此碰见时，张主任都会把他的头转开，原来我们取笑的是张主任的小舅子。当这个故事在校园里传开时，那些对张主任评价很低的人来说，这就证明了他们的观点是正确的。现在，张主任的绰号变成了"脏狗头"，因为在普通话的发音里，他的姓听起来很像"脏"。

摆脱张主任的麻烦是一回事，但我不及格的作业完全是另一回事。曾老师说的是对的，他说我应该开发更多的是我的脑子，而不是我的肌肉。随着时间的推移，我的功课和学业完全被忽视了，那学期我在篮球比赛、足球比赛、日常足球练习以及电子爱好等方面都很好。但是最重要的是，我花了大量的时间和帮派成员在一起，我错过了一些学业考试，每个月的考试成绩都很差。奇怪的是，这些都没有困扰我，也没有让我感到不安。帮派成员与其他同学生活在一个完全不同的世界，他们有自己的生活重心。在那一刻，我获得帮派成员的赞许，比在学校里得到任何的东西都重要得多。当我沉浸在帮派活动中时，我并没有意识到，这些对我的生活产生的真正影响，反而认为把这些角色挂在自己身上很有意思，但在我的脑海里，我也知道这样浪费时间是不对的。然而，我无法接受现实，我也没有任何理由离开这帮成员，在我知道之前，一个学期很快就过去了。

当成绩报告单出来时，我震惊地发现，我在42名同学中排名第四十一名。另外一名垫底的同学被评不及格，我勉强及格了。在过去，我从来都不是一个好学生，但是我能够保持在班级的中间位置。这张成绩单对我来说无疑是一个令人尴尬的打击。我无法隐瞒事实，只好带着这份不好的报告单去面对妈妈和爸爸。我知道这是不愉快的，我想象得出爸爸会很生气，对我大吼大叫，当妈妈看到她总是信任的儿子表现可怜时，她会哭的。当我傍晚回家的时候，妈妈正在厨房做饭，爸爸正在客厅里看报纸，我先把成绩报告单给妈妈看了，她把切菜刀放下，拿起这张报告单，然后又不相信地读了一遍。

"天任，这是非常不好的，是不是？"妈妈说，"你最好现在就把成绩报告单给爸爸看。

"是的，妈妈，很对不起。"

我走到客厅，胆怯地把成绩报告单递给爸爸。爸爸看了看，用一种恶心的表情把他的锐利的目光抬起，我的心沉到了海底。他从沙发上站起来，挥手让我走到窗边，我猜他只是想在和我说话之前先冷静一下。

"儿子，在我们郑家。"他平静地说，"我们不富裕，也不出名，但是从你的曾祖父和爷爷到我，我们都是很好的学生，在学校表现很好，事实上，我们都是班级里的第一名。我不知道你是否会成为打破家族传统的人？但是，我相信如果你想做得好，你肯定有能力成为班里的第一名，我说的对吗？"

"爸爸，我对成绩不好感到很抱歉。我将努力学习，在下个学期尽我最大的努力。"

现在妈妈走进客厅加入我们的谈话。

"我知道如果你多花点时间在功课上，你就能做得更好。"妈妈说。

"是的，妈妈，我保证我会尽力的，你和爸爸再也不会看到又有一张不好的成绩单。"我保证地说，我感到很羞愧，想哭，但是我挺过来了。

我要让妈妈和爸爸知道，如果我试了，我就能做到最好，我必须试一试。我想在不牺牲我的运动和电子爱好的情况下做好这件事。然而，我知道我必须和帮派里的几个朋友分手，我也明白和帮派们分手的风险，但我现在别无选择。只有一件事对我有利，那就是我的好朋友吴新燕会帮助我。所以我找到了一个机会，当吴新燕和那帮人在一起的时候，我对大家说：

"看，同伴们，因为我几乎不及格，差点被开除，我和我的父亲之间有很大的麻烦，如果我下学期不带一张更好的成绩单，我不知道我父亲会对我做什么？从现在起，我需要认真学习，所以，如果你们能原谅我，我以后就不会参加你们的任何活动了。"我告诉他们后，我有点害怕，因为我们发过誓在任何情况下我们都不会放弃帮派成员。我听说，有些人决定离开这个帮派时，他们的誓言会让他们受到了严重的伤害。

"那么，你知道决定离开的处罚是什么吗？" 牛健绍，一个17岁的硬汉，威胁地对我说

"我真的得必须要多花些时间去学习， 不然我爸爸会杀了我的。"我夸张地说。

"无论如何，这样的书虫对我们也没有用，让他走吧！" 吴新燕告诉其他的人。

然后他把头转向我，对我说："走吧，做你自己的事，离开这里。"他挥动着他的长臂，让我离开。我知道他在帮助我，其余的人都在嘲笑我。在我离开他们的时候取笑我，但是他们那天也离开了我，我知道，如果不是因为吴新燕，我可能会被打，至少其他帮派成员的粗暴的侮辱。当我离开这伙人后，我感到一种解脱，想了想当初为什么我会加入了他们！

那天晚上，我在家里草拟了一份作业计划，决定放弃一些运动项目，比如排球、田径和游泳。我决心把我的努力花在认真学习上。与此同时，我仍然活跃在足球队和篮球队中。我把志愿者的工作重点， 放在物理实验室的设备修理方面，当然，我的无线电以及电子爱好，一定是要继续下去的。

我的学习计划很简单，最关键的策略是每天都要知道我的学习项目和内容，而不是等到考试前一天。我决定在学校完成每天的作业，然后在放学回家的路上，复习一小时我在课堂上所学到的知识。在那以后，我会和我的伙伴们在院子里打一两个小时篮球，然后回家吃晚饭。我没有告诉班上的朋友关于我的新学习计划，因为我只是稍微改变了我的课外活动，没有同学会注意到我在学校或家里的活动变化。

这个计划对我来说很有效，上课时我注意听老师讲解、按时交作业。对我来说，这是一次巨大的转变，使许多老师感到震惊，因为我以前总是迟交作业，而且第一学期的作业实在是做的很差。教中文的陈老师，一个40多岁的老人，对我突然的进步产生了极大的怀疑，认为有人替我做作业。 有一天午饭后，陈老师在篮球场上给我打了个"冷球"。

"你的作业比上学期好多了，有别人替你做作业吗？哼！"陈老师用惯常的傲慢态度问道，他歪着头，脸上露出狡黠的微笑。

"不，陈老师，是我自己做的作业，没有人帮助我。"我回答。

"好吧，那就到我的办公室来，给我用古文学写一篇短论文。"他要求道。

"当然，陈老师，你想让我现在就写吗？我正为今晚的篮球赛作准备。"

"嗯，哪个比较重要？ 现在就跟着我去办公室。"他命令道。

我跟着陈老师，到他的办公室，他指我坐在旁边的桌子上。 "我想让你阅读这篇文章，并用古文写一篇单页的评论. 你需要多少时间来写这篇评论文章？一个小时对你来说足够了吗？"陈老师说。

我看了看那篇文章后说："我会在半小时内完成的。"这是我多年前在复兴岗的时候爸爸要我做的事情。对我来说，这真的只是一件简单的事。不管怎样，我在限定时间内完成了这篇论文，显然令陈老师很满意，

"写作的不是那么好，但我认为你是对的。"这是他对班上任何人的最高评价。从那天起，陈老师不再像我偷了他的东西那样看着我了。

班里的三，四名优等生总是集结在一起，就像一个精英团体，看不起那些排名较低的同学，尤其是那些在班级里垫底的同学。在过去的第一个学期我忙于玩球以及和帮派成员在一起玩，所以我从来没有注意到他们的傲慢态度。既然我现在对学习更认真了，我就能感受到他们对我的态度，以及他们对我说话的方式对我所造成的伤害。在一个月左右的时间里，他们惊讶地发现我的考试成绩比他们好，因为老师们总是在课堂上公布分数。班里的几名顶尖学生感到非常不安，他们认为我在最初的几项测试中，靠运气或作弊获得了好成绩。我们班级的第一名学生，夏启宙，一个矮壮的的家伙，一个自封的天才，以前从来没有正眼看过我，在高等代数课程后的一天，他把我拉到一边。

"我不相信你在最后两场考试中，连续两次击败我，我知道你在上个学期的不及格，还是勉强及格通过的。"夏启宙直视着我的眼睛，对我说"你会放弃参加那些球类比赛？或者你在家里有一位家庭教师吗？"

我只是好奇，他当然很傲慢，但因为以前他从来没有和我交谈过，我甚至感到很荣幸，能让这个家伙用这么长时间跟我说话，尽管他一点也不友好。

"好吧，告诉你真相，我每天放学后至少花一个小时来复习我那天所学到的一切，而且每天我会在打球之前就复习好。"我告诉他真相。

"你和上学期的做法完全不同了吗？"他一点也不相信我，以为我在骗他。

"当然，我在课堂上也更加专心听老师的讲解。"我说，但我并没有说我的目标是他的第一名头衔，因为我已经感觉到他所感受到的压力和威胁。

"哼！我祝你好运。"他带着暗示说我永远也不会成功的。

这样反而使我下定决心在成绩上要击败他，从那天以后，就像我起草的那份学习计划一样，没有受到他恐吓的影响。在以后头两个月的考试中，我的测试分数持续击败他们，前三名的同学才发现他们受到了严重的挑战。在我参加的篮球队和足球队比赛中，还没有一个顶级的书虫参加任何体育活动。这三名顶尖的同学慢慢地来找我，好像他们给了我升职的机会，或者帮了我一个忙。但我从来没有和他们在一起，我还是继续同我的伙伴们一起在体育和无线电及电子学习组里。

当学期结束，结果公布的时候，我达到了我的目标，实现了我对妈妈和爸爸的承诺，这是我第一次有了在课堂上成为第一名的感觉，这种感觉很好，也很甜蜜。但我发誓，因为我曾经有排在最后的经历，他们彻底改变了对我的看法后，我不会像其他排名靠前的学生那样，绝不会表现得像其他一流的学生一样。我唯一没有得到最高分数的是公民和音乐这二门课，但并没有影响我的平均分数。当我在学期结束时向妈妈和爸爸展示我的成绩单时，他们非常高兴，但并不感到惊讶。

"我知道你能做到，我为你感到骄傲。"妈妈微笑着说。

"这是我们家族的传统，要做好功课，我也非常高兴，现在你需要的是跟上步伐，不要从上面滑下去。"爸爸说。

对我的同学和老师来说，课堂上的大变化在他们中间引起了一阵巨大的波澜，排名最靠前的学生被排名靠后的同学打得很痛。从表面上看，他们表现得很诚恳，但我知道他们不愿意从他们的老位子上落后了。我的老朋友们对我很开心，这对

我来说很重要，我们班主任曾老师在学期最后一天的上课时，给我们做了一场讲座。

"我想让你们看看郑天任的例子，上学期他在班级上的学习成绩是倒数第二，但现在当他注重学习的时候，已经成为班级的第一名学生。我不认为他比你们任何人都聪明，但他已经努力改变了自己，如果他能做到这一点，你们就没有理由不能做到同样的事情。"曾老师说。那鼓舞士气的谈话对我来说并不是很恭维的。我想知道他为什么会这样跟全班同学讲话，但我很快就意识到，曾老师的成就取决于他的学生在高中毕业后，通过大学入学考试的成绩。

对我来说，现在真正严峻的挑战变得显而易见了，在第一时间容易到达班级的顶端，但是要在高中剩下的时间里保持在班上的第一名，这将是一件非常艰难的事情。还有四个学期，和其他所有的事情一样，第一名的头衔一直是挑战者的目标。我真的没有牺牲很多乐趣，也没有成为真正的书呆子。我也知道我并不比我班上的大多数同学聪明，我害怕如果别人也制定了一个类似于我的学习计划，我就会被击败，并会从班里的第一名上除名。我已经尽了最大的努力，也无法想象自己会牺牲更多的其他活动。我不会放弃我目前的任何体育活动。当然，即使是为了更好的成绩，我绝对不会放弃我的电子爱好。

第二十章

惜别"狮子"

　　这对狮子来说是一个固定的套路，从周一到周六，每天早上我离家到学校上课时，狮子都会从我房间外的走廊走到院子的门口，然后坐在那里，直到我进入黑暗的隧道。它不知怎么会知道我什么时候会从学校回家？而且总是热情地在门口迎接我。我放学后到小学教室做作业学习时，它也只是坐在门口耐心地等着。我在学习完后到院子大门外的篮球场打球时，狮子会在篮球场上等待，或者躺在草地上紧张地看着。在台湾，我们不缺食物，所以我们用米饭和剩菜来喂狮子，狮子不需要像我在重庆农村养的那几条狗，需要到处为自己寻找食物。事实上，自从狮子从南京到上海，再到台湾高雄，从来就没有打猎觅食的必要，它是一条件吃得饱饱、胖乎乎的 3 岁小狗。

　　自从我们到台湾以来，从未对狮子使用过皮带，它在院子里可以自由自在地漫游，偶尔和它的狗朋友一起去海边玩。在家里狮子睡我的房间和起居室之间的走廊上。有陌生人来到门口时，它会发出一声声蜿蜒的声音提醒我们，如果我们在一分钟内没有回应，它就会大声吠叫。当家庭成员在场时，狮子会让人们宠着它，否则它就会逃离人群，或者向它不喜欢的人露出牙齿。

　　每当蒋介石先生来到南方住在白色豪宅里的时候，安全人员就会到我家，把狮子带到离白房子很远的临时住所，这样老人家就不会被狗的吠声而打扰了。看到这些安全人员对狮子的态度如此粗暴，我很不舒服，心里很难过。狮子在被拉进笼子的时候会哭，会挣扎，安全人员甚至不告诉我们把狮子送到哪里去了？通常两、三天后，他们会把狮子带回我们身边，几分钟内狮子会跳来跳去，热情地问候每一位家庭成员。

　　狮子是一条独主狗，即使给它吃饼干，也不会跟随我的朋友出去。妈妈告诉我，当我离家到学校上课，直到傍晚我回家之前，狮子会在家里睡觉或跟着她。爸爸也非常喜欢狮子，狮子也知道，它经常躺在爸爸的沙发旁，看着爸爸一边喝茶，一边抽烟。狮子的另一个好朋友是外公，每当狮子去他的房间时，外公就会给狮子吃几块饼干。当外公去海滩散步时，也会带着狮子，但狮子只是坐在那里看，从来不下海游玩。就我而言，我们有五位家庭成员住在一起，狮子是家庭中不可或缺的一部分。我和我的朋友在院子里玩的时候，狮子会一直站在我这边。如果狮子认为有人在攻击我，就会咬住另一个孩子的裤子来救我，我真的很幸运，有这样一个聪明而忠诚的伴侣。

　　有一天，当我从学校回来的时候，狮子不在大门口。我回到大门口召唤，但是没有狮子的踪影。我回家问妈妈关于狮子的事，她说她已经有一段时间没见过狮子了，这对狮子来说是很不正常的。为此我很担心，我请妈妈帮助我去找，我们搜遍了整个院子和所有的地方，还是没有狮子的任何踪迹。我一直在寻找狮子直到深夜。我很担心，很沮丧、我知道狮子不会从我们家房子里走出去而迷路的，这是件非常可怕的事情。我在重庆农村养的那条狗被一个屠夫捉到，为了吃狗肉而被杀，但那是在战争期间，那时人们又饿又绝望。现在，抓别人的狗吃是犯法的。此外，我们是住在有警卫守护的安全地区，没有任何捕狗的人能够接近隧道。爸爸听说狮子失踪了，就叫士兵去寻找狮子。那天晚上没有人能提供任何线索。我在午夜后上床睡觉，希望狮子能出现，但没有。我度过了一个可怕的夜晚，有各种各样的不愉快恶梦。

第二天早上我起得很早，当我打开门的时候，我的心都沉到了地板上，可怜的狮子躺在门口，肚子外面挂着它的肠子。

"妈妈，爸爸，快来！狮子伤得很厉害！"我向我的父母哭了。

爸爸和妈妈都穿着睡衣跑到门口，妈妈看到后，很快就哭了起来。爸爸马上给兽医打了电话，把他叫醒，兽医住在离院子不远的地方，十分钟内就带了他的医疗工具来救治狮子。

"这很不幸，因为它受伤至少有10小时以上的时间，这条狗在过去的几小时内流了很多血，所以甚至看不到地板上的血迹。"兽医说。

"请帮助我们救救狮子，它是从南京来的，我不想失去它，请救救它吧。"我恳求道。

"我会试试看，但你知道我不是上帝。"兽医说。

我的脊背发凉了，我吓坏了，狮子躺在兽医的右边，伤口在腹部的左侧，一堆肠子拖在腹部5厘米大小的伤口外。腹部的出血已经干了，狮子身体的其他部位很干净。当我喊它的名字时，狮子只是微微张开了眼睛，想抬起头来。兽医蹲在地上，对狮子进行了全面检查。

"你能把它按住，让我把它的肠子清理干净，行吗？"兽医问我。

我抱着狮子的前脚，爸爸抱着它的后脚，那时候狮子一动也不动。兽医仔细地清洗了狮子腹部的内脏，然后用酒精和一大片纱布来清理腹部外面的皮肤。

"它看起来像刀伤，我对这只狗的生命并不乐观。"兽医一边工作一边说。

当兽医完成清洗并把内脏推送回腹部时，狮子显然非常痛苦。在混乱中，当我抱着他的腿时，他咬了我的手掌，并在我的手上戳了两个小洞，鲜血滴下。兽医给狮子打了一针止痛药，并小心翼翼地用手术线把伤口缝合起来。

"让它休息一下，看看在以后24小时里是怎么样的变化？"兽医站了起来。

在救治手术过程中，妈妈不忍心看到狮子，只是呆在屋里，我知道妈妈也很伤心。

我轻轻地抱起狮子，把它带进屋里，妈妈在狮子的床上放了一些额外的保暖软垫，我小心地把狮子放下，它闭着眼睛，像往常一样呼吸，我希望兽医的手术治疗和休息能帮助它恢复健康。

在我们认为狮子在睡觉的时候，我们把注意力转移到其他事情上。但是过了一会儿，我去检查狮子时，狮子又消失了，我立刻再出去找。狮子刚走到院子附近的山路上，缓慢而无精打采地走着，我大声召唤它，但它连头也没回转，我知道，狮子不想死在房子里。我跟着它走了大约3米，又在小路上走了9米，狮子就停下并躺下来，然后停止了呼吸。我哭着把狮子抱在怀里，带它回家，让妈妈跟狮子告别。我们都不由自主地抽泣起来，因为失去了这位长期的忠实朋友，狮子和我们一起旅行经过这么多的城市，走了这么多的路，一起度过了如此漫长的动乱岁月。

妈妈找到一条毛巾把狮子的身体包裹妥当，我伤心地发现狮子的身体很轻，受到致命的刀伤后，狮子的体重减轻了许多。我拿上一把铁铲，把裹好的狮子尸体抱在怀里，走到山坡的尽头，在那里我为狮子挖了一个小墓穴，我站在泥土堆前静思了一段时间，感到十分的空虚。

　　当爸爸发现狮子死了，眼泪顺着他的面颊流下，我们一起难过了好几天。一星期后的一个傍晚，只有妈妈和我在家时，一位上尉把一名年轻的士兵带到了我们的家里。

　　"我们发现这个士兵导致了你家狮子的死亡，我想让他自己告诉你们，看看你们如何处理？"上尉说，然后他转向士兵："告诉他们，你对狮子做了什么？"

　　"我很抱歉，我伤害了你们的狮子。我年轻的时候被狗咬过，我很怕狗。那天，当我看到这条狗向我跑过来时，我正在那里站岗。我试图用来复枪的刺刀把它吓跑，但它正好在刺刀的尖端，我没有看到任何的出血。直到一天后，我才知道我刺死了它，我真的很抱歉。"那个年轻人很害怕地说。

　　"发生了这件非常不幸的事故，你又不是故意要杀死它，因此我不能责怪你。"妈妈说着，然后她对上尉说："对这次意外的事故我们不想责怪任何人。"

　　"对不起，我非常抱歉。"士兵说，然后他把胳膊放在我的肩膀上，我仍然感到震惊，对他说不出任何的话。上尉向妈妈敬了礼，并迅速把士兵带回营地。

　　在学校里的作文课上，我为狮子写了一篇悼文，老师评分后交还给我，我把这篇悼文带到了狮子的墓地上并把悼文烧了。

　　狮子死时还不到 4 岁！

第二十一章

成长足印

15岁的时候，我总以为自己已经长大，到了我们的黄金年龄。有几个14岁到16岁的孩子，在班级篮球队里谈论我们的队友郭本山中尉，想想他已经有20多岁了，这是一个多么可怕的想法。

"我为郭本山中尉感到难过。我想对球队来说他已经是太老了，但是我不好告诉他这一点。"我们的队长梁凯说。

"你觉得他多大了？"张如皋问道。

"嗯，从外表看，我想他已经超过22岁了。"梁凯说.

"我想我们会在球场上给他一些宽裕的安排。"张如皋说.

这就是我们年轻人思考我们年龄的方式。我特别担心的是，在短短几个月的时间里，我就要16岁了，以后的一切都会是走下坡路！我要想想怎么能让每一分钟都有意义，要享受每一分钟的价值。但是时间又不等人，不管我怎么做？做什么？时间总是一天又一天地很快过去，很快我已经16岁了，没有任何明显的变化，但是年龄的问题就被遗忘了。

在家里，我总觉得妈妈和爸爸年纪大了，不知道世界上发生了什么事？我总以为我知道世界上所有的事情，这让爸爸非常不高兴，他对妈妈说我很"叛逆"，但我不是。我只是想告诉他们：我知道我自己在做什么？爸爸会耐心地告诉我中国古代学者、著名皇帝和将军们的历史故事。这些对我来说都是很有趣的，但是在整个晚餐时间，长达几个小时的这类演讲变成了说教，我感到很无趣，当然到最后爸爸会讲我的不耐烦态度。结果我宁可在院子里与几个男孩们一起打篮球、吃些东西而不回去见爸爸。等到晚饭后，我才回家吃饭，妈妈向我表达了她对这种情况的理解，从来没有给我任何难堪的局面。

举重和其他运动锻炼了我的肌肉和力量，在学校里远远超过平均水平。实际上，我比田径场上的许多人都要强壮。6个月后，我找到一个小型的火车轮，只用一只手就能轻轻松松地把车轮举起来。而身高超过1.87米的曹育西，用双手都无法抬起车轮。院子里的其他孩子都不想因锻练举重而受伤，因此锻炼计划是我的单人行动，而且每天都在坚持锻炼。

学校每年都进行掰手腕比赛，高中第一年我没有参加，进入高二的时候，我对掰手腕比赛有兴趣了。当时的冠军是叶传熙，一个身材高大，体重约80公斤的家伙，至少在六个月的时间里，他没有输过任何的的掰手腕比赛。而我身高只有1.67米，体重60公斤。当我报名参加掰手腕比赛的时候，我不得不从下一个梯队里开始，然后一级一级地向上移动，花了整整一个月的时间我才第一次在比赛中击败了所有人。我认为我几年前吃的无数蟹爪一定帮助了我，才有这么大的力气，最终提升到这一级位，能够与大力士会面。叶传熙确实很强壮，而且他的

223

体型相当吓人。 在接下来三天里的所有回合我都输给了他，但我并不气馁。虽然他打赢了我，但我看得出来他并不是没有弱点，所以我想一定会有办法能够打败他。

我研究了他的掰手腕技巧、他的长处、他的弱点。我发现他根本没有什么技巧，只是蛮力，因为他认为他不需要任何技巧。他的力量是他肌肉和体型的原始结合，由于他以前在学校里没有被任何人打败过，所以他很骄傲，很粗心，而且经常不能集中注意力。与我的短胳膊的相比，他的长臂肯定给了我杠杆的优势，我的策略是对他突然采取行动，利用杠杆原理击败他。一天下午，在一组评委和一群观众面前，我第一次保持了这个姿势，而没有向后推。两分钟后，他失去了一点注意力，我突然把所有的一切力量全都用上，很快地我第一次把他的胳膊掰下来，所有观众都为我鼓掌。我没有让他感到尴尬，而是站起来和他握了握手，我知道，因为叶传熙是一个很自信的人。从那一刻起，我们就互相斗了起来。他赢的次数比我多。在这所高中里，没有人像我这样和他有如此密切的关系，直到我们高中毕业的两年多时间内，我们二人从来没有被别人打败过。后来，叶传熙成为一名优秀的空军飞行员，多年后晋升为将军。

17 岁在高雄

时间过得如此之快，我们离开大陆已经一年多了，妈妈很担心外婆，但是所有的信件都被两边的政府切断了。任何人发送或者接受来自大陆的信件都会被警方抓获并视为间谍。给大陆亲戚打电话是不可能的，更不允许在家里使用短波收音机。我们所知道的大陆发生的一切，都是来自于政府控制的新闻媒体和来自香港朋友的口信。在1949年八月中旬我们离开福州后，九月初国民党就失去了整个福建省；此时国民党仍然控制着包括重庆在内的四川省大部分地区；截至九月中旬，重庆市政府官员全部疏散撤离；十月，整个大陆都被解放军占领。1949年十月一日中华人民共和国在北京举行了建国典礼。

根据台湾的报刊报道，大陆人正遭受着压迫、饥饿和更多的痛苦。我们离开了那里，我们都不知道外婆、舅舅和其他亲戚发生了什么事，为此我们非常担心。

在蒋介石领导下的台湾政府向人民承诺，将组织我们的军队反攻大陆，重新夺回对整个国家的控制权。印刷机印反攻，电台谈反攻，我们唱反攻歌，这样过了一段时间，我们真的相信了。我们最终会回到大陆，在台湾的大陆人要准备做些什么呢？

"我想知道现在的这些日子外婆是怎么样过的？共产党把财产从地主手中拿走，分给了贫穷的农民。因为外婆依靠收取租金来维持生计，所以希望大陆政府不会像对地主那样对待她。"一天，妈妈对我说。

"别担心，妈妈，共产党有聪明的安全人员。他们会知道她没有钱。他们只没收有钱人的财产。我认为叔公和他的家人现在真的会陷入困境。"我也非常担心叔叔们和姑姑怎么样了？我曾经听到过许多发生留在中国大陆那些人的故事，有些富人在社会面前被折磨致死或被羞辱，有时我们只是把这些故事当作是台湾政府的宣传。我对台湾的生活很满意，现在真的不想再回到大陆了。

1950 年五月，庞大的解放军对金门岛和马祖岛发起了大规模进攻。这则消息是在广播中传出时，震惊了台湾人民，也吓坏了刚刚从大陆逃出来的人们，台湾的军队都处于高度戒备状态，严格执行戒严令。消息传出后，爸爸日夜呆在他的总部，情况非常紧张的时候好几天都没有回家吃饭，他必须为解放军的进攻做好准备。

"如果他们打下金门和马祖，下一个行动将是台湾。"妈妈说着，显然很担心。"我们就没有地方可去了！"

"妈妈，我们不必担心这个，金门离大陆只有是 10 多公里，但离台湾还有 160 多公里。况且我们的海军力量很强大，他们还没有空军。"我说，试图安慰她。

"我希望你是对的，我讨厌战争，造成了如此多的杀戮和破坏，而且永远无法取得任何的好结果。"过去的记忆一直会萦绕在妈妈的心头。

"妈妈，我想事情会好转的，我向你保证，我们在这里是安全的。"我说，但在我心里，也很担心，如果我们的海军和空军也像我们在大陆上的那些部队一样叛逃呢？我没有对妈妈说。

在接下来的几天里，我们每天都在家里、学校和街上的喇叭里收听广播。在学校，教学活动照常进行，但战争却在每个人的心中。我不知道台湾同学在想什么？但班里的几个大陆同学都很担心。

"我认为共产党一旦接管金门，然后就会攻击台湾，没有更多的地方可以让我们撤退了，怎么办？"一位 16 岁的同学、健壮的李建国说。

"他们还没有可以在台湾海峡对岸攻击我们的军事力量。我们的空军会在他们到达我们的海岸炮射程之前把他们从海面赶走，我对此并不太担心。" 17 岁的高中足球队明星徐士震说。

"但是如果他们穿过海峡到这里呢？你会怎么做？" 李建国问道。

"如果解放军在这里登陆，政府会要求我们拿起枪同他们作战，但我并不认为会发生这样的事。"徐士震说。

"我当然希望你是对的。"我对徐士震说。

新闻广播报道，这场战斗非常激烈，大部分的攻击者在登陆前被防御部队打死，因此登陆部队无法渗透到金门岛或穿过岛上的防线。这场战斗没有持续太久，大约三天时间里，一切都结束了，这是两个小岛捍卫者的胜利。当胜利的消息传来时，我们大家都松了一口气。虽然没有庆祝活动，但每个人都觉得头上的乌云已经散去。

在大赢之后，我们都觉得住在台湾更安全，战争的阴影突然从我们的脑海中消失了。在这场短暂的战斗后，生活又回到了从前的样子。现在，我生命中最重要的事情是要赢得球类比赛。在我们的班级有两位很不寻常的高个子：吴新燕和曹志远，都是 1.87 米的巨人，比台湾的大多数人都高，是整个学校里最高的两个人。我们其余的人都在 1.65 米与 1.70 米之间，我身高 1.67 米，是篮球队里最矮的球员。但是我是一个非常准确的跳投手，我们班级篮球队轻轻松松地赢得了省高中冠军，并在高雄市赢得了高中总冠军。但我们并不想就此止步，我们的目标是同当地的商业和工业的篮球队比赛。

我们给了我们的球队取了一个叫野马的名字，因为这个名字代表了自由、速度和青春——这是对我们篮球队最恰当的描述。我们仅仅是高二第一学期的学生，这个团队中年龄最大的人只有 17 岁。吴新燕是中锋，曹志远则是前锋，他们两个人在不久之前已经退出了帮派组织。这两个人不仅身材高大，而且敏捷又非常聪明，没有他们，我们的班级篮球队就永远无法取得成功。我们的队友都认识到，他们是我们球队表现如此出色的真正原因，而我因为是一个很好的长距离跳投手，队长把就我放在了防守位置。我们在每隔一个晚上放学后练习一小时，主要练习个人技能和团队的协同合作。我们击败了海军队、海关队以及高雄要塞司令部队，最后赢得了高雄市篮球总冠军。我们的教室陈列柜里放满了各种各样的奖杯和奖牌。最宝贵的一项是市长颁发的全市篮球总冠军。对于一群 16 岁和 17 岁的孩子来说，这是我们从未想到过的最高荣誉。

另一方面，我们班级的足球队在学校里只是平均水平，我们赢了一些，也输了一些比赛，但我们玩得很开心。我打了中锋，需要在球场上来回跑动，但在 16 岁和 17 岁的时候，这对我来说根本不是问题。

在我们这个年纪，我们所有的同学和朋友，都对女孩子很感兴趣。但是这个社会非常保守，我们在家里和学校都被教导说男女授受不亲，在接近异性的时候非常小心谨慎。十几岁的男孩和女孩在一起被视为不值得尊敬或娘娘腔。男孩们必须表现出他们对女孩不感兴趣．是为了纯洁和强壮，我遵循这个习俗，但认为这比其他任何东西都反自然。在台湾岛上很少有男女同校的高中，在高雄也没有，六年级以上的所有学校都是性别隔离的学校。其中有省高中和省女高中，这两所学校都在台湾南部享有盛名，然后是第二梯队的高中和不那么有名的学校。所有学校的学生都必须穿制服，每一所学校都有校徽，用以识别学校。

从初一年级到高三年级，女生统一穿的是白衬衫和黑裙子。她们剪着最难看的发型，看起来就像一个戴在南瓜上的黑色头盔。她们都不化妆，我想她们是被教导要恨男生。偶尔，我们到街上可以看到一些看起来很漂亮的女孩，但那些都不是穿学生制服的学生。如果我们中的任何一个男生对女孩子多看了一眼，至少会被我们的同学们取笑一个星期。

在学校里，在所有繁忙的活动中，我们很少有时间谈论女孩子。我认为，在高中时代，所有的男孩都是会由荷尔蒙驱动的，真的都会很喜欢女孩，但是却没有人敢公开表现出真正的追逐任何女孩的兴趣。

在追逐任何女孩子方面。据我所知，我们同班同学中没有一个人有女朋友。如果有的话，整个学校都会知道，这将成为一个大新闻。换句话说，在高中男生是不可能有约会的。 然而，这并不适用于女孩子，许多高中女生公开与海军军官、空军飞行员等男性约会。男孩们都知道这一点，但没有人表现出任何嫉妒或者有不满情绪。

在我的同学中，我们有很多虚拟的一对，但是他们都是凭空造出来的。在学校里，取笑少数听话的同学是一件很有趣的事。在我高中的时候，甚至没有同一位高中女生说过话。部分原因是没有机会，我也从来没有尝试过这样的机遇，几乎所有的男同学都处于同样的情况。另外一个原因就是我们的传统家庭教育，以及我们从很小的时候就接触到的武术有关。据说男人为了纯洁、健康和强壮，不能接近女性。我有信心地说，在台湾，高中毕业的时候百分之九十九的男孩和女孩都没有任何关系。

这里有一个例外。我的一个同学，徐士震，向他的一个伙伴吹嘘说他和几个女孩的亲密经历。很快，班里的每个人都知道这件事，部分由于无知，部分是由于对性病的恐惧，班上的每个人都把他看作是一种瘟疫，而尽量避开他。不管这是不是真的，没有人会费心去找出答案。这个家伙失去了他的名声，也被大家抛弃了。在学校里，没有人会和他握手或接近他。可怜的徐士震一直到高中毕业时，都没有好朋友。这一切都是因为他在吹嘘自己的错误。据我所知，他可能也只是向他的朋友吹嘘或者开玩笑而已，可怜的家伙！

在学校里，我被物理实验室雇佣，负责修理仪器。出于某种原因，我的同班同学对收音机和电子产品都没有兴趣。唯一与我有共同爱好的朋友是廖展谋，而当我们外出寻找电子零件时，曹育西只是跟着我们走走。我用矿石收音机做的实验传授给了廖展谋和曹育西。我们很快就进入了单真空管收音机，然后又转向了多真空管收音机。这个爱好很快就困扰了我，距离我们家居住的院子大约1.5公里处，那里有一个巨大的锡屋顶建筑，上面有迷宫般的天线。后来我发现自战争结束以来，这是美军在台湾的情报和通信中心。大楼后面的垃圾桶是我收集的电子零件、电路板、真空管和破碎电子垃圾的主要来源。其他的来源包括街头小贩和剩余军用品的小店面。我和张如皋一起去过军事垃圾场，那里的通讯卡车和坦克正等着熔化成金属块，我们和守卫们交谈后，让我们拆解一些小的电子零件。

"中士，早上好。我们是省高中的学生。我们需要一些电子零件来做实验。我们可以进去把它们从卡车上拿下来吗？"我问那个年轻的中士。

"这里是军事基地，老百姓是不允许进入的，你们从哪里来？"他看着我们，问道。

"我们来自西子湾军事基地，我们的父母亲为高雄要塞司令部工作。"张如皋对警官说。

"哦！在这种情况，你就是军人家属，我想你可以到那里去。不管怎么说，那些垃圾零件对我们都是没有用的。"

我们走进了这个大院子，爬上了被洗劫过的通讯卡车，大部分设备已经被通讯兵拆卸了，但在卡车上却留下了大量完好无损的电子零件，这对我们俩来说是一笔财富。我们花了两个小时收集卡车厢里散落的零件以及从车厢壁和厨柜抽屉中拆卸下的不知名的小零件。曹育西帮助我们解决拆卸的问题。当我们走到门口时，中士只是挥手让我们走出去。我们每两周去一次，直到有一天，我们发现所有的通讯卡车都被拖进溶铁炉里变成了钢锭。在院子里，曹育西发现了一些生锈的美国海军陆战队的战刀，并把它们带了回家。

"曹育西，你打算用这些战刀做什么？"我问。

"这是世界上最好的战刀，在第二次世界大战期间，每一名美国海军陆战队员都带一把战刀上战场。战争结束后，我一直在寻找一把这样的好战刀。"曹育西说。

"我希望你不要用它来和别人打架。"张如皋说。

"当然不是，我只是用它来吓唬一些坏家伙，就是这样。"他说。

"嗯，对这样的武器你要非常小心，好吗？" 张如皋警告他。

我们回家后，曹育西非常辛苦地工作了两天，用砂纸把这些战刀上的铁锈磨掉。他送给了张如皋和我每人一把漂亮的战刀，自己拿了剩下的两把。他还向院子里的其他孩子炫耀这二把漂亮的战刀，每个人都十分嫉妒他的战刀。

然而，我对战刀并不感兴趣，我的爱好就是这些无线电和电子设备，我会到垃圾场继续寻找，或者从街头小贩那里去购买。但是，损坏的坦克搬走后，军事垃圾场就关闭了。以后电子零件的唯一来源，就是电子市场和街头小贩。

因为妈妈从来不给我买电子零件的零用钱，所以我不得不省下我的午餐钱去买这些"宝贝"。我的午餐仅限于最便宜的食物，在台湾就是香蕉。几个月下来，每当我看到香蕉，我的胃就会变得很不舒服。我的房间变成了电子设备的实验室和储藏室。除了我自己的房间外，妈妈对我到处乱放乱扔的电子"垃圾"也变得不那么宽容了。

"天任，看看你在房间和走廊里堆的那些垃圾。整座房子现在都成了垃圾场，快扔掉那些你不需要的东西，给我们一些空间，怎么样？"妈妈说着，她没有笑。

"好吧，妈妈，我明天会处理的。"我保证。

"如果你不做点什么，我就帮你把它们处理掉。"

我不情愿地把几箱东西拿出来，把它们带到美国通信中心后面的垃圾桶里。

一位远房伯伯，妈妈告诉我，林甫伯伯是海军学院的毕业生，现在是台湾两栖舰队的司令。当他听说我在收集电子零件时，有一天他带着五管收音机到我家。

"这是一台全新的无线电收音机，但它不工作了。"林甫伯伯说："如果你能修理，可以把它留下来。"

"哇！这是一台五管收音机，新型的超外差收音机，非常感谢。如果我修理好了，你肯定不想要回去吗？"我被这样的慷慨所压倒。

"这就是我说的，你可以留着它。"他爽快地笑着说。

这是我所拥有的最宝贵的东西。我从未拥有过工厂生产制造的收音机，我唯一的收音机是我自己制作的，最先进的是一台三管收音机，安装在一块木板上面。

当林甫伯伯还在客厅里和爸爸说话的时候，我把五管收音机拆开，又装上去几次，替换了收音机里的几个可疑的零件，终于成功了。我确实就是通过一次替换一个零件，找到了问题的答案。当收音机把响亮的音乐放出来的时候，我跑到客厅去告诉林甫伯伯这件事。

"收音机现在工作了，放大器部分有一个电容坏了，我把它换了下来，收音机就像新的一样了。"我说。

"现在是你的了，别告诉我有关电容的事，我对此一无所知。"在他继续和爸爸谈话之前，林甫伯伯对我说：

现在，我的"实验室"里有了一台超外差五管收音机，我相信它是地球上拆装次数最多的收音机。每一天，我都会把它拆开来，替换从真空管到电阻和电容的各个部件，试验对声音质量的影响。所有的工作都是在一个错误与修正的基础上进行的，因为当时我还不懂具体的电子学基本理论，但是我在16岁时就对家庭无线电的维修非常熟悉。很快，在学校和院子里的朋友圈内，我成为了一个非常忙碌的免费无线电收音机修理工。学校的工作人员发现我有修理收音机和电子仪器的能力，物理老师就聘请我作为物理实验室的技术员，专门负责维护所有子设备。没有任何报酬，我也从来没有想过要得到报酬。我所获得的是在学校实验室中，可以使用电子测试设备所带来的学习机会和乐趣。

在家里，我也为解决具体的实际问题，做各种各样不同的电子实验。当时，无线电接收器和发射器的专用电池非常昂贵，而且这些电池会很快就会耗尽电力而失效。为此我一直在试验各种类型的整流器和电源转换电路，并制作了几种为不同电子设备使用的电源装置。

我去参观位于海滩北端的通讯支队，拜访了在院子里一起打过篮球的郭本山中尉。他负责几台无线电接收器和发射器的装置，不断地监视着大陆军队的无线电通信，这是一个让我印象深刻的地方。我还看到两个士兵坐在凳子上，不停地转动发电机来发电。

"为什么你要用手摇发电机来为无线电收发机单元供电?"我很好奇。

"嗯，电池，尤其是高压电池是非常昂贵的。我们必须从美国进口，所以为了省钱，我们用手摇发电机来发电以节省开支，我们这里有很多人力。"他说着，然后发出了一段简短的笑声。

"如果我提供给你们供电装置，愿意试一试吗?"我问。

"当然，只要不会烧毁我的设备。否则，我会受到....!"他用手示意，枪向他的头部射击。

"我保证不会伤害你们的设备。此外，我们还需要你来参加我们的篮球队。"我向他保证。

郭本山中尉告诉我无线电收发机的供电要求，用于制作电源装置时参考。回到家里，我利用从电子市场买来的零件，组装制作了可以代替无线电收发机电池的装置。大约三天后，我制造出一台无线电收发机的电源供应装置。

"天啊，它看起来很丑，能管用吗?"郭本山中尉问我。

"我在家里多次测试过，它适用于我的收音机，你愿意试一试吗?"当我发现他脸上不情愿的表情时，我问道。

"好吧，我用这台老的无线电收发机让你试试，但千万要小心。"郭本山中尉仍然非常紧张以免损坏了政府的财产。但我知道我所做的电源不会对无线电收发机造成任何的损坏。

我把电源线连接到我制作的电源供应装置上，再把电源线插头插入城市的供电插座。接上无线电收发机后，没有任何地方发生冒烟现象。郭本山中尉感觉好些了，然后他打开了无线电收发机的电源开关，拨号面板亮了起来，声音虽然模糊，但是出现了，这次他松了一口气。

"先发送一个测试传输，看看你的联系人是否能收到?"我说。

我相信无线电收发报机不会被烧毁，郭本山中尉坐下来，用摩尔斯电码发出了一分钟长的信号，仍然没有看到烟雾。两分钟后，他从设置的新频率收到了摩尔斯电码的回复。

他没有告诉我回复电码的内容，但郭本山中尉很高兴。他握了握我的手并谢谢我，然后他说："我这里一共有六台无线电收发机单元。再给我制作五套电源供应装置怎么样? 我会支付你零件的费用。"

"没问题。我再给你制作五套，多余的部分不会花我很多钱，所以你可以不必付给我零件费用。但是如果你有任何电子垃圾设备，请告诉我，"我的眼睛盯着那些已经过时并退用的设备。

"现在没有任何东西，如果这里有任何过时的设备，我会努力为你争取的。"

"太好了，这是一个交易，我需要两周的时间来完成五套电源供应装置的制作。"我向他保证。

大约十天后，我分二次交付了五套电源供应装置，安装好并教会士兵们如何使用。所有的无线电收发机单元都与我制作的电源供应装置配合良好，士兵们不再需要用手摇发电机发电了。

通过使用我制作的电源装置来替代电池，郭本山中尉为他的部队节省了很多钱。由于当时台湾经济非常紧张，为此郭本山中尉获得了一枚勋章。郭本山中尉为我买了许多冰镇饮料来庆祝，那天我们俩都很开心。

住在海边，我们走几分钟就能到达钓鱼的地点。我几乎每天都要到我最喜欢的钓鱼区去钓鱼，而且总是穿着游泳裤，在钓鱼和游泳之间交替进行。我的鱼洞在混凝土的浪障中，我有一块特别的石头作凳子。因为我从来没有认真地钓过鱼，所以不像在战争时期那样，我把所有钓到的鱼都扔回海里，两手空空地回家，我们再也不需要为食物而抓小鱼了。

高雄要塞司令部向一群来自城市的 20 名专业渔民提供了拉网捕鱼的许可，以便从海滩上捕鱼。当一群渔民在海滩上捕鱼时，会安排武装警卫在附近密切注视着他们。每年渔民们可以在那里工作两个月，春末夏初期间每周可以工作二到三次。渔民们招募我来帮助他们拉网，因为渔船在大约 200 米外的海面上放下拖网，两组大约 10 人的队伍在网的两端拉着，慢慢地把网拖向岸边。一般需要半个小时才能把拖网完全拉到岸上。随着离海岸越来越近，拖网变得越来越重。当然，当拖网很重的时候，就意味着有更多的收获。为了表示对我的感谢，渔民们会给我几公斤鱼带回家。对我的家人来说，这一周的鱼就足够了。因此，当我坐在岩石上，用竿子打鱼纯粹是为了好玩。

因为天气温和，到海边去只有几分钟的路程，一年至少有十个月，我每天要在海里泡两到三次。在上世纪五十年代初，我们都相信晒日光浴对健康有好处，皮肤越黑，对男孩来说就越漂亮。当我们刚搬进这个院子的时候，没有一个孩子知道怎么游泳，但是在一个月的时间内，所有的男孩都变成了游泳健将。我们的皮肤都晒成深褐色。每个月我们可能会脱落一到两次被灼伤的皮肤，就像一层薄薄的蜡纸一样很容易被剥掉。

院子里的青少年和我不得不护送城里的朋友们进入禁区，开展各种各样的游泳技巧以及与海上活动有关的游戏，并且还有以竞争为乐趣的比赛项目。在没有任何设备支持下的潜水，并能在水下呆多久？这是我唯一能击败所有人的比赛项目。在所有的男孩中，张如皋是游泳技巧中最好的，无论是从岩石上跳水还是游泳速度竞赛。张如皋比我小一岁，也是一个电子迷，在许多新事业方面都是我的好朋友，一位忠实的追随者。

海水非常咸，大部分人无法在海水中睁开眼睛，只有包括我在内的少数几个孩子，可以在没有任何保护条件下在海水下打开眼睛一分钟或更长时间。开始的时候，眼睛是会很痛的，但过了几天，就可以完全习惯。偶尔也会发生一些小事故，比如对游泳运动员的伤害等。但是在这些年来，司令部院子里的孩子们下海游泳都没有发生过重大的事故。

有一天，廖展谋带来的一个来自城市的男孩，我们像经常做的那样，从一块岩石上跳入海水中。那地方到处都是巨大的岩石，在两个巨大的岩石之间有一个开口，我们必须很小心地跳入水中。由于一些不幸的原因，他的第一次跳水就发生头骨破裂。廖展谋把他从水里拉出来，他已经失去知觉而且还在流血。我们马上把他送到了当地的医院，但已经太迟了，他死在军用吉普车的路上。我们都被这个事件吓坏了。从那天起，就没有人敢从那块岩石上俯冲跳下来了。回过头来看，我发现我们那时确实做了许多非常愚蠢的事情。

第二十二章

台风劫难

住在台湾岛上的居民最害怕地震，地震中心多数在台湾岛东部，特别是花莲和一些像台东那样的南方城市。距震中数百公里之外的高雄市所遭受到的损失远远小于震中附近的城市。过去的一年里，我在家里或学校里经历过的强烈地震至少有 20 次，除了一些建造质量很差的房屋受到损坏外，基本上没有人员伤亡。现在，当我感觉到地震即将发生时，我都懒得到一个开阔的地方去避险。

对台湾居民的另一个威胁是太平洋风暴，我们称它为台风。我听说过台风，但是过去一年中所发生的台风多数在离高雄比较远的地方登陆，所以对我们的影响还不是很大。强风吹断的树枝和强降雨，这些都是伴随台风而来的灾难，我从来没有遭受过强台风的威胁。然而，在七月的一个下午，收音机广播中出现了强台风警告，说强台风正在向我们地区逼近，可能会在高雄市附近登陆，我立即明白这次台风可能与我过去的经历有所不同。

"妈妈，强台风来了，收音机说强台风会在高雄登陆。我们应该去找一个更坚固的避难所，我听到了人们寻找庇护所的警告和建议。"

"我想我们会没事的，房子是新的，我们又是在大山的后面，所以台风到达这里时，风力就会减弱。"妈妈一点也不担心强台风的到来。

"我想我们去警卫室东边的地堡避难，警卫们对我很好，外公还可以同他的朋友们在地堡里玩纸牌。"

"爸爸，如果你想去那儿，最好在台风来之前就去，你先吃晚饭。好吗？"妈妈告诉外公。

"我想我就这么做。"外公先吃了晚饭就离开家，走出去了。

我一直在听收音机，监视台风的动态，并在外面寻找台风到来的迹象。 这一天，整个下午都是黑暗的，乌云密布，从东方吹过来的强风快速地向前移动，我们院子的东边有一座寿山，到了那个地方风力就不那么强烈。大约下午 6 点爸爸就回来了，他似乎并不担心即将到来的台风。

"爸爸，我听说就要来到的台风是强台风，可能会直接袭击我们。"我说。

"如果台风在高雄北部登陆，对我们的影响不会很大，但是如果在南部登陆，有一些山会阻挡吹过来的东风。最坏的情况是台风眼要从这里经过，这样我们就会遭受到台风眼从这里经过后，从西边过来的严重的灾难。"爸爸说。

"如果是这样，我们该怎么办？"我问。

"只有到了台风登陆的时候，我们才会知道，但是到了那时我们再去找避难所，就已经太迟了。但在高雄这里，遭受台风直接袭击的机会是很少的。"爸爸很有信心地说。

"爸爸，如果台风就要在这里登陆，我们应该怎么办？"我坚持问道。

"嗯，我们能够做的最重要事情就是在房子里找到一个不会倒塌的地方，当台风变得非常强烈，暴风雨从西边过来时，我们就到房屋的另一头。"爸爸指着主卧室说。

我们坐下来吃晚饭的时候，台风开始吹起来了，象是在吹口哨似的，但听起来并不比我们以前经历过的暴风更强烈，广播电台也没有提供任何新的信息。我希望暴风雨不会在这里登陆，而是绕过高雄到别处去。那天晚上还是比较安静，但我突然被一阵急促的口哨声惊醒了。我觉得房子在晃动，每一阵暴风雨冲击屋顶的连接缝都会发出了噼噼啪啪的响声，我担心房子会被暴风雨吹得四分五裂。我赶快起来，看到妈妈和爸爸已经都在客厅里，桌上放着一支蜡烛。停电了，我想可能是倒下的大树压断了电线。雨点打在房屋上，水从窗台以及门与门框之间的缝隙中漏进来，一个巨大的浅水坑已经在房门里面形成了。

"爸爸，听起来象是台风在这里登陆了，是不是？"我问。

"我不知道。我从来没有遭受过台风的直接袭击。但是，很显然台风是从东边吹过来的，情况不太好！"爸爸说着，深深地吸了口烟，然后再慢慢地把烟吐了出来，窗户在晃动，仿佛随时都有可能会发生从外向内的破碎。

"爸爸，这个房间面向正东方，也许我们应该去我的房间，那是在西边，我觉得那会比较安全。"我建议道。

"你是对的。如果台风改变了方向，我们再回到这里。"

我们把蜡烛带到我的房间，把电子"垃圾"全部堆到旁边去。我让爸爸和妈妈坐在床上，我只是四处转悠并试图找到放耳机的地方。自从我开始使用真空管收音机以来，我就没有接触过矿石收音机了。我终于找到了我的耳机并把它连接到矿石收音机上，电台还在广播，我知道他们有应急电源系统，我调到新闻台，消息证实了我们的怀疑。

"爸爸，新闻广播说强台风正在高雄东南部登陆，这意味着台风眼会经过我们这里吗？"我问。

"我们会知道什么时候到的，因为在台风眼里没有风，我们将会有片刻的宁静。但是在台风眼后面，我们就位于在台风的另一边，风将会改变它的方向。"爸爸说。"你的矿石收音机比我们使用的大收音机还要好。电源出问题而停电时，它就起作用了，让我听听这个矿石收音机。"爸爸告诉我，那是他第一次听我的矿石收音机。

"啊！强台风将经过这里，我们最好做好准备，你为什么不穿上一些厚衣服，再戴上帽子，以防万一 ？"爸爸说。

"有那么严重吗？"妈妈边说边站起来为爸爸和她自己找衣服，我也从壁橱里拿出我的厚夹克和一顶帽子。暴风雨来的时候，室内外的温度都已经明显下降了，所以穿上厚衣服后我也不觉得太热。我试着向外看，外面是一片漆黑，什么也看不见。 咆哮的暴风比以前更猛烈，当狂风从东边吹过来的时候，天花板稍稍向西移动。

"你认为这房子能承受住狂风暴雨吗？"妈妈问爸爸。她很害怕，因为这是她第一次遭遇如此强烈的暴风雨。

"自从强风暴袭击以来，已经有一个多小时了，房子质量很好，我们在这里是安全的。"爸爸说。

又过了一个小时左右，突然一下子风和雨都停了。

"台风眼要从这里经过。我更担心的是西风，因为我们和风暴之间没有任何东西可以阻挡西风。"当爸爸站起来检查房子的时候说："让我们作好准备，以防房子被暴风雨破坏。"然后他告诉妈妈，目前房子还没有被破坏。爸爸找到了一块长木板，用来加固向西面的房门。

"把所有的东西都从窗户移开，房子里可能会进水，任何需要保持干燥的东西都应该从地板上提高。"爸爸告诉我和妈妈。"或许我们还有点时间可以在暴风雨再来到之前喝点茶。"

"让我用木炭炉加热一些水。"妈妈边说边走到厨房，平常她会使用电炉烧水，但是现在电源已经被切断，城市自来水也停止供应了，所以她只能从热水瓶里倒些水出来，然后再加热泡茶。我正忙着把我宝贵的电子"垃圾"搬到我的床上和桌子上。

正在爸爸喝着热茶的时候，暴风速度又加快了，这一次，与刚才的风向完全相反，而且风力不是逐渐增加而是突然增加。现在雨水是打在房屋西边的房门和窗户上，雨水很快就进了房间。爸爸和妈妈坐在东北角的主卧室里，爸爸说那里将是最安全的地方，我也走进房间，坐在椅子上。

暴风和大雨不停地轰击房子，有时感觉就像遭受到拳击手的快速拳击一样，一拳、二拳、三拳……我们静静地坐在房间里，听着屋顶上噼噼啪啪的雨水声，和相互碰撞的破碎声音，或者撞到房屋附近地面上的声音。

我觉得我的双脚很冷，当我注意到地板时，我发现房间里已经有5厘米的水，雨水从门缝和窗户的缝隙中穿进来。我走到房子的另一边，水更深了，而且水已经流到了房间的最低点，那就是淋浴房。幸运的是，那里有一条排水管道把水从房间里排出去。

"妈妈，整个房间里都有水了，但到现在为止还没有任何东西被打破！"我大声地喊着，妈妈才能听到我的声音。回到我的房间，雨声更大了，像成千上万的沙砾砸在玻璃窗上，一波又一波。我觉得如果有一股更强的暴风雨袭击过来的话，窗户就会塌下来，如果窗户塌了，整个房子就会像爆炸一样坍塌成碎片。我很害怕，但是我一点没有办法去阻止它。

爸爸坐在床边，床头柜上放了一壶茶。自从我们在暴风雨中醒来后，他的香烟就不需要火柴了，烟灰缸里有一堆烟头，妈妈把蜡烛吹灭了。

"这是我们唯一的一支蜡烛，可能会有真正需要使用蜡烛的时候，我想保留它。"她说。

"好吧，如果房子被风吹走了，你就再也不需要它了。"爸爸说。

然后我们就安静地坐在黑暗中，当爸爸吸烟的时候，香烟就是我们在房间里能够看到物体的短暂光源。暴风雨突然来了，然后又突然减弱了，房间变得非常安静，尽管我们仍能听到风和雨的声音。

"啊！我相信暴风雨已经过去了，我很高兴他们把房子建得足够结实，可以抵抗住强台风。"爸爸对妈妈说。"现在几乎是白天了，我们为什么不再休息一会儿呢？"

"我也累了。"我说，因为我的床被我收藏的电子垃圾占满了，我只好就睡在外公的床上。

第二天早上我醒来的时候，已经快9点了。我赶紧清洗后，就到外面去检查暴风雨袭击后的情况。我看见廖展谋和曹育西站在院子里，就和他们在一起了。

"你们今天要去上学吗？我肯定学校是关门的。"我说。

"我相信上午的课已经取消了，但是今天下午可能会恢复正常的作息时间。"曹育西说。"你看到这个地区的损失了吗？"

"没有，我刚起床。"我回答。

"我们早上6点钟起就起床了。你可以看到，美国通信支队使用的那栋巨大的锡屋顶建筑物，被暴风雨吹掉并且四分五裂，金属的园屋顶被暴风从建筑物上吹了起来并飞了30多米，这栋通信建筑物完全被摧毁，碎片散落在80多平方米的范围。"曹育西说。

"我想去看看周围的海岸。你们愿意跟我一起去吗？"我问。

他们都同意了，我们三个人穿过充满碎片和折断的树支横陈的路面，走向海滩边，一路上看到许多大树被暴风折断，还有几棵高大的树木甚至被连根拔起。在海岸边上，我们看到沙滩的轮廓被暴风雨完全改变了。虽然风雨已经平息，但海浪仍然很高，海水冲击在北端巨大的岩石上，听起来象是一声声的爆炸声，海滩上空空的，什么人都没有。

"让我们去学校看看那里发生了什么事？"曹育西道。

"为什么不去？"廖展谋说："我们又没有其他的事情要做。"

"好吧，我从妈妈那里拿一点午餐钱，然后我们就去学校，我们10分钟后在这里见面怎么样？"他们二位同意了我的建议。

我们穿过黑暗的隧道走到街上，隧道外的地面和街道上，到处都是被台风刮下来了的断树枝、碎片和一些吹被倒的大树，巴士仍在营业。我们在上午稍迟时间到达学校时，许多同学已经在那里了，学校停课一天，有的同学就告诉我们要回家了。我们走到校园里，发现那棵曾经是学校标志性象征的大树，已经被连根拔起并倒向大楼，正好堵住了学校主楼的入口。一份学校临时关闭的通知贴在主楼入口处，教室大楼后面的一些临时建筑，也受到严重破坏，我们3个人决定马上回家。

曹育西是我在院子里最亲密的朋友，他是一个非常和善的人，身高1.87米，82公斤。我身高1.67米，60公斤。我们出生在同一年，但我比他大两个月，我们住的地方只相隔18米，自从我们搬进这个院子以来，我们一直是好朋友。他睡了一夜之后，似乎有一点小毛病，每天早上，我都会去曹育西的家，把他叫醒，看他穿上运动短裤，他会跟着我慢跑到练习场。每天早上我们在路上慢跑大约两到三分钟后，他会问我："我们要去哪里？"，他还没有完全清醒过来。

"我们要去实地锻炼。"我不得不提醒他。

"哦！"他会说。

起初，我以为他是在开玩笑，但后来我很明显地看出他的问题是需要认真对待的，他需要过几分钟，才会完全清醒了。我觉得这很奇怪，因为我在睁开眼睛的那一刻，就已经完全清醒了。我也知道人与人之间存在有各种各样的差异，所以从来没有过多地关注曹育西缓慢醒起来的情况。

在学校里，他学习得很慢，但他对时事非常了解，在同学中很受欢迎。他进入省高中初一年级的时候，我在省高中初三年级；但是我进入省高中初二年级的时候，他还是初二年级的学生。我认为他学习不够努力，所以我试着帮他做作业，把他刚从课堂上学到的一些课程我都再讲给他听。他对社会上的问题非常聪明，但他不记得任何数字和数学问题的分析，他总是设法掩饰自己的不足，而且在这方面还做得很好。开始时我不知道他有问题，直到有一天我们在等公共汽车去学校时才知道。

"嘿！曹育西，你手表上的时间是多少？"我问。

"7点半。"他看着他的手表说。

"这不可能，我们几分钟前刚离开了家，应该是6点20分，你的表一定是坏了！"我说.

我抓住他的手腕去看他的手表。事实上，当时只有6点45分。就在那时，我发现他在17岁时还不会看手表。我感觉到很难过，但我不知道应该如何才能帮助他。我试着教他怎么认识手表，但没有成功。那天回家后，我和母亲商量了一下。

"妈妈，我觉得曹育西确实有一些学习方面的问题。他不笨，但他总是无法通过学习来完成学业，我很为他担心。"我说。

"嗯，曹育西的母亲告诉我，他6岁的时候，发过高烧，病得很严重。我认为这种疾病可能已经损坏了他的部分大脑。"妈妈也很担心这个可怜的年轻人。

"我想知道能不能用什么药物来帮助他的记忆，我真希望有什么东西能帮他。"

"我不知道是否有这种药？"妈妈说，同时用一种非常忧郁的表情摇了摇头。与此同时，我想我应该在学校里多帮助他，像朋友一样陪伴着他。

就在那一天，强台风已经吹过了高雄，天空晴朗、万里无云，学校仍然关闭，住房内仍然无电没水。我玩了一段时间的电子零件，因为没有电，不能用收音机做任何事，在家里找不到更好的东西玩。我想在强台风过后的海滩上可以看到海浪的重塑威力，应该去感受一下，一定是很酷。请我的朋友同我一起去会更有意思，所以我去了曹育西的家，他正坐在那里看报纸。

"像这样的天气，你在家里干什么？让我们去看看台风过后的大海和海滩是什么样的？"我对他说。

他放下报纸站起来说："好吧，我们走吧。"

我们走到海边，观看了重塑过的沙滩地形。这时风力已经减弱了，几乎是一阵阵轻轻的微风，太阳出来了，把海滩晒得暖暖的，天气炎热而且潮湿，凉爽的海水变得十分诱人，不禁使我想起要到海水里去浸泡游泳。

"现在太热了，让我们在海浪里泡泡吧?"我对曹育西说。

"你疯了吗？你是知道的。台风过后的大海是很危险的，如果你被抓住了，也会同这里的警卫发生真正的麻烦."他难以置信地回答。

"看，我们只在浅水区游泳，然后游向一边，应该是可以的，我们不会游到深水里去，我向你保证。今天除了我们之外，还有谁会在这里游泳呢？"我试着说服他。

"好吧，记住我们只去浅水区！"曹育西勉强同意了。

当我们离开家时，没有穿鞋子，到了海滩，我们脱下T恤后就慢慢走进了海水里，真的没有那么危险。我们站在海水里，海浪比平常要高一些，这也不是我们以前没见到过的。但是如果我们只在浅水里游泳，是很安全的。

"曹育西，跟我来，沿着岸边游来游去，同我保持很靠近的一定距离。"我说。"你在里面游泳，如果你需要的话，我随时都可以过来帮助你。"我说，因为我比他强壮得多。

"我就在你的身边。"他说，很显然，他在低风力和浅水中感到很安全。

因为沙滩的坡度是非常平缓的，我们不得不在水面上走了将近15米，然后才到达了1.2米深的水面。当时，海浪的高度不超过1.8米，只有偶尔的大浪来时，我们还能用脚碰到沙土。

"这不是那么危险，是吗？"我对曹育西说。

"是的，但是我仍然感觉不太好。"他说：

"别担心。让我们享受海浪，记得别离开我太远。"我对他说。

我们从沙滩上大约15米的地方出发，沿着海岸线游了大约10分钟。突然间，我们都发现我们被后退的潮水冲进了大海，在那短短的时间里就离开海岸近1公里远。我马上就知道我们遇到大麻烦了，后退的潮水把我们带向大海，速度非常之快。曹育西试图在他的脚下找到沙子，但是发现水太深了。海水退潮的速度如此之快，我们不得不加快速度地向岸边方向游去，来克服这股退潮的力量。

"曹育西，我们被冲到海里去了，让我们尽快地游向岸边吧。"我告诉他。

"我知道，这是非常糟糕的。"当他开始向岸边游去时，他说。

我们向海滩岸边游了几分钟，但从海岸边和我们之间的距离来看，我们根本没有取得任何的进展，实际上我们是被冲得更远了。当时我很担心，但并不害怕，我以为我们能游得比海潮快。

"曹育西，让我们游向岸边去吧。"我试着对他提出挑战，当我们比赛时，总是会游得更快。曹育西只是点头表示同意。

我们俩继续拼命地游向岸边，但显然我们是被冲到更远的大海里去了。尝试大约半个小时后，我们似乎无法再游回岸边了。我们都因逆潮而游得快，曹育西慢了下来，落到我的后面，所以我游回来和曹育西在一起。

"我不想死，我知道我们会死的！"曹育西很伤心地哭了起来。

"曹育西，听着，我们累了，慢慢地躺你的背上仰泳可以保存你的体力，或许潮流很快就会改变方向。"我告诉他。我们俩都翻了一翻身，又游了一会，漫无目的地 游得很慢。

"你知道我们会被淹死的，欺骗自己有什么用？"曹育西并不乐观地说。

"请不要放弃，直到我们不能动为止。但如果我们不成功，我想让你知道，你是我最好的朋友。我很抱歉把你弄到这般地步。"我说。

"这一切都是命中注定的，这就是我们两个人的结局。"曹育西说，他的头朝我转过身来。"我真的很累，感到绝望。"

"曹育西，再见，下辈子见。"我说着，我太累了，以为自己的末日就要来了。

"再见！"他挥舞着他的手说，我向他挥挥手。我们继续躺在我们的背上仰泳，我们无意中分开了！

一阵悲伤的情绪沉重地打击了我，我想到当妈妈和爸爸发现他们唯一的孩子，已经淹死的时候会发生什么事？我觉得没有流泪，但我知道我的眼泪从我的眼中涌了出来。过去许多的事件在我脑海中闪现，我做过的事情，我说过的话，我爱的和恨的人都在快速的回忆中，呈现出了类似电影的框架。对于我所做的事情，我感到遗憾和安慰，既然我要把一切都留下，我只是希望我能做一些不同的事情。我希望我能给我的父母做一个更好的儿子，我多么希望我没有违背过母亲的意愿；我的态度经常有时表现得很不孝顺，我希望没有给妈妈带来那么多的麻烦，因为她在战争期间，把我带到非常困难但是安全的地方；我希望对一些我认为是软弱的同学更加仁慈更加关心些；就在一年前，我拿到第一张成绩单，上面写着我是班里的第一名时，妈妈和爸爸是多么的高兴和自豪，这让我感到莫大的安慰。我也希望在十岁的时候，我没有不小心地用弹弓打死我们隔壁邻居的公鸡……

我慢慢地躺在背上游来游去的时候，我的思绪却在脑海里闪过，没有注意到我要去的地方。当我们被漫长的体力消耗而挣扎所累，变得迷失方向时，我们不再向岸边游去，而是沿着岸边游去。我们说再见的时候又过了10分钟，突然我听到一声微弱的声音，在巨大的海浪声中，曹育西兴奋地在叫喊我，而且离我很近。

"天任！天任！看！我正站在沙滩上！"曹育西站在离我20多米远的一个沙洲上，在齐胸深的海水中，他在我所在的南边更远的地方。台风在水下重新安排了岸边沙洲的形状，一个新岛屿已经形成，就像一个从海岸向大海延伸的水下码头。我知道发生了什么事，也许这是我们回到岸边的唯一希望，我向曹育西游去，站了起来。我发现当海浪低的时候，我可以站在沙滩上，把头伸出水面。

"我们得救了！"我说。

"让我们走到岸边去，感谢上帝！"曹育西诚心诚意地说。

我们走到岸边，彼此都说不出话来，因为我们太累了。对我们来说，到达干燥的海滩感觉就象是永远的。我们两个人都瘫倒在干燥的海沙上，还没说话之前就睡着了。当我们醒来的时候，已经是晚上，天已经是很黑很黑了。

"曹育西，我很抱歉让你陷入这么多的麻烦，感谢上帝！"我对他说。

"我们还在这里，请不要告诉别人这件事。"

"我以我的荣誉发誓！我不会告诉任何人今天发生了什么事。"他承诺。

当我回到家时，妈妈以为我在打篮球，我很高兴见到了妈妈。这几乎是不真实的，整个世界对我来说完全都是如此的不同！房子、客厅和厨房都是我的最爱，仿佛我刚从一个完全不同的星球回来了。

"现在的吃的东西都冷了，让我给你加热一下。好吗？"妈妈说。

"妈妈，我现在就要吃东西，不需要加热了。"我对妈妈说。

妈妈还不知道我现在是多么地靠近她。但是，差一点我就永远不能再回家了！

这段经历教会了我一些我从未意识到的事情，在任何时刻，每个人都可能在没有任何预兆的情况下失去生命；我正处于失去生命的边缘，但是我又幸运地把生命重新找了回来。从那天起，我的生命就是第二次机会的礼物，我深深地感激这件宝贵的礼物。我们都只来一次，有什么东西会比生命更珍贵呢？我发誓我要改变我的人生观和生活方式。我永远不会把自己的个人得失看得比别人的幸福更重要。我想回顾一下我过去所做的事情，并改变我对每个人的态度。我以后再也不会做任何可能会后悔的事情，我相信在这次大海遭难事件之后，我至少已经长大了十岁。直到40年后，妈妈和爸爸才知道这件事，当我告诉他们这次溺水事件的时候，他们仍然震惊于会失去他们唯一孩子的痛苦。

溺水事件以一种非常微妙的方式影响了我的生活，这件事很少再回到我的脑海。然而，每当我遇到困难或做出重大决定时，我就会想到这一天，与可能发生的事情相比，一切都变得微不足道了。我相信，从那天起，我就改变了，成为一个更温和、更加体贴别人的人。

第二十三章

就学抉择

　　在我所有的学习经历中，最受我尊敬的老师是我高中的物理许老师。许老师对物理学科非常精通，他是空军基地的电子工程人员，由于不是飞行员，因此工作时间比较灵活。他得到基地指挥官的同意，每周一到周六每天下午教我们一小时的物理课。许老师上课时从来不带课本，但是每堂课总是有备而来，他熟悉物理学课本里的每一个主题，甚至更多。他很自信并且在教学时回答任何问题上都很有耐心，我认为他是我最好的老师。如果将来有一天由我教书的话，我会以许老师为榜样。可惜，许老师只教了我们一个学期的物理课。第一学期结束后，他被调到台湾北部的另一个空军基地，我们甚至没有机会和他告别就分开了。同学们都感到，没有他作为我们的物理老师来结束我们的高中学习，是一个很大的损失。相比之下，新来的物理老师只是一个普通的老师。我们在教室里给了他很多难堪的时间，那个可怜的家伙，甚至不知道学生们所有的怨恨是从哪里来的？

　　从我10岁起，我就对飞行感到兴趣，当空军征兵人员来招募高三级学生时，我是参加报名的50多名同学中的一员。经过几天的测试和筛选，只有包括叶传熙，徐世震，王奎山和我在内的四名学生被空军官校录取，我很高兴成为其中之一名，回家里看到妈妈的时候就赶快告诉了她。

　　"妈妈，我被空军官校录取了，在整个学校，只接受了我们四个人。"我兴奋地说。

　　"我为你感到高兴，也为你的被录取而感到骄傲，但我不知道我是否喜欢你的录取？"妈妈带着忧郁的脸色说。

　　起初我也不知道该怎么做？因为这是我的荣幸。但后来我才意识到妈妈担心的是驾驶一架战斗机的危险，而大陆和台湾之间仍有一场战争，我曾听说过有关轰炸大陆城市的传言。

　　"但是妈妈，这并不像你想象的那么危险！现在飞机的制造和维护都比从前要好得多，我们搬到这里后，我还没有听说过一架军用飞机坠毁的消息。"我试着说服她。

　　"哦，儿子，有些事情没有公开，对这里的人保密。有人告诉我，在过去的几个月里就曾经发生过几起事故。"妈妈仍然不为所动。

　　爸爸回家的时候，妈妈告诉他我们对录取消息的讨论。

　　"儿子，如果你真的想成为一名空中汽车夫，那就去吧。"爸爸用一种不赞成的口气说。

　　我的父母为他们唯一孩子的安全而担忧，或者满足我的飞行愿望。在这两种选择之间，我被撕裂了几天之后，决定拒绝空军官校的录取。

"为什么在现在的这个世界上，你竟想拒绝成为飞行员的机会？"我告诉王奎山我的决定后，他问我。

"好吧，作为家里的唯一孩子，我不得不为我的父母亲的担心而考虑。"我把真相告诉了王奎山，但从他的脸上可以明显地看出对我陈述理由的怀疑。

"我觉得你不知道你自己在说什么？不是的吗？"王奎山从他的眼睛旁边看着我。"嗯，这是你的未来，我倒希望我们能一起飞行。"

"我很抱歉，但是当你飞起来的时候我会看到你的。"我说。

在班级足球队和篮球队中都有王奎山，他是一个孤儿，一名军官带着他进入军队，然后送他去学校。他同大陆的叔叔失去了联系，不知道他们之间发生了什么事？他在学校里是有名的超胆侠。在一次消防演习中，消防部门的官员询问了谁愿意从大楼的三楼跳下来展示消防逃生技能，唯一的志愿者就是王奎山。整个学校都在看着他，他毫不犹豫地从三楼跳下到 3 X 3 平方米的帆布被单上。同王奎山一样，其他两名准飞行员也是跟随亲戚或者军队从大陆撤离到台湾的。

直到现在，我一直和妈妈生活在一起，从来没有分开过。但是在我上高中的最后一学期，爸爸被调到台北陆军总司令部情报部门工作，妈妈和爸爸必须马上搬到台北去。但是我必须留在高雄以继续完成高中最后一学期的学业。我们的房屋立即分配给了另外一位官员使用，我不得不搬出来。我们家没有钱来支付我的房租费和伙食费。

经过一番努力，爸爸请他的同事张少校帮忙，安排我住在张太太经营的餐馆里。张太太在高雄菜市场和肉铺的二楼开了一家餐馆，有一间餐厅和酒吧，在餐厅隔壁的厨房里有一小间房。我不得不在这间小小的储藏室里放一张竹编的床，旁边是被钉死的木门，门是永久封住的，但是声音仍然可以穿过门和门框之间的缝隙。好吧，这将是我在接下来的三个月里可以睡觉的地方，对我来讲，应该不是个问题。

爸爸和妈妈动身去台北的那天，我到火车站去送他们。这对妈妈来说特别难过，她反复地告诉我要保持温暖，要有足够的食物吃，好好休息。我告诉她别担心，我已经是 18 岁的成年人了。爸爸还告诉我遇事要小心，要经常给他们写信。妈妈在到火车站之前，在我的口袋里塞了一包钱，上车后她就转过身去了，我知道妈妈在哭。

爸爸和妈妈离开高雄的那一天，我搬进了"临时避难所"。

"你父亲是我的好朋友。你在这里应该感到自在。我们在这里有餐厅，你可以像家人一样在这里吃饭，不必为任何东西付钱，如果你还需要有什么？请尽量告诉我。"

每天早上，张太太会早起，为我准备好早餐。他们的好客使我非常感动，起初我以为午夜过后，餐馆的生意就会关门大吉，厨房里就没有人了，我应该有一个安静的地方过夜。但是事实情况并不是这样，隔壁的酒吧是"晚间动物"的地方，每天晚上 11 点以后，进来的男人和女人把二楼的酒吧变得拥挤不堪。我虽然看不见他们，但噪杂的声音，既丑陋又恶心，我非常讨厌那些美国水手和酒吧女孩发出的疯狂噪音和调情声。在晚上我必须为毕业考试而学习，这个地方当然不允许我这样读书。

在离开餐馆不远的地方，我找到天主教的教堂图书馆，晚上可以进去读书学习，午夜以后再回到餐馆二楼睡觉。中午我在学校食堂吃饭或者从街头小贩那里买食物，晚上我在张太太家的餐馆吃饭。除了隔壁的酒吧外，一切都很好，所谓的酒吧实际上是一家妓院，专门招待来自第七舰队的美国水手，整夜都播放着响亮的音乐，那些水手和酒吧女孩调情发出的噪音让我无限烦恼。但是我不想伤害与张家的感情，所以我就一直闭上嘴巴呆在小房间里。

十月的一天，早晨醒来时，我就感到非常的冷，我环顾四周，发现餐馆储藏室已经被毁坏，门窗都不见了，房间里的所有东西都湿透，一场强台风刚刚经过了高雄市。由于我睡的太深沉了以至浑身湿透都还没有醒来，我的书和其他的东西都浸在水里。我终于有了借口可以离开这个嘈杂的地方。我想起了我的同学曾瑞青，他家是高雄市的大地主，我可以借一间空公寓住几天，让我有时间去找另外的地方住。曾瑞青毫不犹豫就同意了，当天晚上我就搬进了一间公寓。

海军中将林甫是我妈妈的表妹夫，同时也是我的一位远房伯伯，他曾经给过我一台五管收音机。有一天他偶然在一家书店看到我，在和我聊天时发现我的困难处境，就命令他的司机开车到我住的公寓，拿起我的所有东西，就把我送到林甫伯伯在海军住宅大院的家里。那座大房子有一个很大的车库，并已将车库改成了一个睡觉的地方。林甫伯伯和他的妻子交谈后，他让我搬到车库和陈汉栋姨父住在一起。陈汉栋的太太就是我母亲的妹妹，因此我称呼他为姨父。每天晚上陈汉栋姨父都咳嗽的很厉害，因为我睡得很深沉，他的咳嗽并没有影响到我的睡觉。

"姨父，你咳嗽得那么厉害，你感冒了吗？"我问。

"他们没有告诉你！我有肺结核，现在已经没有什么希望了。"他叹了口气，"你年轻又健康，但我想你同我住在一起，这样靠近我，对你是没有好处的。"

"谢谢你告诉我这些情况，等我找到睡觉地方后，我就会离开。"我说。我非常生气，我想知道林甫伯伯为什么会故意把我安置在这样的危险环境中。他们大房屋里有许多房间，为什么他们不让我住在一个小角落，或者干脆不邀请我来同他们一起住呢？我必须做点什么来保护我自己，所以我买了一个口罩来盖住自己的鼻子，以减少患肺结核的机会，但我也知道这可能根本是没有用的。我觉得住在那里很不舒服，心理上也很害怕。

离开期末考试还有一个月的时间，所以我又和曾瑞青谈了一次，他又给我找了一个空房间。我发现陈汉栋姨父有肺结核的两天之后，没有给林甫伯伯任何借口，我就离开了车库。实际上，我对林甫伯伯非常生气，因为他故意把我暴露在一个可能导致我患上结核的病人旁边。关于这件事情，我从来没有告诉过妈妈和爸爸，因为我知道爸爸知道后可能会对林甫伯伯做些什么。

有关我的临时住所变化的所有问题，都没有给我的学习成绩带来任何影响，我顺利地参加了期末考试，没有任何困难地保持了我的平均成绩。期末考试后的第二天，天一亮我就起来去看了曾瑞青同学，表示感谢。

"瑞青，我今天要去台北了，我要感谢你在最后一个月对我的帮助，将来我赚到钱的时候，我会把租金还给你。"

"胡说！你不欠我任何东西，但只要把我们的友谊考虑一下就行了。当你每次回到这里的时候，来看看我们吧。"曾瑞青诚心诚意地说。

离开了曾瑞青的公寓后，我把书和一个小箱子拿出来，走了30分钟到火车站。在那里我乘上了一辆开往北方的火车，同在台北的父母团聚。毕业典礼安排在一个星期后举行，我没有等到参加我的毕业典礼就离开了高雄。我们家里没有电话，过去6个月里我和妈妈爸爸交流的唯一方式就是写信。在最后的第5个月，我实在想念妈妈，才第一次打了一个长途电话给妈妈。下午4点的特快列车到台北需要6个小时，妈妈和爸爸乘一辆吉普车在火车站等我，他们早在我写的信上知道了我的日程安排。

"儿子，我很高兴见到你，在所有这些考试之后，你看起来都很好。"爸爸说着把手放在我的肩上，我们爬上吉普车。这是一辆3/4吨重的吉普车，上面有帆布车顶。爸爸和司机坐在前面的车厢里。

"天任，你瘦了。"妈妈在回家的路上告诉我："让我给你做点好吃的，来滋补你的身体。"她显然也很高兴见到我。

"我很好，妈妈。看到你和爸爸是太好了，我非常希望能吃到你做的饭菜。"

从火车站到家里的路程只有15分钟，爸爸帮我拿着我的书，我把箱子放到我自己房间内，心里充满着喜悦，这是六个月以来我第一次感到非常的轻松。我们住在一套租来的房子，与其他四户人家共享一个封闭在高砖墙里的院子。房子位于台北市的东端，通过公共汽车或者自行车可以很方便地到达台北的任何地方。在这个复杂的院子中，唯一的大孩子是名叫熊耀华的14岁男孩，，一个非常聪明的小家伙，有一个不成比例的大脑袋，我叫他熊大头。我们搬进来的那天，他走近我，我对他的成熟和博学感到惊讶，第一天我们就谈到很晚。还有其他的孩子，但他们比我要小得很多。

这一年，我是在十二月高中毕业，而所有台湾大学的入学考试都是在次年六月下旬进行，因此有很多时间来为大学的入学考试做准备。台湾的大学很少，只有一小部分高中毕业生有机会进入大学，进大学的竞争非常激烈，但我知道，如果没有大学学位，未来的工作前景将会非常暗淡，我必须努力准备参加入学考试。

不幸的是，我刚搬到台北的两天之内，我就因水土不服的影响，生了一星期的病，体温度超过了摄氏39.5度。当地的医生为我开了一些白色的粉末药物，显然是很有效的，两天之内发烧就退了，在康复后的十天里，我变得非常虚弱。

我很快就要上大学，但从来没有戴过手表，因此渴望有一只好手表。我到台北市中心的衡阳街，大部分的大型珠宝店都在那里。我喜欢超薄型的手表，我回家后，我告诉妈妈，要找一份家教工作，挣些钱买一块好手表。

"妈妈，我今天在商店里找到了一块手表，很薄，很漂亮。我想找一份家教工作来买手表。"我说。

"胡说。如果你需要一块好手表，爸爸会给你买一块，我会告诉他想办法让你有一块好手表。"她带着一种神秘的表情说道。

那天晚上爸爸回家的时候，妈妈告诉他我要买一块好手表的愿望。

"哦！这很简单，我只要写一篇论文就可以了。"他对我说："我收取的稿费应该足以让我们买一块好手表了。"在接下来的连续四个晚上，爸爸一直写论文直到午夜。一个月后，爸爸给我400元去买手表。我在商店里我找到一块最薄的手表，价格是320元。爸爸花了四个晚上的时间为了我买一块好手表，以及他能够写出让著名出版商欣然接受的好文章，这些能力都使我十分佩服。

在当地的报纸上，我读到一篇关于大学招生计划的公告，这是台湾师范学院提供的，由美国大学资助的工程教育学位项目。该项目的毕业生将被派往美国，参加由该项目支付的研究生课程。这份招生公告的威力如此之大，使整个台湾都感到震撼。因为当时在台湾，任何普通人去美国上学几乎是不可能的，只有少数几位高级官员的孩子才会想到去美国上学，结果报名申请者几乎淹没了师范学院的招生办公室。

在得知这一消息之前，我已经决定要进入另一所大学学习电机工程课目。因此尽管招生计划公告非常吸引人，但我仍然不认为这是我想报考的学校。可是几乎所有来自高雄省立中学的高中毕业生都报名申请，我也填写了一份申请书，只是为了在入学考试中取得一些经验。我并不认为我有被录取的可能，因为超过2000人报名参加考试，包括许多已经进入其他名牌大学的学生。

考试结束一周后，结果贴在学校的公告栏上。我不愿意去那里看，但熊耀华敦促我去，他比我更着急。

　　"我们去看看学校的公告吧，或许你会在这上面的。"他对我说。

　　"我想我是没有机会的，有这么多优秀的学生参加了考试。此外，我是想上另外一所电机工程学院，我还不愿意每天骑15分钟自行车去上这所大学。"

　　"也许你们的一些同学已经考上了，你难道不好奇吗？"

　　"好吧，我去，但是我想让你知道，如果我没有被录取，我是不会失望的。"我说，我只是不急于被这个项目录取。

　　当我们到达球场时，有一大群人在那里读着棒球大小的名字。有50名被选中，外加10名候补，等待50名被选中的人进行身体检查后再安排。

　　"你的名字在上面！"熊耀华尖叫。

　　我从6米外看了看，看到我的名字在公报上排名第十一位。

　　"我还是不相信，但我很高兴，现在我必须决定该怎么做？"我说。

　　"这是好的头痛，不是吗？"熊耀华微笑着说。

　　"不一定，现在我必须认真思考下一步该怎么做？我们现在回家吧。"我说着，把他从人群中拉了出来。

　　我是最前面50名学生中的一名，我很高兴被选中，但对此我不感兴趣，因为我已经有其他的计划。在与我同时毕业来自高雄的大约120名同学中，我是唯一通过了入学考试的人。在10名候补候选人中，只有3名没有被选中，其中两个人后来成为了国际知名学者，一个是数学，另一个是国际法。

　　学院将支付所有的学费、生活费用和校服，以及整整四年学位课程津贴。该计划接受了7名候补候选人，这意味着在最初的50名中有7名被发现有结核病。虽然我不知道，但我的左肺有一个阴影，那就是钙化的肺结核病。医生告诉我，钙化就是认为是已经治愈好了，在感染结核病的部位钙化后，并不形成对健康人群的威胁。虽然我被录取了，但我真的不愿意参加这个科系的学习，因为我想成为一名电机工程师，而不是像这个项目的初衷一样，以后将作为在技术学校教书的教师。我去征求老朋友的意见。

　　"铿修，我很不幸地被录取了，因为我的心已经被另一所学校所占有了。"我告诉当时在台北的一位高中同学。

　　"你要是不接受录取，就给另一位候补候选人一个机会吧。"他说。

　　"但我很喜欢毕业后，能送我去美国读书的机会。如果我现在不接受这个录取，我可能永远都没有机会去美国读研究生了，所以我无法下决心。"

　　"如果我是你，我就接受这个录取，这是一个千载难逢的好机会。"他说。

　　"好吧，这对我很有帮助，谢谢你的建议，我还是会考虑的。"

　　当我和爸爸谈论我的担忧时，爸爸很不高兴，觉得我甚至对这个获得免费大学教育和以后到美国去读书的好机会，都会犹豫不决。

　　"你需要仔细考虑。如果你要上台湾大学，你能够从哪里找到钱来支付学费、住宿费和伙食费？"爸爸怒气冲冲。

　　"嗯，我可以做家教和找其他的工作来支付费用。"我说。

　　"但是你怎么能保证，你能赚到足够的钱来支付所有的费用？"

　　"我只是不想成为一所高中或一名技术学校的老师，我想成为一名电机工程师。"我坚持道。

　　"你可以在取得第一个学位后，再换专业。你很年轻，有足够的时间让你获得第二个或第三个学位。我建议你尽快接受这一难得的录取。"爸爸对我不想进师范学院，感到很不高兴。

"我会认真考虑爸爸的建议。"我说。

"考虑？你应该照我说的去做！"爸爸爆炸了。

"是的，爸爸，我会的。"我这样说只是为了让他冷静一点。

考虑到我想去的另一所大学就读的费用和在美国学习研究生课程的费用，以及助学金和四年的免费教育，确实让我对接受这份录取有了很大的吸引力。毕竟，这只是在一月份。我还有六个月的时间，来改变我的想法和改变学校，所以我决定进入师范学院就学。

我在18岁时就开始了我的大学生活，这是典型的台湾学生进入大学的年龄，大一新生的课程开始于学长们的引导。在最初的六个月里，必须住在宿舍里，就当地的生活水平来讲，学校内的三餐饭菜很好，我和另外三个同学住在宿舍里一个房间。我觉得住在宿舍里就象是在新兵训练营，这让我想起了许多年前我去过的军队营地。

在新生的教室里，每个学生都分到一个固定的座位，就像我在小学和高中时所经历的一样。整整一年都没有选修课，因此在这两个学期里每位同学都应该坐在同一个座位上。我被随机分配到前排座位。在招收的50名学生中，只有11名是女生。课程是大一新生的基础数学和科学课程的标准工程学科。我认为大学教授们都很好，但是没有一位能像我高中的物理许老师那样令人印象深刻。同班同学大多是与我的年龄相同，但有一位20多岁，还有一位16岁。

有一个身材魁梧的小伙子，梅泰仁，他有一个圆圆的笑脸，看上去很不错，但在任何人群中都很大声，是一个爱炫耀的人。最重要的是，他是一个以自我为中心的表现主义者。正当我刚从病中恢复过来，脸色苍白，虚弱的时候，梅泰仁认为这是他展示自己力量或权力的大好机会。在第一个星期的午餐休息时间，就在下午课程开始之前，我坐在第一排，专心做自己的事情。不知道为了什么原因，梅泰仁开始在女生们面前大骂我。

"嘿，你，你看起来像个病鬼！看着我，我在跟你说话。你怕我吗？"他喊道，同时把拳头放在我的桌子上。

"我不害怕你，只是因为你有一张大胖脸。"我回应道。

"嘿！你想找我麻烦吗？你要知道你在同谁说话？你这个小鸡屎！"他喊道。

"没有，我不想和你惹上麻烦，我不认识你。"我说。

"我说你是个胆小鬼，我只要一拳就能打倒你！"当他做了一个的手势，他喊道，并在我面前挥舞着他的大拳头。

"你对我来讲，你什么都不是，只是一个大肚子，带着一张臭大嘴巴的大肚子。"我生气地说。

梅泰仁变得非常生气，因为他没有在争吵中获得任何优势。

"你想要同我掰手腕吗？你这个懦夫！"他真的很有攻击性。现在，他想在全班同学面前炫耀他自己的力量，尤其是在女孩子面前。我知道他选错了，他犯了一个多么愚蠢的错误！我知道我可以毫不费力地把他掰倒，但是他怎么能知道呢？我第一次试着想让他看看。我对他说：

"梅泰仁，今天我没有心情和你掰手腕，我们明天试试怎么样？"我对他说。

"我知道你只是一个胆小鬼，那你现在要怎么样？"他提高了嗓门。

"我们可以在下课后比赛吗？"我真的不喜欢在这么多人面前这么做。

他变得更有攻击性，因为依他的判断，是我害怕他，表现出了的软弱。

"你是一个懦夫，我要让所有的同学来证明！"他喊道。

"好吧，你自找的！"这对我来说是太过分了，我同意马上与他比赛掰手腕。

有几位好心的同学过来，试图用各种各样的办法来解救我。"嘿！梅泰仁，你的个子比天任大得多，我们知道你比他强大，你为什么不让他一个人独自离开呢？"后面的人说。

当然，梅泰仁不同意这种看法，他迫不及待地想看到同学们为他欢呼，称他为英雄。我们卷起袖子，他的手臂几乎是我的两倍，但我知道大部分都是一束蓬松的脂肪。我们在老师的桌子上开始掰手腕比赛，同学们只是互相挤在一起看我们，我知道很多人都为我感到难过。我先逼他，让他把我的胳膊往下掰几度。他认为他可以随时宣布胜利了，但那是我允许他掰我手臂的最远距离，当他不能马上把我掰倒的时候，他因为缺乏训练而筋疲力竭。大约五分钟后，他在心理上被击败了，因为他应该在几秒钟之内把我掰倒。最后，我很容易把他的胳膊很重地掰倒在桌子上。每个人都对结果感到惊讶。梅泰仁完全惊呆了，很尴尬，为了保全面子，他对天地发誓。

"你只是一只蠢牛！你只是有肌肉，但没有大脑！"他喊道。

"好吧，梅泰仁，你赢了。"我说，教室里的每个人都笑了。从那天起，梅泰仁就避免给我带来任何麻烦。

我们最小的同学，16岁的王九华，是一个非常善良，有着温柔的灵魂，他出身于一个富有的家庭，比其他大多数同学都有更多的零用钱。梅泰仁经常从王九华那里借钱，王九华也总认为他是有责任的。我们都认为梅泰仁借的钱都是为了他的味蕾。每个人都知道发生了什么事，但是梅泰仁并不关心别人说他什么，只要他能达到他的目的就行。在几个月的时间里，梅泰仁积累了大量的债务。当梅泰仁得到学校的报酬或者从家里得到一些钱的时候，他会在一群同学面前挥舞这些钱，然后宣布："我现在把钱还给你了，好吗？但是，既然你真的不知道该怎么处理这笔钱，就让我帮你给我们宿舍里的每个人买些好吃的东西吧。"在没有得到王九华的许可的情况下梅泰仁出去买了一份精美的佳肴，并带回了一些与他人分享的东西。对梅泰仁来说，他认为这笔钱已经偿还了，但他从来没有还过一分钱。在这一点上，我们给了梅泰仁一个相当不讨人喜欢的绰号：王八蛋。梅泰仁并不介意，只要他能利用别人的优势就可以了。尽管梅泰仁有许多缺点，但他还是一个很善良的人，他从来没有要对别人造成伤害的想法，只是想在别人面前满足他自己的自尊心。另外，他也是一个好学生和一个优秀的篮球运动员，可是我们从来没有成为朋友。6个月后，他离开了学校，转学到另外一所更有声望的大学。

第一学期结束后，每天我都像大多数其他同学一样，往返于自己家和学校之间。在冬天下午5点的时候，街上一片漆黑，除了几盏昏暗的灯泡发出的微弱的灯光。当地有规定，所有的自行车都必须配备前灯或者骑车者需要携带手电筒。当我在明亮的清晨上学的时候，我常常会忘记这些件事情。

"嘿，请你下车，跟我走。"一个魁梧的警察对我咆哮着，把他的手电筒照在我的眼睛里，我认出他是陆警官，他上周也因为同样的原因抓了我。

"怎么了，陆警官？"当我在他面前停下时，我问他，我知道这是怎么回事。

"又是你了！你一定要跟我一起去见梁中尉。我认为这次你不可能免费就走了。"他拿着手电筒向我挥挥手，我只好跟着他走到附近的第七警务所。

"这又是你了！哈！你从来没有学好过？是吗？"当他坐在大桌子后面的椅子上时，梁中尉朝我走了过来。他是一个30多岁的瘦高个儿，鼻子上戴着厚厚的眼镜，头上却没有几根头发。

"梁中尉，你又抓到我了。我忘了带手电筒，因为我出门的时候天很亮。当我刚离开学校的时候，我又不知道该从哪里可以找到手电筒。你们在这里是为了保护我们不会在黑暗中发生撞伤事故，我真的很感激你。但你给我造成了这么多的不便，浪费了很多时间，只是为了收我一块钱。或者你可以把我送进你的监狱过夜，这样我就可以得到免费的晚餐了。"我当时想和他争论。

"我讨厌你说话这么快，你为什么不快些骑着自行车离开这里？别让我再见到你了。"他大声说，但没有生气。

"谢谢你，梁中尉，我就离开。"然后我就很快地离开了，不能再快了，我希望那是梁中尉最后一次看见我站在他的大桌子前面。

在第一年第二学期结束之前，胡尔教授和宾夕法尼亚州立大学的诺贝尔博士来到台湾，负责协调这个联合教育项目。事实证明我们的教育计划是完全错误的，这个计划的目的是培养工业艺术教师，而不是像在报纸上宣传的那样，对工程教师进行培养。本来第一年的课程设置应该为传统的工程课程，包括电机工程、机械工程、土木工程和化学工程等。根据宾州州立大学的计划，该计划必须彻底改变。

这一项目的改变，受到了我们整个班级的全面反抗，另外还有50名学生的第二班。这两班学生都是通过严格的考试选拔出来的。这两个班级都是高中毕业生和曾经就读该其他院校一些学生中的精华。这一变化让我们都感到惊讶，我们并不想要改变，但因为这是由宾夕法尼亚州立大学决定的，学院必须按照他们说的去做。对我们的学生来说，这是毫无意义的，我们感觉受到了欺骗或背叛。我们组织了10名学生代表这两个班级的一百名同学，和学院校方谈判，我是十位代表之一。我们概述了策略和谈话文件，关键的一点是，这所大学在报纸上的录取公告误导了大家。我们去见了系主任、学校院长、台湾省教育厅厅长、教育部付部长，最后是教育部部长。十人小组会见了每一位官员，我们还召开了新闻发布会，并邀请教育部负责人来回答问题。我们10个人经常离开学校，在那些重要人物的办公室和学校之间来回跑，我们虽然耽误了一些学业，但这是我们必须要先解决关键问题，也是为我们将来的工作和生活做出了决定。

经过三个月的抗议、罢课和谈判，我们同校方达成了协议，允许所有的学生可以在不经过任何的考试，转学到台北的台湾大学或台南的成功大学，这是台湾的两所最负盛名的学府，唯一的例外是想转学到医学院的学生需要参加生物学的考试。我们的系主任顾老师同每个学生都进行了谈话，并为我们提供方便，使我们能继续参加现有的课程。当然，最大的激励因素是有机会去美国深造。当时去美国读书是富人和权贵孩子们的事情，对我们这些来自普通家庭的学生来说，这已经超过我们的梦想。因此，由项目计划支付费用去美国留学的承诺，绝对是我们继续留下来的最强烈的动机。

我们班上的50名同学中，只有21位决定留下来，而我就是其中之一。我的理由是我对这里的学校环境感到舒适，并且获得了理学院的许可，允许我选修数学和物理课程。与此同时，这所学校将被提升成为大学。我想，通过基础数学和物理学的准备，我将能够在研究生阶段进入工程专业。

第二十四章

集结抗争

由美国资助的项目是整个台湾岛中最富有的，我们的大学为了这个新项目，建造了一座崭新的大楼，并拥有包括新的视听设备和几个装备最好的实验室。所有这些设备都是通过美国国际开发署的援助而获得的。鉴于我过去的电子技术经验，在大二的时候，我就负责电子实验室的规划和设备订购。我从实验室的设计布局和美国公司提供的目录中挑选设备的工作中获得了很多乐趣。交付设备订购提案后，学校的行政部门会要求他们把所有的设备在两到三个月的时间内，从美国工厂运抵台湾，我对美国设备的工艺、及时发货的效率和完美的包装感到惊讶。

看到设备和技术产品各个方面的工艺细节后，我的信念以及对那些取得优秀成果的科学技术人员的尊重，得到了坚实的加强。我曾听过很多关于美国的事情，但这是我第一次通过技术产品同生活在地球另外一半国家人们的密切接触。我从坠机现场捡到的那些破碎飞机的零部件已经让我惊讶，现在美国的新设备又使我佩服到五体投地。什么样的人们以及什么样的工作环境，才能使他们能够制作出如此优良的产品！我真的很希望到美国那里去见见那些人，向他们学习，在科学技术的发展中我应该朝那个方向走？我迫不及待地想要到美国去，好吧，至少让我可以做个白日梦。

大学领导指派我同一组雇佣的技术人员一起建立实验室，我对这项工作非常感兴趣，而且是免费服务。除了主修我的专业，我还学习了许多物理和数学的课程。由于忙于安装设施，几乎没有时间打篮球、踢足球和其他的课外活动。

到其他科系学习课程不是一件简单的事。我不知道这是学校管理问题还是有其他的什么情况？物理系主任陈可忠教授，不愿意接受来自外系的学生上他的课程，理由是他们物理系的座位有限或者质量控制以及维护物理系的声望等等。但是在他审阅了我的成绩单和顾柏岩老师的建议后，他才答应有条件地允许我在物理系注册课程。条件是要保持乙等或更好的平均成绩，并在每个学期结束时都要进行评估，我同意了所有的条款。

"天任，我已经答应过陈教授，你会在他的系里干得很好。我希望你能给我们系里的其他人树立一个好榜样。"顾柏岩老师对我说。

我知道如果我在物理课程上不及格，我们系的其他任何人，以后都不可能在物理系获得选修任何其它课程的许可。我对顾老师的承诺很认真，虽然我在物理系所修的课程，比工业教育系的任何课程都要严格和困难得多，但我并没有感受到在这两个科系中参加全部课程学习的压力。我必须在物理系做得更好，就像我的主修课程一样，我花两倍以上的时间来学习物理课程。第一张成绩单对我来说并不意外，我在物理课上获得了全部 A 的好分数，但我的专业课上只获得平平的 A 成绩，顾柏岩老师很高兴，因为我没有让他失望。后来我们系的两、三位同学亦被物理系主任允许选修他们的物理课程。

初秋的一个下午，我在教室里试图解决物理课上的一些问题，大厅里发生了一场大骚动，我走出了教室。

"这是怎么回事？你们太兴奋了！"我对一个同学说。

"我不兴奋，我疯了！"他生气地说。

"为什么？"我很困惑。

"你难道没有听说过关于美国中士的消息吗？在争论如何分配毒品收益时，美国中士杀害了一名台湾黑帮分子。"他非常生气。使我茫然不解。

"是的，一个月前我在报纸上看到了这条新闻。他们都是坏人，为什么你会这么不高兴呢？"我质疑。

"嗯，你没有听到最新消息吗？"

"没有，请你告诉我吧。"我说。

"这个美国士官在美国军事法庭上叙述了情况后，美国军事法庭竟然说美国中士并没有任何不当行为而被无罪释放。手无寸铁的台湾公民被美国士兵杀死，美国人说没有做错任何事！"他气疯了

"慢慢来，你是说美国士兵就这样被释放了，甚至连一天都没进监狱？"我对美国的钦佩突然减少了。

"美国真的不怎么样，他们没有正义的概念，他们不把我们台湾人当作人来对待。就让杀害我们同胞的凶手逍遥法外，不受惩罚？"另一名学生挥舞着双手说，显然是非常愤怒。

"你是正确的，如果有人踢我的狗，就是表现出对我的不尊重！我们不在乎美国给我们多少援助，我宁愿把钱还给他们，让他们离开这里！"有人愤怒地喊叫着。

所有听他演讲的学生都对这种不公平的审判感到非常的不满。我不相信美国人会如此的愚蠢，难道他们不了解台湾老百姓的感受吗？或者他们是如此的傲慢以至于不关心我们的感受？我对整个情况感到非常的失望，我希望这与我在大学里的美国项目没有任何关系。

"我们去美国大使馆抗议吧！"在人群中有人喊道。

包括我在内的大约 50 名学生，愤然离开了学校大楼，在路上加入两、三群学生团体的队伍，一起走向几公里外的美国大使馆，。

"打倒美国！"在一个使用扩音器同伴的指挥下反复呼喊。

"美国人滚回家去！"他们喊道。

"美国人滚回家去！我们不想要你们的脏援助！滚回家去！"另一组人情绪高涨地喊道。我们的内心深处也在呼喊口号，我们真的很讨厌美国人，我们怎么能爱上一个给我们一大笔钱后，又在我们脸上吐口水的人呢？我们宁愿饿死也不愿意受到这样的羞辱。

嘈杂的人群经过 30 分钟的快速步行，到达了位于台北市北部的美国大使馆。已经有成千上万的人聚集在白色的砖砌建筑物前，通常打开的铁门紧闭着并被锁上。台湾的警察部队手握武器守卫着美国大使馆，越来越多的人加入了进来，大使馆周围的街道上挤满了抗议者，大多数抗议者是大学生，其中有一些人看起来像是高中生。

抗议者没有领导也没有组织，但是在人群中有一个扩音器开始引领他们喊口号。

"打倒不公正的美国！美国人滚回家去！"他们喊道。

很快，一些头脑过热的人开始向大楼投掷石块，在喊叫的过程中，听到了一连串玻璃破碎的声音，警察试图将抗议者推回，情绪开始向警察发作。

"你们为什么要保护那些丑陋的美国人?"有人喊道。

有人把石头对准了警察。突然大门附近出现了巨大的浓烟和大火，附近又发生了第二起火。我从所在的地方看不见火，但是噪音和气味告诉我有一些汽车着火了。因为当时台湾很少有私家汽车，所以我认为这些汽车都是美国大使馆的。

"汽车里的汽油会爆炸！远离汽车！"有人喊道。

我能看到从火焰中走出来的那一波人，不到一分钟，我听到两、三声巨大的爆炸声，看到燃烧着的汽车火焰在上升。警察的力量不足以阻止愤怒的人群，几个学生爬过铁门，爬上 6 米高围墙里面的旗杆，然后拉下了美国国旗。一个学生拿出一瓶汽油倒在美国国旗上，把它点燃。就在人群正要推倒美国大使馆的铁门时，几辆满载全副武装的士兵来到现场。他们全副武装，开始命令人们散开，那时我的同学们都知道，如果我们再呆在这里，可能就会有人受伤。，我们都离开了现场，回到学校。我从收音机里听到，人群很快散去，没有人受伤。

如果台北的美国官员有一点常识，不是那么傲慢来处理这件事情，整个国际事件是完全是可以避免的。死者是一名台湾毒贩，曾经与一名美国陆军中士合作将毒品走私到台湾。在他们分赃时，美国中士拔出手枪，杀死了台湾毒贩。在新闻中，认为这是两名罪犯之间的打斗，没有人注意到这一点。由于台湾毒贩手中没有武器，这显然是一场谋杀。如果美国军事法庭不对这名中士判处徒刑，即使仅仅是短期监禁，也可以让台湾人民接受，至少对我来说是可以接受的。暴乱发生后，美国政府正式向台湾人民道歉，军事法庭重新审判，判处这名美国中士几年徒刑。

1958 年在台湾师大工程教育系

我认为这件不幸的国际事件是由于在海外从事工作的美国官员培训不到位。许多由美国政府派往海外的军人和文职人员没有得到适当的训练，素质不高。他们中的一些人非常傲慢，缺乏政治敏感性，这并不是唯一伤害到美国海外形象的事件。应该还有许多类似台湾事件的动乱发生，就像电影《丑陋的美国人》中描述的那样。但在我们的内心深处，我们知道这个名字不应该被美国人接受。这只是少数缺乏专业训练的美国海外人员对敏感案件的处理不当。

"我在美国芝加哥生活和工作过五年，然后才回到台湾教书，我知道绝大多数美国人不像大使馆的官员那么傲慢。" 戴教授，我们系里的一位资深教授，在课后告诉我。

"戴教授，为什么他们不派一些更聪明的人出来代表美国工作，而不是派这些白痴？"我问。

"嗯，他们可能是根据美国的标准和选拔程序来选择派出人员，而不是以人品素质以及能否代表美国国家的良好形象作为派出标准。我不知道他们真正的标准是什么？但我敢说，间谍技能对他们来说更为重要。"他说。

"但我们是他们在亚洲的盟友之一，他们为什么还要暗中监视我们？" 我被戴教授的谈话搞糊涂了。

"这是非常复杂的，据我所知不管是朋友还是敌人，所有的大使馆都是间谍窝。尽管如此，我还是要告诉你，美国人民可不像大使馆的官员所代表的那样。我在美国有很多朋友，如果他们知道这件事，他们会为这件事感到尴尬的。"

"谢谢你， 戴教授，以前我对美国非常失望，我几乎想要退出这个美国项目。现在我将留在这里，毕业后再去美国，我要亲眼看看美国的现实。"我说。

"我相信等你去那里的时候，你就不会对美国感到失望了。"戴教授告诉我。

戴教授的谈话以及我对这事件的仔细分析，让我重新相信我已经做出了正确的选择，仍然钦佩这个具有科学技术奇迹的国家。

第二十五章

学用相长

"一个人需要有足够的钱来谋生，但是太多的钱会腐蚀一个人的生活。"妈妈在我饱受战争摧残中长大的时候，曾经多次这样告诉过我。当时我想我已经完全理解了她的意思，但在我长大以后，关于"足够"和"太多"的问题已经模糊了，因为我认识的人都没有太多的钱。老师和教科书总是告诉我们："不要追求财富，而要在你所做的事情中寻求伟大。"在过去的十九年中，赚钱从来没有进入我的脑海。既然我已经为人们和学校做了很多免费的工作，那么接受适当报酬是否合理公平吗？我认为答案应该是肯定的。

在上大三的一天，我们的系主任顾柏岩老师把我叫到办公室，并把我介绍给一位中年妇女。

"天任，这位是李部长，教育部副部长。"顾主任对我说。

"这位是我和你谈过的我们系的电子顾问，郑天任同学。" 顾主任对李副部长说。

"李部长，很荣幸能与您见面。"我说。

"很高兴见到你，我听说过很多关于你的事，这就是我今天到这里来的原因。"李部长很快就把谈话转向主题，她说："教育部收到了大量来自日本政府的电子设备，我们需要有人来鉴定这些战时遗留下的电子设备，然后分发给有需要的大学，你愿意担任教育部的技术顾问吗？"

我对电子设备很感兴趣，尤其是自己所不了解的设备更加好奇。哇！教育部的顾问！

"我很荣幸能得到您的信任，我将尽我的能力来完成这项工作。什么时候开始工作？"

"我希望你能马上就开始工作，明天我让教育部的职员与你联系，安排你到教育部附近的仓库去看一下。你方便吗？"李部长问。

"我随时准备好，任何时候都可以去看那些电子设备。"我说.

"今天下午晚些时候，我会请我的助手打电话到系办公室同你联系。"李部长说。

"谢谢你，李部长。"我说，"顾主任，接到教育部的电话，秘书告诉您后，请您就通知我，好吗？"

"当然，我确保消息一到，你马上就能收到。"顾主任笑着说。

"再见了，李部长！"我离开了顾主任办公室。

后来我知道，教育部接管了二战期间日本军方的电子设备。政府部门很难找到能识别这些设备的人，他们需要快速识别并分发这些设备到各个大学和学院的实验室。

李部长的助手打电话给我，留言说他们会在第二天早上8点半在学校大楼前接我，骑自行车从大学到教育部仓库大概需要40分钟，教育部办公室会派一辆汽车和员工带我去仓库。

　　第二天早上，教育部的工作人员熊国西开着一辆轿车送我去仓库。在这个巨大的仓库里，我看到成堆的木板箱和具有大型天线的设备。

　　"你们仓库里有多少工作人员？"我问仓库的管理人员。

　　"只有一个保管员和两个搬运工人。"他回答。

22岁大学毕业

　　我做了一些笔记，让熊先生带我回学校，我要去见顾主任以得到建议和帮助。

　　"顾主任，在教育部仓库里的东西很多，工作量非常大，我需要招募一些同学来帮助我，我想我们所做的工作应该得到些报酬，你同意吗？"

　　"是的，不仅我同意，而且我鼓励你要有创业的想法。我会打电话给李部长，让她考虑一下。"他说。

　　"好吧，即使教育部不给我们报酬，我们也会做好这份工作，但是如果我们能够挣到一些钱，也是很不错的。"我说。

　　"我肯定教育部有预算，即使你不问他们，他们也会在工作结束后给你们报酬，但我认为最好是在开始时就有明确的约定。"顾主任说。"把这个事情留给我吧，我会去办理的。"

　　我招募了两位同学作为我的助手：严士淳和陈锦换，他们都很精通电子产品，也很高兴有这个机会来完成规模如此大的项目。我们开始工作的那天，李部长的

　　助手黄先生告诉我，当我们完成工作后，教育部已经同意向我们支付一笔顾问费。我对有报酬收入感到很兴奋，因为我以前从来没有从工作中赚到过钱，尽管黄先生没有告诉我有多少钱，从我的角度来看，我会对任何数目的教育部报酬都会感到满意。

"伙计们！教育部将为设备识别工作支付报酬。"我说。"虽然我还不知道他们会付给我们多少钱？但是在任何情况下，我都会三等分的。"

"我真的没有指望能得到报酬，这当然是一个惊喜。"严士淳说。

"那真好！我需要钱去买一个新的口琴。"陈锦换说。

"我不知道你们俩的情况，但这是我的第一份工作，教育部会为我们的工作支付报酬的。"我说。

"我也是同样，在上大学之前，我从父母那里得到了我的零用钱。但是我从来没有收到过任何自己工作的报酬。"严士淳说。

"嗯，我也没有，我收到的唯一一笔钱是来自学校和我们的父母。我们现在是成年人，是到了有我们自己的工作，为自己挣钱的时候了。"我说。

第二天放学后，我们三人骑着自行车去仓库工作，那里有三个工人已经准备好来帮助我们。我设计了一个工作顺序，让我们三人在不同的设备堆工作。保管人员从顶部取下板箱放在地上，还都忙用笨重的工具打开板箱。我们三人各自单独行动，把电子设备从板箱里拿出来进行识别和记录。对我来说，这就像打开一份份惊喜的礼品箱，充满了好奇心和热情。当他们二位找到新东西时，会找我商量或者分享喜悦。

"看看我在这里找到了什么？"一天早晨，严士淳叫道。我和陈锦换都冲过去看他发现了什么？。这是一个典型的黄棕色的日本军用金属盒，40厘米宽，44厘米高，大约24厘米厚，盒子前面布满了刻度盘和其他指示器，清晰地用汉字标记为"测向器"。

"这只是一个普通的定向探测器，没有什么可以兴奋的?"我说。

"嗯，我在电影里看到过它们，但在电影里不是真的东西，我想把它带回学校去玩玩。"严士淳总是喜欢玩。

"不，恐怕不行，我们受雇在这里工作，教育部不会允许我们在这里为自己的学校做其他的事情。"我说。

"我们能借用几天吗?"严士淳不想放弃。

"好吧，我要先问黄先生，但别打赌他会同意的。"我说，

"如果他同意的话，那就太好了。"严士淳说。

那天傍晚，黄先生来到仓库查看工作的进展情况。

"黄先生，我们对那个定向探测器非常感兴趣，我们能不能把它带到我们学校实验室研究几天?"我问他。

"如果你们真的认为这个定向探测器有用的话，我会请部长把它分配给你们的学校。"他说。

"不，黄先生，这是不必要的，我们只是借用三天，但我还是要谢谢你。"我说。

"你为什么拒绝他的提议，让我们保留它?"严士淳对我很不高兴。

"定向探测器只不过是一个无线电接收器，需要两个一起工作才能来检测出发射机的位置。这个东西单独分开时是没有用的。如果我们要为我们的学校得到任何东西，就必须由教授提出，而不是我们。"我必须对我的同伴们保持坚定的有原则性的态度。

在工作过程中，我们发现了大量新的和使用过的雷达、定向探测器、无线电发射接收器、声纳系统、示波器、信号发生器、波形发生器、天线、真空管和其他辅助部件。我们将这些设备分别列单，按类整理，编写规格型号，描述它们的潜在应用并进行详细的编目。我们希望有更多的时间来打开电源，测试设备的功

能以及应用价值，这样才能有真正实用价值。但是太多的设备需要识别和分类，我们没有足够的时间来做性能测试。

每天下课后，我们都去仓库工作，每个周末晚上，教育部官员都会宴请我们。五到六名官员陪同我们三个人参加宴会，费用由项目预算支付。五个月内我们完成了整个项目，对所有的主要设备都做了鉴定和规格说明，我们还对每一个设备编写了通用应用方法和操作顺序，这些都纪录在一份2厘米厚的四卷报告内。教育部的官员将这些设备分发给各所需要的大学，我们的大学也收到了几件电子设备，其他的设备都送到科学院去了。

全部工作结束后，李部长主持了一场宴会，邀请顾主任和其他重要人物来感谢我们三位学生，我们每人收到一只礼盒和一个信封。宴会结束后，我们打开礼盒，发现了钢笔和字典，在厚厚肥肥的信封里，我们发现一叠超过了大学一年津贴的现金。对一个大学生来说，这是一笔巨款。正如我所要求的，我们三个人得到了相同数额的报酬，我和二位同学都很开心。

在大学的高年级阶段，我从来没有追求什么职位，但我仍被选为班长，我不情愿地接受了这个职位。再一次，我认为我们同学都有天赋和能力，我们应该应用所学到技能去努力赚钱。我相信，以前在家里和学校里都讲过"穷人是光荣的"，这是完全不合逻辑和致命的错误，用我们的能力和努力来赚钱是非常光荣的。作为班长，我想试着把我们的技能推销给需要专业知识的部门。

在校期间，我去了政府机构和私营公司，与可能需要我们帮助的经理们交谈，反响相当积极。我为班级里的许多同学安排了各种各样的顾问工作。

从完成的工作中，我们积累了丰富的经验，为城市和一些商业公司完成了实体设计和各种小型项目。为我们所有的同学，我花费了不少的精力，但是我们在一起工作也得到很多乐趣，还为为我们每一位同学都赚了一些钱。我猜想这就是为什么在大四时，我们的同学重新选我当班长，那是我们必须认真完成学位论文并在毕业前开始寻找工作的时候。同现实生活中的一切都一样，经验对应届毕业生来说是非常重要的，我相信我们作为教育部顾问期间，获得的经验对我们以后的工作也是很有帮助的。

我想，让全班同学都参与暑期工作是一个好主意，我的第一个想法是给教育部李部长打电话，她立刻同意我去见她。我把我的想法告诉了她，并向她介绍了我们班级同学的才能。

"我们正在为教师建立培训中心，学习新技术，使用新的视听设备，这是一项艰巨的任务，你和你们班级的同学能不能在夏天完成这项工作？"她问我。

"我们对项目中所涉及的设备有一定的了解，我们有设计背景，我相信我们会按时完成这一份工作的。我需要让全班级所有的21位同学都参与这个项目，我相信我们会在三个月或更短的时间内完成任务。"我毫不犹豫地答道。

"21位同学应该足够可以做完成这项工作，如果你们接受这份工作，我将为每位同学支付每人1500元新台币的固定报酬，你可以在春季学期结束后就开始这项工作。"李部长说。

"谢谢你慷慨的报酬，我们将在期末考试后就开始工作。"我回答。

我想，在这个夏天，没有人能挣到每月500元的工资，所以他们很高兴我能同意接受这份工作。新台币500元是一名初级工程师的每月工资，班级上没有人会在意报酬的多少。

"我没想到教育部为这么简单的工作付给我们这么多钱？但我一点也不在乎。"一位成绩优秀的同学林松亭说。

"好吧，李部长相信我们会给她带来好成果。"我说.

"这笔钱对我们来说似乎是太多了，但对教育部来说，这只是一笔小数额的开支。"杨宽彦说。

"我认为我们要把工作做得很好才是最重要的。你们看，我们实际上是在教育部的监督下工作，教育部可以决定我们未来的就业。"陈锦换说，他总是很严肃，而且是一个深刻的思想家，他说得很对。

该项目旨在将现有的教育建筑改造成全自动化的现代示范和训练中心，为台湾的高中教师提供培训服务。我们全班所有的21位同学都报名参加这项任务，并与20多名建筑装修工人一起工作。这座古老的砖砌两层楼的建筑物曾经被日本人用作办公室。1946年被民国政府接管后，用于储存文件和家具。装修工人在外墙和屋顶上工作的时候，我们认真设计室内装修平面图。当我们完成图纸的时候，装修工人立即按照我们的设计图纸进行内部装修。工人们在三周时间内完成了建筑内部的装修和翻新粉刷，接着我们开始启动安装设备的工作。

每天早上7点半左右我们就开始工作，自带午餐盒，直到晚上8点或9点才离开。这不仅只是辛勤工作，任务完成的时候，我们也有很多乐趣和成就感。女同学们从事艺术设计的起草工作，男同学们从事所有的起重、切割、配线和测试工作，每个人对分配给他们的任务都是很认真的。作为组长，我要多做一倍的工作，每项任务完成后，我还要做大量的复查和文件工作。

这项工作在三个月内顺利完成，就像李部长承诺的那样，项目结束后，她为我们举行了一个盛大的宴会。所有的21位同学都收到了一只礼物盒和一个大信封。

四年的大学生活很快就过去了。不久以后，我们要么在找工作，要么在等着某个学校的录取通知。我的许多同学都在两年制大学、职业学校或高中教书。我没有在其他地方找工作，因为我确信这个工业教育系想让我留在大学里，但这并不像我想象的那么简单。

我对学校内部的人事管理没有任何概念，我认为系主任可以聘用我，但事实并非如此。在教授和行政人员中，大学里的各级办公室都上演着一场混乱的政治秀。在我们毕业之前，为了帮助他们最喜欢的学生能够进入大学的教学岗位，系里的资深教授之间展开的一场激烈的斗争。传统上，每个部门都会让排名最前的毕业生留在这个部门任教，由于我们这个系是新的而且是一个小系，只有三个职位空缺。超过6名资深教授都有他们自己的选择和建议，排名第一和第二的两名毕业生毫无疑问地会被选中，而我在班里列第五，处于总体的平均水平。我的专业成绩不像我在物理和数学系的成绩那么高。在一周内，我的电子学教授为了我，同其他6名教授在多次的会议上和系主任争论不休。最后，他们的投票支持特殊技能，而不仅只是平均成绩。我很轻松地赢得教学岗位并被任命为一名助教。作为助教，我对这个决定非常高兴，但我知道他们真正需要的是有一个人来教电子类课程，而不仅仅是像其他人那样，担任助教只是担任教授的助理而已。

1957年1月，我在22岁的时候就开始了我在大学的教学生涯。通常情况下，助教是帮助教授批改试卷和跑腿。由于我在电子学方面的专长，系主任派我去教三门电子和电力课程。我教课的第一天是上高级班，听这门课的学生离我毕业只差一个学期。

他们中的一些人是我在篮球场上或者是打桥牌时的老朋友，而且我们都是好朋友，他们中的一些人几天前还在和我一起去看电影。这个任务对所有人来说都是一个惊喜，因为它太不寻常了。

当我走进教室时，他们都惊呆了。他们不得不站起来向我鞠躬，就像他们通常对所有教授那样。在这种情况下，我非常不舒服，我感到所有的眼睛都在盯着我的嘴巴看。我的嘴变得很干，甚至不知道应该如何开始？他们继续盯着我，看着我做的每一件小动作，我感觉就像没有穿衣服地站在一张桌子上，被成千双眼睛看着。我想介绍一下这门课，并为课程设置一些基本的规则，但我觉得我有点不习惯。

"早上好！"我说。

"早上好！教授，"他们的回答是最后加了个"教授"，我知道他们在取笑我，我的脸变红了，额头发汗。

"这是电子学第三年级，我是在正确的教室里吗?"我不知道应该说些什么？

"是的，教授。"我的一个老朋友在逗我。

"我不会在这门课上使用教科书。"我说，"请准备好做笔记。"

"但我们已经被强制性购买了教科书。"有人抗议道。天啊！我错了。我本应该教的另外一个班级是没有课本的，但只有一节课。

"对不起！我搞错了。让我们重新开始吧，"我说，大家都笑了，冰被打破了，就是这样我开始了我的 35 年教学生涯。

在最初的几天或几个星期里，我非常敏感和紧张。当我看到有人微笑时，我以为我一定犯了一些愚蠢的错误。第一节课太长了，感觉就像 10 个小时，而不是 50 分钟。最后，铃声响了，我松了一口气！学生们站起来，又鞠了一躬，直到我走出教室。

我在下一节课上做得比较好，那是一个初级班，我知道所有的这些学生，但是我们并没有像第一节课那样感到亲密。我变得更习惯于像教授一样被对待，开始专注于教学，而不是过于敏感的自我意识。我对我所教的科目非常熟悉。我只需要在前一天晚上准备好一个大纲，然后走进教室，不需要任何课本或笔记本。我想要模仿我在高中时非常崇拜的那位物理许老师，我对主题很有准备，对学生的问题很有耐心，我对所有的学生都很尊重，甚至包括那些提愚蠢问题的学生。我认为我在这方面很成功，我赢得了资深教授的赞扬，也得到了学生们的尊敬。

第一年是教学实习阶段，我们有义务偿还由政府资助的大学四年的学费等开支。我们正式的毕业日期是在我们完成课程的一年之后，毕业典礼是在教学实践之后举行的。大多数毕业生都已经散开被分配在台湾岛的各个城市，但他们都回来参加了毕业典礼。在离开大学后，看到老同学老朋友，并对我们各人的教学和社会经历进行比较，我觉得真是太棒了。

这所大学的男女学生比例约为 3 比 2。各个部门的男女生比率不相同。例如，艺术、化学和音乐系的女生比男生多，而家庭经济系则没有男生。在不同部门的学生之间，约会似乎更受欢迎。在我们班级上，只有一名男同学和同系的初级班女生约会。大多数男孩都对约会感兴趣，但他们要么太害羞，没有勇气要求约会，要么找不到理想的候选人。

我在校园里见过许多漂亮的女孩，但我从来没有勇气向她们中的任何一个人打招呼。我的朋友严士淳对一个来自英语系的女孩非常感兴趣，她和我同姓郑。当我们看到她在校园里走的时候，严士淳会问我："嘿！伙计，去问问她我们是否可以邀请她去看电影？"

"她是你的梦中情人，不是我的。你去吧，但是我会支持你的。"我会说。

但当她走近时，严士淳会变得如此紧张，他的脸变得通红，他的头转向了一边。

不知怎么的，我确实欣赏过一些女孩，但从来没有一个人给我留下像严士淳那样深刻的印象。严士淳和我从大二年级开始就成了好朋友。我们发现从街头小贩那里买到热狗后，我们就变成了共生的。严士淳只吃面包，我喜欢里面的香肠，这就是我们建立亲密关系的开始。我们经常一起出去买午餐，我们每个人都会得到我们想要的东西。通常我们会买三只热狗，严士淳会得到三个小面包，我会得到三根香肠。在1957年12月严士淳和我一起大学毕业，但他从来没有和他的梦中情人谈过话。我曾和许多女同学交谈过，并在许多项目上与她们一起工作，但她们中没有一位对我有足够的兴趣。她们中的任何一位也都从未进入我的脑海。我想，最简单的答案是我同她们中的任何一位都没有发生化学反应。

毕业后，我被大学选作为一名助教，帮助一位教授工作。因此，在晚上我有许多额外的时间，我想找些别的事情做。在1957年7月，一位名叫潘永生的朋友来拜访我。他告诉我，在商业领域有很多机会等待人们去探索。

"我告诉你，那里有很多生意，这是我们建立某种业务的最佳时机。"潘永生说。

"你认为我们能做什么样的生意对我们比较合适？"我问。

"可以按照你的专业和特长，选择你最有资格的领域。"他说。

"电子产品是我的专长，但涵盖的领域很广泛。"我说。

"我听说很多公司都在寻找生产变压器的制造商。"他说。

"制造变压器很容易，但找到客户则是另一回事，你说有很多公司都在寻找生产变压器的制造商，这是个好消息。"我说。

"那你怎么看？"他问道。

"我认为值得一试。第一件事是先做什么？"

"我认为你应该先注册一家公司，我们从那里开始。"他说。

潘永生四处搜索了一下，找到了一个小房间，租金很便宜，将是我们的公司总部，我们每人凑了一小笔钱买了一张桌子和几把椅子，这样我们可以努力了。

"公司的名字怎么样？"我问。

"我一直喜欢取个称为天工的名字。"潘永生说。

"好吧，天工！我就去注册公司。"我说。

我开始了解如何注册一家公司，结果证明是非常简单的，所以我注册了天工电力公司"。接下来要做的就是找到一个产品，由于变压器需求量很大，所以我们决定把变压器作为我们的启动产品，我们需要找一个有制作变压器经验的人。

"我知道一位名叫张善的朋友，他具有制作变压器的能力。为什么我们不联系他？看看他是否有兴趣加入我们？"潘永生说。

"好吧，我们保持联系，我希望张善能加入我们。"我说。

第二天潘永生联系了张善，张善非常热心愿意加入我们，我要求先召开一次会议来讨论公司的问题。在接下来的两天内，我们三个人一起讨论。

"我很高兴你能加入我们这个合资公司。"我对这位三十多岁的男人说。

"我很荣幸能和你一起工作，潘永生是我最好的朋友，我知道你作为老师的声誉。"张善说。

潘永生是我在大学里的学生，从那时起我们三个人就在一个团队里为公司工作。张善为潘永生和我做了一些变压器样品，我们拿了样品，敲了几家公司的门，但潜在客户都问我们要有参考资料和推荐信，但是这些材料我们还没有。直到有一天，潘永生遇到了一位愿意尝试我们变压器的大公司买家。

"请给我们找个样品或设计来做这项工作。"我问潘永生。

"他们向我保证会给我一个样品变压器来复制。"

"好！在你拿到样品后我们就开始做。"我说。

几天后，我们把样品交给了张善，他开始了制作，先用工具切割金属板制作变压器的金属薄片，然后卷绕线圈，不到十天的时间，我们的变压器样品就完成了。

"这个样本是由三个分包商完成的，我相信他们会喜欢的。"张善说。

"我很高兴你能按时完成这项工作。我要把样品给顾客看，我希望他会喜欢。"潘永生说。

当潘永生将我们的样品变压器呈现给客户时，他们测试了样品的每个指标，非常高兴。我们得到了变压器的第一个订单，这项工作的三个步骤包括切割金属薄片制成核心材料、卷绕线圈和最后的组装都是分别分包给别人。

"我计算了分包商的份额和我们自己的努力，发现我们所得的收益是最少的，我们几乎处于亏损状态。"潘永生说。

"如果订单不断增加，我们将不得不用自己的设备和雇佣工人来完成这些工作。"我说.

"这需要钱，我们从哪里能得到钱？"潘永生说。

"让我们先借钱买设备吧。"我说。

我们试图从银行借钱，但公司没有固定资产作为抵押。因此，我们不得不向那些愿意冒险投资给公司的人借钱。我们在很多方面努力，试图找到一位投资者，但没有人对我们感兴趣。

我们不断地从同一客户中得到订单，收入看起来相当不错，但利润却没有那么明显。此时，我又被命令向军事训练营报到，不得不放弃制作变压器的业务。

"你可以去做任何你需要做的事，不要担心生意。"潘永生说。

"在军事训练营里，我将完全与外界隔绝，那么生意的营销部分，怎么办呢？"我问。

"嗯，我们可以让像你这样的人加入我们，或者我们会等着你回来。"潘永生说。

"等我是不现实的。为什么我不直接离开公司，让你们两个去做，因为我在公司里的投资很少，所以我可以免费把我的股份转让给你。"我说。

"你真好，明天我将在一家很好的餐厅里和你说再见。"潘永生说。

几年后，这家公司被一家大公司收购了。在这笔交易中，潘永生和张善都做得很好。那时，我已经在美利坚联邦共和国了。

第二十六章

军训体悟

　　台湾征兵委员会要求所有的男性大学毕业生，都必须在军中服役一年半。这项服务开始于为期六个月严格的新兵训练，然后是一年的服役。我的男同学和我总共16位被分配到位于高雄南部凤山陆军步兵学校。这是整个训练营中唯一从春季开始的训练班，以后不会再有其他的春季训练班了。

　　我们是这所训练营中最奇怪的一个班，在春季我们开始培训课程时，被告知除了我们之外，营地里没有其他学员。我想在这么庞大的军营里怎么只训练这么少的新兵。我们接到进入训练营的通知单时，班上的16名男生分散在台湾各地的不同城市，每个人都必须从自己的家乡，乘火车或公共汽车到高雄凤山汽车站，然后再步行2.4公里到达训练营地。

　　那天下午，我到达训练营地时，我才发现我们还有117名其他学员，他们是台湾警官学校的第一届毕业生。大多数警官学员比我们同学的年龄大得多，我很快在警官学校里发现有两位是我认识的，其中一位是梁警官，他是大学附近地区的警察局长。另一位是刘警官，处理过我几次骑自行车没有带车灯的事情。我一看见他们，就立刻走向前自我介绍。"梁警官，你还记得我吗？你抓我骑自行车时没有带车灯。"

　　"当然，我认得你。我怎么能忘记像你这样的无赖呢？"他大声地笑着说。

　　我们相互介绍了自己，为我们几年前发生的事情哈哈大笑。因为梁警官的头发稀疏，我给他取了个外号叫"三毛"，这是一个卡通人物的昵称。我们在训练营里成了好朋友，在接下来的40多年里，我们一直保持着友谊。

　　事实上，我一直期待着军事训练，不是我喜欢训练营的课程，而是喜欢唯一能拿真枪的感觉。自从青少年时期生活在士兵身边时，我就对"枪"这件人造的"奇迹"着了迷，除了偶尔帮士兵们擦枪，还有几次使用步枪的射击机会。但是我从来没拥有过属于自己的枪，甚至连一把气枪都没有，因为在中国大陆和台湾气枪都是很贵的。由于过去自己没有机会，我知道现在我可以很好地完成打靶练习。我们向训练营报到后，第二天早上，训练营就发给我一支美国1903年式的步枪，我的步枪是中国制造的，号码是710556，是一支保养得很好老式步枪。那天在晚餐后休息时，我就把它拆开，做了一次彻底的清洗，这是我以前从来没有做过的事情。我急切地想上第一次"实弹训练"课，但我清楚地意识到，必须还要再等一段时间才会给我们实弹射击的机会。

　　训练营官员们没有在我们身上浪费任何时间，第一天晚上，队长就向我们介绍了营地里所有的规章制度；接着，中尉告诉我们在以后的日子里，都有严格的日程安排。对我来说，严格的新兵训练计划是一件很适合的好事，我喜欢武器、喜欢严格的训练和严格的军事纪律。但是，对我们大学班级的其他同学来说并不是件好事，他们痛恨武器、痛恨训练、更痛恨军事纪律。

"这简直是在浪费我的生命！我只是不喜欢这个愚蠢的地方。"严士淳对我说。

"我并不认为这里很不好，当我们开始实弹射击训练时，你就会喜欢的。"我说。

"没门！我不喜欢枪，你可以把分给我的所有子弹都打掉。"他说。

"真的！我将接受你给我的所有子弹，别忘了你现在的承诺，好吗？"我非常激动。

训练是严肃而真实的。每天早上6点整的时候，大喇叭会把我们吵醒，经过15分钟的清理，我们排队等候点名。如果没有下雨，中士就会带我们慢跑上山，然后再从在山的另一边慢跑下山，绕回营房。每天早上5公里的跑步，时间为20分钟，对我的许多同学来说，这是很困难的，但是几天后我们都习惯了新兵训练的慢跑。可是有些警官班同学还没有改变过来，这些警察在办公桌后面工作太久了，现在也碰到同样的困难。因此，最初的几天里，许多新兵在早上慢跑时都落后了。慢跑之后，我们有15分钟的时间来清洗自己，准备当天的现场训练。参加现场训练项目时，我总是非常认真的，但是我的同学们，对大部分的训练项目都很厌恶。我们必须在阳光下行军、奔跑、攀登障碍、跳过沟渠。那些警察比我们16位学生准备的得好一些，但是他们也不喜欢穿制服和携带武器的操练。

23岁　在新兵训练营

到了第三周，我终于等到了我所期待以久的实弹射击训练。但是我的大学同学们一点也不兴奋，他们一生中从未使用过任何的枪支。说到开枪射击，很多人都很害怕，因为他们听说后座力会给他们的肩膀带来很多痛苦。他们中的一些人根本不关心枪支，除了我以外，没有的人对实弹训练感到兴奋。包括严士淳在内的几名同学在教官没注意的时候，就把他们的子弹交给了我，我要把我口袋里的所有子弹都发射出去，然后把那些用过的弹壳还给他们，再由他们交给军士看。

几场实弹射击后，我的右肩膀开始有些疼，但是我确实是很享受这次实弹射击训练的机会。

每个月训练指挥部都会安排了一场所有学员都参加的射击比赛。从训练组，包括大学班级组和警察同学组中，挑选出最好的射击能手参加个人竞赛。我是从大学班级组中唯一能够参加射击比赛的人，我的所有竞赛对手都是警察。我发现虽然大多数警察的射击成绩比我们大学同学好得多，但他们的射击技巧却是参差不齐。即使有少数几名成绩最好的警察，我也能在所有竞赛中以准确和快速的成绩击败他们。 在第三个月的第一个星期五早上就开始射击技巧竞赛，持续一整天。没有特别的竞赛步枪，就使用分配给我们的步枪来竞赛。第一场比赛是45米固定目标，也是最容易的一轮，有5名选手获得了满分；第二场比赛是270米固定目标，我是唯一得到满分的人；最后一场比赛是移动目标的快速反应赛。在后面最难的两项比赛中，我都获得了满分，警察们与我有同样的感觉， 移动目标很难射击。

训练营第三个月的射击技巧比赛结束后，我获得了一张神枪手的证书，并收到了一条放在胸前的丝带。我认为分配给我的武器是最好的步枪，尽管它是已经使用过30年的旧枪。我能够把视线对准目标，并习惯了触发的拉力，这样我可以在90米之外击中一个非常小的目标。我拒绝了队长提供给我的一种新式的M1半自动步枪，我更喜欢挂在我身上的1903年的旧式步枪，就象是我的老朋友一样，当我离开营地时，这支步枪是我最难割舍的一部分。

第二十七章

涉世伊始

　　我的高中同学袁望圣是二十六兵工厂的中尉，因为他在台北北部营地有公干，一时不能回到高雄去辅导两位高雄女子高中学生的物理课，她们正在准备参加物理课程的每月考试。袁望圣在台北营地给我打电话，让我在那个周末代替他去上一次家教课。我所在的训练营地距高雄大约48公里，我要先步行到凤山，乘公共汽车到高雄，再走1.5公里才能找到上课的地方，这样的旅行对我来说是一件很麻烦的事。再则我在和女孩子聊天时实在是很害羞，但袁望圣是我的老朋友，我很不情愿地同意了他的请求。

　　星期天中午，我乘公共汽车到了高雄汽车站。袁望圣告诉我，上家教课的地方离汽车站走路只需要15分钟，所以我就走去。我找到地址后，敲了敲门，一个大约10岁的小女孩回答说她知道我是谁。她把我带进了一栋日式木屋，她的母亲先出来，端了一杯茶给我。在我喝茶的时候，我应该教的那个女学生从另一个房间出来，到客厅与我这位新导师见面。简短的介绍之后，我告诉他们我必须在两个小时后回到营地，并且想马上就开始上家教课。学生名叫姜萍萍，她带我到客厅旁边的书房，我们在一张小桌子面对面地坐着，另一位本来应该来这里学习的女孩，由于我不知道的原因，今天没有来。

23 岁在军事训练营站岗

　　我一开始就先问一个问题，这样我们就能得到一个正确的起点。让我惊讶的是，高雄女子高中给学生们提供的知识如此的少而浅。姜萍萍是个很安静的女孩，我在一个女孩面前也很安静。自从互相介绍以来，我一直没有好好地看她一眼。当她全神贯注地阅读我要她读的书时，我就看了看她的自然美。她有一张非常漂亮的脸，有着不同寻常的浅色皮肤和长长的黑亮头发，她的国语讲得很标准，发音很好听。除此之外，由于未知的原因，我发现她很容易与我交谈。当我和她交谈时，我没有感到不舒服，这使我很惊讶。家教课结束后，她妈妈为我端来一碗汤，里面有两个煮熟的鸡蛋。当我起身离开时，萍萍主动提出要送我去汽车站，因为她知道那条捷径，我很高兴地接受了。在路上，我们谈了一点关于我们自己的事，我发现她是一位很讨人喜欢的女孩子。

"我希望以后还能再见到你。"我真诚地对她说。

"你就照这条路走，请再回来看我们。"她笑着回答。

我有一种奇怪的感觉，我很快就会再见到她。我以前从来没有对别的女孩子有过这样的感觉。当我和这位漂亮的女孩说话的时候，为什么我会那么舒服，好像我已经认识她很长一段时间似的？这可能就是命运的安排！

回到营地后，我给在台北的袁望圣打了电话。他告诉我，打算把我介绍给另一个女孩，是一个非常苗条的美女，他原以为我可能会喜欢。但是我告诉他，我喜欢我刚刚遇到的萍萍。袁望圣正在和萍萍的姐姐忠中在约会，同时对她的母亲讲了一些不愉快的评论，然后我们又谈了一些其他的事情，我们很快就忘记了这次谈话。两周后，袁望圣又打电话来，要我再替他去代课，并且说如果我去的话，她们家里人会邀请我一起吃晚饭，我很高兴地答应了他的请求。

我焦急地等待着星期天的到来。我乘公共汽车在下午早些时候到达了高雄。我去了那栋房子，遇见了萍萍的两个姐妹，忠中和婷婷，还有她哥哥的家人。21岁的忠中在台北的一所大学念书；最年轻的婷婷是12岁；萍萍的哥哥，有璋30岁，和吴恩福结婚后，他们有三个年幼的孩子。有璋正在外地旅行，那天我没有见到他。这个家庭比我的家庭大得多。她的父亲是一位50岁出头的温柔、安静、英俊的男人，他同我握了握手，并让我坐在客厅里。她的母亲非常好客，显然是一个意志坚强的主妇，是家里的当家人。她为我泡茶后，向厨房走去。萍萍很快就来了，和两位姐妹在客厅里陪着我说话。我和忠中、婷婷谈了谈她们的学校。我们也谈了一些关于电影和篮球比赛等，没什么了不起的事情。奇怪的是，同她们三位漂亮女孩说话时，我一点也不紧张。

"现在让我们看看物理作业怎么样？"我问萍萍。

"当然，让我们去讲习吧。"她带我去隔壁的书房。

花了两个小时才完成家教课程，从开始以来，我都很自在，我感觉到我好像是和认识很久的朋友在聊天。

"我们家里有羽毛球，你玩吗？"她问我。

"我会玩，但玩得不是很好。"我回答。

"婷婷、忠中，你们过来和我们一起打羽毛球。好吗？"当她走出书房时，问她的姐妹们。

"好的，我们马上就到。"婷婷回答。

"去拿羽毛拍和羽毛球，婷婷！"忠中嚷道。

婷婷跑到壁橱里去拿羽毛拍，萍萍把我带到房屋的前院，院子里有四幢房子，我们在院子里打羽毛球，直到吴恩福喊我们去吃晚饭。现在的日子比几周前要长得多，六点钟的时候，太阳还在地平线上。

我们吃了一顿很丰盛的晚餐，有许多美味的菜肴。但我的注意力集中在萍萍身上。那天，我们围坐在一张大圆桌旁。她的椅子就在我座位的对面，她正面对着午后的阳光，穿过一层薄薄的细纱窗，她看起来很漂亮，柔和的阳光照在她美丽的脸庞上，她的嘴唇是红的，没有任何化妆，她的眼睛是明亮的，闪闪发光，她那长长的黑发在她的肩膀上平稳而轻柔地流淌着，我完全被她的美貌和她温柔的举止所吸引。我感到很幸运，遇到了像她这样漂亮的女孩，虽然我还没有很多机会去了解她，但是在我们的第二次见面的美好时刻，我私下告诉自己，"有一天我会娶她为妻的"。

那天晚上，我给她写了一封长信，告诉她我希望能再次见到她，但不是辅导她上物理课。 一个星期内我收到了回复，她邀请我去她家，我一直等到下星期天，星期天是训练营学员们唯一可以离开营地的日子。

那个早上我去她家拜访，午饭后走进她家门时，萍萍和她的姐妹们在一起，她们的父母和吴恩福出门去了。我们四个人坐在客厅里聊天，喝着茶和饮料，几分钟后我们又和她的姐妹们在前院打了一段时间羽毛球。比赛结束后，她的父母回家了，我走进屋子，同她的父母亲聊天。

"你父亲是军人吗？"她的父亲姜邦钰问道。

"是的，我的父亲在国防大学教书。"我回答。

"你在凰山的军事训练要多长时间？以后你准备做什么？"他问道。

"我还有三个月的时间在凰山，然后我将被分配到陆军部队服役一年。"我说。

"你需要在营地里照顾好自己，这和你自己的家不一样。"她的母亲对我说。

"是的，我自己会小心的，谢谢你们的好意。"我说。

萍萍和她的姐妹们参加了这次谈话，大部分都是闲聊，三个女孩都很吵，但很高兴。我非常享受这次访问，那是我以前从未有过的同美丽女孩友好的新经历。

那天晚上6点钟开始，我担任营房的哨兵，要站一个晚上的岗，所以我不得不在下午早些时候离开，再一次，萍萍陪我去高雄汽车站。

"你毕业后要上大学吗？"我问。

"我计划要上大学，但我不知道是否能通过入学考试？"她告诉我。

"嗯，要有信心，如果你今年不能通过考试，明年还可以再参加考试，你一定会成功的。"我说。

"你离开军队后，你会做什么？"她问道。

"我要去美国读研究生。"我说。

"你要去多久？"萍萍问道。

"我打算攻读电机工程硕士学位，通常需要一年的时间。"我说。

"到海外去看世界，这是非常激动人心的，有一天，我也想去。"她说。

"我想再来你们家一次，你介意吗？"我问。

"当然，我不介意。欢迎你随时来我们家做客。"她笑着说。

在和她交谈的时候，我感觉很放松，也很舒服。当我们告别的时候，我真的很想和她握手，但我还是太害羞了，不敢碰她的手。在那些日子里，和女孩握手是件大事，是件很大很大的事情。

我想更经常看到萍萍，但训练营里的规矩是非常严格的。我必须有通行证才能离开营地，星期天是唯一不需要通行证的日子，如果没有像那天那样的哨兵任务，我就可以随便开营地，而且不需要急忙赶回。

为了让我能够更经常看到萍萍，我试着如何从营地提供的奖励程序中获得特殊通行证。在我遇见萍萍之前，我从没有想到过特殊通行证，现在我有充分的理由要想办法尽可能多地与萍萍在一起。

好吧，我可以去比赛射击，为什么不去找一些射击比赛的奖项？我先赢得了神枪手的月度总冠军，得到为期二天的通行证，二天的通行证意味着我在一周之内有二天的时间，包括周六和周日，可以离开营地。第二次因为我是"打苍蝇比赛"的冠军，使我第二次获得了二天的通行证。

营地被成千上万的苍蝇所骚扰，向每位受训人员都发一把苍蝇拍来拍苍蝇。比赛是为了看谁能拍死最多的苍蝇，获胜者将赢得二天的通行证。这条规则要求我们不论消灭的苍蝇是死还是活的，根据消灭苍蝇的数量就可以获得为期二天的通行证。

"中尉，你是说我们可以用任何形式把苍蝇打死或者活捉?"我问。

"只要能识别是一只苍蝇，就计算在内。"中尉说。

在别人想到这个主意之前，我就买了很多黏贴纸，把我的名字写在黏贴纸上，然后把黏贴纸贴在建筑物的后面，粘贴纸上吸引了许多的苍蝇，我赢得了这场比赛而获得了二天的通行证，这是没有争议的。规则没有被打破，但是引入了新的规则。粘贴纸成为了竞争对手的一个新类别，使用粘贴纸消灭苍蝇的数字必须达到 100 只才能算作为超过苍蝇拍打到的苍蝇数量。很快，营地大多数的苍蝇在几周内就被消灭了。

我得到了二天的通行证后，连续两天去看望萍萍，每一次我们的相处都变得更加自在。然而，在保守的社会里，我甚至没有想过邀请她去看电影之类的事情，当然萍萍的父母也不会同意。如果我想让萍萍跟我一起出去，她就必须征得她父母的同意，提出这样的要求，我会感到很尴尬的。我最终花了很多时间在他们的客厅里和她的姐妹或者她的父母交谈。我们唯一独处的时间是她陪我走到汽车站的时候，尽管如此，我们仍然保持着一段相当的距离。接下来的几个月我在新兵训练营期间，每个周末都要去看萍萍，已经成为我生活中的常规。此外，我们还写了许多信，但我们从来没有直接谈过心里的事或任何其他的一个字，这就是我在新兵训练营内六个月的情况。

我的军事训练到底怎么样? 步兵学校除了进行实地训练和武器训练外，还安排了大量的课堂指导。大部分的课堂指导都是关于政治教育。我对这些课题都不感兴趣。除此之外，我对新武器和武器控制系统有了一些想法，这比听枯燥无聊的演讲更有兴趣。由于我接触过小式器，我开始构想一些作战装备的概念，这些概念将可以应用于台湾当时的一些情况。当时蛙人常常在夜里登陆，偷偷溜进金门的军营，杀害熟睡的士兵，并使用炸药摧毁弹药库或重炮。我们需要一些能够探测到入侵者的设备，不需要看到他们并能从远处消灭他们。我有对付这种入侵者的想法确实让我很兴奋。每当我有机会写东西的时候，我就会试着把我的想法写在纸上。在这三个月里，我们有超过 100 小时的课堂指导，我花了至少 50 个小时写了四项关于不同的武器和武器控制系统的提案。

我把我的提案交给步兵学校的研究发展部主任牟贻如上校，请他评论。第二天，牟贻如上校把我叫到他的办公室。

"我相信你的建议中有一些好主意，如果我们向国防部提交你的申请，有可能获得资金批准。"他告诉我。

这远远超出了我的期望，我只是希望有机会，讨论一下我的想法是否有实用性? 而牟贻如上校说的是可以把这些想法变成一个研究开发项目，他会设法获得资金来支持这个项目。哇! 我都做了些什么?

"这只是一份展示我想法的草稿，仍然充满了错误。"我有点尴尬地说。

"我将请一位打字员，用正式的格式向上面提出你的建议。只要在提案打印出来之后，你去做一下校对工作。"他对我说。

"如果你不介意的话，我想在把草案交给打字员之前，自己先检查一下，然后再修改纠正。"我请求道。我知道打字后，要做任何修改都是非常困难的。

"没事的。但要记住，你在学校只剩下一个月零三周的时间，我们需要你在这里的时候就把所有的四项建议都提交给国防部。"他说。

"我将在两天内完成修改。"我承诺。

"那很好，你只要直接同我办公室的打字员打交道就行了。现在你可以走了。"我向他敬礼，然后带着提案草案回营房修改。

我觉得时间很紧，我只要求用两天时间修改提案草稿。我非常高兴，因为牟贴如上校告诉我，可以为我的研究工作提供资金帮助，这在当时的台湾几乎是闻所未闻。

我请求队长让我在两天内不参加任何的活动，队长知道这是上校的要求后，批准了我的请求。在这两天里，我每天都花16小时以上来完善这四项提案，我对写作仍不满意，但我必须把它们交出去。我把我的提案草稿交给了打字员刘小姐，刘小姐是一位动作很快的工作人员，不到两周，她就完成四项提案的打字稿。我再花了四天的时间来校对和修改文字，又花了一星期的时间修改图纸。最后的打字稿和图纸都完成后，作为主要申请者，我在签名的位置，盖上了我的印章。上校办公室准备了必要的封面和提案的其他部分，就在我们新兵训练营结束的几天前，牟贴如上校把提案资料寄给国防部。

所有的受训人员都被委任为陆军步兵少尉。16名大学毕业生分配到军队服役十二个月，而警官学校的毕业生则回原来的岗位，我向学校的同学和警察朋友告别。

"天任，别再让我抓到你骑着自行车，又没有灯。"他开玩笑地说。

"看，子详！有像你这样的朋友，谁还需要敌人？"我说，我们大家都笑了。

"你来台北的时候来看我，我不会给你开罚单。"他说。

"这样的话，等我从派我去的地方回到台北的时候，我就能见到你了。"我告诉他。我们握了握手，走上各自的路。

我们都直接向我们的派送单位报到，当时还处在同大陆的交战状态，所以没有时间允许我们回家作短暂休息。我写信通知我的父母，我不能够在新兵训练营结束后回家，我觉得他们一定会很失望，因为我进入新兵训练营后整六个月，他们都没有见到过我。从高雄到台北乘火车要20个小时，此外，在新兵训练营获得的薪水非常少，我没有足够的钱去买火车票，我的新任务是到高雄南面的小贝湖营地。

我在去小贝湖营地的路上时，短暂拜访了萍萍，在她的家里看到了萍萍。因为报到通知单表明我的目的地是机密信息，所以我不允许向任何人透露。那天她独自在家，我被带进起居室。

"萍萍，我今天来跟你告别，我不能呆太久，我必须立即到部队报到。如果可以的话，我会写信给你介绍我的新工作。"我说。

"你的部队在哪里？""她问道。

"我不能说，因为这是一个军事机密，我会尽快给你写信的。"我说。

我对她还要保守秘密，使我感到非常不安。

"我明白了，请照顾好你自己，我期待着收到你的来信，"她带着一丝悲伤的眼神说道。

"你今天不必送我去车站，再见了！"我说着并伸出我的手，她第一次握住我的手，她的小手是如此的温暖和柔软，我感觉就像一股电流从我全身涌来。

"再见！"她轻声说。

再见了，我只在心里说。我很快离开了萍萍的家，到车站上了一辆正在等着我的吉普车。

我被派往驻扎在小贝湖的后备军营地，作为一名少尉，负责将新兵送往金门岛。这个营地有一个绰号，士兵们称呼它"金马旅馆"，这暗示着来这里的士兵总是会被运送到金门和马祖前线，去那里很可能遭受大陆的炮火轰击。

和萍萍在台北

小贝湖的后备军营地在高雄以南约80公里处，老百姓无法进入。吉普车载着我穿过蜿蜒曲折的乡间小路，进入茂密的森林，隐藏在路旁树木后面有几座了望塔。在到达军营之前至少有三次被检查站拦截。这里有几所非常大的铁皮屋顶营房，坐落在茂密的森林和丛林之中，一些较小的建筑是营部的办公室和宿舍。在营总部大楼前我从吉普车下来，从行李中拿出我的报到通知单，走进营总部办公室报告我的到来。负责的中士杜立全，是一名有经验的军人，40多岁的二次世界大战老兵。

"下午好，中士，我是从步兵学校来的郑天任少尉。"我说。

"欢迎！郑少尉，我一直在等你，请坐下，在我处理你的文件时，请喝点茶吧，"他说。"我很快就会让你安顿下来的。"

"谢谢你，中士，营长在哪里？"我问。

"他很少来这儿，他在团总部工作，我们这里由苏上尉负责，"他说。

"有多少连？有多少上尉？"一个正常的营会至少有3个连和三名或更多的上尉。

"哦！不。我们只有一位上尉，而你是这里的二号人物。让我先把文件完成，喝杯茶后我来告诉你，怎么样？"他说。

"当然可以，中士。"我完全被搞糊涂了。一个营，只有一个上尉和一个少尉？这是很少常的！

杜中士完成文书工作后，把单子交给了一位士兵，让他到商店去拿那些发给我的东西。

"王民生会把所有的东西都送到你的房间，来喝一杯茶吧，我向你介绍这个营的情况。"杜中士拉了一把椅子坐在我旁边。

"这不是一个正规的战斗单位，我们的职责是把招募来的新兵安全地运到金门岛或马祖要塞。"他说。"通常上尉和一名少尉每次会在一艘运兵船上把大约500名士兵送上前线作为替换，并带回已经在那儿呆了六个月的士兵。"

"为什么只用两艘船来运士兵？"我问了一个愚蠢的问题。

"哦！是吗？我们的营地只有容纳1000名士兵的空间。"他说。

"在台湾还有像我们这样的营地吗？"我问。

"据我所知，这是在台湾唯一的营地，这就是为什么人们称这个营地为金马旅馆。来！让我给你看看你的住处。"杜中士站起为我带路。我有一间私人套房，有一间卧室、一间浴室和一间小客厅。对于一个初出茅庐的少尉来说，这是多么完好的地方啊！原来，这套房最初是为营指挥官设计的，但现在营地里只有一位上尉。像这样的套房一共有四套，在建造营地时作为一个常规作战营的要求建造的。我所需要的所有东西都在这房间里，包括我们走进房间时看到的一把M1卡宾枪。

"在这里你应该把一切需要的东西都准备好，卡宾枪是发给你的。但除非有紧急情况，否则是没有弹药，"杜中士告诉我。

"什么紧急情况？"我很困惑。

"哦！这种情况不会经常发生。当有逃兵的时候，我们将全副武装好来保护自己。当你前往这些岛屿执行任务时，弹药也会发放给你。"他说。"食堂就在那条路上。"他指着离我房间约27米远的那幢大楼。

"非常感谢你，杜中士。"我说。"关于以后我们在这里做些什么？还需要得到你的更多帮助。"

"没问题，少尉。"他向我敬礼，然后回到他的办公室。

当我第一次报到时，营房里没有新兵，分配给我的30口径的M1卡宾枪是全新的武器，为了好玩，我把它拆开并重新组装上了好几次。营地里的食物太棒了，因为老兵们把猪、鱼和鸡都养大了，还有额外的肉可以用来交换生活中的其他用品。我成为了苏钦上尉的朋友，苏钦上尉和几位军官对我很好。因为我对他们来说，是被分配到这个单位来的一位很新奇的大学毕业生和半生半熟的士兵。在新营地，我找不到任何私人或公共交通工具可以在周末去拜访萍萍，我给她发了信，但我不能给她回信的地址。当新兵进入营地时，所有发出的信件都受到限制。

大约在我报到后的第10天，大约有1000名新兵来到了营地。立刻就发给我20发30口径的弹药，并指示将弹药装进我的武器，因为这些新兵将被派往前线，当时大陆的军队不断地对金门岛进行炮击。大陆也经常派出蛙人，在黑暗中登陆，在夜间刺杀我们在岛上睡觉的士兵。营地里的所有新兵都被这些可怕的故事吓坏了，一些新兵试图逃跑，但很快都被抓获。在他们逃跑失败后，并没有对这些新招募的新兵进行严厉的惩罚，他们面临的唯一惩罚就是被放在一个小教室里，并被中士训斥几个小时。

我被告知，如果我们没有武装，新兵可能会使用暴力。我们的任务就是把500名这样的新兵用一艘旧的LST运兵船送到金门岛。

在一个晚上的教化课上，分配我和一个中士去给新兵开会并讲话。

"为什么你要把我们送到前线去做炮灰呢？我们甚至都不知道如何使用武器去作战？"有些士兵问道。

"在金门岛上，现在确实没有战斗在进行，你们将在岛上接受训练，并同已经驻扎在金门岛上的其他士兵一起守卫我们的领土。"中士回答说"现在大陆的炮击即使天天都有，但是情况已经不像以前那样了。在过去的几年里，只有100多人被炸死，大多数还是当地的农民。"

穿着制服的我和爸爸

就我自己而言，我也很兴奋能上前线，在我的一生中会有什么样的经历！然而，我理解这些年轻新兵们的焦虑。他们中的大多数都是无法通过入学考试的农村男孩，这是他们来到这里的主要原因。大部分是在18到20岁的时候被征召入伍，这完全不同于二战期间，士兵们强迫在街头走路的年轻人成为"志愿兵"的方式。

苏上尉被命令将500名招募的新兵运送到金门岛，就像他过去多次做过的那样。由于有一些混淆，我不得不等待更多的新兵从其他城市过来后才登上第二艘运兵船。苏上尉领着前面500名新兵和两名士官登上了第一艘运兵船，清晨离开了高雄港。那是1958年8月23日，第一艘船离开了高雄港，进入了台湾海峡，那是一个晴朗、平静、非常美丽的日子。我正期待着在一、两天的时间里，我也会是在去金门岛的途中。我向苏上尉和他的上士们挥手告别，然后，我乘一辆吉普车回到营地。就像杜立全中士说的，"我们已经做了100多次了，没有任何特别的事情会发生，也没有任何可能会出现问题的迹象。"

营地里的一切都是正常的，下午3点左右，我的野战电话响了。这是一个我以前从来没有听到过的声音，一位来自台北的少校说，"这是梁少校。听着，少尉，苏上尉的船被鱼雷击中了，至少是两枚鱼雷，造成了人员伤亡。"

"苏上尉怎么样？中士们怎么样？"我问。

他说："我不知道，但你需要通知你的人有关这次袭击的事情。"

"是的，少校，我会通知我们在营地的人等待进一步的报告。任何细节和发生了什么事请，请告诉我！"我很担心。

"我们还没有任何细节，但我知道，伤亡人数包括一名官员。"梁少校说。我的心在下沉，因为我知道苏上尉是船上唯一的一名军官。

"哦，不！我有一种很不好的感觉，苏上尉可能已经死了。原谅我，我待会儿再跟你谈，再见，少校。"我说。

我必须和营地里的所有人谈话。当我们准备把其他500名士兵运输过去的时候，我不愿意宣布这个坏消息。我是营地里留下的最高级别的军官，我必须这么做。我给所有的中、上士打了电话，

"我刚从台北收到未经证实的坏消息。"我说。"今天早上，运送苏上尉和我们士兵的LST运兵船被大陆方面的鱼雷击中，没有具体的细节，但少校说有人员伤亡，包括一名军官。"

"我很遗憾地说，除非信息是错误的，苏上尉已经死了。"杜中士说。

在营地里，许多中士和士兵同苏上尉已经共事有好几年了，营地工作人员很喜欢他，并且尊敬他。对我来说，看着这些非常坚强的同事在痛哭也是非常困难的事情，眼泪也从我的眼中流了下来。那一天是海峡两岸之间著名的持续一周的8·23海战激烈交火的的第一天。我们在当天下午早些时候听到了新闻广播报道的这场战斗，我们从来没有想过这个坏消息，也不知道在电话来之前战火离我们有多近。第二天早上，来自指挥总部的坏消息正式传来，大陆方面的两艘快艇同时发射的两枚鱼雷击中LST运兵船的船尾，将苏上尉和两名士官击毙。出乎意料的是，新招募来的新兵没有伤亡。LST运兵船虽然遭受严重损坏，但还是设法驶向目的地。我们了解到运兵船被击中时，苏上尉和两位中士正在把新兵们都赶下甲板，而他们还留在甲板上，甲板上的钢板卷起来，把两名中士打到海里，而苏上尉则夹在卷起的甲板和船体结构之间而被压碎了。

一天后，我去了苏上尉的住房，为他的家人收拾遗物。苏上尉不是一位十分有条理的人，不喜欢经常打扫自己的房间和清理自己的桌面。当天我进入他的住房时，令我吃惊的是，他的办公桌十分整洁，他的床单都是拉直的，一切都井井有条，仿佛他已经预料到有人会注意到他的这个地方。他对自己的死亡有预感吗？我们只能推测了。第二艘运兵船被命令不要离开高雄港，等待以后的命令，原因不明。

我从小就习惯在士兵中生活，战争和死亡对我来说并不陌生。我已经知道相当多士兵的生死消息。但这一次，这种感觉是不同的，因为在这次行动中死去的的是我的同事和朋友。一天前，当我把他们送到海边码头上船时，还同他们握手。两天前，我们还在苏上尉的房间里喝茶聊天、开玩笑，现在他们已经走了，再也回不来了！这确实让我很震惊，我能理解爸爸在这两场战争中经历了什么？看到他的同事在战场上一个接一个地倒下，这些对爸爸在战争期间和战后都有可怕的情绪影响。

当我在等待去金门的命令时，收到了一份非常意外的命令：要求我立即到台北兵工学院报到。我原以为命令很快就会到来，但对命令的紧迫性感到惊讶。在这一命令下达之前，有一些来自步兵学校新兵训练营的零碎消息说国防部正在考虑拨款，但是没有具体的细节。

我在接到命令后的那一刻，马上就开始离开营地，乘吉普车去了高雄火车站。我把行李放在火车站，去看萍萍，她正和她的父母在一起。

"我刚接到命令，要到台北的兵工学院报到。我想是我的提议被国防部接受了。"我告诉她。

"恭喜你！这是你一直在等待的命令。"她说。"你什么时候动身去台北?"

"马上就去，他们不给我任何机会。"我说。

我们彼此认识已经有六个多月了，但只握过一次手。没有任何情感的告别，只是比平常握手时间长的握手，我向她保证我会再次见到她，希望很快就能见到她。

和萍萍在台北

我搭乘当天晚上到达台北火车站的特快列车，使妈妈很惊讶。但是很高兴我这么快就回家了，她原来想至少还要再等一个星期。几天前已经有人向爸爸讲述了国防部的调令，妈妈带着满足的微笑从头到脚看着我。

"你穿上军队制服看起来很帅！"妈妈称赞我。

"谢谢你，妈妈，但我还以为我穿着平常的衣服也很帅。"我开玩笑说。

那天晚上爸爸回家很晚，见到我也很惊讶。我没有去金门，他松了一口气。妈妈和爸爸都担心我把新兵运输到金门的任务，他们都听说到苏上尉和中士们的死讯。去台北兵工学院之前，我搬回到妈妈和爸爸住的老房子。

第二十八章

研制受奖

　　兵工学院位于台北市的东部，第二天早上我从家中骑自行车40分钟才到达那里。我去学院行政办公室报到，我把文件拿出来给坐在办公桌后面的中士看。

　　"我应该从这里再到哪里去？"我问。

　　"你需要去见王上校，他是工程学院的研发部主任。"中士告诉我。

　　"王上校的办公室在哪里？"

　　"他在203楼，你穿过条街到对面的那幢大楼，你不会弄错的。"中士说。

　　"谢谢你，中士。"我离开了那位中士，走向203楼。

　　王上校正期待着我的到来，秘书领我直接到上校办公室，王上校让我坐在他的办公桌前。

　　"我很高兴我们在运兵船离开港口之前留住了你，国防部希望尽快制定研究和发展计划。在你提出的四个项目中，其中有三项已经分配到资金，他们期望着看到结果。"王上校说，他看起来像40多岁，是位很诚恳的人。

　　"国防部真的能为这些项目提供资金吗？"我有点疑惑地问道。

　　"美国军事顾问小组将通过国防部来为这项研究付款。"上校说。"你需要写一份关于如何开展研究工作的项目计划书。你能在一周内完成吗？"

　　"可以。我将在一周内完成这个计划！我的实验室在哪里？可以做这项研究工作。"

　　"就在这里，街对面的电子实验室。"他对我说，指着我刚过来的那条街。"实验室主任杜宝麟少校，正在等着你。"

　　"是的，上校，我马上就去见杜少校。"说后。我就从椅子上站起来，向上校敬个礼，然后离开了203楼。

　　杜少校是一位身材魁梧的年轻人，身高1.8米 体重90公斤，他带着灿烂的笑容向我打招呼。"郑少尉，你好吗？很高兴你能来这里工作，我们会帮助你做任何你需要的事情。"

　　"谢谢你，杜少校。我需要知道你们这里有多少电子工程师和技术人员可以帮助我。"我问。

　　"这里没有工程师，但是我可以给你两个非常好的电子技术员来帮助你，你也可能需要从台北的大学得到一些帮助。"他说。"电子实验室一号旁边的房间是你的办公室。在你从事项目研究时，这里就是你的家。"他指着隔壁的那间小房间。

　　"我打算先为这个项目起草一份项目计划书，在我交给王上校之前，你能帮我检查一下吗？"我问，我对兵工学院缺乏工程师和缺乏设备的实验室感到失望。

"杜少校，我很感激你愿意帮助我，谢谢。"我向他敬礼，杜少校办公室里的谈话给我留下非常沉重的感觉，如果没有其他大脑的支持，我该如何做研究工作？

每天16小时、我花了五天的工作完成了这项研究和开发的项目计划书，我把这份计划书给杜少校看，他没有任何建议。报到后第七天，我交出了这份项目计划书，现在就是要等待有关部门的批准。在等待批准的时候，没有别的事情可做，所以我在办公室里白白呆了一个月。

最终批准的项目计划书交给了我，他们彻底改变了计划书中的管理部分。在我的草稿中要求有4位电机工程师，六位技术人员和来自大学的技术顾问。但在批准的计划中，只有三位上校级别的指导员，每个项目一位财务官，打字员和二位技术员等等。唯一的工程师就是郑少尉！我对这次计划书修订稿感到非常失望，但我没有办法去改变这种情况。我猜想对很多人来说这个项目就是一个很大的馅饼，他们都想要分享一块。虽然我很失望，但我并没有因为被改变的计划而气馁。我完全相信，我自己就可以完成开发工作，我不得不更加努力地工作。我把兵工学院里的项目和问题告诉了爸爸。

"这就是为什么我们不是一个强大的国家，人们太自私和贪婪了！"爸爸叹了口气。

在台北的时候，我几乎每天都写信给萍萍，她也经常回信。我们的每一封邮件都是由特快专递寄送的。每天早上，当我听到摩托车的声音时，我都会冲到门口迎接快递员。在信中，我们谈到了我们的过去，我们的家庭，以及我们对世界的看法。但是我们的书信往来，一点也不浪漫。我明确地建议，只要有机会，我们就应该再次见到对方。

我是研究项目的全职工作者，其他几位随叫随到的技术工程人员是来自台北兵工学院。每个月三位上校级的指导员只和我见一次会面，听我的进度报告。这更象是一种手续以证明他们的额外收入是合理的。在五十年代，台湾的电子零件很难找到，许多电子部件都受到管制，我不得不从剩余的军事电子设备中分拆零件来拼凑使用。

我去台湾南部的一个空军基地，从成堆的电子垃圾中挖出二战时期军用无线电的零件来制造无线电发送/接收装置。当时在市场上还买不到的晶体管是通过拆除新款便携式收音机获得。红外线探测器必须从美国生产工厂订货，这需要很长时间才能得到。我一周工作7天，每天至少工作12个小时。当我在实验室工作的时候，二名技术人员总是和我在一起，实验室的工程师和行政人员在正常工作时间会来上班。因此在任何情况下，他们对整个项目研究都没有太多的贡献。

十个月之内，所有产品的三个原型都制作完成并开始测试。我要求用实弹和炸药进行测试，现场测试是在王上校和几位参与项目的工作人员监督下进行的，现场测试相当完美，王上校向兵工学院的指挥官冯将军报告了初步的测试结果。冯将军向国防部和美国军事顾问小组提出作最后的现场演示，并为现场演示确定了日期，同时邀请了包括几位将军在内的100多人参加现场演示测试。

三次现场演示测试都是用实弹和炸药进行的。在观察员到达之前，我亲自安装了所有的测试设备，包括控制器、机械装置和爆炸装置。当将军们和美国顾问们到来的时候，王上校把我介绍给他们，我简要地描述了这次演示的内容。

这三次现场演示测试都是毫无瑕疵的。几天后，王上校告诉我，国防部长俞大维对我的研发成果印象深刻并同意颁发奖励给我。

"郑少尉，你可以选择获得金钱的奖项或者是蒋介石先生的奖章。"他问.

"我想要奖章。"我毫不犹豫地回答。

大约一个月后，我被正式授予一枚奖章，这是蒋介石先生授予平民的最高军事奖章之一。这枚奖章并不是由蒋先生本人亲自挂在我的胸前，而是由兵工学院的指挥官冯将军绶予给我，还向我展示了一张奖章的证书，有关该奖项的报道刊登在台湾报纸的头版上。

奖章执照

十多年前离开大陆后，台湾的人民仍然被禁止与大陆的亲友交流，任何大陆出版物，都不允许进入台湾。因此，我们对现在发生的事情一无所知，也不知道在过去的十年里发生了什么？尽管我们仍然高呼着要超越共产主义政权，回归祖国的口号，但内心深处，我们都知道这是不可能发生的！

台北火车站后面的街道被称为"后站街"，在台北没有人提到那条真正的街道名称是延平街。街道两旁的电器商店和街头小贩都很集中。一个阳光明媚的星期三早晨，我穿着全套军装，为研究项目寻找一种特殊的电子部件。我的注意力集中在商店橱窗的陈列商品上，同时也在以正常的速度向前行走。

突然，一名宪兵站在我面前，向我敬礼。

"少尉，我可以看看你的身份证吗？"

"你为什么要看我的身份证？有什么问题，士官？"我不耐烦地问他。

"当你应该向一位高级别军官敬礼时，你却没有向他敬礼，这正是我们要打击的行为。"这位宪兵解释说。

"我正在看商店橱窗里的陈列品，没有看到任何高级别军官朝我走来。"我把真相告诉了他。

宪兵指着我身后大约二十步远的一位少校说：

"你走在这位少校前面，你没有向他敬礼，这是事实。少尉，请把你的身份证递给我，我必须向当局报告。"他坚持道。

我知道反抗是毫无用处的，因为我确实错过了对少校的致敬礼。我拿出我的身份证，士官把我的身份证信息抄写了下来后把身份证递还给我，然后就离开了我。

这时，我大声喊道："站着别动，士官！"我朝他走去。

"当你离开一名高级别军官时，你应该怎么做？"我大声的咆哮着。

士官的脸色变得苍白地说："敬礼，先生。"他用虚弱的声音说道。

"这是正确的。但当你有责任打击这种行为时，你自己却没能做到，你是故意违反规则的！"我喊道。

我太大声了，许多旁观者围着我们，有几个人在为我加油。

"把你的身份证给我。我必须向当局报告，你在执行任务时却无视规则。"我对宪兵说。

当中士感到震惊时，少校向我们走来，我向他敬礼。

他说："少尉，我看到了这里发生的一切。我同意你在看着橱窗器材时，却没有看到我朝你走来。中士不向你敬礼是错误的，我建议让我们把整个事情都忘掉吧。"

我真的不在乎士官是否会受到惩罚，所以我同意不报告这件事，但我要求把写有我名字的这张纸条还给我，我把那张纸放在口袋里后，向少校告别。我有一种胜利的满足感觉，我至少有几个小时的这种感觉。

第二十九章

爱的驱使

　　1959 年的夏天，萍萍的父母把她送到台北同她的姐姐忠中住在一起生活。忠中在我父母家附近的一所商学院就读，萍萍在另一所学校上课，这所学校是为了教学生如何通过竞争激烈的大学入学考试而设立的，我对她到台北学习的决定感到非常高兴。

　　那时，我深深地投入到研究和开发项目中，但我试着找时间每周带她去看一两次电影。我们在街上和公园里过得很愉快，我们所做的仅仅是在走路的时候手牵手，这种情况持续了好几个月。有一天，在一部电影之后，我把我的右臂搂在她的腰上，这是我第一次对一个女孩做这样的事，她的反应也很明显。她后来告诉我，这就像一阵电流通过她的身体，我想对她说些浪漫的话，但我什么也没说出来。我想吻她，但我没有勇气放下我的尊严，并向她承认，我一直梦想着亲吻她已经很久了。最后，在接下来的一个月里，我们在公园里没有人在场时，进行了短暂的拥抱。有一天，当我把她抱在怀里的时候，她的气息和她柔软的头发拂过我的脸庞和耳朵，我情不自禁地亲吻了她那美丽而温柔的双唇。我们沉浸在接吻中，忘记了我们周围的世界，没有交换一个词句，但这种感觉比任何一个词都要强一千倍。

　　我们是在相爱了。

　　我邀请萍萍去见了我的妈妈和爸爸，他们都喜欢她，我将成为家族历史上第一个打破传统婚姻的人。

　　"婚姻是由一对年轻夫妇自己的事情，而不是由父母双方决定的，包办婚姻是非常错误的。" 爸爸在过去告诉过我。当我们在约会的时候，我从妈妈那里收到的唯一的抱怨是我花了太多的时间在萍萍身上。那是真的，但那时候，我的心和我的思想都集中在萍萍身上，没有什么比这更重要的了。我确实把我的工作做完了，而且做得很好。在工作之后，我没有像过去那样，花足够的时间和妈妈爸爸呆在一起，这也是事实。我想，世界上所有的妈妈爸爸在他们的孩子即将离开这个窝时的感觉是一样的。

　　我们对彼此的感觉每天都在增强，我每天晚上下班后都要去看她，除非有一件与项目有关的紧急事务。如果那天我不去看她，我会觉得很落漠。

　　那是 1959 年冬天，我的项目完成了，我在军队服役的义务也结束了。我回到大学继续教书。除了要在一个不同的工作地点，我的日常生活和往常一样，但我的个人生活却发生了很大的变化。

　　事情发展很快，我和萍萍每天都在电话里聊天，她告诉我她的母亲已经同意了我们的婚姻，我们决定在一个月左右的时间里在高雄订婚。在订婚仪式上，她的母亲没有出席，但宴会上有数百人参加。

订婚后，我们轮流的在台北和高雄互相拜访，萍萍的两位姐妹对我们的新关系非常兴奋。当我拜访高雄时，我们带着婷婷去看电影；忠中在台北上学，当萍萍在台北拜访我们时，大部分时间忠中会和我们在一起。

因为我想去美国读研究生，所以我想在我离开台湾之前结婚是最好的选择。萍萍同意了，我向她建议我们尽快结婚，这样我就可以为去美国读研究生做准备。

我们计划于1960年1月在台北举行婚礼。根据中国传统，新郎的家人负责婚礼，我们在大学里租了大会议厅。爸爸邀请国防大学的徐培根校长主婚，300多位朋友亲戚一起参加典礼。师范大学校长把他的轿车借给我们，一辆老式的别克轿车，作为一对新婚夫妇乘坐的汽车去参加婚礼，然后再到了我们的家。穿上白色连衣裙的萍萍看起来，就象是来自天堂的美丽天使，婚礼上的每个人都称赞她，并向我们表示祝贺，我觉得自己好像是世界上最顶尖的人。萍萍的家人和亲戚都参加了这场婚礼，她的父亲、姐妹、兄弟、嫂子、外甥女和外甥女都在那里，这一切对我们来讲都是非常幸福的。

1960年结婚照片

婚礼后的第二天，台湾报纸在头版发表了一篇关于蒋介石先生对我的三项发明颁发奖章的文章。每个认识我的人都很惊讶，因为我没有和我的任何朋友们讨论过这个奖项。尽管如此，我们还是对这一巧合感到非常高兴。我们原计划到台湾岛的最南端去度蜜月，但计划中的蜜月从来没有实现过。我们从未预料到的事情发生了。婚礼后的第二天，我们发现自己经深陷入债务中。我们的婚礼应该是一场非常快乐的大型活动，但现在却变成了一场灾难，以至我花了许多年才从这个灾难中恢复过来。这并不是因为我没有为婚礼的费用做足准备。除了全职工作以外，我还做了三份兼职，以积攒足够的钱来举办婚礼。

我把我所有的积蓄都交给了爸爸，这相当于我100个月的教学工资，我告诉爸爸这就是我所拥有的一切。正常情况下，这笔钱足以支付一场盛大的婚礼，但是爸爸又把我所有的钱都交给他所信任的老朋友林崇先生来主持婚礼。在婚礼当天，350 多位宾客应邀请出席了我们的婚礼，因为邀请书上说的是茶点，宾客们赠送贺喜钱都不多，而我们的婚礼经理林先生准备了超过 35 桌的豪华宴会，而不仅仅是茶点。林先生对我们的钱也慷慨使用，他甚至为参加婚礼的客人支付了车费或者三轮车费。林先生甚至没有为婚礼费用的开支留下账本或纪录，我们都不知道自己的经济状况。结果，婚礼后的第二天，我们发现我们已经负债累累，甚至连宴会的费用也没有付清，还欠下其他供应商好几笔债务。

第一天应该是蜜月的开始，而我们却忙着把我们的贵重物品，包括结婚戒指送到当铺，有了这些钱我们也只能支付一部分债务，我不得不向我的亲戚朋友借钱，以支付这些费用的差额。至于林先生，他只是一走了之，把这堆乱七八糟的东西留给了我，连一句道歉的话都没有。

我们被这个不诚实、不负责任的婚礼主持人的行为所摧毁，但是我们绝对不会为这次不幸事件而气馁。由于过去我们经历过如此多的艰难时期，我们相信我们也能克服当前的危机，我们决心努力清理相当于大学教授三年薪金的债务。我继续从事三份兼职工作和全职的教学工作，这些收入有助于偿还部分债务，但还有很长的路要走。

我们在父母家附近租了一套公寓，步行大约 5 分钟。那是一间多户人家的房子，不但非常小，而且缺乏隐私。因为我们想要存钱来偿还债务，所以公寓的租金是我们能承担的最低房租。小公寓没有私人厨房，我们就在父母家吃饭。作为一个惯例，我把我每月的工资和我的收入都交给妈妈来管理，妈妈会给我们这个月的零花钱。如果我们需要钱去买些额外的东西，我们只是向妈妈要钱。当这些钱积累到一定数额时，妈妈会把这一部分钱还给我们的亲戚或朋友。萍萍和我每周去看一两次电影，除了林先生造成的金融混乱外，我想我们还是很高兴，真的觉得很幸福。

婚礼后一个月，我们一起去高雄拜访萍萍的家人。我发现我的妻子萍萍在那些日子里表现得有些异常，我想知道她是否在身体上有些的问题，但她不想让我担心。

"你还好吗?"我问她。

"我很好，只是胃有点不舒服，没有什么可担心的。"她告诉我。

几天后，当我下班回家时，她的脸上有一种神秘的表情。"猜猜看医生今天跟我说了什么？"她说。

从她的行为判断，不可能是任何异常的事情。

"医生跟你说了什么?"

"我们要有孩子了。"她是闪闪发光的。

"你的意思是我们要做妈妈和爸爸? 这是多美妙的事! 这真是一个奇迹。"我说，我把她抱在怀里。

"我们要生个孩子! 我希望这是个男孩，"她说。

"不管是男孩还是女孩，只要身体健康，男女就不重要了。事实上，我们家已经有四代人没有女孩了，一个女孩也会是一个美妙的礼物。"我对这个消息感到非常兴奋。

"让我们马上告诉妈妈和爸爸，听到这个消息，他们会很高兴的。" 我说.

"当然，你去告诉他们吧。"她说。

那天晚上我们去看了妈妈和爸爸。

"妈妈和爸爸，我有好消息告诉你们，我们有小孩了。"我说。"这真是一个大好消息。"妈妈走过去，拥抱了萍萍。

爸爸也非常高兴。

"我为郑家感到高兴，我希望你能给我们家带来许多孩子，我们家的族谱一直很单薄。"爸爸说："我爷爷家里只有一个儿子。"爸爸笑着说。

和爸爸、妈妈在一起

我们的第一个儿子出生在一个阳光明媚的日子，在那一天的中午。就在他出生之前，一场短暂而猛烈的雷暴雨袭击了这座城市，所以我们给他取名为霆，意思是"雷声"。他是一个又健康又漂亮的大婴儿，由于母乳喂养和类似的配方，他的体重迅速增加。我们的生活重心完全转移到了孩子身上，我们搬回去和父母一起住在他们的房子里，我们的儿子一直由我们四个人共同关注着。阿霆是一个温柔可爱的小男孩，在他还是婴儿的时候，从来没有给我们任何麻烦。当他逐渐成长为一个蹒跚学步的孩子时，他很少哭，也很少大惊小怪。我们每隔一个月就带他去看望另一对爷爷奶奶。乘坐大约六个小时的特快列车，他的舅舅和他的表兄和表姐们都很喜欢他，他们不得不互相抢着来抱他。当他大约五个月大的时候，是如此的可爱，胖乎乎的，他的脸颊似乎是会从他的两侧掉下来似的。这个儿子给我们的家庭带来了如此多的欢乐，萍萍和我很幸运能有这样一个儿子，从来没有给我们带来任何麻烦。

从大学毕业起，我就一直想到美国从事研究。我真的很想在世界上最先进的国家学习科学和技术。我还认为，如果没有一个高级学位，在任何一所大学，都只能以普通教师的水平来教学。在我们结婚之前，我已经和萍萍谈过了，她同意过我的要求，为了在教学工作中取得成功，我至少需要有一个硕士学位。现在，我们已经建立了在一起生活的可爱家庭，我不得不努力为了我的妻子和儿子过上更好的生活而铺路。

"我认为，现在就开始正式申请去美国读研究生，还不算为时过早，至少要花一年的时间，政府才会受理这份申请。"一天，我对萍萍说。

"现在就开始准备文书，完全不算为时过早，你要知道政府的工作效率有多慢，一年时间是相当乐观的。"萍萍表示同意。

"硕士学位通常要花一年时间才能完成。因为我的英语不太好，可能需要一年半的时间才能通过。你介意这么长时间的分离吗？"我问。

"当然，我确实介意分离，但为了我们的长远未来，我认为现在的牺牲是值得的！你同意吗？"她说。

"我同意你的观点，我们都将为生活分离做出很多牺牲，但与我们的一生相比，这只是非常短的时间。但是我意识到，要照顾我们的儿子，会给你增加很多的负担。"我说。

"别担心，一旦我需要任何帮助时，我们双方的父母都会来帮我一把。你只要继续努力学习，拿到你的学位，然后尽快回来。"她说。

一旦做出决定，我就开始写信要求取得几所美国著名大学的招生目录。然而，在我向美国学校申请之前，我必须获得政府的批准。我需要准备通过台湾省政府和民国政府审批的一堆繁文缛节的文字工作，因为我在大学的四年里得到过政府的经济支持，我认为这样做是公平的，但我不知道政府的公文旅行会需要多长时间？

我收到了许多美国著名大学的招生目录，但是我只向两所美国大学邮寄去了申请表格，这两所大学都是我的朋友们极力推荐的。其中一所是位于伊利诺斯州卡本代尔的南伊利诺大学，另一所是位于威斯康星州梅诺莫尼的斯托特州立大学。我向这两所大学寄去申请后两周左右，我就收到了两大学的回复并在一个月内邮寄来了 I-20 表格和财务支持文件。

来自威斯康星州立大学的回复和整洁的管理程序给我留下了深刻的印象，斯托特特学院是我申请的两所大学中规模较小的一所，当时在校学习的学生不到1500 名，我的朋友朱凤传曾经就读于斯托特学院，并推荐这所学校有着最优秀的教师和课程质量。此外，雷·魏根博士是研究生院的院长，他从一开始就与我通信，因此我决定选择斯托特学院。在我做出选择后，我写信给南伊利诺大学，撤回我的入学申请。这两所大学都向我提供了学费补助，在斯托特学院我必须支付七百美元的日常生活费。

我咨询了几位在海外留学并回到台湾的朋友，就他们的经验和建议进行了自我规划。有了来斯托特学院的 I-20 表格和财务支持文件，我就可以向政府申请出国留学。因为我是省立大学的一名员工，所以我必须先得到省教育厅的批准，然后再去向教育部申请。在三个月内省教育厅批准了我的申请并将我的申请报告提交给了教育部。教育部的审批阶段是非常缓慢的，首先要去找负责申请的工作

人员张先生，他告诉我已经把我的申请转到楼上去了，当我去见了部门主管问我的申请有什么进展时，主管告诉我，申请人数太多了，而且根本找不到我的申请报告。

我等了差不多一年，还没有任何消息。为此，我预约了教育部副部长邓传楷先生，他非常乐于助人，将我的申请向上追踪，原来还是那个张先生，收到了我的申请报告后，就一直压在他的桌子上面。我很愤怒，马上去找那个处理我申请的年轻职员张先生。

"你把我的申请，整整压了一年！你怎么能做这样的事呢？"我对他咆哮。

"我太忙了，你只需要耐心等待。"他说着，慢慢地把头转向我。

我很生气。我真的很想打他的鼻子，但我知道那对我很不利，但我还是被气疯了。

"你是如此的无能，你是黄帝子孙的耻辱。"我用一种低沉而平静的声音对他说，然后我走出了教育部大楼。几年后，我得知那位年轻的小伙子正在等待申请者的小费。因为我没有给他小费，他就什么都不做，是他把我的申请推迟了，多么堕落的年轻人，堕落啊！他浪费了我整整一年的时间，只为了他的几块钱小费。

到那时，我的耐心已经耗尽了，我决定通过一个对我开放的另外一条渠道来申请。当我拿到政府奖状时，曾经被告知如果我想到美国去学习需要帮助的话，政府将会帮助我。我不想去打扰别人，更不知道应该去哪里寻求帮助，所以，在一年前就直接向教育部申请。但是现在这一次，我试着通过台湾行政院申请，台湾行政院是类似美国白宫的政府机关。行政院秘书长陈学屏博士是我在大学一年级新生时就认识的，他对我在兵工学院的工作也很熟悉，亲自承诺要帮我这个忙。一周后，我收到了一封来自行政院的信，给了我一个出国留学的特别许可证。

我对这张特别许可证感到欣慰和高兴，我到陈博士的办公室表示感谢。我知道如果没有他的帮助，我可能还得再等上一、两年。如果我足够幸运的话，我可以通过教育部得到批准；如果我碰巧又遇到了一个腐败的家伙，我可能就要等更长的一段时间或者永远得不到批准。

我的下一个挑战是通过几层繁琐的手续来完成我的文件工作。第一个是到地方行政办公室填满各种表格，并取得"出国"申请表。此表格必须经过公安分局批准并盖章，然后送交台湾保安司令部进行保安检查及批准，这个过程可能需要几个月的时间。幸运的是爸爸认识大多数重要的官员并打电话给他们寻求帮助。整个过程只用了不到一周的时间就完成了。最后一项是获得外交部的护照，我的朋友杭纪东认得外交部里的很多人，帮助我完成了申请，所以我只用了五天就得到了我的护照。

现在是最困难的部分就是我必须到美国领事馆去申请签证才能进入美国。有几个问题需要小心处理，最困难的是财务能力的证明，我必须给他们看一张银行证明，表明我有足够的钱让我在美国生活一年。我只有大学提供的学费补贴，据领事馆的职员说，我还需要为我的生活费提供700美元的银行票据。当时一位全职教授每月收入仅为30美元，作为副教授，我的每月收入仅为20美元。700美元这个数额相当于我三十五个月的教学工资收入，当时。我的伯母张云常借给我200美元，我的岳母又从朋友那里又借了500美元，这样就达到了700美元的要求。

下一个要求对我来说也是相当艰难，需要通过美国领事馆官员的面试。因为我没有机会学习和练习口语，所以我很难用英语进行简单的对话。在那一刻，我几乎没有时间准备来达到语言要求。我担心我的英语能力不足以通过美国领事馆的审查，因为我只在大学一年级时上过英语课。但是我并不担心到了美国后要去参加的学习课程，我只是想一步一步地走。

我开始阅读英语课文，在磁带录音机的帮助下试着读单词。出国的过程突然变得太快了，在我离开之前，我只有几个星期的时间来学习英语。我强迫自己在工作和处理所有离职前的杂事期间，记住单词和句子。我的妻子通过在公交车上，在大街行走以，及我们能找到的每一个机会对我的词汇和语法进行测验来帮助我。我非常乐观地认为我能够通过美国领事馆官员的面试。我也很有信心，我可以处理好我的作业，在学校里四处走动不会有太多的问题，我一直都很乐观，但并不一定很有信心。

在我拿到护照并准备好美国领事馆所需的各种文件后，我打了个电话，预约了面试时间。

"你准备好接受美国领事馆的口试了吗？"萍萍问我。

"不是真的，这取决于他要问我什么？"我说。

"我相信你会做得很好，只是不要太紧张。"

"我会尽力的。"我对她说。

面试那天，我早上起得很早，乘坐了一辆公共汽车到美国领事馆。我非常紧张，因为我为这次面试做了很多的准备。我现在承受不了被拒绝的场面。我约定的面试时间是在上午9点钟。我8点15分到领事馆，我提交了文件并取得等候的编码号。我坐在等候区，面对着一座巨大的挂钟，秒针的动作非常缓慢，到9点钟的时间似乎是很长的。有些女士从走廊的房间里出来，但我的名字却没有叫到，我变得更加紧张。到了9点15分，我的名字还是没叫到。我的文件有什么问题吗？还是会见我的官员迟到或者生病了？最后到了9点45分，接待员叫到我的名字，我走到她坐的窗前。她指着一个方向，对我说："你从这条走廊走，在你的左边找到第三扇门就到了。"

我谢过她，按照指示走到了走廊，在左边找到第三扇门，敲了敲门。

"请进来。"房间里的一个声音说。

我打开房门，走进房间里，一位年轻的美国官员坐在他的椅子上。当我走近桌子时，他站起身，伸出手来。

"早上好！我的名字是比尔·郝，你好吗？"他握着我的手说。

"早上好！我是郑天任。"我说。我想，哎呀！这个美国人很友好，我希望他不要问一些我无法理解的问题。

"请坐下来，让自己舒服些。"他指着旁边的椅子说。

我坐在椅子上等待着第一批问题，他慢慢地翻阅我的文件。

"你认为你需要多长时间才能完成硕士学位？"他问我。

"我相信我能在一年内完成。"我回答。

"在毕业后你打算留在美国找份工作吗？"

"不，我打算毕业后，取得学位就回到我的家。"我说的是实话，这是我和妻子的计划。他拿起他的圆珠笔，在我的申请表上写了些字。

"我祝你在美国好运。"他说，递给我一叠纸。"你可以在三天内回到这里，来拿你的签证和其他文件。"

"非常感谢。"我说。我简直不敢相信，我的心跳如此之快，就像会从我的胸部跳了出来一样。这比我想象的要容易得多，我感到很欣慰，终于我的梦想可以成真，我可以到美国去学习了，现在我可以为我的出国学习做准备工作了。

秋季学期通常会在八月下旬开始，但这已经是六月了，我还没有开始准备。我曾和我的妻子说过，她和孩子将会和我的父母待在一起，因为她已期待着我们在明年一月份的第二个孩子，需要我父母的帮助。妈妈和爸爸很高兴地同意照看他们，我觉得在这一年里离开是很好的。

飞往美国的机票576美元，这是一个天文数字。远远超过我两年每月20美元教师工资的全部。我必须找到一种更便宜的旅行方式。通过一些朋友的介绍，我和一家货运公司谈过。他们向我提供了一趟前往美国的单程船票，价格仅为80美元，其中还包括一天三顿饭。我松了一口气。

我借钱办理了银行券，以向美国领事馆出示。当我到达美国时，我还需要向移民局官员出示银行券。按照我的情况700美元的银行券还要付利息，现在持有了这张证书，我到美国后，就必须把钱寄还给我的岳母和我的伯母。此时，我的婚礼开销的债务还没有还清。我去拜访了一位我最信任的朋友杭纪东，向他说出我的困境，他出身于一个非常富有的家庭。

"纪东，我需要你的帮助。如果你有任何问题，请让我知道。"我说。

"请告诉我，你的问题是什么？我们是好朋友，我能做的任何事，我都会为你去做。"他把手放在我的肩膀上，直视着我的眼睛。

"这和我婚礼上的债务有关，我还欠商家400美元。"我说。

"这不成问题，我会借钱给你，这笔借款将不会有利息。当你有钱的时候，你再还给我，我只是希望你的美国之旅取得成功。"他告诉我。

"你可能不知道这钱对我有多大的意义。没有钱，我就不能去任何地方，我真的很感激你是我的朋友。"。

"这就是朋友的目的，当你成功的时候，请不要忘记我。"他只是在开玩笑，我怎能忘记他呢？他走进他的后屋，递给我一个信封，里面有钱，有了钱，我就能把所有的小贩欠款都还清。如果他不借钱给我，我就会因为债务而无法离开台湾了，我的生活肯定就会完全不一样。

在我还清了所有的债务，包括去年对供应商的利息，并支付了我的船票后，我还留了大约100美元作为我在美国的初期生活费。

我很自信我不需要超过这个数目，100美元是我在大学教书五个月的薪水。

所有前往美国的学生，都必须到当地的卫生部门去作体检，包括X光检查。我带着X光片和其他文件回到美国领事馆去领取我已经申请美国签证。在排队等待的两个小时我很担心，我不得不再次面对询问我的美国官员，如果他对我的回答不满意，我就可能会被拒签。因为我不知道他要问我什么样的问题，我很紧张。如果我不理解他的问题会发生什么？轮到我的时候，我被引导进了一个小而整洁的办公室。一位年轻、有绅士风度的官员坐在他的椅子上。他站起来，握了握我的手，让我坐在他对面的椅子上。

"你带有足够的钱住在学校里吗？"他温柔地问道，仿佛他想在某种程度上帮助我，但我知道事实并非如此。

"是的。我带来了所需的700美元的银行券，这是由美国学校计算的。"我说。

我向签证官递交了学校和银行的信，签证官看了看那封信和银行券，就在我的护照上盖上章，又在上面写了一两行字，然后递给我。

"祝你好运。"他微笑着伸出手来，我们握了握手。

"谢谢你。"我说。

我感到非常幸运，向我问话的美国签证官都是如此友善和温和。对于我认识的许多人来说，他们参加一般面试的情况各有不同。过去曾有多次被拒签的学生要通过美国领事馆的面试是非常困难的，那些想去美国的学生真的很担心这种面试。

那时，我已经准备好离开台湾了，这艘船原计划在二周后离开高雄码头。高雄是台湾最大的海运港。在这艘船计划出发前的一周，我和萍萍决定去南方和她的父母住在一起等船。我们离开台北的那天，妈妈，爸爸和一群朋友，包括我在大学的系主任、顾教授和顾夫人，都来到台北火车站为我们送行。当我将登上火车时，顾夫人在我的口袋里塞了一张 20 美元的美国钞票，我想把它还给她，但她坚持说。

"请把这个拿着，以防万一。"她说。那时她确实还不知道这张 20 美元的钞票对我在美国最初的生活是多么的重要！

跟妈妈和爸爸告别是很困难的。妈妈没有哭，但她的眼睛是红红的，我知道她早就哭了，她拥抱了我，紧紧地抱着我。

"儿子，当你独自一人在千里之外的时候，你必须照顾好自己。你需要看天气，穿得暖和些，吃足够的食物，多休息。我们会想念你的。一定要经常写信回家。"同妈妈分别了，我忍不住也哭了。

爸爸很好，但我知道他会控制着他的情绪，他把手放在我的肩上。

"儿子，你要好好照顾自己，不要担心家里。我会照看好一切的，我们都会很好地照顾好你的萍萍和阿霆，要经常写信回家。"爸爸告诉我。

"是的！爸爸，我会按照你和妈妈说的那样做，你们俩也要照顾好你们自己！"我说。

"再见！"萍萍说，她向我的父母和其他人挥手致意。

火车进了车站，萍萍抱着阿霆，我把行李抬上了火车。当火车驶出车站时，透过车窗，我们向我们所爱的人和朋友挥手致意，我仍然沉浸在悲伤之中。

"妈妈和爸爸变老了，看上去很虚弱。当我离开这个国家的时候，我会担心他们。"我告诉我的妻子。

"不要担心他们的健康，他们才 40 多岁，你只要专心学习就好了，我们所有人在家里都会很好，一年过得很快，当你回家的时候，阿霆应该是 2 岁半了。"她说。

"对我来说今年将是最长的一年，让你、阿霆和我的父母留在这里，我到美国去见新朋友，更不用说我的英语言还不够好。这将是一个漫长而孤独的一年，但我会忙着学习，赚些钱来支付我在美国的开支，所以在我们知道之前，时间就会很快地过去。"我说

"别忘了写信时，给我们寄一些你和周围环境的照片。"

"任何时候我都会给你写信的，我会把在美国拍的照片寄给你。"我保证。

火车准时到达了高雄，除了萍萍的妈妈和爸爸，他们整个家庭都在火车站迎接我们。我们一下车，阿霆就被他的姨母抱着，忠中拿起我的行李，萍萍和我两手空空。我们从火车站雇了几辆三轮车到我的丈人家，在屋子里，我们和她的姐妹们以及她兄长的家人，在一起度过了一段美好的时光。我的内兄比萍萍年龄大得多，他比我大 10 岁，在一家化学公司当工程师，一直忙于他的业务工作，从来没有参加过我们年轻人的活动。

我一直在等着那艘货船，一个星期过去了，没有任何来自海运公司的消息，这艘货船因例行维护而延迟出发了。就在那艘货船应该离开的这一天，我才被告知，开船时间被推迟了一个星期。我非常想念妈妈和爸爸，而且，忠中还想要我的录音机留给她做作业。这是一个很合乎逻辑的借口，可以独自去台北。

"我要回台北把录音机带回来。"我告诉萍萍说："这只会花上一天左右的时间。"

"这是一个好主意，我需要你把我的毛衣带到这里来，这里的夜晚很冷。"她说。"你可能还想和妈妈爸爸再在一起一段时间，我知道你想他们了。"

"你是完全正确的，今天我就离开。"我说，"明天可能会回到这里。"

我乘早班火车到台北，下午就到了台北。妈妈看到我回来很惊讶，我解释了货船期的延误。在家里，我花了一整天和晚上的时间和妈妈聊天，帮她做家务。爸爸下班回家后，我也花时间和爸爸聊天。

　　第二天早上，当我要离开的时候，我恳求他们不要从屋里出来。我从情感上知道这对妈妈、爸爸和我来说都太过分了。我想要走出家门，就像我以前做过了成千次那样。我拿了录音机，说了一声再见，就冲到火车站去了。在我内心深处，害怕再也看不到他们的悲伤，已经把我的心切成了碎片。

　　回到高雄，我等待这艘货船离开高雄的消息，一旦接到开航的通知我就应该上船。我总是喜欢轻装上阵，我只带了几套内衣，两件衬衫，一套西装，还有一些放在小帆布手提箱里的洗漱用品。我知道威斯康星州的天气很冷，所以我也买了一件厚重的长大衣。我还从街头小贩那里买了一些盗版的电子工程教科书，每本书一美元。，这些书装在一个比手提箱小一点的纸板箱里，但是很沉重。台湾九月的天气仍然很热。很难想象在一个月左右的时间里，我就到一个很寒冷的会结冰的地方。

　　我很好奇，但不知道我要上哪一艘船。因为这张船票很便宜，我想知道这是一艘钢结构的船还是一艘旧木船，因为它只是一艘货船，船上有什么样的生活条件？能有多快？我们要多久才能到达美国？我都不知道！

第三十章

漂洋历险

　　船运公司终于在开船前两天发出一张手写通知：船名为"EC2"的货轮离港时间为 1961 年 9 月 12 日。临走前的一晚，我和萍萍，一直在谈论，当我不在家的时候该做些什么？并为未来作打算。

　　"我们会非常的想念你，但我们在这里会很好，不用担心我们，你只需要好好照顾自己。"萍萍反复地说，她没有在我面前哭，但从她的眼神来看，我知道她已经哭了很多次。

　　"你会和我爸爸妈妈住在一起，这样他们就能帮助你照顾孩子。此外，你也可以陪伴他们，他们也不会太寂寞。"我说。

　　在上大学的时候，去美国读学位是一直是我的梦想，但那时仅仅是一个梦想。当时，在台湾能够去美国读学位的都是富人或政府高官的子女。我没钱更没势力，所以这只是一个梦。现在我在大学当助教，去美国学习的愿望比以往任何时期都强烈，我必须找到一种方法来实现我的梦。

　　拿到签证后，我不得不加快安排我去美国去读学位的各个步骤。我的第一选择是飞往美国，但当时的飞机票价格是 576 美元，我的月薪是 20 美元。没有地方可以借到这么多的钱，因此，我开始寻找其他的方法，同以前去过美国的朋友们联系，他们中间有人建议我通过海路而不是乘飞机去美国。这是一个很好的选择，因为没有规定我在什么时间前一定要到达美国报到的时间限定。我开始四处寻找机会，有一天，我碰巧注意到报纸的一角，有广告信息称一艘货轮正在召集搭载乘客。开始我担心是不是"黄鱼"的假消息，通常情况下我对此是抱以怀疑态度的，但现在我绝望了，我不管"黄鱼"意味着什么？只要能把我带到美国去就可以，于是我坐了一辆出租车去货轮航运公司。

　　"先生，你们有去美国的轮船票吗？"我问值班室内的一名职员。

　　"是的，但是现在我们只剩下一张票了，你想买吗？"店员问我。

　　"多少钱？"我问。

　　"80 美元，包括轮船上的住宿房间和生活伙食都在内。"他说。

　　"我想要买，你能将船票为我保留几个小时？我要先回家拿钱来买。"

　　"如果你不回来，我就不等你了。"店员坚持说。

　　"好吧，我这里有 40 元台币，你替我保留船票，不超过二个小时我就会回来，好吗？"我恳求道。当时，一美元相当于 40 元台币。

　　"好吧。请在二个小时内回来，否则我会把船票卖给下一个乘客。"店员说。

　　我赶快回到家，拿了 80 美元买到了最后一张船票。航运公司职员告诉我，这艘船目前正在进行日常维护，需要过一段时间才能完成，当船准备好开航时就会通知我。这对我来说机会很好，那时是 1961 年 7 月，每年有些美国大学的第二学期是在十一月开学，我申请就读的这所大学就在其中，所以我有足够的等待时间。

台湾不是我的故乡，15 岁时从中国大陆来到这个岛国，在台湾生活到 27 岁。

我对少年时代的记忆分大陆和台湾二部分。对我来说，我的祖国是中国大陆，因为当时对我们的宣传仍然是希望蒋介石的政府有朝一日会回到大陆，我们是暂时住在台湾的，但台湾也是萍萍居住的地方。

在等待开船的两天时间里，我有着悲伤和激动的情绪，我和我的萍萍一起回顾了所有的事情并谈论了未来，考虑到今后的长期分居，我和萍萍都很伤心。但是当我们谈论到关于未知的将来，我们都很害怕，同时也抱有很多希望。我们谈论到我们分开后会有多的孤独，但一年的时间可能会很快就过去。我们的婴儿阿霆现在已经 1 岁 2 个月了，当我回来的时候他将会是 2 岁半或 3 岁，我希望他能认出我来。然后我们又讨论了一段时间，很快太阳就出来了，是我应该动身去码头的时间了。

这是一个阳光明媚、非常温暖的早晨，我们雇了五辆三轮车，花了 30 分钟就把我和萍萍、孩子和我亲家的家人送到码头。到达码头后从舷梯向货船上爬去，我的岳父和内兄帮助我把两件行李带上货船，同时想看看这艘货船是如何安排乘客的，这艘货船预计将在太平洋上航行 16 天。

这艘货船是一艘名为"EC2"的二战自由轮，是一艘超过一万吨的钢结构大货船，原是用来运送美国和欧洲的战争物资和军人的。这艘船的主要部分是货物舱，分布在船的前、后二部。上层建筑在船的中部，在甲板以上有三层楼的结构。包括顶部的船桥、官员居住区，二层和第一层是水手的生活区。尽管船龄很老，但从外观上看，几乎像新的一样，这艘货船得到了很好的维护。我很高兴地注意到这艘货船是钢结构的，而不是我所担心的木制货船。货船的外壳刚刚油漆过，动力引擎也是才检修过。我们都觉得，乘坐这艘坚固货船，会顺利安全抵达美国的。

"这是一艘好船，我想你会安全的。"我的内兄说。

"我也这样认为，在太平洋上的航行只需要 16 到 18 天，很快就会就到达美国。"我说。

中午 12 点钟的时候，船长命令所有的送客离开货船。我在船上同我的每一位亲友告别，当然，最困难的是同萍萍和阿霆告别。在我回来之前，我们最后拥抱了一次，我吻了阿霆的脸颊，把他抱了几秒钟。当他们慢慢地离开这艘货船时，我已经控制不了我的情绪。我看着他们下船，萍萍在到达码头平台前几次转过头来看我，在那里他们可以看到这艘货船运载着我离港启航。

这艘货船立即向海峡方向转了 90 度。我从船中段跑到船尾，向我的亲人和朋友们挥手。突然，货船发出了一声响亮的哨声，我儿子的哭声似乎比以前的更响了，当岸上的送客人群变得越来越小时，我控制不住自己的情绪，眼泪如雨水一般淌了下来。我开始思考与家人分离后将如何生活，在我们重聚之前将会多么孤独。对我来说每天会如此忙碌地处理我的学习和生活；但对萍萍来说，日常生活实在会是太枯燥，她会同我的爸爸妈妈一起住在台北的家里，在那里孩子会过的比较好。

当乘客们聚集在货船的下甲板时，大副向我们作了介绍，他自我介绍为刘先生，然后让各位乘客相互自我介绍。

"我是来自台北的李涛，我要去纽约。"李先生说。

"我是王光中，来自台南，我要去加州。"王先生说。。

"我是郑天任，来自台北，我要去美国威斯康星州。"我说。

"我是戈德堡太太，来自洛杉矶，也是我要回去的地方。"戈德堡太太说。

然后，大副给了我们每个人房间的钥匙。"李先生，你住在五号舱，郑先生和王先生住在二号舱，戈德伯格太太住在三号舱。这是您们的钥匙，一定要放好，不要丢失，如果弄丢了，就要付5元的赔款。"大副说。

我和王先生共享一间房，李先生和一名二副同住一间房，这位女乘客戈德伯格夫人，是一位祖母，到台湾访问儿子的家庭后返回美国，她独自住在一间房。

然后我们就住进了各自在船上的房间，这是一间大小不超过10平方米的小房间，房间里有二张床，用一张桌子把二张床分开。王先生问我想要哪张床？我说我不介意，所以他选择靠近船头部的那张床，而我则睡在靠船舱尾部的那张床。

王先生是个奇怪的家伙，他很少说话。他说话时，从他的面部表情判断，似乎在遭受着某种痛苦，所以我只管自己的事，常常把他一个人留下。而另一方面，李先生是位正常的人，我会同他在甲板或餐厅碰面，聊些我们目前的活动和未来的计划，可惜我们被分配到不同的船舱。

我的船舱在二楼，在李先生和戈德堡太太的背面。二楼的另一侧上，还有其它四个小房间，不知道是作什么用？我们知道还有船上的官员包括二副、驾驶员和通信官住在二楼的船舱里。船长的和大副的船舱在三楼。在二楼还有餐厅，离我的船舱只有三扇门的距离。

货船航行到公海上后，欧阳船长把乘客们聚集在餐厅里，将船上的五位官员介绍给大家，我们也介绍了自己和我们要去的地方。船上还有10多名水手，大多数官员和水手都是20多岁或者30岁出头，欧阳船长是船上的最年长的人，已经46岁，和我父亲的年龄完全一样。戈德伯夫人看起来好像有50多岁了，而我27岁，另外两位乘客24岁。

"你们是我们的乘客，我们有责任保护你们，把你们当作我们的家人。船上的全体船员和我欢迎你们的到来，希望这将是一段轻松愉快的旅程。这里是餐厅，我们将在这里吃三顿饭，这里也将作为我们的会议室，希望你们能够享受这次旅行。"船长说。

这是一艘货船。因此生活设施非常简单，船员和水手们共享一个餐厅，餐厅内有20多张可以坐着四个人的小桌子，桌椅全部固定在船板上。大桌上放有食物和餐具。在餐厅里还安装有一台电视机，但没有任何电视节目可以观看。但是大副刘先生告诉我们，船靠近美国海岸时，我们可以看到电视节目，我以前从来没有看过电视，因为那时台湾还没有电视台。从我的角度来看，船上的饭菜都是一流的，我们一天吃三顿饭，午餐和晚餐都配有鸡腿和猪排，早餐包括白面包和一些腌菜和炒花生米。当时，我在台湾生活的时候，这样又好又丰富食物是不容易得到的，船上还有水果，免费供应给所有的乘客。

船长为我们4位乘客安排了船上参观活动，参观了驾驶舱和通信室。我对船上所有的航海设备都很感兴趣，特别是那些通信和雷达设备。但在大家参观期间，我没有机会问很多问题，我不得不把我的好奇心留到以后再讲。船长是一个很好的人，我像对我父亲一样尊敬他。

我和船长的德国牧羊犬马克斯交上了朋友。马克斯是一条5岁的大狗，非常聪明，但很顽皮。它只呆在餐厅里，没有船长带着，绝对不会去任何地方。当我对大海和蓝天感到厌倦时，就和马克斯一起玩。另外两位乘客，王先生和戈德伯格太太，都是安静的类型或孤独的人。李先生则是不同的，是健谈而且友好的朋友，我问他要去哪里去？他告诉我，他要去纽约哥伦比亚大学读书。

"你去那儿是为了你的硕士学位吗？"我问。

"是的，但现在我打算以后还要攻读博士学位。"他告诉我。

"你结婚了吗?"我问。

"没有，要等到拿到博士学位后，我才会结婚。我不急着结婚，因为我有两个兄弟，他们已经结婚生子了。"

"对你来说，你是自由的，就像鸟儿一样自由。我是家里唯一的孩子，所以我有义务让我的孩子继承我父母的姓。"我说。"我要去读硕士学位，然后回台湾教书。"

"一个人必须做自己想做的事，祝你在美国好运。但是当你在美国的时候或许会改变你的想法。"李先生说。

王先生和戈德伯格太太，大部分时间都是在自己的船舱里度过，阅读书籍或者杂志。在这次旅行中，尽管王先生和我住在同一间船舱里，我没有同他交谈过。在船上我结交了欧阳船长、大副刘先生、乘客李先生、还有几位水手。船长曾经邀请我到驾驶舱看如何驾驶一艘船，我很高兴受到了这样的邀请，在航行中可以到船桥驾驶舱里呆一段时间。

正常情况下，驾驶舱内有四、五个人 包括船长或者大副，一位船员或受训的学员在掌舵，这似乎是一项轻松的工作。透过驾驶舱上的挡风玻璃，我可以观察到，这艘货船正在平稳地穿过海洋向远方行驶。

那天是一个阳光明媚的日子，这艘船在朝着太平洋的东北方向航行。天空湛蓝，海水平静而清澈，我看着大海，偶尔会看到有飞鱼和海豚在船的周围活动，九月的太平洋地区仍然非常温暖。当我站在甲板上时，船以每小时 10 到 12 海里的速度航行，有一种舒适凉爽的感觉。

我的脑海里充满希望，想象着在美国将会是什么样的生活? 有语言障碍，我怎么能和外国人交流呢? 我没有像其他从台湾出来的人那样做好足够的准备，我急于在教学谋生的同时完成必要的出国步骤，我甚至还没有准备好我的英语，我现在所能做的就是想好在事情发生的时候应该如何应付它?

在经济上，我所有的钱就是 120 美元，我想这可能维持一段时间。在台湾要过一个舒适的日子，每天我可以花不到 1 美元购买食物。我想到达威斯康星州的梅诺莫尼市时，在我耗尽现金储备之前，我应该能够找到一份修理收音机或其他事情的工作。此外，我还获得了一份学费和住宿奖学金，需要我考虑的只是购买食物的费用，我有足够的信心，因此我没有过度的担心。

好天气只持续了六天，在第 7 天的下午，我看到所有的船员都忙着在甲板上做些什么? 一位水手告诉我，海浪很快就会变得很不平静。但是在那个时候，像我这样的门外汉看来，天气似乎还是很不错的，我最好奇的是到底发生了什么事情? 接下来又会发生什么? 所以我就停留在甲板上，看着水手们把东西绑在一起，有的东西需要移到更安全的地方。

右舷方向的风速逐渐增加，海浪也在一分钟内开始升高。突然我看到天空变得越来越黑，云层越来越厚，随着风浪的增强，船变得非常不稳定。在甲板上，水手用绳子把所有可移动的物体全部固定住。旗帜被升起来表示有强风。我想，一定会有风暴在形成，很快就会袭击我们。

船长在对讲机中宣布:"所有的乘客，请到餐厅集合。"

这对我们来说是新鲜的事情，于是我们走到餐厅。在那里，有几个水手聚集在一起等着我们。

"即将到来的台风贝斯将会同我们这艘船相遇，你们都需要小心，遵守公海上的规则，但你们不必担心船的安全，我们会保证大家平安地走出风暴。"船长平静地说。

"噢，我的上帝！台风就要袭击我们了！在我们离开港口之前，怎么没有得到警告呢？"李先生问。

"嗯，我想当我们离开高雄的时候，台风正在形成，没有人知道台风会变成什么样子？因此，我们只是冒了一次台风可能会经过我们航路的危险。"船长说。

"台风是强的还是弱的？"我问。

"我不知道，我们收到的信息只是说明了一场台风要经过我们的航路，但没有说它有多强。"船长说。

"到底是强台风还是弱台风？"李先生又问。

"等到我们航行到了那里，我们才能知道，现在的警告系统还不是很完好。"船长说。

"我们能避开台风吗？"我问。

"恐怕不可能，现在对我们来说，已经是太晚了。"船长说。

"台风期间我们应该留在哪里？"王先生问道。

"可以留在你们的船舱里，把门关上，可以保证轮船在翻滚时，船上的物件不会翻倒。"船长说：

所有其他乘客都按照船长的指示返回了船舱。

"我可以留在驾驶舱上观看吗？"我问船长。

"当然可以，只是要小心点！"船长说。

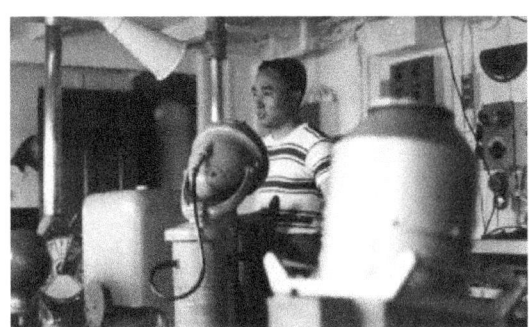

在船上掌舵

在船长的简报以后，我和船长走到驾驶舱上。有两名驾驶人员在值班。当大风把船推向不同的方向时，他们牢牢地掌着船舵。不久，天空变得更加黑，大风呼啸而来，厚厚的云层覆盖了整个海洋。大雨倾盆而下，巨大的风雨噪音压倒了一切。从驾驶舱上看，除了水和大雨，什么也看不见。准备工作都完成后，甲板上所有的水手都回到他们的住处。船长全神贯注地盯着安装在船舵前的巨大罗盘，并将船舵左右转动以保持轮船的方位。.

"风很快就会变强，海浪将会进一步升高，所以轮船会受到一些冲击。"船长告诉我。

"台风贝斯什么时候会来？"我问。

"也许是在早上几小时之后，从现在就要开始了。就目前来说，只是一场雨和一些风。"船长说。

由于没有什么可看？也没有什么可做？我就对船长说了晚安，然后回到了我的船舱。王先生一回来就躺在床上，我不知道他是不是睡着了，但我不敢打扰他。

今天晚上是很可怕的，我感到船的翻滚和风的呼啸，当台风变得非常强烈时，我担心船会变成什么样子？我度过了一个惊心动魄的夜晚，几乎没有入睡。当台风真的来袭时，整个晚上我都很担心，听到了风吹的声音，感觉到轮船的左右翻动，使我无法入睡，但是到了下半夜3点钟左右，我终于睡了一觉。

第二天早晨，大约6点钟左右，我被吹得更响的风声和海浪强烈拍打船壳的声音惊醒。这艘船在每次与海浪相撞后都会发生剧烈的摇摆同时还有滚动。船舱里的物品被扔到地上。我试图站起来，但是仍然被扔回床上，我挣扎终于穿上了我的厚夹克，准备好了就到驾驶舱上去看看风暴的情况。王先生正蜷缩在床上，看上去很不舒服。

"你还好吗？"我问他。

"我想我病了，我感到恶心。"他说。

"我能帮你做些什么事吗？"我问。

"没有，就让我一个人安静一会。"他说着，用毯子盖住他的脸。

我知道他一定是病的很严重，很不舒服。

我试着朝向驾驶舱走去。驾驶舱比餐厅高一层，可以通过一条内部的或者一条外面的通路到达驾驶舱。我选择了内部的通路，因为当时的外面通路是非常危险的。这艘船非常猛烈地向前和向后滚动，每次向后滚动的时候，我就不得不爬着向前走，有时是一个非常陡的坡度。当船向前滚动时，我感到就要掉到船板上。即使是走内部的通路，也不得不紧紧抓住扶手和栏杆，以防止身体跌落到船板上或者撞到船上的什么结构。

花了几分钟我才走到达餐厅，打开餐厅的门，走进去一看，唯一的一个人是欧阳船长和他的德国牧羊犬马克斯。我走进餐厅，为了保持身体的稳定，不得不扶着餐桌一步一步地走到船长的餐桌旁边坐下来。我们喝了一杯茶和一些清淡的早餐。桌子上不能放任何餐具，所以我们只好用手吃饭。

"天任，今天早晨，你好吗？"船长问我。

"我很好，你呢？"我问。

"我的身体状况很好，但是在这次台风中我的所有伙计和水手都晕船了，我们刚刚才开始进入台风的边缘。我们离开台风的影响之前，至少有20到24小时，将会更加艰难。"船长告诉我。

"哇！这听起来象是一场强烈的台风！"我说。

"这是强台风！但我们会一定成功的，我很快就去接管对这艘船的控制。我不知道我的伙计们现在怎么样了？"船长站起来说。

"我想和你一起去驾驶舱，看你如何驾驶这艘船通过强风暴，可以吗？"我问他。

"当然可以，只要你不晕船，你就可以和我在一起。"

"我以前上过几次船，我从来没有发生过晕船的事情。"我自信地对他说。

"好的，我们现在就上去吧。"他说，然后欧阳船长领着我走上驾驶舱。马克斯跟着我们，挣扎着走了一段路，爬上了楼梯，又爬进了驾驶舱去看看风暴的样子。

在船桥上，这两位驾驶员看上去脸色苍白，船长让他们离开，接管了对船的控制。

"两小时后再回到这里来。如果我需要你们，我会通过对讲机打电话给你们的。"欧阳船长对两位驾驶员说。

"是的，船长。"他们说后很快就离开了船桥。

我就站在靠近船长旁边的挡风玻璃后面，在船舵旁紧紧抓住船舵下面的栏杆。这艘船正朝着愤怒的海洋波浪方向前进，即使轮船有一万吨的重量和大小，仍然就像一片小叶子一样被海浪扔到大海的一边，然后又被扔回到大海的另一边。然后海浪就会冲过挡风玻璃，产生巨大的冲击力，听起来就像一场大爆炸。我的双手紧紧地抓住栏杆，否则，我就会被扔到船板上，当轮船在滚动时，我努力地争取保持平衡。

透过挡风玻璃向外面看，我看到船头慢慢地往下，越来越低，并向左侧倾斜，我想，天哪！这次我们可能要冲到海底里去了。就在那一刻，一股巨大的波浪从挡风玻璃上冲过了船顶部，海水撞击挡风玻璃的声音震耳欲聋。

"船长！看！我们是在往下走，再也不上去了吗？"我很害怕。

"会上去的，别担心！"船长平静的声音让我感觉好多了。

确实，在某一时刻，船头又升得越来越高，然后又慢慢下降。当船头在空中的时候，暴风雨的海浪冲击着船的底部，听起来更像巨大的爆炸，整个船都能感觉到这种冲击波起起伏伏的循环不断地重复着。暴风和海浪的力量无情地把船抛向四面八方，似乎没有尽头，欧阳船长偶尔会向机舱里的机组人员喊命令。

"你害怕吗？"在掌舵的时候，船长问我。

"是的，欧阳船长，我担心这艘船可能会继续下降，不再上来了。"我说。

"没有，不会发生这样事情的，如果船不进水，我们是安全的。"他说。

"你怎么知道我们船在进水呢？""我问。

"水手们都处于高度戒备状态，他们大多数人都很警惕，我们随时都要知道船是否有漏水？"他说。我没有察觉到他的声音里有什么可担心的迹象。

"我们也需要得到上天的一些祝福。这并没有给我更多的信心。"

"我希望强风暴很快就会结束。"我说。

"只要有耐心，这些情况将在几个小时内结束。"船长说。

掌舵约两个小时后，船长一定是非常的疲劳了，我看到欧阳船长挣扎着不停地使用他的肌肉力量来掌舵。

"我可以来掌舵吗？你看起来很累了，你只要告诉我怎么做就行了。"我说。

"我很好。但如果你真的想尝试一下，你就可以能做到。"欧阳船长说。

我感到欢欣鼓舞，然后欧阳船长把船舵交给了我，我想只要抓住船舵，再把它扶准，就很容易了。但是当我开始放松的时候，一股巨浪冲击了这艘船。船舵就很快地向右旋转，使我的手从舵柄上脱了下来。我认为自己身体很强壮，但是海浪的力量让我很吃惊，我挣扎着要重新控制它，使船舵恢复到原来的位置。但是，要保持同样的船舵位置，说起来容易做起来难。我必须把注意力集中在我正在做的事情上，并紧紧抓住舵柄以保持船的航向，否则，就可能会把我的手从舵柄上拉下来，向另外的方向旋转。当时，我就知道这对掌舵人的体力要求非常高。船长看到了我的遭遇，很快就把我从掌舵的位置上撤了下来。欧阳船长把那两位驾驶员叫回来换班，他自己还留在船桥上监视着。

"我们将很快就穿过台风眼了，海浪将会平静下来。在我们经过台风眼以后，海浪将会再次升高。你可能想回去待在你的船舱里，让自己可以舒服一些。"船长告诉我。

"我不累，我感觉很好。如果你允许我看你如何操作，我还想留在这里。"我说。

"就像你希望的那样，你可以留在这里，然后我们再去吃午饭。"他说.

事实上，海浪和台风很快就变得不那么强烈了。我们已经进入了贝斯台风的台风眼。下午1点钟左右，船长和我下了船桥，休息了一会儿，又在餐厅里吃了午饭。我发现我们是唯一在那里吃午餐的两个人。其他的人根本没有胃口，或者害怕生病。船上的厨师准备了同样数量的食物。我吃了一顿饭和许多鸡腿肉，但是大锅里还有那么多的鸡腿。我看见马克斯在餐厅里打盹，我把它叫醒了，但它不像平时那样警觉或顽皮，我给它一个全鸡腿的时候，它只是羞怯地看了我一眼，然后把头转向另一边。现在我很清楚地看到狗也会晕船的事实。

"马克斯是晕船了，它甚至连鸡腿肉都不想吃。"我告诉了船长。

"狗就像人一样，有些人会感到不舒服，有些则不会。我以前养过一只狗，它从来没有晕船过。"船长告诉我。

"船长，你过去一定见识过很多次暴风雨，这次是最大的吗？"我问。

"是的，这次台风确实的是很强大的。"他说。

"你担心吗？你认为我们能活下去吗？"我很担心。

"当然，我很担心，但担心不会有什么好处，我们应该试图在风暴中做正确的操作，并向上帝祈祷，以保护我们免受这场风暴的灾害。"他有点激动。

"你是佛教徒还是基督徒？"我问。

"都不是，但我相信上帝。"他说。

"愿上帝保佑我们，无论你信仰什么上帝。"我说。

我真希望我过去去教堂。当我真的需要帮助的时候，我不知道如何正确地祈祷。我感到我的胃收缩的越来越紧，但我没有感到恶心。

二小时后，暴风和海浪又回来了，跟以前一样猛烈。但这一次，风向是相反的。台风所激起的海浪不停地冲击着轮船，这艘轮船似乎能维持下去。我担心这艘旧轮船可能会在强大的压力下解体，或者可能会被从右舷过来的巨浪打翻。然而，经过这么多小时，我们还是浮在水面上。台风是越来越强了，但我相信我们能活下来！

到了晚上，我在风暴和忧虑中疲惫不堪，所以吃过晚饭后就早早地上床睡觉了，王先生还盖着他的头睡在床上，那天晚上我睡得非常安稳。第二天早上7点，我醒来一看，几乎到了另外的一个海上世界，大海平静，天空清朗，万里无云。我知道台风已经过去了，我穿上外套，走进餐厅，那里有许多人正在在吃早餐，欧阳船长也在那里。

欧阳船长对大家说："大家早上好！昨天你们都受惊了，但我们都安然无恙地从台风中走出来了！现在一切都很好了，你们都做得很好。请接受我的祝贺！"欧阳船长的心情很好。他向我们打招呼时微笑了。

"船长先生，你做得非常好，请接受我们的祝贺和感谢！"李先生说。

"感谢你在暴风雨中安全地驾驶船只的超高技能，我们非常感谢你，欧阳船长！"戈德堡夫人说。

接下来的两天，天气很好，但是船上的船员和水手们并不像我想象的那样快乐。每个人都对所发生的事情守口如瓶。在我们离开台风贝斯后的第五天，我才发现有些不对劲的地方，我很担心，所以我走近欧阳船长去问他.

"这艘轮船有什么情况吗？"

"是的，有些地方不对了，但是现在不能告诉你。"船长说。

当我碰到李先生时，他对这艘船也有同样的担心，但我们无法想象是什么地方出了问题？

"你认为这艘轮船到底是怎么了？"我问。

"我也不知道，但肯定是出了什么差错？"李先生说。

"我希望船员们能尽快发现问题并找到解决的方法，

台风过后的第六天，船长给餐厅里的每个人都打了招呼，欧阳船长宣布"我们这艘船有一些非常严重的问题，我们的通讯设备损坏了，远程导航仪和雷达都不能发挥作用。因此，我们无法知道我们现在的方位，换句话说，我们迷失在大海中！"

哇！我们在浩瀚的大海洋中迷失了方向！我们不知道现在我们在哪里？也不知道我们应该往哪个方向开？

"这是非常严重的问题！你知道设备有什么毛病吗？"李先生问。

"是的，问题很严重，但是我们不知道到底是轮船的什么通讯设备出了问题？"船长回答道。

"有谁能修理这台设备？"李先生问。

"在港口的时候通常会有专业技术人员负责维护我们的通讯设备，因此我们不需要担心通讯设备的问题。"船长说。

"天线如何？它们最可能在暴风雨中被损坏的。"我问。

"我看了看天线，看起来应该是好的。"通信官说。

"我认为应该更仔细地看一看。"我说。

我看到没有其他的人能够提供解决方案，我就要求提供志愿服务了。

"船长，无线电通讯已经失去了与他人的联系，我想我知道这是怎么回事，一定是被暴风雨损坏的天线。"我说。

"你检查过连接线和电源了吗？"船长问通信官。

"是的，我检查过了，但找不出任何问题。"通讯官员回答。

"一定是由天线引起的。"我说。

"即使你坚持这样说。"通信官说，"我们现在也不可能修复。"

"雷达和远程导航仪的表现也很奇怪，在风暴中就表现不太好。"大副也报告说。

"我们真的不知道现在我们在哪里？在风暴之后更不知道我们的方位了，我们必须修理好这些设备。"船长说。

在台风中失去了通讯？这是什么意思呢？台风离我们的正常路线有多远？我们现在在哪里？这些答案我们都不知道。

我怎么会这么倒霉？我本来可以借一笔钱飞到美国，几个月前就可以到那里了。为什么航运公司明知有台风来袭，还让轮船启航？也许他们甚至不知道即将会到来的台风？那我的妻子和我的父母呢？他们一定是很关心在台湾和日本之间的台风！这是自从我离开台湾以来，第一次感到非常的难过。

台风贝斯袭击我们的货船二十四小时后，风力开始减弱，天空变得清晰了，海浪依然很高，但已经不再构成威胁了。剩下的日子里，天气很好，直到船长把通讯设备被强台风破坏消息告诉我们之前，我们都很放松。船长没有把这个坏消息告诉乘客是担心会吓到我们，现在已经到了必须让我们乘客知道真相的时间了。

"由于强台风，轮船上的远程导航仪、雷达和无线电发射机的天线遭受到严重的损坏，我们已经失去了轮船的确切方位。我们无法联系到其他船只或者陆地导航站。如果没有这些的通讯设备，我们可能会失去几天的时间，现在只是想知道如何到达我们要去的地方。"欧阳船长宣布后，大部分船员和乘客都保持沉默。我确信我能解决这个问题，但担心过早提出可能不是很好，现在没有其他人愿意帮助，我就可以主动提出我的志愿服务。

"船长，船上有电子技术人员吗？""我问。

"不幸的是没有，但是我们有电工。你熟悉天线吗？"欧阳船长问道。

"我对设备和天线都很熟悉，如果你能派两名电工帮助我，我可以帮你修理。"

我满怀信心地说。

"你真的可以帮助我们解决这些问题？"船长看着我说。

"是的，我确信我能修复它们，那是我的专长。"我说："我从事无线电收发报装置的修理工作多年了。"

"真是天赐贵人！我将为您提供任何需要的修理设备和人手。"船长说道。

"你们准备好了，我马上就开始。"我对船长说。

解决了没有配备熟悉无线电设备和天线船员造成的问题，欧阳船长松了一口气。

轮船上的通信天线

那天上午，天气已经很好了，我带了两名水手爬上货船安装有天线的上层建筑。轮船在移动时，站在高处并不容易。虽然风不像在暴风雨中那样强烈，但是如果不抓住船上的固定装置，仍然会被猛烈的海风吹进非常冷的海里。

当我们到达上层建筑的顶端时，我们发现了电线、桅杆和碎片纠结在一起。一块沉重的东西把固定天线的地方砸得粉碎。我们找到了高频天线的纠缠处，我耐心地把纠缠的金属线一段一段地解开并固定在终端上，再把变形的高频天线取下来并放到甲板上，由一名机械师用能够找到的工具把它拉平弄直。我还处理了一些因砸坏而引起的短路，然后我们把修复好的高频天线放回轮船的顶部。远程导航仪首先恢复工作，当我们接受到另一艘轮船的无线电回复后，确认无线电收发装置工作正常。最后，我们固定了弯曲的雷达波导管后，雷达也恢复了工作，我们花了整整一天的时间才完成了这项修理工作，我们确实都很累。但是对于修理工作的结果，通信官高兴地笑了，船长和其他船员们更加满意。

"天任，你救了我们大家的生命，你知道，在大海中航行如果没有通讯设备，我们就会因为迷失方向而飘泊在无边无际的海洋中，其后果是无法设想的。谢谢你，我的朋友！"欧阳船长拍拍我的肩膀说。

"你才是最受欢迎的，船长先生。这里也有我的生命，我也不想迷失在海洋里。"我开玩笑说。

为了感谢我修理天线和测试无线电收发装置，欧阳船长给我的父母发了一封电报，告诉他们我们在台风中幸存了下来了。后来船长告诉我这件事的时候，我曾经想象到当电报到达我家时，我的妈妈、爸爸和妻子会有多么害怕。在当时的台湾，只有死亡和最紧急的事情才通过电报发送的，所以我们经常说，没有消息就是好消息。在我们被台风袭击的时候，有一份来自航运公司的电报？那一定是坏消息！我很感激船长先生的好意，但我希望他没有这么做。我祈祷妈妈和爸爸在收到电报时，没有被电报所吓到。我的妻子呢？在看到电报内容之前，她会如何反应？我想到这件事的时候，真的感到很不舒服，但我还是感谢船长的好意。

船员们确定了这艘轮船的位置后，我们被告知货船离日本很近，我们可以在四天内到达日本。而货船的最初计划是直接行驶到美国西海岸。确认了货运公司同意的行程后，船长再次召集了一场船员和乘客的会议。

"我们改变了航行计划，我们正转向东京和横滨，在前往美国之前，先去日本装载一批货物。"船长说。"乘客们有什么问题吗？"

没有人反对。

"我们将在东京停留三天，横滨两天。"船长继续说道。

"我们能在日本上岸吗？"王先生问道。

"你们不仅可以上岸，我还会给你们永远不会忘记的行程！"船长告诉我们。

"太好了！我想参观东京的电子街。"我说。"你能把我带到那儿吗？"我担心其他乘客可能会反对。

"我也想去那里，我需要买一台短波收音机，"李先生说。

"好吧，我们会在电子街停下来，在那里吃午饭。"船长答应了。

乘客们很高兴我们有机会去看看东京和横滨。当我们在横滨港口附近停留时，我闻到了一种我以前在鲍鱼市场上体验过的味道。船停泊在横滨港，离海岸大约有800米远，这两天我们没有上岸。有成群结队的小贩在爬上轮船来销售苹果、衬衫和其他小物件，一些水手买了苹果和衣服。

"从这些小商贩买到的东西比在美国贵得多。"一名水手告诉我。

在我的以前生活中，从来没有吃过苹果，我被它们的长相和气味所吸引，但是我付出的代价非常高昂。我曾经告诉自己，处处要节约有限的钱，我花了1美元加1美分买了两个苹果。但是，那天下午，苹果让我病得很严重，我一整天都在呕吐，胃疼，但在一夜之后就恢复了。后来我才知道这是没有把苹果彻底清洗干净的原因。

两天后的早晨，这艘船离开了横滨港，开始驶向东京。除了与日本的战争外，我从来没有见过日本人。我对日本人的印象是建立在战争期间的新闻报道和故事的基础上。在我看来，日本人是矮小、丑陋、贪婪、残忍和好斗的。我恨日本人，因为他们是我们的敌人，他们发动的侵略战争造成了许多中国人的死亡和家庭的毁灭。我没有忘记我的奶奶、爷爷、姐姐和弟弟的死亡都是日本人侵入中国而造成的。就在我出生的地方南京市，日本兵在六周内就屠杀了30多万无辜的平民，现在我要看到这些人了！

在横滨，上船的小贩是我亲眼所见的第一批日本人。他们看起来很像中国的街头小贩，乞求水手们买东西，为他们微薄的商品讨价还价，就像我在台北后街看到的那种情况。我一生中大部分时期都恨日本人，现在有了更近的接触，发现他们确实很矮，有些人是丑的，但也有些人是好看的。他们都很谦逊，很有礼貌，只是想挣些钱来维持生计。我开始怀疑是否把我的愤怒指向了错误的方向？难道这仅仅是日本领导者的误导，让日本人犯下那些无法形容的罪行吗？第二次世界大战期间的暴行是普通日本人的正常行为吗？我仍然无法忘记日本人在战争中对中国人所做的各种罪行，这一刻我感到很困惑。

船在东京港抛锚后，欧阳船长为了使他的船员和乘客们高兴，帮助我们取到了临时签证，可以在东京上岸，戈德堡格太太感觉不舒服，不想上岸。我们在下午3点左右离开了货船，船长和四名官员把我们三位乘客带到岸上。我们的第一站是银座，这是在东京以脱衣舞而闻名的一个商业区。

"我要带你们去脱衣舞剧院，你们反对吗？"船长一定是在开玩笑。

"我不介意，我从来没看过这种演出。"王先生说。

"我也不介意，"我说。"这是我在台湾从来就没听说过或看到过这种事情。"

"我喜欢看，在东京时，这是必须看的。"李先生半开玩笑地说。

怀着高度的好奇心和期待，我们在傍晚乘地铁到达银座。船长用寿司和生鱼片招待我们，这些都被认为是奢侈品，而且在台湾非常昂贵，不是大学教员能负担得起的食物。我不喜欢生海鲜的味道，而是点了炸鱼。晚饭后，船长领我们到街对面的一家剧院，票不便宜，但船长付了所有的钱。

剧院很小，但灯光很亮，舞台与通常的相似，但背景很具有艺术性。先是从喜剧演员的表演开场，然后是真正的演出，一群年轻裸露上身的女孩从后面走上舞台，表演各种各样形式的舞蹈。演出引起所有我们的兴趣，大家的眼球几乎要从眼窝里蹦出来，这场演出持续了大约40分钟。

那天晚上我们过得很愉快。我发现日本人对游客很有礼貌和热情。但是有一件事我们不太习惯，那就是店员和女服务员不停地鞠躬，当他们向我们鞠躬时，我们根本不知道该怎么办？

"只是微笑，不要太注意他们。"欧阳船长对我们说。

我们回到船上时，已经快到午夜了。

第二天上午10点左右，船长用一艘小船把我们带到岸边。然后我们乘坐电车去了东京的购物区，参观了著名的电子街，那里有几百家电子商店。我们走过照相机商店、无线电商店和一些服装店。我们看到了许多很有趣的电子产品。但是在我们去的那一天，没有花多少钱，我们三个人都没有花钱买任何东西。

在最后一刻，我忍不住地买了一台照相机，花了42美元买了一架Yashica单反相机，这大约是当时我所有钱的一半。我的理由是，我需要用照片记录下我在船上的剩余时间以及我在美国的第一到第二年的生活。第三天，我们在东京乘坐了很长一段时间的地铁和高架火车。我观察到，中年和年长的日本人都很矮，大部分都是1.62米或更矮；年轻的一代要高得多，他们的平均身高是1.65米。在火车上，我的个子比大多数日本人都高，我的身高是1.67米，这大概是我这一代人在台湾的平均身高。

船长为我们付了车费和餐费，我们都感谢他的体贴和慷慨，他告诉我们是船运公司授权他花这笔钱来招待我们。因为这次旅行我们遭受台风的折磨，并且多花了额外的时间，我觉得航运公司能够这样做，确实是很不错的。

三天的东京之旅很快就，这艘船离开了东京湾继续向西航行前往美利坚合众国。第四天清晨时船离开了东京港，是一个阴天，下着小雨，东京的空气质量确实很差，我们乘客在来到东京的第二天就开始咳嗽。我们很高兴能再次在公海上呼吸清新的空气，航行 30 分钟后，我们觉得我们的肺都恢复了活力。我们的最终目的地是华盛顿州的朗维市，航行中的天气都很好，船在风平浪静的太平洋海面上乘风破浪向前推进，航程上一切顺利，平安无事。

　　"天任，你的头发太长了，使你看起来像个海盗，为什么不让我帮你修剪头发呢？"欧阳船长对我说。

　　我从窗户的反射中望着自己，我的长发确实让我看起来很邋遢，难怪船长说我像个海盗，所以我就勉强地同意了，因为我并不认为船长会是个好理发师，结果他比我想象的要好得多。

　　"多年来我一直在为我的三个儿子剪头发，我很有经验，你看！只要看看镜子就知道了。"他告诉我。

　　"你为什么不给另外两个家伙剪头发呢？他们看起来也很不好看。"我说。

　　"我这样做是为了你，因为你帮我们修好船上的天线和无线电设备，给了我们很大的帮助，我真的没有时间和兴趣为他们剪头发。"他说。

　　船长和船上的两位高级船员也给了我一大袋绿茶和一小袋牛肉干作为分别礼物。

　　"谢谢你给了我这么多的礼物，但是我没有什么可以给你们。"我对船长和大副说。

　　"你不必给我们任何东西，你为我们所做的，比我们所给你的要多得多，我们要感谢你。"在高雄码头上船后第一个接待我们的大副刘先生说。

　　1961 年 10 月 16 日清晨，我第一次看到美国大陆离轮船不远了，一股思潮涌进我的心头。首先，这是一个美丽的国家，我将会和什么样的人住在一起？我是否会被美国老师和其他同学所接受？什么是要做的正确事情？什么才能正确表达自己的方式？我非常担心我缺乏的语言能力，我特别困难的是从句子里听到和理解的单词含义，如果我不理解他们说的话和句子，他们会不高兴吗？

　　在我的脑海里还保留着美国电影镜头，经常出现的美国人挥动拳头的形象，我真的认为美国人都是脾气暴躁而且非常的不宽容。我还想起了我的妻子、我的儿子、我的父母以及自从我离开台湾后他们是怎样生活的？现在，我要独自面对这个新世界，我有点担心我对这片新土地缺乏了解。但我更兴奋的是，我进入了这个世界上最强大、最富有、技术最先进的国家，在我回到台湾之前，我要尽可能的不浪费时间多多学习。当轮船向陆地靠近时，我可以清楚地看到海湾沿岸的美国风景、住宅、巨大的办公建筑群和成片绿树与草原。与空气中弥漫着浓重深灰色烟雾的日本完全不同，美国的空气是新鲜清澈的。我做了几次深呼吸，赏试新鲜的空气，我立刻对自己选择的目的地感到非常的高兴，并急于想知道在这片新土地上，还有什么东西可以让我去发现、去探索。

　　朗维市是位于海湾上游的城市，一名领航员从海湾进入河口的地方登上我们这艘轮船，在领航员的引导下，轮船沿着航道继续向上游航行。在河岸两边，我看到漂亮的农舍和大片的农田，这里十月早晨的空气十分寒冷。从入海口到达朗维市的码头，大约航行了一个小时，轮船与许多其他的远洋轮一起停靠在码头上。与我以前所见的拥挤不堪、污染严重的港口码头完全不同，在这里我看到了整洁有序的码头。

欧阳船长告诉我们，移民局和海关的官员将在上午8点左右登船，如果我们有时间，可以在餐厅里吃早餐。上午8点整，四名穿海关制服的官员来到船上，我们把我们的文件按顺序摆放好，并把我们的行李放在检查台上。8点20分两位官员来到我的船舱，一名是移民局官员，另一名是海关官员，没有问任何问题，只是发给我一张叫做I-94的卡片。

"不管你做什么事，千万别丢失这张卡。"其中一名官员告诉我，然后他们在我的护照上盖了戳，再把护照归还给我。我正式地进入了美国，我决定来美国留学以来的梦想就实现了。

"你带有蔬菜或肉类产品吗?"另一名海关官员问我。

"没有。"我自信地回答说，我忘记了船长送给我的牛肉干。大约在上午8点35分的时候，我通过了海关和移民局的检查。然后他们继续检查我的室友，而其他人还在等待接受检查。

下船后我独自去海边，第一次在这片陌生的土地上思考自己未知的前程。其他乘客留在船上，等待他们的入境检查，早上8点45分左右，所有的乘客都检查完了。让我震惊的是，美国的街道是多么的干净、整洁，所有的建筑都是维护的如此完好，街道上的人很少，我只看到有一、两个人在街上行走。没有推销商品的街头小贩，我觉得这条街太安静了，我想知道是否可以自由地到处走动。

我走进一家小餐馆，坐在一张小桌子旁，有几位顾客在附近桌子上吃着食物和喝咖啡。一位年轻的女服务员来到我的桌旁，给了我一份菜单。我看了看菜单上的那几页，我不明白大多数单词的意思，我只想我要吃一顿好一点的早餐，所以我指的是价格相当于台北一顿饭的早餐，价格是新台币4元，相当于10美分。

"就这些吗，先生?"女服务员对我的点餐感到很惊讶，我点了点头。我想知道我点了什么?几分钟后，女服务员拿出了一小盘吉露果子冻。当我看到它的时候，我就知道这是什么了，突然我不感到饿了，我在桌子上放了10美分，冲出餐馆，回到船上。

到那时，官员们已经检查完所有的乘客，我们也准备离开这艘船了。船长同我们告别，欧阳船长把他在台北的家庭地址给了我，希望能保持联系。我向船员和几名水手以及其他三名乘客说再见，我用中国话跟王先生和李先生说再见，李先生的眼里充满了泪水，他迅速转向另一个方向，走开了；王先生只是简单地说了一声再见，然后走开了；戈德堡格太太雇了一辆出租车，就上车离开了，我们走的是各自的路，以后再也没有见过一次面。

华盛顿州的朗维市，是我第一个到达的美国城市，我充满了好奇，不知道应该期待什么?我看到一个非常干净的城市，有宽阔的街道和整洁的建筑物，上午的街道上几乎没有人。许多汽车停靠在街道的路边，只有几辆汽车在街上有序地行驶，街道上没有任何一个警察。在大城市里的一条大街上，我很不习惯这样的安静，街上的几个人只是匆匆地走了一段路，没有人坐在街角或在街上聊天，更没有街头巷尾之类的躁杂混乱。这是一个港口城市，但没有闻到任何鱼腥味。事实上，整个城市天空湛蓝晴朗、空气清新纯净、没有任何垃圾和污染物。我遇到的几个美国人都很善良，很有礼貌，很友好。我害怕被陌生人打鼻子的恐惧开始融化了，心中充满了一种解脱、平静和喜悦的感觉。

我第一天到这里时就喜欢上这片土地，这完全不是我在脑海中那种基于媒体和电影明星所传递的印象。我一辈子都只习惯看到黑头发和棕色眼睛的亚洲人，现在我第一次真正接触到白人，他们的眼睛颜色并不全是蓝色的，有些人的眼睛是浅蓝的或者灰色的，而且头发的颜色也有很多种的变化，他们的鼻子高、眼窝凹就好像没有眼球一样。有些人的眼睛真的是浅蓝色/灰色的，在我看来好像他们没有眼球。我已经习惯了看到黑色或深棕色的眼睛。

我乘公共汽车去俄勒冈州的波特兰市，那里是灰狗巴士的中心，我需要买一张去威斯康星州梅诺莫尼市的票。售票员把他那本厚厚的书翻了几页，对我说："这个地点不在书里，我从来没听说过这个地方。"然后他问我："你确定这是威斯康星州的梅诺莫尼市，而不是密歇根州的梅诺莫尼吗？我在这里工作了八年，从来没有听说过这个地方。"

我有一种下沉的感觉，如果灰狗巴士的工作人员都不知道去我学校的路线，我就会被困在这里。我知道我的地址是对的，因为我和学校有过通信，为了证明我的观点，我拿出了魏根博士的信。然后售票员向他的助手挥了挥手，一个坐在他旁边的年轻人，"你知道这个地方在哪儿吗？"

"它离欧克莱尔市大约50公里。先到欧克莱尔市，然后转车到梅诺莫尼市"年轻人说。

售票员给了我两张票，说："整个旅程你要付39美元65美分。当你到达欧克莱尔市的时候，问一下那里的工作人员。他们会告诉你该乘哪路车去梅诺莫尼市。"

我付完钱后，售票员告诉我到达梅诺莫尼市的大概时间。我找到了一个投币式的电话亭，打电话到斯托特学院研究生办公室并告诉秘书我的到来。

"你好，我是研究生办公室凯瑟琳·奥尔森秘书，我可以帮你吗？"另一端的声音说。

"这是来自台湾的理查·郑，我正在从俄勒冈州波特兰市到梅诺莫尼市的路上。我应该在两天后到学校。"我用蹩脚的英语说。

"你打算什么时候到梅诺莫尼市？"她慢慢地问我。

"公共汽车将于18日下午6点30分到达，"我又用蹩脚的英语对她说。但她似乎明白我说的话。我的目的仅仅是通知学校我已经在美国，报到的时间可能会迟到了几天。

"好吧。我们会在几天内见到你，再见！"她挂断了电话，接线员告诉我要再给付给他50美分。

在那个时候，至少我知道我已经找到了我想去的那个城市。在这个新国家的第一个早晨，我感到更加舒适，这里的人们似乎和我的祖国没有什么不同，只是他们看起来有点不同，说话也很快。我在同一时间既要听、又要翻译，实在很困难。

公共汽车在10分钟内就要开车了，我抓起我的手提箱和书箱，把票交给了司机。只有一位穿制服的人驾驶这辆巨大的公共汽车，他既是司机和检票员还又是行李员，他在我的车票上打了一个洞，拿起我的两件行李，把它们放在巴士下面的行李车厢里。公共汽车司机的效率和良好的态度给我留下了深刻的印象。我想，难怪这个国家是如此的富有和强大。这位公共汽车司机正在做的一项工作，在其他一些国家需要三个人来做。

我坐在有编号的座位上，公共汽车在等待其他乘客上车时，我闭上眼睛，只是为了收集我的想法。最后我想，我是在一直渴望的梦境中，但我离家万里，离开了我的根和我所爱的人。突然间一种孤独感猛然开始了，没有人可以跟我说话，也没有人会关心我，我所拥有的只是希望和几千个未解的问题......

第三十一章

初识美国

当我刚进入这个国家时，感觉就像一片被连根拔起的浮萍，漂浮在一个巨大的新池塘里，我不得不在那个地方重新来锚定我自己，我必须在这片对我来说是全新的土地上，完成我到美国读学位的梦想。录取我就读硕士学位的威斯康星大学，位于威斯康星州的梅诺莫尼，我只从学校寄来的信中知道这个地方正是我前往美国的目的地。我的脑海里出现了兴奋希望和担心忧虑的情感交结，兴奋希望之后，担心忧虑的成分逐渐增加，但我没有被吓倒，我的信念是必须在这片完全陌生的土地上，逐一解决我面临的任何问题和困难。

从华盛顿州的朗维市到威斯康星州的梅诺莫尼相距离 3000 多里，搭乘灰狗巴士是我所能选择的最经济办法。我找到朗维市灰狗巴士中心站，购买去威斯康星州的梅诺莫尼的汽车票，接待我的灰狗巴士售票员是位非裔美国人。这是我第一次与黑人面对面交谈，他对我很好，很有帮助。总的来说，随着时间的推移，我对这个新国家的人民的恐惧感正在迅速减少，我的直接目标是去威斯康辛州的梅诺莫尼，向学校报到。在这一刻，我还不能确定我面对的是什么，到学校注册之前，我在这个国家就不会感到放心和安全。

我对灰狗巴士的清洁和装备有了深刻的印象，我所看到的座位和窗帘都是一流的。我在巴士前排找到了我的靠窗座位，坐了下来，巴士上只坐了一半左右的乘客，而且大多数都是老年人。当然，在我 27 岁的时候，认为 40 岁以上的人都是老年人，在这个我所不熟悉的国家，我还不知道如何同陌生人进行日常的交谈，因此在旅途中我没有同任何人谈话。灰狗巴士非常宽敞、安静、舒适。令我吃惊的是公共汽车内部还有暖气，连空气也被加热了！与我在中国的乘车经历，无论在战争期间的大陆还是在战后的台湾相比较，灰狗巴士是我乘坐过的最豪华、最舒服的巴士。当然，我从来没有忘记在中国还保留有烧炭炉作为燃料的卡车，在战争中的中国，蜿蜒、潮湿、泥泞的道路上，摇摇晃晃地慢慢向前行，时时刻刻都有滚落到山谷下的现实危险。而我现在是在美国，随着时间流逝，眼前看到的一切和我记忆中的事物相对比，使我对这个新国家的担忧和恐惧感正在一点一点地减少，这里就是像人间天堂一样。

更让我惊奇的是，这么大的一辆公共汽车只有一个工作人员，承担着处理行车过程中的查票员、行李员和驾驶员的所有工作。穿制服的黑人巴士司机很有礼貌，有责任，有自信，有权威。我觉得坐灰狗巴士很安全，很乐意把我的行李交给他，而且确信他不会拿走我的东西。

在公共汽车往东行驶的时候，我不停地从车窗向外看，我想在这个新国家里尽可能地多学习。经过大约十分钟的绕城街道，灰狗巴士进入高速公路。这是我第一次看到如此精心建造的四车道高速公路，所有的汽车都向同一方向行驶；并排的另外一条宽阔的公路上，所有的汽车和卡车都在向相反的方向行驶。在那时候，高速公路上的交通并不拥挤。我在公路上看到的一切都是那么的干净、整洁和有序。在这片全新的土地上，短短的几个小时内所看到的事物就使我对这片新土地感到敬仰。

在国内，常听人说美国的道路上铺满了黄金，就我所看到的美国公路上铺满的不是黄金，而是我将要交往的富有远见和献身精神的美国人的汗水和鲜血，我开始暗自羡慕那些令我佩服的各种各样的美国人。

在华盛顿州高速公路上，我欣赏着每一处如梦似幻、绝美如画的景色，枫叶刚刚变成亮红色或金黄色，在阳光明媚、秋色明亮的天空下，美国西北部确实是一片浩瀚美丽的赏景胜地，五颜六色的树木中，有一栋栋白色或红色的砖砌房屋。一些农舍以及附近的田地里有围养或散养的牛羊和马群，一片和平的兴旺景象

当天傍晚，灰狗巴士抵达蒙大拿时，一场新雪刚刚覆盖了高山和峡谷，呈现出一幅幅美轮美奂的纯净风景，对于刚从亚热带岛屿来的我来说，这是完全超出我的想象。灰狗巴士只做了短暂停留，人吃饭、车加油后继续向东走，晚上的某个时候，换上一位40多岁的白人司机驾驶。在美国高速公路上，灰狗巴士每隔几小时就要换司机，开始时我不知道这是为了什么？后来听美国朋友解释说是为了避免驾驶员的疲劳驾驶，美国人的管理方法就是和我们国家不一样。

灰狗巴士停车吃饭时，我第一次尝试了著名的美国汉堡包，不像台湾和国内的牛肉，那里的牛肉非常嫩，这个汉堡包味道不错，但我非常不喜欢看到血腥的红色汤汁渗进到面包里，而我过去吃的所有牛肉都是熟的。这顿饭花了我2美元，对我来说太贵了，在接下来的旅程中，我只能吃饼干和冷饮，但我确实过得很愉快，我很兴奋。大部分时间里，无论白天还是黑夜，我都试图保持清醒的头脑来观察并捕捉沿途中进入眼球的一切事物。同美国人接触后，我完全改变了对美国人的看法，发现在车上美国人彼此之间是友好和有礼貌的，没有发生任何的争吵或争论，人与人之间都是和平相处，互帮互助。

灰狗巴士开行了三天二夜，最后到达威斯康星州的欧克莱尔汽车站，司机把我的手提箱和书箱从巴士汽车的货架上拿了下来并放在地面上。

"你还需要到七号检票口换乘到梅诺莫尼的巴士。"司机对我说。

"太谢谢你了。"我说。

"你押的对！"他说。我不明白他的回答是什么意思，但我想这一定是说"没关系"，或者"别客气"之类的话。

大约等待一小时之后，在七号检票口我顺利地登上了开往梅诺莫尼市的巴士。巴士沿着一条干净、舒适的双向乡间公路向前驶，最后到达整个旅程的目的地威斯康星州梅诺莫尼中心巴士站。当我从灰狗巴士下来时，一位瘦长的老绅士径直向我走来，并伸出手来欢迎我，他就是研究生院的院长雷·魏根先生。

"我是雷·魏根，你是郑先生吗？"他对我说。

我立刻猜出他是谁，然后想，哇！他就是研究生院的院长，院长先生亲自来巴士车站迎接欢迎我！我被意想不到的事实吓了一跳，立马使我感到受宠若惊。

"是的，魏根博士，我是理查·郑。"我回答。我把行李放在地上，和他握了握手。

"我很高兴，你能事先通知我们关于你的到达时间。"

"谢谢你，我真的没料想到您会来车站接我，我原计划明天到研究生院办公室见您。"我把真相告诉了他。

"我非常高兴能在这里接到你，许多外国学生刚到美国开始的几天内，是很难找到要去的地方。"他笑着对我说。

魏根先生从地上拿起我的行李，同我一起走在街道的人行道上。

"我会把你送到就在街区尽头的当地酒店，先住下来再说。"魏根先生指着离我们12米远的酒店说。

1961年魏根先生和魏根太太

魏根先生，年龄60多岁，身材高大，头发灰白，他是如此的温柔和善良。我从来没想过研究生院的院长会亲自到车站来接我，跟我打招呼，还帮我拿行李，确实令我很感动。我们走进旅馆后，他简短地对柜台上的人说了话，一个年轻人就过来帮我把行李拿到旅馆房间里去。

"旅馆服务员会带你去房间，先洗个热水澡，好好休息一下。明天早上请到我的办公室来，我们会帮助你注册。"魏根先生告诉我。

"谢谢你，魏根博士，明天见。"我说，并送他走出酒店大堂。

"请跟我走，先生。"年轻人对我说。

我跟着他走楼梯上到二楼，年轻人为我打开房门并把我的行李安放在了木架上，我想付小费，但他拒绝了。

这天晚上，我确实很感动，魏根先生的出现改变了一切，他的仁慈和体贴使我想到，如果他不到车站来帮助我的话，我甚至不知道从汽车站出来以后，应该到哪里去？此时此刻，我对自己心存困惑，身处完全陌生国家的所有担忧和恐惧完全烟消云散了。

第一个晚上我住的那家旅馆房间很大，古老优雅、维护完好、水电齐全而且配备有讲究的家具和一张双人床，床上用品十分干净，房间里的每件东西对我来说是都很新奇，真是全新的生活体验。那天晚上，我是第一次睡在有弹簧床垫的床。在过去我住的旅馆，睡的床一般都是用编织竹条做成的垫子或者狭窄的硬板单人床，最好的床也只是5厘米厚的草席床，而且完全是使用共享卫生间和公用的洗漱和淋浴设施，而在这里还附有供我一个人专用的带浴缸的卫生间。房间里配备有漂亮别致的大镜子梳妆台，一张桌子，一把椅子，一张沙发，还有一个床头柜。对我来说确实是太奢侈了！为什么人们需要这么多的家具只是为了在房间里过夜？

突然，我想到费用怎么办？我哪里有能力支付所有的费用？.....好吧，既来之，则安之，我决定不去担心，等到第二天再说。虽然我不得不为此付出代价，但我还是要享受它，我先在大浴缸里泡了十五分钟的热水澡，另一个令我惊讶的是，竟然不需要使用我从家里带来的毛巾。实际上，卫生间里放着有几条很大的毛巾，不象是用于装饰的，我以前没有见过这种放在卫生间里的大浴巾，我只用了一条中等大小的毛巾。这让我想起了我在美国电影中看到过的那些在豪华场景中的奢侈品！床是如此的柔软舒适，我很快就进入深度睡乡。

1962 年初到美國

第二天早上 7 点我就醒了，穿上了我带来用于办公事的最好衣服。当我下楼的时候，昨天曾经帮助过我的那位年轻人正在那里迎接我，带我去早餐厅，帮我点了一份大早餐。这是我下船后，在美国吃到的第一顿真正的早餐。我把所有的食物都吃完，发现每一件食品都很好吃。当年轻人带我到旅馆前台结账时，经理告诉我魏根院长已经把我所有的帐单都付了，这又是个惊喜！对我更是一种解脱，因为我知道在开始挣钱之前，我必须用我自己带来的錢來维持我的生活。我到学校去时，要求店员把我的行李先放在仓库里，等我到学校报到以后再来领取。后来我才知道，魏根先生是用他自己口袋里的钱支付了我的所有账单。其实他真的不需要这样做，但是我已经被他为我所做的一切感动了，感动得无言可语。如果我要为那天的房间和早餐付钱，我就会在那一刻不是身无分文，也是接近身无分文了。

现在我的心情完全变化了，在早晨明媚的阳光下，我看到这座城市与我在昨天晚上所见到的完全不同。这是周围有一片商业区的大学城，是一个非常干净整洁的城镇，实际上的校园比城里的商业区范围还要大。

303

我要去的大学行政大楼离我住的旅馆只有两条街的距离，我很容易地就找到魏根先生的办公室。行政大楼是一栋有五十多年历史的老建筑，这座四层的全砖结构建筑物建造得很结实，保养维护得也很好，庄严的外观设计和整洁明亮的内部装饰给我留下非常深刻的印象。

魏根先生的办公室就在行政大楼的大厅里，凯瑟琳·奥尔森是他的秘书，她是位慈祥而且很有耐心的中年妇女，为了使新来的外国学生能够理解，她话说得很慢。我走进接待室，先向她自我介绍。

"早上好，我是来自台湾的理查·郑。"我说。

"早上好，郑先生，魏根博士正在等你。"她从椅子上站起来的时候告诉我，同时打开通向院长办公室的门，宣布了我的到来。

"进来吧！这里有一个座位，请像在自己家里一样坐下。"魏根先生笑着说。

我在巨大的办公桌前面的椅子坐下。

"魏根博士，非常感谢你为我付酒店账单和早餐，我必须尽快报答你。"我说。

"别担心，现在你需要钱来安排生活。以后，当你赚到钱，为我买顿午餐就行了。"他带着一种温暖的微笑说道。

"好的，当我赚到钱的时候，我一定要请你共进午餐。"我许诺地说。

"好！这样我们之间就有了一笔交易。"他说。

在简短的交谈之后，魏根先生带我去了普莱斯博士办公室，普莱斯博士告诉我，我已经获得了一份包括学费和一年学生宿舍房租在内的奖学金，但我得自己负担饭费和其它的生活开支。这对我来说显然是好消息，远比我在台湾收到入学通知上所写的要好得多。然后，魏根先生带我去见登记员，为我办理为成为斯托特大学研究生的正式登记手续。

"谢谢你，魏根博士，感谢你今天早上给我的帮助。"我说。

"以后如果你还有什么需要？任何时候都可以来找我。"他说。

"我现在要搬到宿舍去住了，再一次感谢你，魏根博士，再见。"

回到旅馆，拿好我的行李，我走了四个街区就到林伍德学生宿舍。

那天早晨我去的下一站是银行。在我离开台湾之前，为了向美国领事馆和移民服务部门办理进入美国的签证手续，我向岳母和伯母借了钱。我答应她们一到学校，就会寄还她们帮助我筹集的资金及利息。这就是为什么我一办理完研究生入学登记手续后就急忙去找银行，必须尽早马上把钱寄回去。我去主街的一家当地银行，把700美元中的500美元汇给我的岳母，200美元汇给我的伯母。

700美元全部汇款出去后，我手上只有在台北火车站顾夫人给我的20美元，再加上旅途中我留下的10美元。因此到美国威斯康星州梅诺莫尼的第二天，我从银行出来后，30美元的现金是我的全部所有，而且我很清楚面临的将会有各种各样的开销。

在接下来的几天里，我没有其他选择，在30美元花完之后，我还没有具体的想法来实现收支平衡。不知怎么的，我一点也不担心，我在无线电和电子设备方面的技能，应该在这个技术先进的国家里有用处。我很乐观地认为，我可以很容易地找到一份挣钱养活自己的工作。现在，我先要为在目前困难的日子里仅有30美元的开支做好预算。

大学安排我住在一个叫做林伍德的老学生宿舍，该建筑将被拆除，为明年秋天计划建造一幢新的高层学生宿舍腾出空间。

根据研究生的身份标准，分配给我的房间非常大，家具齐全，还包括每周一次的女佣服务。对我来说独自住宿在这样一个舒适的大房间里是奢侈的生活。然而，以前来住过这里的台湾朋友告诉我林伍德学生宿舍的位置，宿舍后面对着一家殡仪馆。我的房间在大厅的尽头，窗户正朝对殡仪馆后门，那是棺材进入的地方。这个房间正是我的台湾朋友反复告诉我一定要远离的住处，我不相信鬼魂的存在，因此我一点都不在乎，但是殡仪服务正在进行时，这个住处场景确实不是令人愉快的。

林伍德学生宿舍楼有三层楼，我的房间在一楼，隔壁邻居是一位来自约旦王国的留学生艾哈迈德·萨尼，再隔壁一间是来自印度尼西亚的留学生库默·保拉，在大厅里还住宿有两名来自埃塞俄比亚的研究生约翰·福苏和约翰·色拉西，他们同我一样都是研究生。第一层楼的其它房间全部是新生宿舍，这些新生几乎都是白人，住在这里至少有三个月了。

我是当时唯一新搬进来的学生，而且我是整个校园里唯一的中国人，因此我成为所有新生好奇心的中心，他们纷纷都来到我的房间来自我介绍。我被那些年轻人的礼貌和善良所折服。他们留给我的印象是高大、健康、英俊、彬彬有礼、友好和善解人意。狄克·美门，身高 1.99 米，短平头；鲍勃·斯托福，高大而有力的摔跤手；迈克·斯密斯，苗条、高大、安静的朋友；杰克·巴克门，一位善良、温和的朋友；迈克·提百次，一位善良而具有爱心的同伴。我们很快就成了好朋友，并且在课后又有很多时间在一起谈心讨论。狄克·美门是一位电子爱好者，他的兴趣同我一致。因此，我们有更多的话要讲，有时还会争论一些对我来说完全是误解的事情。有一次，我们讨论到有关摩尔斯电码的事情，我说我可以在一分钟内发送超过 150 个"单词"，狄克对此非常不赞同。

"我所知道的最好的发报员甚至不能够每分钟发送 40 个单词，我每分钟只能够发送 20 个单词。"他笑着说，但他很不开心。

"没错，我每分钟能够发送 150 个字，我是有证书的。"我说。

"你必须有一根手指每分钟震动 750 次或每秒 15 次，体力上怎么可能呢？"他说。

我开始看到问题的所在了，因为平均五个英文字母才组成一个单词。

"你看，在中文里，我们在字母和单词之间没有任何区别。当我说 150 个单词时，实际上我指的是 150 个中文单字，我现在知道了你为什么认为我太快了。对不起，我可怜的英语水平给你增加麻烦了。"我说。

"我很高兴你同我一样是个普通人，"狄克笑着说，我们都笑了。

住进宿舍的第一个晚上，杰克·巴克门来到我的房间，邀请我和鲍勃和迈克一起吃晚饭，我们去了附近的一家咖啡馆，他们凑钱请我吃了顿饭，晚餐是披萨饼和可乐。我以前从来没有吃过披萨饼，但我在台湾听过迪恩·马丁的歌曲"阿默"，这首歌的歌词是："当月亮像一块大披萨饼一样击中你的眼睛时，那就是爱。"当时我真的很难搞清楚披萨饼是什么？听起来确实很浪漫，食物和我以前吃的完全不同，虽然我觉得味道很好，但是吃过晚饭后，我还是感觉到很饿。

第二天早上，在我去上课的路上碰到了魏根先生。

"郑先生，昨天晚餐你在那里吃的？"他用讲的很慢的英文问我。

"我是在'洞'（Cave）里吃的东西。"我很快回答道。

他想了一会儿，笑了笑说：

"哦！你的意思是这家咖啡馆，也就是我们所说的餐厅 Cafe，这是一个简化的法语单词。"他笑着说。"对一位新来的学生很难知道这点。"

我可以想象一下魏根博士的想法：我在一个山洞里和一群野蛮人一起吃东西。

我开始试着向鲍勃·斯托福和其他一些外国学生学习，我在校园里遇到教师时应该如何向他们打招呼。

"你的锤子怎么了？"鲍勃对我说。

我立刻发现有人在扯我们后腿，我想其他人肯定是知道他在讲笑话，所以我什么也不说，少数几个研究生聚在宿舍里，一起学习美国的风俗习惯，我们也学习到了许多美国俚语，比如"hit the sak" - 睡觉、"shoot the breeze" - 聊天，等等。第二天早上，艾哈迈德和我在校园里散步，见到了儒的格博士。艾哈迈德想应用一下他从那些新生学习到的新知识。

"早上好，教授，你的锤子怎么样？"儒的格博士被震惊了一秒钟，很快就意识到我们只是一些孩子们恶作剧的受害者。

儒的格博士对艾哈迈德说："我们不会向美国人问这样的问题，我也不认为你在约旦也会这样做的。"当时我们正在参加学习儒的格博士的课程。

后来，我向艾哈迈德解释了"锤子"这个词的隐含意义。艾哈迈德意识到自己犯了一个很愚蠢的严重错误，并且对那些教他如何向教授们打招呼的孩子非常生气。

有一天，艾哈迈德和我去附近的咖啡馆喝杯咖啡。喝完咖啡后，他对服务员说，

"谢谢你。"。

服务员回答，"你押对了！"(you bet)，艾哈迈德为此变得非常生气。

"那些是疯狂的美国人！我谢谢服务员，但他却说我很坏！"他怒气冲冲。因为他把'you bet'听成了'you bad'。

我笑了，告诉他说，服务生说的是"你押对了！"，不是坏的意思。当我们走出咖啡馆时，艾哈迈德还是没有完全信服，仍然很生气，他宣称："如果我不是穆斯林的话，我就会打那个人的鼻子。"

1961年，至少有一百多名外国学生在斯托特学习。善得兰福博士是学院外国留学生事务部的主任。她经常为所有外国学生和来自某些国家的学生组织团体活动。在我进入学校后的第二个星期，她为我们七位新来的留学生准备了一个欢迎聚会。这是一场外国留学生的活动，每个人都应该参加，而且参加人数也不少，每位新学生都被要求站起来介绍他们的国家和他们自己。

"我是理查·郑，我刚从自由中国来。"我起身说。

几名来自埃塞俄比亚和苏丹的学生立即站起来，高呼抗议。

"'自由中国'指的是什么？你的意思是还有一个非自由的中国吗？"那个我以前从未见过的留学生真的还很认真。

"我们所居住的岛屿叫做台湾。"我说。

"台湾吗？我们从来没有听说过这个地方。"另一个非洲学生说。

"嗯，它曾经被荷兰人称为福尔摩沙。"我试着解释，我真的不知道是什么让他们如此的生气。

"你说你的岛屿是自由的中国？"第一个人又问了一遍，还是不高兴。

"中华民国只是暂时在这个岛上，我们把中华人民共和国称为红色中国。"我试着耐心解释。

这个答案显然对他们是不满意的。后来我才知道这些非洲学生对共产主义的意识形态表示同情，他们的祖国与中华人民共和国有着密切的联系，或者是由于

他们自己的国家也是受共产主义政权统治的。从此以后，我学会了对政治保持沉默，并试图对我当天所说的内容保持谨慎，尤其是对那些我不了解他们的信仰和政治背景的人。

我在台湾的时候，我们只有从政府控制的媒体和广播电台那里听到一切，我们对世界的了解完全基于政府发布给我们的新闻。当我说"自由中国"时，是如此的自然，以至于我甚至都没有想过这个术语可能存在的问题。在台湾，国家的首脑被视为神，我们从来没有想过质疑政府的行为。当我第一次接触美国的民主是在约翰·卞尔森这样的晚间喜剧，演员拿美国总统肯尼迪开玩笑。我心里对约翰·卞尔森对国家领导人的轻视感到不安。美国媒体对台湾的负面报道有时也会让我感到不快，这是我前从未听说过的关于政府的谈话。这就是我初到美国时的精神状态。直到我读了《宋氏王朝》等书后，我对这个古老国家领导人的尊敬才彻底消失。这本书描述了民族主义和中国政府高官的腐败和肮脏行径。

当时，当美国第七舰队在台湾海峡实施禁运时，中国大陆几乎是同美国处于交战状态，而越南战争也正在白热化阶段。因为台湾是美国的盟友，所以当少数几个非洲学生强烈抨击台湾的存在时，我完全致力于保卫台湾。

我到达美国梅诺莫尼后，口袋里只有30美元，我又没有存款，也没有其它的任何收入。因此我知道必须非常小心地关注自己的开支。在接下来的几天里，我买了饼干、面包、罐头食品和水果，天天就吃这些食品。

就在我到达学校的几天后，我在梅诺莫尼的大街上悠闲散步时，我看到看到一家肉铺，在店铺旁边旁边有一个展示柜台，我走得更近些，看到里面存放有一些猪肉、牛肉和鸡肉。在一个在角落里还堆放着一堆混有鸡肫、鸡肝和鸡翅膀的东西。

"这一堆鸡杂碎要多少钱？"我问店员。

"不要钱，如果你把整堆东西都拿走，我就送给你了。"他说。

"当然，我会把它们都带走。"我说。

店员用一张棕色的纸把那堆鸡杂碎包起来后，递给了我。

"给你，请问你叫什么名字？"

"谢谢，我是理查·郑，很高兴认识你，哦！你叫什么名字？"我对这次的发现非常高兴。

"就叫我比尔吧。"他笑着说。

"再见，再次谢谢你，比尔。"我快步走出了肉铺店。

我带着这包将近一公斤的鸡杂碎回到宿舍后，先把大杯子清理干净，然后把清理过的四分之一鸡杂碎、鸡肝和鸡翅膀放进大杯子，加水后，再把一个电加热线圈盘被放入杯子里，然后接上电源。我焦急地等待着，希望这对我有用。经过长时间的等待，水开始沸腾，很快鸡肉的部分变了颜色，房间里弥漫着鸡肉的香味。我先试吃一小块，确保鸡肉熟透了，再加上一点番茄酱。哇！这是很久以来我吃过的最美味的食物，我很快就把整杯的鸡杂碎都吃完了。

我到街旁的一家小商店买了一瓶辣酱，回到宿舍的时候，几位同学正在谈论令人垂涎的鸡肉香味的来源。

"那是什么味道？"约翰·色拉西看到我拿着辣酱瓶。

"我煮的是鸡杂。"我说。

"哇！闻起来味道很好。"又来了几位同学。

"进来吧！同学们，看看我在这里做什么？"我宣布。

邀请同学们到我的房间里来，我再做了一大杯食物，加上番茄酱和辣酱后，只用了几分钟时间，大家就把这一大杯鸡杂碎全部吃完了。由于当时宿舍里还没有电冰箱，我只好在一天内把剩下的鸡杂碎都煮熟，然后分给住在一楼宿舍的所有同学共享。一些美国孩子在开始时还有点犹豫，但吃过第一次后，他们都很喜欢吃了。

从那天以后，我每隔二、三天就去一次肉铺店，收集鸡杂碎。

"理查，既然你经常来这里，我想你需要付一点钱。"有一天比尔对我说。

"你想要多少钱?"我问。

"我要你付10美分。"他说。

"当然，比尔，这是公平的，"我说着，同时给了他10美分。

从那以后，每次我去肉铺店取鸡杂碎的时候，我都会给他10美分。

"理查，你怎么处理那些东西?"后来肉铺店的比尔问我。

"哦！我有一只小狗。"我说。

这不是一个谎言，因为我是在狗年出生的，属狗。

第三十二章

勤工助学

一个星期后，我的货币供应量已经低于 5 美元，我很惊讶这些钱花得如此的快。为了找到一份工作，我想最好是去找一份只有我会做而别人都不会做的工作。所以我决定在市里找一份无线电修理工作，我走进校园马路对面的一家名为"红色电视"的无线电电视商店，柜台里面一位红头发中年男子向我打招呼。

"今天我们能为你做些什么？"红头发问我。

"我想找一份兼职工作。"我回答。

"年轻人，你会做什么？"红头发用眼睛从头到脚扫视着我。

"我会修理收音机。"我自信地说。

"雷，你需要做兼职工作的学生吗？"红头发问他的首席技术员雷·汉森。

"我们这里没有多少工作可做，但是如果你能修理好那些该死的汽车收音机，我们就有很多工作可做了。"雷·汉森指着架子最上面大约有 50 台汽车收音机，对我说。

"你知道汽车收音机吗？"红头发问道。

"我以前没见过汽车收音机，但我会试着去修理的。"我对红头发说。

"祝你好运！"雷·汉森说。

雷汉森从架子上拿出二台汽车收音机交给了我。此时，已经快到中午 12 点了，红头发和雷·汉森两人一起到外面吃午饭。

我把这二台汽车收音机拿到工作台上，很快就发现了问题，并在 10 分钟内修理好了。然后我又从架子上拿下五台收音机，在接下来的 30 分钟内修理好。下午 1 点左右，红头发和雷·汉森两人回来的时候，我给他们看到七台修理好的汽车收音机。红头发很高兴，但是雷·汉森一点也不高兴。

"以后我每小时付给你 1 美元修理收音机。"红头发向我说。

哇！他每小时付给我 1 美元？我想，这是我在台湾的一天工资。

"很高兴接受你给我的报酬。"我对这份工作感到非常满意。为今天所做的工作他付给了我 2 美元，我觉得他很慷慨。因为今天我只工作了不到一个小时，对此我没有对他多说，我需要这些钱。

"我想我们这里可以聘用你，请你明天课后再来。"他告诉我.

"谢谢，我明天会来的。"我告诉他。

我很高兴找到了这份兼职工作，接下来的三天内我都去"红色"无线电商店工作，修理所有的汽车收音机，我修理好 57 台汽车收音机，为自己赚了 13 美元。

"好的！理查·郑，我们有更多的收音机需要修理时，我会给你打电话的。"红头发告诉我。

我很高兴能得到工作报酬。我想，13美元可以让我再生活上一个星期。当我把这个兼职无线电修理的工作告诉狄克·美门时，他对红色电视给我的报酬感到非常不满。

"理查，你做了件蠢事，那个家伙骗了你，你知道每一台汽车收音机的修理收费是多少吗？我敢打赌，他向客户每台至少要收费15美元，你应该按照修理每台收音机的固定报酬向他收费。"他说。

我接受了狄克的建议。一个星期后，红头发打电话给我，需要我去他的商店。

"理查，我们这里有几台汽车收音机请你修理。"红头发说。

"我希望你按每台修理好的收音机付给我5美元。"我告诉他说。

"你在讨价还价，每台收音机3美元怎么样？"他对我说。

"不！红色，每台收音机需要收5美元，否则我将去泰德无线电商店工作。"我说。

泰德商店是"红色电视"的竞争对手，就在不远的几个街区处。

"好吧，你赢了！你真会讨价还价。"红头发最终同意了，"我付给你每台5美元的汽车收音机修理费，你倒是很快就学会了美国人的处事方法！"

但是很少有汽车收音机需要修理，第一周只有二台需要修理。在"红色电视"没有工作的时候，我不得不找点别的事情做。里欧博士向我介绍了来自斯托特的维修部门首席电工，西蒙·奥尔森。西蒙马上雇我做助理电工，每小时75美分，工资虽然很低，但工作稳定，时间灵活。这项工作包括更换灯泡和在房间里重新安装电线等，这项工作没有挑战性，而且还有大量的空余工作时间。助理电工的业余工作，大约做了二个月左右，西蒙·奥尔森和他的助手雷蒙德成了我的亲密朋友，直到修理电视机的工作把我所有的课余时间都占用了。

我为"红色电视"的工作取决于客户送来修理的汽车收音机，为红头发工作三个月后，红头发想要给我更多的工作，有一天，他问我：

"你知道如何修理电视机吗？"

"不知道，但我可以试试看。"我说。

事实上，我从来没有接触过电视机，那时台湾还没有电视台。我让红头发给我演示一下如何操作电视机。

"红色，你能不能打开电视，告诉我一幅好的电视图像是怎么样的？"

红色打开了电视机演示单元，并在本地频道上进行调节。玩了一会儿使我感受到了一台好的电视机应该是怎么样的。

"你有什么问题需要我来解决的？"我问。

红头发带我去了一间储藏室，其实那是一个很大的仓库，里面保存有超过150台坏的电视机。

"这些该死的电视机都是被雷定为电子垃圾的，如果你能修好，我就可以把它们卖掉，收回我的一些成本。"红头发告诉我。

"好的，红色，让我先修理一台试试看。但是我必须先琢磨一段时间。"我说。

"你是需要花些时间去琢磨，但是要注意，我不会为你的学习时间付工资的。"红头发说。

"当然，这是公平的。"我同意了。

我真的很兴奋能去探索这个新领域，我选了一台小一点的电视机放在工作台上。我试出了如何拆开电视机的后盖和底部的盖子，那是我第一次看到电视机内部的构造。电路的基本原理是很普通的，我很快找到电源部分有一个被烧坏的电

310

阻和一个短路的电容。对我来说，这是一个轻松而又快速的突破，不到 20 分钟的时间电视机就修好了，我把可以正常工作的电视机给红头发看。

"红色！来这里看看！"我喊道。

红头发走到工作台旁边，为已经恢复工作的电视机感到十分惊讶，我觉得他几乎是被震惊了。

"该死的！有人告诉我这些电视是一堆没有用的电子垃圾，但你没花太多时间把它修理好！"红头发情绪激动、欣喜若狂。他指出，屏幕上的图片向右倾斜了几度。

"我不知道怎么调整？"我告诉他。

红色走过来，用他的手，简单地把图像调整过来并把屏幕拉直了，电视工作得很好。红色非常高兴，马上答应给我每小时 3.5 美元的工资，可以在修理收音机和电视机二方面工作。有那么多的"废弃"电视机要修理。全部修复可能需要几个月的时间。此外，每天都有许多人到电视商店买电视机，雷在打电话，我做维修工作。红头发对我的工作很满意，

有一天他没有什么事情，走到我跟前说：

"理查，你知道我为什么是老板，而你是为我打工的?"他说。

"我真的不知道。"我很困惑地说。

"我是老板，因为我对电路一无所知，哈！哈！哈！。"那天他心情很好。

"红色，我想知道为什么人们叫你红色，但你的真名是什么?"我问。

"我的名字是洛易·卡塔斯基，我的祖先来自波兰。"他告诉我。

有了这样稳定和"好"的收入，我的财务需求就完全满足了。每天我花 2 美元买食物，再把剩下的收入存进储蓄账户。我到美国后的第一个月，我就可以把一些钱寄给我的妻子和孩子们。在我开始工作后的头三个月里，每个月都寄 10 美元或者 20 美元回台湾。那时候，我在台湾的家人有比较多的钱可以花了，我在台湾的月薪只有 20 美元。后来增加了电视机的修理工作，我的收入也增加了不少，每个月能够寄 50 到 100 美元回台湾家中，我还把剩下的收入存进一个储蓄帐户。

汽车和机械设备是我最喜欢的科目，我一直梦想着有一辆汽车，但在台湾时，经济上是不可能允许我购买汽车的。台湾街上的所有汽车都是从美国或者欧洲进口的，在台湾只有那些相当有钱的富人和高官才能拥有一辆属于自己的私家车。我决定到美国留学以来，就一直渴望能够拥有一辆车，离开家之前开车的愿望实际上已经多次进入我的梦想。当我第一次来到美国的时候，我被这个小镇夜晚灯火通明炫目、挂满旗子和装饰品的汽车市场和大量的新车和二手车经销商店所吸引。参观访问了城里的许多二手车市场后，我了解到各种不同汽车制造商、车型和价格等方面的信息。

根据所能挣得到的钱来看，我决定买一辆发动机好、车身重的老款汽车。即使是低价格车型，数量之多，种类之多，让我眼花缭乱，我可以在大量各种型号的汽车中做出选择，这些车的大概价格都低到 50 美元左右。

在台湾读高中的一天，我在西子湾海滩游泳时，一群美国人也过来下水游泳，我和十几个孩子离开他们大约 10 米左右。我们看到停在海滩附近街道上的几辆汽车，其中有一辆在挡泥板上画有三颗星，那是一辆黑色的大轿车，司机告诉我们这是一辆别克车。从此那辆"别克"的名字一直留在我的脑海里挥之不去。我想，如果一位美国三星将军或海军中将使用的是别克车，那肯定是一辆好车。

我很快攒够了钱，可以花100美元买一辆1952年生产的别克车。当我告诉汽车推销员，想用100美元左右的价格买一辆车时，推销员带我看了大约十辆汽车，最后我选择了这款带有非常柔软弹簧的别克车。当你用手把车身往下压时，手一放松，汽车会上下跳动几秒钟。我以为一辆好车应该有这样的软弹簧。推销员没有告诉我，开一辆没有减震器的汽车是不安全的。事实上，我认为这辆车真的很整洁，很舒适，行驶时就像航行在只有0.6米波浪的水面上一样。

　　我没有驾驶证照，以前也没有开过车，但是我把车开离二手车市场后，就停在离汽车经销商约十个街区远的宿舍附近。我努力地做到不会碰到任何一个巡警。当我把买别克车的事情告诉迈克·提百次的时候，迈克非常关心我做的这件事。

1962年与我第一部汽车

　　"让我看看你的汽车钥匙。"他说。

　　我想迈克一定会告诉我一些关于汽车或汽车钥匙的事情。但是相反，他把我的汽车钥匙放进他的口袋里。

　　迈克告诉我："理查，你现在不能开这辆车，直到你通过了道路测试并取得驾照，并且马上先为这辆汽车投保。"

　　我有点不高兴，因为我想开这辆车，但我知道他是一个真正的朋友，他担心我的安全。

　　"你说得对，迈克，我今天就去买保险。当我拿到学习许可证的时候，你能否教我怎么开车吗？"

　　"当你拿到学习许可证后，我就会教你如何开车。"他告诉我。

　　"我现在开车的时候，你能否坐在我的旁边？"我的意思就在校园后面的道路上练习开车。

　　"绝对不行，法律上你可能是在错误的一边。"他面带严肃表情说。

　　"好吧！迈克，我会按照你说的去做。"我说。

　　我告诉魏根博士关于我买汽车的事，他亲自陪我去了他的汽车保险代理人，为我的车买了保险。阅读了威斯康星州交通管理部门分发的小册子后，我参加了笔试，这很容易，我轻松地通过了笔试，并获得了我学习驾驶的许可证。

取得学习许可证，我可以开始学习驾驶了。迈克和杰克轮流坐我的车上并教我如何开车，我认为我开车很自然，因为我在脑子里早已经开了好几年的车。一个星期后，我参加了公路测试，通过了所有的道路操作但却没有通过平行停车的考试。我又练习了一个星期，再回到公路参加测试，全部通过后，我终于可以独自驾驶汽车了。

坐在快速行驶的汽车方向盘后面的，那种美好的感觉和兴奋是无法用简单的文字语言来描述的，无论是去上课学习，还是去上班工作，只要有机会我就开着车去。"红色"无线电电视商店搬到离校园大约 8 公里外的北梅诺莫尼后，给了我每天开车去上班的好理由。

我有不晕车的体质，汽车的波浪状运动从来就没有困扰过我，宿舍里也没有人想坐我的别克车，我选择别克汽车的原因主要是考虑安全的因素。根据计算，当两辆车相撞时，较重车里的司机和乘客受伤的机会比较少。这款别克车装配有很重的钢制保险杠和许多镀铬的装饰品，车重达 1800 公斤，与另一辆车碰撞时是最安全的，耐撞性能仅次于谢尔曼坦克。在我离开台湾之前，我听说在美国每年有相当多的人在高速公路车祸中丧失生命。一年前，在印第安纳州的一辆轻型卡车与一辆轻型小汽车相撞后，一位亲密的朋友严重受伤，终身残废。我非常想开一辆车，但我必须确保尽我所能，使安全成为最首要的考虑因素。

除了弹簧过于柔软外，我所选择的这辆旧别克车运行得很好。汽车修理店估计修理这种减震器过软的问题需要 50 多美元，这笔费用超过了我的支付预算，也就决定先不花这笔钱，直到我弄明白到底应该怎么做？宿舍里的几位朋友劝说我，减震器对我的行车安全至关重要，我应该毫不迟疑地修好这辆别克车。

"理查，开这样的车是很愚蠢的，如果你紧急刹车，轮子可能会从底盘中分出来，然后就飞走。我不想看到你被车祸杀死，你为什么不把汽车修理好呢？"迈克·提百次告诉我。

"迈克，我保证马上把汽车修理好。"我知道他真的很关心我的安全。

"我会帮助你尽快做好这项工作。"迈克说。

"迈克，你可以跟我一同去汽车垃圾场买几个减震器吗？"

"当然可以。你有把减震器拆卸出来的工具吗？汽车垃圾场不会帮你做这件事的，如果做了，他们会向你收取更多的钱。"迈克说。

"我刚买了一套修理汽车的扳手，足够用吗？"

"我会带上我的工具箱，但是我想开我自己的车去。"他说。

"好吧！迈克，你开车。"我说。

当天下午，我们去了一个汽车垃圾场，用了 12 美元买了从两辆旧别克轿车拆卸下来的四个减震器。迈克帮我用普通的千斤顶和扳手作工具，只花了一个半小时就完成更换汽车上旧减震器的所有工作，现在这辆别克车可以正常安全地行驶了。在林伍德学生宿舍楼，这辆别克车成为了一种方便的交通工具，我很高兴带同学们出去四处寻找乐趣或去工作。

二月份的星期六下午，我带着狄克·美门和另外两名新生，杰克和鲍勃，到乡村开车旅行。刚开始下雨后，气温突然降到了零度以下，我把别克车开到大街向南沿着一条陡峭山路行驶。

"小心！"坐在我旁边的迪克，惊恐地大叫。

我发现道路上覆盖着一层冰，那时我还不知道在结冰道路上的驾驶规则。我猛踩了刹车，汽车立即快速地向下旋转滑行，我想尽一切办法来重新控制汽车，但无济于事。我试着转动方向盘，也没有任何效果，我又踩了刹车，根本没有反应。汽车不停地在山上快速地向下滑行，我很害怕，但试着不惊慌。

"哦，不！理查，你已经失去了控制！"杰克尖叫着

"我的上帝！我们就要坠车了！"鲍勃在后座上喊道。

那种旋转似乎是永远的，汽车里的每个人都在大喊大叫，我是能听到的，但不会对他们作出回应，我完全被当前的危机所吸引。我知道，在这条路的前面是一条大冰河，至少有 50 米的落差，路的尽头是另一条与河平行道路的 T 形交叉路口，在这条河和下坡路的尽头之间没有任何屏障。我听见有人在后座上祈祷，狄克坐在乘客的一侧，双手捂着脸。

就像突然开始快速下行一样，汽车突然停了下来。

"我们还活着吗?"迪克半开玩笑地说，他的脸色苍白得像一张白纸。

我们从车里出来，发现车子离悬崖还不到 1.5 米的距离，在一个大约 60 厘米高的雪堆前停了车。如果没有雪堆，我的别克车就会从 50 米的高处向下坠落入结冰的河中。

"我需要一杯啤酒让我平静下来。"杰克·巴克门说。

"我也需要" 鲍勃·斯托福说。

我们一起都去当地的小酒馆喝了几杯啤酒。对我来讲，确实是经过一次非常危险的过程，学习到了一个大教训。那一天我的心脏一直在怦怦地不停跳动，直到喝了几杯米勒酒后，我们苍白的脸色才恢复正常。

从那时起，我在冬天开车的时候就会特别注意道路上的结冰情况。

第三十三章

求学谋事

　　大学开学后，在阅读学习材料方面我毫无困难，大部分的英文教材和讲义，我都能够看懂并理解。对我来说最大的困难是在上课听讲方面，所有教授的讲课都很快，我无法抓住句子来跟上讲课的速度。我不得不认真地听，用大脑吸收教授讲课的大致意思，同时要把这些词句翻译成中文，开始时我经常会失去最后一个句子。通过一段时间在教室内外和同学们之间全部用英语交流的练习，使我很快就克服了语言障碍。从第一季度开始，我每天都要做六小时以上的兼职电视机修理工作，开着一辆小卡车在整个城市和周围地区从事以修理电视机为主的上门服务，这些活动都为我提供了学习英语的好机会。为了生活、为了工作，逼迫我用英语同外国人讲话，慢慢地听懂并能理解美国人对我说了些什么？

　　我在课程空闲之间安排从事修理工作，因此我经常会发生上课迟到的情况。大部分休息时间都安排去做课余兼职，造成睡眠不足而疲惫不堪。通常在下午上课时，我的面部皮肤会变得麻木，眼皮也很沉重，难以保持睁开的状态，我试着用手揉搓我的脸部，但都没有任何的好效果，慢慢地教授的声音渐渐变轻而消失，我知道我一定是在上课的时候打瞌睡了。有一次，儒的格博士正在讲解课堂研究方法论时，我在课堂上睡着了，突然有人拍拍我的肩膀，把我叫醒了。

　　"郑先生，我不介意你在我的课上睡着了，但是请不要打呼噜。"这是儒的格博士，他带着滑稽的微笑看着我说，全班同学都笑了。

　　"对不起，儒的格博士，我太累了，我尽量不再睡着了。"我道歉了。

　　有同学告诉我，在那之后我至少又有两、三次在课堂上睡着的事情。在那个季度末，我收到了儒的格博士给我的一份好成绩，我认为他是一个善解人意的教授。很可能在他还是学生的时候，也有过类似尝试在课堂上应该保持清醒的经历。

　　对我来说，在技术课上获得了所有的好分数并不奇怪，但在大多数非技术性学科如教育哲学等课程，我不得不为达到乙等成绩而奋斗。除了语言问题和对这些课程缺乏兴趣之外，主要的是我还缺少几门先修的课程。

　　我结识了一位非洲裔美国同学马歇尔，他在班上非常精通与教育相关的课程。因为我在上课时不能很快地记笔记，他会把上课笔记借给我，对我的帮助很大，他甚至还帮我写过学期论文。我认为他比一些教授更了解这些学科，马歇尔在第二季度硕士学位课程毕业后就离开了学校。我就失去了马歇尔的指导，在那时以后，我必须自己做笔记、写学期论文了。

　　我在解决电子理论和应用问题方面的能力很快得到了电子技术部门负责人里欧博士的认可，他指定我作为他的助手，在班级和电子实验室工作，虽然这是一份无偿的非正式工作，但是对我来说，确实是一段很好的学习机会。里欧博士同我成为了很好的朋友，自从开学第一个月我在斯托特分校认识里欧博士开始，直到25年后他去世，我们相处的都很好。我的硕士论文由里欧博士负责指导和监督，论文的内容是设计一种红外线探测系统用于测量体温和其他的医学诊断目的，我的硕士学位课程在一年三个月内完成。

里欧博士是一位业余无线电爱好者，献身于业余无线电事业的发展，我也很自然地把无线电发射/接收器同我自己紧密地联系在一起。我们花了很多时间来建造和修理这些业余无线电设备。我们还一起去过明尼苏达州，从控制数据公司、3M公司和尼韦尔公司等寻找多余的电子设备。在路上我们俩都喜欢喝咖啡，一份苹果派和两勺冰淇淋是我们俩最喜欢的食品。我们的友谊一直持续到1985年他死于心脏病发作，当时人们发现里欧博士在他最喜欢的钓鱼洞附近，那里有一条大鱼仍在鱼钩上，此时他才68岁。

从一个炎热潮湿的台湾到一个非常干燥和极度寒冷的威斯康星州，对我来说是一个很大的变化。梅诺莫尼的空气太干燥了，我梳头发时产生的静电会发出很大的声响，晚上触摸床单时，可以看到床单和身体之间有明亮的火花。我很害怕打开或关闭电灯开关，因为大火花会把我的手指电击得很响，对我来说这些全部都是新的体验。

在过去的27年里，无论是中国大陆还是台湾，没有一个地方能让空气干燥到足以看到静电的火花。幸运的是在这里遇到的火花对健康是无害的。我唯一担心的问题是我的头发和火花之间的关系，自从我来到美国后，经常在枕头和浴缸里找到我的头发，我总怀疑这与我的头皮接触到的极端寒冷的天气可能有关系。这标志着我长期脱发的开始。那时候年轻，即使发生了脱发，但我仍然有一头浓密的头发。因此就不再担心头发过多脱失的事情，我总以为头发最终就会像它掉下来一样快地长出来，然而我的头发却再也不会长回来了。

我对美国人的浪费感到惊讶，汽车墓地里堆满了许多非常有用的物品，其中的一些完全可以作为理想有效的替换用途而再被利用，但是大部分部件仍然都留在那里生锈、受损并分解变坏，其中包括引擎，传动装置，轮胎和收音机等等。所有这些汽车部件中，我最感兴趣的是汽车收音机，我去了一家有几百辆报废汽车的垃圾场。

"如果我自己把收音机从汽车上拆下来，要付你多少钱？"我问店主。

"1美元。"他说。

我从车里拆下两台收音机，付给店主2美元。他很高兴，因为从来没有人打电话来要这种老式的汽车收音机。我把它们带回到宿舍，用废弃电视机的零件制作出6伏直流电源，连接上汽车收音机和车用大喇叭，使我们宿舍里充满了音乐。其他同学听到我的收音机后，都想为自己做一个，我就带他们到汽车墓地。很快，对那些旧汽车收音机的需求就突飞猛涨。我向比尔郝和迈克·提百次展示了如何将旧汽车收音机改制成为家用收音机。后来，他们也向其他大一新生展示了如何改装汽车收音机的制作方法。

宿舍立刻变成了电子爱好者俱乐部。从汽车垃圾场拆卸AM收音机的价格在短短几周内就从1美元涨到了3美元。尽管如此，对于如此出色的收音效果和良好的高/低音质的家用收音机来说，3美元仍然是一个好价格。在六十年代早期，只有AM汽车收音机，直到七十年代中期，FM收音机才开始普遍安装在汽车上。

从很小的时候开始，我就一直对枪支感兴趣，离开步兵学校后，我从未有机会练习射击。在台湾，枪支受到严格控制，不管是手枪还是步枪，都不允许任何私人拥有任何枪支。此外，在台湾也没有租用枪支学习射击的练习场。

在美国,任何人都可以拥有枪支,但我还不确定,作为外国留学生是否能像其他美国人一样可以买到枪支,我去了学校附近的迪克五金商店,看到了商店里陈列的各种不同类型的枪支。

"嗨!有什么事我可以帮你吗?"一位英俊的年轻人问。

"我想找一支步枪,但我不知道我能否可以购买它?"我说,

"在我们这个国家任何人都可以拥有枪支,没有法律不允许你买枪。"他对我说.

"我是学生,我还不是美国公民。"我向他坦白。

"你买枪是可以的,我以前也卖过枪给外国留学生。"

"好吧!请给我看最准确、最便宜的步枪。"

"你想要多大口径的?"

"让我试试看,0.22口径。"我说。

"我推荐伊萨卡,0.22口径来复式步枪。"他递给我一把来复枪。

"这把来复枪多少钱?"

"这把来复枪卖给你35美元,税费另外加,免费赠送你一盒25发子弹。"他告诉我。

"好吧!我就买它。"我开了一张支票给他。

1962年在靶场

这是一支简单而便宜的枪,但是非常精确,我确实很喜欢,并且一直保存到今天。我带了几位同宿舍的朋友到农村,用烧坏的真空管和瓶子练习射击。当子弹击中真空管产生爆炸时,飞出一股烟和玻璃碎片,这是一场壮观的展示,这对我们所有人来说都非常有趣的。我的朋友们很惊讶地发现,我可以在27米的距离射击一个小小的真空管,准确率几乎达到100%。

宿舍里的几位同学也开始从迪克五金商店买0.22口径来复步枪。在几周内,迪克五金商店内的0.22口径来复步枪全部卖光。在很短的时间里,当地电视机商店里烧毁真空管和垃圾电视机也被抢购一空。以前电视商店付钱给人们去处理

317

废弃真空管和废弃电视机。现在他们出卖的是一只废弃真空管 5 美分，每台废弃电视机 2 美元。一段时间后，我们选择练习射击的地方到处都是破损的真空管及其他电视机残骸。当然，当时我们还不够理智和聪明，根本没有考虑环境污染和环境保护的问题。

斯托特学院是一所小学院，但确实是一个国际社会，有来自 50 多个国家的学生。外国学生入学比例异常高的原因，首先在于斯托特学院是一个非常独特的学校，享有世界一流的工业教育的美誉；其次学校用一种非常有效的方式来管理外国申请者；第三，许多回国的毕业生都会全力推荐斯托特学院给想到美国寻找留学机会的同学和朋友，这些也是我选择到斯托特学院留学的确切原因。

在我离开台湾之前，我从来没有深度接近过任何外国人。对我来说，来自不同民族和宗教的外国人是一个谜。他们的脸型和肤色当然是不同的，但是他们是如何思考和应对言语和行为的呢？现在我生活在来自世界各地的同学中间，我饶有兴趣地观察着每一个人，发现他们和我在家乡认识的人是同样的。他们都有相似的欲望和厌恶，有着相同的情感反应，在家庭价值观和社会正义中也有着相同的哲学理念。虽然我们在生活的各个方面都有所不同，但我们也有同样的人性和弱点。然而，在文化背景和个人特质方面却存在明显的差异。我很容易和来自美国、欧洲、东南亚、海湾国家和非洲的学生交朋友，我记忆最深刻的是三位同学：来自越南部的约翰·龙来自泰国的山姆·玻亲那仰以及来自威斯康星州奥克莱尔的比尔·林玻。

约翰·龙是一个非常温和安静的人，他是我见过的最自律的人。从他的学习习惯到他在聚会上吃东西的方式都遵循了非常严格的规则。例如，在晚宴上，他会吃同样份量的食物，通常是盘子的一半，不管食物有多好或多么不好吃，他说这是他身体健康的习惯。他的脾气如此的好，以至于在我们同学的那一年里，我都没见过他对任何事情感到过生气或抱怨。他在斯托特期间，我们成为非常亲密的朋友。他经常向我吐露他对美国以及越南的个人看法。他认为美国的人民是被宠坏而无辜的，常常对美国以外的世界一无所知，他对南越政府也不满意。我们认识后六个月，他就离开了，从此，在斯托特就没有一个人听到过他的消息。我想他可能已经回到越南，参加反对南越政府的革命阵营。

山姆·玻亲那仰，在 30 多岁的时候，作为年长的男人娶了一位美国白人女孩为妻子。1962 年初我第一次见到他时，他们已经有一个两岁的小男孩。在斯托特，这对夫妇对外国学生非常慷慨，几乎每个周末都为外国学生举办派对，山姆是天生的领导者和政治家。他很灵活，很健谈。他带家人去黄石公园度假两周时，要求我照看他的公寓，我住在他的大公寓里，就像一个国王。除了我找不到一张卫生纸外，山姆公寓里的一切都很好，后来我才意识到山姆是一位穆斯林。1963 年我离开了斯托特以前，我们交换了好几年的信件和圣诞卡。在我离开斯托特十年后，得知多年前山姆死于泰国的一场车祸。

比尔·林玻是一名朝鲜战争时期的年轻美国兵，现在是位研究生。比尔娶了米泽为妻子，这是他在东京驻扎时遇到的日本女孩。比尔和米泽对大学里的外国学生都很友好，也很大方慷慨。他们有一个 6 岁的女儿丽莎，还有一个 4 岁的儿子格伦，都是很可爱的孩子。在学校里比尔是一名优秀的学生，辅导了几个新来的外国学生在课后练习说英语。他是我在斯托特学习期间的非官方顾问，他帮助我提高英语水平，教我开车，带我到他的亲戚家里去了解当地的文化。比尔对他的母亲很不满意，因为她经常强迫他去教堂。比尔是一个虔诚的人，但他不愿意定期去教堂。我想知道他为什么会这样，直到有一天我在他家里见到了他的母亲。

"理查，请不要太在意我的母亲，她有时会有点古怪。"比尔警告我。

"我明白了，别担心，我知道如何处理这些事。"我说。在相互介绍后，比尔母亲不想在我身上失去任何机会。

"理查，你每个星期天都去教堂吗？"她问我。

"不，林玻夫人，我不是每个星期天都去教堂。"我知道事情就要发生了。

"哦！理查，你每个星期天都应该诚心诚意地去教堂。"她一边喝着咖啡一边说。"你知道，在不久的将来，地球将会毁灭，如果你是一个虔诚的基督徒，上帝会拯救你，否则你就会在地狱里被烧死。"

"妈妈，这就够了，理查要上课了，我也要去学校见另外一个人。"比尔插嘴说，他知道会有更多的事情会发生。

他把我从他们家的房子里拖了出来。

"很抱歉让你这么做，现在你明白了我在家受到什么样的对待。"比尔对他母亲的行为感到很难过。

"她想让我明白一些道理，这一切都没有错。"我说。

"那么，每天都一样，一直有人跟你讲一样的课呢？"比尔说。

"我明白你的意思，这就是你从家里搬出来住的原因？"我问。

"老实对你说，我真的想离开她越远越好，我再也不能忍受她了，"比尔说。我觉得这两个好人，比尔和他的母亲都有问题，

几乎每周五晚上，来自亚洲的同一群学生都会聚集在比尔家里吃晚餐。米泽的炒饭就是因为有这个团体而出名的，我们还带来了各自不同的菜肴使聚会更加有趣。我们有中国菜、越南菜、日本菜、泰国菜和印尼菜，这对我们大家所有的人都是一种享受。

最不幸的是，比尔完成了他的学位课程之后，就凭空消失了。没有人知道他去了哪里？为什么会发生这种事？米泽被彻底摧毁了，带着她的两个孩子离开了梅诺莫尼。15年后，我听说比尔已经去了华盛顿州的荒野，过着隐士的生活。这和他妈妈有什么关系吗？没有人知道这件事！

中国的一个谚语说：每逢佳节倍思亲。我在美国的第一个节日是1961年的感恩节，独自一人在宿舍，而其他的同学都去的地方，来自美国的新生们都回家了，除了我。当地的家庭邀请了所有的外国学生参加感恩节晚餐，因为我是新来的，还没有任何的当地朋友，我相信镇上的人可能甚至都还不知道我的存在。我独自在这幢空旷的旧楼里独自度假，夜幕降临时，宿舍非常安静。殡仪馆的黑暗阴影使这个地方在夜晚时更加令人毛骨悚然。我不是真正害怕鬼魂的人，独自一人在大宿舍里也不会害怕，但在这个远离家乡的陌生环境里，我确实感到非常孤独和想念家人。

在感恩节包括餐馆在内的所有的商店都关门，我甚至不能去任何商店买食物。那天晚上，我吃了一些饼干和热茶作为我的感恩节晚餐。一种悲伤的感觉，我很想家，思念着我的妻子和我的小男孩在做什么？那时我的妻子正怀了第二个孩子，我也想我父母的唯一儿子正在千里之外，他们一定始终为我担心。我的脑子里满是对家人的种种想法，但是我始终找不到任何办法来摆脱我的持续想念。

感恩节之后，即将来临的是圣诞节，这座城市很快就充满了庆祝圣诞节的音乐和各种各样的装饰品。这些音乐和装饰品对我来说都是全新的体验，给了我一种无法解释的平静与喜悦的感觉。这是全家人聚在一起，交换礼物，弥补一年中相互失去的时间。我多么希望我的妻子和我的儿子也能在这里看到这个特殊的节日。当时，台湾的私人住宅几乎没有电话，通信是邮局能够提供的唯一服务。邮

寄一封信到台湾给我的妻子大概需要10天左右。我每周至少写一封信，有时还会写的更多，我妻子给我写信的频率也差不多。我有那么多的事要告诉她，但是我如何能在一张信纸上描述我的全部感受呢？

魏根博士和他的妻子夏娃，邀请我参加他们家庭的圣诞夜晚餐，里欧博士和他的妻子克里斯，也邀请我参加他们家庭的圣诞节午餐。圣诞节对美国家庭来说是非常重要的，所有的家庭成员都在这一天聚在一起的，就相当于中国全家人都回家团聚的"春节"和"中秋节"一样。魏根和里欧都有来自全国各地的家庭成员回家相聚。

圣诞节的晚餐和午餐是我第一次有机会品尝火鸡肉和美国火腿。我曾经在二战电影中看到过火鸡晚餐，当时约翰.韦恩和其他士兵在一个散兵坑里共进圣诞晚餐。在十几岁时，我的头脑里就有过一个士兵吃火鸡腿的画面。我很感激魏根和里欧两位老师和家人对我的盛情款待，同时我还学到了更多关于美国家庭生活的知识。

我非常喜欢所看到的一切，当我听到一个儿子直接用名字呼叫他的父亲时，我总是感到有些问题。另一个现象是看橄榄球比赛，在圣诞节和新年假期里，所有的美国男人似乎都完全专注于看橄榄球比赛。除了橄榄球比赛以外，他们似乎对谈论、思考和梦想什么都不考虑。我是一名英式足球运动员，不知道橄榄球比赛的规则是什么？我试看了一会儿，只是对橄榄球不感兴趣。我很高兴拒绝了很多观看橄榄球比赛的邀请，因为我担心我会像在台湾看篮球比赛一样迷上它。

在这个新的国家里，我需要把所有的时间用于维持我的生存以及提高我的能力去创造更美好的将来。我想等到我在这个社会可以自立的时候，就可以看橄榄球赛了，但我知道我离这个目标还很远。很多朋友都认为我是个怪人，甚至不知道如何享受生活中最精彩的一件事，观看美国橄榄球超级杯大赛！

在宿舍住了三个月后，城市工程人员宣布，老宿舍不是安全的住房，我们必须在30天内搬离出去。斯托特学院的秘书玛丽.格林夫人告诉我，她有一间临时出租的房间，可以短期租给我。但是，在五月份她就读于明尼苏达州圣保罗大学的两个女儿回家时，我必须搬出去。我同意后就搬进了她的房子，她把楼上的小卧室租给我，她自己住在楼下的主卧套间里。除了我不能在那里住的太久以外，这个安排很好，但我一直在寻找一个可以长住的地方。

通过朋友的推荐和介绍，我拜访了一些潜在的房东，他们中的许多人，对把住房租给外国留学生，持怀疑态度。有些房间对我来说太贵了，很难找到一个合适我长期租用的地方。一天，我在佛伦的杂货店里遇到一位销售员，凯莎琳·奥特夫人。以前我曾经在她那里买过一些纸张和学校用品。有一天，我去商店买学校用品。奥特夫人正在上班。

"下午好，奥特夫人。"我对她说。

"下午好，理查，今天我能帮你做什么？"她像往常一样说。

"我需要买一些纸，但我真正的需要是找个地能够住下来。"我是在开玩笑。

"嗯，我有一个可以出租的空房间，但过去我有一些租客方面的问题，所以我就让房间空关了。"她说："但我要为你破例。"

"真的吗？那就太好了！我能到那个地方看看吗？"

"下班后到我家来，我会给你看的。"她告诉我。

"今天下午6点我来看看房间，可以吗？"

"那是太好了。"她说。

凯莎琳·奥特夫人是一位非常好的祖母型人物，50 多岁，她的丈夫在 43 岁时去世后，她做女佣、擦地板以及为别人缝补衣服来养活两个儿子和三个女儿。她从微薄的收入中设法把她的五个孩子都送上了大学。她的最小女儿卡罗尔是斯托特学院的一年级新生，她们母女两人一起住在她已故丈夫留下的一套两居室房子里。阁楼是为出租而修好的，现在已经有一段时间没有出租了。

下午 6 点钟我出现在门口，卡罗尔开了门。

"我是理查德·郑，我来这里是为了看看房间。"我告诉她。

"我是凯莎琳·奥特夫人的女儿，我妈妈正在等你。"卡罗尔说。

我走进了这间小而非常整洁的匈牙利式小平房。

奥特夫人带我上楼到改造过的阁楼，是一间大而家具齐全的公寓，有床上用品、书桌和椅子，适合学生租用。

"这个房间要付多少租金？"我问，担心租金可能比我能够负担得要高很多。

"每个月要收 5 美元房租。"她说，这比我每周付给格林太太的小房间要少得多。

"你是说每周 5 美元吗？""我质疑。

"不，是每个月 5 美元。"她坚持说，"但我有一条严格的规定，没有得到我的同意，不可以有任何聚会和来客。你能接受这个条件吗？"

"好的，我接受你的条件，我将租用这个房间。什么时候可以搬进来住？"

"任何时间都可以，房间是准备好的。"

"明天下班后怎么样？"我问。

"当然可以。"她说。

"谢谢你让我住进来，我不会给你带来任何问题的。"

"我知道，明天见。"她说。

奥特家的房子位于校园东边约 3.2 公里处，是一个非常安静的社区。第二天我就搬进了那栋房子。我住在阁楼里，很少下楼，只是在需要时去使用整栋房屋里的唯一浴室，我从不使用厨房里的任何设施，甚至连我经常用的电加热管都不用，我只是想对我所做的事情都要非常小心。在我搬进去住的两周后的一天，奥特夫人发现我在阁楼上吃了冷的热狗，觉得很不安。

"理查，吃这么冷的食物是不好的，你为什么不和我们一起吃饭呢？你来吃饭，我每周收你 5 美元。"她告诉我。

"这还不够付你的成本，每周我付 10 美元来吃饭。"我说。

"5 美元就足够了，我知道你每个月都要存钱寄回家，让我也为这件事担些心吧。"

我接受了奥特夫人的提议，但每周我都会买许多肉类和其他食物把冰箱装满，以补足奥特夫人少收的伙食费。第二天起，我同奥特夫人和卡罗开始在一起吃三顿饭。奥特夫人负责全部的烹饪工作，我有时帮忙洗碗，卡罗尔则帮忙打扫桌子，我们相处得很融洽。有一次，卡罗尔在餐桌上取笑我，

"你知道为什么中国人要炒蔬菜吗？"她问。

"你告诉我。"我不客气地说。

"因为中国蔬菜里都是虫子。"

"是啊！你知道为什么欧洲人和美国人吃生蔬菜吗？"

"你告诉我。"她说。

"因为欧洲人和美国人直到几千年后才发现可以炒菜的火，这时他们已经习惯了生吃。"

"你们两个人马上停止争论，吃你的食物。"奥特夫人介入了。

1962年夏天的一天，来自泰国的山姆来看望我。我们从梅诺蒙湖上抓了20来条蓝鳃鱼，我们把鱼带到了房子里，用奥特夫人的厨房来准备煮鱼，我先做一锅蒸饭。我以前从来没有煮过鱼，但是我记得我妈妈做的那道"糖醋鱼"是很好吃的，根据我的记忆和想象力，我做了这道菜。

"山姆，请尝尝鱼。"我说。

"你担心自己的烹饪技术，对吧?"他了解我的想法。

"山姆，我不担心自己做的饭，我只是不知道应该怎么做出糖醋鱼来?"我说。

"嗯，好的。我想如果今天我不吃点东西，你就会杀了我。这鱼可能尝起来的味道很糟糕。"他做了一张滑稽有趣的脸，不情愿地拿了一条鱼吃了起来，然后他又拿了一条更大的鱼，我正等着他说点什么。事实上，山姆拿了一盘米饭和两条大鱼，开始吃起来，我知道这鱼的味道一定很好吃。

山姆和我吃了一半的鱼和米饭，我把剩下的鱼和米饭放在一个烤盘里，放在烤箱里保温。我在餐桌上留下了一张便条。"奥特夫人，请尝尝烤箱里的糖醋鱼和米饭，是我煮的。"

那天晚上，奥特夫人见到我时告诉我，起初她不敢品尝我留给她食物，后来她不得不邀请她隔壁的邻居朋友艾拉过来同她一起来品尝食物。

"这些食物味道这么好! 我们全部吃完了。"她对我说

从那时起，大家就公认为我是个好厨师。后来，我为奥特夫人和她的客人做了黑椒牛肉，酸辣松鼠，鸡丁等。奥特夫人最小的儿子鲍勃·奥特，同我一起使用0.22来福步枪猎杀松鼠，我们俩都是神枪手，我们的目标是松鼠。我们二人站成90角度。当松鼠看到有一个人，就会躲在树后面，此时，另一个人一枪就能射中了松鼠，松鼠就没有机会逃走。这对松鼠来说是不公平的，尽管打猎并不是一种浪费，松鼠可以用来做成糖醋菜。但是，后来我决定这是我最后一次射击任何活的动物。

奥特夫人的孩子们经常来看望她，我对他们都很熟悉。最年长的玛丽嫁给了罗斯，有三个孩子；第二个女儿凯瑟琳有二个孩子；大儿子比尔有二个孩子，鲍勃是斯托特地区的一名资深橄榄球运动员；最小的女儿卡罗尔，大家都叫她妈妈。后来我也称她为"妈妈奥特"，因为她对待我就像她自己的亲儿子一样。

每星期我至少给妻子写一次信，我每两周也给爸爸妈妈写一次信，爸爸每月给我写信一次。萍萍会告诉我家里每天发生的事情，尤其是我们儿子的小细节，包括他做了什么和他说了什么? 我对她写的关于这个小男孩的每一个字都很感兴趣，每两个月她会给我寄来我们儿子在照相馆拍摄的照片，这样我能看出我们儿子的变化，他确实在快速成长。有一件事，我的妻子很不高兴，她写信对我说，爸爸会拆开我寄给她的信。对此，我并不感到意外和不高兴，因为在过去爸爸也会让任何人读他的信件。从那时起，我写信给我的妻子，就没有任何亲密的谈话了。我写信告诉她关于我的美国妈妈奥特夫人的事情后，她很高兴我在美国有一个安全、友好的环境。

1961年十二月上旬的一个晚上，我被一场噩梦惊醒，我们的新生婴儿早产了，我再也睡不着了，在清晨4点就起床，给我妻子写了一封信。在信中我把校园里的新闻和我对这片新土地的感受都报道了。我特别建议她不要举重的东西，不要把她的手臂举得太高，并要得到充分的休息，因为我希望看到孩子能长到足月后

再出生等等。萍萍在台湾收到这封信时，我们的第二个孩子已经出生两周了，婴儿早产了六周，出生的时间正与我写信的时间巧合。

我的妻子给我写了关于我们第二个孩子出生的消息，并在两周后寄来的信中描述了这个新生儿。当她读到我的信时，她认为这是一个奇怪的巧合，虽然婴儿必须在氧气罩中孵化几天，但他的身体非常健康。一开始，我担心早产婴儿长大后可能会有健康的问题，但朋友们告诉我，过去的许多天才都是早产儿。我只是希望这个孩子能健康，如果他是一个天才，我会更快乐。

我已经为红头发工作了几个月了，除了在商店做维修工作外，我还要开着一辆卡车行驶在威斯康星州西北部的小城市和附近的乡镇，为许多家庭做修理电视机等的上门服务。我对所有客户的零件和劳务收费都是诚实和合理的，有时我会对农村的穷人或老人收取较低的费用。红头发对我所做的事情并不满意，但他是一个善良的人，我并不在乎那几美元。当他看到发票时，也会讲我几句。

"理查，你需要为红色考虑，我必须付账单，你是知道的。"他说。

"是的，要为红色考虑，我以后将按您的价格表收费，对不起！"我说。

然而，"软心肠的修理工"这个词却在全城居民中出现了。有一天，一个富有的牧场主给我打了个电话，这位老农民已经退休了，每天大部分时间都在看电视节目，起居室里放着一台很大的电视机。

"有很多修理工来这里试着修理这台该死的电视机，但是从来没有正常工作过，如果你能把它修理好，修得像它原来的样子，我就会把我的凯迪拉克汽车以真正便宜的价格卖给你。"他告诉我。

"告诉我是什么问题？我会尽力把电视机修理到最好的效果。"我问他。

"一切都不好，图像一直在跳跃，有些频道是像雪花飘一样，声音也是太糟糕了。"他抱怨道。

我把那又大又重的电视机拆开，发现原来的维修人员没有正确地安装零件，有些连接线甚至都没有接到底板上。我解决了电视机内部的问题后，又爬上屋顶去清理和调节天线系统，这样显示出来的电视图像就变好了，清晰而稳定，再也没有雪花飘，那位老人真的很高兴。

"你是怎么做到的？在很长一段时间内电视机都没有像这样好过，你知道我是依靠电视机来度过日子的。"他告诉我。"跟我一起去我的车库，我想给你看我那辆漂亮的凯迪拉克汽车。"

他带我去了他的车库，里面有一辆漂亮的 1954 年产的淡绿色的凯迪拉克汽车，只开了几千公里的路程。

"哇！这是个美丽的家伙！我能负担得起吗？"我问。

"你可以，我将做一个你不会拒绝的交易。"他说。

"我真的希望如此。"这就是我能说的，我的心和灵魂都这辆被凯迪拉克汽车吸引了。

"自从七年前我买到这辆车以来，每个月都开这辆车绕着农场转一圈，这么多年来，这辆车没有任何问题，实际上是一辆很少使用的新车。"他告诉我。

我已经愿意为这台全自动、漂亮的汽车支付任何数量的费用。

"我不知道我是否能负担得起。"我说。"你想要多少钱？"

"我只要 400 美元就卖给你，一般来讲这辆车的要价会超过 1,000 美元，1954 年我买它的时候花了 7,000 美元。"他告诉我。

这位老人拥有大量的土地和房地产，我相信他是诚实和真诚的。

"我今天没带钱来付定金，我会在一周左右的时间里准备好这笔钱。可以吗？"我问他。

"我不会把车卖给别人。"老人许诺说。

我兴高采烈地离开了农场，我真希望我能把那辆凯迪拉克汽车带走。

"理查，这是一笔好买卖，不要错过它。我很了解这位老人，我知道他7年前花了多少钱买了这辆车。"红色告诉了我他的建议。

我一直相信重的汽车更安全的理论，我也是一名优秀的机器崇拜者。我向银行借了一些钱加上我在银行的存款，这样我就有400美元来买这辆车。一个星期后，迈克开车送我去农场，我付给老人400美元现金，然后把车开回家。当然凯迪拉克汽车开得很好，非常安静，舒适，并且拥有当时所有的先进电子设备，如自动调光器，电动窗，电动天线以及全皮革内装饰。我被告知，在1962年一辆像这样的新凯迪拉克要花费15,000美元才能买到，我想我是地球上最幸运的车主。

1962年邓传楷及赖先生

在暑假前夕台湾教育部副部长邓传楷先生和台湾省政府教育厅厅长苏坤先生突然来造访斯托特学院，在大学校长和院长们的接见之后，他们请我负责接待并带他们参观这所小城市。他们此行的目的是考察台湾学生在美国做了些什么？此次访问的结果将在台湾公开，并对未来的政策进行研究以方便台湾学生的出国留学。当时，在美国各地来自台湾的学生超过1万多名，为什么选我来接待他们的访问活动？这是一个很大的谜团。

在离开台湾之前，我曾就教育部工作人员的不称职提出了意见，并向邓先生抱怨教育部个别办事人员的不作为推迟了我申请出国留学的时间，我想知道他是否还记得这件事？不管怎样，我对这两位大人物的来访感到高兴，并兴奋地向他们介绍了我的那辆闪亮的 1954 年产的凯迪拉克。他们两位都对汽车的自动化功能印象很深：电动车窗、电动天线、电动座椅和自动头灯调暗装置，我还没有把美国最豪华汽车的精彩功能都讲出来。当时，台湾的经济仍然很差，台湾政府官员一辆凯迪拉克都没有，甚至副部长也都没有凯迪拉克！

　　我把他们带到我工作的那家商店，我还在奥特夫人的家里做了一顿大餐，我邀请了魏根一家和里欧博士来和两位客人共进晚餐。有人告诉我，那天的客人真的过得很愉快。几个月后，他们回到台湾为我这位在美国做得很好并且有能力开一辆"全新"豪华车的学生提交了一份内容丰富的报告。在一些台湾报纸的报道中，我的名字连续几天出现在媒体的文章里。

　　尽管他们的目的是鼓励学生去海外追求梦想而不用担心面临财务困难，但我却因为错误的宣传而陷入困境。从那以后，我收到了不少来自台湾和美国的一些留学生的贷款申请，我离开台湾时借钱给我的人也去找我的妻子，要求偿还他们的贷款。他们一点都不知道，除了买到的像新车一样的二手凯迪拉克，我真的没有别的东西可以显示。

　　我只是在兼职工作中挣到了每小时 3.5 美元的工资！

第三十四章

幸免冻毙

　　我碰到的第一次下雪是在梅诺莫尼，我在中国从没见到过这么大的降雪，在台湾就根本没有下雪这回事。对我来说下雪是一次新鲜的经历，在校园里穿上厚外套和一双过膝深的软雪靴，玩得很开心。在刚下过一场新雪的周围环境是那么的美丽和宁静，我平静地欣赏白色的新雪世界，嗯，雪是很漂亮，但也可能是致命的！

　　第二个圣诞节很快就来到了，迈克·提百次和我已经成为非常亲密的朋友。他邀请我去位于威斯康星州的沃索镇，他父母的家，离学校东北约274公里。在这次返乡之旅前，迈克花了几天时间准备他的旧雪弗兰汽车，并做了彻底的引擎清洁。我们在12月23日星期五晚上，下课以后出发，那天风很大，天气很冷，天气预报介绍说这是由于暴风雪和强风造成的。迈克加满了油箱，检查了冷却剂，我们在快餐店吃了晚餐，七点钟就离开校园。迈克开着车，驶向一条小公路以节省一些时间。

　　"我希望我们能通过这风场暴风雪，顺利到达我父母的家。"迈克说。

　　"到那儿需要多长时间？"我问。

　　"天气良好的时候，最多四个小时可以到达，但在路上有风雪时，所以我要说五个小时。"

　　"现在看起来还不错，我想知道风暴的方向朝哪里？"我说。

　　"我希望不是来自北方，那是我们行驶的方向。"他说。

　　"让我们祈祷吧！"我说。

　　"我的家人和朋友们见到你都会很高兴，他们从来没有见到过中国人。"他说。

　　"对你的父母来说，我是一件新奇的事物，对吧？但我一点也不介意，我很感激你能够带我去拜访他们，他们一定会是成为我的好朋友。"我说。

　　"我也是这样想的。"他说，迈克和他的父母很亲近。

　　我们对这次旅行感到非常兴奋，迈克的家人从来没有见到过中国人，我以前也没有在任何美国朋友的家里住过。迈克是一个善良、温柔、体贴的好朋友，我想见到把他教得这样有修养的好父母。走了大约一个小时后，我觉得车头灯的颜色异常的暗淡。

　　"嘿！迈克，车灯是不是有点太暗了？"我问。

　　"也许灯上的积雪让他们看起来很黑。"迈克说。

　　"我想灯的热量会把雪融化掉。"我说。

　　"那不是在寒冷的时候。"他说：

　　"你觉得外面有多冷？"我问。

"也许零下摄氏 23 度。"他信心十足地说："由于冷风的关系，温度要低得多，所以雪不会从车头灯表面融化消失。"

"听起来合理，我希望在我们到达你家之前，这场暴风雪不会袭击我们。"我说。

"我也希望如此，但是气象员说暴风雪将在今晚到达这个区域。"迈克说。

突然，发动机停止了工作，迈克和我把车推到路边，试图重新启动汽车。引擎发动不起来，车头灯也慢慢地变的昏暗，这时是晚上 9 点 30 分。

"我想我们遇到了大麻烦。"迈克严肃地说。

"电池没有电了吗?"我问。

"这是新电池，还没有用到两个月。我希望昨天清理引擎时没有把发电机弄坏。"他说。

"现在唯一要做的就是从过往车辆中得到帮助。"我说。

但是那天晚上路上的汽车很少，我们第一次站在路边，用蓝色的毛巾向对着我们开过来的汽车招手，但是没有人放慢速度来看我们。可能是风暴以及能见度降低，所以没有人能看到昏暗中的蓝色毛巾，更没有人愿意在道路上停下车来帮助我们。自从我们从车里出来后，风速加快了、风力也加强大了，我们觉得真的很冷，我的鼻子感到很不舒服，脚也痛得很，所有决定爬回车里去。

"你觉得现在有多冷?""我问。

"我不能确定，但我可以说现在是摄氏零下 29 度。"。幸运的是，雪并没有下得太大，而且风在这个时候还不算是很强烈。"迈克对这里的天气很了解，他是在这里附近长大的。

"我听气象员早些时候说气温会降到摄氏零下 34 度。" 我说，"雪会变得越来越大，风速可能会超过每小时 50 公里。"

我们知道我们是在荒野中，离开我们刚开过的最近加油站有 17 公里，一路上我们没有看到有很多的房子。从我们停车的地方看不到来自任何方向的住房灯光，因此离最近的房子或商店一定是很远。这时候要去找一个避难所是很危险的，此时我们已经放弃有人会来载我们到温暖地方的任何希望。

"看起来我们好像是困在这里了。"迈克失望地说。

"好吧，如果在路上得不到任何帮助，我们最好自己保暖，就在汽车里等着暴风雨吹过去。"我说。

"我认为这就是现在我们必须要做的事。"迈克同意了。

"迈克，为什么不把车里的所有东西都拿出来用于防寒保暖?"我告诉迈克。

我加穿了件厚大衣，迈克加穿了一件短夹克，在离开城镇之前，迈克在车里放了一条毯子以防万一。那天我们都穿了很厚重的靴子，所以我们得到了很好的保护。我一开始就想我们应该把汽车的点火开关关掉坐在汽车的后座上。迈克是个消瘦的 20 岁青年，对寒冷的忍耐力很弱，现在我们处于危机之中，我必须承担起保护他的责任。

"迈克，要保持清醒，不要睡着，我听说过在这么冷的天气里睡着是很危险的。"

"好吧，我们尽量不要闭上眼睛。"迈克说。"朋友! 我的脚疼死了! 实在太冷了。"

"我的脚也很冷，但是我们需要不停地移动脚和腿来保持血液循环的畅通。"我说。"即使你很困了，也千万不要闭上你的眼睛。"

风开始刮得更大了，雪也在加大，我们知道最坏的情况还没有到来，我们没有别的办法，就是要一分钟、一分钟地保持活力！

　　我在大风的另一边打开挡风玻璃3厘米左右，这样可以在汽车内得到一些氧气供应。在暴风的吹动下，汽车从一边向另一边摇晃着。雪下得更加大了，一会儿工夫，我们就被埋在雪堆里，越来越冷。我的双脚感到非常的疼痛，整个身体都在控制不住地颤抖。我们不停地移动胳膊和腿，但仍然感到寒冷带来的疼痛，慢慢地，我们的脸部皮肤变得麻木。呼吸是一种挣扎，我们把双手放在鼻子前面，以捕捉离开肺部的热量，我们谈到了人们被冻死的情况时，我们认为我们还算是很幸运的，因为还不是太冷。

　　"我认为我们在做了最正确的事情就是留在汽车里，至少我们不会受到风雪加上寒冷的叠加效应影响。"迈克说。

　　"现在风是以每小时50公里的速度在吹，而且还要更快地吹，想象一下，如果我们是在外面走路的话，将会如何？"迈克说。

　　"好吧，在这样的条件下，除非穿着很沉重的厚衣服，一般不会持续生存很长时间的。"我说。我们的声音来自我们颤抖的身体，每次我们说话的时候，我们的嘴里都有一团云雾，即使是在被冰雪世界所反射的微弱光线下也能看见。挡风玻璃的内部形成了一个白色的冰霜层，至少有1.5厘米厚。有时迈克会打瞌睡，当我看到他的头点下来的时候，我就会推他的肩膀，把他叫醒。

　　""嘿！迈克，醒来！千万不要睡着了，如果你这样睡着了，你可能再也不会醒来了。"我会大声地对他的耳朵喊叫。

　　"好吧！我现在醒了。"他会说，但是很快又睡着了，我会一遍又一遍地把他叫醒，我都记不清他到底睡了多少次了。

　　经过了几个小时的漫长时间，暴风终于逐渐停息，雪也随即停了下来，大约是凌晨4点30分左右。整个身体的感觉就像有成千上万的小针扎进我的肉里一样，我知道我们不能长久地留在汽车里等待人们来发现我们，现在我们就必须出去寻求帮助！

　　我推开靠路边一侧的车门后下车，把迈克从车里拖出来，我们一起慢慢地走向远处的灯光。迈克的身体已经失去了太多热量，在那个时候还无法说话。我领路，他默默地跟着我。我们走着走着，常常会失去平衡而跌倒在雪地上。我们挣扎行走了一个小时以上，终于到达一个小村庄。有一家汽车修理店亮着灯，我们一推开门，就直接走向一个很大的商业火炉，先靠在上面取暖再说。汽修店老板给了我们热咖啡，让我们先喝了下去，但仍然觉得来自身体内部传来的刺骨寒气。我们继续靠住火炉子旁边一个小时左右，然后才慢慢地给汽修店老板描述事情的发生经过以及车子可能停留在哪个位置。上午11点左右，我们感到重新复活了，就先把汽车拖进汽修店，中午前完成了修理工作，只是汽车交流发电机的一根电线断了，导致电池被排空。

　　汽车修好了，迈克和我继续上路旅行，下午3点钟我们到达迈克家。迈克把昨天晚上发生的事情经过告诉了他的父母，然后迈克给我看了我的房间。我洗了个澡，在吃晚饭前就上床睡觉了，直到第二天早上才醒来。对迈克和我来说我们很幸运，但是最幸运的是我们连感冒都没有发生。我和迈克全家度过了一个难忘的圣诞夜和圣诞节，迈克的父亲和母亲都是50多岁非常善良的农民夫妇，对我非常热情和友善。我想迈克一定是在他父母面前讲了不少我的好话。

　　"理查，请原谅我的无知，我对中国人的印象完全不同，直到我遇见你，你是和我们一样的。"迈克父亲对我说。

"谢谢你，提百次先生，迈克和我是很好的朋友，他是如此的成熟和善良。你肯定是对的，我来到美国之前，我对美国人的印象也不一样，现在我觉得除了外表，没有什么不同。"我说。

"我很高兴迈克在梅诺莫尼有你这样的朋友，他是我们家中最小的孩子。"迈克妈妈告诉我。

"你应该为你的孩子感到骄傲，他是一个好人。"我对她说。

迈克的兄弟姐妹问了我很多关于东方的问题。我们聊起来，笑了起来，直到圣诞节的清晨，就这样我们一起度过了美好的圣诞节时光。

圣诞节后的第二天，我们开车回到校园。根据圣诞节当天的电视新闻报道，有一对年轻的夫妇在暴风雪中冻死了，他们的车停在离我们汽车抛锚的地方只有1.5公里。他们是试着走0.8公里路回到他们家的路途上冻死的。

天啊！真是千钧一发啊！

回到校园后，回想起迈克和我刚刚经历的灾难时，我不禁想到这是多么危险的事情！死亡的刷子确实是存在的。与以前我曾经历过的几次危险事件，包括50口径的机关枪弹在炉子上爆炸，海滩上的迫击炮弹爆炸以及台风过后在海洋溺水等相比较，这次灾难的危险性可以说是更可怕的，听说猫有九条命，我的命大概也不止有一条！

1962年8月，红头发遇到了一些非常严重的金融问题。至少有三个月的时间，根本没有付过我的工资。那一年的早些时候，他娶了一个有四个孩子的非常漂亮女人康尼。在短暂的蜜月之后，康尼立即接管了红头发公司的财务，之后她就涉及到的是账单没有付给供应商，我的工资也没有支付。

"康尼，我的上个月工资已经逾期没有发，你现在能发给我钱吗？"我问她。

"理查，我们的现金流动有点紧，再等几天好吗？"每次我问她，她都是这样说。

一开始，她把一切事情都瞒着红头发，只告诉红头发一切都好，她只是需要一些时间来解决现金流动中的一些问题。但很快就没人相信红头发了，债务人都来向红头发讨债，康尼和她的四个孩子没有向红头发告别就一起消失跑走了。红头发不得不宣布破产，关门停业。我为红头发感到很难过，但从来没有再问他要过去的薪水。

红头发带我出去吃午餐，谈论他破碎的婚姻并默默地哭泣。

"理查，我很抱歉欠你三个月的工资，我没有钱付给任何人了，因为我妻子不但离开了我，还拿走了我所有的钱。如果你不介意的话，我会给你所有留在商店里的东西，包括仓库里的大约100台左右坏电视机。我还有三个月的租约，我要和房东谈谈，让你可以使用这个空商店，直到房东找到新房客。"红头发告诉我。

当时红头发是破产的人，我也为他感到难过，除了接受那个提议，也没有别的选择。在经营中没有任何业务，只有空的商店留给我去使用。收银机和卡车、家具和货架都被银行取走或者被拍卖掉，唯一未动的是存放垃圾电视机的仓库。这些垃圾电视是雷决定留下来的，可以继续以旧换新。我请求恢复电话服务，并继续使用相同的号码，请求得到了批准。这样我可以通过打电话，修理一些坏电视机以供出售。

由于我要在春季学期末完成硕士学位课程，所以我必须在二月中旬之前完成我的毕业论文。我花了很多时间修理那些破破烂烂的旧电视机。其中大多数电视机在过去都已经部分拆卸过了。我想尽办法修理好了20台左右的电视机，修理好后在商店门前的橱窗里放了一个"卖"字的牌子，价格很低。我在店里的时候也会有客户打电话来联系，最后的结果比我预想的要好。就在圣诞节前，我把手头上的事情全部结束，以集中精力完成我的论文工作。与此同时，我成功申请了纽约哥伦比亚大学电机工程系的研究生课程。这就是我要去的地方，因为我最好的朋友黄曾鲁在哥伦比亚大学上学。

这家无线电电视机商店在 1962 年 12 月 22 日正式关闭，仓库里剩余的垃圾电视机全部拖到城市的垃圾场。我花了一整天的时间清理商店，然后把钥匙交给了房东。当我付完账单和税收时，我发现我的银行账户里有超过 300 美元的存款。除了赚钱之外，我还学到了很多东西。在这一短暂时期经营破产企业的业务，我有账单要付，我也有钱要收，我还得准备好我的纳税申报单并向国税局和州政府缴税。我自己来做的目的是为了节省一笔付给会计师的钱，这样我不仅了解了红头发的经营情况，而且还了解了货币的管理以及与债权人和债务人的日常交易，这次短暂经营的经历深深地根植于我的脑海中。

杰克·哥斯达福生，一位斯托特学院的研究生，有一天到商店去看旧电视机。我们谈论了从电视到电影的一切事情，他很聪明，很有风度，我们很快就成了好朋友。他有一辆红色的雪佛兰敞篷跑车，我们坐上他的车，杰克把时速表推到每小时 100 公里以上。他的另一个爱好是观看"跟随太阳"的系列演出，每当演出时，他会停下一切正在做的事情把整个演出完全观看完。 杰克·哥斯达福生也是一名飞行员，驾驶单引擎的派粕飞机，我确实对飞行非常感兴趣，但我从来没有能鼓起足够的勇气爬进他的小飞机。

"理查，你又是临阵退缩？"他总是想挑战我。

"杰克，我不知道，这次我真的不能同你一起去。"每一次我都是临阵退缩。

"好吧！下次我会抓到你的！"他会说。

杰克和我一起毕业后，他回到自己在威斯康星州奥什科什的家，我离开学校到美国东部去发展。我同杰克一直保持着联系。现在他已经从成功的教学生涯中退休，并和他的孙子们一起享受退休的休闲时光。

随着毕业日期的临近，我写信给我的妻子，讨论我是否应该回台湾，还是留在美国。如果我要再呆一年或更长时间，我希望我的妻子和孩子们能和我在一起。在我寄给她的信中，描述了学校、国家、人民和我过去的朋友们。她对我的建议也很支持，至少要在美国住一段时间。那时，我们从未想过移民问题。我和奥特夫人谈到了我的妻子和孩子们可能会到这里和我团聚。

"很高兴你的妻子会到这里来，她的英文名是什么？"她问我。

"她的中文名字叫萍萍，她还没有英文名。"我回答。

"真的！让我们给她取一个英文名字。" 奥特夫人说。

"当然，你怎么看？"我说。

"她是你的妻子，你应该为她想一个好名字。"她说。

"格洛丽亚怎么样？"我说。

"这是一个好名字，但和我儿媳妇的名字一样，你知道，就是比尔妻子的名字。"她显然想要一个和儿媳不同的名字！

"好吧，让我们叫她南希好吗？这是一个法语名字，听起来不错。"我建议道。

"好吧，让我们就叫她南希吧。"奥特夫人同意了。

从这一天起，我们就把我的妻子称为南希了。我写了一封信，向萍萍提了这个名字，回答是肯定的。我和萍萍讨论了她带我们的孩子到美国来的事情，这是萍萍非常感兴趣的想法，我们还谈到了我想在美国继续攻读更高学位的愿望，她也认为这是个好主意。如果他们都在这里，我在美国继续攻读更高学位时就不会存在时间方面的压力。我们决定返回台湾之前，将努力实现这两个目标。

我们的讨论和决定为我的妻子和孩子们来到美国铺平了道路。但是，首先我必须有足够的钱买机票，其他更重要的是在他们来之前要获得美国移民服务部门的许可。我知道要实现我们的目标，还有很长的路要走。

在台湾的时候，我从美国朋友那里听说过很多关于纽约的事。尽管这个大城市有很多可怕的故事，但是为了去纽约我把一切都准备好了。在几场告别派对之后，1963 年 3 月初我就把东西都装进自己的凯迪拉克，然后准备独自前往纽约。此时，威斯康星州仍然很冷，一些道路上的冰雪仍然存在，按照一张路线图，我对正确的行驶方向非常有信心，我可以绕道去看一些著名的城市。此外，我计划在芝加哥、底特律、加里和克里夫兰等城市都停留一下。行程上没有计划，也没有日程安排，到了晚上可以找一家路边的汽车旅馆休息一下，当时一间单人房的价格是每晚 5 到 14 美元。他们只是比樟螂酒店好一些，但比我和妈妈在战争期间逃离日本人时住过的酒店要好得多！

旅途中我最喜欢的食物是在卡车休息站，那里的食物对一个饥饿的人来说是非常令人满足的。行程的头两天，我没有遇到任何问题。，开车到宾夕法尼亚州后，天气转暖了。宾夕法尼亚州，I-94 号公路是多山和蜿蜒的，我有一个很好的想法来节省汽油。我想我可以通过在山坡上滑行来节省大量的汽油，并将自动变速器放在中性位置。当汽车到达斜坡的近端时，我再启动了引擎并把变速转向驱动位置。这样的话，我就可以省下很多汽油了，我认为这样做法是很省油的！

离开宾夕法尼亚州之前，我开始发现在加速和刹车的时候可以听到汽车尾部有响亮而清晰的金属撞击声音，当时就想到可能是我操作失误，损坏汽车的某些部位。我发动汽车的时候，汽车变速器和通用关节的工作都是非常困难的。行驶了六，七个小时后，通用关节的金属接头毁掉了，幸运的是在 94 号公路沿线上有不少路边汽车修理店，我在其中的一家停了下来，在离开宾夕法尼亚州国边界之前，更换了新的通用关节，支付的修理费用远远超过我所节省下的汽油钱。

我汽车后座上装满了行李和家居用品，从车外面看的很清楚。在宾夕法尼亚公路的休息收费处吃饭期间，有一个穿着长靴和牛皮夹克的中年家伙在餐馆里跟着我。为了要摆脱他，我特意在商店里转了转并停留了一下，但是我仍然注意到他的一举一动都是在跟随我。我在报摊停了一下，他走到我身边。

"嘿，先生，你是要去纽约吗？"他问道。

"是的。"我回答。

他伸出手来，但我拒绝与他握手。

"我很了解纽约，我可以开车送你去纽约，送你去你想去的地方。你知道在纽约有很多危险的地方，你可不想拐错弯走错路，我不收费用，这是免费的服务。"他告诉我说。

"不需要，谢谢你。"我说。

我走向柜台想要摆脱他，但他继续跟着我，使我吓了一跳。我不知道他下一步会做什么？他有同伙吗？我离开休息收费处时，他们会等我吗？我知道我必须待在有很多人的地方，我真希望在附近有个警察。当我从站的地方走开时，他还是紧紧地跟着我去了咖啡吧。

"路上有很多坏人，你真的需要有人来保护你。"他坚持道。

"别管我，不然我会叫警察的！"我大声地对着他吼，他很快就放弃了，我在离开梅诺莫尼时就听说过在公路上有强盗的故事。

当我看到这个家伙的时候，我就开始警惕了。我宁愿不礼貌也不愿后悔。我走到我的车旁时，我仍然有点害怕担心接下来会发生什么事情？我没有等吃完饭，就赶快回到我的车里，那里还有很多卡车司机在附近。幸运的是，那家伙没有找到我，感谢上帝！我想，也许他以为我还在吃晚饭呢。

哇！这情况离被抢劫很近。

大约凌晨一点，我开车到了纽约，打电话给我的好朋友，在哥伦比亚大学读学位的黄曾鲁，那天晚上他在宿舍里等我。哥伦比亚大学宿舍就在百老汇和荷兰大道之间，因此我很容易找到这个地方，黄曾鲁帮我搬了一些重要的东西，包括我在威斯康星州带来的两支手枪和我的亚希卡相机以及一些较小的东西到他的房间，然后我把车锁了起来。在我们上楼之前，黄曾鲁还仔细地检查了车门锁。

"这条街很靠近荷兰街，你可不能太大意，"黄曾鲁说。

我的车就停在了宿舍门口的马路边上。那天晚上我们休息了不到四个小时，黄曾鲁把我吵醒了。

"理查，昨天我整晚都睡不着，我担心你放在车里的财产，让我们在天亮以前下去看看。"黄曾鲁太紧张了！

"这里是哥伦比亚大学的宿舍，应该有一些保安，让我多睡一会吧，我在长途开车时就很累了。"

"来吧！让我们去看一看，然后再回来睡觉。"他坚持道。

我不情愿地和他一起下去检查我的车。从远处看，一切似乎都很正常。但是当我们走近时，我们发现放在汽车后座上的东西，除了我的书都不见了，打开车尾的行李箱，什么也没有留下。小偷们拿走了我的大部分财物后，把车锁上了。我失去了所有的衣服，一个小的相机，一套高保真音响系统，还有收音机。上楼后，我倒在床上睡了两个小时。

上午9点，我打电话给纽约警察局报告失窃事件。

"我想报告一宗盗窃案，并登记我的枪支，"我报告说。

电话的另一端传来了这个激动人心的声音："这是米勒警官，我和我的搭档马上就到，给我你的名字和地址。"

我报给他我的名字、电话号码和地址等等。我想，哇！纽约警察真的很及时。

在不到20分钟的时间，有人敲门。我打开门，发现两个便衣侦探站在外面，我让他们进来。

"枪在哪里？"这是他们说的第一句话。

"在这里。"我把这两支枪给了米勒警官。这两件物品都是收藏家的物品，0.22打靶用手枪，米勒警官把他们看了一遍。

"好东西！但你知道，在纽约市拥有枪支是违法的。你有两个选择：你把两支枪交给我并忘掉它们，或者你可以到法庭去要求拿回它们。在后一种情况下，我得把你登记下来。"米勒警官说。

"我在威斯康星州的警察指导下，知道如何在纽约拥有和登记我的枪支。"我试着解释。

"你不知道自己在说什么？为了你自己就放弃枪吧。"米勒警官说。

我真的不想在枪上有任何麻烦，但我的收藏品却让我感到痛苦，它们是收藏家朋友送给我的非常特别的收藏品枪。

"米勒警官，好好保管这些枪支，它们是非常准确的射击手枪，你会喜欢它们。现在我们能谈谈我丢失的物品，行吗?"我知道我赢不了，我必须做的，只有放弃。

"哦！不，我们不是你合适的谈话对象。你需要向你们大学警察报告失窃事件。然而，我并不认为你有任何希望能够抓住小偷并取回任何东西，我的建议就是忘掉它。"他说。

"我会接受你的忠告，再见，中士。我把二位警官从门口送了出来。"这就是我第一次和纽约"最优秀"的警官见面！

第二天早上，我6点就起床去看那座城市。我在哥伦比亚大学附近的百老汇大街上走着。当我看到一位绅士朝我走过来，我做了每个人在梅诺莫尼常做的事。

"早上好，"在他靠近我的时候，我对他说。

他被我吓了一跳，很快就从我身边走过，我觉得他很不礼貌，但是很有趣，所以我转过身来看看他。他也转过身来用一种迷惑不解的眼神看着我。午餐时，看到黄曾鲁时，我就问他，我必须弄清楚到底是怎么一回事?

"黄曾鲁，我看起来像个抢劫犯还是一个恶毒的人?"我问。

"你为什么要问我这个?"他说。

"哦，今天早上我在街上向一位男士说早安，他看起来就像看到了鬼魂一样地离开了，我怀疑他认为我是疯了。"

"哦！理查，这是纽约，你就不要对陌生人说任何事情。"他笑着说，但我一点也不觉得好笑，住在这样的地方真是太无趣了！

第二天，晚饭后，黄曾鲁去了上夜校。我独自一人从宿舍向东走过荷兰路，再向东走，就发现街道上挤满了非洲裔美国人。我在这个新城市里散步和观察，没有人注意我，我只是在走路的时候四处张望。天黑以后，我从同一条街上走回了宿舍，什么事情也没发生。但是我向黄曾鲁描述我晚上去过的地方时，他显然很不高兴。

"理查，你冒着生命危险走进了荷兰区，那是纽约最低劣的地方，过去许多警察在那里被杀。现在，连警察都不敢单独进入那个地区，以后不要再做这样的事了，你真的让我很担心。"黄曾鲁说。

"我很抱歉！黄曾鲁，我以为这只是纽约的一条街道，以后我再也不会向那个方向走了。"我保证。

和黄曾鲁一起喝了咖啡后，我去了哥伦比亚大学，与电子工程系的系主任会谈是否有可能接受我攻读硕士学位并获得奖学金。系主任告诉我，依照传统，任何一年级研究生都不会有奖学金，我必须在学习的第一年证明自己的能力，然后才可以考虑申请。哥伦比亚大学的学费是如此之高，即使用完我的全部积蓄，也付不起学费。现在我就没有学校可以上学了。为了养活自己和家人，我不得不马上就需要找到一份工作。从纽约一家报纸上看到的招聘广告，我打了几个电话，做了三次面试。最后，我在皇后区法拉盛的一家小型电子公司找到电机工程师的工作。我从公司的老板罗斯那里租了一间位于地下室的公寓，因此我非常接近罗斯和他的家人。我们常在家里一起吃饭或者去不同的餐馆吃饭，我们经常去餐馆，都是采用"荷兰式"各自付费的方式。看到罗斯和他的妻子贝蒂在每顿饭后为了耍多付一分钱而争吵，他们之间的另一件事就是他们和别人的关系，这是说不出来的话，说出来会使人哑然失声。他们会在一些晚上单独出去约会。开始我认为，这是一场男人和女人不愿意在一起时的游戏。但是有一天，罗斯告诉我他要去看他的女朋友，贝蒂也要和她的男朋友在一起。这是多么令人震惊的道德风俗差异啊！

我完全被罗斯家的风俗状况吓得目瞪口呆。我无法想象和理解人们如何能够这样生活在一起，是他们对彼此完全信任吗？还是完全的道德崩溃？我和一些在美国待了很长时间的密友谈过。幸运的是，我从他们那里了解到，在美国，这也是一个非常不寻常的情况，他们从来都没有碰到过这样的事情。对像我这样刚刚爱上这个国家的人来说，这可以说是一种解脱。从 4 月开始，我为这家小公司从事电子电路设计和测试工作，直到 1963 年 8 月我才离开纽约回威斯康星州。

开始有稳定的收入后，我每个月都要寄回 100 美元。在六十年代初这对我在台湾的家人来说，那是的一笔很的大数目。如果我还留在台湾工作的话，那相当于我的五个月薪水。攒够了钱，我买了一辆二手摩托车和一台旧的高保真音响，以供我娱乐之用。我觉得对我来说生活很好，可是一家人的分离对我和我的妻子来说都是很困难的。

就我所知，美国的生活一直是学习和工作之间的一种持续的追求，日子过得相当快。最困难的时候是到了晚上，同学校或一起工作的朋友分开后，我会在黄昏时独自开车或者独自回到我的公寓。这时，我的心情就开始不舒服，当我开车上路看到夕阳把夜晚的乌云点燃时，心情就会变得沉重起来，我眼中的美丽景色越多，我所感受到的悲伤就越深：我的妻子和孩子们在哪里？他们在做什么？如果他们能在这里和我分享这个时刻，我们应该会多么高兴啊！

而我的妻子正忙着照顾我们的两个孩子，这些孩子需要她不停的照顾。我知道，当晚上孩子们躺在床上睡觉的时候，她是多么的孤独，没有别的东西可以占据她的头脑！我们在那些时刻用书信写作，我们俩花了很多时间在信纸上，把我们的思想传递到大洋的对面，把我们团结在一起的力量是对未来美好生活的期望。我们承诺在未来的岁月里，为更光明的前途和更幸福的生活而承受短暂的痛楚。

在大城市里，我有很多东西要去看和学习。我也喜欢这样方便的无限资源。一位来自南美洲的年轻同事成了我的好朋友，我们花了几个周末时间在纽约的一些有名的地方闲逛，我们通常的消遣是看电视上的摔跤节目，我们也经常去市中心和四十二街，我们喜欢游逛电子商店、相机商店和工厂出口服装商店，那里的名牌服装会以极低的价格出售。我最喜欢的食物是在曼哈顿的路边卖的火焰牛排和希腊陀螺肉，在六十年代早期，只要我们远离那些肮脏的地方，纽约市的大多数街道还都是相当干净和安全的。

一天下午，我独自一人在时代广场的大街上闲逛。我看了一场电影，为自己的房间买了一些东西之后，我去了地铁站买地铁票，发现我的口袋里只有 10 美分。我想我的口袋里应该有比这多得多的零钱，至少够买 25 美分的一张地铁票，我搜遍了我的口袋和钱包 也找不到任何另外的钱，但是我带有支票簿。我可以到附近的商店去买一些东西以得到一些零钱。我告诉他们我的困境。我试了至少 10 家商店，但是没有人允许我在支票上多写 15 美分来兑换这张地铁票。在绝望中，我想起来了一枚 1878 年的银币，是迈克·提百次送给我临别赠礼，我非常珍惜它，一直随身带着它。现在我只能用它来买一张地铁票了。我对那些在纽约的商人很不高兴，他们对别人没有信任，或者是对别人也没有任何感觉吗？我猜不是的！

我工作的那家公司位于纽约皇后大道，一条非常繁忙的街道上。我每天都把车停在皇后大道的服务路上，那是我工作地点的一个街区，是一条宽阔的三车道的街道。许多车停在人行道上，我的车停在从来没有任何人行走的路上。一天下午，下班后，我看到我的车尾被撞得面目全非，并且被推离原来停车位置至少3米远的地方。我回去给警察打了电话，他们记录了那次事故并告诉我很难找出谁是肇事逃逸的人。我不高兴看到我那辆完美豪华的凯迪拉克车像这样的结果，我决心找出谁是罪魁祸首。

我回到事故现场，在我的凯迪拉克车周围搜索。我收集了汽车附近的每一块碎片和每一张小纸片。当我检查了凯迪拉克的后四分之一时，我发现后面的挡泥板上有一些红色油漆，因此这场事故可能是我的车被一辆大卡车撞到。我首先考虑的罪魁祸首是一辆红色大卡车，我记得曾经看到过一辆由工业清洗机构经营的红色卡车每天都在为这个街区服务。然后，我把注意力集中在从车旁边收集到的一堆碎纸片，非常幸运地从中发现到有一张事故当天山姆清洁服务公司的收据，这上面写有公司运营卡车的所有信息，包括地址和电话号码，我回到办公室给山姆公司打了电话。

"是山姆清洁服务公司吗?"我问。

"是的，我能为你做些什么?"一个男人的声音。

"我可以和你的经理说话吗?"我问。

"我就是这里的老板。"他说。

"你的卡车是漆成红色的吗?"我问。

"是的，你想要什么?"他感觉出了什么问题。

"我相信你的一辆红色卡车撞到了我的车，没有留下一张纸条就跑了。"我告诉他。

"我不这么认为，我们所有的卡车都回来了，没有任何问题。"他很自信。

"好吧! 我想请你查一下，我稍后再给你打电话，我想让你知道我有证据来报告这件肇事逃逸案，请你确保你的卡车没有撞我的车。"我有点生气了。

一个小时后，我又打了电话。在电话线另一端接听的就是上次同我通话的那个人，但这次他更有礼貌了。

"你查过了吗?"我问。

"是的，恐怕你是对的，我的一辆红色卡车撞上了一辆蓝色的凯迪拉克，那是你的车吗?"他承认。"我们的保险公司是'旅行者保险公司'。请把你的电话号码给我，我会让他们联系你的。"

这件事几天内就解决了，他们付给我了400美元的汽车损坏费。除了左后方看起来很破烂，汽车还能运转，可是汽车尾部发出一些刺耳的声音，很快汽车就开始出现严重的冒烟。好事总会有结束的时候，但这也来的太早了。在过去的几个月里，我没有足够的时间来享受这辆车。但现在我真的受够了这所大城市，我非常想念威斯康星州和那里的人们。

第三十五章

亲人团聚

这是心灵感应，还是我的非正式祈祷的回复？8月的一个晚上魏根博士打电话给我。

"嗨！理查，你好吗？"他说。

"我很好，你和魏根夫人怎么样？"

"我们在这里都很好！理查，你还对教学感兴趣吗？"他问道。

"是的，我仍然对教学感兴趣。"

"我在拉辛技术学院有位朋友，他需要有人来教电子课程，我把你的情况告诉了他，他对你的学术背景很感兴趣。"

"太好了，我受够了这个大城市，我更喜欢威斯康星。"我说。

"好吧！明天我要让拉辛技术学院的负责人打电话同你联系，多保重。"他挂了电话。

早上，来自拉辛技术学院的院长厄尔·颜格先生，打电话给我。

"郑先生，早上好，我是厄尔·颜格。魏根博士告诉我，可以直接打电话给你。"他说。

"当然可以，我昨天同魏根博士谈过了。"

"我敢肯定，他提到在这里的一个教学职位。"他说：

"是的，他说到过，能否请你告诉我一些关于学校的情况吗？"

"威斯康星州资助了这所两年制的新学院，目的是培训工业技术的学生。我们需要有老师来建立新课程、实验室并担任新部门的领导。"他说。

"我对这个职位很感兴趣，请在你方便的时候把聘请信寄给我。"我说。这才开始，只是口头承诺。

"聘请信今天就会寄给你，很高兴和你谈话。"他说。

我给萍萍写了一封信，描述了这份新工作和我的搬家计划。我告诉她我对大城市的不满意。

聘请信在四天内收到，我签了字，然后马上把它寄回去。工资大约是每月600美元，虽然不高，但我对这个数字感到满意。现在我决定离开这所大城市，电话联系后的第二天，我向罗斯提交了辞呈。

"什么？你要接受一份教师的工作？"他很惊讶.

"是的，在我很小的时候，我就想教书。"我说。

"你脑子不清楚！你为什么要找一份薪水这么少的工作？"他无法理解，天下还有比钱更重要的事情！

"对的！罗斯，教书还有其他的奖励，是无法用金钱能买到的。"我告诉他。

"好吧！ 这是你的命，祝你好运。"他说。

一个星期后，我把我的旧凯迪拉克装得比六个月前带我去纽约时还多。在所有的东西中，我为我的两个儿子积累了很多玩具，还有一些送给我妻子的礼物，我租了一辆1.8米长的U型拖车，把我的宝马摩托车和我自己积累的一些纸箱运走。在我和罗斯和其他同事告别后，沿着长岛高速公路向西穿过城市。我开车先到曼哈顿向黄曾鲁道别时，他坚持要送我到宾夕法尼亚的边界。

"天任，你一个人开这个烟雾缭绕的凯迪拉克，我不知道你能不能在高速公路上行驶，为什么不让我陪你去威斯康星州呢？"他说。

"不， 我不想浪费你的时间， 我会独自开到的，但是我要谢谢你。"我说。

"好吧，也许我就送你到宾夕法尼亚州的边界吧，我们已经好久没有在一起谈话了，这辆汽车行吗？"他坚持道。

"好吧！黄曾鲁，你是我真正的朋友。"我很不情愿地接受了他的好意。

他担心这辆车不能离开城市过远。实际上，除了冒点烟之外，车子还跑得很好。我在宾夕法尼亚州的I-94公路上，一直享受着黄曾鲁的陪伴，我坚持要开到灰狗巴士站，送他回纽约市。

我继续在I-94公路驾驶西行，这是一段平淡无奇的旅行，在路上我没有做任何不必要的停留，只花了两天时间就进入拉辛市。第一天晚上，我住在离城市边界不远的一家汽车旅馆里。第二天早上我做的第一件事就是开车到城里去了解这个城市，看看学校的位置。午饭后，我给几位在报纸上登租房广告的房东打电话，最后的电话是打给乔治的。

"嗨！你是乔治吗？我是理查，我在报纸上看到了你的广告。你有出租的房间吗？"我说。

"当然有。"他说。

"我可以过来看一看吗？"我说。

"请过来，整个下午我都在家里。"他说。

"请把你的地址给我，我要开车过去。"我说。

乔治把地址给了我，我开车过去， 我敲了敲门，乔治，一个40多岁的男人开门。

"嗨！我就是打电话来要租房的。"我说。

"这个房间已经租出去。"他告诉我。

"我刚才和你聊过几分钟，你说你有一个房间要出租，请我过来。我的名字叫理查。"我说，觉得有些误会。

"我告诉过你，所有的房间都已经租出去了。"他不耐烦地说，当着我的面就把门关上了。

我知道发生了什么事，那只是另一个无知的房东。我没有感到不高兴，但我对这个城市里的人们感到很失望，因为我打算在这个城市定居下来。那天下午，我在学校附近找到了一间公寓房，然后就搬进去了。一个月后，在一次学校聚会上，我再次见到了乔治，他原来是我们部门秘书贝亚的丈夫。他感到很尴尬，但我告诉他："乔治，别难过。我理解不让外国陌生人进入你家的感受，现在我相信你会把我带进去住的，难道你反对吗？"我开玩笑地说。

"当然，现在我会带你去，但是我仍然感觉很不好意思。"他平静地。

开学的第一天，卡尔·奥斯卡，一位年长的数学教授来到我的办公室。

"理查，你要做的第一件事就是把你的退休计划做好，我会告诉你怎么做。你有时间的时候，请到我的办公室来。"他告诉我。

"卡尔，我才 29 岁，对我来说，担心退休问题还为时过早！"我说，并觉得这很有趣。

"理查，相信我，时间过得很快，在你知道之前，你已经准备要退休了。"他对我说："制订退休计划永远不会太早。"

"好吧。卡尔，我十分钟后就到你的办公室。"我不情愿地说。

卡尔耐心地向我展示了如何进入"TIAA"/"CREF"计划，以及如何将覆盖范围划分为两组。

"最好的办法是把这两部分分开"TIAA"/"CREF"，50/50,你永远不知道股票市场将来会怎样？TIAA 是保守的，你的钱放在那里是安全的。"他告诉我。

直到今天，我还常常想起他以及他的建议，他是多么的正确！在过去的许多年里，退休基金已经增长到相当可观的数额。卡尔在多年前去世了，我一直没有机会感谢他的忠告和他的好意。

拉辛技术学院是一所两年制的小型学院，提供许多技术领域的科学副学士学位。第一学期，分配我去教授六门不同的课程。不知道正常的教学负荷应该是什么？我不介意承担这么繁重的教学任务。这六门课程包括电力概论、机械制图、数学和电子电路。我对这些科目都很熟悉，并且自信我可以毫无困难地处理它们。为在美国第一年的教学课程，我设计了授课计划，准备在开学后使用。

我唯一担心的是我的英语，不管是口语还是写作水平，我去见颜格院长以得到他的建议。

"厄尔，我接受你的提议，在这里教授课程。我不介意努力工作，但我应该如何处理我的英语缺陷呢？"我问他。

"理查，我能理解你，没有任何问题。你有一些口音，有时会把时态混在一起，但是学生们会理解你的。如果他们为难你，就让我知道。"

"谢谢你的鼓励，我会尽力的，如果有学生投诉我，请告诉我。我会尽量改正我的错误和缺点，如果到了学期末我还是做得不好，我就会离开学校。"

"别担心！你一定会做的很好。"他真的是一位好老板。

我不能很快地提高我的英语水平，但是我要把指导工作做好，必须做得非常好，这是我在美国的教学生涯成功的关键。当我第一次走进教室开始工程数学课程时，我看到的是二十六双好奇的眼睛。

"早上好，我的名字是理查·郑，这门课是工程数学。"我说。教室里非常安静，我几乎能听到我自己讲课声的回音。

"我想给你们一个简单的测试，叫做跳跃点(JOP)测试，看看你们是如何准备的，这样我就能给你们一个适当的讲课起始水平。"

我把准备好的考试题目发给每个学生。

"你们有 15 分钟的时间来完成测试。"我看着我的手表说。

跳跃点(JOP)测试是故意做得相当的困难，我想确保每个人都只能得到零或很低的分数，然后我在测试后立即给出答案。设计目的是让他们知道答案是多么简单，以前我曾经用过这种方法在教室里建立了威信。

"你们现在先做测试，然后和我的答案作比较，看看你们是怎么做的？"我告诉他们。

15 分钟后，我让他们停下来，我给他们每个问题的答案。

"老师，答案太简单了！"其中一个学生说。

"好吧！谁能做到答案百分之百？请举起你的手。"

没人举手。

"百分之八十或更好？"

没有人举手。

"百分之五十？"

还没有人举手。

"百分之十或更好？"

"零？"

每个人都举起手。

"那好吧。我会尽量降低 JOP 的使用，我认为你们会做的很好。"

在这里，JOP 测试起了作用！学生们知道谁是教室里的主导，我们有了一个良好的开端。

为了准备好自己，每个周六的早晨，我都开车去湖边公园，把车停在密歇根湖边的沙滩上，那里很安静，很漂亮。我带一杯咖啡和我最喜欢的甜甜圈，我会做好这一星期六门课程的授课计划。第一周，我花了大约两小时来完成授课计划。在接下来的几个星期里，我花了不到一小时的时间就完成整个星期的授课计划。

我不得不与我的英语语法、发音和浓重的口音作斗争，但我可以通过使用黑板和手势，来与学生进行有效的沟通。从一开始学生的反映就很好，第一学年结束时，学生们向学院推选我为"年度教师"。

在学校里一切都很好，第一年我非常高兴。第二年，我的课程负荷减少到每学期只有四门课，这是正常的负荷，颜格院长向我道了歉。

"理查，我们去年给了你六门课的不寻常负担，因为我们实在找不到合格的老师，你做的是一流的工作，我要谢谢你。"厄尔对我说。

那年他给了我百分之五的加薪。我觉得这很好，因为在台湾，一个大学老师的薪金不是一年一年地增加，一直要到被提升到更高的职位，才有加薪。有人告诉我，作为一名年度教师，我应该得到比百分之五的加薪更多的报酬，那百分之五只是普通教师的平均加薪，但是我不知道如何讨价还价以得到更多的加薪。

虽然我对学生的问题很有耐心，但我对课堂上的不良行为非常不宽容。其中有一个学生，肯·奥尔森，特别调皮。每次我背朝学生写黑板时，肯奥尔森就会发出滑稽的声音让人发笑。当我转过身，他就假装他不是那个犯错误的人。

"省点事吧，这并不好笑。"我命令道。

但我一转身，他又做了一遍。这一次，我出乎意料地转过头去，抓住了他。

"肯，下课后我想和你谈谈，去健身房见我好吗？"

"好的，先生，不管你说什么。"肯说。

下课后，我走到体育馆去等他，他的一群同学跟着，想看看发生了什么事？

"肯，你在课堂上一直取笑我，现在我要给你看看。如果你能把我摔倒在地，你可以在课堂上做任何你想做的事情；但如果我赢了，你就应该停止在课堂上的愚蠢行为。我们来个交易，好吗？"我很有信心。

"当然，郑先生，我会照你说的去做。"他很自信地笑着说，他能用 1 米 82 的身高挑战 1 米 67 高的我。

我脱下夹克和衬衫，他还脱下了他的蓝色衬衫，大约有 20 名学生在我们两个人中间盘旋，我们用跳远软垫作为平台。肯的个子很高大，但我可以从他的第一个动作看出他以前从未摔跤，我很快地把他摔在地上，而且摔得很厉害。

"想再试一试吗？"我问。

"不想！我想我受够了。"肯说，他显然很痛苦。

我把他拉了起来后，就走回我的办公室。从那时起，我就被授予"中国野蛮人"的称号。当我走过拥挤的大厅时，一条清晰的道路就会分出来让我通过，从那天起，再也没有恶作剧的手势了。事实上，肯成了我最好的学生之一，从学院毕业后继续在(顶尖的)十大篮球联盟（Big Ten）大学中的一所学习，并取得了本科和硕士学位，在我离开拉辛之后，他和我保持了多年的联系。

拉辛是威斯康星州一个相对较小的城市，大多数居民都没看见过来自东方的人，因此我经常被人盯着，从远处看"中国佬"。我没有感受到侮辱，因为在那个时候，我也不知道这个词"中国佬"（China Man）的真正含义。在社交聚会场合，朋友之间相互讲笑话是很平常的事，但他们大多只是为了搞笑。一天，在一个为教员和家属举办的聚会上，

乔格林教授说："我想告诉你一个关于中国人的笑话。我想理查会很喜欢的。"他转身对我说，"如果我讲一个关于中国人的笑话，理查，你会介意吗？"

"可以，只要不是讲我的。"我回答。我屏住呼吸，希望他不会讲什么太无礼的话。

"好吧！有一位教授，注意到一间洗衣店的上面有一个牌子，写着卡尔·舒尔茨手工洗衣店，他就很好奇。那天早些时候，他离开了家，在洗衣店附近，从公交车下来，走进了洗衣店。

"卡尔·舒尔茨先生在吗？"教授问。

"我是卡尔·舒尔茨。"老人说。

"你有来自德国的远祖吗？"

"没有。"

"你被一个德国家庭收养过吗？"

"没有。"

"请告诉我，在这个世界上你怎么会有这样的一个德国名字？"教授问。

"好吧，如果你有一分钟时间，我就告诉你。"老人说，"我是1919年来到这个国家的，我们都必须经过埃利斯岛移民服务站的一个窗口。我排队在一条长长的队伍后面，在我的前面是一个身材高大魁梧的家伙。"

"你叫什么名字？"警官问他。

"我的名字是卡尔·舒尔茨。"他回答道。

这位官员做了一些笔记，让他通过了。然后，我走到窗口前。

"你叫什么名字？"这名官员问我。

"山姆丁。"我说。

"警官看了看我，说：'哦！同样的姓名（Same thing）'。他在我的纸上做了一些笔记，把那叠纸还给我，然后挥手让我过去。当我看着我的I-94表格时，上面的名字是卡尔·舒尔茨的名字，从此我就一直用这个名字。"

格林教授总结了这个故事，派对上的每个人都笑了，我觉得这个故事很有趣。以后，我在许多公开演讲和私人聚会上，我都会讲这个笑话。但是每一次，我都在故事中会做了一些细微的变化，无论那一次，都会引起一场爆笑。

在学校工作的期间，我从移民局那里得知，如果我要让我的家人到这里来看望我，需要有赞助者来作担保，我请拉辛技术学院的厄尔院长帮助我把我的家人接过来。

"厄尔，我想让我的妻子和两个孩子一起来这里，你能帮助我吗？"

"我们需要做些什么来帮助你？"厄尔问道。

"我需要请你写一封信并签署表格来赞助我从 F1 学生签证转到优先工作人员身份。"我回答。

"这是否意味着你可以无限期地待在这个国家?"厄尔问道。"我不知道这种情况,如果是为了保持能够在这里永久工作,我需要申请一张绿卡。"我说。"就目前而言,为了我的家人可以到这里看望我,只需要优先工作人员的身份。"

"这根本不成问题,我今天就写这封信,你先填好表格,我来签署。" 厄尔说.

厄尔为我写了一封信,秘书把申请表和厄尔的信件一起打印出来,这封信完成了学院为改变我的身份所做的赞助和担保。移民局和入籍服务中心批准了我的申请,在一个月内将我的身份更改为优先工作者。

有了新的身份,我现在可以申请我的家人到美国来看望我。只要我在教学领域有一份工作,就不会对我和我的家人在美国待多长时间有任何限制。

改变身份的申请得到批准后,我立即填写了表格,让我的家人可以同我一起在美国生活。没有遇到任何问题,很快就得到了移民局和入籍服务中心的批准。我写信给萍萍,告诉她这个好消息。在那段时间内,我需要攒足够多的钱来买机票以及支付我妻子和两个儿子的搬家费用。当时我的月薪是 600 美元,我花了大约四个月的时间,再加上原来的储蓄才攒够了搬家的费用。

我把钱寄给萍萍,让她安排来美国的旅行。她到当地警局、城市社区、外交部以及最后的美国领事馆,办理各种各样的手续。她没有像我那样花那么多的时间,他们在 1964 年 1 月 24 日离开台湾,那时我们还没有确定我们要在这个国家待多久。

收到萍萍旅行计划的消息后,我焦急地等待这一天的到来。与此同时,我开始寻找家人来到美国后的居住地方,在拉辛的房屋市场上,出租的公寓相当多,我租了一套在二层楼的两居室公寓,每月租金三十五美元。自从几个月前决定全家人来这个国家居住时,我就一直为我的孩子们收集玩具,现在都堆在一个大壁橱里。为了尽快开始,我还收集了一套家具、厨具和其他生活必需的物品,至少足以让我的家人到来时使用。

1 月 24 日是我们的结婚纪念日,按照行程安排,我的妻子萍萍和我们的儿子们在晚上抵达了芝加哥奥黑尔国际机场。那天下午我就离开了拉辛,开车到奥黑尔机场去接他们,再把他们带回到我们的新家,我对这次的团聚感到非常兴奋。我想知道他们是如何度过这段漫长而劳累的飞行旅程?萍萍又是如何独自照顾这两个小男孩,除了 15 小时的飞行时间外,还要在东京和阿拉斯加有两次停留以及更换飞机的复杂手续?

最后,飞机到达候机楼时,我在候机楼出口大厅的门口等着。晚上 11 点,

我看见一个胖乎乎的小男孩穿着一件超大号的大衣,独自从飞机的舷梯下来,一位漂亮的年轻女子抱着另一个小男孩。我立刻认出了他们,跑上前去迎接。3 岁多的大一点小男孩似乎知道我是谁,我们四个人没有说什么就拥抱了,经过这么多年,我们终于在一起了!

"爸爸,我想尿尿"这是我 3 岁大儿子叔霆的第一句话,

我握着他的小手领他到机场洗手间,在他那个小小的年纪,似乎已经很成熟了。2 岁的孩子叔震还不知道我是谁?当我想拥抱我的妻子时,他会挣扎着保护他们的母亲,不受陌生人的攻击,萍萍和我都笑了。

"这是爸爸,你还记得我给你看的照片吗?"萍萍问他。

他点了点头，但他对这个陌生人仍然感到不舒服，我终于设法把他们放进了我的车里。不久，好奇心战胜了对陌生人的恐惧，这两个男孩开始在这辆大而旧的黑色凯迪拉克车里享受车内小配件的乐趣，他们在调整无线电，把天线上下移动，他们还发现了电动窗开关，上上下下地的升降，这个新世界对他们来说实在是太有趣了。他们对所看到的一切都有很多的疑问，我试着用普通话向他们解释，发现我很久没有说普通话了，我忘记了一些单词。

　　"你说话时带点很滑稽的口音。"萍萍说。

　　"我想我已经忘了怎么用中文说话了。"我不得不同意她的观点。

　　"我们需要给我们的孩子们取英文名字。"我对萍萍说："美国人很难念出中国人的名字。"

　　"你有什么想法?"

　　"叫叔霆为詹姆斯怎么样?"

　　"听起来这是个不错的名字，我喜欢它。阿霆，人们叫你詹姆斯好吗?"萍萍问这个3岁大孩子。

　　"好!"他说。

　　"我建议我们叫叔震为雷蒙德，同我的导师魏根的名字一样。

　　"当然，那也是个好名字。"她同意了。

　　新的英文名字对我们的美国朋友来说更容易了解。我们谈论了家里的情况，包括爸爸妈妈和其他人，我们有很多东西要互相了解。当我意识到错误的路标时，我已经把车开错了方向，错了80多英里! 叔霆最好奇的是这辆车，在回拉辛的路上，他问了我所有的问题。

　　"爸爸，这是你的车吗?" 叔霆问。"我们每天都能坐在它里面吗?"他在担心我明天必须把车还给别人。

　　"这车是我们的，它属于我们，我们每天都可以使用这辆车。"

　　叔霆终于松了一口气。

　　叔霆对这辆车感到满意，非常的满意。叔震很累了，在车里表现了一些不乐意的样子。我在加油站停了下来，给他们买了三瓶可乐，让他冷静下来。这是萍萍和两个男孩的第一杯可乐，他们真的喜欢可乐，不久，叔震在南希的怀里睡着了。

　　当我们回到拉辛的那所旧公寓时，已经是午夜时分了，叔震醒了几分钟，很快又在床上睡着了，但叔霆还是打开电视，尽管在那个深夜只有一个电视台在工作，叔霆还是把自己粘到屏幕上，拒绝上床去睡觉。萍萍和我经过漫长的分别后，

　　有那么多的话要说、有那么多的时间要赶上，我们三个人一直呆到凌晨2点才睡觉。

　　第二天早上，孩子们发现了我为他们准备的一大堆玩具：一套电池驱动的火车系统、几辆电池驱动的汽车，还有各种各样玩具枪。他们试图在我早晨起床之前搭好火车轨道，他们在组装铁轨方面做得很好，令我感到很惊讶，需要我做的事只是将玩具的电源线插入墙壁上的电源插座。一天结束前，这两个男孩打开了所有的箱子，把整个起居室里弄得乱七八糟，对萍萍和我来说，看着他们如此开心，完全被这些玩具所占据，确实是很有趣!

　　"我仍然感觉到象是在做梦，在过去的这一时刻，我曾有过这样的梦想，现在我们终于在一起了，看孩子们多高兴啊!"萍萍有点情绪化。

　　在六十年代初，台湾相对贫穷，许多现代生活设施和商品都没有，现在萍萍和我们的孩子们能够住在一套有暖气的房子，还有电话、冰箱和电视机。通过观

察，我知道他们确实很高兴能在美国生活，我们带他们去麦当劳吃汉堡、可乐和薯条，这些都是他们最喜爱的食物。

那时，麦当劳的汉堡只要10美分一个，对每个男孩来说，这顿饭只花费25美分。作为一名教师，我们感到非常幸福和富有，因为我们可以得到我们所需要的一切，使我们过上了幸福的生活。这套旧公寓比我们在台湾住的房子已经有了很大的改善，周围我们可以选择去很多公园和游乐场，在晚上和周末孩子们都要去玩，萍萍和我对这个新国家都很满意。但是，在那个时候我们还没有决定选择这个国家作为我们的永久家园。

1964年叔霆和叔震在美国

萍萍刚来到这个国家时，她对烹饪知之甚少，原因是在她结婚之前，她的母亲不让女孩子们在厨房里弄脏她们的手。她嫁给我之后，我妈妈做了所有的烹饪，萍萍从来没有机会在台湾做任何烹饪。当她搬进我们在美国的公寓时，她只会做一些非常简单的饭菜，这就是她所知道的全部烹饪。实际上，我会做的菜比她当时所能做的要多得多。我开始向她展示如何制作炸牛排、鸡蛋饺子和酸辣鱼等各种各样的菜肴，萍萍很快就掌握了许多新菜肴的烹饪方法，自从她来美国后不久我就决定从厨房退休了。

在那些日子里，市场上买不到我们最喜欢的中餐原料，比如中国式的香肠、风干鸡、风干鸭和火腿等腌制品。根据我的味蕾记忆，我们开始自己制作香肠和风干鸡，因为拉辛的冬天非常干燥，我们的试验结果非常成功。孩子们很喜欢我做的腌制品，当然，萍萍对腌制品的烹调与她的口味有很大关系。我的腌制品试验扩展到火腿、鸭和鱼。从那时起，我们每年冬天都做干肉腌制品，直到在杂货店里中国的货物变得普遍以后，我们就以购买为主了。

我们在拉辛的社交生活也很丰富，在萍萍到达拉辛之前，我已经和邻居王国金和他的家人成了好朋友。他们家女孩四岁，男孩一岁，我们两个家庭经常开车到芝加哥或密尔沃基的公园去度周末。王国金是材料科学家，为当地的一家制造汽车消声器的沃克工厂工作。王国金的妻子辛迪，是一个非常聪明的女人，在家照顾他们的孩子。萍萍来了以后，我们成了更亲密的朋友。王国金的孩子和我们的孩子也成为朋友。除了王国金家外，我们还把李朝功和周锦达两位单身男子作为我们的周末客人。在晚上以及下雨的周末我们可以同王国金夫妇等朋友一起打桥牌。在拉辛，我们确实有一段难忘的美好时光。

1964年叔霆在美国

我们的公寓在二楼，前面的窗户面对着一条繁忙的街道。叔霆会从公寓窗口看着穿行在街道上的汽车。他会问我，这些是什么样的汽车、品牌、型号等等，不久之后，叔霆就能认出大多数的汽车品牌和型号。我想喜爱汽车是大多数男孩子的天性，后来为他们买的玩具中，有超过一半是火柴盒车和模型车。

玛丽·奥尔森是住在离我们两栋房子的邻居，经常带着自制的小甜饼来看望我们。她把叔霆和叔震都抱在怀里，对萍萍和我说："应该经常拥抱他们，当你意识到之前，他们已经长大了。"

玛丽·奥尔森五十多岁了，她的四个孩子都已经三十多岁了。我觉得这个建议很好，但是我们太年轻了，看到我们的孩子长大成人，那一定是要很长的一段时间。当时，我们并没有真正理解她的意思，但我们还是对她的建议表示了感谢。我们隔壁邻居送给孩子两只小猫。孩子们把它们养在家里照顾。一个是棕褐色的公猫，男孩们叫它"老虎"；另一个是胡椒色的母猫，男孩们叫它克丽奥。带进我们的家的时候，这两只猫都不到三个月大。在房间里，这两只猫都非常活跃，会爬上了房间内的床、桌子、椅子和其他家具上，只有天气好的时候，它们才会在院子里玩。

一天，叔霆跑进屋里，非常激动，脸上满是泪水。在那时，有一位来自学校的老师正在客厅里拜访我。我曾告诉这些男孩子在美国人面前只可以说英语，显然叔霆很焦虑，他试图用英语告诉我们发生了什么事。

"老虎、树、 碰！"他说，用自己的双手做了一种自上而下的举动。

我们很清楚地知道叔霆讲的事情，那只叫老虎的公猫从树上掉下来了。我们走出公寓，发现老虎从10米高的树上坠落死亡。叔霆后来用普通话告诉我，老虎被一只更大的公猫追赶，紧急情况下爬上了大树，后来又不幸从这棵大树上掉了下来，撞到了水泥路面上，当场死亡，这只可怜的小公猫还不到一岁。

我不太喜欢这两只小猫，但是我知道老虎和克丽奥对我们的孩子有多么重要。我养过两条狗，一条被屠夫吃了；另一个被士兵刺死了。对一个孩子来说，情感上的影响是很难被其他人理解的，除非自己曾经经历过。

"叔霆，我们会为你找到另一只老虎的，好吗？"我把他抱在怀里，

"爸爸，我想要一只和老虎一样的猫，"他边说，边擦去他的眼泪。

"当然，我们会找一只和老虎一模一样的猫。"我安慰他。

每天晚饭后，我都要带叔霆去逛街，同他一起在附近的人行道上散步，让他熟悉一下我们周围的环境。那时叔震还太小，不能和我们一起在街上走。

一天，当我们在人行道上散步的时候，一个邻居朝我们的方向走过来，我们互相问候。

"这是你的男孩子吗？"他问道。

"是的，这是叔霆，我的大儿子，他是三天前同我的太太一起刚刚从台湾来的。"我自豪地说。

他看着我们两个人，眼睛里好像有一道难题。

"我以为在中国的人民正在挨饿，他怎么这么胖？"他问我。

"台湾不像美国那样富有，但并不像你想象的那么穷，至少人们有足够的食物。"

"哦！我明白了。"他并没有完全信服。

我只是笑了笑，向他挥手告别。我真的不知道从哪里能够开始向他解释在美国之外的这个世界是什么样子的？这里的人们被媒体的偏见洗脑了，被灌输了不完整的信息！这对我来说真是太惊讶了。就像这里的邻居们对中国人的印象是如此远离事实。在我来之前，我对美国人的印象也是完全错误的。

另一方面，我们所有人都必须依靠媒体给我们带来信息。除非是与他本人直接相关的严肃事情，否则人们就不会去图书馆去研究真实的信息，只相信从出版物、新闻和电影中得到的信息。我过去对美国人的"了解"主要来自好莱坞电影，我真的觉得我不该嘲笑我们邻居问我这样些无知的问题。

有一天，我在拉辛的大街上散步时。一个我以前没见过的家伙，向我打招呼，并停下来和我聊天。

"嗨！你好吗？你是从中国来的吗？"

"是的，我是从中国来的。"

"哦！你是陈先生、中国屋的陈先生的表亲吗？"他好奇地问道。中国屋是一家中国餐馆。

"不，我不是。"我回答。

"你是唐洗衣房的亲戚吗？"他继续探索我这个新移民。

"不！我不是。"我回答说，我有点生气了。

"你靠做什么生活？"他问我。

"我在一所学校教书。"我回答。

他似乎找到了答案。

"哦！你在教中文，"他带着胜利的神情说道。

我很快就找到了一个借口离开了，因为我不想和一个总是从他自己的观点得到答案的人进行长时间的讨论。那是当时美国人对中国人的普遍看法，在美国的华人从事的两项主要老传统职业，就是餐饮业和洗衣业。虽然也有成千上万的美国华人是教授、科学家、医生和工程师，但是美国的大多数人仍然是从二次大战以后的新闻剪报和探长陈查理电影的老印象来看待中国和中国人。

自从我们搬到城里以后，拥有一幢房子一直是我的梦想。我曾经在美国朋友的房子里看到过地下室、阁楼和车库，这些都是我在中国大陆和台湾都没有看到过。我梦想在我家里这些空间的各种用途，我想要一幢我们自己的房子，有个地下室作工作室，还要有一个车库，里面放着汽车和工具，这对我来说，在机械和电子项目上工作是非常方便和有趣的，阁楼可以用来储存不使用的物品，以备将来我们需要时使用，萍萍同样热衷于拥有一幢属于我们自己的房子。

我们开始寻找适合我们的小房子，先到我们希望生活的街区去看销售标志，此外还阅读报纸上的售房广告，并打电话给老板或经纪人预约看房。不到一个月，我们就在一个安静的城市街区买到了一幢三居室的砖墙房，房子前面有一个小草坪，后面有一个大园子和栅栏。对我们来说，这栋房子是奢侈品，但是与旧公寓相比，这幢房子有很多好处。这幢房子的定价是 17,000 美元，我有资格获得百分之九十的贷款，我所需要支付的现金少于 2,000 美元，而房子是我们私人所有的。在那时候台湾是不可能有这样的事，抵押贷款的每月支付略超过 100 美元，而我的月薪是 640 美元，因此这是很便宜的。我租了一辆 U 型拖车从公寓搬家到这幢新买的房子。

"我们是这幢房子的主人，这都是我们的！"我告诉萍萍。

"不！银行拥有的比我们多。"她开玩笑地说。

"没关系，现在我们每个月只付很少的钱给银行，30 年后，一切都将属于我们。"我说。

我真的认为我们可以长期住在这幢房子里，我不介意银行贷款这件事情。

我们搬进房子后，地下室很快就变成了一个电子车间，我的梦想实现了！地下室逐渐装满了剩余的电子元件、电子系统和旧电视机。我修理这些旧电视机，然后通过报纸上的广告销售，这是我收入的一部分。当我们需要家具或家用电器时，我们就在周末的车库销售市场购买，不仅满足了我们的需求，我们还能开着车在

城里到处转转。看到各种各样我们以前不知道的稀奇古怪的东西，这也是一件非常有趣的事情，这种感觉就像打开圣诞礼物盒一样。

我们觉得在美国的生活真的非常舒适，我们拥有我们想要的一切，对我们拥有的一切都很满意。

男孩们对在美国这种新环境也很满意，他们通过看电视节目和同邻居孩子一起学习英语。几个月后，我认为他们的英文说得比我好。

我们在拉辛交了很多朋友，他们中的大多数都来自学校。他们中有几位是我在课堂上认识的当地商人，最让人难忘的是斯坦利。斯坦利是一个工具制造厂的老板，这家工厂有大约 100 名工人。他与我父亲的年龄相同，40 多岁，他参加了我的晚间电子课程，是我最优秀的学生之一。他常常会有各种奇怪的想法、有很多问题，我们经常在一起喝咖啡，或者放学后吃一顿快餐。我们成了很好的朋

友，在我的家人来到美国后，两个家庭经常交换野餐和家庭烹饪的食物。斯坦利带我参观了5年前他从岳父那里继承下来的工厂，当时只有十几个工人，斯坦利接手管理并开始对其进行现代化改造，把许多新技术应用于生产过程，这就是为什么他要学习电子学的原因。

"理查，作为一个老板，你必须知道你的员工在做什么？这样你就不会被他们所愚弄。"他告诉我。

这个建议深深地铭刻在我的脑海里，以后的人事管理工作中我遵循了他的为人处世哲理。

在这段日子里，萍萍全天在家照顾孩子们。

"如果我找到一份工作赚外快，那又怎么样？"萍萍问我一天。

"为什么？"我问。

"那样的话，你就不用再修电视机，可以多休息了。"她说：

"我不介意课后修理电视机，我玩得很开心，我不需要额外的休息。"我说。

"如果你找到了一份工作，我们就需要一个保姆在白天照顾我们的孩子，我不太愿意把我们的孩子们交给别人来带。照顾和教育我们孩子的重要性，远远超过了你所能赚到的任何额外收入。"

"我想你是对的，我也不愿意把孩子们交给别人。"她同意了。

"好吧！在我们的孩子成长之前，你的全职工作就是在家里教育他们"我说。

叔霆和叔震都表现得很好，很聪明，他们之间几乎没有言语上的争吵，也从来没有发生过任何的争吵。叔霆年龄比较大些，他脾气很好，耐心而且十分友好，因此从第一天上幼儿园起就被全班孩子所接受。

有一天，叔霆回家走进屋里就哭了起来。

"叔霆，发生了什么事？"我问他。

"杰夫打了我。"他说。

"杰夫比你小得多，你打他了吗？"我问。

"没有，我没有打回他。"他告诉我。

"叔霆，你为什么不反击？"我问。

"我不想打痛他。"他说。

叔霆总是一个心地善良的孩子，他哭的不是痛，而是他内心的伤痛，因为有人会打他。在叔震和他的同龄人中，叔霆总是扮演成一位大哥哥，不是欺负他们而是要保护和照顾他们。当他从我们那里得到饼干或糖果时，他会同叔震一起分享，给叔震更多的糖果。叔震知道他哥哥的仁慈，而且从来不会忘记自己受到了哥哥怎样的照顾，萍萍和我是在他们长大后才知道这些细节

我和萍萍坐在公园里的长椅上，看着孩子们玩耍。当我看到她和我们的男孩们都感到非常幸福时，我想到了一个主意。"萍萍，你觉得我们搬回台湾怎么样？"我在试探她。

"我不知道你是否能回到台湾的生活方式？"她说。

"你呢？"

"当我想到那里不良的卫生设施时，我就不想回到台湾了。"

"好吧！如果我们不打算搬回台湾，我们最好还是留在这里，你怎么看？"

"我不介意呆在这儿，台湾不是我们的家园，那里的土著人不喜欢我们，所以我们只有一个选择，就是呆在这里。"她说。

"那么，在这种情况下，我们最好申请永久居留身份以便合法地留在这里，提醒我明天给移民局打电话。我需要了解申请的具体细节。"我说。

我从移民局得到的信息并不令人鼓舞。首先，在移民局办理我们的申请时，我们需要一所学校的帮助。如果我找到另一份工作，我们就需要新学校递交一份支持我们移民申请的请愿书。由于每年都有限制亚洲移民的数量配额，因此需要有很长的等待时间。

　　为了不浪费时间，我要求学校先提交一份请愿书将我的身份从一名优先工作人员转变为永久居留，学校在 1964 年秋天为我提交了这份请愿书。我们知道我们听到任何来自移民局的消息之前，都是一个漫长、漫长的等待。

第三十六章

接续执教

1966 年春天，我参加了在底特律召开的专业协会会议，在大会的最后一天，我的导师菲尔·里尔博士，问我是否愿意回到斯托特学院。

"理查，我得小心点，我不想把你从拉辛那里拉过来，但我需要像你这样的人在斯托特学院工作。"他对我说。

我希望能够更加正确地听懂他的话，在我的教学生涯中能在斯托特学院教书将是很重要的跨越。

"菲尔，你说的是你想聘我到斯托特学院教书，对吗？"我问。

"就是的，我只是要小心一点不要让拉辛的同事们认为是我要你离开那里的。"

"这是我的决定，我想回到斯托特学院工作。"我果断地说。

"好吧。理查，在同拉辛重新签订合约之前，请你等待来自斯托特学院的聘请书，我一回到梅诺莫尼，将尽快把所需要的文件办理妥当。"他很高兴地说。

"这太好了！谢谢你。"我说。

"好吧！我们又做了一笔交易。"他说，我们握了握手。

"我已经报名参加在马奎特暑期学校的学习课程，但是我会在秋季学期开始前搬家到梅诺莫尼，这样好吗？"我问。

"没问题，我知道你不需要很多准备工作就能胜任你的教学课程。"他说。

"我非常感谢你给我在斯托特学院的工作机会，我会为你做好这份工作的。"我说。

"我相信你会在斯托特学院表现得很好，我期待着秋天与你在一起工作。"

"我到梅诺莫尼时候会给你打电话，请向克里斯问好，请多保重，菲尔！"

在底特律机场，我打电话给萍萍。

"你猜怎么着！我们将在八月份搬家到梅诺莫尼，你认为怎么样？"我问。

"关于这件事，请你多告诉我一些。"她真的很惊讶。

"回家后，我会详细告诉你，斯托特学院想聘请我到那里去教书。"我说。

"太棒了！我迫不及待地想听到详细情况，注意旅途安全！"

回到拉辛，我向萍萍讲了我所知道的关于到斯托特教书的一切事情，并等待来自斯托特学院的官方信件。在这封信发出之前，魏根博士给我打来了电话。

"恭喜你！理查，大学将从今年秋天开始，正式聘请你为助理教授。"他告诉我。

"谢谢你，魏根博士，我非常高兴能够重新回到学校，我并不介意是什么职位，哪怕就只是一个讲师的位置也行。"我说，而且是真实地说。

"你应该得到比这更好的职位，没有问题，菲尔会把那个职位给你的。我们期待着尽快见到你，理查。"

"萍萍和我也很高兴搬回到那里，非常感谢你给我打电话。"

第二天我就收到了来自斯托特学院的官方信件和一些表格。我接受了这份聘请，签署了文件，并在同一天寄出这些文件。我给里尔打了电话，说我已经正式接受斯托特学院的官方聘请，并感谢他的全力帮助。关于我决定要离开的事情，我向学院院长厄尔·颜格先生谈了。

"厄尔先生，我刚从斯托特学院得到了助理教授的教学职位。"我告诉他。

"我不认为我会同意和你讨论关于你离开我们的事？"他说，一边抽起了他的大雪茄。

"我想我会接受斯托特学院的聘请。"我说。

"好吧！理查，这对你来说是一个进步。祝你好运！但是不论有没有你在这里，这世界仍然会运转。"他喃喃地说，

我想他对我离开拉辛技术学院是很不高兴的。

"你和学院里的其他同事对我都很好，离开这里我也很难过，但是到斯托特学院教书是我一直想做的事，我会让罗恩继续我的工作。"我说。罗恩·克鲁裕是电子学专业的一名教员。

这次离开的最大困难是同我的学生们说再见，我对他们每个人都很了解，他们是我在美国教过的第一批学生，给我留下了深刻入心的印象。我们的工作不仅是在教学方面，而且对学生和教师同样都有很多的乐趣。我建议他们继续到斯托特学院攻读电子专业的学士学位。他们中的许多同学确实申请了并且在毕业后被斯托特学院录取。

五月下旬我结束了这学期的教学工作后，到密尔沃基参加马奎特大学的暑期班。在夏天我们把房子锁起来，只带了一些必要的东西去密尔沃基。暑期学校结业后，准备到斯托特学院开始我的新工作。

此时，斯托特这所学校的名字已经正式从学院改为斯托特州立大学，入学人数从我在那里学习时的 1,500 人增加到 6,000 多。

我们决定把在拉辛的房子卖了，在梅诺莫尼另外买一栋新房子。但是我不知道这笔交易应该如何进行？我卖掉我们住过二年的房子只得到了我已经付出的那些钱，当我得知美国房子确实是在升值而不是贬值的价值观后，我觉得自己像个傻瓜。其实我应该起码可以多要百分之十或者更多的房款。

"我准备先找一套公寓暂时住下，然后再找一幢要买的房子。"我告诉萍萍。

"听起来是很合理，买一套合适的房子需要时间。"她说。

"我到了那里，再给你打电话。"我说。

"小心开车。"

1966 年 7 月，在我们结束在拉辛的房子交易之前，我独自开车去梅诺莫尼为我的家人寻找在那里的住房。

那天晚上，我住在魏根先生的家里。第二天早上，我开车去看报纸上登了广告的公寓。在开车去公寓的途中，看到路过的一家屋前草坪上有"业主出售"的标牌。我停下车，走到前门。有位老人从客厅的窗户里看到了我，就打开前门出来，走到前面的草坪上。

"早上好，我能为你做些什么？"他问道。

"您的房子要出卖，对吗？"我问。

"是的，我自己的房子要卖，我可以带你四处看看吗？"

"如果这对您来说不是太麻烦的话，我正在去看一套出租公寓的路上。"我告诉他真相。

"如果你有一分钟时间，我很乐意让你看看。"他说。

"好吧！请带路。"

我们绕着房子走了一圈，他向我解释说他要搬到佛罗里达去住。他已经是70多岁，这里的冬天对他来说太困难了。我看了房子的内部，越看越喜欢，大窗户、大厨房、三间卧室、宽敞干净的地下室和一个车库，还有一个大后院，里面有许多蓝云杉树，这就是我想拥有的和我所希望的一切。

"这幢房子，你要卖多少钱？"我问他。

"我要卖 17,000 美元，如果你感兴趣的话，我会以 16,000 美元的价格卖给你。"他说：

这幢房子比我卖出的房子还便宜，而且还是一栋更大更好的房子。

"好吧，如果我们能尽快谈妥，我就买下这幢房子，我们什么时候可以搬进来住？"我问。

"我已经在佛罗里达找到了一个地方，我想在谈妥后的几天内，任何时候你都可以搬进来住。"他说。

"如果我在安排抵押贷款期间，先付给你 500 美元，这样可好？"

"当然是可以的，我为你保留一周的时间。"

我给了他一张 500 美元的支票，然后开车回了梅诺莫尼市中心。到我的老银行去找经理谈办理贷款的事情，他把我介绍给了房贷部门的经理，我填写了办理贷款手续的申请表。

"我们从斯托特学院知道了你，请给我们几天时间，我们应该会通过你的贷款申请。"这位银行经理告诉我。

我打电话给萍萍关于买房子的事，她很惊讶我如此快地就决定了这笔大买卖。

"你说你已经买好了一幢房子。是吗？"

"没有，我还要从银行得到抵押贷款。"我说。"我需要为房子向银行借 16,000 美元。"

"16,000 美元吗？比我们刚售出的房子还便宜！是比原来的房子小吗？再多给我讲讲这幢房子的情况。"

"嗯，实际上是更大的房子，有三间卧室和一间大厨房。"

"这对我们来说已经足够了，你知道我一直想要一个间大厨房。"

"你会对这间厨房感到满意的，比现在我们现在有的那间厨房大得多。"

萍萍对我在达成交易之前没有同她商量过就作出的决定，不是十分满意。但是关于这次买房子的事情，她还是同意了我的决定。后来我听说这样的事情可能是一些美国夫妇离婚的理由。

我们买的这幢房子离学校大约 8 公里，在北梅诺莫尼镇。这个地区有几片大大小小的湖泊。湖台湖是北梅诺莫尼地区最大的湖泊，离我们房子的步行距离很近，在那里盛产大嘴黑鲈鱼和白斑鲶鱼。外出旅行也很方便。离房子 1.5 公里左右就有高速公路的上下匝道。

和萍萍谈过，填写贷款申请表后，我又回到那幢房子。"业主出售"的标牌已经被拿走了，我告诉了业主在这几天我所做的事情。他也告诉我，他对交房的日期和时间很灵活，因为他只是一个人，而且退休了。这项任务完成后，我告诉魏根和里尔关于这次购房的经过。

"好样的！我从来没看到过有人这么快就买到了房子。"魏根说。

"我知道，但是我不知道如果多花时间去看房子是否就会买到更好的房子？"我说。

"我同意理查的意见，如果他喜欢这个地方，每一分钱都是值得的。"魏根夫人说。

我向他们说再见后，下午就开车回拉辛。

八月底，暑期学校结束后，我们回到拉辛，准备搬家到北梅诺莫尼。我租了一辆6米长的U型卡车，把我们所有的东西都装上，我对我们积累了这么多的东西感到惊讶，人类就像小白鼠那样，很会积存东西，这些可能都是永远没有机会再使用的东西。更有趣的是，卡车里装玩具的箱子数量比其他任何物品都多。

当我驾驶大卡车的时候，萍萍驾驶着我们的老福特LTD，我们沿着美丽的I-94公路穿过威斯康星州的德尔斯，在那里我们停留了很长的一段时间。我们在上午离开了拉辛，在晚饭时间就到了北梅诺莫尼。在卸货之前，我们去大家最喜欢的麦当劳吃汉堡、薯条和可乐。几位老朋友和以前的同学们都来帮忙，帮助我们卸掉沉重的家具和箱子，不到一个小时，我们就把所有的家具和箱子都搬进房间里。拆箱工作可以再等几天，萍萍会同和我一起去做。我们喝了几杯啤酒来庆祝朋友们的聚会，我觉得这一天，我才是真正的回到了家。

搬家后的第二天早上5点，我就起床，坐在客厅大窗户前的摇椅上。黎明前的阳光带来了美丽而安静的景色，透过一扇大窗户，望着屋前的红枫树，温柔的秋风轻抚着红枫树的树枝，还有在树林中成双成对玩耍的小松鼠。这里的清晨是如此的平静和安宁，我感到一阵阵的快感从身体背部穿过。我想，在这个世界上我是多么的幸福！我很高兴我决定留在美国，我确信萍萍和我们的孩子们也同样高兴能够生活在这个美丽的国家。

我们经常谈论将来我们应该做些什么事情？留或者不留在这个国家，如果我们搬回台湾，我的未来会是什么样？我可以回到师范大学或另一所大学教书，然后成为一名教授后退休。在台湾，职业道路的变化是非常有限的，而在这个国家的情况完全不同，对于那些想要有更多选择来提高自己的人来说，是会有许多的机会。

我们还谈到要成为美国永久居民，并最终获得美国公民身份的事情，成为一个美国人是如此难堪的事情吗？我们认为不是。这个国家是在两个世纪前由来自世界各地的移民们建立起来的，然后更多的移民紧随其后而来，使这个国家成为世界上最强大、最富有、最民主的典范。使美国人与其他生活在封闭社会里的日本人、德国人或者英国人完全不同，我们也可以成为推动这个伟大国家未来发展的一部分力量。

唯一使我感到难过的是让我的父母留在了台湾，自从五年前我离开台湾后，就没有和他们谈过话。我的助理教授的薪水足以养活一个家庭的生活，但还不足以提供我乘坐国际航班旅行的开支。那时候台湾家里还没有电话，我甚至无法通过电话听到父母的声音，这是我们生命中唯一重要的事情，我想在不久的将来我一定会把他们接过来一起生活。

不像其它一些重点大学，斯托特学校虽然已经提升到了大学的地位，但是斯托特教授的最重要任务是仍然是教书而不是研究。一座巨大的新技术大楼建于1964年。我的办公室和实验室安置在技术大楼里。我的教学任务是从本科初级到研究生阶段的全部电子课程，我对这些课程已经是非常熟悉，每个星期天，我只要花一小时左右的就能写好这一周的讲课提纲。

当我还是研究生的时候，我认识了两名本科生詹姆士·魏而模和派特·高登。詹姆士是个电子迷，经常到汽车垃圾场去找收音机，再把它们改装成家用收音机，他的同班同学派特是在附近农场出生的当地人。在他们大四的时候，詹姆士和我去过派特的农场好几次，有一天，他们俩还带我出去吃了一顿披萨午餐。

"理查，我们已经加入了通信部队，我们将去耶鲁大学培训六个月，然后去台湾做我们的服务工作。"派特说。

"那很好。也许你们可以去那里看望我的父母。"我说，"我会把他们的地址写在一张纸上，你可以去拜访他们，我相信我的父母会带你们到台北最好的餐馆吃饭。"我用中文写好地址，然后递给派特。

他们在我研究生毕业之前就离开斯托特去了耶鲁大学。

我回到斯托特教书的一年之后，派特和詹姆士都离开部队回到平民生活，并使用退伍军人法案为他们的研究生学习支付学费。

在斯托特，詹姆士娶了一个叫苏珊的中国女孩，派特也娶了一个中国女孩叫琼，我们有过一次很有趣的聚会。他们都是我的学生，在我的电子课学习，作为一名教师，我仍然很守旧。当詹姆士想问我一个问题时，他仍把我称为理查，我立刻告诉他，在教室里，我就是郑老师。

"詹姆士，我们是朋友，但在教室里，我不想你直呼我的名字。虽然这个习俗可能是已经过时的，但是我是从这个习俗长大的。"我告诉他。

"当然，理查，我知道了。"詹姆士说。

我们一直保持着良好的友谊关系到今天，詹姆士是一名出色的学生，毕业后成为了一名电机工程师；派特则去了另外的一个州从事教学工作。

迈克·提百次也回来继续攻读他的研究生学位，我很高兴在梅诺莫见到他，邀请他回家同我们和魏根博士一起吃晚饭。他的行为和谈吐都很奇怪，当我接近他的时候，我发现他一直在喝酒。进一步观察，我发现他早上开始的第一件事就是喝酒。一个像他这样好的年轻人发生了什么事？

"迈克，你是我多年来最好的朋友，我求了你，请不要再喝酒了。"当他清醒的时候，我告诉他说，"这是在毁了你。"

"我知道。"他简单地说。

"我认为你应该得到专业治疗来帮助你减少或停止这种坏习惯。"

"在过去的几年里我尝试过，但是过了一会儿，我就变得喝的更多了。"

后来有一天，迈克离开了学校，似乎没有人知道他去了哪里？几年后，我听说他在威斯康星州的奥什科什附近教书。有一天，我在家里给他打电话，但他却没有多说话，根本没有任何反应。我知道他还没有摆脱酗酒的困扰，很快我就和他失去了联系。每当想到这位非常亲近的朋友时，我心里感到十分难过。我希望我能帮助这位朋友做点什么，因为他曾经保护过我，在我取得驾驶许可之前拿走了我的车钥匙，但是现在我却不知道应该怎么办？

在斯托特，我喜欢与高年级的学生合作，共同设计新项目来帮助他们达到学位的要求。这时候，我可以看到许多有创造力的年轻学生提出新创意以及解决复杂问题的新途径。我为几个班级的学生设计了很多项目，这样他们的产品就可以用来装备更多的实验室。第二学期，我们配备了一个教室展示我所教的两门高级课程项目，受到了大学和当地企业的好评。校报和当地报纸都发表了报道文章来赞扬了斯托特大学教员和学生们的成就。

美国政府为大学提供了他们的剩余设备，当政府有剩余设备可供学校使用时，学校和一些非营利组织会将这些设备和所在地址编写成供应目录。通常是采取先到先得的原则，我在供应目录上找到了乔治亚州瓦尔多斯塔空军基地有一套多余的旧雷达系统，我考虑去购买，我选了三人学生小组和我一起去检查这套系统。如果我们决定要接受这套旧雷达系统，我们四个人就会把这套系统拆开并运回威斯康星州。我们从大学车库借了一辆福特旅行车。在行车日志表中有人写下，"动力转向需要检查"，我去找主管，要求换一辆别的的车。

"所有的车都开出去了，你们可以明天中午再来借。"主管告诉我。

我把旅行车试开了一段时间，没有觉得有什么不对。就决定使用这辆车，而不是浪费一天的时间去等待另一辆车。三人学生小组中只一位学生有驾驶证，因此我和他轮流驾驶，每人开三个小时后更换。

我们沿着I-94高速公路向东开，再连接15号公路到宾夕法尼亚。那是一个阳光明媚的日子，我们限制速度地开着，第一天平安无事。我们在宾夕法尼亚州南部的一个小镇过夜。第二天早上，我们转到I-95公路去南方。穿过弗吉尼亚和北卡罗来纳，这是一段美好而顺利的旅程。在北卡罗来纳，为了节省一些时间，我们在乔治亚州的瓦尔多斯塔市转到一个小县城。吃完晚餐后的傍晚，我继续驾驶时就发现汽车的表现有些问题，每次转向都有一个延迟的反应，然后还有过度转向的倾向。也就是每当我把方向盘转向左边时，汽车一开始就不会作出反应，然后又突然过度转向左边，这种感觉相当可怕。当时，我们是在南卡罗来纳边界附近，所有的修理店都已经关门了。

这条公路又黑又滑，那天晚上我在这方向盘后面开了一个小时后，我想我已经习惯了坏动力转向的怪反应，如果换另外一个21岁的小青年来驾驶，除了路况不佳外，对这辆车也不会习惯，因此那天晚上全部由我一个人开车。

突然，在一条陡峭的山路中间遇到了浓雾，我感觉就像在一碗浓豌豆汤里旅行一样。天太黑了，能见度还不到6米，而且，这条路又很窄，因此我不能停靠在路边。只有开到很近的距离，才能看到前面的汽车，如果前面汽车突然停下来，我肯定会撞上它的。最后，在一个多小时疯狂和可怕的驾驶之后，我们才离开了这个地区。我相信我们一定是在被浓厚的云层覆盖着的高山地区开车，三个青年学生吓得不敢说话。我们在路边的一家餐馆停下来喝杯咖啡喘口了气，我的手和手臂因持续的紧张而麻木。

在午夜后我们到达瓦尔多斯塔，第二天早上，我们去空军基地，这个庞大的旧雷达系统就放在基地的营房里。经过检查，我觉得它过于陈旧而且用处不大，无法用于教学目的。在我们回来之前，我们在当地的福特汽车经销店里等待了5个多小时才把车子修理好。回想这次可怕的旅行，首先是我不应该冒着危及我们生命安全的风险，驾驶这种带病的公家汽车开上这么多天的跨州长途行程，我们

完全应该在学校里再等一天，以借得更好的交通工具。但是希望能够早一点看到一件"新"设备的兴奋的感觉，是那些年轻工程师们无法再拖延一分钟的事情。可是，作为一名教员，我应该知道这件事的严重性。

另一个教训是当时我还很年轻，不觉得这样做是很愚蠢的！

我们的家庭，萍萍、叔霆、叔震和我遇到了这一个令人难忘的角色，这不是因为他所做的任何事都有益于人类社会或其他任何人，而是他同我在世界各地所遇到的任何人都不一样。由于他还在人世间，所以我想最好不要用他的真名，这个故事的主人翁并不讨人喜欢。

狄先生是一名化学工程专业的大学毕业生，毕业于台湾最负盛名的国立台湾大学。他的父亲和我的父亲是好朋友，当爸爸写信要我帮助狄先生时，我一口答应了。在1966年秋天我协助狄先生在密尔沃基获得了威斯康星大学的入学许可。

一个月后我和孩子们到奥克莱尔机场去接他，并带他回家和我们一起住了几天，直到他在密尔沃基找到一个地方住下来。

当他走下飞机的舷梯时，我们第一次见到了他。

"郑大哥，我什么也没带，只带了一身的胆。"这是他说的第一句话。

萍萍觉得这是一个很奇怪的介绍，这对我们还可以，但是我们的孩子对他的了解不够，对他说的话感到困惑。在去我们家的路上，狄先生谈到了他在美国的计划。

"我没有像你和大多数人那样的耐心，这个国家是用黄金铺在地上的，在你知道之前，我将会富有而且出名。"他吹嘘道。

狄先生搬进了我们的房子，单独住一间卧室，他就以为那就是他自己的家。最大的问题是"浴室的早晨竞争"，因为我们的房子只有一间浴室和三间小卧室。

在早上狄先生会在浴室里面很长很长的时间，而两个孩子正等着准备好以赶上校车，我们经常要求狄先生快一点使用完这间浴室。

"狄先生，你能快一些吗？孩子们需要使用卫生间。"萍萍会催促他。

"我真的很享受早上洗澡的时间，"他会说，"热水系统真是太棒了。"他继续留在浴室里。

"但是，早上孩子们正在准备等校车去上学。"我加入了进来。

"只要让他们晚上洗澡就可以了。"他很快就为我找到了解决的办法。

我只是说不出什么，就只好放弃。不久，我"协助"狄先生在密尔沃基找到了一间公寓。密尔沃基离我们家大约110公里，一个多小时的车程，我的几位校友都住在那里。那天下午我开车送他去了密尔沃基。

在路上我说，"狄先生，当你和我的朋友在一起的时候，一定要尽你的能力去帮助他们。当你离开家的时候，你需要能交到所有的朋友。"

"我总是有很多朋友，大多数人在第一次见到我的时候，就知道我对他们会很有帮助。"他说。

"那就好，我祝你好运。请常打电话给我，告诉我你过的怎么样？"我非常担心他的不敏感和傲慢。

我把狄先生介绍给我在密尔沃基的老朋友，并请他们替我照顾他。他们都很高兴有一个人能和他们一起分担公寓的租金。

有一天，我接到了狄先生的公寓伙伴之一，比尔打来的一个非常生气的电话。

"理查，你给我们送来了什么朋友？他真是个混蛋！"他很愤怒。

"比尔，请冷静下来。告诉我发生了什么事？"我说，

"我从来没有见过像他这样的人。"比尔冷静下来之后，继续向我讲述了他们最近在密尔沃基公寓里发生的事情。

"我只是想在你听到别人的声音之前先告诉你，我们不能忍受和狄先生住在同一套公寓里，你和我是老朋友，我不希望你有任何误会。"他还在喘息不已地说。

"比尔，慢下来，告诉我发生了什么事？"我说。

"这是一个很长的故事，但如果你愿意听，我就告诉你。"比尔说。

"请告诉我，我觉得我应该有点责任，因为是我把他送到你们那里去的。"

"好吧！每天晚上包括狄先生在内的我们五个人轮流做饭，上周的一天，我们五个人都发生了严重的腹泻，但是没有人知道为什么会发生？几天后在餐桌上，狄先生对我们说：

"我是一名化学工程师，我对化学很了解，所以我知道那天发生了什么事情？你看，当我在炒牛肉的时候，我在厨房里找不到任何糖，所以我拆开了几包口香糖来代替。"他说："我相信这种橡胶材料在你身体上没有得到很好的消化。"

我们大家都对他很生气，我们几乎想把他扔到街上去。除了那次事件之外，狄先生做了太多的事情，让我们感到厌烦。这个电话是要告诉你，我们想让他另外找一个地方去住。"

"我对他对你们所做的事感到非常抱歉，请告诉其他同学我向你们所有的人道歉。我不会费心去跟狄先生说话的，你们可以对他采取任何行动。"我对我做错的这一件事感到很尴尬。

数日後，我们看到狄先生驾驶一辆破旧的福特汽车驶入我们家的车道。

"你什么时候学会开车的？"我问他。

"我从来没有上过驾驶课，我上周刚拿到了驾驶证。"他骄傲地告诉我。

"你怎么能这么快就通过驾驶考试？"我吓了一跳，我知道他从来没有学过开车，也没有关于驾驶规则的概念。

"这是很简单的，让我告诉你怎么做？"他带着一丝微笑说道。"你要申请许可证，先和考官一起上车，然后从口袋里拿出里面只有一根烟的一包香烟，把一张5美元的钞票放在香烟包外面的透明纸里面，这样就可以看到这包香烟里面的钱。你所要做的只是给考官一根烟，如果他拿了这包香烟，并且把整包香烟都放进口袋里，那么你就得到了你的驾驶许可了！"

我当时就目瞪口呆了。

"狄先生，你是这样拿到驾照的！你知道你可能会坐牢的？"我说。

"得靠情况而定，如果考官是清白的，他就会拒绝抽烟。我没有把钱给他，我刚才只是把我的最后一支烟给了他。"狄先生笑了，这是一个难得看到他的庐山真面目的机会。

再一次，狄先生把一切都搞定了，他从密尔沃基的一所大学获得了硕士学位，他花了不到18个月的时间完成了这一任务。而在其他事情上他却做得很糟，学位课程需要研究项目和论文，我祝贺他取得了成就。

"你是怎么这么快就把论文写好了？你还在做什么生意？"

"我花了50美元，就在台湾把我的论文写好了。"他脸上带着一丝微笑说

"要把这篇论文在密尔沃基印出来，我要花很多钱的。"他为自己所做的事感到非常自豪。

"狄先生。我只是不知道该告诉你什么？你太超前了，太棒了！"我说。

狄先生取得硕士学位后就搬到芝加哥，在他从芝加哥出来的一次旅行中，他从衬衣口袋里掏出一张名片给我。

"这是我的新地址和电话号码。"他告诉我。

上面清晰地印着：狄XX，董事长，总裁，首席执行官，MW企业。

"哇！真让人印象深刻，你现在是个大富翁了，你的公司有多大？"我开玩笑地说。

"嗯，我现在只是一个人，但我很快就要招收人员了。"他说。

但是，他从未告诉我他从事的是什么业务。

"很快你们就会知道的。"他告诉我们。

1968 年，我们搬到了伊利诺斯州的香槟市，住在已婚学生公寓里。离芝加哥更近，所以狄先生比以前更常来看我们。他开着一辆崭新的雪佛兰。显然，他在赚钱方面很成功。

"理查，我现在付的税太多了，能让我领养你的几个孩子吗？，这样我就可以在我纳税时申报免税了，好吗？"他面带自傲表情地问我。

我以为他是在开玩笑呢。但他一再坚持这个要求。

"狄先生，首先，我不会让你收养我的孩子；第二，我自己也要申请免税；第三，你的意思是要从你的免税中支付他们的生活费用吗？"我试图让他明白这一点。

他仍然很困惑，他没有和我想到一块去。

有一天，我在家里接到了一个电话，狄先生在电话里低声地说。

"理查，这是认真的，我现在不能在电话里谈，我们能找个安静的地方见面吗？"他低声说。

"下午 3 点钟的时候，在我办公室附近的绿色大道和第五街的交叉口见我。"我对他说.

我以为他有麻烦了，或者有什么严重的事。

"萍萍，刚才狄先生给我打了电话，他似乎有点麻烦了。"

"要小心那个怪球，你永远不知道他会做什么！"她说。

我赶到街角等他，他迟到了 15 分钟，他用一种诡秘的姿态向我招手，让我跟着他走到一条小巷。

"理查，这可是件大事，我必须小心，因为它涉及到数百万美元的资金。如果有人发现这一点，我可能会被抢劫或杀害。"他又在窃窃私语。

"你在说什么？"我很担心。

"你知道我爸爸是国民党的突击队首领，在共产党执政后，这支突击队离开了大陆。当他离开那里时，他带来了一幅画，是 600 多年前一位著名画家的的画。我爸爸的一个朋友把它带到这个国家，让我替他把画卖了。因为很多人都很熟悉我，所以我保存这幅画是很危险的。你只是个学生，没有人会因为这幅画来烦恼你的。"他又在跟我低声说话。

我又一次目瞪口呆。

"我不认为把这幅画留在我的学生公寓里是安全的。我的建议是放在银行的保险箱里，我会帮你在我的银行里租一个盒子。"

他同意了，我们去了我的银行，租了一个大箱子，把大卷轴放在盒子里。后来，我得知狄先生写信给几个富有的家庭，如肯尼迪家族、汉兹家族和梅伦家族。确实引起了一些兴趣，最后得到了纽约专家的鉴定，这幅画被认定是赝品，假的！

"你看，现在我很出名了，FBI 跟踪来保护我。"一天，狄先生对我说。

我只是说不出话来。根据我的判断，FBI 是在跟踪他，而不是保护他。

狄先生来到这个国家的四年后，有一天他来到我家，自豪地给我看了一份科学博士学位证书，上面写着他的名字，我知道他从来没有上过任何大学的高级学位的课程。

"狄先生，你在开玩笑，对吧？"我说。

他向我承认，他花了 500 美元从芝加哥的一家非注册机构购买了这张文凭，有了这张垃圾纸文凭，他设法在台湾获得了一个很高的公务员职位，他被任命为在高雄附近一家国有工厂的副总经理。

他离开了我们，萍萍和我都很高兴，这是天大的大好事！

357

梅诺莫尼是一个被许多大湖泊和小湖泊环绕的小镇，我上班的那条路把三个不同的湖泊连接在一起。我在汽车后备箱里通常总放有一套渔具，在暖和的季节里，我下午离开学校回家的时候，几乎每天都会在我最喜欢的鱼洞里钓鱼。有时我回家后，也会带着叔霆和叔震一起去湖边钓鱼。每次钓鱼时，我们至少会钓到十几条或更多的蓝鳃鱼。当然，我的任务是把鱼清理干净，然后萍萍会把鱼煮熟。如果我一个人独自去钓鱼，除非钓到一条很大的鱼，否则我就会空手而归。因为只清理一两条小鱼很浪费我的时间，而且在餐桌上还不够大家分享。

有一天，我在一个小湖边钓鱼。我听到一声巨大的尖叫声从大灌木丛后面传来。

"哎哟！哎哟！快来帮帮我！"有个男人不停地尖叫。

我马上放下了我的钓鱼杆子，冲过去看看发生了什么事。一位穿着西装打领带的男人，双手扶在他的头后面大声呼喊着。我跑近一看，发现了一个大的三义鱼钩深深地卡在他颈部上方的头皮处。血从他的头部不停地流下来，我先割断钓鱼线，试图帮助他把鱼钩移开，但鱼钩太深了，必须通过外科手术才能移除。

"看来，你的伤势很严重，让我带你去医院，请跟我来。"

"谢谢。"他非常痛苦。

我把他扶到我的车里，开了8公里送他去县医院急诊室，外科医生花了半个小时才把鱼钩取出，然后再把伤口缝合。他从医院出来后，我再开车送他回到他的汽车停靠的地方。

"我真的非常感谢你的帮助。"这位销售经理说。

"别客气，我希望你能尽快康复。"我说，"你是从这个地区来的吗？"

"我来自北卡罗来纳，我要送你一包鞭炮"他说。

"不，你不需要这样做。"我说。

"我向零售商销售鞭炮，这次我给你添了麻烦，我应该这样做。"

"对我来说，这并不是什么麻烦事。此外，在我们这个地区是不允许放鞭炮的。"

"好吧，让我再次感谢你，我现在要去圣保罗了。如果你在7月4日的国庆节的时候，需要任何鞭炮，请给我打个电话。"他一边说，一边递给我一张名片。

我们握了握手，他继续向西旅行。对这位不幸的人来说，这是多么奇怪和痛苦的意外啊！

在1966年的春天，我开始出现感冒症状，我一直在打喷嚏，一直觉得很冷。我去看了医生，他给我开了各种各样的抗生素，让我每周试一次，看看结果，我尝试过十多种不同的抗生素，没有一种对我有作用。

"理查，你一定得了花粉热。"一位大学的看门老人告诉我："试着喝一些温暖的蜂蜜和醋。"

"我并不认为是花粉热，因为我没有发烧。"我对老人说。

我再回到同一个医生的诊所，他说可以尝试一些新的东西。

"理查，你以前用过青霉素吗？"

"是的，我过去曾多次注射过青霉素。"

"好吧！我认为你需要一次强剂量的青霉素来治疗你的问题。"他告诉我。

"可以，医生，给我注射一针。"我同意了。

"你需要在两天内回来进行后续的注射。"

那是星期一的早晨，他给我注射了大剂量的青霉素，他给我的药物看起来像牙膏一样粘稠。在接下来的二天里，我感觉好多了。到了周三早上，我又回到了诊所，接受我的第二次青霉素注射，那天早晨，没有什么异常的症状，上午11点教了一堂课，然后回家吃午饭。

在我下午2点的演讲之前，叔震在我们的后院看到一条蛇，他害怕蛇。 我用0.22来福步枪打死那条蛇，这是一条我无法辨认的蛇，我用手指把它捡起来放在塑料袋里，然后扔进垃圾桶里。

下午上课时，我先感觉到左手指发痒，我用右手抓着左手指。不久之后，我在讲课的时候，不得不双手抓着我的手指。下课后，我想我可能是对接触过的蛇过敏，就用急救包里的酒精来清洁我的手指，但没有效果。那天我回家后，仍然无法摆脱发痒的问题，晚饭后，我觉得很累，就早早地睡了。

到了半夜1点，我全身发痒，我站了起来，看到我的手指肿胀到正常大小的两倍，我叫醒了萍萍。当萍萍看到我的脸，几乎晕过去了，我的脸肿得像猪头一样大，萍萍在家里给我的医生打电话，报告了情况，我的医生很困，很不高兴。

"告诉理查，吃双份量的阿司匹林，然后回去睡觉，"他告诉萍萍。

我吃了双份的阿司匹林，仍然无法入睡，我坐在那里，一直等到早上6点。

"我带你去急诊室，你的医生不可靠。"萍萍告诉我。

没有打扰我的医生，萍萍开车直接送我去医院的急诊室。急诊室的值班医生检查后说，

"郑夫人，我很高兴你把他直接带到这里来，如果再多延迟一些时间，那可能是致命的！"医生告诉萍萍。

他立即注射了肾上腺素、抗组胺剂和其他未知药物。医生和护士站在我旁边两个多小时，对治疗的进展进行了严密的监控，然后医生才去看其他病人，直到那天中午以后，医生才宣布我脱离危险了。

"理查，这次你对青霉素的反应非常严重，以后千万别再用青霉素了。"值班医生告诉我。

"有多严重？我知道这十分危险。"

"如果你不及时来急诊室的话，可能在几个小时内造成致命的后果。"医生说。

"哇！我不知道这件事情可能会如此严重。"

"当你的气管因肿胀而被封闭时，你就会出现严重的呼吸困难而死去。"他说：

我很幸运能活下来，就在同一周，生活杂志的一篇文章描述了一位时代杂志记者的"青霉素"濒死体验。除了肿胀的组织还没有封闭住我的气管，这个故事和我的经历非常相似。生命和死亡都是如此的接近，没有人能预测到二者之间的分界线是在何时，又如何被跨越的？就我个人而言，我可以回忆起过去几次非常接近死亡的招呼。

我对我的医生失去了信心，我决定是时候应该换一位新的家庭医生了。这位新医生发现，豚草的花粉和霉菌引起了我的感冒症状，他给了我一剂抗组胺的药物，马上就治疗了感冒症状。从那时起，每当花粉热季节来临时我不得不服用抗组胺剂来度过白天和夜晚，我真希望我能够听从那位看门老人的意见，而不是去看医生。

萍萍怀上我们的第三个孩子以前，曾经在怀孕第二个月失去了一个孩子，那是在 1964 年我们住在拉辛时候的事情。

"医生告诉我，我的问题是血液里的 Rh 阴性因子引起的。" 萍萍从医院回来后告诉我。

"这是怎么发生的？你怎么会有 Rh 阴性因子的问题？"我对医学术语一无所知。

"医生告诉我，Rh 阴性因子是由于我以前的怀孕引起的。"

我们在那个时候没有进一步研究这种医学理论，现在我们真的想要防止这个怀孕的问题，我们想要一个大家庭。

"我们需要保护这个婴儿不受 Rh 阴性因素的影响，你能和医生谈谈，看看他能不能做点什么吗？"

"下周我见到医生时，我会试试。"萍萍说。

萍萍在拉辛的医生斯赖浦得知了她有流产的历史，给萍萍开了一种药，可以防止因 Rh 因子阴性而引起的流产。萍萍在整个怀孕期间都非常小心地听从斯赖浦医生的指示。1966 年 6 月，我们离开了拉辛，但我们仍然经常回到斯赖浦医生的诊所。当怀孕期进入第九个月时，我们才知道药物起作用了，因而我们的第三个孩子免于流产或早产。当时医生们无法确定分娩的日期，梅诺莫尼的吐依盾医生只告诉我们，预产期在 11 月的某个时候。因此，从 11 月初开始，我每天 24 小时都处于警戒状态。

我知道我必须随时准备把萍萍送到医院去，但我最担心的是我的旧汽车。在这款 1958 年的凯迪拉克上，我遇到了很多麻烦。当地一家汽车修理店做了几次维修工作后，空气悬架系统的气囊经常会发生故障而坍塌，而且无法预测，往往是在最坏的时刻和最坏的地点发生故障。我知道我们的孩子很快就要出生了，因此每天我都会把汽车油箱加满，检查发动机油和变速器油的水平以及所有的轮胎气压，我唯一不能自己做的事就是空气悬架系统气囊的测试。因此每天在我上床睡觉前我都要看看它们是否完好并祈祷好运。

那天晚上，我很累，就早早就上床睡觉了。凌晨 3 点，萍萍把我叫醒，告诉我子宫收缩已经开始了，婴儿正在出生的路上。我先把叔霆和叔震叫醒，让他们坐进凯迪拉克，就在那时，我们发现四个悬架气囊中的一个气囊在夜间坍塌了。我没有别的选择，只能开着这辆歪歪斜斜的凯迪拉克去医院，幸运的是，在梅诺莫尼的早晨，绝对没有交通堵塞，因此总算是顺利地开到医院。萍萍进入产房后，我们都在楼下的一个候诊室的小房间里等待，叔霆和叔震在椅子上睡着了，上午 7 点钟医生到候诊室。

"恭喜你！那是一个男孩。"医生对我说。

"孩子们，你刚有了一个新弟弟了。"我对男孩们说。

我第一次把叔震带到了魏根的家里，因为魏根非常喜欢叔震。

"你叫他的美国名字为雷，一定是要他跟着我的名而来的，哈！哈！"魏根开玩笑地说。

"这是完全可能的。"我告诉他。

"他很聪明，就像一个小绅士，我们在一起玩得很开心。"魏根说。"如果任何时间你想让我帮助照看他的话，我都可以帮你的忙。"

"好的，我就接受你的好意。"我告诉他。

当我们到达他们的家时，魏根夫人已经为叔震准备好了一杯热巧克力。

我带叔霆去学校后，我再回到医院看望萍萍和刚出生的小儿子。萍萍睡在医院的病床上，看起来情况很好，一位护士抱着婴儿给我们看，是 3.17 公斤重的健康婴儿，我把他抱了几分钟，就把他送回护士那里。医生要求萍萍留在医院观察一段时间，大部分时间我都在医院陪伴萍萍。其他时间我和两个大男孩一起回家，我在当地的一家披萨店买了披萨饼给叔霆和叔震吃，有了新弟弟，他们兄弟二人都非常兴奋。

1966 年 11 月 21 日萍萍带着我们的第三个孩子回家，叔霆和叔震在家里布置了一些装饰品来欢迎萍萍和新弟弟。我们给婴儿取名为叔霈，美国名威廉，小名为比利。小叔霈非常漂亮，精力充沛，他一进家门，就成了整个家庭的中心。在工作时，我的心思都在他身上，一下班我急切地回家去看他。每天早上醒来的时候，第一件事就是看着这孩子。

萍萍日夜照看着孩子，我通常直睡到第二天早上才醒来，所以我真的不知道晚上发生了什么事。萍萍告诉我，这个婴儿在夜里很少啼哭。我使用从日本带来的那台旧相机，拍摄下了许多婴儿的照片。两个哥哥都很喜爱叔霈，我从没发现这两个哥哥有嫉妒心。自从萍萍把他带回家后，叔霈立刻就给家里带来了许多欢乐。叔霈非常聪明，在两三个月大的时候就表现出来了，虽然他不知道怎么说这些话，但他可以用手的动作和一些奇怪的声音来和别人交流，他非常有效地把他的信息传达给我们。

1969 年叔霆叔震和叔霈

叔霆和叔震一直表现得很好，非常聪明，当我们搬到梅诺莫尼的时候，叔霆在二年级，叔震刚刚被一年级录取。这两个男孩都带着优异的成绩回家。叔霆是一名好学生，叔震是一名优等生，萍萍和我从来没有强迫他们去学习或做作业，他们自己会做好作业，然后看电视或者同邻居家的孩子玩耍。在那时他们甚至没有任何一件事会让我们感到担忧，萍萍和我很少甚至从不需要管教他们。我们知道儿童的早期发展可能预示着他们未来的兴趣和事业，作为一名年轻教师，我对观察我们孩子的成长过程的兴趣非常浓厚。

汽车和消防车玩具可以逗叔霆开心，而叔震对画恐龙很感兴趣。我发现这些男孩在他们的兴趣和角色上是如此的不同。

"叔霆，你长大后想做什么？"我问。

"我想当一名消防队员，"他毫不犹豫地说。

我知道叔霆被消防车逗得很开心。

"叔震，你呢?"

"我想当邮递员，"叔震在思考了一会儿后说。

萍萍和我对他们的职业选择笑了笑。并不是说职业有什么问题，我们知道他们现在喜欢的东西在他们长大后可能就不会是一样的。叔霆后来告诉我，叔震几乎每天都陪着我们的邮差在我们的街区附近走。

"你打算和什么样的女孩结婚? 金发碧眼的女郎，还是黑头发、棕色眼睛的美女?"有一天萍萍开玩笑地问他们。

"黑头发，棕色眼睛，"叔霆迅速地说。

"我喜欢金发和蓝眼睛，"叔震紧接着说。

好吧! 谁能预知未来，但是看看他们的想法和未来会是怎样的，实在是很有趣的。

从八个月开始，叔霈的日常活动模式改变了一些。当他醒着的时候，他很可爱，但是当他在晚上睡觉的时候，他常常哭，我们不知道是什么原因，并且认为有些婴儿就是比其他婴儿哭得厉害些。

第三十七章

攻读博士

1967 年夏天，我获得了国家科学基金会的奖学金，可以参加在柯林斯堡科罗拉多州立大学举办的"电子电路设计"课程，我最大的兴趣在于那个项目中的学习内容，这对我在斯托特的教学工作也很重要。但是，这意味着我和我的家人将分开两个月的时间，萍萍鼓励我去，因为她知道我真的很想提高我的学业。把小箱子收拾好，带着我夏天需要的东西后，萍萍开车送我到灰狗巴士车站，差不多 6 年前我就是从那里下车的，在为期两天的旅途中，一路平安无事。到达科罗拉多之前，我确实很想念我的家人，我回想到几年前我把家人留在台湾，我独身一人在美国度过的三年。

科林斯堡是一座在山顶上的美丽城市，但科罗拉多州与威斯康星州的情况截然不同，让我想起了狂野的西部和牛仔。在柯林斯堡的任何地方，都看到了牛仔帽和高统靴，煎饼屋是最受当地居民欢迎的聚会地方。科罗拉多州立大学的电机工程系拥有非常强大的教师队伍。 我很喜欢上课并和几位同学成了好朋友，我与室友共享在两卧室之间的浴室，一位是来自加拿大麦吉尔大学的雷·狄格能，另一位亲密的朋友是来自宾夕法尼亚州立大学的鲍勃·斯沃，我们三个人一起上课，整个夏天都在同一个桌子上共进午餐和晚餐。我们三人都是助理教授，雷来自英国，是一位非常老练、优雅的英国绅士，喜欢特有的餐桌礼仪，他最不高兴看到鲍勃和我随意的用餐方式。有一天，在午餐的时候，他再也不能忍受了。

"你不应该把你的叉子尖向上翻。"他不高兴地说。

"你是怎么能倒放叉子吃豌豆的?"我抗议道。

"当然，你也可以。"雷向我们展示了他是如何用叉子舀出一些切碎的蔬菜。

"看到了吗? 这就是一种方法。"他说着并做给我们看。

"我不知道用这种不自然的方式是使用叉子的重要性。"我不太相信。

"这是愚蠢英国人的做事方式。"鲍勃说，

雷不高兴了，没吃完午饭前就想离开。

"你们两个不文明，不讲道理，我不喜欢和你们在同一个桌子上吃饭。"他对鲍勃和我说过后，就走开了。

然而，在吃晚饭的时候，雷又加入我们，好像什么也没有说过。鲍勃和我很高兴，雷并没有对我们生气。

晚餐的另一天，我们讨论了美国的毒品问题。

"非法毒品的来源是中国! 你知道吗，里查?"雷说。

那真的触动了我的神经! 当雷这么说的时候，我感到很惊讶。

"雷，如果有人抱怨毒品交易，我会接受的，但从一位英国绅士来说，这有点虚伪，你忘记了鸦片战争吗?"我说。

"鸦片战争是什么？我从来没听说过这件事。"雷说。

听到我的强有力的陈述，他感到很惊讶。

"鲍勃，你知道鸦片战争吗？"我转向鲍勃。

"当然，我知道的，在我们的历史课本中有纪载。那是在十九世纪晚期，当时英国强迫中国购买鸦片，中国政府从英国商人手中没收了鸦片，并焚烧了鸦片，因此战争爆发了。"鲍勃说。

"你在骗我，不是吗？我从来没有从我们的历史书上学到过这样的事情。"雷说。

"你看，雷，如果中国人是毒品罪犯，他们只是想要卸下你们祖先强加给他们的鸦片。"我说，利用这个机会使他感到愧疚。

雷陷入了深深的沉默。

鲍勃把这个话题转到了我们计划在那个周末看的电影。

"我们去看'007 你只活两次'，好吗？"我建议。

"让我开我的野马车去吧。"鲍勃说。

后来，雷在整个夏天再也没有谈论毒品交易的事情。

我们三个人经常到工程大楼对面的煎饼屋，我们都是不很喜欢喝酒的人，最多是一周喝一两瓶啤酒。大多数其他同学喜欢喝烈性酒，我们认为这不是我们想要参加的群体。

鲍勃有一辆1966年的野马牌跑车，他驾驶雷和我去了科罗拉多山区，那里的人们可以在夏天滑雪，当我们接近山顶时，空气开始变薄，在这个高度上，我们都经历过头晕头昏的感觉。

"现在最好在你昏过去之前把我们从山上开下来。"雷告诉鲍勃。

鲍勃也同意不再往前走，在山上作了 U 字掉头后就往回开。

在暑期学校之后，雷回到了加拿大的同一所大学继续任教，我们通过交换圣诞卡和偶尔的电话保持联系；鲍勃回到了宾夕法尼亚州，在我们告别后，雷和我都没有收到过鲍勃的任何来信。

暑期班中期，我在当地报纸上看到一则广告。1961 年梅赛德斯-奔驰柴油车，售价800 美元。品牌名称和价格的组合，引起了我的注意。我打电话给车主，请他带着车到校园给我看，车主是一位中年男子，他把车开到我宿舍门前的停车场。这是 1961 年的梅赛德斯-奔驰柴油车 190 型，油漆逐渐褪色成浅灰色，汽车外表面有好几个地方都有凹痕，但汽车的任何部位都没有生锈。

我听说过很多关于梅赛德斯-奔驰的质量，那是一辆价格不菲的车，现在的这个价格对我来说就是负担得起的，我立刻爱上了这辆老汽车，尽管在里程表上有超过 16 万公里的使用里程，我向他付了保证金，并通知萍萍帮我把余款电汇给我。我买下了这辆车，那是我未来几十年拥有二手奔驰车的开始，我喜欢梅赛德斯-奔驰，不仅因为它的名气和高昂的成本，而且我也很欣赏它的工艺和机械性能的质量。汽车里的每一个零件似乎都很完美，在最不显眼的细节处也没有偷工减料。那是任何机械爱好者梦寐以求的汽车。我做梦也没想过，当我刚满 32 岁，在这个国家待了不到 5 年的时候，我就能拥有这么"漂亮"的一辆车，我那时真的是这辆老旧汽车的骄傲主人。

当我把这个消息告诉我在威斯康星州的好朋友黄曾鲁的时候，他告诉我，他会飞到柯林斯堡，陪我一起开车回家，他真的很担心他的老朋友，我试着说服他放弃此行，但无济于事，黄曾鲁还是在 8 月末学校结束时就飞过来了，我们一起把这辆老柴油车经过内布拉斯加州，爱荷华州和明尼苏达州一直到威斯康星州。在哪里可以找到像黄曾鲁这样忠实的朋友呢？

在千里之行的路上，这辆老梅赛德斯-奔驰车没有任何的一点问题。在六十年代，柴油汽车几乎闻所未闻，我们很难说服人们在卡车停车站卖柴油给我们。柴油是不能从普通加油站买到的，所以我们只好用特殊的汽油泵去购买那些仅限农用车辆使用的柴油。有些像乞讨，我们能按照一加仑16美分的价格将油箱加满。由于油耗低，我们不需要多次停车加燃油。

在路上，我们特别喜欢内布拉斯加牛排馆的大牛排，这是我吃过的最好的牛排。这种大牛排的特色不仅仅大小是普通牛排的四到五倍，而且还包括特殊牛排的烹饪方式。很嫩，很美味，不加任何盐和胡椒之类的调料，黄曾鲁和我各吃了一块1.3厘米厚，30厘米宽的牛排。

当我们把这辆老旧的二手汽车开到梅诺莫尼时，我很惊讶地发现许多人都知道这个好牌子，但没人听说过有柴油汽车。我坚持要让黄曾鲁在我们家住上一天。第二天，我把黄曾鲁送到了奥克莱尔机场后，就把车开到一家车身修理店进行了彻底检修。一个星期后，我自豪地驾驶着这辆梅赛德斯-奔驰车，在梅诺莫尼大街呼啸而过的时候，许多人都把头转过来。不知是因为汽车的美丽，还是因为柴油发动机噪音太大的原因？我永远都不会知道。

在大学教书是我毕生的梦想，教了五年多的大学后，我发现不管你的教学能力或知识水平，没有博士学位不仅是一个障碍，而且对一个人的职业生涯也是一种灾难。首先，对于没有博士学位的教师来说，晋升是非常困难的；其次，没有博士学位的教师对校园的任何重大决策过程几乎都没有发言权，一位有博士学位但不精通电子专业领域的副教授，可以分配到主要委员会，而我只能分配到小委员会。他们的教学负担很少，但是比没有博士学位的教师有更多的特权。

因为我确实想继续在大学教书，所以我必须拥有博士学位。我打算申请进入一所重点大学攻读博士学位，我咨询了萍萍，也和我们的孩子们聊天。

"如果我要继续在大学教书，就必须有博士学位，才能有前途。"有一天，我告诉萍萍。

"嗯，趁你现在还年轻的时候，为什么你不能就去做呢？"萍萍问。

"你知道我们的生活方式会降级为学生的生活，将对你和孩子们来说都是很困难的。"我对她说。

"我知道，但为了你和我们所有人的未来，我认为现在牺牲一些生活方式是值得的。"

"你介意在接下来的三年里每天晚上都要吃汉堡吗？无论我是获得博士学位还是没拿到学位，三年都是我的极限。"我说。

"如果你想获得博士学位，我们一定会同你一起吃汉堡，不管要吃多长的时间。"萍萍说。

"我们将住在学生公寓里，在接下来的三年里没有多少钱可以开心地玩，你们会介意吗？"我对男孩们说。

"我们喜欢吃汉堡包。"叔霆和叔震都说。

在8到10岁之间的他们并没有完全理解，但这并没有真正影响到他们。然而，萍萍和我都知道，为了一个更好的未来，我们必须牺牲现在的生活水平。

"我想马上就去做，在我变老之前去上学。"我对她说。

"你还不太老，我同意你最好马上就开始。"萍萍说。

在接下来的几天里，我开始为我的博士学位寻找一所大学，基本上我喜欢在（顶尖的）十大篮球联盟（Big Ten）大学中的一所，我在威斯康星州已经住了五年，我们都喜欢这里的生活环境。1965年我在伊利诺伊大学的暑期学院就读过，发现这所大学位于全国主要高校的顶端，我希望能被录取。但是入学申请非常严格，我的很多朋友都已经从他们的博士项目中被淘汰了。对我来说，这是一个很艰难的选择，我应该选择一所不那么艰难的学校还是应该选择最好的学校？我的选择是电子科学领域最好的大学，伊利诺伊大学是我的主要选择。

我把申请文件送到位于厄巴纳-尚佩恩的伊利诺伊大学。同时，我向国家科学基金会递交了一份申请以获得一份奖学金，这是授予数量有限的被选中的大学教师。大约两个月后国家科学基金会批准了我的奖学金申请，现在还要等着大学的消息。我把国家科学基金会的批准文件转交给伊利诺伊大学后，很快就收到了工程学院的录取通知书，开学的日期是1968年秋天。

我很高兴我终于有机会去上一所我所仰慕的大学了。但是我们知道我至少需要三年。学习结束后，我们还不知道我们要去哪里工作？我和萍萍谈到房子的问题。

"不管我是否获得了学位，三年后我不知道将在哪里找到一份工作？你想怎样处理房子？我们可以把房子租出去还是卖出去？"我说。

"你是不是还要回到斯托特？"

"我不这么想，当我完成现在的学习项目，以后将会从事完全不同领域的研究工作。"我说，"斯托特没有这方面的研究工作。"

"好吧，不管你决定怎么处理这栋房子？我都同意。"萍萍说。

"现在我们先卖掉这栋房子，离开伊利诺伊州后再买一栋，
你怎么看？"我说。

"我听到很多关于把房子租给我们不认识人的恐怖故事，可能会很乱，我同意在我们搬到南方之前卖掉房子。"萍萍说。

"我想自己卖掉房子，如果我们把房地产公司获得的百分之六的佣金让给买家，就能更快地卖掉房子。"我说。

"这对我来说是有意义的，"萍萍同意。

我做了一个小标牌，放在房子前面的草坪中间。

有人来了，在街上开车的人看见了售房标牌，走了进来，敲了敲门，我前去开门。

"你想出售房子吗？"他问我。

"是的。"我回答说："这房子是要卖的。"

"价格是多少？"他问道。

我想把成本提高百分之十，提高到17,500美元。

"这房子我想要卖17,500美元。"我对他说。

他甚至没有让我把房子给他看。

"我想买这栋房子，如果我现在付给你500美元，你能给我一个星期的时间让这笔交易通过银行，行吗？"他问我。

"当然。我会为你保留一个星期。"我说。

他付给我500美元现金，这笔交易在一周内就完成了，就在我把售房标牌放在房子前面的那天，我们把房子卖掉了。我觉得我很幸运，但是萍萍觉得我的出价太低了，这就是为什么能够这么快就买了。后来我才知道萍萍是对的，在过去的两年里，当地的房价的上涨已经超过了百分之十，我应该先请专业人士对这栋

房子进行估价。另一方面，如果我要求的是正确的金额，我可能要花上几个月的时间才能卖掉这房子，因此我并没有后悔。

这栋房子一定是被上帝所祝福过的，是我第一眼看到的就买进的房子，也是我在房子前面放小标牌的第一天就卖出，是房子还是价格，还是两者都是？回顾过去，实际上这是我做过的最好的交易之一。我们没有浪费时间，没有讨价还价的紧张气氛，我们在出售的时候把钱拿回来了。什么样的可以同这场交易呢相比？

我把我的辞呈提交给了部门负责人，菲尔·里尔博士，他鼓励我追求更高的学位。

"理查，我们从一开始就知道，我们不能让你久留，就像我和我们的管理部门谈过的那样，斯托特是一个大鱼的小池塘，我确信你会走得更远，超过斯托特。我很高兴你能被伊利诺伊大学录取，这是一所很优秀的学校，我们会在这里想念你，博士学位对于你留在学术界是很重要的，我真的为你感到高兴。"他告诉了我。菲尔和厄尔有多么大的区别！

"自从我第一次来到这里，你就一直是我的导师，我真的很感激你为我所做的一切，我真不知道应该如何感谢你，我将在学校尽我最大的努力去学习，让你们知道我在伊利诺伊大学如何取得进步。"我对他说。

五月中旬，学校结束后，我开车 6 个小时，从梅诺莫尼到厄班纳去安排住处，这所大学在校园里有一个叫做"果园"的已婚学生宿舍。我在二楼租了一套两居室的公寓，萍萍对我关于已婚学生公寓安排的描述很满意。

自从我们两年前搬家以来，家里的家具等东西的数量不断地在增加，我们把所有的家具和车库设备都扔掉之后，箱子的重量还超过了 454 公斤。我租了一辆拖车回家，在朋友和学生的帮助下把所有的东西都塞进拖车里。

萍萍开着那辆旧奔驰车，叔震和叔需一起坐在她的车里。我和叔霆一起开着老福特 LTD，拖着那辆租来的 U 型拖车。我们沿着 I-94 高速公路往南行驶。我告诉住在麦迪逊的黄曾鲁，我们会顺道拜访他们。我们五个人在他们的鹰高地公寓过夜，那是威斯康星大学的学生宿舍。黄曾鲁和艾伦诺已经结婚 4 年了，还不想要孩子，作为很亲密的朋友，我试图说服他们组建一个家庭。

"黄曾鲁，现在你和艾伦诺已经结婚 5 年了，为什么你们还没有孩子？有什么问题吗？"

"我们只是不希望这么早有孩子，我们没有任何问题。"他说。

"你比我大 3 岁，现在已经接近 40 岁了，对吧？如果你现在不组建家庭，可能就没有足够的时间看到你的孩子长大了。"我说。

"理查，我想你是对的，我们想要孩子，但是我们已经推迟了，让我晚些时候再和艾伦诺谈谈，我们会考虑尽快开始家庭生活。"黄曾鲁对我说。

"我可以向你保证，这样的话你们以后决不会后悔的。"我说。

他们俩位都同意，将认真讨论什么时候开始组建这个家庭。我们谈论我们的过去和未来，甚至忘记了时间。第二天早上，萍萍和我很早就离开了黄曾鲁和艾伦诺，和我们的三个儿子早早就出发以避开早高峰时间的交通拥挤。

我们驱车直奔厄巴纳-尚佩恩，搬进了位于校园周边的已婚学生公寓。已婚的学生公寓"果园"包括有十几栋两层楼的建筑，每栋楼的楼上有 8 个单元，楼下有 8 个单元。我们分配到楼上的一个单位，这并不十分新奇，而是对学生家庭生活方式的相当公平的照顾。家具齐全，我们不需要再购买任何新家具，我的奖学金每月有 575 美元，房租还不到 100 美元。由于学校实在太大，不可能从一头走到另一头，虽然每隔半小时就有一辆校园巴士开到这里来，但还是不方便，没有自己开车节省时间，因此我不得不开车到工程学院去上课。

作为一名35岁的全日制学生，我发现我的大多数同学比我小六到十岁。我们的孩子是从2岁到8岁，而在住同一公寓里的大多数孩子都是婴儿和蹒跚学步的孩子。在伊利诺伊州，外国学生人数非常庞大，校园内至少有350名中国学生，他们中的大多数来自台湾，只有一小部分来自中国大陆。

中国学生群体中有许多政治派别，大陆学生不断地与台湾团体竞争，而台湾团体又分成三组：台湾原住民、台湾独立派以及"外省人"。所谓"外省人"都是由蒋介石政府从大陆上撤离到台湾的，就像我的父母一样。台湾独立派的口号是"用推土机将大陆人推入大海"。台湾独立派又被划分为激进和温和的二个派系。这些派系之间一直存在着口头和书面的争斗，但是在我上大学期间从来没有发生过暴力行为。当时激进的台湾独立派是校园里最小的少数群体，但是也是叫喊声最大的一帮人。我决定不插手政治，把注意力集中在学业上。毕竟，就像我向萍萍承诺的那样，我必须在三年内离开校园，。

来自台湾的三名博士生，在政治上非常活跃，他们三个人都在台湾长大，但都是在大陆出生的。他们学习的专业是社会科学和政治学，所以我从来没有机会去了解他们。1970年，他们曾经前往北京，要向邓小平总理提供他们的服务，但是中国领导人拒绝接受他们的提议。回到校园后，他们的论文导师不喜欢他们的行为，把他们从学位项目中删除了， 这是中国学生群体和大学之间复杂政治环境的一个转折。

在第一学期，我学习了电机工程的全部课程，同时还学习了工程教育证书项目的课程。 除了作业外，我还和一家无线电商店合作修理CB收发话机。我的家庭作业和无线电维修工作并没有对我的家庭生活造成任何影响。我们决定萍萍全天在家里照顾孩子，萍萍和我每周至少带孩子到公园去玩两次。虽然我们需要额外的收入，但我们明白父母对孩子的照顾比任何一笔钱都重要得多。我还在摄影工作室做兼职摄影器材修理工，因为我喜欢摄影，这笔额外的收入足以让我们五个人过上甚好的生活。事实上，我们吃的食物远比吃汉堡包好得多。叔霆是一个天生的企业家，8岁时，他自己主动提出申请，为已婚学生公寓提供了一份送报纸的服务路线，所有这些都是他自己完成的。他经常和叔震一起分担责任，并慷慨地把报酬分给他。叔霆赚了一笔钱，买了一辆漂亮的三速自行车和一些玩具给他的弟弟。我有一套用于修理工作的工具，有一天我发现又丢失了一把老虎钳，原来是叔霆拿去用于剪掉报纸上的绳子，后来将老虎钳放在路边了，我很高兴为这个小商人提供老虎钳。作为一个解决方案，我买了几把便宜的老虎钳来补充我的工具箱。

两学期后，1969年5月，我完成了电机工程硕士学位并获得了工程教育证书，我很高兴我没有为了学位同我的其他同学竞争。我发现他们中的大多数人都是非常敏锐、敬业的年轻人，都是全国研究生的精华，他们中的一些人在各自的研究领域都是非常优秀的，我知道他们会对美国在科学技术领域的世界领先地位做出重大贡献。 我答应过我的三年承诺，我的重点是完成我的学位学习，而不是致力于研究。

现在到了我需要决定攻读哪个项目的博士学位，我咨询了几位大学里的教职员工和在这个行业工作过的专业人士，但是他们的回答完全不同，这取决于我是在和谁交谈，因此我必须自己决定下一步要做什么？我当然想追求我的兴趣和理想，但毕业后也必须要有就业和工作的机会，这样才能维持我的家庭。我的选择是在电机工程和计算机科学项目之间。那是 1969 年的夏天。当时，由于政府削减研发经费，电机工程的就业机会受到了很大的打击。我决定攻读计算机科学的博士学位，这是由电机工程系发展而来的新部门，许多教师都是从电机工程、数学或物理系转过来的。由于研究领域是如此的新，还没有一个教授在计算机科学领域具有计算机科学的博士学位。

为了攻读计算机科学博士学位，我必须找到一位有研究项目的赞助者。我去拜访了泰德·伯波般博士，了解他领导下学习的可能性。我准备了包括所有成绩单和推荐信在内的整套文件给他看，经过 15 分钟的谈话交流，他翻了翻我的文件，然后他就同意我在他领导下工作并马上答应给我一份研究奖学金，我的奖学金资助是由国家原子能委员会授予的。

泰德·伯波般博士是一位著名的计算机硬件领域的研究人员，他要所有他的下属和学生都叫他的小名泰德。 在计算机技术的发展过程中，他是一位知识渊博、有卓越远见的学者，得到了众多美国政府机构的支持。他有目的性的选择了20 多名计算机和电机工程专业的研究生并为我们提供研究奖学金或助理奖学金，组织成研究团队，共同开展计算机专业的研究。在泰德的领导下，每位研究生助理都分配有办公室和一个私人实验室，还有一组技术人员可以为研究生助理们做一些辅助工作。作为一名学生，我觉得比自己在一所小型大学教书时受到更多的重视和支持。

有几位教师协助泰德管理大约 25 名硕士和博士生的研究工作。我的初级顾问是比尔·库必茨博士，他是一名刚毕业的电机工程博士。比尔是一个聪明而友善的人。他还在帮助泰德为另外两名研究生提供建议。数字计算机实验室 (DCL) 的硬件设备装备优良，非常现代化。我一进入这个研究领域就选择好自己的研究项目，十分幸运的是这个项目后来使我获得了博士论文的资格。

在我 35 岁的时候，我就成为同事中的一位老年公民。校园里的大多数学生都不到 30 岁，尽管有年龄差距，但是我们还是能够很好地相处。在周末，萍萍为不同的朋友们准备好可口美味的中餐，我们还和同学们一起野餐和玩桥牌等游戏，共同度过了许多夜晚和周末。

其中一个小组中，我们有来自爱尔兰的罗克斯，来自西德的塞马，还有来自新西兰的戈多斯。这个跨国小组每个月都有一次聚餐或野餐。另外一组主要是来自台湾的学生，这是周末晚餐和桥牌小组。在学校的三年里，这个台湾小组的活动比我同我的孩子们的活动还多，也比跨国小组多，每周至少有一次在不同公寓的聚会。那时，我还没有遇到来自中国大陆的同学。由于校园里的两个主要群体之间的意识形态差异，我更倾向于不参与持续的争论。

此时叔霆和叔震在一所由大学资助的小学里读书，他们都是优秀的学生，有着出色的成绩单，萍萍和我从来不用担心他们的功课。叔霈在那里和很多同龄的孩子在一起，非常开心。有一件事让我们感到困扰，那就是 3 岁的叔霈在晚上还是经常哭。但在白天，他是我们所见过的最可爱的孩子。我们咨询了医生，但没有做出任何的诊断。我们以为他总会长大，就没有过多的注意他每晚哭泣的原因。

在自我设定的最后期限内，比较大的的压力是要及时完成博士学位，所以我不得不把全部精力投入到学习课程和研究项目上。我很喜欢在实验室里为研究助理们准备的咖啡，一位年长的技术人员喜欢喝很浓，很强烈的咖啡。我每天至少喝五到六杯，并且喜欢加入大量的糖和牛奶，尝起来的味道很棒。

"萍萍，我有时感觉很不好，我的心脏会在一段时间内停止跳动，有一种可怕的下沉感觉。"我向她抱怨了几周后，情况变得更糟了。

"也许你应该休息一下，我认为你应该休息几天。"她说。

"我不能休息，除了那种不舒服的感觉外，其他方面都很好。我不觉得自己很虚弱，所以我也并不认为我有心脏问题。"我说。

"嗯，我觉得你应该马上去看医生，即使那不是你的心脏问题。"她说。

"我不喜欢看医生，也不喜欢自己欺骗自己。"我说。

"我认为你应该马上去看医生，而不是道歉。"她坚持说。

"好吧！我答应明天去。"我说。

"不是明天，是现在！现在我就带你去诊所。"她是认真的，我们开车去了大学的诊所。

"医生，我觉得我的心脏有时会有几次停跳，我的感觉很不好。"我对医生说。

医生听了我的胸部和心脏部位，并给我做心电图检查。

"理查，你的心脏很好，但确实有些早搏的心跳。"他告诉我。

"这是个严重问题吗？"我很担心。

"这可能是，你每天喝什么？"他问道。

"我喝五、六杯咖啡，"我回答。

"浓咖啡吗？"医生问。

"很浓。"我说。

"啊！停止喝任何咖啡或茶。我向你保证，你不会因为你的症状而死去，三周后见来我。"医生命令道。

仅仅一周的时间里，没有浓咖啡，没有美味咖啡，心脏的症状就消失了，再也没有来打扰我了。

在伊利诺斯州的第二和第三年，我利用业余时间，在几家电气行工作，负责修理了 CB 收发话机和高保真音响设备。我还为当地医院维护了对讲机和电视分发系统。随着课程学习，研究工作，兼职工作，家庭生活和三个孩子以及社交活动，我的学校生活充满了活力，没有任何无聊的时刻。 当一个人忙的时候，时间似乎要过的快得多。我很忙，但我没有感到压力，也没有被所有的活动所压倒。然而，生活并不总是那么一帆风顺，花粉热对我还是一个很大的问题。

我在梅诺莫尼时，我开始意识到花粉热的问题。但到了伊利诺斯州，情况变得更加严重。因为在伊利诺伊的中部地形平坦，加上广阔的农田和草地，在夏末秋初时花粉的数量非常之多。我对多种过敏原过敏，对豚草花粉特别敏感。开始时，我只买一些非处方药，不久之后，我从药店买到的任何药物都没有效果，只是让我感到昏昏欲睡。

我晚上睡不着，因为我的鼻子被堵塞，呼吸十分困难。即使空调开着，门关得很紧，也不足以稀释房间里的花粉，我在家里还需要使用鼻口罩，虽然很不舒服，但这对很多人都有帮助。我每天都要去上课，在户外鼻口罩对我不起作用。我终于找到了一种活性炭防毒面具，就像在战争电影中使用的一样，开车去上课的时候，我不得不戴上那件看起来很奇怪的东西。

"你为什麽要用防毒面具？"我第一次带防毒面具到实验室去的时候，比尔问我。

"我必须使用这个来呼吸，它能够过滤掉所有的花粉。"我解释道。

"你看，这确实很有趣，难道你就不能找到更方便的手术口罩吗？"比尔问。

"手术口罩对我不太管用，我已经尝试过，它只在有空调的房间里才有效果。"我告诉他。

"服用一些像抗过敏、抗组胺的药物，例如 Allerest 和 Ornade 怎么样？我的邻居使用后非常有效。"比尔说。

"我确实使用过这类东西，但它们只是让我昏昏欲睡，上课的时候我是不能睡的。"我说。

"我不知道你有这么多麻烦，哦！好吧，我想，你只能为自己做一些必须做的事。"比尔叹了口气。

我可以想象到其他人会得出什么样的结论，我疯了，更糟的是我在汽车和公共场合都要戴着防毒面具！

大学诊所的医生建议我应该去看过敏专科，通过黄页电话本我找到在大学附近过敏专科医生，电话预约后去见他，过敏专科医生建议给我注射过敏原的脱过敏疗法。

"脱过敏注射疗法是治疗花粉热的最有效方法，但进展非常缓慢。"他告诉我。

"要花多长时间？"

"这取决于个人，我会说，从5年到10年甚至更长。"他说。

"好吧，我想马上开始。"

"这并非没有风险，但是你必须遵照指示，注意你对注射的反应。"他告诉我。

首先，必须对我过敏的物质进行测试，这个过程相当简单，在我背上画了10乘10的网格。在网格的每一个交叉点上注入少量的含有豚草花粉、家庭粉尘、猫毛等的液体。测试结果显示，我对23种过敏原过敏，其中包括所有的花粉、豚草花粉、树花粉和室内霉菌，而不是猫或狗的毛发。

过敏原复合液注射剂配制好并送到诊所后，就开始脱过敏治疗，在开始的时候每周注射一次最稀释的混合液，以后每月的剂量都在逐渐增加。即使是使用最小的剂量，我的手臂上也会出现一个红色的高尔夫球大小的肿块，往往会持续三天左右。我对脱过敏注射有几次比较严重的反应，医生不得不给我一些抗过敏药以防止我的气管因肿胀而堵塞。每次注射后，花粉热的症状都会明显减少。从那以后，我继续脱过敏疗法治疗，哪怕我搬到别的地方去住，脱过敏疗法仍然是要不停止地继续下去，持续了十多年后，达到百分之九十九的治愈。

大约在一年的时间内我完成了全部的博士课程并通过了资格考试。我很幸运，因为我选择了一个对博士论文很有利的研究项目，这样就节省了一年到几年的时间。有些同学甚至在好几年内都没有确定一个研究课题。我在泰德和比尔的指导下写了这篇论文，1971年5月我提交了论文。最后的论文答辩在6月进行。选择了由计算机科学、数学和电机工程专业的教授组成的答辩小组，在没有任何重大疑问的挑战下我通过了最后的论文答辩。1971年7月，我被正式授予博士学位，就像我向萍萍承诺的那样，整整三年的时间。

尽管我十分喜欢这个学校及其研究环境，由于我的年龄以及对正常家庭生活的渴望，我没有像大多数同学那样希望在校园里度过额外的时光。在我忙着完成学位的时候，并没有为了在技术领域内建立自己的立足之地而发表自己的研究论文。在校园里的研究环境以及有我可以咨询的老师和朋友，我将会有更多更好的机会进行研究。但是我的目标是尽快完成博士学业并找到一份工作，我自己规划的事业是致力于教育而不是研究。

1971 年 6 月在论文答辩之前我就开始寻找一份教学工作，我知道我很可能会成为一名很敬业的研究人员，但是教学是我的主要兴趣，我认为我在教学方面可以做得比研究更好，我决定写信给二流大学，而不是顶尖的研究机构。

"你怎么不把申请送到顶尖的十大篮球联盟（Big Ten）中的一所大学？"当我写求职信时，萍萍问我。

"嗯，主要原因是我不喜欢为了发表论文而写研究论文的压力。"我说。"我喜欢教书，所以我要去那些强调教学的学校。"

"只要你快乐，我就快乐。" 萍萍对我说：

那时，大多数学校都没有计算机科学课程，许多人甚至不知道计算机科学是什么？因此有好几所大学都在提供计算机课程的教学职位。

黄曾鲁和艾伦诺搬到厄本纳去攻读特殊教育的博士学位。他们已经有了两个可爱的小男孩：布莱恩和布拉德利。

在找工作时我经常咨询黄曾鲁，我收到录用通知后，我通常先与黄曾鲁商量，然后再继续联系。有几所大学对我表现出了兴趣，想对我进行面试，其中邀请我的一所大学是位于弗吉尼亚州的诺福克的欧道明大学。

"曾鲁，你觉得弗吉尼亚州的诺福克怎么样？他们提供我一个教师职位。"我问黄曾鲁。

"我不会去那里，诺福克是一个肮脏的满是水手的海军小镇，" 黄曾鲁告诉我。

"你怎么知道？"我问。

"我是两年前去海滩玩，我对这个小镇的印象很差。"

"在这种情况下，我就不考虑那里的学校。"我决定放弃它。另一所大学是威斯康星大学的白水分校。

"黄曾鲁，白水学校怎么样？"

"那是个不错的小镇，离麦迪逊校园和密尔沃基很近。我听到过关于那所学校的好消息，你为什么不去看一看？"

面试进行得很顺利，而且提供的职位和报酬都相当不错。我决定到威斯康星大学白水分校的数学系担任助理教授，他们计划在那里开设新的计算机科学项目。

第三十八章

获得美籍

威斯康星州的白水学院，距离伊利诺伊州的厄本纳只有三个半小时的车程。我把那辆梅赛德斯-奔驰车放在 7.3 米长的 U 型卡车后面拖着，萍萍开着老福特 LTD，三个男孩和我一起坐在大卡车的驾驶室里。卡车的驾驶室是如此之高，这对我和我的孩子来说真是一次有趣的经历。

"爸爸，我觉得我们在开飞机。"叔霆说。

"看看这些路上的车子，它们是多么小！"叔震说。

叔霈伸出双臂，好像他自己是一架飞机。我喜欢开这台大机器，它很笨重，但是很结实，很稳定。我们从数学系的秘书玛丽那里租了一套三居室的房子，这栋旧房子已准备好出租，我们一进白水镇，就立即搬进了这所房子，而且是家具齐全的房子。

在我们搬进去的两天后，我们从杂货店开车回家的路上，我们看到一个牌子，上面写着："为好家庭买小狗"，我想现在是给我们的孩子买一条小狗的好时机。

"嘿！孩子们，你想要一条小狗吗？"我问。

"是啊！我们想要一条狗！"三个男孩兴奋地叫喊着。

我把汽车调头转过来，从卖小狗牌子旁边的车道上开了进去，主人看见我们把车开进车道，就从房子里出来迎接我们。

"你好！想找一条小狗吗？"他问道。

"我们能看到小狗吗？"从车里跳出来的时候，叔霆就问道。

那位老人把我们带到房子旁边，那里有一个直径 1.5 米大小的狗窝。在狗窝里有一条母狗，看起来像是杂种狗，周围有六条不同颜色的胖小狗。老人随机地拿起一条棕褐色的小狗，把它递给叔霈。叔霈把小狗紧紧地抱在胸前就不肯放手，两个哥哥想要再选一条，但叔霈已经为这个家庭做了决定，我们谢过老人，把小狗带回家。

"我们怎么叫这条狗？"叔霈问他的哥哥们。

"她是母的，她就像我们的公主一样。"叔震说。

"好吧！这是一个很好的名字，我们叫她公主吧。"叔霆同意了。

公主很快又变成了另一条像它母亲一样的淡黄色的小狗，而且是一条非常聪明和顽皮的狗，给孩子们带来了很多欢笑和额外的工作。公主也是一条非常温顺友好的狗，我们经常看到邻居家的猫睡在公主的背上。1972 年 6 月，公主生下了五条可爱的小狗，是我们该把小狗送出去的时候了，两周内所有这些小狗都送出去了。

位于白水镇的威斯康星州大学大约有 11，000 名学生。数学系是计算机专业的摇篮，我的主要任务是负责设计并教授高级计算机课程。从过去的教学经验中，我对课程的设计和教学都做好了充分的准备。我在短短三周内就设计好课程，并马上开始实施计算机专业的学位课程。

许多来自数学、生物学和其他应用领域的大二学生已经转学到这个新专业，我和40多位转专业的学生一起工作，以调整他们的学习领域。

"你为什么你要改变专业？"我总是先问这些要求转专业的学生。

"在我拿到数学学位后，觉得找工作比较困难，我听说计算机科学是未来的选择。"他们是多么的正确！

我的新工作很忙但是很有趣，我教授所有的高级计算机课程，同时帮助几位数学老师开始教授编程和基础计算机专业课程，如数据结构和逻辑设计等等，在白水学院里，我们成为了新计算机专业的核心教师。

在70年代早期，美国的计算机专业的博士学位持有者非常少。1971年夏天，我是唯一一从伊利诺伊大学毕业的博士生。当时，很少有计算机专业毕业的博士生愿意从事教学工作，我的大部分博士生同学都被聘进入各种行业的研究领域，我认为工资差别是最主要的原因。

白水学院计算机科学项目的发展速度很快，在第二学期开始的时候，计算机专业的申报人数已经超过了数学专业前两年的学生数。一些大三和大四的数学专业学生宣布辅修计算机科学。这个项目在大学里取得了惊人的成功。这对大学来说是个好消息。由于预期在1968年学生人数会进一步增长，白水学院已经建好了可以容纳22,000名学生的校园，但是登记入学学生的人数却从1967年的17,000人逐渐减少到1971年的11000人，校园里显的很空旷。然而，好消息是大学计算机专业的学生人数、参加选修课程的学生人数增加很快，还有来自全州各地的许多潜在申请者，因此有希望在将来招生人数会增加。然而，看到那些废弃的宿舍楼和空荡荡的办公空间，让人沮丧。

1966年，威斯康星州斯托特大学为我申请了美国公民身份，把我们的签证改成了移民身份。萍萍和我都认为这里是我们想要生活并且一起成长的国家，因此在1966年决定提交申请成为美国永久居民。当时对亚洲人的配额很少，一份长达7到10年的等待名单是很常见的。但是这并没有真正困扰我们，只要在这里我能继续我的事业，让我们的孩子们能够接受良好的教育，有没有永久居住都不会对我们产生任何影响。

1966年初，美国国会签署了修改移民配额制度的法律。我们在提交申请后不久就被授予永久居民身份，在美国完成五年居住的要求后，在1971年的夏天，萍萍和我都具有资格申请美国公民身份，我们就立即申请，移民官员同我和萍萍进行面谈，提出的问题非常简单，我们很快就通过了英语和政府的二部分测试。1971年7月，我们去了密尔沃基宣誓成为这个国家的公民。虽然公民身份对我们的日常生活并没有很大的影响，但是我们很高兴能成为这个国家的一员。

"你认为国内的人可能会说，我们放弃自己的祖国而成为美国公民吗？"萍萍事后问我。

"我不这么认为，美国是来自世界各地人民的一个大熔炉，不怕困难，下定决心要努力追求梦想的人，几百年前就开始进来了，并把这个国家变成了一个伟大的国家。"我说，"就像那些来自欧洲和其他地方的人一样，我们是我们家族的先驱来到这里，用我们的双手和头脑努力工作，实现我们在这片土地上的梦想，

这并没有什么不对的地方，也不必去管人们会说些什么？"

"哇！这是一个很长的演讲，但是我同意你刚才所说的。"萍萍告诉我。

"作为先驱，我们没有向任何人寻求任何帮助，我们为所有可以成为我们自己的东西而努力。我认为，我们应该为我们目前所做的事情感到骄傲，而不是担心回家后其他人可能会说些什么？"我说。

"我对自己很满意，我相信我们已经做出了正确的决定。"她说。

"是啊！正如人们所说，在美国，天空是唯一的限制，要到达我们的天空还有很长的路要走，我们只需要一步一步地向前走，就会对我们现在这一刻所拥有的东西感到满足。"我喘不过气了，我是太兴奋了。

在教学合同年中期，纽约市的亨特学院同我联系，他们计划在他们的数学部门内建立一个新的计算机科学项目，有人把我的名字给了亨特学院的院长安格鲁·伟尔博士。

有一天，亨特学院数学系主任玛丽·都斯安里博士从纽约打电话给我，

"郑博士，你可否来纽约和我们一起在亨特学院同进午餐吗？"她问我。

"谢谢你给我打电话，你们对我有什么想法？"我问。

"我们希望你能考虑来亨特学院教书。"她说。

"好吧，但我需要同我的妻子谈谈，我可以在几天内给你回电话，好吗？"我告诉她。

我吓了一跳，我听说亨特学院是一所精英学校，在学术界上有着良好的声誉，我知道他们很想启动计算机科学项目。虽然她没有任何具体的说明，但我明白他们在决定聘请我以前，需要先亲自见我一下。

我对白水学院的计划感到担忧，计划刚刚开始实施，教师和学生们的兴趣非常高，当时我真的不想离开白水学院。但我想，对萍萍和孩子们来说，去体验纽约这个著名的大城市是件好事，亨特学院是一所著名的精英学校。伟尔博士是世界上著名的科学家，都斯安里博士是一本流行的微积分教材的作者，我越想越倾向于去亨特学院。几天后，我给都斯安里打了电话。

"都斯安里博士，我想来参观一下亨特学院，你们什么时候可以让我来？"

"在下周三怎么样？伟尔院长想同我们一起吃午饭。"她说。

"对我来说，下星期三是很合适的时间。"我说。

"我会把来回机票送到你那里，你打算在这里过夜吗？"

"不打算过夜，谢谢，第二天我还要上课。"我回答。

"好吧，我们期待着下周见到你，再见。"她说。

我去了纽约，会见了都斯安里博士和几位数学系的教授，这一天亨特学院的素质和修习涵养给我留下深刻的印象，他们显然很喜欢与我的交流。午餐后，我与院长和系主任进行了一次私人会面。

"我们想聘请您为亨特学院计算机科学的助理教授，请你考虑一下再告诉我，正式的聘请书将在一天之内送到你处。"都斯安里博士对我说。

"你们的学校给我留下印象很深，这对我的家庭来说是一件很大的决定，请让我先同我太太谈谈，在几天内给你答复。"我说。

当天晚上，我就飞回白水镇。

"萍萍，你觉得住在纽约怎么样？"

"这是令人兴奋的地方，但我不知道生活在那里的情况到底如何？"萍萍说。

"嗯，你知道我在纽约有不愉快的经历，也许我们会在那里住一段时间。如果我们不喜欢，我们还是可以离开的。"我说。

"我不介意在纽约待一到两年，我觉得这也可能是很有趣的。"她同意。

四天后，我给都斯安里博士打了电话。

"我和萍萍商量过了，萍萍不介意从这里搬到纽约。"我告诉她。

"非常好！我今天就把你的聘请函寄给你。"她向我保证。

"对了，我还没有问过报酬的事。"我说。

"所有这些都写在聘请函里，但我可以告诉你，这九个月的薪水是二万四千元。我们将支付你所有的搬家费用。"她说。

"你太慷慨了，我期待收到你的聘请函，谢谢你！"

这封信是在通电话后两天内发出的，薪水刚好是我在白水学院的两倍。我想我可以从亨特学院的优秀教师身上学到很多东西。萍萍喜欢搬家，因为她觉得我在纽约会更快乐。

我打电话给都斯安里博士，告诉她我接受这份聘请，并签署了这份文件。我去见了我的老板卡罗·弗蓝里根博士，告诉他我去纽约的决定，他不高兴看到我的离开。但他意识到白水学院计算机科学项目已经启动并运行，教员们可以继续开发它。从某种意义上说，我在这里的工作就算是完成了。在春季学期结束的时候，学院开了一次欢送聚会送我去纽约。

在期末试卷评分后，我先飞到纽约，花了两天时间寻找住的地方。住在曼哈顿是没有问题的，考虑到好社区的高成本和小社区的犯罪问题，我决定住在布朗克斯区。我知道在那里我上、下班需要多些交通时间，但那里是一个古老的成熟社区。我的一位老朋友，二十年前曾经在福州的十二号码头送我和我母亲上轮船的年轻军人，李景骏先生（李上尉），升职为上校后退役。后来学习绘画，现在是国际艺术界大受欢迎的著名画家。他们一家人住在布朗克斯的一幢高层公寓里，他有三个女儿和两个儿子。我从白水学院打电话给他时，他告诉我在他所住的公寓隔壁有一套空房。萍萍在台湾时也见到过李先生和李太太，萍萍和我很高兴能同他们住在一起。

我乘火车到 241 街车站，再走了 200 多步就到达布朗克斯区的里弗代尔街，这是一个很好的、古老而安静的中上层阶级社区，李太太为我准备了一顿美味的晚餐。自从 1961 年我离开台湾以来，我就没见过他们，现在他们两人都变老了。我们谈了很多关于美国和台湾的问题，但没有谈大陆，这对夫妇经常到美国各地参加艺术展览。

参观完公寓后，我付了一份订金，完成了我在纽约的任务。租金是我们在白水镇租金的四倍，而且这个地方在各个方面都很陈旧，墙上的热水器很难看，浴缸很大但很旧，没有淋浴，厨房里到处有蟑螂在爬。这是许多许多年前在纽约建的老城镇。与威斯康星州的生活有很大的改变！我想知道萍萍和孩子们看到这个的时候会说什么。

到了应该搬家的时候了，我们在白水镇的一年中积累的东西比以往任何时候都多。萍萍建议我们应该卖掉一些东西，因为我们要搬到一个小得多的地方去住，我们决定搬家之前做一次车库特卖。萍萍和我打扫了车库，设置了三张桌子，选择我们在纽约不会再使用的各种东西包括割草机、园艺工具、衣服以及电视机等堆满了整个车库。为了加快速度，我们把价格标得很低，在周末的两天内，我们卖出了大部分的物品，剩下的东西运到慈善机构处理掉。因为学院付钱给搬家公司，所以我们雇了一个专业的搬家公司来帮助我们搬家，他们甚至把我们旧的奔驰车和家庭的所有东西都放在卡车里。

在纽约，我们住的公寓离亨特学院有 11 公里远，因为没有地方停车，开车去上班是不现实的。我确实试过几次开车去上班，但是每次我的车都被拖走，不得不花时间和金钱去取回我的车。第二次我的车被拖后，我再也没有开车去上班了，我唯一的选择是乘地铁，需要两次转车才到曼哈顿中城的亨特校园。每天从家到工作的旅程至少需要 40 分钟，这栋公寓楼坐落在山顶，而地铁站就在山脚下。一条 200 多步的陡峭人行道是公寓和地铁站之间的主要道路，早上赶地铁时我需要走下这些台阶；在下班后我很累的时候还要再爬上这些台阶才能回家。很多时候，每当我晚上在山下挣扎着向上行的时候，我真希望它是另一个方向。

李伯伯非常喜欢叔震，因为他学得很快，李伯伯教叔震学画时，不知道叔震是左撇子，所以他教叔震用右手画画，叔震用右手也画的非常好，因此李伯伯从来没有发现叔震是左撇子。李先生的孩子比我们的们要大得多，孩子之间从来没有一起玩过。一段时间后，萍萍和李伯母成了非常亲密的朋友，由于李伯伯夫妇不知道如何开车，所以我在空闲的时候给他们当司机。

"天任，这个周末带我去威廉斯体育场怎么样？我想看棒球比赛。"李伯伯问我。

"当然可以，是什么球队？"我问。

"青年棒球队，台湾队今年可能再次获得世界冠军。"他说。

"我也想看到这场比赛，李伯母去不去？"

"她不去，只有你、我和大卫。"他说。大卫是李伯伯 26 岁的大儿子。

"太好了！我要把车准备好，我们在上午 10 点左右离开。"我说。

那个周末我们去了威廉斯体育场，看到台湾青年队赢得了最后一场比赛，取得了世界少年棒球冠军的称号。

在亨特，我做了很多和我在白水镇做的一样的工作。我唯一的问题是我所住的大城市对一些低标准的学生制定了新的招生政策。在 1970 年新的开放招生政策生效之前，亨特是全美最优秀的文理学院之一。在那之后，大二学生和大三、大四学生之间的质量差异是惊人的。对我所教的大四学生的中级和高级课程，学生的素质是一流的。但是另一方面，许多大二学生的素质是完全不能接受的，在第二周的课堂上，我用汇编语言讲了关于基数转换的一课。当我用长除法把一个数字除以另一个数字时，一个学生很困惑，在上课时表现出他的不满。

"嘿！老师，你在黑板上做什么？"他问我。

"我用长除法来除一个数字。"我对他说，这个问题让我很吃惊。

"我从来没有这样做过。"

"那你是怎么做除法的？"

"我没必要这样做除法。"他回答。

"你的专业是什么？你今年是几年级？"我目瞪口呆了。

"我是数学系的二年级学生。"他说。

"你们中有多少人有同样的问题？"我问全班同学。

没有人举手，尽管他是唯一这样的人，但我完全被这种令人难以置信的情况所吃惊。怎么会在大学课堂上允许有这样的学生存在呢？在小学二、三年级的时候，老师就已经教过用长除法来做除法了！我很难相信一个大学二年级学生的数学专业知识会如此的缺乏。

下课后，我去了系主任的办公室。"都斯安里博士，你不会相信我今天在课堂上所发现的事情。"我气愤地说。

"到底是怎麽回事？"都斯安里博士说。

"我在班上有一位大二年级的数学学生，他不知道如何用长除法来做除法，此外，他的态度非常不好。"我告诉她。

"这很可悲。" 她说。

"你打算怎么做？至少你可以把这个家伙从我的课堂上请走。"

"好吧，理查，听着！让我告诉你一些事情，要把任何一个学生从课堂上开除是不可能的，如果你把他从课堂上赶了出来，你肯定会遭受到抗议的。"她告诉我。

"抗议什么？"我问。

"会有一群学生坐在你的办公室里门口，阻止你进入你的办公室，"她说。

"我会叫保安把他们赶走。"我说。

"不行，保安根本不敢做这样的事。"她说。

听到这个消息，我感到非常难过和不高兴。

"都斯安里博士，我喜欢你和亨特学院，但是请考虑这是我的辞职。我将在这里教九个月，完成我的合同后，就离开亨特。"我告诉她。

我失望地走出了她的办公室。我对都斯安里博士并没有不满，但我为学生们感到难过。在纽约，那些推行开放招生政策的政客们已经毁掉了一所著名的高等学府。

"我已经口头上向学校辞职了。"我告诉萍萍。

"你刚来到这所学校。"萍萍说。

"我敢肯定，这座城市的政治已经毁掉了亨特和其他学院。有些学生很不够格，学校对此无能为力，所以我告诉都斯安里博士，我在年底前辞职。"

"好！我也不太喜欢这座大城市，"她说。"我们从这里到哪里去？"

"我不确定，我们还有几个月的时间可以去寻找合适的工作。"我说。

我很高兴决定离开纽约，学生素质的问题是主要原因，纽约城市不安全的街道和地铁环境也令人担忧。尽管我们所居住的公寓被公认为是安全的成熟社区，但是叔霆和叔震要么送报纸、要么步行到公寓附近的便利店时都被抢劫过。我在地铁上也曾经发生过两次，幸亏在关键时刻，碰巧有警察路过才得幸免遇难。

一天晚上，我在学校工作到晚上10点以后，才乘上了地铁的一节空车厢回家，从纽约时代广场站向北行驶。我刚坐下来的时候，就有两个非裔美国人从另一个地方走了过来，分别坐在我的两边，并开始对我的眼睛、头发和衣服发表评论。我只是不管他们，有一个家伙想从我手里抢走我的公文包，我非常害怕，只好紧紧抓住公文包，我的心快从嗓子里跳了出来。对我来说这两个坏蛋是太过分了，他们可能会杀了我。就在这个非常关键的时刻，一位黑人警官打开了车门，走进了这一节车厢，这两个坏人刚放开我的时候，我赶快从座位上跳起来，跟着警察向前走，一直到地铁到达布朗克斯241街站。下地铁后，我环顾四周，确定没有人跟踪我，才迅速从车站走回家，到家后我还在发抖。

"你不会相信我刚刚经历的事情。"我告诉萍萍。

"你怎么了？你看起来很苍白，"她很是担心。

"在地铁上，如果没有那位黑人警察及时进来的话，我差一点被两个黑人抢劫，这太危险了。"我说。

"这就是生活在纽约期间，我最担心的事情，我也担心在这里我们三个孩子的上学途中是不是安全。"她说。

几个月之后，同样的事件发生在同样的地铁车厢里，但是这一次的救助人员是五位年轻的乘客，他们正巧在车厢中穿行，我幸亏跟着他们才安全地摆脱了两个潜在的攻击者。就是为了这一点，我非常想早日离开这座不安全的城市。

至于亨特学院，我的努力获得了院长和委员会的好评，接受了我设计的计算机科学学位课程，协助招聘了新教员并建立了一个微型计算机实验室。在第二学期，我只教高级课程，以避免在课堂上可能会有那些准备不足的学生。部门主管为我安排了这样的教学计划，那个不知道怎么做长除法的学生还在亨特校园里，我也没有去跟踪他的去向。但我认为他会及时得到他的学位，因为没有人会在强调城市政治正确的前提下把他请出去。

我和父母唯一的交流就是通过信件在台湾和美国之间来回地传递。自从10年前离开台湾以来，我就没有再见到过他们。那时普通的台湾家庭里都没有电话，我的父母也没有电话，在这么多年的时间里，我都不能打电话给他们。作为一名刚毕业的学生，我的收入不足以搭乘跨洋航班的旅行。但是我们可以让我的父母来和我们一起住在美国，而不是把钱花在往返机票上。

"萍萍，回去看看爸爸妈妈，要花了不少钱，我们可以请他们来，和我们一起在美国生活，你是怎么考虑?"我问。

"我认为这是个好主意，我们已经有好几年没见到他们了，他们也还没见过叔霈，我希望他们会喜欢生活在这里。"她说。

"好吧! 我将马上开始办理，去移民局申请。"

"我对这个想法也很兴奋，我真的很想念他们。" 萍萍说。

萍萍和我开始为我的父母来美国同我们一起生活做准备。我的父母都已经50多岁了，作为将军的父亲刚从军队退休在家。对我们寄去的信，很快就回复了，他们同意和我们一起在美国生活，我特别高兴他们同意了我们的邀请。

在美国，探望访问具有公民身份子女的父母签证过程非常快捷简单，不到一周的时间他们就获得了签证。为了我的父母，我们买了两张单程票，三周后就到了美国。我们全家五个人都去机场迎接，这是1973年1月在肯尼迪国际机场的一场激动人心的家庭团圆会合。

"儿子，我很高兴见到你，我看到你已经有一些白发了。萍，你看起来还是那么年轻漂亮。"妈妈说。

"哦! 这是叔霈，一个多么英俊的男孩! 我上次看到的两个孩子，你们现在都是大男孩了。"妈妈笑着说。

"我们已经等了很长时间，直到今天我们才聚在一起。"爸爸非常高兴。

孩子们很高兴见到爷爷和奶奶，我们家里的七名成员全部挤进了老福特汽车里，叔震和叔霈坐在爷爷奶奶的膝盖上。我们在回家的路上，或者更准确地说，我们在回家的路上听爸爸说了百分之九十九时间的话，妈妈甚至没有机会说一句话。当妈妈开始说些什么时，爸爸往往会替她说话或者要把她的嘴闭起来。

"任，我想......"妈妈想对我说点什么。

"等等! 让我先和他谈谈这件事，我已经很久没有和他谈过了，就不要打扰我，好吧!"爸爸会再次接手这个话题。

萍萍和我搬出了主卧室，让我们的父母住进去，我们使用了较小的卧室。用屏风分隔起居室，把一部分隔成两间卧室供孩子们使用。我们已经十一年没有见面了，突然间我发现爸妈比我上次在台北见到的时候老了许多，我们有很多事情要做。在家里，爸爸不能停止说话，妈妈也没有机会插嘴，即使是在第一天，妈妈一句话也没有说。无论是孩子还是我们俩，都没有机会与妈妈交谈，这只是一种单向的说话，几乎没有什么谈话，萍萍和我都感觉到了我们之间的潜在隔阂。

分离了十一年之后，父母和我们之间已经有了一些隔阂，首先是两代人之间的代沟，任何地方，甚至生活在世界上最好的环境中都会有代沟；第二是文化差异，萍萍和我在美国生活了十多年，所以我们的思维方式和生活方式与西方社会完全相同，这与中国的社会大不一样；第三是时间差距，经过这么多年，我们都长大了，随着时间的推移而改变，事情已经同十多年前完全不同了。在这些漫长的岁月里，我们都经历过许多各种各样的事情，因此，我们的思维模式已经是完全不同的。

在台湾，三代人住在一起的时候，祖父会成为家庭的领袖，祖母会处理所有的家庭事务。因为做事的方式和台湾不同，萍萍处理金钱并为家庭的重要事情作决定，她同妈妈相处得很好，很高兴大家能聚在一起，问题的是我们什么时候聚在一起。爸爸总是控制着所有的谈话和妈妈，我们所有人都没有机会说话。妈妈被爸爸派来告诉我们要用一种很有操控性的方式来做事。我们认为过了一段时间，事情就会好起来，然后就会同我们一起和谐生活了。

有时我和萍萍做了一件我们甚至都没想过会有任何问题的事情，但是我们却可能会受到爸爸的当面训斥，甚至是几个小时的上课式训斥。这是很艰难的，因为我们都有日常的琐事和工作要做。有时在我去上班之前，我会被叫去当面训斥而不能离开，因为爸爸认为听他的话更重要。当我冲出去赶地铁时，我摔倒了，腿部受了伤，这引起萍萍的生气并和爸爸发生了冲突。

"爸爸，能不能不要在早上训斥天任。今天早上他冲到地铁站，下坡时摔在地上并摔伤了腿。如果你不关心他，我要会关心他，我们的孩子们都需要依赖他。"萍萍非常伤心地说，但这只会使爸爸对萍萍更加生气。

被当面训斥的最频繁原因都只是一些小小的误会。当我深夜回家，疲惫不堪，或者脑子里有太多的其它事情时，对妈妈和爸爸的问候时可能会不那么愉快，也可能不会带着笑脸，我们知道的下一件事就是妈妈和爸爸会把主卧室的门关上了，很快我们就听到妈妈哭了。起初我们不知道发生了什么事，只有在当面训斥的时候，我们才知道那是因为我们对他们的"坏态度"。我们试图解释说，我晚上太累了，脑子里想的太多了。

"爸爸，我累了，不是说不向你笑。"我解释道。

"我知道你是故意这样做的！"爸爸会说。"你们两个想告诉我们，我们在这里不受欢迎，所以你只是想让我感觉不好。"

"不！爸爸，我们刚刚邀请你们过来，我们没有理由这样做。请忽略我们可能做错的事情。我想向你保证，我不会做任何故意冒犯你和妈妈的事。"我试图向他保证。爸爸不仅不会接受我们给他的任何解释，而且还会告诉我们，孩子对待父母的态度很不好时，情况会有多糟糕。

"你是什么意思，你不会故意冒犯我？你做了所有这些小暗示，试图控制我们俩。在汉代，王……"爸爸会引用许多三千多年前的历史故事，不给我任何休息的情况下开始他的演讲，他不想听我们的任何解释，无论他想什么，他都会得出一个结论，那就是唯一的真理。

当爸爸心情不好时，妈妈总是第一个被责骂的人，而且总是一场单向的战斗。爸爸是一个"永远不会忘记"和"永远不会原谅"的人。当他认为自己被别人冤枉时，他会不断地把过去的事情拖出来。他会在数小时内生气和抱怨，经常会爆发愤怒或大声咒骂。妈妈所能做的就是哭，因为爸爸不想听任何人的任何解释。作为他唯一的孩子，我所能做的就是希望奇迹出现。

我们在雷区上徘徊，不知道爆炸何时会发生？孩子们吓呆了，不知道该怎么办？萍萍和我的精神压力已经接近极限了。我总是试着去想他们是多么爱我，当我回到家的时候，他们是多么的善良。我和萍萍谈话，让她耐心点。我说，随着时间的推移，情况会有所改善。萍萍非常支持我，同意我的请求，但我内心里知道萍萍承受了多大的压力爸爸和李伯伯很高兴看到对方，他们曾经做了 20 多年的同事，在异国他乡又成了邻居，在最初的几周里，老朋友们几乎形影不离。他们谈论过去，常常兴奋。爸爸一定向李伯伯抱怨过萍萍和我，以及其他的事情，因为我们不符合三千多年前圣人的教训。

"现在你到了美国，就应该像这里的人一样，你也不会让人们像三千年前的中国人那样做。"李伯伯对爸爸说。李伯母把这段话告诉了萍萍，但从来没有给她讲任何关于爸爸抱怨的细节。

不幸的是，在我们搬出公寓后不久，李伯伯夫妇就去世了。在佛罗里达州奥兰多市的一场画展之后，李伯伯和李伯母死于车祸。李伯母带着新得到的驾驶许可证开车，当她把车开进高速公路时，一辆大卡车从左后方撞到他们，两人当场死亡。此时他们只有 52 岁。他们没有留下任何遗嘱，他们把他们收藏的许多宝贝、钱和最好的画作都存放在银行的保险库里，而他们的孩子们完全不知道存放这些东西的地方。他们两位的年轻女孩只有 16 岁和 18 岁，幸运的是年长的兄弟姐妹们都有很好的工作，凑钱来抚养他们年轻的妹妹们。

第三十九章

履职 RIT

1973 年 3 月，我去底特律参加了一个计算机科学专业会议（ACM）。这次会议是为了技术信息交流和求职目的。许多学校派代表去寻找新的教师和管理人员，我被指派主持一场专业技术研讨论会，上午会议的中途休息时，我见到了来自罗切斯特理工学院(RIT)的约翰•根托博士，交换了一些学校和个人信息后，约翰•根托博士与我一起交谈。

"你离开纽约以后，是不是有兴趣到罗切斯特工作？"约翰直接问我。

"你是说为 RIT 工作吗？"我问。

"是的。"

"我很高兴能更多地了解 RIT 学校和工作。"我回答。

我想这一定是天赐良机，此时正是我要摆脱纽约这个大苹果城市的时候。

约翰和我决定一起吃午餐，多谈谈这件事。

"我是 RIT 的计算机中心的主任，我也需要有一位教师负责学院的编程课程。但是现在 RIT 学院的教务长陶德•布乐博士，想要在 RIT 建立一个正式的计算机科学系。我从朋友那里听到你的名字，关于这件事我想和你谈谈。"他说。

"对我来说我确实对 RIT 很有兴趣，我厌倦了大纽约的城市政治。"我说。

"我们不仅是要寻找一位教师，我们正在寻找新部门的系主任，你对行政工作感兴趣吗？"他问我。

"我没有管理经验，但我对这种类型的工作感兴趣。"我说。

"太好了！请你来同教务长面谈一下，怎么样？他想自己做选择，以前我从未见过他对教师进行过任何面试，这是一件非常特殊的事情。"他告诉我。

"我先同我的妻子商量后，再飞到罗切斯特去。下星期一我会打电话给你，行吗？"

回到纽约两天后，我在家里接到来自罗切斯特理工学院（RIT）办公室的电话，邀请我到罗切斯特作为期两天的访问，我当场同意了。我从纽约飞到罗切斯特，乘出租车到位于校园里的希尔顿酒店，精心设计的 RIT 校园建筑和现代化布置的景观给我留下深刻的印象。

我在电脑中心见到了所有的教师和工作人员。约翰•根托博士和两位主要的导师，罗埃•催那考夫斯基博士和囉杰•倍克博士，对我进行了正式的面谈。我同其他的一些老师讨论了关于计算机科学的课程。第二天，教务长陶德•布乐博士安排在早晨的同我面试。这是很不寻常的事情，因为任何一所大学的教务长都不会参与这种面试，甚至院长面试一位新教员也是很罕见的。我感觉到了这次面试的重要性，但我不知道这是为什么？

布乐教务长是一位身材高大魁梧的人，声音低沉。

"郑博士，很高兴今天能在这里与你见面。我已经阅读过你的简历，确实令人钦佩。请告诉我，你能在一个系里负责管理一组教授吗？"他非常直截了当地问我。

"布乐博士，以前我不是部门的主管，但我相信我可以和教授们一起完成教学工作。"我自信地说。

1973 年在 RIT 办公室

"你介意我们任命你为新系的代理主住吗？新系将会建立，你会主管这个系的发展。"教务长说道。

"我一点也不介意。"我回答。

"我们指望你能在秋天开始，如果可以的话，我希望你能在六月一日开始你的工作，请你先把各部门的工作整合在一起。"他说。

"我非常喜欢这个项目，你可以放心，我一定会为你在 RIT 创建一流的计算机科学系。"我说。

他非常直率，显然是一个真诚的人，确实是一位令人敬佩的领导者，他给我留下了深刻的印象。详细审查的面试结束后，我回到校园里的酒店。第二天早上，我去拜访了根托博士，准备离开 RIT 校园。

"我们已经决定聘请你了。"根托博士告诉我。

"哦，这很好，能否告诉我关于这个决定的更多情况吗？"我很惊讶，因为通常情况下要等待办公室发送的邮件。

"当然可以，"他面带微笑地说，并带我去他的办公室。

"我们讨论了对你的提议，布乐教务长愿意聘请你为代理系主任的职位。如果你能创建并运作这个新的计算机科学系，那么你的职位将会是永久性的。"

"我非常希望如此，但我向谁汇报工作呢？"我问，我有些惊讶。

"教务长本人。"他回答。

"哇！这可是非同寻常，我习惯于向系主任汇报工作。我以前还没有和院长谈过太多的事情，现在可以直接向教务长汇报！"

"你会习惯他的，他很强硬，但很公平。如果他支持你，你就能得到你所需要的所有资源。"他说。

"我的职称怎样?"我问。

"既然你现在是亨特学院的助理教授,我们所能做的最好的事情,就是提名你为付教授。"他回答说。

"好吧,我没有问题,但是我的薪金呢?"我问。

"我们将提供与亨特学院相匹配的薪金,你是知道在计算机这个行业薪金是高的,但布乐愿意为你提供。"他说。

"你们对我这麼好,我将尽我最大的努力为 RIT 做好工作。但是如何搬家和开始的日期呢?"我说,我非常高兴这次意外的面试。

"我们将从 6 月 1 日开始,学院将支付你所有的搬家费用,包括在你找到住房之前入住酒店的费用。"他说:

我感到欢欣鼓舞,在过去,没有其他任何学校对我这么好,我同意在 1973 年 6 月 1 日前来报到工作。回到酒店房间后,我给萍萍打了电话,告诉她发生了的事情。

"哇!听起来很不错,我们将再次搬家,但我并不介意。"她显然是得意洋洋地说。

五月底,我独自去了罗切斯特,住在校园里的酒店里。我知道我有很多工作要做,才能接受这样一项具有挑战性的任务。RIT 是一所私立学校,在 1973 年招收了大约 12,000 名学生。RIT 有五所学院和一所独立的两年制学院,这是由联邦政府资助的聋人国家技术学院。我报到工作时,计算机科学系并不存在,我在一周内提出了计算机科学系的组成结构并很快得到了行政部门的批准。然而,计算机科学系不附属于大学的任何学院,我直接向教务长汇报。

我在 6 月报到时,有 9 名教师在工作,我的第一个任务是为计算机科学系制定三年发展计划,我列出了本科生和研究生的课程、教员增长计划、设备和实验室计划。在秋季学期开始之前,我已经完成了所有的课程设计和计算机科学学位的五年计划。在我从 100 多名申请者中面试了 20 多名教员候选人后,选择了 6 人,所有的 6 名新教师职位都得到了批准和填补。

我还提议为这个新系建造一幢新楼,我知道这是一个漫长的过程,但我们确实需要这样做,尽管人员和房间都不足,我们还是开始了行动。我提出了大胆的计算机科学系项目发展计划以及多轨教学方式的策略路线。在没有任何挑战的前提下,计算机科学系和学院的管理部门接受了这个建议。

其中两项是务实的,为未来的计算机工业和其他应用量身定制。我的计划被我们的教员接受并得到了教务长的批准。在 1973 年秋季之前,我聘请了 6 名新教员加入我们的这个部门。在第一年,大约有 200 名计算机科学专业的学生和大约 500 名非专业的学生参加课程学习。

在罗切斯特的一个周末,我出去找房子。我在皮茨福德地区一个很好新社区里找到了一栋房子,房东已经搬家到新地方去了。我打电话给萍萍,告诉她我找到的房子。

"由你自己决定买还是不买,我相信你对房子的判断。"她告诉我。

"我知道你对房子的关心,有一个大厨房怎么样?"

"那就是我所需要的。"她说。

我付了一笔首付,我们花了 38,000 美元买下这栋建造好两年的四居室房子,这栋房子在山顶附近,山谷景色很好。对购买这栋房子的事情,萍萍的让我作出所有的决定,她在这些事情上十分随和。在秋天之前,我回到纽约,把我的家人全部搬到罗切斯特。再一次由学校支付了所有的搬家费用,萍萍和我各自开了一辆车，从纽约到罗切斯特只有四个小时的车程，我们到达新房子后，卡车停在车道上，花了大约三个小时的时间才把全部东西搬进房子。我的父母很高兴搬到这个安静的社区，孩子们非常喜悦地看到大院子和更宽敞的居住地方。在地下室还有一个游戏间和我做工作的车间。

作为一名亚裔美国人，以及十五位思想自由的年轻教师的新老板，不像做"一块蛋糕"那么容易。他们会到我的办公室来为各种各样的理由提出自己的要求、质疑我的一些计划和决定、或者检查我的专业知识。因为我已经预料到这些所有的可能行为，并没有因此感到任何的不安。我对他们的要求很公平，包括工资调整等的具体问题，如果觉得他们的要求是合理的时候，我会去找教务长争取。对待任何个人或专业的问题，我对他们也很耐心而没有一丝情绪。不到一个月，我们就形成了一个和谐的团队。我的个人秘书，珍妮·米勒，是一位年轻有才华、不讲废话的人，开始时她对一些教师的行为很不高兴。

"郑博士，你这么冷静，能够忍受这么多的废话吗？"她问我。

"我知道我是对的，所以我没有感到不安，只有时间会告诉我们，我的做事方式是否会起作用？请对他们耐心点，好吗？"我告诉她。

"是的，先生，我会尽力的。"她向我保证。

我对他们工作表现的要求也很高，我保证我对任何人的承诺都是绝对执行的。我解雇过一名助理教授，因为他在第一学期没有做好课堂准备，并在头三个月把教师中的几个叫来训话。我忘了我只是一个代理主任，我真的应该用不同的方法来做工作。不管怎样，为了秋季学期的工作安排，我被召进了教务长办公室。

"我听说过很多关于你的事，也有一些是关于对你的抱怨，然而，我很高兴听到有人对你的抱怨，这种抱怨只有当你推动他们去做工作时才会有的，因此我想让你成为正式主任，立即生效。你同意接受它吗？"布乐教务长问我。

"我接受你的任命，布乐博士，我很高兴能得到你的信任，我向你保证，我将尽我最大的努力，成为计算机科学系的好主任。"我告诉他。

我第一次报到并开始工作时，我的办公室是一个小房间，旁边是计算机中心办公室，我和我的秘书不得不坐在两个小房间里。最初两组的办公空间是混合在一起的，所有的教师都向计算机中心主任汇报工作。现在计算机科学系的教师都意识到这个新组织是一个与计算机中心平级的学术单位。但是计算机中心的人们仍然把计算机科学学系当成是中心的下属部分。

当时，计算机中心的新主任是迪克·白格比先生，我不是在正式场合认识他的，而是在一次社交活动中由同事介绍后认识的。1973年夏天的一天，大约是我开始工作后的第二周，我的秘书珍妮来到我的办公室。

"白格比想让你在上午10点到他的办公室里见面。"她说。

我觉得把我叫进他的办公室是件很有趣的事情。

"如果他想见我，请他到我办公室来。"我告诉珍妮。

"是的，先生，我会告诉贝蒂的。"珍妮说。贝蒂是白格比的行政助理。

"贝蒂说，白格比的办公室更舒适些。"她说。几分钟后，珍妮又来了。

"告诉贝蒂，这是我的原则。如果我想去看他，我就会去他的办公室拜访他。但如果他想要见我，他就得在我的办公室里见我。"我对珍妮说。

珍妮给贝蒂回了电话，说了我的要求。五分钟后，珍妮接到贝蒂的电话后告诉我。

"郑博士，贝蒂已经和白格比约好了，下午4点钟来见你。"她说。

那天下午，白格比先生来到我的小办公室，我们只说了几句好话，他就走了。其实那天早上他没有什么事需要见我，这件事传出去后改变了计算机科学系教师们对待计算机中心工作人员的方式。后来迪克·白格比同我成了好朋友，这简单的一个动作起了很好的作用。这个故事很快就传到了大学的其他部门，在计算机科学系和计算机中心工作人员的头脑中，我们建立了新的身份，我们在建制上是独立的，而不是计算机中心的一部分。

计算机科学教学中的设备是课程中最重要的部分，但是除了计算机中心给学生提供的计算机的使用时间以外，在开始的时候没有任何设备可以使用。由于我们错过了预算申报期，预算中没有资金可以用于建立计算机科学实验室。但是我们必须为某些课程配备一些计算机，为了马上得到设备，我从当地的企业和公司征集了一些旧计算机的捐赠，并组织一些有兴趣的学生来修理这些设备。我们修复了一些比较旧的计算机比如：IBM 1620、IBM 1401 和 IBM 1360/40，并将它们用于教学目的。在第一学期间，教务长批准了购买计算机的经费申请，在资金的支持下，我们建立了微型计算机实验室，并为实验室添置了更新一代的微型计算机。从第二学期开始，在计算机科学系里就有足够的教学和研究设备。我的电子爱好是从坠落的飞机残骸到高雄的电子垃圾场开始，现在再一次帮助我找到了新的机器来源。对我来说，计算机维修是件很简单的事，但很快整个学校都知道计算机科学系的主任为他的学生们修理计算机。

当计算机科学项目在学校里实施的时候，我们需要通知未来的新学生。因此，所有的计算机科学项目内容都要送到了纽约州的各所高中和两年制的大学。为了推广这个新项目，我必须在全州范围内开车去宣传，与教师和学生们交流，这是我对计算机科学项目内容的长期义务和承诺。

"萍萍，我每周至少要在路上待上三天。"我告诉萍萍。

"你在路上干什么？"她问道。"学校里有人要求你这么做吗？"她对我在路上开这么长时间的车，感到不高兴。

"没有。萍萍，这是我自己想要做这件事，并不是我工作的一部分，但我需要去做。你看，如果我们在这里有一个好的项目，但是没有人知道，那么我们以后就可能没有足够的学生来源了。"我说。

"你要去哪里？"

"所有优秀的高中和两年制的大学。"

"这些学校中的大多数都在不知名的偏远地方，我是担心你独自在乡间小路上开车，你想让我陪伴你吗？"

"不，别担心！我会小心，记住，这里不是纽约。"我说。

"好吧，在路上你一定要小心。"她不情愿地同意了我的计划。

1973 年秋天，我开始参观访问学校，这件事情非常鼓舞人心，我和许多学校的老师交了朋友，并尽可能多地邀请他们参加计算机科学研讨会。结果，一年级新生班级的申请者和转到计算机初级班的人数急剧增加。在运作的第二年，计算机科学专业的学生人数增加了一倍多。

1974 年秋天，布乐教务长把我叫到他的办公室。

"理查，我注意到你在这个部门干得很好，我很高兴。我要求校长提拔你，让你担任正教授并授予你终身职位。"他带着典型的笑容说道。

"哇！你真好，给我升职的机会。我要感谢你们，因为没有你们的支持，我将无法把所有的工作做好，你对新计划的成功起了重要作用。"我真的被感动了，这是从副教授提升为正教授的最快新记录。

在 RIT 中，实习工作是强制性的项目，这意味着所有的学生都必须交替完成课程工作和实习工作二方面的经验，才能获得学士学位。因此，为了我们计算机科学系的学生都能够找到一份需要企业合作的工作，我不得不把这个项目推售到工厂和企业单位。由于招聘工作的需要，我每个月至少要有整整一周的时间离开校园。

我还是驾驶那辆超过 24 万公里路程的旧柴油车在纽约州从西部到东部，再到乡间公路，我都遇到过不少麻烦，在纽约州的各个地方都找不到柴油加油站。在高速公路上，找到卡车停车场加满我的油箱并不困难。但是离开了高速公路，要找到一个柴油加油站是不可能的。纽约州是一个很大的州，有时候，我是唯一在乡村公路上开几小时车的人，一路上看不到任何人或汽车。

有些学校坐落在偏远的乡村，距离任何高速公路都有 160 公里。我只好带了一只五加仑的备用油箱，但在这么长的山路上也只能行驶不到 160 公里。因此在路上，我不止一次地敲开农民家门，要求买些煤油来维持汽车的运转。由于在陡峭、多山道路的艰难驾驶以及经常使用的劣质燃料，汽车引擎过载、碳化，我的旧柴油车就经常在后面有一股浓浓的黑烟所尾随。

我必须把计算机科学系的成功归功于我们教师的素质、教务长的直接支持和良好的课程设计以及在招聘工作方面的强烈推荐。计算机科学系的入学人数以惊人的速度增长，注册人数每年增加一倍或三倍；到第二年，1974，在 RIT 计算机科学系的招生人数超过了一些规模较小的学院；到第三年，1975 年，RIT 已经有超过 800 名计算机科学的专业学生和超过 2000 名的选修学生。我准备建议将计算机科学系提升到计算机科学技术学院，包括有三个本科班和一个研究生项目。但这未付诸实施．而在 1975 年 1 月新成立的一所新学院，由学院院长罗伊·声垂博士负责．

　　行政问题我向罗伊汇报，但重大决策时，我还是直接向教务长请示要资源。这种安排有时会使我和罗伊之间产生一些紧张关系。罗伊是个和蔼而温和的人，他容忍我可以绕过他，但这也都是在布乐教务长的建议下执行的。尽管如此，在我向他提出建议后，他会立即支持了我的新提议。1975 年 5 月成立了计算机科学技术学校，我被任命为学校的主管，还有三位新的系主任和一位研究生院主任。我们没有寻找部门的新主任，所有的新职位都是现任的教师担任，这些年里还填补了许多新的教师职位。到第四年，学院已经有 1000 多名专业学生和 27 名全职教师。

在罗切斯特，布乐教务长是最强大、最受尊敬和最令人敬畏的人物。校长保罗.米勒把所有的学术事务和行政事务都委派给布乐教务长，这样校长可以全身心投入到工厂企业以及政府管理和资金筹集方面。布乐教务长的声誉和外表特征都是如此的优越，以至于几乎每一个高级学术和行政主管都在会他面前颤抖，但我对他的了解不同，他身负一项非常重要但很困难的工作，而且他处理得非常公平有效。他也非常坦率地说出了自己的想法，而且从未对任何政治压力做出过让步，我还发现他很友善但很坚定地一致对待大家。

1974 年夏天，在我给教员加薪的建议提出后，他把我叫进了他的办公室。理查，你为什么给艾芙·考伯生加这么高的工资？是不是因为她年轻漂亮？"他直视着我的眼睛。

"绝对不会，我推荐她薪资的最高增长，是因为她在教学方面做得很好，其次，她的工资也太低了，我只是想把她的薪水增加到和系里的其他男同事们的工资持平。"我用非常明确的语气回答。

"我也是这么想的，但我只是想问问你。我支持你们正在做的事情，以奖励优秀的员工，让你们的老师们感到更公平。"他微笑着对我说。

"我感谢你对我的支持，我很感激你能公开地提出任何的质疑。"

在罗切斯特（RIT）校园里，学术单位的负责人总是在争夺资源，然而最后的决定都是由布乐教务长作出。当时，计算机科学的快速增长，计算机科学系总是需要更多的空间，更多的员工，更多的经费来购买设备和活动。布乐教务长要求所有的负责人都要做一场演讲，以证明我们在他面前的提案是否正确性，同时还要回答他的尖锐提问。

我的竞争者都是大学的院长，我总是用各种各样的分析和备份文档来准备我的请求，我从来没有准备过不被接受的提案。所以，当我和其他院长竞争的时候，几乎是十次中有九次的机会可以获得批准，对我来说，这似乎是唯一合乎逻辑的结果。

在其中的一个案例中，布乐教务长对一位院长非常不满。在包含我在内的两位竞争对手在场的情况下，布乐教务长就像对一个小学生一样，对这位院长大喊大叫，咒骂不休，因为这位院长为我也想要的资源提出的论据准备不足，充满漏洞。

有一天布乐教务长，声垂博士和我在一家餐馆吃午饭。

"我知道理查很强，所以我雇了他当系主任，但我不知道他这么强，他想要在我的办公室里同其他院长竞争，赢得所有的资源。"布乐对声垂说，他们都笑了。

"我很高兴，我不是做出这些决定的人。" 声垂博士说. 这也是事实。

我们都笑了，如果声垂博士处于与布乐同样的位置，我很怀疑计算机科学项目的结果是否会如此的成功。

第四十章

亲朋欢聚

　　1964 年萍萍第一次来到美国时，她曾经向我提到，她有一个近 20 年没有联系过的堂兄，可能就住在这个国家，我很快就忘记了她对我说的话。这是一个很大的国家，没有任何进一步的信息，怎么能找到一个人呢？萍萍简短的提起之后，我们再没有谈起过这个话题。

　　1973 年秋季的第一天，我去学校的自助餐厅吃早餐，我拿好食物付款后正找一个地方坐下。那是有 100 多张桌子的大食堂，在那段时间大部分的桌子都是空的，我看到一位 60 岁出头的亚洲人独自在用餐，我走到餐桌旁边用英语问他。

　　"我可以坐在这里陪你吗？"我问。

　　"请坐下来，和我一起吃早饭。"他笑着对我说："我的名字叫肯尼斯·姜，我是经济学教授。"

　　"我是计算机科学系的理查·郑。"我说。"你是华裔美国人吗？"

　　"是的。"他回答说。

　　"你会说普通话吗？"我又问了一遍。

　　"是的，但我说英语的次数要比普通话多。"他说。

　　"你的中文名字是姓蒋，就是蒋介石的蒋吗？"我问。

　　"不是的。"他说。"是姜太公的姜"

　　我发现他有很重的浙江省口音，好像是从萍萍父母那里来的。

　　"你是浙江省的人吗？"我接着问。

　　"是的。"他回答说。

　　"在第二次世界大战期间，你住在重庆吗？"我继续问我的问题。

　　"是的。"他说。

　　"那时你在第二十六兵工厂工作过吗？""我问。

　　"是的。"他说。

　　到这里为止，他看起来相当焦虑。

　　"我妻子的父亲是姜邦钰。你认识他吗？"我问。

　　我想，这是一个漫长的过程。他脸色苍白，从座位上站了起来。

　　"对不起，我现在要走了。"他说："有人在我的办公室等我。"他拿着起他的盘子，离开餐桌就走了。

　　我知道我说过一些话引起了他的恐慌，但我不知道为什么？那天晚上我回家的时候，我和萍萍谈了这件事。

　　"萍萍，今天早上我遇到一个人，我有一种很奇怪的感觉，我想我已经找到你那位失踪的堂兄了。"

　　"你是在跟我开玩笑吧！你怎么知道那是他？"她说。

"嗯,我本来以为他应该会很高兴的,但是他的行为有点紧张和害怕,好像我是个特工之类的,他有什么要隐瞒的吗?"

"我不知道,但我并不这么认为。"萍萍说。"你就像一个侦探,去查那个人的过去,你希望他做出什么反应?"

"也许我问的过急了。"我说,"有太多的巧合,我相信他一定是与你失去联系的堂兄,毫无疑问,他就是那个人。你去问问你爸爸,他的名字是不是叫'有根'。

"如果真是这样,那就太棒了。也许我应该给我的父母打电话,让他们知道。"她说。

"在确认之前,先不要告诉你的父母。"我说,"你为什么不再等一会, 让我多了解一些关于他的事,我不希望你把他们的期望提得太高。"

两周后,肯尼斯打电话到我的办公室找我,用中文告诉我:"我想你的妻子就是我的堂妹。"他说。

"肯,我已经有预感了,我很高兴能够为他们找到了你。"我对肯说。

萍萍打电话给她在加拿大的父母,他们非常兴奋。不久之后,我们和萍萍的父母和她的兄弟姐妹一起在我们家团聚了。大家都对这个期待已久的聚会感到高兴,但是没有人谈到过去失散的岁月。肯和非常聪明而且漂亮的海伦结婚,他们有两位和我们的孩子年龄相仿的女儿,俩人都非常聪明,雪莉毕业于哈佛大学和伯克利大学,获得了物理学博士学位;小女儿卡罗尔获得了麻省理工学院电子工程博士学位。我们经常聚在一起,但肯避免提及他的过去,我们只能猜测他为什么这么做,萍萍和我只是对他的过去,尤其是在他的家人面前保持沉默,肯于1998年去世,享年高龄。

对我的家庭来说,罗切斯特是一个非常独特的城市,在罗切斯特市大都会区,在施乐和柯达工作的许多华裔美国科学家和工程师都是台湾大学的毕业生。我至少找到了两位来自高雄高中时代的老同学。在罗切斯特的中国朋友们在专业领域都接受过良好的教育而且事业上也很成功。在他们中间包括全国知名的内外科医生、教授、化学家和工程师,有十二户家庭是我们特别亲密朋友的核心。在我们当中,最小的是34岁,最年长的是55岁,那时我39岁。1973年我到罗切斯特后不久就加入了这个群体,虽然这个群体的人都很成功,但没有一个人超级富有。群体中只有一名企业高管,而没有企业主人。我选择这个群体作为我最亲密的朋友,不是因为他们的成功,而是因为这是最有趣的群体.

1973年夏天,我接到了一个电话。

"郑博士,有一位梁先生在电话里找你,你接听吗?"詹妮问道。

"好吧!我接。"我说。

"早上好,梁先生。"我说,但是我不知道那是谁?

"哈!哈!哈!" 对方在电话中大笑。

"梁先生!你能告诉我,你是谁吗?" 我问。

"请告诉我。"我弄糊涂了。

"天任,我是梁凯!现在还记得吗?"他说,而且他现在是讲中文了。

"凯,你这个小混蛋!你是怎么找到我的?"我问。

我惊呆了,自从1953年梁凯上大学以后,就没有他的消息。梁凯是我在西子湾的篮球伙伴,我的父亲是他哥哥黄浦军校的同班同学。在两场战争中,我们都是邻居和正在成长的孩子。

"我今天早上在报纸上看到你的照片，同我们的董事长并排着。我不知道你英文的名字，但我可以看得出来就是你。"他说。

"你现在在哪里？你在做什么？"

"我已经在罗切斯特住了十多年了，我在柯达工作，是一名资深科学家。"他对我说。

"我已经结婚了，有三个男孩。你呢？"我说。

"我也结婚了，但我们没有孩子。"他说。

"你住在哪里？"我问。

"我们住在北方的彭菲尔德，你住在哪里？"

"我们住在皮茨福德。"我说。

"你的住址在哪里？我今晚会来接你，把你介绍给我的朋友们。"他说。

我把我们的地址给了他。晚上他开车来，把你我们接到他家去。 在他家里，还有大约十户家庭的其他朋友。

"我想介绍我的老朋友理查，我们一起长大。现在他是 RIT 计算机科学系的主任。"他说。

这是我们与小群体其他成员长期交往的开始，每个周末，从周五晚上开始，轮流在各个家庭举办一次晚餐，然后是两桌扑克牌牌局。周六的牌局通常是周五牌局的继续，到了下午就开始。星期天是休息的日子，但我们只是偶尔休息，实际上大多数的星期天我们也照样玩扑克牌，只是玩到午夜前就结束。周五和周六的扑克牌局通常要持续到凌晨 2 点或 3 点。 圣诞节和新年前夜，我们总是玩到天亮。由于种种原因，没有人会以各种不同的原因要退出扑克牌局。牌局的输赢是很小的，赌注从 5 美分到 25 美分不等。每晚最高的赢家和最大的输家都只是以 100 美元为上限，大多数时候，都只是波动在 10 多美元的范围。

在扑克牌桌上，我们都表现得像高中生一样。在聚会上，我们忘记了工作和日常生活中的压力和紧张。

"这是对心脏病最好的治疗方法，你忘记了平常工作日的压力，正如读者文摘所言，笑是最好的良药。"内科医生保罗说。

"我相信，自从和你们一起玩扑克以来，我现在感觉好多了。"一位公司的执行理事约瑟夫说。

"你知道，我们玩的输赢很少，每个人都能负担得起。这确实是一种低成本的、用少量的钱就可以买到的娱乐。"另一位医生唐纳德说。

"好吧，不要多讲了，让我们玩牌！" 本振铭陷入游戏的僵局，有点不耐烦了。

在我搬到罗切斯特的前几年，我们这组小群体就开始了这样的社交活动。在接下来的几年里，活动次数逐渐增加，到了 1978 年，每个周末都有三天的牌局，从周五晚上一直到周一早上的马拉松牌局。我们都得在工作日恢复，为周末做好准备，除了不得不参加的工作单位的活动以外，同其他群体的社会活动几乎减少为零。即便如此，我们还是会在中途离开工作单位的聚会活动，然后再赶来参加扑克牌局。

观察和了解关于参加扑克牌局的人是很有趣的。他们与你平时在办公室认识的同事是完全不一样。大多数人的个人特征都可以很容易地在扑克牌局中被发现。

在扑克牌局时，他们会放松警惕，而在这个群体里的人都是非常聪明和敏锐。观察他们是如何做出决策、虚张声势，以及对牌局失败或胜利时做出的反应，这些都是非常有趣的。

有些人会计算，只有在胜算很大的情况下才会冒险；有些人很保守，在任何存在真实或想象的威胁面前，都会放弃手上的牌；有些机会主义者或勇敢者，不管情况如何，都会扔进筹码，然后懊悔地看着胜利者把他们的筹码拿走；还有一些可怜的失败者，他们会用手势或言语来赢回一些失去的面子。一些争论确实发生了，但这些都不是他们想要拯救自己的钱。在我们所经历过的任何地方，在罗切斯特生活的乐趣、挑战和友谊都是无与伦比的，这是我和萍萍多年来最愉快的一段时光。

我对梅赛德斯-奔驰汽车的兴趣，在于精确的机械设计和精湛的制作工艺。我喜欢那辆旧的柴油汽车，在过去的八年里，我又开了32万公里，车子的情况仍然和我在1967年购买的时候差不多。然而在罗切斯特市的冬天已经开始在公路散很多的盐来预防路面上的冰冻，然后盐会引起使汽车底盘的生锈。我的柴油汽车首先生锈的是挡泥板，然后是车门板下部，我送到车体店去修理，就我的预算来说，他们的估价太高了。我并没有把那辆生锈的汽车扔掉，我想我自己也能修理好。

我先去了一家车身修理店，观察他们怎么做，然后我买了所有需要用的化工材料，磨光工具以及来自西尔斯的喷漆设备。我开始自己动手先在汽车门板上的一个部位做小范围的试验，效果非常好，锈班去除，颜色变得美丽。然后我正式操作，每天下班后的晚上自己修整汽车的外表面，花了一个星期的时间完成整辆车的翻新工作，我很惊讶这是多么容易的事情。在那之后，我又买了四辆被盐损坏的梅赛德斯-奔驰车，翻新后以很好的价格卖掉。我还花了一年的时间来恢复我新买到的一款梅赛德斯-奔驰跑车，买到的时候这辆跑车的所有金属部分都已经生锈了，翻新完成后，非常漂亮，我留下了这辆跑车自己使用，成为梅赛德斯-奔驰跑车的骄傲主人，而且我只在天气很好的时候才使用它。我就在自己的车库里完成了这项翻新工作，叔霆也喜欢在汽车上干活，他是我的主要助手。但是另一方面，叔震甚至不知道扳手是什么东西？

在美国大湖区的冬季，罗切斯特被称为"雪带"，因为这里通常有大量的降雪，我最早在10月1日就经历过大雪，4月底也还会有暴风雪。1974年4月24日，我与一名非常资深的教师候选人面谈，当他从德克萨斯州飞过来时，不巧正碰到一场暴风雪，研究所关闭了。他努力到校园见到了我，他很喜欢这个项目和学校，但对罗切斯特的天气状况感到失望。

一天晚上，我带了肯尼斯·姜到朋友家里玩扑克，比赛在凌晨1点结束后，我开车从8公里外的地方送肯尼斯回家。从主要的高速公路拐进乡间小路后，我突然发现前面再也看不到路了，60厘米厚的雪覆盖了我面前的道路，变成一片白色的雪毯。但我记得这里应该会有一些沟渠，所以我们只好放弃汽车，行走0.8公里才到肯尼斯的家。深雪达到我们的膝盖上方，有些地方甚至比我们的腰部还深。幸运的是，那天晚上并不是很冷，雪也很松，那天晚上我就住在肯尼斯的房子里。

一天晚上，我接到了萍萍打来的电话。

"我遇到了麻烦，我发生了意外。"萍萍说。

"你在哪里？"

"我在路边农舍，对面是新鲜食品摊的人家里，我的车翻在沟里。"她说。

"发生了什么事？你还好吧？"

"我很好，只是有点头晕，大雪已经覆盖了路面，我开得太近路边了，我的车失去了控制。"

"好吧！就留在原地，我马上就来。"我对萍萍说:

我从农民家里找到了萍萍，她把我带到她的车旁，那是我们几年前买的老福特LTD。我叫了一辆拖车把车送到经销商那里，发现车体都已经弯了起来，框架也损坏了，无法修复，是时候寻找另一辆二手车了。

在我们住在罗切斯特市的那几年里，萍萍和我同我们的孩子一起度过了我们一生中最美好的时光。我们看到叔霆和叔震从小学的小男孩成长为高中的高年级学生，叔需从一个蹒跚学步的孩子成长为一个小学生。我们居住的皮茨福德的学校是纽约州最好的学校之一。我们从来不需要从孩子们的肩膀上去看我们的孩子如何做作业，每个孩子带回家的成绩单，全部是任何家长都会很高兴看到的报告。

叔霆和叔震都参与了学校的音乐乐队，叔霆演奏了大喇叭和叔震吹小喇叭。他们两人都没有接受过任何正式的音乐课程，但他们都被选为乐队成员。叔震在吹小喇叭方面有特别的天赋，是学校乐队的第一个小喇叭手。在学校里，没有一个男孩有任何行为上的问题，我们经常谈到毒品的滥用，以及如何避免被毒品分销商所吸引。

"你们学校的毒品状况如何?"当他们三个小孩都在一起时，我问。

"很糟糕，而且越来越糟。"叔霆说。

"告诉我们你在学校里知道的事情。"萍萍问他们。

"有一些坏蛋在可口可乐里放毒品，并送给了学校的孩子。"叔霆告诉我们。

"你是怎么处理的?"萍萍问他们三个人。

"我只是远离他们，我不接受任何邀请。"叔霆说。

"好孩子，这就是我们要你做的事情。"我告诉叔霆说。

"我知道我的一些同学上钩了，但我比他们懂的更多。"叔震说。

"我的老师像老鹰一样守护着我们的，在我所知道的班级里，没有毒品问题。"叔需说。

从同男孩们的谈话中，萍萍和我感到很轻松。我们经常有这样的公开对话，我们从来没有发现我们三个儿子中任何一个有问题。

艾文·穿步雷医生是我在罗切斯特的医生，有一年体检后的一天，他给我打了个电话。

"理查，我需要你马上来见我。"他告诉我。

"我马上就到你的办公室去。"我说，我的心在下沉，我到底怎么了?我才40岁。

"医生，有什么问题吗?"

"我在你的尿液中发现了血细胞，我想需要进一步的检查。"他说。"你觉得疼吗?"他一边敲着我的背，一边问道。

"你可能有肾结石，我要把你送到医院去做x光检查。"他告诉我。

"好吧，医生!"我感觉自己像个被击败的人。

在x光检查后，没有显示有任何结石。我去看了另一个医生，凯瑟琳·李。她检查后，说这是尿路中的一些组织发炎，她给我开了一颗红色的药丸。一个月后，结果是一样的，尿液中仍然有红细胞出现。我回到艾文·穿步雷医生身边，告诉他我做了什么。

"我会使用膀胱镜检查一下，这是一个简单的问题。"他说，他叫护士来帮我准备。但是，检查后仍然没有任何线索。

"在膀胱里找不到任何东西，我不知道该告诉你什么?一周后再做检查。

我回到家，仍然不确定我的情况会怎样?有一天，我收到了一包12小瓶的药，这是很难找到的叫做"云南白药"的粉末，萍萍和我都不知道这是从哪里来的？我记得爸爸在战争中经常提到，如果受伤或有出血，这种药粉末可以用来止血，我拿了半茶匙的粉末来试一下，又苦又热，我的舌头麻木了至少两个小时，我决定不想再吃了。两周后，我去了艾文·穿步雷医生诊所，再作了一次检查。

"理查，你做了什么？尿路出血已经停止了，"他说。

"从两周前我见到你后，我什么也没做。"我告诉他。

我完全忘记吃"云南白药"的事情。

这件事结束了，直到今天，我还没有发现是什么治疗好了我的尿道出血？我也不知道是谁给我们送来了"云南白药"？。

在家里，妈妈和爸爸的情况还是没有任何改善，爸爸总是不高兴，妈妈经常哭，爸爸会打电话给我说话。

"孙子们对我们不是很亲近，我想他们可能不喜欢你妈妈和我住在这里。"他告诉我。

"爸爸，孙子们爱你，但是他们有他们自己的伙伴，所以他们不可能同你在一起太久。"我说。

"一定是萍萍或者是你叫他们不要走近我们。"他说。

"我们从来没有让他们不要靠近你，爸爸。"

"是的，一定是这样的。"他开始发火了。

这只是一个小事件。

在那个时候，男孩们已经长大了，所以萍萍找到了当地伍尔沃斯商店鞋部经理的工作。白天，只有妈妈和爸爸留在家里，晚上，一家人都在屋子里，爸爸正在写他的书，但是妈妈很孤独，因为不懂英语，没有电视看。当我们回家晚了，累了的时候，我们需要躺一会儿，然后才有力气说什么，我们经常会因为没有向他们打招呼，妈妈和爸爸就会表达对我们的不满。

精神上的压力是如此的大，就像在我们的太阳穴两侧夹着一对夹子一样，我们总是害怕不知道下一步会发生什么？然后进入一个雷区。很多时候，这也变成了我和萍萍之间的不愉快，我们有时会吵架或不说话，大多数是没有理由的。当我试图和爸爸谈论这个问题的时候，他不会马上爆炸，但是妈妈会哭。爸爸拒绝同我们一起吃晚饭，整件事把我们逼疯了，为了我自己的情绪和我自己家庭的未来，我不得不做一些我从来没有想过要做的事情。我决定跟爸爸谈一谈，他可能想回台湾去，在那里他有很多朋友和学生。 妈妈和爸爸都已经六十岁了。呆在家里没有人陪伴，也许这是他们在这里不开心的原因。

"爸爸，我有话要跟你谈，请别误会我的意思。"我说。

"说吧。"他说。

"爸爸，我知道你和妈妈在这里不开心。你的朋友和学生都在台湾，在白天我们不可能和你在一起，也不可能像书中说的那样为你服务。你仍然精力充沛，让你一直留在家里是你不快乐的主要原因。你和妈妈最好先回台湾，等到你们年纪大了，不能再工作，到那时候我们再把你们接过来。"我说。

"如果我们回到台湾，我们就不会再回到这里了。你把我们连根一起都拔了出来，现在我们在台湾已经没有根了，但你却又要把我们踢出了家门。"他开始感到心烦了。"爸爸！我们不会把你们踢出家门，你们在台北还有那栋房子。我的存款账户里有 7000 美元，我会把所有的钱都给你，让你在台北重新装修房子。"我说。"我很抱歉让你这么不高兴，我希望我从来没有提出过这样的建议。"

"好，这是你造成的事端，我们将尽快返回台北。"他说。

他同意回台北，但是非常不高兴。不是因为他要离开我们回到台湾去，而是解释说是我们把他们踢出了我们的房子。1975 年 6 月，我们送妈妈和爸爸去了罗切斯特的机场。在登机前，爸爸转过头，对萍萍说："我要为这件事报复。"

我们不明白他真正的意思，我的感觉如此不好。回家后，我在卧室里独自大哭了一场，这是许多年来的第一次。后来我找到了几张爸爸写的纸，描述他是多么的失望和悲伤。他们要让我为所发生的一切感到内疚。我经常问自己："我们能做些什么才可以让爸爸更快乐呢？"。我从来没有找到答案。在这一切之后，我对妈妈和爸爸的爱没有改变。我经常回想起我年轻时所拥有的美好时光和美好事物。

但是，这对我的家庭来说是一种极大的改变，我们的生活逐渐恢复正常。

"爸爸在这里永远不会快乐，尽管我们做的一切都是他想要的，因为他无法摆脱对他母亲和母亲姐姐的仇恨。当他独自坐在椅子上时，他仍然毫无理由地思索着。"萍萍告诉我。她知道让他们离开，使我感到很内疚。

就在他们回到台北时，我给妈妈和爸爸写了一封信，进一步解释我们的意图。爸爸给我们写了几封愤怒的信，真的让我感觉很糟糕。有了额外的钱，他们在房子里装了一个电话，我经常可以给他们打电话，但只有妈妈才会跟我说话。1978 年之后，我每年都会去台湾拜访他们一次或两次，这样爸爸才逐渐转变过来，开始与我和平相处了。从他回台北后，出版了几本易经书，在易经研究和教学方面都取得了成功，而且非常活跃。

罗切斯特的学生部主任约翰·汉福锐博士想去台湾访问并参观一些大学，这些大学每年都有不少毕业生在 RIT 校区攻读研究生的学位课程。

"理查，如果你和我一起去台湾访问，你会怎么想？"汉福锐对我说。

"是啊！这是一个好主意，我想那是你的部门，你可以得到学校批准的旅行计划。我是很想去的。"我告诉他。

"如果我写这个建议，你把它交给布乐教务长去批，你看怎么样？"他问道。

"不！你应该去，因为这是你对你的学生事务的责任。"我说。

"理查，你知道我怕他。"他说

"为什么？我想他不会咬你的，最坏的结果是他不同意。"我说。

"认真的说，理查，你跟我一起去好吗？"他说。

"好吧！你写好这份建议，我和你一起去见布乐。"我同意。

毫无疑问，布乐批准了我们的建议，我们计划在 1978 年冬天访问台湾的大学，在这个亚热带岛屿上，这个时候的天气更理想。当我们到达台北时，有几个团体在机场迎接我们，妈妈和爸爸也在其中。我请了一个朋友帮汉福锐在一家酒店安顿下来，我同妈妈和爸爸一起回家，他们住的房子和我以前住的是一样的，但需要修理。我第一个晚上住在家里，而不是住在酒店里。爸爸有很多话要对我说，我真的努力使他高兴，妈妈很高兴见到我，但很少说话。我给了妈妈一些钱，让她吃得好些，不用担心钱的问题。

自从我十七年前离开台湾以来，台湾已经发生了巨大的转变。中央市区有同样的古老建筑，但是在过去的稻田里，多层高楼在各个方向拔地而起，以前我骑自行车上学的街道都改成了宽阔的高速公路，我所知道的所有地标都消失了。1961 年时很少有汽车和公共汽车，但现在街道上到处都是汽车、摩托车、卡车和公共汽车。在台北市郊的一些小村庄，现在已经是属于城市了。我和萍萍过去常去散步和爬山的山坡上，挤满了各式各样的新建筑。我过去喜欢台北干净的空气和蓝天，现在被汽车废气、发电厂以及各种工厂的烟雾污染了，回到台北，我很失望，发现一切都毁了。

然而，所谓的进步，从经济上来说，台湾是在创造奇迹。我在台湾的大学工作时，月薪是20美元。现在这个职位的月薪超过600美元。当然，食物的价格也相应上涨了，1961年，我从街头小贩手中买了一碗牛肉面，价格约为10美分，同样的面条现在卖到3美元。台北进步了，赶上了西方的生活标准，但却失去了它的清洁、宁静、纯真和自然美。 离开了十七年的之后，台北不再是我心中的那个城市了。汉福锐在台北十分快乐，在中午和晚上不同的学校都用各种各样的宴会来招待我和汉福锐。当我们在台北的时候，整整一个星期，每天晚饭后我都要回家看望妈妈和爸爸。爸爸对我很有耐心，当我在那里的时候，他并没有不高兴，我们讨论了参与政府为退休军官提供的住房补贴项目，我向妈妈和爸爸保证，我将为整个项目提供资金。这对我来说又是一次艰难的告别，我无法忍受他们变老而孤独的状况。

台湾师范大学从省级大学提升为国立大学，校园没有改变，但我的许多教授都已经退休或去世了。工业教育部门的负责人是来自威斯康星州斯托特大学我的学生。大多数教师都是我的学生。我不禁感到，年龄已经赶上了我这代人了。我在十九年前建立的实验室至今仍在运转，除了设备和建筑物一样随年久而陈旧了。

我和汉福锐往南方行走，参观了台中和高雄的大学。在官方的活动结束后，我带着汉福锐去看我过去在高雄住过的地方。再也没有武装士兵守卫在隧道了，我告诉出租车司机穿过隧道进入西子湾。变化是巨大的，自然美丽而宁静的风景区已经变成了一个繁忙的商业度假胜地，整个地区到处都是人，许多商业建筑和住宅房屋填满了山边和海滩，我们过去生活的大楼被几幢高层建筑所取代，如果这是进步，我宁愿它保持原始。

在高雄的时候，我有机会打电话给我的老朋友。在我知道之前，我的房间里满是我的老伙伴，曾把我介绍给萍萍的袁望圣是兵工署的一名将军。送报的男孩樊承杞是一家医院的院长。身材高大的篮球中锋吴新燕是一位成功的牙医。

"我们的老校长现在在哪里？"我问。

"他现在在家里。" 吴新燕说，"我上周还检查了他的假牙。"

"我们去看看他怎么样？"我建议。

"我们走吧。我们完全可以走过去，离这里不远。"袁望圣说。

我们去了老校长的家，拜访了前校长王先生。他已经80多岁了，但还能认出我和其他的几个同学。在我们介绍自己之后，我们每个人都告诉他我们现在做什么？

"王校长，你还记得我吗？"我不认为他真的会记得那么多的事情。

"我记得你，他笑了，你是那个差点被学校开除的人。因为你叫那个可怜的老师名字。"王校长笑着说.

"Ilasaii !"袁望圣说。

"哈！哈！哈！Ilasaii !"还有几个人想起了那位老师，都笑了起来。

当我们回忆起那位老师走路的滑稽样子时，我的老同学和我都笑了，我想也许我们对那个可怜的家伙太残忍了！

离开高雄后，汉福锐和我前往香港，访问了香港大学和中文大学。我们从香港飞回美国，整个行程是十六天时间。

第四十一章

新的挑战

到 1977 年秋，计算机科学技术学院的招生人数已经超过了 1200 名。这所学校已经成为全国最大的计算机科学技术学院之一。除了 1200 名专业学生，每年还有许多学生来参加课程。我们每年都需要从校园各处的其他学院"借用"空间，现在是时候要为计算机科学技术学院建造一座专门的建筑大楼了。我在 1973 年提出的建造一幢大楼的提议被批准并开始建设，我构建了设计概念、房间布局和详细的应用规划并将它们交给设计师。

这栋大楼花了一年左右的时间建成，在 1978 年秋天我们搬进了新大楼。对我们毕业生的需求量非常大，现在在计算机科学技术学院的毕业生非常容易找到好工作。我被邀请参加了许多计算机专业的研讨会，就新的多轨教学方式发表了论文并进行了讨论。我还在罗切斯特校园举办了几次计算机科学会议，交流如何加强计算机科学研究和专业教育的想法。作为计算机科学技术学院的主任，我很少参与日常的学术工作，但更多的是行政方面的麻烦。生活并不像以前那样富有挑战性，我们只是在等着周末去玩扑克。我很享受这一乐趣，但我知道，除了我为学校所做的一切之外，我还在浪费我的生命，我开始觉得有点不安了。

汤姆·华莱士博士曾经是罗切斯特科学学院的院长，1978 年，他去了弗吉尼亚州的欧道明大学，担任了科学和健康学院的院长。华莱士博士和我是在罗切斯特获得学术资源中的两大竞争对手。他目睹了我在过去几年里所取得的胜利。现在，他在欧道明担任最大学院院长的时候，就想起了在罗切斯特时我曾经和他的争斗并获胜的经历。1978 年的冬天，汤姆·华莱士博士带着斯坦·温斯坦博士和安·萨维奇博士，参观了位于罗切斯特的计算机科学技术学院。斯坦·温斯坦是应用数学系的主任，安·萨维奇是远程学习部的主任。我一整天都在接待他们，参观我们的设施，请我们的老师展示我们的各种项目。我一点都没有想到他们心里想的是什么？

在 1979 年 1 月华莱士博士访问后的一个星期，我接到了华莱士的电话，说他需要我帮助欧道明大学。

"你有时间在欧道明大学做顾问吗？"他问我。

"如果价格合适的话。"我开玩笑地说。

"我是认真的，我们需要你的建议，关于如何让我们的计算机科学计划继续进行下去。"他说。

"我没有教授任何课程的任务，因此任何时候都对我是可以的。"我说。

"下周一怎么样？我将为你做好一切必要的安排，让你飞到诺福克这里来。"他说。

"好吧！我会到那里见到你的。"

我想起了 1971 年，我从伊利诺伊大学毕业取得博士学位时的那次面试邀请。黄曾鲁告诉过我，诺福克是一个不适合居住的地方。但这次我只是做了一个简短的顾问工作，不会有任何伤害的。"老自治区"这个名字与老的多米尼加很接近，我错误地认为是一所天主教学校，但是真的无关紧要。

华莱士博士给我发了一封正式的邀请信，邀请我作为欧道明大学的顾问到诺福克来。1979 年 1 月，我第一次去诺福克，正是罗切斯特寒冷而悲惨分分的一天。但是，同一天，诺福克却是阳光明媚，异常温暖。当我从飞机上走下来时，看到当地人穿着短袖，而我却穿着一件厚重的外套，我认真地注意到这里的天气。在海港吃了一顿午餐之后，华莱士博士开始对我进行测试。

"你有没有想过要往南走？"华莱士博士问我。

"没有，我从来没有想到过这一点。"我说。

"那里的天气怎么样？"华莱士博士问。

"像往常一样的糟糕，当我离开那里的时候，下雪后很冷。"

"我想知道为什么人们会想要生活在这样一个冰雪覆盖的地方？"华莱士博士说。

"是啊！像我一样，对吗？"

"我想知道如果我们给你一个你无法拒绝的提议，你是否会考虑到诺福克的计算机科学系。"华莱士博士说。

我注意到这里的天气是多么好，而这所大学与罗切斯特不相上下。更好的是在欧道明大学提供许多博士专业。

"我没有考虑过这个问题，给我一个详细的书面提议，我会认真考虑的。"我告诉华莱士博士。

我回到罗切斯特的一个星期后，提议就来了。欧道明大学为我提供计算机科学杰出（明星）教授和科学与健康专业学院副院长的头衔，工资是罗切斯特的两倍多，我的职责是监督学院的研究生课程并将新的计算机科学项目发展成学院中的一个系，我和萍萍谈过这个提议。

"你刚刚在这里建立了这个项目，现在是你应该享受成功的时候了。"萍萍说。

萍萍说的是看到我的学生们取得成功是我的最好奖励。

"我在这里没有任何挑战，我有点无聊，在这里等我的只是等待退休。我觉得我还很年轻，可以再冒险一次。"我说。

"我们这里的朋友们呢？我敢肯定，我们会非常想念他们的。"萍萍说。

"我想了很多。另一方面是在这里浪费了过多的时间在扑克桌上，我不希望我们的生活局限于扑克聚会，等待退休。"我说。

"我也有同样的感觉，现在你说的更对，你觉得这个提议怎么样？"萍萍问道。

"嗯，杰出（明星）教授职位是一项很高的荣誉，在整个弗吉尼亚只有很少数教授拥有这样的头衔，这是计算机科学中的第一个。我对提议中的副院长不感兴趣，像我第一次来到罗切斯特的时候，我会深深地陷入繁忙的行政事务中，可是杰出（明星）教授的头衔让我兴奋。"我说。

"既然叔霆是中学的最后一学期了，明年秋天，叔霆将成为一名大一学生，我想我们应该留在这里，直到明年。"萍萍说。

"这是很有重要的，我可以通勤一年，这对我来说不成问题。"我说。

398

作为一名教师，工作中可以没有钱，交易中也可以没有权力，我唯一能希望的是在学术界得到更高的认可，杰出（明星）教授的头衔对我很有吸引力。往南走到欧道明大学工作的负面观点有几个，我必须从零开始，在学校和社区中建立自己的信誉。这部分对我没有太大的困扰，我真的很想去迎接挑战。总的来说，搬家比住在罗切斯特有更多的好处，所以我们决定搬家。我签署了这份工作合约，并开始准备我的新工作。我先要去看布乐教务长，告诉他我的决定。

"布乐博士，我相信我已经完成了你聘请我的任务。"我说。

"事实上，我认为你已经为我们做了一流的工作，但是请不要告诉我你要离开我们。"布乐教务长说，他的观察非常敏锐。

"你所担心的，就是我来见你的原因，感谢你的一切以及这些年来的对我的支持，是时候让我继续前进了。"我鼓起足够的勇气之后，我说。

"你要去哪里？我们能做些什么来改变你的想法？"布乐教务长问我。

"我很感激你的好意，但我想继续前进，接受新的挑战，欧道明大学提供博士学位，我想在那里建立一个博士项目。正如你所知，RIT董事会绝不会允许有任何的博士项目。"我说。

布乐教务长知道了我的想法。"理查，我很抱歉看到你的离开，但是如果你有什么理由要改变主意，请过来看我。我们真的是很想把你留住。"他说。

我再次对他表示了感谢，当我离开他的办公室时，我感到非常的难过。因为我知道，布乐教务长从来没有试图说服任何人在他们要求离开后留下来。

由布乐教务长主持的一场大范围的告别聚会之后，我立即回家，把几件衣服装进车里，独自开车去了诺福克。那时，我开了一辆新的柴油汽车，1974年的梅赛德斯-奔驰240D，我买的还是二手的，这辆汽车有调频收音机，但没有磁带装置。这是一段很长的路，穿过乡村公路和一些高速公路，通常情况下，开车需要十二个小时。我在周五下班后大约3点左右，离开诺福克，第二天一早就到家。我从中午开始参加星期六和星期天的扑克聚会，在星期天玩扑克，下午5点左右离开家。这段漫长的开车旅行和每个周末的休息都没有让我感到困扰。我用预设的按钮听收音机，第一个城市消失后，我就按到下一个城市。这使得长途驾驶变得更加可忍受。然而，在我的家人南下之前的十一个月里，发生了几起小事故，至少在路上发生了一件可怕的事情。

我第三次去诺福克的时候，那是一个阳光明媚的秋日，我大约在下午5点左右离开了罗切斯特。15号公路上的交通并不拥挤，I-81高速公路也是如此。这一切都是平安无事的，到了17号公路的尽头。我开着我的蓝色奔驰柴油车，戴着护林员的帽子。这顶帽子是用来在下午挡住阳光的，但我只是把它放在我的头上。大约第二天清晨4点钟的时候，我想我要转到I-64号高速公路时，却开进了一个我以前不记得的地方。我一直朝同一个方向走，我觉得我太累了，竟然认不出地标来了。

突然，我发现自己在一个军事地区内，我慢了下来，等待被检查出来，但武装警卫向我敬礼，挥手让我过去，我对这发生的事情感到困惑。当我驱车行驶在黑暗的道路上时，我看到了道路两旁的坦克和导弹，我就知道我驾驶到了一个错误的地方。这条路太窄了，我不能掉头往回走，所以我就一路倒车，一直朝大门倒去。在我意识到这一点之前，有四名武装士兵聚集在我的面前，其中一士兵用手电筒照在我的脸上。

"你是怎么通过大门的？"他问道。

"士兵们向我敬礼，挥手让我进去，我想去的是诺福克。"我说。

"他的车看起来像将军的车，他的护林员帽也像将军一样。我想，他们肯定都把他当成将军了。"一名带着许多条纹的中士对站在我车旁的几名士兵说。

　　"你是个幸运的人，如果我们在前面的路上抓到你，你可能要被关到监狱里了。"士官说。

　　"现在你需要把车退回到大门口，然后在高速公路上掉头。你只要沿着公路走到第一个红绿灯，然后左转，这会让你到达I-64号公路。"这位士兵对我说.

　　"我离I-64有多远？"

　　"大概有8公里，"士官说。

　　我在早上清晨时转弯太早了，我真的很累。幸亏这场意外，让我完全清醒了。

　　十月的一个晴朗的周日晚上，大约在下午7点左右，我在华盛顿特区南部的301公路上停在路边的快餐店。晚饭后，大约7点半我回到停车场，发现电池电量太低了，启动马达旋转缓慢，汽车无法启动。餐厅里的人使用跨接电缆帮助我把汽车启动起来。

　　我没有考虑电池电量为什么会这么低，于是回到301公路，后来又连接到朝向诺福克东南的17号公路。1979年时17号公路还是一条狭窄的双向公路，周日晚上很少有汽车在这条路上行驶。开了30分钟的车后，我发现我的仪表盘指示灯变暗了，我知道，我遇到了大麻烦了，电池几乎没电了，我失去了汽车前面的大灯光。由于柴油发动机不需要电力来维持发动机运转，只要油箱里有燃料，发动机就可以无限期地运转而不需要使用任何电池。因此我知道在油箱里的柴油被用光之前，我不会有任何问题。问题是，在那个漆黑的夜晚，没有汽车前面的大灯光我就看不到车头前面的道路。

　　所有的路边加油站在周日晚上都关闭了，找不到任何充电或者更换电池的地方，那是一个夜晚，天空晴朗，新月升起，在微弱的月光下，我几乎看不到马路上的白色油漆线来引导我的驾驶，当道路的某些路段被路边的树木覆盖时，也挡住了月光，所以我不得不在黑暗中慢慢地开车。301公路和17号公路的大多路段都是树木成行的，有一半多的时间我看不见这条路。在有一些能见度的时候，我的时速可以达到了每小时120公里，当我跑进这些漆黑的树影时，能见度很低，只得放慢速度行驶。

　　在那一刻，我真希望有一个警察能抓住我，能带我去一个地方，使我摆脱目前的处境。但是在整个321公里的驾驶过程中，没有一个警察出现，那天晚上路上的汽车很少，我想警察没有必要在这条路上巡逻。

　　在17号公路上，一辆快速行驶的汽车从我身边经过，我踩下油门踏板，然后跟在这辆汽车的后面，用它的尾灯作为我的指路灯。突然，那辆汽车放慢了速度，把车开到我的车后面，然后关掉了它的前灯，汽车跟着我走了几秒钟，然后就开走了。我在想，是我吓到了他，还是他只是想告诉我，我的前灯没亮。

　　最后，在我到达纽波特纽斯之前，似乎永远都是漫长的路程，以后的道路灯火通明，我想真正的问题已经结束了。20分钟后，我完成了驾驶15小时的车程，终于到达了我的目的地诺福克。现在回想起来，那天晚上我真的很幸运地没有发生任何意外。当我下周再回罗切斯特的时候，这确实是一段伤脑筋的经历，也是一个很好的故事可以告诉我的扑克朋友。这辆车有同样的发电机问题，有一根电线断了，就像在1963年，我和迈克·提百次在他的雪佛兰车一样，当时我们差一点在威斯康星州被冻死了。

　　1979年6月，我在欧道明大学开始了全职工作，我从事制订计算机科学项目从学士学位到博士学位的五年计划。处于发展阶段的课程、师资、教室、设备和预算都是需要经过精心策划的。整个开发计划在两个月的时间内完成并提交校方批准。我发现自己又回到了 1973 年夏天的时期，每天工作 14 个小时，但我非常喜欢这项工作和挑战。特别是当我向欧道明大学里的几个层次的管理人员展示介绍这些想法的时候，我对他们的问题表示欢迎，我用我的答案说服他们时，我感到非常满意。

在欧道明大学的头三个月里，我在改作为办公室的一间大教室内工作。我和我的秘书凯西·跃菲尔在同一个大教室里工作，有些简单的桌子和工作台。一堵临时墙把大教室分成两部分。那是计算机科学系简陋的开始。凯西是一个非常有效率的打字员和办公室主任，这使我的计划和建议都能够及时快速地送出办公室。在我提交报告的三个月后，学校决定把教室改建成正式的办公室。工人们把大教室分成几间，按照我的选择更换了旧家具。用过好几年的窗帘已经褪色了，所以我也要求把它们更换。负责人做了测量，给了我一个样品，我不喜欢这个样品。我知道的下一件事是行政副总裁艾伦·克拉克博士来到我的办公室。

"郑博士，我们已经弯下腰来给你买了新窗帘，但是你想要那种昂贵的窗帘，我认为校长不会批准这一请求。"他还告诉我，没有任何谈判的余地。

"克拉克博士，请告诉校长，如果他想让我建立一流的计算机科学部门，他就需要给我提供一流的窗帘。"我告诉他。

他去找汤姆·华莱士博士，抱怨我选择的窗帘。

"我不知道你在哪里找到这个火爆的家伙，我想我不会同意他在窗帘上的要求。"克拉克博士说。

"你知道，我们花了很多钱才把他弄来的，你是想为了窗帘上省的那几块钱来让他心烦意乱?"华莱士博士对克拉克很失望。

我指定的窗帘在一个星期内安装好，我知道克拉克仍然对那些他认为是要求过度的人不满意。对许多学术界人士来说，他只是一个没有远见的高级职员。

我的正常工作时间从早上 8 点到晚上 10 点。我离开校园的唯一时间就是回到旅馆或者在附近的餐馆吃饭。下午 5 点钟以后，大家都离开了大楼，我独自一人在办公室里工作到 10 点。

为了节省时间，我加热了一些罐头食品和热狗作为晚餐，我这样做就是为了每天至少可以节省半个小时的时间。除了睡觉外，我的临时办公室成了我的主要生活区，我的支票簿和许多私人物品都放在我的书桌和书柜抽屉里。

一天，校园警察来到我的办公室。

"郑博士，你丢失了什么东西吗?"警官问。

"没有，我不这么认为，你为什么要问我这个问题 ?"我说。

"有人试图用你的支票去兑现一大笔钱。"这名警官说。

"你说有人试图用我的支票兑现吗 ?"我问，我被搞糊涂了。

"是的。"警官说。

我打开我的书桌抽屉，拿出我的支票簿，检查了一下，果然我发现有两张支票从支票簿上被撕了下来了，两张存根也不见了。

"我失去了一零六号和一零七号的两张支票。"我说。

警官在记事本上写下了这些数字，并提交了一份报告。三天之内，警官给我打了电话，告诉我这个人被逮捕了，我的账户上不会有任何损失。

从那天起就知道办公室对每个人都是一本打开的书。我把我的个人物品全部搬回到我的旅馆房间。

第四十二章

襄助沙特

　　1980 年春天，我收到了来自沙特阿拉伯内政部国家信息中心局长阿卜杜勒阿齐·萨格博士的信。1978 年，萨格在美国德州农工大学获得了计算机科学的博士学位后曾经到 RIT 访问过我。来信中他问我是否对沙特内政部的一份顾问工作感兴趣，沙特国家信息中心是内政部的一个分支机构。我对中东国家的神话非常好奇，总想了解更多的阿拉伯传统文化和现代信息，所以我对这个问题的回答是肯定的。不到一个月，就收到了一份正式的顾问协议，任命我为沙特阿拉伯内政部的高级顾问，直接向副部长汇报，我签署了这份协议并交回沙特阿拉伯内政部。

　　聘请我担任咨询工作的主要目的是评估和监控耗资 3.6 亿美元旨在为沙特阿拉伯内政部建立计算机中心和计算机网络的项目。该中心将成为重要的沙特国家信息中枢，以维护国家数据的安全以及其他的重要功能。萨格博士负责这个项目，是两年前他的前任与一家美国承包商签订的合同，但合同中有很多漏洞，在合同的执行过程中，双方都存在有重大问题。

1982 年我和我的沙特朋友

　　开始时，聘请了三位顾问来帮助萨格博士解决这些问题并监控这个至关重要项目的完成。在三位顾问中，迪克·西蒙斯博士是德州农工大学的教授，约汉·克鲁格博士来自亚利桑那大学，他们都是萨格博士的老朋友。几年前萨格博士还只是一名研究生，在研究工作中西蒙斯博士指导过他。

顾问协议签署一周后，萨格博士就打电话到我的办公室。

"嗨！郑博士，你好吗？这是阿卜杜勒阿齐·萨格，我在华盛顿打电话给你。"

"早上好！萨格博士，我很好，你好吗？"我问。

"你能来华盛顿同我以及我们团队的其他两位顾问见面吗？"他问道。

"当然可以，你想让我什么时候来？"

"今晚和我们一起吃饭怎么样？"

"好吧！你们住在哪里？"

"我们都住在位于华盛顿罗式琳的万豪酒店，你知道那是什么地方吗？"

"我当然知道，今天晚上我会来看你们的。"我说。

当天晚上，三位顾问都在华盛顿同来自沙特的萨格博士团队会面。并且参加了萨格博士的宴会。

"我们要在这里待多久？"在晚餐时我问萨格博士。

"我希望我们能在一周内完成审计工作。"萨格博士说。

我几乎惊呆了，因为我只带了住一晚的衣服。好吧，我得让萍萍通过 UPS 给我送更多的衣服来。

每位顾问分工负责合同中各个具体项目的审计，我负责硬件部分的审计工作，包括计算机主机和外围设备的测试及验收、通信网络的设备成本，另外两位顾问负责审计软件和管理部分。

在华盛顿的第一晚，晚餐后萨格博士和我们三位顾问去餐馆喝了几杯啤酒，萨格博士变得非常放松，我们开始讲笑话。我觉得值得注意的是萨格博士关于顾问的一个笑话。

"我想讲一个关于顾问的笑话，因为你们都是我和沙特政府内政部的顾问。"

"好吧，让我们听听。"迪克说。

"在南方的某个地方有一个大农场，围在附近农场的栅栏中。在一个春天的早晨，农场里一头漂亮的小母牛通过栅栏遇到了在邻居农场里的一头年轻公牛."

"你很漂亮。"公牛对母牛说。

"你很强壮了，太帅了。"母牛说。

他们在栅栏的缝隙里互相亲吻。

"你为什么不过来？"母牛说。

"我该怎么过来呢？"公牛说。

"你可以跳过，我真的认为你能够做到。"母牛说。

公牛知道母牛在发情，也无法控制地爱上这头母牛。

"好吧！我现在就过来。"公牛说。

公牛从篱笆栅栏向后退了 6 米，然后再冲到围栏上并利用冲力跳了起来。公牛的起步距离有点短，公牛的前腿越过了顶端，身体却挂在栅栏的顶上。

"你已经是非常接近了，你只需要再向后多退一些，就会成功的。"母牛说。

公牛从篱笆栅栏上下来，从篱笆向后退了 10 米。此时，公牛非常激动，非常急切地想要跳过去。公牛扬起一阵尘土，以极高的速度冲向栅栏。公牛的前后两腿都飞越了栅栏，但是当公牛越过栅栏着陆时，听到了响亮的啪啪声。那头公牛痛苦地叫了起来，清楚地知道发生了什么事，它在流血，非常痛苦，最重要的是公牛非常沮丧，母牛走过来安慰公牛。

"别伤心，虽然你已经失去了你的工具，但你仍然可以是我的顾问。"母牛说。

"我希望你们不会失去你们的工具。哈！哈！"

"我希望你将来不会成为一名顾问！"迪克·西蒙斯说。我们都笑了。

萨格博士担任局长以前，信息系统的采购已经完成。签署该合同时，沙特阿拉伯的经济正在蓬勃发展，在购买高科技产品方面，金钱不是一个问题。为了简化成本核算，双方同意达成一项协议，即CIF价格设定在已公布清单价格的百分之二百五十。换句话说，在美国以100美元的价格出售的任何设备，将向沙特收取250美元的费用，对美国承包商来说，这是一笔非常划算的交易。

我把一叠30厘米厚的文件拿回到我的酒店房间，然后把它读完。由于近来参与过罗切斯特大学和欧道明大学计算机实验室以及计算机中心的建立，我对计算机硬件的价格非常熟悉。很快就发现在发票上有几处严重的价格错误和质疑，有几件物品的标价超过了目前市场标价的十倍。我打电话给这些制造商的代表来核实当前的价格，我是对的，沙特在很大程度上受到了过度的收费。那天下午，在与美国承包商项目经理的一次会议上，我提出了有关这些价格错误的问题。

"萨格博士，你是想让我认真的看这些文件，还是只是一种形式？"我问。

"我想看看他们是否真正的遵守了采购合同，我听说过一些收费有问题，收益非常高，我将支持你的判断。"萨格博士告诉我。

会议的第一天，我们坐在大会议室内一张长桌的二边，沙特内政部方面的代表和顾问坐在长桌的一边，承包商则坐在对面。萨格博士做了简短的介绍后，我们开始了解承包商的一些基本情况。下午，沙特的工作人员问了几个问题，然后轮到我提问了。

"我发现有些产品的价格比规定价格高得很多，是不是不可能会有一些错误？你能否邀请负责成本核算的工作人员来核实价格？"我对承包商代表说。

"我相信我们的采购标准和会计人员，我不认为在成本上有任何错误。"承包商的项目经理否认了这一说法。

他对我很粗鲁，很不高兴有人对成本核算提出了质疑。在过去，沙特内政部方面从未对这些承包商提出过任何价格方面的质疑。我当时就知道，这不是一个简单的文书错误。

"再看一下设备架，每台售价约1,500美元，卖给沙特内政部的价格应该是每台3,750美元。但是你可以看到这里的收费是每台14,500美元，我指出了具体的细节。

"我们只卖最好的东西给沙特内政部，我觉得你在拿苹果和橘子在做比较。"经理说，他的脸变红了。

"好吧！让我们找出你们采购并卖给沙特内政部的设备架的品牌。请您的人员给我们看一下设备架的价目表，我不是问你付出的价格，只是价目表。"我说。

他当时真的很生气，他站起来，走出门去并使劲把门砰地一下关上。

萨格博士和其他出席会议的沙特内政部代表对承包商代表的行为感到非常不满。萨格博士打电话给承包商的总裁。

"如果你们公司的代表不和我们合作，我们就不付账了。你可以向部长抗议，但我是这个项目的负责人。"萨格说。

我们都离开了会议室，回到酒店。我以为他们确实试图给内政部长打电话，但他们没有得到想要的支持。一天后，承包商的项目经理又回来了，就像一个完全不同的人，非常有礼貌、谦逊、合作。他们制作了我要求的所有文件，并重新计算了账单。只包括我检查过的那部分，估价金额就减少了几百万美元。我们在六天内完成了工作。位于华盛顿的沙特阿拉伯代表团队欢欣鼓舞，萨格博士为我们所有在这个项目工作的人员举办了一场盛大的宴会。我们说再见，然后就各自回家去了。

一个月后，我被邀请到沙特阿拉伯的利雅得访问，并与部长会面。我的顾问任命期延长到三年，任期满后还可以再延长，我与沙特政府的咨询顾问合同一共持续了十五年之久。

在我去沙特阿拉伯之前，对那里的土地和那里的人们都很好奇。我听说他们非常富有，我曾在那里遇到过一些政府官员，但我对他们的风俗和生活状况知之甚少。我请教我的朋友，1974 年罗切斯特大学的电脑中心主任，迪克·巴格比，他曾经住在沙特工作过一年。

"迪克，你能告诉我有关沙特阿拉伯的情况吗？"我在午餐时间问他。

迪克抓起一张纸，在纸上画了一个长方形。他说，

"这是利雅得。"然后他把纸翻过来，上面什么也没写，接着说："这是沙暴后的利雅得。"

我知道他在和我开玩笑，但他也已经表达对这个地方的印象。

但是，当我到达利雅得的时候，我惊喜地发现，这里有高楼大厦、宽阔街道和绿树成荫的人行道，还有几座花园。

从 1981 年开始，我每年至少去利雅得一次，一直到 50 多岁，我总是在一月下旬去，在二月底之前离开。这段时间沙特的天气很凉爽，晚上温度下降为摄氏 12 度左右，在白天，1 月和 2 月的平均最高温低于摄氏 26 度左右。我对沙特阿拉伯的第一印象是与我以前去过的任何地方都有很大的不同。空气太干燥了！呆在那里的头几天，我就脱水了，一直感到口渴，嘴唇开始有点裂开。我去的每一个地方，包括大办公楼的窗户都是严密封闭的，但是还都有一层非常细的沙尘覆盖着一切，城市里的绿树和小花园的表面也都覆盖着一层细粉尘。

大部分的城市建筑都是成排成片的，在现代建筑的中央，还留有闲置的土地和沙丘。所有的住宅都被高墙围起来，墙高达 2.4 米。一些高墙上还嵌有破碎的玻璃片以防止小偷爬进去。私人住宅建得很好，石头和大理石是最常用的材料，这样在夏天可以让房子凉快一些。我参观过的那几处家庭住房都装饰得很漂亮，也很豪华。家具和装饰用品方面，金色是最受欢迎的，大理石的地板，大理石的墙壁，巨大的和小型的水晶吊灯，我觉得自己生活在一千零一夜的世界里。

沙特人民非常热情友好、礼貌，我每次去阿拉伯都受到很好的款待。有一种传统的阿拉伯绿茶，用 2.5 厘米深，直径 2.5 厘米的小圆杯子盛着喝，阿拉伯绿茶有一种特殊的味道，过了一段时间我才习惯这种味道。另一种茶是红茶，尝起来就像普通的立顿红茶，但总是要放糖，就像喝糖水一样，有位服务人员站在旁边，一杯茶喝完，就会马上添满。

沙特内政部要求所有的政府顾问在搭乘飞机时都要坐头等舱，这对我不太习惯，我从来没有过这样的要求。为什么沙特政府要付出更高的飞行成本要求我们一定要坐头等舱？直到我有一次坐经济舱的体验后才知道其原因。第一次去沙特阿拉伯，飞机深夜到达利雅得，我的行李还没有到，有人告诉我，行李将在一天后送到旅馆。一名政府官员哈钦姆在门口迎接我。他带我去了利雅得市中心的万豪酒店。正在我准备快一点洗个淋浴的时候，哈钦姆打电话给我。

"我们将搭乘早上 6 点的飞机前往东海岸，参观石油矿业大学。"他告诉我。

"哦，不，哈钦姆！你在和我开玩笑吧？现在是早晨 1 点 30 分。我需要睡觉。"我说。

"我不是在开玩笑，9 点钟你要参加公司总裁以及几个部门主任的会议。"

"我的行李还没到，我身上只有休闲服，能否可以把会议时间延后一些，怎么样？"我请求。

"恐怕这是不可能的，萨格局长在几周前就安排了这次会议。"哈钦姆对我说："我们不可能在短时间内很快地把这群人召集在一起。"

我别无选择，只能在离开前休息几个小时，当哈钦姆敲我的房门时，我似乎只打了几分钟的瞌睡。我很快就准备好了，跟着哈钦姆上了一辆等候在酒店门口的汽车，快速开到机场。我们进入飞机后，哈钦姆向后面走去，而我被安排坐在前面的头等舱座位。我觉得很不好意思，因为哈钦姆也是一位相当高级别的政府官员。

"让我们坐在一起。"我对哈钦姆说。

"你去坐头等舱吧，我只能坐经济舱。"他告诉我。

我坚持要去坐经济舱，幸运的是，哈钦姆旁边的座位是空着的，我们坐下来聊了聊新的信息中心。当我感到累的时候，我把座位向后推倒一些来休息。就在座位固定住的时候，我突然感觉到从后面有很强的力量在踢我，一个年轻的小伙子生气地说了一些我听不懂的阿拉伯语，我很快就把座位弄直了。

"这就是为什么我们的政府要求你们坐在头等舱的原因，我们有许多没有受过教育的外国人在这里工作，他们很粗鲁。"哈钦姆对我说。

这是我在中东和沙特阿拉伯内部旅行时最后一次坐经济舱。

1982年在萨格博士的要求下，我向沙特政府提出了建立一个计算机科学工程学院的提议。该提议包括组织、管理、计划、标准、课程、教师资格、实验室和实验室设备。我们在两个月内得到了沙特政府的批准，我被邀请在利雅得的沙特国王大学工程学院协助项目的实施。这个新项目提供计算机科学和计算机工程本科和硕士学位的课程。此外，该校还设立了一项针对女性的本科生信息系统的项目，该项目位于利雅得市中心的沙特国王大学的老校区，这所1983年竣工的大学在利雅得郊区拥有一座巨大的、崭新的美丽校园。

在沙特阿拉伯，所有沙特男子都享受从幼儿园到大学的免费教育，此外，还为进入大学的年轻人提供一份津贴。因为沙特的经济状况很好，大多数沙特人都非常富有，因此，对于沙特年轻人来说，工作和上学谋生并不是优先考虑的事情，沙特妇女在任何场合都不应该工作。因为当时沙特只有几所大学，沙特国王大学的学生人数非常多，约为15,000人左右。这个新项目在利雅得取得了巨大的成功，入学人数迅速增长，学生的毕业比例达到百分之一百，许多计算机科学与工程专业学生毕业后，到美国去完成他们的硕士或博士学位。

位于城市中的新信息中心办公室是一座六层楼的现代建筑，占地达到一个街区大小并配备有地下停车场。我分配到的一间办公室在六楼，旁边是局长办公室，这些办公室都配备了从美国或者其他国家进口的高档办公家具，非常漂亮。我住的那家旅馆离我的办公室距离很近，但他们还是提供了一位司机负责接送我上下班。从顶楼向下看，我可以看到像森林一样的建筑起重机围绕在周围。在那些高大的办公大楼之间，可以看到还保留有几处沙丘的城市特色景观。除此之外，这座沙特城市和西方世界的其他城市完全一样。

有一天，我被邀请到塔劳父母家里去吃晚餐，那是一座宏伟的牧场式建筑，四周环绕着二米四高的石墙，地板和内墙是用进口的意大利大理石做的。相互介绍后，塔劳的父亲问我："你想喝什么？"

"威士忌就可以。"我听说过阿拉伯人在家里禁止喝酒，我开玩笑地说。

塔劳的爸爸拍了拍他的手，男仆走进了房间，老人对他说了一些阿拉伯语。

几秒钟后，仆人推着一辆金色的小车进了房间。在小车顶上有各种各样的酒，看起来很漂亮。通常我一天最多只喝一罐啤酒。面对我所要求烈酒的挑战，唯一的办法是和塔劳交谈，请他指示仆人给我少倒一点威士忌。

　　晚餐前，塔劳，塔劳的父亲和几个男亲戚同我在客厅里聊天。我能从厨房听到妇女和孩子们的声音，她们从来不在客人面前露出她们的脸部。晚餐时，我们同其他的男性家庭成员围成一圈，坐在一张大地毯上，食物都放在地毯的中央。在许多菜肴的中心位置是整只烤羊，塔劳的父亲拉出了羊舌头给我，以表达对我作为主要来宾的尊重。

　　"你想要舌头吗？"他的父亲用阿拉伯语说，塔劳翻译。

　　我看到有血滴下来的时候，我恳求塔劳原谅我不能接受的原因。

　　"谢谢你！塔劳，请告诉你的爸爸，我不吃羊舌头。"我恳求道。

　　塔劳对他的父亲说了一下，他的父亲用一个大勺把羊眼睛挖出来给了我。

　　这时，我用手从烤羊的肩膀上抓了一大块肉。

　　"我真的很喜欢吃肩膀肉，"我说。

　　塔劳把我说的话翻译给他的父亲听，老人一点也不生气。我试过羊肩肉，这是我一生中吃过的最好的羊肉，很美味，很嫩，没有任何羊腥味道。问题是那天晚上我吃了太多的好东西，胃不舒服了一、两天。

　　在沙特阿拉伯，同世界上其他地方的民族一样，每个地区都有自己的地方特色。我发现所有的沙特人都是虔诚的穆斯林教徒。每天早上6点钟的时候，朗诵者都会开始大声地念古兰经，人们都跪在地毯上向麦加方向祈祷。对路上的人来说，他们必须用便携的小地毯跪下来祈祷。每天人们都必须要祈祷五次，不管是在房子里，在路上，还是在飞机上。当然，最理想的祈祷场所是在一座清真寺里。

　　在沙特阿拉伯，道德标准非常高，而且得到了严格的强化。每个沙特妇女都必须戴上面纱遮住自己的脸。否则，宗教警察就会寻找到违反者的丈夫并惩罚他。我曾经看到一个女人坐在商场里的长椅上，一个穿着便衣的宗教警察在鞭打那个女人的腿部，因为当她在盘腿坐时露出了袜子上方二厘米左右的肉。我在沙特阿拉伯的时候，犯罪率很低，街上的商店通常是不需要锁门的。

　　我从当地的朋友那里听说，一位心不在焉的德国外交官去一家商店，随手里拿了一支牙膏，没有付钱就从商店里走出来，他被抓住并被送往法院。审判和判决非常快，这是一种有罪的判决，对偷窃的惩罚是将手剁掉，德国大使馆的官员去了法庭，并试图行使外交豁免权，但是法院驳回了这一请求。

　　"让我们先他带回德国，再把他的手砍下来怎么样？"大使馆官员问道。

　　"不可以。"回答是否定的。

　　"我们可以让救护车准备好，在把他的手剁下来后，马上就把他和他的手一起送到医院去，这样可以吗？"大使馆的官员一直在努力。

　　"我们必须把那只砍下的手挂在广场上三天，然后你才能过来把它拿走。"法院对大使馆官员说。

　　在沙特阿拉伯，这种严厉的惩罚并不经常发生过，因为潜在的小偷害怕这种严重的后果。在沙特阿拉伯，抢劫和行凶也非常罕见。在利雅得的夜晚，我独自一人在城市里散步，感到非常的安全。

　　穆罕默德是一名负责护送我到这个国家的情报中心的官员。在沙特阿拉伯，星期四是不工作的，非常像美国的星期天。另一方面，星期天是沙特阿拉伯的工作日。在一个周四，穆罕默德开车送我去了利雅得的乡村，我看到了罗尔斯·罗伊斯和梅赛德斯-奔驰车就停在泥土堡的前面，或者更准确地说是泥穴前面，因为泥土堡是部分在地下的。

"为什么这里的富人更喜欢那些泥坑？"我很好奇地问。

"我们的大多数人都喜欢在泥坑里的自然凉爽。不喜欢空调里出来的冷空气。"穆罕默德告诉我。

"这些人是怎么变得富有的？"我在这部分没有看到任何油田，我问他。

"嗯，石油属于国王和他的家人，大多数普通人通过出售他们的父亲或祖父在经济繁荣之前所拥有的土地致富，他们不工作，大部分都没受过教育。他们所做的只是土地交易或者对土地和建筑物进行投资。"穆罕默德解释说。

他带我去了一片广阔的棕榈林，它看起来就像一个废弃的公园，有大理石长凳和炉子供烧烤。那时，树上的枣子已经可以采摘了，但是没有人愿意去收获。

许多枣子掉落在地上，我拿起几个，试了一下，这是我吃过的最好吃的枣子。

一只胖胖的小狗跟着我们走。

"这是一只被遗弃的小狗。"穆罕默德告诉我。

"遗弃的小狗吃什么来维持它的生命？"我问。

"至少在这段时间里，他能依靠吃枣子存活。"穆罕默德指着散落在森林地面上的那些枣子说。

我想，对被遗弃的小狗来说，这还不错。

萨格博士是一个有远见的人，他看到沙特阿拉伯完全依赖石油输出而各种各样的高科技产品都是要进口的。再说，沙特年轻人不愿在技术人员和工程师的工作中弄脏自己的双手，他们都只想成为老板和经理。1984 年，国家信息中心有 500 多名公务员。萨格博士来到弗吉尼亚海滩市与我交谈，关于在弗吉尼亚为沙特内政部的工程师们建立了一个培训机构，其目的是培训工程师如何设计制作阿拉伯语计算机，然后建立一个工厂从零开始为沙特生产阿拉伯语计算机。

"理查，请你起草一份计划，训练我们的工程师设计并制造生产使用阿拉伯语的计算机和一些外围设备，我希望先在弗吉尼亚海滩市建立一个生产工厂并培训他们，然后再把整个工厂设备运送回利雅得。你认为这是可以做得到的吗？"

"肯定可以，我将为你们写一份草案给你看，然后我们可以一起讨论，你想做的任何改变都是可以的。"我说。

萨格博士同意了，并回到了利雅得。

我花了大约两个星期的时间，在学校下班后的晚上和整个周末起草了一份培训沙特工程师和生产制造阿拉伯文计算机硬件设施的建议。我把这个建议送到了利雅得的萨格博士那里，让他提交内政部批准。那是在 1983 年 11 月。不到两个月，萨格博士就打电话给我.

"理查，我有个好消息要告诉你，内政部已全面批准了这一建议。请你到这里来，让我们一起工作，讨论细节问题。好吗？"

"你希望我什么时候来？"我问。

"请尽快过来。"

"这学期我没有任何教学课程，我可以马上就来。你要我带什么东西到利雅得？需要参考书吗？"

"如果你能找到一些设备目录以让我们的工作人员先了解这些设备那就很好了。但是如果要花很长时间去找，你还是先到这里，然后把目录寄过来。"

同一天我就预定了航班，一天后就离开了美国。最初的计划是在利雅得待两周，同该项目的部长和关键官员会面。当我凌晨抵达利雅得机场时，几位内政部官员就在机场门口等我,他们带着我通过外交官员的通道,航空安全部门或海关官员也没有提出任何问题,然后他们开车送我去酒店并告诉我准备在30分钟内与沙特内政部的阿亘奇副部长见面。

"这次见面是几天前预约的,如果我们迟到了我就不知道我们什么时候能再和他见面?你知道阿亘奇是内政部最忙的人。"萨格博士对我说:"他是内政部对所有日常工作作出决策的官员而不是部长。"

"我会在5分钟内到大厅里去。"我保证。

乘汽车到内政部只有10分钟的路程。在接待区有50多人正在等着。 有些人站在那里、有些人坐在沙发上、许多人只是坐在地板上,因为那里凉快。我们不需要等待就径直走到二楼的行政办公室。在阿亘奇部长办公室外,有一个很大的装饰豪华富丽的等候室,我们坐在大沙发上等待时,部长秘书出来用阿拉伯语对我的陪同讲了几句话。

我独自一人被带进了阿亘奇部长的内部办公室,他从椅子上起来并向我走来。

"嗨,郑博士,我听说过很多关于你的好话,我很高兴能够亲自见到你。"他的英语说得很流利。

"阿亘奇博士,我也很荣幸见到你。"我一边跟他握手一边说。

"我知道你来自弗吉尼亚,几年前我从弗吉尼亚大学获得了我的学位。"他说。"我非常喜欢弗吉尼亚。"

"我希望你在不久后能够再次访问弗吉尼亚。"我说。

"我会的,萨格博士向我介绍了你提出的项目,我相信这对我们的人民是有好处的,我要去见部长,请他批准这个项目,部长会为这个项目祝福。"

"非常感谢你的支持,在外面还有很多人等着你,请原谅。"我说。

"在这里,你是最受欢迎的,如果有什么需要我帮忙的,请告诉我。"他说。

我和内政部的一组官员,其中只有一些是工程师,大部分是管理人员,一起工作了大约6个小时。我们讨论了关于如何利用研讨会和实践实习的一些建设性的建议。我们决定,如果这个计划得到批准, 先选派一组30名工程师到弗吉尼亚海滩市工作六个月,然后再派下一个小组去。

我到利雅得的第五天,接到了萨格博士的电话。

"理查,你能在10分钟内准备好到我这里来吗?沙特王子耐夫部长要见你。"

"我会在酒店大堂等你。"我告诉他。

我在大厅外面等着萨格博士。几分钟后,他那辆黑色的大型豪华轿车就停在酒店的车道上。

"你今天为什么要坐大型豪华轿车?"我一边坐上黑色的座位,一边问。

"王子被那些想要见他的人淹没了,没有豪华轿车我们就不可能在大楼附近找到一个停车位。"萨格博士回答说。

我想起上次和另一位官员一起去看副部长时,我都被太阳烤熟了。这一次,我们就从大楼的正门走进去了。作为内政部的一名高级官员,萨格博士带领我直接进入了王子耐夫的办公室。王子的接待区也是非常大,至少有30张沙发供人们等着见王子,当我们进去时房间几乎是满的。接待员用阿拉伯语同萨格博士交谈,并指出我们应该坐在那里,我们就坐在沙发上耐心等待沙特王子耐夫部长的接见。

五分钟后,部长办公室的执行秘书从内部办公室出来与萨格博士交谈。我们跟着他进了部长的办公室。耐夫王子年龄在50岁出头,是一个身材高大,魁梧的人。他从椅子上站起来和我握了握手,指着一张椅子让我坐下。他用阿拉伯语同萨格博士讲话，他们两人正在进行一场长时间的谈话。我在他们所谈论的事情上迷失了，但我知道那是关于我们这个项目的。

"王子对你的建议非常满意，并委托我负责执行这个计划，我想他很高兴见到了你。"萨格博士一边笑着对我说。

"请告诉王子，我很荣幸能有这个机会亲自见到他。对他能够批准这个项目我感到很满意。"我对萨格博士说。

我们起身离开办公室时，王子向我走来并伸出他的手，用完美的英语对我说：

"郑博士，感谢你与萨格博士在这个重要项目上的合作。我希望你在我们国家过得愉快。"

"阁下，我非常荣幸。感谢你在百忙之中花时间来见我们。在这个项目上，我将尽我所能帮助萨格博士。"我说。

我们离开了这个装饰华丽的办公室，非常高兴地得到了这个项目的最终批准。

"现在，我将选择好我们的学生并同你在弗吉尼亚州的公司签订合同以实现这个项目。"萨格博士对我说.

"我回到弗吉尼亚海滩市后，就会开始研究项目的细节和后勤物流工作。"我保证。

1985年夏天，30名沙特工程师来到弗吉尼亚海滩市。除了参加专业讲座之外，大约百分之五十的时间用于选择生产设备和设计工厂布局。在讲座的后一部分，要求学生们参与计算机主板和外围设备电路板的设计。由于受训者都是工程专业的毕业生，他们可以很容易地掌握计算机系统设计的具体工作。

最初的设计分三个小组进行的，按照讨论的结果和设计的细化，沙特的工程师们订购了零部件来制造原型机。对原型机的密集测试需要几个星期才能完成。经过研究所和东方电脑公司(ECI)的专业人员评估后再开始投入生产。除了主要电脑芯片和电路板，所有的部件都是在位于弗吉尼亚海滩市的沙特工厂完成。在一年内两组学员完成了这个项目，他们为沙特阿拉伯的国家信息中心生产了数百台使用阿拉伯语的终端。在1987年，沙特工厂的所有设备被拆除打包运往利雅得，在那里重新组装后生产阿拉伯语的计算机产品。

这一结果使萨格博士和他的同事们非常高兴。我对这段经历以及来自沙特阿拉伯的学员有一些想法，我发现他们都很聪明，但是他们中的很多人都有一些态度问题，当老师督促他们做作业时他们会感到不高兴。

"我们付给你们钱是用来学习，为什么你们还要我们来做工？这是你们应该为我们做的事。"

他们可能是在开玩笑，但我很难判断他们是否认真？虽然喝酒是严格禁止的，但还是有几个人经常喝酒。他们虽然没有给东方电脑公司带来任何问题，但是我们担心如果他们在喝酒情况下开车，可能会发生一些事故。他们其中也有少数一些学员在弗吉尼亚海滩市工作的时候申请了在美国读研究生课程。

几年后，他们中间至少有五位获得了电机工程博士的学位，有一位回到利雅得后被一家电视公司雇佣为新闻播音员。项目完成后，我与许多工程师保持了多年的交流。

我在阿拉伯朋友中发现了一个很普遍的特点，他们都是忠诚的朋友，愿意为有需要的朋友做任何事情。然而，我们必须小心不要冒犯他们，最大的冒犯是对不当行为的无理指控，如果一位阿拉伯朋友被这样冒犯了，你就会有一个终生的敌人。

第四十三章

创办公司

我一直认为每个国家的计算机必须使用本国的母语，从六十年代后期我就开始考虑并从事这个方面的工作。我向国家科学基金会和其他资金来源的有关部门提出建议都被拒绝了，原因是"消耗经费太多"、"不是美国的国家利益"或者"没有国家紧急需求的必要"。在七十年代后期，我看到了对这种需求的发展趋势变得更加明显，而且技术已经日渐成熟，可以用相对较低的成本来承担这项研究。因此，我认为已经到了检验我想法的好时机，而且应该是可以放在市场上试用了，我同萍萍和我们的大儿子叔霆谈了我的想法。

"我认为在其他大部分非英语国家，人们迟早都会想到使用自己本国语言的计算机（非英语国家的母语计算机），显示和打印出来的都应该是本国的文字。现在我无法得到政府或者其他渠道的任何支持，也许我们应该自己做这件事情。"我说。

"我们从哪里能够找到钱来做这件事？"萍萍问。

"好吧，我们可以先开一家小公司来做这个项目，这可能是非常缓慢的，但这将是这个项目的起点。"我坚持说。

"这是值得一试的事情，但是我们真的不需要冒很大的风险，可以慢慢来。"叔霆说。

"你需要花很多时间来参与，你愿意吗？"我问萍萍。

"我肯定愿意。"萍萍说。

"我也同样愿意，几个月后我将从欧道明大学毕业了。"叔霆说，他正在欧道明大学学习计算机科学。

"好吧！我们先要注册一家公司，为了节省支付律师的费用，我自己也会做这件事。"

我自己制订并打印出了公司的章程，然后提交给州政府的公司委员会。因为我们位于美国东部，我们以东方计算机公司 ECI 的名字注册了这家公司，该公司的有效开始日期是 1980 年 7 月。

现在我们拥有了这家公司，但是资金在哪里呢？在过去的 20 多年里，作为一名大学教授，我没有任何积蓄。我们搜集了我们所有能筹集到的资金，包括出售我们的股票和债券之后，我们有了 14,000 美元用于我们的创业基金。因为我们没有信用记录，也没有任何财产担保，银行不会给我们提供任何的贷款或信用额度。

好吧，我们只需要处理好我们现在能做的事情。我们在诺福克寇格办公楼租了一间 11 平方米的办公室，只配备有一张旧桌子、两把旧椅子和一部电话机，后来添加了一个工作台。第一个全职员工是我的一位研究生严德严。他毕业于欧道明大学计算机科学专业硕士班，在 1980 年的硕士毕业班中排名第一。由于第一年没有任何销售收入，所以整个公司的业务经营和我的家庭生活开支都依赖于我在欧道明大学任教授的基本薪水。

严德严和叔霆在软件算法、设计和编程方面非常努力，我负责在硬件方面的设计、构建和测试工作。由于我在大学是全职工作，因此我不得不在晚上和周末为公司工作。在公司第一年时，叔霆是欧道明大学的计算机科学项目的大四学生，因此同我一样，也是兼职工作。后来从欧道明大学毕业后成为了公司的第二名全职员工。

公司成立后的第一年末，我们的实验室制作出了第一个产品原型机，但只是用于展示的一台类似打字机的概念装置，可以用来打字，也可以用来电传收发英语、阿拉伯语、汉语、韩语和其他一些文字。因为所有语言都使用相同的计算机输入键盘，这台机器可以打印出 26 种不同的语言。1982 年我们从欧道明大学计算机科学系中招聘了两名应届毕业生，以进一步完善软件程序并创建了一个像样的演示单元。这样公司就具有 4 名全职员工，再加兼职的萍萍和我 2 人。

一年之后，工作空间不够大了，无法进行操作。我们搬到在弗吉尼亚海滩市，租了四个房间包括：电子实验室、两个办公室和我自己的小办公室。为了支付工资、房租、公用事业费、零部件、设备和日常费用开支，我们很快就耗尽了原来的储备基金。我不得不从亲戚那里借来一小笔钱，但只是为了几个月时间的使用。我还做了一次私人公司的股份出售，从朋友那里筹集了大约 5 万美元。这就是我们在开拓销售市场前，维持公司运转的资金来源。

多语言打字机和电传机的工作原型机是一个非常简洁的展示品，我们原来认为有一个产品就可以在全球市场上销售。但是要把原型机带到生产线上需要大量的现金，要想把产品推向海外市场需要更多的资金。我们所有人都很清楚，我们必须首先从投资者那里获得融资，然后才能继续开展真正的生产业务。

1982 年秋天的一天，当我走进办公室的时候，我惊讶地看到一位 30 岁出头的年轻人坐在我的椅子上，他的脚放在我的桌子上。

"嗨！我的名字是里查·赫斯菲尔特。我是一名律师，也是穆罕默德·阿里的朋友，你知道，他是世界拳击冠军。"在我开口之前，他就先说。

"好吧，赫斯菲尔特先生，我能为你做些什么？"我说，我有点不安。

"我为你做了一个可以惊天动地的事，我的客户，阿里先生，想以非常慷慨的价格买下你的公司。"他说着，把脚搬回到地板上。

"慷慨的价格，是什么意思？"我被这个提议吓了一跳。

他笑了，从我的椅子上站起来，走到桌子前面，他做了个手势，把手沉重的放在桌子上。

"我们将为贵公司提供 200 万美元的资金。"他说。

我真的很惊讶他给了我这么多的钱，我很高兴有人知道我们产品的潜力。但是对于如此严肃的商业事务，我也被这种随意的表达方式吓了一跳。

"赫斯菲尔特先生，你研究过我们的公司和我们的产品吗？我们在目前还没有销售，甚至还没有最终的产品。200 万美元是一大笔钱。你确定你不想再多了解一些我们的产品吗？我很乐意为你提供更多的信息或向你展示我们的商业计划。"

"没必要这么做，你的名声很好，我们信任你，所以对你说，我的朋友？"他一边摇头一边说。

"这是一件很大的提议，我只是不知道应该说些什么？我的公司不值得这么多钱！ 在我给你答复之前，真的很想同我的律师谈谈。"我说。

"好吧，我想让你知道我的客户是一个非常忙的人，今天他对你的公司很感兴趣，但很可能在第二天就不再对你的公司感兴趣了。"他说

我开始对整件事感到不舒服了。

"对了，如果我们达成协议，你打算怎么付款给我？"我问。

"我们实际上会比现金投资做得更好。我们将给你 1000 万股我们公司的普通股，我们的股票在证卷柜台上交易，你可以打电话给你的经纪人了解一下。由于一些错误的信息，我们的股票处于低水平，我利用我们股票的当前价值来给你报价。当股票反弹时，你将会有几百万美元的财富."他微笑着说。

"你介意告诉我公司的股票代码吗？"

"当然，是 CPX 在场外上市。"他告诉我。

尽管我们迫切需要资金，但我觉得他把这笔交易说的太好了而不可能是真的。我告诉他，我还有一个约会要去，并以一种礼貌的方式把他打发走，然后我给我的律师鲍勃打了电话。

"鲍勃，你知道一个叫赫斯菲尔特的律师吗？"

"当然，他怎么样了？"他问道。

"他为购买东方电脑公司 ECI 提供了一个很大的价格。"

"理查，我认识这个人，他不是个好人！不管他跟你说什么，还是要远远地离开他。"

"谢谢你，鲍勃，我知道下一步该怎么做了。"

第二天，我的股票经纪人告诉我，他给我的股票绝对价值是零。 赫斯菲尔特在访问后的第二天给我打电话，问我对他的提议的决定。

"嘿！郑博士，你已经决定好了吗？创造这些百万美元的机会是不能再等下去了！"

"我已经决定不接受你的提议了，谢谢你对我公司的兴趣。"我对他说。

我再也没有听到关于他的任何信息。在后来的几年中，几篇全国性的报纸报道了他的不道德的交易和丑闻，他成了法律的逃犯，不得不长期躲在海外，我很高兴没有和他混在一起。

1981 年我的老朋友曹钦申和我一起去香港为公司筹集资金，我随身带了一台多语言示范机。曹钦申认识香港最大银行的老板，冯景禧先生。冯先生是大名鼎鼎的香港实业家，他约我们第二天早晨去见他。我们去了冯先生在中环的 SHK 大厦二十楼的办公室，一位秘书来到接待区。

"冯先生正在等你们，请跟我来。"秘书说。

我们走进装饰华丽的办公室，冯先生从椅子上站起来，并向我们打招呼。

"早上好，先生们。你好，钦申？"他轻轻地说。

"这位是来自美国弗吉尼亚海滩的郑教授，我告诉过你的有关....."曹钦申介绍我说。

"我听说过很多关于你的好事，我很高兴能见到你。"冯先生说，他走过来同我握手。

"谢谢你抽出时间来会见我们，我很荣幸能见到你。"我说。

"郑教授带了他的新发明，汉英微型计算机和多语言电传机。如果你想看的话，可以向你演示。"曹钦申说。

413

"我想邀请一群香港商界领袖来参加这场演示，看看你们的新发明。"冯景禧先生表示。

"我们随时准备在您方便的时候演示这个系统。"我提出。

"我将邀请我的一群朋友，香港各个著名公司的成员，明天晚上6点在香港俱乐部为你们举行宴会，如果他们愿意的话，会有资金投资的"他说。

"你们可以提前在5点到现场，准备好做演示的内容。"

"我们5点前就会到，谢谢你的帮助。"我说。

第二天下午，我们到这家非常高级的香港俱乐部。曹钦申帮助我安装好演示系统，其中包括一台汉英微型计算机和多语言电传机。在5点之前，已经有许多人来预览演示的活动，冯先生把我介绍给每一位到会贵宾，我见到了香港著名的银行家、出版商、工厂老板和其他商业大亨。那天在这间演示厅里一定是聚集了全香港商界最强的一群大亨，超过35位贵宾在场，这说明了冯先生在香港商界的声望和影响力。

我简要介绍了系统的概念并进行了现场演示，一位中国客人当场用中文起草的一份电传信息，发送到美国弗吉尼亚海滩市，传送回来的答复就在他们眼前，用中文打印出来的纸上。

现场演示结束后，所有的贵宾都走过来同我握手并祝贺现场演示成功。我觉得已经为观看演示的每个人都留下了深刻的印象，我的公司会有更多的投资者，曹钦申和我高兴地回到酒店。

"你可知道，这是一群几乎拥有整个香港的老板，几百万美元对他们来说只是个小数目。在我看来，他们会给你一个满意的回答。"曹钦申说。

"我对今天反应到非常高兴，我希望能够得到他们的投资。"我说。

冯先生的秘书打电话给我，说冯先生想见我。

"给我15分钟，曹钦申和我将会到他那里。"我对她说。

我打电话给曹钦申，在SHK大厅与我见面。

"曹钦申，冯先生想见我们俩，我想这应该是个好消息。"我说。

"要快些！我将在几分钟内与你见面。"他说。

我们怀着极大的期望走进了冯先生的办公室，冯先生向我们打招呼，并让我们坐在大沙发上。

"郑教授，这是一项了不起的新发明，我的同事们对此印象深刻。"他说，我的心开始迅速地跳动。他继续说，我们昨天讨论了你的产品之后，大家一致认为，你的产品太超前，另外，我们已经使用计算机超过10年了，英语是我们在这里使用的官方语言。"他说，"要改变成中文将是非常困难的。"

我意识到他们的决定是对我毫无用处的。

"很抱歉，你现在觉得这个产品不实用，你刚才说的产品领先于它的时代并不完全正确。我相信在不久的将来，非英语国家的母语计算机将是强制性的。"我说。然后我们就彼此交换了一些美好的话语，怀着极大的失望离开了香港。

大约一个月后，11月，杰里和徐先生邀请香港的吉姆高来弗吉尼亚海滩市参观公司。吉姆高是一个非常成功的商人，在美国也有生意。吉姆高到达弗吉尼亚海滩市时，徐和杰里也在那里迎接他。我给吉姆高演示了我们的系统，并解释了公司的商业计划。他问了几个关键问题，认为商业前景印象极佳。

早上，吉姆高和徐来到我的办公室。

"我知道你们这家公司目前是一家没有任何业绩记录的初创公司，但是我愿意投资150万美元，占公司百分之四十的股份。"吉姆高告诉我。

这将使他成为公司最大的股东。其他投资者如杰里、徐、斯坦利持有百分之十五的股份，而台湾集团百分之十的股份，我的家族仍然拥有百分之三十五的股份。我想如果我们让公司发展壮大，百分之三十的公司仍然会很好。我同意他百分之四十的股份，因为是徐介绍来投资的，所以还需要向徐提供了一些额外的奖励。尽管我们家族持有的股份从百分之七十五下降到百分之三十五，这对我的家庭来说仍然是个好消息。

现在到了讨论公司组织构成的时候了。

徐在电话中告诉我："我们建议让杰里担任首席执行官，而你是首席运营官。"

从表面上看，这听起来很符合逻辑。我一生都是一位教授，在一家真正的企业里，没有任何管理职位，也没有任何营销或财务经验。另一方面，杰里是一名杰出的企业高管，将 10 年前他创立的公司发展成为现在的一家大公司，徐完全相信杰里是管理好公司的最佳选择。但是我对这个安排感到不安，困难在于我有一个实际的问题，就是我要接受那些可能对我不那么有礼貌的人的命令。

"我认为这样可能不会有好的结果。"我说。

"你没有经营业务的经验，杰里有多年的企业管理经验。我们强烈支持杰里担任首席执行官。" 徐说。

"如果杰里成为首席执行官，我希望我能回大学里待上一段时间，只作为公司的顾问，"我说。

"在这种情况下，你的家族股票必须减少到百分之五以下。"徐告诉我。

"如果我在公司里保持活跃，我不想向杰里汇报，我相信这会毁了我们的友谊。"我对他说。

我知道我宁愿退出这个交易，也不愿让我的家人和我承受不愉快的处境。150万美元对我和公司来说都是天文数字，但代价是更大。徐和杰里知道这对我来说是一个巨大的机会，对我来说，放弃这笔钱是很愚蠢的。第二天，我给徐打了个电话，这对他们来说是最大的惊讶。

"唉！徐，老朋友，我先要谢谢你把吉姆高带给我。但是，我只是想完全靠我自己。"

"哦！理查，当然是由你决定。我们只是在努力为企业提供最好的建议，"他说。他是我在这个世界上最老的好朋友，我相信他告诉我的一切。

1982 年 3 月，东方电脑公司 ECI 开始将阿拉伯语字符发生器(ACG)出口到沙特阿拉伯和其他海湾国家，并将中文字符发生器(CCG)通过香港出口到台湾、香港和中国，所有电路板的年销售收入不到 50 万美元。到 1982 年底，我们搬到了一个更大的地方，有了 6 名全职员工包括：5 名软件工程师和 1 名电机工程师。没有全职的管理人员，萍萍处理所有的行政和后勤事务，但是她不拿任何报酬。我在夜间兼职做电机工程师、市场营销人员和看门人。我们卖给香港和海湾国家的电路板特别受到软件代码和硬件电路的保护。我们非常担心其他国家的人可能会复制我们的产品和中文字符发生器(CCG)技术。我们在电路板上刻上了版权声明，并在包装和说明上加上了警告。我们知道这些产品会被复制，但我们不知道什么时候会发生？

1984 年 5 月，我在中国担任联合国开发计划署（UNDP）的顾问时，向不同城市的科学家小组演讲。令我吃惊地看到在中国使用的大量计算机中使用了我们东方计算机公司 ECI 的产品，我请主人打开计算机，拿出语言卡片给我检查。这张卡片看起来和我们的卡片很相似，甚至在卡片上有相同的标识和版权声明。但仔细观察后发现，这些芯片并不是同一品牌的，这些组件与我们的组件略有不同，我知道这张卡已被我们在香港的经销商大量复制和销售了，在经销商的贸易杂志上，还有一张彩色广告的图片。

当我在巡回演讲结束后去香港时发现分销商已经改变了他们的地址，无处可寻。在沙特阿拉伯的经销商把我们的卡寄给了日本，并把它复制了。东方计算机公司卡的订单突然从亚洲和海湾国家枯竭，我们都知道原因，但是东方电脑公司ECI没有时间或手段将经销商告上法庭，因此我们只是改变了公司的重点，在其他产品上开展业务。

1982 年 1 月，我们的一个朋友，华盛顿特区的李钰中给我打电话．

"嘿！理查，你看过最新的商业日报(CBD)吗？上面有一个征求信息，看起来就像你的计算机语言做的事情，你去看一看。"他告诉我。

商业日报(CBD)是一份政府的出版物，主要内容是公布政府的合同机会。还列出了政府对信息的要求(RFI)以及来自相关方面的报价(RFQ)。美国的大多数企业都为了要得到联邦机构合同机会的公告而订阅商业日报。商业日报就象是政府承包商的"圣经"。在过去的一周里，我们收到了大量的商业日报公告，我确实发现了美国信息总署(USIA)的政府对信息的要求 RFI 公告。

在公告中，该机构正在寻找提供计算机网络的承包商，以便在世界各地所有美国信息总署(USIA)的海外机构上安装计算机网络。由于必须使用当地本国语言作为输入和输出，这是我们一直在努力推销的产品。我立即召开了公司员工会议，向他们展示了商业日报上的公告。

"看起来，这公告对我们是很重要的，我们应该及时对此作出回应。"我说。

"我想我们应该先调查一下。"叔霆说。

我立即给美国信息总署(USIA)写了一封信，说明了东方电脑公司 ECI 的兴趣和能力。两天后，我接到了杰瑞·哈士从美国信息总署(USIA)打来的电话。

"你有兴趣向我们展示一下东方电脑公司 ECI 的外语能力吗？当然，我们不能保证政府是否会购买任何一种产品。"他告诉我。

"我明白你刚才说的话，我愿意向你展示。是你是来这里还是要我们到华盛顿去？"我问。

"会有好几个人想看你们的演示，你能把电脑带过来吗？"他问道。

"我们很高兴能够这样做，请告诉我什么时候演示？"我说。

"我已经同我的老板和其他有兴趣的人谈过了，他们都想尽早看到你的演示。"在一小时后，杰瑞回电话说

"今天是星期五，下星期一怎么样？"我问。

"你们打算住在哪一家酒店？"杰瑞问

"我们通常住在靠近泰森角的 I-495 附近的罗马达酒店。"我回答。

"8 点好吗？那么就在你的酒店房间里。"他告诉我。

"我将做好准备。周一见，周末愉快。"

"你也一样。"杰瑞说。

我的儿子叔霆带领了汤米和布莱恩·得里和我在周末的剩余时间为美国信息总署(USIA)想要看到的情况量身定做了演示软件。那个星期天的晚上，我们在午夜前入住了罗马达酒店。把电脑放在我的房间里，运行一些测试程序以确保演示的顺利进行。我们说"晚安"之前，已经是凌晨 2 点了，在天亮之前我们想要再休息一下。在过去的一星期里，我开车很累，而且睡眠不足。现在我们已经准备好了，我很放松，我一碰到枕头就睡着了，直到闹钟在 6 点 15 分叫醒我。

我在 6 点半把叔霆从隔壁房间叫醒，我们下楼到酒店咖啡厅，7 点钟吃早饭。我们 7 点半回到房间时，我房间里的电话响了，那是杰瑞。

"郑博士，早上好！我只是想确认一下，你们是不是已经准备好了。我的老板和其他一些人今天早上决定和我一起来。"杰瑞说。

"没问题，可能在房间里没有足够的椅子。如果他们不介意坐在床上或站着都可以，演示只需要 10 到 15 分钟。你知道有多少人会到这里来?"

"加上我自己，一共有七个人，我们很快就会到你那里。"

"再见！"我说。

8 点过 10 分，我听到敲门声，他们在约定的时间之前就到了这里。我们准备好了，我想，如果他们早到这里，这对我们来说可能是个好消息。因为政府官员就像医生一样，他们喜欢让人们等着他们，这表明他们对我们产品的兴趣非常高。叔霆和我都有点担心会见这些来自美国信息总署(USIA)的人，这是我们第一次与联邦官员打交道。当我打开门的时候，一位高大的红头发男士向我伸出了他的大手。

"我是杰瑞·哈士，这位是我的老板，怫利夏·卡朋特夫人。这位是乔治，我们的语言专家，以及海外项目的其他官员。"他介绍说。

总共有七个人，就像杰瑞告诉我的那样。

"我是理查·郑，这是我的儿子，叔霆，这是我们的工程师汤米和布莱恩·得里，都请挤进来。"

这个小房间的设计不能让很多人同时在里面。因为房间里只有一把椅子，没有办法让大家都坐下，我希望我能租用一间更大的房间。

"我为这个小小的空间道歉，也许汤米和布莱恩可以站在房间外面。我有困难时，我会请你们过来，我们必须为来客腾出一些空间。"

我对我们的公司和系统做了简短的介绍，然后打开了系统。最后，叔霆向他们展示了所有的语言以及如何使用该系统进行外语文字处理和数据传输。在演示结束之后，许多人向叔霆和我提出了问题，我们提供了所有的技术答案，当他们离开的时候，已经是 10 点半了。

"这个系统令人印象深刻，我相信你们的公司在计算机行业有很大的潜力。"卡朋特夫人对叔霆说，然后她转向我说:

"如果我们决定在公开市场上得到具有外语能力的设备，我希望你能参与我们(RFP)的招标活动。"

"如果有这个机会，我一定会参加的。"我回答，"谢谢你们的来访，如果你们需要我回答任何问题，请随时给我打电话。"

"我们会的，回头见。"杰瑞说。

叔霆和我都很有信心，认为美国信息总署(USIA)的人喜欢他们所看到的东西。

"叔霆，你怎么看?"我问。

"我觉得他们确实很喜欢他们看到的东西。"叔霆告诉我。

"让我们密切关注商业日报以便及时了解将会宣布的 RFP 公告。"我说。

"如果这一切顺利，那将是一份价值数百万美元的巨大合同。"汤米说。

"如果我们得到这个合同，那将是东方电脑公司 ECI 的最大突破。"我说。

"让我们祈祷吧，"布赖恩用手指交叉着说。

我们回到罗马达酒店，然后在午饭前赶回弗吉尼亚海滩市。我们知道这可能是一个大项目，但我们不知道这个项目的规模有多大。我们很有信心，我们会在与大公司的竞争中得到胜利。

在接下来的三个月里，什么都没听到。我们密切关注着商业日报 CBD 上面美国信息总署 USIA 的公告。最后，在 1983 年 1 月的商业日报中出现了由海外邮政网络的 USIA 发布的 RFP 公告，我们向美国信息总署 USIA 请求以获得了 RFP 公告副本。在三天内，我们收到的 RFP 公告厚达 4 厘米。我仔细研究了 RFP 公告，发现我们对这个项目有全部的答案。该项目的目的是要求在每一个海外美国信息总署 USIA 的机构都要安装一个小型计算机网络，通常都设在大使馆。每个海外机构的局域网必须使用本地语言来处理信息，当时美国信息总署 USIA 有 156 个海外机构，所有的外交机构都要与华盛顿的中央计算机联网。RFP 的招标活动要求即时的，而且要求提交提案的时间不超过两个月。

在东方电脑公司，我们只有技术人员，但没有秘书或打字员。公司里没有聘请提案写作者。这一提案不仅是一项技术解决方案，而且是技术、管理、金融和物流的一揽子计划。我们很有希望赢得这份合同，但没有确定的保证。所以我不想冒着风险花高价去雇佣提案写作者，唯一的答案是由我自己做这件事。

接下来的两周我下班后和周末都在家工作。我必须对设备的成本进行调查，并为这个项目选择一个合适的计算机系统。我们曾体验过拥有最高屏幕分辨率的新一代维克多计算机，屏幕分辨率是在显示器屏幕上显示外国语言字符的最关键的指标，其他具有相同分辨率的计算机系统的成本要高很多倍。一旦确定了基本的系统，我就可以在计算机系统上设计相应的解决方案。完成这个方法的手绘概念之后，我开始使用一台旧的 IBM 电动打字机打字书来写提案，当时还没有听说过有文字处理机。我又不太精通打字而且在打字时还要思考，这是一个缓慢而又艰难的过程。原来可以雇一个打字员来做打字工作，但在正式打字之前，我还得把我的想法写在纸上，我没有时间去做所有这些事情。

提案的技术部分对我来说很容易写出来，但是提案的管理和后勤支持部分花了我很多的时间去理解和提出一个提案，我不得不请教我以前同政府做过生意的朋友们！最大的问题是打字错误必须用白色浆液涂上后修改，如果我需要更改一个句子就必须重新打字键入整个页面。我一直在和打字机在搏斗，直到凌晨，连续十天终于完成包括项目管理和后勤支持在内的技术提案。

再下一节是价格部分。由于当时东方电脑公司 ECI 只生产该系统的语言板和相应的软件，如果我们在招标中获得这个合同，我们不得不从市场上购买其他所有的硬件和微型计算机操作系统的软件。通过搜索测试，我发现维克多技术公司生产的维克多 2000 型计算机，最适合于美国信息总署的要求，不仅有最高屏幕分辨率的显示器可以适应外语文字的输入，还具有最大的硬盘驱动器容量和额外的空间来放置另外一个可移动的硬盘驱动器。该项目还要求在 RFP 中指定其他几个子系统和许多软件应用程序。为了完全满足美国信息总署 RFP 的要求，我们不得不从其他公司购买所有的硬件和软件。

花了整整两周的努力，进一步搜索、测试和选择正确的组件，同时也为了提高价格的市场竞争力，我们与所有选定的供应商协商讨论以达到一个可接受的合理价格。然后，我开始把所有建议的价格放在一起录入提案。但是在那个时候，还没有电子表格的文档形式，对我来说，用一台老式旧打字机要打出当时广泛使用的定价矩阵表格确实是非常困难的，对我来说这真是一场噩梦！

通过八个晚上的打字，就在提案提交截止日期的前三天，终于完成了价格部分，我知道文本中有很多拼写错误，但要纠正这些错误已经是不可能的，根本没有足够的时间来重新打印整个提案。总共有七套提案，每一项提案都是针对一个地区的，每个地区都代表了几个国家。投标者们可以选择一个地区或者全部的七个地区，我们提出的提案包纳全世界上全部的七个地区。

1994 年与 ECI 高级成员

提交提案的那天早上，叔霆和我开车从弗吉尼亚海滩到华盛顿。尽管最后期限定在下午 4 点，我们在 9 点钟就离开了弗吉尼亚海滩，这样我们就可以提前到达华盛顿，以防交通堵塞问题。

"叔霆，你有机会看过这个提案吗？"

"是的，我看过了。"他说。

"你怎么看？"

"我相信你已经回答了所有的问题。"他说。

"我担心里面有太多的打印错误和英语差错，我真的很担心。"

"好吧，如果他们真的想要我们的技术，我想他们会忽略那些打字错误。"他说。

"我当然希望如此。"我希望叔霆是对的。

我们在 12 点 30 分的时候到达华盛顿 C 街的美国信息总署 USIA 大楼。我们听说，提交投标提案的最佳时机是在关闭前几分钟。我们决定接受这个建议，坐在附近的自助餐厅里吃一顿长时间的午餐和多次的咖啡续杯。下午 3 点 20 分，我们先去停车场，从车上取出了我们提案的七份副本，然后走上二楼的美国信息总署 USIA 办公室。

当我们走进美国信息总署 USIA 办公大楼的大厅时，我们看到了王安实验室，IBM，还有几家公司，每个公司都是两个人和一辆手推车。在手推车上，有七卷 5 厘米厚的提案和七卷 2.5 厘米厚的文件袋，而我们手头的所有东西只是七个"技术部分"的软封面，总厚度不到 5 厘米，我们的"价格部分"甚至更薄。

"我们一定做错了什么？他们怎么会有这么多的内容要提交，而我们却没有这么多？"我问叔霆。

"也许我们错过了一些附件或支持文件。" 叔霆也很困惑。

"也许我们只好回家，忘记了整个事情！" 我是认真的。

"既然我们已经在这里了，先提交提案，再看看他们会说什么呢？"叔霆说。

"好吧！他们能做的最坏的事情就是嘲笑我们！到底是怎么回事，反正以后我们可能再也见不到他们了。"我说。

我们把我们的提案放在柜台上，交给了美国信息总署 USIA 的职员。我们一小叠不到 5 厘米厚的提案，与正式包装的提案相比更让人感到尴尬。然后，叔霆和我就冲出了美国信息总署 USIA 办公室，好像我们做了什么让我们感到内疚的事情，我们驱车直奔弗吉尼亚海滩市，感觉到我们一定会失去了这个机会。

"好吧，让我们把这当作是一个教训，以后我们需要雇佣一位有政府业务经验的人来做这些提案。"我对叔霆说。

"这是个好主意，但为了做一个好提案，我们要付出很大的代价去请提案写作者。" 叔霆说。

在提案提交后，叔霆和我都觉得我们是在对付计算机行业里一些最强大的巨人。我们听说有 100 多家公司拿到 RFP，38 家公司提交了提案，这些公司都是像 IBM、施乐、王安实验室和莫霍克数据科学这样的工业巨头，上面只是举几个例子。我们的公司太小了，无法与任何一个公司竞争，我们对业务突破的希望似乎非常渺茫。

我们知道当时东方电脑公司 ECI 拥有最先进的语言能力，但是我们不知道其他公司为了把他们的提案做到如此大的规模，这里面是做了些什么？是不是我们错过了 RFP 里的一些内容？在那个时刻，我们只能等待我们提案的审议结果。我们也不知道美国信息总署 USIA 下一步会采取什么行动？我们感到气馁，在这场招标活动中，我们赢得这个项目的机会太小了。

在提交提案后的一个月，我们惊讶地收到了来自美国信息总署 USIA 的一封信，信中说东方电脑公司 ECI 是被选中进行现场测试演示(LTD)的少数几家公司之一，指定了要测试过程和项目列表。时间大约安排在收到通知后的第三周，东方电脑公司 ECI 的现场测试演示(LTD)计划安排在工作日的周三举行。东方电脑公司 ECI 的每个人都对这样的要求感到兴奋和高兴，这意味着我们已经通过了第一轮的提案审查， 叔霆和我简直不敢相信这是真的。

"我不相信这是真的！我们真的通过了，这意味着我们的提案被接受了。"叔霆兴高采烈地说。

"现在我们需要通过的是下一个步骤，我可以告诉你们，这对任何人来说都不是一件容易的事，我们需要确保为我们现场测试演示(LTD)的成功做好充分准备。"我对站在办公室里的一群员工说。

根据说明，在测试中有许多特殊的困难要求，我们必须编写好软件才能达到这样的要求。包括叔霆在内的 6 名全职员工在接下来的 20 天里都在做软件工作，我在晚上和周末都和我们的员工一起在硬件方面做工作，使该系统达到完全适应美国信息总署 USIA 的要求。在需要打包并送往华盛顿特区之前的一天，我们才完美地完成了全部工作。

我们必须用四个相同的 PC 系统来显示局域网，并将局域网连接到美国信息总署 USIA 的主计算机上。这一次，我带着汤米、布莱恩、叔霆一起去，在周二下午我们驾驶两辆装满电脑和附件的汽车前往华盛顿特区，我们在晚上 7 点左右到达了华盛顿特区。在我们去酒店餐厅吃晚饭之前，我们认真检查了这些设备，确保在运输过程中没有任何设备受到损坏。接下去还有三天的重要日子，我敦促大家早点休息，为我们生活中最大的挑战做好准备。

现场测试演示这一天的上午 8 点，我们把我们的系统搬进了美国信息总署 USIA 大楼三楼指定的房间。杰瑞·哈士和卡尔·外斯浦负责管理现场测试演示(LTD)的事情，还有 6 名美国信息总署 USIA 的官员担任评委。在为期三天的现场测试演示(LTD)中，从来没有人把我们介绍给评委。第一天的工作涉及到基本系统的功能特征及其运作，实际的现场测试演示(LTD)是在上午10点半开始的，我们向他们展示了安装建立系统和网络的过程。11点时我们在美国信息总署USIA声明的工作规范要求下，演示了系统的基本功能和系统软件。

午饭后，我们还演示了所需的网络特性和操作方法。在第一天现场测试演示(LTD)，我们的设备没有故障，也没有任何问题，评委们闭上了嘴，没有问我们任何问题。下午4点钟的时候，第一个现场测试演示(LTD)结束，要求把我们的设备留在那里，然后回到酒店。我们认为我们做了所有的事情，没有任何差错，但是我们不知道评委们在想什么？无论如何，我们必须尽我们最大的努力，以得到这些评委的好评。

第二天早上8点30分，在同一间屋子里，这一天是外语演示的日子。由4名官员组成的新评委小组观看了我们每组17种语言的演示。在这些语言中，汉语和阿拉伯语是评委们最感兴趣的。与第一天不同，人们对外语系统的工作原理、输入方式、打印输出以及数据传输习惯等方面都有大量的问题，我们可以看到他们对我们演示的印象很好。提问和回答的流程直到下午6点才结束，在我们的头脑中慢慢地蔓延着胜利的信心。

"评委们对我们的这场演示非常满意，你觉得怎么样，汤米?"叔霆问。

"我相信他们喜欢我们的解决方案，我们解决了一些最棘手的问题，比如不同语言的输入方法。"汤米说。

"从他们的眼神中，我觉得他们真的很喜欢我们的系统。我对赢得合同有信心"布赖恩说，平时他是一位很安静的人。

"你们今天的工作表现的是一流的，我为你们所有的人感到骄傲，但我们还有最后一天的路要走。让我们继续尽我们所能，不要在孵出小鸡之前数我们的小鸡。"我告诉他们。

现场测试演示(LTD)的第三天是在美国信息总署USIA总部的同一间屋子里进行，直到上午10点才开始，因为从测试单元到大型计算机的通信连接出现了一些问题。第三天的主要测试是本地局域网与美国信息总署USIA主机计算机之间的通信连接，其中的一个要求是，将一个非常大的数据块传输给大型机，而且不能中断，反之亦然。我们很容易地建立了我们的系统来完成这样的任务，在1小时内，活生生的测试演示就结束了。从第一天起，6名评委每天都到评审现场观看测试演示(LTD)，他们问的问题很少。我们认为这是因为测试对每个人来说都太容易了，后来我们才知道，大多数参加现场测试演示(LTD)的公司都没能完成同我们一样的测试。但在这一点上，我们甚至不知道谁是最后的决赛选手以及有多少人参加了现场测试演示(LTD)。

当天下午，我们收拾好行装准备回家，我们知道我们在测试中已经做了所有的事情，但是招标活动中的竞争对手可能也做得很好。

"你们在准备和演示系统方面做了大量工作，我认为他们很喜欢我们的产品，但很难预测会发生什么？在比赛中有这么多的大公司参加，我们只是不知道他们会比我们好多少？"我告诉和我一起去了华盛顿特区的三位同事。

"赢得合同，我们尽了最大努力，我很高兴在过去三天现场测试演示(LTD中所发生的一切事情。" 叔霆说。

"你是正确的，现在让我们找一家好餐馆，吃一顿好饭，然后上高速公路。"我说。

"这就是我在过去30分钟里所希望的，我饿了。"汤米说。

我们把车开到一家海鲜餐馆吃饭，我从来没见过这3个年轻人在一顿饭时能够吃下这么多东西，不管是否赢得合同，他们都非常高兴。我可以感觉到，在现场测试演示(LTD)后，他们也很有信心，我们在这个大合同上有了相当好的机会。

那是一个阴雨绵绵的十一月，邮差来了，我看了看从我们的邮件堆里的许多信件，发现了一个来自美国信息总署USIA的信封。我的心怦怦地跳着，这是好消息还是另一个令人失望的消息？我打开信封，看到了一封对我来说很新鲜的信，被明确地命名为"合同奖"。"我简直不敢相信我的眼睛。"

"萍萍，叔霆，快来！"我喊道。

他们在隔壁的办公室里。叔霆进来了，萍萍也跟着过来了。

"读读这个，告诉我你们看到了什么？"我说。

"哇！我们得到了！"叔霆大声喊道。

"你是说我们赢得了合同吗？"萍萍问。

"当然，我们赢了！看这封获奖信，妈妈，我只是不能相信这一点。"叔霆说。

"我要给杰瑞打个电话，看看他说什么？"我说。

"在政府信笺上，我想是这样的，让我读一下细节。"叔霆说。

"看！这个奖项是为了一个价值数百万美元的五年合同，我们会很忙。"

"你为什么不去告诉其他人呢？"我说。

"其他人都出去吃午饭了，为什么我们不做一些更令人兴奋的事情呢，来一个聚会吗？"叔霆说。

"让我们在他们从午餐回来之前做好这件事情。"我说。

萍萍和叔霆去附近的商店买了些点心，放在拥挤的实验室里。一个很大的字写的是"东方电脑公司ECI已经赢得了美国信息总署USIA的合同。"

当人们从午餐回来看到这个消息的时候，他们被这个好消息淹没了。汤米和布莱恩用拳头在空中飞舞。严德严通常是一个非常安静的人，也加入了汤米和布莱恩。所有的人都被情绪所压倒，因为他们工作如此艰苦，如此之久，这是任何人敢于梦想的最大的突破。

那天晚上，我为整个公司的六个人还有萍萍和我举办了一场海鲜晚餐，。那天晚上没有人喝酒，但我们觉得我们好像飘浮在上空的云雾中一样.

第二天早上，杰瑞打电话给我。

"恭喜你！郑博士，你们已经做到了。"他说。

"谢谢你，杰瑞，我们将为美国信息总署USIA做一份好工作，你可以指望它。"我说。

"你知道你的价格不是最低的，我想再谈一下，如果你不介意的话，我将把我的助手理查•海赖克带到你的办公室来完成通过项目的价格部分。"他说。

"我知道我们需要在你们订货之前先这么做。对吧？"我说

"恐怕是这样。因此，让东方电脑公司ECI和政府都能通过谈判达成协议。"他说.

"我在你的支配下，任何时候都对我很方便。"我说。

"下周一怎么样？我们将开车去弗吉尼亚海滩市，在那里过夜。我真的很想在周三返回华盛顿之前完成这项工作。"他说。

"没事的，我们将在星期一上午等你。"

周一早上8点正，杰瑞和他的助手理查•海赖克一起来到了我们的办公室。我们在一个小房间里坐下，只有一张小圆桌和四把椅子。

"在你拿到合同后，你就能买得起更好的家具了。"杰瑞开了个玩笑。

"哈士先生，这都取决于你想要削减我们的价格，我们的利润并没有那么高。"我说。

"我们对开放市场上每个硬件和软件项目的成本都有一个大致的概念，我们会从那里开始。"他说。

事实上，杰瑞和海赖克都非常敏锐并跟上了市场的价格，也知道有许多硬件和软件是由东方电脑公司 ECI 自己开发生产的。我们根据我们的研究和开发成本，加上一个合理的利润来确定价格。当他们对成本提出质疑时，我为每件商品准备了成本分析。

"给你们自己的产品打个百分之七的折扣怎么样？"杰瑞说。

"你真是会讨价还价，为了这个国家，我只好这么做了！"我说。

交易敲定后，我们握了手。他们告诉我，采购订单将由美国信息总署总部 USIA 采购部门准备，并发给东方电脑公司 ECI。

"杰瑞，你认为我们多久才能拿到订单？我听说政府采购代理的速度有多慢。"我说。

"我们正急于实施这个项目，我认为应该在两周内就会出来。"杰瑞说

大约 10 天后，来自美国信息总署 USIA 总部的大信封到达了东方电脑公司 ECI。它大约有 5 厘米厚，15 个国家的海外分部都有订单，分别单独列出为硬件项目和软件项目、培训要求和维护程序。

每个机构也分别被单独列出，这确实是一个非常复杂的操作。第一年的合同总价值超过了 350 万美元，额外的费用是成本加固定费用，以及用于海外培训美国信息总署 USIA 的员工和设备的维护。我们立即雇佣了 6 名新的软件和硬件员工来完成工作。由于目前的空间太小，我们考虑租一个更大的空间和一个仓库，以满足合同的最低要求。

在收到正式订单后的第三天，非常坏的消息来自维克多科技公司，这家公司就是在我们提议美国信息总署 USIA 合同中使用的计算机制造商。该公司突然宣布，被迫进入第十三章的破产保护，因为他们花了大量的钱，但销售额远远低于预期，支持维克多科技公司的金融机构决定撤出对他们的支持。

当时，维克托的电脑是市场上最好的电脑，维克托公司的总裁 CEO 知道他的产品会卖得很好，所以他开始建立自己的分销系统，在每个城市至少设立一个销售办公室。每个办公室都配备了最昂贵的家具，并为所有的销售人员支付了高额的薪水和健康俱乐部的会员资格。我参观过当地的维克多办公室，也参观了亚特兰大的总部。所有的办公室都配备了一流的柚木家具、昂贵的油画和豪华的地毯。我还看到公司里到处都是奢侈的东西。我第一次认为它一定在商场上做得很好，赚了很多钱。

事实上，这位总裁 CEO 并没有采用任何常识或任何专家的计划。这一切都是基于他自己的想法，如何从他的支持者身上筹集大量的资金，而不是从他的生意中赚钱。我意识到这对东方电脑公司来说是个坏消息，但我不知道情况有多坏。我认为合同中最不幸的事情是找不到一种可以在合同中使用的同类电脑。

第二天早上，在得到关于维克多科技公司的新闻之后，我接到了来自杰瑞·哈士的电话。

"郑博士，我觉得合同有麻烦了。你最好到我们办公室来见我的老板，在我们结束与你的合约之前讨论这个问题。"他说。

终止合同吗？那就像晴空霹雳！这意味着我们所有的努力和计划都将破灭。

"杰瑞，仅仅是电脑供应公司破产了，我们可以使用一台可比较的计算机来代替维克托计算机。"在最初的冲击之后，我对杰瑞说：

"好吧，事情并不是那么简单，我们讨论的是政府合同，必须遵守合同的要求。"杰瑞说。

我仍然无法理解合同终止的原因。

"好吧，杰瑞，我明天早上8点到你的办公室，然后我们会见你的老板。"我说。

"好吧，只是做好准备，我不知道他会说些什么？"他说。

通过与一些有经验的朋友交谈，我了解到政府的担忧。他们告诉我，如果合同被授予某个品牌的计算机，那么即使规格符合合同规定，也不能更改为另一个品牌。如果我曾经用过同样的电脑，但在向政府提案的时候将它称为东方电脑公司 ECI 型号，即使电脑由其他电脑制造商所生产的同类产品取代，也不会有任何的问题。既然维克多计算机公司已经宣布破产，这台计算机的供应也受到了质疑，政府必须确保有足够的维克多计算机来提供完整的三年合同。

知道了具体的问题，我和杰瑞通电话之后，我打电话给维克多科技公司的总裁约翰·原区先生，

"约翰，我们有大麻烦了，如果我不能向 USIA 提供维克托的电脑，他们将会终止我们的大合同。"我告诉他。

"让我想想。啊！我知道该怎么做，我们的欧洲子公司仍在发展壮大。我可以把所有你需要的 2000 型电脑都交付给你。"约翰告诉我。

"你在哪里生产维克多 2000 型？"

"我们在美国生产这些产品，然后把它们运往欧洲市场。"他告诉我。

"这对我来说是个好消息。你能给我写封信，向我保证所有美国信息总署 USIA 需要的维克多 2000 型电脑的供应吗？"我说。

"我很高兴为你做这件事。"他说。

"你是否介意我让美国信息总署 USIA 的官员打电话给你确认一下，行吗？"我问他。

"完全可以。"他说。

"非常感谢你的帮助，"我说。

我同约翰·原区通过电话后，我感觉好多了，我确定这是一很好的解决方案。我打电话给萍萍和叔霆，在这个意想不到的坏情况下，我们需要见面交谈。

"美国信息总署 USIA 想要终止我们的合同，因为维克托电脑公司处于第十三章破产程序中。"我说，"杰瑞打电话给我后，我找到了一个解决办法，但我不知道他们是否愿意接受？"

"你的解决方案是什么？"叔霆问，萍萍和叔霆看起来都很苍白。

"我刚刚和维克托电脑公司的新总裁约翰·原区谈过，他承诺在未来三年内，从维克托电脑欧洲子公司调配维克托 2000 型计算机以提供政府的需要。"我说。

"在这种情况下，我相信我们并不是没有希望，因为政府真的急需这些系统。"萍萍说。

"市场上没有人能提供比维克托 2000 型更好的系统，我认为我们的状况很好。"叔霆说。

"我要去华盛顿看看杰瑞的大老板，我不知道他会说什么？不要把坏消息告诉我们的人，他们会非常失望，等到最后才让他们知道，会没有事的。"

"我不会告诉任何人的，你要我和你一起去吗？"叔霆问。

"我要一个人去，只要继续合同的工作就可以了。我很快就知道答复，不管怎样，我会打电话回来的。"我说。

那天晚上，我独自开车去了华盛顿特区，住在水晶城的一家酒店，那里离USIA办公大楼很近。

在酒店里，我草拟了一份两页的简短提案，讨论如何向美国信息总署USIA交付维克多2000型的计算机。我在旅馆的商务中心复印了写了十份手写的记要。

第二天早上，我在8点钟准时到达美国信息总署USIA大楼。杰瑞在他的办公室里等着，立即带我到第三层的会议室，他的老板卡朋特夫人，卡朋特夫人的老板，海外业务部的负责人吉姆士·麦克满，还有两名工作人员已经在那里等着。

"谢谢你们允许我为合同中的维克多2000型计算机的交付问题提供一个解决方案。"我问候每一个人之后，我说。

"你知道我们本来可以简单地取消合同，但是麦克满先生坚持说，给你一个机会来告诉我们，你如何向我们保证可以得到由破产公司生产的电脑。"杰瑞·哈士说。

我向房间内每个与会者分放了解决问题的简单方案记要并解读了我的两页提案，他们似乎有些放松了。

"让我们现在就打电话给维克多技术公司，看看约翰·原区先生对此有什么看法。"杰瑞·哈士建议说。

电话打到丹佛，在东部时间（EST）9点时，住在丹佛的约翰·原区先生已经在他的办公室里。我们把电话放在了免提通话上。

"早上好！约翰，在这里，我们有杰瑞·哈士先生，美国信息总署信息系统部门的行政人员，卡彭特夫人，海外业务部的负责人，吉姆士·麦克满先生以及杰瑞的副手理查·海赖克。麦克满先生他们希望你确认，你的欧洲分部将会提供维克多2000型的计算机给东方电脑公司。"我告诉他，

"我很乐意回答你们的任何问题."约翰说。

"原区先生，请你告诉我们，当你的公司处于第十三章的时候，你怎么能向政府提供你的维克多2000型电脑。"麦克满先生问。

"这根本不是问题，我们在欧洲业务是盈利的，我们每个月仍在向欧洲分公司运送数以千计的维克托2000型的产品。一家不同的投资者拥有欧洲子公司，并没有受到主公司的影响。我可以向你保证你需要在海外发送的所有的维克多2000型电脑。"原区说。

"你能给我们写这封信吗？还是寫给郑博士？"吉姆士·麦克满先生问道。

"我今天会把这封信寄给郑博士。"原区说。

"原区先生，我感谢你救了我的一天，"吉姆士·麦克满先生说。

"约翰，非常感谢你抽出时间和我们谈话，我很期待收到你的来信。"我说。

"理查，我很高兴我们不必再重新再找其他的方案了。否则将花费政府大量的资金和时间。"吉姆士·麦克满对我说。

我很高兴，美国信息总署USIA的官员们对这个解决方案感到满意。

一场对东方电脑公司ECI毁灭性的灾难避免了。这是一个多么扣人心弦的24小时啊！我给办公室打了电话，谈了这次会议。

萍萍把电话放在话筒上。我也希望叔霆也能听到这个消息。

"他在吗？"

"爸爸，我在这里。"他说。

"好吧！好消息，美国信息总署 USIA 决定保留合同。当我到家时，我会告诉你们其余的事情。"我说。然后我开始了回家的旅程。

合同的执行是下一个问题，最直接的问题是，从哪里找到资金支付额外的员工以及购买合同中电脑和配件部分。维克多电脑公司陷入了财务困境，在他们为我们生产维克托 2000 型之前，我们必须提前付钱给他们。政府也没有任何的推进机制为合同先支付东方电脑公司，这是政府一贯的经营方式。

我的挑战是在我们开始执行合同之前要找到 15 万美元。当时唯一的办法就是从银行借钱，当我向我的银行—弗吉尼亚州的国民银行借钱的时候，副总裁告诉我东方电脑公司 ECI 没有足够的信用来借 15 万美元购买第一批维克托 2000 型的计算机，信用额度需要很长时间才能获得批准。当我给他看合同的时候，他说他不能确定东方电脑公司 ECI 能不能履行合同，而银行不可能会因为和东方电脑公司 ECI 做任何生意而冒太大的风险。弗吉尼亚国家银行建议我去找另一家贷款机构。

一位朋友把我介绍给了美国弗吉尼亚州银行董事会主席李·佩恩。佩恩召集了一次会议，让我与总裁和一些工作人员交谈。我给他们做了一个关于东方电脑公司 ECI 正在做什么以及刚刚收到的大合同的报告。会议结束后，有人建议银行可以向东方电脑公司 ECI 投资一笔资金，并建立信用额度来支持东方电脑公司的合同活动。我认为这是个好主意并同意投资将会有帮助。李·佩恩告诉我，他们会在一天左右的时间里联系我，以便在银行做出最终决定之前访问东方电脑公司 ECI。

银行家们来到东方电脑公司查看运营和一些软件演示，他们还检查了我们的小型生产设施。该银行在一周之内就寄来了信函同意投资 15 万美元现金，以获得公司股本的百分之七。但是东方电脑公司需要雇用一个由银行指定的人，担任副总裁兼首席运营官，负责运营和财务。东方电脑公司需要每年支付给该员工 6 万美元，外加所有福利。该行将提供最高 30 万美元的信贷额度。我认为这是一个很好的交易，因为东方电脑公司 ECI 确实需要一个专业的商人来经营这个业务。我们在几天内就签署了这项协议。我渴望得到的美国信息总署 USIA 合同，终于可以开始实施了。

威拉德·安德鲁曾经是一名银行家，被任命为东方电脑公司 ECI 的执行副总裁。他是李·佩恩和美国弗吉尼亚州银行行长拉里·史密斯的密友，在 40 多岁时，安德鲁是很友好，很有礼貌的。他是当时东方电脑公司 ECI 薪水最高的雇员，尽管安德鲁是执行副总裁，但他对电脑、公司财务或政府合同一无所知。因此，他的职责仅限于提供办公室和实验室的普通设施，购买供应品并充当银行的界面人员。

安德鲁有奢侈的习惯，比如他为公司走廊买了 3000 美元的壁画，还有为会议室购买 200 美元一只的烟灰缸。

"威拉德，这些东西对我们小公司来说太贵了，你认为我们需要它们吗？"我问他。

"我是得到银行的同意，花这些钱的。"他对我说：

"威拉德，银行同意借钱给我们，但我们必须偿还他们的本金和利息。对我们来说，这些钱不是免费的。"我惊讶地说。

除了对家具的昂贵品味外，他最喜欢做的事情是猎鸭，他经常在电话里花几个小时和他的朋友们安排猎鸭活动。我们都认为，如果他能让公司盈利，我们就能容忍他所有的缺点。然而到了年底，我们的会计账目显示当年亏损超过 25 万美元。

我去弗吉尼亚联合银行，要求同李·佩恩和拉里·史密斯会面。他们在电话里从不接受我对威拉德的抱怨，从他们的角度来看，我不知道我在说什么？

"我们已经把能找到的最优秀的人员派到你的公司。"李告诉我

"看！李，我们正在亏钱，因为他花了我们太多的钱去买不必要的东西，我确实需要借更多的钱来维持公司的运营。"我告诉他们。

我试着对他们保持礼貌和友好，他们不仅拒绝向东方电脑公司 ECI 贷款，而且还在试图侮辱我。

"我们不会再借钱给你了，你为什么不把脸上的笑容抹去呢?"李·佩恩说。

我觉得这种侮辱实在是非常不专业，我从椅子上站起来，说：

"你们没有权利侮辱我，我将归还你的贷款，回购你的东方电脑公司 ECI 股票，我现在我就解雇你们的威拉德。"

我一句话也没说，就走出他们的会议室。就这次会面之后，我去了在楼上的诏弗恩银行，新任的副总裁艾的·纬查德很高兴地接受了东方电脑公司的账户，并同意将这笔钱立即支付给弗吉尼亚联合银行。

在这一点上，我已经没有任何的其他选择，只能自己经营公司。1985 年 1 月我向欧道明大学请假一年，专职担任东方电脑公司 ECI 的总裁。作为一个的商人，我没有任何经验，唯一的财务背景是在大学里为计算机系预算申请经费。这与经营一家价值数百万美元的企业完全不一样。我非常担心自己管理公司的能力，但无论如何我都要接受挑战，做好这件事，为能够克服公司的困难而感到兴奋。

我做的第一件事就是控制支出，不管金额是多少，我都必须查看所有的采购情况。如果我觉得这对公司业务不是非常重要，我通常会拒绝采购请求，差旅费和长途电话也大大减少了。接下来我要做的就是缩小现金流量的差距，政府的付款总是从 30 天推迟到 60 天或更长时间，但我们必须花钱购买并加工处理这些货物，然后才能送到政府手中，这导致了负现金流成为一个经常的问题，并陷入了一个恶性循环，随着时间的推移，问题变得更加严重。

同我们的供应商谈判，让我们在付款条件方面更加松弛，我也和政府合同办公室交谈，要求加快我们的发票处理速度。我非常严格批准所有间接合同的费用，包括我自己在内，东方电脑公司现在有 26 名员工。合同的交付是顺利的，平安无事。我们派出教师到世界各地，培训美国信息总署 USIA 的员工如何使用网络系统以及如何从东方电脑公司 ECI 的 24 小时电话服务台获得帮助。

在最初的 12 个月里，东方电脑公司 ECI 已经向 16 个国家的海外机构提供了网络系统。海外机构通过外交途径将破损的网络单位发送回东方电脑公司进行维修和预防性维护，美国信息总署 USIA 的官员对东方电脑公司 ECI 执行合同的表现非常满意。

在 1985 年东方电脑公司 ECI 的业务规模与 1984 年的年底差不多，但东方电脑公司不但不亏钱，而且净收益超过了 28 万美元。这一结果增强了我经营企业的信心。我不像一年前，第一次接手时那样害怕。东方电脑公司需要我的服务来维持稳定。我向大学再申请第二个年假，并得到了教务长的批准。1986 年东方电脑公司的收入水平与 1985 年大致相同，约为 375 万美元。再一次，我们不亏钱，还赚了税后的 35 万美元。我不仅获得了做生意的信心，而且在做我的工作时，也有很多乐趣和满足感。我又要求第三年的休假，并得到了大学的批准。

第四十四章

返乡探亲

1984 年初，联合国开发计划署（UNDP）任命我为技术顾问并安排我前往中国开展科学技术讲座。由于我父亲在解放前旧军队的职位，我曾经担心进入中国可能会发生一些问题。但在联合国的任命安排下，我想到中国去作科学技术讲座应该会是安全合适的。当时没有从美国到中国的直达航班，所以我先飞到香港，再从香港转飞到北京。我以前从未去过北京，因此我先计划在北京进行为期两天的旅行。到北京机场来接我的朱伟灵先生曾经是东方电脑公司 ECI 的访问学者，在北京从事半官方工作。在前往北京饭店的途中，我们单独相处时朱伟灵告诉我，

"郑博士，这里不是美国，请适当小心一些。"

朱伟灵还陪我去参观故宫和颐和园，我对中国古代建筑的宏伟壮丽感到敬畏，当时没有任何机器设备，如何能够建造成如此雄伟的建筑，怎么能做到这一切呢？其中一块 4.3 米宽，超 30 米长的雕刻大理石板，如何从几千公里以外的地方，运输到了北京皇宫。我听说都是在冬天运输的，先把水倒在路上先形成一条冰路，再滑到北京。

在紫禁城，我看到了一个巨大的金锅，与美国费城自由钟的大小相似，当年八国联军侵入中国时外国士兵用刀刮掉了金层。

午餐时间，我们走进一家整洁的大餐厅，在那里我们找到了一张桌子坐下，旁边还有几位客人在就餐，一群年轻的男女服务员正在开心地谈话并发出一阵阵响亮的笑声，我几次举起手臂示意，召唤服务员，但都没能引起任何服务员的注意，朱伟灵很不高兴，大声叫后，一位女服务员不情愿地前来，不耐烦地问：

"你想要什么？"。

"我们想在这里吃午饭。"朱伟灵说。

女服务员什么也没说。她只是走到后面，带回了两套餐具，她扔在桌子上，朱伟灵不满意了，他站起来，把我拖离了这家餐厅。

"这是一个典型的由政府经营的餐馆，那些年轻的服务员大多数是高级官员的孩子，他们不关心餐馆生意是否赚钱，他们只是想要得到工资报酬。"后来我们找到了一个小餐馆，吃了一顿饭，朱伟灵也向我介绍了北京这座城市。

我爸爸年轻的时候在北京住了好几年，我从他那里听到了很多关于北京的事情，北京的是一座美丽的城市，特别是在晚春季节，宏伟高大的建筑，宽阔笔直的街道和天安门广场，让我印象深刻。与我所记得以前曾经住过的地方相比，北京人更有礼貌些，爸爸告诉过我，作为中国首都的北京是历代古都，在这里生活的人们，都为能够成为北京市居民而自豪。

1984 年，北京的汽车很少，出租车服务必须由酒店的人员安排，不能在街上挥手扬招出租车，过去为显要人物服务的豪华轿车现在被用作出租车。为了我的好奇心，我坐在一个巨大的黑色豪华轿车里，这并不是很舒服的，使用天然气作为燃料，当然也很低效。

北京饭店的餐饮服务确实是非常独特的，我们走进当时被认为是北京最好的酒店，我邀请朱伟灵在主餐厅与我一起吃晚饭。我看了看菜单，发现了许多不错的菜，价格是很好的。我为我们俩点了四道菜，我以为会有剩菜，但当菜肴端上桌时，我惊呆了！数量很少、非常的少，少到甚至使我不能相信。

1984 年 在北京机场

"朱伟灵，看那些该死的菜！碟子就像咖啡碟一样小，这些菜对我们俩来说根本不够，让我再多点一些。"我说。

"我以前从未到过这里，这些菜实在太少了，我饿了。"他说。

"这真是个吝啬的地方，我还以为这家酒店为外国政要服务的。"

"他们不会在这里吃，你看在二楼有许多特别的宴会厅吗？在那里你可以吃到大盘子和真正好吃的食物。"朱伟灵告诉我。

我点了四道菜，我们两个人吃完了所有的食物，味道还可以，就是数量太少了，这顿饭让我想知道其他的餐馆是怎么样的。

虽然食物很便宜，但我们不得不使用"外汇兑换券"付账，而不是当地居民使用的货币，我对北京的第一印象总体上是正面的。

1984 年在中国商业飞行还是非常困难的，朱伟灵和我乘火车去上海，而不是乘飞机。

"你不必去想乘坐那些苏联的安-24 飞机，在中国有很多次的坠毁纪录。因为时间上你不是很急，我们宁愿坐火车。"朱伟灵告诉我。

"当然，我们坐火车去，此外，我还想在铁路沿线看看这个国家。"我说。

"我不需要先在无锡住三天，我们去无锡之前为什么不去上海旅游呢？"

"我们当然可以做到这一点，我将在上海预订酒店。"

"你熟悉上海吗？"我问。

"我是土生土长的上海人，我在那里长大。"伟灵说。

"太好了！我在上海的时候只有14岁，我需要请你带我参观上海市。"我说。

"我很乐意带你四处看看。"

我们在卧铺车厢里乘坐一晚火车，这是相当舒服的。第二天早上，我们到达了上海火车站。我们坐一辆出租车在上海市里转转，上海看起来同我1948年离开时的样子差不多，在商业地区或住宅区很少有新的建筑。我对旧上海的回忆，比36年后更有魅力，我以为这座城市在1984年看起来要老36岁，几乎被一层灰尘覆盖着。自从我再次看到这座城市以来，在我的心中这座城市已经失去了以往的光彩。

1984年 在北京故宫

在市中心商业区，大多数店面都是封闭或被木板封住。最受欢迎的购物区南京东路，现在只有几家国有商店，商店里挤满了购物者，但出售的商品种类却非常有限，南京东路还是像我36年前记得的那样拥挤，但现在几乎没有什么可以买的了。

人们穿着中性的衣服，要么是灰色的，要么是蓝色的，五颜六色的服装色彩已经从人群中消失了。在街上行走的人流中，还有不少人还穿着打了补丁的旧衣服，我记忆中繁华迷人的上海已经不复存在。

我们去了我叔祖父母的大房子和他们公寓的所在地方，那些建筑物看起来已经是破旧不堪，年久失修，楼下的办公室也变成了许多居民的住所。我敲了敲门，一位年长的女士打开了门。

"对不起！这是郑公馆吗？"我问。

"不是！现在这里已经不是郑家的住宅。当上海解放时，他们被踢出了这里，三十年前我们一家人和其他五户人家经过分配安排到这里来住。"她说。

我听说中国革命后发生了这样的事情，但这是我亲眼所见的第一个真实的情况。关于我在上海失散多年的亲人，我也找到了一些线索，但我没有时间在这次旅行中去访问他们。

第二天上午 11 点半，我们从上海乘火车，下午 1 点半到达无锡。两名当地官员举着接待牌在那里迎接我。

"我是来自联合国开发计划署的郑天任，这是我的朋友，来自北京的朱先生。"

"欢迎来到无锡，我们是无锡科学技术会议办公室派来的，我们将带你们去宾馆。"其中一名官员说。

"我们还没有吃过午饭，我们去宾馆之前，能否在一家餐馆停下来，让我们吃点东西吗？"

"我很抱歉，在这个时间段，下午 1 点左右的时候，所有的餐馆都停止供应食物。"他说。

"你为什么不帮我们找些饼干或其他的东西给我们吃呢？我们很饿了。"朱伟灵对他们说。

"好吧！你先坐在这里喝杯茶呢？我和司机一起去为你们找点吃的东西。"

大约 15 分钟后，他为我们买来了一个生日蛋糕，那是那天他能找到的唯一的食物。

"我们非常抱歉，下次请在你去的任何地方前先吃点东西。"这位官员说。

在去宾馆的路上，我问朱伟灵关于这件事。

"嘿！伟灵，你怎么不知道今天下午 1 点的事？"

"好吧，我们在离开上海之前没有时间吃东西，然后我想我们可以在下午 1 点之前到达无锡，在无锡我们可以买到吃的东西，我确实知道这个规则，但还是很抱歉让你挨饿了。"他说。

1985 年 和无锡市长在一起

无锡是一个安静的小城市，也是一个著名的旅游胜地，太湖非常美丽，二千多年前的西施就住在这里。官员们带我们去了为贵宾预留的湖滨宾馆，朱伟灵不得不住在另一家旅馆里。湖滨宾馆建在太湖水面上，有一条木制的走道，连接着餐厅和地面上的建筑物，我觉得这是一个很好的度假场所。

联合国开发计划署的任务是为六次讲座而设计的，我计划每天做四个小时的讲座，因此我准备了每次四小时的六套材料。那天晚上，讲座组织者王先生到我的房间来看我。

　　"欢迎来到无锡，你能来我们这个小城市，我们感到非常荣幸。有什么我可以帮忙的吗？"他说。

　　"我只有联合国开发计划署的那封信，告诉我要做六次讲座。因此我计划六次的课程，每天一次讲四个小时，"我说。

　　"哦！那……"他犹豫了一下。

　　"有什么问题吗？"我问。

　　"我很抱歉。我们已经宣布过，你将为这个项目提供六天的课程和每天六个小时的讲座。"他说。

　　"我准备了24小时的讲座。现在你要我做36小时的讲座。我可能做不到。"我有点迷惑。

　　"你看，这些讲座参与者来自全国各地，都是自费来的。如果我们不把宣传册里承诺的内容给他们，他们会非常失望的。"

　　"你们告诉我了这些情况，好吧，我会想出一个办法来解决这个问题。"我说。

　　"好，谢谢你！明天上午8点45分我们在宾馆大厅见面，然后带你去讲座会堂，晚安！"

　　太湖上的清晨景色美得令人窒息，我早早起床，独自一人在餐厅里吃早餐，因为我是在这家大宾馆里唯一的外国客人。这里有很好的食物，有著名的苏州饺子，还有很多其他的菜，比北京的饭店要好得多。

　　我的讲座在第二天早上9点开始，礼堂里挤满了来自全国各地的200多名代表，还有无锡的当地人。我用我的折叠投影仪和幻灯片帮助我完成演讲。我的讲座主题是网络和通信标准以及与技术相关的最新进展。实际上，上午和下午的讲课用了两组我已经准备好的内容。为了完成演示文稿，每次演讲都经过了一段时间的准备，随着时间的过去，三天内已经讲完了我准备的全部材料。这样我需要从我的脑子里再准备另外六组演讲材料，由于我没有带任何参考资料，因此我只好在晚饭后准备写好第二天的演讲稿。在一整天的讲课和回答问题之后，我很快就吃好晚餐，希望在开始写演讲稿前放松几分钟。

　　有人在我的房间门口聚集并敲门，我打开门，就看到一群学员，大约有8个人。

　　"晚上好，郑博士，我们可以进来吗？"

　　"请进来，我可能没有足够的椅子让你们坐下来。"我说。

　　"我们只是想问一些问题，白天有太多人的围着你，所以我们想现在来请教你。"其中一名参与者说。他们渴望学习更多，而且非常真诚，我没有勇气把他们赶出去。在他们离开之前，这个问答环节持续到10点。我筋疲力尽，但我还是得把新的教课笔记写好，直到凌晨1点钟。这样的情况持续到第五天，那是一个非常炎热的日子，没有空调。我早上就很累，但是下午4点左右我就感到头晕了。当我表现出一些失去平衡的迹象时，组织者告诉我要休息一下。并带我去诊所做检查。那里的医生发现我发高烧，而且血压非常高。

　　"你必须休息，停止你正在进行的所有活动。"医生告诉我。

　　"我还有一天时间去完成请我来做的工作，能否能让我完成工作，医生？"我说。

"不行，如果你这样做，会出事情的。我要告诉王老师明天取消讲座。"

星期六的讲座取消了。

"很抱歉，我们把你累坏了，明天让我带你去游湖，太湖是非常漂亮，我相信你一定会喜欢。"王先生告诉我。

王先生在太湖旁边租了一艘大船，把他的三名工作人员带到了我们身边。那是一个阳光明媚的日子，风和日丽，湖面像镜子一样光滑，周围的绿山环绕着淡蓝色的湖水，我完全被周围的自然美景所吸引。游船从浩瀚的水中航行到一个小岛屿，我们在一家餐厅停下来吃午饭，然后在天黑前回旅馆。对我来说，这是一次非常愉快和难忘的旅行，我相信在那天我的血压恢复正常了。

第二天，我和朱伟灵又回到了上海。

"伟灵，我很感激你在中国给我的所有帮助，我还要去香港和台湾，然后从那里回弗吉尼亚。希望以后会在美国见到你。"

"我很高兴能和你在一起，请照顾好自己，向郑太太和东方电脑公司的朋友们问好。"朱伟灵说。

1985 年 为中国科学家作演讲

我飞到香港，停留了两天，然后乘飞机去台湾看妈妈和爸爸。他们生活得很好，爸爸在孔子研究所给一群虔诚的学生上课，他有一屋子的学生，每周有两到三次的讲课，这让妈妈和爸爸都很忙，很开心。在台湾几天，我经常在餐馆里请他们吃饭，向他们告别总是很困难的，尤其是妈妈。

回到弗吉尼亚海滩市，我开始写信给我在中国的朋友，寻找我在上海和北京的亲戚。我找到的第一个亲戚是我的表叔，在重庆他给我的狗喂食麦牙糖。我先给他写了信，他立即回复了，他给了我外婆在上海的地址，外婆和我妈妈的兄弟和他们的家人住在一起。我给外婆写了信，舅舅回了信，我打电话给在台湾的妈妈和爸爸，他们只是高兴地说不出话来。

"天任，你能不能到上海去看望我的妈妈?"她说。"告诉她我很想念她，但现在我甚至不能给她写信了。"她说。我知道她一定又在哭了。

"妈妈，可能在 10 月或 11 月我可以去上海看外婆。"

"当你看到外婆的时候，一定要给她一些钱，告诉她关于我们的事。"

"我会的。当我从中国回来的时候，我会告诉你们所有的事情。"我说。

1984年11月，我又去了中国。我先飞到香港，再乘火车到中国和香港之间的边境城市——罗湖。为了穿过边境检查站，我不得不排两个小时的队。因为我还要去台湾，我的护照没有盖印，这位官员将把"红星"印在一张单独的纸上，而不是护照上。我飞到厦门经过福州再飞往上海，为了东方电脑公司我需要在这两个城市里参加一些商务会议。朱伟灵是正确的，安-24是一架非常脆弱的飞机，发动机启动后，我能看到金属板上的铆钉似乎会因为震动而发生脱落。更让我感到害怕的是，飞行员在着陆前几百公里，就把起落架放下。我认为这样的飞行是很鲁莽的。但是我很想去看望外婆，所以我冒了这个险，因为乘飞机可以节省不少时间。

到达了上海机场，我发现行李被随便放在地上，让乘客自己去寻找。幸运的是，表叔和他的女婿苏弘在机场帮助我提取行李，并帮我登记入住上海宾馆。我整理妥当，换好衣服以后，乘坐出租车去外婆家。在我的脑海里，思绪和情绪快速地奔跑，我知道自从我们在1949年8月的那个晚上偷偷溜出家门之后，36年里发生了许多变化。比母亲小几岁的，外婆的长子刘以坤舅舅已结婚了，有两个儿子，现在同已经结婚的大儿子住在一起；三舅刘以奎，当时生活在别的地方。

我走进这条又长又窄的小巷，按照以坤舅舅给我的地址找到了这个号码，那是一座很大的多层砖砌建筑。当我来到这所房子的时候，我看见一位老妇人正站在门口，一只手扶着门框。我认出了她就是外婆。我冲上前拥抱她，并告诉她我是谁。

"我知道你要来了，我就一直在等你，进来吧。"她说。

"你好吗，外婆？我已经有36年没见到你了。"我跟着她走进了房间。

舅舅、舅母、表叔、婶婶和他们的儿子宇明都在上班工作。只有表弟的妻子简在家里，她给我端来一杯热茶。

"天任，你的妈妈和爸爸怎么样？"外婆问我

"他们都很好，他们想让我跟你打招呼，给你这个。"我一边说，一边给外婆一个信封，里面有200美元，那时候在中国是一大笔钱。

"你知道我多大了吗？"外婆问我，她现在能说普通话了。

"让我看看，你现在肯定已经90多岁了。"

"新年过后，我就是94岁了。"她笑着说。

"外婆，你还喝酒吗？"

"现在喝不多了，我只在我们有庆祝活动的时候才喝酒。"

"外婆的记性真好，当我们找不到东西时，我们总是向她求助，她的记忆力就像大象一样。"简说。

"外婆，你还记得我们离开福州的那一天吗？"我这个问题已经有30多年了。

"当然，我记得。当你和你妈妈午夜过后没回家时，有人来问我和刘以奎你们的下落。我告诉他们，我们不知道，他们非常不高兴，还把我们带到他们的地方去询问。两天后，他们发现你们所有的人都去了台湾，他们只能让我们走，以后我们就被认为是敌人的亲戚。新官员拿走了你们留下的房屋财产。30年前，我搬到这里和你的以坤舅舅住在一起。"

"外婆，我希望我们没有给你添太多的麻烦。"

"你们做到了，但这对我很好，因为我知道你们是安全的。"她说。"简，跟我来，我想去买我外孙最喜欢的食物。"

434

她和简一起去了市场。我留在家里喝茶，同时我环顾四周，看看五位成年人和一个一岁的婴儿的住房情况。只有一间单人房，大概有 6 乘 4 平方米左右，用毛毯将房间分成两部分，供几代人使用。外婆在门附近有一个自己的角落。厨房和其他设施与住在一楼的家庭共享。

外婆和简带着两篮子食品回来了，我的舅舅、舅母、婶婶和宇明在下午 5 点以后都回家了，外婆把我介绍给每一个人，我以前从未见过他们，我们在这栋 8 户人家住房的院子里吃了晚餐。我体会到上海居民住房短缺的严重程度。刘以坤舅舅是一位金融专家，我的阿姨是一名护士，而宇明则是一名电机工程师，这个家庭每月的收入大约是人民币 100 元，对于还不到美国年轻工程师的一天收入。

在这次访问中，我找到了几位我在后来的中国之行的亲戚。1948 年，我在上海见过的那位叔祖的两个孩子，健叔在 50 多岁时去世，而他的弟弟鸣叔则是北京的一名工程师。

1987 年，通过表叔的努力，我们与在战争中被送进孤儿院的姑姑联系上了。在台湾的妈妈和爸爸不能和他们中的任何一个人联系。他们所有的通信都必须经过我或在香港的朋友。多年来，我每年都要出差到中国两到三次。最后，我在中国见到了我的大多数亲戚，除了那位教我制作矿石收音机的以坤舅舅，是他让我进入了电子行业，现在他是中国北方的一名化学工程师。

外婆在 99 岁的时候从梯子上跌下后去世。

表叔移居到美国和他的儿子住在一起。我经常在他在华盛顿特区的家中拜访他。他已退休，但仍忙于担任交通大学校友会海外校友会的主席，他遭受有严重的背部疼痛。

1986 年，在厦门我拜访了另一个姨父林久瑜，是妈妈最小妹妹的丈夫。1947年我们住在南京的时候，他们曾经来过我们，我记得 20 多岁时的小姨父是一位非常英俊的年轻人。几年后他和我的阿姨结婚并且有了一个刚从大学毕业的女儿。姨父曾经是香港的一名报社记者，后来他的亲戚动员他回来为祖国服务，在厦门的一所高中的任校长，阿姨是另一所学校的老师，现在他们都已经退休了。当我去他家拜访姨父和阿姨的时候，我看到姨父脖子上有一个很深的伤疤，那是我在 38 年前在南京看到他时没有看到的。

1985 年我去了福州，因为当地人认为我是一个成功的本地人，现在住在海外，福建省省长和福州市市长为我举办了一场宴会。第二天，他们还为我提供了一辆汽车和翻译，陪我去任何我想去的地方。第一站是我在福州的老家，外婆以前住在那里。我很想去看我爷爷的图书馆，想把一些书带回美国。通往我们家的路没有改变，老家房子虽然同我记忆中的一样，但是看起来非常古老，年久失修，需要大面积的整修，才能恢复原来的面貌。我的一个姨妈还住在二楼，我看到爷爷的图书馆被改做成了一间卧室。所有的木书架都不在了，所有珍贵的书籍都不见了，我在楼下找到了一个老房客黄先生。

"黄先生，你认识我吗？1949 年我在这里住过。"我对这个虚弱的老人说。

"我看不太清楚，但我知道你是谁。"他说。

"你知道楼上我爷爷的图书馆发生了什么事吗？"我问。

"我当然知道，当时我试图阻止他们，但他们只是打我。"

"那些人是谁？他们做了什么？"

"那是附近的小混混。他们向保安人员报告说，楼上的房子是国家敌人的财产，你知道这是很大的罪行。保安人员来了，拿走了所有的书，就在街上焚烧。

还有一些人来拿走了所有的书架，我不知道他们对书柜做了什么。不管怎样，在那些日子里，我只关心自己的事。"

听到老人的故事，我的心都沉了。我希望能看到一些书，当我住在那里的时候，图书馆是我最喜欢的地方，真遗憾！

我们的老房子被分割成小房间，里面住着许多家庭。作为对海外华人的一种姿态，当局会把房子还给我，我不愿意接受这个提议，因为如果我把它拿回来，我就必须修理它，然后以政府确定的价格再租给别人。我觉得花钱修理房子是很愚蠢的，然后就会有更多麻烦的头疼事情来维护房子。我先跟爸爸谈过，然后问萍萍，我们决定不收回我们以前的房产。

我的下一站是去看三一学院，我在那里度过了一个学期。看到曾经拥有美丽的红砖建筑群的中学校园内，几栋灰色的混凝土建筑杂乱无序地在那些年久失修的红砖建筑中。我感到非常的惊讶，教堂被改造成一个铸造工厂来生产管道设备，鼓风机的声音和熊熊的火焰取代了祈祷者的声音，曾经辉煌的彩色玻璃窗被教堂内燃烧着煤炉上的黑烟所覆盖，我没有勇气走进教堂内探望。但我可以想象在这个神圣的场所里面是什么样子？看到这所旧学校的衰败，我感到很难过。1949年解放后，所有的英国教师都离开了中国，我在那里没有找到任何老师或同学。

校长陈先生，已经70多岁了，住在学校附近。司机开车送我到他家。在鼓山区开车经过10分钟的车程，在高高的栅栏里面我看见一栋很大的维拉式的房屋。我敲了一扇双木门，一个20岁左右的年轻女子开了门。

"我可以见陈先生吗？"我问。

"哪位陈先生？"她问我。

"哦！陈中新，陈先生是三一学院的前校长。"

"他是我的祖父，我可以告诉祖父你的名字和你是谁吗？"

"我是他1949年的学生，我的名字是郑天任。"

她把门开了，但又回到屋里去了。我想她得和她爷爷谈谈，是否允许我到屋里见他。大约二分钟后，她脸上带着淡淡的微笑出来了。

"我是美琦，我的爷爷想见你，请进。"

"谢谢！"

我跟着她走进了这个非常古老但十分干净的大房子，她的房子后面的起居室里有一个茶室。陈先生坐在沙发上，他的头发全白，瘦得皮包骨，看起来比他的年龄大得多。

"祖父不能轻易走路，他的膝盖因为关节炎而虚弱。"她说的时候陈先生挣扎着想站起来。

"午安，陈校长，请不要站起来。"我边说边摇着他的手。

"我的孙女告诉我你是谁，我记得你。你的父亲和我是许多年前在英华高中的同学。"他说。

"我仍然想着你给我的帮助，让我在第一次月考失败后可以继续留在课堂里上课。"我说。

"我记得你在接下来的考试中表现得很好，我很高兴你在学习上的努力。你的父亲怎么样？我听说他去了台湾。"

"我爸爸住在台湾，现在已经退休了"。

"现在告诉我，你在做什么？"

"我和我的家人住在美国，我在一所大学里教计算机科学。"

"很好！我知道你会做得很好，你看到学校了吗？"

"是的，我刚从学校过来。"

"你现在还不知道，学校已经毁了。"

"我对此感到很难过，那是一个美丽的校园。"

"文革期间，我被关进了监狱，幸运的是，一些好心的人救了我，在我们的历史上，这是一段可怕的时期。"

"我很高兴这个国家现在正朝着正确的方向前进，每次我回来，都更繁荣。"

"现在是我们从废墟中恢复的时候了。"他叹了口气。

"谢谢你见我，再见！请好好照顾自己。"我说。他看起来已经很累了。

回到我祖先的家乡，我感到很黯然。我在这次旅行中所看到的一切，都抹去了我对学校、图书馆和整个城市的美好回忆。突然间，我失去了对我渴望去的地方的热情和亲密感，我希望我没有回来过。

1987 年，东方电脑公司取得了几项政府合同，其中包括五角大楼宽带计算机网络、国防核机构、劳工部、教育部和美国海军的各种计算机项目。东方电脑公司公司的年营业收入已经增长到 1,300 万美元以上，员工人数也按比例增长到超过 100 人。我们又搬到了一个新的地方，可以容纳更多的工作人员。

我一直在与政府官员、商业伙伴和外国供应商会面，我一年环游世界四到五次，我应该回到我几乎一生都在的学校吗？我在一所大学里有薪水最高、最负盛名的职位。我可以回去过一种平静的生活，等待我的退休。另一方面，我将面对日常挑战，管理一个规模相当庞大、复杂的业务，可能会让我老得更快。

"萍萍，我已经离开大学将近三年了，我不确定我是否应该回到大学，公司正在稳定下来，我真的很喜欢商业世界。"我对她说。

"嗯，你已经在大学里呆了 25 年了，我相信你很难从学术上脱离出来，但我知道你也很喜欢商业上的挑战。无论你决定做什么，我都会支持你。"她很了解我。

"我想回到欧道明大学，我一直很珍视杰出（明星）教授的头衔，但我认为现在我在经营这项业务也是很有趣的。"

"你在生意上做得太多了，在我看来，你真的很享受。我相信你内心深处仍然在想做更多的事情。"萍萍正确地读懂了我的心。

"既然你能说出我心里的想法，在我心里，我会说你是对的，我决定继续留在公司，辞去在欧道明大学的职位。你怎么认为？"我问萍萍。

"我认为这对你和企业都有好处，如果你想以后再教书，你总可以再回到学校去。"萍萍说。

"好吧！这就是这个样子，我要打电话给院长，告诉他我的意图，这样他就可以准备去找一个接替者了，一旦我出来了，我不会再想回到学校了。"

"我不会担心的。"萍萍说。

虽然我很怀念教学和学术工作，但商业世界却更具有兴趣和挑战性。我也建立了对自己公司的信心，我还有很多想要去实施想法和计划。对我来说，迎接挑战是一种乐趣而不是一种负担。在 1987 年底，我正式辞去了我在计算机科学领域的终身教授职务。从 1957 年到 1987 年我的学术生涯总共 30 年。虽然我仍然是计算机科学的兼职教授

第四十五章

痛失爱子

　　我的小儿子叔霈是一个非常聪明活泼的小男孩，3岁时就开始经常有鼻子不舒服和呼吸困难的问题，但都被我们认为是由于灰尘和霉菌引起的过敏反应，并没有检查出任何严重的问题。直到9岁的时候，叔霈又开始抱怨有间歇性的视力问题，他眼睛的视线不时地受到阻挡，而且每次变化的位置都不同。我们曾经多次带他去罗切斯特纪念医院进行诊治，一直没有找到确切的病因。几个月后，叔霈抱怨说他的双手有时会发生无法控制的肌肉抽动，我们继续送他到医院接受医生们所能想到的各种各样的测试和检查。结果出来后我请教了余伊琳医生，余医生是我们家庭的好朋友，她对检测试的结果进行了分析。

　　"考虑是一种称为 Sydenham 病(舞蹈病)，目前还没有任何已知的治疗方法，随着年龄长大后可能会好转。"余医生告诉萍萍和我。

　　我们相信余医生的意见，除了等待叔霈长大后问题可能会好转之外，没有其他的选择。每次叔霈发生视力问题或手部肌肉抽动的时候，就会找我帮忙，除了听叔霈对不舒服的描述外，我也是无能为力。我的心情很沉重，无限痛苦着，没有任何医生能帮助我的小叔霈。

　　叔霈13岁的时候，我们搬到了弗吉尼亚海滩，在学校里叔霈很活跃，参加的课外活动也很多，八年级后就进入考克斯高中。叔霈还是学校辩论队的队员，代表学校参加过多次辩论比赛并赢得了许多奖杯。

　　叔霈的声音很好，在学校足球比赛中担任现场播音员。他还活跃在当地的男声合唱以及和声四重奏的演出，那是一群40-50岁成年人的活动，叔霈参加男声四重奏的活动感到非常快乐，他从来不错过每一次的演出活动。叔霈甚至还参加了学校的摔跤比赛，在那一段时间里，叔霈仍然抱怨他的眼睛和手的问题，但不像以前那么频繁，我们觉得他的身体正在逐渐好转了。

　　1981年5月前往台湾的路上，我在飞机起飞前，从肯尼迪机场打电话回家。

　　"叔霈刚从一场为期一天的实地考察后从华盛顿回来，现在他正在咳嗽，还有些血从他的嘴里吐出来了。"萍萍非常担心地告诉我。

　　"你为什么不能在明天早上带叔霈去看医生呢?"我建议萍萍。

　　二十小时飞行后，我一到台北，马上就打电话回家查问叔霈的病情。

　　"嗨! 我安全到达台北了。叔霈如何? 他看过医生了吗?"

　　"医生取了叔霈的一些血样，送到了实验室检查，结果应该在三天内出来。"萍萍告诉我。

　　在台北，我在白天有一系列的商务会议，晚上要去看望妈妈和爸爸，在台北的第四天，我打电话给萍萍。

"李医生已经对叔霈进行进一步的检查，他的血小板计数很低。李医生已经安排了一个专家小组，对叔霈的病情进行一次联合会诊。"萍萍告诉我。

　　我的心再一次沉重了下来。

　　"叔霈感觉如何？他仍然像往常一样活跃吗？"我问。

　　"如果你只看他，从表面上看不出有什么病？不再咳血了，吃饭和睡觉都正常，等你到家的时候，就会知道的。"萍萍说。

　　我非常担心叔霈的病情，为此缩短了对亚洲国家的访问。我没有把叔霈的病情告诉我的妈妈和爸爸以免他们担心，我从台北急急忙忙赶回美国，回家去看医生对叔霈的诊断是什么？我回家后的第二天早上，萍萍和我马上去李医生的办公室。

　　"我现在还不能肯定地说，但是最初的诊断表明叔霈的疾病可能是红斑狼疮的一种形式。"李医生告诉我们。

　　"红斑狼疮是一种什么病？"我问。

　　"红斑狼疮是一种自身免疫性疾病，病人的免疫系统攻击自身的组织器官，把自身组织看作是外来的异物一样，我建议你们带叔霈去看一下爱德•乔治医生，他是血液疾病的专家。"李医生说。

　　我们很快就带叔霈去看乔治医生，乔治医生给叔霈开了一种治疗性的药物，每隔一天都要监测叔霈的血小板。

　　"乔治医生，我非常害怕使用类固醇这种药物，类固醇最终往往是会毁掉叔霈，而不是治愈他。"我说。

　　"我想，类固醇是目前控制这种疾病的最有效方法。"他说：

　　"除了类固醇还有别的选择吗？"

　　"没有，目前还没有可以治疗红斑狼疮这类疾病的有效药物。"

　　"乔治医生，请给我几天时间考虑一下类固醇的药物治疗。如果你给我们开处方，我们就会买到这种药物。在我们准备开始使用时，我会给你打电话。"

　　我向美国和台湾的医生朋友请教，没有人给我任何建议，但他们都同意类固醇的长期治疗对叔霈是非常不利的。

　　"我将使用最小剂量的类固醇，而且当血小板增加后，我就减少类固醇用量。"乔治博士向我保证。

　　"好吧！请将用药剂量控制在叔霈所需要的最低限度。"我终于屈服了，同意给叔霈使用类固醇。"

　　在最初的几个月里，类固醇似乎很有效，叔霈对治疗有了反应，如同期望，叔霈的血小板也在增加。但是，长期使用类固醇也出现了一些副作用。最明显的是满月脸，叔霈的面部特征发生了很大的变化，原来他有一张非常英俊的蛋形脸，现在变成了圆脸。叔霈的脾气原来很好，在服用类固醇之前一直都很愉快，后来他变得性情急躁、脾气不好。我们认为这些都是药物的副作用，因此我们没有很注意。

　　由于狼疮入侵到叔霈身体的其他部分，乔治医生建议将叔霈的治疗转给免疫学领域的著名专家李德曼医生。在乔治医生治疗叔霈整整一年后，我们把叔霈的医生改成了李德曼医生。李德曼医生继续对叔霈采用同样的类固醇治疗，他的诊所离我们住的地方很近，这样对我们来说比较方便，当红斑狼疮侵入叔霈的肾脏时，需要去李德曼医生办公室的次数变得更多。

　　"红斑狼疮侵入肾脏，叔霈对治疗的反应很难控制。"李德曼告诉我们。

我知道叔霈的病情正在发展，我对来自李德曼的消息感到很不满意，当肾脏被红斑狼疮侵犯时，人体组织中失去了许多蛋白质，同开始时比较，类固醇的剂量增加很多倍，类固醇的副作用就变得更加突出。

服用类固醇有另一种副作用就是尿酸水平增加，李德曼增加了更多的药物来对抗类固醇的副作用。由于使用类固醇，叔霈的血压越来越高，每日服用的处方药中又添加了抗高血压药物。叔霈严格按照医生的指导服用药物，每天，当我看到他吞下一大把药丸时，我都感到心痛，又找不到任何替代方法。我很清楚，医生的处方只是对症治疗而不是针对疾病的病因，我十分担心这些药物的组合会给叔霈带来更多的问题而不是治愈疾病。

自从开始服用类固醇后，叔霈对生牛排有了一种奇怪的食欲。因为从他的尿液中失去了蛋白质，所以他需要补充大量的蛋白质，叔霈每天吃一磅或更多的牛排，有时每餐就要吃这么多的牛排，他的胆固醇水平超过了300。

"叔霈，含有脂肪的生牛肉对你的健康有害，你的胆固醇太高了。"我告诉他。

"李德曼医生告诉过我，需要额外的蛋白质来补充从我肾脏失去的蛋白质。"叔霈说。

我觉得听起来这是很不合理的，就打电话给李德曼医生，试图让他作些改变。

"李德曼医生，按照你的指导，叔霈吃了很多牛肉，现在他的胆固醇水平已经超过了300，你能告诉他减少一些脂肪摄入吗？"

"高胆固醇是由类固醇引起的，对长期服用类固醇的人来说这是正常的，别担心。"他说。

"李医生，这种高胆固醇水平会不会引起叔霈心脏和动脉血管的问题？"我问。

"不会，我并不认为吃太多的牛肉会引起他的任何问题。"李德曼医生说："他可以过上正常的生活，就像他现在这样，活到60岁不会有任何问题。"李德曼医生说

这些话对我来讲是一种安慰，但我仍然担心叔霈胆固醇水平过高会引起其他的问题。长期服用类固醇除了引起各种各样的其他问题外，也使叔霈在晚上难以入睡，但是在学习方面叔霈还是努力完成了高中的学业并登上了荣誉榜。

虽然在高中期间叔霈病得很重，但他仍然保持正常、丰富的作息，既忙于学业，又忙于课外活动。那些不了解情况的人都会认为叔霈是一个精力充沛的年轻人。在考克斯高中，叔霈有一个很好的女朋友朱迪，他们在高中三年的时间里经常约会并一起参加了毕业舞会。起初，我以为他们对未来很认真，但毕业后，朱迪离开叔霈去上大学，他们只是停止了联系，叔霈从来没有表现出对朱迪的思念，当朱迪回家度假时，他们还是一起出去活动。

毕业后，叔霈作为一年级新生进入了欧道明大学（ODU），叔霈的学习强项是文学，不但文章写得很好，而且演讲表达能力得也很强，所以决定攻读英语文学学位。我鼓励他去追求他能做的最好事情。在欧道明大学，他在辩论队中非常活跃，曾为该大学赢得过几次奖项。在联合国演讲模式中叔霈也很活跃，他的写作能力使他进入大学报刊的编辑团队。叔霈独自一人开车去诺福克上学，没有任何问题，在路上时，药物并没有使他感到任何困苦。他显然对欧道明大学很满意，他热爱生活，一直在想要做些事情。大学的活动减少时，叔霈就会有时间去思考他自己的问题，此时他会变得很伤心。

"爸爸，为什么是我？为什么我会得到这种罕见的疾病？这对我的生活有

很大的影响，但我不知道我能活多久？我听说大 多数红斑狼疮的病人都活不到20 或 21 岁。"有一天，叔霈对我说。

"爸爸，为什么是我？为什么我会得到这种罕见的疾病？这对我的生活有很大的影响，但我不知道我能活多久？我听说大多数红斑狼疮的病人都活不到20 或 21 岁。"有一天，叔霈对我说。

"叔霈，我不知道应该怎样回答你的问题，我只是希望我能替你生病，让我们共同来对付这种疾病。"我一边用手握住叔霈的肩膀，一边说，我们热泪盈眶。

1986 年秋天，沙特的一位朋友穆罕默德·阿里巴拉来访问东方电脑公司，我和萍萍带他去一家中国餐馆吃午饭，叔霈也加入了我们，因为穆罕默德非常喜欢叔霈。午餐期间，我发现叔霈突然停止了进食。

"有什么问题，叔霈？"我问。

"没什么，我的背部有点疼，但现在已经好了。"叔霈说。

我并不认为这是严重的事情，在那次午餐时，穆罕默德邀请叔霈到沙特阿拉伯进行访问，他将为叔霈承担所有的费用，叔霈欣然接受邀请。

在穆罕默德返回沙特阿拉伯一个月后，寄来了往返机票和 2000 美元的支票，叔霈非常高兴能去沙特阿拉伯旅行。萍萍帮助他准备了所需要的所有药物，叔霈带着一个行李袋去探索中东。那是欧道明大学的寒假期间，当时叔霈是大学二年级的学生。我们要求他经常打电话回家，叔霈在海外两周的时间里，打了好几次电话。他告诉我们，他和穆罕默德·阿里巴拉一家人，住在利雅得附近的大农场里，非常开心和兴奋。穆罕默德的兄弟哈拉德·阿巴拉把叔霈带到了红海，在那里他们花了两天的时间在珊瑚礁潜水。叔霈也同阿里巴拉家人派来的同伴一起去开罗旅行了几天，然后叔霈就回家了，虽然很累，但非常高兴。

1987 年 4 月 10 日，一个星期六的早晨，我正开车去开会，车载电话响了，萍萍紧张地告诉我：

"你最好马上回家！叔霈病得很重。"南希陷入了恐慌。

我的心沉到海底，我不知道发生了什么事？但我回想起前一晚，叔霈在他的房间里测量自己的血压。

"爸爸！这是奇怪的，我看不到电子血压计上的读数？"他说。

电子血压计以前也有过一些问题，所以我没有太过注意。此外，叔霈在下午去了李德曼医生的诊所。

"叔霈，在医生办公室血压读数是多少？"

"医生说血压很高，但他没有做，什么也没说什么。"

那天晚上 11 点左右，叔霈来找我。

"现在刚刚发生，我感到背部有些疼痛。"叔霈说，他指的是在肩胛骨下面的背部。"痛的部位就在这里，痛了一会又不痛了，我不知道发生了什么事？"

"吃两片阿司匹林，然后上床睡觉。"我对叔霈说。

叔霈走到厨房，服了两片阿司匹林，就去睡觉了。第二天早上我在叔霈起床之前就离开了家，然后接到萍萍的电话。我在返回家的路上，突然想起我的一些朋友在心脏病发作时也是先感到背部疼痛。我害怕叔霈是不是会是心脏病发作。但这怎么可能呢？医生说高血压和高胆固醇不会影响叔霈，因为这种高血压是药物治疗的结果而不是病变导致的高血压。

我把车开的非常快，10 分钟内就到家，叔霈和萍萍都在车道上等着。我招手让他们上车，然后飞快地开到附近的医院。叔霈感觉到非常痛，要求我开得再快一些，我只花了 5 分钟就开到医院的急诊室入口，我请萍萍把车停到停车场，我帮助叔需走到急诊登记台。那个职员显然是一个实习生或者是一个替补，她不急着去登记，反而转过身去同一位站在她身后的朋友聊天，我不得不提醒她我们这里有紧急情况。然后她问了我各种不重要的问题，与此同时，叔需也在受苦，他的脸变白了，我变得心烦并告诉那个女人。

"如果你不知道在急诊情况下如何做好你的工作，我会让你的医院对我儿子的任何延误负责任！他可能是心脏病发作！"

"他不是心脏病发作。"她说。

我很生气，帮助叔需走进了急诊室。幸亏有位医生在门口，看到叔需的情况后，马上拿来氧气给叔需用上。医生们把叔需推进急救室，让萍萍和我一起在大厅对面的候诊室里等着。我仍然很生气，因为那个愚蠢的女人把我们拖到登记台后，让我们等了5个小时，才有医生过来看我们。

"你儿子心脏病发作了，但我们还不知道有多严重？我们正在做更多的检查，等到明天就可以知道结果，现在他舒服些了，我们把他收进病房。你们可以去看他，我请护士带你们去。"医生说。

我们感谢医生对叔需的照顾，我的心被各种消息切成了碎片。

"你看到李德曼医生的高血压和胆固醇的讲法是多么错误！我认为关于叔需的饮食和过度活动也是错误的。"

萍萍被吓坏了，她什么也说不出来，一个护士来到候诊室，告诉我们可以跟她一起去看叔需。我们走到四楼，那里有更严重的病人，叔需靠在床上的一堆枕头，他看起来好多了，面部的红颜色又回来了。

"嗨，妈妈！嗨，爸爸！医生给了我一些药片，我现在感觉良好，我什么时候可以回家？"他问道。

"叔需，医生说你可能是心脏病发作了，仍然需要做一些测试。你只是保持冷静，休息一会儿，你就会没有事了。"我说。

"明天你们能不能把我的随身听和磁带带来，可以吗？哦！我也想读每日突发新闻，你们能不能帮我把今天和明天的每日突发新闻带来。可以吗？"

"当然，我明天就会带给你，今晚好好睡一觉。晚安，叔需！"我说。

"晚安，爸爸！晚安，妈妈！"叔需说。

萍萍走过去吻了吻叔需的额头，对他说了晚安。在回家的路上，萍萍情不自禁地哭了起来，我们都被突如其来的病情发展吓坏了。

第二天早上，萍萍和我去医院看望了叔需，他一定是度过了一个艰难的夜晚。

"爸爸，我一点也没有休息，噪音和灯光让我整夜不舒服。"

叔需看起来很疲劳，正想休息时，萍萍和我坐在医院的走廊里或在走廊里踱来踱去。我们一直等到下午3点，狄更生医生把萍萍和我带到走廊上并同我们交谈。

"恐怕我有一些坏消息要告诉你们，你们儿子的心脏肌肉严重受损，需要紧急的心脏手术来抢救他的生命。由于心脏组织损伤的面积过大，我们不可能在弗吉尼亚海滩市医院做手术，我们必须要把他转送到诺福克总医院。你在这里等着，我们会准备好交接手续，你可以乘救护车去，也可以开车跟着救护车去诺福克。"

萍萍和我都吓了一跳，事情怎么会突然变得如此糟糕？我感到麻木，想哭，但我没有眼泪，我们要回去看叔需。

"叔需，你的心脏有些问题，我们需要带你去诺福克医院去接受手术治疗。妈妈和我会一直陪着你。"我对叔需说。

"我知道我心脏病发作了，我需要做心脏手术吗？"叔需问道。

442

"是的，叔霈。"我说，我点了点头。

"好的，我不害怕，请不要担心。"他说。

萍萍和我情不自禁地转过身，静静地擦着眼泪。

我们跟着救护车，灯光闪烁，警笛呼啸而过，一直到诺福克总医院的急救中心，在那里带着推床和氧气的工作人员已经准备好了，他们迅速把床推到离入口不远的手术准备室，手术团队也已经准备好了。首席外科医生是阿商医生，他领导着一组医生和护士。阿商医生来到等候室向萍萍和我介绍了他计划做的事情。

"心脏组织的损伤是如此严重，我们将尽最大努力抢救叔霈。"他说。

"在这么年轻的时候，受损的心脏组织很快会长好吗？"我问。

"心脏组织有自我修复能力的，叔霈的危险不仅仅是心脏组织。正常情况下，老年人比年轻的病人有更多的康复机会。" 阿商医生说。

在我要问更多的问题之前，护士出来告诉医生。

"我们已经准备好了，请你们保持冷静和放松，大约需要3个小时才能完成手术。" 阿商医生告诉我们。

萍萍和我感谢了阿商医生，看到他在走廊后面消失了。

这是一个漫长的等待时间，似乎比平时过的慢得多。我们在医院的走廊里踱来踱去，又去咖啡馆喝一杯咖啡。萍萍到医院的小教堂为叔霈祈祷，我也默默地为叔霈的安全祈祷，这是漫长而且非常危险的手术。我走进手术室套间，试图透过小窗户窥视手术室里面，我所能看到的就是那些穿着白色长袍和绿色服装的忙碌人群。我们没有吃午饭或晚饭，但是我们并没有饥饿的感觉，我们的胃都结成了一团，我们的喉咙被一个乒乓球大小的东西噎住了。萍萍告诉我，我的面色是灰绿色，但时间仍在缓慢地流逝。医生在傍晚大约5点半左右进入手术室，等了这么久，还只是6点半，我们知道要等到9点钟的时候医生才会出来。

"你为什么不去等候室睡一觉呢？"萍萍说。"别忘了你也有高血压，医生出来的时候我会给你打电话的。"她告诉我。

"好吧！我去小睡一会儿。"我说。

我试图闭上眼睛，但无法使我的神经平静下来，我就跳了起来和萍萍一起到医院后面的停车场去呼吸新鲜空气。

"我不知道为什么事情会变得如此糟糕和失控。"我说。

"也许是命运，在过去的几个月里，似乎没有什么事情是对的。"萍萍说。

几个月前，我就担心叔霈的高血压和高胆固醇，但李德曼医生向我们保证从这些数据来看，不会对叔霈的身体造成任何伤害，我想他是错的。"

"我同意你的想法，但是叔霈很相信了他的话。"萍萍说。

就在心脏病发作前一天，叔霈就感到生病了，叔霆带去过李德曼医生的诊所，医生已经看到了很高的血压读数却没有发现叔霈的心脏有什么毛病。

"我想那是李德曼医生的助手，那天李德曼医生正在度假。"

"我对这些问题也感有责任，那天晚上，叔霈抱怨他的背痛，我就应该送他到医院。"我说。

"不要过多责怪你自己，你不是医生。那天晚上我确实打过电话给李德曼医生，但他并没有回电。"萍萍说。

"我很后悔那天晚上没能够认真地去思考，因为我听说过心脏病发作的病人经常会感到背部疼痛。"我说。

愤怒、后悔和担心使萍萍和我都十分难过，我们决定回到等候室休息一会儿，那时大约是晚上8点20分。

在 9 点 15 分，阿商医生从手术室向我们走了过来。在他开口说话之前，他脸上的乐观表情已经使我如释重负，阿商医生把他的手放在我的肩膀上。

"手术进展得很顺利，叔霈现在在康复室，接下来的三天至关重要，心脏组织的损伤不像我们想象的那么严重，这是一个全面恢复的好机会。"阿商医生说。

听到这个消息，萍萍和我都很高兴。虽然我没有清楚地看到，但我知道在我们的眼睛里都有喜悦的泪水。晚上 10 点时，护士告诉我们的叔霈在一间私人病房，他已经醒了。萍萍和我去了四楼的病房，叔霈身上到处都是管子，头部有氧气面罩。叔霈醒了，神志清晰，举起手臂向我们做了个手势，我们俯下身体同他说话。他可以移动他的眼球和双手来回应我们，但是他还不能说话，氧气管通过他的嘴巴插入。我们很高兴地看到叔霈安全地经受了这次大手术，我们知道他需要休息，我们也因为疲惫而濒临崩溃。

"医生说一切都很顺利，应该好好休息一下，明天早上我们会回来看你的。"我对叔霈说。

叔霈举起右手，向我们挥手，表示晚安。我开车和萍萍一起回弗吉尼亚海滩后，瘫倒在床上。

第二天早上 8 点之前我们就到了医院，叔霈已经醒了，氧气管仍然通过他的嘴插入气管，看起来比前一天更清醒了，面部表情也恢复了。上午 9 点阿商医生过来告诉我们到目前为止叔霈的恢复是非常好的，如果恢复的过程保持不变，叔霈将在几天后出院，萍萍和我都松了一口气。

手术后的第二天，我们时时刻刻看着在康复室里的叔霈，所有的情况都很好。这天的值班护士非常好，按时来检查叔霈，因为气管插管和叔霈的口腔以及咽喉部都堆积有排出来的粘液，每隔半小时就需要由护士帮助清理干净。那天晚上，我们怀着极大的希望回到了家，希望叔霈能渡过这场灾难。

第三天叔霈又取得了更加好的康复进展，叔霈很高兴，也很自信。他要求我带一些他最喜欢的磁带和索尼随身听，我马上开车回家，把这些东西带到了医院。叔霈那天心情很好，但是他不能说话，所以他用铅笔和纸同萍萍、我和护士们交谈。一整天，叔霈都很活跃地吸引周围的人。我们认为叔霈恢复得很好，我们确实也很累了，所以在晚上 10 点就离开了医院回家，可以多休息一会。叔霈在床上坐着，听着录音带的音乐，那天晚上的护士就是那位身材高大的，带着很重英语口音的年轻女子，她喜欢和其他护士聊天。我们在医院的时候经常看到她从护士站里消失，因为她的离开，嘴和喉咙里的粘液堆积几乎会堵塞气管而影响叔霈的呼吸。这种情况已经发生过两到三次，只有在萍萍去喊她以后，这位护士才过来。在我们离开叔霈房间之前，再三告诉这位胖护士要经常检查叔霈嘴和喉咙里的粘液以防发生万一的情况。

凌晨 4 点钟的时候，我们被电话吵醒了，另一端的声音听起来像护士，

"你儿子叔霈的呼吸已经停止了一段时间，他现在有呼吸，但是没有意识，你和你的妻子应该尽快来医院。"她说。

"我们马上就到。"我对她说。

"萍萍，叔霈的呼吸曾经停止过一段时间，现在已经恢复了，但是护士要我们赶快去医院。"我告诉萍萍。

萍萍和我都像被闪电击中一样，我们很困惑事情怎么可能会如此突然地变化到不好的坏方向？以前阿商医生还告诉我们，叔霈可以在在两到三天内出院。在高速公路上，我以每小时 130 公里的速度开车，好在当时那里没有交通拥挤的问题。我们不到 20 分钟就到达了医院，我们很快就到了叔霈的病房，叔霈双手被

绑在一起，身体被绑在栏杆上，我们十分困惑。我去护士站查看发生了什么事，那个胖护士不见了。

"出于某种原因，叔霈把气管插管从嘴里拔了出来，昨晚早些时候，他很高兴地和护士们唱歌聊天。一点钟后，护士在检查时，发现他的呼吸已经停止了，夜班护士按压他的胸部使他苏醒。现在我们把他绑在栏杆上，防止他再拔管子。"护士长告诉我们。

我对发生的事情有一种预感，那个胖护士一定是在到处聊天，忘了检查叔霈。当粘液充满叔霈的喉咙时，叔霈无法呼吸，所以就把气管插管从他的嘴里拔了出来，这样他就能喊护士来帮助他清除喉咙里的粘液。由于叔霈的肺还没有清除干净，还需要额外的氧气来维持他体内器官的正常运作。包括护士在内，没有任何人知道叔霈什么时候失去了知觉，护士来检查时，他已经停止了呼吸。护士用手挤压很靠近叔霈胸部手术伤口的部位，而不是用电击胸部来恢复叔霈的呼吸，我觉得这是很愚蠢的。我对那个胖护士很生气，因为她的疏忽和粗暴地对待叔霈，我也很不高兴医院把这样的护士放在照顾重危病人的岗位。我很后悔没有在那里过夜，因为我发现护士没有尽职地把工作做好，我向阿商医生抱怨发生的这些事情？

"发生了这样的事，我非常抱歉，我们现在需要的就是要抢救叔霈的生命。"他说。

"叔霈的生命处于危险之中吗？"我问他。

"我很担心。" 阿商医生说。

萍萍和我对这样的发展感到非常不安，我想要起诉医院和胖护士，但现在我想先救叔霈。

从那天晚上起叔霈就再也没有恢复过知觉了，在仪器的监测下，他的身体状况逐渐恶化，血压降低，排尿减少，脉率急剧上升。萍萍和我日夜呆在医院里，轮流回到弗吉尼亚海滩检查办公室里的事务。大多数时候，我们都在医院里看着叔霈，晚上，我们睡在候诊室的一层毯子上，我们就这样大约度过了10天。

有一天，医生来找我们谈话。

"叔霈进入休克状态，也许就在几个小时内他将完全失去生命。"他说。

"他还有多少时间？"我问。

"几个小时或一天，我不能确定。"

萍萍和我觉得受到一场的突然而至闷棍打击。出于绝望，我想我应该试试云南白药。

"是否可以尝试一下中国药物？看看能否增加他的生存机会。"我问医生。

"不会加速他的死亡。 对吗？"医生说。

"当然不会！"我说。

"如果是这样的话，就试试吧。"

我从家里带了一些从国内运来的云南白药，在药瓶里有一粒豌豆大小的红色药丸被用作紧急用途。我撬开叔霈的嘴巴，把红色药丸放在他的舌头底下。我还握着叔霈的手并祈祷。在绝望中，我试图通过我的集中思想"把"我的能量"注入"到叔霈身上。我尝试任何事情来拯救叔霈的生命，这些事情我从来没有做过，也从来没有相信过，包括祈祷和身体能量的传输。从那个早上起，医生告诉我们叔霈已经休克了，萍萍和我就一直和叔霈呆在一起，上午9点左右，我们把红色药丸放置入叔霈的舌下。

根据医生的说法，叔霈只有几个小时的生命。但在下午，叔霈的病情突然有了轻微的"好转"，到那天晚上，他的状况比一两天前还好多了，医生带着怀疑的态度来找我。

"我不知道你们给叔霈用了什么？显然是能够帮助他，但并没有脱离险境，因为他的许多器官组织都已经受到了破坏。"医生说。

"我可以继续给叔霈用中药吗？"我问医生。

"当然可以，我祝你们好运！等到叔霈能够对给他的药物治疗做出反应之前，我不知道我们能够做些什么可以帮助叔霈？"他说。

在家里，我把云南白药粉末放在小胶囊里，然后通过他的喉咙把药粉放下去。一天之后，没有明显的改善，我认为叔霈的胃已经不会消化这些药片，因此不会被他的血液所吸收。我尝试了第二粒和第三粒红色药丸，但都没有明显的效果。根据医生的说法，当血压过高时，叔霈的器官受到了严重的损害而且可能与手术后没有使用类固醇的情况下，红斑狼疮会变得更疯狂有关。在任何情况下，这种情况都要再维持十天。

最后，在4月30日凌晨4点，一名护士在候诊室叫醒了我。

"叔霈在一分钟前去世了。"她告诉我。

我跳了起来，冲进了房间，萍萍在叔霈的床前哭泣，我的心碎了，我同我抱着的萍萍一起哭了起来，我们的叔霈在只有20岁零5个月的时候就去世了，我感到我自己的很大一部分也同他一起走了。

在叔霈发生事故之前，我总认为我是地球上一个很幸运的人，我的家人也没有发生过不好的事情，叔霈的死，让我的信心全部崩溃了。我不敢相信这事会发生在我们身上，我希望这是一个噩梦，当我从梦中醒来，一切都和从前一样。萍萍也受到了严重的，无法用语言来表达的创伤。

我打电话到夏洛茨维尔，给在那里读研究生的叔霆和叔震，他们俩都在同一天开车回城。两人都陷入了深深的悲痛之中，但表现却有些不同。

"爸爸，在过去的两天，我都在黑暗中呆在叔霈的房间里。我希望叔霈会出现，我想最后一次同他说话。"叔霆含着眼泪说。

"我希望能够梦见到他，但在最后几天里叔霈从未进入我的梦境。"叔震隐藏着他的情感说。

"根据佛教的说法，他现在已经到另一个家庭再生了，让我们祈祷他能去一个好家庭。根据基督教的信仰，叔霈现在应该是在天堂和上帝在一起了，因为他是如此的一个好人。"我说。

同医院谈了关于叔霈遗体的看护之后，我不得不开车回到公司与一位海军上将会面为公司签订了一份大合同。这是我自4月10日叔霈生病以来，第一次参加的正式商务活动。

我们把叔霈安葬在安娜公主纪念公园。超过150人参加了叔霈的葬礼，他们中的很多人都是我以前从未见过的叔霈朋友。几个月来，我无法控制自己的思绪不去时时刻刻想念叔霈。我不仅只是想念他，还想到了所有可能发生的事情。我真希望如果我做了这件事或那件事都可能会有不同的结果，但事实最终在我的脑海中安定了下来。

叔霈永远走了，但是我们对他的爱永远不会终止。

第四十六章

双重间谍

学甫表叔就是 1944 年，在重庆用麦芽糖把我养的小狗嘴巴封上的亲戚，后来在上海当工程师退休。爸爸和学甫表叔联系上后，请学甫表叔去找那位在战争中被送到孤儿院的宁华姑姑，通过四川和重庆政府官员的帮助，学甫表叔找到宁华姑姑。大约三个月后，学甫表叔写信给我说他已经找到了宁华姑姑。姑姑从大学毕业后在一家孤儿院教书，已经结婚并有两个儿子和一个女儿，我打电话给在台湾的爸爸。

"爸爸，我有了关于姑姑的好消息。"我说。

"她在哪里？她怎么样？"我从爸爸的声音中，察觉到他的情绪很兴奋，很激动，他的声音哽咽了。

"姑姑在一家孤儿院教书，她已经结婚了还有两个儿子和一个女儿。长子是军队中的上尉，二儿子是一名大学教师，女儿在上大学，还是个学生。"

"我想帮助他们，如果有什么你能为他们做的，那就为爷爷做吧，我觉得亏欠她太多了。"爸爸对我说。

"爸爸，我会尽我最大的努力来帮助他们，特别是小儿子吴班。如果他想要来美国的话，我可以邀请他作为访问学者来我的公司工作。"我说。

"这样做很好，你为什么不跟宁华姑姑说这件事呢？"

"当然，爸爸。我今天就给姑姑写信。如果你想给她写信，我也可以帮助你把信转交给她。"

我给宁华姑姑写信建议她同意吴班到美国来，她的回答很快就表明了她对我的帮助表示感激。与此同时，爸爸让我给他们寄一些钱，吴班写信给我问我如何能够成为一名访问学者。我概述了这些步骤，然后他就按照这些步骤进行，开始办理时基本上还算是顺利，但是到了取护照的时候，不知什么原因等了几个月，一直没有任何消息。后来吴班又突然拿到了护照，接着就办理好美国签证。

1990 年底，吴班来到我的办公室，他很瘦、高个子、戴着厚厚的眼镜。我建议他取了一个英文名：般，他同意了。般被分配到东方电脑公司的光纤制造部门的一个非技术小组工作。他是一个很奇怪的人，不会与人相处。他利用他与我的关系逃避公司的规则，比如他会在仓库里抽烟，还不听从公司员工的提醒。

"般，这里是不允许吸烟的，你应该到别的地方去抽烟。"管理员李功成告诉他。

"见鬼，这规则适用于你，但不是我。"般说，他还是不停地吸烟。

在人手不足的时候，我们的员工需要大家帮助搬运一些重东西，通常会去办公室找般，而般往往是坐在办公室里看报纸。

"嘿！般，请帮我搬动一下放在房间里的发电机，好吗？"一个工人会问他。

"我才不做那种工作！去找别人吧，"般会说。

几周后，每个人都在抱怨般，我把般喊到我的办公室。

"般，公司里的每个人都知道你是我的表弟。为了我的缘故，你应该和这里的人们好好相处，而不是让大家对你不满意。"我告诉般。

"好吧！我会试试看。"他说。

二、三个月后，般非但没有改变，反而让一些优秀的员工陆续辞职，我又把般叫到我的办公室。

"般，我不认为你这样做对我们有什么帮助，我不能让你留在公司里了。现在，你到欧道明大学注册学习研究生课程，我会付给你报酬，就好像你在为东方电脑公司工作一样。我希望你能拿到硕士学位后到其他地方找一份全职工作，好吗？从现在开始不要再给学校里的任何人产生麻烦了！"我告诉般。

般确实上了大学，但他很少给萍萍或我打电话。我们定期把他的双周工资寄到他留下的地址。有一天，我从远东旅行回来，接到了般的电话。

"我可以和你和萍萍私下谈谈，行吗？"般问我。

"好吧！去东京餐厅吃午饭怎么样？"我问他。

"当然可以，我中午12点就到，这对你是方便的时候吗？"他问道。

"方便的，我会在那儿等你吃午饭。"我说。

般准时到达了餐馆，我们坐在一个安静的角落里。

"般，发生了什么？你还好吗？"我问。

"现在，我想在别人告诉你之前先让你知道。"他用普通话说。

"这是什么事？告诉我。"

"我正在为联邦调查局工作，是一名双重间谍。"他低声说.

"什么？"我几乎从椅子上摔了下来，"告诉我你为什么要这么做？"

"好吧！我拿到护照出来之前，我必须答应中国安全局为他们工作。我发誓我不会做任何伤害你的事。我把这事告诉了李应平，他告诉联邦调查局（FBI）关于我和中国安全局的联系。你出国离开美国时，联邦调查局逮捕了我。他们让我在监狱和合作之间做出选择。我选择后者，所以我现在是一名双重间谍。"

我在他的语气中发现了他有些自我淘醉。他可能会将自己的角色与007系列电影中的角色进行比较。

"般，我希望你没有同意在我的公司里成为安全局的间谍，你第一次见到我的时候，你没有告诉我这些事情，你要知道现在你已经踩在薄冰上了。对这种情况的处理远远超出了我的能力。从现在开始，你要自己处理你自己的事情。我会打电话给联邦调查局探员，找出发生了什么事。现在你必须做他们要求你做的每一样事情，千万不要让我们牵涉到你的任何活动中去。"我很懊恼和不安。

"我很抱歉，我发誓我不会给你们惹麻烦的。"他保证。

我打电话给在诺福克联邦调查局的探员并要求与他们会面，我们在一家咖啡馆见了面。

"鲍勃，你能不能告诉我般发生了怎么事情？"我问。

"郑博士，我们发现他试图在我们这个国家从事技术间谍的事情，所以我们让他做了一个双重间谍，要他向在中国的代理人发送虚假信息。"鲍勃告诉我。

"我们刚刚找到了我姑姑的儿子，我姑姑是在二战期间被留在孤儿院的。我把他作为一个访问学者按排到这里。但是我对他是一无所知，我甚至不知道他说的是什么？"我说。

"我们需要你的帮助，让他和你的公司保持联系，我们需要帮助他满足他在中国代理人的一些要求。你会帮助我们吗？" 鲍勃问我。

"你想让我做什么？"我问。

"这会花掉你一小笔钱，我们想请你租一间小办公室。我们将在那里做培训他的业务，让他知道该做什么？"

"我还要付他的薪水吗？"

"是的，我们不希望对方查到发生任何不同的事情。"

"好吧！鲍勃，除了房租和薪水，我们不想卷入其中。好吧？"

"你能帮我们解决这个问题，这太好了。"鲍勃说。

"如果情况有变化，请打电话给我。"我说。

东方电脑公司的一位雇员找到了一个地方，帮我租了下来并交给了联邦调查局，事实上，我从未去过那个地方。般和美国联邦调查局合作，他从来没有告诉我他在做什么？这样对我来说是很好的。

有一天，鲍勃打电话给我，让我担忧。

"郑博士，我们需要和你谈谈，你有时间同我们一起吃午饭吗？"鲍勃问。

"当然！你想去哪里？"

"中国餐馆怎么样？"

"如果你要强迫我，我就去。" 我笑着说。

"就这样，中午时我们到你的办公室来接你."

"中午见。"我说。

鲍勃和他的同事中午来到我的办公室，鲍勃把他的公车开到位于市区的中国餐馆，我们边谈边吃。

"鲍勃，为什么我们今天要在这里会谈?"

"好吧， 疯狂的般正在开着一辆新的奔驰车，在城里到处炫耀并引起了一些人的注意，你知道他在跟人说，好像他是特工007！"鲍勃用一种有趣的手势说。

"你们能否试着告诉他把车换掉?"

"我们确实试过了，但他不听。"鲍勃说。

"这个愚蠢的小子，我知道他有点疯狂，但这超出了我的想象。你想让我做什么?"我说。

"我希望你能和他谈谈，让他放弃他的新车。"鲍勃说。

"我可以和他谈谈，要他放弃新车，但我已经有一段时间没有听到他的消息了，也许你可以让他到我的办公室里见我。"我说。

"谢谢，我要让他先给你打个电话。"鲍勃。

一天后，般给我打了电话，我要他马上到我的办公室里来见我。

"般，我听说你刚买了一辆新的奔驰车，你觉得怎么样?"

"我很喜欢这辆车，这是我梦想的车。"他笑着说。

"般，你从中国来这里才几个月，你认为人们会对你的突然发财说些什么吗?"我问。

"好吧， 我就在晚上开这辆车， 这样就没有人会看到我的新车了。"他说。

"般，人们看到你的新车，他们不会喜欢的，包括你的联邦调查局朋友，我建议你买一辆不同的车。 对了，你从哪里得到这么多钱的?"

"好吧！我将卖掉这辆车，换一辆不同的车。"他回避我关于资金来源的问题。

"般，我想让你马上去做，车换过后给我打电话，我不想再听到别人抱怨你的奔驰车了，好吗？"

"是的，我要照你说的去做。"他说，他知道我对他的不良行为感到不安。

没有来自般或联邦调查局的任何消息，般也没有打过电话告诉我关于他新车的事情，但有其他人看到他在街上开着一辆二手的福特轿车。

有一天，大约三个月后，我的助手罗斯来到我的办公室，

"般打电话来，你要接吗？

"好吧，我跟他谈谈。"

"我可以来见你吗？"他问道。

"你有什么想法？"

"联邦调查局说，我可以买一些东西，然后通过东方电脑公司把它们卖给中国。"他说.

"好吧！明天早上10点来吧。"我告诉他。

"我会来的。"般说。

我给联邦调查局办公室的鲍勃打了电话，确认了班告诉我的事情，鲍勃证实了他的活动。

"鲍勃，般想通过东方电脑公司卖一些商品到中国，你同意他这么做吗？"

"郑博士，我们让他请求你的批准以建立另一方对他的信任。"鲍勃说。

"鲍勃，你知道有一些我们不想去做的事，我会有最后的发言权，对吗？"

"绝对是的！我们不想做任何你觉得不舒服的事。我要提前感谢你的帮助。"

般在约定的时间来了，穿得像个公司高管。

"我需要确认自己的能力，去购买中国需要的商品，联邦调查局FBI已经批准了这些项目。你能帮助我们去做吗？"

"列出中国想要东西的清单，在我购买和销售这些产品之前，我需要先进行审查。"

"这里有我列出的清单。"他说。

"好吧！明天回来，罗斯会给你答案。"

两个月后，般又要见我。

"我有一个来自中国的大订单，要购买夜视放大管。他们愿意为这些管子支付很高的价格。"他说。

"夜视技术绝对是由五角大楼控制的，我不想碰它，我建议你远离那种东西。"我告诉他。

他离开了我的办公室，有一段时间我没有听到他的消息。

有一天，联邦调查局的鲍勃打电话给我，

"郑博士，我们可以过来看你吗？"

"鲍勃，任何时间都可以，有什么事情出错了？"我问。

"我们会到你的办公室和你谈话。"

在十分钟内，这二位联邦调查局特工就来了。

"鲍勃，你怎么了？"我问。

"哦，今天早上般被海关人员逮捕了，他的所有办公室设备和家里的财产都被海关人员取走了。"鲍勃告诉我。

"发生了什么事情？我以为他在为你们工作。"我很惊讶。

"不完全正确，他一直在以非常高的价格将夜视管走私运到中国。海关人员冻结了他的银行账户，里面有750万美元。"

"哇！他从哪里得到这么多钱？"

"我们相信他一直在同你一年前解雇的李应平共事,他们俩组成了一个公司,不让我们所有人的知道,暗地下买卖这些东西。"

"天哪!他愚弄了我们所有人,接下来会发生什么?你们能不能帮他摆脱困境,以便继续可以为你们服务?"我问。

"即使我们想做,我们也不能为他做任何事情了。我想般和李应平都将会受到政府的审判。到时候,可能会要求你出来作证。"鲍勃告诉我。

"哦, 这对我来说并不意外,我想这二个人太贪婪了,太愚蠢了。"

"我想你是对的。"鲍勃说。

般从县监狱打电话给我,请求帮助。

"般,我要为你雇一位律师,我会找一位非常有经验刑事律师来处理你的案件。只要你听从他的建议,做好他要你去做的任何事。"我告诉他。

我打电话给鲍勃·琼斯,他是我认识多年的律师,鲍勃·琼斯为般推荐的一位刑事辩护律师。

这位刑事辩护律师建议般认罪,因为他是被当场抓住的。但般没有听从律师的意见,而是咨询了他的狱友李应平,李应平推荐了他自己的律师并建议把我向般推荐的律师解雇。李应平的律师要求提前支付6万美元,保证不会坐牢。般打电话给我,想向我借钱。

"李应平的律师真的很好,如果我付钱给他,他可以让我摆脱困境,但是需要预付6万美元。"般告诉我。

"般,我不知道在这种情况下谁能帮助你摆脱困境,根据鲍勃·琼斯的说法,如果你认罪,你将服刑三年或更少。现在你解雇了他,从现在开始我也不想牵扯到这件事上,我也没有6万美元可以借给你。"我告诉他。

鲍勃告诉我,般从华盛顿得到了6万美元的资金,但他没有告诉我这是从哪里来的。新律师将责任归咎于联邦调查局,声称般获得了联邦调查局的批准,可以走私夜视管,我被要求作为证人出庭作证。我只能说我办公室里发生的事情,幸运的是,我们保存了所有与本公司有关的书面记录包括:我们处理的所有交易以及我们拒绝出售的项目等等。

审判进行了大约两周,我在证人席上呆了30分钟,最后,法官判定般和李应平有罪。般被判处在联邦监狱服刑10年,李应平被判处服刑7年。我给宁华姑姑写了一封信,同时附寄了有关报纸报道的剪报。宁华姑姑对般所发生的事感到非常不安。她给爸爸写了一封信抱怨说我没有照顾好她的儿子。

我的表弟怎么会在中国同意做间谍来监视我的公司呢?我怎么能阻止一个如此愚蠢的人故意违反法律并被抓住呢?我从来没有回复姑姑的信件。由于长达一年的调查,导致东方电脑公司失去了好几个合同的机会。

第四十七章

母亲仙逝

　　1994 年爸爸突然中风了，这次严重的中风使爸爸瘫痪了，讲话功能完全受损。当时妈妈和爸爸都在台北，中风时的住院抢救和出院后的康复治疗，都是爸爸的学生帮助妈妈把爸爸送到医院。他们不让我知道爸爸中风的情况，直到爸爸出院了，才让我知道这件事情。此时爸爸逐渐恢复了说话的功能，同时也恢复除了膝盖以外的对身体各部分的控制，我打电话给他们试图说服爸爸妈妈搬到美国，住在我们附近的地方。

　　"妈妈，我们想让你和爸爸搬到这里，住在离我们很近的地方。"我反复打电话给妈妈说。

　　"我也想到你们那里去，但是你爸爸不愿意搬动。"妈妈告诉我。

　　"不能只靠你自己一个人的力量来帮助爸爸，如果爸爸又跌倒了，那又怎么办？"

　　"今天我再和他谈，我想会让他同意的。"

　　"我明天再给你打电话，祝你成功，妈妈。"

　　第二天我再给妈妈打电话，显然妈妈已经说服了爸爸。

　　"你爸爸终于同意我们搬到美国了，因为我威胁他说如果他不去，我就一个人去美国。"妈妈说。"爸爸想把这套公寓保留在这里，这样如果有需要，他就可以随时搬回来。"

　　"这是很好的，妈妈，我會回来帮你们搬家。"

　　1995 年夏天，爸爸妈妈都同意搬到这里后，我和萍萍在海湾地区为他们买了一套三面都可以看到海景的现代公寓房，1995 年 8 月我飞回台湾，把他们俩都接到美国并搬到海湾公寓最高层居住。这确实是一件很辛苦的事情，在推轮椅同时还要搬运一大堆行李。在旅行途中，我注意到妈妈走路时有些困难。

　　"妈妈，你的脚怎么了？"我问她。

　　"没有什么毛病，我只是有点累了。"她说。

　　他们搬到进公寓后，我雇了一位女佣为他们做饭和打扫卫生。妈妈非常高兴，大多数的时候爸爸也很开心，但仍然会有意想不到情绪波动，有时爸爸会毫无原因的心烦意乱，莫名其妙的不高兴。

　　到达美国六个月后，爸爸完全康复了，他们有一年半的好时光，直到有一天妈妈告诉我她有点胃部不舒服。萍萍和我带她去了贝赛医院做 X 光检查，结果发现她的胃没有问题。那天下午，她本来应该出院了但是主治医生不让她出院。原来我们想在医院里多住一天，对妈妈不会有什么问题，但是那天晚上妈妈在医院浴室的湿地板上跌了一交，摔伤了臀部。当我听说这件事的时候，对自己很生气，后悔没有必要的让妈妈在医院里多待了几天。

妈妈从秋天开始就患上了严重的背痛，她从医院回来后不得不一直躺在床上。三周后，她可以站起来，四处走走，但是左肩却会下垂，走路的时候还会做一种抽搐动作。我们再带她去看医生，又拍了一次 X 光片，显示左肺上有一个阴影，这个阴影在以前的 X 光片上也发现过，但是当时的医生认为是钙化的肺结核而误诊了。与以前的 X 片相比，这个阴影已经长大到 3×6 厘米，差不多有网球大小，随后的计算机辅助扫描（CT）发现，左肺肿瘤的生长已经深入到脊柱深处，我们把妈妈送回医院做组织病理学检查。

医生叫我去他的办公室。

"我有一些坏消息要告诉你，病理学检查证实你母亲得了肺癌。"他说。

"严重吗？你能为她治疗吗？"我问。

"我很担心，由于年龄过大，对她进行手术治疗是不现实的，而且癌细胞已经扩散到脊柱，放疗或化疗都不能延长她的生命，也不能治愈癌症，只能在癌症的最后阶段帮助她减轻疼痛。"医生说。

"还有其他的治疗方法能延长她的生命吗？"我不想放弃治疗。

"没有一种治疗方法能延长她的寿命，我们唯一能做的就是在最后时期帮助她减轻疼痛。"医生重复了他的医学观点。

放射疗法的唯一好处是在最后阶段能够减轻疼痛，但很快就会出现的副作用会严重影响到妈妈的生活质量，也不是一种好的选择。和爸爸讨论以后，我们决定要求医生开一些用于减轻疼痛的药物。

爸爸非常坚持，认为妈妈在情感和体力上的都不能忍受她的疾病，他不仅要我们隐瞒她患晚期肺癌的事实，而且还告诉她只是背部受伤，不久就会康复。他还和所有同我们有往来的亲戚一起策划了一项"大阴谋"，外婆享年 99 岁，早在八年前因为跌跤而去世了。但大家一直对妈妈隐瞒外婆去世的经过，现在爸爸又不想让妈妈知道她的真正病因。萍萍和我对爸爸对待妈妈的方式感到不满，因为爸爸过去曾经中风过，因此我们不敢做任何会让爸爸生气的事情。爸爸有这样一个坚强的信念，认为妈妈的性格很弱，如果告诉她患病的真相，她很快就会崩溃。

确定诊断后的三个月内，妈妈的疼痛并不严重，只是因为癌细胞已经侵犯到她的脊柱而不能站立，妈妈渐渐出现站立困难，不得不一直躺在床上。第一次妈妈对严重疼痛的陈述是在 1996 年的圣诞节前后，我们第一次给妈妈服用超强力的泰能诺止痛，泰能诺只作用了很短的一段时间，然后我们就不得不升级为 C3-泰能诺。这种添加了麻醉性药物的泰能诺使妈妈大部分时间都在睡觉，我们从医院请来了护士和全职女佣来帮助照顾妈妈。由于爸爸不愿意晚上有护士和女佣在他们的公寓里照顾妈妈，我们只好把妈妈搬到我们家住，这样除了护士和女佣外，萍萍和我也可以照顾生病的妈妈了。

萍萍最不高兴的是不让妈妈知道过多的事情，妈妈搬到我们家后，萍萍终于告诉妈妈她的母亲已经去世了的事。

"妈妈，我想告诉你，外婆已经去世了。"萍萍告诉她。

"她什么时候去世的？"

妈妈只问了什么时候去世的，并没感到惊讶或震惊。

"8 年前。"萍萍对她说。如果外婆还活着，现在她就已经 107 岁了。妈妈对外婆去世的消息并不感到惊讶，因为她没有听到她的兄弟姐妹关于她母亲的任何消息，早就对此表示怀疑了。大约一年前，她就一直在问我，关于我的表兄弟姐妹们的事情。我想我应该告诉她的病情而不是让她不知道真相，在她无法开口说话之前，可能有些事情需要去做或有些话需要告诉我们。

"妈妈，你想让我告诉你关于你的医疗问题吗？"

"是的。"

"妈妈，你得了肺癌，肿瘤细胞已经侵入了你的脊柱。"

"有什么治疗方法吗？""她问道。

"妈妈，恐怕不行。"我说话的时候，我自己正在崩溃。

"别为我难过，我过得很好，我只是担心你的父亲，因为他曾经中风过，需要更多的照顾。"

"妈妈，请不要担心，我们会好好照顾爸爸的。"

萍萍和我发现与爸爸一直担心的事情相反，妈妈实际上是一个非常勇敢的女性。

1997年1月11日，妈妈出现了呼吸问题，我们用救护车把妈妈送到附近的24小时护理院，这是专门为晚期病人设置的全护理医院，也被称为"舒适的家"，在那里的医生和护士每天24小时照顾晚期病人。萍萍和我每天去探望妈妈两次。由于她的肺已经几乎完全失去了功能，所以必须一直用氧气来维持血液中的氧含量水平。

萍萍和我分别在上班前和下班后去看妈妈，有时我们也会在深夜到护理院去看望妈妈的情况。妈妈在"舒适的家"的三星期内，大部分时间处于半昏迷状态，不能说话，但是她仍然能认出萍萍和我。当我去看望妈妈时，我会试着给她水喝，有时我会把护士留在房间里的食物喂她，看到妈妈那样的痛苦，我心里非常难过，但我仍然希望她能活得越久越好，我多次拒绝了医生提出的拔除氧气管的建议。

2月7日，我早上9点钟去看了妈妈，她和过去几周的情况相同，没有明显的变化，只是血液中氧含量的水平似乎偏低，我请护士增加些氧气供应。我早上去上班，然后回家去做一些院子里的事情。下午4点钟的时候，我查了一下电话录音机，大约十分钟前，萍萍给我留了口信，让我马上去"舒适的家"。我即刻感觉到已经发生了不寻常的事情，就赶快到"舒适的家"。我看到了萍萍和我们的二个孩子都在妈妈的房间里。

"妈妈在几分钟前就去世了，我们在她去世时找不到你。"萍萍告诉我。

泪水从我的眼中流了出来。

我走到床边靠近地看妈妈，她的眼睛睁的很大，我吻了她的额头，用我的手轻轻合上她的眼皮，她看起来很安详，仿佛在熟睡。

"在过去的十几分钟里，我试了好几次想要合上她的眼皮，但眼睛却一直张开着。最后一次就在你刚刚进入房间时，我想妈妈是在等着最后一次再看到你。"萍萍告诉我。

我无法保持镇静，在他们的面前，我哭了起来。

我并不迷信，但我以前听说过这样的故事，我相信妈妈在能够安静休息之前，是在等着想要最后一次见到她唯一的孩子。在抗日战争期间，妈妈过着非常艰苦的生活，在逃离日本轰炸的过程中，在偏远落后的农村里妈妈失去了一个女儿和一个儿子，至少有两次因缺乏医疗服务和设施不佳而流产。在我的记忆中，妈妈从来没有抱怨过我们所经历过的艰难生活，也从来没有抱怨过我的任何小错误。现在我们已经有能力为妈妈提供了良好的生活条件，我也曾经要求爸爸早点同意尽快搬到美国来住，但她却只享受了不到两年的好日子。

我也常常在想，上帝是不是存在？为什么一个从来没有伤害过别人的善良人，从来不为自己的享受做过任何坏事的人，在她去世前竟然会遭受那么可怕的疾病。如果有上帝，为什么不能让她幸免于所有的苦难？

就在埋葬妈妈之前，爸爸叫萍萍和我用他的一条领带把她的脚绑起来。

"你必须照我说的去做，把她的脚绑起来！否则她的丈夫，也就是我，将在一年内去世。"爸爸的眼睛里含着泪水说。

我们觉得很奇怪，但我们确实请殡仪工按照爸爸的指示去做了。萍萍和我都在想，爸爸为什么会有这样的要求，他不是一个迷信的人，但是他从哪里得到这种奇怪的想法？

妈妈确实经历过一段痛苦的婚姻，以致终身遭受了爸爸口头和精神上的虐待。尽管爸爸可能从来没有意识到，唯一的可取之处是爸爸在战争中没有抛弃她，我们也不知道爸爸是否也曾经欺骗过妈妈。但是妈妈从来没有得到过任何应得的尊重，几乎每天都在受侮辱。爸爸也有一些温柔的时刻，但我所看到也是短暂的，几乎是超现实的。

"是我抽烟导致她得肺癌吗？"有一天爸爸问我。

"现在已经过去了，但这可能不是唯一的原因。"我回答。

爸爸每天抽三包烟，都是和家人在一起的时候，而且是在同一房间里。妈妈从来不吸一口烟，因此二手烟很可能是导致她患肺癌而死亡的主要原因，1994年爸爸在中风后才戒烟。

我回想起那一年在贵阳拥挤街道，我和妈妈突然分开时的那一天，我走丢了，非常孤独，非常恐惧，等了又等，最后我和妈妈终于团聚了。而这一次，妈妈永远走了，除了在我的梦里，我这一辈子再也不会有母子团聚了。

第四十八章

踏入商界

在 38 岁以前，我一直在学术界工作，38 岁取到终身教授，在 41 岁就获得正教授职称，在 44 岁荣获得杰出（明星）教授的职位，在如此年轻的年龄就做到教学工作者的顶峰。

对于在学术界工作了一辈子的人来说，突然想要离开这个显赫的终身教授职位，都会被一些朋友和亲戚认为是发疯了。大学的终身职位是教师的天堂，一个人只要能够继续从事研究和教学工作或者至少从事其中的一项，就有了终身的保障。与个人的社会地位完全由经济利益来决定的的商业或工业领域完全不同，学术界的地位是在个人学术成绩的基础上，还要在教学和研究的岗位上长年积累，教书育人方面要有丰富的经验，研究方面要有突出贡献的成果。大学解雇教授几乎是闻所未闻的，更不要讲终身教授了，我明白，一旦我辞去了我的职位，就不可能再回到大学工作，大学也需要利用这个有声望的职位来吸引一流的计算机科学家以填补主任职位的空缺。

"现在我就要递交辞呈了，你有最后的想法吗？"我问萍萍。

"嗯，我们已经致力于这项事业，我认为你可能会怀念教书，如果厌倦了做生意，你总能再找到一份教职的。"

"好吧！现在我就辞职，但在辞职以前我可以先请假三年。"我告诉萍萍。

我知道，从那一刻起，我自己将在疯狂的商界世界中起落。大学为我在三年期内可以保留职位，但三年后便要离开终身职位，一旦离开，就像渡过河后把独木舟的绳索割断了一样，这使我比以往任何时候都更有决心要在商务事业上取得成功。离开了从事 38 年的学校和教学生活，离开学生和老师们，我心里对最终的离开还是充满着伤感。现在，我不得不放弃学生和教学，时时担心如何让公司里的职员能够留在公司，按时获得薪资报酬并使公司成长。

我是不是会怀念我一生中一直在从事的教学和研究？我想时间会给我答案的。在三年的休假期间，我总以为会重回大学的，现在不必去想的太多。我已经切断了在教育学术界的根，必须开始思考如何应对我一生活中最大的挑战。

当时叔震正在弗吉尼亚大学学习，我同萍萍和叔霆举行了一次家庭会议。

"好吧！从这现在开始，我将成为一名商人，不再从大学取得每月的收入。我们是独立的，我们必须在我们的商务事业中取得成功。否则，我们将不得不依靠我的退休金和社会保障金生活。"我告诉萍萍和叔霆。

"哦！我相信我们会做得很好的，别担心。"萍萍说。

"爸爸，我们在这个行业已经有了一个良好的开端，也许现在正是让我们扩展新业务的时候了。"叔霆说。

"扩大新业务是个好主意，但我们必须弄清楚哪些是新业务？我们已经走了很长的一段路了，我相信以后我们还能做得更好。我们将在目前的基础上发展我们的业务，但我必须告诉你，这并不是一件很容易的事情。"我说。

"我们只需要尽力而为。"萍萍说。

我们三个人都很清楚，我们的生活将从此永远改变。

为了扩大我们的业务，我们需要聘请有资质的企业管理，通过口口相传、推荐介绍，我们的需求在这个人口稠密的大都市地区蔓延开来。不到一个月，就有十多名来自其他公司的高资历高管打来电话要同我会面。最后，我雇佣了斯·格斯作为市场营销副总裁；大卫·鲁格为成像技术主任；鲍勃·费尔提为负责政府联络办公室的副总裁；詹姆斯·桑德森为总裁助理，还有几位中层管理人员也参与市场营销工作。在这段时间里，东方电脑公司（ECI）的市场营销人员非常多。1989 年，东方电脑公司（ECI）雇佣了 30 多名全职员工。大约一半的员工都在管理和市场营销部门工作。

在商业上，东方电脑公司（ECI）已经有 7 年的实践经验，在履行政府合同方面有良好的记录并可用以展示潜在的客户。因此，在获得新合同方面，东方电脑公司 ECI 的得分比弗吉尼亚州的其他公司都多。然而尽管东方电脑公司聘请了许多营销人员，但是从市场营销的来看，销售业绩却是很不理想，与前几年相比，我们收入底线的下跌十分明显，同时在工资单上有更多人员的报酬必须支付。因此，我不得不去向银行借款以支付日常运营费用，这是很艰难的工作。当你真正需要银行的时候，你就会发现银行家是如何对待你的。

任何我们想从银行要借的钱都需要提供抵押品，我们客户的发票金额是我们想要借到金额的百分之一百五十。通常是把整个合同的发票都送到银行作为抵押品，银行根据向政府提交发票金额百分之六十五至百分之七十的款项提供贷款。而且这些发票只在 90 天内有效，否则银行就会给我们打电话。政府授予的一些合同不能作为合格的抵押品，银行家给出的回答多数是不提供贷款。

"你真的能生产并交付这些产品吗？"银行家们会问。

"你真的能按时交付产品或服务吗？"银行家们会问。

"你的工作服务表现是否足够好吗？客户会按时付款吗？"银行家们会问。

对任何银行家不喜欢的答案，他们都不会提供贷款。这对于小公司和新公司来说，尤其艰难。

由于我们必须得到银行的帮助，我四处寻我，找到了一家当地的银行，是一家国家银行愿意通过提供信用额度来为东方电脑公司提供一些贷款机会。东方电脑公司（ECI）签署了把所有的合同收入百分之一百交到银行，银行将提供高达百分之七十五的资金给东方电脑公司。有一个问题，如果发票在 90 天内没有支付，就必须用新的发票来代替原来的抵押品。如果当时没有足够的替代发票来支付贷款，银行就会停止提供进一步的贷款。任何银行采取的这一行动，就可能会使一家小公司陷入严重的财务危机，甚至破产，许多与政府做生意的小公司都因为银行的釜底抽薪而倒闭破产。

执行政府合同的工作，与政府的工作宣言(SOW)所描述的完全不同，这种工作宣言(SOW)通常是在申请合同时提供的。在完成合同竞标和取得合同之后，工作宣言(SOW)内容的大部分还要根据政府项目办公室的要求而修改，这些修改都是正常而且应该去执行的。然而，根据联邦采购条例(FAR)，在合同被授予和签署之后，只有合同办公室才可以更改这些任务。

承包商的困境是，政府项目办公室经常会不经过合同办公室不断地提出新的要求，而合同办公室对这些新要求的反应通常是很慢的。政府项目办公室往往要承包商按照他们的新要求完成项目，每项合同的完成日期都有最后期限，如果合同项目在最后期限之前没有完成，承包商可能就会受到不付款甚至合同办公室的违约处理。

当承包商按照政府项目办公室的要求，执行不在政府的工作宣言（SOW）里的工作任务时，合同办公室的官员可能会拒绝支付承包商已经完成工作任务的报酬，这对于承包商来说，确实是个两难的局面。与政府争论常常会失去自己的名声，承包商会处于夹在两个政府办公室之间而面临失去名声和收入减少的风险。正是由于这种情况，许多小公司并不是自己犯错而受到致命的损害。相反，大公司往往会雇佣一群律师，由他们与政府争论，然后得意洋洋地出来。

为了减少开支，我们开车去城外举行会议，而不是乘坐飞机外出；我们经常住宿在"蟑螂旅馆"之类的经济酒店；我们在快餐店吃饭，绝对不饮用任何含酒精的饮料，甚至连啤酒都没有。我们把最初活动范围集中在大多数政府机构聚集的华盛顿特区，开始我们只是简单地向各个代理机构打电话联系。我的教学生涯为我准备了很方便实用的销售方法和技巧，我能够为客户提供技术上的答案并且能够根据访问机构的需要提出具体的解决方案。我们还能够向我们访问的官员提供东方电脑公司的能力认证和银行信用额度以显示我们的财务能力。技术和财务二方面的问题都得到了解决，使这些机构代理都变得非常愿意与东方电脑公司（ECI）合作。

经过个人会谈和演讲等，虽然我们访问过的那些官员都没有立即给我们工作，但是我们已经找到了一些愿意与东方电脑公司合作的民间和军方机构代理。因此，在最初的几年内，虽然没有签订任何具体的合同，我们的努力只是为了给公众带来了良好的印象。我还了解到咨询顾问通常是那些退休的政府公务员，他们与以前工作过政府部门仍然有很好的联系。他们熟悉有关的机构信息、特定要求、资金状况以及与项目关键人员的关系，因此我认为通过聘请咨询顾问是解决东方电脑公司营销工作的最佳方案。

通过相互介绍，我落实了一份可以与东方电脑公司（ECI）合作的咨询顾问名单，我通过打电话或者采访这些朋友。他们都讲了许多关于自己优点和有利条件，并要求从每月3,000美元到10,000美元不等的固定费用，很少有人愿意在获得合同后再支付报酬。由于东方电脑公司在财务上还没有能力可以在缺乏预见收入的前提下先支付报酬，因此我决定等待，直到找到一位能为东方电脑公司（ECI）带来机会和合同收益的人。我想如果我不能很快找到新的合同，至少东方电脑公司（ECI）还可以通过现有的业务来维持公司的正常运转。另一方面，如果我给公司的顾问支付过多的咨询费用，公司完全可能就会被拖垮而破产，我决定谨慎行事，把东方电脑公司的安全放在最为重要的第一位。

1987年晚秋，一位名叫林恩·威廉士的年轻小伙子打电话给我。

"嗨！郑博士，我是林恩·威廉士。赫尔曼·瓦伦丁先生推荐我给你一个宽带网络的合同机会，你有兴趣和我见面吗？"

赫尔曼·瓦伦丁先生是一家成功的大型公司-美国系统管理公司的老板，几年前我在大学教书时，曾担任过瓦伦丁的技术顾问。

"很高兴能够见到你，我们应该在哪里见面？什么时候见面？"我问林恩。

"如果你有时间，我马上就过来，我离你的办公室只有十分钟的路程。"林恩回答。

"那很好，你知道我的办公室在哪里吗？"我问林恩。

"我当然知道，我以前在这个地区开过几次车，你们就在邮局旁边，对吗？"林恩回答。

"是的，我就在这里等你。"

那天早上10点钟左右，林恩，一位彬彬有礼、穿着得体、说话温和的非洲裔美国人，走进了我的办公室，我请他在沙发上坐下，并为他端了一杯茶。

"现在请你告诉我，你说的是什么样的合同机会？"我说。

"郑博士，瓦伦丁先生是我的导师，我去见他是关于美国军队的需求。你知道，瓦伦丁先生掌握着许多美国海军SNAP的大合同，事实上是他告诉我要把这个合同机会交给你。"林恩说。

"你是怎么样发现这个合同机会的？"我问。

"我的工作是为国防部的重要项目寻找有能力的公司，所以今天我来到你这里是因为瓦伦丁先生对我说了很多关于你的好事情。"林恩说。

"谢谢，我很高兴瓦伦丁先生还记得我，他和他的公司都做得很好。"

"他确实是做得很好，现在让我告诉你这个合同机会，这是五角大楼的机密工作。你有审查许可吗？至少是有一个机密审查许可？"林恩说。

"我们有很多机密审查许可的员工和一些绝密审查许可的员工。"我说。

"那就好，我将把工作声明留给你，你需要到五角大楼去见项目经理，把东方电脑公司（ECI）的资质能力告诉他，如果他认为你们是合格的，你们就能得到合同，现在主动权就在你手里。"他说。

"瓦伦丁先生想要这份合同的一部分吗？"我问。我想我需要向赫尔曼·瓦伦丁先生支付一定的佣金或咨询费。

"不需要，他不想从你这里要什么。但是，将来如果你需要有一个好顾问的话，我很乐意为你工作。"林恩说。

他给了我一叠文件，从里面可以寻找到项目声明书和所有与合同相关的信息，我花了几分钟看了一下。

"这看起来不错。我将安排为五角大楼的人员做一次演讲，并随时会把消息告诉你。"我告诉林恩。

"如果你不介意的话，在你做演讲的时候，我想和你在一起去。"林恩说。

"当然，欢迎你和我一起去，你住在哪里？"我问。

"我的家在里士满，开车去华盛顿特区只需要一个多小时。"林恩说。

"请把你的电话号码留给我，我同五角大楼确定会面时间后，我会打电话通知你。"

林恩在11点钟离开了我。我马上拿起电话，立即给五角大楼打电话，项目经理是军队中的一位少校，我告诉秘书打电话的目的。她告诉我少校不在办公室，他开会回来后就给我回电话。

下午1点钟左右的时候，五角大楼的杰夫·多诺万少校打电话给我。

"谢谢少校，您给我的回电，我有你们五角大楼（BCN）宽带通信网络的项目声明书，我确信我们能胜任这项工作，你能否同意让我为你们做一次演示吗？"

"这真是太好了，你什么时候能来华盛顿？"他问道。

"只要是在对你们方便的时候。"

"我们需要的工作就像在昨天要做的一样，你多快能到这里来？"

"如果你不需要修饰并包装很好的文件，只需要接受我的技术解决方案，我明天就可以到你的办公室。"我说。

"不在乎什么形式，这些以后我们可以再补做，我们只需要知道你的公司是否能胜任这份项目？行还是不行"

"我明天将来见你。讲好，上午8点钟？"

"那就好，8点钟见。"他说。

下午晚些时候，我打电话给林恩，没有联系上，我在电话录音机上留下了口信，请他在第二天早上7点35分在五角大楼大厅与我见面。后来林恩打电话给我，确认了会面的时间和地点。

我召集了东方电脑公司（ECI）高级职员的会议，对五角大楼宽带通信网络项目的总需求进行了分析和理解。我们这里拥有所有的专业知识以及属于我本人的研究领域，在技术方面是不成问题的，但这是一项重要的合同，需要有35名新员工参加。我非常担心在取得合同和开始启动工作的短时间内，如何能够找到这么多有技能的员工来完成这份项目。我打电话给华盛顿的几个朋友，发现了一位曾在五角大楼工作过的退休美国陆军上校诺曼•圣劳伦。我想向五角大楼项目的有关人员做过技术演示后，可能就需要诺曼•圣劳伦上校的帮助。我通过电话与诺曼•圣劳伦上校联系，他告诉我如果五角大楼宽带通信网络合同授予东方电脑公司（ECI），需要他为这项合同招募技术人员是不会有任何问题的。解决了关于人事方面的担忧，我感到如释重负。

晚上，我独自一人开车去华盛顿特区。那时叔霆正在弗吉尼亚大学达顿商学院攻读MBA学位。在那段日子里，我确实很想有叔霆的陪伴。叔霆是一个天生的企业家，有着良好的商业意识。他在早期投入了大量的时间并且非常努力地工作使公司摆脱束缚，得到发展。叔霆在计算机技术领域、市场营销以及与政府客户打交道方面颇有能力。我们过去常常去客户网站，作为一个团队一起做演示。后来他放弃攻读计算机科学的高级学位，决定转向攻读MBA学位。我同意他的选择，因为商业是他的主要兴趣，虽然失去叔霆为东方电脑公司（ECI）的服务，但我知道在年轻的时候得到学校的全面教育是最好的。我没有带其他的东方电脑公司员工与我同行，因为在这种情况下我完全可以独自处理。

第二天早上7点15分，我换乘地铁到达了五角大楼，林恩已经在大厅里等我了。

"早上好，林恩，你来得很早。"我说。

"早晨好，我必须从雷斯顿开车过来，你永远不会知道交通拥挤情况会是怎样的？" 林恩说。

到了8点钟，我打电话给少校办公室。

"就在大厅里等一会，我要找人来帮助你进来。"杰夫说。

10分钟后，一位年轻人从大厅里出来了。

"你是郑博士吗？"他问我。

"是的，我是理查•郑，他是林恩•威廉士。"我说。

"好吧，让我们就在这里签字，因为我们没有时间为你们两位办理通行证。"他说。

我们出示了我们的身份证并签了名，武装警卫指示我们通过金属探测器后，我们走进了这所错综复杂、超级巨大的办公大楼。我们跟着这位年轻人走到地下室的一层楼，那里安装有电子设备和计算机设备，少校办公室在挤满了人和设备的大房间里。

杰夫少校，30多岁，穿着一身军装，是一位身材高大、说话温和的人，他同我握了手，我向他介绍了林恩。

"杰夫少校，这位是林恩•威廉士，是他把你们的项目信息带给了我。"

"那很好，让我带你去会议室，这样你就可以告诉我们更多关于你们公司的情况，并回答我们可能有的技术问题。"杰夫说。

林恩和我跟着杰夫少校去了附近的一个小会议室。在会议室里，有五位穿着平民服装的官员坐在会议桌旁，杰夫向我介绍了每一位与会者。其中一位是杰夫少校的技术总监伍德先生，他直接向杰夫的最高指挥官汇报。我知道他们对这次演讲很认真，我担心我没有充分准备好，幸运的是，杰夫似乎注意到了我的担心。

"我邀请郑博士来给我们做报告，但我只给了他一个非常短的时间做准备。事实上，就是在昨天才联系上的，我要求他今天就过来，这是因为这个需求项目的紧迫性。"他对与会者说。

"谢谢你，杰夫少校，我很高兴有这个机会向你们介绍我的东方电脑公司（ECI）。由于我没有时间可以为东方电脑公司（ECI）的技术能力准备新的幻灯片，如果你不介意的话，这是一篇关于五角大楼宽带通信网络项目的综合技术报告，同时我也想简要地讨论一下这个项目的一些技术解决方案。"

"这很好，请继续讲下去并告诉我们你有什么想法？"伍德说。

我用幻灯片展示了公司的技术和财务背景，并分发了一份多达五页的五角大楼（BCN）宽带通信网络项目技术解决方案的复印件，接着是一场简短的讨论。最令人担忧的是东方电脑公司（ECI）能否在短时间内增加 35 位工作人员，我向他们保证，在合同签订后的一个月内，我将会完成招聘合格的技术和行政人员的工作。从这个房间内六位主要政府官员的反应来看，我觉得他们很乐意接受我这份演讲报告，而且会把这份合同给予东方电脑公司（ECI）。会议结束后，我和与会者们漫不经心地交谈。

"我很高兴你来为我们做了这场演示报告，我们将共同努力并使你们知道如何尽快完五角大楼（BCN）宽带通信网络项目合同。"伍德先生说。

"谢谢你们大家花时间参加这场演讲。"在离开房间之前，我说。

杰夫少校的助手送林恩和我回到五角大楼的大厅，我们签下离开五角大楼的时间是 10 点 15 分。

一星期后，杰夫少校从五角大楼打电话来对我说。

"我们已经决定把五角大楼（BCN）宽带通信网络项目的工作交给东方电脑公司 ECI，现在你需要获得联邦小型企业地区局(SBA)的批准并请他们同我们的合同办公室联系。"

"真是太好了！我将马上与联邦小型企业地区局(SBA)的专家合作，请他把所有必要的文件送到你的办公室，你能告诉我这封信应该寄给谁？"

"让他们把所有的文件寄到合同办公室，同时寄一份复印件给伍德先生，我们需要通过他的同意。"杰夫说。

"谢谢你给东方电脑公司这个机会为你工作，我们会做好这个宽带通信网络项目，不让你失望。"

我在里士满打电话给联邦小型企业地区局办公室(SBA)的主管赫伯先生，告诉他关于五角大楼合同的文件工作，赫伯非常高兴。

"这对你很有好处，这是一份很重要的合同，这样你就可以开始为政府机构工作了。我马上起草一封信，今天就由联邦快递寄出。哦！你能把合同办公室和项目办公室的联系人姓名、电话号码和地址发送给我，行吗？"赫伯说"

"当然可以，我马上就去做。赫伯，非常感谢你的大力帮助。"我说.

"我的工作就是要看到你们在这个行业里做得更好。"赫伯说。

"我向你保证，我们将在宽带通信网络项目上为五角大楼做好我们的工作。"

我告诉赫伯。

"我知道你会做得很好，这是非常重要的一项五角大楼工作，这将会是你们东方电脑公司（ECI）市场营销工作的最好参考。"赫伯说。

正式合同的签署是在一天内完成的，现在我们需要考虑如何根据 SOW 来完成这个项目。合同开始日期为 1988 年 3 月 1 日，也就是合同授予后的一个月。

第一件事是雇佣员工来填补合同中所有的技术和支持工作，最关键的职位是五角大楼宽带通信网络的项目经理。在五角大楼的第一次演示取得良好的效果后，我心中就有一些潜在的候选人。我心目中最主要的项目经理是诺曼·圣劳伦，他有经验，有人脉，最重要的是，他具有作为一个领导者的良好个人品性，于是我就打电话给他。

"诺曼，你愿意做五角大楼宽带通信网络项目的项目经理吗?"

"你让我当项目经理（PM），我会感到很荣幸，我将为你做好这份工作。"

通过诺曼和其他东方电脑公司的管理人员，我们迅速地招聘了所需要的技术人员、行政人员和其他文职人员。包括诺曼在内的 35 名东方电脑公司新员工在三周内全部完成正式聘用手续，正好赶上合同的开始。所有 35 名新员工都要在五角大楼内工作，他们中的大多数已经获得了机密审查许可，只有少数人还需要经过几个月的时间来完成审查许可。未经审查许可的工作人员都必须在五角大楼的警卫护送下进出大楼，直到他们获得机密许可。所有需要审查的人当中只有一个人因个人原因需要替换。

这份为期五年的宽带通信网络合同价值数百万美元，而且还可以再续签。东方电脑公司（ECI）以优异的成绩完成了这项工作，五角大楼的客户对诺曼·圣劳伦和我们的技术能力非常满意。在五角大楼工作的东方电脑公司工作人员得到很多的奖项和表彰信，该合同被五角大楼续签了几次并且超出了最初的 5 年期限，一直持续了 8 年。我们很自豪东方电脑公司（ECI）能在美国军事核心的大脑中枢工作。我们在这个宽带通信网络中所做的事情对五角大楼的指挥和通信非常重要，在某种程度上，我们觉得我们做了一份上帝的工作，不仅只是为了商业上的原因，也是为了保卫我们伟大的国家。

东方电脑公司 ECI 与五角大楼（BCN）宽带通信网络合同启动后，东方电脑公司就可以从联邦政府的教育部门、劳动部、退伍军人医院、海军航空站、国防核机构和几个空军基地获得各种宽带通信网络项目合同。到了 1988 年秋天，东方电脑公司（ECI）员工人数已经增长到超过 200 人，而且还在不断增长。东方电脑公司（ECI）总部是租用的办公楼，设计上只能容纳 40 人左右，随着员工的不断增加，我们不得不把总部的员工安置在城里的好几个地方工作，这对东方电脑公司的管理不仅不方便而且简直是噩梦，在文件工作和行政管理方面出现的几次失误导致公司付出了沉重的代价。

我们决定寻找一个更大的总部场所，使所有管理人员可以在一个地方工作。但是对风水方面的迷信，使我们无法进入任何现成的建筑大楼，萍萍和我听到过很多关于建筑物的风水如何影响或者决定未来企业发展以及个人命运的故事。我们都是经过严格培训的科学家，对风水理论没有任何了解，然而我们相信那些倒霉的企业搬到错误大楼所发生的恐怖故事。

"我不迷信也不太了解风水，也许在我们做出选择之前，我们需要先看看这栋建筑的风水。"我对萍萍说。

"嗯，至少从心理上来说，我们最好能够知道我们是在风水良好的大楼里工作，至少不是在一个风水不好的建筑物里。"萍萍同意道。

"在这种情况下，我们应该从哪里寻求帮助呢？因为我在风水方面一无所知"我说。

"你为什么不打电话给在台湾的爸爸以得到一些建议呢？"萍萍说。

"这是个好主意，过几天我给爸爸打个电话问问，我相信爸爸在风水方面认识一些好朋友。"我说。

"你还记得毛老先生吗？爸爸曾经在毛老先生的指导下学习过易经，我听说毛先生是台湾最著名的风水专家，我们应该想办法从他那里得到帮助。"萍萍说。

"好吧！今晚我就同爸爸通电话，看看他说什么？"我说。

在台湾和整个东南亚地区，如果没有咨询风水专家，人们就不会做任何重大的决定。风水是一种确定建筑物方向的技术，根据易经的一些复杂计算，风水会给居住者带来好运或凶兆。除了建筑物的一般方向外，办公桌的相对位置、房间内的床与房门和窗户的相对位置都是很重要的。在台湾，风水的主流只处理门、窗、床和主要办公桌的相对位置，厨房里的炉灶与整栋房子的关系也是一个重要因素。

我给爸爸打了电话。

"爸爸，你好吗？妈妈怎么样？"

"我们很好，你家里的每个人都好吗？"爸爸问。

"我们都很好，现在我需要你和风水专家的建议。"我说。

"当然，在台湾所有的风水专家中，毛畅然先生是最突出的。在台湾的高级官员，像蒋介石先生和孙运炫院长都是毛先生的客户，还有许多杰出的商人也都是毛先生的顾客。

我建议你打个电话给他。"爸爸说。

爸爸给了我毛先生的电话号码和地址。

"我会接受你的建议，从他那里得到一些帮助。"我说。

毛先生的父亲是研究中国古典文学的学者，在30多年前去世，享年95岁。爸爸对毛老先生最为尊敬，对毛先生的评价也很高。爸爸很了解他，他们已经做了很长时间的朋友了。同爸爸通电话后，为了叔霈的生病以及我们想找一栋总部办公楼，我给毛先生打了电话请他到美国来看看并帮助我们。毛先生很高兴地同意来美国帮助我们，时间约定在十天之内。他没有提到任何收费要求但我知道这将是一笔大开支。因为毛先生已经71岁了，我决定飞往台湾陪他一同来美国，我买了毛先生和我的两张往返机票。那是在1984年的秋天，通电话后一星期左右，我就动身去台湾了。

在我们动身回到美国前，毛先生邀请了十几位朋友到他合伙人开的一家高档餐厅参加宴会，客人包括他以前的顾客和他的学生。在这些客户中，有一家钢铁厂的总裁吴博士、一家大型工厂的老板还有一家广播公司的董事长。

"我是一名科学家，我一点也不迷信，但我是个被改造过的人。"吴博士说。

"你怎么了？"我问。

"我在高雄经营一家大型钢铁公司，有2,000多名员工。几年前的金融状况非常不好，我没有一个月不向我的银行请求贷款。有一天，一些朋友告诉我关于毛先生的事，我只是笑了笑把它当作迷信。我到台北的一个公寓单元里去付首付时，正巧在大厅里碰到毛先生，我就请他和我一起去看公寓单元。并不是说我想请他给我任何关于是否购买这套公寓单元的建议，因为我已经决定要买了。我们看了第八层楼公寓房后，毛先生告诉我，这是一个非常糟糕的地方，千万不要买它，住在这里的人会死的。"吴博士说。

"你知道他有多迟钝，我真的很生气，因为他对我最喜欢的新公寓单元做了这样的负面评论！但是在我回家和妻子商量之后，妻子告诉我，如果我买了那套公寓，她也会觉得很不舒服，我就很不情愿地放弃了这笔交易。后来，一家保险公司的老板马上就买下了这套公寓单元。

"我经常去那栋楼去看望朋友，每当电梯停在八楼时，我就能听到那个公寓单元里的笑声和音乐声。都使我想到那笔交易，而对毛先生很生气。但是有一天，电梯在八楼停了，我听到里面有人在大哭，有人告诉我，住在这个公寓单元的保险公司老板刚刚在很年轻的时候就死于心脏病。我的头发竖了起来，一条冰冷的小溪水从我的脊梁通过，这仅仅是巧合还是其他什么情况？

"我打电话给毛先生，告诉他这件事并请他帮助为我的公司工作。老实说，我只是出于绝望才这么做的，毛先生到我公司来检查建筑物大楼，从我的办公室开始，带着他的大红色风水罗盘，四处张望了大约十分钟，然后叫我把门的位置重新开过且封闭一扇窗户。我觉得在我的办公室里将窗户和门重新改变是很奇怪的事，最糟糕的是他为此向我收取了一万美元，我不情愿地付了钱。但我还是雇了一些工人按毛先生的指示改变门和窗户，忙过了一段时间的工作，我把整个事情都忘掉了。

"一年后，当我回顾过去的时候，太奇怪了！我们不仅每个月不再向银行借钱而且在我的办公室重新装修后的三个月里，我们就一直没有赤字，税收报表上全部是黑色。我开始相信毛先生了，并再付给他10万美元为整个工厂做同样的事情，他指示改变工厂入口大门，拆除一些小的建筑物。你可以从媒体上知道这个故事的其余部分。我的公司现在是台湾最大、最赚钱的钢铁公司。"吴博士说.

"我想向毛先生敬酒。"吴博士说了以后，他站起来喝了一大口米酒。

我们都举杯祝酒，老人很高兴，只是微微一笑，但什么都没有说。

我不认为毛先生需要吴博士的任何讲话来说服我，我早已经答应雇佣他了。

1984年10月2日，就在我离开美国去台北后的一个星期，我陪同毛先生来到了弗吉尼亚海滩。毛先生住在我家里，开始研究并用他的风水罗盘测量整个房子，他的测量非常细致。我帮他把绳子系起来，再拉向各个不同的方向，就按照他的指挥一样，毛先生首先确定了床的位置。

"把绳子的一端放在门的左边，好的，降低一点；不，不要那么低，向上移动大约1.3厘米；现在把再移到门框的右边，同样的高度。"毛先生一边看他的风水罗盘一边指导我，把绳子排好。"现在给我拿一盘带子，就放在这儿，这就是床的中心位置。"

他决定了床和书桌的基本位置，与门窗的关系。他向我解释了他在做什么，包括如何阅读风水罗盘，因为毛先生觉得我们住的地方同为公司找个新的总部办公楼一样重要，所以他也特别注意我的房子。

我们邀请毛先生到位于林海温公园路上我们的总部办公楼，一座租来的外观很漂亮的多用途套房。他作了快速的风水测量，把我拉到一边。

"天任，这是一个不适合做生意的地方，你可能会做很多生意，但你的现金流很差而且你正在亏钱。"他告诉我。

他直率的声明使我很吃惊，他没有办法知道我们公司的情况。就连爸爸也不知道我们是怎么回事？

"你必须尽快离开这里！"他接着说。

"你能不能多留几天时间，帮助我们选择新办公楼？"我问。

"本来我打算回台湾，然后我还到菲律宾去。但是我想我可以不去台湾，直接从你这里到菲律宾。"他同意再多留几天。

我们开始为东方电脑公司寻找总部大楼，我开车送毛先生到城里，给他看了四十多处可选择的地方。我们看到的那些建筑都是他所不能接受的，他把所有漂亮的建筑都排除了以后，我开车送他去了一些乙等建筑中去寻找。最后，毛先生为我们东方电脑公司公司挑选了一幢小办公楼，而这幢办公楼只是在想象上比我们现在的公司好，但看起来并不起眼。

我对新选择的建筑不太满意，因为新选的办公楼是一栋廉价的殖民地风格建筑，而我们现在所在的这座建筑是一栋现代化的玻璃幕墙办公楼。不管怎样，萍萍和我决定听从毛先生的建议，毛先生还向我提供了如何在每个房间里放置桌子的建议。1985 年春天，我们把公司搬到了这栋新选的办公楼里，对公司的活力和声望来说，确实是一个很大的退步。

在搬家的时候，包括我自己在内，公司里有 26 位员工，公司的业务规模大约为 350 万美元，但我们一直处于负现金流状态。这些都是很正常的，因为政府往往会推迟六个月才付款，而我们需要向员工和供应商支付的费用超出政府给我们的项目付款。我们不仅要支付为此所产生的利息费用，还产生出更多的应付账款以获得基于旧发票的贷款。萍萍和我每隔两周就要去银行借钱，总是努力去应对付员工工资的问题。当我们真正的需要钱来对付负现金流时，银行对我们一点也不友好。

搬进殖民地风格建筑大楼三个月后，我们的业务没有任何变化，但是现金流状况突然转了方向。每次我们需要向银行借款的时候，一些政府的项目付款就会滚滚而来。尽管这些合同和在搬迁之前的合同是一样的，但我们在运营公司的财务状况要好得多，这究竟是巧合还是由于风水变了，没人真正能知道。我想这可能是由于风水的缘故，在这种情况下，至少我们可以在一定程度下控制我们的目标。

在这幢廉价的殖民风格建筑大楼里，东方电脑公司（ECI）发展得很快，在接下来的两年里，五角大楼（BCN）宽带通信网络项目合同以及教育部和劳工部的宽带通信网络合同都授予给东方电脑公司。东方电脑公司的员工人数不断增长，不久我们就需要更多更大的办公场所作为总部员工使用，我们为总部租用了方圆 8 公里的办公空间。但是我总觉得我们在这个难看的旧建筑大楼里运气不错，真的很犹豫是否要离开这个地方。但是为了让我们的关键人物能够团结在一起，我们必须找到一个更大的总部办公大楼。

1988 年，东方电脑公司（ECI）稳步增长，但是我们的总部运作受到了分散在城市各个不同地方办公的影响，费用开支增加、工作效率减慢，因此我们急需寻找可以统一办公的总部大楼。我非常不情愿搬离这个既难看但又被证明是好运的办公室大楼，我真的别无选择，我们不得不搬出我们已经租用两年多的"幸运"建筑楼。作为一名科学和工程专业的教师，风水概念是无法从科学逻辑上去理解的，但我不会忽视这些现象，在我们的办公楼里我听到过很多类似的事情。

我个人对风水的感觉是，不去故意违背风水的基本原则，但我也不会为了适应风水而牺牲正常的生活方式。根据从毛老先生那里学到的基本知识，我继续为东方电脑公司（ECI）寻找可以租用的办公大楼，从报纸广告到市井口碑，我收到了不少关于可租用的办公大楼信息。对收到每条信息，我都会带着我的风水罗盘前往，在不被同事注意的情况下，实地检查建筑物的方向。在多达三十次以上的尝试和测试，我发现没有一栋建筑物符合风水要求，因此只好作罢再等待。

1988 年秋，在诺福克和弗吉尼亚海滩的交界处有一幢新的办公楼刚刚完工。东方电脑公司的财务主管阿特·比什乐在报纸上看到了关于这栋大楼的广告。

"郑博士，我想你应该去看看这个崭新的建筑，确实建造得很好。"他说。

起初我不愿意去看，因为想到这可能是租金很昂贵的办公楼，而且离我们现在的办公大楼位置约有 12 公里远。

"我不知道，我不想考虑搬进一幢甲级大楼。"我说。

"这栋崭新大楼的位置特别好，我们的客户可以更方便地接近我们，而且就在湖的旁边，可以看到美丽的水景。"阿特·比什乐说.

"好吧！让我们开车到那里去看看。"我说。

我同意同他一起去看那幢崭新的建筑，但我不想在比什乐面前使用风水罗盘，对在西方社会长大的人来说，风水往往被视为愚昧无知的表现。

对这座建筑，给我留下的第一印象是非常深刻，十分满意的。当天晚上我就带着风水罗盘去全面考察，先看外面的情况，令我大为惊讶的是这座建筑的朝向正是风水的最好方向。尽管甲级办公室的租金昂贵，但很难找到任何有这么好朝向的办公大楼。此外，这是一幢外观非常漂亮的建筑，对公司形象十分有利，因此我决定租用这幢四层楼房的整个顶层。我根据所掌握的知识以及风水原则，设计了整个顶层办公室的平面布局。

我把画完的草图寄给在台湾的毛老先生，请他评论并修正，毛老先生做了一些细微的改变并在一周内寄回给我。房东根据我的布局计划，不到两个月就完成了东方电脑公司总部办公楼的装修工作。我们雇佣搬家公司把分散在城里各个地方的东方电脑公司办事处全部搬到新的总部楼里去，大约一周时间基本完成搬家任务。1988 年圣诞前夕，我们在新总部大楼安顿下来。

搬家后，我还不太确定对所有主要办公室的布局安排是否符合风水？为此我打电话请毛老先生再次来美国访问，只是为了确认一下风水的问题，毛老先生毫不犹豫地同意再次前来，此时毛老先生已经 76 岁了，我不想让他独自旅行，询问毛老先生以后，他准备派他的一个学生同来。于是我就给毛老先生和他的学生谢正刚寄去二张往返美国的机票.1989 年夏天，我们搬进新的总部大楼三个月后，毛老先生和他的学生就来了

两位风水专家从上到下测量了这栋四层楼的建筑以及我们租用的第四层内部，他们从我的办公室开始检查每一间办公室。对风水来说，我的办公室对整个公司的影响最大，我最初的安排是可以接受的，但两位风水专家改变了桌子和其他家具的位置以改善风水。毛老先生耐心地解释了为什么用某些方法来达到最好的安排，这两位专家花了两周时间，才把所有的办公室都弄得井井有条。我们没有告诉公司的员工，为什么毛老先生他们工作的如此辛苦，把我们的办公室搞得一团糟，两位风水专家离开大楼后，大多数员工都自己改变了办公室的内部安排。萍萍和我并没有干预，因为他们可能不理解我们的意图。

在新办公室的工作完成后，毛老先生还帮助萍萍和我去寻找我们的新住房。我们四个人一起去看了弗吉尼亚海滩地区的 50 多家家庭住宅。毛老先生非常细致、周密，但对他的原则毫不动摇。有些建筑只花了一分钟就否定了，他得出的一个否定结论，对其他的人来说，可能要花上 30 分钟的时间来进行测量和检查。在我们看过的那些房屋中，没有一栋会符合毛老先生的基本原则。

"也许我们可以买一块地，根据风水原则建造出我们想要的房子。"我告诉萍萍。

"我听过许多很可怕的事情，我讨厌与建筑承包商打交道。但是，现在看起

来我们没有其他的选择。"萍萍说。

"我已经决定买一块地，根据最理想的风水原则建造我们的房子。"我对毛老先生说。

"这很好，但是你必须找到可以这样做的土地。在你买下这片土地之前给我打电话。"他说。

"当然，毛叔叔，我在做任何事情之前都会先给你打电话。"我同意了。

我们在陵可湾发现了一块占地约二亩的土地，我们可以在那里建造一个新住宅。我认为这片土地符合风水原则的要求，我就打电话给在台北的毛老先生。

"毛叔叔，我在海湾找到一块地，那是一片大约二亩的森林土地。"

"好吧！告诉我道路和水的方向。"他说。

"海湾是朝向东的，主要的道路是向西的，有一栋房子在南面，北面是另一片空地。"我说。

"就买它，这是很好的风水，东方的水会挡住坏风水，西方的道路会给你带来好风水。不要拖延，马上就买。"他告诉我说

第二天早晨我们就签署了购买土地的合同，我们以相当不错的价格买下了这片土地。

自周朝(公元前3,000年)以来，风水对中国文化的发展一直有着密切的关系，在台湾、香港和整个东南亚的华人都深信风水。在香港和台湾尤其如此，那里的繁荣让普通民众有机会通过咨询风水专家来选择更好的住宅和商业场所。在台湾或香港聘请一位有声望的风水专家是相当昂贵的，比如毛老先生的价格，3,000美元检查一处住宅，至少10,000美元检查商业建筑，如果是一次海外旅行，那就会高得多，还要再加上头等舱的机票和费用。毛老先生一年的日期都被订满了，由于他的年龄，毛老先生只致力于帮助世界各地请求的一小部分。

基本上风水是根据磁场和水流方向来决定的，风水的方向并不是一成不变的，而且不会按照任何逻辑顺序进行旋转。根据易经的计算，每隔24年，风水方向就会发生变化。当方向随着24年的周期而改变时，好的和坏的方向之间并没有恒定的联系。

例如，当前的24年周期始于1984年2月，并将于2008年1月结束。在1984年之前的24年中，主要的好方向是南方，次要的方向是东北。那个时期的坏方向是东和东南。从1984年2月开始，主要的方向转向了西方，而第二个方向仍然是东北方向。东方仍然是最坏的方向，东南是第二个坏的方向。

根据经验，在2008年2月之前，一栋面向正西加减五度或者八到十五度的房子是正确的方向。任何向东和东南方向都是要避免的。我无法用一种或另一种方式来证明这种理论，但我观察到的一种现象是，大多数待售房屋都是面向东或东南的，而在西或东北面的房子是极其罕见的。有很多建筑在"正确"方向上的房子，但是当我们想要买的时候，这些房子没有一套在卖。

房子的方向是用特殊的风水罗盘，从前门往外看来确定的，房子内部最重要的房间是主卧室，主卧室的入口门和床的中心位置必须正确对齐，这样从床的中心位置去看方向应该是向正西或者向正东北。入口门之间的距离必须保证在床的中心位置与入口门的边缘形成的角度小于15度，并且不能与风水罗盘上相邻的字母重叠。换句话说，入口门与床上的中心位置之间的距离取决于门的宽度，这样形成一个三角形后，床角中心只覆盖一个方向(罗盘上一个字母)，这个地区小于7度半。

主卧室的窗口选择同样重要，窗户和床的关系与门和床的关系是一样的，如果主卧室里有一个以上的窗户，只有一个窗户可以使用，其他的窗户应该关闭不用。由于卧室布置的要求，很难找到一套能满足风水规则的房屋，朝西或东北方向的矩形房子，更容易使卧室符合风水规则。房屋里的其他房间是不需要考虑的。同样的规则也适用于办公大楼，办公室大楼里最重要的房间是老板或首席执行官办公室，其次是首席财务官办公室和首席市场运营官办公室。

其他办公室只会对其职责范围产生影响。因此，把他们的桌子和门窗保持一致也是很重要的。我没有告诉任何东方电脑公司（ECI）员工关于风水的事情，否则人们可能会认为我是个发疯的老板。然而有趣的是，当他们看到我在使用风水罗盘时，一些高层和中级管理人员也有了这个想法，他们也不再问我，而是把他们的桌子方向改变成同我的桌子一样，同门窗的关系一致。当然，他们改变的许多房间都不是很正确的。

毛老先生确实教了我关于风水的基本原则，他曾经希望我能够认真地向他学习，也成为一名风水专家。但是我告诉他，我的工作和我的专业兴趣不适合我为别人看风水。我想要了解的是当我们需要购买或建造住宅时，应该知道怎样去遵守风水规则。我向毛老先生请教了一些关于风水的基本技术并学会了如何使用特殊的风水罗盘。毛老先生也送给了我几本关于风水的书，当我们在家或在办公室的时候，毛老先生给我做了一些简短的介绍。在实地现场毛先生也对我进行过几次测试。由于我都能够理解他教给我的东西，为此毛老先生很满意。他曾经说过不再从台湾飞到美国来帮助我们了，我和萍萍也经常谈论很多关于风水的事。

"我不迷信，但我不想故意做违背风水原则的事，我希望是能够知道何时和如何避免坏风水，但我绝对不会为了得到最好的风水而牺牲生活中任何重要的事情。风水中有太多的规则和细节，只有专家才知道，我只是学了最基本的和最一般的风水规则。"我对萍萍说。

"嗯，从我看到他所做的事情，不可能每条风水规则都能遵守，这意味着一些风水规则很难以被遵守。"萍萍同意。

"如果我们严格遵守风水规则，我们就永远找不到一栋房子或者建造出一栋奇怪的房子，看看毛叔叔为妈妈和爸爸改变的公寓。看起来很奇怪，我认为他们将很难把房子卖给任何其他的人。"

我们已经看到，想要找到一个合适的地方确实是多么的困难，即使建筑物本身是正确的，门和窗户可能会有错误的地方或错误的方向，有些风水规则根本是不可能应用于为现代生活而建造的现代建筑。

根据我们的讨论，我去台湾时买了一个更大的风水罗盘，当我们的孩子和一些近亲有兴趣买房子的时候，我们会先测量他们房子的方向。后来我们购买总部大楼的时候，我自己做了测量并通过电话向毛先生询问了一些次要的细节。

从我自己的经验来看，最困难的部分是由于建筑物附近和建筑材料中的含铁成分对风水罗盘所造成的干扰，使得风水罗盘的读数前后不一致或者不准确。但是通过在建筑物外选定的地点进行多次测试，并在内部门窗使用的几个原理的测量结果可能非常准确，只是需要更多的时间和耐心。另一个必须知道的困难是在许多情况下，床或桌子必须面对不可避免的方向，而主要方向是正确的。如此复杂的情况只有风水专家才能解决。我对风水的初步了解给了萍萍和我自己一定程度的心灵安慰，它是否真正有用？谁也不知道。

第四十九章

惊天合同

1989 年春天，有雨，五角大楼的一次会议后，我正在开车同叔霆和鲍勃·费尔提一起回家，在下午 3 点半左右，华盛顿特区市中心的交通高峰时段，我的车载电话响了。

"郑博士，刚刚接到来自费城的电话，请你致电联邦小型企业地区局(SBA)，有紧急事务需要处理。"我的助手，罗斯·却尔顿通知我。

"我应该打电话给谁？"我问。

"你需要打电话给地区局行政官的秘书，看看你是否能和鲍勃·米勒先生谈谈，他是联邦小型企业地区局行政官。如果你今天联系不到他，就先同他预约，明天直接去费城见他。"却尔顿说。

"给我读一下电话号码，叔霆会把它写下来。"我告诉却尔顿。

在我从却尔顿那里得到了电话号码后，我立即打电话给费城的联邦小型企业地区局(SBA)，要求同鲍勃·米勒先生谈话。

"郑先生，鲍勃·米勒先生正和一位客人在开会。"接待员说。

"这是一个紧急的电话，你能否把电话给鲍勃·米勒先生吗？"我问她。

"请稍等，我会尽量让他的秘书告诉他你在等他。"她说。

"这是鲍勃·米勒。你好吗，郑博士？"我以前从未见过他，但听起来他很友善。

"嗨！米勒先生，秘书告诉我，您需要与我紧急电话联系。"我说。

"是的，我很高兴你能打电话来，我们确实需要坐下来谈谈这件事。你明天早上的第一件事能否到费城来看我，行吗？"鲍勃·米勒问。

"当然可以，明天早上 8 点钟我将会到你的办公室见你，我需要带文件吗？"我问。

"不需要带任何文件，你先来吧。我将向你简要介绍这个项目，明天见。"然后他挂断了电话。

"我不知道在那里有什么事情？我现在需要去费城，明天早上去见联邦小型企业地区局(SBA)行政官，我想知道他们准备干些什么？我现在把车交给你，叔霆，我乘地铁去费城，你们继续开车回家吧。会议结束后，我就飞回家。"我告诉叔霆和鲍勃·费尔提。

"如果他说了一个需求，那一定很好，听起来他们好像有什么项目要给我们，我想不出其他原因，他们想让你到那里讨论这个项目。"叔霆说。

"这是看待事情的乐观方法，我认为他们是需要我们的帮助。但我想知道是否还有什么其他的事情？最糟糕的是，对我们来说，他们的需求项目会不会太大？"我说。

469

"我认为这对我们来说，可能是个好消息，祝你在与行政官的会面中得到好运。"鲍勃·费尔提同意了。

我把车开到火车站，把钥匙交给了叔霆。

"我将在会谈结束后飞回弗吉尼亚海滩市。"我告诉他们。

我乘下午5点的火车去费城，然后乘出租车去了叫做普鲁士国王的郊区，在联邦小型企业地区局(SBA)办公室附近找到一家小旅馆过夜。我打电话给萍萍，告诉她意想不到的电话和明天的会面，我们都对公司可能有什么好事情都抱有很高的期望。

一早我就开始思考，联邦小型企业地区局(SBA)会有什么紧急的事情需要我到这里来。如果他们有东方电脑公司ECI的合同机会，东方电脑公司里士满办事处就会处理，这些都不是一个紧急的问题。

当事情直接从地区局办公室传出来的时候，这就意味着出了问题，需要及时解决。为什么要在这么高的层面上去处理？联邦小型企业地区局(SBA)的行政官要管理五个州，没有时间去处理像东方电脑公司ECI这样小公司的事情。如果这是一个意外的合同，处理方式将完全不同。我告诉自己，这肯定是一份大合同，而且进展不顺利，但我还是不知道到底发生了什么事？

联邦小型企业地区局办公室(SBA)与其他联邦机构共享一栋多层办公楼建筑。我走进三楼的大厅，要求在8点钟见鲍勃·米勒先生，请接待员告诉行政官的秘书，我已经在外面等待。同时接待员告诉我几分钟内秘书就会出来接我进去，她说完这句话之前，秘书已经走进了大厅。

"郑先生，米勒先生正在等你，请跟我来。"她对我说。

我跟着她走进了鲍勃·米勒先生的办公室，米勒先生从座椅上起来，把我带到咖啡桌旁的沙发上。握手之后，他坐在咖啡桌对面的沙发上，鲍勃没有浪费任何时间，直截了当地对我讲：

"我们与客户在一份大合同上有密切的联系，我从地区办公室听说过很多关于你和东方电脑公司(ECI)的好事情，我想也许你能够帮助我们解决这个问题。如果你能做到，那对你的公司也是很有好处的。"鲍勃·米勒说。

"我感谢你对我们的信任，如果在我们力所能及的范围内，我们将尽最大的努力把事情做好，你能告诉我这是什么事情吗？"我迫不及待地问。

鲍勃·米勒从他的烟盒上拿出一根烟，点燃后，深深地吸进了他的肺里，再从他的鼻子里呼出来。

"这是不被别人知道的机密，因为我不想同涉及此事的委托人打交道。"他直视着我的眼睛说：

"米勒先生，我理解你对我们讨论事情的保密性质，我将只了解整件事情的片断。"我回答。

"联邦小型企业地区局(SBA)的声誉受到了威胁，因为一家没有任何技术经验和财务能力的小公司正在承担一份非常大的合同，以致这些合同根本无法履行，这项合同对客户来说是最重要的。正如你所知，联邦小型企业地区局(SBA)是承包商，我们必须把这项工作分包给有技术资质和财务实力小公司。"鲍勃·米勒一边说，一边又抽了一根烟，他继续说。

"首先，我刚刚提到的那家小公司的员工不到6个人，没有任何技术背景可以承担所要求的工作；其次，他们在财务上接近破产法第十一章；最糟糕的是有一家金融机构正在企图利用这家小公司来获得这份合同，这是违法的！我将从他们那里收回这份合同，然后再交给在技术上有实力的小公司来执行。"

我的心跳加速，仿佛心脏要从我的喉咙里跳出来。鲍勃·米勒说他想让东方电脑公司（ECI）做这项工作吗？还是他只是给我讲了一个故事，当鲍勃·米勒又吸了一根烟时，我不得不想要了解更多的事情。

"我可以不可以问客户是谁?"我问。

"一个执行十分重要任务的非常重要机构：国家税务局(IRS)的税务处理系统，所有的计算机系统和通信系统都将由这个承包商来维护，现在你知道有多么重要了吗?"

我点了点头．当我知道这种情况时，我的心跳就快停止了，

"如果该公司未能履行职责，不仅要归罪于联邦小型企业地区局(SBA)，而且美国国税局(IRS)也将陷入水深火热之中。这项工作必须马上开始，而且时间已经不多了，这就是为什么我要你马上到这里来，我想私下问一下，你的公司是否能做好这件事? 如果你的答案是否定的，我也会谅解。"鲍勃·米勒说。

我很清楚地听到了他刚才所说的话，但是我还是想确认一下我对他讲话的理解是否正确?

"刚才你说，想让东方电脑公司（ECI）接手这份合同，对吗?"我问。

"是的，如果你确信你的公司能够完成这项工作的话。"他说。

"是的！我相信东方电脑公司能够完成这项工作。我们有相当多有资格的员工，接受过各种计算机和电信设备的技术培训，我熟悉美国国税局使用的幽里西斯和 IBM 大型计算机。"我毫不犹豫地说。

"合同的范围是什么?"我问。

"这不是一个简单的项目，幽里西斯公司是目前的承包商。因为幽里西斯公司提供了所有的电脑，新承包商必须与作为原厂分包商的幽里西斯公司紧密合作。在这一点上，幽里西斯公司对联邦小型企业地区局(SBA)感到不满，因为联邦小型企业地区局(SBA)让这家不合格的小公司成为承包商。在你得到这份合同之前，你必须从容地面对幽里西斯公司和美国国税局(IRS)。正如你所知，合同并不是联邦小型企业地区局(SBA)给你的。"他严肃地说。

"我理解应该如何运作。联邦小型企业地区局(SBA)有可能向幽里西斯公司和美国国税局(IRS)介绍东方电脑公司吗? 我会从他们那里得到合同。"我说。

"今天你离开这里时，我会把文件准备好，请注意，这是非常关键的问题。在我们清除障碍之前，不要告诉任何东方电脑公司（ECI）以外的人。如果不是小心处理的话，其他公司将会抗议的。"鲍勃·米勒说。

"我理解这种情况有多么复杂，我会分开处理的，整个正式的程序必须从地区办公室开始，我会打电话给里士满区总监凯瑟琳，告诉她我们的谈话。"我说。

鲍勃·米勒送我走到大厅，那儿有一个为我准备好的包裹，我们握了手告别后。我租了一辆出租车到机场，并乘坐当时的第一班飞机回到弗吉尼亚海滩市。我没有打电话回家，我想亲自把这个消息当面告诉他们。

我打电话让萍萍到机场接我，叔霆和她一起来了，他们知道一定是有重大消息。我对他们说，等我们上车后再告诉他们。

"我们有机会获得比你们能想象的更大合同，但我们还有很多困难要去克服。"我告诉他们。

"机会是什么? 合同有多大?"萍萍问。

"如果我们能得到它，那将是有史以来最大的一份小型企业合同，最高限额为 2.5 亿美元的六年期合同。"

"谁是客户? 是什么样的工作?""叔霆问。

"维护美国国税局(IRS)的全国税务处理系统。"

"哇！这是一项艰巨的任务，但我认为我们可以做到。"叔霆说。

"毫无疑问，我相信我们能做到，在我们庆祝之前，我们还有很长的路要走，还有很多障碍要跨越。最重要的是，我们不能在联邦小型企业地区局(SBA)通知相关各部门以前，告诉任何其他的人。我想，最好是在得到联邦小型企业地区局(SBA)的消息之前，不要告诉其他无关的副总裁们。"我说。

"对于东方电脑公司（ECI）来说，这只是一个潜在的机会，我必须等待联邦小型企业地区局(SBA)进一步的指令，才能做出任何的宣布。"我在下午晚些时候对在总部的几位副总裁们说。

新的机会总是来了又去，那时，我们的员工被大量的工作所淹没。没有人怀疑到这样一个巨大的商机正笼罩着我们这家小公司。

大约三天后，我收到了联邦小型企业地区局(SBA)办公室的传真，我应该同幽里西斯公司的项目经理李·迈尔斯先生联系了。以前我已经从费城联邦小型企业地区局(SBA)给我的文件中得到迈尔斯先生的电话号码和他所在的位置信息。收到传真后，我就叫秘书为我接通给迈尔斯先生电话。

"早安，迈尔斯先生，我是来自东方电脑公司的理查·郑。联邦小型企业地区局(SBA)办公室把你的电话号码给了我，让我打电话同你联系。"我说。

"是的，联邦小型企业地区局(SBA)也给我打电话告诉了我关于合同的事，同时告诉我等待你的电话。"他说。

我听得出他对我的电话很冷淡，我理解在这种情况下他所经历的事情。

"我知道这是一个非常微妙的事情，也许我们应该坐下来，就如何着手合作等事情进行面对面的讨论。"我请求。

"这对我很好，你能到这里告诉我们一些关于你们公司的事吗？"迈尔斯问。

"我很乐意这样做，什么时候对你方便？"我说。

"我必须让我的老板和其他管理人员一起来同你见面，当我把所有合适的人都召集在一起时，我给你回电话。"迈尔斯说。

"太好了！我等你的电话。"我说，我想至少他是愿意同我见面的。

同幽里西斯公司的迈尔斯先生通过电话后，我给在联邦小型企业地区局(SBA)的鲍勃·米勒打了电话。

"鲍勃，我刚才同迈尔斯先生通了电话，需要召开一个会议向他的管理团队做一次演示，他对我的电话似乎有点冷淡。"

"这是可以预期到的，你知道他们会尽可能多地为自己保留更多的工作。因为他们是整个项目的原厂制造商和当前的总承包商，另一家小公司也向他们承诺过。这是合同中的最大一块馅饼，你必须同他们合作才能把这笔交易拿下来。"鲍勃说。

"我明白了，我很高兴你告诉我这件事，那么关于其他的公司呢？"我说。

"我已经正式通知他们，他们的合同已经被取消了。你现在可以通过地区办公室同美国国税局(IRS)合作。在你这样做之前，需要得到美国国税局(IRS)认可东方电脑公司（ECI）将成为合同的承包商。"鲍勃说。

"鲍勃，感谢你对我们的信任。我完全理解这个机会的复杂性，这不仅仅是技术的问题，还有大量的政治和贪婪的问题，我会认真小心地处理这件事的。

在东方电脑公司，我们需要开始为幽里西斯公司的演示做准备，我知道我必须召集到的最有能力的员工来做准备工作。在第一场演示中，我们只有一次机会赢得幽里西斯高管的赞同，我召集了所有的副总裁和董事们开会。

"我刚和联邦小型企业地区局(SBA)执行官通了个电话，说有一份大合同可以交给东方电脑公司（ECI），这是一项服务合同，为美国国税局(IRS)的税务处理系统（称作为DIS）提供主机、软件、电信设备和工作站的维护和支持。这份六年合同的最高限额为2.5亿美元。"我告诉他们。

我能听到会议室里大约20多位与会者发出的声音。

"对于我们这家小公司来说，这是一个非常罕见的机会，可以为全国性的项目开展服务工作。在我们完成任务之前，还有很多困难要克服，我们将与联邦小型企业地区局(SBA)和幽里西斯公司合作。幽里西斯公司是目前的承包商，也是美国国税局(IRS)税务处理设备的原厂制造商，在上一笔与一家小公司交易中出现了一些问题。在我们能够继续做下去之前，我们必须取得幽里西斯管理层的支持，所以我需要你们中的一些人来帮助我做好准备。请把你们的工作进展情况通报给我，在合同签署之前，请不要与外界人士讨论这个问题。"我继续说。

公司里的每个人都为这个消息感到兴奋，并保持着同心协力、一起向前的团队状态。我任命叔霆、约翰•步恩和汤姆•卡丁汉来帮助我做准备。我们需要展示我们的技术能力、财务实力、当前的项目合同和参考资料。他们每个人都需要从一个或两个区域收集数据并将其放入幻灯片的演示格式中。我还准备了演示中最重要的部分，我们应该如何在原厂和东方电脑公司（ECI）之间分工合作，让大家都发挥作用。

"理查，我终于把必要的人都聚集在一起与你见面，你能在星期四下午1点钟到我们这里吗？"一个星期后，幽里西斯公司的迈尔斯先生打电话给我。

"好吧，那是在后天。我需要一个黑板和一个投影仪，你能提供吗？"我问。

"我们在会议室里有。你还需要什么？"李说。

"没有了，我想不出还需要什么？我们周四下午见面。"我说。

我召集了一次东方电脑公司（ECI）副总裁的会议，讨论如何同幽里西斯公司打交道？资深的副总裁约翰•步恩曾经在一家非常大的公司工作多年，对大公司的心态非常了解。

"我们需要知道大公司开展业务的方式，自从多年前美国国税局(IRS)购买他们的电脑系统以来，该合同就一直是幽里西斯公司的。现在，政府希望通过国会法案，把该合同从幽里西斯公司拿出来，但幽里西斯公司不会让他们拿走，除非幽里西斯公司还能保留大部分的业务。"约翰说。

"这是我们同他们合作的一个非常重要的因素，我们确实还需要他们的零配部件和专用软件来运转计算机上的诊断程序。"我说。

"幽里西斯公司总是以非常强硬的态度对待它的分包商。现在，我们将成为主要承包商，而幽里西斯公司将是分包商，我不知道他们将如何改变角色？"鲍勃•弗尔提说。

"角色转换并不会影响到他们，但是收入的损失和失去控制将使他们感觉到很不舒服。"约翰说

"看起来这条道路是崎岖的，但为了要做更大的生意，我们需要向前走。我看过这个项目的陈述，发现确实是一个很大的项目。有十一个中心，众多的分支在偏远的地方，主要有三大类主要的组件：大型计算机、计算机外围设备（包括磁盘驱动器、磁带驱动器、打印机、通信控制器等）以及工作站。在这三组中，我认为幽里西斯公司想要保留大型计算机，让我们完成剩下的工作。"我说。

"最后，可以看到他们与我们之间肩擦肩，脚碰脚的摩擦。"约翰说。

"我明白了，在第一轮商讨时，约翰和叔霆同我一起去"狮子窝"怎么样？"我问，他们俩都很高兴能同我一起去。

"我们大约在上午7点半离开办公室，我们将在停车场碰面，请多考虑一下收集更多关于幽里西斯公司的信息，我想从他们的基础上开始。"我告诉叔霆和约翰。

1989年10月11日，星期四上午，我们三个人坐上了我的旧柴油汽车，驶向华盛顿特区。我们谈到了为满足主承包商联邦小型企业地区局(SBA)的规定而不得不保留的工作量，我们必须做百分之五十一或更多的工作。

"我会把所有的大型计算机的工作都交给幽里西斯公司，这应该会让他们感到高兴。"我说。

"我不相信他们会高兴，除非他们得到了全部的工作。"约翰说。

"那是不可能的，我们必须遵守联邦小型企业地区局(SBA)的规定。"我说。

"我认为外围设备和工作站的工作量是相当可观的，这取决于他们在这种情况下的贪婪程度。"叔霆说。

"为了让我们得到这份合同，第一步是要得到幽里西斯公司的同意，我们一步一步来。现在联邦小型企业地区局(SBA)有意选择我们，我想我们可以采用幽里西斯公司设想的一些合理方式，这样我们和幽里西斯公司双方都会高兴。"我说。

我们说着，交谈着，时间过得很快，上午11点钟，我们就到达华盛顿特区。我们先是在一家快餐店停下来，吃了一顿快餐，然后开车去了位于麦克莱恩的幽里西斯公司办公室，就在I-495环路的外面。

迈尔斯先生派了一名秘书带领我们到三楼的会议室，迈尔斯先生和另外两个人已经在那里了，迈尔斯先生到门口迎接我们，我把叔霆和约翰介绍给了他，迈尔斯先生介绍了幽里西斯的执行官鲍勃·厚格伍德以及法律顾问比尔.金。这三位都是在幽里西斯公司的政府系统部门工作。我简单地向他们介绍了东方电脑公司(ECI)的历史，展示了幻灯片。我还谈到了与政府的关系，东方电脑公司(ECI)技术背景和东方电脑公司（ECI）金融背景以及东方电脑公司（ECI）的合同项目历史，这些内容的大部分都能被幽里西斯公司的管理层所接受.

"作为一家小公司，你们肯定做了很多使我们印象深刻的项目，现在，你们建议我们应该如何合作一起完成美国国税局的合同呢？"鲍勃·厚格伍德问道。

"我明白，幽里西斯公司是目前的主要承包商并被美国政府授权可以外包给一家小型企业。我十分小心地考虑到不要引起幽里西斯公司从目前现有的合同中损失过多的收入。东方电脑公司（ECI）准备好与你们的合作并讨论如何分配工作。正如你所知，主承包商是联邦小型企业地区局(SBA)，东方电脑公司（ECI）将是分包商，而幽里西斯也是一个分包商，东方电脑公司ECI必须保留百分之五十一的劳动收入，"我说。

"你能理解我们以前的发展情况，这是件好事，对我们来说如果是可行的话，我们很乐意与你们合作一起讨论具体的细节。第一件事是让美国国税局(IRS)相信我们可以做得到，迈尔斯先生会向你们简单介绍美国国税局(IRS)的管理结构以及与谁交谈。我们还需要联邦小型企业地区局(SBA)向美国国税局(IRS)推荐东方电脑公司（ECI）参加国内税务局的税务处理系统（DIS）合同并进行交谈。"鲍勃·厚格伍德说。

"我会照顾好联邦小型企业地区局(SBA)的这一部分并保持幽里西斯公司在合同中的作用，请你向联邦小型企业地区局(SBA)说明，在国内税务局的税务处理系统（DIS）合同上，你们愿意同东方电脑公司（ECI）合作。"我说.

在这之后，我们与幽里西斯公司参与者之间都有一系列的问题和回答，会议一直持续到下午5点钟左右，鲍勃·厚格伍德显然心情很好。然而在最初与位于操作前台的这家小公司的交易中，他有相当大的压力。因为，另一个承包商可能不愿意与幽里西斯公司打交道而直接去美国国税局（IRS)接管整个合同。在这种情况下，幽里西斯公司将失去（DIS）合同的所有部分。现在既然东方电脑公司（ECI）愿意与他们合作，他就完全放松了。

"你们是否要急着赶回弗吉尼亚海滩市吗？"他问我。

"不是，弗吉尼亚海滩市离这里只有三个小时的车程。"

"那就好，这里附近有一家高档餐厅。让我请你吃一顿晚餐好吗？"鲍勃·厚格伍德说。

"这是非常好的建议，我确实已经饿了。"我说

我们都乘坐幽里西斯公司的豪华轿车去餐厅，我认为这是一段很好的大规模商业合作关系的开始。

"我收集一些美国国税局（IRS)人员的有关信息后，我会在一两天内给你打电话，这样你就可以让联邦小型企业地区局（SBA)打电话给国税局（IRS)官员联系了。"迈尔斯先生告诉我

"与此同时，我也将打电话给联邦小型企业地区局（SBA)，请他们打电话并将有关合同的文件提交给美国国税局（IRS)。"迈尔斯先生说

在丰盛的晚餐后，我们开车回到了弗吉尼亚海滩市。我认为这只是解决了一个问题，还有很多的问题需要去解决。

第二天迈尔斯先生给我发了一份美国国税局（IRS)官员的名字和电话号码。我请联邦小型企业地区局（SBA)助理总监吉米·安德森打电话给美国国税局（IRS)合同办公室，询问即将签订的合同。与此同时，迈尔斯先生打电话给美国国税局的项目经理并介绍了东方电脑公司。这些都是积极的响应，迈尔斯先生建议我打电话给美国国税局（IRS)的首席信息官办公室，请美国国税局（IRS)的管理人员安排一次东方电脑公司（ECI）的演示时间。我打电话给美国国税局（IRS)的（DIS）项目经理大卫·格兰姆先生，并自我介绍。

"格兰姆先生。我是理查·郑，东方电脑公司（ECI）的总裁，"我说。

"迈尔斯先生向我讲述了你和你的公司，我明白你是一名候选人，可以接管国税局的(DIS)合同。" 格兰姆说。

"联邦小型企业地区局（SBA)已经给了我这个机会，我想为你们作一次关于东方电脑公司（ECI）和我们能力的演示报告，并向你们展示我们将如何执行合同的计划。"我说。

"我们一直在寻找一家可信任的小公司来维持我们的税务处理系统（DIS）。我将通知我们的管理层安排一段时间，请你们来给我们作演示报告。" 格兰姆对我说。

"我随时都准备好，给我打个电话，我就会开车到你们那里。"我告诉他。

"我将给你打电话，并给你一些时间为你们的旅行做好准备。"格兰姆说:

我很高兴格兰姆接受了与东方电脑公司（ECI）合作的想法，现在我必须制定好演示计划来说明我们能够做什么？以说服美国国税局（IRS)管理层认可东方电脑公司（ECI）是能够完成合同的合适公司。美国国税局（IRS)是被迫在国会授权下要求使用一个小公司来获得一定比例的合同。由于工作的复杂性，美国国税局（IRS)宁愿让原厂制造商来代工做这项工作，美国国税局（IRS)的管理人员对一

家小公司的工作感到紧张和不放心，因为原厂制造商正在为他们制定最重要的税务处理系统(DIS)。如果系统出现任何延误或错误，美国国税局(IRS)将受到指责，其后果将是非常严重的。了解了美国国税局(IRS)管理层的担忧，我必须准备好我的工作，以便让他们放心地让我们去做这份工作。他们希望我们与原厂制造商幽里西斯公司密切合作，以便在遇到困难时，我们可以得到原厂制造商幽里西斯公司的必要支持。

他们关心的另一个大问题是东方电脑公司（ECI）能否在60天内从现任者手中接管这项工作？在美国国税局(IRS)付款之前东方电脑公司（ECI）能否在财务上能够支持和执行这项工作吗？美国国税局(IRS)的管理层不得不考虑能否将这样一项关键任务的合同交给一家不知名的小公司接管？因此我想，首先要做的是彻底了解美国国税局(IRS)的要求、政治和心理状态，才能够有效地准备好东方电脑公司（ECI）为取得合同向美国国税局(IRS)作的演示报告。

在管理方面，合同的后勤工作非常复杂，需要大约150名经验丰富的技术人员，还要加上许多支持人员在60天内部署到整个美国大陆、夏威夷、波多黎各和阿拉斯加这些地方去。我预料到会出现人事招聘的问题，我不能只告诉美国国税局(IRS)招聘人员的计划，但我必须要有应急预案和录取通知书，以便在他们询问时向美国国税局出示。

任何潜在的客户对东方电脑公司（ECI）的财务稳定都有极大的兴趣，特别是对于这样一份大合同，因此，我需要提高东方电脑公司（ECI）信用额度的上限。要使美国国税局(IRS)可以放心地向我们这个较小的公司提供这项关键任务的合同之前，他们还想知道哪些什么信息呢？我必须向他们证明我们可以与现任政府合作，在不中断美国国税局(IRS)业务的情况下接管主承包商的职责，为了达到这一目标，我必须与幽里西斯公司的员工联系一起，首先是在需要的时候获得零配部件和技术支持的承诺。

我的第一个任务是去见我在自治国家银行的银行家并与负责商业贷款的官员会面，当时，东方电脑公司（ECI）已经与这家银行合作开展了两年多的银行业务。约翰·斯宾塞先生是这家银行的副总裁，负责东方电脑公司（ECI）的账目，我打电话给约翰，并约定到银行见他，会见安排在第二天上午9点举行。我按时到达约翰的办公室，在简短的礼节之后，就直接进入要点。

"约翰，东方电脑公司（ECI）正在努力获得一份价值2.5亿美元的政府合同，我需要增加公司的信用额度。"

"我听到的是不是正确？2.5亿美元的合同？"他问道。

"如果我们能够得到的话，合同期是六年，这个数额就是合同的上限，第一年我们可能会有4,500万美元。"我说。

"这真是太棒了！让我和我的老板谈谈，他需要和贷款委员会交流，以批准提高你的信用额度。"约翰说。

"需要多少时间能够做出决定？"我问。

"两天之内就会有贷款委员会的会议，我应该在星期五知道，我马上就会打电话给你。"约翰说。

自治国家银行是一家小型的本地银行，我有一种不好的感觉，他们可能会害怕联邦政府的大合同，就像我害怕的那样。星期五早上，约翰给我打了电话。

"郑博士，我要告诉你的是坏消息，自治国家银行贷款委员会拒绝了提高东方电脑公司（ECI）信用额度的请求。"

"为什么？"我问。

"嗯，我想他们害怕合同太大，银行规模太小，无法承担相关风险。"约翰说。

不需要说了，我对信用额度感到失望和担心。现在我必须找到另外一家真正理解政府合同的银行。

我和镇上的几位企业主谈到哪一家是能够合作的好银行，他们都推荐了锡格来特银行。该银行是一家区域性银行，规模不大，但在华盛顿特区和北弗吉尼亚州都设有办事处，在那里，许多政府承包商都是该银行的客户。我打电话给负责联邦系统的银行官员约翰·卡彭特，星期五早上约翰到我办公室来。

"约翰，我很为难，我想知道在这种情况下，你的银行是否能和我一起工作？"

"我们听到很多关于你和你公司的好事情，确实都是很好的消息，我早就想同你电话联系，希望能够拜访你。我很高兴接到你的电话，让我们知道能为你做些什么？"约翰说。

"我必须首先告诉你，我们现在与自治国家银行有银行业务，他们对我们很好。现在我们有一个很好的机会可以获得一份很大的联邦政府合同，但是他们害怕合同的规模过大。"我对约翰说。

"嗯，自治国家银行只是一家本地银行，我不认为他们已经建立了专门处理政府合同的部门。另一方面，我的银行已经同联邦承包商做了很多生意。如果是我不能处理的范围，我可以让我们的专家从华盛顿来回答你的问题。"约翰说。

"我没有任何技术问题，但我希望得到一大笔贷款，以便向联邦机构表明，东方电脑公司（ECI）确实得到了一家银行的支持。"

"如果你把你的账户转移到锡格来特银行，那看起来就不太困难了，你能告诉我一些关于合同的事吗？"约翰说。

"我们现在只是在争取合同，这是一份价值2.5亿美元的合同，与美国国税局(IRS)签订六年的合同。"

"哇！那是一个大合同，你对这个项目已经谈到什么程度？"约翰问。

"还不太近，但我们正在进行这方面的工作，如果东方电脑公司（ECI）有资格做这项工作，我们就不必为合同而竞争了，关键条件之一是在政府支付以前完成这项工作的财务能力。"

"我对政府的运作方式很熟悉。他们付钱很慢，但他们总是会付钱。你对信用额度有什么想法？"约翰问。

"我想从每月400万美元开始，如果我需要更多的钱，希望能够再增加一点。"

"这是完全可行的，你在自治国家银行的现金额度是多少？"约翰问。

"我们有200万美元现金额度，但截至目前，我们只使用了70万美元额度。"

"你去年的收入是多少？"约翰问我。

"粗略地说，大约是180万美元。"

"我们绝对可以做到，但我要回去向我的老板简要介绍一下。我会在周一早上第一件事就给你打电话。"约翰说。

"约翰，如果你的银行同意，我会把东方电脑公司（ECI）的账户转给你，我等待听到你的好消息，周末愉快。"

"你会有好消息的。"约翰离开了办公室。

周一早上9点钟，电话响了，约翰·卡彭特来电话了。

"郑博士，银行同意和你一起合作，我可以过来开始做文件工作吗？"

"没有问题，你随时都可以过来，我准备好了。"

30分钟后，约翰来到我的办公室，他把所有的表格都填写好，我只需要在一式三份的十二种表格上签名。我先请我们的首席财务官卡尔·安德森阅读银行准备的文件条款和细则。卡尔告诉我，这些只是银行协议的标准声明，我签署了表格并交给了约翰。

"我马上办理东方电脑公司（ECI）在自治国家银行的账户转移，今天下午就给你提供400万美元的信用额度。"约翰告诉我。

这使我们开始同锡格来特银行保持长期的联系和合作，甚至在这家银行与另一家大银行合并后，仍然如此。有了银行的承诺文件，使我们的潜在客户感觉到同我们做生意更加安全。

星期一下午我打电话给迈尔斯先生。

"美国国税局(IRS)打电话给我，需要在简报会上向他们介绍了东方电脑公司（ECI）的能力，你愿意和我一起去参加美国国税局(IRS)召开的简报会吗？ 我想请你告诉美国国税局(IRS)，在需要的时候，幽里西斯公司会支持东方电脑公司（ECI）。"我说。

"我很高兴能参加简报会，并支持这一特殊的东方电脑公司-幽里西斯团队合作理念。"迈尔斯先生表示。

与此同时，我还是有点担心，很长时间美国国税局(IRS)的格兰姆先生还没有给我们打电话。是否还有其他公司想和美国国税局(IRS)合作吗？美国国税局(IRS)的合同办公室里，是否会有什么变化？是否想要继续保持幽里西斯公司成为主要承包商？我把我的担心告诉了叔霆。

"我们为什么不直接给格兰姆打个电话？已经一个多月了。"叔霆说。

"好吧，让我给他打个电话，看看他有什么话要说。"我说。

我拿起电话，立即与格兰姆先生联系，这是不寻常的。

"大卫，你好吗？"我问。

"我很好，我正要给你们写一份信，我们的会议是在两周后的周一早上召开。你能来吗？"

"当然，我会去的."我说。

"我会寄个包裹给你，上面有参加者的名字、会议地点、还有停车信息，你应该在两到三天内可以收到。"

"非常感谢你的安排，我需要带什么材料过来吗？"

"任何支持你公司能力和财务状况的材料都是会有帮助的。" 大卫说。

"好的，再次谢谢你，在两周后见。"

在会议之前，我们正忙着准备幻灯片和散发的文字资料。约翰和叔霆负责审查公司的技术能力和财务报告。在迈尔斯先生的同意下，我们概述了基本的分包商为美国国税局(IRS)制定的（DIS）合同的责任。我们已经向潜在招聘员工发出了数百份应急函，其中包括许多在当前合同上工作的男女员工。我们得到了幽里西斯公司管理层的同意向幽里西斯公司的员工提供新聘用合同的报价，到第一周结束的时候，我们收到了超过100多封的申请信。

重要的日子来得很快。前一晚，我和叔霆和约翰开车去了华盛顿特区，我们在8点钟之前就到了华盛顿，宪法大道上的美国国税局(IRS)大楼里。迈尔斯先生在入口处等我们。在大厅登记后，格兰姆办公室的一位秘书出来把我们带到了会议室。那个房间就像一个礼堂，有40位与会者，坐在那张很大的长桌旁边。我没想到会有这么多的听众，我也不知道他们是谁？也不知道他们与合同的关系？这里的每个人看起来都很严肃认真。

大卫做了简短的介绍之后，我想我应该稍微打破一下这种像冰一样冷场面。

"我很荣幸来到这里，在美国国税局众多杰出官员面前发言。如果国税局税务官员来找我个别谈话，我会很紧张的。"听众中的大多数人都笑了，我接着说到。"我理解这项任务对税务处理系统的重要性，尤其是在纳税申报季节。 现在我想先花几分钟介绍一下东方电脑公司（ECI），我们将与幽里酉斯，也就是原厂制造商和当前的承包商合作，组成团队为你们的系统提供服务。东方电脑公司（ECI）已经完成了招聘员工的工作并且收到了超过100多份来自合格的和有经验的技术人员的应急信件，如果东方电脑公司（ECI）得到这份合同的话，他们就会及时进入工作状态"

我使用幻灯片介绍东方电脑公司（ECI）的能力和财务状况，然后我展示了一幅画，描绘了联邦小型企业地区局(SBA)、东方电脑公司（ECI）和幽里酉斯的团队关系，作为承包商、分包商和转包商。我向观众解释说，东方电脑公司（ECI）以一种团队合作方式与幽里酉斯公司达成了一项特定的协议。迈尔斯先生，请你站起来告诉美国国税局(IRS)关于该组织团队，幽里酉斯公司将与东方电脑公司（ECI）合作为政府提供可靠的服务。"

我继续描述东方电脑公司（ECI）的过去和现在的合同经验，特别是那些具有相关技术能力的合同。最后，我展示了东方电脑公司（ECI）的信贷额度，我展示了东方电脑公司（ECI）的信贷额度以及过去几年中在美国最有权威性的邓百氏集团（Dun and Bradstreet）对东方电脑公司（ECI）的信用评价报告。"关于东方电脑公司（ECI）和它的能力方面，你们还有哪些问题吗？ 在我继续向你们讲解之前，我想花几分钟时间回答你们的问题。"我问听众们。

"我想问你们作为主要的承包商，东方电脑公司（ECI）是如何从原承包商接手这个（DIS）合同的。" 有人问.

"如果东方电脑公司（ECI）获得这份合同，东方电脑公司的收入将超过去年收入的百分之五十，你如何处理这种规模的现金流量变化？"听众中有人问。

"这对我来说是个好的头痛。"我笑着说。听众都笑了。"在最初的几个月里，我们将会有大笔的现金支出，因为我们必须在收款前30到60天内支付我们的费用。在合同中，每个月大约要用500万美元，一半的费用属于我们的分包商。在政府支付东方电脑公司后，我们将向我们的分包商支付费用。 银行已经同意为东方电脑公司（ECI）提供400万美元的信用额度，如果需要的话，可以升级到更高的信用额度。因此，现金流不会成为一个问题。"

"你的公司将多雇用100多名新员工，你们准备好在短时间内为这么多新员工的招聘并进行适当的背景调查了吗？"另一个人问道。

"谢谢，这是一个很好的问题。我们已经收到了超过100多封来自合格人士的临时信件。东方电脑公司（ECI）有一位安全官员，他在后台检查程序和相关信息中具有相当丰富的经验。我们应该能够在合同授予后的60天内部署150名左右的人员上岗。"我回答。

之后，听众们再也没有什么问题了。我的演讲的下一部分是向美国国税局(IRS)的官员展示东方电脑公司（ECI）将如何履行 （DIS ）合同，我再次用投影仪展示东方电脑公司（ECI）和幽里酉斯公司之间的团队合作，东方电脑公司（ECI）将使用一个全国性的运作中心来管理整个操作系统，其中有一个小组，在每天三班，24 小时工作。幽里酉斯公司将负责整个美国大陆十一个中心的大型计算机，而东方电脑公司（ECI）将负责整个美国大陆、夏威夷、阿拉斯加和波多黎各的所有电信、外围设备和工作站。幽里酉斯公司将为东方电脑公司(ECI)

提供工作站和外围设备的维修零配部件，东方电脑公司（ECI）将为幽里酉斯公司提供服务以应对大型计算机的维修问题。响应时间是每周七天，每天24小时，远程站点除外。东方电脑公司（ECI）将在美国国税局(IRS)中心，进行三班制技术人员的工作，以确保对任何故障问题的两个小时的响应时间。

听众们似乎对我的演讲很满意，对演讲的第二部分没有提出任何问题。

"非常好的演讲！理查，我们将手挽手，共同努力确保全国税务处理系统的正常运转。我们很快就会办妥所有的文件工作，送到你的公司。"格兰姆说.

叔霆、约翰、迈尔斯先生和我很快就离开了美国国税局(IRS)大楼。

"我认为这些听众们都很满意，我想我们会得到他们的同意的。"迈尔斯先生说。

"这些听众们到底是谁？"我问。

"这些都是美国国税局(IRS)，信息技术集团和其他管理部门的高层官员。如果他们对今天听到的内容感到满意，他们的建议将决定最终的结果。" 迈尔斯先生笑着说。

"我会祈祷的。"我说。

我们向迈尔斯先生告别，开车回弗吉尼亚海滩市。在车里，我们谈到了演示。

"在演讲中，我有没有错过了什么内容？"我问。

"我认为你已经说服了他们所有关于东方电脑公司（ECI）的事情。"叔霆说。

"我相信我们会得到合同的。"约翰说。

"我们已经完成了我们的任务，但还是让我们祈祷吧。"我说。

在东方电脑公司（ECI），我们等待美国国税局(IRS)的决定，他们是否会接受东方电脑公司-幽里酉斯团队提议？从政府那里听到的任何消息，都不是来自联邦小型企业地区局(SBA)或幽里酉斯公司的。一个星期过去了，还没有听到任何消息，我有点担心。在演讲结束后的十天，我给格兰姆打了电话，但他已经离开华盛顿外出了。 我给他留了个口信等待他的回电。第二天，我接到了联邦小型企业地区局(SBA)的电话，说美国国税局(IRS)已经接受了合同的安排。我非常兴奋，并打电话给幽里酉斯公司迈尔斯先生，迈尔斯先生对这个消息也是非常高兴。

"你需要从美国国税局(IRS)拿到投标书（RFP）可能会等待一段时间。" 迈尔斯先生说。

"我会一直盯着他们，直到他们发放投标书（RFP）。"我向迈尔斯保证。

几天后，格兰姆从一次实地考察后回到华盛顿了。

"郑博士，我们需要尽快地拿到合同，请派人到这里来领取投标书，或者我可以寄给你，但这需要几天的时间。"他告诉我。

"我们在华盛顿有办公室，我今天就派人把它拿回来，然后开车送到我这里。这样我们今晚应该能读到投标书了。"我说。

"如果你能马上开始准备这个提案，那就太好了。" 格兰姆说:

我打电话给我们在华盛顿的办公室，派一名快递员去拿投标书，下午4点半，7.5厘米厚的投标书已经送到东方电脑公司（ECI）总部。我请叔霆、约翰、文斯和卡尔 连夜同我一起阅读投标书，我们每个人都选择了一个部分来认真阅读学习。那天晚上，过了子夜我们才把办公室里的灯关掉，我们将在明天上午9点再见面。我用联邦快递寄了一份投标书副本给迈尔斯，第二天上午10点钟，迈尔斯收到了投标书副本。

我们花了五天的时间轮流阅读投标书（RFP），在我们做其他事情之前，我们需要彻底地研究。东方电脑公司（ECI）的提案写作者和执行小组的五名成员召开了会议，就如何把提案放在一起进行战略规划。因为幽里酉斯是这个项目的重要组成部分，所以我打电话请迈尔斯先生到东方电脑公司（ECI）参加会议。迈尔斯同意在一天后与鲍勃·厚格伍德和一些技术人员一起来。

星期四的上午，幽里酉斯公司的团队登上了幽里酉斯公司专机，从华盛顿飞到弗吉尼亚海滩市，我们派了一名司机去机场接他们到东方电脑公司（ECI）会议室，我们先开一场短时间的会议，目的是把任务分成两部份。

"这是一份联邦小型企业地区局(SBA)合同，东方电脑公司（ECI）是联邦小型企业地区局(SBA)的分包商，东方电脑公司（ECI）将把一部分工作分包给幽里酉斯公司。我们必须完全遵守联邦小型企业地区局(SBA)的规则，即东方电脑公司（ECI）必须执行百分之五十一或更多的工作。由于幽里酉斯拥有专用的大型计算机诊断包，幽里酉斯公司将会负责大型计算机；东方电脑公司（ECI）将在命令中心、外围设备和工作站进行工作，这个方式对你们可行吗，鲍勃？"

"我认为这是可行的，但我们必须在投标书中找出每条要求的具体细节。"鲍勃·厚格伍德说：

"好吧，让我们一起讨论细节，下周再聚一聚？"

"很好，让我们下周四在幽里酉斯公司的办公室见面，怎么样？"鲍勃·厚格伍德说。

"这对我们也很好。"我说。

我带着整个团队出去吃了一顿美味的海鲜午餐，我们在吃饭的时候谈了钓鱼、打高尔夫和一些笑话。

午餐后，幽里酉斯团队飞回华盛顿。一切过程的各个步骤看来似乎都非常顺利！

一周后，我开车带叔霆、加里和文斯去华盛顿特区，我们在上午10点之前到达了幽里酉斯大楼。秘书把我们带进了三楼的会议室，那里至少有十位幽里酉斯员工，包括李·迈尔斯和鲍勃，其他的是会计、零配部件供应和技术人员。鲍勃·厚格伍德递给我四份幽里酉斯的提案，我给了鲍勃五份我们东方电脑公司的提案，鲍勃打电话给他的秘书再复印五份东方电脑公司（ECI）的提案，以便会议上的每个人都能读到。会议室非常安静，都集中精力阅读对方公司成员准备的提案。

大约半个小时的阅读之后，文斯无法抑制自己的不满，大声地说："我不认为这是可行的，在你们的提案中幽里酉斯公司的工作比例有问题，你们应该做百分之四十九的工作，但是这里却是百分之八十。"

当我看到幽里酉斯公司所做的工作比例时，我也感到很不满意。

"看，我们真诚地希望和你们作为一个团队共同工作，我希望你们能认真对待我们，遵守联邦小型企业地区局(SBA)的规定。"我说。

"你上周曾承诺，让幽里酉斯公司做所有的大型计算机设备。"鲍勃·厚格伍德说。

"不，鲍勃，你应该知道我所说的大型计算机，只是主机。而这里你讲的是关于所有的外围设备，包括磁盘驱动器、磁带驱动器、打印机和通信设备，并将它们全部都集中到所谓的大型计算机单元中。"

"这是我们唯一能做的事情。"鲍勃·厚格伍德说。

"即使我们同意你们这样做也不会起作用，我们必须做到百分之五十一的工作。好了，让我们回到原点上，重新开始，如果你需要更多的时间，我们可以等待。"我说。

"让我们在一周内见面怎么样？我们不想让客户等太久。"叔霆说。

"鲍勃，让我们从今天开始一周内在弗吉尼亚海滩见面怎么样？"我问。

"如果这是你想要的，我们就在那里见面吧。"鲍勃·厚格伍德说。

从我们进去后还不到一小时，就离开了幽里西斯公司的会议室。同我一起去的东方电脑公司员工对幽里西斯的提议非常不满。"

"我知道他们很强硬，但我没想到他们会那么坏。"约翰说。

"根据他们的提案，如果我们同意和他们一起做，我们将在法律方面犯错误。"叔霆说:

"他们很强硬，但如果我们坚持遵守政府规定，遵循商业原则，他们将会改变他们的方式来达成协议，你知道如果有其他人带着主机诊断包进来，他们就可能会把所有幽里西斯公司的员工全部撤换。"我说。

"我知道有一家公司与幽里西斯公司竞争主机的维护工作，但是现在我想不起这个名字了。"约翰说。

"是的，我想是在亚特兰大的一家叫电脑维修（CMS）的小公司。"叔霆说

"好吧，让我们把这当作是最后的手段，我相信我们可以和幽里西斯公司达成一些共识，毕竟是他们把我们带到了美国国税局（IRS）并支持了我们。"我说。

我们失望地回去了，但我们希望最终结果会很好。

一个星期很快就过去了，在幽里西斯和东方电脑公司（ECI）之间几乎没有电话联系。他们可能在和我们玩游戏，但我们对他们想要做的事情感到非常不安。我确实跟幽里西斯公司的项目经理迈尔斯先生说过遵守联邦政府的规定是多么的重要，他与政府打交道已经有很长时间了，他不太担心不遵守联邦小型企业地区局(SBA)规定的后果。我想这些大公司真的看不起那些没有任何牙齿的联邦政府机构。他在表面上很有礼貌听我的说话，但我有一种感觉，他并没有认真地考虑我说的话。

幽里西斯团队这次来到东方电脑公司（ECI），提出了第二次提案，与一周前的草案中并没有太多改变。我被幽里西斯的态度所困扰。

"我强烈建议你们采纳我们的比例来修改你们的提案。否则，我们可能不与幽里西斯公司合作。"我宣布。

"我认为这次会议没有任何进展，请修改你们的提案内容以符合百分之五十一对四十九的联邦小型企业地区局(SBA)的规定，这样我们就可以继续讨论了。"文斯说。

"郑博士，什么样的劳动分工会让你接受？"鲍勃·厚格伍德问道。

"这不仅仅是让我接受的问题，而是提供真正符合联邦小型企业地区局(SBA)分包规定的劳动分工，我建议大家看看幽里西斯的提案，他们要做主机方面的工作，而东方电脑公司（ECI）则在外围设备和工作站的工作。我同意从幽里西斯公司购买所有幽里西斯设备的维修零配部件，仅这一项就对幽里西斯公司来说是一笔很大的收入。"我说。

"好吧，我们回去做更多的功课，然后再回到你这里来。"鲍勃·厚格伍德说。

"鲍勃，我们在过去的几周里浪费了这么多时间。正如你所知，离开提交提案的截止日期只有十天了。"我说。

482

"等我们准备好，我们会给你打电话的。"鲍勃·厚格伍德说。

在东方电脑公司（ECI）我们只是觉得很不舒服，幽里酉斯在跟我们玩硬球，这可能会把整个项目合同搞砸，这可能是他们在玩弄的阴谋吗？如果我们提不出可以被政府接受的提案，幽里酉斯公司就可以要求延长他们现有的合同，至少可以再延长一到两年。考虑到这一想法，我要求我们的人在没有幽里酉斯参与的情况下写好整个新提案，以防他继续坚持自己的硬球游戏。与此同时，我们公开联系在亚特兰大的电脑维修 （CMS） 公司作为备份。我还和美国国税局（IRS）的经理谈了东方电脑公司和幽里酉斯之间的僵局。我要求他们要有耐心，我们会按照联邦采购规定来做好这项工作。

"我知道你在做什么？只要你能胜任这份工作，我们就不关心你和谁一起工作。"美国国税局（IRS）的官员告诉我，这让我有很多勇气站起来，同幽里酉斯玩硬球。

在规定提交提案的前一天，幽里酉斯团队出现在东方电脑公司了。同样，他们并没有改变原来的提案草稿，我们准备了一份新的合作提案，这是我提出的符合百分之五十一对四十九劳动分工的正确方式，该提案要求有一位幽里酉斯公司的高管签名。经过一次简短的讨论，他们突然站起来，好像要走了，鲍勃·厚格伍德把他们准备好的提案交给了我。

"郑博士，除非你在我们的提案上签字，否则我不认为我们会成为一个团队。"鲍勃·厚格伍德告诉我。

"鲍勃，我真的很想和你的公司一起为这个项目工作，如果你坚持这种不合理、不合法的经营方式，我必须告诉你，我们不想成为任何违反政府法律公司的例子。"

"好吧，如果这就是你想做的，让我和我的团队在附近咖啡馆里谈谈，然后再回来找你。"鲍勃·厚格伍德说，表现出了他的不开心。

他和幽里酉斯团队从东方电脑公司的会议室冲了出来，那是上午10点左右。

中午1点钟，迈尔斯从机场打电话给文斯。

"文斯，请告诉郑博士，除非他改变主意，签下这个团队协议，我们将在30分钟内登上飞机。"迈尔斯说。

文斯来到我的办公室，跟我讲了电话的事。我召集了一次高级职员会议。

"我认为，幽里酉斯团队为了实现他们的愿望，把枪口对准了我们的脑袋。我们想要这份合同，我愿意冒险，要么以正确的方式去做，要么失去这个大机会。为了能在最后期限前提交提案，我决定提交这份没有幽里酉斯参加的提案。我们再等待，看看幽里酉斯团队会不会再来找我们。当然，如果幽里酉斯公司没有回来，我们可以使用在亚特兰大的电脑维修公司（CMS）来维护主机。"我说。

"我敢肯定，当他们看到我们准备单独去做的时候，他们就会考虑面临失去一切的风险，这样他们就会回来的。"叔霆说。

几分钟后，迈尔斯打来电话问文斯，文斯拿起会议室里的电话。

"郑博士不会在你们的那份提案上签署团队协议。我们必须在明天下午4点钟之前提交提案，你们为什么不回来，在我们准备好的提案上签下团队协议呢？"文斯告诉迈尔斯。

"我们就是做不到，鲍勃说我们现在必须走了。"迈尔斯说。

然后他们就走了，他们以为第二天我们就会爬回到他们的身边。事实上，我在没有幽里酉斯签字的情况下签署了这一提案，并在当晚将这一大叠文件通过联邦快递向美国国税局（IRS）提交了我们的提案。我知道这是一次激烈行动，也是一场豪赌；最坏的结果是我们将会退出这个项目，但是没有其他可以更换的方法让我去选择。如果东方电脑公司（ECI）不愿意成为一家大型企业的幌子公司，只能从幽里西斯公司获得如同面包屑一样的微利，这是我们唯一的选择。我完全明白，幽里西斯公司并不是一个不寻常或者是坏的公司，这正是那些大公司在竞争激烈的商业世界中生存下来的方式，这也就是他们每天玩的游戏。对于东方电脑公司（ECI）来说，我们需要竭尽所能，才有机会在商业世界中生存。

在东方电脑公司（ECI）方面，我们认为我们的行为是完全合理合法和符合道德的，结果会是什么呢？我们都在思考着，都在担心并希望能够得到最好的结果。

"美国国税局（IRS）可能不会接受东方电脑公司（ECI）的提案，因为他们太依赖于幽里西斯公司的服务，他们担心并害怕如果东方电脑公司（ECI）不能执行好项目合同，他们就会陷入水深火热中。"约翰说。

"我听说美国国税局（IRS）对一家没有任何准备的公司感到非常不满，而幽里西斯公司也在向他们收取一大笔钱，我们是他们摆脱困境的一种方式。"叔霆说。

"好吧，你们说的都是真的，但我认为幽里西斯公司会回到谈判桌前，这一次他们会意识到我们不只是别人的幌子公司。我的直觉是，这次他们将更加灵活，因为他们是经验丰富的商人。他们不会对这种情况感到情绪激动。鲍勃•厚格伍德是一个非常强硬的人，但对于幽里西斯公司来说，他是一个优秀的商业主管。我真的很喜欢他，但我希望他能站在我们这边。"我说。

在我们寄出提案后，我打电话给在美国国税局（IRS）办公室的格兰姆先生。

"大卫，我们已经按时向你提交了提案，但是没有任何幽里西斯公司的参与。"我告诉他。

"好吧，我们想看看你们的提案是如何开展这项工作，无论你们是否包括或者不包括幽里西斯公司，都不是美国国税局（IRS）的立场，只有你们才是主要的承包商。"他说。

"大卫，你是说政府会正式接受东方电脑公司 ECI 的提案吗？"

"当然，我们会审查你提交的提案。"格兰姆说。

"谢谢你，大卫，我相信我们最终会得到我们所需要的来自幽里西斯公司的支持。"

"这对我们也很好，我们只关心我们的系统是否能够得到很好的维护。"

我召集了我们的主要执行小组，并对形势进行了评估。

"伙计们，我刚跟美国国税局（IRS）的项目经理通了电话，美国国税局（IRS）实际上接受了没有幽里西斯参与的提案，这对我们所有人来说都是一个巨大的惊喜。我相信当幽里西斯听到这个消息的时候，他们在确定要离开我们之前会再三考虑的。"我说。

"这是我们所能期待的最好情况，我认为他们，我指的是幽里西斯公司很快就会同我们联系的。"约翰说。

"我相信幽里西斯员工都很聪明，他们知道我们可以在没有他们参与的情况下完成工作，但我认为最终把他们一起纳入我们的团队才是最好的。"我说。

与此同时，我们保持了与格兰姆和其他美国国税局（IRS）官员的沟通渠道，我们现在只需要等待美国国税局（IRS）的正式答复。

幽里西斯团队并没有预料到，东方电脑公司（ECI）能够在没有他们参与的情况下准备并提交了提案。提案提交后的一天，幽里西斯团队从美国国税局（IRS）

了解到该提案的提交并将被美国国税局(IRS)的项目工作人员认真评估。事实上，幽里西斯的大型机计算机2200型已经是一个9年前的老系统了，有几家公司也在市场上提供主机诊断包。就零部配件而言，所有这些产品都是现成的产品，并不是幽里西斯专利或设计的产品。因此，我们对幽里西斯公司没有任何依赖。

东方电脑公司（ECI）尝试与幽里西斯合作的主要原因是迈尔斯在一开始就和我一起去了美国国税局(IRS)，我觉得我们欠了幽里西斯公司的介绍之情。当然，关键的部门是联邦小型企业地区局(SBA)，是他们向东方电脑公司（ECI）推荐了这项合同。如果没有联邦小型企业地区局(SBA)行动，我们这些小公司根本不会有机会获得任何重大合同，当我听到美国国税局(IRS)对我们的提案的反应时，我告诉了我们的副总裁们。

"我想会有来自幽里西斯的电话铃声。"我告诉他们。

我们对幽里西斯公司的赌博是成功的。在提案提交后的第三天，鲍勃·厚格伍德打电话给我。

"郑博士，你怎么能在没有我们的情况下提交了提案？我想我们应该是一个团队的。"鲍勃·厚格伍德说。

"鲍勃，东方电脑公司（ECI）希望并试图在我们的团队中有幽里西斯，但你的员工拒绝和我们合作，就在上周签署了这一提案之前，你们的飞机已经起飞了。"

"我已经指示我的员工重新审视我们的提案，再认真看看你们的提案，想想我们还能做些什么？"鲍勃说。

"我想再次重申是可以的，我们必须遵守政府的规定，我们是本提案的主要承包商。"我说。

"我们几天后在你的会议室见面，怎么样？我们先做好准备工作，然后给你的秘书打电话，再安排具体的时间。"鲍勃说。

"鲍勃，我欢迎幽里西斯公司加入我们的团队，就像我之前说的。请记住，我们必须遵守百分之五十一对四十九的工作分工规定，请确保你指导的员工会准备好团队合作协议。"我说。

"我个人对这样的做法，非常感兴趣。"鲍勃·厚格伍德说

不到两天，鲍勃·厚格伍德又打电话给我，说幽里西斯团队已经准备好与东方电脑公司（ECI）团队一起讨论团队合作协议的问题。

我建议他们尽快到我们的办公室来。鲍勃·厚格伍德告诉我，他们将在第二天早上9点以前到东方电脑公司（ECI）的办公室，我与我们的副总裁们开了一次会议，讨论了我们对幽里西斯提案和我们期待的底线要求。

"我相信，幽里西斯团队知道我们是很认真地遵守政府的规定，不会成为他们的幌子公司，而且他们也很清楚，我们可以单独主持这个合同项目，现在他们所能做的就是不要给东方电脑公司（ECI）制造麻烦，这对两家公司来说都是一种双输的局面。我敢肯定，他们回来的时候，会有更多的面包屑微利给我们，我们必须坚定地站在我们自己的立场上。"我对我们的员工说.

"如果他们做主机CPU，并卖给我们零配部件，他们赚的钱会比东方电脑公司（ECI）赚的还多，我希望他们会对此感到满足。"叔霆说。

"我肯定他们也想要硬盘驱动器和磁带驱动器。"约翰说。

"让我们看看在主机CPU上，他们向政府收取多少费用？如果对他们来说这个百分比的平衡有点欠缺，我们就会给他们一部分磁盘或磁带驱动器来弥补他们的不足。"我告诉我的员工。

幽里西斯团队准时到达，非常愉快，再也没有以前那种无奈的石头表情。我们看了他们准备的提案，这和我们之前的预测完全一样。换句话说，他们想要所有的主机，所有的磁盘驱动器，所有的打印机，以及所有的磁带驱动器。

"鲍勃，我没发现你的提案有什么变化，这和你以前给我们看的东西是一样的，我们拒绝了。"我对鲍勃·厚格伍德说。

"好吧，我们来这里和你一起工作，让我们逐行逐句看一下内容，看看我们能否达成共识？"鲍勃·厚格伍德说。

"这很好，但请记住，我们是主要的承包商，我们希望你加入我们的团队，我们都必须按照政府的规定行事。"我说。

"我们真诚地到这里来，希望达成一项协议，让我们从头开始。"鲍勃·厚格伍德说。

"请继续阅读这个提案，特别注意应该是东方电脑公司（ECI）工作的部分。"我对东方电脑公司的工作人员说。

叔霆、约翰、文斯和卡尔马上就开始工作，因为他们以前读过同一份文件，所以没花很长时间就读完幽里西斯公司的整个提案。他们同心协力找到双方的共同处，也给我看了提案的不同处。我同意提案应该是有公平的劳动分工，并请约翰和叔霆同幽里西斯团队进行谈判，我把他们单独留在会议室继续工作。我自己回到我的办公室，在那天到了下班的时候，工作还没有完成。幽里西斯公司团队就在我们当地的酒店过夜。

"幽里西斯的人都很强硬，他们用牙齿和钉子来对付每一件小事，他们仍然认为自己拥有这份合同。"叔霆告诉我。

"至少他们正在将一些大型计算机外围设备分离，从那里开始，我们将看到未来的百分比分布是怎样的？"约翰说。

"别忘了，为我们的维修工作，我们需要向幽里西斯的支付零部配件的费用，这可能也是幽里西斯公司的一大笔收入。一定要提醒他们并把那部分收入纳入到百分比规则里去。"我说。

第二天早上8点，两组团队走进会议室重新开始工作。第二日工作结束前，约翰来到我的办公室。

"我们已经完成了艰难的谈判，我认为你需要去那里与鲍勃进行最后的协商。"约翰告诉我。

"我们相距多远？"我问。

"我们还有一些小办法来弥补差距，但我们已经取得了很大的进展。我认为，如果我们能得到所有的打印机和磁带驱动器，再加上磁盘驱动器的一部分，我们将达到这个百分比目标。"约翰说。

"那很好。我们将留他们在这里过夜，明天早上继续工作。"

我走进会议室，看看这两支队伍是如何为各自公司的利益而战的。

"你的员工肯定在讨价还价。"鲍勃·厚格伍德对我说：

"鲍勃，我们不是在讨价还价，我们只是想做成政府可以接受的合同，最主要的承包商是联邦小型企业地区局（SBA）。我知道我们还有更多的工作要做，为什么我们不先朝着五十一对四十九的目标努力呢？没有这一点，就不会有任何交易。请告诉你的员工今天吃晚饭后再试一试，我带你们去一家海鲜餐厅，享受一个愉快的夜晚，我希望明天我们能完成所有的事情。"我说。

我们在一家海滨海鲜餐厅度过了一个愉快而轻松的夜晚。

第二天早上，当幽里酉斯团队在 8 点钟出现时，我们立即开始了业务。约翰告诉了幽里酉斯团队他昨晚告诉我的设备维修方面应该怎么做。令我惊讶的是，鲍勃同意了约翰所概述的设备分配比例，两个小组坐下来后，在两个小时内找出细节，我们握了手，交易终于完成了。我们所需要的剩余工作是幽里酉斯团队提供零部配件的价格。

我打电话给格兰姆先生，告诉他幽里酉斯回到了团队，最终的提案将在一周内提交。对于政府官员来说，这也是一个巨大的安慰，他们真的很希望能够得到原厂制造商的支持。

"郑博士，我很高兴这个团队最后在一起制定了最终的方案。我们会评估这份提案并准备好合同。"大卫告诉我。

"你能告诉我还要多长时间吗?"我问。

"我想会很快的，我理解这一过程需要的时间。"他说。

当我们在等待美国国税局(IRS)削减合同的时候，来自幽里酉斯和东方电脑公司（ECI）的两支团队仍在进行激烈的谈判，以争取更大的份额。在劳动分工决定之后，幽里酉斯公司向我们的团队提供了一份零部配件价格表，并对东方电脑公司（ECI）所维护的每一个设备附加了百分之十七的额外费用。价格已经足够高了，但在这个行业中，额外收费是闻所未闻的。这两个团队在很长一段时间里都在讨价还价，最终都在对方的要求下妥协了。美国国税局(IRS)又花了两个月的时间，制作了一份厚达 10 厘米的合同以及最终的谈判文件。

东方电脑公司（ECI）是主要的承包商，也是唯一允许与合同官员交谈的谈判小组，在谈判室里不允许转包商参与。第一天，东方电脑公司（ECI）的团队包括叔霆、文斯以及我们的 IRS 项目经理戴夫·马格诺斯。我坐在总部的电话机旁边，监督谈判的进展。我认为，一位具有美国国税局(IRS)合同经验的人是一个很好的资源。然而，当我们要求从幽里酉斯公司派出一名代表参加东方电脑公司（ECI）的团队，一同坐到谈判桌前时，美国国税局(IRS)的合同官员拒绝了这一要求。直到谈判开始，我们才真正理解了拒绝的理由。对我们来说，美国国税局(IRS)的谈判团队和幽里酉斯团队一样强硬，这是我们最大的意外。如果幽里酉斯人员在房间里，美国国税局(IRS)的团队将无法得到他们想要的一切。东方电脑公司（ECI）是一家小型公司，与幽里酉斯公司相比要容易得多，至少这是美国国税局(IRS)的人所认为的。

与美国国税局(IRS)谈判的问题，包括政府的库存统计，但这还没有完全完成。还有一个问题是每个税务处理中心都有自己的经营方式。即使在合同方面，国家中心也几乎没有权力直接指挥这些分支机构。在美国有十一个税务处理中心。每个中心雇佣了大约 6000 员工。我们面临的另一个困难是，我们的建议是以固定价(FFP) 为基础的。固定价意味着承包商将履行合同无论工作量多少，多少设备在工作中，都是经过协商的价格。该合同的官员向东方电脑公司（ECI）提供了所有中心和远程中心的每一件设备的详细清单。这个提议的价格是基于设备整体的数量。美国国税局(IRS)的谈判代表首先压低了总金额。然后，他们将合同金额除以设备总数的总数。最后，他们将一小部分设备的数量增加到单件成本。最终的合同总额比我们提议的少了百分之三十。

美国国税局(IRS)的人认为，这项提议的成本比目前的合同要高。他们忽略了在当前的需求中，升级服务的成本以及需求新响应时间的高成本。该中心需要提供 7 天/24 小时的全面服务，为中心 2 小时的响应时间以及远程站点的 4 小时响应时间。而目前的合同只提供每天 16 小时服务；而为中心的响应时间是 2 小时，而远程站点则需要 24 小时响应时间。实际上有些网站远离任何主要城市，远程站点的覆盖和响应时间要求是当前合同的两倍多。

第二天，东方电脑公司（ECI）团队与美国国税局（IRS）谈判，包括叔霆、文斯、戴夫三人组先去了华盛顿，加里在第二天参加谈判。这次与美国国税局（IRS）的合同专家进行了三天的谈判。在谈判进行的过程中，我站在电话的一边，做出"是"或"否"的决定。最后在第三天结束的时候，双方都同意了所有的项目。东方电脑公司（ECI）被赋予了 60 天的时间来接管这个合同项目。

我任命戴夫·马格诺斯为项目经理，负责管理美国国税局（IRS）的合同。戴夫参加过东方电脑公司（ECI）的海军项目，他的表现很好，当时他并没有大型计算机和通信方面的经验，但他是一个有责任感、应变能力和纪律严明的人。第一年的合同金额达到 3,500 万美元，超过了东方电脑公司（ECI）年营业额的一半。在 60 天内开始这么大的合同不是一件简单的事情。东方电脑公司（ECI）招募到以前幽里酉斯公司的 60 名技术人员，但必须对另外 100 名合格的技术人员进行搜索和筛选。所有的人都必须通过专业机构的安全背景审查，这花了很长时间才完成。在有限的时间内，物流是一场噩梦，将替换的零配件或系统发送到远程站点，涉及到建立零配件仓库并雇佣呼叫人员来处理简单的技术问题。戴夫不断地在美国大陆各地建立办事处，雇佣当地的管理人员，管理一个可能覆盖 2 到 3 个州的地区办事处。我们在美国大陆 26 个州设立了办事处，以便管理所有十一个中心和众多的远程站点。

东方电脑公司能够最终接管了美国国税局（IRS）的全部税务处理系统（ DIS）责任时，那是 1990 年 9 月 1 日，离联邦小型企业地区局（SBA）要求我们帮助的那一天已经过去了差不多两年。我们辛苦工作了很长时间才拿到合同，最终被授予时也没有欢呼庆祝。我们进入了紧急状态，试图把所有的松散的事物都捆绑在一起。

随着新员工的迅速涌入和业务的复杂性，东方电脑公司（ECI）不得不扩大会计部门、人事部门和采购部门。尽管大多数新员工都在美国国税局中心附近的其他地方工作，但总部的支持人员却增加了 30 多人，这一过程是完美无瑕的。在与东方电脑公司（ECI）的员工合作方面，幽里酉斯公司的员工非常有能力和专业知识。谈判阶段结束后，我们二家公司合作得很好。

但这并不是说一点都没有头疼的问题，为了满足 2 小时或 4 小时的响应时间，我们不得不将技术人员从一个站点派送到另一个站点或者到一个远程站点，没有料到会如此频繁地派遣包机来运送员工，东方电脑公司（ECI）必须用自己的费用去开支，才能顺利地完成工作。除了旅行费用外，这些零配件是必须由联邦快递的专门运输以满足最后期限，我们还与全美的所有网站经理每周召开一次电话会议。在最初的几个月里，公司大举借贷以支付操作突然增加的基本成本。

政府的支付需要一种常规的繁文缛节。工作完成后，我们立即将发票提交给国家中心处理，国家中心再把发票送到每个支点中心进行核实，就可能会有设备数量的问题或者工作时间不同的问题，要把各个分支和东方电脑公司（ECI）之间的问题弄清楚需要几周时间。一般来说，一开始的支付延迟是 3 到 4 个月，但是在运营一年之后就变得短多了。

与此同时，东方电脑公司继续从其他机构获得合同，尽管这些机构的合同范围不大，但是东方电脑公司（ECI）的全职员工不断增加，甚至超过 500 多人，还要加上许多兼职人员。在美国，我正忙于新的工作机会时，还要到国外去做顾问，同时也在寻找新的商机。

我的下一个目标是专注于在制造业领域的发展，有几种方法可以达到规模化生产的要求。一种是收购现成的制造业公司；另一种是购买设备建立新工厂，生产合同需要的产品并在市场上销售。

早期的东方电脑公司(ECI)是一家研发和电子产品生产企业。在1987到1991的四年中，公司得到了远远超过制造业的服务合同。我们决定收购那些拥有现代化设施和可观业务收入的小公司。由经验丰富的副总裁约翰负责搜索现有的公司，叔霆、文斯、卡尔和约翰作为一个团队正在研究和评估这些候选公司。我们以大约150万美元的价格收购了TEM电磁公司，同时花了100万美元从几家破产的小公司购买设备。

当时，五角大楼正在寻求小型制造企业来大规模生产非军事战术装备。相关官员将此信息传送给东方电脑公司（ECI），如果公司能够加快设备生产，将会有更多的业务订单可以做。有了这样的想法，我在诺福克工业园区租了一片很大的制造场地，组装的大型机械车间里面有10台重型车床、铣床和数据机械以及现代化的大型电子装配设备，还配备了波焊系统、环境室、振动台和电磁波测试室等设备。五角大楼曾经派出了一队摄影师和穿着军衔制服的官员来查看，记录了该设施的情况并分发给潜在的军事客户。我们花了200多万美元为军方准备好了场地和设备，却没有收到一份订单。五角大楼的官员一直告诉东方电脑公司（ECI）的员工要有耐心，因为命令很快就会安排下来。然而，那个命令根本就没有出现过。

为了维维护这些生产设施，东方电脑公司（ECI）每年的花费就要超过了30万美元。没有签订任何合同，投资失败的原因是克林顿政府在就职典礼之后就开始大幅削减军备预算。这些年来，不仅削减了军队预算，还削减了包括关键任务在内的所有服务。在得知这些事实真相之前，整个制造工厂至少闲置了两年之久。对我来说，确实是一个惨痛的教训，最后我不得不关闭这个生产基地，总共损失了几百万美元。

第五十章

荣膺奖励

1991年春，东方电脑公司（ECI）获得了太德亚特商会颁发的"年度小企业奖"。一个月后，联邦小型企业地区局办公室(SBA)授予东方电脑公司（ECI）年度小型企业奖。随后，在1991年6月费城联邦小型企业地区局授予东方电脑公司年度小型企业奖。所有这些奖项的颁奖典礼我都缺席了，叔霆和萍萍必须参加颁奖典礼以获得奖项。

在1991年7月叔霆告诉我："我听说费城联邦小型企业地区局(SBA)为年度小企业主颁发奖项时，正在把你的名字报送到国家局。"

"在联邦小型企业的十个地区，有超过25,000名小企业主，这意味着将有10个名字提交给国家局，我认为我们没有太多的机会被选为这个奖项的得主。"我回答。

"这很难说。我认为我们有很好的发展经过和奇特的创业事迹，可以让联邦小型企业国家局(SBA)讲述。"叔霆说。

我们很快就忘记了这次简短的谈话。

1991年9月中旬，我接到了华盛顿特区联邦小型企业国家局办公室的一名官员的电话。

"郑博士，祝贺你！你刚刚被提名为年度国家商务人士，白宫将举行一场正式的颁奖典礼，布什总统将亲自把这个奖项颁发给你，一份正式邀请函将会寄到你家住址，好吗？"这名官员问我。

"谢谢你的来电，我感到很荣幸！请把邀请函寄到我的家庭住址，你有我的家庭住址吗？"我问。

"我们有你的家庭住址，谢谢你问我，我们将在九月见到你。"她说。

"再次感谢你的来电。"我说。

这名官员一开始就说出过她的名字，但我没有记住。不过，我认为这并不重要，接到这个电话我感到非常高兴。我想，天哪！全国有超过25,000个小型企业，他们中的许多企业比东方电脑公司（ECI）规模更大，发展更成熟，而联邦小型企业国家局(SBA)选择了我作为奖赏对象！这是我从未预料到的，我走进萍萍的办公室，现在萍萍是负责人事和财务部门的副总裁。

"萍萍，你猜怎么着！我刚接到一个电话，我们要去白宫！"我说。

"白宫！什么？"她很是困惑。

"白宫，你知道，美国总统住在哪里！"我继续说，"电话里的女士告诉我们要为参加布什总统的颁奖典礼做好准备。

"真的吗？哇！是在什么时候？"

"我想，是在九月的某个时候，他们会把邀请函寄给我。"

490

"你告诉叔霆了吗？我想他会对此感到非常兴奋的！"她说。

"还没有，我走进你的办公室之前，刚刚接到的电话，叔霆在哪里？"

"他今天早上去海军基地参加会议，他应该很快就会回来。"

一小时后，叔霆回来了。

"爸爸拿到白宫奖了！叔霆，这不是很好吗？"萍萍告诉他。

"哦，太棒了！我把整个事情都忘了。前段时间当我告诉爸爸，他被提名的事情，他还认为几乎没有机会获得这个奖项。"叔霆说。

"什么提名？"萍萍不知道在这之前我和叔霆的谈话。

"几个月前，吉姆·安德森曾向我讲述了联邦小型企业地区局办公室的提名情况。这个国家有十个地区在竞争这个奖项，我认为我们有很好的条件，我很高兴爸爸能得到奖项。爸爸在哪里？"叔霆问。

"他只是回家拿一些抗组胺药来治疗他那经常鼻塞的鼻子，他应该马上就会回来。"萍萍对叔霆说。

"嗨！爸爸，恭喜你！你已经知道了。"叔霆说。

"你们都努力工作了，我只是在收集奖杯，这个奖项确实属于我们所有的员工，你们都是成功的重要角色。"我对萍萍和叔霆说.

一星期后，一个又大又正式的棕色信封寄来了。联邦小型企业国家局局长向我发了这封祝贺信和有关信息，在信中也告诉我评委小组的选择经过，在全国所有的小企业主中，只有我一个人被选中。颁奖典礼将于 9 月 26 日下午 3 点在白宫举行，我可以邀请我的家人和朋友参加这个仪式，但数额仅限于八位。为了进入白宫，我必须提前提交所有家庭成员的安全信息，并对邀请朋友进行背景调查，我邀请了四位朋友参加颁奖典礼。

颁奖典礼前一天，萍萍和我驱车前往华盛顿特区，住在亚历山大市的别墅里。叔霆和芷蕾先要去参加一场商务会议，然后不得不从弗吉尼亚海滩直接开车过来，晚些时候加入了我们。在白天和晚上会有许多拍照的活动，萍萍和芷蕾谈到了第二天要穿什么衣服？我担心的是，如果我在今晚没有足够的休息，那么第二天所有活动将会使我的血压急剧飙升。叔霆和我只是看了一小段短时间的当地电视节目，我建议大家早点休息，晚上睡个安稳觉，以便第二天能很好地完成所安排的全部日程。

上午，我们大部分时间都花在电话上，同往常一样与总部的员工交谈有关生意的事情。下午 1 点，叔霆和我穿着商务套装，女士们穿着最漂亮的正式礼服，我们开车去白宫，把车停在白宫附近的一个停车场。再从那里我们乘出租车到白宫西门，进入白宫之前，所有的来访者都必须经过安全检查，我通过小窗口把我的驾驶执照交给了警卫，他只花了一分钟的时间，就把我的驾照和访客的徽章递给了我。这个徽章带有一个小小的镀铬铜链，可以佩戴在脖子上。萍萍、叔霆和芷蕾跟着我穿过西门来到了白宫前面的大草坪上。

这是我第一次站在白宫大院里，这是世界上最强大、最繁荣、最民主国家的指挥中心。对我来说，这是一个历史性的时刻，在白宫院子里，不是作为访客，而是作为颁奖典礼的参与者。以前我也曾多次在白宫的铸铁围栏外散步，但是现在的感觉完全不一样，我从未想过有一天我会被邀请到白宫领取奖项。

一名年轻的白宫助理向我们走来，在我们走近大楼的时候向我致意。

"下午好！你是郑博士吗？"这位年轻的白宫女助手问道。

"下午好！我是理查·郑，我和我的家人一起到来。"

"请跟我来，仪式将在东翼举行。"她说。

我们走进大厅，那里有许多客人已经到了。在这个宽敞开放的大堂区域有两张接待台，一张桌子放置在通向右侧西翼走廊的入口处；另一张桌子放在通向左侧东翼走廊的入口处。一位高级助手向我们打招呼，并带我们去了东翼接待室。大厅里的墙壁和走廊上装饰着许多美国前总统和乡村景色的大油画。许多穿着得体的年轻助手，在大厅里帮助已经到达的客人。在接待室里，有联邦小型企业国家局的局长帕特·赛凯女士和她的副手，还有大约20位左右的来客。

　　"嗨！理查，恭喜你！这是你的家庭吗？"她说着，走了过来，握着我的手。

　　"是的，这位是我的妻子萍萍，我的儿子叔霆和我的儿媳妇芷蕾。"我说。

　　赛凯和我的家人都握了握手，然后挥手招呼了几位资深的联邦小型企业国家局官员，并逐一向我们作了介绍

　　"我们为这个奖项选择了你而感到骄傲，我希望你会喜欢这场活动。"她说。

　　"我要感谢你们所有人的选择，我不知道我是否应该得到这样的关注。"我说。

　　"当然，你做过的事情为你赢得了荣誉。你知道，我们已经仔细研究所有十位提名者中的每一位，你有独一无二的事迹可以告诉人们。因此，对评委小组来说，做出最终决定并不难。"帕特说。

　　"郑博士，请跟我到东会议室。"下午2点40分，一名白宫助理对我说。

　　她带我到东会议室的主席台，向我展示了主席台上的一排七把椅子。

　　"这是你的椅子，另外两位受奖人将会坐在你的左边，她指着每一把椅子并介绍谁会坐在那里。

　　"脚印是你要走到那里的地方，当介绍到你以后，你就可以站在脚印处，然后获得总统的绶奖，总统将站在那条黄线的后面。"她继续向我展示了总统站在黄线另一边的一双脚印。

　　我对活动策划人员给参与者的全面指导印象深刻，这样获奖者就不会在媒体和摄像机前犯太多的错误。简短的介绍和指引之后，我和我的家人一起到等候区，等待颁奖典礼仪式的开始。

　　来自联邦小型企业地区局和地区办事处的几位官员和工作人员也来到了这里，其中包括吉米·安德森，我认为他是政府官员中最有能力和最关心我们的人，他向我们提供了大量的建议和指导来提高我们的创业能力。我邀请他参加这项活动，因为他是我们能够参加颁奖典礼的关键人物。

　　下午2点50分的时候，主持活动的女主持叫大家去东会议室。这是为颁奖典礼活动设计的大会议室。当我们到达时，至少有40到50名带着摄像机的摄像师、主要网络和许多华盛顿地区的报纸和电视台记者都来了。另外还有100多位宾客，包括国会议员和内阁成员在整个房间里随意地坐着，我的家人坐在第二排。除了总统和布什夫人之外，主席台上的各位宾客都按照要求坐在自己的位子上。

　　"美国总统和布什夫人到！"当总统和芭芭拉·布什夫人从后面的中间走进大会议室的时候，仪式师大声呼叫。

　　房间里所有的人都站了起来表示对总统夫妇的尊敬，摄像机都对准了他们，灯光闪闪。布什总统和布什夫人走上主席台同三位获奖者握手。以前我曾经在其他一些场合见过布什总统几次，我第一次见到布什总统是在玛莎·米切尔官邸举行的一场聚会上。在那之后，我和萍萍在华盛顿特区和弗吉尼亚州的几次政治活动中都见到过他，我确信总统记得我。

　　"恭喜你！今天在这里又能见到你，真是太好了。"总统对我说。

　　"谢谢你，总统先生！"我说。

然后他们走到主席台的另一端，同两位官员握了握手后坐在他们的椅子上。主持人介绍了这场活动，并同时介绍了帕特·赛凯夫人。赛凯夫人做了一个简短的演讲后，介绍布什总统开始演讲。布什总统讲了十五分钟，主要是讲三位获奖人物的简短事迹，这是一场精心准备的演讲，有正确全面的事实，至少在我看来是这样的。

演讲结束后，布什总统和布什夫人站在黄线的后面，一名助手拿着奖牌區。赛凯夫人首先宣布了年度女实业家获胜者并请她向前一步领奖；下一个是年度工业家获胜者；我是最后一个获得奖项的。我向前走一步，就站在画的脚印上。

"恭喜你！你获胜了。"总统在递给我牌區时对我说，并伸手来同我握手。

"谢谢你，总统先生。"我说。

布什夫人也伸出手来祝贺我，我感谢了她，接着与貌土·巴克夫人和帕特·赛凯夫人握手，然后我又走回我的椅子，这是我一生中非常重要的时刻。然而，我却对整个活动没有感到兴奋，也没有任何快乐的感觉，只是有一种疏远感，这就好像是例行公事一样，我总以为整件事并没有发生过。许多摄影师和记者来采访我，我惊讶地看到其中有一位是来自我们家乡弗吉尼亚海滩市的记者。

1991 年参加白宫颁奖典礼

下午 4 点之后，我和我的家人离开了白宫回到了我们的别墅。我们都需要更换衣着，因为在总统颁奖典礼上的衣着规范是商业着装，而晚宴的着装则是正式礼服。我在沙发上瘫坐了大约一个小时，想打个盹，但我的思想却不安分，我正在考虑晚些时候，在联邦小型企业局晚宴上的演讲中应该说些什么。在过去，我总是试着准备我的演讲，但最后却讲了不同的内容，这次我决定即兴讲话。

活动在华盛顿希尔顿酒店的舞厅里举行。东方电脑公司（ECI）为我们的高级职员和华盛顿办公室的员工购买了两张桌子，桌子在主席台前面的第一排。整个会场有超过 250 张桌子，每张桌子前面可以坐 10 个人。公司的赞助商和个人购买了大部分的桌子，我认出许多人是我的商业界朋友，过去曾经做过生意或者曾经见过面。对我来说，这并不是一个完全陌生的环境。主席台上有一张长桌，桌子中央是主席的座位，我坐在主席右侧的第三个座位，旁边是联邦小型企业国家局局长和大会主持人。晚餐是在正式活动之前进行的，这是一顿很好的晚餐，但不是那么奢侈，我认为这样的场合是很合适的。

在我吃完甜点之前，主持人介绍联邦小型企业国家局局长帕特·赛凯女士向观众发表了讲话。她做了一个简短的演讲，我真的没有太在意。然后，三位获奖者都来到主席台上，接受了由联邦小型企业国家局颁发的牌匾。再一次，我是最后一个接受奖项并发表获奖感言的人。因为我前面的两个说话人都很严肃，很冗长，所以我决定把这个地方弄得有点喜气。

"我真的很荣幸今晚能来到这里。作为一位 30 年前到这个国家来的移民，我想给你们讲一个关于移民的故事。

"在旧金山的一所大学里，有一位教授每天都要坐公交车去上班。在上班途中，他看到一块牌子上面写着："卡尔·舒尔茨手工洗衣服店。"。他对这一点感到十分困惑，每次看到它都会变得更加好奇。有一天，他在洗衣店附近下车，走进了洗衣店。

"早安，先生。我能为您做些什么？"一位年长的东方人向他打招呼。

"我可以和舒尔茨先生谈谈吗？"教授问。

"可以，我就是卡尔·舒尔茨。我能帮你做什么？"老人说。

"你是卡尔·舒尔茨？在我的生活中，我看到过很多德国人，但你肯定看起来是完全不一样的，那是你的真名吗？"教授当时真的很困惑。

"是的！先生，这是我的法定名字。"老人说。

"你介意告诉我你是怎么得到这个名字的吗？"教授更困惑了。

"如果你有一分钟，我很乐意告诉你。"老人说。

"请告诉我。"冒着讲课迟到的危险，教授说。

"50 年前，当我来到这个国家时，就登陆在纽约的埃利斯岛。所有来自海外的人都排着长队，把我们的移民文件放在移民局官员的办公桌上，在我面前是一个身材魁梧的人。

"你叫什么名字？"警官问他。

"卡尔·舒尔茨。"我前面的那个家伙回答。

他的移民文件被标记并盖上章了，警察挥手让他走过去。

"你叫什么名字？警官问我。

"山姆 丁，我回答。"

我在"山姆 丁"结尾的时候停止了我的故事，在观众中立刻爆发出一阵巨大的笑声。几秒钟后，更多的笑声爆发了，接着又多了几分钟。我认为有些人比其他人更早地发现了"同一件事"。最后，大约五分钟后，坐在我右边的那位男士拍了拍他的手，大声说："我明白了！哈！哈！哈！"这引发了又一轮的笑声。

我做了一个简短的演讲，我相信没有人会在意，因为已经很晚了。在正式的活动结束后，有许多我以前从未见过面的新朋友，和我很久未见过的老朋友们，都来向我表示祝贺并同我聊了聊。等我和我的家人回到别墅的时候，已经快到午夜了，我们都很累，但都很兴奋。

在白宫颁发奖项后，当地报纸刊登了大量有关这件事情的报道文章。1992年春，弗吉尼亚州议会通过了一项决议，正式承认我的成就。弗吉尼亚海滩市议会投票通过了市长建议，绶于我一把城市钥匙，并评我为"弗吉尼亚海滩市的伟大公民"。

同以前相比，我花在路上和听演讲的时间比以往任何时候都多。

现在我应该重新开始做一些严肃的工作了。

宋珍妮，萍萍的最好朋友，从纽约的罗切斯特打电话给萍萍说："我的儿子山姆昨天在回家路上，从路边的报摊上发现一本杂志，在封面上一个有趣的标题吸引了他的眼球。他觉得这个封面标题很好奇，拿起这本杂志翻了翻，发现那是一个关于天任的故事。封面标题是'2.4亿美元的教授'"。

1992 年发表这篇文章的"跨太平洋杂志"

珍妮非常兴奋，用一连串很快的语言说了这几句话，萍萍被吓了一跳，不知道这到底是怎么回事？

"你在说什么杂志？我们还没有听到过有关这篇文章的任何消息。"

"这本杂志的名字是'跨太平洋杂志'。这是我第一次读本杂志，你可以在任何报摊上买到。"珍妮说。

"我要找一本'跨太平洋杂志'，看看他们对天任说了些什么？"萍萍对珍妮说。

"这是一篇很好的文章，我也不知道你和天任做得这么好！"珍妮说。

"我知道我们工作非常努力，谢谢你关于这篇文章的消息。"萍萍说。

"你知道这篇文章吗？"萍萍问我。

"在过去几个月里，我接受了几位记者的采访，我真的不知道这篇文章是从哪里来的？我们为什么不在从'新鲜农场'回家的路上去买一本'跨太平洋杂志'？"我告诉她。

我们买到了'跨太平洋杂志'，看到了封面上的标题：2.4亿美元的教授。使我记得在六十年代末期，李·梅杰的系列电影里被称为 600 万美元的男人，这个标题让人们回想起了那位仿生人。这个标题是否意味着一个用电线和芯片制造的仿生教授？或者是一位赚了 2.4 亿美元的教授？无论如何，这是一个很吸引眼球的标题。

事实上，这篇文章是对某个人的介绍，不是完全符合我们的事实情况。尽管如此，这篇文章让萍萍和我感到惊讶。这是一篇从高层面对我们在商业上的成功以及从教授生涯向商人生活转变的清晰描述。

"现在读到这个题目的人会认为这位教授是用电线和芯片做成的。"我开玩笑地说。

"我认为这是一篇有趣的文章，认识你的人最感兴趣的是阅读文章后你的评论。"萍萍说。

实际上，2.4亿美元指的是美国国税局（IRS）的合同金额，在那时合同还在进行中。另一方面，东方电脑（ECI）所做的工作远远超过了合同的业务量，就收入而言，通过公司的资金流更加多。这篇文章写得很好，但由于研究还没有彻底完成，所以在事实上会有一些偏差。然而，最有趣的是读到有一个人只带一盒子的书、口袋里只有30美元来到美国，然而，12年后成为一名大学教授，又在另外10年后成为了一位百万富翁。

当然，这篇文章对移民到美国的人来讲是个好故事，使他们认识到可以通过艰苦的工作实现他们的美国梦。在我读这篇文章时，我感到奉承和谦卑。

有人问我对成功的感受时，我是这样回答的：

"当我把时间和精力投入到事业上时，感觉就像水泥匠用砖瓦盖楼房，开始用每块砖和灰泥砌成一堵墙。你真的不知道你做了多少？直到你从架子上走下来，然后回头一看，才知道你已经做了许多，这和公司的建设和发展是一样的。我沉浸在一天又一天的日常工作，从来没有机会回过头来看看已经做了多少工作。同样，我从来没有改变我的生活习惯。我曾经答应过萍萍，我们将到欧洲度个假，这是一份三十年的承诺，我们到现在还没有做到！"

回顾那些年来我们的经商岁月，人们很容易就能看到是成功、办公建筑楼、员工数量和银行存款账户，事实上根本不像公司外部人士认为的那样乐观！在所有这些"荣耀"的背后都是艰苦的工作、头痛、失望、汗水和眼泪！

我记得有几次只是为了不失去机会，我们不得不在午夜之后加班工作的日子；我记得当我们的客户提出任何问题时，我们会在凌晨3点钟开车到客户所在的现场；我还想起当我向银行要求借贷更多的营运资金时，银行董事长曾经说过的话"你为什么不把脸上的微笑抹去呢？"。甚至当我们获得了一份大合同时，也会因为银行没有从事过政府大合同的经验，而取消了对我们的直接支持。我也记不得有多少次我们为了取得一份合同而努力工作，但在最后一刻却由于细小问题险些错失了机会。

是的，也有眼泪。不是因为商业失败而流泪，而是因为无法逆转的个人损失。当叔霈和我们在一起的时候，我只是一个没有多少财富可以与他同享的大学教授，而现在我有了那么多的财富可以和他分享，然而他却已经走了。

"萍萍，我真的希望有上帝能跟我说话，如果他能把叔霈带回来，我就会把我所有的东西都给他，来换回我们的叔霈！"我含着眼泪对萍萍说。

"我也会同样这么做！"萍萍哽咽着说。"我不介意我们再生活在以前的条件下。如果我们能让叔霈回来的话，我们五个人还过在他生病前的生活，大家一定都会很开心的！"

第五十一章

商务访京

　　1992 年 11 月，我收到一封商务部长芭芭拉·富兰克林的来信，她邀请我参加访问中国的总统商务代表团。1989 年天安门事件后，中美两国切断了高层接触，这个代表团将是第一次两国政府内阁级别的接触。对我来说，这当然是一种荣耀，来信中附有一份代表团的成员名单，有 12 位来自商务部、国家安全委员会和国务院的高级官员。他们中的大多数人都是助理国务卿级别。在这个代表团中，还有 23 位各个办公室主要官员和他们的助理。商务成员名单上有：休斯空间和通信公司的总裁兼首席执行官史帝夫·多福门；英格尔-兰德的主席丹尼尔·卡特；麦道飞机公司中国总裁张镇中；福斯特惠勒公司副董事长哈罗德·肯尼迪；美中贸易委员会主席唐纳德·安德森；巴恩斯集团董事长沃尔特·巴恩斯和我，总共有七位商务代表。原定的出发日期是 12 月 14 日星期一，我接受了邀请并给富兰克林部长回了一封信。在接下来的几天里，我通过传真关注旅行的细节和日程安排的变化，这表明协调中美两大国之间的高层国事访问活动是多么复杂和困难。

　　12 月 14 日，我请公司行政助理罗斯，把我送到华盛顿特区的商务部办公室，按计划先在秘书办公室集合，然后作为一个小组前往安德鲁斯空军基地。我是最先到达的少数几个人之一，大概是晚上 8 点左右，一位年轻女士查看了一下，把我的行李放在架子上并给了我一个活页文件夹，里面有我们旅行所需要的包括主要日程在内的大部分信息。已经到达的少数人中，还有来自其他机构的官员，年轻的女士把我介绍给大家，但当时我记不清楚谁是谁。然后，女士带我们到二楼的秘书办公室，离飞机起飞时间还有三个多小时。

　　商务部秘书办公室在一幢非常大的办公大楼里，主办公室是一间天花板很高、镶有木质墙板的大房间，里面有历届总统和一些传统的古典绘画。大厅下面的房间是助理秘书、部门主管和后勤人员的办公室，在这个复杂的地方还有几间会议室。在主办公室外面的接待室里，放着一些食品和点心，包括三明治、披萨饼、甜点以及为代表团成员准备的饮料。

　　我们在这个复杂的办公大楼里自由地悠转，试图与代表团的其他成员结识。大约在晚上 9 点商务部长芭芭拉·富兰克林到了，大家同她握了握手，她同我们每个人聊天。这是我第一次见到她，但我觉得同她说话很舒服，她很有礼貌、脚踏实地、幽默风趣，是个非常讨人喜欢的类型。

　　在 10 点 45 分，进行了 30 分钟的商务部简报会，一名官员很快地介绍了各位代表团成员并向我们展示了商务代表团的三十页活动日程，其中列出的代表团的活动，精确到以分钟计算。从中可以想象到美中双方负责计划安排活动的协调，一定是相当复杂和困难的工作。这是我第一次参加这样高级别的政府代表团，不得不佩服政府官员们所做的认真细致的工作。

晚上 11 点 20 分，我们在办公大楼门口登上了一辆开往安德鲁斯空军基地的大巴，包括将随同巴士返回的助手在内，大巴上大约有 35 人。离开华盛顿后，外面一片漆黑，我看不出我们走的是哪一条路。大约 35 分钟后到达空军基地的大门，两名武装警卫与巴士司机交谈了一下，挥手让我们通过。一辆吉普车引导巴士开向一架波音 707 飞机。

我们登上这架有特殊代号的军用飞机。飞机内部非常宽敞，所有的座位都是头等舱形式、宽大、蓝色的皮沙发，机舱的中部是为富兰克林部长准备的，在那个小间里，有一张小床。我们随意地坐着，由于彼此不太了解，又是在这种特别的场合，所以不方便相互交流。机舱里面很空，每个人都可以占用两个相邻的座位。

1996 年与居尼安尼与安曼合影

12 月 15 日午夜过后十五分钟，飞机开始起飞，过了几分钟就飞上天空了。飞行平稳后，我们开始在机舱内四处走动并与他人交谈。从弗吉尼亚海滩到华盛顿特区，一天下来我已经是很困了，一个人坐着，很快就入睡了。当飞机降落在阿拉斯加加油时，我醒了，我们一群人从飞机上走了下来，绕着航站楼走了一圈。但我发现这里和我以前所知道的航站楼完全不一样，我们必须呆在军事终端内，这是我过去从未注意到的。加油花了不到一个小时，我们又在空中飞行了。当我回到我的座位时，发现这是在我们行程的安排内，飞机停留的地方应该是埃尔门多夫空军基地。

七个小时后，在当地时间早上 6 点半，我们降落在日本的横田空军基地加油。横田空军基地是一个比较小的军事基地，那里没有商店，甚至连杂志摊都没有，

只有一家小咖啡店，有些人买了咖啡或茶，或者只是在候机室里走动走动来伸展我们的双腿。一个半小时后，飞机再次起飞，飞向这次航程的最后一站，北京。

参加这次美国政府商务代表团的正式官方访问之前，我曾经作为普通公民到北京私人旅行过 20 多次。这次最让我好奇的是他们将如何对待外国政府的代表团，中国政府当然希望与美国政府重新建立良好的关系。这段关系曾经因天安门事件而变得紧张，现在中国将重新以良好的意愿和极大的热情来接待第一位内阁

级的外交使节芭芭拉·弗兰克林商务部长。当时东方电脑公司（ECI）还没有同中做生意，也没有同中国做生意任何的愿望，所以我把兴趣集中在观察国际高层政治交流的方式。

12月16日上午11点35分，我们到达北京南苑机场，一辆吉普车正等着来引导我们的飞机驶往停靠国家级贵宾专机的特别航站楼。当我们下飞机时，罗伊大使和一群中国高级官员在那里迎接我们。美国国务院官员收集了我们的护照交给中国出入境办公室处理。我们的行李收集后并加以标记以便通过海关检查，我看到了一大堆私人物品，都是通过外交渠道运送的，不必经过海关检查。几辆豪华轿车和公务车正排队等候我们，第一辆豪华轿车是为富兰克林部长预留的，第二辆豪华轿车是为五位商务代表准备的，第三辆和第四辆是助理们的，另外两辆较大的轿车是为其他美国官员和工作人员准备的。

四辆穿着制服的中国警察骑着摩托车开道，路上有警报引导整个车队开向长城喜来登酒店。当时，位于北京市中心边缘处的五星级长城喜来登酒店是北京最好的酒店，代表团的所有成员都住在同一层楼。有人告诉我，当年里根总统访问中国时也就住在这家酒店。

我们有大约两个小时的私人准备时间以清理打扮，去除疲劳并在酒店里吃午饭。下午2点半，我们在酒店大堂集合，上了一辆轿车，加入车队，前往北京吉普车工厂参观。

参观北京吉普车工厂时，他们给我一个惊喜，安排了同我久别的郑鸣叔叔见面。当我们还是孩子的时候，我曾和他在一起玩过，1949年我和妈妈从南京到上海，我们住在他父亲的豪华公寓里。我们的年龄差不多，但现在看起来他至少要比我老十岁，我为他在文化大革命期间的悲惨生活感到难过。他怎么会知道我在那儿？我想这是负责安排参观活动的中美双方官员努力细致工作的结果。

郑鸣叔叔是北京吉普车厂的工程师，只有经过特别的安排，他才能在会见代表团时露面。商务代表团的其他成员参观工厂时，我把他拉到一边和他进行了愉快的交谈。他结了婚，有三个孩子。他的哥哥郑健叔叔，也曾经和我们在上海一起玩过，50岁时死于营养不良。我没有太多时间谈论他的其他兄弟姐妹，不得不向他告别，加入即将离开的代表团。

对北京吉普车厂的参观到3点45分结束，回到旅馆刚好有足够的时间使用洗手间，然后我们登上车队前往美国驻北京的大使馆官邸。在大使官邸，使馆官员向代表团简要介绍了当前的中国形势。那天晚上罗伊大使举行一场正式欢迎晚宴会，我有机会与几位大使馆的高级官员交谈，他们都会说一口流利的普通话。代表团里也有几位官员的普通话讲的也很好，晚上8点半商务代表团离开大使馆官邸回宾馆。在9点钟之后，我有了一些私人时间给在家里萍萍打电话，然后又打了几个电话给在北京的老朋友。这次公务旅行的每一分钟都安排得很紧，在北京的时候，都没有机会去看望我的老朋友们，所能做的就是同他们通过电话交谈几分钟。

第二天的各种活动也安排的很满，上午分两组活动：商务代表会见美国华人商会；美国官员代表前往中国商务部大楼，同商务部和对外贸易和经济关系部举行正式的贸易会议。

下午是同中国举行的第一次高级别双边会谈。中国的高级经济领导包括国务院副总理朱镕基、对外贸易和经济关系部长李岚清和国家规划委员会主任邹家骅，美国官员和商务代表一起出席这次会议。代表团预定在下午4点会见中国李鹏总理，后来时间推迟到下午5点，最后我们被告知要到6点才能见到他。代表团乘坐豪华轿车到总理办公室门口。在北京寒冷的十二月夜晚，天已经完全黑了，豪华轿车停下来，警卫同司机交谈后，挥手让车队通过，我们到达停车场之前，感觉是有很长的一段时间。几位官员前来迎接我们，带领我们走到办公楼前面的院子。这是一座单层的中国传统建筑，据说以前曾经是毛主席的办公室。这里是一片很大的被称为中南海的区域，里面确实是有一片长条形的湖，但在黑暗中，我看不到院子里的任何建筑物和湖光山水景色。

总理办公室的两扇大门大约有 3.6 米高，1.2 米宽，每一扇都漆成明亮的鲜红色。我们排成一列，单行走进办公室，富兰克林部长和罗伊大使走在前面，其次是商务代表和其他美国官员。李鹏总理与每位代表握手并对每一位代表说一两句话。

"你好吗？郑先生，欢迎来中国。"李总理用普通话对我说。

"谢谢你，李总理，很高兴见到你。"我用普通话回答。

李鹏总理一定事先看过我们的代表团名单。我们坐在排成 U 型的沙发上，总理同富兰克林部长和罗伊大使坐在这排沙发的中间位置；在 U 型一边是美国商务代表坐在前排，美国官员坐在第二排；在 U 的另一边是中国的高级官员，其中有我认识的对外贸易和经济关系部长李岚清和其他几位部长。

李鹏总理做了一个简短的欢迎演讲，我认为讲得很好。富兰克林部长代表美国商务部发表正式的讲话，并请商务代表就美中关系和美中贸易问题发表看法。我们发表了简短的讲话并向李鹏总理提出了一些问题。我原来对李鹏总理的印象是呆板并缺乏幽默感，但在短短 45 分钟，通过互动和听他谈话的过程中，我发现他相当诙谐幽默，对美国和世界各地的情况都很熟悉而且都是最新的。

1992 年与富兰克林部长和李鹏总理在一起

与李鹏总理进行正式会谈后，就是拍照的时间。我们都站在办公室内这个大约宽 6 米，高 2.5 米的优雅雕塑幕墙前拍照，我想在屏幕前一定有过许多的这样的拍照活动。在过去的几年里，肯定有几百位的国家首脑和成千位的部长和其他高级官员在这里拍照留念，我也想象从 1949 年到 1975 年期间，毛主席曾经站在这里拍照的情况。对我来说，这是一个历史性的时刻！当我们走出办公室的时候，李鹏总理再一次和我们每个人都握了握手。这一次，富兰克林部长和罗伊大使走在最后并被留下，李鹏总理要求同他们做一次简短的私人谈话。

我们十几个人站在院子里等着他们出来，那是一个非常寒冷而且有风的冬季夜晚。我们原以为我们可以从轿车直接进入大楼或者从大楼出来后就能直接进入轿车，所以都没有穿大衣。富兰克林部长和李鹏总理之间的私人谈话超过了25分钟，院子里的每个人都在抱怨天气寒冷，而且冷得很厉害。我正想说让我们到轿车里去等，但就在那一刻，部长和大使两个人走了出来，我们立即就上了轿车。随后商务代表团进入人民大会堂，在那里，对外贸易和经济关系部长李岚清为我们举行了国宴。宴会结束后，我们直接回到酒店。我洗了很长时间的热水澡，但是我仍然感觉很累，因为我白天经历过的紧张商务活动，晚上又站立在寒冷的露天院子里等候，确实是非常辛苦、十分劳累。

1992年12月18日是执行任务的重要日子，这是美国商务部官员和中国商务部对外贸易和经济关系部官员的官方谈判日。商务代表们不参与第一小时的官员闭门谈判，但是上午10点半参加在对外贸易和经济关系部会议室举行的签字仪式和新闻发布会。仪式结束后，李岚清部长为代表团举行了私人招待会和午宴。当天余下的时间安排了美国代表团与新闻记者的交流谈话，富兰克林部长和罗伊大使是媒体关注的焦点，并接受媒体和记者的采访。

作为一种回报，美国商务代表团邀请了所有的中国高级领导，包括几位部长出席在酒店宴会厅举办的告别宴会，美国和中国代表团相互交换了礼物。我们每人都拿到一张纸条，上面说行李要在明天早上5点30分准备好。我们最好早点休息为明天做好准备。天啊，这是多么时髦的生活啊！

我们在中国的下一站，也是最后一站是深圳，在那里中国与一家美国公司将要签署一份大型的商业合同。因为我们乘坐的大型飞机无法在深圳机场降落和起飞，我们不得不先飞到香港，再换乘轿车车队前往深圳。

飞机于上午11点到达香港，换乘的轿车车队载着我们穿越边境到深圳。李市长和市政府官员来欢迎我们并在香港里拉饭店举行欢迎午宴。

在酒店里，我们与当地官员和商业领袖举行了几次会议，主要的活动是商务代表团见证了中国同美国波音飞机公司签署了一项价值数十亿美元的合同。下午3点半，车队在深圳市区转了一转，6点钟回到了香港，我们住在香港万豪酒店，度过了余下的夜晚。

是时候打电话给香港的一些老朋友了。那天晚上，我感到非常疲倦和发热，但我认为这是由于旅行日程太紧，活动太多，没有足够的休息时间而造成的。

12月20日是星期天，整个白天我们都在休息，是个很好的机会，我可以有时间去拜访一些当地的朋友。也买了一些礼物，想把这些东西带回给萍萍和孩子们。当天晚上，代表团在香港会见了美国驻港总领事，驻港总领事馆位于维多利亚海湾的山坡上，可以俯瞰美丽的香港海景。在12月的温暖夜晚，在星光闪耀的天空下，香港和九龙的夜景令人叹为观止。整个代表团的成员在旅途中都度过了轻松愉快的夜晚。我喝了一杯白葡萄酒，但整个晚上我还是觉得很冷，很累。12月21日，也是我们正式访问的最后一天，我们的日程排得很满。两位年长的成员由于生病而发高烧了，他们都是政府高级官员，自从我们入住酒店后，他们就一直留在自己的房间里休息。其他的总裁我们都很活跃，但我觉得很累。在香港，张镇中是代表们的明星，因为他一直住在香港管理着中国的麦道飞机公司，同时他也是香港美国商会主席。上午香港美国商会在万豪酒店为代表团举办了早餐会，随后是简短的发言和问答环节。

中午，我们被邀请到香港总督彭定康先生的住所访问，当晚，英国商会邀请代表团在香港银行大厦举行一场优雅的宴会，这是官方活动的最后一幕。，富兰克林部长，秘书和所有代表团成员将于次日清晨离开，我需要返回深圳为公司办理业务，所以我就跟他们说再见了。

1992 年 MBE 杂志提供的照片

第二天早上，我感到非常疲倦，我的眼睛在燃烧，我知道我发烧了，但不知道我的问题是什么？当天晚上我和在深圳的沈海芳先生有个约会。因为那是一个周末，香港和中国之间的边境海关检查站非常拥挤，所以我我不得不在高峰时段开始前匆忙离开香港。我决定先在香港看医生，医生发现我发烧到大约 38.30C，给我开了一些退烧药，我马上吃了药，然后小睡了两个小时。下午 1 点钟醒来后，我感觉好多了，立即退房，从酒店里出来，乘坐火车去深圳。

我是在下午 5 点半到达深圳罗湖火车站的，我不得不与人群进行抗争，在海关检查站走了很长一段路，成千的人在排队等候。那是一个非常闷热潮湿的日子，在这个巨大的候车室里，空气十分滞涩。我排的这条队伍移动得很慢很慢，我感到疲倦、口渴、沮丧。大约 3 小时后，我终于来到了中国边境，许多人挤在候车楼外等待出租车，我又碰到一次漫长的等待。我很累，因为某种原因，我的头痛的像要爆炸似的难过。我告诉自己，我必须保持冷静，不要因为这种疯狂的情况而感到沮丧。

当我到酒店的时候，已经是接近晚上 10 点了，沈海芳先生和他的助手已经在酒店大堂等我。"郑博士！你的手太热了，我觉得你在发烧。"他一边同我握手一边说。

"我头痛得很厉害，感觉很累。"我说。

"让我先帮你办理好入住酒店的手续，然后再找个医生来看你。"他告诉我。

502

"现在很晚了，你在哪里能够找到医生呢？"我问。

"没关系，你只是留在这里等，我会照顾你的。"他说。

他在10点15分左右离开酒店房间，我很快洗了个热水澡，吃了香港医生开的一粒药丸。大约晚上11点左右，沈海芳先生和两个人出现了，这一次，他的助手没有和他在一起来。沈海芳把我介绍给流花医院的院长王医生以及医院内科主任刘医生，他们检查了我的体温，看了看我的舌头。

"我们今晚必须送他去医院，你得叫几个人在医院里等我们。"刘医生告诉王院长。

王院长立刻打电话给正在家里休息的助手，让助手安排特别的入院手续。与此同时沈海芳把我扶到他的车里，飞快地开向医院，大约是10分钟的车程。我被告知这家医院是朝鲜战争期间解放军部队的战地医院，战争结束后，搬到这里，转为由一群军队退役医生和行政人员管理的平民医院。

大约十分钟的时间，我被送进一间单人的贵宾病房。这间3 X 4.5平方米的病房内有一张床、一个梳妆台，还有两把椅子。我在病房里呆了几分钟后，有位医生带我去了一个测试室，一台机器看起来就象是放在田地里的户外厕所内，他们告诉我这是X光机。我被告知要在机器上保持稳定，门在我身后关上了，我听到了一个马达的声音和一些响亮的嗡嗡声，我在那里呆了大约5分钟，门开了，一名医生在门口。

"郑博士，X光显示你有严重的支气管感染，你需要住在这里直到你的体温下降并恢复到正常。"他告诉我。

医生把我带回到病房，护士已经替换了一套新的床单。一开始以为我的眼睛受到了发烧的影响，因为我看到床单上有浅棕色的污渍。我猜想这床单可能是在朝鲜战地医院使用过的，这些都是血迹，但在那个时候，我并不太在意床单上有洗过的血迹。

医生叫我把毛毯盖里上，他们四个人讨论了几分钟。最后，刘医生说，"你现在体温超过39.50C，，我们必须给你使用抗生素，我们这里有青霉素。我们会给你注射一针。"

"刘医生，我对青霉素严重过敏，你能给我一些其他的抗生素，好吗？"

刘医生去找其他3位医生，又讨论了几分钟。

"现在是午夜过后，所有的药店都关门了，你确实需要立即采取一些措施，我们有一种自制的抗生素叫做先锋四号，你想试试吗？"他问我。

我想，还有什么别的选择呢？如果不采取任何措施来降低我的体温，我的状况可能会很危险。如果他们小心地管理这种新药，那可能就不会有什么问题了。

"请在我身上试一试。"我告诉刘医生。

刘医生告诉这位年轻的医生，采用稀释后的小剂量先锋四号点滴进我的静脉里，这时已经是午夜过后大约10分钟。

"先闭上眼睛，睡一会。我们将在一个小时后再回来检查。"刘医生告诉我。

我感谢了他，他把灯关掉后，离开了房间。

我想，如果我闭上眼睛，我就会睡着，可能再也醒不过来了。我应该保持警惕并监控自己的状况，如果我对先锋四号有不好的反应，我就能够及时发现并寻求帮助。因此我决定保持清醒直到他们返回病房。在黑暗中，墙上的时钟滴答作响，我感觉好多了，我的头痛逐渐减轻，胸部的压力逐渐减小，我可能是先锋四号治疗成功的人类先锋！

门开了，灯也亮了，墙上的钟说是半夜1点50分。四名医生和沈海芳来到我的房间。医生测量了我的体温。

"现在已经不到 38.30C 了，抗生素对你有效，没有任何明显的副作用，我要给你全剂量的注射了。"这位年轻的医生说。

然后，刘医生就使用全剂量的先锋四号注射到我的臀部。

"你的体温现在已经控制住了，如果你感觉很好，我们可以允许你在后天出院。"他告诉我。

我感谢他们的每一位，他们放弃了自己的休息时间，从家里赶过来给我治疗。下半夜 2 点半左右，医生们离开我的病房，沈海芳坚持要坐在病房里监护并陪伴我，以防在晚上我的情况会发生任何变化。我们聊了几分钟，沈海芳坚持要我闭上眼，睡个好觉。我非常欣赏他的真挚友谊，我很快就睡着了。

第二天早上，当我从病房里的医生和护士的声音中醒过来时，沈海芳仍然瘫倒在椅子上。我反而感到新鲜，不再有发烧的感觉，我想我完全康复了。

"郑博士，你的体温现在已经接近正常了，我将再给你一剂抗生素以确保控制你的肺部感染。"刘医生在测量了我的体温后告诉我说："你至少需要再留一天。"

为了加强治疗，他让护士再给我注射一次先锋四号。

我看了看刘医生腕上的手表。几乎是在 1992 年圣诞前夜的一个下午。我能听到来自窗外不止一处圣诞唱诗班的悠扬乐声。那天，不管我自己的感觉如何，我都被刘医生要求在床上休息，沈海芳在他自己的办公室和医院之间进进出出。晚上有庆祝圣诞节的音乐，我坚持要沈海芳回家去和他的家人团聚，他做到了。

医院里的窗户都是老式钢窗，长年日久的风雨影响，钢架已经扭曲变形，因此不能紧紧地闭上，这是异常寒冷的夜晚，风从窗缝吹进我的病房。中国南方的天气通常是非常温暖，所以房间里都没有暖气。我太冷了，不得不请护士给我另外两条毛毯和一条毛巾盖住我的身体和我的脸部，让我可以睡一觉。圣诞节那天醒来后，刘医生对我进行了全面的检查并宣布我可以出院了。沈海芳来了，把我带回到酒店。

"应该付给他们多少钱？他们从来没有给过我一份账单。"到酒店后，我问。

"免费。"他说。

"在医院呆一天，需要花很多的钱，请拿 400 美元给他们，由刘医生去酌情处理。"我说。

"我会努力让他们相信你是如此的真诚！"他不情愿地拿了钱。

那天晚上，我为沈海芳和他的朋友们举行了一场盛大的宴会，参加的还有医院里给我治病的所有医生和护士，刘医生和其他人都感谢我的现金礼物。

"我们很荣幸能够认识你，你不必付给我们任何费用。但沈海芳先生告诉我，你坚持要付钱，所以我把一半的钱交给了同事，另一半的钱交给了医院。就我个人而言，我不需要什么，就把这当成一种友谊吧。"刘医生说。

了解他们的财务状况，我明白他在说什么。

因为我仍然感到很虚弱，所以我临时取消了台湾行程。第二天早上，我订了一辆轿车把我送回香港，并搭乘当时的第一班飞机直接飞回美国。

回到家，我们正在准备搬进刚刚完工的新住宅，萍萍已经把大部分的小件物品装进箱子里了，只有我的图书和办公室还没有动。我回家的那一周，我们准备请专业的搬家工人来搬运剩下的东西。

"你可以把桌子上的东西和图书都打包好，这样搬家的人就不会把你的文件弄得乱七八糟了。"萍萍在我回到家后的第二天对我说。

自从我回家后，我感到很累，无法抬起手来帮助萍萍，这不是通常的我。我想访问中国期间的发烧严重削弱了我的体力。既然搬家的日期已经确定了，我想最好还是自己来做点什么吧。当我试着把我的图书打包时，把几本书搬到箱子里就让我筋疲力尽，不得不在沙发上瘫坐半个小时，才能勉强装好另一箱书。

　　"我要你马上去看布恩医生，我要打电话给他，请他紧急为你诊断和治疗。"萍萍坚持说。

　　萍萍开车送我到布恩医生的办公室，布恩医生听了我对发生事情的描述，并检查了我的血液和尿样。

　　"理查，你得了肺炎，我将给你使用抗生素，你必须卧床至少三十天。"他告诉我。

2002 年与乔治·布什和吉姆·吉尔摩合影

　　萍萍和我对我身体状况的严重性感到震惊和惊讶，我没有咳嗽，也没有明显发烧，但我得了肺炎！开始用药的头几天里，甚至连说话都让我感觉到筋疲力尽。

　　"你必须听从医生的指示，不要做任何事情来消耗你的体力。我听说有很多老年人死于肺炎。"萍萍告诉我。

　　"我还没有那么老，但是在这几天内我要放松一下。"

　　改变搬家日期是非常困难的，我自己没有动手，只是请了一些助手帮助我打包好我的书。在搬家的时候我放弃了所有的活动，在我没有参与的情况下，我们也搬进了新房子，而且一切都很顺利。经过整整三周的恢复期，我才恢复到不感疲惫的情况下的体力活动和做些通常的家务事。

　　康复后，我回过头才意识到自己在旅行途中患肺炎时有多么危险，我有几位朋友和同事在医生护士的治疗和护理下也死于肺炎。

　　正如我的名字，在中文里暗示着我不得不忍受无限的考验，如果我能通过，上天就会把重大的责任托付给我！

　　当爷爷给我取这个名字的时候，他一定还不知道他唯一的孙子要忍受多少的苦难？

第五十二章

我是房东

回到公司后，我发现在这个双城地区，我们作为总部办公室和其他几处分支办公室的租金太高了，这纯粹是在浪费钱。从长远来看，我们可以以更低的成本买到一栋大楼，还可以能够把我们在太德沃特地区的几个办公室合并到一栋或者两栋大楼里。．

1992 年和 1993 年，商业地产价格处于多年来的最低水平，这成为我们购买自己的总部大楼讨价还价的大好时机。

过去，我们在建筑市场上去寻找的几处大楼，总有一些不满意的地方，包括建筑物的朝向不好，天花板太低，停车场太小，位置太偏远等等。早在 1990 年，有一栋合适的建筑大楼，位于弗吉尼亚海滩市欧西安娜工业园区的最好位置，但是要价超过了 400 万美元。这栋大楼的其他一切都很好，但是我决定不买，因为抵押贷款的每月现金支出远远超过了我们在 Koger 大楼时的每月租金。

1992 年，这栋建筑再次出售时，要价降到 340 万美元，我带着叔霆和约翰第二次去看这座建筑。几年前，约翰曾经是这家计算机公司的总裁，现在公司想租比较小的空间而要搬出，因此房东为了摆脱头痛问题而想降价卖掉这栋建筑大楼，但我仍然不相信以那样的价格去买这栋大楼是明智的。寻找合适总部大楼的行动继续进行，但仍然没有什么大楼可以让我们感兴趣。

1993 年夏天，以前曾经向我们推荐过那栋大楼的经纪人杰克打电话给我。

"理查，你还在想买一栋楼吗？"杰克说。。

"我仍在寻找，你有什么合适的吗？"我问。

"我刚和这栋大楼的新老板见面。他非常想现在就卖掉这栋大楼。"杰克说。

"为什么？你能多告诉我一点吗？"我问他。

"我现在能过来见你吗？"杰克问。

"请带上所有的文件和价格，我可以在 10 分钟内见到你吗？"

"我 10 分钟就到。"杰克说。

杰克准时到达我的办公室。我请叔霆和我们的首席财务官汤姆参加这次会议，杰克给了我一叠纸和一卷最初的建筑规划图纸。

"如果你们现在还对这栋大楼感兴趣的话，我可以告诉你们，新业主是一家保险公司，原来是将这栋大楼作为一项投资。由于新法律的规定，这种投资作为避税方式对他们是不利的，而且租金收入太低，他们每个月都在赔钱。最重要的是，房客非常强硬而且把所有的租金都扣押了。我想我可以让他们以很合理的价格将大楼卖给你。"杰克说。

"如果价格很好，我肯定会对这栋楼感兴趣。你为什么不打电话给业主，问问他这栋大楼想要卖多少钱？"我说。

杰克用我的电话拨通了老板的电话，他们聊了几分钟。

"店主说，如果你现在就买，他就会要价175万美元。"杰克转身对我们说。

"杰克，现在就给他回电话，告诉他我会按要价购买的。"我说。

杰克打电话给老板，口头上向他说可以接受他的要价。

"我会回到我的办公室，把所有的表格都填好，然后再回来找你签名。"杰克告诉我。

"杰克，去做些文书工作，确保这次交易不会从你的手指尖溜走。"我说。

"你可以信赖我，不会从我的手指尖滑过，我将在一小时后回到你的办公室。"杰克说。

"这是我所见过的你在这么大的交易中最快做出的决定。"杰克离开后，叔霆对我说

"我知道这是一个非常迅速的决定，但在1980年，亚马逵·赫弗勒花了五百万美元建造了这座建筑，去年他们要价350万美元。按现在的要价，我觉得已经是低到我们可以立即买，而不用再讨价还价了。我还在担心，在我们正在谈判的时候，恐怕有人会把它抢走。"我说。

"我同意你的看法，这是一栋很好的建筑，也是在最好的地段。人们把秣海温公园路的地方称为黄金英地段。"约翰说。

"好的，我已经出价了，我们就要去买。几年后，当房地产市场再次恢复良好时，你们就会知道我们在这里检到便宜了。"我说。

"我认为，从长远来看，这是一项很好的投资，我喜欢这栋大楼的位置和价格。"叔霆说。

杰克回到我的办公室后说："事情办好了！我很高兴你没有还价。在我们前面有个人，但他的出价比要价低5万美元。当我们报价时，业主正在考虑前面那个人的出价。你看完这些文件之后就在上面签字吧。"

"太好了！我知道这是一个很好的价格，不会在市场上持续太久。我很高兴我们终于买到了。"我说。

后来，我知道在我们敲定这笔交易后，在同一天，有几个人的出价高于要价。

我们立即聘请了一家建筑和工程公司重新设计了内部装修，使大楼建筑呈现出完全不同的面貌。主要的变化包括提高天花板高度，完全重新设计楼层的平面布置以及大楼的前门部分，全部装修花了七个月的时间才完成。1993年12月圣诞节前夕，我们搬进了自己的大楼。那时我们购买的这栋大楼只能容纳我们公司的总部员工，在美国其他20多州、华盛顿特区和欧洲都有我们的办事处或公司分部.

1992年，我们召聘了一批新员工，组建东方电脑公司（ECI）生产制造部门并加强市场营销的力量，一系列的事件过程导致我们雇佣了一个已倒闭公司的老板，这里我用陶氏来称呼他。由于陶氏具有市场营销经验以及对海军市场的了解，因此东方电脑公司（ECI）聘请陶氏为营销人员。被录用后，陶氏来到我的助理办公室，请求约我见面，我同意了，因为我知道他同时自己也在做些生意。

"感谢你给了我新的生命！"陶氏说，眼泪从他的眼睛里流了出来。"我真的遇到了麻烦，我的房子被银行收走了，晚上睡不着觉，我的生意也没了，还欠了银行一笔钱。现在我处于生命线的末端，已经想到我的生命就要结束了。现在，你给我的这份工作让我恢复了生活，我一定努力为你工作，绝对不会让你后悔为我所做的事，我真的把你看作是我的父亲。"

陶氏说话的时候，不断地抹去他脸上的泪水，他的情绪爆发使我感动。

"你的公司发生了什么事?"我问他。

"政府把我们弄得很惨,他们欠我们公司数百万美元,但拒绝付钱给我,我正在考虑起诉政府,但我没有钱聘请律师。"陶氏说。

我真的不相信他的故事,对我来说,这故事听起来不太对,但我没有任何兴趣去追寻这些事情的来龙去脉。

我对他的艰难生活表示同情,但是我并没有想通过雇佣他来帮助他。我之所以聘用陶氏,是因为东方电脑公司(ECI)市场营销部门一位名叫迈克·斯却门的员工竭力推荐,而我们也需要他在市场营销方面的联系能力。事实上,他的情绪爆发表明他缺乏稳定性,我希望他以后会变得稳定一些,因为他要开始自己挣钱来改善他的家庭生活。

后来有人告诉我,陶氏曾经接管了他父亲开办的大约有200名员工的一家公司,在他掌管公司的6年里,公司经营不顺,连续亏损,公司逐步缩小,最后削减至只留下少数几个人,而且负债累累。然而,陶氏从未改变过他的生活方式,还住在一个很大的海滨豪宅里,开着豪华轿车,喜欢上高档餐厅,我想他父亲留下这笔钱对他来说是太容易了。

刚开始时,陶氏与东方电脑公司(ECI)的营销人员一起辛勤的工作,为公司带来效益。六个月后,陶氏去了他的老客户,一家海军工程公司接手一份即将到期的合同。通常情况下,海军工程公司是会续签合同,因此我对此事感到高兴,陶氏对东方电脑公司(ECI)的营销是有一定的贡献,毕竟这是一份每年超过500万美元的大合同。然而,经过仔细的检查,我们发现陶氏以降低成本为承诺,雇佣同一组工程师继续为海军工程公司工作,但是东方电脑公司(ECI)必须向这组工程师支付更高的薪水,这就是为什么这组工程师都想转到东方电脑公司(ECI)工作的原因。如果合同确定由东方电脑公司(ECI)接手,将导致东方电脑公司(ECI)每年亏损一大笔钱。

我质问陶氏的情况时,他含糊其辞,否认有任何不当行为。我打电话与合同官员联系,她们也想知道,为什么东方电脑公司(ECI)能以这么低的成本完成这项工作?当我阻止他们的时候,海军工程公司已经准备好了合同,我们还必须告知这组工程师和员工们陶氏所承诺的工作和薪水是不会有的,这样就导致了许多针对东方电脑公司(ECI)的法律行动。当初我决定雇佣陶氏就是一个很大错误,为此要求他辞职,而他拒绝辞职,我们就解雇了他。陶氏很不高兴,而且自己还不明白,某些不符合道德常理的事情,是应该避免的。

两年后,我收到了当地一家律师事务所的一叠文件,说是陶氏提起的法院诉讼,他对公司和我提出了十一项指控。第一个问题是,我聘用他为公司副总裁,并且有为期五年的雇佣合同;第二,我同意以200万美元的价格购买下他的公司并附随有协议副本,协议副本上有陶氏的签名,但没有东方电脑公司(ECI)的签名。我觉得这很好笑,马上把这叠文件交给了东方电脑公司(ECI)的法律顾问鲍勃。

"他们似乎没有案子,但你永远不知道在法庭上会发生什么?我建议你把这件事交给我们的诉讼律师处理。"鲍勃告诉我。

就这件事我和鲍勃达成一致意意见,并认为这是在浪费时间,鲍勃推荐休斯代表东方电脑公司(ECI),休斯任命帕特为他的助手。

"我将与代表陶氏的律师事务所联系,了解他们想做什么?如果他们不要求太多的钱,你愿意和解吗?"休斯问我。

"如果低于5万美元,我想应该会更便宜些。"我说。

"5万美元是一大笔钱，我会试着少一点，再看看他们会说些什么？"休斯说。

一个星期后，休斯给我回了电话说：

"对方想要的是10万美元，我想他们要得太多了。"

"那是有些过分疯狂，我决定与之抗争。"我说。

"好的，我们将进入这个案例的查证阶段，我会要求他们提供文件来证明他们的要求。"休斯说。

我们的律师在查证阶段认为还在进行中，等待了很长时间。我急于把这件事了结，每次我打电话问休斯或帕特，答案总是一样的。

"我们还没有收到对方律师的回复。"

"对方只是拖着，没有回应我们的要求。"

我认为他们没有任何证据来支持陶氏的投诉，因为这只是一个情绪很不稳定者的一个大谎言。但是我最吃惊的是，一家颇有声望的大律师事务所竟然会接受这个案子。我想知道，陶氏是如何支付律师费的，原来这家律师事务所曾经为陶氏的父亲工作了很多年，他们为陶氏感到惋惜，所以愿意为他做些事情。

两年多后，休斯和帕特才带回来一些我们律师两年前要求提供的信息。此时，陶氏已成为浸礼会牧师，我对那些去教堂找陶氏那样牧师的人感到难过。.

双方的证词都是在诉讼立案后二年半开始的，然后又持续进行了几个月，最终确定了审判日期。

我们这边的主要出庭的是休斯律师，他是这个城市很有名的律师，他的助手帕特负责做所有的联系工作。

直到审判的前一天，休斯才和我谈了一些重要的观点和应对策。我感觉休斯对这个案子不完全熟悉，我很担心，但我也没有办法去改变这些情况。由于超过五年的延迟，许多在东方电脑公司工作以及那些知道陶氏情况的人员，都已经离开了东方电脑公司（ECI）。我们最有力的见证人是我们已故的财务副总裁，五年前陶氏为东方电脑公司（ECI）工作时，他曾与陶氏打过交道。

对方的律师在寻找证人的过程中非常积极，而我们的律师却一点也不努力，我不知道他们是过度自信还是什么？其中有一位证人是兰迪，在过去的那段时间里兰迪并没有直接参与过与陶氏有关的工作，我们的律师同兰迪有电话联系，他一直在为东方电脑公司（ECI）的辩论做准备工作。然而，在审判前一天对方的律师请兰迪吃了一顿午餐后，兰迪突然同意为他们工作。直到我们出庭的那天，我们才知道这一点，听到了兰迪的改变，我们的律师差一点从椅子上跌了下来。

后来我了解到，兰迪甚至不知道他所做的事情是错误的，他所说的只是从另一位律师那里听到了一些其他的事。这对我们来说并没有什么出乎意料，因为很多同事都知道兰迪的奇怪性格。我个人曾见过他对商业事务的判断力很不全面，以及他和我们在一起工作时，对事件和名字的记忆力极差、经常健忘。对我们来说，最大的不幸是由于开庭时间的拖延，我们这边的其他主要证人都已经离开了本地区，也许这就是对方律师的确切计划，希望通过拖延时间来创造对他们有利的条件。当我们的律师忙于其他工作时，对方律师正忙着建立支持他们的证人群。

在陪审团的选择方面，对方又占据了上风。在挑选出来的12名陪审员中，九名没有接受过教育，没有一名具有任何的商业背景，大部分是以低收入者为主，甚至还有一些人是没有工作的。很容易看出这些陪审员对原告是有偏见并具有一种反商业的态度。当我看到陪审员名单时，就感到有些问题，我打电话给休斯，告诉他我的担心。

"休斯，你能做点什么能够更换一些拥有商业背景的陪审员吗？"

"没有办法，这就是法庭的方式，我们对此无能为力。"休斯说。

我在想，为什么我们要屈服于对方的压力，此外，还有一个问题，那就是法官是否对商业有同情心。法官是由对方律师选中，在这方面对我们很不利。我们的律师没有采取任何措施来改变这些。但我并不担心，因为陶氏的诉讼根本没有事实依据。

1997年5月5日是第一次开庭。5月4日，整个下午我都同休斯和帕特一起在法律办公室讨论。帕特对细节很熟悉，但休斯似乎不太了解情况。我不得不和他谈谈陶氏和公司之间的某些情况。晚上6点之后我回到家，我写了两页必需的文件传真给休斯，但是休斯摆出了"律师知道一切"的态度使我很疑惑，他如何能够在自己没有做好充分准备的情况下，有希望打赢官司呢？

次日早上9点前十分钟，萍萍和我到了诺福克法院，我们必须通过安检才能够进入位于二楼的法庭。另一方的律师已经在房间里了，在法庭的左边原告方的桌子上，我看到有许多装文件和图表的盒子，而被告方的桌子上是空的。几分钟后，休斯、帕特和一名职员带着几盒文件和图表走进法庭。前排座位两边各有一个长桌作为被告和原告团队的座位席。

观众的座位排在第一行的后面。9点过5分，法官从他的房间里走了出来。法警宣布后，法庭上的所有人都站了起来，法官坐好后，大家才能坐下。 法庭指定的速记员正在把法庭上说的每一个字都打出来。法官听取了双方两位对立律师的情况介绍后，要求陪审员进入陪审员室。

"你们中有谁知道被告或原告，不论现在还是过去？"法官问陪审员。

三位白人陪审员中的一位女人站了起来。她是唯一在陪审员中拥有学位和全职工作的人，我希望她从来没有听说过我。

"当我在欧道明大学工作时，我就知道郑博士，郑博士是计算机科学系的主任，我是另一个部门的秘书。"

"你现在被开除出陪审团，你可以离开。其他人呢？"法官说。

另一位候补陪审员被召进，被问了同样的问题，她没有任何问题。

"你对东方人或中国人有偏见吗？"法官问陪审员。

没有陪审员表示对东方人或中国人有偏见，

"在我们开始之前，你们有什么问题要讨论吗？"法官问双方律师。

双方律师队伍都站了起来，要求一些我无法理解的事情，大部分是法律术语，最后，法官也命令他们回到座位上。

第一天的全部时间都花在了原告对十一项索赔的陈述上。对方的加里律师是一位非常聪明、有条理的年轻人，他选择了一些轻微事实加以夸张扭曲成为有利于自己的事情来陈述，大多数的指控实际上都是不真实的和彻头彻尾的谎言。休斯提出了许多基于法律依据、而不是任何编造的事实的反对意见，但每次都被法官驳回。我认为这是事先设计好的方式，作为一个没有受过法律训练的人，我被这样的一个过程惊呆了。

第一天下午，是辩论和反驳，休斯在拆散原告方面做得相当出色。他揭露原告是骗子，他在诉讼中对索赔要求撒了谎。一个把父亲成功的生意经营成一堆垃圾的失败者，一个未能履行与政府的合同的失败商人，这些都确立了原告的坏品性。

传唤主要的关键证人。在这个案例中，最重要的关键证人是会计师。由于当时东方电脑公司财务副总裁已经去世，律师们从一家当地的会计师事务所找到了一名会计师。对方的会计师则是一位说话很快的人，他的陈述完全违背了联邦收购条例（FAR）。当我们的律师提出抗议时，法官仍然允许对方那个会计师继续胡说八道。而我们的会计师在进行专业分析时，却经常被法官打断，阻止他完成发言。观众中来自东方电脑公司（ECI）的人也觉得法官的行为很奇怪，我也认为法官的公正性是有问题的。

第三天，双方都要打电话给其他证人。我们的一位证人，东方电脑的前副总裁兰迪，他在对方律师准备的的证词中作证。我们都怀疑这是几天前对方律师请他吃午餐的结果。过去我曾多次被告知，如果有人带他去吃午餐或晚饭，兰迪会对其他人有帮助，但我无法让自己相信这一点。这件事对我来说太严重了，我想知道兰迪是否真的知道他在做什么？我曾经想过，兰迪不太聪明，现在的这件事证明了我的观点，兰迪在无数次的场合中也有记忆和判断问题，在为东方电脑公司（ECI）工作之前兰迪加入过一家私营企业工作，再之前，兰迪确实曾经努力工作过，曾经是海军合同办公室的成员。我相信兰迪甚至不知道，他做了多少损坏东方电脑公司（ECI）的事情。由于他曾经是东方电脑公司（ECI）的高层管理人员，所以他所说的话大部分都被所接受。

审判结束一周后，我在一家餐馆碰到了兰迪和他的家人在一起。他主动向我打招呼，好像我们仍然是好朋友，什么事都没有发生一样。我不得不给他一个非常冷淡的见面，以表明我对他是真的很生气，我还希望让他的妻子问他为什么我对他那么生气，以了解兰迪背叛了他以前的雇主和同事。

那天在法庭上，大约有十多名前任和现任的东方电脑公司（ECI）的雇员坐在观众席上。每个人都对兰迪的说法都感到十分惊讶。过去，兰迪在同事中名声很差，这只是强化了人们对他的看法，那就是兰迪是个真正的混蛋。我对兰迪作为一个长期的前同事感到很难过，在开始阶段兰迪确实帮助过东方电脑公司（ECI）建立业务，并对公司的增长做出过贡献，辞去公司职务之前，兰迪是东方电脑公司（ECI）的三位收入最高的雇员之一。

兰迪在东方电脑公司（ECI）工作的最后两年里表现得很奇怪，他常常会忘记自己的名字和事件，他对其他东方电脑公司员工的态度也很傲慢。他曾经做了一件事几乎使公司损失一份大合同，那就是事先不告诉公司任何其他人员，向代理机构发送一项重要合同的建议草稿，以至于接到合同官员的愤怒电话批评，提醒我们要调查此事。实际上，这个建议草稿还没有完成，只是仅仅用铅笔写在草稿纸上的一些内容，而且还充满了书写错误。兰迪只是为自己多争取到一些销售积分，既没有看过这份建议草稿，又没有请教过公司分管这项合同建议的主管，就把合同建议草稿发送出去

有一天，兰迪来到我的办公室和我谈论一些合同的事情，

"郑博士，我要只忠于一个人。"他突然对我说。

"你要忠于那个人是谁？兰迪。"我被吓了一惊。

"我只忠诚于吉姆·莫兰。"兰迪说，我完全糊涂了。

"兰迪，请我澄清这一点，你是不是要告诉我作为团队合作伙伴，你要向吉姆汇报，这样你就只忠于你自己的老板吗？或者你是知道，吉姆正在打算自己创业，将来你也想为他工作？"

"我还不知道是什么？但我只会对吉姆忠诚。"兰迪眼望着空旷处说。

"兰迪，忠诚来自内心，没有人能强迫你这样做或者那样做。不过，我想告诉你的是，通常情况下，人们只会忠于付给他们薪水的人。"

兰迪看起来非常疑惑，但什么也没说。当时我的处理方法并不是最好。

"兰迪，我不知道你为什么告诉我你要忠于别人？我不认为我应该付钱给那些对公司不忠诚的人。你为什么不在告诉我以前先想一想，然后在一天左右内给我一个解释？"我告诉他。

我以为他是有些疑惑了，所以想给他一个机会可以告诉我，他的真正的意思是正常商业行为可以接受的事情。

在接下来的几个星期里，他并没有像我要求的那样跟我谈论关于忠诚的事情，而是把忠诚的讨论放在一边。他在处理客户方面的，不可预测的行为以及他同东方电脑公司（ECI）的许多同事之间的争论，都对东方电脑公司（ECI）产生了不利影响。我想已经到了应该同他分手的时候，我打电话给兰迪，约请他到我的办公室见面。

"兰迪，你已经在我们这家公司工作了将近八年了，你是我们成功的一部分，但是你已经告诉过我，你已经改变了，想要对别人的忠诚，我想是否你想离开我们公司？"我对他说。

"这很好，但我希望得到一份对我来说是有价值的离职补偿。"兰迪说。

"你有什么想法？"我问。

"我希望有三个月的工资外加2万美元的现金奖励。"他说。

第四天是原告和被告在被告席上作证。我们的律师盘问了原告，陶氏看起来像个傻瓜，在法庭上他试图博取同情，理解他的贫穷是大公司侵占小人物利益的受害者。在这次审判中，我真的体验到了律师们的运作方式，不管事实真相如何？来自对方的律师试图歪曲事实，从上下文中断章取义，我们的证词没有任何差错，但我对对方律师颠倒黑白的表现行为，感到非常气愤。

正、反两队律师之间的最后争论非常激烈，但是显而易见的是法官对另一个团队的偏袒是多么明显。后来，我与他们交谈过的所有人都有着同样强烈的感情。我们的律师在最后的辩论结束后欢欣鼓舞，他们告诉我，我们有很好的机会获得胜利，因为他们没有反对我们的理由。法官给了陪审员最后的指示，让陪审员们到陪审员室辩论案情的是非。法庭上其余的人直到第二天早上9点才被解散。

法官就陪审团的下达了最后辩论的指示，陪审员没过多久就作出了裁决。在11项索赔中，有10项被驳回。因为原告已经破产，失去了一切，大公司不得不付钱来帮助这个可怜的家伙，判决要求东方电脑公司（ECI）向原告支付总计50万美元的赔偿。我的律师和所有的东方电脑人都被判决震惊了，我想上诉到高等法院，但我的律师反对。我们和他们的律师协商了以45万美元达成和解，包括律师费在内，我们在这场官司中损失了超过65万美元。这远远超过了对方律师要求的10美元的初始和解金额。

现在我相信，在美国法庭上，单凭真理是永远不可能获胜的。真相并不总是取胜会赢的条件。这是我第一次参与一场法院审判，我完全失去了对美国司法体系的信任。美国法院的赢家是不管事实真相或是非对错，总是由谁有更聪明的律师来决定。事实上，我们损失的金额并没有给我们的商业生意带来任何影响，但确实动摇了我的家人和我们东方电脑公司（ECI）的高级职员，他们对法律制度的感到恐惧。通过法律手段、操纵法律漏洞和腐败法官的行为，使我们所有这些参与这场诉讼审判的人都感到震惊。相信作为一个守法公民会受到法律保护的信念永远离开了我们这些参与过法院诉讼审判的人。

第五十三章

访问港台

　　1986 年，我的朋友吉姆·曹当选为美华协会主席，他鼓励我在东弗吉尼亚地区组织美华协会的分支部，我研究了美籍华人组织的目标，我同意按照吉姆的建议去做。我在当地华人社区中挑选了几位杰出的领导人作为创始董事，在第一次会员大会上，我发表了一篇关于组织目标的简短演讲，其中包括："美籍华人协会最重要的目标之一是让在美国的华人融入主流社会，并以团结的声音代表群体。

　　然而，大多数潜在成员的第一个问题，是关于他们自己的利益。

　　"美华协会能帮助我做什么？"有人问道。

　　"没有什么，不会有直接的帮助。在娱乐、福利或其他方面，美华协会不会对你有任何帮助。但是这对广大的华人社区和你们的孩子来说是一件很好的事情。"这是我对上述问题的回答。

　　我们从 100 多名付费会员开始，最终发展到超过 200 名付费会员，我担任了两年的分部主席。多年来，该组织不断壮大，其活动范围和内容也在不断扩大。由于我自己还在从事经营商业活动的关系，不能过于深入地参与美华协会的活动，只是作为创始人而参加年会。

　　1994 年 5 月，傅履仁先生，一位退休的美国陆军少将，提名我成为百人会的一员，百人会是由美国著名华人组成的全国性组织。当时委员会只有 73 名成员。这个由 100 人组成的委员会是包括世界著名建筑师贝聿铭、马友友、陈纳德夫人陈香梅、田昌林和其他一些杰出美籍华人共同努力的成果。这个组织的目的是作为一个沟通渠道，让美籍华人社区同联邦政府和州政府有高层次的接触。百人会每年举行一次会议，轮流在西海岸城市、华盛顿特区和纽约市举行。百人会的成员来自一个非常有选择性的群体，所有的成员都是从具有特殊能力或成就的群体中挑选出来。我很荣幸能被列入这群杰出成员中，但是同许多其他成员所取得的成就相比较，我总是感到相形见绌。

　　1997 年 7 月，百人会组织了七人代表团访问台湾、香港和中国大陆的领导人。时间选择在"香港回归"的历史时刻前后。这七人代表包括加州大学伯克利分校的校长田长霖、哥伦比亚大学的王新教授、百人会主席唐英年、美华协会的创始人王功立、百人会执行理事杨觉勇教授、麦道公司中国总裁张镇中和我。

　　我们各自分别搭乘飞机离开美国，约定在 6 月 26 日晚上在台北集合。萍萍对我们的行程很感兴趣，所以一起参加旅行，实际上，七人代表的配偶中有五位参加台湾之行。6 月末的台湾天气非常炎热，晚上也很闷热。抵达后的第一个晚上，台湾官员就努力确认与台湾领导人李登辉、连战、外交部张孝章部长和台湾联络组织负责人蒋博士等的会晤时间。代表团只计划在台湾停留三天，那天晚上

513

11点我们到达台湾时,只有三位成员和他们的夫人已经到了。另外三名成员,包括代表团团长田长霖和他的夫人还没有来到。

第二天早上7点,在酒店集合吃早餐时,令我惊喜的是小组里的所有成员都出现了。因为田长霖是台湾政府的顾问,受到台湾官员的高度尊敬,所以我们选他为代表团团长。田长霖是一个非常有学问和受喜欢的人,他使我们代表团在台湾获得最高级别的接待。百人会在一开始就得到了台湾官方的认可,田长霖的加入使我们受到了一流政治家的待遇。

6月27日是代表团官方活动的第一天,但是所有的夫人都不参加任何的官方会议。 第一次访问是在上午10点,访问台湾外交部长张孝章博士,在我们的谈话中张部长非常坦率和诚实。他说,台湾从中国大陆孤立出去的压力如此之大,以至于台湾失去了一直友好数十年的大多数国家的外交关系。他很伤心地引用了魏朝皇帝兄弟的一首诗,当时皇帝问他的弟弟,他们两兄弟中那一位更聪明。

"既然你这么聪明,我想让你在行走七步的时候就完成一首诗,如果你不能及时完成,你就会被砍头。"皇帝对他的弟弟说。

弟弟立即用一首诗作了回应。

萁在釜下燃,

豆在釜中泣,

本是同根生,

相煎何太急。

皇帝被深深地感动了,两个兄弟拥抱在一起,一起哭泣。

张部长用这首悲伤的诗表达了他的沮丧,但他对此无能为力。代表团的任务是将这种感觉带给中国领导人。

下一个内容是在上午11点举行的,与台湾领导人李登辉的会见。李登辉办公室就在这座50多年前日本占领时期修建的宏伟的老总督大楼里。离外交部只有十个街区的距离,两辆豪华轿车的车队把我们直接送到了大楼的入口。在上世纪五十年代,我住在台湾时,这座楼就好像是我们普通老百姓的紫禁城,没有人敢靠近。现在,我作为台湾的贵宾受到接待。

我们先接受到了几位官员的欢迎,再走上十几级的大理石台阶,穿过武装警卫走进这栋宏大的官厅,李登辉办公室在二楼。由于电梯太小,我们不得不分成两组乘上电梯,等到所有人都上到二楼后,引导员领我们进入李登辉办公室套房,不需要作安全许可和个人简历等任何书面材料,这些工作在我们到达前几天就已经完成了。

我们排成单行走进李登辉办公室时,李登辉先生站在办公室门口迎接我们每一个人,他同每一位握手时有摄影记者拍摄照片。那是一间很大的 9 X 11 平方米的办公室,房间里至少有20张沙发排列成U字型,咖啡桌放在沙发之间。主人坐在U字的中心,我们随机安排坐在两边。

李登辉先生向我们发表了欢迎演讲, 他说的第一句话是半开玩笑的,

"我想,我应该不是台湾独立的支持者,你们看,自从我就任以来,我已经在关键职位上任命了许多大陆人担任要职。"他说。

我觉得这确实很好笑,因为代表团里没有人指控他是搞台独的。在台湾,台独组织是一个有争议的派系。无论如何,我们只有不到一个小时的时间和他会谈,

我对李登辉在这次会议上的表现, 没有留下一点好印象,代表团的目的是为了有利于大陆、香港和台湾三部分的继续和平交流和谈判。我们得到的唯一信

息是，李登辉不会寻求台湾的独立，这是中国和台湾之间的一个非常关键的问题。我们答应李登辉会向中国领导人转达他的口信。

当我们走出李登辉办公室时，一群记者和摄影师走了出来汇聚集在接待区，他们都认识田长霖校长，并对他进行了采访。引导员花了几分钟才弄清理出一条路，以让我们其余的人能够走到走廊。媒体想知道李登辉对台湾从中国寻求独立的评论，12点15分我们才登上豪华轿车去酒店。

下一个会议是2点30分，在同一大厦，同台湾副领导人连战先生举行会谈话。连战先生的引导员在入口处等着我们，领我们到一楼的办公室。我们再次排成单行走进连战先生的办公室。办公室的屋顶很高，面积约6 X 9平方米，当记者点击闪光灯时，连战先生同我们每个人握手。

我们进入房间后，连战先生做了一个简短的欢迎演讲后，所有的记者全部请出门外，门也关上。外交部长张博士加入连战先生与代表团的交谈。座位安排与李登辉办公室相似，连战和田长霖坐在U型形式排列的中心位置，而田长霖是七人小组的发言人，先作介绍，然后是单独的问答环节。在我看来，他们两位官员很有礼貌，很诚实，都很有能力。

"连战先生，你想同大陆联系，什么是最基本的条款？因为台湾和大陆各有自己的宪法，而一个国家不能有两套宪法，你准备如何解决这个问题？"我问。

"我不知道应该如何解决这个问题？也许时间会为我们做好这件事。"对我的问题，连战先生思考了一分钟后说。

我认为连战先生是诚实坦率的，这个问题是根本上无法解答的，会议持续了一个多小时。当我们再次受到一群记者的欢迎时，我们已经学会了如何躲避他们，使我们能够摆脱记者的包围。我们被护送到大门口时，已经有豪华轿车在等候，然后出发前往酒店。

我的高中同学，来自高雄省高中的许水德，现在是台湾考试院的院长。考试院是在台湾领导人办公室直接领导下的五院之一。许水德发现了我的日程安排，就派他的行政助理去酒店来接我，在我们安排的下一个日程之前，在他的办公室里见面。我已经45年没见到他了，我们都和我们十几岁时的样子完全不同，我们谈论了过去和一些老朋友，拍了几张照片后，我就匆匆赶回酒店。作为一名官员，五院之一是最高的职位，五院之下还有几个部委，这意味着有几个部长都要向他汇报。在我所有的同学中，许水德是政府职位中最高的，但他仍然是脚踏实地工作，至少在我们见面的时候是如此。

在我们班级里，许水德是一个非常安静的人，他从不参加任何体育活动或课外活动。此外，他并不是班级排名第一的学生，我们对他的关注也很少。回忆起在高中的三年里，我同他的联系非常少。如果在我们班级上有人能够成为一名成功的政治家，他将是我选择的最后一位，用表面现象的特征来判断人是多么的错误！

在台湾最后一场正式的官方会议，是同台湾大陆协调委员会交流，该委员会的负责人是一名受过美国教育的科学家张颖雨博士。协调委员会中还有其他五名成员，都是政府的高级官员，现在从事全职工作并与大陆方面的官员进行半官方交流和谈判。我们之间进行了非常公开的讨论，并没有受到任何媒体的干扰。

"与对方打交道是极其困难的。他们根本不回应我们一再要求的会面和讨论问题的请求。作为一个失败者，我们只是不知道如何让他们能够和我们一起工作。"张博士告诉我们。

我想，这句话基本上概括了目前两岸官方关系的整体情况。那天晚上，李登辉先生在一家豪华饭店为代表团举办餐会，这是我吃过的最优雅的晚餐之一。

6月28日上午，代表团会见了前驻美国大使夏功权、一群当地学者和商人、台湾最成功的律师和商界大亨如邓小波和施明谨，他们为代表团举办了一场午宴。

午宴结束后，代表们分别飞往香港，并约定当晚在福禄玛酒店会合。我们选中福禄玛酒店的原因是因为其位置在香港岛的一侧，靠近威尔士亲王大厦旁边。那里是可以从我们保留的房间里直接看到举行回归庆典的最佳位置，此外，还非常靠近香港政府官员举行预定日程的会议场所。另外十位百人会成员和他们的配偶，也将加入我们已经在香港的七人小组。由于福禄玛酒店已被预订一空，一些会员不得不住在附近的其它酒店。代表团的成员们计划在接下来的两天内，有两次机会可以参加香港特别行政区长官董建华先生的会晤活动。

鸦片战争后，英国人以武力占领了香港，并与中国签订了长达99年的租借条约，这是每个中国人和海外华人的耻辱和深深的伤痕。现在香港的主权将回归中国，对中华民族来说，这是一件大事，也是全世界华人最激动人心的历史事件。然而，人们最担心的是"香港会在共产党统治下生存吗？"这是代表团的主要任务，我们试图传达香港领导人和中国政治领导人之间的想法和信息。我们相信，中国不希望搞砸这个对外开放的窗口以及巨大的金融资源。在回归之后，将会出现什么情况？在未来几年可能会出现什么？。

我们想在这个时刻，尽情地享受这个具有历史意义的香港回归庆典。我们可以从酒店的窗户和闭路电视，用我们的双眼亲自看到回归庆典的全部活动，包括有象征意义的英国军舰离开威尔士亲王大厦、英国大院举行的仪式以及香港总督彭定康的讲话。彭定康和他的家人们非常激动，部分原因是他们在香港已经生活很多年了，对他们来说，有一种非常复杂的情感。我们有参加香港会议中心回归仪式的贵宾票，可以在现场直接观看中国政府举办的香港回归仪式，但是很难找到一辆出租车，再加上外面又下着大雨，萍萍和我决定就留在酒店看电视直播。这是一个正确的决定，一些代表去了那里以后，花了很长时间才回到酒店。

同董建华先生的第一次会晤是在香港回归权力交接后的第二天，即7月2日，我们和来自美国的参议员们一起参加会面，参议员们中包括有我认识多年的来自弗吉尼亚州的查理士·罗浦等，一共有9名美国参议员和12名百人会会员参加了这次会议；香港官方只有行政长官和行政助理出席了会议。当然，在现场还有很多的记者和摄像师。董建华先生致开幕词后，只有美国参议员和百人会的代表留下来参加闭门会议。董建华先生用熟练的英语，完美地回答了一些非常尖锐和困难的问题，而且显得非常轻松和自信，给我们留下了深刻的印象。

与董建华先生的第二次会面是同百人会代表团成员的单独会晤，这是董建华先生专门为百人会代表所设的宴会。他对我们每个人都讲一口流利的普通话，而对他的助手说很熟练的广东话。在中央政府任命为第一届香港特区行政长官之前，董先生就是一位非常成功、非常受人尊敬的商人。开始时他不愿意接受这个职位，但被当地群众和朋友所说服，认识到香港人民确实是真的需要他以后，董建华先生接受了，我觉得这个选择对各个方面来讲都是最好的安排。

接下来的两天，百人会代表团在香港的主要日程安排是与当地商会进行会谈并参加一些社会活动。我认为利用这二天的时间可以去福州办理公司业务，做些更有成效的事情。7月3日我和萍萍离开香港去了福州，我们将于7月6日在北京与百人会代表团会合。

除萍萍和我外，百人会代表团的其他成员于7月5日从香港直接飞往北京。在那天晚上，原定在北京参加活动的百人会代表团所有成员都聚集在中国大饭店，在香港的 20 名百人会成员中只有 11 名成员参加北京的活动。

当时国家主席江泽民和总理朱镕基不在北京，都到香港参加香港回归的重要庆典活动，因此我们百人会代表团的活动由在中国政府中排名第三的全国政协主席李瑞环先生负责主持。李瑞环先生负责的政协部门主要工作是为国家行政部门提供咨询服务。此外，全国政协还有许多其他的功能，对此我还不十分清楚。我认为，李瑞环先生负责接待我们的唯一原因是符合百人会要求中国政府级别最高的领导人接待代表团的安排。由于我们各位代表都有其他活动的安排，代表团不可能为了等待江泽民主席或朱镕基总理返回北京后的接见而在北京多住上一个星期。李瑞环先生同我们交换了很多信息和意见，确实是同我们见面会谈的合适人选。

我们这次访问中国的目的是传递我们希望和平解决中国与台湾两岸问题的愿望，并了解中国对在宗教和人权问题上的立场。在我们离开美国之前，我们已经通知外交部关于我们代表团北京之行的目的。政协已经为代表团准备了会议日程，包括会见在北京的几个部门负责人。令我感到意外的是，与台湾的安排相反，北京的所有官方会议和其他活动都邀请配偶参加。

我和萍萍于 7 月 6 日上午抵达北京，那是个星期天，所以白天没有正式的会议。晚上政协副主席刘华清在著名的钓鱼台国宾馆举行了欢迎宴会。布什总统和里根总统访问中国时，都曾经下榻在钓鱼台国宾馆。这家宾馆内有十二栋楼房建筑，分散坐落在古老的大树和精心打理的花园中，每栋建筑都代表中国的一个省。安排接待我们百人会代表团的是辽宁楼，辽宁是中国东北的一个省份。辽宁楼的宴会大厅面积很大，大约有 50 X 30 平方米，高高的房顶上装饰有高雅讲究的天花板。大厅的中间摆放着一张长餐桌，是专门为这次活动安排的，长餐桌两边各有 15 个座位，两端各有两个座位。我坐在长餐桌刘副主席座位正对面的座位上，在我的右边是外交部美国事务处副主任刘晓明先生，在我的左边是前任驻英国大使。桌子周围有 12 名来自辽宁省的女服务员，这些女孩在这里接受培训，培训结束后回家，再回去训练家乡的其他女孩。

这是一场为国家贵宾提供的有十二道菜肴的宴会，提供的每一道菜肴既美味又优雅。在宴会上刘华清说，"西方媒体对中国压制宗教的报道存在误导，对那些有影响力的人来说，到中国来考察访问是能够说明问题的。"

"如果我们能让帕特•罗伯逊来访问中国，那将是非常好的，因为他是一位受人尊敬的美国基督教领袖，而且在政治上也很有影响力。"一位代表团成员说。

"郑博士和罗伯逊住在同一个城，他们彼此认识。"另一位代表说。

"郑博士，你能和罗伯森先生谈谈，看看他能否到这里进行一次实地考察，来这里看看并和当地老百姓交谈。可以吗？"刘晓明说。

"我很乐意向他转达这一信息。"我向他承诺。

第二天早上，7 月 7 日，在例行的百人会成员早餐会上，代表们投票决定委派我代表百人会制订与帕特•罗伯森博士合作的访华计划。我接受了请求，我承诺回到美国后，我将代表百人会与罗伯逊博士商讨合作访华的计划。

在正式活动的第一天，日程安排得很紧。上午我们在人民大会堂会见了中国人民代表大会副委员长王兆国。随后在港澳中心参加政协副秘书长景树平举行了一场午餐会议，在这些会议上都没有交换重要的议题。

7 月 7 日下午，百人会代表团与全国政协主席李瑞环举行了会谈，会谈地点安排在人民大会堂中的一个会议大厅举行。会议大厅的天花板有六米高，宏伟壮观而且安排得很好，大约有 20 多位代表团成员，还有十几位高级官员都坐在排成 U 形的座位上。在 U 形座位的两侧有两排沙发，大多数政府官员坐在后排沙发上。U 形中心为主持人李瑞环和百人会的两位成员唐英年和田长霖的座位，百人会的其他成员和配偶坐在前排座位上。

简短地介绍了百人会代表团成员之后，李瑞环先生发表了他的欢迎致词和简短的讲话，李瑞环说：

"在过去，中国共产党和我们的领导人犯了很多错误，但我们意识到了自己的错误，我们决心要纠正这些错误。"

我被如此坦率的谈话所震惊。我想，如果这种同样的讲话发生在文革期间或者毛泽东时代，李瑞环先生是会遇到很大的麻烦。

"你能否告诉我们一些在美国报道的关于压制宗教活动的事件吗？"一位成员问道。

"我是一个共产主义者，我不去任何教堂或寺庙。但从我有记忆起，我 91 岁的母亲每周都要去佛寺，我从来不敢去阻止她，也没有人试图阻止她。事实上，我们现在的官方立场是不阻止任何宗教信仰，而是政府不在经济上支持任何宗教活动。"李主席说。

"你能告诉我们地下教会是什么吗？"代表团里的一位成员问道。

"地下教会是一个用词不当的说法，我们要求所有的教会都应该在当地政府登记注册，注册过的教会可以免费为他们的会员提供服务。向当地官员进行登记注册比其他任何事情都更有利于对他们的保护，所谓的地下教会是指尚未注册过的教会，"李主席说。

"村官的自由选举怎么样？是真的吗？"另一位成员问道。

"是的，事实上现在的村领导都要求由登记过的村民选举产生的，我无法告诉你们现在中国所有的村庄中，有多少已经选出了自己的领导人，但我知道，这些村庄的数量每天都在增加。"李主席说。

"当选的村干部是否一定是共产党党员？"另一名成员随后跟进。

"不都是，尽管许多村民选举产生的领导人是共产党员，这是因为他们更有资格，党员身份不是民选官员的先决条件。"李主席说。

"是否有一个时间表由居民来选举市长或各省的省长？"其中一名代表问道。

"我不知道，我没有听说过有这样的计划或时间表。"李主席说。

"你对大陆与台湾之间的统一和台湾海峡的和平解决方案有何看法？"一个代表问道。

"台湾是中国的一部分，除非台湾想成为一个独立的国家，否则我们不会以武力来对待。台独是我们不能容忍的，但是我们有耐心，我们会尽一切努力将全国统一起来，就像香港一样。我们可以把台湾当作中国的一部分，但各自处于不同的政治体制下进行管理。"他说。

问答持续了两个多小时，接着是一个拍照环节。我们都排在大厅前面，拍了一张合影，然后李主席和个别的成员站在一起，再拍了一些照片。

一位官员带领代表团走到人民大会堂的另一端，那里有篮球场大小专用于举行重要宴会的国家宴会厅。大厅内摆放的五张大圆桌只占了国家宴会厅的一小角落。每张大圆桌上坐着 10 个人，包括 2 名代表团成员和妻子，还有东道主的 6 名政府官员。萍萍和我坐在同一张桌子上，同哥伦比亚大学的王新教授和他的妻子坐在一起，这张桌子上的东道主还包括驻英国和其他欧洲国家的前大使。宴会的场面布置很精致，有几道珍奇的菜肴，我都不知道它们的名字，每道菜都用一个小盘子盛放在每位客人的盘子里，每个桌子都有 2 名女服务员，国宴上一定会有十二道做工精细的菜肴。

这是我第一次在人民大会堂参加国宴，尼克松总统、里根总统和布什总统都在这里同中国国家领导人举杯祝酒过。国宴期间我们经常受到我们主人的邀请站起来，一起举杯祝酒。"干杯"是普通的中国习俗，会迫使客人们喝酒，以示主人的热情，幸运的是没有人会要求我们去"干杯"，也没人会这样做。宴会结束后，李主席发表了简短讲话，随后是田长霖长校的答谢。

七月的北京通常很热，1977年比往年更热，在阴凉处，气温也会上升到350C以上，白天绝对是没有风。在预定的活动结束之后，我们不得不在酒店的入口处直接进入有空调的豪华轿车里。原先萍萍和我打算参加代表团的活动结束后去北京观光和购物，但是我们无法忍受室外的高温，只好作罢。

百人会代表团在北京的最后一天，早上7点半到8点半之间，代表们在顶楼咖啡馆里举行了一个早餐会。总结了前一天的学习和活动情况并交换了笔记，然后讨论了接下来要做什么？按计划我们上午与法律和法院系统官员举行了会议，活动的形式是一样的，主持人简短的介绍，然后是问答问题的环节。

北京最高法院的陈清龙法官发表了最有趣的评论，他说

"中国一直处于人（领导人）的统治之下，从来没有被法律所统治过。因此，当领导人更换改变时，国家的有些法律政策就会改变，现在我们正在改变这一现状。这需要一段时间，但势头就在这里。"

我很高兴现在的中国领导人如此思想开放地改变法律体系，制定法律来管理而不是满足领导人的个人愿望。我希望这是第一步，也是一个巨大的飞跃，以通向一个更民主的社会。

我想，我的老天！在过去这样的谈话会给陈法官带来多大麻烦，甚至可能会让他失去自由！

下午是同宗教事务局的领导人和选定的宗教领袖举行的会议，活动格式是大型的圆桌讨论。有一位来自天主教会的大主教、一位基督教会的领袖、一位穆斯林领袖、一位佛教领袖以及来自宗教事务局的政府官员，讨论属于开放性的非正式讨论。

天主教和基督教领袖指出，在过去的几年中许多教堂已经开放，随着时间的推移，参加教堂活动的人数不断增加；穆斯林和佛教领袖说，除了文化大革命十年期间，在这么长的时期内，去寺庙的人数一直保持不变，因此没有任何变化。

"在建国之前，所有的天主教神父都是外国人，现在百分之百的是中国人。"大主教告诉我们。

"祭司在哪里接受他们的教育？如何训练他们？"我问。

"我们在自己国家内培训他们，也送他们到海外接受更多的学习和培训，目前我们的大部分学生是送到了德国和法国接受培训。"大主教说。

"今天中国的天主教徒有多少？"杨觉勇问。

"我们的调查显示有超过30万教徒定期参加活动，有人估计现在中国有90万人信仰天主教。"大主教说。

"你能不能告诉我一些海外新闻媒体报道的对基督徒的压制和迫害吗？""王功立问道。

"对世界来说，这是绝对错误的信息。在1961年至1969年的中国文化大革命期间，政府曾经劝阻宗教活动。但是自从尼克松总统访华后，中国向世界敞开了大门，邓小平的政策也得到了恢复，宗教活动也不断增加。除了政府在经济上不支持外，我们可以通过教会成员的捐款达到自给自足。"基督教领袖李先生说。

"你们为什么不接受来自美国教会捐赠的圣经呢？王功立问道。

"我们已经印制了足够多的圣经，分发给我们的基督徒兄弟，我们真的不需要任何捐赠的圣经。"李先生说。

这位佛教僧侣没有什么可说的，因为佛教是中国最大的宗教团体，在那个时候，佛教群体没有任何抱怨。穆斯林领袖对政府给予他们的支持程度也感到很满意，政府一直在资助穆斯林企业，并为他们开办小企业提供贷款。

百人会代表团在一家豪华酒店举办西式牛排晚宴来答谢中国官员。我们邀请了大约40位官员，但其中只有30位前来参加，这是中国的一个古老习俗，让我们对他们的好客表示赞赏和感谢。代表团的大部分成员将在第二天离开北京。

傅履仁、王功立和我在北京多呆了一天。我们上午参观了华侨事务局，下午去美国大使馆访问吉姆·萨瑟大使。我最好奇的是想再次了解乡村的选举情况。

"村领导确实是由村民们选举产生的吗？"我问吉姆·萨瑟大使。

"这是真的，我们到过几个村庄去实地观察选举，村民对选举非常认真，候选人的竞选活动就像我们在美国做的那样，有时村民们的情绪会变得非常高涨。"萨瑟大使说。

"只有党员才能当选村领导人吗？"我接着问。

"不总是正确的，有相当多的无党派村民当选，当然，也有许多党员被选为村领导。我必须说，在我们看到的情况下，党员更有资格当选。"大使说。

"这确实是惊人的变化，如果不是你告诉了我们，我们无法想象这是在中国发生的。"傅履仁说：

杨觉勇和我离开了大使馆，回到旅馆后，我跟傅履仁说再见。

第二天萍萍和我就飞回美国。

1986 年为中国科学家的演讲

从香港回到中国的第二天，在去北京之前，我和萍萍搭乘香港国泰航空公司全新的空客 A300 飞机前往福州，我和萍萍坐在头等舱的第三排。飞机起飞前，坐在我们座位后面的那两个家伙不停地使用他们的手机。他们用萍萍和我听不懂的语言在讲话，我们认为可能是泰国语或马来语。甚至在飞机准备起飞时，他们仍在使用手机。

"我认为这两个疯子根本不关心飞行的安全问题，飞机上已经宣布不可以使用电子产品。"我用普通话跟萍萍说。

"安静点！他们可能是海外华人，能听懂你说的话。"萍萍说。

他们还在用手机讲话的时候，我坐了下来，放松了一下。

当飞机到达福州时，发现地面能见度很低，这是大型飞机首次尝试降落在福州机场。在绕了福州机场一段时间后，机长决定返回南方到厦门机场，飞机安全降落在厦门机场以等待福州的天空晴朗后再起飞。飞机着陆后，机舱内的空调完全关闭，乘客们陆续从座位上站起来，四处走动，互相聊天。当我站起来和我身后的两个人进行眼神交流时，那位60多岁的老人对我做出了友好的姿态。

"你是如何？这里真的很热。"我用英语说。

"太热了，空气也停滞不动了，我希望能让我们出去。"他用英语说。

"我真的很想去看看新的厦门机场，顺便问一下，你会说普通话吗？"我问。

"我会说普通话。你呢？"他用完美的普通话回答。

"是的，我会说普通话，我的名字叫郑天任，她是我的妻子，萍萍。"我用普通话回答。

"我是林文静，这是我的助手，迈克。"他从座位上站起来，自我介绍。

"我很高兴见到你们俩位，你们从哪儿来？"

"我们来自雅加达，我们要去福清市，给他们送一份礼物。"林说：

"你真是太好了，你给他们什么？"我问。

"我一直在福清，努力建设一座现代化的城市，这次我要给他们一张1,700万美元的支票。"他说。

我简直不敢相信我的耳朵，为了慈善事业提供1,700万美元的支票，一个人必须有多富有？

"哇！那可是一大笔钱！"我说。

"我和我的搭档一起在福清长大，那里是我们祖先的家，我们要把它建设成中国最现代化的城市之一，这只是我们全部礼物的一小部分，"他说。

"这对你和你的搭档真的很好，你在做什么生意？"我问。

"几种东西，像水泥、面粉、银行和电信等等。"

我想，哎呀！这覆盖了印尼的整个大产业。

就在这时，机舱发言人宣布：

"我是机长，由于福州的大雾，我们必须在这里等到天气转晴，请到机场休息室，我们将在那里吃一顿清淡的晚餐。"

"我们？"林先生问道。

林先生和他的助手从飞机上走了下来，萍萍和我走在队伍的后面。我们在进入休息室后，把在飞机上的谈话内容继续下去。我知道东南亚最富有的中国人，名叫林绍良，一位著名的慈善家。

"你认识林绍良先生吗？"我问林文静。

"他是我的搭档和我的叔叔，"林文静笑着说。

"我很荣幸能认识你，我是"微笑手术"的董事，你听说过这个名字吗？"我问。

"当然，我听说过"微笑手术"，我希望能与这个组织取得联系，这样我们就可以为畸形儿童做些事情，真是天赐良机，多么巧合啊！"他说。

"哇！这真是一个巧合，我会和"微笑手术"的创始人谈谈，告诉他关于你和你的搭档。"

"那太好了，请告诉他，我将捐赠一所完整的建造在福清市的医院，并将其用于全中国畸形儿童的显微外科手术。"他说。

我被他的热情所压倒，我们交换了名片，我相信他对这次谈话是非常真诚和认真的。我们又等了两个多小时才登机，飞往福州的航班只有短短30分钟的航程，着陆过程很顺利。

当我们下飞机时，林先生从萍萍那里拿了随身携带的行李，并坚持要帮萍萍拿行李。几位官员引导我们通过机场VIP门口出去，一大群来自的政府办公室的官员在那里迎接林先生。当他们看到林先生自己携带行李时，几个人冲进来把行李从他那里拿走。

包括市长在内的一群人也在机场门口等我，我和林先生告别，答应彼此保持联系。当然，我们都没有经过海关检查，一位官员来拿我们的护照帮助我们入境，三分钟内就完成了。当我们进入等候的豪华轿车时，已经是9点钟了。机场所在地的长乐市市长带着萍萍和我走进一家不错的餐厅，吃了一顿非常美味的海鲜晚餐。长乐市离福州大约五十公里，市长派了豪华轿车带我们入住新建的湖边宾馆。我们在在福州将停留两天的时间，会见陈碧林先生和一些在中国做生意的美国老朋友，我们在酒店房间安顿下来后，我和萍萍都开始陷入了深沉的思索。

"你真的不能根据他们的长相和他们在公共场合的行为来做判断。你讲对吗？我指的是今天在飞机上发生的事情。"萍萍说。

"我很高兴他们没有听到你在诅咒他们。否则，"微笑手术"就不会得到林先生捐赠的医院了。"萍萍说。

"嗯，确实单从外表看人是很难的。我很幸运，我没说得太大声。"我说。

在一次"微笑手术"的董事会议上，我报告了我与林先生的巧遇，以及他想在福清捐赠一家医院运营"微笑手术"的愿望。所有的董事会成员都认为基金会董事长比尔·麦奇医生访问雅加达并寻求这一捐赠是一个好主意。在9月，我给林先生发了一封信，表明比尔·麦奇医生想要到雅加达访问他。他立即回答了我并请萍萍和我一同来拜访他们。我告诉比尔·麦奇关于林先生的回复后，麦奇告诉我会重新安排他繁忙的日程以便在最近期间拜访林先生。

"我终于把我的日程安排好了，我将于10月12日至15日在菲律宾，我需要在19日到南京，这就给了我一个四天空闲的时间窗口。我可以去香港，在17日和冯国纶一起去雅加达，在19日再飞到南京。"麦奇努力地对他的日程作了一番安排之后给我打来了电话。

"好吧，麦奇，如果林先生那天有空的话，我肯定可以安排。你的日程安排是不是太紧了？对你经常旅行的人来讲，这次旅行的时间将是非常短的。"我说。

"这样很好，我可以在下午晚些时候到南京。如果18日对林先生是合适的话，请尽快告诉我。" 比尔·麦奇博士说。

"麦奇，我一听到林先生的消息后就会马上告诉你的。"

就在我和麦奇交谈的那一天，我给林先生发了一封传真。我的传真到新加坡时，林先生恰好正巧在那里，他立刻回答了我的问题并告诉我，他将在雅加达与我们会面，并要求把我们的航班安排告诉他。我将林先生的答复转达给麦奇，比尔·麦奇非常高兴，他没想到能够怎么快就作好了安排，萍萍和我准备去我们以前没有去过的印度尼西亚。

日程确定好了之后，我就把我们到达雅加达的正确时间传真给林先生。我们将于10月16日飞往香港并停留一夜。第二天早上，我们乘坐国泰航空公司的波音747飞往雅加达。抵达雅加达后，最令我吃惊的是，林先生亲自到机场来迎接萍萍和我。林先生派了几位助手帮助处理我们的行李和护照，再一次我们不必经过常规的机场检查，然后穿过一个特殊的大门，进入等候在那里的豪华轿车。

林先生让我和他一起坐他的大尼桑总统轿车，而萍萍和林太太坐在另一辆豪华轿车里。

"我想让你和你的夫人留住在我们山上的避暑别墅，明天早上，我们再带你去雅加达的一家宾馆。"林先生在车里对我说。

"可以，只要这样的安排对你来说不是太麻烦的话。"我说。

"不会有麻烦，希望你会喜欢的。"

我以为一栋避暑别墅可能有三间或四间卧室，否则如何能容纳这么多人呢？司机开车从机场穿过城市的一部分，驶向乡村去往林先生在山上的避暑别墅。

在雅加达和乡村公路沿线的街道上，林先生指出了他和他的搭档所拥有的一些著名的标志性建筑和房产。林先生指着他的银行大楼，那是他的银行之一，一个占地13平方公里的水泥工厂，还有一个巨大的面粉生产工厂，提供了印尼全国一半的面粉需求，那些只是我们碰巧沿着主要公路行驶时所看到的。

从机场开车大约一个小时后，我们进入了山脚下的一个村庄，我们从主要的高速公路开到了乡村公路。在乡村公路上，我们看到了在大城市富人生活的另一面，沿路的房子大多是用生锈的锡板和腐烂的胶合板建造的，这就像开车穿过一片临时塔建的棚户区，显而易见这些是处于极度贫困的土著原住民生活区域。车队沿着乡间小路爬上小山，进入茂密的森林，到处都是美丽的野生动物。在城市里很热而且是闷热，山脚下也很闷热，但到了半山的时候就变得相当凉爽，林先生把车窗户放下来些，让新鲜空气进入车里。在同一条路上，这片山坡上面的情况完全不同于山下的那一段，高大的大石门和石围墙把宅第围在墙内，各家的大石门至少相隔几百米。

"这些房子都是富人的房子，而且大部分都是华裔。"林先生告诉我。

沿着这片繁华的街区开了大约20分钟的车，我们进入了一扇很大的大石门，大门四周是建筑群的石墙。十几名林家的助手和管家等在豪华轿车旁，排队等候并帮助我们。

"这是我的避暑别墅，偶尔才用。上次我在这里的时候是和作为我的客人江泽民主席在一起。这栋是主要的建筑，还有几栋小房子供花园员工和他们的家人居住。"林先生告诉我。

林先生领我们进了房子，向我们展示了主楼内的客房，这是一套46平方米的套房，每一处都有一切可能会用到的设施。

"现在是下午3点钟，先小睡一会，再去参观我的花园，我们可以在吃晚饭前先放松并聊天。"他看着他的手表，对我说。

"十分感谢你的关心，这次旅行真的很累，我可能会小睡一小时左右。"我说。

"很好，你应该把所需要的时间都花在休息上，我们不着急。"

经过长途飞行旅行后，一清早赶到香港机场，我们都已经非常疲惫，我们离开了林先生到套房去休息。我大约睡到下午5点钟才醒来，完全恢复了精神。在我休息之后，山里的风景似乎比以前更清晰、更美丽，我相信我的视力锐利度在小睡后得到了改善。林先生和他的夫人在开阔的空地上休息，周围环绕着花草、树木和花园。萍萍和我一起走出去，和林先生他们一起坐在户外的沙发上。

"这栋小屋有1,900平方米的主楼，后面的三栋较小的建筑是为管家和园丁们住的。花园在主楼的后面和侧面，面积大约有240亩，我从世界各地进口了各种各样的植物和花卉用于这个花园。"林先生对我说。

"你是如何维护园林中所有花草树木?"我问。

"我们有23个园丁,每天都在维护花园,当我们需要做更多的工作时,我们可以雇佣当地的帮手。现在先饮茶,然后我带你四处看看。"

"我很想看到这里的一切。"我说。

林先生带着萍萍和我走进了他创造的奇异花园,那里有许多我们以前从未见过的巨大的、奇怪的树木;各种各样的花在不同的园林里开放;还有一个很大的鱼池,里面有数百条不同种类的金鱼,金鱼看到我们靠近的时候,都聚集在池塘边,等待着食物的施舍。林先生在地上找到了一个盒子,给了萍萍和我一些鱼食,他向我们展示了金鱼是如何蜂拥赶到鱼食落下的地方并疯狂地为争抢鱼食而争斗。

在房子的前面,有一个可以加温的两级梯大游泳池,上面一级梯顶部的水像墙一样流到下面的那一级梯。花园实在太大了,我们只走了一小段,林先生的小女儿就来通知我们晚餐已经准备好了。林先生告诉我,山上的空气很凉爽,根本不需要空调。事实上,当我们走回房子的时候,我已经感到有点凉意。

晚餐设在露天用餐区,至少有6名助手在那里来回跑动。这顿饭是专门为我们俩和林先生家人所设,这就像一场只有少数人参加的国宴。晚餐后,我们品尝热带岛屿上的新鲜水果,其中一些水果味道相当好。林先生向我介绍这些水果时,我简直无法记住它们的名字。

"明天早上,我有两场我不得不参加的会议,我将派人去接比尔·麦奇医生。午饭后,我将与你和麦奇医生在我的办公室会面,讨论捐赠的事情,明天晚上,我的叔叔将为你和麦奇医生举办一场宴会。"林先生告诉我。

"谢谢你的安排,明天我会去雅加达机场接麦奇医生。"我说。

"我已经派了一个年轻人和司机带你去雅加达观光,麦奇医生应该在中午1点左右到达。明天早上7点我将离开这里,如果你需要更多的休息,司机会等着你。"

我们说了晚安,11点左右回到了我们的套房。起初,我不习惯开着窗户的一楼房间,我觉得这里完全不设防,而且如此的安静,只听着昆虫的叫声,我很快就睡着了,直到第二天太阳出来。

第二天早上,当我们起身去起居室的时候,林先生已经动身去雅加达城里了。一位年轻的男子,西蒙·王先生,在那里向我们打招呼并告诉我们,林先生指派他和一名司机,可以带我们去雅加达城里的任何地方观光。王先生出生在雅加达,但他在台湾接受过工商管理的培训课程,并在台湾取得工商管理硕士学位,他对我们说一口流利的普通话。

早餐准备好了,我们同林夫人和她的两个成年女儿一起吃早餐。大女儿负责印尼的业务,小女儿则负责新加坡和香港的业务。昨天晚上,她们忙于为萍萍和我提供茶水和水果点心并同我们聊天,萍萍和我都认为为她们是举止文雅有礼貌的高中生。后来我们很惊讶地得知,她们都已经是数十亿美元企业的首席执行官,肩负着重大的责任。

吃完早餐后,我们向林夫人和他们的女儿们告别,回到雅加达城里。当我们到达平地时,我们就可以看到并感受到雅加达城高温的热浪和潮湿的环境。

"我知道你一定有很多事情要做,我们为什么不租一辆出租车来替代呢?"我问西蒙·王。

"郑先生。林先生吩咐我,只要你和的你夫人在印度尼西亚,我就要陪同着你们。此外,你们在雅加达坐出租车是不安全的。"西蒙·王说。

"为什么租一辆出租车是不安全的？"我问。

"因为在这里，当出租车计价器显示他们赚到当天的工资后，许多司机就会在半途中要求你下车。他们很可能会把你送到一个几乎没有其他出租车的地方。"

"如果确实是可能会有这种情况发生的话，我们最好还是跟你和司机呆在一起。"我说。

我们去机场接麦奇医生，这一天林先生不在我们身边，比尔·麦奇医生必须经过所有的海关和移民检查站。我们送麦奇医生到了林先生的秘书为我们预定的宾馆。中午时候，萍萍和我在附近的一家海鲜餐馆招待了比尔·麦奇和西蒙·王。与世界上任何地方相比，这里的食品都是非常好、非常便宜的。

"印尼货币刚刚经历了一轮贬值，已经跌至一个月前的一半左右。"西蒙告诉我们。

我听说过亚洲发生了金融危机，但我不知道是如此的严重！

"在整个亚洲市场，林先生正面临着巨大的压力，他现在正在和他的银行集团开会。"西蒙·王说。

"目前的财务状况一定给林先生造成了严重的损失。"我说。

"这个时机对我的访问很不利，是吗？"麦奇医生说。

"恐怕你说得对，麦奇。"我说。

我们乘坐的豪华轿车去了位于摩天大楼顶部的林先生办公室，林先生在他办公室的门口等着我们，我把麦奇医生介绍给林先生，

"这位是世界知名的"微笑手术"创始人比尔·麦奇医生；这位是林文静先生，我跟你谈过的那位大慈善家。"

他们两位握了很长时间的手，林先生很有礼貌地邀请我们通过接待处到他的办公室，那里有几位年轻的妇女站在那里欢迎我们。林先生的办公室非常大，装修也很雅致。麦奇医生和我坐在林先生的一张咖啡桌旁边，萍萍坐在旁边的沙发上。吃完茶点后，比尔·麦奇医生拿出他平常的谈话相册递给林先生，林先生翻了翻，显然是被他所看到的事情打动了。我还能看见他的眼里含着泪水。

"你为世界上这么多贫困的孩子做了这么多的工作，我非常感动，因为你们给了他们每个人的新生命，我十分欣赏你所做的事情。今晚我们将看到我的搭档，也就是我的叔叔。今天下午我将先和他谈谈在福清市捐赠给"微笑手术"一所专门的医院的事情。我相信他一定会像我一样感动，也愿意帮助我。"他抬起头看着麦奇医生。

宴会选择在一家大型中式餐厅里举行，林先生家在那里有一间离开其他顾客的特殊宴会厅，里面准备了两张圆桌。麦奇医生，萍萍，我和林的家人以及一些当地的贵宾坐在餐桌前。林诏良先生和夫人安排坐在萍萍和我的两边。比尔坐在林先生和他的叔叔之间。林诏良先生大约80岁，他的妻子大约75岁。我们和林诏良先生夫妇用普通话交谈。尽管林先生是整个亚洲最富有的人之一，但他们非常诚恳，脚踏实地。他在世界各地都很有名，不仅因为他的财富，还因为他非常慷慨的慈善活动。林文静是他叔叔的生意搭档，，是整个林家集团的许多公司运营的首席执行官。

林诏良先生和比尔·麦奇医生谈话时，我做翻译，比尔·麦奇医生向林诏良先生展示了有一张显示比尔·麦奇医生帮助一个畸形孩子在"微笑手术"前后的照片时，老人的泪水从他的脸颊流下来。

"这是我们真正想要支持的，你为什么不把细节弄清楚后，带麦奇医生去福清市去看看医院的位置呢？"他对林文静说。

"请告诉这位好医生，我很高兴见到他，我想谢谢你把他介绍给我们。"老人转向我说。

"非常感谢你能接见我们，你的支持将会在未来的拯救许多中国的贫穷儿童。"我说。

1994 年同比尔·麦奇医生和迪安·索亚在一起

我把老人的话翻译给了麦奇医生。我们在这里度过了一个非常有趣的夜晚，林家在这个世界上人口第四多的国家中拥有相当多的财富。

在林家的宴会结束后的第二天，麦奇医生在我起床之前就早早地离开了雅加达。西蒙·王和豪华轿车的司机陪同萍萍和我去参观了雅加达市。但是萍萍和我并没有心情去游览这所城市。

这个国家的富人和众多穷人之间的巨大反差困扰着我们。像这样的社会怎么能经受住时间的考验呢？看到极度贫困的穷人和奢侈豪华的富人过着如此完全不同的生活，萍萍和我感到非常的不舒服。萍萍对这件事有着更强烈的感情。

我们编造了一个借口，要求西蒙·王向林先生表达我们的感谢并请林文静先生允许我们可以比原计划提前一天离开雅加达。在酒店吃了一顿简单的早餐后，我们去了机场，改签到我们能够离开的第一次航班，离开雅加达飞往香港。

"社会中极度贫穷和富裕奢侈就像里面有巨大压力的气球，是典型的会爆发一场大革命的因素。我真的为林文静先生家感到难过。他们是这样的好人，为国家做了这么多，为穷人付出了这么多。但是他们还是不能解决这个国家最基本的社会结构问题。"我告诉萍萍。

"我担心，如果发生了一场革命，就没有人会记得林文静一家在过去做了多少好事？他们的财富将在印尼人民的眼中变成犯罪。"萍萍说。

"我完全同意你的意见。"我说。

我们从亚洲回国后，我写了一封长信，感谢林文静先生和他的叔叔。随后比尔·麦奇医生和林文静一起去福清市选择现场，经过几轮的讨论和旅行计划的改变，比尔·麦奇医生和他的一些同事也去参观过福清市现场，并最终敲定了交易。

从旅行回来后，比尔·麦奇医生告诉我，这个地点位于福清市一个很好的地方，比尔·麦奇医生对此印象非常深刻。

不幸的是，就在此时，亚洲金融市场崩溃了，印尼受到金融风暴的重创。印尼原住民闹事。他们把问题归咎于在这个国家的中国商人。暴乱者烧毁了商业区的建筑，并杀害了许多中国商人。林文静不得不逃往新加坡，林绍良先生去到美国，他们二家的住宅都被烧成了平地，我试着联系他们，但都无济于事。我听说他们失去了大部分财产，但他们的家庭是安全的。比尔·麦奇医生和我认为，在这种情况下，再向他们询问捐赠医院的事情是非常不得时机的。

1987 年与中国科学家交流

第五十四章

国事访问

我和帕特·罗伯森先生是在过去多次共和党人的活动中相见后认识的，使我们走得更近的是我们同在州长吉姆·吉尔摩的选举支持委员会工作。百人会的中国之行回国后，我立即打电话给帕特，并于1997年9月同帕特共进过一次午餐。

"我刚从中国回来，同中国政府领导人谈过话，他们否认对基督徒有任何迫害，我还和我的基督教朋友谈过，问他们关于宗教迫害的事情，他们确实不知道我在说什么？"我对帕特说。

"我从我的人那里得到的报告和你刚才告诉我的并不相同。"帕特说。

"好吧，帕特，现在不就是你亲自去和中国领导人直接当面谈谈的时候吗？这样，你就有了第一手资料。我认为美国与中国合作，帮助他们实现民主，而不是采取敌对的态度，这是很重要的，你可以为两国带来和平与友谊。"我说。

"你真的是这么想吗？"帕特问道。

"确实是，你不仅是美国的最高宗教领袖，还是1988年的美国总统候选人。你将会见到中国的最高层领导人，可以表达你的关切并听听他们的意见。"我说。

"如果你能帮我安排，我就去。让我找出我的行程安排，通知我的秘书和你的秘书一起工作。"帕特说。

"如果你想和主席或总理谈话，那就需要安排好时间。因为他们已经承诺过，请你也做好准备，我也需要一段时间去落实。"我说。

"我明白了，我确实很愿意见到朱镕基总理。因为在1972年，我陪同尼克松总统访问上海时，尼克松曾经告诉过我，朱镕基如此的聪明和能干，将是中国未来的领导人。"帕特说。

我打电话给唐英年和杨觉勇博士，安排与中国大使馆的联系，午餐会议安排了我和周文重公使（中国驻美国大使馆第二把手）以及谢明吾一秘参加。我向他们表示，如果能够安排帕特·罗伯森先生与朱镕基总理这样级别的中国领导会谈，帕特先生愿意访问中国。周先生同意就此事进行研究。由于朱总理国际事务上的日程安排很繁忙，所以要安排到1998年4月以后才能见到他。

与中国使馆人员会面后，我写信给帕特，表示访问时间推迟到明年4月份，帕特对这一点没有异议，因为他各种事务也很忙。时间过得很快，我在4月初打电话给周先生，问他关于罗伯森的行程安排。周先生告诉我，克林顿总统派遣了三位宗教领袖前往中国进行三周的访问。因此，罗伯森之旅不得不等到这三位宗教领袖回到美国以后。更重要的是，中国政府想看看这三位宗教领袖，是否会对中国侵犯人权和宗教迫害的问题上向媒体说三道四、混淆是非？

"我想知道罗伯森博士在与朱总理交谈后会做些什么？你们知道，我们厌倦了接待美国国会议员和参议员，尤其是听到他们在媒体面前要求释放囚犯和诬告。"周公使说。

"我可以向你保证，罗伯森博士不会去那里寻求任何要求或指责的宣传。他将非常低调。他的目的是为他自己和他的追随者找出中国政府是如何对待基督徒的真相，你先和罗伯森博士一起吃午饭，见个面怎么样？"我回答。

一个星期后，我参加了在帕特企业集团下属的创始人酒店里举行的一场午宴。在午餐开始前，我向帕特谈到中国领导人的一些担忧。对此，帕特表示，他不会寻求公众的关注，也不会向中国官员提出任何要求，更不会公开谈论任何负面问题。周公使来参加午宴的时候，他们都很公开地谈论着他们将会做什么或者不会做什么。周公使对这次会谈十分满意，并承诺将通过大使馆途径，进行这次访问的安排。访问日期将在 1998 年 6 月时确定。

6 月中旬，中国大使馆的谢先生打电话给我，请我告诉帕特，特大暴雨导致长江洪水，淹没了长江沿岸的几个城市。朱总理正在视察受灾地区。到 7 月份的某个时候，又通知对中国的访问至少要推迟一个月。7 月，大使馆再次通知我，也是同样的问题，这次旅行又被推迟了。帕特非常理解，耐心地等待着即将到来的访问日期。

最后，在 8 月 10 日，我接到了大使馆谢先生的电话。

"郑博士，北京刚刚通知我们，我们中国方面可以将访问安排在 8 月 25 日的这一周，你能否和罗伯森博士谈一谈，看看这个时间对他是否方便？"

"我会先打电话给罗伯森博士，然后再同你们联系。"我说。

"帕特，他们终于安排在 8 月 25 日的这一周，是你与朱镕基总理见面的时间，在这段时间内你的日程安排如何？"我打电话问帕特，告诉他这个消息。

"你知道我的时间表总是满满的，但我会腾出这段时间去北京，你能陪同和我一起去见朱总理吗？"帕特问道。

"他有很多译员，你也不需要我为你作翻译。"我说。

"理查，当然我不需要你为我作翻译，但我想在现场请教你，该说些什么？该做些什么？最重要的是我希望有你在中国的陪伴。"帕特说。

"好吧，帕特，我需要看看中国官员对此事的看法，然后再同你联系。"我说。

我打电话给大使馆谢先生，

"罗伯森博士将会调整他的日程以确保在 8 月 25 日这一周时间可以到北京访问，请继续联系并告诉北京方面，时间安排对罗伯森博士的旅行肯定是方便的。"我告诉谢先生。

"在北京的领导人希望你能陪同罗伯森博士一起来访问北京。"谢先生说。

"如果我和我的妻子都能够收到正式的邀请，我们会很高兴去的。"我说。

"我很高兴你和你的夫人都能去北京访问，我将通过外交部向北京转达你和郑夫人愿意访问北京的信息。"谢先生说。

"请分别向罗伯森博士和我们发出单独的邀请，我们是朋友，但我们不在同一个行业工作。"我告诉谢先生。

"我明白了，我们将要求北京向你们发出不同的邀请函。"谢先生对我说。

正式的邀请函还没有来，但大使馆打电话给我说，日期是固定在 8 月 26 日会见了朱总理，正式的邀请函也已经寄出去了。突然之间，几乎只有很短的时间为这次旅行做准备了。

"帕特，请把你想要见的领导人名单以及想去的地方告诉大使馆，以便作好安排。娣娣(帕特的夫人)会同你一起去吗？"我打了电话问帕特。

"我只有两个人要见，朱总理和交通通信部吴部长，你能告诉我还能见到谁吗？娣娣不能和我们一起去访问北京，她有一些紧急的事情要处理。"帕特说。

"因为你是一位杰出的基督教领袖和前总统候选人，所以你需要花些时间和宗教事务局的领导在一起，我想这将是你访问中国的主要接待机构。"我对帕特说。

"这对我来说是很好的机会。你呢？我真的很想你和萍萍能够同我们一起去北京。"

"如果北京邀请萍萍和我参加这次访问，我们会去的。我的初步迹象是，他们希望萍萍和我也能参加，但是我想先看看正式的邀请函。"我对帕特说。

"我也还没有看到我的正式邀请函。去年董建华先生在纽约的时候，我错过了同董先生会面的机会，如果你能安排一次与他的会面，我非常想去香港见董建华先生。"帕特说。

"如果这只是与董先生简短会面，我会打电话给他，看看他的日程安排。"我说。

"我想邀请你和萍萍和我们一起去北京，我有湾流三号喷气式飞机，空间很大，而且很舒适。你愿意作为我的客人吗？"帕特打电话对我说。

"当然，我想坐你的飞机，但是请让我同萍萍说一下。"我说。

当我和萍萍谈论私人飞机时，萍萍不喜欢私人飞机，因此我同意自己搭乘商业喷气机返回。我打电话给帕特，告诉他萍萍和我将乘他的私人飞机去中国，但我们之后会去台湾。

申请飞行计划并获得国际航空组织的许可，确实是一场噩梦。在美国和中国外交部和民航局的协助下，飞往北京的航班得到及时的批准。然而，飞往香港的航班却遇到了麻烦，因为新香港机场刚刚开通，而且是一个非常混乱的地方，我建议帕特取消去香港的行程。

8月24日清早，我们在诺福克机场集合。这架飞机是双引擎，24座位的湾流三号，在皮埃蒙特民航大楼后面的停机坪上等待着。除了还在公路上的帕特外，每个人都在那儿。萍萍和我先登上飞机，见到了电影摄制组和节目制作人，迈克和两名飞行员正坐在驾驶舱准备起飞，帕特同比尔和沃尔特一起来到了这里，这两位保镖同帕特先生是寸步不离的。

帕特进入机舱，请萍萍和我同他一起坐在前排，这样我们就可以聊天。飞机没有我们想象的那么小，座位都是头等舱大小，非常舒适。过道窄一些，但没有像商业客机那样有许多乘客往返走动。帕特在右边坐了下来。萍萍和我坐在左边的第一个和第二个座位上。

"我很高兴你们能和我们一起来。"帕特说。

"我想看看你是如何把总理变成基督徒的，这应该是非常有趣的。"我开玩笑地说，

"我不会试图去改变他，但随着中国变得更加繁荣，人们将变得更加物质化。没有任何宗教的信仰，社会结构就会恶化，应该允许人们有信仰的自由。朱镕基是一个经济学家，我想听听他对中国未来经济形势的看法，以及他对与西方贸易的看法。"帕特说。

我认为，看到这两个人在哲学极端的两头互相辩论，一定会很有趣。我把注意力转到了天气和飞机上，而帕特和萍萍则在聊天。

这是一个晴朗的夏日早晨，万里无云，但早晨的凉爽仍在徘徊。我认为这将是一架小型喷气式飞机飞行的理想天气，萍萍担心如果飞机碰到乱流，她可能会

晕机的，有了这样的好天气，我相信她会没事的。这架飞机在没有任何问题的情况下从诺福克国际机场起飞。这是一次平稳的飞行，一直到南达科他州的一个小机场。

"这架飞机的飞行距离大约为5,600公里，但我们想在4,800公里的范围内为飞机加油。在我们到达北京之前，我们还会再停一站。"帕特告诉我。

我们从飞机上走下来，在停机坪上走了大约20分钟，这是只供私人飞机使用的小飞机跑道。天气仍然很好，我们继续向西北方向飞行。

帕特问萍萍是否愿意看到飞行员如何驾驶飞机，她被邀请坐在两名飞行员后面的椅子上，这样她就可以看着他们驾驶飞机了，她后来告诉我这是她最有趣的经历。我和帕特谈的是中国的风俗习惯，还有一些用中文说的关键字，帕特思维敏捷，是学得很快的"学霸"。

"我对朱镕基总理印象非常深刻，多年前，我与尼克松总统在上海交谈时，尼克松告诉我，他在中国最看好的那个人就是朱镕基先生。当时朱镕基是上海的市长，是经济学方面的专家，我对他是很尊重的。"帕特对我说。

"他正在做其他中国领导人不敢做的事情，他正在努力通过减少许多部门并裁掉成千上万的官员来重组政府。我听说有很多人讨厌他的胆量，他知道这一点，他在大楼里放了一个棺材，向他的敌人表明他准备为他所追求的事业而死。"我说。

"他当然是一个勇敢的人，而且是一个优秀的领导者。"帕特说。

清晨匆忙赶到机场，使我们两个人都有点困。我请求帕特的原谅，打了一会儿的瞌睡。

我被飞机穿过云层的振动和颠簸所弄醒，我向窗外望去，发现我们是在向下飞行。但我不知道这在哪里？是个什么地方？当飞机接近机场的时候，我看到一排排的战斗机像F-14和许多巨大的喷气式轰炸机排列在那里，那是一个巨大的军事基地。当飞机着陆的时候，我看到了那架有红星画在战斗机的尾部，我知道这是俄罗斯的军事基地。经过仔细检查，我注意到飞机都年久失修；有些轮胎是瘪的，许多飞机倾斜地靠在侧面；有些飞机已经拆成几片；有些零部件被拿走了；但这个地方似乎并不是飞机墓地，几年前，他们只是把飞机整齐地停在那里，没有得到妥善的维护和保养。

我们的飞机在很长的跑道上滑行，并在终端转了几圈。停机坪和跑道上布满了坑洞。我想，在这个机场起飞和降落是多么危险啊！我们把飞机停在一栋大楼附近之前，感觉好像永远都停不下来似的。一组六名身穿制服的军官来到了飞机的阶梯上，两名女警官似乎是负责人，他们同会说俄语的副机长谈话。因为我们没有签证，所以我们不能离开飞机，半小时后，完成了为飞机添加燃料的事情。

"俄罗斯人问我要点吃的东西，我应该怎么办？"副驾驶问帕特。

"给他们一些我们不需要的东西，还有四个小时我们就到北京了。"帕特说。

副驾驶去了厨房，发现有一大袋色拉、面条和冷冻的三文鱼和牛排，这些都是我们在先前就餐时没有吃完的。当副驾驶把食物带到台阶上时，俄罗斯人显然对食物质量和数量非常满意，他们带着食物很快就离开了。副机长告诉我们，俄罗斯人还告诉他，他们已经有几个月没拿到工资了。

苏联花了这么多的钱在这些飞机和其他军事项目上，造成这个国家破产。如果政府的控制权落入任何武装分子的领导之下，他们会比以往任何时候都更加危险。

飞机起飞时有点颠簸，但没有发生事故。制片人迈克告诉我，一年前，一家美国大公司的首席执行官在这里停下来加油时，轮胎爆了。他们不得不在这里停留两天，等待另一架喷气式飞机从美国运送备用轮胎过来，我想我们在这方面还是很幸运的。

我们大约在下午4点半到达北京，一架官方的机场车辆接近这架飞机，并引导我们的飞机前往贵宾飞机的专用候机楼。官员们在候机室迎接我们，宗教事务局的副局长是接机小组的领导，他们带我们到一个接待大厅，那里有茶和其他点心。一名官员前来领取我们的护照，以办理入境检查。

接机小组的负责人是宗教事务局的副局长，但他不是一个很好的外交官。在等待护照和卸下行李的三十分钟内，他几乎没有对任何人说过两句以上的话，这让帕特和我有点不安，就好像我们是不受欢迎的一样。护照交还给我们后，我们登上了在入口处等候的汽车车队，车队包括两辆加长版的凯迪拉克轿车和两辆其他豪华轿车带我们去宾馆。外交部为这次访问安排了三位年轻的女翻译。在去中国大饭店的路上，萍萍和我坐在一豪华轿车里有一名译员；帕特同一名保镖和一名翻译坐在另一豪华轿车里；其余的成员都乘坐其他的两辆轿车。官方车队正碰到下班高峰时段的车流，但是当人们看到那些在车头上两侧插有旗子的大轿车时，就统统让开，像没有人在附近一样。

我们所有人都住进这家我和萍萍在1997年住过豪华宾馆，在我们下榻的七楼，特别的警卫被派到走廊上。 第一天晚上，我们分别吃了晚餐，我把萍萍带到了街角，吃了一些当地居民的通常食物，而不是宾馆里的食物。宾馆里的食物很贵，而且味道还不如当地居民常去的小餐馆。

第一次会议定于8月25日举行，由宗教事务局局长叶晓文先生和他的工作人员主持。豪华轿车来到酒店门口接我们，帕特叫我坐在他的豪华轿车里，而保镖沃尔特坐在驾驶座旁的位子上。翻译被要求和萍萍一起乘坐另一辆豪华轿车，其他的工作人员则乘坐一辆面包车跟在豪华轿车后面。在去开会的路上，帕特有点紧张，因为不知道会遇到什么样的接待活动。

"昨天那个副局长太奇怪了，我不知道局长是不是同他一类型的人，我觉得在机场的那个家伙不太喜欢我们。"帕特说。

"嗯，这很难说，也许他昨天过得很不好或者他的妻子前晚给了他一段不愉快的时光。但我认为他过去曾和一些美国官员有过这种经历，他们每一次都要求中国采取行动以增强自己的政治立场，中国官员对此感到厌烦。你是一个非常受人尊敬的世界级人物，如果你来这里是为了帮助解决他们的问题，而不是来挑毛病的，你就会得到朋友，你说的话就会更容易被他们接受。"我说。

"你能帮助我介绍一下，而不是让我为了介绍自己而吹嘘，好吗？"帕特问道。

"当然，我会先介绍一下我们的情况并为会谈定下基调。"

会谈在国家宗教事务局的多层办公大楼里举行，办公大楼里没有电梯，我们走了两段楼梯步到三楼会议室，大约十名官员在房间里等着。桌子排成了长方形，两边各有四张桌子，两端各有两张桌子，所有的桌子上都铺着干净的白台布。当我们走进房间时，国家宗教事务局长叶先生在门口迎接我们，在握手之后，帕特和我坐在叶先生桌子的对面。叶先生简短地介绍了参加会谈的人员后，开始谈论他的宗教事务局及其工作。叶先生是一位很好的演讲者，有礼貌，而且很幽默，与昨天迎接我们的那位付局长的个性完全不同。

在叶先生介绍性的演讲之后，我首先用英语与小组成员进行了交谈。

"早上好，我想先用普通话给你们介绍一下，罗伯森博士，你介意吗？"我说。

"不要紧，我不会介意。"帕特说。

"李女士今天将为罗伯森博士做我们的翻译，请用普通话说，我们都能理解你说的是什么？"叶局长开玩笑地说。

"我是来自弗吉尼亚州的郑天任。我出生在南京，1949 年我在解放前和家人一起去了台湾，1961 年我去美国读研究生，此后一直在那里。我很高兴能够同帕特罗伯森博士一起访华，今天我很荣幸能与大家见面。罗伯森博士是美国最受尊重的基督教领袖，拥有超过 2,500 万的听众。他还是一位教育家，在弗吉尼亚建立了一所重要的大学。他也是一位企业家，拥有许多企业，其中包括几家在中国的企业。但最重要的是他是中国人民的朋友。他热爱中国的文化、历史、艺术和人民。因此，当某些海外媒体评论基督徒在中国所受到的对待时，他希望自己能够亲眼看到，而不是盲目地相信媒体上所说的话。请放心，罗伯森博士是一位朋友，不会寻求任何公众或媒体的关注。"

叶先生带领大家响起了热烈的掌声。

"我们竭诚欢迎罗伯森先生的到来。" 叶先生说："我们将会公开直接地回答你们的任何问题，并向你展示你想要看到的任何事物。"

"就像郑博士说的，在这里我是你们的朋友，而不是要在这里找你们错误的人，我到这里的任务是了解事情的真相。回到美国以后，我要对我的听众负责。"帕特说。

"请告诉我们你想知道的任何事情，这里有国家宗教事务局的专家，会给我们提供最新的信息。" 叶先生说。

当我说普通话时，李女士立即翻译成英语。我对李女士的翻译的速度和准确性，感到十分满意而且印象深刻。后来我才知道李女士是江泽民主席的官方翻译，派来参加这次会议，这表明中国领导人对帕特博士访问的重视。

"你能不能告诉我一些关于地下教堂的事吗？"帕特问道。

"所谓的地下教会其实并不是在地下的，这些是指没有向政府部门登记过的教会。我们敦促所有的教会都登记，然后给他们一块牌匾可以挂贴在教堂的门上。"叶先生回答说："其实这也是一种保护的标志，以阻止反教会势力恶意破坏教堂的活动。"

"基督徒被殴打和教堂被焚烧的情况怎么样？"帕特问道。

"在农村地区，有很多无知的人。例如，村里的一些人烧毁了一座新建的教堂，因为他们认为教堂挡住了风水，或者影响村庄居民的运气方向。他们声称有两个小男孩，因为教堂的缘故而被淹死了，警方随后在那里逮捕了几名犯罪分子。过去曾有过一些殴打基督徒的事故，但主要是由于一些不识字农民的无知而造成的。这也就是为什么我们要向教堂发出官方的牌匾，以保护教堂和基督徒的生命财产。"叶说。

"我们非常乐意为中国提供你们所需要的圣经，但我被告知，你们不会接受这样的捐赠。"帕特说。

"我们正在印刷足够数量的圣经并且在教堂里分发。而由你们赠送或者提供的圣经，需要涉及到海关进口和其他监管方面的太多流程，我们自己印刷足够数量的圣经要简单得多。"叶先生说。

更多的问题被问到并且回答。大约在 11 点左右，叶先生对他的一名代表说，"让我们现在拍一些视频和照片。"

一位导演的助手走出来，在视频组和其他摄像师的带领下，我们继续交换一些问题和答案。显然，国家宗教事务局的人员对帕特的友好态度非常满意。我知道这次帕特的访问会有很长的路要走，国家宗教事务局的官员马上就会向总理办公室报告这次会谈是如何进行的。

会谈结束后，叶先生在一家非常优雅的餐厅里，款待了来访的美国团队。25日下午，我们和叶先生及他的助手参观了一座非常大的教堂，可以容纳5,000名基督徒参加礼拜活动。教堂为听众提供了两层空间，每一层都配备了木凳和许多折叠椅，还有一个为牧师提供服务的圣坛，下层的听众可以在见不到牧师的情况下听布道。我们被告知，每个星期天教堂里都挤满了人，通常会有两场服务。

我们参观了中国基督教协会的总部，协会主席易先生是受过美国教会训练的老绅士，英语说得很流利，而且对政府过去压制宗教和最近放松管制的情况十分清楚。大约有30多位来自中国各地的教会领袖和帕特一起来参加这次会议，当晚，易先生为来访的美国团体和高级教会领导人举行了盛大的宴会。这是一顿美味的晚餐，有许多当地的特色食物，但并不如政府官员的招待宴会那么丰盛。

重要的大日子是在8月26日，同朱镕基总理的会谈将在下午1点在位于中南海的总理办公室举行。中南海实际上是个小湖，办公楼就在水边。人们简单地把这个办公区域叫做中南海，毛主席曾经住在这里。那天上午没有安排其他的活动，这样我们就可以为下午的重要会议做准备了，我们吃了一顿清淡的午餐，计划在12点半之前离开宾馆。

12点半，参加会谈的人都在宾馆大厅等待上车，我和帕特一起坐一辆豪华轿车，萍萍和译员一起坐在另一豪华轿车里，制片人和摄制组都坐在一辆大面包车里。车队在12点35分的时候离开了宾馆，向西开就可以到天安门广场，就在到达天安门广场之前，车队向左转进入一条狭窄的街道，街道两边的建筑都是用高石墙和铁门围起来的，很明显，这些建筑都是中央政府的办公室。

在街道上车队走了大约五分钟，然后停在了一个很大的大门前面，当我们到达那里时，铁门是关的，一名穿制服的警卫走了出来和司机说话，警卫检查了司机给他看的文件后，在警卫示意下，遥控的大门才打开并让我们进去。在大门的内部是一条绿树成荫的宽阔车道，这条笔直车道大约有250米长，车道的尽头是可以停放20辆车的停车场。进大门五分钟后我们的车队就开进了停车场，几名官员在停车场向我们打招呼，并引导我们步行到主楼入口前面的院子里，这是一座建于明代的传统宫殿建筑，主楼的高度大约是6米。八年前，我曾到这里见到李鹏总理，但那是12月下旬的夜晚，天太黑了，几乎看不出外面有什么东西。站在这样辉煌的历史建筑物面前，是一种完全不同的感觉。

两位官员从主楼里出来迎接并告诉我们，朱镕基总理将在几分钟内做好准备，我们开始在主楼前拍摄一些人物照片。那是一个很炎热的日子，所以我和帕特在一棵大柳树的荫凉下走到大楼旁边，我拍了一张帕特站在树旁边的照片。

"对不起，先生，你们不能在这里拍照。"一名卫兵朝我跑过来，说道。

"对不起，我不会再拍任何照片了。"我说。

他在返回岗位前向我敬了礼，我想知道为什么在这里允许拍建筑物，而不允许拍树！我们等了大约十分钟，在1点05分左右，一位官员出来的时候告诉我们。

"朱总理已经准备好接见你们了。"

这位官员领着我们穿过双重门进入了主楼。我可以看出，在李鹏总理负责的时候，这是商务代表团访问的同一个房间，但房间的装饰已经完全改变了。

房间里有 20 多人，包括我们前一天会见过的国家政协副主席刘华清先生和国家宗教事务局局长叶先生。当我们进入房间时，视频和相机都在咔哒咔哒地咔哒地拍，帕特走在前面，萍萍紧随其后，我就在萍萍后面。当朱总理握着她的手时，我很震惊地听到朱总理称呼她的娘家姓，那是几乎没有人知道的。

　　"姜萍萍，你好吗？"他用完美的普通话说，因为姜萍萍是她的中文名字，自从 36 年前她来到美国以后，就没有人使用过这个名字。在萍萍后面，我走上去和这位伟大的中国领导人握手，他是如此的善良和脚踏实地，对我来说这是一个多么荣耀的历史性时刻！

　　然后是总理同所有高级官员的合影，在 20 位官员中，只有五位高级官员被邀请参加与总理和美国客人的合影。照相工作结束后，媒体记者和大部分官员都撤离房间。

1998 年与帕特罗伯逊和朱总理合影

　　座位的安排还是 U 字形，总理和帕特坐在了一起，U 形的右边有一排沙发椅，我坐在第一把椅子上，下一个是萍萍。U 形的左边有两行，第一行是五名高级官员，第一把椅子是刘华清先生，后面是叶先生，第二排有两位年轻的女性，我想她们是官方记者。所有和我们一起来的官员和其他人都被要求离开这个房间，到院子里等着。三名女服务员为坐在那里的所有人端上了新鲜的热茶和热毛巾。总理的翻译是我们在国家宗教事务局见到过的李女士，她后来被外交部评选为中国最优秀的口译员之一。

　　"欢迎帕特·罗伯特森博士和郑天任博士夫妇访问中国。我希望你们在中国生活愉快。"朱镕基总理发表了简短的欢迎声明。

　　"我们非常感谢朱总理，能从百忙之中抽出时间来见我们。"帕特说

　　讨论从帕特谈论中国的宗教开始

　　"在你的领导下，中国的经济增长如此迅速，中国的人民每天都在变得更加富有，当人们在经济上富裕时，就需要精神上的支持来平衡他们的生活。否则，这个国家将会出现更多的社会问题。"帕特继续说道。

535

"我同意你的意见，但中国的宗教并不都是进口的。我们很早有道教、儒教，几个世纪以来都还有伊斯兰教和佛教。中国政府对任何宗教都不反对，但是我们不鼓励或资助宗教活动，因为我们相信共产主义。"朱镕基说。

"我相信我不可能把你变成一名基督教徒，我们来谈谈其他的话题吧？"帕特开玩笑地说。

"好吧，你想谈什么话题？"朱镕基问道。

"经济怎么样？我知道你是经济领域的专家？"帕特说。

朱镕基带着微笑，对中国的经济政策至少讲了20分钟，然后这个话题就变成了中国目前的大洪水。

"我刚从南方回来，那里的洪水是我们记忆中最大的，很多人失去了家园，失去了财产，严重影响了他们的生活。我们有成千上万的士兵和志愿者来帮助他们，但是情况仍然很严重。"朱镕基说。

"尽管洪水对我们来说是灾难性的，但你也可以从光明的一面来看待，这也是一个很好的机会，使基础设施现代化而不需要拆除陈旧过时的建筑，洪水替我们做了。但是洪水确实给我们带来了巨大的灾难，有人失去了生命和家庭，给幸存者带来了极大的痛苦。"朱镕基继续说。

"中国经济的增长如何？我听说今年的情况会有所放缓。"帕特问道。

"在过去的几年里，我们的经济出现了惊人的增长。我们可能会经历1998年的经济增长放缓，可能只有百分之七到百分之八的增长。但我并不认为是经济增长的主要放缓。"朱总理回答。

"你对大陆和台湾的关系有何看法？"帕特问。

"我们坚持和平统一的政策，但我们不会排除使用武力的可能。三件事将触发武力的使用：一、台湾宣布独立；第二、台湾有内战；第三、外国干涉台湾。这三件事中的任何一件都将导致中国使用武力。"

此时，朱总理的助手们试图向总理发出信号，表明他与我们在一起的时间比预定的时间要长，不是一小时的访问而是一个半小时了。最后，朱总理感谢我们的访问，并起身与帕特、萍萍和我握手。我们走到院子里，看到两组外国政要正在那里等着。萍萍对朱总理印象十分深刻，朱总理还能记得她的娘家姓名。她还注意到朱总理是一位脚踏实地的领导，就像是老朋友接待我们一样。我告诉她，我同意朱总理是一个伟大的人物，在我们走进他的办公室之前，他已经了解了我们的一切。在接待我们之前有关官员已经向朱总理介绍了情况。尽管如此，这的确是一场令人印象深刻的外交场面。

"我敢打赌，如果你明天走进来，他就不会记得我们的事了。"我告诉萍萍。

"我想你是对的。"萍萍同意了，笑了起来。

在与朱总理会面之前，帕特曾试图请求在天安门广场拍摄单口相声和拍摄长城的许可，但都没有获得批准。不可思议的是，在朱总理接见后的第二天，所有的请求都得到了批准。此外，在后勤和物流的其他方面，中国方面都提供了额外的支持。帕特在北京有更多的工作要做。我和萍萍于8月28日飞往香港，一天之后，我们从那里回到了自己的家。

第五十五章

幸得癌除

1998 年，经由地方立法委员提名，州任命的法官小组选出，我被提名获得弗吉尼亚工业家的州政府奖。同时还有两位专家获得了奖项：其中一位是当年的联邦科学家奖，杰弗逊线性加速器实验室主任，黑門·袄夫博士；另一位是"终身科学成就奖"，琼斯研究所的琼斯博士，在人类胚胎植入方面进行开创性的研究工作。

2001 年和乔治布什总统合影

弗吉尼亚科学博物馆负责此次颁奖活动，在 3 月 24 日下午，萍萍、我们的孩子们和我开车去了里士满，我们入住杰佛逊酒店。这是一个历史悠久、庄严优雅的酒店，所有的一切费用都是由该颁奖活动支付。在约定的时间，一辆加长豪华轿车停在酒店大堂门口，把我们载到科学博物馆。这是一个漫长的社交活动和拍照会议。随后是 300 多人的美味牛排晚餐，来自弗吉尼亚州各地的人们都来参加这场活动，我有机会见到许多好久没见面的熟人和朋友。晚饭后，我们走进了规模宏大的礼堂，这是一个盛大的活动，超过 500 人参加的颁奖典礼，包括许多没有参加晚宴的人。

吉姆·即而墨州长向听众发表了演讲，他称我为"我的私人朋友"。我感到非常荣幸，因为我非常尊敬这位直率而务实的州长，他为弗吉尼亚州做了这么多事情。接下来是三名获奖者的简短视频演示，每个人都走上领奖台接受金牌，同时发表了简短的演讲，我是最后一个登上领奖台的人。

我的演讲由于时间限制而缩短了，我一开始就说："我很害怕，很害怕，我忘了要说什么？但我要感谢州长、第一夫人、立法者和法官小组。"我已经准备好了接下来要讲的第二部分的内容，但还是忍住不说："我当然不害怕你们，因为你们都是我的朋友，我只是不想从我的美国梦中醒来，这是任何人都能有幸地拥有的美丽的梦。37年前我来到这里，口袋里只有30美元，一个小箱子，还有一个装满书的纸箱。我有我自己的美国梦，但是现在这个梦远远超出了我的旧梦，所以请不要太早把我叫醒，谢谢你！上帝保佑你，上帝保佑美国！"

在1997的春天，一位当地医生给我开了一种名为阿普可尿（别嘌呤醇）的处方药，用于治疗常规体检中发现尿液中有血细胞的肾脏问题。不管是在家里还是在旅途中，我每天早上都老老实实地服用。当我在北京的时候，同百人会以及港台委员会在一起的时候，我都在使用这种药物，而且都没有出现任何药物反应的问题。

那是8月的下午，我在院子里工作的时候，我的右手背被一只不知名的小虫刺伤，很快皮肤就肿胀并出现壹分银币大小，非常痒的皮疹，与此同时还有一片红色疹子出现在我的大腿上，也有硬币大小的皮疹出现。

一天后，我感到有点发烧，因为那天是星期六的下午，所以我去了附近24小时服务的小型急救医疗机构。

"我不知道是什么昆虫咬了你，蜱虫有可能携带莱姆病，最好给你开一些抗生素以防万一。"医生对我进行了检查并给我开了强力霉素，每天服用三次。

我遵照医生的指示，服用了抗生素，同时继续服用阿普可尿（别嘌呤醇）。我手背上发痒的感觉消失了，但我大腿上的皮疹却扩大，而且小红点开始出现在我的胳膊、腿上和背部，最后出现在我的脸上，我又去看那位给我开阿普尿醇的医生

"阿普可尿（别嘌呤醇）因其不良的化学反应而臭名昭著，你需要马上停止服用。"医生告诉我。

我停止服用阿普可尿（别嘌呤醇），但红色的小斑点在我全身不断地冒出来。然后我去看了一位皮肤病专家。

"这是我所不知道的事情，让我替你取一些血样做检查，然后在两天内打电话给你。"他告诉我。

同时，他还给我开了一些可的松。但是我的皮肤变得像皮革一样，又硬又痒，就像在地狱一样，我不能躺下来，因为我的背上太热了。出于同样的原因，我也不能坐下来。我在身体上涂用可的松软膏，但没有多大的作用，更不能缓解症状。到了星期天晚上，我的病情开始恶化了，吃晚饭时很难把食物吞下去，将近午夜时分，我开始感到呼吸困难，萍萍打电话到比尔·参奇医生的家里，请他把我收进医院急诊室。

"不要去急诊室，这是很危险的，因为你不知道会有谁来治疗天任的病，其他的医生也不能把病人从急诊室医生那里带出来。为什么不马上给天任双倍剂量的可的松呢？"我现在会打电话给我的好朋友巴迪医生，请他在早上为天任治疗。"参奇医生告诉萍萍。

"把天任带到杜克大学街106号，到六楼接待室，在明天早上7点请巴迪医生治疗。"几分钟后参奇医生回电话时对萍萍说。

因为呼吸困难，我整夜不能睡觉，我的皮肤温度大约是36.70 C。那天晚上萍萍只睡了4个小时，早晨6点我们就离开家，由萍萍开车。我甚至不能坐在汽车里，因为对我来说实在太热了，在40分钟的车程中我不得不用双手从座位上抬起我的臀部以减轻不舒服的难过。

我们直接上到六楼的接待室，萍萍在替我登记的时候，一个护士已经在那里等我们，护士把我带到了巴迪医生的办公室。巴迪医生是一位身材高大、态度和蔼可亲的医生，看了我一眼。

"现在你在吃什么药?"他问道。

"我把它们放在口袋里了。"我回答。

巴迪医生把四瓶药都看了一遍，然后把所有的药都扔进了垃圾箱。

"你有很严重的药物过敏反应，我现在就给你打针，你需要先做一个"泼尼松"疗程。然后按照说明书上的剂量，治疗两个星期。明天再来让我检查一下你的反应。"他告诉我。

我在那里又等了15分钟，等着验血报告出来。等待期间我突然感到如释重负，皮肤瘙痒和皮肤过热以及喉咙紧绷等症状都减轻了。

"我只是给了你一次大剂量的泼尼松治疗，让你迅速缓解一下，你的情况很危急，你知道吗?"巴迪医生告诉我。

"我感到非常痛苦，但是我真的不知道有多严重?"我说。

第二天早上，萍萍再次开车送我去看巴迪医生，这是我在两周内第一次可以坐下来而不觉得皮肤发热。

"理查，你知道你有多接近吗?"

"接近什麼?"我问。

"接近致命的死亡! 如果昨天没有得到治疗，你的气管可能会被关闭，你可能已经死了! "巴迪医生说。

"我知道自己遇到了大麻烦，但我不知道自己已经这么接近死亡。" 只是出于我的好奇心，我问，"如果没有得到大剂量泼尼松的治疗情况，我能活多久?"

"这很难说，但可能只是几个小时，而不是一天。"巴迪医生说。

"谢谢你救了我的命，我看过的那三位医生是怎么搞的? 为什么他们没有能够治疗好我的病? " 我问巴迪医生。

"他们的怀疑和判断都是错误的! 你看，莱姆病会出现在皮疹，但是不会扩散到全身，这显然是一种过敏反应。"

后来我们发现巴迪医生是大都会区最好的内科医生之一。我们已经成为了很好的朋友，因为我们有同样的爱好，而且我们的想法是如此的相同。

我一生中最大的问题就是对我所要做的事情很痴迷。当我上小学的时候，我收集了许多弹珠，最后从一个村庄搬到另一个村庄的过程中，我的妈妈把大部分的弹珠都扔了。后来在初中和高中，我收集了许许多多的电子零件，我们家的房间又很小，根本没有足够的地方来存放这些电子垃圾，所以妈妈在我上学的时候把大部份电子垃圾都丢弃了，我没有机会为保留它们而奋斗。然后就是高中的足球和篮球，我参加了学校的足球队和篮球队，在学校的午餐休息时间打篮球和踢足球。放学回家后在我家附近的公共篮球场上练习篮球，每天从黄昏到黑暗都在打篮球。因此，在夏天，我每天晚上9点回家时只有冷菜冷饭吃。来到美国后，我不再收集任何东西，因为我知道一种爱好是多么的浪费时间，我需要在这里过上一种新的生活。

在1987年，因为失去了叔霈而感到伤心，于是我开始到镇上和附近的城市看枪展和收集邮票，试图让我的脑子远离思考、远离愤怒、远离遗憾。开始时我收集世界各地的各种邮票，后来我才意识到我收集了大量没有价值的藏品，所以我放弃了世界范围的藏品，只把注意力集中在收藏中国、中华民国和中华人民共和国的邮票。

与此同时，我收集武器是出于历史的原因，我集中收集第二次世界大战和现代的武器。1997年底，我对卢格尔手枪产生了浓厚的兴趣。卢格尔手枪最早是在1896年由德国设计和制造，在二战期间德国和其他国家都在大量使用。二战结束前的十五年中，有超过270种不同的卢格尔手枪，卢格尔手枪被认为是世界上设计最优雅、制作最精美的手枪。就像收藏大理石弹珠和邮票一样，收集这些有百年历史的老手枪就成为我最着迷的新爱好。

如果我只是收集枪支，清洗它们并一直独自看着它们，那就没有任何乐趣。

收藏家最喜欢做的事情莫过于与有同样收藏兴趣的朋友一起欣赏、相互交流。通过收藏老手枪，我结识了许多新朋友，并与我认识的许多人成为了更亲密的朋友。尼克先生是当地有名的卢格尔手枪专家，具有40多年的收藏经验。退休前尼克先生是海军陆战队的军官，不仅收集了鲁格尔手枪，还收集纳粹的匕首，尼克的收藏曾经在当地和国内外的博物馆展出；来自明尼苏达州的肯尼斯，可能是美国最大的卢格尔手枪收藏家，他的藏品中包括有超过1000把旧枪；吉姆是另外一位收藏家，曾经写过三本关于手枪收藏的著作，相当有名气；巴迪是我在收集纳粹匕首和卢格斯手枪方面最好的朋友，我和巴迪对收藏二战时期的历史文物有着同样的热情。

我的工作与电子设计没有直接的关系，但我仍然喜欢在电子电路、电子设备设计和实验上花时间。在我工作场所和家里都有电子实验室。当我有了一些新想法时，就会在自己的实验室里动手操作并测试这些想法。

在1995年，我和叔霈讨论了当时在世界上非常流行的彩弹枪游戏，但是有一个缺点就是在黑暗中看不见彩弹枪目标的问题，因此比赛不能夜晚上进行。我们考虑使用一种类似彩弹追踪器的解决方案，使玩家能够在夜间进行彩弹枪游戏和比赛，并可以通过彩弹追踪器的轨迹来瞄准目标。在黑暗中射出"夜光弹"的想法已经伴随我有一段时间了，叔霈和我设想过一个设计方案，1989年在为沙特内政部制定培训方案时，我曾经提到过"夜光弹"的实验，但是接受该方案的官员没有把方案提交给沙特政府。因此我们决定在自己的实验室做基础实验。我们用现有的彩弹球做成测试球，用甘油和辛硫化合物代替了油漆并重新密封球上的孔洞。我们的示踪剂的原型，加上首次使用婴儿爽身粉瓶制成彩弹激励器并进行测试，把闪闪发光的彩弹球体射到百餘码外的夜空是一件非常有趣的事。与此同时，我们为彩弹激励器和彩弹追踪球编写了一份专利申请，1995年5月提交给美国专利商标局。

从我们开始决定制造彩弹激励机和追踪球到产品拿到市场上销售，花了六个月的时间。在游乐场上对彩弹激励机和追踪球的反应是压倒性的，我们把很多产品卖给了游乐场和经销商，但市场并没有像我们预期的那样起飞。有几家全国大经销商联系了我们，希望能够成为独家经商，我们拒绝了他们的要求，因此感兴趣的人群和彩弹追踪球的销售量进一步下降。我了解到有三家全国性的彩弹枪公司垄断了这一行业，这些公司还为游乐场提供保险。在某一时刻，有关部门告知游乐场经理，用我们的彩弹追踪球来玩夜间游戏将得不到保险，这对生产彩弹追踪球的企业来说是一个沉重的打击。只有在室内和有亮光的田野才能玩追踪球，因此这项业务受到了严重限制。1997 年，彩弹激励器和彩弹追踪球的专利授予了叔霆和我，第二项专利于 2000 年 7 月发布。

萍萍和我从中国和日本出差回来后，我特别忙着处理积累的文件工作以及参加一系列的会议。1998 年 11 月 1 日，从早上 10 点到下午 1 点参加诺福克的银行董事会议，董事会议结束后我立即赶回来参加在办公室里安排的下午 1 点 30 分的会议。此时，我的膀胱已涨满了，在会议前几分钟我只好摒着小便回到自己办公室里的私人卫生间，以排空膀胱里的小便。令我吃惊的是，我看见到尿液的颜色从开始的淡咖啡色，然后是深棕色，最后是新鲜的血液。没有任何的疼痛或灼烧感，但我知道这是一件很严重的事情。

我打电话给我的家庭医生，伯赛亚医生，告诉他这种情况。他要我马上开车去他的诊所，做了 X 光和常规检查。

"我从 X 光检查中看不到任何异常情况，但我想你应该去看一位泌尿科医师，检查你的膀胱，我不喜欢有出血的现象。" 伯赛亚医生对我说。

伯赛亚医生建议我去看泌尿科专家罗比博士，由于有伯赛亚医生的推荐，当天下午我到罗比博士诊所，罗比博士就用膀胱镜检查了我的膀胱，不到 10 分钟，检查结果就出来了。

"你的膀胱里有一个拇指大小的增生物，我可以确定是癌肿。好消息是，看起来这个癌肿的位置是在膀胱内表面，是这种恶性肿瘤中最好处理的病例。我要为你安排好诺福克总医院的手术室，尽快为你动手术。我的护士安排好就会打电话到你们家。"罗比博士告诉我。

我早已预料到这种情况，因此没有让我感到震惊，更没有吓到我。自从我 17 岁的时候，在海洋游泳濒临死亡的体验后，我就认为我生活中所过的每一天都是上天给我的一份礼物。

当然，我也很不喜欢这个消息，我有很多亲戚，包括我的妈妈和朋友们都患过癌症，有些人死了，但也有些人幸存活了下来，我认为这将是我一生中的一场大挑战。检查结束后，我开车回家，萍萍还在工作。我急忙跑到电脑前，从各个互联网医疗网站上寻找有关膀胱癌的信息，在医学研究和国家卫生研究所的网站上，我看到了大量的信息。当天下午 5 点半，护士给我打来电话，告诉我手术安排在 11 月 3 日早上 7 点，需要有人陪同一起去。萍萍回家后，我平静地跟她说。

"后天我得去诺福克总医院去做外科手术。"我说

"为什么？"萍萍问我。

"医生在我的膀胱里发现了一个很小的新生物，必须尽快手术切除。"

"是恶性肿瘤吗？"她极力要求回答。

"医生已经把标本送到实验室检测，他确信是恶性的，但位置在表面，是最容易治愈的。"

萍萍的面色变白了，但她努力保持镇静。

"是不是说你得了膀胱癌吗？"

"是的，现在你可以说我是一名癌症患者。但是别担心，医生说这看起来是一种在表面生长的癌肿，还没有渗透到深层组织中。如果能够成功切除，就不需要再做其他的治疗了。"

我真的很平静，并没有被这些发现所吓到，但我知道我所爱的人会有很多的困难。萍萍打电话给在华盛顿的叔霆，把这个消息告诉了他。她还打电话给在学

校公寓裡的叔震,告诉他关于我需要手术的情况,他们两个人都打电话来安慰我,但反过来,我也试着安慰他们俩。叔霆和叔震都打开他们的电脑,寻找膀胱癌治疗方法的信息,并打电话告诉我他们的发现。

我在等待手术的时候,我感觉自己身体很好,没有疼痛,也没有任何不适。11月2日,我不觉得累,整天都在工作。这次手术不需要做任何准备。唯一的限制是在手术前的午夜之后不能进食和饮水。前一天晚上,我只是放松地看了看电视节目,大概睡了四个小时后就准备去医院。萍萍开车送我,早上6点钟我们提前到达去诺福克总医院。登记后,将近7点钟左右,我就换上绿色长袍,护士先要我给提供尿样标本并让我躺在床上等候。.

没过多久,我就被送进预备室,一些病人早已经等在那里了,所有病人都躺在床上并挂上了静脉输液袋。等了很长一段时间后,来了一位年轻的麻醉师,先休息一会儿,再和其他人聊天,最后来到我的床边,问我:

"你的偏好是哪一种麻醉,是全身麻醉的还是硬膜外麻醉?"

"我对这一切都没有什么经验,但我想保持清醒,这样我就能看到显示屏上的操作。"我說.

麻醉师只是说"好吧。",然后继续和这个预备室房间里的年轻女医生聊天。我有点生气,一个麻醉师怎么能够如此随便地去做这种对病人来讲是十分重要的麻醉操作呢?我知道手术中最关键的阶段是麻醉管理。 年轻的女医生离开预备室后,麻醉师给我的脊柱下段注射了一针,并不疼。打过针后我被推到附近的一间手术室,有护士和技术人员把传感器和各种设备连接起来,包括监视血压/脉搏的设备、氧气表还有一个大显示器,可以显示出我的膀胱内部情况,我想我是完全清醒的。

"你的感觉如何?" 羅比医生走进房间后问我。

"我感觉很好。"我慢吞吞地说。

看着显示器,我看到了膀胱壁上那块黑色的大团块,有一个小物体,也许是一把刀,在黑暗物体的周围移动。我看着、看着,就慢慢地迷糊了,以至错过了观看大部分肿块被移走的经过,然后我就完全失去了知觉,甚至不知道手术在什么时候结束?当我被推到萍萍正在等待的恢复室时,我醒了。

"在几分钟内羅比医生就会出来,同你说话。"护士告诉我。

"现在几点了?"我问萍萍。

"现在是10点15分,护士告诉我,你在手术室里呆了大约一个小时。"萍萍看了看她的手表。

此时,羅比医生来到了恢复室。

"手术进展得很顺利,我相信我已经把所有的肿瘤都取出来了。癌肿是在早期阶段,是一种膀胱内表面上的癌症。" 羅比医生告诉我们。

"下一步要做什么?"我问他。

"我需要在三天内检查膀胱,我从膀胱的其他部位采集了一些标本检查肿瘤是否向周围组织扩散,幸运的是癌细胞还没有穿透到膀胱壁的下一层组织。"

"有什么我需要注意的吗?比如饮食或身体活动方面?"我问。

"没有什么限制,三天后我在实验室见你,看看膀胱的其他部位是否有癌细胞存在?多休息一些时间,你准备好了以后,护士就会送你出医院。"

羅比医生走出房间之前,我们对他表示了感谢。大约30分钟后,一名护士走进了房间。

"你还感觉到你的腿部麻木吗? 你能不能起来?"她问我。

"我感觉很好，让我试着站起来看看。"

护士帮助我从床上爬起来后，就站在我的旁边扶着，我觉得很稳定，于是就告诉了她。

"就在这儿等着，我要去拿轮椅带你去大厅。"她告诉我。

"没有必要这样做，我可以自己走。"

"你不可能这样！这是规定，我马上就回来。"她说。

当我站在恢复室里等护士的时候，萍萍出去取汽车以便在大厅门口接我。

要我坐在轮椅上，我感到很好笑，但我必须遵守医院的规则。护士扶着我坐进轮椅，把我推到大厅门口，护士尽职地帮助我离开轮椅，跟我们告别。

我对手术结果感到非常满意，并对所采集样本的检测结果感到乐观。无论如何，我对所有在场的人都很满意。如果没有他们，情况可能不会这样。在 30 分钟的车程后回到家里，我已经有好几天没有做任何运动了，所以我一直在屋子里四处走动。

"你为什么要四处走动？躺下，小睡一会儿。在手术后你需要休息一下。"萍萍告诉我。

"手术后的锻炼对我有好处。"我说．

然后我喝了一杯热的绿茶。突然，我的头变得很疼，好像我的头部两侧被什么东西夹住。吃了两片阿司匹林，没有任何效果。在头上贴了一些可以缓解头痛的药膏，还是无济于事。我不仅头痛，而且还恶心想吐。我想在我的生活中，我从来没有感到过这么的难受。经历了三个小时的痛苦后，我打电话到罗比医生诊所，与他交谈。

"你应该躺下，头痛就会慢慢消失。" 罗比博士告诉我。

我躺下后，头痛也逐渐减轻了。当我感觉好一点的时候，我又起来了，但是我的头痛立即返回，平躺的位置只能缓解几个小时的头痛，我就是站不起来。随着时间的流逝，这种不舒服的感觉仍然存在。我凭直觉知道这与麻醉有关，所以我打电话给大西洋麻醉协会，是他们的麻醉师提供了我的麻醉服务。医生听了我的症状后，给了我缓解头痛的处理方案。

"你必须在家里平躺一天左右，不要起来做任何不必须的事情。" 他对我说。

我按照他的指示去做了，但头痛还在继续。第二天早上，我给罗比医生诊所打了电话，报告了这些问题。他要我马上回到他的诊所，做些简短的检查。

"我马上要你回到医院，约翰逊医生在手术室里等着给你治疗。" 他告诉我。

"什么地方出了错？"我问他。

"护士应该让你在你出院前，至少要躺在恢复室里三到四个小时，现在，脑脊液已经从注射孔中流出，此时液体的压力无法提供足够的脑脊液给大脑，这就是为什么你会头疼的原因。"罗比医生说。

萍萍开车送我去两天前做手术的那家医院，罗比医生已经通知过前台为我做好准备。一位护士带我去了一个房间，告诉我要换一件绿色的病人服，准备做脊髓修补的工作，我在普通病房里等了一个多小时。

"约翰逊医生正在进行紧急手术，我们会找另一个医生为你做修补的工作。"护士告诉我。

大约 30 分钟后，一位满脸胡子的 60 多岁或更老的医生走进我的房间，拿着一盘手术工具和一些材料，护士却不在房间里。

"我是弗兰克医生。约翰逊医生今天没有空，我被请来帮助修补你的脊髓"弗兰克医生说。

"很高兴认识你，弗兰克医生。什么是脊髓的修补工作?"我问。

"脊髓麻醉时，你的背部注射针孔上有一个洞，你应该在手术后至少要躺在床上6个小时以上，以利于注射针孔洞的封闭。因为你起床活动太早了，脑脊液漏了出来，注射针孔没有及时封闭的机会。现在我要把你自己的血液注入这个孔洞里，使你的孔洞密封起来。"弗兰克医生说。

弗兰克医生正在检查他带进房间的手术托盘时，护士走了进来。

"嗨! 弗兰克医生，我好久没见到你了，退休生活怎么样?"

"很好， 这是一种安静的生活， 每个月只接到医院一两次电话。"

这两个人开始了几分钟的关于过去事情的简单谈话。

"我被派到这里来帮助你。"护士对弗兰克医生说。

"哦! 太好了，我确实需要一些帮助。"弗兰克医生似乎很惊讶。

他开始观察我的背部，很容易就发现了以前的那个注射针孔。

"郑先生，我要从你的手臂静脉里取一些新鲜血液，然后立即注射到脊髓麻醉的注射孔里。"

他拿了一根带长针的大注射器。

"我需要从郑先生那里抽20毫升血，然后迅速注射回他的脊髓麻醉孔洞内，我需要你的帮助。"他对护士说。

"20毫升吗? 我觉得应该是2毫升!"护士很惊讶。

我也在想，我的脊髓里要容纳這20毫升的血液?

"是的，肯定是20毫升!"弗兰克医生说。

"我要从你的右臂上抽取血液，然后迅速将血液注入那个注射孔，以修补它。"弗兰克医生告诉我说: "最重要的是，你要保持稳定不动。"

"是的，医生，我尽量不动。"

护士在我的右臂上很容易地找到了静脉，并在肘部上方的手臂上绑上了一个橡皮条，她叫我握紧拳头，用酒精擦了这个部位。医生先找到了那个脊髓麻醉注射孔，用了大量的碘酒来清洗我的下背部，我可以从蒸发的碘酒中感受到寒冷，医生拿起这个大注射器。

"当我做贴片的时候，你一点也不能移动。"弗兰克医生对我说.

"我明白了，我要保持稳定。"

弗兰克医生把大针头插进我的静脉，慢慢地把血从里面把血抽出来，注射器管里有这么多的血，比通常用于验血的小管子要多得多。他赶紧把注射器针头从血管里拔出来，走到床的另一边，对我说:

"你会觉得有点痛，但你不能动。"

"好的，医生。"

我觉得针扎进了我的脊髓麻醉注射孔，但也不是太疼。医生把新鲜的血液慢慢地推进注射孔里。当血液被推进的时候，我感觉到背部的疼痛，不是从针孔而是我的脊髓或者我背部的血液压力。最后，医生完成了脊髓修复工作。

"你的头痛应该在几分钟内消失，休息一会儿，护士就会把你送出去的。"

"谢谢你，弗兰克医生。"

大约15分钟后，萍萍走进来，帮我把衣服穿好，让我回家。

我离开医院的时候，我继续感觉到背部的疼痛，但我认为这是由于贴片工作的自然结果，背痛应该很快就消失了。但随着时间的推移，疼痛持续并加剧，一天后，我连站起来都很困难，更不能走路了。我的背疼得很厉害，甚至比头痛还要严重。我给弗兰克医生打电话，但他不在。疼痛逐渐转移到我的臀部。与此同时，我需要服用止痛药来缓解疼痛。

一个月的痛苦是完全可以避免的，如果他们把我留在医院的康复床上至少6小时后才出院；如果在我的脊柱部位没有错误的注射过多的血液，这完全是一位退休医生犯的错误。有趣的是，我在卫生系统的董事会上我没有大吵大闹，这件事发生在我身上，对医院来说是件幸运的事情。我最后告诉了卫生系统的首席执行官关于我不幸的遭遇，他确实调查了这一情况并向我报告说，据说手术后所发生的事情医院方面没有任何差错。

三个月后，我回到罗比医生的诊所。作第一次复查。

"膀胱表面很清晰、完全正常，我没有看到任何新生物的迹象，我会检查尿液标本，如果尿液标本正常，三个月后再来复查" 罗比医生告诉我。

"如果尿样中有癌细胞，我们该怎么办？"

"我们可以用卡介苗（PCB）治疗一个星期，这是目前最好的有效方法。"

"什么时候会通知我？"我问。

"两三天后，我会让护士给你打电话。" 罗比医生说。

三天后，护士打电话给我说，尿样标本里没有发现癌细胞。这是一个很大的安慰，萍萍给叔霆和叔震打了电话，告诉他们这个好消息。我也给爸爸打了电话，他也松了一口气。与此同时，我正在研究卡介苗（PCB）治疗。当我在台湾读高中的时候就知道，使用卡介苗（PCB）来为结核病人群进行免疫接种。现在可能已经习惯了，如果发现癌细胞，就冲洗膀胱。

"卡介苗（PCB）治疗的副作用是什么？" 萍萍问我们认识的病理学专家许博士。

"死亡。"许博士简单地说。

这让萍萍非常担心。然而，从我自己的医学研究中，发现用卡介苗（PCB）治疗的副作用实际上是最小的，罗比医生也证实了我的发现。

"使用用卡介苗（PCB）的最差的地方在于这种治疗方法对某些人可能没有任何效果，但也没有使用的危险。"他告诉我们.

萍萍对用卡介苗（PCB）处理的担心大大减轻了。我认为许博士对用卡介苗（PCB）处理的评论可能是使用卡介苗 PCB 的最坏情况。

虽然在前五个月内的 5 次复查都是正常的，但我还是要每四个月回医院一次。我还以为自己还没有走出困境，但一位医生朋友告诉我，这只是意味着早期癌症是可以治愈的，就像萍萍和我经常谈到生和死一样，有时有些事情会夺取一个人的生命，而这就是生命的本质。

第五十六章

寻访故交

　　每当我回到中国和台湾的时候，我脑海中最重要的想法之一就是要寻找我年轻时的老朋友。在那个年代的中国，尤其是在较小的城市，私人电话很少，因此不存在有个人电话号码簿可以帮助去寻找失去联系多年的亲朋好友。因此我无法确定半个世纪前曾经生活在一起的亲朋好友现在哪里？他们的情况又是如何？随着时间年代的推移，个人家庭和城乡面貌都已经发生了很大的变化，尤其是经受重大动荡和发展后的中国，变化更为明显。

　　我先去了南京，我以前非常熟悉的那些地方，试图找到我脑海中留下的各个地方。2000 年秋，我在南京停留了四天，访问的第一个地方是我出生的那家医院，鼓楼医院。作为标志性建筑保留下来的医院旧址是一栋两层楼的小型砖砌建筑，环绕这栋老建筑的是近几年来陆续新建造的 20 层高楼和其他几栋高层建筑。我是在那里出生的，现在已经没有一丝的记录保存，何况我根本就不知道当时是否有出生证明的事情。

　　在鼓楼医院附近有一个很大的称为"新街口"的商业圈。几十年前我常在附近的电影院看电影。萍萍和我找到这家电影院，那时我看的是著名电影"国魂"，几乎全场观众都被电影的内容感动得哭了起来。我想起了在钟南中学的朋友们，曾经为了看电影在售票大厅里推推搡搡地买票。在我的记忆中当时这个剧院是如此的巨大和迷人，现在它显得很小、很旧而且年久失修，但是仍然继续开门经营，放映电影。

　　我问周围的当地老年人打听"鐘南中学"，但没人听说过。我租了辆出租车去学校附近的旧国民大会堂，找到学校的原来位置，但现在已经改成一所外国语学校，在学校历史办公室我找到了有关学校的文件资料。30 年前，南京鐘南中学曾被改成南京工程设计学校并迁往南京市郊区。现在鐘南中学原址上已经建造了一些多层建筑，但运动场仍然保留完好，我还可以辨认出我曾经玩乐过的那个地方。作为南京市地标性建筑保留下来的一栋房屋是校长乔一凡先生的住所，墙上有一幅巨大的铜匾，刻写着乔先生的名字及其对南京鐘南中学的简短描述。我认为这是正直善良而且有思想的南京人民保留了这栋建筑物作为历史的记忆。

　　下一站是明故宫，当年我拿了窗帘杆去做假枪玩耍的事情使我的妈妈陷入了很大的麻烦。现在这些建筑物完好无损，只是看起来比我记忆中印象的要小得多，主建筑仍被用作存放历史文献档案的场所，不对公众开放。我们只能停下来，从外面看看以前我曾经在里面自由徜徉的地方。

　　我们曾经住过的那条青云街，还能在地图上找到，但所有的古老房屋都已经完全从地面上抹去了，陈旧的木结构房屋和泥泞的街道小路被高大的混凝土多层建筑和平坦的柏油道路所取代，使我无法确认我家房子的正确位置。

下一位我想要找的是我的同学曹国墉，他父亲开的一家豆腐工厂就在学校和我家之间，他帮助我赶走欺负我的街头帮派。我想从学校往我家走的正确方向应该是经过女子学校后向右转就可以到豆腐店，灰墙里的女子学校校舍还存在，我就像往常在1947到1948年时一样习惯地向右转，但是沿着狭窄街道上低矮的木结构房屋已经全部消失了，取而代之的是多层的商业建筑。我走遍了整条街，就是没有一家豆腐工厂或者豆腐店。我感到一种悲伤，但毕竟这是过去52年前的事情，大城市在所谓的"进步发展"的影响下已经发生了很大的变化。

回到重庆，这座城市已经面目全非，我完全认不出来了，也不像任何我记忆中的地方。就像中国的其他大城市一样，到处都是现代化的高楼和宽阔的街道。我对这座大城市已经没有特殊的感情，但我还是非常想去看看我童年期间快乐生活过的古老乡村。

我坐了两个小时的公交车去了山洞，山洞仍然是一个小而寂静的小镇。55年漫长岁月和战乱使这个城镇显得苍老而灰暗。我找到了我们住在书店楼上的套房，1947年，士兵们在那里处决了年轻的书店杨老板。这个地方看起来又小又脏，我只能通过街道拐弯处和其他商店的相对位置来来辨认。

我步行了20分钟，找到了在小山上的重庆钟南中学旧址。建筑物还在那里，但已经被改造成了一座工厂，工厂里的人甚至都不知道几十年前这里是的一所学校。在我的脑海里仍然记得那个会欺负同学的孙建国，我回到"城市"里去寻找他父亲以前经营的理发店，那地方虽然仍是一家理发店，但理发师是一位有着不同名字的老人。

"下午好，你是孙先生吗？"我问。

"不是，我的名字是童仕陆。"老人告诉我。

"你知道孙家吗？他们以前是这家理发店的老板。"

"是的，我是从孙家买下这家理发店的。"他说。

"你知道现在孙建国在哪里吗？"

"哦！我不知道，但几年前，他的父亲告诉我孙建国加入了解放军并被提拔为陆军上尉。自从他父亲去世以后，就没有听到过他的任何消息。"

我想，这又是一条走不通的路。

我步行到花蚰湾，在那里我曾经非常快乐地养过三条小狗。花蚰湾没有一点变化，只是一幢新的木屋所取代了我们住过的稻草屋，除了我记忆中的一些小树已经长成了很大的树，周围环境的变化不大。我们房屋后面的田野里种着蔬菜和一些低矮的藤蔓，这曾经是我的三条小狗欢乐溜达的地方。

我从城里请了一位导游带到重庆农村，在那里我度过三年半极其宝贵的童年生活。当我到达杜家寨时我感觉自己穿越过了时光隧道，又回到了55年前的老地方。这里的一切，包括时间在内似乎仍然都是静止不动的，只有人们被不同的世代所取代更新了。我找到了穆老板的房子，除了年代的痕迹几乎是没有很大的变化，水牛栅还在，但是空的，猪栏里有几只小猪跑来跑去。住在那里的是一位20多岁的年轻农民。

"你是穆先生吗？"我用四州话问那位年轻人。

"是的。"年轻人回答。

"你认识穆政权吗？"我问。

"他是我的爷爷，大约在6年前去世了。"他说。

"你的奶奶还在吗？"

"爷爷去世后，奶奶回到了她自己的村庄。"他告诉我。

"我以前在这里住过，曾经和你爷爷一起玩耍。有人跟你说过吗？"我问。

"没有，但是我听奶奶说，几十年前有几个从'脚底下'来的人在那间屋子里住过一段时间。"他指着我妈妈和我曾经住过的房间。

我再走到老桑树所在的地方，这里已经变成了一个蔬菜园，我的朋友久鹏的家离那棵老桑树不远。我走了几百米到这所熟悉的稻草屋，敲了敲这扇破木门，我的心怦怦跳，因为我不知道将会发生什么，他能认出我吗？或者甚至还记得我的名字吗？一个大约12岁的小女孩出来开门。

"这里是久鹏的家吗？"

"我爷爷正在打盹。"她告诉我。

"你能告诉他，他的老朋友到这里看他。行吗？"

"我会试试看，但是他不会高兴的！"

她走到屋子里的一个房间。几分钟后，一个满头白发、满脸皱纹的老人挂着拐杖从房间里走了出来，我找不到我以前认识的那位英俊小伙子的样子。他的年龄本应该和我一样大，但现在我觉得他看起来好像比我老了很多。

"你是久鹏吗？"我问。

"我是的！你是谁？"

"我是天任，你还记得我吗？"

他用他那双已经不大好使的眼睛上下打量着看我。

"我记得这个名字，但我不认识你。"他说。

"嗯，已经55年了，你还记得你教过我如何养桑蚕吗？"我说。

"噢，是的！是的！我怎么能忘记呢？哦！你看起来很年轻，很不一样，我想我们的年龄应该是相差不多的。"

"是的，你看起来并不那么老。"我撒谎道。

"来杯茶怎么样？"他说。

"不！谢谢你，我还要步行回重庆去。"我说。

他看起来很疲倦，我想我应该让他回去休息了。

"久鹏，今天很高兴能见到你，我现在必须走了，你要照顾好自己！"

"再见！你也一样。"他说着举起手，挥了挥。

我请导游和我一起去找寺庙，我仍然记得如何从久鹏的房子走到那所寺庙。大部分稻田和我10岁离开那里时的情况完全一样。我以前抓螃蟹大钳吃的小溪里，现在还是有五厘米深的水在流动。我想搬动那块我最喜欢的大石头，但这次我没有这样做。我几乎可以肯定那里有一、两只螃蟹就在大石头的下面，它们是原来我吃过的螃蟹后裔，是很多代以前螃蟹的后裔，一代又一代，从那些我曾吃过的长着大钳螃蟹的后代开始。

在这个有几座村庄的地区，我曾经上过学的那座寺庙是唯一被改造过的建筑。看起来很新的，佛像已经被重新整修并刷成金色。我向寺庙里的人打听学校的情况，但没人知道在二战期间这座寺庙曾经被用作为学校。唯一仍在蓬勃发展的旧交易就是把我的狗杀了吃的那家狗肉店，现在已经有了一个大的店面，看起来就像个餐馆，我当然不想走进去查看。

我不想去北市驿或复兴岗，因为这些都还在军方控制之下。虽然我知道宁华姑妈还住在哪里，但我并不认为这是去看望她的合适时机，这对我们俩来说都很尴尬，因为吴班还在美国的监狱里。

我想我应该早点回来看看我的老朋友，经过这么多年来，人们由于战争和自然演变而迁移和死亡。我走回山洞，然后乘公共汽车回到重庆城里的旅馆。

二战后，三名精英和我一样都到了台湾，他们的成年生活相当成功。曾侯曾退休时是台湾一所大学的文学教授；闵忠述退休时是台湾一家报纸的编辑，李又白在省政府担任厅长职务后退休。

曹育西是我在西子湾的老朋友，他没有进入高中学习，后来成为了一名水手。结婚后生养了五个孩子，90年代中期退休，和妻子住在一起。另外一位老朋友，张如泉获得了化学博士学位，在半导体行业取得辉煌成果，最近也退休了。

1956年当我上大学的时候，看到了一篇关于台湾水果产业协会的文章，在这篇报道中，林松的名字列为台湾水果产业协会的主席。为了满足我的好奇心，我去了台湾水果产业协会大楼，想知道这位林松是不是就是我在都匀认识的那人，当我走到大楼接待区去找他的时候。

"我可以见林先生吗?"我问接待员。

"你预约过了吗?"

"没有，但我想知道他是否是我在大陆离散的那位朋友。"我说。

"在这种情况下，让我去问问他是否愿意见你?"她说。

"那太好了!"我说。

她走进办公室。过了几分钟，林松就出来了，他看上去就像我所认识的林松，虽然年纪老了很多，但还是很帅。当他看到我的时候，他立刻走过来同我拥抱，泪水顺着他的眼睛流了下来。

"我梦见过你，但不是这样的。"他说"我做梦时总是把我带回到都匀的年代。我很高兴在这里见到了你。"

"到我办公室来吧。"他说。

"我只是想到这里来碰碰运气，希望是你，果然真的是你，我很高兴!"我说。

林松告诉我：他的父亲和他和好了，当共产党接近他们家乡时，他的父亲决定他应该去台湾并把攒下的钱都给他带了出来。1949年到台湾后，林松找到了一份台湾水果业的工作，七年后被他的老板赏识并提拔他担任该行业协会的董事长。过了一天，林松来到我家看望了我的爸爸和妈妈，这是一次情感的重聚。现在 林松已经年过85岁了，但仍然很强壮，这些年来我们一直保持着联系。

梁凯和我同龄，战争期间都是在重庆长大，梁凯的哥哥是我父亲在军校和参谋学院的同学，所以正确地说，我们一生都彼此相识。梁凯退休时是柯达公司的一名杰出的资深科学家。从高中起，凯就一直是一个博学的人，梁凯就比我高一个学期，他在班级里成绩总是第一。五十年代初我们住在高雄的时候，他和我是非常亲密的朋友，我们每天晚上放学后都在一起打篮球。梁凯是军人家属篮球队的队长。高中毕业时梁凯作为毕业班的第一、二名学生，不需要参加入学考试直接保送入著名的台湾大学学习化学工程，拥有成功的职业生涯，

温鉴修是我在高雄读中学时三年的好朋友，毕业后我们进入不同的大学，但仍保持着密切的联系。我们进入美国的学校后，我在威斯康星州，温鉴修在南达科他州。1963年夏天，温鉴修打电话给我说他要到纽约城市学院读研究生课程，他说会在开车经过威斯康星州去纽约的途中来看我。

我每天都等着他，直到秋季学期开始，还是杳无音信。我想象可能会发生在他身上的各种可怕的事情，会不会是一个搭便车的人在州际高速公路上谋杀了他，或者在纽约遭到抢劫并被杀害，我非常担心他的安全。我试着给纽约城市学院打电话，但名单上没有他的名字。

在过去 35 年的时间里，每当我去一个不同的城市，我都会查看电话簿。如果有温鑑修或类似的名字，我都会打电话询问，但每次都很失望。1996 年，有一位朋友碰巧提到温鑑修在俄亥俄州的克利夫兰市。我立刻打电话给去，电话里传来一位女士的声音。

"晚上好，这是查尔斯·温的家吗？"我问。

"是的，这是查尔斯·温家的住处。"她说。

"我可以和查尔斯通话吗？"我问。

"我可以告诉他，你是谁吗？"她说。

"请告诉他我的名字是郑天任，他的高中同学　。"我说。

"请等一下，讓我去找他。"她告诉我。

"你好！这是鑑修，天任，你好吗？"温鑑修说。

"我很好，这些年来，你一直躲在世界的哪个角落裡？我已经找你 35 年了。"我说。

"我很抱歉。我们在这里已经住了 30 多年。"他说。

"我真的很想和你见见面，以补上失去的时光。"我说。

"我和我的妻子艾玛，将在这个周末来拜访你。"他告诉我

"她是刚才和我说话的那位吗？"我问。

"不，那是我们的女儿艾莫利。"他说。

"太好了！我们期待着这个周末在这里见到你，我明天会把地图传真到你的办公室。"我说。

萍萍和我对这个消息感到非常兴奋，我和温鑑修交谈的时候是星期二。在接下来的几里天我每天都给他打电话，只是想和他聊聊，他也是每天都打电话给我，直到他离开克利夫兰来看我们。萍萍和我非常激动地等着他们的到来，我们想弥补失去的时光，也很想见到艾玛。

星期六的早上，我们打扫了房间，不停地从前窗往外看。就在中午的时候，萍萍和我刚刚走进我们的停车场，一辆面包车开了进来，停下后，一位年长的男子和一位年长的夫人出来了。那个瘦小、精力充沛、英俊潇洒的小伙子仍在我的脑海里．但从面部特征和肥大的身体，我认出是温鑑修，我确信这种观察是相互的。温鑑修把萍萍和我介绍给艾玛，我们握了握手，互相拥抱。在过去的 35 年里，我曾经几次梦到过这样的场景。

温鑑修和艾玛在我们家里住了三天，我们度过了一段美好的时光。我最大的问题是为什么温鑑修在过去的 35 年里会藏了起来，但我不想打听他的秘密。有一天，我在后院的时候，温鑑修正在和萍萍说话。

"我听说过你们的经历，朋友们和我在报纸上看到过关于天任的报導，对我来说，我很容易就能找到你们的电话号码，但我过去没有给你们打电话。"

"为什么？我以为你们俩是如此亲密的朋友。你知道自从我到达美国以后，天任就一直在找你。"萍萍说。

"我会告诉你真相的，我会很尴尬地面对我的老朋友，因为我觉得我做得还不够好。"温鑑修说，他停了一会儿，抿了一口茶。

"两年前，我和来自台湾大学的同学，一起去参加班级的第一届同学會。我发现我做得还不错，有很多像我一样的人都没有获得博士学位，与他们今天的工作相比，我觉得自己并没有落后太多，事实上，我比他们中的许多人做得更好。"

在萍萍告诉我关于同温鑑修的谈话后，我才意识到温鑑修是在担心他的事业是否成功？就我所知，一个好朋友不是取决于他的成功或富有程度，而是取决于

他的个人人品有多好。在过去的岁月里，谁会在乎一个老朋友在他的事业生涯中表现得如何？但温鑑修显然最担心的是他的表现没有那么好，我完全被温鑑修的想法震惊了。

"如果我失业了或者是低工资的人，你会抛弃我吗？"我问温鑑修。

"绝对不會！我只是有那种感觉，你可能会看不起我，我知道我错了，我很抱歉。"他说。

"好吧！因为你过去曾让我很担心，现在你一定要为我做点什么来弥补。"我开玩笑地说。

"你说做什么？"他笑着说。

"今晚给我们大家包你著名的饺子，怎么样？我已经想你的饺子四十多年了。"

"当然！这就是你一直在找我的原因吗？"他笑着说。

"绝对是的。"我们都笑了。

在高中时，温鑑修、袁望圣和我是三位最好朋友。毕业后我们从事不同的职业：袁望圣学化工专业，温鑑修学习土木工程专业，我则从事教学工作。温鑑修成为克利夫兰州水利资源部部长，袁望圣退休时是陆军中将。我是作为袁望圣的代课老师遇到萍萍的，后来袁望圣娶了一位在他妈妈生病住院时照顾他妈妈的护士。此后我和萍萍去台湾时，同他们曾经在一起相聚了好几次。我的同学吴新燕在大学读口腔科，毕业后成为一名著名的牙医，在高雄拥有一家牙科医院，退休时是个有钱人。另外一位高中同学樊承杞从医学院毕业后行医很成功，40 岁时在台南开市了一家医院，业务繁忙，收入颇丰，2015 年死于肺部疾病，享年83岁。

第五十七章

亲朋辞世

（一）

1978 年，当我第一次见到阿卜杜勒·阿齐兹阿尔·萨格时，他刚刚获得德州农工大学(Texas A&M University)计算机科学博士学位。萨格到罗切斯特理工学院来访问我的部门是因为他被任命为沙特阿拉伯石油和矿物大学计算机科学系的主任，他的来访成为我们长期交往的好开端。萨格博士在大学工作了二年之后，被任命为沙特国家信息中心主任，是沙特内政部的高级官员，可以直接向内政部副部长阿亘基 Awaji 博士汇报。他从他的前任那里接手了一个管理不善的项目，所以他来美国拜访了一些他所认识的专家，我是他向副部长阿亘基推荐担任沙特内政部高级顾问的三位美国教授之一。

由于承包商是一家美国公司，萨格博士经常到美国。他在弗吉尼亚的时候我会陪同他，他喜欢喝啤酒和威士忌，我们经常在一起吃午餐，他会喝两到三杯酒。我们去吃晚餐之前，他会先到酒吧里喝几瓶啤酒，然后吃饭时还要点上两杯威士忌，喝酒后再吃些盘子里的食物。

"萨格，我想你喝得太多了，你应该在喝酒前先吃些东西，这样才能减缓酒精对你的影响。"我一天对他说。

"我喜欢光喝酒不吃任何东西。"他笑着说。

1989 年夏天，为了雇佣一些的计算机技术人员到沙特阿拉伯工作，我和萨格博士访问了在北京的几所大学，学校领导向我们展示了大学教授的创新发明，其中有一个计算机健康诊断系统很有趣，一位医生用探针在萨格的耳垂上探测后说。

"他的肝脏有问题，是不是？"医生用普通话问我，我把这个问题翻译给萨格听。

"我只是有点胃病，我的肝脏没有问题。"他说。

"你朋友的肝脏问题很严重，回到沙特阿拉伯后，他应该尽早去医院仔细检查一下。"黄教授告诉我。

"医生似乎对你的肝脏问题很认真，你回家后应该检查一下，请答应我。"我们离开北京的大学时，我对萨格说。

"我保证我会去的。"萨格说。

但是那天晚上在吃饭的时候，萨格还是像往常一样点了酒。

"萨格，你听到医生的话吗？在喝更多的含酒饮料之前，你什么不先解决好这个问题呢？"我说。

"理查，生命太短暂，趁我们还能享受的时候，最好还是先享受吧！"他笑着说。

我很担心，但我不知道如何才能够阻止他喝酒。

1989 年的事件发生后，为了沙特阿拉伯内政部的工作，萨格博士同我多次在美国会面并前往菲律宾、台湾、香港和中国。他似乎没有什么健康的问题，只是偶尔抱怨有胃痛的不舒服。我想他的医生一定是在治疗他的胃病。

1994 年 4 月，我接到萨格博士最年长的儿子阿代尔的电话，那时阿代尔正在弗吉尼亚海滩市学习。

"我爸爸正在克利兰医院等待肝脏移植手术，今天我妈妈已经到了那儿，我马上就要飞过去探望他。"

这对我来说是一件令人震惊的打击，几天前我刚刚同他谈过话，当时他在利雅得的办公室。得到他准备等待肝脏移植手术的消息后，我马上给住在医院病房里的萨格打电话。萨格的侄子接了电话。

"我叔叔现在睡着了，我会告诉他你打过来的电话。"

那是早上 10 点的事情。晚上，他的儿子从克利兰打电话给我。

"我父亲现在昏迷不醒了，中午他醒过来的时候，听到我妈妈和我要来看他，非常高兴、精力充沛。但是在下午 1 点钟，那个愚蠢的医生去了他的病房告诉他，他得了肝癌。并且已经扩散到他的全身各个重要器官，根本没有治愈的希望，我爸爸听后就昏了过去，现在一直还在昏迷中。当我妈妈呼叫他的时候，只看到眼泪从爸爸的脸颊上滚落下来，爸爸再也不能和我们说话了。"听起来阿代尔非常不安，很伤心。

"医生有没有说，是否有什么办法可以延长他的生命？"我问，我感到震惊和沮丧不安。

"医生说他只有几个小时的时间了。"阿代尔告诉我。

那天晚上 10 点钟，我亲爱的好朋友萨格博士去世了。一颗灿烂耀眼的星星刚从地平线上掉下来，他只有 47 岁。

（二）

自从 1997 年妈妈去世后，爸爸一直在专心写书，在四年的时间里，他出版了关于易经研究的三本书，他还为一群学生每周上两三次课。他独自住在一幢高层公寓的顶层套房里，萍萍雇佣了一位叫陈梅丽的女佣来照顾爸爸。我们每周去看爸爸一到两次，总是会给他带去食物或茶叶，他对这种安排很满意。

有一天，陈梅丽生病了，爸爸打电话给他的两个学生，要他们带他去看陈梅丽，当他试图爬上陈梅丽家的楼梯时，跌了一交，他的腿骨受到了损伤。爸爸从来没有告诉我为什么他的臀部会疼痛，于是我带着我的朋友巴迪医生去看爸爸。经过检查，巴迪医生发现爸爸的臀部髋关节处可能有一条骨折裂缝。

"理查，我不建议他做外科手术治疗，现在他的身体状况，没有任何一位外科医生会对他进行手术。"巴迪医生告诉我。

"不做手术的最佳替换治疗是什么？"我问。

"我会给他开一些止痛药来减轻他的痛苦，我会给他一些特强的泰能诺，看看他的反应如何？"巴迪医生说。

我给爸爸买了特强的泰能诺，让他马上服用，减轻了一点疼痛，但有时还是会很痛的。我再次打电话给巴迪医生，寻求帮助。

"泰能诺有一点帮助，但止痛效果还不够强。我会给他一种叫做维奥克斯的新药，这是很强效的止痛药丸，维奥克斯的治疗可以缓解疼痛，但不能长期服用。"巴迪医生说。

"有副作用吗？"我问。

"是的，长期服用对肾脏有害，用药期间要补充足够的水份。"巴迪医生说。

"他每天至少喝6杯茶，足够了吗？"我说。

"那就好了。"巴迪医生说。

爸爸服用了我从药店买的维奥克斯后，疼痛完全消失了，爸爸非常高兴。

"我感觉好多了，虽然髋关节受伤了，你看，我现在可以很快地移动我的双腿。"爸爸给我看了他的更大跨步。

"爸爸，这是一种强力的止痛药物，如果你没有感到太大的痛苦，你就要停止服用，我会给你特殊的泰能诺。"

大约一周后，我只给爸爸泰能诺一种止痛药物，他对我把所有的维奥克斯都收起来感到非常不高兴。我向巴迪医生报告了这种情况，他同意这是正确的做法。

陈梅丽住院做手术的时候，爸爸又叫他的两个学生带他去医院看望陈梅丽。

"郑先生，医院病房是在离汽车停车场很远的地方，我建议你不要去。"其中一个学生建议道。

"我要你们带我到那里去的时候，你们就应该去做。"爸爸命令道。

"但是，郑先生，你刚刚从你的髋部疼痛中恢复过来，这是一段很长的路。"

"我告诉过要你们带我去那儿！你为什么要违背我的意愿？"爸爸愤怒了。

这两位40多岁的学生害怕爸爸发脾气，所以他们很不情愿地把他送到了医院的主要入口。

"郑先生，请在这里等候。我们会用轮椅把你推到病房去。"

"白痴！我不是一个病人，我是来这里看望病人的，只要带我去停车场，我们就一起走。"

这两位学生被退休将军压倒了，并屈服于爸爸的命令。他们把车停在几个街区外的停车场，然后步行走到医院，整整花了两个小时到达陈梅丽的病房。

"你们这些傻傻的笨蛋，为什么让郑先生走这么多的路？你们没有感觉到吗？"陈梅丽对这两位愚蠢的学生很生气。

访问结束后，他们用轮椅把爸爸送到他们的车里。爸爸回到公寓时，他的髋关节又疼痛。

"天任，今天我的髋部疼痛更加厉害了。"爸爸在公寓里给我打电话。

"爸爸，我马上就过来。"我说，我的房子离开爸爸的公寓只有五分钟的车程。

"爸爸，到底发生了什么？你跌交了吗？"

"不，我没有跌交。"

我很困惑为什么他的病情又恶化了？他没有告诉过我，也没有其他人来告诉我爸爸到医院去探望陈梅丽的事情。我打电话给巴迪医生寻求帮助，他让我再一次使用维奥克斯。那天下午我给爸爸打了一针维奥克斯，但也只稍微减轻了一点疼痛，我再次打电话给巴迪医生征求意见。

"你可以每天给他注射两次维奥克斯，但必须是只在很短的一段时间内这样使用。"

我同时给了爸爸两粒维奥克斯药片，疼痛消失了。这两粒药片是三天的剂量，爸爸感觉好多了，可以自己走路了。我立即将剂量降为一粒药片，爸爸抱怨疼痛又回来了。我给爸爸特强的泰能诺作为维奥克斯的补充，这种止痛组合工作了大约一个月左右，但是爸爸开始感到胃部不适。我们带他去了医院检查，确定维奥克斯是引起胃部不适的罪魁祸首。医生给他开了胃药，又一次停用维奥克斯，爸爸的髋部疼痛马上就回来了。

有一次我和萍萍准备去亚洲旅行，陈梅丽主动提出愿意带爸爸到她家住25天。我们带着所有的药物和详细的使用说明，把爸爸送到陈梅丽的家，还再三反复对陈梅丽和爸爸说清楚在服用维奥克斯的时候需要大量饮水。在亚洲期间，我每隔一天都给爸爸打电话并跟他说话，直到最后一周他都做得很好。等我们到家时，他说一直都很困。他很高兴看到萍萍和我回来，只是勉强提起精神同我们谈话，有时在谈话中爸爸却睡着了。我知道事情不正常，但我不了解到底发生了什么事？

第二天，我们就把爸爸送进了有24小时护理的疗养院，不到两天，爸爸就从沉睡的魔咒中恢复过来。叔震曾经去探望过爸爸好几次，我和叔震谈话时，叔震告诉我爸爸住在陈梅丽家时情况越来越差。我的表妹大喧也告诉我她发现的一些情况。

"表伯父需要帮助，晚上需要多次去上厕所，让陈梅丽感到厌烦，所以陈梅丽减少了给表伯父的饮水量，同时，我猜想陈梅丽还给表伯父服用了镇静剂，让他昏昏欲睡，这样表伯父就不会经常喊叫她了。"

这就是为什么我们回来的时候，爸爸变得如此的困倦。疗养院的医生给爸爸做了检查发现他的肾脏已经受到了损伤。我相信这是在服用维奥克斯期间，饮水的短缺造成了爸爸肾脏的严重损害。我对陈梅丽这个女人非常生气，但我没有采取任何行动。

此外，我们还发现当爸爸住在陈梅丽家里的时候，她还把爸爸带回公寓拿走了爸爸珍贵的佛教书籍，并取走了萍萍放在爸爸包里3,000美元的现金。在照顾爸爸的25天里，萍萍已经给了陈梅丽同样的工钱。我对陈梅丽的行为感到非常不满，但是我采取的任何措施都不会对爸爸有帮助，我只是不再同她说话。萍萍和我对陈梅丽的不良行为感到失望，这些都是以往我们在电影中才能看到的恶劣行径。

爸爸对护理人员关心的某些事情很固执，他不让任何护士触摸他的身体，甚至是他的胳膊；他不允许护士抬起床栏杆；他还想要独立一个人去上厕所。如果爸爸需要帮助而护士没有在几分钟内作出回应，爸爸就会勃然大怒，威胁着要搬回公寓。萍萍和我试图跟他说理，但都是无济于事。

一天晚上，他上了厕所时摔了一跤，又发生了髋骨骨折。疼痛难忍，医生试图用吗啡来止痛，但他对吗啡的止痛反应很差。再次使用维奥克斯来控制疼痛后，爸爸立刻精神抖擞，把几个学生叫过来，要求他们记下笔记继续他那本未完成的书。那时，我们又雇佣了一位额外的护士，每天24小时坐在他的床旁。然而，在11月26日早上，他上洗手间时，没有听从护士的建议，自己一个人用单侧右腿站立，向上推的腿骨挤压力，压碎了右髋关节，立即被送进了急诊室。

经过全面的评估，医生们认为手术治疗非常危险，他的身体状况不太可能从手术中恢复，爱德华医生是一位很负责任的医生。

"如果他是你父亲，你会怎么办？"我问。

"在这种情况下，我不会给我父亲做任何手术，手术只会在最后时间给病人带来更多的痛苦。"

爱德华医生为爸爸安排了"舒适的照顾"，把他放在一个私人房间里。萍萍和我，还有孩子们，每天都来探望他几次。每次爸爸都能听到，都能看到了，但是由于严重的脱水，爸爸已经说不出清楚的话，即使医生给他注射吗啡，仍然感到非常疼痛。

爸爸试着用 4 根手指向我移动，四字在中文听起来像"死亡"这个词，然后他做了一个像剪刀剪东西一样的动作。我明白他是在请求我们帮助他结束痛苦。我们怎么能对自己的爸爸这么做呢？我的心被切成碎片，看着他受了那么多痛苦，但我怎么能成为结束我爸爸生命的那个人呢？我决定趁他头脑还清醒、思想仍清晰，我们单独在一起的时跟爸爸谈谈。

"爸爸，你能听到我同你的说话吗？"

他点了点头。

"我想和你谈谈，告诉你我有多么爱你，我也想告诉你，萍萍和孙子们都非常爱你。我们都为你的成就感到骄傲，因为你作为杰出的学者、光荣的军旅生涯以及教育我们要成为优秀的人才都是你最重要的成就。"我无法控制自己的情绪，停了一会儿来清理自己的鼻子，爸爸举起他的右手，紧紧握住了我的手。

"我记得我上高中的时候，你对我说：'你是我的未来，我对你的希望和要求是安全，快乐，并且能够为人类社会做出贡献。'我不知道我是否满足了你的这三个要求，但我已经把你的话传递给了你的孙子和孙女们。"我擦了擦脸继续说。"我会继续推广你的书，当我找到有合适的人，我会把你的书翻译成英文。"

"爸爸，我希望你很快就能在一个有妈妈和叔霈的世界里找到安宁和幸福，请放心，我将处理你所希望做的任何未完成的事情，我们都会在你身边。请记住，我们都非常、非常的爱你。"

当我的声音开始哽咽颤抖时，我看到泪水从爸爸面颊上滚落下来。不久之后，萍萍进入了房间，爸爸抬起他的左手，紧紧地握住萍萍的手，我想爸爸也终于和萍萍和好了。

当我们聚集在一起的时候，爸爸在 2000 年 12 月 30 日的凌晨 2 点安静地去世了，离他的 86 岁生日只差一天。

第五十八章

享受旅游

当我年老时，我的脑海中确实想到过有关生死的问题，我曾寻求宗教的答案。早年，我在中国的时候，我真的没有任何的宗教信仰。妈妈和爸爸不信教，尽管他们经常谈论关于佛教的信仰，但是他们从来没有去过寺庙或教堂。我从小就有深刻的因果观，由于当时我的年龄很小，还不能准确地指出我是从哪里学到这些观念。我也听到过人们在谈论上帝和天堂，邪恶和地狱，但我认为与其他宗教相比，因果观更符合佛教的思想。

我进入初中时，抗日战争结束，我有机会用佛教信仰来观察我朋友的家人。陈仁清是我的一位同学，曾多次邀请我到他们家。在他们的起居室一张靠墙的桌子上面，有一座金漆的木雕像，前面还放着有蜡烛和香炉。陈仁清拿了三根香，带我走到桌子前，向佛像鞠躬拜了三次，然后对我说：

"天任，你也像我一样做。"

"我又不是和尚，不知道为什么我要拜佛像？"我说。

"如果你向佛像鞠躬，无论你走到哪里，佛都会保护你。" 陈仁清说。

"保护我？"

"任何可能发生在你身上的坏事。"

我接过香，向佛像鞠躬，拜了三次，但我并没有真正地相信陈仁清的话，我不懂佛教。

但是，我开始更多地关注人们对宗教的评价。在中国，有许多大大小小的佛教寺庙，大一些的寺庙里都有一座很大的佛像，还有许多神和寺庙的守卫，较小的寺庙可能只有一个小的彩绘泥塑佛像。佛教徒从来没有让我能够相信如果我经常诵读佛经，就会受到其中某位活佛神灵的保护。

有一次，我和我的一个朋友一起去寺庙，一个老人指着一尊观音菩萨（慈悲之神），对我们说，

"观音菩萨是同佛祖一起在天上的，但她看到如此多的苦难存在在地球上，所以她来到我们的世界，告诉所有的生灵、动物和昆虫：我要和你们在地球上呆下来，帮助大家去天堂，直到地球上所有的生灵都上了天，我是不会回到天堂去的。"

长者告诉我们"这是佛教的真正精神，你不需要去任何寺庙，做一个真正的好人，你最终会去天堂。"

我并不是特别渴望去天堂，但我对长者告诉我们的事情有着很深刻的印象。我想，慈悲之神的心灵是何等的善良，佛教的精神是多么的大度！

当我在福州上学的时候，曾经接受洗礼而成为基督教徒，只是因为我被一所基督教学校的行政部门从能够背诵圣经一些章节的学生中挑选出来。在选为督教徒典礼之前或之后，我都不是一个虔诚的基督徒。我喜欢基督教信仰的精神和教义，但对牧师传递信息的方式有所保留，尤其是在他们用糖果和棍杖来引诱他人信教的时候。

"如果你相信上帝，你就会升入天堂；如果你不相信上帝，你就会在地狱里被烧死。"

在一个社区里，教会之间经常发生持续不断的斗争，在同一个上帝之下，不同信仰之间之间经常发生仇恨，一个教会团体可能会说其他教会不如他们的好。

总的来说，我觉得很多去教堂的人并没有践行他们的宗教原则，他们中的许多人都心胸狭隘，有些人则是铁石心肠，非常无情。在我看来，基督教信仰中最糟糕的部分是一些忠实的信徒试图招募新成员的方式。这样的例子可以在我的好朋友比尔·林玻的母亲身上找到，他试图让比尔和我每星期天去教堂。她的台词和我以前听过的许多其他的台词版本相类似。

"在七天之内，地球将会变成一片废墟，如果你不去教堂请求上帝的宽恕，你将永远被烧死在地狱里。"

我知道，这只是一些消息不那么灵通的基督徒的行为方式，这不是真正的基督教精神或教义。我对圣经中的很多教义都很尊敬，也很相信，但我实在找不到去教堂的兴趣，也不愿意听一些牧师的布道。然而，我确实很喜欢听罗伯特·舒勒和比利·格雷厄姆在电视上的讲话。在我看来，他们的布道更合乎逻辑，也更贴近我们的现实生活。

总的来说，我尊重任何一个真诚的、真正致力献身于信仰的人，无论是佛教、天主教、基督教、犹太教、伊斯兰教，还是道教，但不尊敬那些邪教信徒和宗教的神棍。我的许多朋友都属于基督教徒和天主教徒，只有一小部分是佛教徒、犹太教人和穆斯林。但我也发现，不少人完全无视宗教教义，把宗教活动作为达到他们社会生活目标的手段。我相信人类创造了宗教，宗教的目的是为生活中的人们提供指导，给绝望的人们带来希望和安慰。我也相信上帝在我们心中，当我们做好事的时候，就会给我们带来和平和幸福。当我们做了一些不应该做的事情时，即使没有人知道，就好像有人在上面看着我们一样，也会让我们感到痛苦，正是这种力量才使人类社会变得像今天这样的文明。

随着叔霆逐渐接管公司的日常运营，我的注意力集中在新业务的发展上。由于东方电脑公司主要是计算机和电子产品，所以我把精力放在新的电子商务和进出口业务上。为什么我要继续创业呢？原因很简单，首先，我并不认为人们由于年纪太大了就不能工作，我认为人们在身体和精神上都很健康时，继续工作就不会显得太老了；其次，我在做工作时非常开心，在工作中有很多乐趣，以至于我不想放弃工作而在沙发上整天坐着。同时，我也要保持我的工作乐趣和我的爱好，然后逐渐从日常的公司工作转移到退休生活。

萍萍和我至少有五、六次去欧洲和亚洲旅游，我们的时间完全被工作占用了，但我仍然不想完全停止工作。我的许多同学和同龄甚至比我年轻的朋友都已经退休了，不知怎么搞的，我仍然觉得自己很年轻，对很多事情还很好奇。我有很多东西想要学习，我想继续在这个世界上探索，工作给我的生活带来了不少关注。我也可以做一些其他的事情，这对一个人的生活是很重要的。在某种意义上，我

在66岁的时候仍然和30年前一样好奇。我在经商做生意中获得了很大的满足感，继续对市场上出现的新电子产品感兴趣，仍然喜欢用我的经典相机和数码

相机拍摄照片。虽然停止修理汽车，但我仍然种树、养花和栽培蔬菜。我看到一些朋友们退休后，如果只是呆在家里一天又一天地看电视，那么他们就会很快地变老，因此我决定我要一直工作直到身体倒下来为止。

六十年代初期我们移居美国后，生活就变成了一场持续的战斗，并使我们的生活越来越好。自从1963年萍萍来到美国后，我就答应过她去度假，去游览我们想去的地方。从我能记得事情开始我就一直很想去欧洲旅游，但是一个借口总是接着另一个借口，以至于我们一直没有去过欧洲旅游。最后是在1998年，我们设定了一个日期，然后就去了。幸亏这些年来，萍萍做了很多研究工作来了解欧洲的大部分国家和城市。我们讨论了我们首先想去的地方、时间以及在欧洲旅游的方法，然后我们决定除了出发的第一站和回家的最后一站以外，不再事先预订任何的酒店。

我们首先飞到巴黎，在巴黎停留了四天，参观了那些著名的宫殿和博物馆。然而，我最深刻的印象是我们在香斯丽舍大街的行走，爬上陡峭的台阶并登上凯旋门，然后乘电梯登上到艾菲尔铁塔的顶端。我们从巴黎乘坐欧洲火车到德国的巴顿，在那里我们住在一家古老的家庭式旅馆里。对我们二个人来说都是一次全新的体验。下一站是斯图加特，我们带着一件随身行李和肩背包轻装旅行。离开火车站后，虽然我们可以在火车站附近找到四星或五星级酒店，但是我们更愿意提着随身行李在街上找一家普通的旅馆。我一直渴望参观斯图加特是因为我非常喜爱梅塞德斯-奔驰的汽车产品。不仅仅是汽车，斯图加特还是一个令人惊叹的城市，在酒店附近还有长长的购物街和众多的餐馆。萍萍和我非常喜欢沿着这条路走，品尝生牛肉汉堡、鱼汉堡、几种香肠还有那些带皮肥猪肉做的三明治，这些都是我们在美国市场上从未见过的食物。斯图加特城里的人都很悠闲，我们经常看到人们很随便地在街上边吃东西边走。萍萍和我就同他们一样，边吃边走。再说，这些食品店里都没有放置板凳。

我们到斯图加特旅游的主要目的就是要参观位于这座城市的梅赛德斯-奔驰博物馆。我们到达后的第二天早上，萍萍和我乘坐一辆出租车前往梅赛德斯-奔驰博物馆。出租车司机把我们带到了一幢很大的建筑物门口，我们走进接待室，前面有十几个人正在排队。

"今天只是星期三，这些游客从哪里来？这个博物馆肯定很受欢迎。"我告诉萍萍。

"这还不算太挤！"萍萍说。

我看到排队的人们正在把填写好的表格交给工作人员，我在小桌子上找到了一张表格，并在排队的时候把表格填好，5分钟后我们排到了服务台前面。那位身材很魁梧的戗员让我想起霍根在《英雄(Heroes)》里表演的那个舒尔茨中士。

"我在第二行应该填什么？我们的地址吗？"我问他。

他看着我，用德语说了一些我听不懂的东西，然后对着后面的房间喊叫。

一个年轻人走到柜台前。

"你和你的妻子想在这里找工作吗？"他问我。

"哦！不，我们想参观博物馆。"我说。

那个年轻人把我们的意图告诉了那个德国人，他们都笑了。

"你们需要乘坐停在停车场附近的公交车去博物馆。"他说。

"当我们回家的时候，这将是一个很好的故事。"萍萍说，而我也觉得这很有趣。

我们在博物馆里大约待了一个小时，真是令人印象深刻，萍萍和我都非常喜欢这个博物馆的展览，我们还为叔霆、叔震和我自己买了一些小饰品。

　　我们从斯图加特去到奥地利的萨尔茨堡，我们喜欢这座美丽的城市，莫扎特出生的地方，电影"音乐之声音"就是在这里拍摄的。这次访问中最令人愉快的部分是我们遇到了一个海鲜市场，那里挤满了人，有几十个或几百个小吃摊和棚屋。我们尝试了生鱼汉堡、干鳗鱼和许多不同的海鲜组合，我们在游览了一天之后，连续两天都回到那里。人们告诉我们海鲜经销商都是来自德国汉堡。

　　从萨尔茨堡，我们乘火车往南到瑞士的卢塞恩，我们住在位于市中心的家庭小旅馆里，我们可以在三十分钟内从城市的一头走到另一头。这个度假小镇坐落在雪山环抱的湖边，一艘游船沿着湖边把我们从一个村庄带到另一个村庄。湖的最尽头是皮拉图斯峰的山区度假胜地。一辆爬上60度角陡峭的缆车把我们拉到这座著名山峰的顶端，这些都是我们在中学地理课本中学到过的。从几千米高的高山平原上看到如此壮丽的自然美景，真是令人叹为观止。萍萍和我乘缆车下山后到火车站，然后陆路返回，我们在这个美丽的城市度过了三天。

　　火车把我们带到了下一站慕尼黑，这个充满历史古迹的城市。然后我们去了奥地利的维也纳，在那里我们住在一家由古堡改建而成的旅馆里。我们游览观光了两天后，再从那里乘飞机回家。

　　总的来说，我们对这种旅行的方式最满意，没有提前计划，没有日程安排，也没有任何的压力。我们访问过的一些城市并没有包括在我们最初的讨论中。我们只是在离开城市前的一晚才做出决定。由于欧洲对我们来说都是全新的体会，我们去的任何地方都是有趣的。我们会再来一次吗？回答是肯定会的，第二年我们又这么做了。

　　在1999年，我们再次选择了这个季节，天气开始变暖学生旅游群体还没有形成的时候，从5月中旬到6月初。这次，我们走了一条不同的路线，我们决定不从西往东走，而是从南往北走。我们先飞到罗马，花了几天时间参观了古罗马帝国的著名建筑和文物。但是最有趣的地方是电影《罗马假日》中的场景，我和萍萍在年青的时候看到过的那些场景。我对罗马的印象是那里的空气质量很差，尤其是酒店所在的小巷里，食物的份量很小，我们必须为每个人订两份。即使天气不好，食物也不多，我们在罗马还是待了四天，玩得很开心。

　　我们乘火车去了佛罗伦萨，打算在那里停留三天，佛罗伦萨是意大利古老的艺术中心之一，这座城市与罗马相似但比罗马小得多，我们住的旅馆是一家非常小的家庭旅馆，住宿和服务都不尽如人意。最糟糕的是在下午2点，当我和萍萍走在大街上的时候，三个十几岁的女孩试图在繁忙的街道上抢劫我。我第一次注意到一个小女孩在我眼前挥舞着一张折叠好的报纸，因为她离我很近，我知道有可疑的东西，就跳了起来。当时我手里拿着一个水瓶，水溅到她的头上，使她后退了1-2米。突然又有两个女孩加入行动，向我靠拢并试图把我放在的腰袋中的钱抽出来。我用双手抓住我的腰袋，对着她们高声喊道："你们要做什么？"。

　　街上的每个人都停下来看了看这一幕，一个60多岁的老人对这三个女孩大喊着要她们走开，但是萍萍和我相信这家伙是小偷的同伙。后来有人告诉我，这些小偷都是未成年的吉普赛人。他们被警察逮捕后，由于当地法律规定不能过夜拘留她们，警察不得不放她们走。我认为这些罪犯对这座城市和游客们都是不公平的，我们在佛罗伦萨逗留的时间缩短了一天。

　　萍萍和我决定向西走，然后再回头去看看萨尔茨堡的海鲜市场和斯图加特的购物街以及熟食店。火车把我们带到了比萨斜塔，我们停留的时间不长，只够拍摄一些照片和吃了一顿简单的午餐，然后继续坐火车去蒙特卡洛。从那里我们准备去法国尼斯旅行。从蒙特卡洛我们乘火车经过米兰到威尼斯，威尼斯水城同我了解的一样漂亮。然而在去圣马可广场上船的途中，我几乎又被三个十几岁的孩子抢劫了。威尼斯旅馆是我在欧洲所见过的最破旧的旅馆，房间很小，很吵，空调又坏了，墙上还有 10 厘米长的小虫在爬。尽管如此，我们还是喜欢这里著名的玻璃商店和古建筑，但在这样的酒店里，我们不可能再住一个晚上，我们再次缩短了我们的停留时间。

我们从威尼斯乘火车到萨尔茨堡，在意大利和奥地利边境，警察来到我们的车厢查看我们的护照。这是我们在欧洲第一次看到有警察进行检查。在奥地利境内的铁路沿线的山区景色非常壮丽。空气似乎更加清新，道路也更干净。由于我去年的良好经验，我特别偏爱奥地利，而萍萍则喜欢意大利的艺术和古代历史。

我们在天黑前到达了萨尔茨堡，我们住进了去年的同一家旅馆后，就开始根据自己的记忆去寻找海鲜市场。搜寻了一个多小时后，我们不得不去附近的一家商店询问。

"对不起！能否请你告诉我在哪里可以找到海鲜市场？我问了一名职员。

"萨尔茨堡没有海鲜市场。"这位年轻女士说话的时候，带着一种迷惑不解的表情。

"我们去年来过这里，我们曾经在莫扎特博物馆附近的大型露天市场吃过饭。"

"啊！那是去年的海鲜节，在我们这里几年内只有一次海鲜节。"店员笑着说。

"海鲜市场是我们来到这里的唯一原因，你想再待一天吗？"我问萍萍。

"去年我们在这里已经待了三天，我相信我们已经看到了所有的一切，我们明天早上就离开这里。"萍萍说。

"你想去哪里？"我问。

"你作决定。"萍萍说。

"我们去斯图加特，然后从那里往北走。"我说。

在斯图加特，我们花了一个下午和一个晚上的时间，在镇上逛了逛，品尝了鱼汉堡、猪肉三明治和著名的德国香肠。

"我们在佛罗伦萨和威尼斯省了几天时间，下一步你想去哪里？"萍萍问。

"我们可以去法兰克福。"我建议道。

我们一大早就离开斯图加特，上午到达法兰克福，这是一个大城市，与美国的大城市没有什么不同。

"我们以前从来没有去过柏林，这次我们乘火车去，在天黑前可以到达那里，怎么样吗？"我和萍萍一起去了柏林。

"听起来不错，但离阿姆斯特丹更远了，我们过几天就要从阿姆斯特丹离开欧洲。"

"这还不算太糟，也许只需要多坐几个小时的火车就行了。"我说。

萍萍同意了，我们就在火车离开车站前跳上了开往柏林的列车。

到达柏林后，第一个问题是"柏林墙在哪里？""有二战的废墟吗？""有纳粹德国的迹象吗？"这里是希特勒第三帝国的首都，但我们肯定没有看到它的任何痕迹。柏林墙被拆除前，柏林被划分为西柏林和东柏林，现在拆除柏林墙的地方留下了一段街道。在城市博物馆附近保留有一段大约 1.8 米宽的墙，墙上有一些涂鸦并带有一些粗俗的场景。我们花了两天时间游览了这座城市，然后决定前往阿姆斯特丹，在那里我们可以直接飞回家。

因为汉堡位于柏林到阿姆斯特丹的中途，我们决定到那里停留一到两天，在汉堡市的游览令人惊讶地使我们愉悦。我们从过去的阅读中的留下对汉堡的印象是作为一座港口城市，想必是拥挤的街道和肮脏的空气。但事实恰恰相反，汉堡城市里有很多的水上通道，河道两岸整洁的现代建筑与威尼斯的古建筑形成鲜明的对比。最令人惊讶高兴的是我们在萨尔茨堡没有看到的海鲜节正在这里刚刚准备开始，我们是第一批品尝烤全牛的顾客，真是太意外了。一年前，我们在萨尔茨堡看到的海鲜节和这次我们看到的几乎一样，这次旅途中的意外收获真是一个惊喜。

罗切斯特旅游团组

当火车进入荷兰时，乡间地形和住宅房屋似乎都发生了戏剧性的巨大变化。我们所能看到的铁路沿线，乡村大多是平坦的农田，住宅的设计同奥地利和德国的设计风格完全不同。在我们离家之前，美国的旅行社为我们预订的一家旅馆是位于远离阿姆斯特丹城的乡下，直到后来我们乘公共汽车游览这座城市时，我们才明白为什么要这样安排。阿姆斯特丹城市购物区里挤满了各种各样长相古怪的人物。我们来到市中心广场只是为了等待旅游车到著名的风车乡村观光，奶酪厂是最吸引游客的地方之一。当然，乘船游览海港和岛屿之间的海上巡游也令人耳目一新。我们酒店附近有钻石中心，步行就能到，据说是世界上最有名的钻石中心之一。我们在阿姆斯特丹的三天是整个欧洲旅行中最愉快的一段。

在以后来的几年里，我们喜欢和来自纽约罗切斯特的朋友：乔和特丽莎，杰夫和简，凯和几吉琳，加里和弗吉尼亚一起旅行，周游世界，玩得很开心。有些时候，更多的朋友会加入进来，除了在陆地旅行外，我们还游遍了世界各地的海洋和河流，他们都是我上世纪七十年代在罗切斯特的扑克伙伴。

我的两个孩子，叔霆和叔震从小就是好学生。叔霆高中一毕业就被罗切斯特理工学院录取，然后转学到欧道朋大学学习电子计算机学专业，毕业后获得学士学位；叔震从小学到高中毕业，成绩一直很好始终保持在甲上的水平并得到奖学金进入弗吉尼亚大学，毕业后获得博士学位。

叔霆从欧道朋大学毕业后就一直和我们一起在公司工作，1994 年，他来问我。

"爸爸，我想攻读商业管理学（MBA）硕士学位，你看可以吗?" 他问道。

"当然可以! 你为公司打下了基础，现在公司已经可以顺利运营了，你应该为你自己的前程着想，继续深造，取得更高的学位，对此我是完全赞同的。" 我说。

"谢谢爸爸，我现在就去申请学校。"

"你想去哪所大学?"

"弗吉尼亚大学的达登商学院享誉全球，我想先试试这所学校。"

二个月后，叔霆很兴奋地来见我。

"我已经被弗吉尼亚大学碌取了，下星期就可以进学校。" 他说.

萍萍和我都为他的成功感到高兴。一年后，叔霆取得他的 MBA 硕士学位后，回到公司承担更多的工作，并被提升为公司的高级副总裁。

过了一年,1997 年夏天，叔霆来找我。

"爸爸，我想收购一家小公司，现在市场上正好有一家小公司在出售。" 叔霆说。

"你想收购一家小公司是个好主意，但是这家公司的状况如何? 你一定要小心才是。" 我说。

二个月后，叔霆收购了一家名称为 CHM 的计算机硬件维护公司，他成为这家公司的老板。凭借他天生的聪明智慧和商业经验，公司迅速发展，到了 2003 年，公司的规模已经发展到拥有员工 500 多人并获得到许多奖项。

2005 年，叔霆公司的规模已经与东方电脑公司（ECI）旗鼓相当。那时我正在考虑退休，于是我建议将东方电脑公司（ECI）合并到 CHM，由叔霆收购东方电脑公司（ECI），我便从公司退休了。

叔霆买下公司后，把公司总部搬到华盛顿特区（ Washington, DC）。与此同时，叔霆还到华盛顿特区的乔治城大学攻读法律学位。在获得法学博士学位后，叔霆通过考试获得了华盛顿特区和弗吉亚州的的律师执业证书，但他没有从事过律师事务。

2007 年 叔霆经营这家合并的公司两年后，在股市出现不景气前，就把公司转卖出去。 休息两年后，叔霆开始参与政治活动。那时正值鲍勃•迈当劳先生竞选弗吉尼亚州州长，叔霆组织在华盛顿特区和其他地区的许多华人支持鲍勃•迈当劳先生。鲍勃•迈当劳先生成功当选上州长后，深切了解叔霆的能力和经验，向州议会提名推荐叔霆，得到州参议院和众议院的通过后，正式任命叔霆为弗吉尼亚州商务贸易部部长。

商务贸易部部长的职务确实很适合叔霆，在他领导下的商务贸易部共有包括商务局、矿务局、小型企业局和旅游局等等在内的十三个局。这么多下属局的工作使叔霆十分忙碌，但是他还多次组织带领弗吉尼亚业商务团到中国访问并为弗吉尼亚州带回来几亿美元的贸易项目。担任商务贸易部部长四年后，因鲍勃•迈当劳州长任期满结束，叔霆离开政府到他的母校弗吉尼亚大学任教。

1988 年，叔霆与王芷蕾小姐结婚。王芷蕾是台湾的著名歌手，他们现在有一个男孩。因为他们一家住在夏洛茨维尔，从我们这里开车去需要三个小时，所以我们只能在节日或假期才能同他们相聚。

叔震获得博士学位后，在路易维尔大学教数学。就在他被提升终身副教授的那年，叔震突然有了要回到我们公司工作的想法，我表示同意。

　　1996年5月叔震回来，我先安排叔震在公司的不同部门工作，让他熟悉公司的业务和经营。几年后我任命叔震为东方电脑公司（ECI）总裁，我仍是公司的执行总裁（CEO），这样我就可以轻松地享受生活。

　　2000年6月叔震与潘姆拉·瓦特结婚，他们有三个孩子，一个女孩和两个男孩。他们的住处离开我们只有几个街区，每个星期我们都可以彼此探望相聚。

　　两个公司合并成为一个公司后，叔震帮助他的哥哥工作了两年。然后他在欧道明大学数学系找到了一个教学职位，担任数学系研究生项目主任。

CPSIA information can be obtained
at www.ICGtesting.com
Printed in the USA
BVHW031024010719
552378BV00008B/228/P